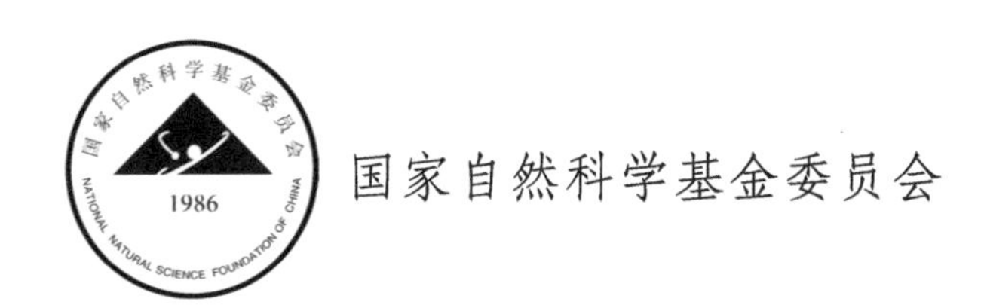

环境地球科学学科发展战略研究报告

国家自然科学基金委地球科学部

吴丰昌　刘　羽　赵晓丽　郭正堂 等　编著

科 学 出 版 社

北　京

内 容 简 介

本书分为学科发展战略和学科基础两部分，系统地梳理和总结了国内外环境地球科学学科的发展历程，分析了该学科的发展态势，并结合我国国情，从战略布局的高度，尝试提出了该学科基础理论突破的方向，优化了该学科的内涵和外延。本书形成了环境地球科学学科较为完善的学科体系构架，探索了未来环境地球科学学科的发展目标和优先发展领域，并提出了实现途径和政策措施，阐述了该学科在解决当前和今后发展过程中面临重大地球环境问题时，如何更好地发挥基础理论和科技支撑作用，这对该学科发展具有十分重要的理论和现实意义。

本书对地球科学、环境科学与工程、生态环境保护等领域相关科学研究工作者和管理决策者具有重要的参考价值，同时也是社会公众了解环境地球科学学科概貌及发展趋势的重要读本。

图书在版编目（CIP）数据

环境地球科学学科发展战略研究报告 / 吴丰昌等编著．—北京：科学出版社，2021.6

ISBN 978-7-03-069218-4

I. ①环…　Ⅱ．①吴…　Ⅲ．①环境地学－学科发展－发展战略－研究报告－中国　Ⅳ．① X14

中国版本图书馆 CIP 数据核字（2021）第 116139 号

责任编辑：朱　丽　郭允允　赵　晶 / 责任校对：何艳萍
责任印制：吴兆东 / 封面设计：蓝正设计

科学出版社 出版
北京东黄城根北街 16 号
邮政编码：100717
http://www.sciencep.com
北京建宏印刷有限公司 印刷
科学出版社发行　各地新华书店经销
*
2021 年 6 月第　一　版　开本：787 × 1092　1/16
2021 年 8 月第二次印刷　印张：37 1/2
字数：889 000
定价：298.00元
（如有印装质量问题，我社负责调换）

专家组

负责人： 郭正堂　吴丰昌　刘　羽

成　员： 黄润秋　崔　鹏　陈　骏　彭建兵　陶　澍　王焰新
夏　军　朱永官　彭平安　周卫健　朱　彤

工作组

负责人： 吴丰昌　刘　羽　赵晓丽

成　员（按姓氏汉语拼音排序）：

安太成　程　海　段小丽　李芳柏　李向东
刘彦随　罗　义　骆永明　穆云松　彭建兵
蒲生彦　沈仁芳　施　斌　孙　可　孙红文
唐辉明　王晓蕾　王焰新　王震宇　王子健
王自发　肖举乐　闫俊华　殷跃平　岳天祥
张甘霖　赵　青　郑春苗　朱东强　祝凌燕

序

基础研究是整个科学技术的源头，是所有技术问题的总机关，基础研究的水平决定了一个国家科技创新的底蕴和后劲，强大的基础研究是中国实现科技自立自强的前提和根基。党的十九大报告指出："要瞄准世界科技前沿，强化基础研究，实现前瞻性基础研究、引领性原创成果重大突破。加强应用基础研究，拓展实施国家重大科技项目，突出关键共性技术、前沿引领技术、现代工程技术、颠覆性技术创新"。习近平总书记在两院院士大会、中国科协第十次全国代表大会上发表讲话，提出："基础研究要勇于探索、突出原创，推进对宇宙演化、意识本质、物质结构、生命起源等的探索和发现，拓展认识自然的边界，开辟新的认知疆域。基础研究更要应用牵引、突破瓶颈，从经济社会发展和国家安全面临的实际问题中凝练科学问题，弄通'卡脖子'技术的基础理论和技术原理"。近年来，基础研究和应用基础研究被摆在整个国家科技工作的重要位置。

面向基础研究，国家自然科学基金委员会自成立以来在"科学民主、平等竞争、鼓励创新"的运行机制下，充分发挥了对我国基础研究的"导向、稳定、激励"功能，推动了我国自然科学基础研究的发展，促进了基础学科建设，发现和培养了大批优秀的科技人才。2018 年国家自然科学基金委员会全面推进深化改革，提出了基于"鼓励探索、突出原创，聚焦前沿、独辟蹊径，需求牵引、突破瓶颈，共性导向、交叉融通"四类科学问题属性分类的资助导向：突出原始创新，切实提升培育重大原创成果的能力；聚焦前沿领域，独辟蹊径引领或推动该领域的发展；面向重大需求，不断夯实创新发展的源头基础；鼓励联合攻关，力争产出重大科学突破，促进学科融合发展及孕育新的学科方向。"十四五"期间，国家自然科学基金委员会将进一步以习近平新时代中国特色社会主义思想为指导，系统推进明确资助导向、完善评审机制、优化学科布局核心改革任务，加快构建和完善新时代科学基金体系，更好地发挥科学基金在实现高水平科技自立自强、建设科技强国中的基础引领作用。

环境地球科学学科是需求牵引、问题导向型学科，从地球系统科学的角度，研究环境、健康、生态和灾害问题产生的原因及解决方案，以人类社会可持续发展与环境保护为目标，以地球科学的理论与方法为手段，以地球表层系统，包括大气圈、水圈、表层岩石圈、土壤圈、生物圈为研究对象，理解当今环境过程及机制，探究未来环境发展变化，拓展前沿研究方向及研究对象，促进学科的发展，以实现人类社会可持续发展与环境保护的平衡。环境地球科学学科充分体现了地球科学解决社会需求方面的优势和特色。新形势下，环境地球科学将从更广义的角度出发，系统研究地球环境问题，促进学科交叉融合，在传承中创新，在创新中发展。

在“两个一百年”奋斗目标的历史交汇点，该书系统地梳理和总结了国内外环境地球科学学科的发展历程，分析了该学科的发展态势，并结合中国国情，从战略布局的高度，尝试提出了该学科基础理论突破的方向，优化了该学科的内涵和外延，形成了环境地球科学学科较为完善的学科体系构架，探索了未来环境地球科学学科的发展目标和优先发展领域，并提出了实现途径和政策措施。该书能够帮助广大科技工作者了解环境地球科学学科概貌，把握前沿领域和重点方向，洞悉领域原创、交叉、前沿科学问题和国家战略需求，以吸引更多的科学工作组关注和推动环境地球科学学科的建设和发展。

目前，环境地球科学学科处于高速发展时期，热点多、新的增长点多、生命力旺盛，学科内涵和外延不断变化，综合、交叉和新兴特点明显。该书阐明了在当前和今后发展中面临重大环境、生态和灾害问题时，如何充分发挥环境地球科学的科技支撑作用，对学科发展具有十分重要的理论和现实意义。

祝贺《环境地球科学学科发展战略研究报告》的付梓，希望该书的出版能够对我国环境地球科学学科在未来5~10年的创新发展发挥促进作用。

中国科学院院士

2021年6月

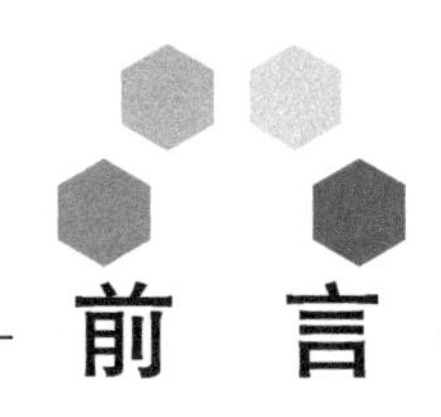

前　言

工业化和城市化的不断推进和经济社会的快速发展，致使污染负荷加重、水土资源短缺、生态系统退化、人体健康风险剧增、自然灾害频发，严重阻碍了经济社会的可持续发展和人民的健康安全，引起了政府和科技界的高度关注。党的十八大以来，我国社会主义生态文明建设进入了新时代，中央统筹推进“五位一体”总体布局，把生态环境保护摆在更加重要的战略位置。党的十九大报告提出，要瞄准世界科技前沿，强化基础研究，实现前瞻性基础研究、引领性原创成果重大突破。习近平总书记指出，基础研究是整个科学体系的源头，是所有技术问题的总机关。这深刻阐明了基础研究在揭示自然规律、服务经济社会发展、改善民生方面的基础性关键作用。如何科学地解决当前和今后发展面临的重大环境、健康、生态和灾害问题，为环境地球科学学科的研究与发展带来了新的机遇和挑战。

重大环境问题要求从跨领域和跨学科的视角，融合不同过程、不同时空尺度、不同学科领域，提出解决方案，其已超出了单个和传统学科的能力范围，通常需要通过学科交叉来解决。环境地球科学学科作为地球科学众多分支学科之一，是从地球系统科学的角度，研究环境、健康、生态和灾害问题产生的原因及解决的方案。环境地球科学学科以实现人类社会的可持续发展、建设宜居地球为目标，以人与自然和谐共处为理念，以地球科学的理论与方法为手段，以地球表层系统，包括大气圈、水圈、表层岩石圈、土壤圈、生物圈为研究对象，理解当今环境过程及机制，探究未来环境发展变化，拓展前沿研究方向及研究对象，促进学科发展，从而实现人类社会可持续发展与环境保护的平衡，具有问题需求牵引、多学科交叉融合、研究体系复杂又相互联系等特点。环境地球科学学科为解决环境问题而生，其针对重大环境问题进行深度交叉融合，不仅促进了几乎所有地球科学及其相关学科的交叉，而且开放了与数理、化学、生命、工材、信息、管理和医学等学科交叉的诸多接口。在新形势下，环境地球科学需要顺势而为、与时俱进，承担起更多的社会责任，主动作为、主动对接、主动融入经济、政治、文化和社会全过程，使环境地球科学走进社会、政府和主战场的决策层面，为国家治理体系和治理能力建设、治国理政方略、管理、决策和制度建设提供前瞻性和系统性的科技支撑。

现阶段，环境地球科学学科根据科学基金改革优化学科布局的指导思想，针对学科面临的理论、技术、方法和学科范式等方面的挑战，提出了学科申请代码优化调整方案，并建立了环境地球科学学科架构：4个基础学科——土壤学、环境水科学、环境大气科学和环境生物学；4个交叉学科——工程地质环境与灾害、环境地质学、环境地球化学和生态毒理学；4个前沿领域——污染物环境行为与效应、环境与健康风险、第四纪环境与环境考古、环境信息与环境预测；环境地球科学新技术与新方法是整个学科的支撑；区域环境质量与安全和环境保护与可持续发展是学科服务于国家需求的重大目标。土壤学根据其属性，划分为3个二级申请代码：环境土壤学、基础土壤学、土壤侵蚀与土壤肥力。环境地球科学学科以国家需求为导向，其学科定位与使命、学科内涵与构架、重点研究领域和方向与传统学科继承创新，为解决当前重大环境问题、实现可持续发展提供科技支撑。因此，当前开展环境地球科学学科发展战略研究，进一步梳理和深化该学科的内涵、外延、交叉、融合等问题，对该学科发展具有十分重要的理论和现实意义。

国家自然科学基金委员会于2019年启动战略研究应急管理项目，旨在系统梳理和总结国内外环境地球科学学科发展历程，结合我国国情，从战略布局的高度，研讨该学科基础理论突破的方向，优化学科内涵和外延，形成较为完善的学科体系构架，进而提出未来环境地球科学学科的发展目标和优先发展领域，并提出实现途径和政策措施，以更好地发挥环境地球科学在解决重大环境问题时的基础理论和科技支撑作用。

本书分为学科发展战略和学科基础两部分，学科发展战略包括环境地球科学战略定位使命与内涵外延，环境地球科学学科国家需求、发展现状与趋势，环境地球科学学科发展优先领域，环境地球科学发展战略的实现途径和政策措施4章；学科基础部分包括17个分支学科（D0701～D0717）和2个专题方向的详细内容。其中，土壤学（包括环境土壤学、基础土壤学和土壤侵蚀与土壤肥力）、环境水科学、环境大气科学、环境生物学、工程地质环境与灾害、环境地质学、环境地球化学、生态毒理学、污染物环境行为与效应、环境与健康风险、第四纪环境与环境考古、环境信息与环境预测、环境地球科学新技术与新方法、区域环境质量与安全、环境保护与可持续发展、人工纳米颗粒的环境地球化学过程、新污染物的环境地球化学过程等分别由沈仁芳研究员、郑春苗教授、王自发研究员、闫俊华研究员、彭建兵院士、王焰新院士、安太成教授、朱东强教授、肖举乐研究员、岳天祥研究员、刘彦随研究员、王震宇研究员、祝凌燕教授和罗义教授牵头执笔。环境地球科学学科发展战略研究主要由顾问组专家郭正堂院士、吴丰昌院士、周卫健院士、陶澍院士、黄润秋部长、夏军院士、彭建兵院士、王焰新院士、朱彤教授、沈仁芳研究员、李芳柏研究员、殷跃平研究员、安太成教授、王子健研究员、张甘霖研究员、王自发研究员、肖举乐研究员、刘彦随研究员、郑春苗教授等牵头完成。经过近两年的努力和十多次研讨，共有三百多名研究人员参与编写，环境地球科学学科及各分支学科概貌、发展现状与趋势、重点领域与前沿方向逐渐清晰。

在此，向参与环境地球科学学科发展战略研究工作的专家、学者表示由衷的感谢，同时也向为本书出版付出辛勤劳动的工作人员表示感谢。在本书编写过程中，国家自然科学基金委员会地球科学部郭正堂主任、刘羽处长等多位领导组织和全程指导本书编制工作，在此表示衷心感谢！

学科发展战略研究是一项比较困难的工作，往往局限于编写者的研究领域、视角，以及知识的高度和广度，对于优先领域和学科方向往往仁者见仁、智者见智，难以涵盖该学科、该领域所有重要内容。同时，由于时间有限、水平有限，疏漏与不妥之处在所难免，恳请广大读者批评指正。

环境地球科学学科发展战略研究组

2021年3月15日

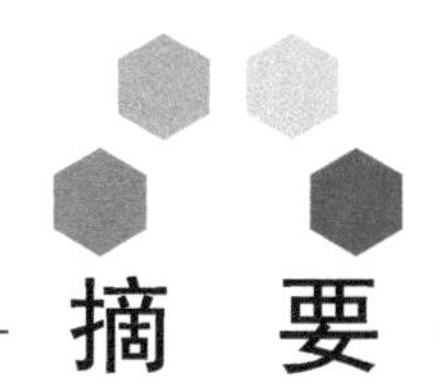

摘 要

《环境地球科学学科发展战略研究报告》是由我国近五十位院士、专家组成的环境地球科学学科发展战略研究组经过深入调研和广泛研讨，历时两年共同完成的，共包括21章，共计600页左右，约90万字。

环境地球科学学科指以地球科学的理论、方法和手段，研究在自然条件和人类活动影响下的大气圈、水圈、土壤圈、生物圈各自演化的物理、化学和生物过程以及各圈层之间的相互联系；探索和解决人类面临的生态、健康、环境和灾害问题，以实现人类社会的可持续发展和建设宜居地球。本书涉及环境地球科学多个相关领域，系统地梳理和总结了国内外环境地球科学学科发展历程，系统地分析了该学科发展态势，结合我国国情，从战略布局的高度，尝试提出了该学科基础理论突破的方向，优化了该学科的内涵和外延，形成了较为完善的学科体系构架，探索了未来环境地球科学学科的发展目标和优先发展领域，并提出了实现途径和政策措施，阐述了该学科在解决当前和今后发展过程中面临重大环境问题时，如何更好地发挥基础理论和科技支撑作用。

本书分为学科发展战略和学科基础两部分：学科发展战略概述了环境地球科学战略定位使命与内涵外延，环境地球科学学科国家需求、发展现状与趋势，环境地球科学学科发展优先领域，以及环境地球科学发展战略的实现途径和政策措施；学科基础分别介绍了土壤学（包括环境土壤学、基础土壤学和土壤侵蚀与土壤肥力）、环境水科学、环境大气科学、环境生物学、工程地质环境与灾害、环境地质学、环境地球化学、生态毒理学、污染物环境行为与效应、环境与健康风险、第四纪环境与环境考古、环境信息与环境预测、环境地球科学新技术与新方法、区域环境质量与安全、环境保护与可持续发展、人工纳米颗粒和新污染物的环境地球化学过程共19个方向的发展战略。

本书能够帮助广大科技工作者了解该学科概貌，把握前沿领域和重点方向，洞悉领域原创、交叉、前沿科学问题和国家战略需求，对地球科学、环境科学与工程、生态环境保护等领域相关科学研究工作者和管理决策者具有重要的参考价值，同时也是社会公众了解环境地球科学学科概貌及发展趋势的重要读本。

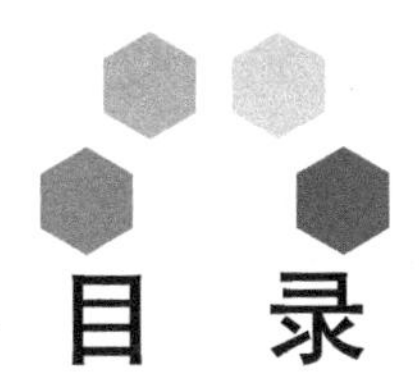

目 录

第二部分 学 科 基 础

第 一 部 分

学科发展战略

第一章 环境地球科学战略定位使命与内涵外延

第一节 环境地球科学定义和学科使命

一、环境地球科学的定义与使命

（一）环境地球科学的定义

环境地球科学是指以地球科学的理论、方法和手段，研究在自然条件和人类活动影响下的大气圈、水圈、土壤圈、生物圈各自演化的物理、化学和生物过程以及各圈层之间的相互联系；探索和解决人类面临的生态、健康、环境和灾害问题。环境地球科学涉及土壤学、水文学、环境大气科学、生物地球化学、环境地球化学、灾害地质学、工程地质学、第四纪环境等多种学科交叉研究领域，旨在通过以地球表层系统，包括大气圈、水圈、表层岩石圈、土壤圈、生物圈为研究对象，深入了解地球科学的过去、现在和未来即将出现的环境问题，综合性、系统性地把握环境变化规律，避免走“先污染，后治理”的老路，实现环境绿色发展和可持续发展经济相协调，创造让人类幸福的居住环境。

学科之间的横向交叉、渗透和综合已经成为现代新兴学科发展的基本趋势，研究和解决环境地球问题需要多学科的研究理论和方法。环境地球科学是一门高度集成的交叉学科，包含多门一级、二级学科和多个交叉学科。本节从时间轴和过程轴两方面描述了与环境地球科学相关的环境问题及研究对象的演化，为掌握长时间尺度的环境变化规律及微观尺度污染物致病成因提供了科学的研究思路，对促进环境地球科学的学科发展具有重要意义。

从时间轴来说，环境地球科学涵盖了第四纪地质学，古生态环境的形成、发展，对现在研究以地球表层系统为中心的环境问题具有指导意义。通过对过去、现在环境变化规律进行全面的把控，可以为研究未来环境变化及预测提供科学依据，为利用自然资源造福人类奠定基础。

从过程轴来说，生物地球化学利用生物学的思想，探究生物与地球环境之间在各种作用力作用下化学元素的迁移转化过程，随着环境问题的不断频发与严重恶化，生物地球化学逐渐演变为环境地球化学，以运用生物学思想解决环境地球问题。随着对环境地球问题的深入研究，环境地球科学从大尺度环境地球化学问题逐渐转变成小尺度的污染物行为过程及其环境效应研究，探究污染物迁移转化、致病机理，为解决地域性环境地球问题提供了科学的研究思路。

（二）环境地球科学的学科使命

环境地球科学的学科使命在于从地球系统科学的角度，科学地解决当前和今后发展面临的重大污染、生态、健康和灾害问题，体现了地球科学解决社会需求方面的优势和特色。掌握环境科学的变化规律，可以为研究地球环境演化、解决地球环境问题提供科学依据，为合理利用自然资源造福人类奠定科学基础。环境地球科学学科的建立和发展顺应自然条件以及国家需求，主要表现在以下几方面：

1. 国家重大需求

我国环境污染严重是制约我国经济社会发展的瓶颈。如何科学地解决当前和今后发展面临的重大污染、健康、生态和灾害问题，为环境地球科学的研究与发展带来新的机遇和挑战。党的十九大报告把生态环境提到了历史新高度，开启了生态文明建设的新时代。报告指出：必须树立和践行绿水青山就是金山银山的理念，坚持节约资源和保护环境的基本国策，像对待生命一样对待生态环境，统筹山水林田湖草系统治理，实行最严格的生态环境保护制度，形成绿色发展方式和生活方式，坚定走生产发展、生活富裕、生态良好的文明发展道路，建设美丽中国，为人民创造良好生产生活环境，为全球生态安全做出贡献。国家政策的支持进一步表明环境问题已经不容小觑，解决环境问题已成为我国重要的发展战略之一。

2. 环境问题内在复杂性

环境是一个复杂的系统，研究内容涉及人类圈、岩石圈、水圈、土壤圈、生物圈、大气圈等多个圈层，每个圈层具有各自独特的环境特点及环境问题，且每个圈层之间相互联系、相互依存、相互渗透，为研究环境问题带来了巨大困难。例如，研究气候环境，必须考虑大洋、河流、冰川、大气组分、太阳辐射、能量运输过程、土地利用、植被覆盖和人类活动等的影响，以及不同时空尺度圈层的反馈机制。对环境问题进行全面的预测或机理的描述都需要多学科的相互交叉，而环境地球科学学科的发展为研究复杂的环境问题及环境预测提供了良好的平台。

3. 探索科学前沿的需求

一些最前沿的科学问题往往出现在不同学科交叉界面或空白处。探索该界面或空白处的学者往往会跨越自己的学科，渴望打破学科壁垒，积极探索学科交叉。而环境地球科学领域的科学家正在多种交叉学科之间不断探索。例如，环境地球化学是多种学科交叉的结果，经过十几年的发展，已经形成了较为完善、应用性较高的学科体系，弥补了环境与地球化学交叉领域的空白。

4. 新技术的驱动

一些创新技术不仅具有很好的应用价值，而且能变革现有的学科并产生新的学科领域。例如，传统稳定同位素（C、H、O、N、S）在指示地表物质来源、地球化学过程和气候变化等方面提供了重要的信息。许多新技术和新方法的出现，使环境地球科学的学科内涵越来越丰富。

5. 科学家的需求

环境领域的科研队伍日益壮大，促进了特定学科领域知识的积累、学科范式的形成、学科带头人的出现，并促使了环境地球科学的快速发展。

二、环境地球科学的学科特点

环境地球科学为解决环境问题而生，本性也是要解决地球的环境问题，包括污染环境、灾害环境、生态环境、健康环境问题。环境地球科学的特点主要包含以下几点：

（一）问题需求牵引

环境地球科学是一个以问题和需求为目标而形成的新学科。不同于以研究对象为导向的学科，环境地球科学在人类活动剧烈改变地球的大背景下，致力于运用科学的研究手段解决人为活动和自然造成的污染、灾害、健康和生态环境问题。当今生态环境面临巨大压力，环境污染加剧、自然灾害频发、生态系统退化等问题频发，长期的环境风险逐渐显现，国家的经济发展、社会稳定和人民财产安全均受到严重的威胁。环境问题已经不是一个国家的问题，而是全球共同面临的严峻问题，因此迫切需要建立良好稳定的生态环境，以保证人民安全、国家安全甚至国际和平。以国家的需求为牵引力，运用多学科、集成化的研究手段，发展环境地球科学学科，是科学地解决地球的环境问题、维护生态环境安全的重要保障。

（二）系统性和复杂性

环境地球科学的主要研究对象是土壤圈、水圈、大气圈和生物圈构成的地球表层系统。地球表层系统的平衡发展受到大气、水、土壤、固体废物、生物、地质灾害等多因素的影响与制约，各因素间的相互作用及人类与各因素间的相互作用使得环境污染、环境灾害、环境生态、环境健康问题日益复杂。单一学科的技术手段已无法解决庞大的、复杂的环境问题。环境地球科学采用先进的技术手段，从微观机理到宏观现象系统地研究复杂多样的环境问题，跨越自然与人类的界限，研究自然属性与社会属性的关系，掌握自然变化规律和调控原理，其对学科的理论创新、均衡发展至关重要。

（三）多学科交叉融合

面对21世纪全球气候变化和复杂环境条件下重大环境保护与工程建设等诸多难题，单一的学科已无法科学地解决当前的问题，亟须多学科交叉融合，着力解决重大污染环境、生态环境、健康环境和灾害环境等领域的关键科学技术问题和难题。环境地球科学涉及多个一级、二级学科和多个交叉学科，高度体现出运用多学科交叉渗透融合的理论技术与方法科学地解决地球“健康”问题的特点。例如，土壤学领域涉及土壤圈形成与演化、土壤物理学、土壤化学、土壤生物学、土壤侵蚀与水土保持、土壤肥力与土壤养分循环、土壤污染与修复、土壤质量与食物安全8个分支学科，在微观和宏观水平上研究土壤物质与环境间的相互作用关系，与化学、物理学、生物学、数学及其他自然科学交叉融合，推动了土壤学研究新方向和分支学科的诞生。环境大气学科是大气科学与环境科学的交叉领域，也是环境地球科学的重要学科之一，与大气科学、环境科学、生态科学、化学、物理学、计算数学具有密切的联系，深入研究环境大气中物理、化学、生物过程及多介质、多界面和多尺度影响机制，污染大气的成因溯源及其与人类之间的关系，对大气污染控制至关重要。

（四）科学原理探索

环境地球科学致力于采用集成化手段了解和阐释复杂的环境演变规律与机制、发展潜力与制约因素。从不同时空尺度解释过去、现在的基础性科学问题，探索重大工程地质灾害的发展规律，为将来环境变化做出科学的推演与预测是环境地球科学的重要任务之一。环境地球科学学科基于土壤学、水文学、环境大气科学、生物地球化学、环境地球化学、灾害地质学、工程地质学、第四纪环境等多种学科交叉融合及交叉学科之间先进理论技术的相互渗透，从表观的环境演化过程到阐明深层次机理，从区域尺度向多时空尺度拓展，从定性描述向定量模型发展，打开了不同圈层之间相互作用的“黑箱”，使得各圈层之间联系更为紧密，改善了“先污染、后治理”的观念，加深了人类对科学问题的了解。这将有利于人类及时、准确地应对未知的重大环境问题，有效、快速地做出相应的防治措施，促进人与自然和谐共处和生态文明的建设。

三、环境地球科学学科内涵与外延

环境地球科学学科以人类社会可持续发展与环境保护为目标，以地球系统科学的理论与方法为手段，以地球表层系统，包括大气圈、水圈、表层岩石圈、土壤圈、生物圈为研究对象，理解当今环境过程及机制，探究未来环境发展变化，拓展前沿研究方向及研究对象，促进学科的发展，从而实现人类社会可持续发展与环境保护的平衡。根据国际科学前沿的发展趋势、国内学科领域发展态势和国家需求，环境地球科学从广义的角度出发，系统研究地球环境问题，围绕水、土、气、生物环境四要素，重组与环境、地球地貌相关的学科，挖掘新的学科增长点，同时兼顾冷门学科、薄弱学科和濒危学科，打破“从一而终”的单学科发展壁垒，以促进“交叉学科范式”的改革。交叉学科的理论、技术和方法在新学科中不断创新融合，形成新学科特有的理论、技术和方法体系，在传承中创新，在创新中发展。当前环境地球科学学科主要由17个学科和2个专题组成，涉及水、土、气、生物，环境地质与灾害，生态与环境健康风险，污染物迁移与转化，服务于国家需求等方面，具体包括环境土壤学（D0701）、环境水科学（D0702）、环境大气科学（D0703）、环境生物学（D0704）、工程地质环境与灾害（D0705）、环境地质学（D0706）、环境地球化学（D0707）、生态毒理学（D0708）、基础土壤学（D0709）、土壤侵蚀与土壤肥力（D0710）、污染物环境行为与效应（D0711）、环境与健康风险（D0712）、第四纪环境与环境考古（D0713）、环境信息与环境预测（D0714）、环境地球科学新技术与新方法（D0715）、区域环境质量与安全（D0716）、环境保护与可持续发展（D0717），以及"人工纳米颗粒的环境地球化学过程"和"新污染物的环境地球化学过程"2个专题。各个学科和专题的定义、内涵和外延、组成、特点及战略意义分别如下。

（一）环境土壤学（D0701）、基础土壤学（D0709）和土壤侵蚀与土壤肥力（D0710）

【定义】土壤学包括环境土壤学、基础土壤学和土壤侵蚀与土壤肥力，是研究自然条件和人为利用下土壤组成、性质、过程及功能，揭示土壤自身发生演替、空间分布和动态变化及其与地表圈层系统的相互作用规律，并为土壤资源利用、保护和可持续管理提供科学依据的学科。

【内涵和外延】土壤是人类赖以生存和发展的重要自然资源之一。土壤功能是由土壤自身的物质循环、能量流动、生物演替和信息传递特征决定的，是土壤的固有自然属性。传统土壤学将土壤定义为地球表面能够生长植物的疏松层，侧重于研究土壤的肥力特征及其农业生产功能，研究其中的物质运动规律及与环境间的相互作用关系。当前，随着人类对土壤资源保护利用的持续认知，土壤学的研究范畴延伸到地球表层系统科学、生态和环境科学、全球变化和可持续发展科学，拓展了对土壤环境功能和生态功能的认识，土壤的定义和内涵也在发生深刻演变。

【组成】土壤学具有自身独特的理论体系和研究方法，与地球科学、农业科学、环境科学、生态科学具有密切的联系并深度融合。其主要包括土壤圈形成与演化、土壤物理学、土壤化学、土壤生物与生物化学、土壤侵蚀与水土保持、土壤肥力与土壤养分循环、土壤污染与修复、土壤质量与食物安全等分支学科。土壤学现阶段的应用目标在于为我国土壤资源合理利用、保障粮食安全、保护生态环境、应对气候变化等提供科技支撑。

【特点】由于土壤性质与功能具有多样性，在自然科学体系中土壤学本身是一门综合性很强的应用基础学科，土壤科学的发展得益于化学、物理学、生物学、数学及其他自然科学的发展，这些基础学科的进步为土壤科学的发展提供了新的研究方法、分析方法、土壤信息获取和处理方法等，使得在更微观和更宏观尺度上进行土壤学研究成为可能。同时，土壤物质的多态性、土壤过程的多尺度性和土壤功能的多元性决定了土壤作为一个特殊的自然体，需要从不同侧面以不同学科方法进行综合研究。土壤科学的应用性决定了社会需求是土壤学发展的根本动力。我国人地矛盾突出，土壤科学在解决重大生态环境问题和农业可持续发展中发挥着独特的作用，因此具有十分重要的地位。

【战略意义】土壤是连接大气圈、水圈、岩石圈和生物圈的枢纽，是陆地生态系统存在、演变和发展的物质基础，支撑陆地生态系统中的生命过程，调节地球表层元素生物地球化学循环，保护人类生存的自然环境。随着工业化和城市化的不断推进和经济社会的快速发展，全球面临着土壤资源短缺、环境污染加剧、生态系统退化、自然灾害频发和气候变化等重大挑战，严重威胁着经济社会可持续发展、生态环境安全和人民健康。如何协调发挥土壤的生产功能、环境保护功能、生态工程建设支撑功能和全球变化缓解功能，成为现代土壤学为人类社会可持续发展做出贡献的重要任务。

（二）环境水科学（D0702）

【定义】环境水科学是研究与陆地水循环紧密耦合的生态环境过程，运用表层地球系统科学的理论与方法探索自然条件和人类活动影响下地球水圈物理、化学、生物特性的变化规律、驱动机制和调节策略，为水资源保护和可持续利用提供科学基础的学科。

【内涵和外延】环境水科学的内涵是研究自然条件和人类活动叠加影响下，水循环与地球生态环境之间耦合关系与相互作用的演化规律、反馈效应和调控机制。由于生态环境问题的复杂性，环境水科学拥有丰富的外延，其研究问题可总体上归为水环境和水与生态两大类，前一类聚焦水体水质问题，后一类则聚焦水与生态系统的关系。水环境类研究中的重要方向包括地表水与地下水中化学物质的迁移转化和通量、水环境演化、全球变化下的水质安全、水污染防治与修复等；水与生态类研究中的重要方向包括地表水及地下水循环与陆地生态系统、变化环境下的水生生态系统、流域生态保护与修复等。

【组成】环境水科学属于水文科学与环境科学、生态学的交叉领域。学科内容总体上可分为水循环驱动的生态环境过程、地表水与地下水环境质量、水与生态系统三大部分。第一部分主要是水文科学在环境科学和生态学领域的延伸，第二部分主要是水文科学与环境科学的交叉，第三部分则主要是水文科学与生态学的交叉。

【特点】作为地球科学的新兴分支学科，环境水科学具有以下几方面重要特点：①陆地水循环是科学主线。环境水科学的研究须涉及陆地水循环的特定环节或整体过程。在环境水科学研究中，“水”是一个动态的研究对象，是一个复杂系统的有机组成。②多过程耦合分析是主要方法论。水圈是联系地球各圈层的纽带，其物理、化学、生物特性的改变通常涉及多个过程的耦合，如流体运动、物质传输、能量传导、生命活动等。从研究方法上来看，环境水科学研究通常需要开展多介质采样、多源数据融合、多变量分析、多过程耦合建模等。③“人－水”关系是重要研究内容。人类社会与水圈的复杂互馈关系是环境水科学的焦点之一，研究“人－水”关系是解决人类面临的重大水资源、水环境、水生态和水灾害问题的关键。环境水科学中的“人－水”关系研究相当于地球科学中的“人－地”关系研究，是学科的标志性研究内容。

【战略意义】环境水科学的发展可为解决当前和今后人类所面临的重大水资源、水环境、水生态和水灾害问题提供理论依据和科技支撑。我国水资源短缺、水环境恶化及生态退化问题日益凸显，严重影响人民生产、生活及社会稳定，成为阻碍我国社会经济可持续发展的关键瓶颈之一。水环境治理与水生态保护是我国生态文明建设的核心内容。当前我国涉水学科条块分割的问题突出，难以为复杂水问题的解决提供系统的、科学的理论和方法支撑。因此，突破传统学科壁垒，通过多学科交叉，开展地表水与地下水耦合、水与生态系统耦合的研究是国家的重大需求。环境水科学需要担当这一新兴交叉学科的重要历史使命，为我国新时期治水方略提供强有力的科技支撑。

（三）环境大气科学（D0703）

【定义】环境大气科学研究人类活动导致的环境大气变迁及其影响与应对，发展地球环境系统科学的理论与方法，研发大气污染物跨圈层探测、监测和实验分析新技术，阐明地球环境中大气圈与水圈、生物圈、岩石圈（包括土壤）等其他圈层的相互作用及耦合反馈等科学规律，探索自然环境和人类活动影响下环境大气圈物理、化学、生物过程及演变规律，揭示污染大气形成机理及大气污染物跨圈层影响，研究区域联防联治及优化调控原理，从而为跨尺度大气污染治理、改善大气环境品质并实现健康人居环境提供科学基础。

【内涵和外延】地球大气为地球生命的繁衍提供了理想的环境，其状态和组分变化直接影响人类与动植物生存。人类活动及工农业生产排放的有害气体可改变环境大气组成，形成大气污染，其传输和沉降驱动区域与全球环境变化，并影响生态平衡。环境大气具备自净能力，其功能受大气环流、天气系统、云雨生消等动力和热力过程的制约。环境大气科学属于大气科学与环境科学的交叉领域，是环境地球科学的“四梁”之一，其研究内涵侧重环境大气圈和水圈、生物圈、岩石圈（包括土壤）、人类圈的相互作用，其研究环境大气中物理、化学、生物过程及多介质、多界面和多尺度影响机制，其中污染大气的成因溯源及其与人类圈间的关系是当前的研究重点。环境大气科学的研究范畴将延伸到地球系统科学、生态和环境科学、全球变化和可持续发展科学、微生物学、医学与健康、人工智能等学科领域。

【组成】环境大气科学具有自身独特的理论体系和研究方法，与大气科学、环境科学、生态科学、化学、物理学、计算数学具有密切的联系并深度融合。其主要包括大气复合污染成因与来源、大气污染物生态环境效应与调控原理、大气污染物多圈层迁移转化与相互作用、大气污染物跨圈层监测和实验、环境大气模拟与大数据、大气污染监管技术与优化调控、区域多污染物联防联治、环境大气变迁与人类活动、环境大气品质与健康人居等研究领域。环境大气科学现阶段的应用目标在于为我国大气污染治理和实现“美丽中国”等提供科技支撑。

【特点】环境大气动力、热力、理化和生物过程存在复杂的非线性机制，其状态演变与预估仍存在极大的不确定性。环境大气科学的研究目标具有明显的需求导向性，其着眼于阐明大气污染物跨圈层影响及其在多环境介质多界面发生的物理、化学和生物过程，涉及大气动力学、大气物理学、大气化学、大气环境、生态学、大气探测与遥感、污染控制论、计算机和网络通信技术等诸多学科领域，是一项多学科交叉且综合性极强的应用基础学科。其研究重点将聚焦影响环境变迁的大气成分，研发先进探测、实验分析及基础设施，建立环境大气动力学模式，监测和预测环境大气组分变化，量化人为和自然驱动因子，评估其多时空尺度的环境影响，并解决区域和全球的环境大气污染问题。

【战略意义】作为地球生命“连接纽带”的大气，在地球环境和生态系统中发挥着极其重要的作用，人类活动已成为影响地球环境大气微量组分的关键驱动因子。准确认知环境大气的演变规律和驱动力，可以破解地球环境系统中气、水、土各要素的突出问题，实现区域可持续发展与污染协同优化控制，系统防范区域性、布局性、结构性环境风险，履行国际环境公约，全面提升我国在环境大气领域的原始创新能力和解决国家应对大气污染问题的能力，并引领国际环境大气科学领域创新和发展。

（四）环境生物学（D0704）

【定义】环境生物学是研究生命体与所在环境的相互作用，揭示生物与环境协同发展规律，从生物学角度评估环境质量并解决环境问题，为生态环境的可持续发展提供路径和对策，以环境科学和生物学为基础发展起来的一门新兴交叉学科。

【内涵和外延】解决环境问题是环境生物学发展的根本驱动力，生物是维护生态系统功能的基础，也是环境治理和修复的重要力量。随着时代的发展和新环境问题的不断出现，环境生物学研究的范围和内容也不断拓展和外延。在研究范围上，其不仅局限于区域污染环境，气候变化、土地利用方式改变、生物多样性丧失等引起的退化环境以及灾害环境也日益受到关注；在研究内容上，其由原来聚焦生物对污染物的响应与反馈逐渐向环境变化引起的生物响应与适应、关乎国民经济命脉的农业生产和能源转化以及人类健康福祉和社会可持续发展研究的多维度拓展，不仅限于对已有现象进行回顾性研究，也逐渐包括关于预测未来环境变化带来的生态效应等前瞻性研究。近年来，一系列结合已有环境学、生态学和生物学理论的新兴技术的应用，极大地实现了环境生物学的研究从微观机制到宏观格局的有效连接，有力地推动了环境生物学研究向多维度和多尺度发展。

【组成】环境生物学以污染、退化、极端和灾害环境等胁迫条件下生物与环境相互作用关系为研究重点，在学科上可分为环境生态学、环境微生物学与环境毒理学。其研究方向主要包括生物对污染、退化、极端和灾害环境的响应与适应，污染、退化和灾害环境的生物修复，生物与环境协同发展的过程与机理，环境微生物的结构与功能，水、土、气、生物的毒性效应与机理，生态风险评估及其应用等。

【特点】环境生物学具有以下三个特点：一是具有明显的多学科交叉性。生命体与所在环境本身就是一个多因素构成的复合体，影响因素复杂多样，涉及环境科学、生命科学、生态科学和地球科学等多学科领域，互相交叉渗透，互为补充。二是具有整体性。如果单从生命体的过程或只考虑环境问题，则不能充分阐明自然和社会系统的演变规律，只有把生命体和所在环境作为一个整体来研究，才能使生态环境的演变适宜于生命体的生存和发展。三是具有显著的应用价值。人类应用环境生物学原理和方法，对相关的环境问题进行修复和优化，为人类社会可持续发展服务。

【战略意义】人类社会与其生存的自然环境有着密不可分的依存关系。随着工业化、城市化的不断推进和经济社会的快速发展，全球面临着诸多环境问题，人类社会逐步认识到环境的脆弱性及人类活动对环境变化的影响，改善人与环境的关系是当前人类面临的重大挑战。环境生物学发展的主要目标就是保护和改善人类的生存环境，科学地避免或减少自然灾害和人类行为对环境的负面影响，为解决全球环境变化和环境污染问题提供有效、精准的解决方案和技术理论支撑，进而减少环境变化对人类带来的不利影响，最终促进人类社会的可持续发展。国家公布的《水污染防治行动计划》（简称“水十条”）、《大气污染防治行动计划》（简称“大气十条”）、《土壤污染防治行动计划》（简称“土十条”）等一系列建设生态文明的举措都与环境生物学研究内容息息相关。党的十八大将生态文明建设纳入中国特色社会主义事业“五位一体”总体布局，把生态文明建设融入经济、政治、文化和社会建设的各个方面和全过程，实现社会经济发展与生态环境改善的良性互动。可见，环境生物学也是我国生态文明建设的重要内容。

（五）工程地质环境与灾害（D0705）

【定义】工程地质环境与灾害学科是以人类工程活动的浅表地质环境系统为对象，研究人类工程活动与地质环境的相互作用机理与环境效应，揭示人类工程活动与地质环境互馈作用下地质灾害孕育及演化机理，评价地质环境与灾害风险，预测地质灾害发育时空规律，为实现人地协调和地质灾害有效防控提供科学依据的学科，它是工程地质学、环境学、灾害学与土木工程学科等相互渗透的一门新兴交叉学科，是地球科学的分支学科。

【内涵和外延】地球浅表层地质环境系统是人类工程活动的主要场所，人类工程活动与地质环境之间存在着相互影响、相互制约的关系，涉及水、土、气、生物等地球多圈层动力耦合作用。工程地质环境与灾害学科的内涵是研究多动力耦合作用下，工程活动的地质环境效应、地质灾害形成机理与演化及其防控理论、技术和方法。随着人类对地质环境保护利用的持续认知与人地协调理念的引导，学科范畴延伸至水工环地质、资源、环境、海洋、工程技术、信息技术等其他学科领域，实现与其他学科的交叉融合、相互促进及可持续发展。

【组成】工程地质环境与灾害学科由环境工程地质、灾害地质和重大工程环境灾害效应与调控三个分支学科或方向组成，其中环境工程地质以环境地质学及工程地质学为基础，研究人类工程活动与地质环境的相互作用，包括地质环境对工程经济活动的原生制约以及工程活动对地质环境的人为干扰；灾害地质研究地质环境演化与人类活动作用引起的有害地质作用过程、灾害成因、演化机理、时空分布、预测预警、风险评价与防治措施；重大工程环境灾害效应与调控研究重大工程的环境灾害效应与演化过程，提出针对性的重大工程环境灾害评价预测防治方法与灾害风险管控技术方法，发展重大工程环境灾害时空演化的全过程控制理论，为有效防控重大工程环境灾害效应提供理论依据。

【特点】工程地质环境与灾害学科是一门新兴交叉学科，其特点在于研究对象既具有地质学、环境学及工程学等跨学科的特点，又具有系统科学的属性，其在时空尺度上具有非均匀性、非线性、突变性等特征；在研究方法上具有多学科技术方法交叉、渗透和融合的特性。其核心课题在于揭示人类工程活动 - 浅表地质环境的互响应机制与灾害地质过程，着力研究人类圈与岩石圈、水圈、生物圈、大气圈等交互的环境效应和灾害问题，涉及地球多圈层耦合与地球内外动力系统共同作用，工程地质环境与灾害学科是地球系统学科的重要组成部分，也是环境地球学科的重要支柱学科。

【战略意义】工程地质环境与灾害学科主要涉及岩石圈、水圈、大气圈和人类圈等地球各圈层之间的相互作用。在构造运动、地表过程、气候变化和人类营力等内外动力作用下，地质环境演化复杂且瞬息万变，地质灾害频发且危害加剧。随着我国“一带一路”倡议、黄河和长江流域生态文明建设、川藏铁路等国家战略及重大工程建设的实施，地质环境与灾害问题日益凸显。当前，工程地质环境与灾害学科面临着基础理论体系不完善、环境灾害效应机理认识不足、重大工程环境灾害防控关键技术滞后等多重挑战，严重威胁着社会经济可持续发展、国家战略及重大工程的安全实施。如何面向国家发展战略与重大工程现实需求，解决人类工程活动与地质环境相互作用引发的环境与灾害问题，实现社会经济可持续发展和人地协调，服务于生态文明建设，成为工程地质环境与灾害学科的重要任务。

（六）环境地质学（D0706）

【定义】环境地质学是地质学和环境科学的交叉学科，旨在揭示由岩土体、有机质、地质流体和地下微生物群落组成的地质环境系统的特征、形成与演化规律，研究地质环境系统与人类相互作用机制及其生态环境效应，探索地质环境问题及其解决方案，为协调人－地关系、确保环境宜居、人类健康和生态安全提供科技支撑。

【内涵和外延】环境地质学是环境地球科学的基础学科，主要研究地质环境系统的结构、组成与功能的时空演化规律和质量输运、能量循环规律，揭示人类工程技术经济活动（尤其是自然资源开发利用）的地质环境效应，探讨防范或化解地质环境问题的途径与方法。近年来，通过与生态学、大气科学、水文学、海洋科学、全球变化、环境健康、社会科学等学科交叉融合，环境地质学的研究范畴得以极大延伸。

【组成】环境地质学分支学科的方向主要包括：地质环境系统中质量输运、能量循环及其生态环境效应，地质环境监测与模拟，矿业活动的资源环境效应，温室气体和废物地质处置，环境岩土学，环境矿物学与污染场地修复，城市地区人－地界面地质过程与国土空间管控，地质环境与健康等。近年来，其还拓展到深部地质过程的灾害与环境效应，极端地质环境水－岩相互作用，关键带动力学，非传统化石能源开发的环境影响，地下空间资源可持续利用，环境地质信息等学科方向。

【特点】国家生态文明建设对技术与人才的迫切需求是环境地质学发展的根本动力。我国环境地质问题突出，环境地质学在解决重大民生问题和生态环境问题中发挥了重要作用。多学科理论方法的融合、科学与技术的一体化是环境地质学研究的基本特点。地质环境系统具有复杂性和非线性特征，需要在地球系统科学的框架下，运用和发展先进的观测、探测、监测、环境示踪、实验、模拟和大数据等技术方法，深入研究不同时空尺度与不同条件下的地质环境过程，揭示地质环境系统时空变化机制，评估人类活动对地质环境系统质量输运、能量循环和结构稳定性的影响。

【战略意义】地质环境系统是与人类社会发展有着密切联系的岩石圈的一部分，其与水圈、大气圈和生物圈相互作用，提供了人类社会生存与发展所必需的基础物质资源，维系了地球表层生态系统的平衡，营造了宜居环境。工业革命以来，人类成为强大的地质营力，人类活动对于地球系统的作用旷日持久、无处不在，自然资源过度开发利用、温室气体和废弃物大量排放扰动地质环境系统的稳定性和自然演化进程，导致气候变暖、水土环境质量恶化、生态系统退化、岩土体失稳、地质灾害频发，对生命系统有害的地球物质被加速释放，各种灾害和疾病危及生态安全和环境健康。通过揭示地质环境系统特征和演化规律，探索地质背景和地质过程对人类生存环境和生态系统的影响，研究和解决地质环境问题，以建立人 - 地和谐关系，谋求自然资源的可持续利用和人类社会与自然环境协调发展是环境地质学的使命。

（七）环境地球化学（D0707）

【定义】环境地球化学是介于环境科学和地球化学之间的一门交叉学科，其主要将地球化学的原理和方法应用于环境问题的研究中，重点研究化学污染物和微量元素在人类赖以生存的周围环境中的含量、分布、迁移和循环规律，并研究它们对人类健康造成的影响，同时，还研究人类生产和消费活动对自然环境的地球化学规律造成的影响。

【内涵和外延】环境地球化学学科的主要任务和使命是研究人类赖以生存的地球环境的化学组成、化学作用机制、化学演化与人类活动相互影响关系及全球环境变化，进而揭示人类生存与环境之间的内在联系，这种关系包含两个内涵和外延：一是原生环境的地球化学性质及其与植物、动物和人体健康的互作关系；二是人类活动对环境的化学组成、化学作用、化学演化的影响及其环境效应。

【组成】环境地球化学是一门造福于人类并使之与自然和谐共存的地球化学分支学科，可以划分为元素环境地球化学、环境有机地球化学、环境生物地球化学三个研究方向。

【特点】环境地球化学是环境科学和地球化学方面的新的生长点和发展方向。其主要特点包括：①环境地球化学是地球科学、物理、化学、生物学、环境科学的交叉学科，立足于各学科的基本理论和技术；②研究针对地球表生环境中的化学污染物和微量元素；③属于基础和应用基础研究，在研究化学污染物和微量元素的地球化学迁移转化理论的基础上，进一步延伸到与生物机体、生态系统、人体健康等之间的相关作用、界面过程、毒理效应以及污染环境的修复等领域。

【战略意义】环境与发展是当代人类社会共同关注的两个主题。人类对环境污染的关注已从局部到全球、从普通百姓到学界和政府各个层面具有强烈的环境意识，他们都在不遗余力地整治污染、保护环境，环境地球化学在改善人类的生存与生活环境过程中发挥着重要作用。立足国家环保需求与学科战略发展定位，有效地研究污染物的环境行为与全球生态效应、人群健康效应等，建立环境承载评估体系，发展生态安全指数、健康基准与标准，致力于保护人类生存安全、实现绿色健康发展，成为环境地球化学当前形势下的新目标和新任务。

（八）生态毒理学（D0708）

【定义】生态毒理学是应用毒理学的原理和方法，从生态学角度研究环境污染物对生态系统及其组成成分的有害作用和相互影响规律的学科。其主要研究对象是非人类生物，从不同生命层次和生命现象水平研究外源化学物质与种群、群落和生态系统的相互关系及作用机理，探究污染物迁移、转化、降解的生物机制和确定反映环境胁迫的指示特征，从而为环境政策、法律、标准和污染控制方法的建立和修订提供科学支撑。

【内涵和外延】生态毒理学的任务和使命是研究有毒有害的化学物质低剂量长期作用于生态群体的效应，即环境污染物进入生物体内引发的毒害甚至死亡的直接作用、环境污染物引发生态平衡紊乱所导致的间接毒害作用，以及将污染物对某种生物的效应建成生物模型，以此推测另外一种生物可能发生的改变。其不仅研究环境污染对某一种群的损害，还研究环境污染物对生态系统平衡的影响。

【组成】生态毒理学研究以毒理学、生态学和环境化学等学科为基础，研究的科学问题和内容包括：生物指示物的慢性与急性毒性响应，探究其对生态系统平衡的影响；开展宏观野外研究，分析混合物种相互作用的毒性响应水平与模式；研究环境污染物在细胞、组织、器官、个体、种群、群落、生态系统、生物圈水平的生态毒理学效应，建立生态风险评价方法，探究生态修复和治理环境的理论和措施；开展污染物对环境影响的生态毒理学预测，建立和完善环境质量标准的生态毒理指标体系、新化学品安全评价方法，深入开展污染物在环境中归趋的研究并与毒理研究进行结合等。

【特点】研究环境污染物（或有毒有害物质）相关的生态系统健康问题成为生态毒理学最鲜明的学科特色，将宏观生态理论与微观机制结合起来是生态毒理学的鲜明特征。生态毒理学从生态系统上可划分为大气生态毒理学、土壤生态毒理学、淡水生态毒理学和河口与海洋生态毒理学等，从生物分类可划分为植物、鱼类与两栖类、昆虫、鸟类、微生物毒理学等。该领域具有学科交叉性，生态毒理学涉及生态学、毒理学、生物监测、环境科学技术等多个学科，研究对象的差异性决定了该学科的复杂性。其学科的特点也随着工业的发展、时代的进步不断改变，生态毒理学的内容也不断扩充和丰富。如今，化学品管理、毒物控制以及风险管理和评估也纳入生态毒理学范畴。因此，生态毒理学具有顺应时势、传承创新的发展趋势。

【战略意义】随着人类对环境污染物毒理学知识需求的增加与环境污染的加剧，生态毒理学的研究内容不断扩充和更新。对基于不同层次的暴露途径产生的毒性危害和生态（健康）风险进行系统评估，揭示环境污染的构成与生态 / 健康结局的因果关系，实现生态健康的系统保护，对于推动国内环境风险研究领域的发展、生态系统健康发展与生态系统服务功能的提升、我国在环境风险评价方法学及基础理论研究与国际前沿研究差距的缩小、相关研究领域学术的发展发挥着重要作用。

（九）污染物环境行为与效应（D0711）

【定义】污染物环境行为与效应研究以认识污染物行为和效应的区域特征为切入点，抓住污染物来源分布、时空格局、全球 / 区域迁移的特点，通过刻画地球化学过程中非均质环境介质影响下的污染物迁移转化规律，形成具有区域分异的生态风险和健康风险分析，并为污染阻控的地球科学与工程手段提供依据与方法。

【内涵和外延】污染物环境行为与效应研究的任务是以认识和解决环境问题为导向，研究人类生存的地表环境中污染物进入环境的形式与途径，在环境中的迁移、转化、赋存规律及其通过各种途径对生命体形成的暴露和风险；并在此基础上，依据各区域的地学特征形成相应的防治措施、政策和基准。其重点研究对象和研究内容随着经济社会发展阶段的核心环境问题而自然演化和拓展。此外，相关学科的理论和技术发展也使得该领域的知识基础和研究手段不断拓展和深化。

【组成】污染物环境行为与效应研究主要以地球科学、大气科学、环境科学、生态学和毒理学等学科为基础，该领域研究的主要问题包括污染物来源分布、时空格局、全

球 / 区域迁移、生物 / 非生物降解和生态 / 健康效应。其主要研究内容涉及污染物的环境多介质界面行为及模型、污染物的区域环境过程及演化机制、污染物的生态毒理效应及其微观致毒机制、污染物的健康风险评估与环境基准等。研究旨在通过解析污染物的环境行为和致毒机制，实现污染溯源、风险诊断和早期预警，并为污染的阻控防治提供科学的依据与方法。

【特点】污染物环境行为与效应研究具有交叉和应用的双重属性，其特点是问题导向和学科交叉。该领域研究是以认识和解决环境问题为导向。因此，其重点研究对象和研究内容随着不同发展阶段的核心环境问题的变化而自然演化。该领域研究具有显著的交叉学科属性。其研究领域内不仅有地球科学内部各分支学科之间的交叉，也有地球科学与环境科学、生态学、毒理学、医学等学科之间的融合，乃至涉及自然科学和社会科学之间的渗透。因此，污染物环境行为与效应研究的诞生和发展符合现代科学发展交叉与综合的总体趋势。

【战略意义】随着工业化与城市化的不断推进和经济社会的快速发展，我国面临着水土资源短缺、环境污染加剧、生态系统退化等资源环境问题的巨大压力，其严重威胁着经济社会可持续发展和人类安全健康，引起了人民、政府和科技界的高度关注。如何准确地认识污染物环境行为与效应、阻控和防治其环境风险是科学解决当前和未来发展面临的重大环境和生态问题的核心挑战和迫切需求。

（十）环境与健康风险（D0712）

【定义】环境与健康风险研究基于风险调查或监测数据，通过暴露评估 / 预测和毒理学或流行病学的暴露 / 剂量 - 反应关系评估，对环境污染（生物、化学和物理）、气候变化等环境危害因素导致的健康风险进行定性或定量评价，并将风险结果与决策者和公众进行有效交流，进而降低人群健康风险。环境与健康风险研究可为提升公众及政府对环境与健康风险防范的能力和环境健康相关政策的制定提供重要依据。

【内涵和外延】环境与健康风险的主要任务是识别影响人体健康的关键环境风险因素，揭示环境暴露及环境和遗传的交互作用影响人体健康的机制，以及地球多个圈层中物理、化学、生物环境要素对人体的暴露及其健康影响；采取相应的风险预防及干预措施，建立环境与健康风险评价和管理体系。随着多学科交叉技术与方法的发展，环境与健康风险的主要外延包括定量分析与预测环境暴露特征及来源，识别易感人群，确定区域和全球污染物与病原体在气、水、土、生物等圈层中迁移、转化模式和人体暴露途径，以及基于概率模型预测健康风险等研究方向。

【组成】环境与健康风险属于环境科学、暴露科学、行为科学、毒理学、流行病学、分子生物学、医学、风险评估以及概率与统计等学科的交叉领域，主要由环境暴露、环境流行病、环境毒理、环境与健康风险及管理和区域及全球环境健康等方向的研究内容组成。通过对上述内容的研究，揭示环境污染物的健康效应、作用机制、相关疾病发生发展规律，从而为健康风险控制提供科学依据。

【特点】环境与健康风险本质上具有很强的学科交叉性，所以它具有跨学科、跨专业、综合性强、技术要求高等特点。在寻找本学科相关问题的解决方案时，由于需要了解不同学科的独特观点、要点和技术术语，因此通常需要多个学科的科学家和决策者一起合作。除此之外，设置本学科也符合当前我国以及全球其他各国开展环境健康工作必要性和可行性的特点。

【战略意义】人类的健康与环境休戚相关，全球每年约有四分之一的人类死亡是由可改变的环境因素造成的。许多环境与健康问题都与经济发展、快速无序的城市化及工业化有关。环境与健康风险通过多学科深入交叉相融、协同攻关，科学系统地进行环境与健康技术支撑、环境与健康信息共享与服务、环境与健康风险预警和突发事件应急处置等工作的建设，同时构建的多学科、多角度、多层次科学体系是落实《"健康中国2030"规划纲要》和《健康中国行动（2019—2030年）》的前提，对可持续发展战略具有重要意义。

（十一）第四纪环境与环境考古（D0713）

【定义】第四纪环境与环境考古是研究最近258万年地球环境特征、演变过程和动力机制以及环境演变与人类活动关系的学科，它既是一门涉及地球历史的地球科学学科，又是一门涉及人类活动的环境科学学科。

【内涵与外延】第四纪环境与环境考古在时间上侧重第四纪，在空间上将区域与全球相连，研究内容涵盖地球表层系统多尺度演变的历史和规律以及环境演变与人类演化和文明演进的关联。由于第四纪环境的宏观格局形成于新生代，因此第四纪环境作为科学范式在时间上已拓延至新生代。第四纪环境和新生代环境在研究思路和研究方法上密切相关，在研究内容上构成相互关联的完整体系。此外，"过去是未来的钥匙"，第四纪环境与环境考古研究为预估未来地球环境趋势提供真实的历史相似型，为改进地球系统模式提供必不可少的检验基准。

【组成】第四纪环境与环境考古以地球表层系统为研究对象，综合沉积学、地层学、地球化学、地球生物学、古气候学、古生态学、古人类学、年代学等多学科的方法和手段，开展第四纪环境演变过程与机制研究，核心研究内容包括构造尺度环境演化、冰期-间冰期环境演变、第四纪环境突变、环境变化与人类活动和第四纪环境定量化与环境考古等。第四纪环境与环境考古的学科目标是：创建和完善对地球环境及其与人类关系的科学认知，为构建可持续宜居环境提供理论支撑。

【特点】第四纪环境与环境考古具有多学科融合、多尺度过程解析和多因素机制探索的特点。在研究方法和研究手段上，第四纪环境与环境考古融合了地质学、古地理学、古生态学、古海洋学、大气科学等多个学科；在研究的时间尺度上，整合了构造（10^6年）、轨道（10^4～10^5年）和千年—百年—十年等多种尺度；在研究的空间尺度上，贯通了局地、区域和全球性研究。第四纪环境与环境考古研究强调在圈层相互作用视野下，从构造、气候、生物及人类等多因素角度探索地球环境演变机制，在地球系统科学理论研究和全球气候变化对策研究方面起着重要的学科支撑作用。

【战略意义】20世纪80年代末，全球变化研究的兴起以及地球系统科学概念的提出，都与第四纪环境与环境考古在全球气候周期性和突变性以及气候系统运行机制等方面获得的理论突破密不可分。未来一段时期，构建地球系统科学框架、提出气候变化应对策略是地球科学研究的首要目标。第四纪环境演变研究涉及多圈层相互作用以及人类与自然相互作用，跨越构造、轨道和千年—百年—十年等多种时间尺度，因此第四纪环境与环境考古将为建立和完善地球系统科学框架提出原创性理论认识，为评估和应对气候变化提供基础科学支撑。

（十二）环境信息与环境预测（D0714）

【定义】环境信息是指自然环境要素与人文社会现象在特定空间位置上的定量表达。环境预测是指在充分考虑环境变化的自然变率的基础上，预测人文社会条件下“人类系统与环境系统的耦合和协调”。环境信息与环境预测是关于先进观测仪器、信息处理算法和模拟分析理论与方法的一个研究领域。

【内涵和外延】环境系统是人类赖以生存的基础，环境要素涵盖了地球表层自然要素和人类活动。随着人类活动及气候变化的加剧，地球表层环境系统正在发生剧烈的变化，并产生深远的影响甚至关乎人类的可持续发展。环境信息与环境预测侧重于第四纪以来尤其是历史时期人地关系的演变研究，随着空间信息、实验观测、设备仪器、互联网、大数据以及人工智能等学科的发展，环境信息采集、深度挖掘与环境精准预测成为可能。环境信息与环境预测的研究范畴延伸到信息科学、地理科学、地球化学、生态学、环境科学、管理科学，拓展了对地球表层环境要素及其组成的复杂环境系统的认识，其内涵拓展到从人类可持续发展的视角研究地表环境变化的过去、现在和未来。

【组成】环境信息与环境预测旨在通过先进遥感仪器和地面观测仪器研制，数据时空插值、升尺度、降尺度和数据融合等数据处理算法发展，模型–数据同化、模型耦合和情景模型构建等理论和方法研究，发现环境系统变化规律及其驱动机制，评估环境系统变化的安全阈值，预测环境系统变化的未来趋势和影响。先进的星基、空基和地基观测仪器包括主动观测和被动观测以及数据自动传输等。数据时空插值就是利用时间或空间离散点信息或不连续的信息构建一个连续的曲面，它的目的是使用有限的观测值或有信息空缺的曲面，运用有效方法对无数据的点进行填补。在许多情况下，为了节约计算成本，需要将细分辨率数据转换为粗分辨率数据，此过程称为升尺度。许多模型和数据由于分辨率太粗而无法用于分析区域尺度和局地尺度问题，为了解决这个问题，需要将粗分辨率模型输出结果和粗分辨率数据转换为高分辨率数据，这个转换过程称为降尺度。数据融合是将表达同一现实对象的多源、多尺度数据和知识集成到一个一致的有用形式，其主要目的是提高信息的质量，使融合结果比单独使用任何一个数据源都有更高精度。模型–数据同化就是将地面观测数据并入系统模型的过程，其目的是根据地面观测数据调整系统模型的初始状态变量或参数来提高系统模拟的精度。模型耦合包括松散耦合和紧凑耦合两类，在模型的松散耦合中，一个模型的输出是另一个模型的输入，不考虑模型之间的相互反馈，保持了每个模型的特征和优势；当系统要素的相互反馈对模拟结果比较重要时，需要进行模型的紧凑耦合。未来情景包括归因情景、政策筛选情景和目标导向情景。归因情景根据驱动力的可能轨迹，分析自然系统对人类贡献的变化趋势；政策筛选情景通过对备选政策或管理措施对环境影响的预测，对备选政策进行事前评估；目标导向情景在明确定义目标的基础上，通过优化目标函数，识别达到目标的不同路径。

【特点】环境信息的多样性、时空异质性和动态变化特征决定了环境信息与环境预测具有很强的学科交叉性、应用基础性和前沿创新性，突破了相关学科研究领域割裂化、碎片化的壁垒。空间信息、实验观测、设备仪器、互联网、大数据以及人工智能等学科的发展，使得系统化、多尺度、精细化、智能化、平台化、复杂化等环境信息与环境预测成为可能。环境问题的迫切性、前瞻性、交叉性决定了环境信息与环境预测学科的应用基础学科特征，使得其成为解决人类可持续发展问题的重要手段。

【战略意义】资源与环境的可持续利用已成为人类可持续发展面临的重要挑战。环境信息与环境预测通过学科交叉融合，能实现对地球表层环境系统变化的动态观测、全过程模拟、机制解析、影响评估和智慧调控，不但为相关学科的发展提供了需求，而且为解决地球系统科学前沿问题提供了可能，是满足人类可持续发展决策支持需求的重要科学领域。

（十三）环境地球科学新技术与新方法（D0715）

【定义】环境地球科学新技术与新方法是一个新的学科，致力于提高物质组分测试技术的精准性、地下结构和构造探测技术的透明性、表层地球系统演变过程监测技术的长期稳定性，利用多学科观测的海量数据与地球观测系统进行整合，不断增强挑战非线性复杂地球系统中的预测问题的能力，从而为解决地球环境问题提供科学技术指导。

【内涵和外延】技术开发、适当的时空尺度观测，以及综合模拟成果构成了基础地球科学研究的前沿。环境地球科学新技术与新方法从环境地球科学前沿的角度，系统地阐述了解决科学问题当中运用的新技术与新方法，推动了从地表到地球内部运动过程的研究，以及海洋与大气学、生物学、工程学、社会学等领域的跨学科研究，打破了各学科的学术壁垒，推动了各学科创新性的研究，是环境地球科学整个学科研究的支撑之一。

【组成】环境地球科学新技术与新方法学科的任务和使命是建立环境地球科学多圈层物质循环探测和多参量分析的新技术与新方法；表层地球系统中污染物等物质的物理、化学和力学性质的测试新技术与新方法；地球表层系统垂直结构探测和遥测新技术与新方法；环境地球系统灾害感知预警技术和预测集成模式等。

【特点】技术与方法的创新是推动环境地球科学学科发展的必然要求，环境地球科学新技术与新方法具有鲜明的时代特色、前沿性、探索性与原始创新性的特点。其利用新技术与新方法，研究地球系统如何发展演化，突破传统研究手段的局限，更深入更定量化地认识地球、研究地球，引导科学家利用新技术、新方法解决过去、现在和未来的重大科学问题。

【战略意义】面向地球科学前沿，发展地球科学研究的新理论、新技术和新方法，有利于发现新现象、认识新机理和解决新问题，促进地球科学各学科均衡、协调和可持续发展，推动各学科的创新性研究和新兴领域的发展；激励原始创新，拓展科学前沿，为学科发展打下全面而厚实的基础；同时，也为我国地球科学重大突破和纵深发展，解决国家经济建设和可持续发展所面临的资源、能源、防灾减灾和环境保护等重大问题提供研究理论和手段。

（十四）区域环境质量与安全（D0716）

【定义】区域环境质量与安全是指地表一定地域环境变化的自然过程、人文过程、技术过程及其交互作用对区域环境状态、演化进程、效益强度和稳定水平的综合表征。它是一门研究一定地域人与自然相互作用机理、变化规律及其生态环境效益的交叉学科，可以为实现区域人地系统协调和可持续发展提供理论指导。

【内涵和外延】区域环境质量与安全是反映区域人与自然协调程度的一种状态和特征，是建立在人类活动与自然环境相适应、相协调基础上的度量指标，通过综合评估能够客观地反映环境质量与安全的等级水平。在区域环境质量与安全目标导向下，如何解决当前复杂多样的资源、环境、生态和灾害问题，为深化环境地球科学研究，创新发展人地系统科学提出了新挑战。区域环境质量与安全成为全面评判区域水土资源短缺、环境污染加剧、生态系统退化、自然灾害频发等环境问题对人类生存和发展影响程度的基本维度。区域环境质量与安全是一个发展变化的系统问题，具有大跨度、多尺度、分维度"三度"特点。首先是大跨度，区域环境的影响因素多、地域分布广，不同类型的区域环境内涵功能与质量存在明显差异，在宏观上也遵循一定的地域分异规律；其次是多尺度，这是由区域的差异性、多层级特点所决定的，通常可以从区域环境的地带性、地区性、地方性来审视；最后是分维度，依据生态保护、环境治理、人地协调的多情景目标，围绕区域环境高质量、安全性目标，探究人类经济活动及其治理方式如何适应乡村振兴、生态文明、美丽中国建设等战略需求。因此，针对具体区域环境和特定环境问题，亟须从不同的视角和维度探究区域环境质量与安全的理论位点、战略路径、突破途径和政策保障，研究建立区域环境质量与安全地域格局－作用机理－环境效应的解析范式。

【组成】区域环境质量与安全的研究目标是以环境科学理论和人地关系地域系统理论为指导，面向国家经济社会可持续发展需求和破解区域生态环境问题需要，推进环境科学、地理科学、工程科学等多科学交叉集成，为区域可持续发展、人居环境治理及美丽中国建设提供科技支撑。其主要研究内容包括建立科学的区域环境质量与安全评估理论和方法体系，开展区域环境灾害过程、形成机制、影响和相关模拟研究，探索区域环境质量诊断、评价方法体系以及管控的模式，构建区域环境保育、修复、整治模式并阐明相关机制，解析高强度人类活动对区域环境的影响、互馈及调控机理等。

【特点】区域环境质量与安全学科具有"四多"的特点：①区域多尺度；②环境多类型；③质量多层级或多水平；④安全多目标。

【战略意义】自工业革命以来，强烈的经济社会活动极大地改变了人类赖以生存的地球表层环境。特别是不合理地开发与利用水、土、气、生物等环境资源，造成了日趋严峻的区域水环境污染、土壤环境污染、大气环境污染、生态系统退化，并引发了众多的次生灾害事件。因此，区域环境质量与安全备受国际机构和世界各国的广泛关注。联合国可持续发展目标（sustainable development goals，SDGs）、未来地球（Future Earth）计划等国际科学计划将其列为重要议题。2012年以来，生态文明、美丽中国建设上升为国家战略，生态文明建设成为关系中华民族永续发展的根本大计。国务院先后印发了大气、水、土壤污染防治三大行动计划。2017年，党的十九大报告指出，我国现阶段社会主要矛盾已经转化为人民日益增长的美好生活需要和不平衡不充分的发展之间的矛盾。因此，如何营造高质量、低碳化、可持续、安全健康的区域环境，促进人地系统协调与可持续发展，成为新时代重视加强区域环境质量与安全研究的重要命题和前沿课题。

（十五）环境保护与可持续发展（D0717）

【定义】环境保护与可持续发展是一门交叉学科，基于与环境相关的政策法规、社会管理、环境保护的新理论、新技术、新方法等，将生态环境保护融入社会主义现代化发展的各方面和全过程。

【内涵和外延】环境保护是可持续发展的基础和手段，可持续发展是环境保护的目的，人类应该在发展中保护环境，保护环境使得人类经济和社会可持续发展下去。环境保护与可持续发展的学科内涵是将经济社会现代化发展与生态环境保护治理结合起来、统一起来，以生态环境保护治理的目标、任务与行动要求，将其融入包括经济建设在内的社会主义现代化发展的各方面和全过程，以实现生态文明和人类永续发展。

【组成】环境地球科学中的环境保护与可持续发展是一门交叉学科，其内容包括环境经济、环境政策标准、环境法规、环境战略与理论、环境与社会管理、国际环境政策、环境与能源、生态文明与绿色发展、环境健康风险、防灾减灾、节能减排政策、自然资源管理、低碳绿色等。随着对环境保护与可持续发展研究的重视，该研究领域的组成也将不断完善。

【特点】环境保护与可持续发展是土地利用、绿色低碳、节能减排、宜居地球、防灾减灾、生态安全、环境健康和区域质量安全等多个二级学科的综合交叉，也是地球科学、管理科学、生命科学、社会经济政治文化科学等的延伸和领域交叉，是基础研究直接融入国家生态文明建设和社会经济建设决策与制度建设的重要路径。可持续发展理论源于环境保护、低碳节能减排，是既满足当代人的需要，又不对后代人满足其需要的能力构成危害的发展。经济和社会的健康发展创造出更高的经济效益，有利于增加环境保护的投入，保护或形成更适于经济与社会发展的环境，使人类社会得以持续发展，这也是生态文明的内在精髓。

【战略意义】环境保护与可持续发展既是国际发展前沿也是国家需求。2015 年联合国在可持续发展峰会上正式通过成果性文件——《改变我们的世界：2030 年可持续发展议程》，自此，环境成为 2030 年可持续发展议程的核心支柱。党的十八大以来，“生态文明建设”已居于治国理政方略的主导性地位，可持续发展和绿色发展已经被纳入“生态文明及其建设的话语和政策实践”这一更宏大的理论与政策框架体系之下。党的十九大报告更是提出，“中国将继续发挥负责任大国作用，积极参与全球治理体系改革和建设，不断贡献中国智慧和力量”，从而为我国环境保护与可持续发展提出新的要求和挑战。生态文明坚持人与自然和谐共生，倡导尊重自然、顺应自然、爱护自然价值。环境地球科学源于如何处理人与自然关系的研究，肩负探索和解决全球环境变化，尤其是人类可持续发展面临的生态、环境和灾害问题的学科使命，其涉及生态保护、污染治理、防灾减灾、环境变化应对、土壤资源与环境、环境健康等，是生态文明建设和可持续发展的核心基础学科。新形势下，环境保护与可持续发展应运而生，其承担起了更多的社会责任，主动作为、主动对接、主动融入经济、政治、文化和社会全过程，使环境地球科学走进社会、政府和主战场的决策层面，为国家治理体系和治理能力建设、治国理政方略、管理、决策和制度建设提供科技支撑。

（十六）人工纳米颗粒的环境地球化学过程（专题）

【定义】人工纳米颗粒（engineered nanoparticles，ENPs）指人工合成的，至少在一个维度上小于 100 nm 的颗粒，其在生产、使用、废弃过程中产生，并不可避免地进入环境。人工纳米颗粒的环境地球化学过程是研究人工纳米颗粒在地球系统中的迁移转化规律及其与环境质量、人体健康和生态可持续发展关系的一门新兴学科。

【内涵和外延】纳米颗粒的概念源于20世纪70年代纳米技术的兴起。人工纳米颗粒的环境地球化学过程聚焦在纳米产品的生产、使用和废弃过程中产生的人工纳米颗粒释放到环境后所发生的过程及效应：在表面岩石圈系统、大气系统、水系统、土壤－生物系统、技术系统这五大地球系统中的迁移、转化过程；对水体、土壤和大气环境质量造成的破坏；对人体健康和生态可持续发展产生的潜在威胁和风险。随着对纳米颗粒本身及纳米效应的不断认知，这一学科外延至两个方面：①研究对象由人工纳米颗粒外延至天然纳米颗粒、次生纳米塑料等颗粒物；②研究领域由材料学和地学交叉的范畴延伸至环境化学、分析化学、毒理学和生态学，并外延至纳米颗粒和纳米材料的环境相关应用。

【组成】人工纳米颗粒的环境地球化学过程是新兴研究领域，其理论体系和研究方法不断发展和完善，属于地球科学、化学、材料科学、环境科学、生态学、毒理学等多学科交叉领域，主要包括人工纳米颗粒在地球系统中的迁移、转化和归趋等环境过程；人工纳米颗粒的环境生物效应；人工纳米颗粒对水体、土壤、大气中组成元素迁移转化的影响规律；人工纳米颗粒在生态系统中的迁移、转化、蓄积及生态风险；人工纳米颗粒对人体健康和食品安全的潜在风险；环境和生物样品中人工纳米颗粒的分离、识别、表征和定量技术；人工纳米颗粒及以其为组成单元的纳米材料在农业、食品、污染修复、催化等环境相关领域的潜在应用。随着对纳米效应认知的迅速发展，该研究领域的组成也将不断更新和完善。

【特点】纳米颗粒最重要的特点在于其纳米效应，具体表现在纳米颗粒具有物理、化学和生物学活性。因此，本学科的发展得益于物理、化学和生物学及其他自然科学的发展，并逐渐通过学科交叉衍生出纳米污染化学、纳米毒理学、纳米生物医学、纳米农业等新兴学科。纳米颗粒的表面效应、尺寸效应和宏观量子隧道效应使其在具备重金属、持久性有机污染物（persistent organic pollutants，POPs）等传统污染物的部分特征的同时，具有显著的特异性。其研究手段和研究方法的飞速发展对该领域认知的提升具有重大意义，赋予该领域与时俱进的学科特性。

【战略意义】纳米技术的发展是国家战略，也是全球科技竞争的焦点。人工纳米颗粒的环境地球化学过程研究的目标就是将人工纳米颗粒在地球系统中的环境过程透明化，实现其环境归趋可预测和环境风险可预防的目的。因此，该领域的研究工作是纳米技术发展的关键环节，其对于保障纳米技术的绿色应用和可持续发展意义重大。

（十七）新污染物的环境地球化学过程（专题）

【定义】新污染物是指由人类活动造成的、目前已明确存在的，但尚无法律法规和标准予以规定或规定不完善、危害生活和生态环境的所有在生产建设或者其他活动中产生的污染物。

【内涵和外延】新污染物主要包括以下特点：一是“污染物”，即人为活动有意无意产生的、在环境介质中普遍存在的、危害生态环境或人体健康的物质；二是“新型”，即伴随新产品、新产业的发展而产生的，由于历史较短或发现危害较晚、研究不足、尚无法律法规和标准予以规定或规定不完善。目前对这些污染物的环境行为和生态毒性效应知之甚少，引起了世界各国政府部门和环境科学家的高度关注，其也成为环境地球科学的重要科学前沿。随着新污染物种类和数量的增长，其外延也在不同扩大，不仅包括最初的分子态有机污染物，也包括像抗生素抗性基因（antibiotic resistance genes，ARGs）、人工纳米材料、微塑料等在内的污染物种类。这些新污染物当前大多未受法规规范，因此它们的不断涌现为环境地球科学的发展带来了新的机遇与挑战。

【组成】依据污染物的形态，目前已报道的新污染物包括新有机污染物，如 POPs、环境内分泌干扰物（environmental endocrine disruptors，EEDs）、药品及个人护理用品（pharmaceutical and personal care products，PPCPs）、全氟化合物及其替代品（perfluoroalkyl substances，PFASs）、溴代阻燃剂（brominated flame retardants，BFRs）、有机磷酸酯（organophosphate esters，OPEs）、双酚类物质（bisphenol analogues，BPs）、短链和中链氯化石蜡（short and middle chain chlorinated paraffins，即 SCCPs 和 MCCPs）、消毒副产物（disinfection by products，DBPs）等；颗粒态污染物，如人工纳米材料、微塑料、大气细颗粒物；生物类污染物，如抗生素抗性基因。

【特点】新污染物具有以下特点：①种类多数量大，如仅 PPCPs 就包括成百上千种化合物。②具有特殊的理化性质，如全氟化合物具有非常强的稳定性和特殊的疏水疏油特性，因此在环境中呈现出其独特的环境地球行为。③分析检测难度大，如环境中微塑料、人工纳米材料等的定性定量分析目前尚未解决。④具有特殊的毒性效应和致毒机制，与传统化学污染物在致毒机理上存在较大差异。⑤不断更替演变的趋势，如抗生素抗性基因会随着垂直 / 水平基因转移在环境中进一步发生生物学增殖。⑥传播途径和暴露风险具有更大的不确定性，如一些病毒、病原菌以及抗生素抗性基因等生物病原体在传播过程中容易发生变异，可能会造成对其暴露风险的低估和不确定性。因此，新污染物的环境地球化学具有传统污染物不具备的特性，需要依靠多学科交叉协同研究。

【战略意义】开展新污染物的环境行为、生态与健康风险及其控制技术，符合国家及国际社会管控污染物环境危害的需求，是环境地球科学领域的前沿热点问题。党的十九届五中全会聚焦新发展阶段、新发展理念、新发展格局，明确提出“重视新污染物治理”。对新污染物的研究亟须加快加强，尤其是在其多介质环境地球化学归趋、跨介质传输、迁移转化机制及其转化 / 代谢产物的区域生态效应和人体健康效应及其暴露风险评估等方面，其对有效加强污染预防、污染管控、风险消减以及区域经济与环境的协调发展均具有十分重要的理论和现实意义。

第二节　环境地球科学学科组成

一、环境地球科学的发展历程

任何一个新学科的发展都不是一时兴起，必然是经过数十年的积累，根据自身发展以及时代要求，不断传承与创新，从而进行调节，使其自身顺应时代发展与满足科学要求。环境地球科学学科的发展，与地球科学、环境科学及国家生态文明建设的发展密不可分。本节基于环境地球科学学科特点、内涵、外延及学科架构，梳理了其发展脉络，叙述了环境地球科学学科申请代码的更新迭代，阐释了环境地球科学的发展特点。从时间尺度来说，环境地球科学学科经历了三个阶段：①雏形期——2005 年左右，国家自然科学基金委员会地球科学部（简称地学部）组织研讨环境地球科学，提出在关注污染环境的同时，应该从更宽、更高的角度关注更加广义的环境，这为环境地球科学学科的建立指明了方向。②生长期——近年来，与环境相关的学科逐渐形成了显著的高地，这无疑从学科发展的角度加快了环境地球科学的诞生。与此同时，随着国家战略部署的加强、区域环境治理力度的加大，国家需求与政策的支持间接推动了环境地球科学的形成。③成熟期——2018 年，环境地球科学学科建立。随着生态文明新时代的开启，生态环境保护的战略位置愈发突显，学科申请代码也不断更新。

雏形期：高质量、可持续的区域环境是人地和谐共生的基础，同时也是联合国 SDGs 及 Future Earth 框架下的重要议题。自工业革命以来，强烈的人类活动极大地改变了人类赖以生存的地球表层环境，这些影响既包括正面的影响，也包括负面的影响。其中，负面的影响尤为引人关注，不合理地开发与利用水、土、气、生物等资源，不同程度地造成了区域水环境污染、土壤环境污染、大气环境污染和生态系统退化，并引发了相关次生灾害事件等。环境科学学科成立于 20 世纪 60 年代，其注重研究探索全球范围内的环境演化规律、人类活动与自然生态之间的关系、区域环境污染的防治技术和管理措施、环境变化对人类生存的影响。环境问题是环境科学发展的根本驱动力，环境科学为正确认识和解决环境问题提供科学依据。环境问题主要有两大类：自然演变和自然灾害引起的原生环境问题及人类活动引起的次生环境问题。《里约热内卢宣言》《21 世纪议程》《联合国气候变化框架公约》《生物多样性公约》等一系列国际公约的出台将环境保护上升至全球层面。环境地球科学与环境科学有共性也有差异，其既要体现地球科学在解决环境问题中的优势和特色，以地球系统科学的理论、方法和技术，研究自然条件和人类活动影响下大气圈、水圈、土壤圈、生物圈相互作用的物理、化学和生物过程；又要探索和解决全球环境变化，尤其是人类可持续发展面临的生态、健康、环境和灾害问题。从科学的角度看，环境污染、植被破坏、温室效应、水土流失、海平面上升、生态系统破坏等环境问题涉及地球大气圈、水圈、表层岩石圈、土壤圈、生物圈等各圈层的相互作用。环境地球科学立足更高、更广的境界来阐述自然 – 人 – 社会之间的关系，诠释不同圈层之间的环境演化规律，直面人类与大自然的挑战，解决中国和国际面临的环境问题。2005 年左右，国家自然科学基金委员会地学部组织研讨环境地球科学：环境地球科学不仅仅关注污染环境，还应关注更广义的环境。2008 年出版的《环境地球科学：地球科学进展与评论（第 4 卷）》收录了反映现代环境地球科学的一些前沿研究方向，涉及深海碳储存、陆面过程建模、地下水污染监测网设计、三维非平稳地下水流和溶质运移随机模型的理论和方法等多个方面，不局限于环境污染问题，更加关注与地球科学相关的环境问题。

生长期：2012 年以来，国家战略部署不断加强、区域环境治理力度不断加大，国务院先后印发了《大气污染防治行动计划》《水污染防治行动计划》《土壤污染防治行动计划》，坚决向环境污染宣战。为了切实加强环境污染防治，逐步改善环境质量，国家逐步完善、制定了众多与环境相关的法律法规。2015 年，在联合国可持续发展峰会上正式通过了成果性文件——《改变我们的世界：2030 年可持续发展议程》，该文件聚焦全球可持续发展中的社会、经济和环境问题，其中环境问题是核心议题，17 个重要议题中有 10 个与环境地球科学相关。如何科学地解决当前和今后发展面临的重大环境、健康、生态和灾害问题，为环境地球科学的研究与发展带来了新的机遇和挑战。我国环境地球科学学科面临的挑战主要包含：①研究对象或研究领域的差异性和复杂性。环境地球科学属于交叉性很强的一门新学科，学科间的交叉渗透融合使得研究对象或研究领域的联系更为紧密、复杂，各学科内部、各学科之间具有共性与差异性，相互之间的关系网更为复杂，难以准确地界定环境地球科学的内涵与外延。②学科理论体系的传承和发展。每门学科之间具有自己独特的学科理论体系，如何在保证分支学科的特有理论体系不被破坏的前提下，秉承传承与创新、继承与发展的理念，传承各学科自身的理论特色体系，构建环境地球科学学科特有的理论体系是十分严峻的挑战。③研究手段与方法的创新。由于环境地球科学具有多学科交叉融合的特点，使用单一学科的理论技术与方法无法解决所面临的重大科学问题。因此，跨越各个学科之间的界限，打破领域技术与方法的约束，以问题需求为导向，融合创新，衍生出新的研究手段与方法，是新学科发展的必然要求。④研究范式的突破和变革。环境地球科学学科不同于以研究对象为导向的学科，它是一门需求牵引、问题导向型学科。鉴于环境地球科学多学科交叉性和复杂性的特点，新学科的理论体系建立需要融合多方科研力量和交叉渗透各学科的概念、原理和方法，跨越领域和学科的视角，构建系统性内在知识体系，以更深的层次和更广的视野来突破传统的研究范式。如今应对新的机遇和挑战，地球科学的分支学科也相应发生了改变，尤其以与环境相关的交叉学科，如环境地球化学、环境地质学、工程地质环境与灾害等逐渐形成显著的高地。环境相关学科的快速发展揭示了社会经济发展和环境保护协调发展的基本规律，凸显了从地球科学角度解决环境问题的重要性。

成熟期（高速发展阶段）：2018 年，国家自然科学基金委员会重组了原有的学科，并根据环境地球科学的前沿和特点成立了环境地球科学学科。环境地球科学学科的建立，填补了新时代国家自然科学基金委员会学科布局的空缺，从地球系统科学的角度，研究环境、健康、生态和灾害问题产生的原因及解决方案，体现了地球科学解决社会需求方面的优势和特色。环境地球科学成立之初，包含 14 个二级申请代码，即土壤学（D0701）、水文学（D0702）、地下水科学（含地热地质学）（D0703）、工程地质学（D0704）、环境地质学和灾害地质学（D0705）、环境大气科学（D0706）、生物地质学（D0707）、生物地球化学（D0708）、环境地球化学（D0709）、环境生物学（D0710）、第四纪地质学（D0711）、环境变化与预测（D0712）、污染物行为过程及其环境效应（D0713）和区域环境质量与安全（D0714）。大跨度的学科交叉为实现人类社会可持续发展的系统科学研究奠定了重要的科学基础。2017 年，党的十九大报告指出，中国现阶段的社会主要矛盾已经转化为人民日益增长的美好生活需要和不平衡不充分的发展之间的矛盾。要破解这个矛盾，亟须高质量和可持续的区域环境，这包括清澈的水、健康的土壤、干净的空气、良好的生态系统和食物以及安全的人居环境。一方面，人类需要发展，发展的过程中不可避免地会引发各类生态环境问题；另一方面，我们需要保护和维持生态环境的健康性和可持续性。对于科学工作者而言，亟须建立科学的区域环境质量与安全评估理论和方法体系，开展区域环境灾害过程、机制、影响和模拟研究，探索区域环境质量诊断、评价方法体系以及管控的模式，制定区域环境保育、修复、整治的模式并阐明相关机制，解析高强度人类活动对区域环境的影响、互馈及调控机理，探明人与自然和谐共生的路径。2018 年，国家自然科学基金委员会按照党中央、国务院部署，确立了“鼓励探索、突出原创；聚焦前沿、独辟蹊径；需求牵引、突破瓶颈；共性导向、交叉融通”四类科学问题，对学科申请代码进行了调整，调整后的环境地球科学包含 11 个二级学科申请代码，土壤学（D0701）、环境水科学（D0702）、环境大气科学（D0703）、环境生物学（D0704）、工程地质环境与灾害（D0705）、环境地质学（D0706）、环境地球化学（D0707）、污染物行为过程及其环境效应（D0708）、第四纪环境（D0709）、环境变化与预测（D0710）、区域环境质量与安全（D0711）。2020 年，美国国家研究理事会（National Research Council，NRC）发布的《时域地球——美国国家科学基金会地球科学十年愿景（2020—2030）》强调了地球随时间演化的重要性及其如何影响人类生活，突出了当前地球科学研究发展的迫切需求。为满足学科自身发展以及国家、社会发展的需求，国家自然科学基金委员会再次调整学科申请代码，取消部分三级学科代码和调整二级学科代码，以“基础夯实、交叉驱动、前沿引领、技术支撑、国家需求”为总体思路，开展学科优化布局战略研究。调整后的二级学科和代码分别为：土壤学（D0701）、环境水科学（D0702）、环境大气科学（D0703）、环境生物学（D0704）、工程地质环境与灾害（D0705）、环境地质学（D0706）、环境地球化学（D0707）、生态毒理学（D0708）、污染物行为与环境效应（D0709）、环境与健康风险（D0710）、第四纪环境（D0711）、环境信息与环境预测（D0712）、环境地球科学新技术与新方法（D0713）、区域环境质量与安全（D0714）、环境保护与可持续发展（D0715）。其中，地球科学与环境科学之间的强烈交叉融合将有利于推动地学领域的创新研究，为国家环境治理体系和治理能力建设提供前瞻性和系统性的科技支撑。随后，由于“土壤学”申请量较大，为了更好地推进土壤学的发展，根据其属性，国家自然科学基金委员会将其划分为 3 个二级申请代码：环境土壤学、基础土壤学、土壤侵蚀与土壤肥力，并于 2021 年开始，使用优化调整后新的学科申请代码：环境土壤学（D0701）、环境水科学（D0702）、环境大气科学（D0703）、环境生物学（D0704）、工程地质环境与灾害（D0705）、环境地质学（D0706）、环境地球化学（D0707）、生态毒理学（D0708）、基础土壤学（D0709）、土壤侵蚀与土壤肥力（D0710）、污染物环境行为与效应（D0711）、环境与健康风险（D0712）、第四纪环境与环境考古（D0713）、环境信息与环境预测（D0714）、环境地球科学新技术与新方法（D0715）、区域环境质量与安全（D0716）、环境保护与可持续发展（D0717）。

二、环境地球科学学科架构

基于“基础夯实、交叉驱动、前沿引领、技术支撑、国家需求”的总体思路，环境地球科学建立了“四梁八柱”的学科架构（图 1-1），其整体由基础学科、交叉学科、前沿领域、技术支撑和国家需求五个部分组成。其中“四梁”指土壤学（包括环境土壤学、基础土壤学和土壤侵蚀与土壤肥力）、环境水科学、环境大气科学和环境生物学 4 个基础学科，“八柱”由 4 个交叉学科（工程地质环境与灾害、环境地质学、环境地球化学和生态毒理学）和 4 个前沿领域（污染物环境行为与效应、环境与健康风险、第四纪环境与环境考古和环境信息与环境预测）构成。“环境地球科学新技术与新方法”是整个学科的技术支撑。“区域环境质量与安全”和“环境保护与可持续发展”两个学科是服务于国家需求的重大目标。

环境地球科学是用地球科学的理论、方法、手段来研究地球环境问题，其由地球科学总体布局图上突出的、与环境密切相关的学科重组形成。学科的逐渐发展和布局的逐步完善，形成了“污染、灾害、生态、健康”四大版块。污染环境以“解决经济社会发展带来的环境问题”为战略主题；灾害环境以“研究地球动力作用和人类工程活动影响下的环境灾害孕育、形成、演化和风险减缓”为战略主题；生态环境以“生态环境安全与可持续发展”为战略主题；健康环境以“环境与健康风险”为战略主题。各科学之间的强烈交叉融合推动了环境地球科学领域的理论与技术创新。

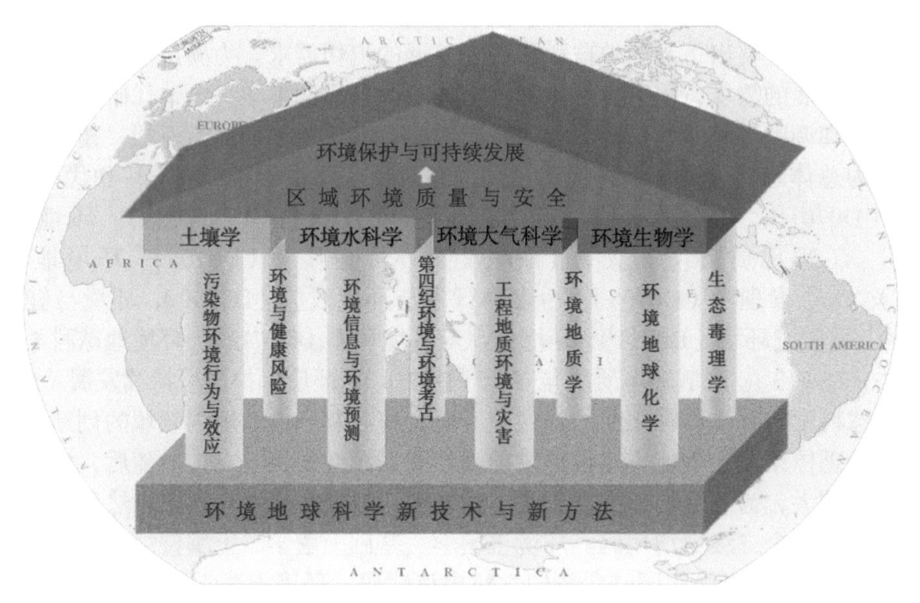

图 1-1　环境地球科学学科总体学科构架［审图号：GS（2016）1567 号］

（一）污染环境版块

污染环境版块以“解决经济社会发展带来的环境问题”为战略主题，主要研究污染物的排放、迁移、转化过程、毒理效应、环境暴露、生态危害、风险评估以及污染控制等环境问题，模拟和预测污染物的环境过程和未来变化趋势等，为人体健康、生态安全及经济可持续发展提供良好环境。土壤学、水环境学、水文学、环境大气科学和环境地球化学等是支撑污染环境部分的重要学科。

土壤是由固－液－气－生物构成的多介质复杂体系，是人类赖以生存的最重要的自然资源之一，是农业的基本生产资料，并支撑着陆地生态系统中的生命过程，其在时间上具有动态可变性，在空间上具有连续变异性。目前，我国土壤环境污染情况日趋严峻，根据环境保护部和国土资源部 2014 年发布的《全国土壤污染状况调查公报》，我国各地土壤污染情况存在差异，部分地区土壤污染较重，农业用地土壤环境质量堪忧，工矿业废弃地土壤环境问题突出。全国土壤总超标率为16.1%，耕地土壤的点位超标率为19.4%，主要的污染物为镉、镍、铜、砷、汞、铅、滴滴涕和多环芳烃等。从生态环境部公布的数据来看，我国农耕地中污染物不断积累，导致抽样粮食中镉、汞、铅、砷等重金属超标率达10%。快速发展地区农田土壤复合污染、全国工业企业搬迁遗留场地污染、生态敏感区和社会热点地区污染等土壤污染问题十分严重，严重威胁着粮食及食品安全、饮用水安全、区域生态安全、人居环境健康、全球气候变化以及经济社会可持续发展。土壤污染具有积累性和隐蔽性，可直接威胁农产品的质量安全和人体健康。因此，生态环境部颁布了《土壤环境质量 农用地土壤污染风险管控标准（试行）》（GB 15618—2018），旨在保护食用农产品质量安全，兼顾保护土壤生态和农作物生长。2017年10月，党的十九大召开，十九大报告提出，要"加快生态文明体制改革，建设美丽中国"，要强化土壤污染管控和修复，加强农业面源污染防治，开展农村人居环境整治行动。针对以上我国土壤污染状况，目前土壤污染控制的重点包括：土壤复合污染过程及调控原理，污染物的有效性及土壤环境质量基准/修复基准，土壤-植物系统中污染物迁移转化的过程调控原理，植物-微生物联合修复污染土壤的新技术及调控机理，高风险污染场地/土壤的绿色修复，土壤生态系统固碳、增汇与减排等。加强协调发挥土壤的生产功能、环境保护功能、生态工程建设支撑功能和全球变化缓解功能，是新时期我国土壤环境保护的重要任务。

水环境学是研究水体中各种复杂的物理、化学、生物等过程以及与其他介质（土壤、大气、植被等）和人类活动相互作用的学科。水环境学多关注内陆水体，包括河流、湖泊、水库、湿地、河口、地下水等，不仅研究天然水体中环境物质的排放、迁移、转化、归趋、暴露，还研究其对流域内自然退化和人类活动的响应及反馈效应。水资源短缺、生态用水严重缺乏、水体污染给环境安全带来严重后果，缺水导致华北平原生态环境急剧恶化，干旱和半干旱地区出现了"有河皆枯、有水皆污"的现象，不少河流"活水变死水"，完全丧失自净能力，地下水位下降进一步加剧了土地退化，形成恶性循环。水污染问题已经成为制约经济社会可持续发展的重要瓶颈。我国处于工业化、城镇化和现代化的快速发展时期，流域水污染程度、空间格局及环境健康效应将面临新的变化。加大水环境研究，可以为国家全面控制污染物排放、着力节约保护水资源、全力保障水生态安全提供科学依据，也可以为应对全球变化对水环境的影响提供支持。目前水环境研究的前沿问题包括：全球环境变化对水环境质量的影响，水环境质量变化的全球气候、生态系统和健康效应，定量模拟重金属在水-沉积物-水界面的循环过程，重金属再释放机制及生物活动对重金属界面行为的作用，重金属作为关键性酶，通过催化生物转化来参与其他生源要素的循环过程，持久性毒害有机污染物的沉积物-水、大气-水界面过程，有机污染物的生物可利用性等。

水文学是水资源研究的基础，水文过程是大气降水通过地表汇流，形成地表径流并对地下水补给或与之交换的过程。该过程很容易受到人类活动的影响，并表现在两个方面：一是人类社会的水资源开发利用，在"降水—入渗—产流—排泄—蒸发"的天然水循环的大框架内，形成了由"取水—输水—用水—排水—回归"五个基本环节构成的人工侧支水循环圈；二是在水资源开发利用程度较高的流域，人工侧支水循环作用下的水循环驱动力从自然驱动力转变为社会经济驱动力占主要因素的二元驱动力，水生态系统服务功能也呈现出二元化。水文学核心目标是为区域可持续发展提供可操作的科学依据，把握未来研究方向，从三个方面进行考虑：大数据背景下的水文信息立体监测与水数字科学；实体与虚拟过程有机耦合的水循环理论与模拟；以决策支持为出口的水文水资源集成研究平台。其具体归结为水循环及水文信息的提取、水文过程模拟与集成的水资源管理系统、气候与环境变化对水文水资源的影响和水资源安全四个方面，开展系统研究，满足社会经济需求。

大气是地球系统的重要组成部分，也是地球化学元素循环的重要环节。随着世界人口激增、工业发展和城市扩张，人为活动排放进入大气的污染物快速增长，大气污染物对区域甚至全球尺度的大气环流、气候、环境、水循环等产生巨大影响。目前我国大气污染的总体态势依旧复杂和严峻，以 O_3 和细颗粒物为代表的大气复合污染在我国快速发展的城市群区域导致了严峻的大气环境问题，成为制约我国未来社会经济发展的重要瓶颈。大气复合污染、区域性光化学烟雾、大气灰霾等污染事件频发，新老环境问题叠加，使得大气污染防治面临极大的挑战。大气环境的方法学包括三个方面，即大气环境监测、大气环境的实验室模拟与大气环境数值模拟。利用最新的监测、分析及模拟技术和先进的在线或高时间分辨率仪器，针对大气污染新形势和特点，研究大气污染物形成的微观机制及大气演化的物理化学过程成为未来的研究热点。热点问题将集中在排放清单、新颗粒形成与增长、有机气溶胶、颗粒吸湿与混合、颗粒老化与大气化学、大气痕量物反应、气溶胶对云和降水的影响、脱汞、污染物对 DNA 及遗传的影响等方面，研究成果将为大气污染防治的根本扭转提供强有力的决策利器。

环境地球化学是研究污染元素及化合物在人类赖以生存的周围环境中的地球化学组成、地球化学作用和地球化学演化与人类健康关系的科学。环境地球化学的主要任务是研究人类活动与地球化学环境的相互作用，其是地球化学与环境科学相互渗透而产生的一门边缘学科。它从环境的整体性和相互依存性观点出发，以地球科学为基础，综合研究化学元素在地－水－气－人环境系统中的地球化学行为，揭示人为活动干扰下区域及全球环境系统的变化规律，为资源合理开发利用、环境质量有效控制及人类生存和健康服务。其主要研究元素及化合物在地球外圈层的各部分，特别是在土壤、水体和大气中的含量和分布，阐明其分配规律，评价原生环境质量，为改造原生环境质量提供依据；研究个别元素及化合物的环境地球化学行为，即研究对人类有益或有害元素及化合物，以及生命元素及化合物的赋存规律、结合形态及其对人类健康的影响；研究区域环境地球化学特征，揭示与原生环境有关的地方性疾病的发生原因，探讨人类长寿的环境地球化学因素；以及为了解和改善自然环境而进行的环境地球化学基础研究，如原始地球的环境及其演化、元素及化合物的环境地球化学分类、元素及化合物演化过程中能量的作用、元素及化合物环境地球化学背景值的确定、原生环境质量评价以及人类活动对自然环境的影响和预测等。环境地球化学随着科学技术以及研究内容的不断扩展、学术思想和研究体系的不断完善，逐渐形成了融合现代环境问题、符合发展趋势、适应学科发展需求的特色学科。经过十几年的发展，环境地球化学学科在区域环境分异研究、区域环境背景研究、区域环境效应研究、区域环境容量研究、环境地球化学理论问题的探索、区域性典型环境研究、过去全球变化中环境信息的提取等方面取得了长足的进展。其在揭示各种化学物质在生态系统化学物质循环过程中的迁移转化规律，评价环境质量，查明环境对污染物的净化和容纳能力，阐明人类自身生存和自然环境的依存关系的实质，解决人类社会所面临的环境问题，保持可持续发展等方面具有独特的意义与重要作用。环境地球化学从不同空间尺度上研究环境，从局部、区域乃至全球环境的综合研究上认识环境变化，从环境的自然演化与人为影响上认识环境变化的诱发因子，这将有助于深化对环境质量的认识。它在较长时间尺度上研究地球环境变化的诱变因子，这在揭示对低剂量、小幅度、长效应的环境演化及地球环境变化的突发事件的认识上具有重要意义。目前环境地球化学学科的前沿领域表现在以下几个方面：重金属污染物的大尺度长距离跨境传输、传统稳定同位素体系的新发展、非传统稳定同位素理论框架建立及运用、环境微生物对有害元素迁移转化影响等。

综上，土壤学、水环境学、水文学、环境大气科学和环境地球化学等是支撑污染环境部分的重要学科，此污染环境版块很好地契合了当前我国新时代加强生态环境保护、建设美丽中国的方针和政策，有助于推动我国经济高质量发展和蓝天、碧水、净土保卫战全面展开，科学保障污染攻坚战的胜利。

（二）灾害环境版块

灾害环境版块以“研究地球动力作用和人类工程活动影响下的环境灾害孕育、形成、演化和风险减缓”为战略主题，主要研究地质环境对人类生存和可持续发展的影响，揭示人类工程活动对地质环境的灾害效应，探索人类工程活动和地质环境的相互作用，寻找人类工程活动与地质环境的有效协调模式和地质灾害有效防控理论及技术，实现人类工程活动的社会效益、经济效益和环境效益的和谐统一。其面临的重要任务是在人类工程活动和地质环境保护之间取得可持续的平衡和发展。灾害环境的科学研究主要依托工程地质环境与灾害、环境地质学这两门学科。

环境地质学是研究人类与地质环境之间的相互作用，运用地质学和社会经济学的观点，阐述人类赖以生存的环境地质现象，以及各种地质作用对人类社会的影响，采用高新科学技术方法，对其作用进行定量评价和预测，以提高人类的环境质量的学科。其涉及全球变化问题、区域地质环境问题、地质灾害问题、生态环境地质问题、废物处置环境地质问题、工程建设的环境地质问题等内容，揭示环境地质问题的发生、发展和演化趋势，全面评价地质环境质量，提出保护地质环境的对策和方法。20 世纪 50 年代以来，全球性的环境地质问题日趋尖锐，水资源短缺、水质恶化、地面沉降、岩溶塌陷、海水入侵、滑坡、沙漠化以及多发性地方病等引起人类对环境地质问题的高度重视。遵循人地协同理论、可持续发展理论、数量经济和模糊优化理论等，采用主观赋权法、客观赋权法、主客观赋权法等定权方法，运用信息量法、综合指数法、数理统计法、模糊数学评价法、灰色系统评价法、反向传播人工神经网络法、敏感因子模型等评价模型，全面、系统地阐述环境地质学的基本理论、研究内容、人类工程及开发利用活动与地质环境的相互作用和影响，以及地质灾害，如地下水污染、地下水开发引起的环境负效应与废物土地处置，土地退化，地震与火山，斜坡地质灾害，地面变形地质灾害等对人类生存环境的破坏及防治措施等。从科学角度来看，环境地质学包括两个方面的问题：一是由地质自身变化引发的原生地质环境问题，如火山爆发、地震、洪水、泥石流等引起的环境问题体现出自然变化对人类生活的影响；二是由人类剧烈活动改变地质条件而引发的次生地质环境问题，其强调人类活动对地质环境的超负荷运转的负面影响。环境地质学以可持续发展为目标，以人－地关系为主线，从两个相反的角度阐述地质环境系统的变化，以期解决环境地质矛盾。其主要研究矿产资源开发活动与地质环境之间的相互影响与制约关系，重点关注矿山环境地质问题的形成机理、环境影响评估、土地复垦和生态环境修复、矿山地质灾害防治、固体废物堆放填埋和处理、环境污染治理等问题；针对地下水水位和水质下降、地面沉降、地裂缝等环境地质问题，开展成因机理、监测评估、模拟预测、预警防控技术的研究，推动水资源保护和合理利用；研究监测传感器、数据采集与传输、风险评估方法及防治技术，推进建立地质灾害监测预警体系，为防治崩塌、滑坡、断层等突发性地质灾害提供重要保障；研究地质环境承载能力，衡量区域可持续发展，为国土空间规划和社会经济发展规划提供科学依据与技术支撑；开展水土污染预防、风险管控和治理修复研究，研发物理、化学、生物修复技术，开展相应的修复工程，为保护人类健康和社会可持续发展提供重要科学支撑。卫星遥感、全球数字地震台网、全球定位系统、地理信息系统、甚长基线干涉测量技术、环境同位素技术以及物理、化学、生物的分析测量方法等高新技术和手段的发展为环境地质学从宏观到微观、从定性到定量、从浅部到深部、从地球到宇宙空间的全方位多层次的研究提供了广阔的前景。

工程地质学是地质科学与工程科学的结合，主要解决工程建设、资源开发与环境保护等人类工程活动中的工程地质问题，它把地质学理论与方法应用于工程活动实践，通过工程地质调查及理论的综合研究，对工程所辖地区即工程场地的工程地质条件进行评价，解决与工程活动有关的工程地质问题，预测并论证工程活动区域内各种工程地质问题的发生与发展规律，并提出其改善和防治的技术措施，为工程活动的规划、设计、施工、使用及维护提供所必需的地质技术材料。在地球系统科学中，将人类活动作为与太阳和地核并列、能引起地球系统变化的驱动力——第三驱动因素是十分合适的。因为人类活动诱发的变化超过了自然变化，其范围和影响可与许多大的自然强度相提并论，人类活动可在无意间触发一些变化，给地球系统带来灾难性的后果。而工程地质学围绕极端地质条件下的工程适宜问题、地球表层系统物质运移与地质灾害形成机理、人类活动和地球表层动力学系统的相互作用机理、非线性系统动力学和多过程系统耦合理论、地质灾害监测、防治和预报技术与方法、工程地质环境评估体系与人地协调发展等方面进行科学研究，揭示人类工程活动对地质环境的灾害效应，探索人类工程活动和地质环境的相互作用，寻找人类工程活动与地质环境的有效协调模式和地质灾害有效防控理论及技术，实现人地协调发展。

灾害地质是指自然的、人为的或综合的地质作用，使地质环境产生突发的或渐进的破坏，并对人类生命财产造成危害的地质作用或事件。人类活动随其规模与强度的不断增大，正在越来越深刻地干预地球表层演化的自然过程，导致地质灾害发生的频率越来越高，影响的范围越来越大，造成的危害也越来越严重。在一些脆弱的地区，地质灾害已经成为影响和制约社会与经济发展的不可忽视的重要因素。从学科的角度，灾害地质学通过系统阐述灾害地质学的理论与研究方法，对地震灾害、火山灾害、斜坡地质灾害、地面变形地质灾害、矿山与地下工程地质灾害、表生环境地球化学异常与地方病、土地荒漠化、特殊山地灾害、水动力地质灾害等主要的地质灾害类型从灾害特点、形成条件与机理、影响因素、发育规律、危害方式、监测与预报、防治工程与减灾对策等方面进行详细论述，为国家对于突发的地质灾害采取相应措施提供了科学依据，为研究地质环境对人类生存和可持续发展的影响提供了科学支撑。

灾害环境版块是由环境地质学、工程地质学、灾害地质学等分支学科支撑构建的，是协调人类活动与资源开发和谐发展的重要举措，是应对自然突发原生灾害以及人类活动影响的次生灾害的重要调控，是加快推进资源环境保护和促进可持续发展的重要保证，是实现国家水土资源保护、防灾减灾技术快速发展的重要驱动。

（三）生态环境版块

生态环境版块以“生态环境安全与可持续发展”为战略主题，揭示人类在利用和改造自然的过程中，对水、土、生物以及气候等生态环境破坏所产生的各种正负反馈效应，评估区域生态质量与安全，预测未来生态环境变化，为我国生态文明建设、实现人与自然的协调发展做出基础性和前瞻性研究。土壤学、环境水科学、环境大气科学、环境生物学和环境地质学等是支撑生态环境变化效应研究的基础。从历史的变化中可以认识生态环境变化的过程，第四纪环境与环境考古等相关的古生态环境研究为认识过去环境演变规律、理解现今环境变化原因、评估未来环境发展趋势提供科学支撑。在认识生态环境过去变化趋势的基础上，环境信息与环境预测、区域环境质量与安全相关方向的研究，则从研究的整体性上突破学科研究领域的壁垒，针对交叉性强的生态环境变化和区域生态环境质量安全问题、国家重大需求和生态环境管理面临的深层次问题开展定量化研究，为“生态文明建设”政策的制定与实施提供理论基础。

第四纪环境与环境考古是研究最近 258 万年地球环境特征、演变过程和动力机制以及环境演变与人类活动关系的学科。第四纪是距今最近的地质年代，它包括更新世和全新世。人类的出现和冰川作用是第四纪发生的两大变化，并影响第四纪自然地理条件的变化，而且大多数土木工程建设活动都在第四系表面或其中进行。整个第四纪时期，人类（包括人类的祖先）与周围环境一直在相互影响。第四纪研究能够为土壤侵蚀、沙漠化、盐碱化、海岸侵蚀、旱涝灾害、生物资源保护等方面长期政策的制定提供独一无二的历史借鉴。中国第四纪环境的青藏高原极大地影响了全球大气环流的形式，集中表现在亚洲季风环流的形成和发展，而季风环流的变化是控制中国第四纪环境演变的重要因素，从中国黄土－古土壤序列所获得的古气候变化信息，在很大程度上可以与深海氧同位素记录相对比，这表明它们都记录了全球性环境变化事件。联合国环境规划署（United Nations Environment Programme，UNEP）联合建立的联合国政府间气候变化专门委员会（Intergovernmental Panel on Climate Change，IPCC）于 1991 年设立专门研究计划——过去全球变化（Past Global Changes，PAGES），旨在加强对古气候古环境变化的定量重建和机理研究，为提高未来气候环境趋势预估的可靠性提供基础数据。数十年来，过去全球变化研究取得举世瞩目的学术成就，深化了学界对气候系统运行机制的理解，推动了古气候学和现代气候学的发展，为构建地球系统科学理论体系提供了重要科学认知。我国于 1994 年加入 PAGES，依赖独特的地域优势和出色的东亚古季风研究成果，为 PAGES 的发展做出了突出贡献。进入 21 世纪，随着全球变暖和大气 CO_2 浓度持续升高，地质温暖期增温机制成为古气候领域的研究热点。PAGES 先后组织过去间冰期

（Past Interglacials，PIGS）（2008～2015年）和第四纪间冰期（Quaternary Interglacials，QUIGS）（2015～2021年）研究计划，为全面认识环境演变过程、深入理解气候变化机制、准确评估人类活动影响、科学预估地球表层系统演变趋势起到了积极的推动作用。通过对第四纪环境与环境考古进行研究，认识过去、理解现在、评估未来，对于我们进行土壤、植物、地下水资源保护具有重要意义。

环境信息与环境预测是发现环境变化的现象、机制和规律，探索环境变化分析方法和观测手段，评估环境变化的安全阈值，预测环境变化的趋势和影响，为人类的环境安全、国家决策提供量化依据的学科。学科内涵是发展对环境变化全链条过程的观测、模拟、预测和影响评估能力，分析驱动环境变化的主导因素和风险控制策略，研究环境系统恢复和稳定的途径与措施，评价未来环境变化的效应与应对方案。学科外延是指从人类文明以来中国和世界各国已经发生和正在发生的环境变化，包括大气、生物、土壤、水体及其与人类活动的相互作用过程与反馈机制。除中国和东亚地区外，学科鼓励大洲和全球尺度的环境变化和预测研究。自20世纪80年代开始，国际科学界先后发起并组织实施了以全球变化与地球系统为研究对象的四大国际计划，即世界气候研究计划（World Climate Research Programme，WCRP）、国际地圈生物圈计划（International Geosphere Biosphere Programme，IGBP）、国际全球环境变化人文因素计划（International Human Dimensions Programme on Global Environmental Change，IHDP）、国际生物多样性计划（An International Programme of Biodiversity Science，DIVERSITAS）。进入21世纪，四大全球环境变化计划（WCRP、IGBP、IHDP、DIVERSITAS）又联合成立了地球系统科学联盟（Earth System Science Partnership，ESSP），旨在促进地球系统的集成研究，为“可持续发展”政策的制定提供科学基础。2012年6月，在巴西里约热内卢召开的联合国可持续发展大会上正式宣布Future Earth的倡议。该计划建立在30多年的全球变化研究基础之上，旨在打破目前的学科壁垒，重组现有的国际科研项目与资助体制，填补全球变化研究和实践的鸿沟，以有效地提升人类应对全球环境变化所带来的挑战的能力。通过对环境信息与环境预测进行研究可以发展一套预报理论，预测地球系统在未来十年至百年时间尺度上的变化，为“可持续发展”政策的制定提供科学基础。

区域环境质量与安全是一门研究人与自然在区域空间视角下交互影响规律、维持和谐发展的学科，在生态环境版块中占有重要的地位。宏观而言，区域环境质量与安全可作为人与自然和谐程度的一种综合性量度，是建立在适应生存的基础上的。具体而言，区域环境质量与安全是当前水土资源短缺、环境污染加剧、生态系统退化、自然灾害频发等环境问题应对措施的必然考量维度。科学地解决区域环境质量与安全视角下的生态环境问题，是该学科研究和发展面临的新的挑战。区域环境质量与安全具有“四多”的特点：①区域多尺度；②环境多类型；③质量多层级或多水平；④安全多目标。其研究目标以环境科学理论和人地关系地域系统理论为指导，面向国家经济社会可持续发展需求，推进环境科学、地理科学、工程科学等多科学交叉集成，开展区域环境质量与安全综合研究，揭示区域环境系统基本结构与主导功能、演化过程与调控机理，建立区域环境质量与安全评估理论及技术体系，阐明人类活动、重大工程及自然灾害对区域环境质量与安全的作用机制，探明社会经济和区域环境质量与安全协同发展模式与途径，为区域可持续发展、人居环境治理及美丽中国建设提供科技支撑。学科强调利用“三度”来认知区域环境质量与安全问题：一是大跨度，区域环境是有广度的、有厚度的，还是有程度的，因为不同的环境，其内涵功能质量是不一样的，是大跨度区域的认知区域环境；二是多尺度，从多尺度来看环境的分异，如地带性、地区性、地方性；三是多维度，就是多目标地围绕高质量和安全进行研究，如资源利用、生态保护、环境治理，包括经济的持续发展如何服务国家、生态文明、人地和谐、美丽中国建设等。这就要求我们需要立体、多维度地看待区域环境质量与安全问题，从不同的维度找到区域环境质量与安全的理论位点、战略路径、突破途径和政策着力点，并建立区域环境质量与安全地域格局－作用机理－环境效应的解析范式。

生态环境版块的发展是加快转变经济发展方式、提高发展质量和效益的内在要求，是坚持以人为本、促进社会和谐发展的必然选择，是全面建成小康社会、实现中华民族伟大复兴中国梦的时代抉择，是积极应对气候变化、维护全球生态安全的重大举措。党的十九大报告把"生态文明建设"的目标提到一个新的高度，开启了生态文明建设的新时代，为该版块的发展带来了新的机遇和挑战。

（四）健康环境版块

健康环境版块以"环境与健康风险"为战略主题，识别影响人体健康的关键环境风险因素，揭示环境暴露及环境和遗传的交互作用影响人体健康的机制，以及地球多个圈层中物理、化学、生物环境要素对人体的暴露及其健康影响；采取相应的风险预防及干预措施，建立环境健康风险评价和管理体系，积极参与构建"一体化健康（One Health）"新格局。其研究方向包括环境暴露、环境流行病、环境毒理、环境健康风险及管理和区域及全球环境健康。

长期以来，经济快速发展带来的生态系统失衡、环境污染、灾害频发等已经严重影响公众健康和全面可持续发展，是中国现在和未来所要面对的一个重大社会问题。"暴露科学"这一概念因此应运而生，以"环境－健康"为研究主题的环境暴露学受到学术界的广泛关注。环境暴露学是一个新的交叉学科和研究领域，是连接传统的环境科学与毒理学、流行病学、健康学、风险评估等学科的重要桥梁，其重点探讨特定地理背景和群体中，自然环境的暴露风险和健康效应。早期的环境暴露学研究主要关注职业病患者在其工作场所的环境暴露，随后其研究范围逐渐延伸至水体、土壤、大气、生物等污染的各类自然环境要素的暴露途径、暴露水平及其对不同人群健康效应的研究。国外有关环境暴露学等方面的研究主要是伴随着国家或地区环境与健康行动计划进行的。欧洲各国是世界上最早进入工业化时代的国家，同时也最早面临工业化所导致的环境问题，1984 年世界卫生组织（World Health Organization，WHO）欧洲共同体成员国就提出要将环境和健康相结合，随后在 1989 年法兰克福会议上通过了《欧洲环境和健康宪章》，英国、爱尔兰、法国等成员国也较早地制定了本国的《国家环境与健康行动计划》。美国国家环境健康科学研究所发布的 2012～2017 年战略计划——《发展科学，改善健康：环境健康研究计划》中提到暴露研究主题，即研究在个体和群体水平上暴露的复杂性及其对健康的影响。随着美国发布《21 世纪毒性测试：愿景与策略》以及暴露组概念和环境关联研究方法等的提出，环境与健康研究正处于一个方法学全面革新、重视分子毒理学及疾病机理研究的重要时期。未来，随着各种技术手段的进步，各个学科的融合和交叉，以及各个领域科学家的紧密合作，环境暴露学研究将为人类健康保护和疾病预防发挥重要作用。

自20世纪50年代以来，世界各国环境污染引起的公害病相继出现。为查明病因，各国进行了广泛的流行情况的调查研究，为防治工作提供了可靠依据，也为环境流行病学发展成为独立学科创造了条件。作为环境医学的一个分支，环境流行病学源于对自然因素引起的疾病的研究，是应用传统流行病学的方法，结合环境与人群健康关系的特点，从宏观上研究人群健康的动态变化，在健康与疾病互相连接的过程中，追究从健康演变为疾病的环境影响因素，以及影响疾病转归的预后因素的学科。换言之，环境流行病学主要以群体为研究对象，根据疾病分布，通过现场观察和现场试验，探讨环境病因。它应用流行病学的基本理论和方法研究环境因素对人群健康的影响及规律，探索环境病因及预防对策，其研究的基本策略是监视—干预—评价，即对环境和健康进行监视，发现问题后进行干预和评价干预措施的效果。环境流行病学目前已成为探讨环境因素对人群健康影响的主要手段，它的研究范围和内容正在不断扩大和发展，不仅研究环境污染性疾病的原因与流行状况，而且还研究环境因素与人群健康效应之间的关系。将来，它必将进一步发展形成具有自己特点的完整的理论体系和方法体系，并为环境与健康关系的研究做出更大的贡献。

环境毒理学是运用化学、物理学和生命科学等多个基础学科的理论和方法，研究各种环境因素，特别是化学污染物对人体健康和环境生物的影响、损害作用及其规律的一门新兴交叉学科。自20世纪70年代以来，环境毒理学迅速发展，进入20世纪90年代后，环境毒理学研究工作在诸多环境研究工作中异军突起。其研究工作的主要特征是运用毒理学的基本理论和方法，研究环境污染物在环境中的浓度、分布、变迁、侵入方式、接触时间以及其他作用条件对环境系统和人体健康的影响。近年来，纳米材料、持久性有机物、内分泌干扰物等污染物的毒性引起了较多的关注。经济合作与发展组织（Organization for Economic Co-operation and Development，OECD）在《OECD 2030年环境展望》中阐明：危险废物管理与运输、发展中国家废物管理和环境及产品中的化学品含量是全球性的“红灯”问题。而在《OECD 2050年环境展望》中，因接触危险化学品而导致的疾病负担仍然是全球性“红灯”问题，特别是对于非经济合作与发展组织国家。环境中的化学品及其安全性是人类共同面临的亟须解决的问题。近年来，随着环境科学、生命科学的飞速发展，人们对环境毒理学的认识也逐渐加深。环境毒理学作为一门日渐成熟的学科，在环境污染物的健康危险度评价和管理中起着越来越重要的作用。其未来的主要任务是研究环境污染物对机体可能发生的生物效应、作用机理及早期损害的检测指标，为制定环境卫生标准、做好环境健康保护工作提供科学依据。

环境健康风险管理标志着环境管理由传统的污染后末端治理向污染前预防管理的战略转折，其意义在于衡量健康风险级别和减少风险成本，以保证在可接受的健康风险范围内获取更多的利益或者降低消减风险所需的成本。20世纪80年代始，环境健康风险问题伴随社会发展而来，国际组织和各国政府开始关注环境健康问题，并将其作为环境管理的重要内容。许多国际组织和发达国家在环境及人类健康风险评价和管理的整体框架、技术方法、数据库等方面开展了一系列的探索性研究。美国著名的环境健康风险评价“四步法”全面描述了风险评价的方法和管理过程，已被许多国家和国际组织广泛认可，并成为许多国家开展风险评价的指导性文件。随着健康风险评价的发展，美国继续在“四步法”的基础上完善补充了第五步“风险管理”这一重要环节。欧盟的环境健康风险管理则主要从化学物质的综合管理出发，关注在工厂环境和商品中化学物质的排放风险，以指导性文件的形式总结了包括人类健康和生态环境风险评估的总体思路，发布了欧盟物质评价体系（European Union System for the Evaluation of Substances，EUSES）。我国的环境健康风险及管理的研究工作晚于欧美国家和地区，但已列入环境保护工作的重要日程，并开始积极推进环境与健康工作，以解决我国快速发展过程中的环境污染问题，保障生态环境健康需求。2018 年 1 月，环境保护部印发了《国家环境保护环境与健康工作办法（试行）》，以加强环境健康风险管理，推动保障公众健康理念融入环境保护政策。2019 年，生态环境部发布《环境健康风险评估技术指南 总纲（征求意见稿）》，以期提高我国环境健康风险管理工作的标准化、规范化、精细化水平。这就要求我国学者和相关科研人员加强环境与健康科技支撑能力建设，研究适用于我国的环境健康风险评估技术；加强环境与健康综合监测能力建设，逐步提高有关环境与健康监测信息的处理能力，为开展环境健康风险预测与预警服务；加强环境与健康风险评估制度的科学性建设，提供准确、可信的数据资料，为政府科学决策和开展有效的环境与健康风险管理提供技术支撑。

进入 21 世纪以来，经济全球化、旅游业蓬勃发展、人口扩张及环境不断变化，客观上使传染病、病原体、全球和区域污染物的扩散等问题愈发突出与复杂化，探索区域及全球环境与健康的关系对于解决这些问题至关重要。跨学科、跨部门、跨国家（地区）合作，共同应对复杂的公共健康问题，认识到人、动物、植物及其共享环境之间的相互联系，实现最佳健康目标，是解决区域及全球环境健康问题的新理念，即“One Health”。近年来“One Health”变得十分重要是因为许多因素改变了人、动物与环境之间的相互作用，如国际旅行和贸易增加了人、动物和动物产品的流动，从而导致疾病可以迅速跨越国界在全球蔓延。“One Health”已得到 WHO、联合国粮食及农业组织（Food and Agriculture Organization of the United Nations，FAO）、世界动物卫生组织（World Organization for Animal Health，OIE）和世界银行（World Bank，WB）等国际组织机构及全球多数国家和地区的拥护、支持和践行，取得越来越多的成功经验。中国在倡导构建人类命运共同体、“一带一路”倡议加快落实、粤港澳大湾区建设加速推进、经济全球化不断深化的大背景下，公共卫生、兽医卫生、食品安全和环境健康问题复杂，矛盾突出，单一部门或学科难以独自应对，这既是挑战，也是机遇。“One Health”理念已成为新形势下有效应对人类健康难题的必经之路，是在人与动物的环境界面上解决健康问题的有效方法，包括人畜共患病、抗微生物、食品安全和食品保障、媒介传播疾病、环境污染以及人、动物和环境共同面临的其他健康威胁。

健康是人类生存和实现美好生活的基础以及城市可持续发展的动力，环境则是影响人类健康的关键因素。健康环境版块作为一个新兴交叉领域，是现代社会保护人群健康的重大需求，也是实现联合国可持续发展目标的重大挑战。不管是以“地球健康，人类健康”为主题的《全球环境展望》，还是提出“把健康融入所有政策”的《健康中国行动（2019—2030 年）》，都体现出全球各国对以环境质量改善为核心，加强生态文明建设，实现环境健康发展和可持续发展的决心。

第二章 环境地球科学学科国家需求、发展现状与趋势

第一节 环境地球科学学科发展的国家需求分析

一、学科发展在国家社会经济发展中的地位和作用

随着工业化和城市化的不断推进及经济社会的快速发展，我国面临着水土资源短缺、环境污染加剧、生态系统退化、突发公共卫生事件和自然灾害频发等重大资源环境问题，严重威胁着经济社会的可持续发展和人类的健康安全，并已引起政府和科技界的高度关注。党的十九大报告把“生态文明建设”提到一个新的高度，开启了生态文明建设的新时代。如何科学地解决当前和今后发展面临的重大环境、健康、生态和灾害问题，对传统环境科学研究提出了新的挑战。为顺应新时代生态文明建设的国家需求，同时填补学科布局的空缺，2018 年 1 月，国家自然科学基金委员会地学部在原有学科的基础上进行了重组，并根据环境地球科学的前沿和特点，新增了部分新的研究方向，成立了环境地球科学学科。环境地球科学学科从地球系统科学的角度，研究环境、健康、生态和灾害问题产生的原因及解决方案，并将走进经济社会发展和政府决策的主战场，为国家环境治理体系和治理能力建设提供前瞻性和系统性的科技支撑，是国家实现可持续发展的有力保障。

（一）环境地球科学的发展是我国实现可持续发展的重要保障

人类面临着日益严峻的环境问题，如全球变暖、CO_2 浓度升高、降水格局改变、氮沉降增加、地面臭氧污染、淡水资源短缺和水质污染、土壤污染、河流富营养化、能源短缺、土地退化和荒漠化、森林资源锐减、生物多样性减少、有毒化学品污染、对人体健康的危害等。这些重大全球环境问题已经远远超过了单一学科的研究范围，并成为当前影响全世界可持续发展、全球共同关注的热点问题和重大难题。2015 年在联合国可持

续发展峰会上正式通过成果性文件——《改变我们的世界：2030年可持续发展议程》，其理念是以连贯和全面的方式解决可持续发展中的社会、经济和环境问题，其中17个重要议题中有10个与环境地球科学相关。自此，环境成为2030年可持续发展议程的核心支柱，保护地球、治理退化、管理自然资源及应对气候变化是其重要组成部分。党的十八大将生态文明建设纳入“五位一体”中国特色社会主义总体布局，要求“把生态文明建设放在突出地位，融入经济建设、政治建设、文化建设、社会建设各方面和全过程”。党的十八大以来，“生态文明建设”已居于治国理政方略的主导性地位，可持续发展和绿色发展已经被纳入“生态文明及其建设的话语和政策实践”这一更宏大的理论与政策框架体系之下。党的十九大报告更是提出，要为世界问题的解决贡献中国方案，从而为我国环境保护与可持续发展提出新的要求和挑战。

生态文明坚持人与自然和谐共生，倡导尊重自然、顺应自然、爱护自然价值。环境地球科学源于如何处理人与自然关系的研究，肩负着探索和解决全球环境变化尤其是人类可持续发展面临的生态、健康、环境和灾害问题的学科使命，涉及生态保护、污染治理、防灾减灾、环境变化应对、土壤资源与环境、环境健康等重大环境问题，是生态文明建设和可持续发展的核心基础学科，也是我国实现可持续发展的重要保障。新形势下，环境地球科学需要顺势而为、与时俱进，解决重大地球环境问题，加强环境保护，承担起更多的社会责任。

（二）环境地球科学的发展有利于我国污染防治政策、法律法规的完善

以大气、水和土壤为介质的环境问题一直以来是我国经济社会发展中面临的重大难题和瓶颈性制约因素。围绕着这三种介质，国家制定出一系列的政策、法律、法规。

首先，在大气污染防治方面，早在20世纪50年代，我国就注意到大气污染问题，并相继制定了一些规定。此后的七八十年代，我国主要通过出台排放标准政策来试图控制空气污染物排放，直至1979年我国颁布实施《中华人民共和国环境保护法（试行）》，环境保护才开始走上了全面法治化之路。1987年9月5日，第六届全国人民代表大会常务委员会第二十二次会议通过《中华人民共和国大气污染防治法》（简称《大气污染防治法》），其于1988年6月1日起施行，并于1991年经国务院批准公布了《中华人民共和国大气污染防治法实施细则》，将大气污染防治上升到了法律的高度。这是第一次针对大气污染专门立法，对于大气污染防治工作具有里程碑式的意义。另外，为解决不同来源的大气污染问题，国务院及相关部委也先后出台了《关于发展民用型煤的暂行办法》《城市烟尘控制区管理办法》《汽车排气污染监督管理办法》等。其次，在环境的技术标准上，更为针对和细致。1982年，我国第一个环境空气质量标准——《大气环境质量标准》由国务院发布，其将大气环境质量进行分级、分区管理。针对各种类型的污染物，我国也制定实施了相应的排放标准，如1983年颁布的《锅炉烟尘排放标准》《汽油车怠速污染物排放标准》和1984年颁布的《硫酸工业污染物排放标准》等，并根据实际情况不断发布其他行业的大气污染物排放标准，不断更新现行标准。2018年，生态环境部发布《国家大气污染物排放标准制订技术导则》，以期规范国家大气污染物排放标准制订工作，指导地方大气污染物排放标准制订工作。1995年8月，第八届全国人民代表大会常务委员会第十五次会议对《大气污染防治法》进行了修正，加入了控制酸雨和

二氧化硫的内容，2000 年 4 月，对《大气污染防治法》进行了第一次修订。2012 年 9 月 27 日，国务院批复了《重点区域大气污染防治“十二五”规划》，这是我国第一部综合性大气污染防治的规划。针对严重的雾霾污染，2013 年 9 月，国务院发布《大气污染防治行动计划》（即“大气十条”），提出到 2017 年全国空气质量总体改善，重污染天气较大幅度减少；京津冀、长江三角洲、珠江三角洲等区域空气质量明显好转，到 2022 年力争逐步消除重污染天气，全国空气质量明显改善。“十三五”期间，以改善环境质量、降低环境风险、构建安全生态体系为目标，将大气污染成因与综合控制列为环境领域科技发展需求的重点任务，并于 2019 年发布《有毒有害大气污染物名录（2018 年）》。

同样，水短缺、水污染、水生态环境恶化已经或正在成为我国许多地区经济发展、公众健康与福利提高的限制性因素。国家针对水污染问题出台了一系列政策和法律法规。全国人民代表大会常务委员会于 1984 年制定了《中华人民共和国水污染防治法》（简称《水污染防治法》），用以指导我国领域内的江河、湖泊、运河、渠道、水库等地表水体以及地下水体的污染防治工作。以该法为核心，地表水、地下水等各领域的保护法规和政策在 1984～1995 年相继制定，由此开启了我国水污染防治政策体系构建的历史篇章。为响应《国家环境保护“十五”计划》的号召，并确保其目标的实现，国务院于 2001～2006 年先后批复了太湖、巢湖、淮河、辽河、海河、滇池水污染防治“十五”计划以及三峡库区及其上游、丹江口库区及其上游和松花江流域的水污染防治规划。2008 年国家对《水污染防治法》进行了修订，并一直沿用至今。2011 年环境保护部印发《全国地下水污染防治规划（2011—2020 年）》，明确提出未来 10 年我国地下水污染防治的总体目标和主要任务。2015 年 4 月国务院发布《水污染防治行动计划》（即“水十条”），提出了 2020 年与 2030 年两阶段，七大重点流域水质、城市黑臭水体、饮用水水源水质、地下水质和近岸海域水质等的量化目标。为了切实落实“水十条”目标，国家发展和改革委员会与住房和城乡建设部于 2016 年 12 月发布《“十三五”全国城镇污水处理及再生利用设施建设规划》，环境保护部、国家发展和改革委员会及水利部于 2017 年 10 月发布《重点流域水污染防治规划（2016—2020 年）》，从不同角度细化了水污染防治的目标和推进路径。生态环境部于 2018 年发布《国家水污染物排放标准制订技术导则》，以规范国家水污染物排放标准制定工作，指导地方水污染物排放标准制定工作。此外，国家逐步认识到环境基准在环境保护中的重要作用，于 2017 年发布《人体健康水质基准制定技术指南》（HJ 837—2017）、《淡水水生生物水质基准制定技术指南》（HJ 831—2017）、《湖泊营养物基准制定技术指南》（HJ 838—2017），为制定适合我国国情的水质标准提供科学依据。

相比于大气和水污染，土壤污染更加隐蔽，更容易被忽视。近年来，政府逐渐意识到我国的土壤环境面临严峻形势，部分地区土壤污染严重。土壤污染防治立法欠缺，土壤环境监督管理体系不健全，污染防治投入不足，全社会土壤污染防治的意识不强，由土壤污染引发的农产品质量安全问题和群体性事件逐年增多，这些问题已成为影响公众身体健康和社会秩序稳定的重要因素。我国与土壤污染防治有关的法律政策中，虽然在《中华人民共和国环境保护法》中有数条具体的规定，在《中华人民共和国固体废物污染环境防治法》《大气污染防治法》《水污染防治法》《中华人民共和国农业法》《中华人民共和国草原法》等法律中有若干间接的规定，也在1995年制定了第一部《土壤环境质量标准》，但至今还没有制定一部针对土壤污染防治的法律、行政法规或部门规章，且现有分散的法律法规缺乏系统性和针对性。直到2016年5月，国务院发布《土壤污染防治行动计划》（即“土十条”），对今后一个时期我国的土壤污染防治工作做出了全面的战略部署。“土十条”的制定和实施是党中央、国务院推进生态文明建设，坚决向包括土壤污染在内的环境污染宣战的一项重大举措，是系统开展污染治理的重要战略部署，对确保生态环境得到改善、各类自然生态系统安全稳定具有重要作用。在一定时期内，“土十条”起到了“土壤污染防治法”蓝本的作用。2016年11月，国务院发布《“十三五”生态环境保护规划》，在规划的第四章专门设立一节，即“第三节 分类防治土壤环境污染”，提出推进基础调查和监测网络建设，实施农用地土壤环境分类管理，加强建设用地环境风险管控，开展土壤污染治理与修复等多项安排，该规划是对《土壤污染防治行动计划》的充实和完善。此外，我国正在大力开展土壤环境基准相关工作，以期为土壤环境质量标准的制定提供科学依据。

针对我国大气、水和土壤的污染状态，国家及时制定并完善了相关的政策、法律法规，同时，也投入了大量的资金用于相关科研和工程治理工作。我国系统开展了与大气、水和土壤等相关的科学与技术的发展战略研究，为我国环境监管政策和污染防治法律法规的制定奠定了理论、方法和技术基础，是国家环境保护中长期科技发展的战略需求。在大气、水和土壤环境要素动态变化过程中，污染物排放、迁移、转化过程中毒理效应、环境暴露、生态危害以及风险评估、污染控制等环境影响问题涉及人体健康、生态安全及经济可持续发展，科学研究不仅与机理、过程等基础研究有关，也与环境保护和管理的理论与实践密切相关。而环境地球科学的出现形成了以大气、水、土壤为主的独立及交叉学科，立足我国国情，将为国家环境保护政策和污染防治法律法规的制定提供理论指导。

（三）环境地球科学的发展有利于提高我国在环境领域的国际影响力

目前环境问题已经不是某一个国家、某一个地区的局部问题，而是关乎全球的国际问题。20世纪80年代以来，国际社会就环境问题相继推出了一系列的国际研究计划，如WCRP、IGBP、IHDP和DIVERSITAS，这些项目和组织目前已经组成ESSP。2000年以来，美国国家科学基金会（National Science Foundation，NSF）、美国地质调查局（United States Geological Survey，USGS）、欧盟以及法国、德国、澳大利亚先后推出了地球关键带（Earth’s critical zone）提升计划、陆地环境观测计划、超级观测站点计划等一系列计划；进入21世纪，随着全球变暖和大气CO_2浓度持续升高，地质温暖期增温机制成为古气候领域的研究热点。PAGES先后组织的过去间冰期（PIGS）（2008～2015年）和第四纪间冰期（QUIGS）（2015～2021年）研究计划，促进了地质温暖期气候变化机制研究，推动了相关研究的国际合作和学科交叉。2014年美国NSF公布其新的地球关键带研究计划；国际科学理事会（International Council for Science，ICSU）推出了“全球环境变化”（Global Environmental Change，GEC）研究计划等。

地球表层系统多圈层交互作用带，又称为地球关键带。2001年美国国家科学研究委员会率先提出地球关键带概念。在过去近20年间，美国NSF、USGS分别在基于环境梯度的地球关键带建立观测站进行观测。欧盟于2006年发布土壤保护主题战略，开展以土壤结构为核心的地球关键带调查和观测。法国、德国、澳大利亚也分别推出了地球关键带提升计划。2014年美国建设的地球关键带观测站达到10个，并形成首个地表过程系统观测网络。2015年，我国国家自然科学基金委员会与英国自然环境研究理事会共同征集和资助“地球关键带中水和土壤的生态服务功能维持机理研究”中英重大国际合作研究计划。2017年，我国国家自然科学基金委员会、英国自然环境研究理事会共同主办“中－英地球关键带双边学术研讨会”（UK-China CZO Meeting），系统讨论了未来中英双方在地球关键带的合作研究计划。

同时，在环境生物学领域，在全球变化背景下，国际上已有的生态监测和研究网络组成了国际长期生态研究网络，包括中国生态系统研究网络、美国长期生态研究网络、英国环境变化网络等。而微生物作为环境生物学科的重要科学前沿，世界各国已陆续推出了一系列科学研究计划。2002年美国启动了“从基因组到生命”计划，2011年启动了“地球微生物组计划”，2016年启动了“国家微生物组计划”，旨在全面系统收集地球生态系统包括自然环境（陆地、海洋、土壤、水体等）和人工环境（如污水处理生物反应器等）的微生物资源、数量、分布、结构和功能。2007年加拿大启动了“微生物组研究”计划。此外，国际大陆科学钻探计划、深部碳观测等对矿藏生物圈的国际研究开展得如火如荼。这些研究计划的实施促进了环境生物学科的发展。

另外，为了减少化学品尤其是有毒有害化学品引起的危害，国际社会达成了一系列的多边环境协议，其中《关于持久性有机污染物的斯德哥尔摩公约》涉及POPs的相关规定。2001年，国际社会通过该公约，并将其作为保护人类健康和环境免受POPs危害的全球行动。国际上影响较大的区域及跨区域POPs监测计划主要有全球大气被动采样网计划、北极环境监测与评估项目和欧洲监测与评价项目等。

党的十九大报告提出，“中国将继续发挥负责任大国作用，积极参与全球治理体系改革和建设，不断贡献中国智慧和力量”。我国在环境地球科学领域也在加大投入力度，关注和解决全球共同关注的环境问题。环境地球科学学科的发展有助于促进创新型环境专业人才的培养，使我国在全球环境研究与治理、履行国际公约等方面更加具有国际竞争力；在环境公约制定中，为我国大力参与国际环境谈判和环保合作提供科技支撑，以建设多层次国际环境保护网络，支撑国际范围内的可持续发展；在环境相关法律体系建设中，明确我国的国际责任，维护国家环境安全；在环境公约评估和修订中，促使我国能够参与国际公约履约评估，促进国际环境责任落实，推动国际环境公约的发展。总之，环境地球科学学科的发展有利于提高我国在环境领域的国际影响力，促进我国环境保护、污染防控与可持续发展事业的长足发展。

二、新时代生态文明建设对学科发展的国家需求

依据党中央生态环境保护精神，结合生态环境保护实践，分析相关政策文本，可以将生态文明建设的发展分为五个阶段：一是改革开放阶段，二是改革开放至20世纪80年代末环境保护基本国策指导下的生态文明建设起步阶段，三是20世纪90年代可持续发展战略指导下的生态文明建设推进阶段，四是21世纪初至2012年科学发展观指导下的生态文明建设发展阶段，五是2012年至今习近平生态文明思想指导下的生态文明建

设快速发展阶段。特别是，党的十六大提出了全面建设小康社会的奋斗目标，并把“可持续发展能力不断增强，生态环境得到改善，资源利用效率显著提高，促进人与自然的和谐，推动整个社会走上生产发展、生活富裕、生态良好的文明发展道路”确定为全面建设小康社会的四大目标之一，生态文明建设开始逐渐作为国家发展战略的重要组成部分。党的十八届五中全会根据我国现阶段经济发展特征以及发展现状及趋势，首次将生态文明建设列入国家国民经济和社会发展五年规划。现今我国社会主义生态文明建设进入了新的时代，中央统筹推进“五位一体”总体布局，以创新、协调、绿色、开放、共享五大发展理念，把生态文明建设和生态环境保护摆在更加重要的战略位置，对于促进我国经济社会实现可持续发展发挥着重要作用。2015 年 3 月中央政治局会议通过了《中共中央　国务院关于加快推进生态文明建设的意见》，正式把坚持“绿水青山就是金山银山”的理念写进中央文件，成为我国社会主义现代化建设中关于生态文明的指导思想之一。党的十九大对生态文明建设和生态环境保护提出了明确的目标要求：从现在到 2020 年，是全面建成小康社会的决胜期，特别是要坚决打好污染防治攻坚战；从 2020 年到 2035 年要实现生态环境根本好转，美丽中国目标基本实现，跻身创新型国家前列，国家治理体系和治理能力现代化基本实现。加快推进生态文明建设是加快转变经济发展方式、提高发展质量和效益的内在要求，是坚持以人为本、促进社会和谐发展的必然选择，是全面建成小康社会、实现中华民族伟大复兴中国梦的时代抉择，是积极应对气候变化、维护全球生态安全的重大举措。而环境问题具有全球性和普遍性，环境治理和环境质量提升是重大国家需求，不仅为环境地球科学学科发展提供了强大的牵引力，同时也提出了更高层次的要求。

2018 年 3 月 11 日，十三届全国人大一次会议第三次全体会议将“生态文明”写入宪法。2018 年 5 月 18～19 日，在北京召开的全国生态环境保护大会上确立了“习近平生态文明思想”，它包括生态文明兴衰论、生态生产力论、生态民生论、生态系统工程论、生态法治论，对于中华人民的永续发展具有极大意义。我国生态文明建设的重点是国内环境治理，但在加快国内生态文明建设步伐的同时，我国必须积极参与全球环境治理。习近平总书记指出：“建设绿色家园是人类的共同梦想。我们要着力推进国土绿化、建设美丽中国，还要通过‘一带一路’建设等多边合作机制，互助合作开展造林绿化，共同改善环境，积极应对气候变化等全球性生态挑战，为维护全球生态安全做出应有贡献。”生态问题是最典型的全球性问题，要通过全球环境治理加以解决。

新时代生态文明建设政策不仅需要注重技术的开发与运用，更需要注重基础性、重大科学理论的研究和突破。基础生态理论的研究既可以为培养专业化的生态建设队伍服务，又可以为重大理论和技术的突破奠定基础。重大生态科学理论的研究既可以为重大技术的突破提供理论性支撑，又可以更为广泛地服务于相关研究。目前环境地球科学学科的发展已经高度体现出学科交叉，通专融合，科学、工程与管理相结合以及国际化的趋势。《中共中央　国务院关于加快推进生态文明建设的意见》强调了环境保护与发展节约资源的循环经济方式，进一步对环境地球科学的发展提出了更高的要求。环境地球科学学科将肩负起解决粮食安全、水资源短缺、环境污染、生态退化和全球变化等难题的重任，为国家可持续发展政策的制定提供科技支撑。我国新时代生态文明建设对环境地球科学的需求主要体现在以下几个方面：

（1）揭示人类在利用和改造自然的过程中，对水、土、生物及气候等生态环境破坏所产生的各种正负反馈效应，是全球经济社会发展中面临的重大难题和瓶颈性制约因素。

（2）研究污染物的排放、迁移、转化过程、毒理效应、环境暴露、生态危害以及风险评估、污染控制等环境问题，模拟和预测污染物的环境过程和未来变化趋势等，是人类健康、生态安全及经济社会可持续发展的重要环境保障。

（3）大健康体系建设是构建宜居地球的重要内容，而环境改善是大健康体系建设的根本，环境与健康是现代社会保护人类健康的重大需求，也是实现可持续发展目标的重大挑战。

（4）由于人类活动及自然活动驱动力产生的环境灾害问题直接关乎人类健康及绿色经济的发展，灾害问题是未来可持续发展中需要关注的重要科学问题。

（5）着眼于多圈层、多尺度、定量化、跨学科、集成化的研究手段，大力发展地球系统科学，揭示全球资源生态环境社会多要素协同过程与机理，为全球可持续发展、生态文明建设及全球生态环境保护提供科技支撑。

（6）开展人地系统耦合动力学、多圈层相互作用研究，理解宜居地球的时空演变，模拟和预测地球未来变化，是实现人类社会可持续发展的重要路径。

（7）唯有创新的技术和方法，才能发现新现象、认识新机理和解决新问题，技术和方法的创新是推动环境地球科学发展的必然要求。

（8）环境地球科学的战略规划、科学部署，从微观机理到宏观现象系统性地研究地球环境将为解决经济发展所带来的环境问题提供重要的科学依据。

环境地球科学学科的发展需要国家政策的支持、科研人员的努力以及群众的共同参与。深入探索学科交叉之间的空白，解决前沿科学问题，可以为建立创新、自主的学术强国奠定基础，为我国在国际环境保护中拥有自己的话语权提供强有力的支持，为实现人与自然和谐共处和经济社会可持续发展提供科学依据。

第二节　环境地球科学学科发展现状

环境地球科学作为一门蓬勃发展的新兴学科，从地球系统科学的角度出发，研究环境、健康、生态和灾害问题产生的原因及解决方案，体现了环境地球科学解决社会需求方面的优势和特色。随着全球人类活动强度和范围的日益拓展，以及人类对地球表层系统改造和影响的不断强化，人类面临的可持续发展的挑战持续增加，国际环境地球科学学科研究的内容不断拓展，研究的学术产出不断丰富。

我国作为发展中国家，随着工业化和城市化的不断推进和经济社会的快速发展，面临着水土资源短缺、环境污染加剧、生态系统退化、自然灾害频发等资源环境问题的巨大压力，严重威胁着我国经济社会的可持续发展和人类健康安全。我国的环境地球科学学科在应对环境挑战的过程中，不断蜕变，在国际环境地球科学的舞台上取得了快速的发展，展示了较强的实力。

一、从文献计量看我国环境地球科学的国际地位

以科学文献产出分析国际上主要国家环境地球科学学科的发展特点，可以定量观察

我国环境地球科学的国际地位和影响力。文献计量学采用数据与统计学方法，借助科学文献的各种特征数据，描述、评价和预测科技的发展现状与发展趋势，对分析科技领域的整体发展具有重要价值。美国科学信息研究所 Web of Science 数据库收录了世界各国各学科领域的最优秀的科技期刊，其收录的论文能在一定程度上及时反映科学前沿的发展动态和国家、机构的发文情况，可以反映各国和各研究机构在某一学科领域的优势地位。

环境地球科学学科包含的学科领域较多，而且相互之间具有交叉综合的复杂联系。本章围绕“污染环境”、“灾害环境”、“生态环境”和“健康环境”四个版块进行文献计量分析，对 2010～2019 年主要发文国家和机构的论文数量、影响力等进行定量分析，以获取对学科整体发展动态的认识。

（一）污染环境版块

文献信息来源于美国 Web of Science 数据库，以环境地球科学“污染环境”版块中的 109 个相关研究方向为主题词（附表 1），在科学引文索引（Science Citation Index Expanded，SCIE）数据库中检索 article、proceedings paper、review 和 letter 类型的文献，得到文献共 860 714 篇。数据库更新时间为 2020 年 7 月 16 日。统计发现，2010～2019 年这 10 年间，SCIE 数据库中发表的“污染环境”版块的文献数量整体呈稳步上升趋势，平均每年以 8.1% 的速度增长。

2010～2019 年发文量前 10 位的国家见图 2-1。我国发文量居全球之首，总计 218 390 篇相关的研究论文有我国学者的参与，大约占全部论文数量的 25.4%，在该研究领域占据主导地位。发文量前 10 位的国家中，中国、美国、德国、英国和法国的论文总被引频次较高，均超过 100 万次，其中美国的论文被引频次超过了 400 万次；美国、德国、英国、法国、加拿大和意大利的篇均被引频次较高，均大于 20.4 次的平均值；美国、德国、英国、法国和加拿大被引频次 ≥20 次的论文在总论文中所占比例较大，均超过 18.8% 的平均值；从被引频次 ≥50 次的高被引论文所占比例来看，比例超过平均值的国家有美国、德国、英国、法国和加拿大。从总被引频次、篇均被引频次和高被引论文所占比例等指标综合来看，美国、德国、英国、法国和加拿大等国在环境地球科学“污染环境”版块的论文综合影响力较高（表 2-1）。

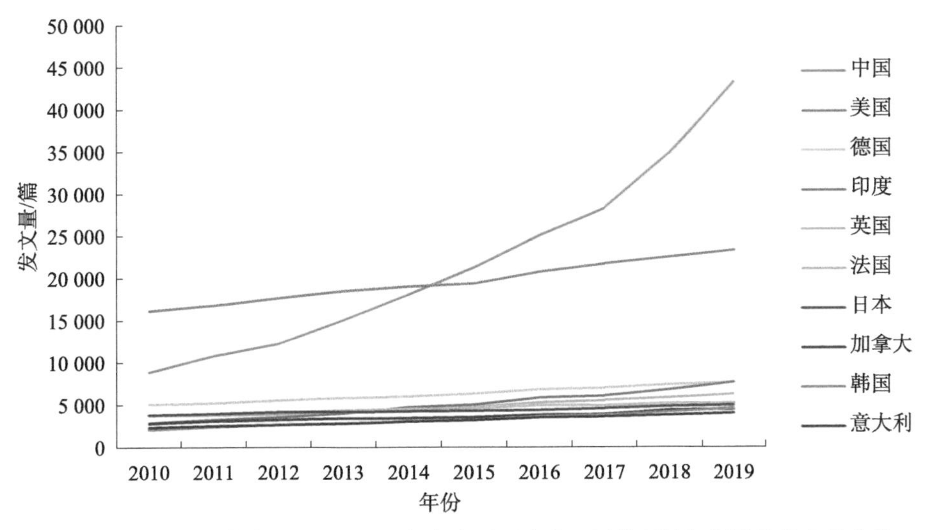

图 2-1　SCIE 数据库中 2010～2019 年各主要国家在“污染环境”版块的发文量变化

表 2-1 SCIE 数据库中“污染环境”版块发文量前 10 位的国家及影响力

序号	国家	发文量 / 篇	被引论文所占比例 /%	总被引频次 / 次	篇均被引频次 / 次	被引频次 ≥20 次的论文 / 篇	被引频次 ≥20 次的论文所占比例 /%	被引频次 ≥50 次的论文 / 篇	被引频次 ≥50 次的论文所占比例 /%
1	中国	218 390	81.2	3 058 291	14.0	607	15.5	198	3.5
2	美国	196 634	92.3	4 226 589	21.5	701	22.1	287	5.9
3	德国	63 198	89.6	1 511 504	23.9	502	21.3	216	5.1
4	印度	50 478	83.2	782 867	15.5	366	14.3	134	3.0
5	英国	48 161	90.8	1 256 923	26.1	312	23.1	132	6.0
6	法国	46 246	89.2	1 003 015	21.7	273	20.6	89	4.8
7	日本	43 807	85.3	820 789	18.7	178	17.6	52	3.9
8	加拿大	36 561	88.8	818 827	22.4	307	20.5	134	5.2
9	韩国	32 886	81.5	620 301	18.9	269	14.8	127	3.0
10	意大利	31 958	83.2	689 292	21.6	236	17.8	82	3.7
平均		76 832	86.5	1 478 839.8	20.4	375	18.8	145	4.4

中国发文量的年均增长率为 19.3%，增速远远超过了国际平均水平，年发文量与美国的差距逐渐缩小，并在 2015 年超越美国，成为全球在该领域年发文量最多的国家。虽然近年来我国在发文量、总被引频次和高被引论文所占比例指标上具有较为明显的优势，发文量和总被引频次在国际上所占比例整体呈上升趋势（图 2-2），但在篇均被引频次和高被引论文所占比例的指标上与发达国家相比仍存在较为明显的差距（图 2-3）。

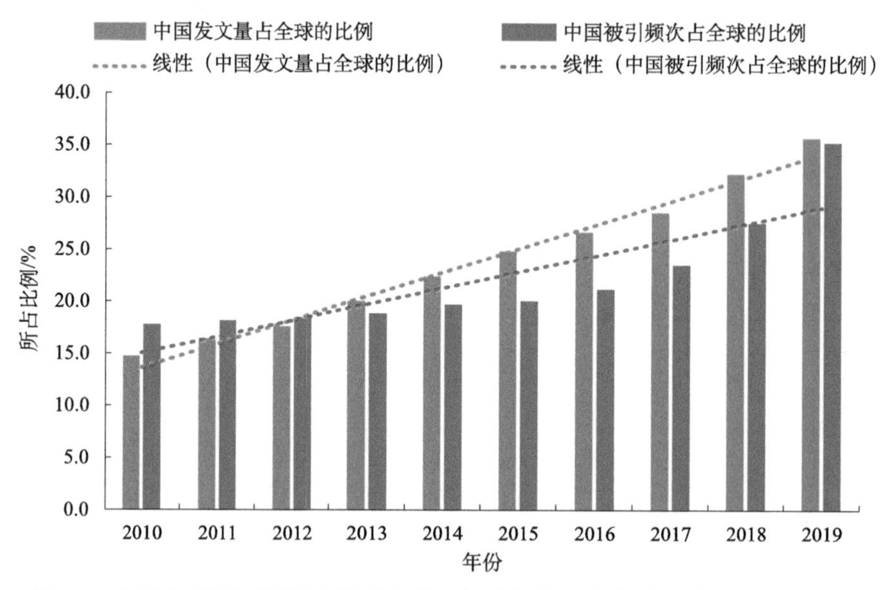

图 2-2 中国在“污染环境”版块发文量和被引频次占全球比例的年度变化趋势图

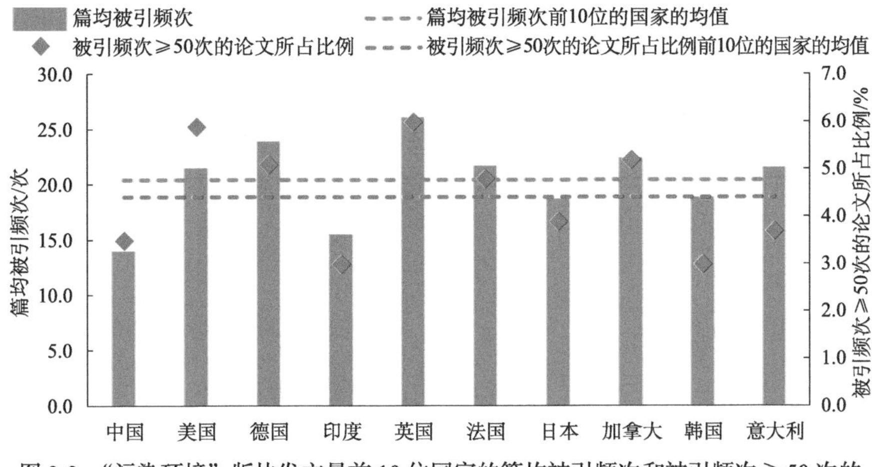

图 2-3　“污染环境”版块发文量前 10 位国家的篇均被引频次和被引频次 ≥ 50 次的论文所占比例情况

如表 2-2 所示，在研究机构方面，主要发文机构有中国科学院、法国国家科学研究中心、美国加利福尼亚大学、德国亥姆霍兹联合会、美国能源部、印度理工学院、俄罗斯科学院、清华大学和西班牙国家研究委员会。在发文量较高的机构中，中国科学院、美国加利福尼亚大学、法国国家科学研究中心和美国能源部的总被引频次较高，均超过 30 万次，其中中国科学院超过 90 万次；美国加利福尼亚大学和美国能源部的篇均被引频次较高，远超过平均水平的 23.4 次；被引频次 ≥ 20 次的论文所占比例较高的机构有美国加利福尼亚大学、美国能源部和法国国家科学研究中心等；被引频次 ≥ 50 次的论文所占比例较高的机构有美国加利福尼亚大学、美国能源部和法国国家科学研究中心等。

表 2-2　SCIE 数据库中“污染环境”版块主要发文机构及影响力

机构	发文量 / 篇	被引论文数 / 篇	被引论文所占比例 /%	总被引频次 / 次	篇均被引频次 / 次	被引频次 ≥ 20 次的论文 / 篇	被引频次 ≥ 20 次的论文所占比例 /%	被引频次 ≥ 50 次的论文 / 篇	被引频次 ≥ 50 次的论文所占比例 /%
中国科学院	42 658	38 350	89.9	960 903	22.5	14 205	33.3	5 247	12.3
法国国家科学研究中心	29 272	27 691	94.6	639 774	21.9	10 538	36.0	4 420	15.1
美国加利福尼亚大学	19 996	19 096	95.5	678 746	33.9	8 158	40.8	3 319	16.6
德国亥姆霍兹联合会	12 309	11 447	93.0	297 738	24.2	4 333	35.2	1 748	14.2
美国能源部	12 155	11 462	94.3	396 080	32.6	4 716	38.8	1 969	16.2
印度理工学院	10 721	9 660	90.1	176 357	16.4	3 238	30.2	1 287	12.0
俄罗斯科学院	10 677	9 567	89.6	109 730	10.3	3 160	29.6	1 260	11.8
清华大学	7 814	7 299	93.4	184 554	23.6	2 471	31.6	872	11.2
西班牙国家研究委员会	7808	7496	96.0	194067	24.9	2800	35.9	880	11.3
平均	17046	15785	92.9	404217	23.4	5958	34.6	2334	13.4

2010~2019 年这 10 年间，中国科学院在“污染环境”版块发文量为 42 658 篇，在主要发文机构中居首位；总被引频次 960 903 次，居首位；篇均被引频次 22.5 次，居第 6 位，略低于主要发文机构的平均值 23.4 次；高被引论文（被引频次 ≥20 次）14 205 篇，居首位；被引频次 ≥ 50 次的高被引论文所占比例为 12.3%，排第 5 位，低于 13.4% 的平均水平（图 2-4）。除中国科学院之外，我国发文量较多的机构有清华大学、浙江大学、北京大学、南京大学、中国科学技术大学、吉林大学、天津大学、中山大学和山东大学等。

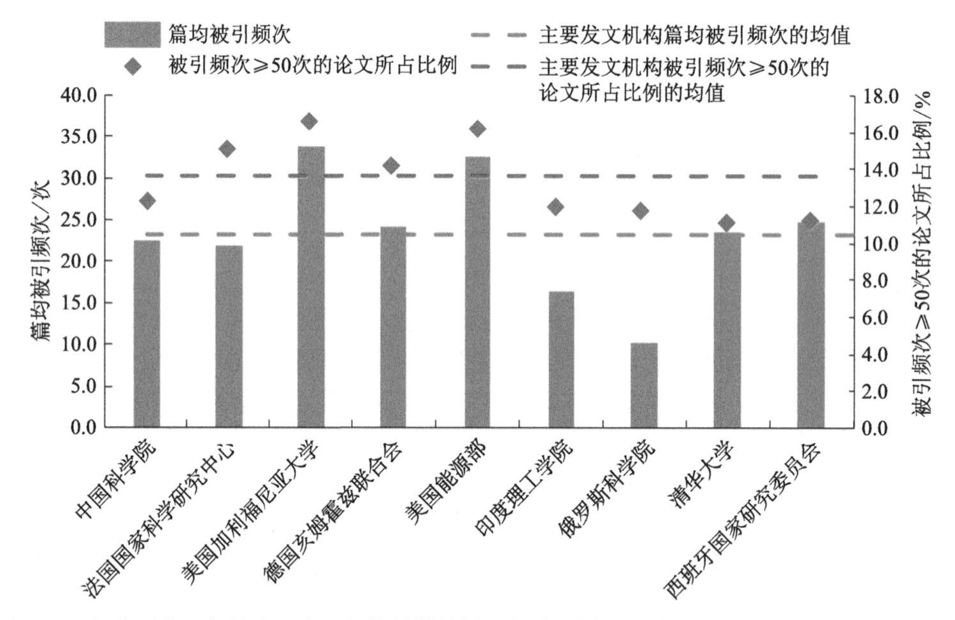

图 2-4 “污染环境”版块主要发文机构的篇均被引频次和被引频次 ≥ 50 次的论文所占比例情况

（二）灾害环境版块

文献信息来源于美国 Web of Science 数据库，以环境地球科学“灾害环境”版块中的 84 个相关研究方向为主题词（附表 2），在 SCIE 数据库中检索 article、proceedings paper、review 和 letter 类型的文献，得到文献共 160 615 篇。数据库更新时间为 2020 年 7 月 16 日。统计发现，2010～2019 年这 10 年间，SCIE 中发表的“灾害环境”版块的文献数量整体呈稳步上升趋势，平均每年以 8.9% 的速度增长。

2010～2019 年发文量前 10 位的国家见图 2-5。我国发文量居全球之首，总计 38 967 篇相关研究论文有我国学者的参与，大约占全部论文数量的 24.3%，在该研究领域占据主导地位。发文量前 10 位的国家中，美国、中国、德国、英国和意大利的论文总被引频次较高，均超过 20 万次，其中美国的论文被引频次超过了 70 万次；德国、英国、美国和法国的篇均被引频次较高，均大于 17.8 次的平均值；法国、德国、美国和英国被引频次 ≥ 20 次的论文在总论文中所占比例较大，均超过 25.7% 的平均值；从被引频次 ≥ 50 次的高被引论文所占比例来看，比例超过平均值的国家有德国、法国、美国、英国和澳大利亚。从总被引频次、篇均被引频次和高被引论文所占比例等指标综合来看，德国、法国和美国等国在环境地球科学“灾害环境”版块的论文综合影响力较高（表 2-3）。

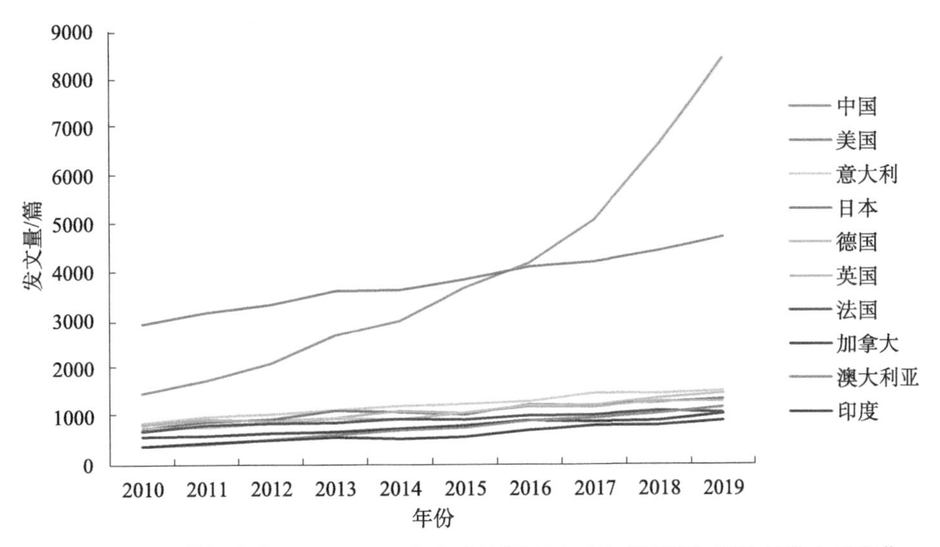

图 2-5　SCIE 数据库中 2010～2019 年各主要国家在“灾害环境”版块的发文量变化

表 2-3　SCIE 数据库中“灾害环境”版块发文量前 10 位的国家及影响力

序号	国家	发文量 / 篇	被引论文所占比例 /%	总被引频次 / 次	篇均被引频次 / 次	被引频次 ≥20 次的论文 / 篇	被引频次 ≥20 次的论文所占比例 /%	被引频次 ≥50 次的论文 / 篇	被引频次 ≥50 次的论文所占比例 /%
1	中国	38 967	88.1	484 736	12.4	9 391	24.1	2 494	6.4
2	美国	37 995	91.3	791 932	20.8	11 247	29.6	3 344	8.8
3	意大利	12 305	90.2	217 450	17.7	3 312	26.9	805	6.5
4	日本	10 989	86.9	165 908	15.1	2 242	20.4	659	6.0
5	德国	10 852	89.3	237 413	21.9	3 340	30.8	1 104	10.2
6	英国	10 747	92.1	234 683	21.8	2 971	27.6	904	8.4
7	法国	9 368	94.5	192 255	20.5	2 890	30.8	840	9.0
8	加拿大	7 865	93.3	139 475	17.7	1 920	24.4	526	6.7
9	澳大利亚	7 562	93.2	145 172	19.2	2 050	27.1	603	8.0
10	印度	6 316	87.9	70 988	11.2	937	14.8	185	2.9
平均		15 297	90.7	268 001	17.8	4 030	25.7	1 146	7.3

中国发文量的年均增长率为 21.4%，增速远远超过了国际平均水平，年发文量与美国的差距逐渐缩小，并在 2016 年超越美国，成为全球在该领域年发文量最多的国家。虽然近年来我国在发文量、总被引频次和高被引论文所占比例指标上有较明显的优势，发文量和总被引频次在国际上所占比例整体呈上升趋势（图 2-6），但在篇均被引频次和高被引论文所占比例的指标上与发达国家相比仍存在较为明显的差距（图 2-7）。

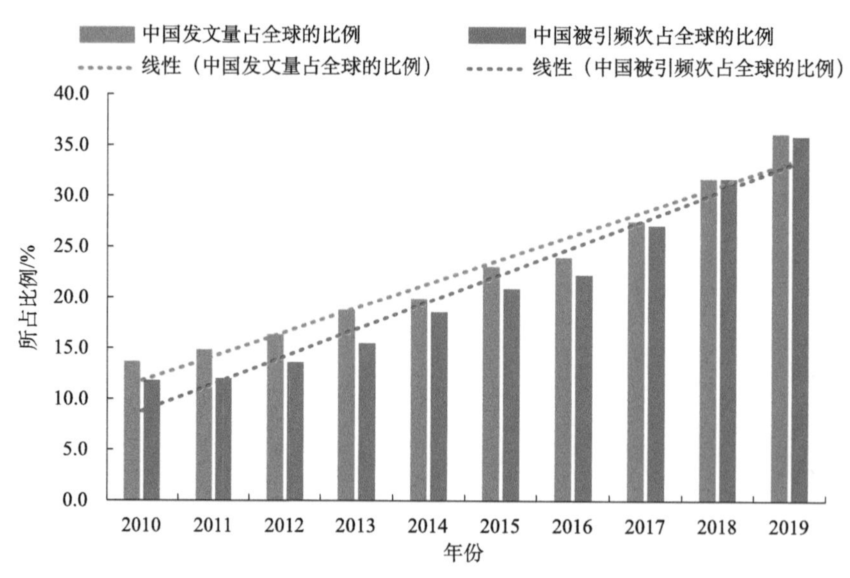

图 2-6　中国在“灾害环境”版块发文量和被引频次占全球比例的年度变化趋势图

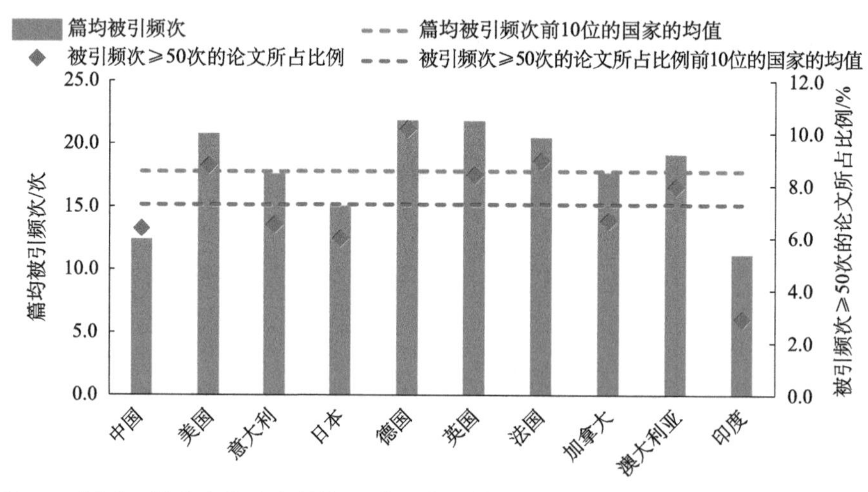

图 2-7　“灾害环境”版块发文量前 10 位国家的篇均被引频次和被引频次 ≥50 次的论文所占比例情况

如表 2-4 所示，在研究机构方面，主要发文机构依次是中国科学院、法国国家科学研究中心、美国加利福尼亚大学、俄罗斯科学院、德国亥姆霍兹联合会、意大利国家地理和火山研究所、美国内政部、美国地质调查局和中国矿业大学。在发文量较高的机构中，中国科学院、美国加利福尼亚大学和法国国家科学研究中心的总被引频次较高，均超过 12 万次，其中中国科学院超过 14 万次；美国加利福尼亚大学、美国地质调查局和美国内政部的篇均被引频次较高，均超过平均水平的 18.6 次；被引频次 ≥20 次的论文所占比例较高的机构有美国加利福尼亚大学、美国地质调查局和法国国家科学研究中心等；被引频次 ≥50 次的论文所占比例较高的机构有美国加利福尼亚大学、美国内政部、美国地质调查局和德国亥姆霍兹联合会等。

表 2-4 SCIE 数据库中“灾害环境”版块发文量前 10 位的机构及影响力

机构	发文量/篇	被引论文数/篇	被引论文所占比例/%	总被引频次/次	篇均被引频次/次	被引频次≥20次的论文/篇	被引频次≥20次的论文所占比例/%	被引频次≥50次的论文/篇	被引频次≥50次的论文所占比例/%
中国科学院	8 858	8 080	91.2	141 301	16.0	2 088	23.6	557	6.9
法国国家科学研究中心	6 028	5 733	95.1	129 808	21.5	1 997	33.1	584	10.2
美国加利福尼亚大学	4 809	4 604	95.7	134 233	27.9	1 828	38.0	664	14.4
俄罗斯科学院	3 080	2 502	81.2	25 874	8.4	305	9.9	68	2.7
德国亥姆霍兹联合会	2 632	2 516	95.6	57 301	21.8	861	32.7	260	10.3
意大利国家地理和火山研究所	2 555	2 432	95.2	42 840	16.8	703	27.5	159	6.5
美国内政部	2 496	2 333	93.5	54 873	22.0	821	32.9	255	10.9
美国地质调查局	2 447	2 379	97.2	54 263	22.2	829	33.9	256	10.8
中国矿业大学	2 311	1 974	85.4	24 704	10.7	340	14.7	79	4.0
平均	3 913	3 617	92.2	73 911	18.6	1 086	27.4	320	8.5

2010～2019 年这 10 年间，中国科学院在“灾害环境”版块发文量为 8858 篇，在主要发文机构中居首位；总被引频次 141 301 次，居首位；篇均被引频次 16.0 次，居第 7 位，略低于主要发文机构的平均值 18.6 次；高被引论文（被引频次≥20 次）2088 篇，居首位；被引频次≥50 次的高被引论文所占比例为 6.9%，排第 6 位，低于 8.5% 的平均水平（图 2-8）。除中国科学院之外，我国发文量较多的机构有中国矿业大学、中国地质大学、中国地震局、东北大学、中南大学、清华大学、兰州大学、北京师范大学和北京大学等。

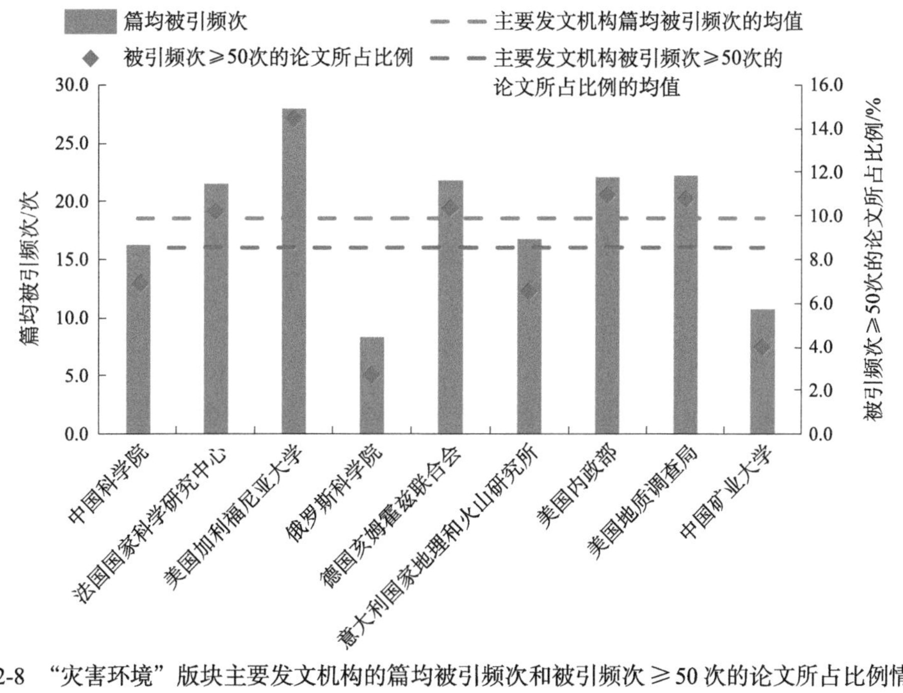

图 2-8 “灾害环境”版块主要发文机构的篇均被引频次和被引频次≥50 次的论文所占比例情况

（三）生态环境版块

文献信息来自美国 Web of Science 数据库，以环境地球科学“生态环境”版块中的 129 个相关研究方向为主题词（附表 3），在 SCIE 数据库中检索 article、proceedings paper、review 和 letter 类型的文献，得到文献共 553 813 篇。数据库更新时间为 2020 年 7 月 16 日。统计发现，2010～2019 年这 10 年间，SCIE 中发表的“生态环境”版块的文献数量整体呈稳步上升趋势，平均每年以 7.8% 的速度增长。

2010～2019 年发文量前 10 位的国家见图 2-9。我国发文量仅次于美国，总计 94 135 篇相关的研究论文有我国学者的参与，大约占全部论文数量的 17%，在该研究领域占据重要地位。发文量前 10 位的国家中，美国、中国、德国和英国的论文总被引频次较高，均超过 100 万次，其中美国的论文被引频次超过了 400 万次；英国、美国和德国的篇均被引频次较高，均大于 23.8 次的平均值；美国、法国、德国和英国被引频次 ≥20 次的论文在总论文中所占比例较大，均超过 27.5% 的平均值；从被引频次 ≥50 次的高被引论文所占比例来看，比例超过平均值的国家有美国、法国、德国、英国和加拿大。从总被引频次、篇均被引频次和高被引论文所占比例等指标综合来看，美国、德国和英国等国在环境地球科学“生态环境”版块的论文综合影响力较高（表 2-5）。

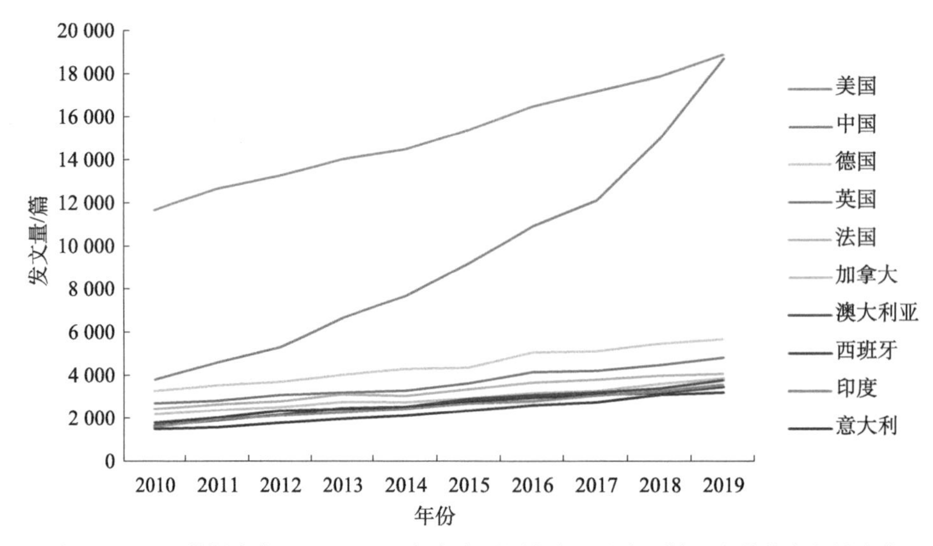

图 2-9　SCIE 数据库中 2010～2019 年各主要国家在“生态环境”版块的发文量变化

表 2-5　SCIE 数据库中“生态环境”版块发文量前 10 位的国家及影响力

序号	国家	发文量 / 篇	被引论文所占比例 /%	总被引频次 / 次	篇均被引频次 / 次	被引频次 ≥20 次的论文 / 篇	被引频次 ≥20 次的论文所占比例 /%	被引频次 ≥50 次的论文 / 篇	被引频次 ≥50 次的论文所占比例 /%
1	美国	152 026	92.3	4 326 980	28.5	50 625	33.3	15 963	10.5
2	中国	94 135	84.1	1 547 433	16.4	22 216	23.6	6 119	6.5
3	德国	44 516	89.9	1 191 750	26.8	13 177	29.6	3 828	8.6

续表

序号	国家	发文量/篇	被引论文所占比例/%	总被引频次/次	篇均被引频次/次	被引频次≥20次的论文/篇	被引频次≥20次的论文所占比例/%	被引频次≥50次的论文/篇	被引频次≥50次的论文所占比例/%
4	英国	36 472	88.3	1 060 069	29.1	10 504	28.8	2 954	8.1
5	法国	32 935	90.5	860 732	26.1	9 913	30.1	2 964	9.0
6	加拿大	29 558	86.1	745 034	25.2	8 158	27.6	2 365	8.0
7	澳大利亚	27 109	85.9	707 555	26.1	7 211	26.6	2 033	7.5
8	西班牙	26 646	87.6	595 455	22.3	7 594	28.5	2 105	7.9
9	印度	25 782	83.1	382 392	14.8	5 492	21.3	1 573	6.1
10	意大利	23 049	85.5	517 299	22.4	5 877	25.5	1 613	7.0
平均		49 223	87.3	1 193 470	23.8	14 077	27.5	4 152	7.9

中国发文量的年均增长率为19.4%，增速远远超过了国际平均水平，年发文量与美国的差距逐渐缩小。虽然近年来我国在发文量、总被引频次和高被引论文所占比例指标上有较明显的优势，发文量和总被引频次在国际上所占比例整体呈上升趋势（图2-10），但在篇均被引频次和高被引论文所占比例的指标上与发达国家相比仍存在较为明显的差距（图2-11）。

如表2-6所示，在机构方面，主要发文机构依次是中国科学院、法国国家科学研究中心、美国加利福尼亚大学、西班牙国家研究委员会、德国亥姆霍兹联合会、美国能源部、美国农业部、法国国家农业食品与环境研究院和美国佛罗里达大学。在发文量较高的机构中，美国加利福尼亚大学、法国国家科学研究中心和中国科学院的总被引频次较高，均超过40万次，其中美国加利福尼亚大学超过54万次；美国能源部、美国加利福尼亚大学、法国国家农业食品与环境研究院和德国亥姆霍兹联合会的篇均被引频次较高，

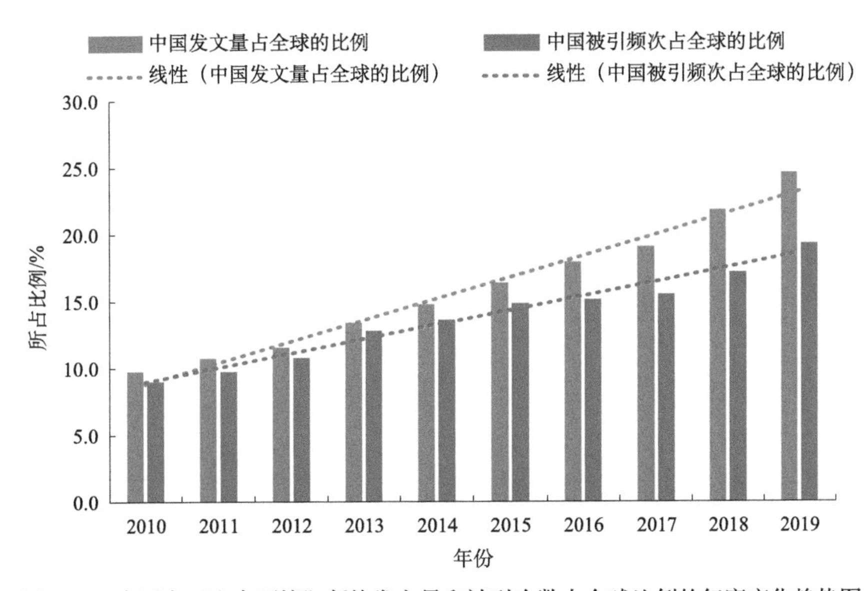

图2-10　中国在“生态环境”版块发文量和被引次数占全球比例的年度变化趋势图

均超过平均水平的27.7次；被引频次≥20次的论文所占比例较高的机构有美国能源部、法国国家科学研究中心、德国亥姆霍兹联合会和西班牙国家研究委员会等；被引频次≥50次的论文所占比例较高的机构有美国能源部、美国加利福尼亚大学、法国国家农业食品与环境研究院和法国国家科学研究中心等。

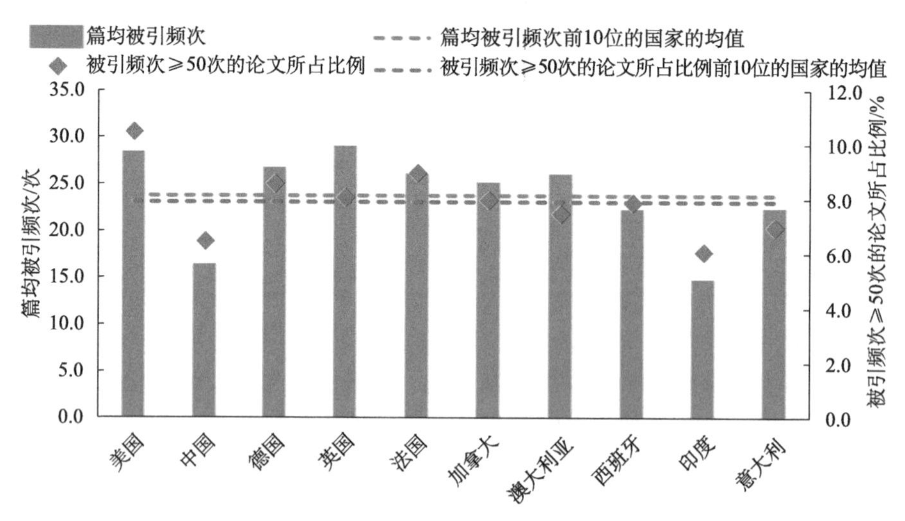

图2-11 “生态环境”版块发文量前10位国家的篇均被引频次和被引频次≥50次的论文所占比例情况

表2-6 SCIE数据库中“生态环境”版块主要发文机构及影响力

机构	发文量/篇	被引论文数/篇	被引论文所占比例/%	总被引频次/次	篇均被引频次/次	被引频次≥20次的论文/篇	被引频次≥20次的论文所占比例/%	被引频次≥50次的论文/篇	被引频次≥50次的论文所占比例/%
中国科学院	25 792	24 064	93.3	435 885	16.9	6 474	25.1	1 780	6.9
法国国家科学研究中心	18 951	18 174	95.9	532 523	28.1	7 410	39.1	2 483	13.1
美国加利福尼亚大学	17 620	16 950	96.2	549 744	31.2	6 326	35.9	2 749	15.6
西班牙国家研究委员会	9 277	8 922	96.2	246 978	26.6	3 406	36.7	1 116	12.0
德国亥姆霍兹联合会	8 781	8 471	96.5	256 074	29.2	3 298	37.6	1 128	12.8
美国能源部	7 384	7 092	96.0	301 917	40.9	3 205	43.4	1 382	18.7
美国农业部	7 148	6 707	93.8	159 222	22.3	2 177	30.5	745	10.4
法国国家农业食品与环境研究院	6 898	6 588	95.5	206 263	29.9	2 523	36.6	911	13.2
美国佛罗里达大学	6 748	6 371	94.4	162 686	24.1	2 101	31.1	729	10.8
平均	12 067	11 482	95.3	316 810	27.7	4 102	35.1	1 447	12.6

2010～2019年这10年间，中国科学院在“生态环境”版块发文量为25 792篇，在主要发文机构中居首位；总被引频次435 885次，居第3位；篇均被引频次16.9次，居

第 9 位，低于主要发文机构的平均水平 27.7 次；高被引论文（被引频次 ≥ 20 次的论文）6474 篇，居第 2 位；被引频次 ≥ 50 次的论文所占比例为 6.9%，排第 9 位，低于 12.6% 的平均水平（图 2-12）。除中国科学院之外，我国发文量较多的机构有浙江大学、北京大学、清华大学、北京师范大学、南京大学、中国农业科学院和中国农业大学等。

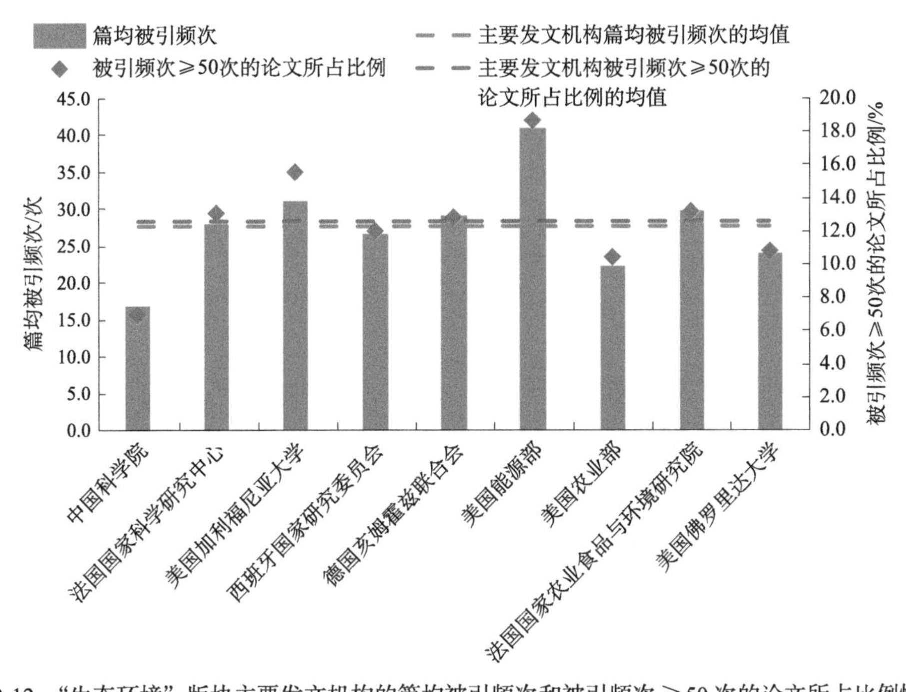

图 2-12 “生态环境”版块主要发文机构的篇均被引频次和被引频次 ≥ 50 次的论文所占比例情况

（四）健康环境版块

文献信息来源于美国 Web of Science 数据库，以环境地球科学“健康环境”版块中的 12 个相关研究方向为主题词（附表 4），在 SCIE 数据库中检索 article、proceedings paper、review 和 letter 类型的文献，得到文献共 66 458 篇。数据库更新时间为 2020 年 7 月 16 日。统计发现，2010～2019 年这 10 年间，SCIE 中发表的“健康环境”版块的文献数量整体呈稳步上升趋势，平均每年以 12.5% 的速度增长。

2010～2019 年发文量前 10 位的国家见图 2-13。美国发文量居全球之首，总计 19 408 篇相关的研究论文有美国学者的参与，大约占全部论文数量的 29.2%，在该研究领域占据主导地位。发文量前 10 位的国家中，美国、中国和英国的论文总被引频次较高，均超过 15 万次，其中美国的论文被引频次超过了 50 万次；美国、荷兰和法国的篇均被引频次较高，均大于 25.7 次的平均值；荷兰、美国、英国、德国、法国和西班牙被引频次 ≥ 20 次的论文所占比例较大，均超过 29.5% 的平均值；从被引频次 ≥ 50 次的论文所占比例来看，比例超过平均值的国家有荷兰、美国、德国、英国和法国。从总被引频次、篇均被引频次和高被引论文所占比例等指标综合来看，美国、荷兰、英国和法国等国在环境地球科学“健康环境”版块的论文综合影响力较高（表 2-7）。

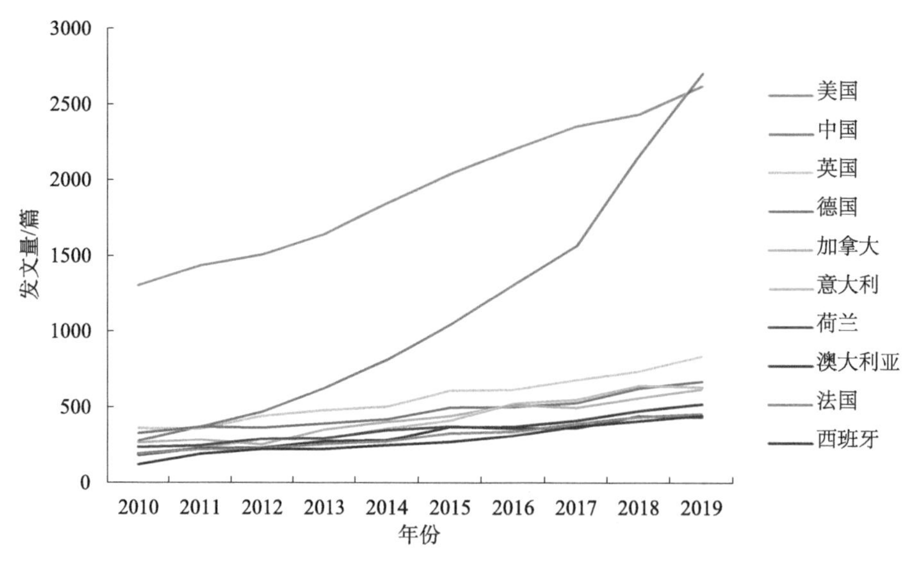

图 2-13　SCIE 数据库中 2010～2019 年各主要国家在“健康环境”版块的发文量变化

表 2-7　SCIE 数据库中“健康环境”版块发文量前 10 位的国家及影响力

序号	国家	发文量/篇	被引论文所占比例/%	总被引频次/次	篇均被引频次/次	被引频次≥20 次的论文/篇	被引频次≥20 次的论文所占比例/%	被引频次≥50 次的论文/篇	被引频次≥50 次的论文所占比例/%
1	美国	19 408	94.1	586 122	30.2	6 385	32.9	2 426	12.5
2	中国	11 376	79.4	185 875	16.3	2 284	20.1	681	6.0
3	英国	5 630	94.1	150 486	26.7	1 804	32.0	661	11.7
4	德国	4 717	95.2	125 190	26.5	1 500	31.8	560	11.9
5	加拿大	4 200	93.3	102 690	24.5	1 150	27.4	395	9.4
6	意大利	4 138	94.5	96 946	23.4	1 200	29.0	390	9.4
7	荷兰	3 397	94.8	101 715	29.9	1 166	34.3	433	12.7
8	澳大利亚	3 352	93.2	78 960	23.6	876	26.1	303	9.0
9	法国	3 124	92.8	90 190	28.9	963	30.8	344	11.0
10	西班牙	2 824	94.1	75 303	26.7	859	30.4	293	10.4
平均		6 217	92.6	159 348	25.7	1 819	29.5	649	10.4

中国发文量的年均增长率为 28.8%，增速远远超过了国际平均水平，年发文量与美国的差距逐渐缩小。虽然近年来我国在发文量、总被引频次和高被引论文所占比例指标上具有较为明显的优势，发文量和总被引频次在国际上所占比例整体呈上升趋势（图 2-14），但在篇均被引频次和高被引论文所占比例的指标上与发达国家相比仍存在较为明显的差距（图 2-15）。

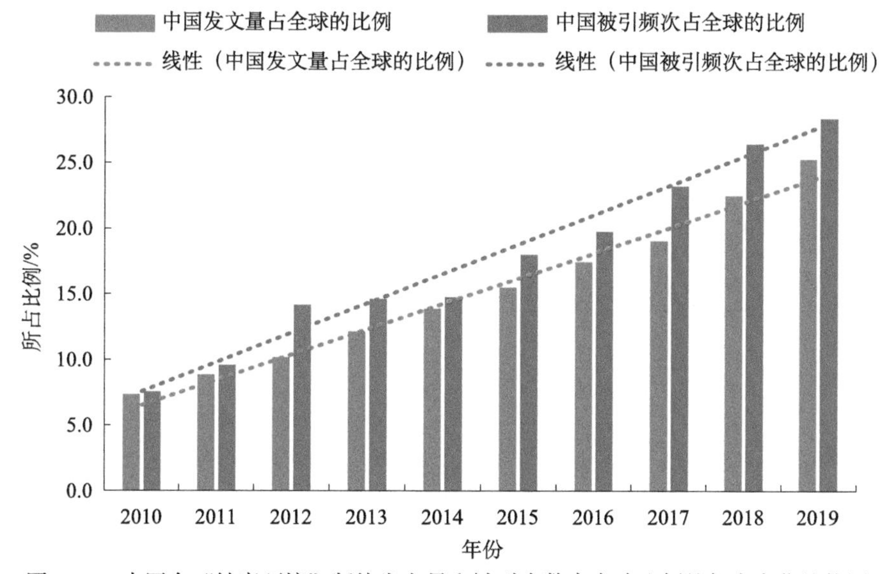

图 2-14 中国在“健康环境”版块发文量和被引次数占全球比例的年度变化趋势图

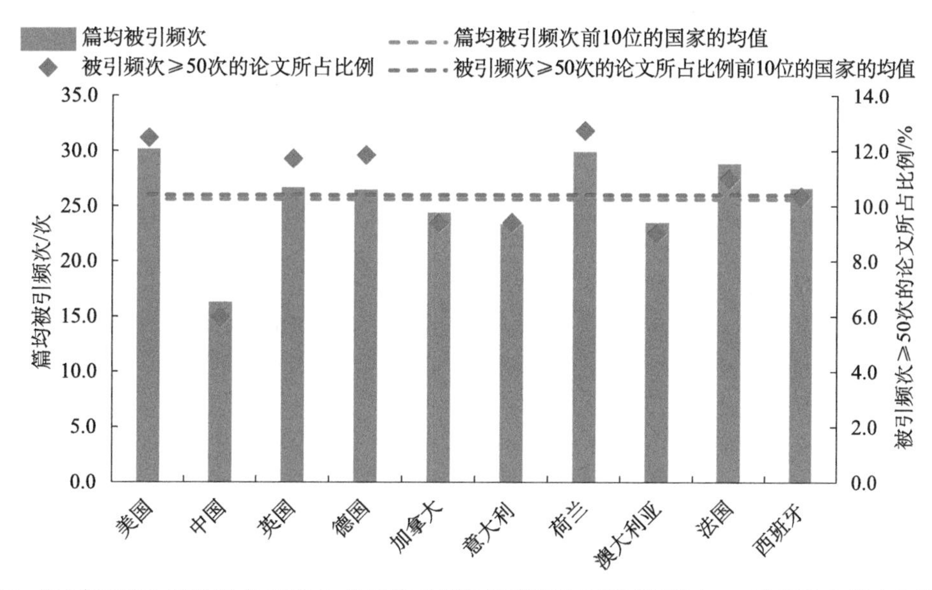

图 2-15 “健康环境”版块发文量前 10 位国家的篇均被引频次和被引频次 ≥50 次的论文所占比例情况

如表 2-8 所示，在研究机构方面，主要发文机构依次是中国科学院、美国加利福尼亚大学、美国哈佛大学、美国国家环境保护局、英国伦敦大学、法国国家科学研究中心、德国亥姆霍兹联合会、美国约翰斯 · 霍普金斯大学和美国北卡罗来纳大学。在发文量较高的机构中，美国加利福尼亚大学、美国哈佛大学和中国科学院的总被引频次较高，均超过 4 万次，其中美国加利福尼亚大学超过 6 万次；美国约翰斯 · 霍普金斯大学、美国哈佛大学和英国伦敦大学的篇均被引频次较高，均远超过平均水平的 35.2 次；被引频次 ≥20 次的论文所占比例较高的机构有德国亥姆霍兹联合会、美国国家环境保护局和美国哈佛大学等；被引频次 ≥50 次的论文所占比例较高的机构有美国约翰斯 · 霍普金斯大学、德国亥姆霍兹联合会、美国哈佛大学和美国加利福尼亚大学等。

2010～2019年这10年间，中国科学院在“健康环境”版块发文量为2713篇，在主要发文机构中居首位；总被引频次44 788次，居第3位；篇均被引频次20.6次，居第9位，低于主要发文机构的平均水平35.2次；被引频次≥20次的高被引论文为607篇，居第2位；被引频次≥50次的高被引论文所占比例为7.3%，排第9位，低于14.0%的平均水平（图2-16）。除中国科学院之外，我国发文量较多的机构有南京大学、北京师范大学、浙江大学、清华大学、中国农业科学院和北京大学等。

表2-8 SCIE数据库中“健康环境”版块发文量前10位的机构及影响力

机构	发文量/篇	被引论文数/篇	被引论文所占比例/%	总被引频次/次	篇均被引频次/次	被引频次≥20次的论文/篇	被引频次≥20次的论文所占比例/%	被引频次≥50次的论文/篇	被引频次≥50次的论文所占比例/%
中国科学院	2 713	2 032	74.9	44 788	20.6	607	22.4	198	7.3
美国加利福尼亚大学	1 903	1 810	95.1	66 037	34.7	701	36.8	287	15.1
美国哈佛大学	1 278	1 207	94.4	59 964	46.9	502	39.3	216	16.9
美国国家环境保护局	907	868	95.7	34 060	37.6	366	40.4	134	14.8
英国伦敦大学	905	864	95.5	36 497	40.3	312	34.5	132	14.6
法国国家科学研究中心	878	833	94.9	20 370	23.2	273	31.1	89	10.1
德国亥姆霍兹联合会	753	721	95.8	28 247	37.5	307	40.8	134	17.8
美国约翰斯·霍普金斯大学	713	675	94.7	35 813	50.2	269	37.7	127	17.8
美国北卡罗来纳大学	704	666	94.6	18 046	25.6	236	33.5	82	11.6
平均	1 195	1 075	92.8	38 202.44	35.2	397	35.2	155	14.0

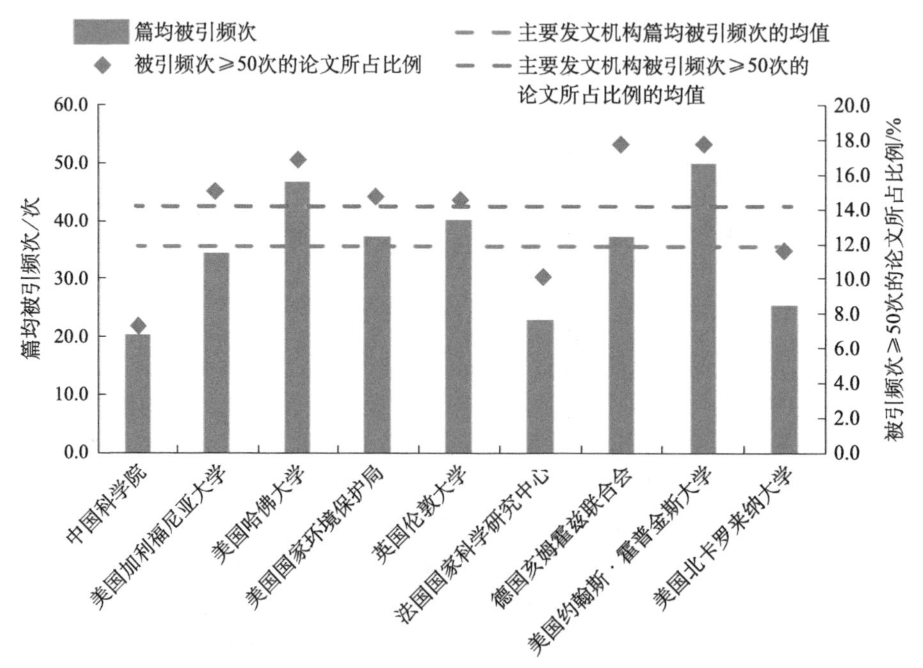

图2-16 “健康环境”版块主要发文机构的篇均被引频次和被引频次≥50次的论文所占比例情况

二、环境地球科学学科布局与主要成就

环境地球科学是地球科学众多分支学科针对重大环境问题深度交叉融合的典型，不仅促进了几乎所有地球科学分支学科的交叉，而且开放了与数理、化学、生命、工材、信息、管理和医学等学科交叉的诸多接口。为适应新一轮科技革命和产业变革的形势，打破学科固化形成的壁垒，国家自然科学基金委员会以科学基金申请代码调整为切入点，基于“基础夯实、交叉驱动、前沿引领、技术支撑、国家需求”的总体思路，对学科布局进行了优化改革。改革后的学科布局包括 17 个二级学科代码，分别为环境土壤学（D0701）、环境水科学（D0702）、环境大气科学（D0703）、环境生物学（D0704）、工程地质环境与灾害（D0705）、环境地质学（D0706）、环境地球化学（D0707）、生态毒理学（D0708）、基础土壤学（D0709）、土壤侵蚀与土壤肥力（D0710）、污染物环境行为与效应（D0711）、环境与健康风险（D0712）、第四纪环境与环境考古（D0713）、环境信息与环境预测（D0714）、环境地球科学新技术与新方法（D0715）、区域环境质量与安全（D0716）、环境保护与可持续发展（D0717），以及 2 个相关专题（人工纳米颗粒的环境地球化学过程和新污染物的环境地球化学过程）。环境地球科学学科在国家自然科学基金委员会的鼎力支持下，不断挖掘学科自身的发展规律，并吸收其他学科的成果，利用先进的技术手段，在满足国家经济社会发展对学科发展提出的高需求的同时，促进学科的创新发展，并取得了较好的科研成果。

（一）环境土壤学（D0701）、基础土壤学（D0709）和土壤侵蚀与土壤肥力（D0710）

我国土壤学（D0701、D0709、D0710）经过近几十年来的迅速发展，相继建立了土壤地理学、土壤物理学、土壤化学、土壤生物学、土壤侵蚀与水土保持、土壤肥力与土壤养分循环、土壤污染与修复、土壤质量与食物安全等各分支方向，提出了土壤圈物质循环的重要研究内涵，建立了较为完整的土壤学科体系，在国际上已具有一定的特色和国际地位，并在过去十多年里产生了多项国家自然科学奖和国家科技进步奖二等奖。其主要成果如下：

（1）在土壤形成与演化研究方面，在人为土、热带土壤及黄土－古土壤的发生学研究上取得了明显进展，清查了我国的土系资源，构建了中国土壤信息系统，建立了国家尺度、区域尺度和单个土体尺度参比的方法；中国科学院南京土壤研究所成为全球数字土壤制图网络联系东亚地区的网络节点，发展了先进的数字土壤制图技术和方法。

（2）在土壤物理学研究方面，在新技术和新方法，以及地球关键带水文过程与物质迁移、土壤水热盐耦合过程与调控、污染物迁移与数值模拟等新理论与新模型方面取得了明显进展，在土壤水文过程和土壤结构等领域提出了许多新理论和新模型。

（3）在土壤化学研究方面，在土壤矿物－微生物－有机质界面过程、土壤化学反应动力学、土壤生物电化学、微生物驱动的土壤化学过程等方面取得了长足的进步，土壤化学反应动力学研究在微观界面反应分子机制方面发展了快速原位技术并用于土壤化学动力学反应研究。

（4）在土壤生物学方面，在土壤生物地理分布、土壤生物与元素循环、土壤食物网

与功能、土壤生物与免疫、土壤生物与促生、土壤生物与解毒等方面取得显著进展。

（5）在土壤侵蚀与水土保持研究方面，针对坡面侵蚀过程，建立了立体动态监测体系；针对流域侵蚀产沙，确定了影响流域侵蚀产沙的主导因子；针对黄土区土壤侵蚀预测，建立了土壤抗冲性与土壤物理性质参数的最优模型；利用高精度摄影测量技术，建立了三维分形信息维数计算模型。

（6）在土壤肥力与养分循环研究方面也取得了明显的研究进展，特别是在关于土壤氮素转化的研究方面；在调控土壤养分供给方面，构建了土壤氮磷养分高效利用的根际生态调控理论，初步建立了土壤养分管理平台与精准施肥技术体系，并在估算农田生态系统固碳潜力、温室气体排放、定量农业面源污染等方面取得了大量的研究成果。

（7）在土壤污染与修复研究方面，我国在农田和场地土壤污染过程、污染机制、风险评估、风险管控修复材料、装备和技术及工程示范等方面取得了明显进展。

（8）在土壤碳氮循环与全球变化研究方面，基本摸清了我国土壤有机碳库的大小、变化趋势；在稻田温室气体排放方面，明确了稻田生态系统 CH_4 和 N_2O 的排放机制及减排措施。

（二）环境水科学（D0702）

在过去二十年间，国内研究对水与生态的保护与修复日趋重视，已在水中化学物质的迁移转化和通量、全球变化下的水质安全、水污染防治与修复等方面取得较大进展。我国在环境水科学方面取得的研究成果主要包括：

（1）在河流和流域研究中，揭示了水环境中的生态结构及水质污染对水生态系统的影响；定量估算了全球内流河流域全新世千年尺度和现代无机碳库的大小，并评估了其在全球碳循环中的重要性。

（2）在湖泊研究中，研究了浅水湖泊富营养化发生的机理，且经过政府等各方努力，显著降低了我国湖泊中磷污染程度；通过高通量扩增子测序及系统进化分析等方法探明了湖泊中浮游细菌生态学规律；探索了我国水环境中的微塑料污染状况、环境行为等；探明了 POPs 的气 - 水交换及生物富集传递过程；基于污染物对水生生物的不良影响，制定了典型污染物的保护水生生物的水质基准。

（3）在海洋研究中，发现全球海洋在持续增暖；海洋酸化会对海洋生物产生影响，如会影响固氮蓝藻的固氮效率等。

（4）在冰川研究中，发现在全球变暖的背景下，中低纬度山地冰川加速消融，促进了径流量的增加，可能引起汞释放并参与下游生态系统生物地球化学循环。

（5）在湿地研究中，揭示了湿地土壤碳对水位下降的响应机制；通过实施土壤改良和植被恢复等生态工程可有效提升水源地湿地的脱氮能力。

（6）在水处理技术方面，研究了可用于海水淡化的离子精确“装订”石墨烯膜、可快速吸附高黏度浮油的石墨烯海绵，设计了从空气中收集水分的自然光驱动的金属有机骨架等。

（三）环境大气科学（D0703）

环境大气科学作为大气科学与环境科学的交叉领域，运用地球系统科学的理论与方法探索自然环境和人类活动影响下地球大气圈物理、化学、生物过程及其传输演变规律、污染大气形成机理和调控、环境大气圈与其他圈层的耦合反馈等，以期为解决当前和今后人类所面临的大气污染问题提供理论依据和科技支撑。

我国环境大气科学的研究起步较晚，目前仍处于起步阶段，但在外场观测和模式模拟方面都已具有较强的实力，在特定行业、污染源的部分污染物监测和控制技术方面取得显著进展。例如，国内学者针对污染扩散的特殊性对大气输送扩散模式进行发展和应用，在局地尺度污染扩散模式、烟气抬升模式的研究方面取得了重要进展；研究大气气溶胶的光学特性，为系统地了解中国不同区域大气气溶胶光学特性和辐射效应奠定了基础；揭示了酸雨污染的损害机理，为酸雨的治理和防护提供了宝贵的科学依据；在典型城市开展大气污染与人群健康的流行病学调查，揭示了我国部分大城市大气污染与人群死亡 / 患病率和部分临床症状或功能指标的相关性；评估了中国机动车污染状况并建立了机动车排放评估体系和排放清单；基于外场观测及数值模拟分析了北京及其他重点地区 O_3 和 $PM_{2.5}$ 的污染特征、来源和形成过程，并提出了北京奥运会期间空气质量保障方案；为了应对日趋严重的大气污染形势，中国科学家通过系统研究建立了空气质量管理决策支撑技术体系；建立了我国排放清单编制技术体系，推动了排放清单业务化进程；建立了源 - 受体关系评估体系，评估了重点城市和地区 $PM_{2.5}$ 污染来源；建立了我国大气污染控制政策效果评估技术体系，从多角度评估了我国大气污染控制政策落实效果，并对潜在措施的效果进行评估，有效支撑了我国的大气污染综合控制决策；开发了以大气污染控制费用效益分析为核心的空气污染控制费用效益与达标评估系统，为大气污染控制决策提供了综合评估工具。

（四）环境生物学（D0704）

环境生物学学科随着研究内容和研究深度的不断提升，其研究方向逐渐向环境生态学、植物科学、农业科学、生物医学、生物多样性保育、动物学、海洋生物学、生物修复、人类健康等领域转变，新技术的应用和多学科的交叉在环境生物学研究中日益受到重视。我国的环境生物学研究相对于欧美起步较晚，但已取得丰硕成果，并在污染物的迁移规律、污染物的生态毒理效应、污染物的生态风险评估与预警、污染物生物修复技术、受干扰环境生物地理学等方面取得了重要进展，尤其在环境微生物学研究方面进展快速。我国在环境生物学方面取得的研究成果主要包括：

（1）研究方法快速发展，环境生物学研究已经形成了一套被广泛接受的方法学和技术组合，为该领域的发展提供了源源不断的助力，拓展了学科的前沿。

（2）探明了典型重金属、有毒有害有机污染物等在水生和陆生生物中的生物累积、生物放大效应及机理，同时为生物修复提供了理论支撑。

（3）因成本低、效果显著、可持续性等特点，植物修复、微生物修复和动物修复在土壤重金属污染修复、土壤有机物污染修复、海洋石油污染等方面取得长足的发展与应用。

（4）揭示了重金属、有机污染物及复合污染等对模式生物生态毒性的影响机制，基于污染物对生物体的不良影响，开展了诸多关于重金属、有机污染物及复合污染物对水、土壤等生态风险评估的研究，为环境管理提供了科学依据。

（5）随着基因组学的发展，对环境中微生物的筛查、分离、培养等取得了较大的进展，且环境微生物在环境污染物的降解与污染物的生态修复方面发挥着重要的作用，如石油污染土壤微生物修复，微生物还原 Cr（Ⅵ）污染，对染料（孔雀石绿、偶氮类、三苯甲烷类等）、T-2 毒素、十溴联苯醚、聚乳酸及 2,4,6- 三氯酚等的降解等。

（五）工程地质环境与灾害（D0705）

工程地质环境与灾害学科包括环境工程地质学、灾害地质学和重大工程环境灾害效应与调控三个分支学科。“十三五”以来，伴随着我国社会经济及科学技术的快速发展，工程地质环境与灾害研究取得了长足的进展，并取得了丰硕的研究成果，主要体现在以下五个方面：

（1）学科框架体系基本建立。在国家自然科学基金委员会、教育部、科技部及自然资源部等的支持下，围绕工程地质环境与灾害学科涉及的地质环境和工程环境系统，根据学科特点和中国特色，基本建立起了工程地质环境与灾害学科的框架体系 (黄润秋和祁生文，2017；陈剑平等，2003；潘懋和李铁锋，2012；王思敬，1997；刘传正，1995)。

（2）成因机理理论研究取得重大突破。我国学者对灾害成因机理理论开展了大量的探索和研究工作，并取得了重大理论突破，如黄土和软土地区地面沉降地裂缝、黄土高原和西南山区滑坡成因理论等，为我国长江三角洲地区、京津冀地区、西部山区和黄土高原地区社会经济和重大工程建设提供了重要理论支持 (Peng et al., 2019，2017；彭建兵等，2017，2014，2012，2007；Huang，2009；黄强兵等，2009；黄润秋，2007)。

（3）技术方法创新取得重大进展。工程地质环境与灾害学科在探测、监测创新技术方法方面取得了重大进展。例如，创新了光纤监测技术，该技术大量应用于我国地质灾害的监测、防治与边坡、大坝、桩基、隧道等工程建设中 (施斌等 , 2019)；创新了海量地质数据融合技术，通过该技术实现了 160 多个国家级核心地质数据库的上云共享 (郑啸等 , 2015)；创新了基于云平台高精度北斗 / 全球导航卫星系统监测技术，通过该技术多次成功预报滑坡地质灾害 (Xu et al., 2020)；创新了遥感技术与信息技术，该技术助力我国智慧城市的建设与防灾减灾 (李德仁 , 2020；李振洪等 , 2019)。

（4）服务国家重大需求成效显著。发挥在防灾减灾、应急抢险中的科技支撑引领作用，解决了国家在经济建设和社会发展中的一系列重大科学问题 (彭建兵等 , 2020a; 崔鹏 , 2020; 殷跃平 , 2018; 唐辉明，2015)；为我国成功实施一系列重大工程建设提供了重要技术支撑 (彭建兵等 , 2020a，2020b)；为我国的“三深”（深海、深地、深空）战略部署的实施提供重要技术支持 (李三忠等 , 2010)。

（5）人才培养体系基本形成。我国许多科研单位及高校先后设置了与工程地质环境与灾害学科相关的教学和科研机构，形成了较好的学士—硕士—博士人才培养机制及相应的科研平台和教师队伍。该学科领域研究人员规模逐年扩大，素质不断提升，杰出人才不断涌现，而且学科体系与人才队伍具有明显的地域特色。

（六）环境地质学（D0706）

环境地质学作为环境科学与地质学的交叉学科，其以人 - 地相互作用关系研究为核心，服务于人与自然可持续发展，旨在为协调人－地关系，确保环境宜居、人类健康和生态安全提供科技支撑，已成为当今国内外地质学界关注的热点。我国对环境地质学的研究在近二十年取得较大的进展：

（1）在与地下水资源开发相关的环境地质问题研究方面，编制了我国地下水资源与环境图集，评价了全国地下水资源开发利用潜力及与地下水资源开发相关的环境地质问题，并提出了地下水资源可持续利用建议；开展了东、中部重点地区和城市地下水水质与污染调查评价，基本查明了地下水质量和污染状况；启动了国家级及地方地下水监测工程，建立了国家、省（自治区、直辖市）、地（市）、县（区）四级地下水监测网络。针对地面沉降和地裂缝问题，建立了华北平原、长江三角洲、汾渭盆地地面沉降专业监测网，基本掌握了地面沉降分布与演化特征。

（2）针对突发性地质灾害研究，建立了较为完善的地质灾害综合防治体系；编制了全国及地方地质灾害发育分布、易发性、危险性评价等图集，基本掌握了地质灾害类型及其发育分布特点，建立了地质灾害监测预警体系，开发了全国地质灾害信息系统，在特大型滑坡识别、应急救灾关键技术、监测预警预报、灾害强度与风险快速评估技术等方面取得了一系列成果，建立了以地质灾害调查、监测预警和防治为一体的减灾防灾研究体系和基地，培养了大批人才，具备了良好的产学研结合基础，为国家地质灾害减灾和公共安全提供了技术支撑。

（3）在矿山地质环境领域，针对矿山环境地质问题的形成机理、环境影响评估、土地复垦和生态环境修复、矿山地质灾害防治、固体废物堆放填埋和处理、环境污染治理等方面的成果较为显著，如编制了全国性和地方性矿山环境地质图系，建立了全国矿山地质环境调查数据库及信息系统；在多区建立了矿山地质环境监测示范区，探索了矿山环境监测技术方法。

（4）在水土环境污染研究方面，初步建立了多类污染物污染场地修复技术体系、成套设备和集成应用系统，使污染场地修复技术向多样化、复合化、一体化快速发展。

（5）地质环境承载能力评价在玉树、舟曲、芦山灾后恢复重建规划和重建工作，以及环渤海地区国土规划编制中得到应用，为我国国土空间规划和社会经济发展规划提供了重要决策支撑，并开展了全国资源环境承载能力调查评价、全国地质资源环境承载能力评价与监测预警等工作。

（七）环境地球化学（D0707）

环境地球化学是介于环境科学和地球化学之间的一门交叉学科，主要包括元素环境地球化学、环境有机地球化学、环境生物地球化学，经过近二十年的发展，其在以下方面取得重要成就：

（1）在元素环境地球化学方面，初步构建了金属元素稳定同位素示踪重金属迁移转化的方法体系，明确了重金属形态转化与区域性重金属迁移过程机制，系统研究了地表环境重金属的生态健康效应，并在地表环境介质重金属污染控制与修复方面取得了较为系统的成就。

（2）在环境有机地球化学方面，环境分析能力大幅度提高，不断从环境中发现新的有机化合物，积累了大量有机污染物的区域时空分布数据，为我国有机污染物的防治与国际履约提供支撑，对有机污染物的环境地球化学行为取得了新的认识，进一步厘清了有机污染物的环境转化过程和机制。

（3）在环境生物地球化学方面，认识到元素循环会对环境生物地球化学产生重要影响，发现了重金属在生物地球系统中的主要影响机制，剖析了有机物在生物地球系统中的主要影响机制，探索了生物活动在环境生物地球化学过程中的作用机制，明晰了人类活动在环境生物地球化学过程中的作用机制。

（八）生态毒理学（D0708）

生态毒理学是20世纪70年代初期发展起来的一个毒理学分支，是生态学与毒理学相互渗透的一门交叉学科，主要研究污染物－环境－机体之间的关系及有毒物质对生物在个体、种群、群落和生态系统水平上的毒性效应。经过几十年的发展，生态毒理学已经取得了丰硕的成果，主要体现在以下几个方面：

（1）在污染物毒理学研究方法方面，生态毒理学已经形成了一套完整的技术与方法，从微观到宏观综合评价了有毒污染物的毒性，涉及分子、细胞、个体、种群、群落及整个生态系统等不同功能和层次，为生态毒理学的发展提供了研究基础和理论支撑。

（2）在污染物研究方面，我国学者不仅局限于传统污染物研究，更加关注新污染物研究并取得了系列成果，阐明了新污染物的毒性作用以及毒性机理，为新污染物的生态风险评估提供了科学依据和先进决策方法，从而可以更好地应对全球生态危机的挑战。

（3）在生态系统毒理学研究方面，陆地、海洋、土壤、大气等生态毒理学在环境污染治理、标志物检测、有机污染物的免疫毒性等方面取得了长足的进展，系统地剖析了生态毒理学的应用进展以及未来发展方向。

（九）污染物环境行为与效应（D0711）

近二十年来，在控制和解决我国面临的严峻环境问题的驱动下，污染物环境行为与效应研究形成了较为完善的研究体系，在研究方法学、目标污染物、区域过程机制、生态和健康效应等方面取得了长足的发展：

（1）研究方法学的快速发展。污染物环境行为研究已经形成了一套被广泛接受的方法学和技术组合，其为该领域的发展提供了源源不断的助力，拓展了学科的前沿。

（2）研究尺度的拓展。目前，我国学者在污染物全球和区域尺度环境过程研究上取得了系列成果，研发建立的排放清单在国际上具有一定的影响力，部分研究成果已被国际主流和前沿研究项目采纳。

（3）污染物健康风险研究得到了长足发展，在环境污染暴露、地球原生环境与人体健康的关系、人为活动释放化学物质的迁移转化及健康效应等方面开展了多角度多层次的研究工作。我国对典型区域人群内暴露监测及暴露特征进行了研究，在地方性疾病是典型的地球原生环境与健康关系的研究内容中取得显著进展。近年来，环境健康队列研究逐渐增多。此外，在气候变化和大气污染与人群健康的关系方面的研究也已经展开。

（十）环境与健康风险（D0712）

在环境与健康方面，2007年，18个部委共同发布了《国家环境与健康行动计划

（2007—2015）》，2015年新修订的《环境保护法》第三十九条规定“国家建立、健全环境与健康监测、调查和风险评估制度；鼓励和组织开展环境质量对公众健康影响的研究，采取措施预防和控制与环境污染有关的疾病”。习近平同志指出“将健康融入所有政策”，进一步促进了环境与健康风险的发展。因此，虽然我国环境与健康风险研究起步较晚，但在得到国家各种政策支持后，在以下方面取得了一定的进展：

（1）在环境暴露方面，通过研究初步形成了具有我国人群特色的环境暴露行为模式、暴露参数的技术指标及数据支撑体系，探索了地球多个圈层中物理、化学、生物环境要素的人体暴露剂量评价及途径解析方法。

（2）在环境流行病方面，通过研究①有害因素在环境中的分布特征及变化规律，以及影响人体健康的关键环境风险因素；②人群健康状况的构成，以及在时间、地区和人群中的分布规律；③环境有害因素及遗传因素交互作用与人群健康状况的关系等内容，在探索疾病危险因素、阐明暴露/剂量-反应关系方面取得了重要成果，为制定和修订环境卫生标准等奠定了一定的基础。

（3）在环境毒理方面，提出了评价环境污染物各种毒性的方法，包括急性毒性、胚胎毒性、发育毒性、器官毒性、生殖毒性和功能毒性评价；发展了用来确定环境暴露和环境条件会在何种程度上引起表观遗传修饰，从而影响个体在胚胎发育中的时间节点控制及成年时期的健康状态的新的分子生物技术；在纳米材料和新污染物生物毒性效应方面开展了深入的研究。

（4）在环境健康风险及管理方面，完成了中国人群环境暴露行为模式调查，发布了《中国人群环境暴露行为模式研究报告》《中国人群暴露参数手册》，填补了我国长期以来在环境与健康风险评估中所必需的基础数据和参数的空白；制定并发布了涵盖调查、暴露评估、风险评估、风险交流和信息化管理等方面内容的十余项技术规范和指南，逐步建立健全了国家环境健康风险评估制度；针对与健康密切相关的污染物来源及其主要环境影响和人群暴露途径开展监测，形成了国家环境健康风险监测网络，持续、系统地收集风险信息并以此开展风险评估；开展了环境基准研究工作，为相关法律、法规、标准的制定提供了依据。

（5）在区域及全球环境健康方面，应用“One Health”理念来解决人畜共患病、抗微生物、食品安全和食品保障、媒介传播疾病、环境污染以及人、动物和环境共同面临的其他健康威胁问题。

（十一）第四纪环境与环境考古（D0713）

第四纪环境与环境考古既是一门涉及地球历史的地球科学学科，又是一门涉及人类活动的环境科学学科。20世纪90年代以来，我国第四纪环境与环境考古围绕东亚古气候古环境演变及其与全球变化的动力关联开展了大量工作，取得了一系列原创性成果，在国际上产生了重要影响。

（1）在东亚季风起源方面，我国学者发现欧亚大陆东部气候格局在渐新世—中新世界限前后发生显著变化，提出亚洲季风系统至少形成于中新世初。

（2）在东亚季风演变的冰量驱动说方面，通过对比研究我国黄土古气候记录与北极冰盖演化历史，发现两者在趋势和周期上的高度相似性。

（3）在全新世东亚季风演变特征与我国北方环境格局方面，我国学者提出：①全新世气候适宜期在我国北方出现于中全新世、在我国南方出现于早全新世，干旱区气候变化与季风区不同步，这一特征与早全新世北半球残存冰盖抑制东亚季风雨带北进有关；②全新世气候适宜期，我国沙漠东界西撤约 1000 km（与末次冰盛期相比），现今的北方沙地呈现荒漠草原景观、黄土高原植被面貌为典型草原，这一格局为全球变暖背景下我国北方生态状况提供了历史相似型。

（4）在南海科学钻探与新科学假说方面，我国学者提出了“全球季风”的新概念，建立了以全球季风为标志的水循环假说和以微生物碳泵为基础的溶解有机碳假说，提出了第四纪气候变化的“冰盖驱动”和“热带驱动”的双驱动假说，为解开第四纪冰期成因之谜贡献了中国智慧。

（5）在石笋高分辨率古气候记录方面，我国石笋与古气候研究在国际全球变化领域发挥了引领作用。

（6）在中国现代人起源方面，我国学者在华南和华北发现了解剖学意义上的现代人化石。

（7）在农业起源与作物驯化方面，我国学者通过对大量考古遗址研究后提出：①全新世早期，我国北方以黍为首要粮食作物，而我国南方开始有意识地采集和栽培水稻；②全新世中期，野生稻北扩促进了稻作的扩散和发展，温暖湿润的气候为作物驯化和农业发展创造了重要条件。

（十二）环境信息与环境预测（D0714）

环境信息与环境预测包括自然与自然贡献的过去变化趋势和未来情景及其变化驱动力的过去变化趋势和未来情景，其以发展一套预报理论为目标，预测地球系统在未来十年至百年时间尺度上的变化，以期为“可持续发展”政策的制定提供科学基础。

自 2001 年以来，我国在生态系统评估模型方面取得了不少成果。2001 年 5 月，为了配合联合国千年生态系统评估（The Millennium Ecosystem Assessment，MA）的实施，我国启动了中国西部生态系统综合评估研究项目，该项目同时也被联合国 MA 确定为首批启动的五个亚全球区域评估项目之一。在该项目的支持下，我国建立了高精度曲面建模（HASM）方法，并将该方法运用于我国西部生态系统服务变化及其驱动力未来情景模拟分析。近年来，为了形成我国统一的指标体系和技术方法，使不同区域间的评估结果具有可比性，还构建了我国生物多样性与生态系统服务评估指标体系和相应的模型。

（十三）环境地球科学新技术与新方法（D0715）

环境地球科学新技术与新方法是一门新兴的学科，致力于支撑整个地球科学的研究，用于促使各学科均衡发展和促进学科交叉融合，其对于理解当前正在发生的过程和机制、预测未来几百年的变化具有重要的意义。对地观测体系、时空分辨率以及超级计算机数据处理等技术的出现使得人们对于高度复杂的非线性地球系统的模拟成为可能，利用大数据、云计算等现代信息技术处理分析数据，建立模型，可以推进环境地球系统科学发展。将新技术与新方法应用于环境地球科学研究的各个范畴是扩展其应用、开拓其创新、发展新思路的重要动力。然而，环境地球科学的研究对象具有区域性、开放性、隐蔽性、复杂性、动态性以及多场耦合作用等特点，给学科的技术与方法的创新带来了巨大挑战，在精准性、透明性以及长期稳定性方面仍需不断探索。

（十四）区域环境质量与安全（D0716）

区域环境质量与安全评价理论基于生态学理论、环境容载力理论、可持续发展理论、生态系统健康理论、水安全理论等理论体系，针对特定时空范围，根据研究区生态系统结构特征和发展定位，对区域环境整体进行定性和定量的评价。

我国在区域环境质量与安全研究方面的主要成就包括：区域环境安全学科的发展很大程度上依赖于技术手段的进步，目前已经形成的较为完善的环境监测技术手段、高端检测仪器和软件开发利用都体现了该方面；区域环境质量与安全学科逐步向数字化、信息化的方向发展，在大气科学中各种现象几乎都可以表示成一定的数学模型，借助计算机高速运行进行模拟和预测，如近年来遥感、遥控和地理信息系统等数据基础设施的应用；灾害型区域环境安全研究受到重视，如地质本身引起的地震、火山和滑坡等自然灾害，尽可能减少环境恶化所带来的间接性灾害出现的可能性；人地系统协调共生思维导向的形成，由于人类活动对地球各圈层的影响日益显著，因此要求人们理性、科学地对地球环境加以保护和合理利用、协调人与自然的关系，推进形成良性循环、可持续发展的人地系统。

（十五）环境保护与可持续发展（D0717）

环境保护与可持续发展作为环境地球科学的新增二级学科，是实现生态文明和人类永续发展的宗旨和重要保障。环境保护与可持续发展思想指导着我国环境治理体系的构建和生态文明建设。现今我国社会主义生态文明建设进入了新的时代，中央统筹推进“五位一体”总体布局，以创新、协调、绿色、开放、共享五大发展理念，把生态文明建设和生态环境保护摆上更加重要的战略位置，其对于促进我国经济社会实现可持续发展发挥着重要作用。中国科学院院士傅伯杰、李静海、侯增谦等研究人员在 *National Science Review* 期刊上发表文章 *Unravelling the Complexity in Achieving the 17 Sustainable-Development Goals*，从系统视角对“2030 年可持续发展议程”框架的全球 17 项可持续发展目标的复杂关系进行了研究，表明在复杂的全球系统中实现千年目标是一个优化过程，需要在满足基本需求和最大限度地实现预期目标之间进行权衡。从系统角度看待可持续发展目标之间的复杂关系对于促进理论创新至关重要，通过将这一分析框架应用于发达国家和发展中国家，可以确保政策的一致性，有助于促进全球可持续发展目标的实现。

（十六）人工纳米颗粒的环境地球化学过程（专题）

自 2000 年起，人工纳米颗粒的环境地球化学过程研究得到了迅猛发展，大气、水体和土壤环境中人工纳米颗粒的溯源、检测等技术受到充分重视；大气、水体和土壤环境中人工纳米颗粒的关键环境过程均得到重点关注；环境介质关键组分（如自然胶体颗粒、溶解性有机质等）对人工纳米颗粒环境过程的调控作用和机制研究取得长足发展；毒理学研究的受试生物从模式生物到区域优势物种和经济物种（如作物和经济鱼类）均广泛涉及。我国在人工纳米颗粒的环境地球化学研究过程中取得的主要成果如下：

（1）在土壤、水体（淡水、海洋）和大气等环境中人工纳米颗粒的浓度、输运和来源分析方面，我国在复杂基质中人工纳米颗粒表征和分析的新原理、新方法、新技术中的研究水平快速提高，开发了一系列分离、识别、表征和定量测定环境中痕量纳米颗粒的方法，并获2018年国家自然科学二等奖，同时对水环境介质中人工纳米颗粒的分离测定方法进行了长期系统的研究，取得了较大的进展。

（2）在人工纳米颗粒的关键地球化学过程中，我国对人工纳米颗粒在水环境中的迁移转化及影响因素、在土壤环境条件下的环境转化与归趋进行了探索。

（3）在人工纳米颗粒的环境效应与生态响应方面，在环境介质（如有机质）对人工纳米颗粒生物响应的影响，纳米颗粒对土壤碳、氮、磷、硫循环的影响、人工纳米颗粒对典型生态系统（农业生态系统）的影响的研究中取得了长足的发展。

（4）在人工纳米颗粒对共存污染物环境归趋的调控方面，解决了污染物选择性吸附在纳米材料上的原理和水相分离功能调控等关键科学问题，建立了分子水平、纳米尺度原位表征持久性有毒污染物分布特征及动态转化过程的研究方法体系，对环境条件（如光照、有机质）下，人工纳米颗粒对共存污染物的转化（降解、形态转化、矿化）、人工纳米颗粒与共存污染物的联合生物效应及机制的研究取得了重要进展。

（5）在人工纳米颗粒的土壤修复和水体修复、（光）催化、纳米肥料和纳米农药等方面，取得了较大进展，并注重其在污水处理、污染物监测中的应用。

（十七）新污染物的环境地球化学过程（专题）

党的十九届五中全会明确提出“重视新污染物治理”。新污染物是指由人类活动造成的、目前已明确存在但尚无法律法规和标准予以规定或规定不完善、危害生活和生态环境的所有在生产建设或者其他活动中产生的污染物，通常包括环境内分泌干扰物、新持久性有机污染物、微塑料、抗生素等类型。经过近年来的快速发展，新污染物的环境地球化学过程取得了众多重要成果。

（1）新污染物的分析检测技术快速发展。针对新有机污染物，全二维气相色谱（comprehensive two-dimensional gas chromatography，GC×GC）、超高效液相色谱（ultra performance liquid chromatography，UPLC）、飞行时间质谱（time-of-flight mass spectrometer，TOFMS）、轨道离子阱质谱（orbitrap mass spectrometer，Orbitrap MS）等已经成为其筛查和定性定量分析的重要技术手段。针对抗生素抗性基因，宏基因组测序、高通量PCR、功能基因探针、基质辅助激光解析电离飞行时间质谱（matrix-assisted laser desorption ionization time-of-flight mass spectrometry，MALDI-TOF-MS）、拉曼光谱、微流控、单细胞测序、基于染色体构象的HiC-Meta技术等方法逐渐应用到环境样品的广谱检测和相对定量。

（2）新污染物区域污染特征研究快速增长。在科技部和国家自然科学基金委员会等支持下，我国众多科研机构开展了新污染物在不同环境介质中的污染来源、污染特征、时空演变、区域特征等方面的研究工作。

（3）在新污染物的环境行为研究方面，目前已对新污染物的界面分配、长距离迁移等环境行为有了更加清晰的了解。

（4）在新污染物的生物体富集和放大方面，新有机污染物，如多溴联苯醚、有机磷阻燃剂、全氟/多氟烷基化合物和抗生素抗性基因等在不同种类生物中的富集、水生和陆生食物链放大等方面取得了重要的进展。

（5）在新污染物的环境转化方面，对其在土壤、活性污泥等介质中的好氧和厌氧微生物降解过程，以及在蚯蚓、植物、大鼠等体内的生物降解过程和规律有了初步的认识。

第三节　学科发展规律与启示

一、学科发展的规律

环境地球科学充分利用地球系统科学、物理学、化学、生物学、工程技术科学和社会科学等学科的理论、方法和技术，研究自然条件和人类活动影响下地表各圈层的物理、化学和生物过程与效应，揭示人类可持续发展面临的污染、生态、灾害和健康问题的发生、发展规律和应对策略，以此为人类社会可持续发展提供科学依据。它是人类利用和改造自然以及认识人类影响地球系统的应用基础科学，是满足国家环境保护和生态安全战略需求，是解决当前及未来一系列生态环境问题的科学基础。

近年来，环境地球科学的研究无论在深度上、广度上均获得了快速的发展，知识体系不断丰富和完善。不同的学科领域（如土壤学、环境水科学、环境大气科学、环境生物学、环境地质学、工程地质学、环境地球化学等）在不断发展完善自身学科体系的同时，学科之间也通过不断创新、交叉和融合，促进了环境地球科学学科的整体推进。同时，学科的发展在不断创新环境地球科学理论与技术的同时，在极大程度上与社会科学、人文科学、经济学、管理科学、信息科学等进行了大跨度的交叉和综合，为人类实现可持续发展提供了科学、全面的解释和对策。回顾及分析环境地球科学的发展过程，可以看出本学科具有独特的学科发展规律和特点。

（一）为解决人类生存与发展面临的环境、生态、灾害和健康问题而生

随着工业化和城市化的不断推进和经济社会的高速发展，由此产生了一系列重大环境问题，直接威胁着生态环境、人类生存与可持续发展，催生出以现代地球系统科学为基础的环境地球科学学科。现阶段，人类面临的环境问题主要有四个来源，即经济社会发展带来的环境污染，地球动力过程和人类工程活动引发的环境灾害，生态环境破坏产生的各种正负反馈效应，以及地球各圈层物理、化学和生物环境要素对人体暴露和健康的影响。此外，环境问题还具有以下五个特点：第一，具有全球性特点，是全人类共同面对的问题，如气候变暖和 POPs 在全球的迁移；第二，具有整体相关性，地球作为一个完整的生态系统，其中局部环境问题会对整体造成不同程度的影响，因此需要借助地球系统科学的理论、方法和技术认知规律，以寻找解决方案；第三，具有高危害性，严重的环境问题最终会威胁人类的健康和生存；第四，严重制约经济社会发展，如大气、水体和土壤污染，自然资源过度开采和使用，生态系统退化，极端气候和自然灾害等问

题不利于经济发展和社会稳定；第五，成为外交和重要多边会议关注和讨论的热点问题，生态安全已上升到国家安全的战略高度。因此，环境地球科学是直接关系人类生存与发展的应用基础科学，环境问题是环境地球科学发展的根本驱动力。

（二）以现代地球科学相关学科为基础，通过多学科交叉和融合驱动学科发展

环境地球科学是以问题和需求为导向而形成的学科，其以表层地球系统为研究背景和空间范畴，揭示与人类活动关系密切的水圈、土壤圈、大气圈和生物圈的环境要素演化规律。因此，土壤学、环境水科学、环境大气科学、环境生物学和生态学是环境地球科学的学科基础。同时，一些与现代地球科学相关的交叉属性学科，如环境地球化学、环境地质学、工程地质环境与灾害、生态毒理学等，也将自身形成的较为系统与完善的理论、方法和技术体系被动移植或者主动融合到新学科理论体系中，成为具有交叉属性的重要分支学科。不仅如此，在新问题、新形势、新需求的牵引下，原有理论、技术和方法在交叉、融合和综合中实现创新和发展，其成为推动环境地球科学学科发展的新动力。

步入 21 世纪，全球性、复杂性和大尺度下环境问题的不确定性成为世界环境科学的难题。重大环境问题的解决要求跨越领域和学科的视角，整合不同过程、不同时空尺度、不同学科领域，提出解决方案，这超出了单个和传统学科的能力范围，环境地球科学的大学科特征日渐显现。环境地球科学不仅促进了几乎所有地球科学分支学科的交叉，而且开放了与数理、化学、生命、工程与材料、信息、管理和医学等学科交叉的诸多接口。学科交叉融合促进了理论和方法的进一步整合和提升，其必将成为未来科研范式和科学发展的新常态，众多分支学科将为解决复杂的环境问题而共同努力。

（三）新技术、新方法、新视角推动学科精细化发展

大跨度的学科交叉是环境地球科学学科的显著特点。作为研究的工具和手段，技术和方法的创新是推动环境地球科学学科发展的必然要求，唯有创新的技术和方法，才能发现新现象、认识新机理和解决新问题。环境地球科学的研究对象具有区域性、开放性、隐蔽性、复杂性、动态性以及多场耦合作用等特点，给学科技术与方法的创新带来了巨大的挑战，体现在物质组分测试技术的精准性、地下结构和构造探测技术的透明性、表层地球系统演变过程监测技术的长期稳定性等方面还不能满足环境地球科学学科发展的要求，制约了科学问题的突破。拟重点开展以下新技术与新方法的探索：环境地球科学土、水、气和生物多圈层物质循环探测和多参量分析新技术与新方法；地球表层系统中污染物等物质的物理、化学和力学性质的测试新技术与新方法；地球表层系统垂直结构探测和遥测新技术与新方法；环境地球系统灾害感知预警技术和预测集成模式等。

（四）在系统化、信息化、定量化的大数据挖掘与分析中认知新规律

Future Earth 的提出标志着环境地球科学已经迈入全球化、系统化、定量化和信息化的大数据时代。海量数据的处理、计算以及复杂系统模拟是大数据时代促进学科知识创新的重要手段。例如，在土壤学领域，针对土壤信息领域的快速发展，启动了全球土壤

重要属性的高分辨率数字制图计划，突破了全球 90 m 数字土壤制图的关键方法和技术，为全球气候变化和人类持续影响下陆地水土资源循环、土地覆盖变化等研究提供了重要的基础科学支撑。地理信息系统和遥感技术是环境地球科学大数据研究的关键工具。高性能计算、空间知识发现、专业模型嵌入成为未来地理信息系统的特色；在天基、空基等传感网以及大数据的背景下，针对多源、异质、海量的空间遥感探测数据，发展高分辨率遥感数据的智能化处理与综合运用，是大数据时代遥感学科交叉综合研究发展的主要方向之一。在生态学领域，面对多尺度、多源海量监测数据的分析、管理的挑战和需求，生态信息学应运而生，并通过创新性的工具和方法发掘、管理、集成、分析、可视化、保存各种与生态学相关的数据和信息，促进学科的创新。生态数据集成和综合分析、综合模型库，以及基于互联网的数据和模型共享已经成为生态信息学未来发展的关键领域。伴随着大数据时代的到来，新一代环境预测模型有必要在地球系统的统一框架下，基于系统论思想综合分析地球各要素之间的相互作用关系，研究大数据环境下关联模式挖掘的理论与方法，厘清自然与人类活动的影响方式与贡献程度，构建时空大数据分析与人工智能支持下的全要素环境预测模型，以精准把握环境系统演化的时空特征。

（五）社会与公众需求成为学科发展的推动力

随着经济的飞速发展和人民生活水平的不断提升，良好的生态环境已成为社会和公众的迫切需求。2015 年，联合国成员方在可持续发展峰会上正式通过了成果性文件——《改变我们的世界：2030 年可持续发展议程》，该文件聚焦全球可持续发展中的社会、经济和环境问题，其中环境问题是核心议题，17 个重要议题中有 10 个与环境地球科学相关。水土资源短缺、环境污染加剧、生态系统退化、自然灾害频发等资源环境问题严重威胁着经济社会可持续发展和人类健康安全，亟须相关法律、政策和科学技术的保驾护航。全球社会对可持续发展科学的需求，使得环境地球科学在各个领域的应用研究得到了进一步的发展。环境地球科学源于如何处理人与地球环境关系的研究，涉及生态保护、污染治理、防灾减灾、环境变化应对、土地管理和环境健康等，是生态文明建设和可持续发展的核心基础。环境地球科学作为一门蓬勃发展的新兴学科，将走进经济社会发展和政府决策的主战场，为国家环境治理体系和治理能力建设提供前瞻性和系统性的科技支撑。

从我国环境地球科学的发展规律来看，我国环境地球科学领域蓬勃发展，相关学术论文产出迅速增加；传统环境地球科学不断创新发展，研究领域不断拓展完善；学科之间的交叉渗透日益频繁，新兴领域蓬勃发展；在紧跟国际发展前沿的同时，注重解决经济社会发展中面临的重大环境问题。随着国际合作越来越密切，我国科技发展逐步与国际接轨，在国际上发表高水平的科研成果更能带动我国科技的迅猛发展。

二、学科发展的启示

新形势下，环境地球科学需要顺势而为、与时俱进，承担起更多的社会责任，主动作为，主动对接，主动融入经济、政治、文化和社会全过程，以走进社会、政府和主战场的决策层面，为国家治理体系和治理能力建设，治国理政方略、管理、决策和制度建设提供前瞻性的科技支撑。在今后环境地球科学的发展中，国家科技政策与科研基金更要加大对环境地球科学领域的资助力度，鼓励其产生更多具有国际影响力的科研成果，继而带动我国科研整体水平的提升。同时，鼓励国内有条件的研究团队与国外相关学科领域的高水平研究团队开展合作，取长补短。在学习借鉴国外先进思想与技术、培养高素质科研人员的同时，聚焦我国及全球重大环境问题，以实现人与自然和谐共生为准则，产生更多更有价值的科研成果，不断提升我国环境地球科学研究的竞争力。

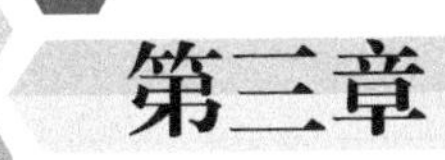

第三章 环境地球科学学科发展优先领域

第一节 四类科学问题导向可能形成的引领性研究方向

环境是一个复杂的系统，环境地球科学是随着环境问题的发展和人类认识的不断深入逐渐发展形成的一个综合性的新兴学科，学科内涵和外延也在不断发生变化。为构建具有我国特色的源于知识体系的内在逻辑和结构、促进知识和应用融通的学科布局，紧密结合新时代科学基金总体目标和深化改革思路，对接“十四五”战略规划，需要进一步梳理和深化本学科的学科发展增长点。本节将从四类科学问题导向“鼓励探索、突出原创；聚焦前沿、独辟蹊径；需求牵引、突破瓶颈；共性导向、交叉融通”出发，按照17个二级学科和2个专题方向，进一步梳理环境地球科学学科可能形成的引领性研究方向，以更好地发挥环境地球科学在解决当前和今后发展中面临的重大环境、生态、健康和灾害问题时的科技支撑作用。

一、鼓励探索、突出原创

探索创新性方向或原创性问题是环境地球科学发展之基石，对拓展学科知识边界、完善学科体系结构、推动学科整体发展具有不可替代的作用。随着物理学、化学、生物学等基础科学的进步，信息技术、生物技术、制造工业、人工智能、大数据技术和模型模拟等技术的诞生和发展，环境地球科学与这些科学和技术的渗透融合推动了环境地球科学研究新思想、新概念、新理论、新方法、新过程和新体系的诞生。例如，化学各分支学科发展为定性和定量研究养分离子及污染物形态与转化提供了技术和理论支撑，特别是近年来原子及分子分析方法的快速发展为我们从分子水平研究养分离子与污染物的界面提供了先进手段；化学结构、化学计量与环境介质基本物质分子组成的交叉和综合形成了介质分子模拟方向；生物学特别是分子生物学技术的进步，深化了对微生物所驱动的环境过程的认识，特别是基于高通量测序的组学技术（基因组学、转录组学、蛋白组学、代谢组学等）打开了环境介质微生物的“黑箱”，极大地推动了对环境介质中未知微生物类群及功能的认识。环境地球科学在“鼓励探索、突出原创”方面可能形成的引领性研究方向见表 3-1。

表 3-1 “鼓励探索、突出原创”方面可能形成的引领性研究方向

学科	引领性研究方向
D0701 环境土壤学 D0709 基础土壤学 D0710 土壤侵蚀与土壤肥力	土壤多组分、多界面和多尺度性质和行为的观测、分析方法； 计量土壤学理论和研究方法体系； 基于大数据和“互联网 +”的土壤数据信息技术； 基于星 - 空 - 地一体化的土壤智慧监测技术与系统
D0702 环境水科学	全球变化驱动下水环境系统的适应性和突变； 大数据时代水环境、水生态观测的新方法； 大尺度演替过程与中小尺度水过程的耦合模拟
D0703 环境大气科学	环境大气观测与信息处理的新理论、新技术和新方法
D0704 环境生物学	应急和生物检测新技术； 多要素、多尺度环境变化效应的大数据分析
D0705 工程地质环境与灾害	地质灾害防治（防控）的智能探测、监测的新材料、新工艺与新理论
D0706 环境地质学	大数据与人工智能支持下的地质环境管理系统； 地球物理探测与污染监测一体化； 高分辨地表地形及形变观测与监测新技术、新方法
D0707 环境地球化学	多因素组合下复合污染形成机理研究的新理论、新方法； 海 - 陆交互带多界面观测新技术、新方法
D0708 生态毒理学	混合物种相互作用的毒性响应水平与模式； 宏观野外研究新技术与新方法
D0711 污染物环境行为与效应	基于过程调控的污染调控新技术； 污染物环境行为研究新方法
D0712 环境与健康风险	适合我国区域和人群特征的环境健康基准理论方法学； 重点区域、流域及全球尺度的环境健康风险评估关键技术； 适合我国国情的可接受风险水平推导模型
D0713 第四纪环境与环境考古	古增温成因机制； 气候系统突变机制
D0714 环境信息与环境预测	基于大数据分析与智能计算的环境预测模型
D0715 环境地球科学新技术与新方法	不同圈层物质循环探测和多参量分析的新技术与新方法； 表层地球系统中污染物等物质的物理、化学和力学性质测试的新技术与新方法
D0716 区域环境质量与安全	多尺度、多要素、多过程区域环境监测与表征及其情景预测、安全预警
D0717 环境保护与可持续发展	用于环境保护、低碳、节能减排的新技术、新方法
人工纳米颗粒的环境地球化学过程	纳米颗粒表征和分析的新方法、新技术； 环境相关条件下，纳米颗粒的毒性效应和迁移机制； 纳米技术在环境地球化学的新应用
新污染物的环境地球化学过程	环境中新有机污染物的筛选与识别新技术； 新污染物暴露评价及健康效应新方法

二、聚焦前沿、独辟蹊径

“聚焦前沿、独辟蹊径”旨在扩展新的科学前沿，强调开创性和引领性，使科学基金成为科学前沿的牵引器。此类研究聚焦前沿科学问题，并以新颖的思路和角度开展研究，获得具有显著科学价值的成果，从而引领或推动该领域的发展。从环境地球科学的发展态势来看，水、土、气圈层间的物质元素循环，环境要素对生态系统结构、功能和服务价值的影响已成为学科研究的前沿。新的环境问题的出现和新污染物的发现，使得环境中新型和微量物质的检测分析、对生物体的致毒机理及其对生态系统结构、功能和服务价值的影响始终是环境地球科学研究的前沿和热点。需要注意的是，部分环境地球科学学科的研究前沿是与时俱进、不断变化的。以人工纳米颗粒的环境健康效应为例，其研究前沿由 21 世纪初对人体细胞、模式生物和其他生物个体的研究逐渐向人工纳米颗粒在大气、水体和土壤等圈层内的迁移、转化及生态响应发展。在“聚焦前沿、独辟蹊径”方面可能形成的引领性研究方向见表 3-2。

表 3-2　“聚焦前沿、独辟蹊径”方面可能形成的引领性研究方向

学科	引领性研究方向
D0701 环境土壤学 D0709 基础土壤学 D0710 土壤侵蚀与土壤肥力	土壤圈物质循环与土壤时空演变； 土壤生物多样性与地下食物网功能
D0702 环境水科学	非均质地下介质中的多组分和多尺度过程； 水环境中微量有机污染物检测及新污染物研究； 地下生态系统与水文过程的相互作用
D0703 环境大气科学	环境大气关键过程及其生态环境效应
D0704 环境生物学	环境变化的生态效应、生物对环境变化的响应与适应； 受损生境的生物修复
D0705 工程地质环境与灾害	特殊岩土灾变及工程环境灾害效应与防控； 深部开发重大工程环境灾害效应与调控
D0706 环境地质学	地球表层系统物质循环的环境效应； 城市地质环境管理理论与模型； 矿区水土污染源解析技术与方法
D0707 环境地球化学	地球关键带物质循环及其环境效应； 深部生物圈的生态功能和环境生物地球化学作用
D0708 生态毒理学	污染物在环境中的归宿及其与毒理相结合的研究； 微观与宏观分析技术相结合的研究
D0711 污染物环境行为与效应	全球变化影响下污染物归趋及生态效应
D0712 环境与健康风险	多介质、多途径蓄积性暴露及多污染物累积性暴露的风险评估新方法； 体现时空尺度暴露差异及敏感人群特征的环境健康风险表达模型
D0713 第四纪环境与环境考古	重大环境事件与构造 - 气候动力学关联； 典型古增温事件的精细过程
D0714 环境信息与环境预测	环境变化的时空尺度融合与转换问题； 人类 - 自然耦合系统的解剖和模拟
D0715 环境地球科学新技术与新方法	地球表层系统垂直结构探测和遥测新技术与新方法； 环境地球系统灾害感知预警技术和预测集成模式
D0716 区域环境质量与安全	高强度人类活动对区域环境的影响、互馈机制及调控模式

续表

学科	引领性研究方向
D0717 环境保护与可持续发展	新能源的开发与应用
人工纳米颗粒的环境地球化学过程	新型二维纳米材料在环境中的迁移转化； 人工纳米颗粒的生态响应； 纳米农业技术的开发和优化
新污染物的环境地球化学过程	环境健康

三、需求牵引、突破瓶颈

“需求牵引、突破瓶颈”旨在破解国家重大战略需求和经济社会发展中的核心科学问题，使环境地球科学发展成为经济社会发展和国家安全的驱动器。随着国家战略举措的相继实施，战略资源、能源开发成为国家发展的瓶颈，人地和谐问题更加迫切，环境问题和加强环境意识成为挑战。解决这些重大问题的关键在于解决其背后的基础科学问题，以及阻碍学科发展的技术瓶颈问题。环境地球科学研究从兴趣驱动向需求驱动方向转变，服务国家重大需求的社会功能日益凸显。以工程地质环境与灾害学科为例，其致力于解决“一带一路”可能造成的地质灾害与生态环境效应、高原隆升与全球变化驱动下高山峡谷区灾害动力学和重大工程地质过程与环境灾害效应等关键科学问题，可以为川藏铁路、西气东输、西电东送、重大水利水电工程、跨海跨江大桥工程和深部开发重大工程等提供重要的理论支撑，服务国家发展战略。“需求牵引、突破瓶颈”方面可能形成的引领性研究方向见表 3-3。

表 3-3 “需求牵引、突破瓶颈”方面可能形成的引领性研究方向

学科	引领性研究方向
D0701 环境土壤学 D0709 基础土壤学 D0710 土壤侵蚀与土壤肥力	土壤改良、土壤养分高效利用、精准施肥； 污染土壤绿色可持续修复原理与技术； 土壤质量与食物安全保障技术原理
D0702 环境水科学	“水－土－气－生－人”耦合的流域系统模拟； 水环境智能化管理； 强人类活动影响下的水环境演化与保护
D0703 环境大气科学	人类活动对环境大气质量的影响
D0704 环境生物学	生物在环境中的赋存状况及资源挖掘； 污染环境的生物修复技术
D0705 工程地质环境与灾害	特殊地质环境下能源、地下空间开发利用技术； 地质灾害自动化监测、预警预报技术； 极端、特殊及复杂条件下“三深一寒”等重大工程的环境灾害精准探测技术
D0706 环境地质学	水文－生物地球化学过程耦合； 海－陆交互作用过程及海岸带环境效应
D0707 环境地球化学	强人类活动影响下的环境地球化学； 元素表生环境行为及地表污染形成的人为和自然作用力贡献解析
D0708 生态毒理学	环境质量标准的生态毒理指标体系； 新污染物的风险评价方法

续表

学科	引领性研究方向
D0711 污染物环境行为与效应	重点区域污染演变特征、控效评估和政策建议； 长江经济带污染物环境地球化学行为和健康风险
D0712 环境与健康风险	环境因素疾病负担的时空分布特征分析和预测； 重大环境健康风险的热点地区识别
D0713 第四纪环境与环境考古	典型古增温事件的环境效应； 典型气候突变事件的环境效应
D0714 环境信息与环境预测	多模型耦合与优化
D0715 环境地球科学新技术与新方法	应用大数据、云计算等新技术与新方法建立环境地球科学综合评价体系
D0716 区域环境质量与安全	区域环境灾害的过程、机制、影响与模拟
D0717 环境保护与可持续发展	生态文明建设的法规政策与战略研究
人工纳米颗粒的环境地球化学过程	人工纳米颗粒的致毒机制
新污染物的环境地球化学过程	环境污染物暴露评价

四、共性导向、交叉融通

“共性导向、交叉融通”旨在以共性科学问题为导向，促进不同学科的交叉融合，使环境地球科学成为人类知识的倍增器。环境地球科学是一个高度交叉的学科，其研究必然涉及跨学科的知识融合。例如，生物学参与的环境介质物质和过程的研究，衍生出环境生物物理研究分支学科；微生物学、微生态学与环境地球科学的交叉研究派生出环境微生物和微生态研究方向；数学、地统计学和环境地球科学的交叉形成了环境计量学；数字技术、信息技术的发展使得环境信息系统研究和数字环境研究成为现实，改变了传统环境地球科学研究分析的模糊和定性的形象。因此，该类研究将是环境地球科学研究最大的分支，对促进学科融通发展及孕育新的学科方向具有重要意义。“共性导向、交叉融通”方面可能形成的引领性研究方向见表 3-4。

表 3-4 “共性导向、交叉融通”方面可能形成的引领性研究方向

学科	引领性研究方向
D0701 环境土壤学 D0709 基础土壤学 D0710 土壤侵蚀与土壤肥力	区域土壤污染成因、过程与修复； 农田土壤健康与质量提升理论与方法； 地球关键带过程与土壤功能演变； 土壤侵蚀演变过程与流域生态系统服务功能
D0702 环境水科学	流域地表水－地下水交互机理、过程耦合与生态环境效应研究； 新污染物在水体中的迁移过程与环境健康效应； 海岸带流域陆源营养物入海通量及关键控制过程； 水中污染物的微生物生态效应
D0703 环境大气科学	环境大气大数据建模与污染智能预测原理； 环境大气变化多尺度影响及优化应对方案； 跨界大气复合污染的成因机制与溯源； 污染物排放评估与优化控制技术

续表

学科	引领性研究方向
D0704 环境生物学	环境变化与生物的响应和适应； 退化、污染、极端及灾害环境影响评估及修复机制研究； 全球变化背景下生物的地理分布格局和时空尺度拓展； 人类重要疾病的发生和传播的环境生物学机制； 环境生物学研究的新技术与平台发展
D0705 工程地质环境与灾害	多圈层相互作用下地表动力学过程及其区域灾害效应； 重大工程活动与地质环境演变互馈机制； 基于空－天－地一体化监测和智能化地质灾害监测预警与风险防控
D0706 环境地质学	地质环境与人体健康； 城镇人－地界面地质过程及其空间优化； 矿产资源开发的地质环境效应与生态修复
D0707 环境地球化学	污染物环境地球化学过程与人体健康效应； 污染物复合污染行为及控制； 病毒微小生命体在生态过程和生物地球化学循环中的作用
D0708 生态毒理学	多种物质复合污染对生态系统的影响分析； 污染物长期低剂量作用研究； 重要污染物的大尺度生态毒理学效应
D0711 污染物环境行为与效应	环境污染物的多介质界面过程、效应与调控； 产业结构演变导致的污染问题与风险； 原位高效反应体系的构建； 区域环境污染的人体暴露风险源识别和暴露组解析
D0712 环境与健康风险	高分辨率的时－空尺度人群暴露组学特征对疾病成因的影响； 探寻导致健康风险的环境危害因素的大数据分析技术； 结合表观基因组关联研究和全基因组关联深入剖析基因与环境因素的相互作用
D0713 第四纪环境与环境考古	环境变化与人类活动； 未来气候趋势预估
D0714 环境信息与环境预测	过去 2000 年环境系统与人类系统的耦合过程与调控机理； 物质循环格局演变及其环境效应； 自然与自然贡献的未来情景模型
D0715 环境地球科学新技术与新方法	时空分布相关学科与环境地球科学相融合的新技术与新方法； 模拟预测地球系统变化的新技术与新方法
D0716 区域环境质量与安全	区域环境质量诊断、评价与管控模式； 区域环境保育、修复、整治的机制及模式
D0717 环境保护与可持续发展	经济建设与生态环境保护相结合的研究； 自然资源管理
人工纳米颗粒的环境地球化学过程	人工纳米颗粒的环境地球化学过程
新污染物的环境地球化学过程	新污染物的环境行为、生态健康风险及控制

第二节　环境地球科学内部学科交叉的优先领域

一、流域地表水－地下水交互机理、过程耦合与生态环境效应研究

（一）科学意义与国家战略需求

随着我国人口的持续增长和社会经济的快速发展，水资源短缺、水环境恶化及生态退化问题日益凸显，严重影响人民生产、生活及社会稳定，已成为阻碍我国社会经济可持续发展的关键瓶颈之一。水环境治理与水生态保护是当前我国生态文明建设的核心内容，国家在治水方面的政策力度和资金投入不断加大。2006 年以来，国务院先后发布了《国务院关于落实科学发展观加强环境保护的决定》和《国家中长期科学和技术发展规划纲要（2006—2020 年）》，启动了“水体污染控制与治理科技重大专项”（简称水专项），修订了《中华人民共和国环境保护法》，发布了《水污染防治行动计划》和《土壤污染防治行动计划》。党和政府所采取的一系列措施有力地推进了我国的水环境保护和水污染防治工作，有效缓解了部分地区的水污染问题，遏制了我国地表水体持续恶化的趋势。

然而，在地表水逐渐改善的情势下，地下水问题却日趋严重。目前，全国有 300 多个城市存在地下水污染导致的供水紧张的问题。与地表水污染相比，地下水污染存在成因更复杂，监测和治理的难度大、费用高、耗时长等问题。流域地表水和地下水相互作用，污染紧密相连，但我国目前仍缺乏对地表水和地下水的统筹管理。同时，我国涉水学科条块分割的问题突出，难以为复杂水问题的解决提供系统科学的理论和方法支撑。因此，突破传统学科壁垒，以系统理论为指导，通过多学科交叉，在流域层面开展地表水－地下水交互机理、过程耦合与生态环境效应研究，突破地表水－地下水污染综合防治领域关键科学问题，对当前及未来一段时间内我国水环境污染防治具有重要意义。

（二）国际发展态势与我国的发展优势

流域地表水－地下水环境问题的研究属于水文科学与环境科学、地质学的交叉领域。最近二十年，新的分析、测量和计算技术不断涌现，为这一交叉领域的研究发展提供了全新机遇，重点研究内容包括：①流域地表水－地下水交互作用及模拟；②流域地表水－地下水环境综合保护技术；③流域地表水－地下水污染风险评估及优化管理。

流域地表水－地下水交互作用及模拟。国内外众多水污染事件表明，地表水与地下水之间存在紧密的水力和物质通量联系，它们构成一个整体的水环境系统。地表水与地下水的转化关系和地表水－地下水交互带的水流及溶质迁移转化规律一直是国际研究的热点及难点问题之一（Weessner，2000；Sophocleous，2002）。关于地表水－地下水转化的早期研究主要针对水量问题。随着水环境问题日益突出，越来越多的研究开始关注水质问题。目前，地表水和地下水水量交换的研究方法主要有试验观测法、水均衡方法

和模拟技术方法。试验观测法包括直接水量测量和间接试验法，前者利用渗漏测量仪对含水层－河床界面的点尺度水量通量进行观测（Kalbus et al.，2006），后者利用热力学或同位素化学等方法进行地表水和地下水交换水量的推算（Sophocleous，2002；Hatch et al.，2010）。把地表水水文过程与地下水渗流过程相耦合，建立流域地表水－地下水耦合模型，对于流域水环境保护具有重要的意义，其是重要的发展趋势。自 Freeze（1969）首次提出基于物理机制的地表水－地下水流耦合理论体系以来，在过去几十年间地表水－地下水耦合模型得到极大的发展。从数量上看，仅美国国家环境保护局公布的商业水环境模型就达 120 多个。从规模上来看，水环境模型已从单纯、孤立、分散的水量水质模型逐步发展为各模型之间相互渗透、联合使用的集成式模型软件。依托国家自然科学基金重大研究计划等科研项目，国内近年来在地表水－地下水耦合模拟领域也有所突破，如在黑河流域发展起来的 HEIFLOW 模型等。HEIFLOW 等国产模型在流域生态水文过程认识、流域水管理等方面发挥了举足轻重的作用，促进了中国流域水文科学的迅速发展（陈发虎等，2019）。

流域地表水－地下水环境综合保护技术。国际上地下水污染防治的研究起步于 20 世纪 70 年代后期。美国、欧洲、加拿大以及日本等国家和地区经过三十多年的实践和发展，积累了大量的治理经验和多种修复技术，已形成应用广泛化、技术体系化、实施规范化和装备系统产业化等特点。我国地表水污染防治经过早期点源污染治理，“水体污染控制与治理科技重大专项”技术集成研发示范，到现如今的黑臭水体治理、“海绵城市”建设等治水政策的推行，已经取得了较为丰富的研究成果，逐步实现流域水污染治理技术与设备的整装成套化，形成完善的流域水体污染治理技术体系。目前，我国水环境污染治理领域正处于重要的发展时期，既存在诸多挑战，也面临难得的历史机遇。然而，我国在流域统筹治理方面的实际经验还较为缺乏，水体污染防治中往往忽略了地表水－地下水的相互关系，从而影响了治理的整体效果。

流域地表水－地下水污染风险评估及优化管理。20 世纪 70 年代，重大危害事故的发生使环境风险评价技术得到了迅速发展（Covello and Merkhofer，1993）。80 年代，环境风险评价的发展带动了风险源识别技术的发展。90 年代以后，健康风险评价研究工作得到了重视。我国在环境风险源识别及健康风险评价方面研究起步较晚。郭振仁等（2005）提出了环境污染事故危险源的概念。赵肖和郭振仁（2010）建立了基于风险源特性、风险源周边环境状况、危险物环境效应及危险物衰减特性的风险源分级指标体系，并构建了环境后果综合评价模型。贾倩等（2010）构建了基于危险物质、生产工艺、企业管理等的突发环境风险综合评价指标体系，并建立了相应的风险评价模型，提出了四级风险分级管理体系。2014 年，发布了《污染场地风险评估技术导则》一系列的标准，标志着中国的场地评价已从借鉴学习阶段进入自主研发和系统化的阶段。然而，我国对地表水、地下水的风险评价及管理主要集中在水质健康评价和污染物识别控制方面，忽视了地表水和地下水之间的污染物交换，导致相关风险评估不足，影响流域地表水－地下水环境的科学管理。因此，实施地表水与地下水环境的统筹管理对流域水环境健康保障极为重要，也是我国当前及未来一段时期水环境领域的重点研究方向之一。

（三）发展目标

瞄准国际环境水科学研究前沿，聚焦关系我国公众健康的重大水环境问题，通过对地表水－地下水交互的界面过程、耦合机制及其生态环境效应等科学问题的研究，加快水环境风险评估、控制和监测预警技术的发展，完善支撑绿色发展和全过程污染防治的技术体系。我国水体污染控制与防治必须从流域角度出发，将地表水－地下水作为一个有机整体进行统筹考虑，方能实现水环境污染的有效和长效治理。未来 5～10 年，力争在地表水－地下水界面转化机理、地表水－地下水水量和水质交换量、监测及耦合模拟技术等瓶颈问题上取得突破，为地表水－地下水污染联合修复、风险评价与优化管控提供先进科技支撑。

（四）主要研究方向

（1）地表水－地下水界面物质交互机理及其关键控制因素。定量表征地表水－地下水界面的物质交互过程是剖析地表水－地下水交互机理和识别关键控制因素的重要手段，但目前仍缺少有效、高精度的定量方法。该方向将重点研究地表水－地下水交换过程对界面物质通量的影响，揭示控制物质通量的传输机制和主要影响因子，建立多过程耦合作用与界面物质通量间的定量关系。在此基础上，实现小尺度机理过程与大尺度流域预测模型的衔接，开发多尺度水流和溶质迁移转化模型，用以改善大尺度水流和物质通量的预测精度。

（2）地表水－地下水关键带水文与生物地球化学过程的耦合机制。受介质非均质性以及观测手段限制的影响，关键带水文与生物地球化学过程的耦合机制一直缺乏系统、定量的研究以及高分辨率实测数据的验证。该方向重点研究各关键带中水动力、污染物运移以及生物地球化学过程的耦合机制、介质非均质性对耦合机制的影响，建立基于耦合机制的水量和水质过程模型。其具体研究内容包括：针对不同气候区和地貌单元选择代表性潜流带，以碳、氮、磷等元素为对象，开展水文、污染物迁移与生物地球化学过程以及它们的耦合机制研究；建立长期野外观测基地，获得高分辨率的动态变化数据，阐明控制元素循环与污染物迁移转化的生物地球化学过程及其机理；开展示踪试验，建立各关键带水文地球化学参数的三维空间分布及定量表征；开发三维动态水文生物地球化学耦合模型，模拟关键带水文及生物地球化学过程。

（3）地表水－地下水污染交互过程的生态环境效应及其调控机制。地表水－地下水的交互过程往往调控着流域的生态环境。其受天然条件和人类活动的影响，地表水－地下水交互过程对流域生态环境的影响呈现复杂的时空变化。该方向的研究可选择气候、生态环境、社会经济条件不同的代表性流域开展四个层面的工作：重建研究区历史时期地表水－地下水水量与水质的演化过程，量化气候变化、人类活动等驱动力对于水量和水质的影响；构建地表水－地下水污染程度与环境健康和生态风险的关系，定量评估关键性无机或有机污染物对生命体个体或群体带来的风险；基于多尺度模拟研究地表水、地下水和生态环境系统的协同演化过程，揭示地表水－地下水交互作用影响流域生态环境系统“韧性”（resilience）的关键机制；开展社会水文学（socio-hydrology）研究，定量刻画水量、水质和生态安全对于社会经济在不同时间尺度上的反馈作用，提出地表水－地下水联合使用的调控方式和机制。

二、农田土壤健康与质量提升理论与方法

（一）科学意义与国家战略需求

土壤是一个活的生命体，具有持续支撑农产品安全生产、维持生态环境质量和保障动植物及人类健康三个方面的功能。狭义的土壤健康是指土壤微生物、微动物和植物形成的多级生物网络驱动了生源要素和有害物质的代谢和转化过程，其决定了土壤－微生物－微动物－植物生态系统的健康服务功能，并最终影响了人类的健康水平。土壤质量和健康相互关联，土壤质量是形成稳定功能的物质基础，而土壤健康是发挥长效功能的能力保障。健康的土壤是地球上生命的基石，特别是在当今全球面临粮食安全、气候变化、环境恶化等重大问题的情况下，更加凸显了土壤健康与质量提升研究的重要性。土壤健康与质量提升是国际前沿科学问题，涉及多学科知识交叉融合、多技术方法耦合应用及多时空尺度协同发展，面临着更多的挑战。

2004～2015年，我国实现了粮食产量的“十二连增”，2019年全国粮食总产量13 277亿斤[①]，创历史最高水平。近20年来实施的高标准农田建设和沃土工程等支撑了约1/3的粮食增量，然而我国耕地土壤健康已难以为继，现有耕地土壤质量和健康水平无法持续支撑新时期农业的高产优质高效目标。目前，我国耕地土壤质量和健康水平低下已经成为保障我国粮食安全、农产品质量安全、生态环境安全和国民健康安全的短板。我国耕地面积为20.24亿亩[②]，耕地地力总体水平不高，土壤有机质平均含量比欧美国家和地区低一个等级（10 g/kg）。其中，7亿亩高产田占27%，生产了我国一半的主粮（小麦、玉米和水稻），分布在生产条件良好的农业主产区，主要面临高强度利用下土壤健康水平恶化及其带来的环境负荷过高问题。而13亿亩中低产田占73%，贡献了我国另一半的主粮和11个门类的农产品，大多分布在资源禀赋不匹配、农业基础条件薄弱的地区，是我国贫困山区的主要耕地资源，主要面临土壤质量差、产能低而不稳的问题。开展我国土壤健康与质量提升理论与方法研究，可以为进一步开展土壤健康管理和示范打下基础，可以有效落实习近平总书记提出的“藏粮于地、藏粮于技”战略，巩固和提升粮食产能，弥补我国耕地资源安全短板。我国在有效实现高标准农田建设和沃土工程发展的“土壤质量培育”科技成果的基础上，向“土壤健康与土壤质量协同培育”的更高目标发展，集中力量破解我国农业高产－优质－高效面临的科技难题和生产需求。因此，从国家战略需求出发，农田土壤健康与质量提升理论与方法研究一方面是推动国家科技中长期发展的重要举措，另一方面也是支撑国家农业可持续发展的科技基础。

（二）国际发展态势与我国的发展优势

FAO在“国际土壤年”提出了“健康土壤带来健康生活”的理念和行动，认为只有健康的土壤才能生产健康的食物，进而才能孕育健康的人类和健康的社会。美国农业部

① 1斤=500g。

② 1亩≈666.7m^2。

自然资源保护局将土壤健康定义为“土壤作为维持植物、动物和人类生存的重要生物系统的持续能力”。从国际上来讲，“土壤健康”还没有一个统一的定义，人类对土壤健康的认识随着科学的发展而不断更新。土壤作为脆弱性的非再生资源，其健康和可持续性管理正成为全球关注的焦点和热点（Keesstra et al.，2016）。

土壤健康与质量提升研究的是构建土壤健康的指标体系，深入理解健康土壤生物学指标及其与土壤功能的关系。已有科学认识认为，普遍接受的土壤健康指标包括土壤有机质含量、水的渗透性和持水能力、土壤团聚结构、生物活性（包括微生物和无脊椎动物的组成和多样性）及抗病害压力。但是基于个体土壤的健康指标尚未达成共识，特别是关于土壤生物学方面，如何评价健康土壤生物学特征及其与土壤其他重要特性之间的关系还存在争论（Doran and Zeiss，2000）。FAO 全球土壤伙伴关系第八次全会提出了用 CO_2 呼吸代表土壤生物活性，用土壤生物组成代表土壤生物多样性的土壤可持续评价指标体系。近年来，有研究提出了基于 DNA 指纹图谱的土壤微生物组成评价土壤健康与质量的可行性方法（Hermans et al.，2020，2017；Astudillo-García et al.，2019；Smith et al.，2015）。

宏基因组学和单细胞分析技术的快速发展，加强了原位条件对土壤生物网络结构和功能协同变化机制的研究，特别是对单细胞养分转化功能的高分辨率研究。例如，利用宏基因组学高通量测序技术和高通量微生物功能基因微阵列，加强对微生物组成与功能协同变化的研究（Xue et al.，2016），将纳米二次离子质谱技术（nano-scale secondary ion mass spectrometry, NanoSIMS）与同位素示踪技术（isotopic tracer technique）、荧光原位杂交（fluorescence in situ hybridization，FISH）、扫描电子显微镜（scanning electron microscopy，SEM）、流式细胞仪（flow cytometry，FCM）、拉曼单细胞精准分选技术等技术方法联合使用，来研究土壤微生物物种组成及单细胞生理代谢活性（Tourna et al.，2011），同时不断发展微生物系统发育 / 功能分子生态网络分析方法，深入研究土壤微生物网络结构对环境条件变化的响应机制，阐明土壤微生物组装装配（microbiota assembly）对养分转化功能的影响（Crowther et al.，2019）。

加强了对碳、氮协同转化机制的研究，特别是植物 - 土壤 - 微生物互作机制的研究；深入研究保护性耕作、有机农作物和生物炭通过影响微生物网络（关键种）结构从而调控碳氮转化的机制（Banerjee et al.，2019），提出了土壤微生物驱动有机碳库容增加的新理论（Sokol and Bradford，2019）；揭示了植物微生物组的生态学与进化机制（Cordovez et al.，2019）；深入研究了植物根系 - 土壤 - 微生物互作对养分循环的影响过程，揭示了植物分泌改变了根际微生物组装模型和养分转化功能的机制（Zhalnina et al.，2018），其成为农田养分地上 - 地下协同管理研究的新热点。

国内学者围绕国际上对碳氮转化与微生物网络交互研究的热点和前沿，从水稻土等典型土壤类型和根际过程方面强化了对健康土壤养分转化微生物机制的研究，开展了土壤团聚体微生物网络结构和功能的交互研究，总体上，国内研究热点的关键词交互网络与国际相比表现出趋同趋势，但仍需深入研究健康土壤“热区”微生物群落结构演替对养分循环的驱动机制，特别是需要加强土壤生物网络组装和养分转化功能调控的实证研究；针对我国土壤健康培育中存在的特殊问题，从理论和技术方面增强原创性研究。

针对不同区域典型土壤类型和长期施肥管理措施，深入研究了土壤碳氮磷转化微生物的演变机制，揭示了土壤培肥过程中团聚体生物网络交互作用对养分转化的作用机制，识别了不同气候－土壤生境下微生物群落多样性及其养分转化功能的演变。基于长期耕作施肥试验，应用稳定性同位素探针、高通量测序和基因芯片等技术推进了对长期施肥下典型土壤类型（水稻土、红壤、黑土、潮土）有机质分解和氮磷转化微生物演变机制的认识（Fan et al.，2019；Dai et al.，2020）。基于不同土壤的培肥试验，深入研究了耕层土壤生物网络交互作用对碳氮磷转化的影响机制，揭示了土壤团聚体中原生动物（线虫）捕食氨氧化细菌、解磷菌关键种促进氮磷转化的机制（Jiang et al.，2017）。基于样带调查和跨气候带土壤置换试验，深入研究了气候－土壤条件变化对微生物网络和养分转化关键种演替的影响机制（Liang et al.，2015），创建了由微生物介导的土壤固碳过程的新型理论体系（Liang et al.，2017）。

深入研究了我国典型间作系统中根系－土壤－微生物交互作用对碳氮磷转化的影响机制，开展了不同逆境土壤中作物品种与根际微生物互作促进氮磷养分转化利用机制的研究。针对豆科和非豆科作物轮作间作管理，深入研究了根际互作促进固氮解磷的微生物信号机制（Li et al.，2016；Chen et al.，2020）。通过宏基因组学研究了区域尺度上植物根际影响植物－微生物互作、植物营养吸收的微生物功能性状（Xu et al.，2018）；通过发展高通量微生物培养技术，突破识别根际微生物的技术瓶颈，实现将根际中丰度最高的前一百种操作分类单元（operational taxonomic units，OTU）分离培养 64%，发现籼稻根系富集参与氮循环的微生物类群促进氮素利用的机制（Zhang G et al.，2019）、根际病原菌－细菌－土壤动物互作决定植物根际健康机制（Xiong et al.，2020；Wang et al.，2019；Gu et al.，2020）。

（三）发展目标

瞄准国际土壤科学研究前沿，以关系我国国计民生的土壤健康与质量问题为重点，通过对关键科学问题的研究，加深对健康土壤形成机制与演变过程、生物多级网络构建及时空演变特征、重要生源要素循环耦合关系的认知，构建土壤健康诊断与质量评价方法，研发耕地土壤质量提升和土壤健康管理关键理论与技术，发展健康土壤培育过程中跨界互作的逆境减损技术；未来 5～10 年，力争在土壤健康培育与质量提升等方面取得突破，为农业可持续发展，“藏粮于地、藏粮于技”的国家战略提供理论、方法和技术。

（四）主要研究方向

（1）农田土壤障碍消减与质量提升理论和技术。解析酸化、盐碱化、耕层浅薄化、养分非均衡化、连作障碍等典型障碍类型发生机制，以及黏磐、钙磐、白浆层、潜育层等障碍层的形态学、理化特征和形成条件，研究障碍因子对土壤质量的影响及主要农产品的减产效应，阐明不同障碍类型和障碍层的消减与调控机理；研究土壤有机质转化机制、累积规律，挖掘植物根际有机质周转对农田土壤养分循环和贡献的内在驱动机制，揭示土壤团聚过程和团粒结构形成机理，阐明土壤有机质提升与氮、磷等重要肥力要素转化的耦合联动机制和调控原理；研究协调土壤水、肥、气、热条件的肥沃土壤耕层形成机制和构建原理；研究以栽培制度、轮作体系、秸秆还田为主体的有机物质投入对土壤物质循环和消长的影响，以及不同措施对耕地质量提升的效果；研发农田土壤障碍消减理论与新技术、新垦耕地地力快速提升的理论与技术；基于数字技术与设备网络和大数据分析，发展支持土壤质量提升的精准农业分析和控制理论与新技术。

（2）健康土壤形成机理与评价方法。研究不同气候、土壤、轮作条件下土壤碳、氮、磷、钾、硫、铁等重要生源要素和有毒物质的生物地球化学循环特征、土-水和土-气界面迁移转化规律及驱动机理，明确土壤生源要素和有毒物质转化对土壤健康形成与演变的驱动机制和作用机理；研究土壤健康生物分布和时空演变规律，揭示健康土壤生物多样性形成机制，识别种内、种间共存机制，建立健康生物群落结构与功能的关系；研究土壤健康的诊断指标体系和评价方法。

（3）土壤健康管理的理论和方法。基于土壤微生物功能组学与单细胞组学技术，进行微生物的系统发育与土壤功能之间的耦合，识别不同气候、土壤、轮作条件下沃土生物网络的关键种，建立沃土生物网络的组装原理和生物调控技术。开展土壤养分稳定供应的微生物机理与调控途径，包括生物固氮、硝化和反硝化等微生物过程，菌根真菌、解磷微生物等促进土壤磷高效利用的作用机制等；研究土壤有毒物质缓冲和降解能力提升的原理及其技术；研究控制病原数量、发挥抗病原作用的土壤生物调控技术。

（4）农田作物和人体健康调控的微生物-作物跨界调控技术。针对代表性作物面临的干旱、酸性、盐碱、荒漠、贫瘠等逆境，研究作物根系-土壤-微生物互作机制，揭示土壤逆境下优势菌种和抗逆促生功能；研究逆境下土壤微生物重要的代谢途径和基因调控机制，建立功能与代谢互作网络，识别功能基因与物种的进化关系，开展作物根系和土壤微生物资源分离培养、人工重组群落和功能食物网的构建技术研究；研究作物-免疫微生物-病害微生物之间的互作机制和信号响应过程机制，研究土壤生物调控植物抗病性的原理与技术，发展微生物-作物跨界互作的逆境减损理论和技术。

三、区域土壤复合污染过程与生态修复技术

（一）科学意义与国家战略需求

区域土壤环境安全是支撑美丽中国、生态文明建设的重要基础。党的十九大报告明确指出，坚决打好污染防治攻坚战，着力解决突出环境问题，强化土壤污染管控和修复。我国土壤类型繁多，土地利用方式多样，区域差异化明显。随着经济社会的快速发展，我国土壤污染呈现多源化、复合化、跨界化、区域化态势，土壤环境质量恶化，威胁农产品质量安全、生物生态安全和人居环境安全。因而，亟须系统认识我国土壤污染与风险的区域差异特征，研究区域土壤复合污染过程与生态修复技术体系，实现土壤环境分区、分类、分级的标准化监管和土壤安全利用，让老百姓吃得放心、住得安心。这是保障我国土壤生态环境安全、农产品质量安全和人居环境安全的重要举措，是落实国家《土壤污染防治行动计划》和《中华人民共和国土壤污染防治法》的具体体现，也是支撑美丽中国建设和经济社会绿色发展的重大需求。

针对我国区域土壤污染突出问题及其防治的重大需求，开展区域土壤复合污染过程与生态修复技术系统研究，认识区域土壤复合污染风险与环境质量演变趋势，突破区域土壤污染生态修复先进材料、技术和装备的瓶颈，创建多源数据融合的区域土壤环境信息管理系统与智能服务平台，保障土壤环境安全健康，促进土壤修复产业发展，使我国

土壤污染防治科技在未来5年达到国际先进水平，这是一项重大的科技战略任务，具有重要的现实与长远意义。

（二）国际发展态势与我国的发展优势

研究土壤污染过程与修复、研发污染土壤修复技术是当前我国土壤环境领域重要的研究方向。近二十多年来，我国相继启动了一批973计划、863计划、国家科技支撑计划、公益性行业科研专项等重大和重点科研项目，在农田和场地土壤污染过程、污染机制、风险评估、风险管控修复材料、装备和技术及工程示范等方面取得了明显进展（Luo and Tu，2018），初步揭示了土壤污染特征、污染物迁移转化机制和环境风险，建立了土壤污染物生物有效性与生态毒性诊断和预测方法，结合膜表面电势理论和亚细胞分室理论揭示了重金属生物毒性及其在食物链中传递机制；初步形成了我国土壤污染风险管控、修复与监管等综合防治模式。在土壤污染调查与监测技术方面，近年来我国土壤环境监测技术研究和应用进步明显，论文和专利数量大幅增加，初步研发了土壤污染调查监测技术，包括原位采样、示踪剂监测、圆锥贯入仪、膜界面探针、土壤污染监测等技术；在土壤污染风险评估与管控方面，我国土壤污染风险评估与管控研究还处于初步阶段，直到2012年才呈现快速增长的趋势，从2016年开始我国的年发文量已经超过美国，土壤污染源汇阻隔技术和风险监测技术所占比例较高。土壤污染风险管控工程技术则以表面覆盖为主，而效果评估的长期监测还处于起步阶段；在农用地土壤污染修复技术方面，我国农用地土壤污染治理技术研究和应用进步明显，研究论文、专利数量大幅增加，论文发表量和总引用频次均列世界第二，仅次于美国。尤其是重金属污染农田土壤植物修复技术领域，包括修复植物种质资源挖掘、重金属超积累植物吸收分子机制、植物修复成套技术、植物修复规模化工程示范、修复植物资源化处置等方面已具有国际影响力和优势，植物修复技术在云南、贵州、广西、四川、湖南、江西、浙江、江苏、安徽、河南等地建立了十多个土壤修复示范工程，为地方土壤修复提供了技术模式和参数。同时，在农田土壤有机污染修复原理与技术方面，揭示了多环芳烃污染土壤微生物群落响应适应规律，阐明了多环芳烃污染土壤中微生物降解作用机制，进一步丰富和发展了多环芳烃污染土壤微生物修复理论；挖掘了固氮微生物根瘤菌对多氯联苯的降解功能，阐明了根瘤菌与豆科植物共生固氮耦合还原脱氯的协同修复机理；阐明了土壤中新兴有机污染物的生物有效性、消减机制与阻控原理，从而为农田土壤污染修复提供了科技支撑。

在场地土壤污染修复技术方面，我国场地修复技术发展态势良好，发表的相关SCI论文数目和占比逐年增长，2018年我国发表的SCI文章占总发文量的33%。系统开展了基于过硫酸盐高级化学氧化的土壤修复技术研发方面的工作，建立了过硫酸盐体系自由基定性和定量表征方法，并拓展到土壤复杂体系多种形态自由基分析和电子转移过程的研究；系统解析了过硫酸盐的土壤环境过程，阐明了土壤环境下过硫酸盐体系自由基的形成转化规律；成功开展了过硫酸盐修复土壤的应用示范，并评价了过硫酸盐的生态安全，为过硫酸盐应用于场地土壤修复提供了重要支撑。研发了基于纳米零价铁的高效－绿色－低耗修复功能材料，构建了新型原位地下水化学还原反应屏障、土壤过硫酸盐高级氧化修复技术体系，构建了基于热脱附和溶剂洗脱的物理修复技术，自主研发了原位热修复和智能化洗脱修复装备，研发了污染场地原位生物强化－可渗透反应墙的协同修复技术，形成了精准调查—精确评估—精准修复的原位修复工程模式，并在全国多个污染场地开展了工程示范。但是，总体上研发仍处于跟踪阶段，原始创新性应用性不高。国内专利技术主要集中在固化/稳定化药剂、微生物修复药剂、热脱附设备等方面，种类较为单一，场地应用以单一污染为主。

总体上，我国土壤污染防治研究已经历二十多年的发展，在基础研究上，从传统污染物、单一污染过程发展到新污染物及其复合污染过程与生态健康效应，从单一的物理、化学或生物过程发展到多介质多过程耦合机制。在土壤污染监测上，从单一的污染物含量分析到多种监测并存，从微观的点源分析到多源、多尺度的土壤立体监测。在风险管理上，从弥补性污染源阻隔治理到基于风险管控，融合物联网、遥感、大数据的智能管理。在技术上，从物理修复、化学修复和物理化学修复发展到生物修复、植物修复多技术集成融合的生态修复；从离场、异位土壤修复发展到现场原位的场地土壤－地下水综合集成绿色修复；在工程应用上，从单项修复发展到多污染物协同修复与安全利用。

（三）发展目标

瞄准国际土壤环境科学研究前沿，以关系我国国计民生的土壤污染问题为重点，系统深入研究区域土壤复合污染过程与环境质量演变理论，建立土壤环境基准研究方法体系，初步创建区域土壤污染智慧监测、风险管控和生态修复关键技术、信息服务体系；未来5～10年，力争在区域土壤污染物的多尺度、多介质、多界面过程、风险基准与生态修复等方面取得突破，为解决我国污染农用地和建设用地安全利用提供理论、方法和技术，为土壤资源安全利用、生态文明建设、环境安全提供保障和科学支撑。

（四）主要研究方向

（1）区域土壤复合污染过程与环境基准。研究我国不同生物气候带土壤区多污染物的生物地球化学过程，阐明重点区域土壤污染与环境质量演变及其驱动机制；研究不同土壤区污染物的跨介质多尺度界面过程与动力学机制，建立区域土壤污染动态预测模型；研究不同类型土壤中污染物低剂量长期暴露的生态和健康风险，阐明污染物与生物相互作用和致毒机理，发展土壤污染风险评估方法；建立重点区域土壤环境背景值、基准制定和风险区划方法体系，构建区域土壤环境安全利用指标体系。

（2）区域土壤污染精细调查与智慧监测。研发区域土壤污染高精度调查与探测技术，建立基于智能移动终端和超高速互联网的区域土壤信息采集技术与设备；研发基于传感、遥感、无人机的区域土壤污染快速监测关键技术与设备，实现快速无线实时传输；研发基于人工智能和物联网的区域土壤污染多尺度、多维度快速识别与综合诊断技术，创建区域土壤污染风险智能筛查分级技术与预警决策系统；开发基于大数据的区域土壤环境信息传输、处理与动态监管技术，建成土壤污染智慧监测系统。

（3）区域土壤污染绿色生态修复材料与技术。以长江经济带、黄河流域、京津冀、长江三角洲、粤港澳大湾区等为重点区域，研制适用于我国东南部湿润土区、中部干润土区和西北部干旱土区的土壤污染物同步长效稳定/去除材料、高传质氧化/还原和生物降解功能材料；研发区域土壤复合污染阻控和净化靶向技术，发展污染土壤植物－微生物协同原位生态修复技术，研发适于土壤污染现场原位生态修复的大型化和智能化装备，建立区域土壤安全利用与评估技术和绿色修复决策支持系统。

（4）区域土壤环境质量观测与智能服务平台。建立区域土壤污染与环境质量演变长期定位研究基地与多区域多要素观测网络系统；开发融合物联网、大数据的全过程标准化区域土壤污染监控平台，建立基于多源数据融合的国家土壤环境信息管理系统与智能服务平台。

四、土壤生物的分布、过程与功能

（一）科学意义与国家战略需求

土壤是有生命的，土壤中生活着种类极其丰富的庞大生物类群，包括细菌、古菌、真菌、藻类、原生生物、无脊椎动物和植物根系等。它们共同参与几乎所有的土壤生态过程并发挥极其重要的功能。土壤生物多样性的时空分布规律是土壤生物学研究的基础，是摸清家底、挖掘资源和保护繁育的前提。土壤生物是地球上元素循环的推进器，它们不仅参与物质循环和能量流动，同时又以自己的生命活动耦联生物与生物、生物与环境的相互关系，其是土壤中信息与能量流传递的主体。土壤生物学与生物学、微生物学、生态学以及土壤学其他分支学科有着紧密的交叉融合。近年来，分子生物学技术手段的突破以及生态学理论的广泛运用为土壤生物学的发展提供了强大推力，土壤生物学已成为国际研究的热点领域。

我国幅员辽阔，生态系统类型多样，土壤生物多样性保护和资源调查任务艰巨。我国于2004年成立国际生物多样性计划中国国家委员会（CNC-DIVERSITAS），并于2006将“土壤生物多样性”列入中国科学院知识创新工程重要方向，现已建立起包括农田、草地、森林、荒漠等主要生态系统在内的土壤生物多样性多维系统监测网。近些年，我国土壤环境污染、粮食安全、生态安全和全球气候变化问题日益凸显，作为土壤中的污染物净化器、养分转化器、生态稳定器和气候调节器的土壤生物在应对上述问题中发挥着极其重要的作用。充分挖掘土壤生物的潜能来改良土壤、提高土壤肥力、维持土壤与植物健康已成为土壤生物学理论应用的重要发展方向，其也必将为全面实现国家绿色可持续发展战略提供知识源泉和科技支撑。

（二）国际发展态势与我国的发展优势

近年来，土壤生物学研究领域不断拓展，相关的国际发展态势主要体现在以下几个方面：①土壤生物的时空分布与资源；②土壤生物与生源要素循环；③土壤生物与植物健康；④土壤生物与公共卫生安全。

在土壤生物的时空分布与资源方面，主要聚焦土壤微生物、原生生物及无脊椎动物的空间分布格局及其驱动机制，其研究尺度从区域逐渐向大陆或全球尺度过渡，研究内容涵盖了微生物群落空间分布及其驱动机制、群落构建过程与共存网络和微生物群落预测等方面（Chu et al.，2020）。例如，Yang等（2019）首次发现植物系统发育对我国东部山地森林土壤真菌分布的显著贡献。Schulz等（2020）首次对巨型病毒进行全球范围的研究，阐明其在各生态系统中的生物地理分布、多样性等。土壤原生动物的空间分布也受到了广泛关注。Tedersoo 等（2016）发现植物多样性对土壤原生动物的分布有重要影响，并且具有生境依赖性。在微生物分布预测上，Ladau 等（2018）利用物种－分布模型绘制了青藏高原土壤微生物的分布图，并预测了微生物分布在未来几十年的动态变化。当前，已有研究人员利用土壤生物与外界环境的耦合关系，来模拟生物的生存条件，以获取优质的生物资源。因此，揭示土壤生物的时空格局，将有利于生物多样性的保护、生物资源的开发与利用。

在土壤生物与生源要素循环方面，土壤生物复杂多样的代谢活动是驱动土壤中各种生源要素（碳、氮、磷、硫等）在土壤圈、大气圈、水圈、生物圈间迁移转化的关键动力（Sanyal et al.，2019），解析土壤生源要素循环的生物学机制，是理解土壤生物功能和生物化学过程的关键。例如，Evans 等（2019）发现参与甲烷代谢过程中的包含甲基辅酶 M 还原酶基因的广古菌具有氧化除甲烷以外的短链烷烃的功能。此外，协助植物从土壤中吸收磷素的丛枝菌根真菌也能在土壤有机碳固持过程中起到关键的作用（Averill et al.，2014），并在大气 CO_2 浓度升高的背景下与腐生微生物相互作用促进土壤有机碳的分解（Cheng et al.，2012）。探索土壤生物与生源要素循环的耦合关系，将有利于保护土壤健康，提高土壤的生态功能。

在土壤生物与植物健康方面，根际是植物－土壤－生物之间物质交换的活跃界面，Wei 等（2019）明确了作物苗期接触的根际土壤微生物群落结构和功能决定了作物未来的健康状况，指出了田间根际土壤微生物群落调控对作物健康的重要性和必要性。特别是在全球变化背景下，增温将增加土壤潜在植物病原真菌的相对多度，从而影响植物生长和植物健康（Delgado-Baquerizo et al.，2020）。Li 等（2018）阐明土壤微生物间的竞争互作有利于抑制土传病原菌入侵根际，其为根际菌群调控指明了方向。基于这一原则，通过分离筛选土壤有益微生物，优化组合它们间的竞争互作关系，建立了基于合成菌群的根际抑病功能调控策略。此外，我国学者还利用土壤噬菌体组合猎杀和致弱土传病原菌，使之丧失竞争能力和致病能力，进而恢复和提升根际土壤微生物抵御病原菌入侵的能力，有效控制土传病害的发生（Wang et al.，2019）。不仅如此，Hill 等（2018）发现丛枝菌根真菌的定殖改变了泽菊的多种根际化合物组分（如吡咯啶生物碱），从而起到关键的生物防御作用（Hill et al.，2018）。因此，探索土壤生物与地上植物的耦合关系，将会为作物生长、粮食生产等提供更有力的保障。

土壤生物与公共卫生安全息息相关，如 2020 年突如其来的由新冠病毒引起的新冠肺炎疫情席卷全球，给人们的经济、生产、生活造成了巨大影响。抗生素的环境污染与生态毒性近年来受到了日益广泛的关注，抗生素抗性基因在土壤生物中的迁移转化对人体健康具有重要影响（Zhu et al.，2019）。此外，土壤生物与疾病的暴发息息相关。以类鼻疽为例，伯克氏菌广泛存在于热带与亚热带地区土壤中，Goodrick 等（2018）发现土壤中的伯克氏菌导致了类鼻疽的暴发（Goodrick et al.，2018）。基于不同生态系统中伯克氏菌的分布及其与环境因子的耦合关系，Limmathurotsakul 等（2016）预测了伯克氏菌的全球分布图谱，揭示了类鼻疽暴发的潜在性，并预测全球将超过 34 个从未暴发过类鼻疽的国家也将存在暴发类鼻疽的可能。揭示土壤生物源疫病发生和传播的机制，解析其调控原理，将会为人类健康做出重要贡献。

总之，土壤生物学已经成为土壤科学、地球科学、环境科学、微生物学和生态学等学科交叉的前沿。鉴于土壤生物功能的巨大潜力，欧美等发达国家和地区相继启动了一系列土壤生物学研究计划。2008 年，国际植物学和微生物学著名研究机构英国约翰・英纳斯中心联合英国东安格利亚大学成立了地球与生物系统科学中心，其主要开展土壤生物多样性及其功能的开发研究。2008～2010 年，美国和欧盟等土壤学和微生物学专家相继在法国里昂、瑞典乌普萨拉、美国西雅图和华盛顿等地召开土壤生物多样性主题会议，提出了土壤宏基因组（TerraGenome）研究计划，并获美国国家科学基金委员会（NSF）和法国国家科研署（ANR）等资助，该计划重点针对野外长期定位土壤进行宏基因组测定，深度认知和开发土壤生物系统功能。2010 年，美国阿贡国家实验室启动了地球微生物组计划（Earth Microbiome Project），计划在全球范围内收集 20 万份样品，测序 50 万基因组，并建立可视化数据库。2017 年，中国科学院也适时启动了中国科学院微生物组计划（Microbiome Initiative），该计划聚焦人体肠道微生物组、家养动物肠道微生物组、活性污泥微生物组的功能网络解析与调节机制，创建微生物组功能解析技术与计算方法学，并建设中国微生物组数据库与资源库。2019 年，中国科学院水生生物研究所等六家科研单位在武汉启动了全球首个万种原生生物基因组计划（Protist 10000 Genomes Project），这一计划将在 3 年时间内完成约 1 万种原生生物的基因组测序和分析。

文献计量结果表明，我国的土壤生物学研究始于 20 世纪 80 年代，与美国和德国等发达国家相比，我国在该领域的研究起步较晚。近年来，在中国科学院战略性先导科技专项“土壤－微生物系统功能及其调控”等重大项目的支持下，我国在土壤生物学研究领域发展迅猛，自 2016 年以来，我国在土壤生物学领域的年发文量已超越美国，跃居世界第一。我国幅员辽阔，生态环境条件差异巨大，不同地区气候差异显著，生态系统自然变异和人为扰动程度也各不相同，形成了世界上独有的 3 个环境梯度带（水分、热量和时间梯度）。中国生态系统研究网络（CERN）长期生态学野外研究平台涵盖了我国主要的生态系统类型，具有信息丰富的土壤专题数据库，同时，我国在南北热量梯度样带、东西降水梯度样带上均有长达 30 年的定位试验样地，这为我国开展土壤生物学研究提供了理想平台。我国不仅有自己的生态观测网络和长期定位试验站，同时还以合作研究的方式积极融入一些国际大型研究项目中，如地球微生物组计划。无论从项目支持还是从论文发表情况来看，我国土壤生物学研究都呈现了较快较好的发展势头，系统开展土壤生物分布－过程－功能研究已成为新一轮科技革命的战略高地。

（三）发展目标

瞄准国际土壤生物学研究前沿，服务于土壤生物的生态服务功能，通过对关键科学问题的研究，加深对土壤生物多样性产生与维持机制、土壤生物生态过程与演变规律、土壤生物功能特性与生态系统服务关系的认知，完善土壤生物学研究的理论与方法体系；未来 5～10 年，力争在土壤生物的时空分布与资源、土壤生物与生源要素循环、土壤生物与植物健康以及土壤生物与公共卫生安全等方面取得突破，为我国在粮食安全、生态安全和全球变化方面所遇到的问题提供应对策略，为生态文明、环境安全和绿色可持续发展提供技术保障与科学支撑。

（四）主要研究方向

（1）土壤生物的时空分布与资源。研究土壤生物（微生物、病毒、原生生物、动物）的多样性及群落组成，解析其在时间和空间上的分布模式及其驱动机制；探究土壤生物群落在不同时空尺度下的群落构建过程，揭示土壤生物之间的相互作用模式并识别核心物种；对土壤生物分布与生态系统功能进行关联分析，揭示大尺度下土壤生物与生态功能的耦联机制；构建预演模型，预测土壤生物在空间和时间上的分布及动态变化；挖掘土壤生物的基因与物种资源，建立土壤生物基因及物种资源数据库。

（2）土壤生物与生源要素循环。研究土壤生物在土壤有机碳降解和凋落物分解的机理，揭示土壤中的碳储量、碳动态的生物学机制；探究土壤甲烷产生与氧化的微生物过程，揭示甲烷排放与微生物的耦联关系；研究土壤固氮、硝化、反硝化以及厌氧氨氧化，揭示土壤固氮、硝化反硝化、N_2O 排放的微生物学机制；探明土壤中有机磷矿化、无机磷转化的生物学过程，揭示土壤储磷与解磷的微生物机制；揭示土壤中铁、锰、硫等元素的氧化与还原的微生物学机制。

（3）土壤生物与植物健康。研究植物对土壤生物多样性与群落的影响，揭示土壤微生物与植物生长耦合的动态机制；探索植物对土壤有益生物与有害生物的应答及免疫机制，解析植物招募有益生物以及防御有害生物的生物学原理；开展土壤生物组与植物微生物组的动态偶联分析，阐明土壤生物与植物微生物的耦合关系；探索土壤生物类群与植物产品品质的相互关系，解析植物产品风味的土壤生物学机制；开展植物性状和关键土壤菌群相互关系的研究，构建有利于植物生长的菌群，促进土壤和植物的综合健康。

（4）土壤生物与公共卫生安全。研究引起人类疾病的土壤病原微生物、病毒在土壤中的类群、存活情况以及传播途径；建立土壤病原微生物动态检测方法，以及土壤病原生物数据库，提出预判和阻控土壤源疫情传播的理论与技术手段。

五、环境变化与生物的响应和适应

（一）科学意义与国家战略需求

环境变化是指由人类活动和自然过程相互作用所驱动的一系列地表环境的显著改变。日益严重的环境变化已经影响到人类的生存和发展，并成为当今世界各国和社会各界关注的重大政治、经济和外交问题。生物是生态系统重要的组成成分，是维护生态系统功能的基础，也是环境治理和修复的关键力量。生物与其所在环境是一个由多因素构成的复合体，其影响因素复杂多样。在当前环境日益剧烈变化的背景下，了解污染、退化、极端和灾害等环境变化对生物的影响，以及生物的响应与适应机制是当前环境治理与修复的前提，是预测未来环境变化带来的生态效应等的前瞻性研究，也是环境生物学发展过程中最为重要的科学问题。

随着工业化、城市化的不断推进和社会经济的快速发展，全球面临着诸多环境问题。所幸的是，人类社会已经认识到环境的脆弱性及人类活动对环境变化的影响。因此，改善人与环境的关系是当前人类面临的重大挑战。改革开放使我国经济经历了 30 多年的高速发展，我国在积累巨大社会财富的同时，环境问题日益突出，并关系到国家安全。以大气、水和土壤为介质的环境问题是我国当前和今后较长时间内社会经济发展中面临的重大难题和制约因素。保护和改善人类的生存环境，科学地避免或减少自然和人类行为对环境的负面影响的首要任务是了解环境变化对生物体的影响以及生物对所处环境的响应及适应机制，这是突破瓶颈制约、解决我国环境问题的必由之路。自从我国意识到环境剧烈变化以来，国家公布了“水十条”“大气十条”“土十条”等一系列建设生态文明的举措。党的十八大将生态文明建设纳入中国特色社会主义事业“五位一体”总体布局，把生态文明建设融入经济、政治、文化和社会建设各方面和全过程，实现社会经济发展与生态环境改善的良性互动。党的十九大报告中指出“建设生态文明是中华民族永续发展的千年大计”“必须树立和践行绿水青山就是金山银山的理念”。可见，我国在解决环境问题方面所下的决心。因此，从国家战略需求出发，我们需要阐明环境变化对生物的影响，分析生物对环境变化的响应和适应机制，为环境治理与修复提供前期理论基础，推动环境生物学的发展，最终促进人类社会的可持续发展。

（二）国际发展态势与我国的发展优势

人类社会与其生存的自然生态环境有着密不可分的相互关系。随着人类社会的发展，自第二次世界大战后，环境污染事件纷纷跃上历史舞台，人类社会逐渐认识到环境的脆弱性及人类活动对环境变化的影响。世界各国对于环境生物在生态平衡、环境修复、气候变化消减和资源化能源化领域的开发研究与实践应用的需求将愈加旺盛，其促进了环境生物学科的蓬勃发展。在研究范围上，不仅局限于区域污染环境，气候变化、土地利用方式改变、生物多样性丧失等引起的退化环境以及灾害环境也日益受到关注；在研究内容上，由原来聚焦生物对污染物的响应与反馈逐渐向环境变化引起的生物响应与适应、关乎国民经济命脉的农业生产和能源转化以及人类健康福祉和社会可持续发展研究的多维度拓展，不仅限于对已有现象进行回顾性研究，也逐渐包括关于预测未来环境变化带来的生态效应等前瞻性研究。近年来，一系列结合已有环境学、生态学和生物学理论的新兴技术的应用，极大地实现了环境生物学的研究从微观机制到宏观格局的有效连接，有力地推动了环境生物学的研究向多维度和多尺度发展。

为推动环境变化的生态效应研究，20 世纪 80 年代以来，国际社会就环境问题陆续推出了一系列的国际研究计划，如世界气候研究计划（WCRP）、国际地圈生物圈计划（IGBP）、国际全球环境变化人文因素计划（IHDP）、国际生物多样性计划（DIVERSITAS），这些项目目前已经组成地球系统科学联盟（ESSP）。在全球变化背景下，国际上已有的生态监测和研究网络组成了国际长期生态研究网络，包括中国生态系统研究网络、美国长期生态研究网络、英国环境变化网络等。随着新兴的基因组学和生态基因组学的发展，世界各国已陆续推出了一系列科学研究计划，如 2002 年美国启动了从基因组到生命计划，2011 年启动了地球微生物组计划，2016 年启动了国家微生物组计划，旨在全面系统地收集地球生态系统包括自然环境（陆地、海洋、土壤、水体等）和人工环境（污水处理生物反应器等）的微生物资源、数量、分布、结构和功能。2007 年加拿大启动了微生物组研究计划。新兴的基因组学和生态基因组学能通过高通量的大数据研究细致入微地揭示个体或生物多样性对环境变化的细胞过程响应，改变了现有研究有毒物质对生态系统影响的方法。此外，国际大陆科学钻探计划、深部碳观察等对矿藏生物圈的国际研究开展得如火如荼。这些研究计划促进了环境生物学科的发展。但是这些研究计划距离回答和解决人类面临的生物资源可持续发展问题还相差甚远。因此，迫切需要建立一套完整的环境生物学研究理论体系，从整体上来研究地球环境和生命系统的变化及其互作机制，环境变化对生物的影响及生物的响应与适应机制研究应运而生，其为系统地了解生物及其环境的相互关系提供了理论基础。

随着工业化、城市化的不断推进和社会经济的快速发展，我国的环境问题日益突出。我国发布的《国家中长期科学和技术发展规划纲要（2006—2020年）》列举了综合治污与废弃物资源化、脆弱生态系统功能恢复重建、海洋生态与环境保护等发展主题。我国公布的“水十条”“大气十条”“土十条”等一系列建设生态文明的举措都与环境生物学研究内容息息相关。2014年中国科学院启动了战略性先导科技专项（B类）“土壤-微生物系统功能及其调控”项目；2017年，我国科技部1号文件将微生物组（即地球微生物的整体）列为三个重大颠覆性技术领域之一；2017年国家自然科学基金委员会地学部与生命科学部联合启动了“水圈微生物驱动地球元素循环的机制”重大研究计划。

我国的生态系统观测和研究网络的建立极大地促进了环境变化及其生态效应相关领域的发展。该研究网络始建于20世纪80年代，主要包括中国科学院的CERN、林业部门的森林生态系统定位研究网络（CFERN）以及农业部门的农业生态系统观测研究网络。中国科学院于1988年开始筹建CERN，采用国家重点开放实验室的建设和管理规范对院属15个野外试验站进行了建设和管理，促进了生态与环境科学向定量化和过程机理研究的方向发展。目前CERN已拥有分布于全国各主要生态类型区的36个生态站（包括农、林、草、湿地、荒漠等生态系统类型），其已成为我国重要的野外长期科学观测和试验研究平台、国际公认的世界上三大国家级长期生态研究网络之一。1992年，林业部组织中国林业科学研究院等单位，建立了CFERN。森林生态站的数量为29个，基本覆盖了我国从北到南五大气候带的寒温带针叶林、温带针阔混交林、暖温带落叶阔叶林、亚热带常绿阔叶林、热带季雨林、雨林，以及从东向西的森林、草原、荒漠三大植被区的典型地带性森林类型及最主要的次生林和人工林类型。这些不同类型的监测站构成了我国林业生态环境效益监测网络的主体，形成了从沿海到内地、从农田林网到山地森林、从内陆湿地到干旱荒漠化地区的生态环境监测网络系统。20世纪90年代末国家生态系统观测研究网络（CNERN）建立，其将属于不同主管部门的野外台站整合，该建设项目是跨部门、跨行业、跨地域的科技基础条件平台建设任务，在国家层次上，统一规划和设计，将各主管部门的野外观测研究基地资源、观测设备资源、数据资源以及观测人力资源进行整合和规范化，有效地组织国家生态系统网络的联网观测与试验，构建国家的生态系统观测与研究的野外基地平台、数据资源共享平台、生态学研究的科学家合作与人才培养基地。国家生态系统观测研究网络的建立彰显了我国在环境生态领域发展的优势，极大地促进了环境相关领域的发展。

（三）发展目标

分析陆地环境变化（污染、退化、极端和灾害环境）的时空特征，阐明环境变化对地球生物有机体的影响以及生物对环境变化的综合适应机理，从而制定科学对策，最大限度地减小环境变化的负面效应；探明生物在调节生态系统多功能性方面对全球环境变化驱动因素的耐受作用，了解环境生物群落多样性在多种生态系统功能方面发挥的作用，这些功能包括但不限于养分循环、初级生产力和温室气体排放的调节；明确生态系统多功能性的主导驱动因素（群落组成、多样性或丰度），制定可持续的生态系统管理和保护政策。研究将有助于优先考虑未来对生态系统多功能性所涉及的生物功能属性的保护，并有助于减少环境变化对陆地生态系统的影响，从而为国家参与环境变化治理提供科学理论支撑。

（四）主要研究方向

（1）环境变化演变规律研究。环境变化已成为事实，环境变化的演变规律主要围绕以下四个内容开展，包括研究污染、退化、极端和灾害等环境变化的起源、分布规律及强度；分析污染、退化、极端和灾害等环境变化的变异机理；探讨环境变化预测的理论与方法；预估污染、退化、极端和灾害等环境变化的走向。

（2）生物在环境中的赋存状况及资源挖掘。其包括环境变化影响下生物技术时代的生物资源识别与挖掘，采用红外相机监测、流式细胞、宏基因条形码等技术发现环境中的新型生物资源，分离培养得到更多种类的可用于高效降解环境污染物的植物、土壤动物、微生物，通过转基因技术、基因编辑和合成生物技术改良已有的生物资源；功能基因资源识别与挖掘，通过高通量测序及组学技术等发现环境中的新型功能基因资源，部署关于生物组大数据收集、存储、功能挖掘与开发利用的共性技术研发工作，发展基于环境生物组的生物菌剂和应用技术。

（3）生物对环境变化的响应与适应。植物是生态系统的初级生产者，是生态系统能量和光合产物的主要提供者，在全球环境变化的背景下，植物会通过自身的调节来适应这些变化，因而需要深入了解植物对环境变化的综合适应对策和机理；土壤微生物的组成与分布对环境变化反应迅速，需要深入分析环境变化关键区土壤微生物的响应和适应机制；动物的种类及数量往往随着栖息地环境的变化而发生改变，研究动物对污染、退化、极端和灾害环境的响应及适应机制也是未来的重要课题；综合分析生物物种、种群、群落结构、遗传和环境生态功能等在环境变化下的响应及适应机制。

（4）环境变化的生态效应。环境变化的生态效应主要围绕以下四个内容开展，包括环境变化影响下关键带和关键区域生物个体（植物、动物及微生物）的影响及其机制分析；环境污染物的生态效应与人体健康及其机制；环境变化影响下关键物质元素生物地球化学循环过程及其调控机制；环境变化对生态系统组成结构的影响以及这种影响导致的功能变化；各种类型生态系统的服务功能在环境变化影响下对当地水、热、气等资源的调控机理。

六、环境污染物的多介质界面过程、效应与调控

（一）科学意义与国家战略需求

随着工业化与城市化的不断推进和经济社会的快速发展，我国面临着水土资源短缺、环境污染加剧、生态系统退化等资源环境问题的巨大压力，其严重威胁着经济社会

可持续发展和人类安全健康，引起了人民、政府和科技界的高度关注。如何准确地认识污染物环境行为与效应、阻控和防治其环境和健康风险是科学解决当前和未来发展面临的重大环境和生态问题的核心挑战和迫切需求。

污染物环境行为与效应研究的任务是以认识和解决环境问题为导向，研究人类生存的地表环境中污染物进入环境的形式与途径，在环境中的迁移、转化、赋存规律及其通过各种途径对生命体形成的暴露和风险；并在此基础上，依据各区域的地学特征形成相应的防治措施、政策和基准。其重点研究对象和研究内容随着经济社会发展阶段的核心环境问题的变化而自然演化和拓展。此外，相关学科的理论和技术发展也使得该领域的知识基础和研究手段不断拓展和深化。

（二）国际发展态势与我国的发展优势

近年来，在控制和解决我国面临的严峻环境问题的驱动下，污染物环境行为与效应研究形成了较为完善的研究体系，在研究方法学、目标污染物、区域过程机制、生态和健康效应等方面取得了长足的发展。该领域的国际发展态势可以从以下四个主要方面来概括：①研究方法学的快速发展；②目标污染物类型的多样化；③研究尺度的拓展；④污染物健康风险研究的长足发展。

揭示污染物环境过程的机制依赖于更高时空分辨率的分析技术。技术进步极大地丰富了污染物浓度、形态、过程和机制方面的方法学。污染物环境行为研究已经形成了一套被广泛接受的方法学和技术组合，为该领域的发展提供了源源不断的动力，拓展了学科的前沿。目前，常规污染物分析方法几乎全部依赖自动和半自动的仪器分析技术，其检出限不断降低。同步辐射和高分辨质谱的理论和技术基础已经逐渐成熟。在生态／健康效应研究方面，高通量测序技术，特别是第三代测序技术的普及也极大地突破了传统个体生物学的研究限制。组学技术，包括基因组学、转录组学、蛋白组学和代谢组学方法的建立和成熟实现了单一生物过程研究向生物群落水平研究的转变，人们可以在更复杂的水平上理解元素循环和污染物转化过程及其生物、生态效应。与此同时，计算机技术的快速进步也给污染物环境行为研究带来了革新。

研究的目标污染物类型呈现多样化的趋势。这首先归因于研究方法学的进步、测量仪器精度的提高和分析化学的发展。在此基础上，人们对环境中微量污染物的浓度分布和赋存形态的定量认识的能力逐步提高，对新污染物鉴别的能力显著提升。其次，我国正处于快速工业化阶段，该阶段涌现出了大量新污染物，形成了传统污染物和新污染物并存的局面。学科关注的目标污染物从早期的重金属、氯联苯、多环芳烃和二噁英等传统污染物，逐步扩展到全氟化合物、药物和个人护理有机物、内分泌干扰物、抗生素、抗性基因、纳米材料、微塑料等各类新污染物。此外，纳米材料和大气颗粒物的相关研究引入了尺寸的概念。其核心思想是当颗粒物尺寸小于阈值后会呈现与块体材料截然不同的环境行为和风险。颗粒态污染物成为继有机污染物和重金属污染物之外的一大类新污染物，其环境行为和效应日益受到公众和学术圈的关注。

研究尺度跨越范围显著扩大，具体包括从分子、原子等微观尺度到微界面的小尺度机制，直至区域和全球尺度等大尺度时空变化过程模拟。其研究逐渐呈现多过程、多界面、多尺度、非线性的特征。目前，我国学者在污染物全球和区域尺度环境过程研究上取得了系列成果，其研发建立的排放清单在国际上具有一定的影响力，部分研究成果已被国际主流和前沿研究项目采纳。未来需继续发展解析技术方法，建立高时空分辨率、更符合实际排放特征的高精度排放清单。我国学者陆续在环渤海、青藏高原等重点区域开展了区域污染观测研究，积累了大量的基础观测数据。其不足之处是持续时间相对较短，对于污染物传输、迁移、沉降、分配和分布等过程的刻画还不够细致，机制研究仍需开展。未来污染物的区域循环过程研究，尤其污染物长距离传输的研究，会从以大气传输研究为主逐步扩展到大气传输、水/海洋传输和生物传输等多途径长距离迁移研究，并进一步完善全球尺度和气候变化背景下的区域环境过程及其风险的研究。

在环境污染暴露、地球原生环境与人体健康的关系、人为活动释放化学物质的迁移转化及健康效应等方面开展了多角度多层次的研究工作。随着近年来化学、生物、医学等学科理论和技术的快速发展，对一些关键科学问题，如污染物的暴露途径、环境外暴露评估、内暴露生物标志物、地方性疾病的成因与控制、特征污染物的健康危害效应、全球环境变化与健康等问题的认识取得了长足的进步。环境化学分析技术的进步促进了环境外暴露评估领域的发展，建立了系列环境污染物或代谢产物的国家及行业标准检测方法。污染物环境暴露评估模型的发展则帮助人们更为准确地掌握区域主要环境污染物的时空特征，了解污染物与局地地表状况之间的关联以及时空尺度上的动态特征变化。例如，利用模型对我国地下水砷浓度进行估算的研究，揭示了我国处于砷污染高风险地区（Rodriguez-Lado et al.，2013）。环境污染物的人体内暴露真实反映了多途径暴露的总水平，相关研究日益受到重视。目前，部分发达国家已制定并开展长期的国家范围内人体内暴露监测计划，我国也已开展了典型区域人群内暴露监测及暴露特征研究。地方性疾病是典型的地球原生环境与健康关系的研究内容，我国在这方面已进行大量的研究并取得显著进展。

我国污染物环境行为与效应研究紧跟国际前沿，研究成果获得了国际同行的关注，部分领域进入国际先进行列。近20年，我国在该领域发表的SCIE论文占比从2.0%激增到34.0%，发文量增长了十余倍。以近20年发文总量为统计指标，美国居世界第1位，中国居世界第2位。从高被引SCIE论文数量看，美国长期以来一直占据优势；然而在2015～2019年，我国超越美国成为世界高被引论文数量最多的国家。从发展态势上来看，中国有望在未来显著超越美国。我国关于区域大气污染物的环境过程和影响方面的研究在近几年增长较快，明显多于土壤和流域水体环境质量及影响研究，这与国际社会以及我国对于大气环境质量的关注和重点治理息息相关。在多尺度观测方面，我国不仅有自己的生态观测网络和长期定位试验站，同时还通过合作研究的方式积极融入欧洲气体气溶胶气候等一些国际大型观测研究项目中。在一些经济快速发展地区（如京津冀、长江三角洲、珠江三角洲等区域），通过研究大气、水、土壤环境的质量变化、复合污染过程等积累了大量基础数据和资料。对于新污染物的研究，中国学者与国际研究的起步时间较为一致，研究紧跟甚至引领国际前沿。

（三）发展目标

瞄准国际环境科学研究前沿，以关系我国国计民生的环境问题为重点，抓住污染物来源分布、时空格局、全球/区域迁移的特点，通过刻画地球化学过程中非均质环境介质影响下的污染物迁移转化规律，形成具有区域分异的生态风险和健康风险分析方法，并为污染阻控的地球科学与工程手段提供依据与方法；未来5～10年，力争在环境污染物的多介质界面过程、效应与调控等方面取得突破，为解决我国各类环境污染问题提供理论、方法和技术，为环境履约、跨境污染等环境外交问题提供科学依据，为生态文明建设、环境安全提供保障和科学支撑。

（四）主要研究方向

（1）环境污染物的界面过程及模拟。研究土壤－水－大气－生物等多界面之间的污染物传输特征及生物地球化学过程，建立基于化学、物理及生物学过程耦合的多介质定量传输模型；开展复杂环境介质－微生物－污染物在微界面作用的分子模拟研究，探讨污染物在界面迁移转化过程中的分子机制；研究并构建尺度扩展的方法学原理与模型，加强微观机理研究对宏观现象的阐释。

（2）环境污染物的区域过程及模拟。研究利用卫星遥感、定位站、监测站网、移动监测车船等设备，构建空天地一体化的环境观测技术与管理体系，揭示区域、流域及全球尺度的污染物扩散、复合演变与传输机理，特别是地－气交换机理与定量模型；建立多种污染物的国家和全球尺度高分辨（时、空、源）排放清单；开展不同空间分辨率模型的传输模拟研究，定量模拟污染事件的形成过程；研究污染物在大尺度迁移和跨境输送过程的转化机理（如分配、降解、老化和气地交换），解析污染物迁移转化规律以及定量源汇关系。

（3）环境风险与健康效应。开展生物毒性分子机制理论研究，提出适用于复合污染物和新污染物的毒性评价新思路和新方法，建立基于机理的复合/新污染物毒性－构效关系预测模型，发展反应性复合污染物的环境暴露与联合毒性的理论模拟技术；研究环境污染物及其在环境中的降解与转化产物对生物体复合暴露及低剂量长周期暴露造成的损害和作用机理，建立环境污染物对生态系统损害的早期诊断指标；研究区域土壤及水体生态系统中污染物生物放大机理，构建典型环境污染物及其在全球变化影响下的生态风险评估方法学理论与方法体系；发展特征区域优先污染物的筛选和识别、人体暴露因子溯源和解析技术，研究环境污染物不同生命时期的暴露评估技术和人体健康效应；研究伴随能源结构改变和城镇化进程的特征污染物环境地球化学行为和人群健康风险，探索全球环境变化的敏感健康事件和急慢性健康效应。

（4）环境复合污染控制与联合修复技术的理论与方法。研究发展城市水体微量污染物的高效净化方法，探索给水处理过程风险控制方法；阐明面源污染形成机理和控制机制，探索面源污染“减源、增汇、截留、循环、全程控制”的生态治理技术原理；研究城市群区域大气复合污染关键污染物（特别是细粒子、氮氧化物、挥发性有机物和氨等）的控制技术模式，提出城市群区域的环境承载力与大气复合污染控制指标体系；研究土壤环境中典型毒害污染物的根际微生物代谢过程、多过程协同降解及生物修复机理，建立土壤复合污染物的联合控制和修复技术原理；研究污染物在土壤及其含水层的迁移转化机制，建立土壤含水层复合污染物的物化－生物控制与修复技术原理。

七、污染物环境地球化学过程与人体健康效应

（一）科学意义与国家战略需求

随着我国工业化和城市化的快速发展，环境污染和生态环境破坏问题日益突出，越来越多的有毒有害物质不断进入环境，并通过大气、水、土壤和食物等多种途径迁移转化，最终在生物机体和人体内进行积累，从而造成持续的生态和健康危害效应。近年来，流行病学调查结果显示，环境因素已超过遗传因素，成为影响人类健康最危险的因素。目前，日益严重的环境污染及其引起的生态和健康问题已成为我国实施可持续发展战略的重要瓶颈，也向我国该领域的科学和技术发展提出了具有挑战性的迫切需求。

当前我国正处于经济社会发展的重要发展战略机遇期，建设“生态文明中国”和“健康中国”，确保环境和健康得到有效保护，促进我国经济社会可持续发展，贯彻以人为本的执政理念，切实维护广大人民群众的安全与健康生存的根本利益非常必要。2015年党的十八届五中全会明确提出推进“健康中国”建设，2016年编制和实施了《全国生态保护“十三五”规划纲要》和《“健康中国2030”规划纲要》，它是今后十几年推进“美丽健康中国”建设的行动纲领，也是我国积极履行对联合国《2030年可持续发展议程》承诺的重要举措。因此，开展污染物环境地球化学转化行为、环境归趋、生态效应、人群暴露及其健康风险评估研究，是确保我国生态文明建设和人民健康生活的重大战略需求。

（二）国际发展态势与我国的发展优势

自21世纪以来，全球变化已成为地球化学和环境科学领域公认的基础研究前沿。环境地球化学同时关注与污染相关的不同尺度区域地球化学问题及全球性气候变化和环境演变问题。基于微结构单元、区域局部单元、不同尺度区域元素迁移转化行为及其调控理论研究的地表介质污染形成机制及其治理技术方面均取得了重大进展，对局部地区性的甚至区域性的水、土、气、生物、岩等地表环境介质污染的发生和环境效应开展较有系统的研究，并从地球化学行为控制、元素/化合物净化去除等角度形成了具有较好效果的地表环境污染控制与治理技术，使地区性的环境污染问题得到了不同程度的控制；全球气候变化和环境演变是基于区域性污染物和生源要素环境地球化学过程的全球性环境问题，是人类活动效应积累到一定程度后环境变化的全球性效应，除污染重金属和毒害有机化合物外，碳、氧、氮、磷、硫等生源要素的环境地球化学过程也逐步受到重视，其自身的转化可形成与全球气候变化和环境演变直接相关的温室气体，同时，这些生源要素的转化也对污染重金属和毒害化合物的形态转化和区域迁移扩散产生重要影响，因此，生源要素循环耦合污染元素转化成为近年来环境地球化学学科研究的重点内容。

过去20年间，我国在环境地球化学学科的科研实力和论文产出都取得了较大的进步，尤其是近十年间，论文产出量在一些主要研究领域上跟美国齐头并进，部分研究领域，如有机污染物的降解与转化等的论文产出量已经超过美国，并在全球保持领先优势，表明经过十年的积累，我国环境地球化学的研究取得了一定的成绩。但是，我国高

水平论文数量还不够，论文影响力也有进一步上升的空间。因此，在保持高的研究产出率的同时也要加大力度提高研究质量将是今后我国环境地球化学学科科学工作者的发力点。

（三）发展目标

瞄准国际环境地球化学研究前沿，通过对关键科学问题的深入系统研究，加速对元素环境地球化学、环境有机地球化学、环境生物地球化学等环境地球化学三大研究方向的认知，力争未来5～10年在污染物环境行为、迁移转化、生态效应与健康暴露等方面取得原创性重大突破，为解决我国各类环境污染、生态破坏和人体健康等问题提供理论、方法和技术，为我国生态文明和健康中国建设提供科技支撑和保障，同时为国际履约提供坚实的科学依据。

（四）主要研究方向

（1）元素环境地球化学。研究典型元素赋存形态转变及其区域性迁移转化，从分子尺度认识典型元素的迁移转化机制；研究其多介质环境行为，识别其污染途径与暴露风险，构建可预测典型元素在多相介质中环境归趋的数学模型；开发稳定同位素的技术和分析方法，探究典型元素源汇关系；开展地表环境介质典型元素污染控制理论与技术研究，形成环境介质典型元素污染的源头控制体系，阐明水－土－生物与典型元素耦合循环的环境地球化学机制，构建地表物质系统性循环过程调控与环境介质典型元素污染控制的协同治理策略；开展基于元素化学形态的典型元素生态与健康风险评估研究，揭示生物体从环境介质中吸收富集典型元素的机理。

（2）环境有机地球化学。发展效应导向的分析技术与方法，结合理论预测、非靶向检测等方法建立高通量污染物识别与筛查的系统方法学，从实际的环境样品中检出更多的、具有毒害性和潜在健康风险的化合物，在发现新污染物的方法学方面取得突破；开展新型POPs的分析方法、环境行为及界面迁移、生物富集与放大、生态风险及环境健康的研究，筛选和识别具有重要生态风险和人体健康风险的毒害性有机污染物；开展海洋环境、大气、土壤、陆地生态系统生物中微塑料的污染状况调查，揭示微塑料的来源、分布和迁移规律，开展微塑料及其所含有的毒害污染物的毒性及毒理研究，重点关注微塑料与环境中已经存在的毒害性有机污染物（包括生物污染物）之间的相互作用，全面评估微塑料的生态环境风险；开发单体/对异体稳定同位素技术、多维稳定同位素技术等新方法，开展有机污染物的生物富集/放大、生物迁移与生物代谢及其生态暴露风险研究；开展有机污染物的人体健康效应研究，系统解决我国区域性的环境污染与健康风险问题；开展新有机污染物时空演变趋势研究，重点开展POPs迁移循环和碳循环结合研究。

（3）环境生物地球化学。探究各生源要素的环境收支平衡性及对环境变化的响应性，揭示各生源要素之间如何相互作用，阐明生命过程如何调控地表环境和生态系统的生源要素，定量表征和预测以生命过程为核心的地球系统各组成部分之间生源要素的陆－水过程、水－气过程和地－气过程及其界面动力学通量；研究重要污染物质的形态、结构特征、剂量与生物有效性、生物毒性、生态毒理及现代生命多样性的关系，探明生物参与下的污染物相互作用及复合污染形成机制，揭示环境有毒污染物对生命体健康的影响及其机理；研究环境因素与背景对生物演化过程的影响及其机制，剖析生物多样性的变化过程及其与环境事件的耦合关系，阐述地表环境变化与微生物种类组成、功能的相互作用机理及其对生态系统的结构与功能的影响；研究环境变化对人类生存环境及其安全性的影响，以及人类对环境变化的适应性；揭示代表性极端环境条件下生命活动的形式和特征，以及生物的适应性与应激机制。

八、新污染物的环境行为、生态健康风险及控制

（一）科学意义与国家战略需求

党的十九届五中全会明确提出“重视新污染物治理”。随着污染防治攻坚战深入推进，人民群众看得见摸得着的环境问题逐渐得到解决，我国污染治理重点将从常规污染物的短期、显性风险管控转向新污染物的长期、隐性风险管控。但是我国新污染物环境地球行为的研究才刚刚起步，任重道远，迫切需要加强系统研究，完善污染现状的基础数据，尤其是重点考虑新污染物在污染重灾行业和特殊污染区域的污染特征；正确评估其在环境和人体中的迁移转化机制、环境地球化学归趋及其转化代谢产物的潜在风险；进一步加强基于人体健康效应、生态环境安全的新污染物环境基准的研究，进而加强环境和人体健康风险消减与管控技术方面的研究，为新污染物的环境安全保障提供支持。

（二）国际发展态势与我国的发展优势

近年来，与环境新污染物相关的国际发展态势可以从以下五个主要方面来概括：①新污染物的分析方法、环境污染水平和区域特征；②新污染物的多（跨）介质环境行为以及长距离传输；③新污染物的生物富集、生态与生物毒性；④新污染物的多介质暴露途径及其人群健康风险；⑤新污染物的污染控制原理与去除技术方法。在新污染物分析方法方面，针对新有机污染物，GC × GC、UPLC、TOF-MS、Orbitrap MS 等已经成为其筛查和定性定量分析的重要技术手段。此外，近年来生物检测法发展迅速，酶联免疫法、报告基因法都成功用于新污染物的分析，具有成本低、快速、半定量的特性，是经典测定方法的有力补充。针对微塑料，目前尚缺乏较好的定量检测技术，主要是运用常规的显微镜、傅里叶红外光谱仪（Fourier transform infrared spectrometer，FTIR）、扫描和透射电镜、拉曼光谱、原子力显微镜（atomic force microscopy，AFM）、差示扫描量热法（differential scanning calorimetry，DSC）、热裂解气相色谱质谱联用（pyrolysis gas chromatography/mass spectrometry，Py-GC/MS）、热脱附气相色谱质谱联用（TDS-GC/MS）等。现有技术难以将它们与没有化学结构信息的天然纳米颗粒区分开。因此，针对目前微塑料分析方法的瓶颈，优先发展提升微塑料的创新性分离检测技术具有科学研究需求的迫切性。

抗生素抗性基因（ARGs）作为一类特殊的生物性“新污染物”，其造成的健康影响近年来成为国内外关注的焦点之一。不同于传统化学污染物，抗性基因的存在与传播方式具有独特性。在微观研究尺度，抗性基因既可与环境中其他微生物病原体以及病毒等发生共传播，造成区域性生物病原体的传播和流行。在宏观尺度上，抗性基因可在不同

环境介质（水、土壤、生物气溶胶）以及动植物甚至野生动物（如鸟类）、人群进行长距离迁移、传播，造成大范围甚至在全球范围内传播、扩散、流行、暴发，从而引起恶性公共健康事件，严重威胁人类健康。由于这类生物性污染物在研究方法、传播方式、对生态系统甚至人群的暴露途径、健康效应和健康毒理方面与其他新污染物存在很大差异，因此应建立新的、系统的研究方法开展研究。随着组学技术的快速发展，宏基因组测序、高通量 PCR、MALDI-TOF-MS、拉曼光谱、微流控、单细胞测序、基于染色体构象的 HiC-Meta 技术等不依赖培养的方法逐渐显示强劲优势，已被应用于环境样品抗性基因的广谱检测和定量研究中。基于贝叶斯算法建立的 SouceTracker 机器学习（machine-learning）进行抗性基因源－汇追溯分析的技术以及复杂环境样品体系中抗性基因宿主定位分析技术也开始涌现，为了深入研究单细胞的基因功能以及调控网络，准确获取细菌的纯培养十分必要，因此，基于细菌纯培养的培养组学技术最近开始不断涌现。

新污染物区域污染特征的研究增长快速。在国家自然科学基金委员会、科技部等的支持下，我国众多科研机构开展了新污染物在不同环境介质中的污染水平、污染特征、时空演变、区域特征等方面的研究工作，并具有以下特点：①新污染物的种类众多，包括各种新有机污染物以及抗性基因等生物性污染物；②涉及的环境介质广泛，包括室外大气、扬尘、室内空气、细颗粒物、灰尘、城市污水处理厂的活性污泥、污水、地表水、地下水、饮用水、大气湿沉降、海水、土壤等；③研究区域范围广，主要包括我国不同区域的城市群，特别是长江经济带、珠江三角洲、粤港澳大湾区、京津冀地区等经济发达地区，也涉及高山甚至极地等偏远地区。当前，涉及新污染物暴露的生态受体以及人群等方面的研究是新污染物生态及健康毒理的核心内容之一。新污染物种类繁多且缺乏有效监管，环境浓度低，难以生物降解，具有显著的生态毒性效应。尽管新污染物的含量极低，但其对生态环境和人体健康具有较大的威胁和潜在毒性风险。例如，内分泌干扰物引发的生物性别突化、雌性化、神经系统紊乱等症状；抗生素滥用引发的抗性基因污染和传播等问题，甚至造成“超级细菌”的广泛传播，从而加剧了由抗生素滥用而引发的健康危机。环境介质是多种污染物共存的复杂体系，实际环境中这些新污染物往往不是以单一种类存在，而是与传统污染物共存的复合污染，以及多种生物因素（微生物与高等动、植物）与环境地球化学因素的协同作用，其对污染物的存在形态产生更加复杂的影响，从而改变污染物的生物可利用性和生态毒性。尽管包括我国科研人员在内的科学家已经开始关注一些新污染物的人体暴露和环境健康问题，但其暴露风险与健康效应评估方法的系统性仍有待深入研究。

有关新污染物的研究，我国起步虽然落后于欧美等国家和地区，但是近年来通过加强与世界各国的合作，我国在新有机污染物特别是新增新污染物的分析方法学、环境行为、生态毒理以及环境风险方面取得了卓有成效的研究成果，开拓了新的研究方法和手段，积累了大量的研究数据，培养了一批优秀的中青年学者，组建了多支在国际上有一定影响力的高水平研究团队，提升了在该领域的国际影响力，为我国开展国际履约提供了数据基础和技术支持。结合国际上在环境科学研究出现的热点领域，如纳米材料和抗性基因等新污染物的环境行为及效应等方面，无论从项目支持还是论文发表情况来看，都呈现了较快的发展势头。但是我国在新污染物研究方面发表在 *Nature*、*Science* 和 *Cell*

等顶级期刊上的论文与美国等国家还有一定的差距，亟须开展从 0 到 1 的原创性研究。

（三）发展目标

瞄准国际环境科学研究前沿，以关系我国国计民生的环境问题为重点，通过对关键科学问题的解决，加深对地球表层系统下环境物质生物地球化学过程、环境质量演变规律、生态与健康效应的认知，提高对区域及全球复合污染问题形成机制的认知，力争在新污染物的多（跨）介质界面过程、环境污染通量与暴露风险等方面取得突破，为解决我国新污染物的环境污染问题提供理论、方法和技术支持，为环境履约、跨境污染等环境外交问题提供科学依据，为国家生态文明建设、环境安全战略提供保障和科学支撑。

（四）主要研究方向

（1）新污染物的区域污染特征与来源解析研究。开展重点行业及其辐射地区、经济高速发展和人口密集区域及对照区域新污染物种类筛查、时空变化、分布特征的研究，探明社会经济要素和自然环境因子对区域污染特征的影响规律。综合实验室排放实测、外场观测、同位素技术、异构体指纹谱、模型模拟等技术方法和手段，开展大气、水、土壤等环境介质中新污染物的溯源研究，获得不同类型排放源对区域污染的贡献，以及排放贡献时空差异的过程和机制。

（2）新污染物的环境多（跨）介质、界面过程与迁移转化机制研究。重点关注新污染物包括新有机污染物、微塑料、抗生素抗性基因等从源排放进入环境后，经过复杂的环境过程，在多介质界面间的分配和迁移，探索其与环境介质不同组分之间的作用过程与机制，阐明其在气候要素、流体动力学条件、环境地球化学因子的演化、相邻介质中污染物的逸度差等驱动下而发生的赋存形态、反应活性、生物可利用性等的变化过程及其机制。系统阐明新污染物由环境圈层向生物圈层迁移传递的规律、过程与微观机制。探索新污染物在与环境介质作用和迁移过程中的生物与非生物转化过程、关键影响因素以及微观分子机制，明确关键的转化产物，筛选特异性环境转化分子标志物。建立基于不同时空尺度和多过程耦合的污染物迁移转化和定量预测模型。对于抗性基因污染物，特别关注其与病原微生物、病毒等生物病原体的生物学共传播特征，在微观与宏观不同尺度上刻画出抗性基因等生物污染物的区域 / 全球性传播轨迹，阐明抗性基因等生物性污染物在环境－动物－人体的跨介质以及跨物种传播机制，识别气象学、流体力学、环境地球化学、生态学、社会经济等影响抗性基因等污染物传输的关键要素，探索抗性基因等生物污染物与环境介质之间复杂的交互作用，建立环境中抗性基因等生物污染物阻断控制的原理、方法和技术体系，实现抗性基因等生物污染物防控和次生环境风险协同控制。

（3）新污染物及其转化产物的生态毒性效应研究。开展新污染物低剂量长期暴露的毒性效应识别和量化，不仅关注传统的水生生物、哺乳动物等模式生物，还需要进一步关注低营养级生物，如昆虫等的负面效应评估和研究，以及多种污染物共存的复合型环境污染风险评估。目前新污染物的生态毒理学效应和机制尚不清楚，进一步寻找新的毒性靶标和生物标志物，除了传统的毒理学手段和方法外，还要充分利用现有的生物组学技术和手段，如基因组学、蛋白蛋组学、转录组学、代谢组学等，揭示新污染物的毒性效应和分子机制。

（4）新污染物及其代谢转化产物的人体健康暴露与健康基准研究。在重点行业及辐射区域、高风险区域等地区，开展新污染物人群暴露水平、暴露特征的研究，探索不同暴露模式和途径对人体中新污染物总摄入量的贡献，构建人体暴露的定量模拟模型。系统研究新污染物在人体中的代谢过程、代谢产物以及分子标志物，开展新污染物的人体健康风险评估。开展新污染物人体健康基准理论体系研究，针对一些特殊新污染物的重点行业和特殊污染区域开展相关的污染排放标准研究。对于抗生素抗性基因等生物污染物，探明其在污染重点行业的不同暴露途径，量化暴露参数，对抗生素和抗性基因健康暴露风险进行定量表征。

九、纳米颗粒的环境地球化学过程

（一）科学意义与国家战略需求

纳米技术起源于20世纪70年代，1990年美国巴尔的摩举办的第一届国际纳米科学技术会议标志着纳米技术的正式诞生；1999年纳米技术逐步走向市场，2001年发达国家纷纷制定相关战略计划，投入巨资抢占纳米技术战略高地。日本设立了纳米材料研究中心，把纳米技术列入国家层面的基本计划研发重点；德国专门建立了纳米技术研究网；美国更是将纳米计划视为再次工业革命的核心。我国也将纳米技术列为国家战略并大力扶持相关产业。据预测，到2022年，全球纳米材料市场将从2015年的147亿美元增加到550亿美元以上，复合年增长率将高达20.7%。

纳米颗粒的概念是伴随着纳米技术的兴起而逐渐出现的。人工纳米颗粒（ENPs）具有独特的物理、化学、光学和生物学性质，其作为纳米材料和纳米产品的最小组成单元，支撑并成就了纳米技术的飞速发展。然而，纳米产品和纳米材料在生产、使用、废弃过程中产生的ENPs会不可避免地进入环境，从而对生态系统和人体健康带来不可预知的潜在危害。2003年*Science*、*Nature*、*Nature Biotechnology*等国际权威期刊陆续发表评论文章，强调ENPs的潜在毒性，呼吁开展ENPs的健康风险研究。此后，ENPs的环境健康效应引起广泛关注。最初，研究工作主要集中于ENPs对人体细胞、模式生物和其他生物个体的毒性效应。2010年后，研究范围逐渐扩大至ENPs在大气、水体和土壤等圈层内的迁移、转化和生物响应。在科学层面上，ENPs的环境地球化学过程是一个新兴研究领域，是地学、环境科学、材料学、化学、物理和生物学等多个学科的交叉领域。ENPs的环境地球化学过程重点研究人类活动排放的ENPs在地球系统中的迁移转化规律及其与生态环境、人体健康的关系。该领域通过学科交叉衍生出纳米污染化学、纳米毒理学、纳米生物医学、纳米农业等新兴学科。在国家层面，纳米技术的发展是国家战略，也是全球科技竞争的焦点。ENPs的环境地球化学过程的研究目标是将纳米颗粒在地球系统中的环境过程透明化、环境归趋可预测、环境风险可预防。因此，该领域的研究工作是纳米技术发展的关键环节，对保障纳米技术的绿色应用和可持续发展意义重大。

（二）国际发展态势与我国的发展优势

2000年起，ENPs的环境地球化学过程研究迅猛发展，并得到诸多国际学术组织，如美国化学学会、国际环境毒理学与化学学会等的重点关注。欧美发达国家和地区纷纷加大了对 ENPs 环境效应研究的资助力度，以期占领该研究领域的战略制高点。自 2001 年以来，美国国家纳米科技计划（National Nanotechnology Initiative，NNI）累计受资助金额约 240 亿美元，2017 年财政预算额超过 14 亿美元，2019 年财政预算额将近 14 亿美元，其中一项重要任务就是促进纳米新技术转移和公共健康应用，如纳米农业技术等。欧盟“地平线 2020”（Horizon 2020）科研规划作为第七框架计划（FP7）之后欧盟最为重要的科研计划，于 2017 年 10 月发布了新一轮工作计划，资助 300 亿欧元，重点发展四个领域：建立一个低碳、气候适应型未来，连接经济与环境收益 - 循环经济，欧洲产业和服务的数字化和改革，提高安全联盟的有效性，其中前三项战略领域均涉及纳米技术。作为全球的一个热点研究领域，许多国家和地区先后组织了纳米研发计划。我国 2016 年启动的国家重点研发计划设立了“纳米科技”重点专项，该重点专项的总体目标是获得重大原始创新和重要应用成果，提高自主创新能力及研究成果的国际影响力，力争在若干优势领域率先取得重大突破。2016～2018 年，“纳米科技”重点专项围绕上述目标共立项 98 项，涵盖环境、材料、信息、能源、生命以及纳米科学重大基础问题等多个领域，其中环境相关领域获资助 6 项，总资助额度达近 1.6 亿元。

基于以上重点关注和优先支持的研究领域，近 20 年相关 SCI 论文数一直呈指数增长，显示出纳米技术相关领域的持续影响力和 ENPs 环境效应研究的重要性。自 2005 年起，ENPs 生物毒性方向的文章数量大幅上升。纳米技术的环境应用已成为近 5 年新的研究热点和增长点。在 ENPs 的生物响应和环境应用方面，中国的 SCI 论文总数均遥遥领先于其他国家，成为主要贡献方，显示出我国的重要国家战略需求。从研究领域看，ENPs 的“环境应用”、“毒性”和“生态”的比重均呈指数增长，中国尤为突出；我国在“环境应用”方面的比重与世界趋同，而“毒性”和“生态”方面的比重与美国尚有差距。在世界排名前 20 位的论文数量方面，中国在这两个领域的影响力有所下降，特别是在 ENPs 的生物响应方面，中国影响力远小于美国。

经过近 20 年的不懈努力，ENPs 的环境地球化学研究取得了长足发展，为纳米技术的发展提供了重要指导。然而，环境系统的复杂性和学科的交叉性决定的 ENPs 的诸多环境过程和作用机制仍不清楚，亟须多学科交叉、持续性的深入研究。这也是该研究领域生命力旺盛和与时俱进的学科特性。

（三）发展目标

纳米颗粒的环境地球化学过程领域的短期目标是探明 ENPs 在表面岩石圈系统、大气系统、水系统、土壤 - 生物系统和技术系统这五大地球系统中的迁移、转化过程；对水体、土壤和大气环境的影响规律；对人体健康和生态环境产生的潜在威胁和风险。其长期目标是将研究对象由 ENPs 外延至天然纳米颗粒、次生纳米塑料等颗粒物，通过学科交叉和技术革新，阐明这些纳米颗粒在地球系统中的环境化学过程和生物响应机制，并将研究外延至纳米颗粒和纳米材料的环境相关应用，拓展纳米技术的应用范围。其最终目标是实现纳米颗粒在地球系统中的环境过程透明化，达到环境归趋可预测、环境风险可预防的目标，保障纳米技术的绿色应用和可持续发展。

（四）主要研究方向

20 年来，围绕纳米颗粒在气、水和土壤等不同环境介质环境地球化学过程及生态响应方面，国内外开展了大量的研究工作，并取得了显著成果。然而，很多关键地球化学过程与机制还不清楚，这与水体、土壤和大气环境的复杂性密切相关。因此，如何客观评价纳米颗粒的环境效应是当前面临的重大挑战，也是国际上相关研究的发展趋势。今后的主要研究方向包括：

（1）复杂环境基质中纳米颗粒分离、识别、表征及定量分析的新方法、新技术。其包括复杂环境介质中纳米颗粒（人工纳米颗粒、纳米塑料和天然纳米颗粒等）的分离、提取技术；水体、土壤和大气环境中纳米颗粒的识别、表征和定量技术；水体、土壤和大气环境中纳米颗粒的溯源。

（2）纳米颗粒的关键环境地球化学过程。聚焦于纳米颗粒在水体、土壤和大气环境中的迁移和转化过程，研究纳米颗粒在水－土－气－生等多介质界面之间的迁移特征、转化规律和生物地球化学过程；研究多尺度范围内纳米颗粒的关键环境地球化学过程，分析水－土－气－生界面中其主要作用的环境因子，探明环境因子的调控机制；利用预测模型和分子模拟，在宏观和微观两个尺度研究纳米颗粒在水－土－气和微界面的迁移与转化过程。

（3）纳米颗粒的生物响应和生态效应。研究纳米颗粒从环境到生物的迁移、生物体内的分布与累积以及不同生物间的食物链传递与生物放大规律；基于体内的毒代－毒效动力学研究，阐明纳米颗粒对生物个体的毒性效应及其毒性作用机制；分析不同环境条件下各种环境因子与生物成分对纳米颗粒生物毒性的调控作用及其机理；基于微宇宙、中宇宙和原位实验研究纳米颗粒的生态系统效应，探明纳米颗粒长期暴露对生物种群、群落和生态系统的影响；研究复杂环境介质中纳米颗粒与共存污染物的交互作用，阐明共污染的生物、生态及健康效应。

（4）纳米颗粒的多介质环境效应与应用。基于纳米颗粒在水－土－生多介质环境中的行为特征，研究纳米颗粒在土壤修复和水体修复中的应用，突破单一污染物修复，跨入多污染物混合污染或复合污染修复研究；大力开展污染场地和原位污染修复研究，验证纳米颗粒在实际应用中的效果和可行性；开展复杂环境中纳米颗粒有效监测及其生态与环境安全研究；探索纳米颗粒在纳米肥料和纳米农药等农业领域的应用，评估环境中纳米颗粒对食物安全的风险。

十、多圈层相互作用下地表动力学过程及区域灾害效应

（一）科学意义与国家战略需求

地球是一个多圈层系统，由地壳、地幔、地核组成的内部圈层和大气圈、水圈、岩石圈、生物圈组成的外部圈层构成。多圈层相互作用，如地表岩石－土壤－生物－水－大气决定了地表的动力学过程，塑造了地形、地貌、山川、河流并进一步控制着其演化过程。可见，多圈层的相互作用是一个复杂的庞大系统，随着人类工程活动的增强，多圈层相互作用下的地表动力过程也会遇到问题，表现为区域灾害效应。多圈层相互作用

下的地表动力学过程与人类生产、生活息息相关，开展多圈层相互作用下的地表动力学过程及其区域灾害效应研究是保障宜居地球、人居环境安全的重大战略课题。当前，人类活动极度加剧了地球圈层之间的相互作用，并诱发了一系列区域灾害效应，如区域大气污染、土壤污染、区域地质灾害、区域生态安全等。多圈层的相互作用机制与地表动力学过程原理是有效防治区域灾害的重要基础。区域环境灾害效应是大气圈、水圈、岩石圈与生物圈相互耦合作用的结果，亟须采用多学科交融、空间多尺度、跨圈层综合研究的方法解决这一问题。

多圈层之间的相互作用是系统性工程。随着全球变暖，极端气候的增多，高海拔地区冰川融化，陆地生态退化，进而引起下游泥石流、滑坡等地质灾害高发。同时，构造活动地区，岩土风化、侵蚀作用强烈，进而造成水土流失加剧，河流泥沙含量以及地质环境灾害风险增高。多圈层相互作用下的地表动力学过程影响因素复杂，任何单一圈层的失稳都可能造成地表动力学过程的综合响应，进一步造成区域灾害链发生异常。多圈层相互作用下的地表动力学过程及其区域灾害效应具有长期性、复合性、复杂性的特点，迫切需要深入把握多圈层相互作用机理及其地表动力学过程原理。《国家环境保护“十三五”科技发展规划》特别强调：“针对复杂的自然过程及重大的资源、环境、生态问题，需要加强学科间的交叉、渗透和综合集成。”因此，从国家战略需求出发，实现地理学、生态学、大气科学、地质学、水文学、地球物理与空间科学等多学科方法的交叉融合，开展多圈层相互作用下地表动力学过程及其区域灾害效应研究，提高各种区域灾害的防治能力，是构建我国自然灾害防治体系的关键一环，其能够有机服务于国家创新驱动发展战略，并引领相关学科发展，产生重大创新成果。

（二）国际发展态势与我国的发展优势

地表是一个复杂的巨大系统，大气圈、水圈、岩石圈等的相互作用和可持续发展等涉及“综合”“系统”性研究的重大科学问题已经成为国际社会最为关注的焦点和热点（Buytaert et al.，2014；Verburg et al.，2015）。2009 年，国际上推出 Future Earth 计划（Reid et al.，2009，2010），旨在推动理解生物圈、岩石圈、大气圈、水圈和社会系统复杂的内在关系，认识全球变化对地表动力学过程及其区域灾害效应的影响及反馈机制，以及探寻减缓、适应和可持续发展的科学途径。多圈层之间的相互作用过程及其区域灾害效应是当前所面临的巨大科学挑战，需加强多方协调机制，采取多学科交叉的途径加以解决（Luo et al.，2019）。国际科学理事会和国际社会科学理事会共同指出：发展综合性、交叉性学科研究是多圈层相互作用下地表动力学过程及其区域灾害效应研究的关键（Reid et al.，2010）。地球关键带与多圈层相互作用地表动力学过程是密切关联的，前者强调多圈层交互的关键区域，后者则强调交互过程本身的内在机制与区域灾害效应。早在 2005 年，美国 NSF 就启动项目群“地球关键带观测计划”，来研究岩石、土壤、水、空气以及生物之间复杂的相互作用（White et al.，2015）。随后，欧盟各成员国、澳大利亚等国家基金会也资助了类似科学研究项目。地球关键带的大量研究成果集中在土壤圈及陆地生态系统方面，对多圈层相互作用下的地表动力过程及其灾害效应研究相对薄弱。

在我国，钱学森先生曾在 1983 年倡议建立“地球表层学”，他认为地球表层学是

“跨地理学、气象学、地质学、工农业生产技术、技术经济和国土经济的新学科”；黄秉维（1996）进一步提出将地表系统作为一门科学进行研究。随着5G网络的逐渐普及（尤肖虎等，2014）、遥感卫星数据的民用性提高、空天地观测能力的加强以及大数据科学日益发展，我国已具备从地表点、线、面上实现全方位的精细化、多尺度监测、建模分析、模拟（Comber et al.，2019）的能力，分析探究逐步实现从要素和过程的分离向综合、系统、集成方向发展，强调不同层次、不同时空尺度地表动力过程发生的机理和区域灾害诱发机制（丁永建等，2014）。随着我国“三深”战略的实施，在深海、深空、深地等领域布置了一系列重大工程项目，出现了一系列前所未有的重大科学问题。深海工程不仅面对陆地多圈层系统，还会耦合海洋动力系统，洋流与海洋设施相互作用所带来的安全风险严重影响着海洋强国的建设；深空工程则会影响空间气候动力过程，可以造成气象条件及空气质量的链式反应；深地工程则在既有地球多圈层相互作用的基础上，增加复杂的应力环境、高温高压环境，超出了常规工程正常运行的环境条件。可见，由于我国的特殊情况，地球多圈层之间的相互作用更为显著，地表动力学过程及其区域灾害效应更为突出，对多圈层相互作用下地表动力学过程及其区域灾害效应的研究更为迫切。为保障一系列重大战略工程的顺利实施，亟须系统开展多圈层相互作用下地表动力学过程及其区域灾害效应研究。

（三）发展目标

瞄准多圈层相互作用下地表动力学及其次生灾害研究前沿，以极端气候条件下的表生灾害效应、内动力耦合作用下表生灾害问题、区域性水土流失与重力侵蚀灾害、人地系统相互作用下的环境生态安全为研究重点，以多圈层相互作用下地表过程孕灾过程及其演化机制为关键科学问题，通过自然科学、技术科学等相关学科交叉融合，表征多圈层相互作用地表动力学过程关键因子，揭示驱动机制，阐明灾害效应及演变规律，形成针对性的工程地质与地质环境灾害防控理论技术体系，提高我国自然灾害综合防控能力，为保障多圈层安全运行与有机调控提供科学支撑。

（四）主要研究方向

（1）极端气候下地表灾害效应。揭示气候环境变化与地表灾害的协同演化机制、诱发因素与成灾机理；研究大规模、低频率极端灾害事件孕灾条件，并预测其发生概率；分析气候变化对灾害暴发、脆弱性和风险的影响程度；研究气候变化条件下基于土地利用的灾害地质风险评价方法。

（2）大气圈、水圈与地表侵蚀的关系。研究大气－水圈作用下，地貌侵蚀机理、演化过程及其灾害效应；建立多圈相互作用下，区域地貌侵蚀演化模型；建立区域内土壤侵蚀量预测的时空模型，揭示水土迁移规律。

（3）人类与各圈层相互作用。人类活动的影响已经遍及所有生态系统类型，尤其是水资源和水循环，运用动态观察、区域研究、空间关系表达和监测分析技术的独特视角，定量研究各圈层对人类活动的反馈；研究新经济、社会、文化、政治等人文要素在环境变化影响程度及适应性方面的影响机理；加强对人口分布、城市化、环境污染中自然过程和人文过程的相互作用机制研究，实现两者在同一尺度上的协同模拟。

十一、重大工程活动与地质环境演变互馈机制

（一）科学意义与国家战略需求

人类工程活动离不开一定的自然环境，尤其是与地质环境的关系密切，这一关系处理不当不仅会导致地质环境恶化，诱发地质环境灾害，还会造成工程事故，威胁人类生命财产安全。重大工程活动串联多相关系统，不仅受地质环境制约，而且对地质环境产生深远影响，二者耦合作用下的互馈机制研究具有重要的科学意义。从系统科学角度看，重大工程活动与地质环境相互作用最终表现为工程适应与地质环境演变，这种互馈过程是一个动态的演化系统。开展重大工程活动与地质环境演变的互馈机制研究，需将地理学、地质学、力学、空间科学与新型学科交叉融合，从而为保障重大工程建设运行及地质环境安全提供重要的理论支撑。

我国地质条件复杂，构造活动强烈，地质环境脆弱，表现为灾害类型多、分布广、防范难度大的特征。在我国，地质环境对重大工程活动响应极为敏感。随着国家“一带一路”倡议、“黄河流域生态保护与高质量发展”重大战略等的实施、“川藏铁路”等重大工程的建设，工程活动与地质环境演变互馈机制研究具有极为重要的战略意义。保障重大工程安全，关系到国家战略的顺利实施，关系到中华民族伟大复兴的中国梦的顺利实现。习近平总书记多次在重要会议上指出，加强自然灾害防治关系国计民生，要建立高效科学的自然灾害防治体系，提高全社会自然灾害防治能力，为保护人民群众生命财产安全和国家安全提供有力保障。重大工程建设与地质环境的互馈过程具有链式效应与长期性，这主要是由地质环境过程的系统性与复杂性决定的。掌握重大工程活动与地质环境演变互馈机制有助于对重大工程的长期地质环境效应进行科学评估，从而为重大工程的实施提供科学指导，为建立重大工程活动下人地协调系统提供理论依据。因此，以学科交叉开展重大工程活动与地质环境演变互馈机制研究，是从国家重大战略需求出发的重要举措，是实现保障国计民生和社会各项事业发展的科技基础。

（二）国际发展态势与我国的发展优势

国际上对工程活动与地质环境的相互作用关系研究主要从两个方面展开：一是工程建设期或运营期内造成的地质环境演化以及相应的灾害防控理论，二是地质环境演化对在建或已有工程实际功能的影响以及相应的安全评价。在工程建设造成地质环境变化方面，工程建设打破地质环境平衡，造成地质环境恶化，诱发灾害，其投入使用后也会带来一系列环境地质问题。*Nature* 专门发文呼吁环境、地质等学科的科学家们共同关注黄土高原大型工程建设所带来的边坡失稳、水土流失等地质环境破坏问题，避免大规模地质灾害发生（Li et al.，2014）。研究人员通过对公路建设过程中所造成的山体边坡形态、地下水条件等环境因素变化进行分析，提出了基于地质环境演化的改进措施（Basahel and Mitri，2017；Paternesi et al.，2017）。在地质环境对工程建设的影响方面，地质环境变化对各类工程项目安全性的潜在威胁得到关注。研究人员对断层水平错动以及竖向抬升对大型水库以及大坝的影响程度进行评估，并通过风险评价系统定量给出了相应的水库安全指标（Sigtryggsdóttir et al.，2015）。地下管线工程同样受到关注，研究人员对断

层运动、场地水平位移、边坡失稳以及不均匀沉降等地质条件作用下的地下管线系统变形情况进行了计算，并在此基础上对工程设计给出了建议（Sarvanis and Karamanos，2017）。同时，研究人员还对断层运动以及地应力变化造成的地下矿井变形情况进行研究并开展安全评估（Vaziri et al.，2018），对海底地震所造成的海岸不均匀抬升或沉降对于沿海地区设施的影响进行了分析研究（Mori and Ogawa，2020）。从国际发展态势来看，国外重大工程活动主要是工程运行后期的安全保障方面，重大工程活动与地质环境演变互馈机制研究相对薄弱，这与国外近年来重大工程投资放缓密切相关。

近十年来，我国的大型工程、超级工程加速建设，包括 55 座建成或在建的大型水电站，239 条长度超过 10 km 的长隧道，50 余座高墩大跨度桥梁和跨海大桥，川藏铁路及 19000 km 高速铁路，125000 km 高速公路，3000 km 城市地铁等。这些重大工程极大地促进了我国工程地质与环境地质灾害学科发展，其在该领域取得了世界领先的丰硕研究成果，在工程建设造成的地质环境变化机制以及灾害防治方面，唐辉明（2015）提出了大型工程建设地质环境演化模式和演化规律，黄润秋（2012）建立了地质环境演变的预测和控制方法，殷跃平等（2011）针对大规模山体滑坡灾害，提出了关键块体防控理论。在工程建设地质环境的防控治理方面，彭建兵等（2012）针对我国区域性地裂缝问题，建立了地铁工程的地裂缝减灾关键技术，解决了地裂缝综合减灾技术难题，形成了城市地裂缝减灾技术示范。在震后地质灾害长期效应评价预测方面，崔鹏等（2011）构建了灾害链预测评价理论和技术方法；许强等（2017）对震后地质灾害多发区开展了治理工程效果的定量分析评价。Tang 等（2019）对三峡大坝投入使用长期地质环境效应进行了系统性的总结，提出了大坝工程与地质环境的互馈模式。可见，我国在工程活动与地质环境互馈机制方面取得了一批引领国际前沿研究方向的成果。随着我国“一带一路”倡议、“三深”国家战略等的实施，重大工程建设规模之大，前所未有，急需系统性开展重大工程活动与地质环境演变互馈机制研究，产生一批重大创新理论成果，保障国家重大战略的顺利实施。

（三）发展目标

瞄准国际工程地质与环境地质研究前沿，紧密结合国家重大战略需求，构建重大工程活动对地质环境的影响评价指标与评估模型，揭示重大工程活动对地质环境的影响制约规律；构建重大工程活动与地质环境演变互馈机制数学模型，揭示重大工程活动与地质环境演化的互馈作用机制；提出重大工程与地质环境互馈调控理论和技术方法，为保障人 - 地系统可持续协调发展提供科技支撑。

（四）主要研究方向

（1）重大工程对区域地质生态环境的影响规律与评价模型。开展重大工程多因素耦合作用下大气环境变化、场地水环境变化、应力场响应与调整和位移场演变等研究；建立多因素协同作用下场地水循环变化模型和温度边界热交换模型，提出场地时效稳定性预测评价方法，建立场地水土污染与水土流失评价体系；提出重大工程活动对区域地质环境的影响规律与评价模型。

（2）重大工程施工、运营与地质环境演化的互馈机制。阐明重大工程建设运营中场地地质环境条件的变化过程，揭示重大工程对地质环境的影响规律；研究包括深部扰动造成的地应力变化、地下水循环系统变化造成的地面不均匀沉降等在内的地质环境演化对运营阶段重大工程稳定性的影响作用；揭示重大工程建设运行与地质环境演化相互作用影响机制，建立互馈关系定量模型。

（3）重大工程活动与地质环境演变调控理论。依据重大工程与地质环境演化互馈机制，以及地质环境系统演变的耗散结构理论，建立基于系统耗散结构理论的重大工程与地质环境互馈调控理论，保障重大工程施工过程中与地质环境实现物质与能量的良性交换，同时对于运营过程中的重大工程提出相适应的生态地质环境修复方法与技术。

十二、气候系统古增温

（一）科学意义与国家战略需求

地质时期地球气候系统经历了多次增温事件（如古新世—始新世极热期、中上新世温暖期、全新世大暖期），其增温幅度、增温速率尚不明确，不同类型增温与温室气体的因果关联更有很大争议。典型古增温事件的精细过程与成因机制研究，对于深入认识不同边界条件下气候系统自然变率和自调节的过程与机制具有重要科学意义。

此外，我国生态文明建设战略对评估和应对全球变暖提出了紧迫的知识需求。地质时期不同幅度、不同速率的增温过程及其对我国季风－干旱环境系统的影响，为未来不同变暖情景提供了真实的历史相似型，因此气候系统古增温及其环境效应研究，将为评估全球变暖后果、制定全球变暖应对策略提供真实历史场景和基本科学支撑。

（二）国际发展态势与我国的发展优势

新生代地球气候在总体变冷的趋势上叠加了多次不同幅度、不同速率的增温过程（Zachos et al.，2001），如早始新世气候适宜期（52～50 Ma）、晚渐新世温暖期（26～24 Ma）、中中新世气候适宜期（17～15 Ma）等。除这些持续时间长的增温过程外，还有一些历时短暂的增温事件，如古新世—始新世极热期（PETM）（约 55.5 Ma）（McInerney and Wing，2011）、中上新世温暖期（3.264～3.025 Ma）（Haywood et al.，2016）等。轨道尺度的增温期包括深海氧同位素 5e 阶段、11 阶段（MIS 5e、MIS 11）等。全新世大暖期被视为未来增温的最近相似型（施雅风等，1992）。

古增温对环境的影响是多方面的，不同增温过程具有不同程度的影响。就 PETM 增温事件而言，其间美国科罗拉多州西部（Foreman et al.，2012）、我国中部和东北部降水均有明显增加（Chen et al.，2017，2016），而非洲西北部、东非坦桑尼亚和阿拉伯半岛南部等低纬区气候变干（陈祚伶和丁仲礼，2011）。有学者认为，PETM 期间，大气 CO_2 浓度升高引发大气湿度增加、水循环加强、中纬度对流层湿度大幅增加，陆地生态系统变化导致碳循环增强，大气湿度增加进一步促使温度升高（Bowen et al.，2004）。PETM 极热事件 5～8 ℃ 增温对生物演化总体上产生了积极影响，促进了陆地和海洋生物大范围迁徙和快速进化，但也引发了底栖有孔虫灭绝（McInerney and Wing，2011）。哺乳动物偶蹄目、奇蹄目和灵长目动物均在古新世—始新世界限前后首次出现，这些动物在北半球三大洲的出现被认为与极热事件期间环境快速变化引起的生物多元化和扩散有关

（Gingerich，2006）。PETM 期间，哥伦比亚东部和委内瑞拉西部植物多样性和起源速率迅速增加，并伴有被子植物新种的出现，表明新热带北部（northern Neotropics）的热带雨林可在高温和高 CO_2 条件下持续生存，而非某些研究认为的热带生态系统遭受了热应激的严重破坏（Jaramillo et al.，2010）。全新世大暖期我国年降水量总体上较现今高，东部季风区降水量增加显著，夏季风雨带向西北大幅推进，这导致我国东部不同类型森林北扩、草原向西北扩张、青藏高原冻原大范围退缩。与此相对应，陆地生态系统碳库较现今自然状态高约 10 Pg[①] C，湖泊碳埋藏速率大幅升高（郭正堂等，2016）。

关于地质时期增温的机制，学界通常将碳循环作为主要控制因素。然而，对于不同时间尺度的增温过程，大气 CO_2 所起的作用需进行具体分析。就新生代早期而言，CO_2 浓度降低是整个始新世气候变冷的主要原因（Anagnostou et al.，2016）。在更短时间尺度上，如 PETM 期间和冰期 - 间冰期，CO_2 被视为气候变化的关键驱动因素（McInerney and Wing，2011；Yin and Berger，2011；Ruddiman，2003a）。然而，有证据显示大气 CO_2 浓度与温度之间存在严重脱耦的时期。新生代尤其是 30 Ma 以来，全球气候呈阶段性变冷，而 CO_2 变化幅度不大，两者完全脱耦（Zhang et al.，2013；Ruddiman，2010）。一般认为，古增温与大气 CO_2 密切相关，但关联较为复杂。不同方法重建的新生代以来 CO_2 变化均呈现降低趋势，但重建的 CO_2 变化与气候变化并不完全吻合，CO_2 与温度之间往往存在脱耦现象。目前最为完整的 CO_2 综合曲线显示（Beerling and Royer，2011），CO_2 浓度 65～54 Ma 在 600 ppm[②] 以下，之后上升至 1000 ppm 以上，30 Ma 下降至 500 ppm 以下并持续至今，这与深海氧同位素变化并非完全对应。就第四纪而言，南极冰芯 80 万年高分辨率记录表明，CO_2 浓度在冰期 - 间冰期旋回中在 180～280 ppm 波动，间冰期升高、冰期下降（Lüthi et al.，2008），与深海氧同位素变化耦合度较高。

一般认为，PETM 事件是由巨量的 CO_2 进入大气引起的，但关于碳的来源仍存在多种解释，如天然气水合物分解假说、有机质接触变质假说、泥炭燃烧假说、构造抬升假说、彗星撞击假说、北大西洋火成岩省假说等（Gutjahr et al.，2017；McInerney and Wing，2011；陈祚伶和丁仲礼，2011），其中天然气水合物分解假说影响最大。PETM 事件的结构特征显示，早期碳同位素负偏事件由两次巨量碳释放引发，其中第一次持续时间不足 2000 年，在两次碳释放之间碳同位素又恢复至背景值（Bowen et al.，2014）。但也有研究认为，在碳同位素发生负异常之前陆地温度已升高了 5℃。这表明在天然气水合物释放之前已有其他过程导致升温，虽然原因不明（Secord et al.，2010）。关于 PETM 升温历时的估算也存在极大差异，从 13 年至上万年不等，最新估算不超过 5000 年（Turner et al.，2017）。

在轨道尺度上，CO_2 浓度与间冰期关系的研究取得了重要进展。最近 80 万年 9 个间冰期的模拟结果显示，CO_2 浓度对全球年均温度的贡献是线性的，间冰期温度变化与太阳辐射和 CO_2 浓度均密切相关，但全球和南半球高纬的温度变化主要受控于温室气体，而降水以及北半球高纬的温度变化和海冰变化主要受控于太阳辐射（Yin and Berger，2011）。全新世中期，太阳辐射增加对增温起了主导作用（郭正堂等，2016）。

① $1\ Pg = 10^{15}$ g。

② $1\ ppm=10^{-6}$。

然而，第四纪时期轨道尺度 CO_2 变化与气候变化的相位关系尚不清楚。以往研究认为，CO_2 变化滞后于温度变化数百至上千年（周鑫和郭正堂，2009）。然而，近年来通过测量冰芯气泡 ^{15}N 含量校正封闭时间的相关研究发现，末次冰消期大气 CO_2 变化与南极温度变化基本同步（Parrenin et al.，2013）。在千年－百年尺度上，由于两极 Dansgaard-Oeschger（D-O）旋回快速变暖事件呈反向变化，CO_2 对快速增温的作用尚不清楚。有研究指出，末次冰期 CO_2 浓度升高发生于北半球冰阶，较北极区变暖早数千年（Ahn and Brook，2008）。

地质温暖期气候与环境是我国具有深厚基础和重要影响的研究领域。20 世纪 90 年代至 21 世纪初，我国科学家通过对黄土高原黄土－古土壤序列进行研究，揭示出东亚季风系统在全球冰期－间冰期旋回上的演变特征，提出第四纪东亚季风演变受全球冰量尤其是大陆冰盖控制的冰量驱动说，其在国际上产生了重要影响。近 20 年，通过对季风－干旱系统不同单元、不同类型的地质记录进行研究，在更新世超长增温期、全新世大暖期、中上新世温暖期、中中新世气候适宜期、古新世—始新世极热期等典型古增温研究方面取得了重要进展，为理解不同成因全球变暖的动力机制和环境效应做出了突出贡献。总之，我国在气候系统古增温领域具有显著的发展优势。

（三）发展目标

通过对典型古增温事件的高质量地质记录的多学科交叉研究，揭示不同类型古增温事件的阶段性、增温速率和增温幅度，明确不同幅度古增温时期的降水模式和生态格局，阐明气候系统内、外边界条件对不同类型古增温的作用和贡献，据此提出对气候系统古增温机制的理论认识以及未来全球变暖的应对策略。

（四）主要研究方向

（1）典型古增温事件的精细过程。针对典型古增温事件（如古新世—始新世极热期、中上新世温暖期、MIS11 间冰期），开展高精度年代约束下的沉积学和地层学研究，获取高质量地质记录；发展不同沉积相地层的多代用指标体系，解析不同类型古增温事件增温期、高温期、降温期的物理过程、化学过程和生物地球化学过程，获得古增温事件的阶段性、增温速率和增温幅度。

（2）典型古增温事件的环境效应。针对典型古增温事件的地质记录，建立和完善基于沉积物物理化学指标、古生物指标、生物标志物指标等的古降水、古温度转换函数；在不同环境单元重建古增温期古降水的定性 / 定量变化序列、古植被和古动物演替序列，研究古增温期不同时段降水模式、植被类型和动物类群变化的时空特征；绘制不同增温幅度下古降水、古植被和古动物的空间格局图，研究不同增温幅度对古大气环流、植被带迁移和动物迁徙影响的方式和程度。

（3）古增温成因机制。在重建不同类型古增温时期温室气体、大洋环流、海陆格局演变过程的基础上，剖析不同温室气体浓度对古增温的影响，厘定气候系统敏感度等参数，开展气候模拟研究；理解不同温室气体（CO_2、CH_4、水蒸气等）之间的相互关联和反馈机制、温室气体变化和温度变化对海洋 / 陆地环境和海洋 / 陆地生物变化的影响以及彼此之间的反馈机制，追踪温室气体的源－汇过程，获取气候系统在高温度、高

CO_2 浓度下的运行机理，建立快速增温和缓慢增温机制的理论概念模型；将地质证据和模式模拟相结合，评估构造因素、温室气体、海洋环境、地球轨道参数等内、外边界条件变化对不同类型古增温的作用和贡献，探讨气候系统古增温的成因机制。

十三、气候系统突变

（一）科学意义与国家战略需求

气候突变是气候系统“稳态”在千年—百年—十年尺度上的快速转变。晚第四纪气候系统发生的一系列突变事件［如 Heinrich 事件、D-O 旋回、Younger Dryas 事件（YD 事件）、全新世 8.2 ka 事件］，对全球环境造成灾难性后果。学界普遍认为气候系统突变是外部驱动和内部非线性反馈共同作用的结果，但对内部与外部的物理关联以及高纬海 - 冰系统与低纬海 - 气系统的相互作用过程仍知之甚少。典型气候突变事件的时空特征与动力学机制研究，将为理解气候系统运行机制、构建地球系统科学理论体系提供重要科学认知。

我国北方自然环境脆弱，对气候变化极为敏感，是实施“绿水青山”生态发展战略的关键区域。IPCC 报告指出，未来数十年，极端气候将更为频繁，中纬区生态系统将受到致命性影响。典型气候突变事件及其环境效应研究，将重建不同属性气候突变时期我国干旱 - 半干旱区的水热模式和植被格局，揭示生态系统对气候突变响应的方式、速率和程度，为应对全球气候突变、制定我国生态可持续发展战略提供科学依据。

（二）国际发展态势与我国的发展优势

20 世纪 90 年代，格陵兰冰芯记录（Dansgaard et al.，1993）揭示出末次冰期存在一系列气候突变事件，即 Heinrich 事件和 D-O 旋回，使得学界意识到气候不仅呈现轨道尺度渐变，而且还发生千年—百年尺度突变。此后，在中高纬度大洋（Martrat et al.，2007；Hendy and Kennett，2000；Shackleton et al.，2000）和陆地（Guo et al.，1996；Porter and An，1995；Xiao et al.，1995）记录中也发现了系列气候突变事件。随着石笋定年技术的发展和高分辨研究的展开，亚洲季风与冰期气候突变的关系得以确认（Wang et al.，2001）。同时，石笋研究显示，气候突变事件在过去 64 万年一直存在，而非末次冰期独有（Cheng et al.，2016）。90 年代末，北大西洋沉积研究发现，全新世时期气候系统也发生多次突变，表明气候突变在冰期和间冰期普遍存在（Bond et al.，1997）。

典型的气候突变事件包括末次冰期 Heinrich 事件和 D-O 旋回、末次冰消期 YD 事件以及全新世 8.2 ka 事件和 4.2 ka 事件。格陵兰冰芯提供了最清晰的气候突变序列（North Greenland Ice Core Project Members，2004），其成为气候突变事件对比的全球标准。南极冰芯记录的突变事件可与北极冰芯一一对应，但相位相反且变幅较小，从而形成两极“跷跷板”现象（Broecker，1998；Stocker，1998；Crowley，1992）。在北半球，北大西洋北极圈海域（Bond et al.，1993，1992）、太平洋 Santa Barbara 盆地（Hendy and Kennett，2000）和 Iberian Margin 海域（Martrat et al.，2007）等不同区域海面温度变化，在末次冰期突变事件的时限和幅度与格陵兰冰芯记录具有较好的一致性，表明气候突变在中高纬区同步发生。我国黄土石英粒度研究最早发现末次冰期东亚冬季风曾发生一系列突变

（Xiao et al.，1995），这些突变事件在成因上与北大西洋 Heinrich 事件密切相关（Guo et al.，1996；Porter and An，1995）。石笋氧同位素清晰地揭示出末次冰期以来亚洲夏季风 Heinrich 事件、YD 事件和 D-O 旋回等一系列突变事件的存在（Kelly et al.，2006；Sinha et al.，2005；Yuan et al.，2004；Burns et al.，2003；Fleitmann et al.，2003；Wang et al.，2001）。在低纬区，Cariaco 海盆沉积（Lea et al.，2003；Haug et al.，2001；Peterson et al.，2000；Hughen et al.，1996）和赤道太平洋暖池海面温度记录（Stott et al.，2002）均显示，热带气候突变事件可与格陵兰冰芯记录对比。在南半球，除南极外其他地区的气候突变记录较少，且存在矛盾。例如，YD 事件期间，冰川记录指示降温，且与北半球同步（Lowell et al.，1995；Denton and Hendy，1994）；而孢粉记录指示升温，或变化不明显（Turney et al.，2003）。此外，南半球低纬区的一些记录揭示出末次冰期南北半球突变事件的反相位特征（Wang et al.，2006；Baker et al.，2001）。与 Heinrich 事件、YD 事件和 D-O 旋回相比，由于突变幅度小且持续时间短（O'Brien et al.，1995），全新世气候突变事件存在显著的区域差异（Shuman et al.，2009；Mayewski et al.，2004）。

关于气候突变的速率和幅度，学界已对典型事件进行了深入研究。以 YD 事件为例，冰芯记录的转暖历时约 45 年（Alley，2000），而石笋记录的转暖历时 38 年（Ma et al.，2012）；经 ^{15}N 含量校正封闭时间后估算的升温幅度约为 10 ℃。这意味着 YD 事件结束时的升温幅度在短短 40 年内可达冰期-间冰期温度变幅的 2/3（Grachev and Severinghaus，2005）。虽然全新世气候波动远远小于冰期和冰消期，但其变率和变幅也相当可观。研究显示，全新世 8.2 ka 事件发生时，降温幅度在 20 年内可达 3 ℃以上；甲烷浓度在 40 年内降低 80 ppb①，降幅达 15%（Kobashi et al.，2007）。

气候突变对生态系统产生了不同程度的影响，陆地生态系统和水生生态系统均对千年尺度气候突变事件（如 Heinrich 事件、YD 事件、全新世 8.2 ka 事件）响应敏感。在陆地生态系统中，欧洲（Seddon et al.，2015；Williams et al.，2002）、北美（Yu and Eicher，1998；Grimm et al.，1993）、东亚（Takahara et al.，2010；Li et al.，2006；Demske et al.，2005；Shen et al.，2005）以及热带大西洋区（Hughen et al.，2004）植被组成受 Heinrich 事件、YD 事件和全新世 8.2 ka 事件等的影响十分明显，但不同区域植物群落结构和迁移幅度存在显著差异（Zhang et al.，2018；Zhao et al.，2015；Park et al.，2014；Stebich et al.，2009）。例如，YD 事件期间，北大西洋低纬区森林收缩、草地扩张（Hughen et al.，2004），而中高纬区植物群落衰退、耐寒属种增多（Yu and Eicher，1998），东亚中高纬区植被盖度降低、生态恶化（Zhang et al.，2018；Stebich et al.，2009）。全新世 8.2 ka 事件期间，欧洲中部（Tinner and Lotter，2001）和北部（Seppä and Birks，2010）耐寒喜冷植物属种快速增加，但东亚植被并未出现明显变化（Jiang et al.，2019；Xu et al.，2017；Wen et al.，2010；Stebich et al.，2009）。对湖泊硅藻组合（Wang et al.，2018；Roberts et al.，1993）和摇蚊组合（Brooks and Birks，2000）研究显示，千年尺度气候突变对湖泊生态系统（组合特征、物种多样性等）产生了重要影响，但不同区域响应方式不同。此外，对古 DNA 研究发现，大型动物更替和灭绝与快速气候变化密切关联（Cooper et al.，2015）。在太平洋 Santa Barbara 盆地，Heinrich 事件和 YD 事件期间，

① 1 ppb=10^{-9}。

海洋低含氧带缩小，底栖无脊椎动物扩散，生物多样性增加（Moffitt et al.，2015）。在北大西洋，冷事件期间底栖有孔虫和介形虫生物多样性升高（Yasuhara et al.，2014）。

关于气候突变的机制，高纬驱动说与低纬驱动说存在激烈争议。高纬驱动说认为，大洋环流变化是冰期全球气候突变的根本原因。这一假说最初由 Rooth（1982）提出，之后 Broecker 等（1985）运用该假说解释了冰期－冰消期所有突变事件的动力过程，认为大洋环流减弱或停止将导致向高纬输送热量的北大西洋暖流减弱甚至消失，从而引发全球气候突变。该假说得到北大西洋沉积中指示大洋环流强弱变化的碳同位素和 $^{231}Pa/^{230}Th$ 同位素证据的支持（Lynch-Stieglitz，2017；Oppo et al.，2015；McManus et al.，2004）。大洋环流减弱或停止的原因在于淡水注入，而淡水注入可分为两种模式：YD 事件模式的冰川湖决堤和 Heinrich 事件模式的冰盖崩解。低纬驱动说认为，厄尔尼诺－南方涛动（ENSO）模态变化是全球气候突变的关键驱动因素（Clemens et al.，2001；Pierrehumbert，2000；Cane，1998）。简言之，太阳辐射的季节性变化会导致 ENSO 在厄尔尼诺（El Niño）态和拉尼娜（La Niña）态之间转换，从而引发气候突变。目前，两种假说都不能全面解释气候突变的诸多现象。有学者认为，将这些千年尺度的气候变化视为地球气候系统各子系统之间的耦合更为合适（Clement and Peterson，2008）。关于全新世气候突变的驱动因素，学界主要强调太阳活动（Bond et al.，2001，1997）、大洋环流（Alley et al.，1997）和火山活动（Crowley，2000）。也有学者强调热带驱动，认为 ENSO 变率是全球气候千年－百年尺度振荡的根本原因（Cane，2005；Clement et al.，1999）。

气候系统突变是我国具有地域优势和资源优势的研究领域。20 世纪 90 年代以来，我国科学家通过黄土、冰川、湖泊、石笋、树轮、珊瑚等不同类型地质－生物记录研究，揭示出末次冰期 Heinrich 事件和 D-O 旋回、末次冰消期 YD 事件以及全新世 8.2 ka 事件和 4.2 ka 事件等气候突变事件在东部季风区和西部干旱区的表现特征，提出季风－干旱环境突变与太阳活动以及高纬气候过程和低纬气候过程关联机制的假说，为深入认识气候系统突变与海－陆－气相互作用、高低纬相互作用、南北半球相互作用等内部过程的成因关联提供了关键证据，在国际上产生了重要影响。独特的环境格局、多样的地质－生物记录以及丰富的研究积累，使得我国在气候系统突变领域具有明显的发展优势。

（三）发展目标

通过典型气候突变事件的区域代表性高分辨率地质－生物记录的多学科交叉研究，揭示突变事件的属性、时限、突变速率和突变幅度与空间表现，明确不同属性气候突变时期的降水模式、水热配置和生态格局，阐明气候系统突变与外部驱动和内部非线性反馈的关联模式，据此提出气候系统突变机制的理论认识以及未来气候突变应对策略。

（四）主要研究方向

（1）典型气候突变事件的时空特征。针对典型气候突变事件（如 YD 事件、全新世 8.2 ka 事件、4.2 ka 事件等），开展区域代表性高分辨率地质－生物记录的多学科指标和高精度年代学研究，厘定气候突变事件；解析突变事件的属性、时限、突变速率、突变幅度和阈值，研究不同属性突变事件的开启和回返过程；分析突变事件在不同区域的相位关系和相对幅度，研究不同属性突变事件的空间表现。

（2）典型气候突变事件的环境效应。针对典型气候突变事件的地质－生物记录，建立和完善基于沉积物地球化学指标、生物标志物指标、孢粉学指标等的降水、温度转换函数；定量重建气候突变期不同区域降水变化序列、植被和水生生物演替序列，研究不同属性气候突变期降水模式、植被类型和水生生物群落变化的时空特征；解析不同属性气候突变时期降水、植被和水生生物的空间变化，研究不同属性气候突变对降水模式、水热配置和生态格局影响的方式和程度。

（3）气候系统突变机制。考察典型气候突变事件的开启时间、持续时间和突变幅度及其空间表现，分析气候突变与太阳活动、火山活动等外部驱动以及高纬海－冰相互作用、低纬海－气相互作用等内部反馈之间的动力学关联，建立气候系统突变机制的理论概念模型；通过地质证据与模式模拟对比检验，明确季风－干旱系统、高纬海－冰系统、低纬海－气系统在不同属性气候突变时期的行为特征，解析气候系统突变与外部驱动和内部非线性反馈的关联模式，构建气候系统突变机制的新框架。

十四、物质循环格局演变及其环境效应

（一）科学意义与国家战略需求

环境系统是人类赖以生存的重要基础，环境要素涵盖了地球表层自然要素和人类活动。当前，随着人类活动强度的加剧、范围的扩展和方式的改变，地球表层环境系统正在发生剧烈的变化：大量的资源从自然界中开采，并通过生产活动被加工成各种产品来满足人类的消费需求，这些产品报废后形成废旧产品堆积在社会经济系统或者环境中，同时向环境中排放大量污染物，使资源约束趋紧、环境污染加剧，对区域乃至全球可持续发展产生了长期、深远的影响。在人类活动的影响下，地球表层的物质循环路径在时间和空间尺度上均发生了巨大的变化，反映出一种粗放、低效、单向线性、不可持续的发展趋势。从多学科交叉的研究视角出发，理解物质循环格局的过去、现在和未来，有助于深化对地球表层环境系统全面而综合的认知，映现着地球表层人类活动与资源环境要素变化之间的深层互馈机制，是环境地球科学亟须关注的前沿科学问题。

当前，我国正处于人口总量增长放缓但城镇化快速发展的关键时期，社会经济运行离不开自然资源和生态环境的强大支撑。因此，党的十九大报告指出，要形成节约资源和保护环境的空间格局、产业结构、生产方式、生活方式，还自然以宁静、和谐、美丽。《“十三五”国家战略性新兴产业发展规划》提出要深入推进资源循环利用,“十四五”生态环境保护规划亦将凸显协同推动经济高质量发展和生态环境高水平保护的要求。2019 年，国务院办公厅印发《“无废城市”建设试点工作方案》，持续推进固体废物源头减量和资源化利用，最大限度减少填埋量，将固体废物环境影响降至最低的城市发展模式。面对资源与环境问题的迫切性、前瞻性、交叉性，为了寻求通向可持续发展的途径和解决方案，必须系统理解人类活动影响下物质从资源到环境的迁移转化过程，横跨多学科开展系统性定量化的交叉研究，突破相关学科研究领域割裂化、碎片化、单一视角的局限，探寻维持良好生态环境和资源可持续利用途径，从而为我国资源环境可持续利

用战略制定提供科学依据，为生态文明建设做出贡献。

（二）国际发展态势与我国的发展优势

目前，物质循环过程分析主要从资源开发利用（物质流分析）、污染物排放（清单分析）、环境归趋（环境模拟）三个阶段分别开展研究，近年来国内外发表了大量相关学术论文，其是一个非常热点的领域。

国际上主要将资源开发利用过程分为开采加工、生产制造、产品使用、废物管理等阶段。以质量守恒定律为基本依据，通过量化每一个过程的输入流和输出流，从而刻画出物质循环的主要过程。根据联合国环境规划署最新报告，1970～2017年，全球主要自然资源开采量从267亿t增长至886亿t，其中，中国所属的亚太地区增幅尤其显著。在金属资源中，以铁为例，2008年全球铁物质流分析的结果显示，2/3液态钢来源于铁矿石，1/3来源于废旧钢材；全球1/2以上的钢被用在建筑和基础设施中（Cullen et al.，2012）。在非金属资源中，以磷为例，2012年中国磷矿石年开采量占全球产量的接近一半，其中70%用于生产磷肥，只有约4%的磷矿石资源最终进入食品中满足人类消费需求，而大部分磷都损失在传递过程中，如磷石膏、秸秆、畜禽粪便等（Liu et al.，2016）。国际贸易在资源开发利用过程中发挥了重要的作用，实现了国家间资源的再分配。例如，有学者分析了2008年全球铝贸易格局，发现铝贸易量是矿石产量的2倍。全球铝土矿贸易以中国向印度尼西亚和澳大利亚进口为主。此外，全球25%的废铝流向了中国（Liu and Muller，2012）。在刻画出资源社会存量的基础上，每年会有设备、器物等因不再继续使用而报废。有学者评估了全球主要国家的铜资源报废量，发现中国铜资源报废量在全球排名第二，未来有较大的开采潜力（Maung et al.，2017）。在实际回收时，以具体产品为例，通过分析其回收过程的物料平衡情况，能确定各种资源的回收量。例如，以我们熟悉的硬盘为例，其中的铝和铁占了硬盘总重量的87%，基本能被全部回收；然而当前的技术无法处理钕铁硼磁铁，导致稀土元素无法得到有效回收（Habib et al.，2015）。

清单分析主要侧重于精确估计人类活动的污染物排放特征，通常不考虑人类活动对资源的利用情况。排放清单编制是一个长期的系统工程，目前主要应用于大气领域，涉及全球、区域、国家、流域等尺度，囊括各种大气污染物，如温室气体（Liu Y et al.，2015）、二氧化硫（Smith et al.，2011）、氮氧化物（Miyazaki et al.，2017）、颗粒物（Reff et al.，2009）、挥发性有机污染物（Li et al.，2014）、重金属（Tian et al.，2015）等。区别于大气污染物，水污染物类型及排放源相对明确，主要关注化学需氧量、总磷、氨氮、总氮等污染物，涵盖工业、农业和生活等各类污染源（高伟等，2013）。污染物排放清单编制可分为基于实地调查的“自下而上”和基于宏观统计的“自上而下”两种方法。前者获取的数据精确度较高，可满足模型模拟需求，但覆盖范围较小且数据获取过程耗时耗力；后者适用于污染负荷的宏观核算，但活动水平数据不够精细且排放因子一般采用推荐值或补充校正值，而使得核算结果具有较大的不确定性。

污染物进入环境后，往往经历一系列复杂的环境地球化学过程，进而表现出不同的区域污染特征，而这又进一步决定了污染物暴露于人类和生物的途径和剂量，进而影响生态系统和人群健康。在环境模拟方面，主要将污染物的环境行为分为环境归趋、环境暴露与生态/健康效应等过程。在环境归趋研究方法方面，有学者运用传输矩阵（transfer matrices）模拟了排入大气的氮氧化物、氨气等的迁移转化过程及其最终进入海洋的比例（Huijbregts et al.，2000）。在众多的多介质环境归趋模型中，Mackay 提出的逸度模型根据热力学平衡或质量平衡原理，可同时计算污染物在多介质环境中的质量分布和迁移通量，其物理意义清晰且结构相对简单（Paterson et al.，1991）。在环境暴露和生态/健康效应评估方法上，随着测量仪器精度的提高，以及环境相关的毒理、医学、流行病学和生命科学等领域的发展，其研究体系日臻完善。例如，有学者通过构建生态系统食物链和受体生物富集模型，研究 POPs 的富集程度与机制（Tao et al.，2017；王传飞等，2013）。Shen 等（2014）在建立高分辨多环芳烃排放清单的基础上，进一步利用大尺度大气传输模型计算了大气多环芳烃的含量和分布，以及由此导致的居民呼吸暴露和肺癌风险。

我国学者紧密围绕国际学术前沿，在资源开发利用格局、存量与报废量预测、污染物大尺度空间分布、长距离传输、多介质迁移转化、健康效应、生态风险评估与控制等方面，开展了大量方法学和实证研究，取得了具有中国特色的研究成果，学科体系逐步完善。然而，该研究领域仍然存在着一定的不足之处，具体包括：将资源问题与环境问题分开研究，忽视了资源环境问题根源与资源开发利用生命周期过程这一事实；针对局部过程开展研究，忽视了资源开发利用、污染物排放、环境归趋和效应之间的响应关系；侧重物质流动通量，缺少对分析精度（包括物质、路径、空间、时间等）的关注。为了确保我国在该领域发挥更好的全球引领作用，有必要系统建立资源开发利用、污染物排放、环境归趋和效应之间的响应关系，继续引领物质循环相关研究走向深入。

（三）发展目标

整合物质的资源属性和环境属性，借助卫星遥感、环境观测、计算机、互联网、大数据以及人工智能等学科的发展，通过多学科交叉融合研究，探索物质循环格局演变的时空规律，加深对地球表层人类活动与资源环境要素变化之间相互影响机制的认知，有效提升对资源环境演变预测和可持续利用能力，实现对地球表层物质循环过程及其环境效应的动态观测、全过程模拟、机制解析、影响评估和智慧调控，体现系统化、多尺度、精细化、智能化、平台化、复杂化的特色，为有效解决经济社会发展与资源环境之间的矛盾提供科学支撑，为全面协调可持续发展决策提供中国智慧。

（四）主要研究方向

（1）环境要素大数据平台搭建方法与技术。针对环境系统各类环境要素数据来源分散、质量不一、共享不足等突出问题，利用卫星遥感、环境观测、互联网等手段，探索各类环境要素的观测手段、分析方法，获取统计数据、实验数据、遥感影像等多源数据，开展多源数据时空尺度融合与转换研究，发展多源数据融合方法、技术、软件，打造环境要素大数据平台，为物质循环模拟与预测提供精细化数据支撑。

（2）物质循环时空格局分析。研究自然条件和人类活动共同作用下物质循环“采、产、用、存、废、排”路径的拓扑结构，探索提高物质循环路径分析精度的方法、手段，着重分析不同时空尺度的物质循环格局变化及其驱动机制，发展废旧资源时空分布特征分析方法和分布式回收技术，识别主导的驱动因素、作用机制和风险控制策略。

（3）物质循环的环境效应模拟。开展污染物环境多介质归趋模型方法研究，定量分析污染物在各种环境介质中的分布和运移规律，开发污染物环境暴露剂量检测监测方法、剂量－效应模型和环境效应评估工具，建立集资源开发利用、污染物排放、环境归趋和效应为一体的本土化模拟关键技术，评估污染物环境归趋和效应的时空异质性，识别人类活动与环境介质之间的时空交互作用，揭示污染物危害形成机制。

（4）物质循环格局预测与调控。构建时空大数据分析与智能计算支持下的环境要素预测模型，分析人口、社会、经济等发展对区域资源消耗、污染物排放、资源供给和环境承载力的影响，预测物质循环未来情景，研发废物资源化技术，探索推动物质梯级利用和闭路循环的技术路径、模式和政策措施。研究环境系统弹性、阈值和调控措施，推动物质高效循环和资源可持续利用。

十五、过去 2000 年环境系统与人类系统耦合过程与调控机理

（一）科学意义与国家战略需求

与人类社会密切相关的环境系统指由岩土圈、大气圈、水圈和生物圈（包括人类）所构成的地球表层系统，环境要素是指构成环境系统的性质不同而又相互关联，服从整体演化规律的基本组分，包括自然环境要素和人工环境要素。工业革命以来人类活动导致的环境变化是全球性的，因此全球变化便成为世界性的热门话题。全球变化的研究旨在描述和解剖控制地球表层系统的物理、化学和生物学过程及其相互作用，以及人类活动与它们之间的关系。

虽然已对工业革命以来人类活动引起的环境变化进行了广泛和详细的研究，但已经发生了的和将要发生的环境变化对人类社会可持续发展的可能威胁却成为学术界争论不休的话题，也成为全社会关注的焦点。为了预测环境变化对可持续发展的威胁，学者们一直在尝试着勾勒第四纪（即过去 200 多万年）和全新世（即过去约 1 万年）不同时间尺度上环境变化的规律（周期、变幅、变率等），以期将工业革命以来环境变化的“人类印痕”从环境变化的“自然基线”中剥离出来。然而，对第四纪和全新世“自然基线”的勾勒却远远不能满足要求，因为资料的质量（如资料的定量精准度和时空分辨率）总是不尽如人意。

过去 2000 年被认为是一个最为理想的研究窗口。这个窗口的合理性来自两个方面。第一，从全球角度看，这一时段的环境变化资料最为丰富和可靠（如树轮、冰芯、湖泊纹层沉积、石笋、珊瑚礁、历史记录等资料），可以从时间分辨率上满足精准地将工业革命以来环境变化的“人类印痕”从“自然基线”中剥离出来的需求；第二，从中国角度看，这一时段也正是中国社会进入复杂阶段（即封建和后封建）的时段，因而很适合于审视工业革命之前的“人类印痕”和揭示中国社会复杂阶段“环境系统与人类系统的耦合过程和调控机制”。

“过去 2000 年环境系统与人类系统的耦合过程与调控机理”的研究包括四方面的内容。第一，构建能剖析“过去 2000 年环境系统与人类系统的耦合过程和调控机制”的模型；第二，校正古环境代用指标和厘定“人类痕迹”示踪指标；第三，建立古环境信

息系统；第四，勾勒过去2000年环境变化的“自然基线”和“人类印痕”，揭示“过去2000年环境系统与人类系统的耦合过程与调控机制”。古环境信息的多样性和基于现代资料构建“环境系统与人类系统的耦合过程和调控机制”模型的复杂性，决定了这一研究领域具有很强的学科交叉性、基础性和前沿创新性。其较强的学科交叉性要求我们必须突破自然科学与社会科学学科领域之间的壁垒。其基础性指对过去2000年环境变化的“自然基线”和“人类印痕”的勾勒及对“过去2000年环境系统与人类系统的耦合过程与调控机制”的揭示，其既可以拓展我们对地球表层环境系统的理解，也可以提升我们对诸如社会弹性与环境压力的关系这类问题的认识。其前沿创新性既得益于定量化代用指标的迅速发展，也得益于高时空分辨率古环境信息系统的建立。总之，“过去2000年环境系统与人类系统的耦合过程与调控机制”的研究，有助于预测已经发生了的和将要发生的环境变化对可持续发展构成的威胁，其为人类社会的可持续发展政策的制定提供了科学基础，还可以拓展我们对地球表层环境系统的理解，为地球系统科学前沿问题的突破提供可能。

（二）国际发展态势与我国的发展优势

过去两千年来的气候与环境变化一直是国际全球变化研究的核心主题和IPCC评估的重点，也是Future Earth（2014～2023年）的重要议题。此外，其也一直是国际科学联合会理事会执行的国际地圈生物圈计划（IGBP）的核心计划过去全球变化（PAGES）反复强调的议题。经全球科学家的长期和共同努力，有关过去2000年来气候和环境的研究，已经取得了一系列重要成果并建立了全球古气候资料共享网[①]。

这里最值得一提的是IGBP。IGBP计划里特别设立了PAGES专项，PAGES的目的是通过对过去地球表层环境变化规律和机制的研究，达到以下三个目的：第一，寻找与今天状况相似的“过去相似型”，以建立理解目前全球变化（特别是变暖）的地质参照；第二，勾勒目前全球变化发生的“自然基线”，以区分目前全球变化的自然贡献和人为贡献；第三，在理解了目前全球变化的自然贡献和人为贡献的基础上，预测未来的环境变化趋势或可能情景。PAGES还与世界气候研究计划的数值试验工作组（WGNE）在1991年联合启动了国际古气候模拟比较计划（PMIP），过去2000年时段的古气候模拟是该计划的焦点之一。进入21世纪，四大全球环境变化计划又联合成立了地球系统科学联盟（ESSP），旨在促进地球系统的集成研究，为可持续发展政策的制定提供科学基础。

2012年6月，在巴西里约热内卢召开的联合国可持续发展大会上正式宣布Future Earth的倡议，旨在打破目前的学科壁垒，重组现有的科研项目与资助体制，填充全球变化研究的理论和实践鸿沟，以有效地提升人类应对全球环境变化所带来的挑战的能力。国家自然科学基金委员会地学部也于2002年提出了21世纪初的地球科学战略重点，拟定了以地球系统各圈层的相互作用为主线，从我国具有优势的前沿领域里寻找主攻目标，确定优先资助领域。我国科技部也于2010年设立了全球变化研究国家重大科学研究计划（该计划于2016年变成了“全球变化及应对”重点专项）。

---

① https://www.ncdc.noaa.gov。

（三）发展目标

"过去2000年环境系统与人类系统的耦合过程与调控机制"的研究：首先，建立基于现代资料的"环境系统与人类系统的耦合过程和调控机制"模型；其次，建立古环境代用指标在现代环境下定量校正过的古环境信息系统；最后，基于古环境信息系统和用基于现代资料的"环境系统与人类系统的耦合过程和调控机制"模型，勾勒过去2000年环境变化的"自然基线"和"人类印痕"，揭示"过去2000年环境系统与人类系统的耦合过程与调控机制"。这样的研究不但能为地球系统科学前沿问题的突破提供可能，也能为人类社会的可持续发展政策的制定提供科学基础。这样的研究还能在研究手段、实验方法、模型发展等方面为地球系统科学的进步做出贡献。

（四）主要研究方向

（1）构建模型。将过去100年作为一个完全可把控的窗口，基于广泛可得的高质量资料，建立既能表述现代"环境系统与人类系统的耦合过程和调控机制"，又能用来剖析"过去2000年环境系统与人类系统的耦合过程和调控机制"的模型。

（2）校正古环境代用指标和厘定"人类痕迹"示踪指标。如此的定量校正和定量厘定需要在不同的环境下进行大量的指标测试，被测试的指标涉及地球化学、地球物理、地球生物等方面。

（3）建立古环境信息系统。广泛和高质量地收集新的与整理已有的古环境代用指标资料；通过对资料的时空插值、降尺度和数据融合等数据处理方法，建立尽可能高分辨率（时间和空间）的古环境信息系统。

（4）揭示耦合过程与调控机理。基于古环境信息系统，用基于现代资料的"环境系统与人类系统的耦合过程和调控机制模型"，勾勒过去2000年环境变化的"自然基线"和"人类印痕"，揭示"过去2000年环境系统与人类系统的耦合过程与调控机制"。

十六、区域环境质量诊断、评价与管控模式

（一）科学意义与国家战略需求

党的十九大报告指出，中国特色社会主义进入新时代，我国社会主要矛盾已经转化为人民日益增长的美好生活需要和不平衡不充分的发展之间的矛盾。尽管目前对环境质量诊断、监测、评估与管控调节规律的认识有长足进展，但随着经济社会的发展及人民生活水平的提高，目前对区域环境质量与安全的认识水平、评价能力、信息共享水平等仍不能满足人民对环境质量作为基础性、支撑性约束的需求。同时在全球气候和环境变化的影响下，环境质量在要素结构、组成、阈值范围和约束程度上也均在发生着巨大的变化。区域环境质量诊断、评价与管控模式也就成为亟待解决的关键科学问题。应对区域环境质量与安全学科需求的科学研究需要强化三个方面：一是构建合理诊断、评价区域环境质量状态的科学体系；二是建立应对多变环境下区域环境系统健康及安全性的评价体系；三是探索一系列科学应对重大工程和突发公共事件的区域环境质量预警机制和调控模式。

（二）国际发展态势与我国的发展优势

国外的区域环境质量与安全评价研究工作开始于 20 世纪 60 年代的欧美及澳大利亚等发达国家和地区，蓬勃发展于 20 世纪 90 年代。20 世纪 90 年代，OECD 和 UNEP 针对全非洲撒哈拉沙漠地区的生态问题提出利用压力 - 状态 - 响应（PSR）模型对评价区域的生态环境安全进行系统的评价，并结合 13 个主要的生态环境问题，首次提出了生态环境评价指标体系。21 世纪初 Bhandari（2013）合作建立了一套完整的指标体系，并提出环境可持续性指标，该指标成为世界各国评价其环境可持续发展的重要标准。此外，由联合国开发计划署提出的人文发展指数，加拿大国际发展研究中心提出的持续发展经济福利模型，联合国可持续发展委员会提出的可持续发展指标体系等都对环境质量评价的发展起到了推动性的作用；FAO 2015 年（Montanarella et al.，2015）明确指出，作为地球陆地表层自然资源与自然环境要素的集合体，土壤不仅是绿色植物生长发育的基地，还是地球上最大的滤水膜和储水器；土壤圈比地上植物蕴藏有更多的碳素，土壤更是关联粮食淡水 - 能源生态的枢纽。从环境地球科学角度开始关注资源环境与人类社会可持续发展。

20 世纪 70 年代以来，中国在理论上探讨环境质量评价的类型及其指标体系，1979 年 9 月颁布的《中华人民共和国环境保护法（试行）》已明确规定了环境影响评价制度。随后众多学者构建了多指标的环境质量评价体系，但构建的指标体系并没有统一标准，多是以评价区域的特点和所评价的环境对象确定的。国内已有研究评价区域农业生态环境、水环境、地质环境、人居环境、土地环境、城市环境、声环境、矿区环境和海洋环境等，可以看出区域环境质量评价对象呈现出多元化的特点。已有评价较多的是聚焦生态环境质量评价，国家环保总局于 2006 年发布了《生态环境状况评价技术规范（试行）》（HJ/T192—2006），2015 年发布了《生态环境状况评价技术规范》（HJ192—2015）。2012 年以来，国务院先后印发了《大气污染防治行动计划》《水污染防治行动计划》《土壤污染防治行动计划》，以技术规范的形式来指导区域生态环境质量评价。

（三）发展目标

区域环境质量的诊断、评价与管控模式的建立，需要对区域环境空间分异、区域人地系统等进行科学的评估和综合的认知，揭示不同区域环境演化机理、承载力特征与可能的灾害过程，建立系统的分类与评价理论框架；综合探究人类活动对区域环境变化的影响，深入揭示其响应和反馈机制；探究不同区域尤其是城乡融合的人地系统特质的构建与差异调试机制，促进区域环境协调与协同发展；充分利用新技术、新方法与新手段，建立不同区域环境质量的诊断评价、风险评估与监测预警体系，提出区域环境管控模式与政策，并运用于典型区域环境质量与安全试验、示范过程之中。

（四）主要研究方向

（1）区域环境质量诊断与评价的综合集成方法。基于现代人地关系和人地系统科学新认识，建立宏观、中观和微观不同尺度的环境质量诊断与评价指标体系，实现区域环境质量诊断与评价的多数据、多方法、多尺度集成。研究区域环境质量组成要素、环境系统、人地系统之间的非线性关系，建立单要素尺度到地球环境系统和人地系统尺度上的耦合途径和方法，开发充分考虑区域环境质量演化过程及其主控因素变化时间尺度极大差异性的区域环境质量要素监测方法；探究多尺度观测、多方法印证、多过程融合、跨尺度模拟等集成的区域环境质量评价理论和技术方法。

（2）人类活动对区域环境质量与安全的影响机制。揭示人类活动对于区域环境的作用特征、过程与效应，以及人与自然相互关系对区域环境质量的影响作用。运用人地系统科学理论，研究自然因素和人文因素对区域环境质量的综合影响，探究人地系统格局、机理与效应，剖析区域环境质量变化对地球环境系统的响应，揭示地球环境系统与其他系统的协同性；发展多学科（环境科学、大气科学、地理科学、人文科学、生态科学和地球信息科学）有效交叉渗透和方法集成的区域环境质量影响研究理论和方法论，阐明区域环境质量变化的驱动因子之间的交互作用及其内在机理。

（3）区域环境质量的系统理论与典型区域实际的耦合关系模型。探究人地系统对区域环境质量变化的敏感性、脆弱性以及适应能力，构建适宜于减少环境变化对环境质量形成负面影响的环境管理政策理论和方法；揭示区域环境质量适应环境变化的阈值，研究区域环境系统由量变到质变的非平衡状态判识理论和方法，建立不同时空尺度的环境变化与环境质量响应过程的耦合途径，揭示区域环境质量视角下环境系统可持续发展的系统动力学机制。

第三节　与其他学部学科交叉的优先领域

一、新污染物在水体中的迁移过程与环境健康效应

（一）科学意义与国家战略需求

随着工业化、城市化的不断发展，种类繁多的药物及个人护理品、内分泌干扰物、消毒副产物、环境激素、农药等排入水环境，这类物质通常易于生物富集，在低浓度下影响水生生物的健康，进而对人体健康产生潜在风险。这类物质大多缺乏针对性的环境管理政策法规或排放标准控制，因此被称为新污染物。新污染物在自然界的水循环中广泛存在。含有新污染物的生产和产品消费残留物可进入污水处理系统中，未被降解的部分会通过污水处理厂排放或地表径流方式进入地表水体。畜禽及水产养殖等也会产生大量新污染物（如抗生素），这部分污染物可通过径流、扩散、渗滤等多种途径进入地下水。新污染物在水循环过程中的迁移转化对水生生物、生态安全和人体健康构成了潜在威胁。

新污染物被不断检出给我国水污染控制及饮用水安全保障带来了新的挑战：现有的水污染综合指标化学需氧量（COD）和生化需氧量（BOD）并不能很好地评价水体中新污染物对水环境的影响；水环境中新污染物的含量远低于常规污染物，对微量污染物的检测方法及技术提出更高的要求；水环境中新污染物的毒理性质、生态环境健康效应、污染水平的健康风险等依然不清；新污染物在环境水体中的迁移转化路径及规律不清，

其迁移过程缺乏定量评价。因此，亟须通过跨学科交叉，开展新污染物在水体中的迁移过程与环境健康效应研究，为应对新污染物对人类健康威胁提供新思路与新方法。这一方向的研究体现了环境水科学与生命科学部和医学科学部中相关分支的交叉。该方向研究对于我国的饮用水安全保障和居民人体健康保障具有重要意义。

（二）国际发展态势与我国的发展优势

抗生素是当前新污染物研究的热点之一。水环境中的抗生素可源自人体或动物的排泄、工厂点源排放、过期药品丢弃、污水灌溉等多种途径（Covello and Merkhofer，1993；Vikesland et al.，2017；Ben et al.，2019；Ashbolt et al.，2013）。抗生素在水环境中可以溶解态或吸附态的形式存在。悬浮颗粒物上的吸附－解吸是抗生素在水体环境中迁移转化的一个重要途径；此外，抗生素还会发生沉降、光降解、微生物代谢降解等迁移转化行为（Ma et al.，2019；葛林科等，2010）。随着大量抗生素进入水体，环境中的很多微生物对抗生素产生了严重耐药性，甚至开始出现多重耐药性，导致了环境中耐药性细菌和抗性基因的迅速发展和广泛传播（Nisha，2008；Qiao et al.，2018），从而威胁人类健康。人类还可能通过持续摄入被抗生素污染的食物和水等途径，不间断地暴露环境中残留的抗生素（Ben et al.，2019）。虽然抗生素并不会对人体产生直接的毒性作用，但是长期暴露可能会导致人体肠道细菌产生耐药性（Wang et al.，2017；National Academies of Sciences et al.，2018）。肠道中有多达几百种的微生物，其中95%为有益菌群，其他则为有害菌和条件致病菌（National Academies of Sciences et al.，2018）。一旦有害菌和条件致病菌产生了抗性且大量繁殖，演变为超级细菌，则会给携带者带来致命风险。

内分泌干扰物指环境中存在的能干扰机体内分泌系统并导致异常效应的物质，其在浓度极低的情况下也可能让生物体的内分泌失衡，出现激素水平异常现象，严重时，甚至导致生物体生殖器障碍、行为异常、生殖能力下降、幼体死亡，直至灭绝。双酚类物质（BPs）及全氟和多氟烷基化合物（PFASs）等是典型的内分泌干扰物，其在商品生产以及使用过程中随工业废水与生活污水进入自然水体，污染地表、地下水源。部分内分泌干扰物在自然水体中持久性强，如全氟辛磺酸（perfluorooctane sulfonic acid，PFOS）在水生环境下的半衰期超过41年，全氟辛酸（perfluorooctanoic acid，PFOA）的半衰期超过92年。目前内分泌干扰物在我国地表水、地下水及饮用水中均被广泛检出，如在黄河入海口监测到PFOS的最高浓度达到262 ng/L（Wang et al.，2013）。通过毒性评估发现，双酚A（bisphenol A，BPA）具有明显的内分泌干扰作用、免疫毒性、神经毒性以及生殖毒性；通过流行病学研究发现，PFOS、PFOA和人体内胆固醇水平上升、甲状腺激素水平下降有关（Wang et al.，2014）。内分泌干扰物主要通过环境水体和食物的摄入进入人体中，对人体造成低浓度、多种类、长时间的暴露，从而对人体健康造成潜在威胁。

水环境中的微生物是驱动水圈中碳、氮、硫等重要生命元素地球循环过程以及有机污染物降解代谢的重要力量。由于环境和营养成分的不同，水体中的微生物群落组成多样，处于动态变化中（Nogales et al.，2007）。环境水体特别是地表水，会接受源自人类和动物的污染物。这些受污染的水体不仅包含多样的微生物群落，而且还包含一些致病菌，可能会给人类和牲畜带来致病风险。例如，水环境中经常检出的沙门氏菌会引发人的肠胃炎和伤寒（Cho et al.，2020）。细菌还可以作为一些抗性基因的载体，随着养殖污水的排放迁移到环境水体里（Engemann et al.，2008）。这些带有抗性基因的细菌已被WHO列为21世纪对公共健康的三大威胁之一（Rodriguez-Mozaz et al.，2015）。同时，环境改变引发的病毒微生物群落变化及其带来的环境健康效应也不容小觑。例如，水产养殖鲈鱼出现的病毒性神经坏死，是造成地中海水产养殖业经济损失的主要原因之一（Volpe et al.，2020）。微生物作为一类新污染物，越来越受到关注。但由于微生物种类繁多，加之识别微生物的技术受限，目前对水体中微生物的污染研究还十分有限，亟待开展更为深入的研究。

除此之外，微塑料由于其污染的普遍性也在近年来成为新污染物研究的热点。关于微塑料的研究始于海洋，但最近微塑料的陆源输送问题开始引起关注。未来需要研究影响新污染物在水环境中迁移转化的环境因子及微生物驱动机制，系统认识物理、化学和生物因素对新污染物的迁移转化的单一与交互影响，并加强研究新污染物生态和健康效应机制。

（三）发展目标

全面、深入研究地球各类水体中新污染物的迁移和转化机制，解析新污染物的生态健康效应，提高对新污染物的来源、分布、水平、健康风险及全球复合污染问题形成机制的认知，完善新污染物风险控制与修复技术的理论与技术体系。其研究重点将聚焦水环境中微量新污染物的检测方法和设备研发，地球各圈层新污染物的迁移转化规律，以及新污染物对人体和生态的健康风险。该研究须力争在环境污染物的多介质界面过程、通量与暴露风险等方面取得突破，为生态文明建设、环境安全提供保障和科学支撑。

（四）主要研究方向

（1）水环境中微量新污染物的检测。水环境中的常见污染物如BOD、营养盐等已有十分成熟的监测方法，但水环境中许多低浓度、高风险的污染物还很难在野外水文条件下进行有效监测。未来应致力于研究水环境中微量污染物高灵敏、特异性、实时快速的检测方法，探索天然水体中微量污染物的动态演化规律，并研究其对人类健康的影响。其重点研究内容包括：对药物和个人护理产品、类固醇和激素、表面活性剂、全氟化合物及各种阻燃剂和工业添加剂等的检测，对这些母体物质进入环境后通过氧化、羟基化、水解、共轭、解理、脱烷基、甲基化和脱甲基等作用形成转化的代谢产物的检测，以及对有害细菌和病原体的检测。

（2）水环境中新污染物的微生物生态效应。目前，对于污染物如何通过影响微生物代谢和群落组成来干扰大尺度元素循环和能量交换还缺乏认识，对于不同环境中的微生物如何降解污染物也亟待更深入和全面的研究。水中抗生素抗性基因污染是最新的前沿热点，微生物群落中抗生素及抗性基因的传播机理是亟待研究的问题。未来研究可应用高通量多维度组学表征技术，评估环境抗生素污染水平的健康风险，探究抗性基因的环境传播扩散路径，阐明抗生素的微生物降解机理，从而为应对抗性基因环境污染所带来的人体健康风险提供新思路、新机理、新方法。这一方向的研究体现了环境水科学与生命科学和医学的交叉，其对于我国的饮用水安全保障和居民人体健康保障具有重要意义。其重点研究内容包括：污染物如何影响微生物代谢和群落组成；微生物群落中抗生素及抗性基因的传播机理；水环境中微生物这类新污染物对生物体健康的潜在危害。

（3）新污染物在地表水－地下水中的迁移过程模拟。数值模拟是探究污染物在地表水－地下水中迁移规律的有效手段，但目前针对新污染物迁移过程及模拟的研究较为缺乏。未来的重点研究内容可包括：根据新污染物在地表水和地下水中的监测数据，开展地表水－地下水中新污染物的试验研究，查明不同环境因素对新污染物迁移转化过程的控制机理；综合考虑包括吸附、光解、水解、生物降解在内的生物化学过程，建立新污染物在地表水－地下水中迁移转化的数学及数值模型，进一步揭示新污染物在地表水－地下水体中的迁移行为及控制因素；对新污染物从源到汇的各类相关数据进行整合，构建针对新污染物的环境大数据，并应用深度学习等人工智能技术进行大数据分析；探索水环境大数据与基于物理过程的数学模型的融合方法，开发新污染物在地表水－地下水系统中的环境风险模拟与预警新方法。

二、地球关键带过程与土壤功能演变

（一）科学意义与国家战略需求

地球关键带是指植物冠层顶部至地下水底部的连续地域，是大气、生物、水、土壤和岩石五大圈层界面物质迁移、能力交换和信息传递的交汇区域，其维持着地球表层生态系统功能，提供了人类赖以生存和发展的物质基础（NRC，2001）。地球关键带是地表系统综合体，土壤是地球表层各要素综合作用的产物，位于地球关键带的中心，是元素生物地球化学循环最活跃的区域。当前，在高强度人为活动和全球气候变化的背景下，我国乃至全球土壤面临侵蚀、酸化、盐碱化、污染、压实、封闭、养分不平衡、生物多样性丧失等严峻退化问题，严重威胁经济社会可持续发展、生态环境安全和人民福祉（FAO and ITPS，2015），这些土壤演变过程大多是地表系统多要素过程耦合的结果。从地球关键带系统科学的角度研究土壤形成过程与功能演变，可望为土壤资源的可持续利用提供新的解决方案。

（二）国际发展态势与国内发展优势

2001 年美国国家研究理事会将地球关键带研究列为 21 世纪地球科学基础研究的优先发展领域。在美国国家科学基金会的资助下，2007～2013 年，美国相继建立了十个关键带观测站，形成了全国关键带探测网络（Giardino and Houser，2015）。2008 年德国境内建立了类似于地球关键带的陆地环境观测网络（Terrestrial Environmental Observations，TERENO）。2009 年在欧盟第七框架计划的资助下，欧洲各国在地球关键带范畴内开展了土壤形成与功能演变的联合观测研究。至 2015 年国际上已相继建立六十多个关键带观测站。国际地球关键带探测研究网络的总体设计思路是沿着气候、母岩、地形、生物、时间和人为扰动等的梯度，在全球范围内布设观测站，通过对当今的观测模拟来推测过往和预测未来，系统阐明在气候变化和人为作用下地球关键带的形成、结构、功能与演化。2007～2017 年是美国地球关键带科学研究的第一个十年，这十年研究出了众多有影响力的科研成果和积累了许多宝贵的实践经验（Sullivan et al., 2017）。2020 年美国国家研究理事会发布了《时域地球：美国国家科学基金会地球科学十年愿景（2020—2030）》，再次将地球关键带研究列为优先发展领域。

2015 年我国在国家自然科学基金委员会和英国自然环境研究理事会的共同资助下，开启了地球关键带实质性科学研究。中英地球关键带重大国际合作计划共资助五个项目，在我国红壤地区、喀斯特地区、黄土高原和城郊共设立了五个关键带观测站，旨在揭示地球关键带中水和土壤的生态系统服务功能维持机理。目前，我国已研究出了一些原创性科研成果，填补了我国地球关键带科学研究的空白（Zhang J Y et al., 2019）。我国幅员辽阔，跨越多个气候带，且地形多样，土壤和地球关键带类型众多，亟待逐步形成覆盖典型区的地球关键带观测研究网络，为土壤资源的可持续利用机理提供系统解决方案。

（三）发展目标

瞄准地球关键带科学研究前沿和国家重大战略需求，利用土壤学、地球化学、地质学、地球物理学、地貌学、水文学、生态学等跨学科手段，以土壤和水为中心，系统研究自然和人为作用下地球关键带结构、过程与功能的演变规律，探索土壤资源的可持续利用机理，构建土壤功能演变过程模型，提高土壤的抵抗力和恢复力，支撑农业和经济社会可持续发展。

（四）主要研究方向

（1）地球关键带结构和功能系统表征。探索地球关键带类型划分方法与理论框架，绘制区域、国家及全球尺度地球关键带类型分区图；研究地球关键带的厚度、地层结构、风化强度、孔隙结构等的空间变异及其气候、生物、水文、地质和人为活动驱动力；表征地球关键带中水、碳、氮、磷、钾、微生物等的时空动态。

（2）地球关键带多尺度、多界面、多要素耦合过程与水土资源演变。研究地球关键带区域、流域、坡面、剖面等多尺度的生态水文过程及其驱动的物质迁移过程，创新多尺度观测与模拟研究方法和理论；探究土－气、土－水、土－岩和土－根界面热区物质迁移和转化过程，创建多界面物质循环通量观测和模拟研究理论；剖析碳、氮、磷、硫、铁、锰等元素微观至宏观的生物地球化学循环过程及其耦合关系；研究典型特别是生态脆弱地区关键带过程对土壤资源演变的驱动机制，以及关键带过程对土壤功能与安全的影响。

（3）地球关键带对气候变化的响应和反馈机制。在气候变化情景下，研究硅酸盐矿物风化、土壤形成、植被演变、土地利用等影响下地球关键带碳、氮、磷、硫等生源要素循环过程与机制；探索地球关键带过程调控与应对气候变化的综合途径。

三、污染、退化、极端和灾害环境影响评估及修复机制研究

（一）科学意义与国家战略需求

环境治理和受损生境的修复是地球生命共同体的最终需要，其关系到人类的健康和

社会的福祉。针对各类污染、退化、极端和灾害环境影响下的生态系统，结合生态学、土壤学、水科学、大气科学、地球化学、农学及林学等学科进行交叉研究，系统地开展生态系统修复研究，筛选各种适生生物物种以用于恢复不同的污染和退化生态系统，构建适宜于丘陵、城市和海岸带等生态系统的生态恢复模式，为我国可持续发展服务。

改革开放使我国经济经历了30多年的高速发展，我国在积累巨大社会财富的同时，环境问题日益突出，并关系到国家安全。以大气、水和土壤为介质的环境问题是我国当前和今后较长时间内社会经济发展中面临的重大难题和制约因素。尽管人们已意识到生物修复的重要性并做出了很多努力，但在包括平衡植物、动物和微生物与生境之间的关系等生物修复的理论和技术方面仍有极大的提升空间。此外，为了预防生境的进一步恶化，亟须对受损系统的服务潜力和承载能力进行进一步评估和研究。国家公布了“水十条”“大气十条”“土十条”等一系列生态文明建设的举措。党的十八大将生态文明建设纳入中国特色社会主义事业“五位一体”总体布局，把生态文明建设融入经济、政治、文化和社会建设各方面和全过程，实现社会经济发展与生态环境改善的良性互动。可见，我国在解决环境问题方面所下的决心和信心。因此，面向国家战略需求，基于社会、经济和环境的实际状况，针对各类污染、退化、极端和灾害环境影响下的生态系统并存的现实，开展生态系统修复研究极其必要。构建适宜于生态系统的多种生态恢复模式，阐明各类生态系统的生态阈值和面临的健康风险，提出生态系统健康评价的指标体系，预测生态系统恢复潜力，制定实施对策和方案，为区域社会、经济和生态的可持续发展、全面实现小康社会做出贡献。

（二）国际发展态势与我国的发展优势

从第一次工业革命以来，生产力水平快速提高和科技水平显著进步为人类社会创造了巨大的物质财富，但也给人类生态环境带来了种类繁多、数量巨大的污染物质，给生态环境造成前所未有的污染和破坏。政府相关管理部门和环境工作者开始研究污染物对生物的影响。20世纪50年代以后，随着全球环境问题变得更加尖锐，大气、水体和土壤等生物赖以生存的环境日益恶化，导致生物多样性丧失，生态平衡遭到严重破坏，物种灭绝的速度大幅度上升，人们从开始关注环境对生物的影响提升到环境与生物两者相互作用规律及其机理。进入21世纪以来，环境生物学科聚焦“全球变化”“元素循环”“生态毒理”“污染治理”等关键科学问题，伴随着技术手段、研究思路的不断创新，其研究的广度和深度得到了长足发展。美国于1972年颁布了《清洁水法》，公布了129种优先监测和严格控制的“优先污染物”，其中有毒害性有机污染物114种，占总数的88.4%。1976年颁布的《有毒物质控制法》禁止了多氯联苯（polychlorinated biphenyls，PCBs）的使用。1980年美国国会通过了《综合环境反应赔偿和责任法》，该法案因其中的环保超级基金而闻名，因此又被称为《超级基金法》。该法案为政府处理环境污染紧急状况和治理重点危险废物设施提供了财政支持，对危险物质泄漏的紧急反应以及治理危险废物处理设施的行动、责任和补偿问题做出了规定。自1980年《超级基金法》颁布以来，该法历经数次修订，包括1986年的《超级基金修正及再授权法》、1992年的《公众环境应对促进法》、1996年的《财产保存、贷方责任及抵押保险保护法》以及2002年的《小商业者责任减免及棕色地带复兴法》。在《超级基金法》的指导下，美国从环境监测、风险评价到场地修复都制定了标准的管理体系。从美国超级基金污染场地修复的发展历程可以看出，20 世纪 80 年代，地下水修复大多采用抽出 - 处理技术（80%～90%），而到 2014 年，该技术的使用率降低至 17%。原位修复技术使用比例由 20 世纪 80 年代的小于 10% 逐年上升至 2014 年使用率高达 53%～58%。自 20 世纪 80 年代以来，全球气候变暖、生物多样性锐减、生态系统退化等新的环境问题不断出现，生态学原理和理论，如生态系统结构、功能和弹性等，在解决环境问题中发挥的作用日益受到重视。1991 年，美国生态学会率先提出了“创立可持续生物圈的倡议：一份生态学研究议程”（SBI）；国际生态学协会亦提出了“持续的生物圈：全球的号令”；而美国国家环境保护局则提出环境保护生态学研究战略。

随着我国经济的快速发展，人们对自己生活的环境质量越来越重视。党的十九大报告中指出“建设生态文明是中华民族永续发展的千年大计”“必须树立和践行绿水青山就是金山银山的理念”，其彰显了我国环境治理的决心和信心。研究维持生物群落结构与功能的基础，生物群体互作及对污染物降解和消除的影响机制，对生物与环境因子互动的管控，对特定功能的生物识别、筛选及应用等，服务黑臭水体治理、城市污水净化、污染土壤修复、大气污染危害减轻等，是当前我国环境生物学研究的重要内容。萌发自环境生物学研究的生物修复技术因具有处理费用低、对环境影响小、效率高等优点，越来越受到广大科技人员的广泛关注。近年来，基于生物对重金属的作用机理，以修复有毒有害重金属污染或回收有经济价值的重金属为目的的生物处理技术日趋成熟。生物重金属修复以生物代谢活动为基础，通过对重金属进行吸附、累积、转化及固定等，达到修复作用（曹德菊等，2016）。生物巨大的环境保护功能（生态毒理评价和生物修复）显得越来越重要。生物作用可以改变重金属离子的活动性，从而影响重金属离子的生物有效性。在自然条件下，很多生物可通过氧化 - 还原作用、甲基化作用和脱烃作用等将重金属离子转化为无毒或低毒的化合物形式。2012～2014 年的地下水修复技术中，有 51% 的决策文件采用了原位生物修复技术，29% 选择了生物修复，33% 使用了自然衰减法。因此原位植物、微生物修复以及以微生物降解、植物吸收作用为主的自然衰减法将会是未来污染场地修复技术的发展趋势。但目前来说，重金属场地的生物修复技术选择和规模化应用还存在着较大的困难，仍需加强修复原理及应用研究，建立相应的示范工程，使生物修复技术同其他环境工程及修复技术紧密结合，在理论研究和实际应用中都取得新的突破。

另外，随着经济社会的高速发展，废弃物粗放式处理和化合物滥用带来的严重污染问题逐渐显露出来。工业生产过程中使用的有机溶剂以及其他化工原料的不规范储存、不合理排放以及各种突发泄漏污染事件等，致使有机化合物通过土壤下渗至地下水系统。在农业生产中，农药及杀虫剂的大量使用也会造成土壤及地下水污染。目前，有机污染导致的环境污染问题已经引起世界范围内的广泛关注。2001 年，中国政府签署了一项关注 POPs 的国际公约《关于持久性有机污染物的斯德哥尔摩公约》，致力于减少世界上最具危害的化学品，直至消灭其危害。至 2011 年，国家履行《关于持久性有机污染物的斯德哥尔摩公约》工作协调组办公室表示，POPs 防治面临新的挑战，已成为“十二五”期间我国环保工作的四个重要领域之一。微生物降解被认为是清除环境中有机污染物的主要方式之一。石油因其含有大量有害、致癌、诱发有机体发生突变的化合物而对海洋环境造成了极大的污染。石油毒性大，分子结构却很稳定，很难被分解，但利用微生物自身的氧化还原、水解、酯化和基团转移等代谢过程，石油的降解率达到了50%以上，有效解决了石油污染问题。然而，由于环境中微生物群落结构的复杂性和难培养性，到目前为止，仍有很多有机污染物的降解机制研究较为局限。随着微生物多组学技术的发展及多学科方法手段的交叉融合，提高有机污染物的生物利用度、增强优势菌株的竞争力、探索新的技术来提高微生物的解毒作用已成为可能。

（三）发展目标

面向国家战略需求，基于社会、经济和环境的实际状况，以去除环境污染物、减缓或者消除毒性效应和恢复环境生态功能为目标，以环境生物学与多学科和多种技术相结合为手段，针对各类污染、退化、极端和灾害环境影响下的生态系统（如森林、灌丛、草地、湿地、矿区、城郊工业区、沿海侵蚀地等）并存的现实，开展生态系统修复研究，筛选各种适生生物物种，以用于恢复不同的污染和退化生态系统、结合生态工程措施，构建适宜于丘陵、城市和海岸带生态系统的多种生态恢复模式，最终筛选出几个综合效益好的优化模式。针对各类脆弱或退化生态系统的生态及环境问题，在进行生态系统类型及退化程度分类的基础上研究其退化机理，阐明各类生态系统的生态阈值和面临的健康风险，克服其恢复过程中的物理障碍及生物障碍，提出生态系统健康评价的指标体系。通过对不同生态系统恢复过程进行研究，筛选优良适生生物物种，构建多种物种配置模式，开发新型复合系统；在此基础上建立生态系统适应性管理的评价体系，预测生态系统恢复潜力，制定实施对策和方案，为区域社会、经济和生态的可持续发展服务。

（四）主要研究方向

（1）污染环境的生物修复。研究重金属的生物转化机制并开发相应的污染物控制和修复技术；生物是有机污染物降解的主要途径，利用生物消除土壤和水体的有机污染物具有广泛的应用前景，是未来污染物生物修复研究的重要方向；大气细颗粒物、土壤重金属、各类有机污染物、水体微塑料以及各类新污染物的迁移转换机制各不相同，在不同空间尺度上差异更大，系统了解环境污染物在不同空间尺度上的迁移转换过程及其机制是进行有效的环境治理和生态修复的前提。

（2）退化环境生态系统的修复。面向环境生物学的国际前沿和国家生态文明建设的重大需求，基于前期研究积累和大数据基础加强系统性研究和学科交叉，理解区域生物多样性形成与维持机理，解决生态系统恢复过程的障碍因素与技术难点，研发植物、动物、微生物多尺度生物多样性修复技术，实现区域的生物多样性价值被承认、保护、恢复和持续利用，为明显遏制生物多样性丧失及退化生态系统恢复服务。

（3）极端及灾害环境的修复。环境变化影响下，区域寒潮、台风、暴雨、冰雹、霜冻、热害、火灾、沙暴、泥石流、滑坡、雪崩、水土流失、洪涝、泥沙淤积等极端及灾害环境频发。研究极端及灾害环境影响下生态系统退化程度和退化机理，利用生态学原理、原位及异位修复原理，筛选各种适生生物物种，结合生态工程措施，构建适宜于极端及灾害环境修复的生态模式，为区域社会、经济和生态的可持续发展服务。

（4）环境变化影响评估及未来生态暴露预测。针对环境变化情况进行生物体健康影响评估，根据暴露途径和暴露因子的差异，开发用于提高新暴露数据采集与改进效应评估联系的模型等新工具，确定暴露科学应对生态毒理、风险评估、应急预警和风险管理的重要需求和手段，提出应对新的环境健康威胁和自然及人为灾害的快速暴露监测评估技术与减缓手段，预测和预见与当前和未来新威胁有关的生态暴露，搭建从胁迫源到受体的整合暴露路径框架。

四、基于空天地一体化监测和智能化地质灾害监测预警与风险防控

（一）科学意义与国家战略需求

我国山地丘陵区约占国土面积的65%，其地质条件复杂，构造活动频繁，崩塌、滑坡、泥石流等突发性地质灾害点多面广，目前已发现地质灾害隐患点近30万处，防范难度极大。面对严峻复杂的地质灾害防治形势，自20世纪90年代起，我国开展了系统全面的地质灾害详细调查和多轮针对灾害隐患的“拉网式、地毯式”排查，建立了较为完善的群测群防体系。但是，近年来我国灾难性地质灾害事件仍不断发生，造成了惨重的生命财产损失和广泛的社会影响。事后调查发现，这些重大地质灾害60%以上都不在已发现的隐患点范围内。因此，如何提前有效发现排查出重大地质灾害隐患并进行防控已成为当前地质灾害防治领域关注的焦点和难点。

2018年10月10日，习近平总书记在中央财经委员会第三次会议上明确指出：“要建立高效科学的自然灾害防治体系，提高全社会自然灾害防治能力”，并提出实施“九大重点工程”，包括实施灾害风险调查和重点隐患排查工程，掌握风险隐患底数；实施自然灾害监测预警信息化工程，提高灾害风险早期识别、监测和预报预警能力。自然资源部陆昊部长也多次强调，当前防范地质灾害的核心需求是要搞清楚“隐患点在哪里”“隐患什么时候发生”，这两个问题所对应的科学问题实际上就是地质灾害隐患的早期识别和监测预警，这些科学问题的解决更加依赖科学技术的发展，其研究手段从传统的单一学科向信息、材料等高新技术融合的多学科交叉转变。通过地球科学部、工程与材料科学部、信息科学部、数学物理科学部等跨学部学科交叉融合，构建空天地一体化多元立体监测体系，提出灾害隐患智能化自动识别和实时动态监测预警的理论和技术方法，对提升地质灾害的风险防控水平具有重要意义。

（二）国际发展态势与我国的发展优势

近年来，与地质灾害监测预警和风险防控相关的国际发展态势可以从以下两个主要方面来概括：①地质灾害隐患（风险源）排查与早期识别；②地质灾害监测预警。

在地质灾害隐患（风险源）排查与早期识别研究方面，早期主要依靠专业人员在现场进行地质调查，辅以光学遥感解译。随着现代遥感技术的引入，尤其是高分辨率光学遥感、合成孔径雷达干涉测量（InSAR）和机载激光雷达（LiDAR）的使用，极大地提高了地质灾害调查及隐患排查能力和效率。光学遥感因其时效性好、宏观性强、信息丰富等特点，已成为地质灾害调查评价的重要手段。随着影像分辨率的提高和立体像对观测技术的应用，地质灾害调查开始采用光学卫星遥感影像提取单体滑坡灾害变形特征。

光学遥感技术朝着高空间分辨率、高光谱分辨率、高时间分辨率发展，同时地质灾害识别也从静态地质灾害辨识、形态分析向变形动态观测发展。InSAR 技术具有全天时、全天候、穿透云雾、获取地表形变精度高等优点，已广泛用于地质灾害形变监测中（Bayer et al.，2018；Colesanti et al.，2003）。根据高精度变形观测，尤其是变形动态演化规律观测的需求，先后发展出差分干涉测量（DInSAR）技术和多种时间序列 InSAR 技术，如永久散射体合成孔径雷达干涉测量（PS-InSAR）、小基线集干涉测量（SBAS - InSAR）、分布永久散射体干涉测量（SqueeSAR）等（Berardino et al.，2002；Ferretti et al.，2000，2011）。LiDAR 不仅可获取高精度（厘米级）数字高程模型（DEM），而且其独特的植被去除功能可使隐藏于植被之下的隐患（古老滑坡体、山体裂缝、松散堆积物等）暴露无遗，其对历史性“损伤”具有很强的识别能力。2000 年起 LiDAR 开始应用于意大利、奥地利、美国等国家的地质灾害调查测绘、制图绘图和风险评估中，之后日本、新西兰、比利时、土耳其等国家和地区开展了基于 LiDAR 的地质灾害识别解译工作，并取得了显著的成效。2005 年台湾采用 LiDAR 技术解译出台湾省内 261 处大型滑坡隐患，2010 年复核证明其中 53 处隐患已发生滑坡。香港也通过 LiDAR 与光学遥感的结合，解译出约 19 万处历史地质灾害点。近年来，我国利用光学遥感和 InSAR 技术进行滑坡调查评价和监测并且也取得明显成效。2011 年卓宝熙出版了《工程地质遥感判释与应用》专著，近年来利用高分辨率遥感影像进行滑坡隐患排查也取得重要进展（李为乐等，2019；陆会燕等，2019）。国内学者以三峡库区、西南山区和西北黄土地区为示范区开展了基于 InSAR 的变形观测研究，取得了丰硕的研究成果。研究人员提出通过构建高精度光学遥感 +InSAR 的“普查”、机载 LiDAR+ 无人机三维摄影测量的“详查”、地面调查核实 + 监测的“核查”的空天地一体化的“三查”体系，以提升地质灾害隐患识别能力（许强等，2019；许强，2018）。学者们利用 InSAR 技术对白龙江大渡河、金沙江等流域的地质灾害隐患进行主动排查，新发现和识别出数百处隐患点（张路等，2018；张毅，2018）。目前地质灾害隐患排查和识别还存在以下主要问题：①地质灾害隐患的定义，隐患的主要类型和特征等还缺乏明确的定义和统一认识；②缺乏适用复杂和极端环境条件下的 InSAR、LiDAR 等技术；③海量的遥感数据若仅依靠人工解译则变得不现实，急需研究和发展基于人工智能和云计算的地质灾害隐患自动识别理论和技术（Ji et al.，2020；Prakash et al.，2020；李麒崙等，2020；许强，2020）；④缺乏针对数以十万、百万计的地质灾害隐患的评估风险及防控风险技术。

地质灾害的监测预警是地质灾害研究的国际难题，自 20 世纪 60 年代日本学者斋藤（Saito，1965）提出滑坡时间预报经验公式以来，国外学者先后提出了多个滑坡时间预测预报模型（Federico et al.，2012）。Intrieri 等（2019）将滑坡时间预报模型方法分为经验法、半经验法、数值模拟法和阈值法四类。我国学者基于统计学、时间序列分析、非线性科学等数学方法，提出了数十个滑坡时间预测预报模型，包括确定性预报模型（Yin et al.，2010；刘汉东，1996；李天斌等，1999；王尚庆，1999；徐峻龄等，1996）、统计预报模型（陈明东和王兰生，1988；黄阳才等，1992；殷坤龙，2004）和非线性预报方法（秦四清等，1993；周萃英等，1995）等。这些预报模型和方法的思路为“拟合外推”，其适用于滑坡发生后的“后验性”，在滑坡发生前的“实战性”预测预报误差较大。因地质灾害的发生大多与降雨有关，基于降水量的气象预警自然就成为研究重点

（Chae et al.，2017；Cloutier et al.，2014）。国外学者已提出了经验（统计）预警模型（Baum and Godt，2010；Crosta and Frattini，2001；Guzzetti et al.，2007，2008）、物理预警模型（Arnone et al.，2011；Gariano et al.，2015；Rosso et al.，2006）和可靠性预警模型（Melillo et al.，2016；Tsai et al.，2015）。我国在气象预警方面也开展了大量研究工作，如刘传正等（2004，2009）建立了全国范围内的气象预警模型，浙江、四川、重庆、甘肃等多个省（自治区、直辖市）也陆续建立了气象预警模型和系统。不同地区因地质、地形和气候等条件的巨大差别，其诱发滑坡的临界雨量也会有较大差别，亟须建立不同尺度（全球、国家、地区、流域等）、不同地区、不同灾害类型的精细化预警模型（Chung et al.，2017；Glade，2000）。同时，目前建立预警模型时大多仅依靠单因素（如位移、降雨等），但利用空天地一体化的立体观测体系可同时获取不同层次、不同精度、不同类型的多源观测数据，因此亟须利用多源观测数据，结合大数据、人工智能技术，构建精细化、智能化的地质灾害预警预报模型，实现实时动态自动预测预警。

（三）发展目标

瞄准国际地质灾害防治科学研究前沿，以地质灾害隐患早期识别与预测预警为重点，针对基于深度机器学习和云计算的地质灾害隐患智能化自动识别模型和基于多源观测数据的地质灾害精准预警模型等关键科学问题，构建基于空天地一体化的多元立体观测体系和智能化隐患识别的理论技术体系，提出地质灾害危险性快速判别和定量风险评估的理论和方法；建立不同尺度类型地质灾害区域气象预警模型和单体灾害预警模型，研发地质灾害实时监测预警系统，建立示范区，实现地质灾害隐患早期识别和监测预警。

（四）主要研究方向

（1）地质灾害隐患特征与识别标志。研究地质灾害主要类型（滑坡、崩塌、泥石流）及其亚类的地形地貌、物质组成、坡体结构、变形迹象、前兆等特征，建立基于多类型遥感影像（光学、高光谱、SAR、LiDAR等）的灾害隐患特征、识别标志和三维识别图谱；构建基于遥感影像的典型灾害隐患样本库。

（2）基于空天地一体化的灾害隐患智能化识别理论和技术方法。研究基于光学、SAR、LiDAR等影像的地质灾害隐患识别深度机器学习模型及其算法，提出基于大数据、云计算的地质灾害隐患快速识别技术方法，研发卫星和无人机即拍即算、实时变化检测和异常诊断的理论和技术方法，实现基于遥感的实时动态监测和灾害隐患智能化识别。

（3）地质灾害隐患危险性快速判别与风险量化评估模型和方法。基于工程地质学、遥感科学与技术、可靠性分析、大数据、深度机器学习等跨学部学科交叉融合，构建地质灾害隐患危险性快速判别和风险定量评估的指标体系和理论模型，实现对所发现隐患危险性的快速动态评判、风险自动评估和排序。

（4）基于多源观测数据的地质灾害预警模型和实时自动预警方法。借助于统计学、可靠性分析以及大数据和深度机器学习等理论和方法，研究历史气象（降雨）数据和诱发灾害资料，构建降雨诱发的区域群发性地质灾害气象预警模型；研究基于多源观测数据（位移、降雨、地下水位、微震等）的单体地质灾害预警模型和判据，研发地质灾害实时监测预警系统。

五、环境变化与人类活动

（一）科学意义与国家战略需求

人类演化、农业起源、文明起源与环境变化的关系，是地球科学、生命科学、社会科学、人文科学共同关注的重大科学问题。进入21世纪，随着全球环境问题日益严重，环境变化与人类活动成为国际学界的研究热点。这一领域的研究分为两方面：①环境变化对人类演化扩散、农业起源传播、文明起源演进的作用及其机制；②人类活动何时开始成为一种地质营力对全球气候环境产生显著影响。目前，关于环境变化对人类活动作用的研究，仍局限于对比两者在时间上的一致性，缺乏具有逻辑推理的因果关联分析；关于人类活动开始改变气候环境的研究，尚存在两种截然不同的观点（8000年前、20世纪中叶）。依赖我国悠久的人类活动历史和丰富的考古材料，开展环境变化与人类活动的系统研究，对于理解人类-环境相互作用机制、创建和谐人居环境具有重要的理论和实践意义。

（二）国际发展态势与我国的发展优势

人类起源、农业起源和文明起源与环境变化的关系是第四纪环境与环境考古研究的重要课题。第四纪气候变冷变干的总体趋势和冰期-间冰期交替是古人类演化和阶段性扩散的关键动因，末次冰消期之后气候转暖转湿对人类从狩猎-采集转为定居-农业的过程起到了推动作用，进入现代社会以来人类活动对气候环境的影响日益强烈。由此可见，研究环境变化与人类活动的关系，不仅是认识人类起源演化和农业起源发展的需要，而且是理解人类宜居环境可持续发展的需要。

关于人类起源演化，学界提出了多种环境假说。栖息地假说强调栖息环境重大变化的影响（Potts，1998）。其中，萨瓦纳假说（Dart，1925）提出，气候持续变冷和干旱导致非洲由森林转变为开阔的稀树草原，从而诱发了人类的出现和演化。变率选择假说（deMenocal，2004）认为，气候的阶段性突变或不稳定性导致生态的碎片化和快速转型，从而促进了人类进化。

第四纪时期发生的中更新世气候转型导致全球陆地生态系统发生重大改变，从而促使直立人在欧亚中纬度地区大范围迁徙和扩张（deMenocal，2011，2004；Potts，1998）：在欧洲和亚洲形成多样化的古人类，他们随气候变化频繁地南北迁徙；在南部地区形成冰期的人类"避难所"。更新世中晚期以来，气候变化对于现代人的影响更为显著。末次冰盛期之前，地球经历了一段相对温暖的时期（Morgan et al.，2011）。早期现代人（出现于20万年前、4.5万～3.5万年在欧亚大陆至少存在4个种群）在这一时期成功扩散至整个欧亚大陆，并大致形成了东亚人和欧洲人的分布格局（Yang et al.，2017；Fu et al.，2016，2015，2014；Lazaridis et al.，2014；Seguin-Orlando et al.，2014），生活在欧洲和亚洲一些地区的古老型人类（主要指尼安德特人和丹尼索瓦人）可能由于与现代人的直接竞争在约4万年前走向灭绝（Higham et al.，2014）。末次冰盛期，地球环境恶化导致古老型人类群体难以为继并最终消失，但古老型人类与现代人之间存在基因交流，其对当今现代人的环境适应性和身体健康产生了一定影响（Racimo et al.，2017；Prüfer et al.，2017；Fumagalli et al.，2015；Racimo et al.，2015；Huerta-Sánchez et al.，2014；Sankararaman et al.，2014；Yi et al.，2010）。末次冰消期，全球快速升温（Clark et al.，2009；Rasmussen et al.，2006）。在这一时期，气候变化对欧洲人群遗传结构造成了很大影响，14 ka 来古欧洲人与近东人群具有很强的联系。例如，14～7.5 ka 前欧洲中西部个体与阿奇利文化（Azilian）、旧石器晚期文化（Epipaleolithic）、格拉维特晚期文化（Epigravettian）和中石器文化（Mesolithic）等跨越旧石器和新石器的文化有密切关系（Fu et al.，2016），并与现今近东人和东亚人有遗传联系（Lipson and Reich，2017；Yang et al.，2017；Fu et al.，2016）。高加索地区 13～10 ka 前的个体（如格鲁吉亚的 Satsurblia 和 Kotias）与欧亚西部个体有较近的亲缘关系，且含有"古欧亚人"的遗传成分。这种"古欧亚人"的遗传成分在现今欧洲人群和近东人群中均存在（Fu et al.，2016；Lazaridis et al.，2016，2014），且在近东人群中含量最高，表明欧亚大陆东西部人群之间有着丰富而复杂的基因交流史。

环境变化对农业起源和传播具有推动作用。末次冰消期至全新世初，全球气候经历了 5～10℃的大幅波动，人类赖以生存的资源和环境发生了巨大变化，人类社会从以打制石器为特征的旧石器文化过渡为以磨制石器和陶器为特征的新石器文化（陈淳，1995），原始农业在西亚、中国和美洲几乎同时出现，并逐步取代狩猎－采集成为主要的经济形态（Bellwood，2005），其开创了人类控制和生产食物的新时代。

环境变化对农业起源和传播的影响是多方面的。在农业起源中心之一的西亚"新月沃地"，其气候环境的差异可能影响到早期麦类和豆类的分布范围（Anderson et al.，2007）。末次冰消期伊始，随着气候转暖，人类开始有目的地采集野生大麦、小麦、黑麦等植物资源（Bellwood，2005；Piperno et al.，2004）。在 14 ka 前后的暖期，早期驯化作物出现。但在 13～11 ka 的新仙女木期，驯化作物退化甚至消失。直到 11 ka 气候转暖后，这些驯化作物才被重新栽培和驯化（Tanno and Willcox，2006；Henry，1989），从而出现了具有明显驯化特征的一粒、二粒小麦和大麦、豆类等作物，使得农业的比重有所增加（Bar-Yosef，2011）。有学者指出，在气候转暖过程中，持续千年的 YD 事件是促使人类驯化动植物和从事食物生产的直接动因（Bar-Yosef，2011）。与西亚类似，我国在早全新世也出现了农业的萌芽，这与全新世气候适宜期同步。全新世早期，我国北方温度和降水虽然逐渐好转，但气候总体上仍相对凉干（Lu et al.，2009；Feng et al.，2006），北方新石器早期先民可能倾向于选择更为耐寒且生长周期短的黍作为首要粮食作物（Lu et al.，2009）。8 ka 前后，黍粟类已成为我国北方史前人类的主要粮食作物。在我国南方，人类在采集野生植物的同时开始有意识地采集和栽培水稻。中全新世之后，我国东部季风区变得温暖湿润，使得野生稻分布范围扩展至长江以北乃至中原和山东等地（d'Alpoim Guedes et al.，2015；Fuller et al.，2010），从而形成了我国北方的稻作农业（Wang et al.，2016；Zhang et al.，2012，2010；张弛，2011）。显然，全新世温暖湿润的气候是人类成功驯化作物和发展农业的重要因素（Gupta，2004；Richerson et al.，2001）。随着农业的发展，全球人口不断增加（Li et al.，2015），相应地农业用地面积不断增加，其对全球气候环境产生了深刻的影响。冰芯记录显示，大气 CO_2 浓度

(Lüthi et al., 2008; Petit et al., 1999)和 CH_4 浓度(Loulergue et al., 2008; Blunier et al., 1995)分别在8000年和5000年前由降低趋势转为升高趋势，这被认为与人类毁林开荒和大面积种植水稻有关(Ruddiman, 2007, 2003b)。由此可见，环境变化推动了农业的起源和发展，而农业发展到一定阶段又会反过来影响气候环境的变化。

鉴于人类活动对气候环境的影响日渐强烈，有学者于2000年提出“人类世”(Anthropocene)的概念(Crutzen and Stoermer, 2000)。他们认为，自1784年瓦特发明蒸汽机以来，人类活动越来越成为一种主要的地质营力而改变着全新世的边界条件，其必将导致全新世终结，使地球进入一个人类主导的新的地质时代——“人类世”。第四纪古气候学家甚至提出“早期人类影响假说”(Ruddiman et al., 2008)，他们认为数千年前人类就已开始对地球气候产生显著影响，改变了地球的“自然”变化过程。鉴于此，2008年伦敦地质学会地层委员会建议从地质学视角审视“人类世”的内涵和定义，并提出人类活动尤其是工业革命以来的人类活动对气候环境造成了全球尺度的影响。这些影响改变了人类的生存环境，也改变了地球的地质，并在地层中留下了可见、可测的标志，为确定“人类世”/统的下限/底界提供地层学意义上的依据(Zalasiewicz et al., 2008)。经过10年的调研，2019年“‘人类世’工作组”(Anthropocene working group, AWG)经投票确认地球已进入新的地质年代——“人类世”，其起点为20世纪中叶。作为独立的世级地质年代单元，“人类世”的确立丰富了第四纪环境与环境考古的内涵，拓展了第四纪环境与环境考古的学科交叉范围，为第四纪环境与环境考古提供了新的理论生长点。

环境变化与人类活动是我国起步较晚但已有重要进展的研究领域。十余年来，我国考古学与第四纪环境的交叉研究在以下两方面取得了原创性成果：①中国现代人起源。通过对华南和华北发现的现代人化石的DNA进行研究后提出，末次冰盛期已大致形成东亚人和欧洲人的分布格局；1.4万年以来古欧洲人与近东人群具有密切联系，之后欧亚大陆东西部人群之间有着丰富而复杂的基因交流史。②农作物驯化与农业起源。通过对大量新石器考古遗址进行研究后提出，全新世早期，我国北方以黍为首要粮食作物，而南方开始有意识地采集和栽培水稻；全新世中期，野生稻北扩促进了稻作的扩散和发展，温暖湿润的气候为作物驯化和农业发展创造了重要条件。上述成果受到国际同行的高度关注。悠久的人类活动历史、丰富的考古材料以及巨大的研究潜力，使得我国在环境变化与人类活动领域具有明显的发展优势。

(三)发展目标

通过关键地点古人类和旧石器遗址的多学科交叉研究，揭示古人类演化和扩散的时空特征，阐明环境变化对人类演化和扩散的驱动作用；通过关键地区史前农业遗存的多学科交叉研究，揭示农作物驯化和扩散以及土地利用的时空特征，阐明环境变化对农业起源和传播的驱动作用；通过考古资料、文献记载和气候环境变化记录的综合集成研究，揭示人类活动对气候环境产生全球尺度影响的证据和时间，明确“人类世”的内涵和定义；基于上述研究，提出人类－环境相互作用机制的理论认识以及宜居环境可持续发展方案。

（四）主要研究方向

（1）环境变化与人类演化和扩散。选取古人类和旧石器遗址的关键地点，开展体质人类学、考古学、古基因组学和高精度年代学等多学科交叉研究，重建古人类演化和扩散的历史；通过对区域尺度和大陆尺度代表性古人类活动地点的集成研究，明确古人类演化和扩散的空间变化特征；通过对古人类演化和扩散序列与区域和全球气候环境变化序列，尤其是冰期－间冰期旋回的对比研究，探讨环境变化对人类演化和扩散的驱动作用。

（2）环境变化与农业起源和传播。选取史前农业遗存的关键地区，开展农业考古学、古生态学和高精度年代学等多学科交叉研究，明确代表性农作物的驯化特征，重建农作物驯化和扩散以及土地利用的历史；结合区域和全球气候环境变化历史，明确农业起源和传播与环境因素和非环境因素的联系；通过代表性史前农业遗存的集成研究，解析重要气候环境事件对生存环境、农业模式和食物结构的影响，探讨环境变化对农业起源和传播的驱动作用。

（3）人类文明与“人类世”。通过区域和全球集成研究，整合考古资料、文献记载和气候环境变化记录，剖析人类活动对土地利用、生态系统以及水循环和碳循环等影响的方式、程度及后果，明确人类活动对气候环境产生全球尺度影响的证据和时间，从地质学视角审视“人类世”的内涵和定义，评估“人类世”作为独立世级地质年代单元的必要性和可行性。

六、自然与自然贡献的未来情景模型

（一）科学意义与国家战略需求

2001 年 6 月，联合国秘书长安南宣布启动了为期四年的千年生态系统评估（MA）国际合作项目，其目标是对生态系统及其服务的变化趋势进行科学评价，并为保护和持续利用生态系统及其服务的行动提供科学支撑。2005 年 3 月 30 日，“中国西部生态系统综合评估”亚全球项目的中英文报告与国际 MA 评估报告同时在北京正式发布。为了加强科技界、政府和其他利益相关者在生物多样性和生态系统服务方面的沟通与对话，作为 MA 后续行动的重要部分，以“生物多样性、科学与管理”为主题的会议于 2005 年 1 月在巴黎召开，会议建议对生物多样性科学评价国际机制的必要性、范围和可能形式进行磋商。

作为响应 MA 磋商过程的延续，第 26 届联合国环境规划署理事会会议（2011 年 2 月）专门讨论了第 65 届联合国会员大会通过的关于成立“生物多样性与生态系统服务政府间科学－政策平台”（Intergovernmental Platform on Biodiversity and Ecosystem Services，IPBES）的决议，并于 2012 年 4 月建立了向联合国所有成员国开放的生物多样性与生态系统服务政府间科学－政策平台[①]。

我国于 2012 年 12 月经国务院批准，正式加入生物多样性和生态系统服务政府间科

① https://ipbes.net。

学－政策平台。2014年初，IPBES启动了作为其首批评估活动之一的《生物多样性和生态系统服务情景模型方法评估》（简称《IPBES情景模型评估》），并于2016年初完成。在2016年2月召开的第四届“生物多样性与生态系统服务政府间科学－政策平台”全体会议上，全体与会者讨论通过了《IPBES情景模型评估》报告。

《IPBES情景模型评估》结果表明，情景模型是预见自然对人类各种发展途径和政策选择响应的有效利器。虽然大多数全球环境评估情景模型探讨了社会对自然的影响，但是它们没有将自然作为社会经济发展的核心要素给予考虑，忽视了自然保护的政策目标及自然在基础发展和人类福祉中的重要作用。由于人类发展目标越来越与自然目标息息相关，因此现有的情景模型已不能满足“预见自然对人类各种发展途径和政策选择响应”的需求。

2016年8月25日，《IPBES情景模型评估》报告及其决策者摘要在法国蒙彼利埃正式向全球发布。该报告提出了研发新一代自然与自然贡献情景模型的倡议，并将自然和自然贡献情景模型列为联合国IPBES第二轮（2020～2030年）工作方案的优先主题之一。这一倡议对我国来说既是机遇，也是挑战。完成具有我国原创元素的新一代情景模型，对我国在联合国IPBES取得潜在话语权具有重要意义。

（二）国际发展态势与我国的发展优势

1967年，Kahn和Wiener发表了他们关于情景的开创性工作。在罗马俱乐部关于增长极限的报告中，虽然没有使用情景一词，但他们的条件展望计算（conditional forward calculations）与现在的未来情景十分类似。21世纪初以来，每年至少有300篇关于情景分析的学术论文发表。与此同时，情景分析在全球环境评估中得到广泛应用，如联合国政府间气候变化专门委员会评估报告，联合国环境规划署《全球环境展望》，千年生态系统评估和亚全球评估报告，农业水管理综合评估，科学和技术发展国际评估，以及生物多样性和生态系统服务情景与模型的方法评估报告等。

以往绝大多数研究聚焦于探索情景。例如，Schroeter等（2005）基于社会经济、大气温室气体浓度、气候和土地利用等全球变化驱动力情景，运用全球植被动态模型（DGVM），模拟了全球变化对欧洲碳储量和食物生产等生态系统服务的影响。Swetnam等（2011）运用基于布尔规则的地理信息系统模型描绘了坦桑尼亚东部弧形山脉的2000～2025年碳储量情景。Okruszko等（2011）通过全球性水资源评估和诊断（WaterGAP）模型与大气环流模型（GCMs）的耦合，模拟了基于气候变化驱动力情景的欧洲湿地生态系统21世纪50年代情景。Estoque和Murayama（2012）运用基于地理信息系统的土地利用变化模型（GEOMOD）分析了菲律宾碧瑶市2020年土地利用变化驱动的生态系统服务情景。Walz等（2014）通过识别生态系统变化驱动力和定义每个驱动力的可能未来状态，估算了驱动力与生态系统状态变量之间的关系，模拟分析了瑞士山区生态系统服务的2050年情景。Kirchner等（2015）为了量化农业生态系统服务和经济发展，研发了一个集成建模框架，并以奥地利为案例，评估了不同农业政策途径和区域气候情景对2008～2040年生态系统服务的各种影响。

Thompson等（2016）通过耦合土地利用与空间直观景观模型（LANDIS-Ⅱ）模拟了土地利用情景及其与预期气候变化的相互作用，估算了2010～2060年马萨诸塞州可能的生态系统服务量级和空间分布。Landuyt 等（2016）通过耦合元胞自动机土地利用变化模型与生态系统服务贝叶斯置信网络模型，分析了社会经济发展对比利时佛兰德斯地区 2050 年食物供给、木材产量和空气质量调节等生态系统服务的可能影响。Berg 等（2016）基于人文和气候驱动力，模拟分析了美国新罕布什尔州地区生态系统服务的 2025 年情景。Outeiro 等（2015）运用生态系统服务及其权衡综合评价模型（InVEST），发展了智利南部洛斯拉戈斯海域生态旅游和濒危物种的未来情景。Kremer 等（2016）运用多指标分析（MCA）法，评价分析了纽约市雨水吸收、碳储量、空气污染清除、局地气候调节和休闲娱乐等生态系统服务的空间精准未来情景。

目前，主流情景模型可以分为综合模型、自然模型、自然贡献模型和变化驱动力模型。综合模型主要包括全球环境评价集成（integrated model to assess the global environment，IMAGE）模型、全球生物圈管理（global biosphere management，GLOBIOM）模型和生物圈全球统一元模型（global unified meta-model of the biosphere，GUMBO）；自然模型主要包括全球生物多样性（global biodiversity，GLOBIO）模型和地球系统模型（earth system，ESM）；自然贡献模型主要包括生态系统服务多尺度集成模型（multi-scale integrated model of ecosystem services，MIMES）、全球植被动态模型（dynamic global vegetation model，DGVM）、生态模拟通道（ecopath with ecosim，EwE）模型、生态系统服务及权衡综合评价（integrated valuation of ecosystem services and trade-offs，InVEST）模型和生态服务人工智能（artificial intelligence for ecosystem services，ARIES）模型；变化驱动力模型主要包括土地利用转换及其影响（conversion of land use and its effects，CLUE）模型、全球气候模式（general circulation model，GCM）和区域气候模式（regional climate model，RCM）。

我国在情景模型研制方面起步较晚。2001 年 5 月，为了配合联合国 MA 的实施，我国启动了中国西部生态系统综合评估研究项目，同时也被联合国 MA 确定为首批启动的五个亚全球区域评估项目之一。为此，我国学者建立了 HASM 方法，并将其运用于中国西部生态系统服务变化及其驱动力未来情景模拟分析（岳天祥等，2020；Zhao et al.，2018；刘纪远等，2006；岳天祥，2003）。近年来，为了形成我国统一的指标体系和技术方法，使不同区域间的评估结果具有可比性，我国学者构建了中国生物多样性与生态系统服务评估指标体系和相应模型（傅伯杰等，2017；于丹丹等，2017）。HASM 方法已作为重点内容被纳入 IPBES 的情景分析与建模指导性文件（IPBES，2016）；在 HASM 方法发展和应用过程中提炼形成的地球表层建模基本定理已被列入联合国《生物多样性与生态系统服务全球评估报告》（IPBES，2019）。上述成果为我国自主研发新一代情景模型及获得国际界对我国情景模型的认可奠定了基础。

（三）发展目标

建立由长时间序列遥感影像数据、土地利用时空数据、植被分类数据，以及农业野外观测试验数据、国家气象台站和环境监测站数据、生态网络观测数据、森林清查固定样地和实地采样调研数据等组成的多源多尺度数据库；构建和遴选自然变化模型、自然变化驱动力模型和自然贡献模拟模型，形成能为我国新一代情景模型服务的和以我国原创成分为亮点的专业模型库；运用生态环境曲面建模基本定理及其关于空间插值、升尺度、降尺度、数据融合和模型－数据同化等推论，实现自然变化驱动力模型组与自然贡献模型组的紧凑耦合。

（四）主要研究方向

（1）自然变化模型。自然包括生物多样性、基因组成、物种种群、生态群落、生态系统结构、生态系统功能和地球系统等，涉及地方土著知识和全局信息、自然的外蕴驱动和内蕴属性以及多空间尺度数据和相应的多时间尺度过程数据。我们需要研制多尺度转换模型，发展可综合微观过程信息和宏观格局信息的普适建模方法，研究生物多样性和生态系统现状及时空变化机理，实现自然现状和变化动态的模拟分析。

（2）自然对人类贡献模型。自然对人类贡献可能是正面贡献，也可能是负面贡献。它们包括自然对气候、空气质量、海洋酸化、淡水总量和质量等环境条件的调节，也包括对食物、饲料、生物能源、药物和原材料等物质商品的供给，还包括对教育、文化和休闲娱乐等非物质贡献和对水土保持、土壤肥力维护和土壤污染净化等的支持服务。我们需要研发贯穿和紧凑耦合各类自然贡献的生物物理过程模型、各类自然贡献的相互作用和彼此消长影响模型、局地贡献到全球贡献的升尺度模型，以及自然贡献对人类生活质量和健康影响的评估模型。

（3）自然变化驱动力模型。驱动力可区分为间接驱动力（indirect drivers）和直接驱动力（direct drivers）。间接驱动力包括人口增长、流动和城市化，技术创新，经济增长和结构调整，贸易和资金流动，政策、法规和计划/规划等乡村到中央及国际协约的各种管理措施；直接驱动力包括耕作、捕鱼、伐木和采矿等生产活动，土地利用变化和海洋利用变化，资源开发，环境污染，外来物种入侵和气候变化等。我们需要建立各种驱动力未来情景模型及其相互作用模型，模拟分析驱动力对自然变化和自然贡献变化的作用机理，构建归因情景、政策筛选情景和目标导向情景等未来情景模拟模型。

（4）模型耦合。任何单个模型都无法在高细节层面捕捉所有生态系统动态，这就需要我们进行模型耦合，以集成生态系统的不同方面。按照模型的耦合程度，可分为模型的松散耦合和模型集成。如果系统要素之间或不同空间尺度之间的相互反馈对模拟产出比较重要时，选择模型集成较好；如果个别要素主导系统动态时，则模型松散耦合更适合于捕捉这种动态。我们需要发展自然变化、自然贡献和变化驱动力耦合方法，模拟分析自然和自然贡献变化及其变化驱动力之间的相互作用机理，构建自然和自然对人类贡献的综合评估模型和三维可视化模拟分析平台。

七、区域环境保育、修复、整治的机制及模式

（一）科学意义与国家战略需求

高质量、可持续的区域环境是人地和谐共生的基础，同时也是联合国 SDGs 及 Future Earth 框架下的重要议题。随着我国经济社会快速发展，区域环境质量相关的生态建设与治理工程的投入强度和建设规模都不断增大。特别是 1999 年以来，全国开展的退耕还林还草、流域综合治理等生态建设活动，对区域土地利用和生态环境产生了深刻影响。在取得巨大成就的同时，由于一些机制不够明晰、技术不够成熟、施工工艺欠缺

等客观原因，区域环境保育、修复、整治的能力和水平仍有待提升。党的十九大提出了“建设生态文明，打造美丽中国”的科学新论。如何营造高质量、可持续、安全健康的区域环境，成为新时代重视和加强区域环境质量与安全研究的重要命题、前沿课题，同时也是国家可持续发展战略落实、绿色低碳循环体系构建的重大需求。

（二）国际发展态势与我国的发展优势

社会经济的高度发展也对人类生存环境造成了一定的影响甚至破坏。进入21世纪以来，国际社会高度关注人与自然可持续发展问题，先后提出了千年发展目标（MDGs）及SDGs等倡议。区域环境保育、修复及整治一直是可持续发展关注的热点话题，同时也是国际生态学、环境科学等领域的重要研究议题。由于西方国家工业化起步较早，面临大气、水、土壤等环境污染问题也比较早，如20世纪30～60年代震惊世界的“八大环境公害事件”，因此他们对区域环境保育、修复及整治的研究起步也较早。国外开展区域环境保育、修复及整治或者说生态环境恢复理论和实践比较早的主要是北美洲、欧洲及大洋洲的发达国家和地区，但其各有侧重。例如，欧洲更多侧重于矿区环境保育、修复及整治，北美洲侧重于水体及生态用地保育、修复及整治，大洋洲则更侧重于草地生态系统的管理与修复。20世纪60～70年代，美国开展了大量林地生态系统修复的试验研究。80年代初期，欧美等发达国家和地区已经初步解决了矿区生态修复及整治过程中的关键技术问题，并将该理论很好地与生物多样性保护联系起来，为其他国家矿区环境修复提供了重要参考。德国等欧洲国家和地区也开展了大量与大气环境污染相关的修复试验。

中国也是较早开展区域环境保育、修复及整治的国家之一。从20世纪50年代开始，中国就开始长期的生态系统定位观测及综合整治研究，就先后在黄土高原等生态脆弱地区开展区域环境保育及修复工作；70年代末期启动了三北防护林保护工程；80年代长江流域防护林工程、沿海地区防护林工程、农牧交错带生态恢复工程等先后启动，为退化及脆弱生态系统及环境恢复提供了解决方案；90年代末期又启动了退耕还林还草等一系列生态恢复和环境整治的工程，这些工程的启动对改善区域环境质量贡献巨大（刘彦随和李裕瑞，2017；Liu Y et al.，2015）；2012年以来，中国区域环境保育、修复、整治的力度持续加大，先后提出了生态文明、美丽中国建设等理念，并将其上升为国家战略。与此同时，国务院先后印发了大气、水、土壤污染防治三大行动计划。这些战略及计划的发起，为中国深入开展区域环境保育、修复、整治的机制及模式研究提供了良好的政策支撑。

（三）发展目标

以生态学原理和人地系统科学理论为指导，面向国家生态文明建设和经济社会可持续发展需求，在多学科交叉融合的基础上研究典型地区生态建设中水、土、气、生物等关键要素的耦合过程和相互作用机理，探究生态建设过程中的人地系统耦合过程、格局及其环境效应，构建典型区域环境保育、生态修复、工程治理的理论和方法，监测评估生态建设成效及其可持续性，梳理提炼和建立支持生态文明、美丽中国建设的生态环境建设模式。

（四）主要研究方向

（1）生态文明建设中水、土、气、生物等关键要素改善的机理、过程与耦合机制解析。生态文明建设提出了一系列新思想、新目标、新要求和新部署，为建设美丽中国提供了根本遵循和行动指南。建设生态文明，需要深化水、土、气、生物等关键要素改善和优化配置的理论研究、技术研发和示范应用，探索创新理工管多学科交叉、产学研多部门协作机制，系统开展多类型野外观测研究和多数据融合的技术调控模式，以服务支撑国家国土空间优化和美丽中国建设。

（2）生态恢复的综合效应评估及区域水土资源可持续利用模式。综合利用大数据遥感、模型模拟及物联网定位观测技术探讨典型脆弱地区、重大生态工程地区生态恢复的综合效应，建立多维度的过程分析框架，综合探讨生态恢复过程中的生物地球物理效应、生物地球化学效应及社会经济效应等，深入解析其发生与发展机理，探索生态恢复后的区域水土资源可持续利用的途径与模式，并将其示范推广。

（3）生态恢复过程与城乡经济社会发展耦合及互促机制。探究生态恢复与城乡经济社会发展之间的相互作用规律，重点分析产业结构、城镇化水平、人们生活水平发展阶段与生态恢复的投入能力、恢复措施和恢复效果之间的关系。研究生态恢复促进城乡经济社会发展的过程、机制与主要模式。探究生态文明理念下生态恢复过程与城乡经济社会可持续发展的耦合协同机制，总结“绿水青山就是金山银山”的理论基础与实践经验，形成中国特色的生态保护与修复理论模式。

第四章 环境地球科学发展战略的实现途径和政策措施

第一节 环境地球科学发展战略的实现途径

环境地球科学发展战略的核心是从地球系统科学的角度，研究污染、健康、生态和灾害问题产生的原因及解决方案。根据学科发展战略的基本内涵，基于学科布局“基础夯实、交叉推动、前沿聚焦、技术创新、国家需求”的总体思路，实现这一战略的基本途径可概括为以下几个方面。

一、夯实学科基础

环境地球科学的研究对象是人类赖以生存的表层地球系统。表层地球系统与人类活动关系密切的主要为土壤圈、水圈、大气圈和生物圈。人类活动排放的各种污染物与人类开发利用自然资源导致的生态环境质量恶化和地学灾害，对表层地球系统的自然环境造成了严重的破坏。环境地球科学重点研究自然条件和人类活动影响下土、水、气、生物等环境要素的演化规律、驱动机制和调节策略，其涉及土壤学（D0701、D0709、D0710）、环境水科学（D0702）、环境大气科学（D0703）和环境生物学（D0704），它们构成了环境地球科学学科的“四梁”，是学科的基础。环境地球科学基础学科的发展可为土壤和水资源的利用、保护和可持续管理、大气污染治理调控和环境大气质量改善以及生态环境的可持续发展提供科学基础，从而为解决当前和今后人类所面临的重大资源、环境、生态和灾害问题提供理论依据和科技支撑。学科发展应重视基础学科建设和基础理论研究，积极开展面向全球性挑战问题的研究，进一步扩大优势学科，推进基础学科向纵深发展，力争取得重大突破。

二、推动学科交叉

学科交叉融合是新时代学术创新与发展的原动力，其必将成为未来科研范式和学科发展的新常态。环境地球科学是以问题和需求为导向而形成的学科，是地球科学众多分支学科针对重大环境问题深度交叉融合的典型，其研究必然涉及跨学科的知识融合。环境地球科学不仅促进了几乎所有地球科学分支学科的交叉，而且开放了与数理、化学、生命、工材、信息、管理和医学等学科交叉的诸多接口。学科交叉融合为打开科学的“黑箱”提供了一把钥匙，化学、生物、医学、工材等领域发展为定性和定量研究环境地球学科基础科学问题提供了技术和理论支撑，提高了对科学问题的认知能力和对实际问题的解决能力。在学科交叉融合产生新学科的过程中，原有的相关学科，如环境地球化学、环境地质学、工程地质环境与灾害等发展历史较长，拥有其自身的理论、技术和方法。这些理论、技术和方法对新学科的发展起到重要的推动作用，成为新学科中具有交叉属性的重要分支学科。交叉学科的理论、技术和方法在新学科不断创新融合，形成新学科特有的理论、技术和方法体系，并在传承中创新。根据环境地球科学学科内涵和知识体系，应积极鼓励4个交叉学科：工程地质环境与灾害（D0705）、环境地质学（D0706）、环境地球化学（D0707）、生态毒理学（D0708）的发展，围绕重要科学问题，积极推动对学科交叉前沿课题的研发，创新研究思路，联合协同攻关，强化新兴学科发展，力争取得重大突破，从而推动环境地球科学理论发展。该类研究将会是环境地球科学研究最大的分支，其对促进学科融通发展及孕育新的学科方向具有重要意义。学科交叉又可分为学科内部交叉和与其他学科交叉。以环境地质学为例，在学科内部交叉中，地球表层系统物质循环的环境效应研究方向由其与环境地球化学、环境水科学交叉形成；城镇人－地界面地质过程及其空间优化由其与环境变化和预测、区域环境质量和安全交叉形成。与其他学科交叉中，深部地质过程的地质环境效应由构造地质学与活动构造、岩石地球化学和地球动力学交叉形成；地质环境与人体健康由微量元素地球化学、生物地球化学、环境卫生和流行病学方法与卫生统计交叉而来。

三、聚焦学科前沿

学科前沿对学科发展具有重要的引领作用。联合国环境规划署最新的《全球环境展望》报告的主题是“地球健康，人类健康”，大健康体系建设是《“健康中国2030”规划纲要》的重要内容，而环境改善是大健康体系建设的根本。因此，环境与健康作为一个重要的新兴前沿领域，是现代社会保护人群健康的重大需求，也是实现联合国可持续发展目标的重大挑战。传染病、病原体、区域和全球污染物的扩散等是21世纪重要的环境问题，因此，探索环境与健康之间的关系至关重要。2019年11月，*Nature*杂志上发文呼吁：应对21世纪的大规模流行病时，各个学科必须联合起来；地球环境的变化会以多种复杂的方式影响病原体、病毒媒介和宿主之间的相互作用，导致地方病、流行病和人畜共患病的发生难以预测，必须用“One Health”的视角和理念评估其风险。当前正在威胁全球的新型冠状病毒再一次将环境与流行病和人畜共患病深度融合研究推到了热点和前沿，因此环境与健康风险相关研究的重要性不言而喻。同时，随着信息技术的发展，新一代环境预测模型有必要在地球系统的统一框架下，基于系统论思想综合分析地球各要素之间的相互作用关系，研究大数据环境下关联模式挖掘的理论与方法，厘清自然与人类活动的影响方式与贡献程度。构建时空大数据分析与人工智能支持下的全要素环境预测模型，对精准把握环境系统演化的时空特征至关重要。为了完善学科体系，应促进对环境地球科学4个前沿领域：污染物环境行为与效应（D0711）、环境与健康风险（D0712）、第四纪环境与环境考古（D0713）和环境信息与环境预测（D0714）的研究。聚焦前沿科学问题，以新颖的思路和角度开展研究，获得具有显著科学价值的成果，引领或推动本领域和本学科的发展。以“环境与健康风险”为例，要识别影响人体健康的关键环境风险因素，揭示环境暴露及环境和遗传的交互作用影响人体健康的机制，以及地球多个圈层中物理、化学、生物环境要素对人体的暴露及其健康影响；采取相应的风险预防及干预措施，建立环境健康风险评价和管理体系，积极参与构建“One Health”新格局。

四、创新技术方法

各个学科必然具备本学科特有的技术和方法，但对于以需求为导向而形成的学科，往往伴随着不同学科领域技术和方法的被动移植或主动融合。针对环境地球科学大跨度学科交叉的特点及其在环境、生态、健康和灾害研究方面需要解决的重大科学问题，现有的技术和方法难以满足相关重大科学问题的突破。因此，打破不同领域技术和方法的界限，融合并创新开展环境地球科学新技术与新方法（D0715）的研究，是支撑学科发展的必然要求。唯有创新的技术和方法，才能发现新现象、认识新机理和解决新问题，从而推动环境地球科学学科的发展，促进环境地球科学与国家需求的相互融通。

五、适应国家需求

生态文明坚持人与自然和谐共生，倡导尊重自然、顺应自然和爱护自然。环境地球科学源于如何处理人与地球环境关系的研究，涉及生态保护、污染治理、防灾减灾、环境变化应对、土地管理和环境健康等，是生态文明建设和可持续发展的核心基础。随着国家战略举措的相继实施，战略资源、能源开发成为国家发展的瓶颈，人地和谐问题更加迫切，环境问题和加强环境意识成为挑战。解决这些重大需求的关键在于解决其背后的基础科学问题，以及阻碍学科发展的技术瓶颈问题。为了更好地适应国家需求，应大力扶持对区域环境质量与安全（D0716），以及环境保护与可持续发展（D0717）的研究，建立区域环境质量与安全评估理论和技术体系，阐明人类活动、重大工程及自然灾害对区域环境质量与安全的作用机制，探明社会经济和区域环境质量与安全协同发展的模式和途径。将宜居地球、全球变化、土地利用、低碳节能减排、防灾减灾、生态安全、环境健康和区域质量安全等各研究方向和研究目标直接融入国家生态文明建设和社会经济建设的决策与制度建立中，为可持续发展、人居环境治理及美丽中国建设提供科技支撑。环境地球科学服务于国家重大战略需求的社会功能日益凸显，已逐渐发展成为经济社会发展和国家安全的驱动器，可为国家环境治理体系和治理能力建设提供前瞻性和系统性的科技支撑。

第二节　环境地球科学发展战略的政策措施

为进一步实现“区域环境质量与安全”和“环境保护与可持续发展”的战略规划目

标，推动环境地球科学学科发展，推进“美丽健康中国”建设，基于“鼓励探索、突出原创；聚焦前沿、独辟蹊径；需求牵引、突破瓶颈；共性导向、交叉融通”四类科学问题导向，需要在以下几个方面进行制度完善或机制创新。

一、加强重大研究计划的设立

环境管理与污染治理是我国重大科技需求，也是全球共同面临的重大挑战，环境问题的根本好转已经无法依赖单项科学问题的解决取得的突破，必须采取联合研究、协同攻关的方法。因此，亟须推进重大研究计划立项，通过国家自然科学基金重大研究计划品牌优势和成熟的运行机制，凝聚国内外领域科研力量和专家队伍，通过顶层设计、联合攻关、协同创新，加强对环境问题的超前预判，解决生态文明和环保科研中基础性、关键性、共通性的瓶颈科学问题。紧密围绕打好污染防治攻坚战国家重大需求，面向国际生态环境科学发展前沿，针对精准治污和科学管理中若干重大基础科学问题，开展环境污染成因与环境过程解析、环境基准与标准核心基础科学问题研究、环境污染物的健康影响机理与风险评估等关键、重大科学问题研究，通过对从源解析到环境管理的全链条基础瓶颈问题攻关，深化对大气、水、土壤环境污染成因、效应和控制技术的科学认知，以科技创新推动科学治污、精准治污，为世界环境污染治理和管理贡献中国智慧，推动实现以环境质量改善的实际成效增强人民群众的获得感和幸福感。在促进学科均衡协调发展的同时，有效利用重大研究计划的支持，切实推动学科交叉研究，培育新的学科生长点，以更好地服务于我国科学技术和经济社会的发展目标。鼓励地学、管理学和环境科学等多学科研究实质性交叉，促使我国在环境地球化学和生态环境领域的研究能力有一个整体的集成升华。夯实广泛学科基础，融合传统学科、基础学科、薄弱学科、濒危学科，鼓励开展交叉学科、边缘学科、新兴学科和跨学科研究，促进基础研究繁荣发展。通过重大研究计划的实施，形成思路互通、技术整合、资源共享、平台共用、成果分享的大协作氛围，实现环境地球科学和环境及相关学科的跨越发展。

二、加大学科整体资助强度

党的十九大报告提出要瞄准世界科技前沿，强化基础研究，实现前瞻性基础研究、引领性原创成果重大突破。2021 年，习近平总书记在中国科学院第二十次院士大会、中国工程院第十五次院士大会、中国科协第十次全国代表大会上指出，加强基础研究是科技自立自强的必然要求，是我们从未知到已知、从不确定性到确定性的必然选择。因此，亟须进一步加大对基于“鼓励探索、突出原创；聚焦前沿、独辟蹊径；需求牵引、突破瓶颈；共性导向、交叉融通”四类科学问题属性分类导向项目的资助强度，激发科研人员的创新活力，调动科研人员的积极性，提升原始创新能力和关键领域核心技术攻关能力。通过战略研讨，明确优先资助领域，聚焦重大前沿科学问题和国家重大战略需求，在关键领域、“卡脖子”的地方下工夫；构建符合环境地球科学知识体系内在逻辑和结构、科学前沿和国家需求相统一的学科布局；建立分阶段、全谱系、资助强度与规模合理的人才资助体系；突出“从 0 到 1”，切实提升培育重大原创成果的能力，夯实创新发展的源头。在加强原创性和前瞻性领域部署的基础上，环境地球科学更要提高发现和凝练需求导向的核心科学问题的能力，聚力科学突破，提升我国的原始创新能力。针对我国环境地球科学领域的传统优势学科，要加强资助部署，尤其对于我国蓄势已久、可望突破的关键科学领域，更要激励科学家不断开拓，抢占科学制高点。

三、加强顶层设计和系统集成

在重视基础理论创新的基础上，以国家战略需求为导向，从全球视野研究我国生态环境问题，努力探索区域性环境问题的全球意义。通过顶层设计，找准环境地球科学的定位，凝练战略重点，制订大型研究计划，积极参与国际合作；从区域整体上开展环境观测、数据交换与共享、理论研究、实验模拟、试验示范与推广规划。通过系统集成，充分发挥国家在环境地球科学领域的整体优势，着眼国家经济和社会发展需求，创建有特色的环境污染调控理论体系。

四、加快新机构建设和已有机构整合的速度

伴随着环境地球科学领域研究热潮的不断高涨，许多高新学科、综合性学科应运而生。通过多学科交叉综合和国际合作解决环境地球科学领域的复杂科学问题，是环境地球科学发展的大趋势。整合机构可以积极扩大环境地球科学的领域和范围，促进学科间融合。国家实验室、国家科研机构、高水平研究型大学、科技领军企业都是国家战略科技力量的重要组成部分，要鼓励这些机构、单位加强学科整合，将自身的优势方向结合起来，注重可持续发展。鼓励高校整合学科结构，设立与环境地球科学相关的学院，将地理、地质、大气等专业融合，提高竞争力。建设创新基地、打造创新平台是提高学科领域创新能力的重要举措，也是强化创新体系建设的重要组成部分。根据国家重大战略需求，在环境地球科学这一新兴前沿交叉领域，加快建设队伍强、水平高、学科综合交叉的国家重点实验室。推动实验室围绕主要研究方向，科学合理地进行科技人力资源的整合和配置，搭建具有世界水平的公共实验研究平台。以提高科技创新活力为核心，推动国家重点实验室建立开放、流动、竞争、协同的用人机制，培养和聚集高水平人才队伍。扩大国家重点实验室开放力度，开展广泛的国内外学术交流和科研合作，不断提高实验室的学术水平、国际学术地位和知名度；积极开展科普工作，鼓励创办国际知名期刊，不断增强实验室在学科、领域和行业产业中的影响力。

五、加强观测与支撑系统建设

认识环境地球科学规律需要依赖于野外观测数据和室内分析测试数据，科学数据也是检验理论和模式的基础，观测与实验手段的进步极大地推动了环境地球科学学科的发展。围绕引领国际环境地球科学研究的战略方向，亟须强化我国在大型和综合实验模拟装备方面的自主研制能力，大力加强观测和实验网络、数据共享等支撑技术平台基地建设，为解决国家环境污染等重大问题提供数值模式集成系统与示范决策管理平台，并将其标准化和产业化，为制定和实施国家环境保护发展战略提供关键支撑。

六、加快国际和国内合作的深度

国际学术交流与合作研究是解决全球环境地球科学问题的重要途径。环境问题是人类共同面临的科技问题，需要多国参与才能得到有效控制和解决，应主要从战略规划、

资金投入和人才引进三个方面进一步强化环境地球科学领域的国际合作力度。要提升环境地球科学的国际科技合作水平和质量，尽快制定与国家重大战略需求相适应的国际科技合作中长期规划。选择、凝练需优先推进的合作领域和合作项目，同时加紧引进与培养一流科技人才。要尽快建立健全与当前国际科技合作相匹配的战略规划机制、运行管理机制和成果评价机制，进一步明确国际科技合作总体目标和重点任务，确保国际科技合作项目高效、有序运行，并为合作成果所产生的社会、经济和生态效益提供明确的评价标准和依据。此外，资金支持对国际科技合作发展的方向也至关重要。环境地球科学领域要想进一步加大国际合作的资助力度，就要拓展科学基金多元化投入渠道，拓展资助模式，与行业部分、地方政府、大型企业等联合资助，加强资助的强度，为国际合作提供资金。通过有效措施提升国内环境地球科学领域人才的科研创新和研发能力、调动国内人才参与国际科技合作的积极性和主动性，通过国际合作项目引进国际人才，充分发挥国际及国内人才各自的优势，逐步形成“国际＋国内人才”的合力机制。

第一部分参考文献

曹德菊，杨训，张千，等.2016.重金属污染环境的微生物修复原理研究进展.安全与环境学报，16（6）：315-320.

陈淳.1995.谈中石器时代.人类学学报，14：82-90.

陈发虎，傅伯杰，夏军，等.2019.近70年来中国自然地理与生存环境基础研究的重要进展与展望.中国科学：地球科学，49：1659-1696.

陈剑平，付荣华，吴志亮，等.2003.环境地质与工程.北京：北京地质出版社.

陈明东，王兰生.1988.边坡变形破坏的灰色预报方法//全国第三次全国工程地质大会论文选集（下）.成都：成都科技大学出版社：1226-1232.

陈祚伶，丁仲礼.2011.古新世－始新世极热事件研究进展.第四纪研究，31：937-950.

崔鹏.2020.加强自然灾害风险研究，服务丝路安全绿色发展.科技导报，38：1.

崔鹏，何思明，姚令侃，等.2011.汶川地震山地灾害形成机理及风险控制.北京：科学出版社.

丁永建，张世强，韩添丁，等.2014.由地表过程向地表系统科学研究跨越的机遇与挑战.地球科学进展，29（4）：443-455.

傅伯杰，于丹丹，吕楠.2017.中国生物多样性与生态系统服务评估指标体系.生态学报，37（2）：341-348.

高伟，余能富，涂业苟，等.2013.过渡金属和有机小分子共催化反应的进展.江西林业科技，（6）：46-48.

葛林科，张思玉，谢晴，等.2010.抗生素在水环境中的光化学行为.中国科学，40（2）：124-135.

郭振仁，郑伟，李文禧，等.2005.环境污染事故危险源评级方法研究.中国环境监测，21 (5)：72-76.

郭正堂，任小波，吕厚远，等.2016.过去2万年以来气候变化的影响与人类适应.中国科学院院刊，31：142-151.

黄秉维.1996.论地球系统科学与可持续发展战略科学基础（I）.地理学报，51（4）：350-357.

黄强兵.2009.地裂缝对地铁隧道的影响机制及病害控制研究.西安：长安大学.

黄强兵，彭建兵，樊红卫，等.2009.西安地裂缝对地铁隧道的危害及防治措施研究.岩土工程学报.31(5)：781-788.

黄润秋.2007.20世纪以来中国的大型滑坡及其发生机制.岩石力学与工程学报，26（3）：433-454.

黄润秋 . 2012. 岩石高边坡稳定性工程地质分析 . 北京：科学出版社 .
黄润秋，祁生文 . 2017. 工程地质：十年回顾与展望 . 工程地质学报，25：257-276.
黄阳才，刘辉文，范景伟 . 1992. 滑坡体位移的不等时距灰色预测 . 水文地质工程地质，19（3）：8-12.
贾倩，黄蕾，袁增伟，等 . 2010. 石化企业突发环境风险评价与分级方法研究 . 环境科学学报，30（7）：1510-1517.
李德仁 . 2020. 数字孪生城市 智慧城市建设的新高度 . 中国勘察设计，（10）：13-14.
李麒崙，张万昌，易亚宁 . 2020. 地震滑坡信息提取方法研究——以 2017 年九寨沟地震为例 . 中国科学院大学学报，37（1）：93-102.
李三忠，张国伟，刘保华，等 . 2010. 新世纪构造地质学的纵深发展：深海、深部、深空、深时四领域成就及关键技术 . 地学前缘，17：27-43.
李天斌，陈明东，王兰生，等 . 1999. 滑坡实时跟踪预报 . 成都：成都科技大学出版社 .
李为乐，许强，陆会燕，等 . 2019. 大型岩质滑坡形变历史回溯及其启示 . 武汉大学学报信息科学版，44（7）：1043-1053.
李振洪，宋闯，余琛，等 . 2019. 卫星雷达遥感在滑坡灾害探测和监测中的应用：挑战与对策 . 武汉大学学报（信息科学版），44：967-979.
刘传正 . 1995. 环境工程地质学导论 . 北京：地质出版社 .
刘传正，刘艳辉，温铭生，等 . 2009. 中国地质灾害区域预警方法与应用 . 北京：地质出版社 .
刘传正，温铭生，唐灿 . 2004. 中国地质灾害气象预警初步研究 . 地质通报，23（4）：303-309.
刘汉东 . 1996. 边坡失稳时间预报理论与方法 . 郑州：黄河水利出版社 .
刘纪远，岳天祥，鞠洪波，等 . 2006. 中国西部生态系统综合评估 . 北京：气象出版社 .
刘彦随，李裕瑞 . 2017. 黄土丘陵沟壑区沟道土地整治工程原理与设计技术 . 农业工程学报，33（10）：1-9.
陆会燕，李为乐，许强，等 . 2019. 光学遥感与 InSAR 结合的金沙江白格滑坡上下游滑坡隐患早期识别 . 武汉大学学报信息科学版，44（9）：1342 - 1354.
潘懋，李铁锋 . 2012. 灾害地质学 . 第 2 版 . 北京：北京大学出版社 .
彭建兵，等 . 2012. 西安地裂缝灾害 . 北京：科学出版社 .
彭建兵，崔鹏，庄建琦 . 2020a. 川藏铁路对工程地质提出的挑战 . 岩石力学与工程学报，39：2377-2389.
彭建兵，范文，李喜安等 . 2007. 汾渭盆地地裂缝成因研究中的若干关键问题 . 工程地质学报，15：433-440.
彭建兵，兰恒星，钱会等 . 2020b. 宜居黄河科学构想 . 工程地质学报，28：189-201.
彭建兵，林鸿州，王启耀，等 . 2014. 黄土地质灾害研究中的关键问题与创新思路 . 地质工程学报，22：684-691.
彭建兵，卢全中，黄强兵，等 . 2017. 汾渭盆地地裂缝灾害 . 北京：科学出版社 .
秦四清，张倬元，王士天，等 . 1993. 滑坡非线性时间预报理论 . 工程地质研究进展 . 成都：西南交通大学出版社 .
施斌，张丹，朱鸿鹄 . 2019. 地质与岩土工程分布式光纤监测技术 . 北京：科学出版社 .
施雅风，孔昭宸，王苏民，等 . 1992. 中国全新世大暖期的气候波动与重要事件 . 中国科学（B 辑），22：1300-1308.

唐辉明 . 2015. 斜坡地质灾害预测与防治的工程地质研究 . 北京：科学出版社 .

王传飞，王小萍，龚平，等 . 2013. 植被富集持久性有机污染物研究进展 . 地理科学进展，32（10）：1555-1566.

王尚庆 . 1999. 长江三峡滑坡监测预报 . 北京：地质出版社 .

王思敬 . 1997. 论人类工程活动与地质环境的相互作用及其环境效应 . 地质灾害与环境保护，（1）：19-26.

徐峻龄，廖小平，李荷生 . 1996. 黄茨大型滑坡的预报及其理论和方法 . 中国地质灾害与防治学报，7（3）：18-25.

许强 . 2018. 构建新“三查”体系，创新地灾防治新机制 . http://www.zgkyb.com/yw/20180312_48669.htm. [2018-03-31] .

许强 . 2020. 对地质灾害隐患早期识别相关问题的认识与思考 . 武汉大学学报：信息科学版，43（12）：286-296.

许强，董秀军，李为乐 . 2019. 基于天 - 空 - 地一体化的重大地质灾害隐患早期识别与监测预警 . 武汉大学学报・信息科学版，44（7）：957-966.

许强，李骅锦，何雨森，等 . 2017. 文家沟泥石流治理工程效果的定量分析评价 . 工程地质学报，25（4）：1046-1055.

殷坤龙 . 2004. 滑坡灾害预测预报研究 . 北京：中国地质大学出版社 .

殷跃平 . 2018. 全面提升地质灾害防灾减灾科技水平 . 中国地质灾害与防治学报，29：5.

殷跃平，成余粮，王军，等 . 2011. 汶川地震触发大光包巨型滑坡遥感研究 . 工程地质学报，19（5）：674-684.

尤肖虎，潘志文，高西奇，等 . 2014. 5G 移动通信发展趋势与若干关键技术 . 中国科学：信息科学，44（5）：551-563.

于丹丹，吕楠，傅伯杰 . 2017. 生物多样性与生态系统服务评估指标与方法 . 生态学报，37（2）：349-357.

岳天祥 . 2003. 资源环境数学模型手册 . 北京：科学出版社 .

岳天祥，赵娜，刘羽，等 . 2020. 生态环境曲面建模基本定理及其应用 . 中国科学：地球科学，50：1083-1105.

张弛 . 2011. 论贾湖一期文化遗存 . 文物，3：46-53.

张路，廖明生，董杰，等 . 2018. 时间序列 InSAR 分析的西部山区滑坡灾害隐患早期识别——以四川丹巴为例 . 武汉大学学报：信息科学版，43（12）：286-296.

张毅 . 2018. 基于 InSAR 技术的地表变形监测与滑坡早期识别研究 . 兰州：兰州大学 .

张毅，支修益，钱坤，等 . 2009. 单光子发射计算机扫描在评价肺癌淋巴结分期中的作用 . 中华医学杂志，89（47）：3356-3358.

赵肖，郭振仁 . 2010. 基于环境后果评价的环境风险源分级模型研究 . 安全与环境学报，10（2）：105-108.

郑啸，李景朝，王翔，等 . 2015. 大数据背景下的国家地质信息服务系统建设 . 地质通报，34：1316-1322.

周萃英，晏同珍，汤连生 . 1995. 非线性动力学研究 . 长春地质学院院报，5（3）：10-316.

周鑫，郭正堂 . 2009. 浅析新生代气候变化与大气温室气体浓度的关系 . 地学前缘，16：15-28.

卓宝熙 . 2011. 工程地质遥感判释与应用 . 北京：中国铁道出版社 .

Ahn J, Brook E J. 2008. Atmospheric CO_2 and climate on millennial time scales during the last glacial period. Science, 322: 83-85.

Alley R B. 2000. Ice-core evidence of abrupt climate changes. Proceedings of the National Academy of Sciences, 97: 1331-1334.

Alley R B, Mayewski P A, Sowers T, et al. 1997. Holocene climatic instability: A prominent, widespread event 8200 yr ago. Geology, 25: 483-486.

Anagnostou E, John E H, Edgar K M, et al. 2016. Changing atmospheric CO_2 concentration was the primary driver of early Cenozoic climate. Nature, 533: 380-384.

Anderson D G, Maasch K, Sandweiss D H. 2007. Climate Change and Cultural Dynamics. London: Academic Press.

Arnone E, Noto L V, Lepore C, et al. 2011. Physically based and distributed approach to analyze rainfall-triggered landslides at watershed scale. Geomorphology, 133: 121-131.

Ashbolt N J, Amézquita A, Backhaus T, et al. 2013. human health risk assessment (HHRA) for environmental development and transfer of antibiotic resistance. Environmental Health Perspectives, 121(9): 993-1001.

Astudillo-García C, Hermans S M, Stevenson B, et al. 2019. Microbial assemblages and bioindicators as proxies for ecosystem health status: Potential and limitations. Applied Microbiology and Biotechnology, 103: 6407-6421.

Averill C, Turner B L, Finzi A C. 2014. Mycorrhiza-mediated competition between plants and decomposers drives soil carbon storage. Nature, 505 (7484): 543-545.

Baker P A, Rigsby C A, Seltzer G O, et al. 2001. Tropical climate changes at millennial and orbital timescales on the Bolivian Altiplano. Nature, 409: 698-701.

Banerjee S, Walder F, Büchi L, et al. 2019. Agricultural intensification reduces microbial network complexity and the abundance of keystone taxa in roots. ISME Journal, 13: 1722-1736.

Bar-Yosef O. 2011. Climatic fluctuations and early farming in West and East Asia. Current Anthropology, 52: S175-S193.

Basahel H, Mitri H. 2017. Application of rock mass classification systems to rock slope stability assessment: A case study. Journal of Rock Mechanics and Geotechnical Engineering, 9 (6): 993-1009.

Baum R L, Godt J W. 2010. Early warning of rainfall-induced shallow landslides and debris flows in the USA. Landslides, 7: 259-272.

Bayer B, Simoni A, Mulas M, et al. 2018. Deformation responses of slow moving landslides to seasonal rainfall in the Northern Apennines, measured by InSAR. Geomorphology, 308: 293-306.

Beerling D J, Royer D L. 2011. Convergent Cenozoic CO_2 history. Nature Geoscience, 4: 418-420.

Bellwood P. 2005. First Farmers: The Origin of Agricultural Societies. Oxford: Oxford Publishing.

Ben Y, Fu C, Hu M, et al. 2019. Human health risk assessment of antibiotic resistance associated with antibiotic residues in the environment: A review. Environmental Research, 169: 483-493.

Berardino P, Fornaro G, Lanari R, et al. 2002. A new algorithm for surface deformation monitoring based on small baseline differential SAR interferograms. IEEE transactions on Geoscience and Remote Sensing, 40 (11): 2375-2383.

Berg C, Rogers S, Mineau M. 2016. Building scenarios for ecosystem services tools: Developing a methodology for efficient engagement with expert stakeholders. Futures, 81: 68-80.

Bhandari M P. 2013. Environmental performance and vulnerability to climate change: A case study of India, Nepal, Bangladesh and Pakistan//Leal F W. Climate Change and Disaster Risk Management. Climate Change Management. Berlin：Springer: 149-167.

Blunier T, Chappellaz J, Schwander J, et al. 1995. Variations in atmospheric methane concentration during the Holocene epoch. Nature, 374: 46-49.

Bond G, Broecker W, Johnsen S, et al. 1993. Correlations between climate records from North-Atlantic sediments and Greenland ice. Nature, 365: 143-147.

Bond G, Heinrich H, Broecker W, et al. 1992. Evidence for massive discharges of icebergs into the North-Atlantic Ocean during the last glacial period. Nature, 360: 245-249.

Bond G, Kromer B, Beer J, et al. 2001. Persistent solar influence on North Atlantic climate during the Holocene. Science, 294: 2130-2136.

Bond G, Showers W, Cheseby M, et al. 1997. A pervasive millennial-scale cycle in north Atlantic Holocene and glacial climates. Science, 278: 1257-1266.

Bowen G J, Beerling D J, Koch P L, et al. 2004. A humid climate state during the Palaeocene/Eocene thermal maximum. Nature, 432: 495-499.

Bowen G J, Maibauer B J, Kraus M J, et al. 2014. Two massive, rapid releases of carbon during the onset of the Palaeocene-Eocene thermal maximum. Nature Geoscience, 8: 44-47.

Broecker W S. 1998. Paleocean circulation during the last deglaciation: A bipolar seesaw? Paleoceanography, 13: 119-121.

Broecker W S, Peteet D M, Rind D. 1985. Does the ocean-atmosphere system have more than one stable mode of operation? Nature, 315: 21-26.

Brooks S J, Birks H J B. 2000. Chironomid-inferred late-glacial and early-Holocene mean July air temperatures for Krakenes Lake, western Norway. Journal of Paleolimnology, 23: 77-89.

Burns S J, Fleitmann D, Matter A, et al. 2003. Indian Ocean climate and an absolute chronology over Dansgaard/Oeschger events 9 to 13. Science, 301: 1365-1367.

Buytaert W, Zulkafli Z, Grainger S, et al. 2014. Citizen science in hydrology and water resources: Opportunities for knowledge generation, ecosystem service management, and sustainable development. Frontiers in Earth Science, 2: 26.

Cane M A. 1998. A role for the tropical Pacific. Science, 282: 59-61.

Cane M A. 2005. The evolution of El Niño, past and future. Earth and Planetary Science Letters, 230: 227-240.

Chae B G, Park H J, Catani F, et al. 2017. Landslide prediction, monitoring and early warning: A concise review of state-of-the-art. Geosciences Journal, 21 (6): 1033-1070.

Chen Y, Bonkowski M, Shen Y, et al. 2020. Root ethylene mediates rhizosphere microbial community reconstruction when chemically detecting cyanide produced by neighbouring plants. Microbiome, 8: 4.

Chen Z L, Ding Z L, Tang Z H, et al. 2017. Paleoweathering and paleoenvironmental change recorded in lacustrine sediments of the early to middle Eocene in Fushun Basin, Northeast China. Geophysics, Geochemistry, Geosystems, 18: 41-51.

Chen Z L, Ding Z L, Yang S L, et al. 2016. Increased precipitation and weathering across the Paleocene-Eocene

Thermal Maximum in central China. Geochemistry, Geophysics, Geosystems, 17: 2286-2297.

Cheng H, Spötl C, Breitenbach S F M, et al. 2016. Climate variations of Central Asia on orbital to millennial timescales. Scientific Reports, 6: 36975.

Cheng L, Booker F L, Tu C, et al. 2012. Arbuscular mycorrhizal fungi increase organic carbon decomposition under elevated CO_2. Science, 337 (6098): 1084-1087.

Cho S, Jackson C R, Frye J G. 2020. The prevalence and antimicrobial resistance phenotypes of *Salmonella*, *Escherichia coli* and *Enterococcus* sp. in surface water. Letters in Applied Microbiology, 71 (1): 3-25.

Chu H, Gao G F, Ma Y, et al. 2020. Soil microbial biogeography in a changing world: Recent advances and future perspectives. mSystems, 5: e00803-e00819.

Chung M C, Tan C H, Chen C H. 2017. Local rainfall thresholds for forecasting landslide occurrence: Taipingshan landslide triggered by Typhoon Saola. Landslides, 14: 19-33.

Clark P U, Dyke A S, Shakun J D, et al. 2009. The last glacial maximum. Science, 325: 710-714.

Clemens A C, Cane M A, Seager R. 2001. An orbitally driven tropical source for abrupt climate change. Journal of Climate, 14: 2369-2375.

Clement A C, Peterson L C. 2008. Mechanisms of abrupt climate change of the last glacial period. Reviews of Geophysics, 46: RG4002.

Clement A C, Seager R, Cane M A. 1999. Orbital controls on the El Niño/Southern Oscillation and the tropical climate. Paleoceanography, 14: 441-456.

Cloutier C, Agliardi F, Crosta G B, et al. 2014. The First International Workshop on Warning Criteria for Active Slides: Technical issues, problems and solutions for managing early warning systems. Landslides, 12: 205-212.

Colesanti C, Ferretti A, Prati C, et al. 2003. Monitoring landslides and tectonic motions with the permanent scatterers technique. Engineering Geology, 68 (1-2): 3-14.

Comber A J, Harris P, Lü Y, et al. 2019. The forgotten semantics of regression modeling in geography. Geographical Analysis, 53（1）: 113-134.

Cooper A, Turney C, Hughen K A, et al. 2015. Abrupt warming events drove Late Pleistocene Holarctic megafaunal turnover. Science, 349: 602-606.

Cordovez V, Dini-Andreote F, Carrión V J, et al. 2019. Ecology and evolution of plant microbiomes. Annual Review of Microbiology, 73: 69-88.

Covello V T, Merkhofer M W. 1993. Introduction to risk assessment//Risk Assessment Methods. Boston: Springer: 1-34.

Crosta G B, Frattini P. 2001. Rainfall Thresholds for Triggering Soil Slips and Debris Flow. Siena: Proceedings of 2nd EGS Plinius Conference on Mediterranean Storms: 463-487.

Crowley T J. 1992. North Atlantic deep water cools the Southern Hemisphere. Paleoceanography, 7: 489-497.

Crowley T J. 2000. Causes of climate change over the past 1000 years. Science, 289: 270-277.

Crowther T W, van den Hoogen J, Wan J, et al. 2019. The global soil community and its influence on biogeochemistry. Science, 365 (6455): eaav0550.

Crutzen P J, Stoermer E F. 2000. The “Anthropocene”. International Geosphere-Biosphere Programme Newsletter, 41: 17-18.

Cullen J M, Allwood J M, Bambach M D. 2012. Mapping the global flow of steel: From steelmaking to end-use goods. Environmental Science & Technology, 46: 13048-13055.

d'Alpoim Guedes J, Jin G, Bocinsk R K. 2015. The impact of climate on the spread of rice to north-eastern China: A new look at the data from Shandong Province. Plos One, 10: e0130430.

Dai Z, Liu G, Chen H, et al. 2020. Long-term nutrient inputs shift soil microbial functional profiles of phosphorus cycling in diverse agroecosystems. The ISME Journal, 14: 757-770.

Dansgaard W, Johnsen S J, Clausen H B, et al. 1993. Evidence for general instability of past climate from a 250-kyr ice-core record. Nature, 364: 218-220.

Dart R A. 1925. Australopithecus airicanus: The Man-Ape of South Africa. Nature, 115: 195-199.

Delgado-Baquerizo M, Reich P B, Trivedi C, et al. 2020. Multiple elements of soil biodiversity drive ecosystem functions across biomes. Nature Ecology & Evolution, 4: 210-220.

deMenocal P B. 2004. African climate change and faunal evolution during the Pliocene-Pleistocene. Earth and Planetary Science Letters, 220: 3-24.

deMenocal P B. 2011. Climate and human evolution. Science, 331: 540-542.

Demske D, Heumann G, Granoszewski W, et al. 2005. Late glacial and Holocene vegetation and regional climate variability evidenced in high-resolution pollen records from Lake Baikal. Global and Planetary Change, 46: 255-279.

Denton G H, Hendy C H. 1994. Younger Dryas age advance of Franz-Josef Glacier in the southern Alps of New Zealand. Science, 264: 1434-1437.

Doran J W, Zeiss M R. 2000. Soil health and sustainability: Managing the biotic component of soil quality. Applied Soil Ecology, 15: 3-11.

Engemann C A, Keen P L, Knapp C W, et al. 2008. Fate of tetracycline resistance genes in aquatic systems: Migration from the water column to peripheral biofilms. Environmental Science & Technology, 42 (14): 5131-5136.

Estoque R C, Murayama Y. 2012. Examining the potential impact of land use/cover changes on the ecosystem services of Baguio city, the Philippines: A scenario-based analysis. Applied Geography, 35: 316-326.

Evans P N, Boyd J A, Leu A O, et al. 2019. An evolving view of methane metabolism in the archaea. Nature Reviews Microbiology, 17 (4): 219-232.

Fan L, Delgado-Baquerizo M, Guo X, et al. 2019. Suppressed N fixation and diazotrophs after four decades of fertilization. Microbiome, 7: 143.

FAO, ITPS. 2015. Status of the World's Soil Resources (SWSR) -Main Report. Rome: Food and Agriculture Organization of the United Nations and Intergovernmental Technical Panel on Soils.

Federico A, Popescu M, Elia G, et al. 2012. Prediction of time to slope failure: A general framework. Environmental Earth Sciences, 66: 245-256.

Feng Z D, An C B, Wang H B. 2006. Holocene climatic and environmental changes in the arid and semi-arid areas of China: A review. The Holocene, 16: 119-130.

Ferretti A, Fumagalli A, Novali F, et al. 2011. A new algorithm for processing interferometric data stacks: SqueeSAR. IEEE Transactions on Geoscience and Remote Sensing, 49 (9): 3460-3470.

Ferretti A, Prati C, Rocca F. 2000. Nonlinear subsidence rate estimation using permanent scatterers in differential SAR interferometry. IEEE Transactions on Geoscience and Remote Sensing, 38 (5): 2202-2212.

Fleitmann D, Burns S J, Mudelsee M, et al. 2003. Holocene forcing of the Indian monsoon recorded in a stalagmite from southern Oman. Science, 300: 1737-1739.

Foreman B Z, Heller P L, Clementz M T. 2012. Fluvial response to abrupt global warming at the Palaeocene/Eocene boundary. Nature, 491: 92-95.

Freeze R A. 1969. Regional groundwater flow: Old Wives Lake drainage basin, Saskatchewan. Inland Waters Branch, Department of Energy, Mines and Resources, Scientific Series, 5: 1-245.

Fu Q, Hajdinjak M, Moldovan O T, et al. 2015. An early modern human from Romania with a recent Neanderthal ancestor. Nature, 524: 216-219.

Fu Q, Li H, Moorjani P, et al. 2014. Genome sequence of a 45,000-year-old modern human from western Siberia. Nature, 514: 445-449.

Fu Q, Posth C, Hajdinjak M, et al. 2016. The genetic history of Ice Age Europe. Nature, 534: 200-205.

Fuller D, Sato Y I, Castillo C, et al. 2010. Consilience of genetics and archaeobotany in the entangled history of rice. Archaeological and Anthropological Sciences, 2: 115-131.

Fumagalli M, Moltke I, Grarup N, et al. 2015. Greenlandic Inuit show genetic signatures of diet and climate adaptation. Science, 349: 1343-1347.

Gariano S L, Brunetti M T, Iovine G, et al. 2015. Calibration and validation of rainfall thresholds for shallow landslide forecasting in Sicily, Southern Italy. Geomorphology, 228: 653-665.

Giardino J R, Houser C. 2015. Principles and Dynamics of the Critical Zone. Amsterdam, Netherlands: Elsevier.

Gingerich P D. 2006. Environment and evolution through the Paleocene-Eocene thermal maximum. Trends in Ecology & Evolution, 21: 246-253.

Glade T. 2000. Modeling landslide-triggering rainfalls in different regions of New Zealand—The soil water status model. Zeitschrift fur Geomorphologie NE, 122: 63-84.

Goodrick I, Todd G, Stewart J. 2018. Soil characteristics influencing the spatial distribution of melioidosis in Far North Queensland, Australia. Epidemiology and Infection, 146（12）: 1602-1607.

Grachev A M, Severinghaus J P. 2005. A revised +10 ± 4 ℃ magnitude of the abrupt change in Greenland temperature at the Younger Dryas termination using published GISP2 gas isotope data and air thermal diffusion constants. Quaternary Science Reviews, 24: 513-519.

Grimm E C, Jacobson G L, Watts W A, et al. 1993. A 50,000-year record of climate oscillations from Florida and its temporal correlation with the Heinrich events. Science, 261: 198-200.

Gu S, Wei Z, Shao Z, et al. 2020. Competition for iron drives phytopathogen control by natural rhizosphere microbiomes. Nature Microbiololgy, 5: 1002-1010.

Guo Z, Liu T, Guiot J, et al. 1996. High frequency pulses of East Asian monsoon climate in the last two glaciations: Link with the North Atlantic. Climate Dynamics, 12: 701-709.

Gupta A K. 2004. Origin of agriculture and domestication of plants and animals linked to early Holocene climate amelioration. Current Science, 87: 54-59.

Gutjahr M, Ridgwell A, Sexton P F, et al. 2017. Very large release of mostly volcanic carbon during the Palaeocene-Eocene Thermal Maximum. Nature, 548: 573-577.

Guzzetti F, Peruccacci S, Rossi M, et al. 2007. Rainfall thresholds for the initiation of landslides. Meteorology Atmospheric Physics, 98: 239-267.

Guzzetti F, Peruccacci S, Rossi M, et al. 2008. The rainfall intensity-duration control of shallow landslides and debris flows: An update. Landslides, 5: 3-17.

Habib L, Jraij A, Khreich N, et al. 2015. Effect of erythrodiol, a natural pentacyclic triterpene from olive oil, on the lipid membrane properties. The Journal of Membrane Biology, 248 (6): 1079-1087.

Hatch C E, Fisher A T, Ruehl C R, et al. 2010. Spatial and temporal variations in streambed hydraulic conductivity quantified with time-series thermal methods. Journal of Hydrology, 389: 276-288.

Haug G H, Hughen K A, Sigman D M, et al. 2001. Southward migration of the intertropical convergence zone through the Holocene. Science, 293: 1304-1308.

Haywood A M, Dowsett H J, Dolan A M. 2016. Integrating geological archives and climate models for the mid-Pliocene warm period. Nature Communications, 7: 10646.

Hendy I L, Kennett J P. 2000. Dansgaard-Oeschger cycles and the California Current System: Planktonic foraminiferal response to rapid climate change in Santa Barbara Basin, Ocean Drilling Program hole 893A. Paleoceanography, 15: 30-42.

Henry D O. 1989. From Foraging to Agriculture: The Levant at the End of the Ice Age. Philadelphia: University of Pennsylvania Press.

Hermans S M, Buckley H L, Case B S, et al. 2017. Bacteria as emerging indicators of soil condition. Applied and Environmental Microbiology, 83: 02816-02826.

Hermans S M, Buckley H L, Case B S, et al. 2020. Using soil bacterial communities to predict physico-chemical variables and soil quality. Microbiome, 8: 79.

Higham T, Douka K, Wood R, et al. 2014. The timing and spatiotemporal patterning of Neanderthal disappearance. Nature, 512: 306-309.

Hill E M, Robinson L A, Abdul-Sada A, et al. 2018. Arbuscular mycorrhizal fungi and plant chemical defence: Effects of colonisation on aboveground and belowground metabolomes. Journal of Chemical Ecology, 44 (2): 1-11.

Huang R Q. 2009. Some catastrophic landslides since the twentieth century in the southwest of China. Landslides, 6: 69-81.

Huerta-Sánchez E, Jin X, Asan, et al. 2014. Altitude adaptation in Tibetans caused by introgression of Denisovan-like DNA. Nature, 512: 194-197.

Hughen K A, Eglinton T I, Xu L, et al. 2004. Abrupt tropical vegetation response to rapid climate changes. Science, 304: 1955-1959.

Hughen K A, Overpeck J T, Peterson L C, et al. 1996. Rapid climate changes in the tropical Atlantic region during the last deglaciation. Nature, 380: 51-54.

Huijbregts R P, de Kroon A I, de Kruijff B. 2000. Topology and transport of membrane lipids in bacteria. Biochimica et Biophysica Acta (BBA) -Reviews on Biomembranes, 1469 (1): 43-61.

Intrieri E, Carlà T, Gigli G. 2019. Forecasting the time of failure of landslides at slope-scale: A literature review. Earth-Science Reviews, 193: 333-349.

IPBES. 2016. The Methodological Assessment Report on Scenarios and Models of Biodiversity and Ecosystem

Services. Bonn, Germany: Secretariat of the Intergovernmental Science-Policy Platform on Biodiversity and Ecosystem Services.

IPBES. 2019. The Global Assessment Report on Biodiversity and Ecosystem Services. Bonn, Germany: Secretariat of the Intergovernmental Science-Policy Platform on Biodiversity and Ecosystem Services.

Jaramillo C, Ochoa D, Contreras L, et al. 2010. Effects of rapid global warming at the Paleocene-Eocene boundary on neotropical vegetation. Science, 330: 957-961.

Ji S, Yu D, Shen C, et al. 2020. Landslide detection from an open satellite imagery and digital elevation model dataset using attention boosted convolutional neural networks. Landslides,17: 1337-1352.

Jiang W Y, Leroy S A G, Yang S L, et al. 2019. Synchronous strengthening of the Indian and East Asian Monsoons in response to global warming since the last deglaciation. Geophysical Research Letters, 46: 3944-3952.

Jiang Y, Liu M, Zhang J, et al. 2017. Nematode grazing promotes bacterial community dynamics in soil at the aggregate level. The ISME Journal, 11 (12): 2705-2717.

Kalbus E, Reinstorf F, Schirmer M. 2006. Measuring methods for groundwater-surface water interactions: A review. Hydrology and Earth System Sciences, 10: 873-887.

Keesstra S D, Bouma J, Wallinga J, et al. 2016. The significance of soils and soil science towards realization of the United Nations sustainable development goals. Soil, 2: 111-128.

Kelly M J, Edwards R L, Cheng H, et al. 2006. High resolution characterization of the Asian monsoon between 146,000 and 99,000 years BP from Dongge cave, China and global correlation of events surrounding Termination Ⅱ. Palaeogeography, Palaeoclimatology, Palaeoecology, 236: 20-38.

Kirchner M, Schmidt J, Kindermann G, et al. 2015. Ecosystem services and economic development in Austrian agricultural landscapes—The impact of policy and climate change scenarios on trade-offs and synergies. Ecological Economics, 109: 161-174.

Kobashi T, Severinghaus J P, Brook E J, et al. 2007. Precise timing and characterization of abrupt climate change 8200 years ago from air trapped in polar ice. Quaternary Science Reviews, 26: 1212-1222.

Kremer P, Hamstead Z A, McPhearson T. 2016. The value of urban ecosystem services in New York City: A spatially explicit multicriteria analysis of landscape scale valuation scenarios. Environmental Science & Policy, 62: 57-68.

Ladau J, Shi Y, Jing X, et al. 2018. Existing climate change will lead to pronounced shifts in the diversity of soil prokaryotes. mSystems, 3: e00167-e00168.

Landuyt D, Broekx S, Engelen G, et al. 2016. The importance of uncertainties in scenario analyses—A study on future ecosystem service delivery in Flanders. Science of the Total Environment, 553: 504-518.

Lazaridis I, Nadel D, Rollefson G, et al. 2016. Genomic insights into the origin of farming in the ancient Near East. Nature, 536: 419-424.

Lazaridis I, Patterson N, Mittnik A, et al. 2014. Ancient human genomes suggest three ancestral populations for present-day Europeans. Nature, 513: 409-413.

Lea D W, Pak D K, Peterson L C, et al. 2003. Synchroneity of tropical and high-latitude Atlantic temperatures over the last glacial termination. Science, 301: 1361-1364.

Li B, Li Y Y, Wu H M, et al. 2016. Root exudates drive interspecific facilitation by enhancing nodulation and

N2 fixation. Proceedings of the National Academy of Sciences, 113 (23): 6496-6501.

Li C H, Tang L Y, Feng Z D, et al. 2006. A high-resolution late Pleistocene record of pollen vegetation and climate change from Jingning, NW China. Science China Earth Sciences, 49: 154-162.

Li H, An C, Fan W, et al. 2015. Population history and its relationship with climate change on the Chinese Loess Plateau during the past 10,000 years. The Holocene, 25: 1144-1152.

Li H, Wang H, Wang H, et al. 2018. The chemodiversity of paddy soil dissolved organic matter correlates with microbial community at continental scales. Microbiome, 6: 187.

Li M, Zhang Q, Streets D G, et al. 2014. Mapping Asian anthropogenic emissions of non-methane volatile organic compounds to multiple chemical mechanisms. Atmospheric Chemistry and Physics, 14: 5617-5638.

Li P, Qian H, Wu J. 2014. Environment: Accelerate research on land creation. Nature, 510: 29-31.

Liang C, Schimel J P, Jastrow J D. 2017. The importance of anabolism in microbial control over soil carbon storage. Nature Microbiology, 2: 17105.

Liang Y, Jiang Y, Wang F, et al. 2015. Long-term soil transplant simulating climate change with latitude significantly alters microbial temporal turnover. The ISME Journal, 9: 2561-2572.

Limmathurotsakul D, Golding N, Dance D A, et al. 2016.Predicted global distribution of *Burkholderia pseudomallei* and burden of melioidosis. Nature Microbiology, 1(1): 15008.

Lipson M, Reich D. 2017. A working model of the deep relationships of diverse modern human genetic lineages outside of Africa. Molecular Biology and Evolution, 34: 889-902.

Liu G, Muller D B. 2012. Addressing sustainability in the aluminum industry: A critical review of life cycle assessments. Journal of Cleaner Production, 35: 108-117.

Liu Y, Alessi D S, Owttrim G W, et al. 2016. Cell surface acid-base properties of the cyanobacterium synechococcus: Influences of nitrogen source, growth phase and N: P ratios. Geochimica ET Cosmochimica Acta, 187: 179-194.

Liu Y, Guo Y, Li Y, et al. 2015. GIS-based effect assessment of soil erosion before and after gully land consolidation: A case study of Wangjiagou project region, Loess Plateau. Chinese Geographical Science, 25 (2): 137-146.

Liu Z, Guan D, Wei W, et al. 2015. Reduced carbon emission estimates from fossil fuel combustion and cement production in China. Nature, 524: 335-338.

Loulergue L, Schilt A, Spahni R, et al. 2008. Orbital and millennial-scale features of atmospheric CH_4 over the past 800,000 years. Nature, 453: 383-386.

Lowell T V, Heusser C J, Andersen B G, et al. 1995. Interhemispheric correlation of late Pleistocene glacial events. Science, 269: 1541-1549.

Lu H Y, Zhang J P, Liu K B, et al. 2009. Earliest domestication of common millet (*Panicum miliaceum*) in East Asia extended to 10,000 years ago. Proceedings of the National Academy of Sciences, 106: 7367-7372.

Luo Y, Lü Y, Fu B, et al. 2019. When multi-functional landscape meets Critical Zone science: Advancing multi-disciplinary research for sustainable human well-being. National Science Review, 6 (2): 349-358.

Luo Y M, Tu C. 2018. Twenty Years of Research and Development on Soil Pollution and Remediation in China. Beijing: Science Press, Springer.

Lüthi D, Le Floch M, Bereiter B, et al. 2008. High-resolution carbon dioxide concentration record 650,000-

800,000 years before present. Nature, 453: 379-382.

Lynch-Stieglitz J. 2017. The Atlantic meridional overturning circulation and abrupt climate change. Annual Review of Marine Science, 9: 83-104.

Ma M, Dillon P, Zheng Y. 2019. Determination of sulfamethoxazole degradation rate by an in situ experiment in a reducing alluvial aquifer of the North China Plain. Environmental Science & Technology, 53, (18): 10620-10628.

Ma Z B, Cheng H, Tan M, et al. 2012. Timing and structure of the Younger Dryas event in northern China. Quaternary Science Reviews, 41: 83-93.

Martrat B, Grimalt J O, Shackleton N J, et al. 2007. Four climate cycles of recurring deep and surface water destabilizations on the Iberian margin. Science, 317: 502-507.

Maung M K M, Ha J H, Jin M U, et al. 2017. Anatomical profile of the mesial root of the Burmese mandibular first molar with Vertucci's type Ⅳ canal configuration. Journal of Oral Science, 59 (4): 469-474.

Mayewski P A, Rohling E E, Stager J C, et al. 2004. Holocene climate variability. Quaternary Research, 62: 243-255.

McInerney F A, Wing S L. 2011. The Paleocene-Eocene Thermal Maximum: A perturbation of carbon cycle, climate, and biosphere with implications for the future. Annual Review of Earth and Planetary Sciences, 39: 489-516.

McManus J F, Francois R, Gherardi J M, et al. 2004. Collapse and rapid resumption of Atlantic meridional circulation linked to deglacial climate changes. Nature, 428: 834-837.

Melillo M, Brunetti M T, Peruccacci S, et al. 2016. Rainfall thresholds for the possible landslide occurrence in Sicily (Southern Italy) based on the automatic reconstruction of rainfall events. Landslides, 13: 165-172.

Miyazaki M, Furukawa S, Komatsu T. 2017. Regio-and chemoselective hydrogenation of dienes to monoenes governed by a well-structured bimetallic surface. Journal of American Chemical Society, 139 (50): 18231-18239.

Moffitt S E, Hill T M, Roopnarine P D, et al. 2015. Response of seafloor ecosystems to abrupt global climate change. Proceedings of the National Academy of Sciences, 112: 4684-4689.

Montanarella L, Badraoui M, Chude V, et al. 2015. Status of the World's Soil Resources (SWSR) -Main Report. New York: FAO.

Morgan C, Barton L, Bettinger R, et al. 2011. Glacial cycles and Palaeolithic adaptive variability on China's Western Loess Plateau. Antiquity, 85: 365-379.

Mori S, Ogawa Y. 2020. Geohazards in Coastal Areas Near the Northernmost Sagami Trough, Central Japan: Review of Neotectonic Activity in Onshore and Offshore Areas of the Izu Island Arc Collision-Subduction Zone. London: Special Publications.

National Academies of Sciences, Engineering, and Medicine, Division on Earth and Life Studies, Board on Life Sciences, et al. 2018. Environmental Chemicals, the Human Microbiome, and Health Risk: A Research Strategy. Washington, DC: National Academies Press.

Nisha A R. 2008. Antibiotic residues—A global health hazard. Veterinary World, 1 (12): 375-377.

Nogales B, Aguiló-Ferretjans M M, Martín-Cardona C, et al. 2007. Bacterial diversity, composition and dynamics in and around recreational coastal areas. Environmental Microbiology, 9 (8): 1913-1929.

North Greenland Ice Core Project Members. 2004. High-resolution record of Northern Hemisphere climate extending into the last interglacial period. Nature, 421: 147-151.

NRC. 2001. National Research Council Committee on Basic Research Opportunities in the Earth Sciences. Basic Research Opportunities in the Earth Sciences. Washington, DC: National Academies Press.

O'Brien S R, Mayewski P A, Meeker L D, et al. 1995. Complexity of Holocene climate as reconstructed from a Greenland ice core. Science, 270: 1962-1964.

Okruszko T, Duel H, Acreman M, et al. 2011. Broad-scale ecosystem services of European wetlands-overview of the current situation and future perspectives under different climate and water management scenarios. Hydrological Sciences Journal, 56 (8): 1501-1517.

Oppo D W, Curry W B, McManus J F. 2015. What do benthic δ^{13}C and δ^{18}O data tell us about Atlantic circulation during Heinrich Stadial 1? Paleoceanography, 30: 353-368.

Outeiro L, Haessermann V, Viddi F, et al. 2015. Using ecosystem services mapping for marine spatial planning in southern Chile under scenario assessment. Ecosystem Services, 16: 341-353.

Park J, Lim H S, Lim J, et al. 2014. High-resolution multi-proxy evidence for millennial-and centennial-scale climate oscillations during the last deglaciation in Jeju Island, South Korea. Quaternary Science Reviews, 105: 112-125.

Parrenin F, Masson-Delmotte V, Köhler P, et al. 2013. Synchronous change of atmospheric CO_2 and Antarctic temperature during the last deglacial warming. Science, 339: 1060-1063.

Past Interglacials Working Group of PAGES. 2016. Interglacials of the last 800,000 years. Reviews of Geophysics, 54: 162-219.

Paternesi A, Schweiger H F, Scarpelli G. 2017. Numerical analyses of stability and deformation behavior of reinforced and unreinforced tunnel faces. Computers and Geotechnics, 88: 256-266.

Paterson S, Mackay D, Gladman A. 1991. A fugacity model of chemical uptake by plants from soil and air. Chemosphere, 23 (4): 539-565.

Peterson L C, Haug G H, Hughen K A, et al. 2000. Rapid changes in the hydrologic cycle of the tropical Atlantic during the last glacial. Science, 290: 1947-1951.

Petit J R, Jouzel J, Raynaud D, et al. 1999. Climate and atmospheric history of the past 420,000 years from the Vostok ice core, Antarctica. Nature, 399: 429-436.

Pierrehumbert R T. 2000. Climate change and the tropical Pacific: The sleeping dragon wakes. Proceedings of the National Academy of Sciences, 97: 1355-1358.

Piperno D R, Weiss E, Holst I, et al. 2004. Processing of wild cereal grains in the Upper Palaeolithic revealed by starch grain analysis. Nature, 430: 670-673.

Porter S C, An Z S. 1995. Correlation between climate events in the North-Atlantic and China during last glaciation. Nature, 375: 305-308.

Potts R. 1998. Environmental hypotheses of hominin evolution. American Journal of Physical Anthropology, 107: 93-136.

Prakash N, Manconi A, Loew S. 2020. Mapping landslides on EO data: Performance of deep learning models vs. traditional machine learning models. Remote Sensing, 12: 346.

Prüfer K, de Filippo C, Grote S, et al. 2017. A high-coverage Neandertal genome from Vindija Cave in Croatia.

Science, 358: 655-658.

Peng J B, Huang Q B, Hu Z P, et al. 2017. A proposed solution to the geological challenges encountered in urban metro construction in Xi'an, China. Tunnelling and Underground Space Technology, 61:12-25.

Peng J B, Wang S K, Wang Q Y, et al. 2019. Distribution and genetic types of loess landslides in China. Journal of Asian Earth Sciences, 170: 329-350.

Qiao M, Ying G, Singer A C, et al. 2018. Review of antibiotic resistance in China and its environment. Environment International, 110: 160-172.

Racimo F, Marnetto D, Huerta-Sanchez E. 2017. Signatures of archaic adaptive introgression in present-day human populations. Molecular Biology and Evolution, 34: 296-317.

Racimo F, Sankararaman S, Nielsen R, et al. 2015. Evidence for archaic adaptive introgression in humans. Nature Reviews Genetics, 16: 359-371.

Rasmussen S O, Andersen K K, Svensson A M, et al. 2006. A new Greenland ice core chronology for the last glacial termination. Journal of Geophysical Research: Atmospheres, 111: D06102.

Reff A, Bhave PV, Simon H, et al. 2009. Emissions inventory of $PM_{2.5}$ trace elements across the United States. Environmental Science & Technology, 43 (15): 5790-5796.

Reid W V, Bréchignac C, Lee Y T. 2009. Earth system research priorities. Science, 325 (17): 245.

Reid W V, Chen D, Goldfarb L, et al. 2010. Earth system science for global sustainability: Grand challenges. Science, 330 (6006): 916-917.

Richerson P J, Boyd R, Bettinger R L. 2001. Was agriculture impossible during the Pleistocene but mandatory during the Holocene? A climate change hypothesis. American Antiquity, 66: 387-411.

Roberts N, Taieb M, Barker P, et al. 1993. Timing of the Younger Dryas event in East Africa from lake-level changes. Nature, 366: 146-148.

Rodriguez-Lado L, Sun G F, Berg M, et al. 2013. Groundwater arsenic contamination throughout China. Science, 341 (6148): 866-868.

Rodriguez-Mozaz S, Chamorro S, Marti E, et al. 2015. Occurrence of antibiotics and antibiotic resistance genes in hospital and urban wastewaters and their impact on the receiving river. Water Research, 69: 234-242.

Rooth C. 1982. Hydrology and ocean circulation. Progress in Oceanography, 11: 131-149.

Rosso R, Rulli M C, Vannucchi G. 2006. A physically based model for the hydrologic control on shallow landsliding. Water Resources Research, 42: 1-16.

Ruddiman W F. 2003a. Orbital insolation, ice volume, and greenhouse gases. Quaternary Science Reviews, 22: 1597-1629.

Ruddiman W F. 2003b. The anthropogenic greenhouse era began thousands of years ago. Climatic Change, 61: 261-293.

Ruddiman W F. 2007. The early anthropogenic hypothesis: Challenges and responses. Reviews of Geophysics, 45: RG4001.

Ruddiman W F. 2010. A paleoclimatic enigma? Science, 328: 838-839.

Ruddiman W F, Guo Z T, Zhou X, et al. 2008. Early rice farming and anomalous methane trends. Quaternary Science Reviews, 27: 1291-1295.

Saito M. 1965. Forecasting the time of occurrence of a slope failure//Proceedings of the 6th International

Conference on Soil Mechanics and Foundation Engineering. Toronto: University of Toronto Press: 537-541.

Sankararaman S, Mallick S, Dannemann M, et al. 2014. The genomic landscape of Neanderthal ancestry in present-day humans. Nature, 507: 354-357.

Sanyal S K, Shuster J, Reith F. 2019. Cycling of biogenic elements drives biogeochemical gold cycling. Earth-Science Reviews, 190: 131-147.

Sarvanis G C, Karamanos S A. 2017. Analytical model for the strain analysis of continuous buried pipelines in geohazard areas. Engineering Structures, 152: 57-69.

Schroeter D, Cramer W, Leemans R, et al. 2005. Ecosystem service supply and vulnerability to global change in Europe. Science, 310: 1333-1337.

Schulz F, Roux S, Paez-Espino D, et al. 2020. Giant virus diversity and host interactions through global metagenomics. Nature, 578: 432-436.

Secord R, Gingerich P D, Lohmann K C, et al. 2010. Continental warming preceding the Palaeocene-Eocene thermal maximum. Nature, 467: 955-958.

Seddon A W R, Macias-Fauria M, Willis K J. 2015. Climate and abrupt vegetation change in Northern Europe since the last deglaciation. The Holocene, 25: 25-36.

Seguin-Orlando A, Korneliussen T S, Sikora M, et al. 2014. Genomic structure in Europeans dating back at least 36,200 years. Science, 346: 1113-1118.

Seppä H, Birks H J B. 2010. July mean temperature and annual precipitation trends during the Holocene in the Fennoscandian tree-line area: Pollen-based climate reconstructions. The Holocene, 11: 527-539.

Shackleton N J, Hall M A, Vincent E. 2000. Phase relationships between millennial-scale events 64,000-24,000 years ago. Paleoceanography, 15: 565-569.

Shen C M, Tang L Y, Wang S M, et al. 2005. Pollen records and time scale for the RM core of the Zoige Basin, northeastern Qinghai-Tibetan Plateau. Chinese Science Bulletin, 50: 553-562.

Shen W S, Xi H Q, Zhang K C, et al. 2014. Prognostic role of EphA2 in various human carcinomas: A meta-analysis of 23 related studies. Growth Factors, 32 (6): 247-253.

Shuman B N, Newby P, Donnelly J P, 2009. Abrupt climate change as an important agent of ecological change in the Northeast U. S. throughout the past 15,000 years. Quaternary Science Reviews, 28: 1693-1709.

Sigtryggsdóttir F G, Snaebjörnsson J T, Grande L, et al. 2015. Interrelations in multi-source geohazard monitoring for safety management of infrastructure systems. Structure and Infrastructure Engineering, 12 (3): 327-355.

Sinha A, Cannariato K G, Stott L D, et al. 2005. Variability of southwest Indian summer monsoon precipitation during the Bølling-Allerød. Geology, 33: 813-816.

Smith M B, Rocha A M, Smillie C S, et al. 2015. Natural bacterial communities serve as quantitative geochemical biosensors. mBio, 6: 00315-00326.

Smith S J, van Aardenne J, Klimont Z, et al. 2011. Anthropogenic sulfur dioxide emissions: 1850-2005. Atmospheric Chemistry and Physics, 11: 1101-1116.

Sokol N W, Bradford M A. 2019. Microbial formation of stable soil carbon is more efficient from belowground than aboveground input. Nature Geoscience, 12: 46-53.

Sophocleous M. 2002. Interactions between groundwater and surface water: The state of the science.

Hydrogeology Journal, 10: 52-67.

Stebich M, Mingram J, Han J T, et al. 2009. Late Pleistocene spread of (cool-) temperate forests in Northeast China and climate changes synchronous with the North Atlantic region. Global and Planetary Change, 65: 56-70.

Stocker T F. 1998. The seesaw effect. Science, 282: 61-62.

Stott L, Poulsen C, Lund S, et al. 2002. Super ENSO and global climate oscillations at millennial time scales. Science, 297: 222-226.

Sullivan P L, Wymore A S, McDowell W H. et al. 2017. New Opportunities for Critical Zone Science. Arlington: 2017 CZO Arlington Meeting White Booklet.

Swetnam R D, Fisher B, Mbilinyi B P, et al. 2011. Mapping socio-economic scenarios of land cover change: A GIS method to enable ecosystem service modeling. Journal of Environmental Management, 92: 563-574.

Takahara H, Igarashi Y, Hayashi R, et al. 2010. Millennial-scale variability in vegetation records from the East Asian Islands: Taiwan, Japan and Sakhalin. Quaternary Science Reviews, 29: 2900-2917.

Tang H, Wasowski J, Juang C H. 2019. Geohazards in the three Gorges Reservoir Area, China—Lessons learned from decades of research. Engineering Geology, 261: 105267.

Tanno K, Willcox G. 2006. How fast was wild wheat domesticated? Science, 311: 1886.

Tao C, Qais A, Hajir P, et al. 2017. The next-generation U. S. retail electricity market with customers and prosumers—A bibliographical survey. Energies, 11 (1): 8.

Tedersoo L, Bahram M, Cajthaml T, et al. 2016. Tree diversity and species identity effects on soil fungi, protists and animals are context dependent. The ISME Journal, 10 (2): 346-362.

Thompson J R, Lambert K F, Foster D R, et al. 2016. The consequences of four land-use scenarios for forest ecosystems and the services they provide. Ecosphere, 7 (10): e01469.

Tian H, Tian C, Zhu J, et al. 2015. Quantitative assessment of atmospheric emissions of toxic heavy metals from anthropogenic sources in China: Historical trend, spatial distribution, uncertainties, and control policies. Atmospheric Chemistry and Physics, 15: 10127-10147.

Tinner W, Lotter A F. 2001. Central European vegetation response to abrupt climate change at 8.2 ka. Geology, 29: 551-554.

Tourna M, Stieglmeier M, Spang A, et al. 2011. *Nitrososphaera viennensis*, an ammonia oxidizing archaeaon from soil. Proceedings of the National Academy of Sciences, 108 (20): 8420-8425.

Tsai T L, Tsai P Y, Yang P J. 2015. Probabilistic modelling of rainfall-induced shallow landslide using a point estimate method. Environmental Earth Sciences, 73: 4109-4117.

Turner S K, Hull P M, Kump L R, et al. 2017. A probabilistic assessment of the rapidity of PETM onset. Nature Communications, 8: 353.

Turney C S M, McGlone M S, Wilmshurst J M. 2003. Asynchronous climate change between New Zealand and the North Atlantic during the last deglaciation. Geology, 31: 223-226.

Vaziri V, Khademi Hamidi J, Sayadi A R. 2018. An integrated GIS-based approach for geohazards risk assessment in coal mines. Environmental Earth Sciences, 77 (1): 1-18.

Verburg P H, Crossman N, Ellis E C, et al. 2015. Land system science and sustainable development of the earth system: A global land project perspective. Anthropocene, 12: 29-41.

Vikesland P J, Pruden A, Alvarez P J J, et al. 2017. Toward a comprehensive strategy to mitigate dissemination of environmental sources of antibiotic resistance. Environmental Science & Technology, 51(22): 13061-13069.

Volpe E, Gustinelli A, Caffara M, et al. 2020. Viral nervous necrosis outbreaks caused by the RGNNV/SJNNV reassortant betanodavirus in gilthead sea bream (*Sparus aurata*) and European sea bass (*Dicentrarchus labrax*). Aquaculture, 523: 735155.

Walz A, Braendle J M, Lang D J, et al. 2014. Experience from downscaling IPCC-SRES scenarios to specific national-level focus scenarios for ecosystem service management. Technological Forecasting & Social Change, 86: 21-32.

Wang C, Lu H, Zhang J, et al. 2016. Macro-process of past plant subsistence from the Upper Paleolithic to Middle Neolithic in China: A quantitative analysis of multi-archaeobotanical data. Plos One, 11: e0148136.

Wang H, Wang N, Qian J, et al. 2017. Urinary antibiotics of pregnant women in Eastern China and cumulative health risk assessment. Environmental Science & Technology, 51 (6): 3518-3525.

Wang L, Jiang W Y, Jiang D B, et al. 2018. Prolonged heavy snowfall during the Younger Dryas. Journal of Geophysical Research: Atmospheres, 123: 13748-13762.

Wang S L, Wang H, Deng W J. 2013. Perfluorooctane sulfonate (PFOS) distribution and effect factors in the water and sediment of the Yellow River Estuary, China. Environmental Monitoring and Assessment, 185 (10): 8517-8524.

Wang X F, Auler A S, Edwards R L, et al. 2006. Interhemispheric anti-phasing of rainfall during the last glacial period. Quaternary Science Reviews, 25: 3391-3403.

Wang X F, Wei Z, Yang K, et al. 2019. Phage combination therapies for bacterial wilt disease in tomato. Nature Biotechnology, 37: 1513-1520.

Wang Y, Rogan W J, Chen P C, et al. 2014. Association between maternal serum perfluoroalkyl substances during pregnancy and maternal and cord thyroid hormones: Taiwan maternal and infant cohort study. Environmental Health Perspectives, 122 (5): 529-534.

Wang Y J, Cheng H, Edwards R L, et al. 2001. A high-resolution absolute-dated Late Pleistocene monsoon record from Hulu Cave, China. Science, 294: 2345-2348.

Weessner W W. 2000. Stream and fluvial plain ground water interactions: Rescaling hydrogeologic though. Groundwater, 38 (3): 423-429.

Wei Z, Gu Y, Friman V P, et al. 2019. Initial soil microbiome composition and functioning predetermine future plant health. Science Advances, 5 (9): eaaw0759.

Wen R L, Xiao J L, Chang Z G, et al. 2010. Holocene climate changes in the mid-high-latitude-monsoon margin reflected by the pollen record from Hulun Lake, northeastern Inner Mongolia. Quaternary Research, 73: 293-303.

White T, Brantley S, Banwart S, et al. 2015. The role of critical zone observatories in critical zone science. Developments in Earth Surface Processes, (19): 15-78.

Williams J W, Post D M, Cwynar L C, et al. 2002. Rapid and widespread vegetation responses to past climate change in the North Atlantic region. Geology, 30: 971-974.

Xiao J L, Porter S C, An Z S, et al. 1995. Grain-size of quartz as an indicator of winter monsoon strength on the

Loess Plateau of central China during the last 130,000-yr. Quaternary Research, 43: 22-29.

Xiong W, Song Y, Yang K, et al. 2020. Rhizosphere protists are key determinants of plant health. Microbiome, 8: 27.

Xu J, Zhang Y, Zhang P, et al. 2018. The structure and function of the global citrus rhizosphere microbiome. Nature Communications, 9: 4894.

Xu Q, Peng D L, Zhang S, et al. 2020. Successful implementations of a real-time and intelligent early warning system for loess landslides on the Heifangtai terrace, China. Engineering Geology, 278: 105817.

Xu Q H, Chen F H, Zhang S R, et al. 2017. Vegetation succession and East Asian Summer Monsoon Changes since the last deglaciation inferred from high-resolution pollen record in Gonghai Lake, Shanxi Province, China. The Holocene, 27: 835-846.

Xue K, Yuan M M, Shi Z J, et al. 2016. Tundra soil carbon is vulnerable to rapid microbial decomposition under climate warming. Nature Climate Change, 6: 595-600.

Yang M A, Gao X, Theunert C, et al. 2017. 40,000-year-old individual from Asia provides insight into early population structure in Eurasia. Current Biology, 27: 3202-3208.

Yang T, Tedersoo L, Soltis P S, et al. 2019. Phylogenetic imprint of woody plants on the soil mycobiome in natural mountain forests of eastern China. ISME Journal, 13: 686-697.

Yasuhara M, Okahashi H, Cronin T M, et al. 2014. Response of deep-sea biodiversity to abrupt deglacial and Holocene climate changes in the North Atlantic Ocean. Global Ecology and Biogeography, 23: 957-967.

Yi X, Liang Y, Huerta-Sanchez E, et al. 2010. Sequencing of 50 human exomes reveals adaptation to high altitude. Science, 329: 75-78.

Yin Q Z, Berger A. 2011. Individual contribution of insolation and CO_2 to the interglacial climates of the past 800,000 years. Climate Dynamics, 38: 709-724.

Yin Y, Wang H, Gao Y, et al. 2010. Real-time monitoring and early warning of landslides at relocated Wushan Town, the Three Gorges Reservoir, China. Landslides, 7 (3): 339-349.

Yu Z C, Eicher U. 1998. Abrupt climate oscillations during the last deglaciation in central North America. Science, 282: 2235-2238.

Yuan D X, Cheng H, Edwards R L, et al. 2004. Timing, duration, and transitions of the last interglacial Asian monsoon. Science, 304: 575-578.

Zachos J, Pagani M, Sloan L, et al. 2001. Trends, rhythms, and aberrations in global climate 65 Ma to present. Science, 292: 686-693.

Zalasiewicz J, Williams M, Smith A, et al. 2008. Are we now living in the Anthropocene? Geological Society of America Today, 18: 4-8.

Zhalnina K, Louie K B, Hao Z, et al. 2018. Dynamic root exudate chemistry and microbial substrate preferences drive patterns in rhizosphere microbial community assembly. Nature Microbiology, 3: 470-480.

Zhang G, Zhu Y, Shao M. 2019. Understanding sustainability of soil and water resources in a critical zone perspective. Science China Earth Sciences, 62: 1716-1718.

Zhang J P, Lu H Y, Gu W, et al. 2012. Early mixed farming of millet and rice 7800 years ago in the Middle Yellow River Region, China. Plos One, 7: e52146.

Zhang J P, Lu H Y, Wu N Q, et al. 2010. Phytolith evidence for rice cultivation and spread in Mid-Late

Neolithic archaeological sites in central North China. Boreas, 39: 592-602.

Zhang J Y, Liu Y X, Zhang N, et al. 2019. NRT1.1B is associated with root microbiota composition and nitrogen use in field-grown rice. Nature Biotechnology, 37: 676-684.

Zhang S R, Xiao J L, Xu Q H, et al. 2018. Differential response of vegetation in Hulun Lake region at the northern margin of Asian summer monsoon to extreme cold events of the last deglaciation. Quaternary Science Reviews, 190: 57-65.

Zhang Y G, Pagani M, Liu Z, et al. 2013. A 40-million-year history of atmospheric CO_2. Philosophical Transactions of the Royal Society A: Mathematical, Physical and Engineering Sciences, 371: 20130096.

Zhao N, Yue T X, Chen C F, et al. 2018. An improved statistical downscaling scheme of Tropical Rainfall Measuring Mission precipitation in the Heihe River basin, China. International Journal of Climatology, 38 (8): 3309-3322.

Zhao Y T, An C B, Mao L M, et al. 2015. Vegetation and climate history in arid western China during MIS2: New insights from pollen and grain-size data of the Balikun Lake, eastern Tien Shan. Quaternary Science Reviews, 126: 112-125.

Zhu Y G, Zhao Y, Zhu D, et al. 2019. Soil biota, antimicrobial resistance and planetary health. Environment International, 131: 105059.

第二部分

学科基础

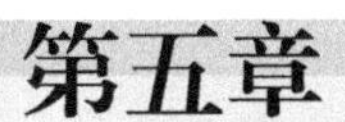

环境土壤学（D0701）、基础土壤学（D0709）和土壤侵蚀与土壤肥力（D0710）

第一节　引　　言

一、学科定义

土壤学是研究自然条件和人为利用下土壤组成、性质、过程及功能，揭示土壤自身发生演替、空间分布和动态变化及其与地表圈层系统的相互作用规律，并为土壤资源利用、保护和可持续管理提供科学依据的学科。现今，“土壤学”由于申请量较大，根据科学基金改革优化学科布局的指导思想，被划分为3个二级申请代码：环境土壤学（D0701）、基础土壤学（D0709）和土壤侵蚀与土壤肥力（D0710），并于2021年开始使用优化调整后新的学科申请代码。

二、学科内涵和外延

土壤是人类赖以生存和发展的重要自然资源之一。土壤功能是由土壤自身的物质循环、能量流动、生物演替和信息传递特征决定的，是土壤的固有自然属性。传统土壤学将土壤定义为地球表面能够生长植物的疏松层，侧重于研究土壤的肥力特征及其农业生产功能，研究其中的物质运动规律及其与环境间的关系。当前，随着人类对土壤资源保护利用的持续认知，土壤学的研究范畴延伸到地球表层系统科学、生态和环境科学、全球变化和可持续发展科学，拓展了对土壤环境功能和生态功能的认识，土壤的定义和内涵也发生了深刻演变。

土壤学具有自身独特的理论体系和研究方法，其与地球科学、农业科学、环境科学、生态科学具有密切的联系并深度融合。其主要包括土壤圈形成与演化、土壤物理学、土壤化学、土壤生物与生物化学、土壤侵蚀与水土保持、土壤肥力与土壤养分循环、土壤污染与修复、土壤质量与食物安全等分支学科。土壤学现阶段的应用目标在于为我国土壤资源合理利用、保障粮食安全、保护生态环境、应对气候变化等提供科技支撑。

三、学科特点

由于土壤性质与功能具有多样性，在自然科学体系中土壤学本身是一门综合性很强的应用基础学科，土壤学的发展得益于化学、物理学、生物学、数学及其他自然科学的发展，这些基础学科的进步为土壤学的发展提供了新的研究方法、分析方法、土壤信息获取和处理方法等，使得在更微观和更宏观尺度上进行土壤学研究成为可能。同时，土壤物质的多态性、土壤过程的多尺度性和土壤功能的多元性，决定了土壤作为一个特殊的自然体需要从不同侧面以不同学科方法进行综合研究。土壤学的应用性决定了社会需求是土壤学发展的根本动力。我国人地矛盾突出，土壤学在解决重大生态环境问题和农业可持续发展中发挥着独特的作用，因此具有十分重要的地位。

四、战略意义

土壤是连接大气圈、水圈、岩石圈和生物圈的枢纽，是陆地生态系统存在、演变和发展的物质基础，其支撑陆地生态系统中的生命过程，调节地球表层元素生物地球化学循环，保护人类生存的自然环境。随着工业化和城市化的不断推进和经济社会的快速发展，全球面临着土壤资源短缺、环境污染加剧、生态系统退化、自然灾害频发和气候变化等重大挑战，其严重威胁着经济社会可持续发展、生态环境安全和人民健康，如何协调发挥土壤的生产功能、环境保护功能、生态工程建设支撑功能和全球变化缓解功能，成为现代土壤学为人类社会可持续发展做出贡献的重要任务（沈仁芳和滕应，2015）。

第二节　学科发展现状

经过170多年的发展，土壤学吸纳了物理、化学、数学、生物学等相关学科的理论、方法及技术，研究内容不断丰富，由早期定性描述性研究发展为系统观测与定量实验研究，其是以多组分、多形态和多尺度物质迁移与转化为核心，以土壤多过程和多功能为重点的土壤学学科理论、研究方法和技术体系的系统性科学（沈仁芳，2018）。土壤学在当今世界土壤资源管理、农业可持续发展与生态环境治理等领域发挥着不可替代的作用。

一、国际土壤学发展现状与态势

进入21世纪以来，土壤学学科发展和科学地位得到了不断提升。国际土壤学会（ISSS）升格为国际土壤学联合会（IUSS），并成为ICSU的独立成员，这充分反映了国际土壤学的学科地位和发展形势。目前，国际土壤学联合会学术机构已设置土壤时空演变、土壤性质与过程、土壤利用与管理、土壤在社会及环境中的应用4个部门，总共分设了22个下属专业委员会，同时，还设立了若干专业委员会来吸纳和推进交叉学科的土壤学研究。FAO理事会批准2015年为“国际土壤年”，主题为“健康土壤带来健康生活”。目前，国际上十分关注土壤安全议题，解决与土壤相关的国际共同关注的重大问题，以提高土壤资源的可持续管理能力，满足人类对粮食、燃料和纤维生产的需求，促使土壤生态系统功能更好地适应当前和未来的气候变化（沈仁芳和滕应，2015；沈仁芳，2018；赵其国和骆永明，2015），因此在SDGs中土壤得到前所未有的重视。这一方面说明了对土壤学学科作为一门自然科学已达成了共识，同时也反映了土壤学科的应用领域和重要性的不断扩大。近二十多年来，国际土壤学的发展现状与趋势如下。

（一）土壤服务功能研究进一步拓展，已经全面进入生产功能、环境功能、生态功能的多目标多功能系统的研究阶段

2018年8月在巴西召开的第21届世界土壤学大会的主题：“Soil Science：Beyond Food and Fuel”（土壤学：超越食物和燃料），讨论如何养活一个饥饿的星球，如何为一个能源匮乏的星球生产燃料，如何解决地球上人口的口渴问题，如何消除地球的污染，如何平衡生物多样性保护与农业生产的可持续土地管理。以Web of Science核心数据库中34份土壤学期刊为检索范围，从这些主流期刊发文的主题来看，在过去二十多年里世界主要国家的土壤学服务于作物生产，农业土壤学的基础研究仍然是一个永恒的主题（图5-1）。以土壤肥力为中心的土壤养分与元素的转化还是国际土壤学的研究重点；由于土壤微生物学研究成为国际土壤学的研究前沿，因此其关注点转向对养分元素的生物地球化学循环过程研究（宋长青和谭文锋，2015）。

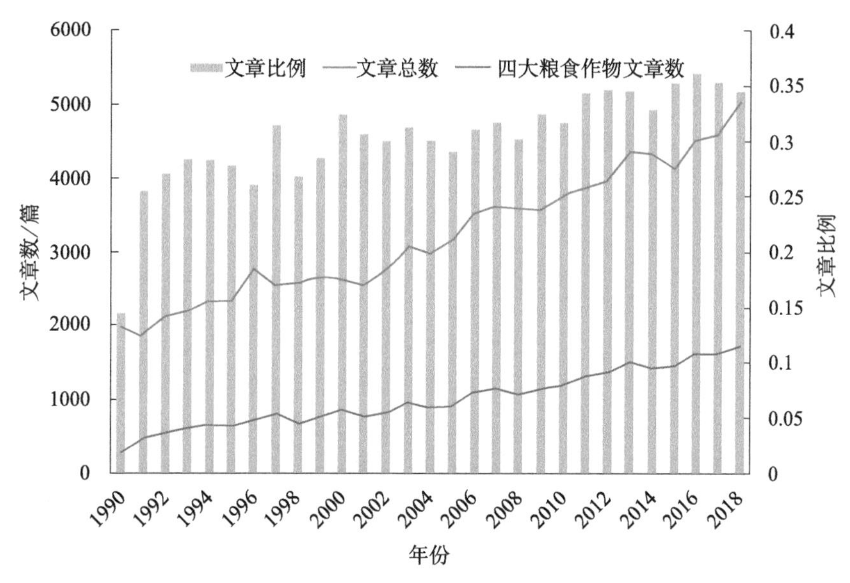

图5-1　以水稻、小麦、玉米、土豆四大粮食作物为主题的土壤学论文及其占全部土壤学论文的比例

资料来源：Web of Science 34份土壤学期刊

同时，随着环境污染治理与缓解全球气候变化的新需求的牵引，土壤污染修复和全

球变化下土壤碳氮循环研究成为国际土壤学研究的热点。植物修复作为有效净化污染土壤的绿色环保方法越来越受到重视，且微生物介导的植物修复理论与技术的研究成为目前土壤污染治理研究中的生长点。土壤作为地球表层系统中最大的碳储库，土壤碳循环研究不断得到加强。一些新的研究主题，如生物炭（biochar）和生物多样性，其由于在土壤生态功能中的多方面作用，不时涌现并呈爆发式增长态势。可见，近二十多年来土壤学不仅关注对肥力、产量、水分等传统土壤学的研究，还关注人为活动产生的环境效应方面的研究，以充分发挥土壤的生产功能、环境功能、生态功能，从而实现人类活动和生态环境的协调发展。

（二）土壤圈形成、过程与演化研究向关键带（地球表层系统）扩展成为地球系统科学的组成部分

地球关键带（earth's critical zone）是物质和能量循环最活跃的地球表层系统，土壤圈是关键带最核心的部分，也是元素生物地球化学过程最活跃的区域，土壤学研究关键带土壤的物质形成及其与大气、水、生物的交换和循环过程，从而为理解地球表层系统演变和功能提供依据。其相关研究主要包括：土壤时空演化与关键带多界面、多尺度、多要素过程的耦合关系；关键带重要的生物地球化学过程和驱动机制；关键带结构与水文过程、岩石风化、土壤形成之间的关系；关键带过程对土壤生产力、生态环境安全等功能的影响（张甘霖等，2019）。

在美国NSF的资助下，美国境内的关键带由最初的3个流域发展到10个流域组成的监测网络。在欧盟第七框架计划的资助下，欧盟开展了以欧洲各国流域为主体的土壤过程及其功能的联合监测研究。在德国科学基金会（DFG）的资助下，德国建立了类似于关键带的陆地环境监测网络（TERENO）。这些监测网络覆盖了气候变化和人类活动强度的梯度，集成了实时监测、控制实验、过程模拟等环节，提供了不同学科相互合作的研究平台。以地球关键带为平台，以土壤作为重要组成部分，在以下几个方面开展了深入系统的研究：①土壤形成发育过程及其元素生物地球化学过程的耦合；②多尺度（剖面、坡面、流域和区域）的生态水文过程及其物质迁移转化；③多界面（土－水、土－气、土－生、土－岩等）的物理、化学和生物过程相互作用与反馈机制。

（三）新技术、新方法的应用以及长期定位试验成为土壤学发展的重要手段

新技术与新方法的广泛采用促进了土壤学的发展（Siebecker et al.，2014；Fierer，2017；朱永官等，2017）。在土壤物质形态和性质方面，稳定性同位素如 ^{13}C、^{15}N、^{14}C、^{32}P 和重金属同位素等用于标记和示踪土壤－生物系统中生命元素循环和污染物转化的生物地球化学过程，尤其是在土壤功能微生物识别及其物质代谢过程方面发挥了重要作用；应用同步辐射技术阐明土壤胶体组分与重金属之间的物理、化学、生物界面分子作用机制；同步辐射光谱显微镜技术能够详细描述微米和亚微米空间的化学特征，为研究土壤微环境中复杂的物地球化学过程提供了可能；宇宙射线土壤水分观测系统（COSMOS）是一种精度较高的大尺度土壤水分含量监测系统；电子计算机断层扫描（CT）技术使土壤结构研究从定性描述走向定量化，推动了土壤结构与水分运动和根系生长等相互耦合研究；新的遥感遥测、近地传感与制图技术应用于研究土壤调查和土壤性质动态变化的监测与制

图，不断提高土壤监测的准确性与实时性。模型模拟成为重要的研究工具，可以实现土壤多过程的精细刻画、情景分析、尺度扩展等分析，如在污染物环境行为、水力学过程、水土流失、空间变异预测与制图、碳氮循环与全球变化等方面发挥了重要作用。

长期试验的重要性日益凸显，其被赋予了新的生命力，从农田肥料试验走向生态系统试验，从单一试验研究走向整合和网络研究，从土壤过程走向生态系统过程，从土壤圈走向地球关键带系统，在全球尺度上分析全球土壤变化规律。其目前的发展趋势是土壤过程—生物过程—生态系统过程中系统而连续的观察和监测。通过长期定位观测试验可以揭示土壤微生物区系与生物多样性、长期施肥与土壤肥力的变化、长期耕作措施的土壤保育效果，以及模型预测结果的验证（图 5-2）。长期土壤生态系统研究已经纳入美国 NSF 的关键带探测网络（critical zone exploration network），我国也初步形成了中国地球关键带网络的雏形，有望进入国际环境问题科学委员会。

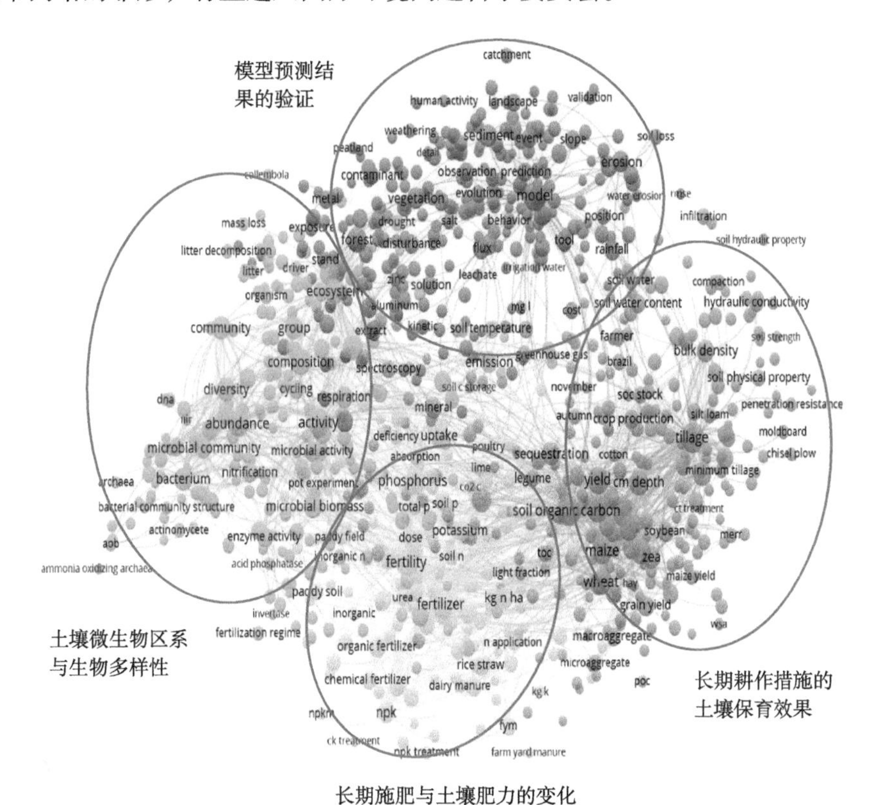

长期施肥与土壤肥力的变化

图 5-2　应用长期试验平台的土壤学研究主题词共现关系图

（四）多学科交叉融合研究成为推动土壤学发展的趋势

随着化学、生物学、物理学等基础理论、方法、技术的进步，多学科交叉融合成为推动国际土壤学快速发展的重要动力，土壤学与其他基础学科的渗透融合推动了土壤学研究新方向和分支学科的诞生。化学各分支学科发展为定性和定量研究土壤中养分离子及污染物形态与转化提供了技术和理论支撑，特别是近年来原子及分子分析方法的快速发展为我们从分子水平研究养分离子与污染物的界面提供了先进手段；化学结构、化学计量与土壤颗粒基本物质分子组成的交叉和综合形成了土壤分子模拟方向；生物学特别是分子生物学技术的进步，深化了对土壤微生物所驱动的土壤过程的认识，特别是基于高通量测序的组学技术（基因组学、转录组学、蛋白组学、代谢组学等）打开了土壤微生物的“黑箱”，极大地推动了对土壤中未知微生物类群及功能的认识（朱永官等，2017）。生物学参与的土壤物质和过程的研究，衍生出土壤生物物理研究分支学科；微生物学、微形态学、土壤颗粒与土壤结构的交叉研究派生出土壤微生境和微生态研究方向；数学、地统计学和土壤学的交叉形成了土壤计量学；数字技术、信息技术的发展使得土壤信息系统研究和数字土壤研究成为现实，改变了传统土壤学分析的模糊和定性的形象。在关键带土壤环境过程研究方面，土壤学整合了生物学、水文学、生态学、环境科学、地球化学、地质学、大气科学等知识和技术，大大提升了解释地球各圈层之间交互作用以及土壤与全球变化、流域或区域环境污染与控制等问题的能力。

（五）社会与公众需求成为土壤学发展的推动力

为了应对全球社会可持续发展面临的现实挑战，土壤学研究的需求越来越受到高度重视，极大地推动了国际土壤学的发展。SDGs 中就有四大目标对土壤学的需求提出了明确要求，其中促进可持续农业、保障健康生活、确保可持续消费与生产模式、恢复退化陆地生态系统等方面，分别涉及土壤质量、土壤污染、土壤健康、土壤退化等内容。在全球资源环境矛盾日益突出的情况下，土壤的生产力及其可持续提高的机理和途径仍然是农业土壤学的一大中心任务（张佳宝和刘建立，2016）。为了应对气候变化挑战，全球兴起了土壤碳循环研究，其至今一直是国际土壤学的前沿领域；环境污染的全球化和 POPs 控制的国际公约推动土壤环境与污染修复成为全球环境科学的热点领域。科学研究的全球合作和重大国际科学研究计划也推动了土壤学的全球对比与网络化。全球土壤信息化的对比推进了国际土壤分类系统和数字土壤制图的全球合作研究。因此，随着全球社会对可持续发展科学的需求，土壤学在各个领域的应用研究得到了进一步的发展。

二、我国土壤学发展现状与态势

我国的土壤学虽然起步较晚，但近几十年来发展迅速，土壤学研究在面对国家需求、解决生产实际的同时，学科建设得到了极大发展，相继建立了土壤地理学、土壤物理学、土壤化学、土壤生物学、土壤侵蚀与水土保持、土壤肥力与土壤养分循环、土壤污染与修复、土壤质量与食物安全等各分支学科，提出了土壤圈物质循环的重要研究内涵，建立了较为完整的土壤学科体系，使其在国际上已具有一定特色和国际地位。以 Web of Science 收录的 34 份土壤学期刊中发表的文章为例，我国在 2014 年超过美国，成为在土壤学期刊上发文最多的国家，接近全球总量的 30%（图 5-3）。由于我国对土壤学的巨大需求，我国土壤学各分支学科在过去几十年里全面发展，其总体特征体现在如下几个方面。

（一）土壤形成与演化研究

我国在人为土、热带土壤及黄土－古土壤的发生学研究上取得了明显进展，其研究水平处于国际前沿。目前，土壤发生学研究在时间尺度上走向“更深”的土层，在“更

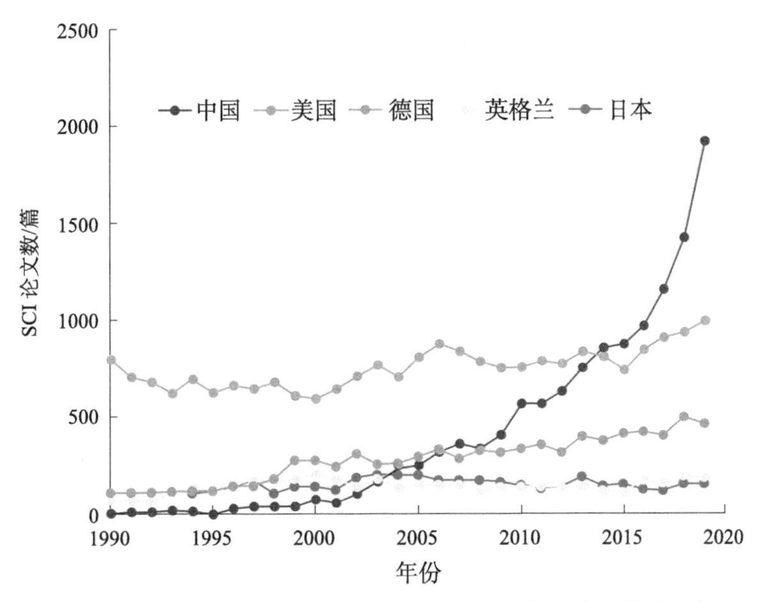

图 5-3　世界主要国家在 Web of Science 土壤学期刊发文数量变化

大”的空间尺度上来挖掘环境变化对土壤发生学的作用机制。土壤圈形成演化研究正迅速融入地球表层系统科学，在诸如关键带物质循环研究中发挥着重要的作用。土壤系统分类由高级分类单元向基层分类单元深入，系统清查了我国的土系资源，建立了近 5000 个土系并出版了《中国土系志》，为我国土壤资源清单的全面更新和定量化研究提供了最新的实测科学数据支撑。我国构建了中国土壤信息系统（SISChina），建立了多项高精度数字土壤制作技术标准与规程，更新了我国现有土壤数据库；开发了国家土壤信息服务平台及移动 APP；建立了基于野外数据采集—自动传输—云端存储分析—共享服务一体化的技术体系，填补了我国在这一技术领域的空白；建立了国家尺度、区域尺度和单个土体尺度参比的方法，提出了中国土壤分类参比基准。土壤信息系统和数据库的完善为我国土壤学研究的数据整合和利用创造了条件。

全球数字土壤制图网络已经建立，中国科学院南京土壤研究所作为该网络的发起单位之一，成为联系东亚地区的网络节点，*Science* 杂志曾就全球数字土壤制图做了专题述评，发展了先进的数字土壤制图技术和方法，开发了基于土壤光谱信息的剥离算法，实现了复杂地表土壤信息的快速获取；研发了适于复杂土壤景观的数字土壤制图技术，有效地解决了多因素、非线性和非平稳等土壤景观关系的定量表征，尤其是土壤遥感的理论、技术与方法在实际应用过程中取得了进步，在土壤类型与土壤性质的光谱特性识别以及土壤标准光谱库建立等应用基础研究方面都取得了长足的进步，并广泛运用于土壤有机质含量、土壤水分和土壤盐分测定等。然而土壤信息与土壤遥感技术在理论、方法与技术方面仍有待进一步突破，如海量土壤数据的集成方法与土壤数据拓展的理论和方法、不同土壤类型和土壤特性的光谱反演规律以及适用的定量模型等。我国在多尺度土壤过程与属性的空间表达、土壤信息快速获取等方面取得明显进展，从单一传感走向多传感融合观测，从室内、静态走向野外、动态采集，以及土壤空天地一体化立体观测与智能化技术研发及应用。

（二）土壤物理学研究

土壤物理学是研究土壤中三相（气、液、固）的状态及其物理过程的科学，在土壤水文过程、土壤及地下水污染研究以及应对全球气候变化方面，其加深了对土壤物理过程的认识。我国土壤物理学发展迅速，近年来中国土壤学会土壤物理学专业委员会会议参会人数稳定在 400 人左右，参会单位接近百余家。土壤物理学会议专题主要包括：地球关键带水文过程与物质迁移，土壤物理质量与可持续农业发展，土壤水热盐耦合过程与调控，污染物迁移与数值模拟，土壤物理、化学和生物过程的相互作用与机理等。近期，世界土壤学大会（WCSS）涉及土壤物理学科的主要有土壤结构和土壤水两大领域，如 2018 年在巴西里约召开 WCSS 会议，有关土壤物理学领域的主题包括：土壤结构动态变化与模拟，人为排水系统－保持土壤功能与保护水资源，养分与污染物迁移，土壤物理在水土保持和食品安全中的作用。可见，国内土壤物理学专题比 WCSS 土壤物理学内容更加丰富、涉及面更广。

近十多年来，我国土壤物理学研究质量得到不断提升，研究内涵得到不断拓展，尤其在土壤物理学新技术和新方法，以及地球关键带水文过程与物质迁移、土壤水热盐耦合过程与调控、污染物迁移与数值模拟等新理论与新模型方面取得了明显进展。现代土壤物理学测试技术主要向原位、快速、非接触性等方向发展。利用热脉冲时域反射（TDR）技术同时实现了土壤含水量、温度、容重的原位连续监测。地球物探技术［如探地雷达（GPR）、电阻率法（ERT）等］可以快速获取田间、流域等尺度的土壤物理性质。COSMOS 无危害、无破坏、不受土壤质地和盐分影响，是一种精度较高的大尺度土壤水分含量监测系统。CT 技术使土壤结构研究从定性描述走向定量化，推动了土壤结构与水分运动和根系生长等相互耦合的研究。激光氢氧同位素仪器的出现使分析费用降低到过去的十分之一，氢氧同位素解析技术在植物水分来源、分割蒸发蒸腾和追踪径流水文路径等领域得到迅速推广。

土壤物理学在土壤水文过程和土壤结构等领域提出了许多新理论和新模型。例如，在土壤水文过程领域，非平衡态水流和优先流等理论的提出，以及 Hydrus 模型的建立及其应用等推动了土壤水分过程的研究。“多层次团聚体形成概念”模型推动了土壤团聚体研究。这些理论和模型丰富了土壤物理学的内涵，促进了我国土壤物理学的发展（Falkowski et al.，2008）。运用地统计学方法研究土壤物理特性的时空变异、基于随机理论的田间异质土壤的过程模拟、土壤物理过程模型和水文过程模型的耦合，如将景观、水文、生态模型相结合。根据土壤结构模拟的分形理论，研究出了依据土壤结构的自相似性研究土壤颗粒或孔隙结构的定量描述方法及其与土壤水力特性之间的关系，从而使运用土壤的分形维数预测土壤水力特性的模型得到发展。孔隙网络模型可以对发生在土壤孔隙尺度上的物理、化学过程进行直观的表达和模拟，并能直接根据孔隙空间的拓扑性质预测土壤水力性质。近年来，土壤物理学不断融入地球关键带科学的多过程耦合研究，包括土壤物理与土壤生物、土壤化学等学科交叉，从而揭示土壤动物、微生物、根系和有机物等对土壤结构的影响机制，以及土壤结构对土壤微生物分布、动物活动和根系生长的反馈机制。研究土壤－地下水系统污染物胶体迁移规律及其影响机制成为当前土壤物理学应用于环境领域的研究热点之一。因此，基于土壤物理过程的多过程耦合与模型尺度研究是未来发展的一个主要方向。

（三）土壤化学研究

土壤化学是重要的土壤学基础分支学科。土壤化学的研究以地球表层系统为对象，涉及土壤的形成与发育、土壤生产力、土壤环境自净能力、养分循环、温室气体排放等关键过程或效应的化学机制。我国土壤化学最早以研究胶体化学开始。20 世纪 30 年代中期就开始研究土壤吸附特性；50 年代随着土壤资源调查范围的扩大，特别是对红壤地区的调查，带动了土壤酸度本质、土壤交换性盐基组成、土壤氧化还原过程以及土壤黏土矿物组成等研究的开展；60 年代起，先后开展了有关红黄壤表面化学、电化学性质以及水合氧化物型表面电荷可变特性及其界面化学行为等领域的研究，并将反应动力学原理重新引入各有关领域。基于 Wien 效应方法分析了重金属离子在内外 Helmholtz 层及扩散层中的分布，深化了对土壤胶体双电层理论的认识，推动了传统土壤化学关于金属离子非专性吸附机理的发展，为研究重金属的土 - 液界面化学行为提供了基础数据。20 世纪末以来，土壤界面化学的研究明显活跃，在土壤矿物 - 微生物 - 有机质界面过程、土壤化学反应动力学、土壤生物电化学、微生物驱动的土壤化学过程等方面取得了长足的进步，这些方面成为土壤化学研究领域的研究热点和前沿。例如，围绕土壤矿物 - 有机物 - 微生物体系，土壤矿物 - 微生物及生物大分子吸附络合过程与机制，矿物 - 微生物 - 腐殖质间电子传递机制，重金属和有机污染物在矿物 - 微生物 - 有机质作用下的迁移转化等方面均取得了重要进展。近年来，发展了一些用于研究矿物 - 微生物间电子传递等反应动力学的快速原位技术，从而获得了微生物蛋白分子层面的直接证据与反应参数，揭示了矿物与微生物间氧化还原反应的动力学机制，建立了微生物介导铁氮等元素耦合过程的分子反应动力学模型，定量评估了化学反硝化、生物反硝化等过程的相对贡献，克服了微生物驱动土壤化学过程的定量化难题。基于同步辐射技术、机理性动力学模型及量子化学计算等，建立了多过程耦合的机理性动力学模型预测重金属的界面过程，解释了土壤介质的非均质性、土壤组成和反应条件复杂性，从分子水平揭示了重金属在土壤中固定的微观分子机制。结合同步辐射等测试手段和密度泛函数等理论计算手段，建立了氧化 - 还原与吸附 - 解吸耦合的机理性模型来预测重金属在矿物表面的迁移转化过程。土壤生物电化学是土壤化学、微生物学与电化学的交叉融合，土壤矿物 - 微生物间的胞外电子传递机制是土壤生物电化学最本质的科学问题，其成为破译土壤化学 - 物理 - 生物相互作用机制的突破口，为阐明陆地表层系统物质循环与能量传输提供了重要的理论基础，有望实现我国土壤界面化学分支学科的新发展。

我国的土壤化学部分研究工作在国际上同类研究中处于相当的地位，可变电荷土壤的电荷特性、土壤电化学性质、水稻土微生物驱动的土壤化学过程等研究处于国际领先水平。总体上，其发展趋势是由土壤元素化学逐渐转向土壤物理化学与生物化学过程的耦合研究。

（四）土壤生物学研究

土壤生物学研究土壤中生物种类、多样性与组成结构，土壤生物与土壤生物之间以及土壤生物与环境之间的相互作用，土壤生物在碳氮和生源要素循环、土壤肥力形成与培育、环境污染修复、促进作物生长和土传病害传播与控制中发挥了重要作用。土壤生物学根据研究对象可分为土壤微生物学、土壤动物学、根际土壤生物学；根据学科类别可分为土壤生物组学、土壤生物与生理生物化学、土壤生物与生态学等；根据土壤功能可分为土壤环境微生物学、全球变化土壤生物学、土壤生物地球化学、农业土壤生物学等。总体而言，土壤生物学的内涵是研究土壤生物个体与个体、个体与群体、群体与群体之间及其与环境的互作与功能调控。20世纪60年代以前，我国土壤微生物学的研究主要通过显微镜，在个体水平研究微生物多样性；70年代，生物化学技术的快速发展，使得种群水平的生物多样性研究成为主流；80年代到90年代中后期，先进的分子生物学技术不断涌现，微生物多样性与生态功能的耦合研究开始成为研究重点；21世纪以来，测序技术不断发生革命式的突破，开辟了土壤微生物“组学”研究新纪元，如土壤基因组、转录组和蛋白质组等。以稳定同位素标记核酸如^{13}C-DNA为基础的环境基因组学，成为研究土壤微生物功能及其代谢网络结构的有力工具之一。

近十多年来，我国土壤生物学研究领域不断拓展，研究水平有很大提高（朱永官等，2017）。我国土壤生物学SCI论文发文量仅次于美国，排名第二，占到了总发文量的一半以上，我国在土壤生物地理分布、土壤生物与元素循环、土壤食物网与功能、土壤生物与免疫、土壤生物与促生、土壤生物与解毒等方面取得显著进展。在土壤生物地理分布方面，我国首次在较大的空间尺度下（大于2000 km）定量揭示了植物系统发育特性对土壤真菌生物空间分布的显著影响，并指出该影响存在功能类群依赖性（Yang et al.，2014）。我国在不同空间尺度下研究了华北平原土壤微生物的群落构建模式，从土壤微生物学角度评估了区域尺度下我国农田土壤的生态效应。通过对不同时间序列的土壤剖面的微生物（细菌、真菌和古菌）群落构建过程进行分析，揭示了土层对土壤微生物多样性的影响，发现不同的微生物功能群对土层的响应不同，证明了环境因子对微生物群落变异的贡献。通过对比横向和纵向空间尺度的差异，来为微生物群落结构的空间异质性研究提供科学依据。

在土壤元素循环方面，微生物是驱动地球表层系统生物地球化学循环的引擎（Falkowski et al.，2008）。利用^{13}C示踪技术发现氨氧化细菌是主导农田土壤氨氧化过程的微生物类群，尿素的添加能够促进氨氧化古菌的硝化作用，但在碱性水稻土壤中，氨氧化古菌才是主导土壤氨氧化过程的微生物类群。在干湿交替的土壤中，甲烷氧化菌能够利用空气中的甲烷作为碳源（Cai et al.，2016）。微生物对难降解碳的降解能力的降低能够有效缓解西藏地区草原土壤中碳的流失，通过测定土壤碳氮循环功能基因来预测土壤碳氮循环的能力。全球气候变化能够影响时间尺度的土壤微生物群落多样性的变化及西藏地区草原土壤中微生物的功能，尤其是对氮循环功能基因的影响最为显著，进而能够影响到土壤中氮素的动态变化。针对土壤微生物在土壤碳固存中起到的重要作用，提出基于“土壤微生物碳泵”（MCP）的理论框架，结合微生物“体外修饰”和“体内周转”两种代谢模式，阐明土壤微生物的“碳泵”增强“续埋效应”（Liang et al.，2017），强调了土壤微生物代谢在土壤有机碳稳定中的重要性，从而为全球变化下土壤碳动力学对陆地生态系统碳循环贡献的理解提供了新的思路。利用^{13}C和^{15}N稳定性同位素技术比较了蚯蚓对土壤碳固存系数的影响，揭示了蚯蚓在促进土壤碳矿化的同时也能够提高土壤有机碳的稳定性，从而为评估蚯蚓调节陆地生态系统碳循环提供了理论和方法借鉴。

在土壤食物网与功能方面，氮肥是影响夏季黑土、秋季潮土和秋季红壤中原生生物多样性的重要因素，并且原生动物是氮肥易感的微生物类群，可作为土壤变化的生物指标（Zhao et al.，2019）。有机肥施用能显著地增加食细菌型和杂食型原生动物含量，而拮抗细菌和真菌的添加，能进一步改变土壤原生动物的群落组成，并最终影响群落的功能。一种对植物病原真菌具有广谱捕食特性的黏细菌会通过分泌一种外膜型 β-1, 6- 葡聚糖酶直接参与病原菌的互作过程，该成果为黏细菌作为一种捕食性微生物参与土壤食物链提供了理论依据。研究发现，细菌以释放尿素为信号激发捕食线虫真菌的生活史转换来捕食线虫，逃避食细菌线虫对其捕食，从而揭示了土壤生态系统中细菌－线虫－真菌之间的复杂互作关系。同时，利用高通量测序技术结合高通量定量 PCR 技术，揭示了典型土壤动物的肠道微生物组与抗性组，发现施加猪粪可以改变典型土壤动物的微生物组且增加其抗性基因丰度，从而证明了抗性基因可以在土壤食物链中传递，这为全面评价抗性基因的生态风险提供了科学依据。

在土壤促生方面，系统揭示了典型根际益生菌促进植物生长、增强植物耐逆、诱导植物系统抗性的作用机理；阐明了其根际趋化定殖的分子调控机制（Zhang et al.，2017）。研究人员发现长期有机无机配施通过调控土壤富营养微生物类群，来提高植物营养元素的活化效率，实现作物高产。研究发现籼稻富集的微生物群落比粳稻的具有更强的有机氮矿化能力，从而提高籼稻对氮素营养的吸收与利用，提高籼稻产量（Zhang et al.，2019）。研究发现豆科作物外源接种根瘤菌在发挥固氮作用的同时，还能促进潜在有益微生物的增殖和调节根际微生物网络结构，最终促进作物生长。通过对大豆和紫花苜蓿两种豆科植物根际微生物组的研究，发现植物可以选择性地改变其根际微生物组的组成。研究发现根瘤形成的主要影响因素是植物的种类，利用分子生物学方法分析了与根瘤形成相关的主要微生物。从不同层级过滤角度考虑根瘤菌群落构建过程，为根瘤菌的促生作用研究提供了科学依据。

我国在土壤免疫方面的研究在国际上占有一定的地位。我国学者论证了土壤微生物结构、多样性、功能微生物等在植物土传和叶传病害发生中发挥着重要影响（Shi et al.，2019）。通过田间原位研究，明确作物苗期接触的根际土壤微生物群落结构和功能决定了作物未来的健康状况，指出了田间根际土壤微生物群落调控对作物健康的重要性和必要性，随后阐明了土壤微生物间的竞争互作有利于抑制土传病原菌入侵根际，从而为根际菌群调控指明了方向，即增加了土壤微生物间的竞争互作。基于这一原则，通过分离筛选土壤有益微生物，优化组合它们间的竞争互作关系，建立了基于合成菌群的根际抑病功能调控策略。此外，我国学者还利用土壤噬菌体组合猎杀和致弱土传病原菌，使之丧失竞争能力和致病能力，进而恢复和提升根际土壤微生物抵御病原菌入侵的能力，有效控制土传病害的发生。

总之，土壤生物学已经成为土壤学、地球科学、环境科学、微生物学和生态学等学科交叉的前沿。土壤微生物甚至被称为“地球暗物质”，其是工农业生产和环境保护等领域的核心生物资源之一，已经成为新一轮科技革命的战略高地。

（五）土壤侵蚀与水土保持研究

我国是世界上水土流失最为严重的国家之一，进行水土流失治理是我国生态环境建设的重要内容。加强土壤侵蚀过程与水土保持调控研究，可以为开发科学高效的治理措施及其优化配置模式，制定符合国情的水土流失治理技术体系、对策与战略提供科学依据。近年来，我国在土壤侵蚀与水土保持方面取得了明显的研究进展。在坡面侵蚀过程与机理方面，坡面侵蚀研究关注的主要领域包括土壤侵蚀动力机制与过程模拟、土壤侵蚀与物质迁移、土壤侵蚀与气候变化以及风蚀机理与防治。针对坡面侵蚀过程，建立了自动在线探测、无线数据采集、室内样品实验分析、田间模拟实验和遥感技术结合的立体动态监测体系；阐明了坡耕地土壤侵蚀强度与侵蚀方式，明确了各种侵蚀形态演变的动力临界及其机理，建立了陡坡坡面流挟沙力方程；揭示了陡坡侵蚀过程中泥沙颗粒分选的机理。研究发现，水动力学特性影响泥沙的输移和平衡，雨滴动能可直接分散土壤颗粒，也可通过改变径流能量影响侵蚀过程。气候变化通过改变侵蚀外力和植被覆盖直接或间接地影响侵蚀过程；气候变化模式与土壤侵蚀模型耦合，可预测未来土壤侵蚀的变化，但预测结果包含侵蚀可能增加也可能减少两种相反的结论。在土壤侵蚀的驱动下，碳氮元素转化以及温室气体排放都可能影响全球气候变化，但影响效果随降雨、地形、植被、土壤、人为管理不同而异。风沙流中沙粒的水平和垂直速度均服从 Gaussian 分布，跃移沙粒平均速度随风速、颗粒粒径以及观测高度变化而变化；输沙率受到颗粒含水率、范德华力、风沙电场等因素影响；风能示踪技术的发展对理解风能过程的作用及其与地球系统在气候和管理方案变化中的相互作用意义重大。

在流域侵蚀产沙研究方面，流域侵蚀产沙研究关注的主要领域包括侵蚀产沙与景观要素、侵蚀与产沙耦合机制、侵蚀产沙过程模拟等。针对流域侵蚀产沙，确定了影响流域侵蚀产沙的主导因子；揭示了侵蚀过程降雨－径流－泥沙的滞后机理。地形对侵蚀产沙的影响在于其决定了地表径流的汇流路径，影响径流速度、汇水来源；植被通过改变下垫面粗糙度，影响土壤－植被－大气连续体间的水分交换，在多个层次上改变降雨径流，导致侵蚀产沙过程发生变化；明确了土地利用与格局是影响侵蚀产沙的主导因子。指纹识别技术、生物标志物、同位素示踪技术已经被广泛用于泥沙输移过程研究和泥沙来源辨识研究。流域景观格局影响流域侵蚀产沙过程，包括减少入渗、增加产流、降低空间单元的连接性等。建立黄土区小流域土壤水分植被承载力模型；提出了植被恢复途径、营造模式及技术体系，总结分析了我国主要水蚀区水保措施的适宜性，建立了主要水蚀区水土流失综合调控与治理范式。

我国土壤侵蚀预报模型从20世纪50年代的坡面土壤流失预报模型开始，至80年代，各地开始以美国通用土壤流失预报方程（USLE）为蓝本，结合当地的实际情况进行修正，建立了一些地区性的土壤侵蚀预报模型。针对黄土区土壤侵蚀预测，建立了土壤抗冲性（即冲刷量）与土壤物理性质参数的最优模型，提出了土壤质地、结构和通透性决定其抗冲性；人为作用影响抗冲性演变过程、方向和速率的理论为预报和调控提供了依据（邵明安等，2010）。同时，利用高精度摄影测量技术，建立了三维分形信息维数计算模型，实现了流域侵蚀地貌统一量化，建立了流域侵蚀产沙与地貌形态耦合关系，为侵蚀预报提供了关键技术。

（六）土壤肥力与养分循环研究

土壤肥力作为土壤学直接应用于生产的研究方向，一直受到研究工作者的高度重视。20 世纪 40 年代，随着土壤有效养分提取方法的创新，应用土壤肥力测试进行施肥管理取得了突破性进展并在生产中得到广泛应用；20 世纪 70 年代以来对提高土壤肥力的生产需求推动了保护性耕地的研究与应用；而 20 世纪 80 年代末以来对生态环境问题的广泛关注又促进了生态系统养分循环领域的研究工作。目前，维持和不断提高土壤肥力，合理进行养分调控，促进生态系统养分的良性循环，实现生产力的持续提高与保护生态环境的协调，是土壤学科土壤肥力与养分循环研究的主要领域。近年来，我国在土壤肥力与养分循环研究方面取得了明显的研究进展。特别是在土壤氮素转化方面，2010 年之前，我国学者主要采用净转化速率的研究方法研究土壤氮转化速率，其研究结果能够有效地指示它们的供应水平和 NO_3^- 淋溶及径流风险，但是不能阐明其含量变化的过程及进行针对性的调控。近年来，通过 ^{15}N 稳定同位素成对标记来测定土壤氮素初级转化速率，使人们在亚热带土壤氮动态和机制方面取得了一系列新的认识。

在调控土壤养分供给方面，构建了土壤氮磷养分高效利用的根际生态调控理论，即植物、土壤和微生物及其与环境之间的相互关系，创造了可持续的、健康的根际生态系统；初步建立了土壤养分管理平台与精准施肥技术体系；提出了微生物协同提高大团聚体固碳－促氮－供磷潜力的土壤大团聚体培肥理论；通过对景观、水文、生态模型的耦合，建立了基于景观尺度的农业生态系统水－碳－氮－磷物质循环的数学模型，该模型可用于对流域和区域尺度的系统生产力和环境影响进行评价；由于人们对全球变化和农业面源污染的高度关注，农田土壤固碳和温室气体排放，农田氮、磷等营养元素向水体的污染负荷、驱动因素、模型模拟等成为近 20 年来该分支学科的主要研究热点，在估算农田生态系统固碳潜力、温室气体排放、定量农业面源污染等方面取得了大量的研究成果，在全球变化和生态环境保护领域发挥了重要作用。

（七）土壤污染与修复研究

加强土壤污染与修复的基础研究，研发污染土壤修复技术是当前我国土壤环境领域重要的研究方向。近二十多年来，我国相继启动了一批 973 计划、863 计划、科技支撑计划、公益性行业科研专项等重大和重点科研项目，在农田和场地土壤污染过程、污染机制、风险评估、风险管控修复材料、装备和技术及工程示范等方面取得了明显进展（Luo and Tu，2018），初步揭示了土壤污染特征、污染物迁移转化机制和环境风险，建立了土壤污染物生物有效性与生态毒性诊断和预测方法，结合膜表面电势理论和亚细胞分室理论揭示了重金属生物毒性及其在食物链中的传递机制；初步形成了我国土壤污染风险管控、修复与监管等综合防治模式。在土壤污染调查与监测技术方面，近年来我国土壤环境监测技术研究和应用进步明显，论文和专利数量大幅增加，初步研发了土壤污染调查监测技术，包括原位采样、示踪剂监测、圆锥贯入仪、膜界面探针、土壤气监测等技术；在土壤污染风险评估与管控方面，我国土壤污染风险评估与管控研究还处于初步阶段，直到 2012 年才呈现快速增长的趋势，从 2016 年开始我国的年发文量已经超过美国，其中土壤污染源汇阻隔技术和风险监测技术所占比例较高。土壤污染风险管控工程技术则以表面覆盖为主，而效果评估的长期监测还处于起步阶段；在农用地土壤污染修复技术方面，我国农用地土壤污染治理技术研究和应用进步明显，研究论文、专利数量大幅增加，论文发表量和总引用频次均列世界第二，仅次于美国。针对污染土壤安全利用，以稻田重金属污染治理为典型代表，以土壤－水稻系统中重（类）金属污染阻控为主线，创新性地提出调控碳、氮、铁等物质循环（李芳柏等，2020），定向调控重金属的活性、阻隔其转移的阻控新思路，并在污染阻控关键技术突破、工程应用中有所贡献。研究人员发明了生理阻隔、镉砷同步钝化技术，实现了成果转化与产业化，推动了大面积治理工程实施，从而创建了土壤钝化－铁膜固定－生理阻隔的三重阻控技术体系，并发现了多界面－多元素－多过程耦合的稻田镉砷污染阻控新原理，建立了镉、铁、锌的稳定同位素分馏分析方法，获得了淹水与干湿交替条件下的土壤－水稻体系镉、铁、锌的稳定同位素分馏特征数据，从而为该多界面、多重环境要素制约的镉同位素分馏特征研究提供了有效手段。研究人员创建了稻田土壤－水界面的镉迁移转化原理模型，为多界面镉迁移转化动力学机理模型研究提供了有效思路借鉴。

土壤污染物移除，尤其是重金属污染农田土壤植物修复技术领域，包括修复植物种质资源挖掘、重金属超积累植物吸收分子机制、植物修复成套技术、植物修复规模化工程示范、修复植物资源化处置等已具有国际影响力和优势，植物修复技术在云南、贵州、广西、四川、湖南、江西、浙江、江苏、安徽、河南等地建立了十多个土壤修复示范工程，为地方土壤修复提供了技术模式和参数。同时，在农田土壤有机污染修复原理与技术方面，揭示了多环芳烃污染土壤微生物群落响应适应规律，阐明了多环芳烃污染土壤中微生物降解作用机制，进一步丰富和发展了多环芳烃污染土壤微生物修复理论；挖掘了固氮微生物根瘤菌对多氯联苯的降解功能，阐明了根瘤菌与豆科植物共生固氮耦合还原脱氯的协同修复机理；阐明了土壤中新兴有机污染物的生物有效性、削减机制与阻控原理，为农田土壤污染修复提供了科技支撑。

在场地土壤污染修复技术方面，我国场地修复技术发展态势良好，发表的相关 SCI 论文数目和占比逐年增长，2018 年我国发表的 SCI 文章占总发文的 33%。我国科学家系统开展了基于过硫酸盐高级化学氧化的土壤修复技术研发方面的工作，建立了过硫酸盐体系自由基定性和定量表征方法，并拓展到土壤复杂体系多种形态自由基分析和电子转移过程的研究；系统解析了过硫酸盐的土壤环境过程，阐明了土壤环境下过硫酸盐体系自由基的形成转化规律；成功开展了过硫酸盐修复土壤的应用示范，并评价了过硫酸盐的生态安全，为过硫酸盐应用于场地土壤修复提供了重要支撑。研发了基于纳米零价铁的高效－绿色－低耗修复功能材料，构建了新型原位地下水化学还原反应屏障、土壤过硫酸盐高级氧化修复技术体系，构建了基于热脱附和溶剂洗脱的物理修复技术，自主研发了原位热修复和智能化洗脱修复装备，研发了污染场地原位生物强化－可渗透反应墙（PRB）的协同修复技术，形成了精准调查—精确评估—精准修复的原位修复工程模式，并在全国多个污染场地开展了工程示范（骆永明和滕应，2020）。但是，总体上其研发仍处于跟踪阶段，原始创新性应用性不高。国内专利技术主要集中在固化 / 稳定化药剂、微生物修复药剂、热脱附设备等方面，种类较为单一，场地应用以单一污染为主。

总体上，我国土壤污染防治研究已经历二十多年的发展，在基础研究上，从传统污染物、单一污染过程关注到新污染物及其复合污染过程与生态健康效应，从单一的物理、化学或生物过程发展到多介质多过程耦合机制；在土壤污染监测上，从单一的污染物含量分析到多种监测并存，从微观的点源分析到多源、多尺度的土壤立体监测；在风险管理上，从弥补性污染源阻隔治理到基于风险管控，融合物联网、遥感、大数据的智能管理；在技术上，从物理修复、化学修复和物理化学修复发展到生物修复、植物修复的绿色修复，从单一的修复技术发展到多技术源头控制—过程阻隔—修复监管的集成融合，从离场、异位土壤修复发展到现场原位的场地土壤－地下水综合集成修复；在土壤修复装备上，从基于简单、固定式设备到集成、移动式、模块化装备系统及智能化操控平台，从引进国外的设备到拥有自主知识产权的国产化设备；在工程应用上，从单项修复发展到多污染物协同修复与安全利用。

（八）土壤质量与食物安全研究

随着世界温饱问题的解决及全球一体化进程的加快，食物安全已上升为人类普遍关注的热点。土壤质量与食物安全这一学科旨在综合评估和改善土壤质量，保障食物安全。其研究内容涵盖土壤生产综合指标体系、土壤生态环境功能、食物安全及健康风险、地理信息技术及数学模型、土壤污染迁移转化、农业管理及品种筛选、土壤质量改良及污染修复等多个分支方向。进入 20 世纪 90 年代以来，土壤质量的研究热度不断升高，相关文献呈井喷式出现。土壤质量研究的两个主要领域农业方向和环境方向的被关注度均不断升温，土壤质量研究相对更偏向于农业方向。中国、印度、巴西作为发展中国家在土壤质量方面研究起步晚，但后期发展加快；中国在土壤质量研究领域异军突起，近几年发文数量已超越美国。2000 年以前，其研究主题主要集中在土壤管理、农业生态系统、微生物生物量、土壤质量概念等方面，2000 年以来，主要集中在环境监测、碳汇、可持续性、最小数据集、生物质炭等方面。在土壤污染与农产品安全方面，1974 年出现第一篇相关文献，2002 年后年文献数量超过 50 篇，2005 年后发文数量逐年上升，食物安全领域越来越受关注。在发文量方面，中国、美国、巴西位居前三。而且该领域主要聚焦在土壤重金属污染对食物安全的影响、微生物抗性基因的表达对粮食安全的影响、农药残留对食物安全的影响、食物安全的风险评估等方面；在土壤质量与粮食安全方面，1981 年出现第一篇相关文献，到 1996 年年文献数量都在 10 篇以内，2007 年后历年文献数量皆超过 50 篇，且逐年增加，说明土壤质量和粮食安全相关领域越来越受到重视。土壤质量和食物安全领域主要聚焦在施肥、作物类型、水肥管理以及施肥引起土壤酸化对食物安全的影响（徐建明和刘杏梅，2020），气候变化、农业模式对粮食安全的影响，以及集约型农业的可持续发展等方面。基于 CiteSpace 对土壤质量和食物安全领域关键词突出指标进行分析，近五年体现研究热点的关键词有区域、策略、缓和、营养物、农业集约化、模式、家畜、环境影响、可持续集约化等。

（九）土壤碳氮循环与全球变化研究

从 20 世纪 70 年代开始，全球气温升高、臭氧层破坏、生物多样性减少等全球变化问题逐步成为不争的事实，而土壤碳氮元素的迁移转化与全球变化存在密切的相互作用。温室气体（CO_2、CH_4、N_2O 等）浓度增加是造成全球气候变暖的主要原因，土壤作为 CO_2、CH_4、N_2O 的重要源和汇，对温室效应的影响举足轻重。因此，近几十年来，土壤温室气体排放一直是一个全球关注的热点问题，控制大气温室气体浓度成为全球急需解决的问题，土壤碳储量、固碳潜力及影响因素、温室气体排放过程及减排措施成为重要研究方向。20 世纪 90 年代以来，土壤碳储量、固碳潜力、温室气体排放过程及减排措施成为我国土壤学的重要研究方向。我国学者在该领域开展了大量的工作，为该领域的发展做出了一系列的学术贡献，基本摸清了我国土壤有机碳库的大小，评估了其变化趋势。自 20 世纪 90 年代中期以来，不同学科学者采用全国第二次土壤普查资料和生态系统植被土壤碳库分配模型，以不同比例尺的植被图和土壤图为面积依据，进行了多种估计的探索，估计全国土壤有机碳库值介于 50～185 Pg，大多数学者的估算值为 70～90 Pg。我国森林土壤有机碳的空间分布表现为主要储存于热带、亚热带红黄壤和东北森林土壤中。东北地区土壤有机碳储量最高。20 世纪 80 年代以来我国农田土壤有机碳库基本上呈增长趋势，中国农田土壤固碳速率为 20～25 Tg/a，在区域格局上表现为华北、华东、西北增长明显，而西南、华南和东北地区增长不明显。水稻土有机碳密度高于旱地，增长趋势也比旱地快。

在稻田温室气体排放方面，明确了稻田生态系统 CH_4 和 N_2O 排放的基本规律和时空变化特征，证明了稻田也是重要的 N_2O 排放源，但排放系数小于旱地，改变了国际上稻田排放 N_2O 可忽略不计的传统观点；明确了水分和耕作制度是控制稻田 N_2O 排放量的关键因素，为 IPCC 编制估算稻田和旱地 N_2O 排放量的指南做出了重要贡献。在国际刊物上，我国科学家首次报道稻田 CH_4 和 N_2O 排放之间存在相互消长的关系，促使国际上达成了必须综合评估稻田生态系统温室效应的共识，发现冬季土壤水分是控制我国稻田 CH_4 排放量时间和空间变化的关键因素。IPCC 2006 年版《2006 年 IPCC 国家温室气体清单指南》据此做出了重大修改，IPCC 第四次评估报告大量采纳了中国学者的研究成果。基于以上研究成果，我国学者提出了相应的农田 CH_4 和 N_2O 减排措施，从水分管理、肥料管理、秸秆还田方式及还田时间、农学措施（包括垄作、耕作强度和轮作、种植技术及水稻品种）、抑制剂应用（甲烷抑制剂、脲酶抑制剂、硝化抑制剂）等方面实现减排。此外，我国学者对未来气候变化（气温、CO_2 浓度升高）情景下稻麦轮作农田生态系统的响应进行了田间模拟，取得了一系列新认识。

总体上，我国土壤学研究领域既紧跟国际热点，如在应对全球气候变化、根际微生物多样性、硝化过程与氨氧化菌等领域，又带有明显的区域特色，如黄土高原土地利用，水土流失与模型模拟，污染物行为、源解析、风险评估与生物修复等领域（图 5-4）。在这些热点研究领域，过去十多年里产生了多项国家自然科学奖和国家科技进步

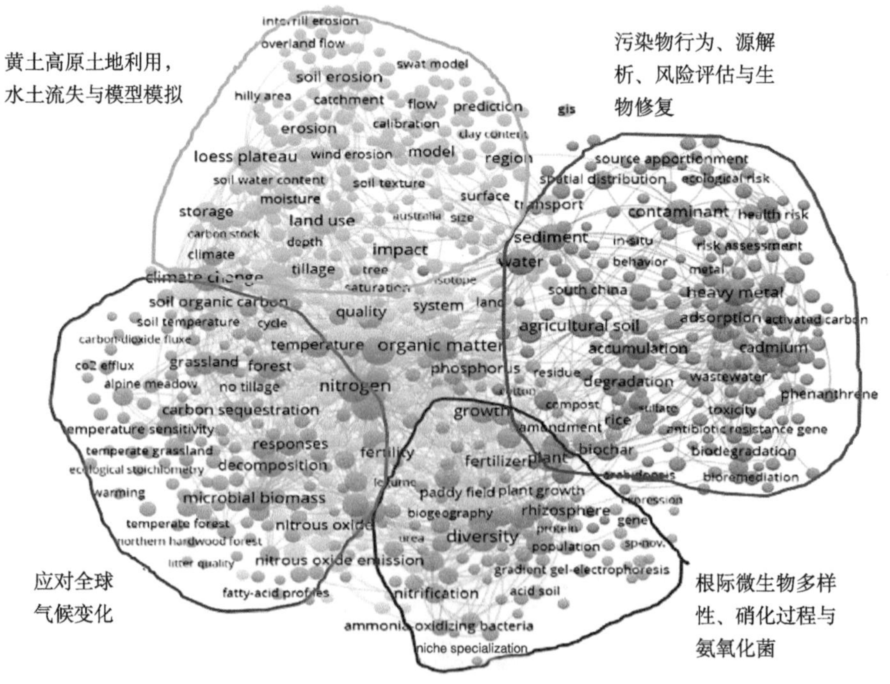

图 5-4　2011～2019 年我国土壤学 SCI 论文主题词关系共现网络

奖二等奖。从研究深度看，我国土壤学整体上处于跟踪国际前沿水平，引导国际土壤学研究方向的原创性研究成果较少。我国土壤学在少数领域处于国际领先水平，如在人为土壤（特别是水耕人为土）、古土壤、土壤电化学、植物修复、稻田温室气体排放研究等方面处于国际领先地位，也有部分学科和研究领域与国际前沿距离较大，需要多学科多领域交叉综合研究，进一步推动我国土壤学的全面发展。

第三节　学科发展需求与趋势分析

一、土壤学与国家需求

当前，我国乃至全球社会面临着“粮食安全，环境污染，资源匮乏，生态退化，全球变化，灾害频发”等重大挑战，这些问题都与土壤的开发与利用、保护与管理息息相关。从土壤学的服务功能及其优势来说，土壤学应该肩负起解决粮食安全、环境污染、生态退化和全球变化等难题的重任，做出应有的贡献。

首先，耕地是保障国家粮食安全、实施乡村振兴的根本。目前，全国耕地面积为20.24亿亩，人均耕地不足1.5亩，中低产田占72.7%，耕地地力总体偏低。我国耕地基础地力对粮食生产的贡献率仅为52%左右，比40年前降低了10～15个百分点，耕地质量退化严重威胁到国家粮食安全问题。国家大力推进实施耕地质量保护和提升行动，到2022年耕地质量平均提升0.5个等级以上。因此，加强土壤质量基础与技术研究成为土壤学发展的根本任务。

其次，土壤健康是保障生态安全和支撑美丽中国的基础。我国土壤环境污染严重，区域扩展日益突出，已经影响到实现可持续发展的战略目标。“净土攻坚战”是国家三大污染防治攻坚战之一。党的十九大报告明确指出，着力解决突出环境问题：强化土壤污染管控和修复，加强农业面源污染防治，构建政府为主导、企业为主体、社会组织和公众共同参与的环境治理体系；加大生态系统保护力度，实施重要生态系统保护和修复重大工程等。因此，加强土壤环境与污染修复研究成为土壤学发展的重要任务。

最后，全球变化与土壤的关系密切。土壤在发生过程中，通过生成或消耗温室气体以及其他气体直接或者间接地影响气候变化；另外，全球变化通过降雨、温度和养分沉降等变化，影响土壤过程，也对生态系统的生产力及其稳定性产生影响。极端气候事件对我国农业及能源供应的不确定性因素将进一步加大，土壤抗逆（抗旱、抗涝、抗寒等）研究将成为土壤应对气候变化的研究热点。

从土壤与土壤学科及国民经济发展需求的关系来看，当前对土壤重要性的认识，已从农业生产向生态环境保护的认识提升，从食物安全向人体健康的认识提升，从土壤资源保护向生态环境建设的认识提升，从土壤质量的培育向提高土壤综合生产能力的认识提升，从全球土壤变化向人类生存的认识提升，从城乡发展向人居环境建设的认识提升。这些认识的提升对未来我国土壤学的研究与发展战略均有重要的指导意义。

二、学科发展趋势

从国际和国内土壤学发展态势来看，土壤形成与演化研究正朝定量化、信息化、数字化方向发展；土壤过程与模型模拟研究成为土壤物理学研究的主要趋势；土壤物理化学与生物化学过程的耦合研究成为土壤化学发展的新趋势；土壤生物学已经成为土壤学、地球科学、环境科学、微生物学和生态学等学科交叉的前沿；土壤侵蚀与水土保持研究是土壤学服务于生态脆弱区生态环境建设的重要内容；土壤肥力与养分循环研究是实现土壤生产力持续提升与保护生态环境协调发展的重要途径；土壤污染与修复研究成为土壤学发展的重要研究方向；土壤质量与食物安全研究是土壤学服务于食物安全的重要内容；开发基于“大数据＋互联网＋人工智能”的土壤资源大数据信息决策理论与方法成为未来土壤学技术的发展趋势。

三、关键科学问题

（一）阐明土壤圈物质循环与土壤功能演变机制

阐明土壤圈多时空尺度土壤形成和演化过程与机制，土壤圈物质（养分、水分、污染物等）生物地球化学循环过程及其对土壤功能（生产功能、环境功能、生态功能）的影响，这些过程发生的微生物学机制，以及调控原理与途径。

（二）揭示土壤内部界面反应过程与作用机制

揭示土壤胶体及其组分与生物活性分子、微生物等相互作用的复杂性、土壤界面反应作用机制及影响；阐明土壤生态系统物质流、能量流、信息流传递过程及其对环境污染和全球变化的反馈机制等。

（三）明确土壤健康的维持机制与新技术原理

土壤污染、土壤侵蚀、土壤盐渍化以及土壤酸化是我国土壤退化的重要因素，阐明土壤污染、侵蚀、盐渍化和酸化形成过程、机理及其响应机制，揭示土壤健康演变的规律与机制，开发基于“大数据＋互联网＋人工智能”的土壤资源大数据信息决策理论与方法，建立土壤健康评价的指标体系以及退化土壤的防控、修复与保育的理论和技术体系。

第四节　学科交叉的优先领域

当前，我国土壤学正面临着粮食安全、环境污染、生态退化和全球变化等重大资源环境问题，土壤学拟整合地球科学、环境科学、生物学、水文学、生态学、地质学、大气科学等知识和技术，其大大提升了解决地球关键带各圈层之间交互作用以及流域或区域土壤环境污染、生态功能退化、土壤健康等问题的能力。鉴于此，针对土壤学面临的上述重大现实问题，土壤学充分发挥多学科交叉融合的优势，未来 5～10 年我国土壤学拟优先部署地球关键带土壤过程、区域土壤污染修复、土壤健康与质量提升、土壤生态退化与恢复等领域。

一、学部内部学科交叉的优先领域

（一）区域土壤污染成因、过程与修复［与地理学（D01）和与环境地球科学（D07）交叉］

随着我国城镇化、工业化和农业高度集约化的快速发展，我国土壤污染呈现明显的区域化态势，其威胁国家农产品安全、生态环境安全和人居环境安全。因此，系统认识我国土壤污染区域化特征，探究区域土壤污染成因，阐明区域土壤污染过程与治理修复原理，实现分区治理修复策略，已成为土壤学、环境科学、区域地理学，以及环境土壤学、修复土壤学必须解决的重大环境污染问题。针对重点区域（如长江经济带、京津冀地区、东北老工业基地、粤港澳大湾区等）土壤污染成因复杂性、过程耦合性、风险叠加性等基础性科学问题，研究重点区域土壤 - 地下水污染特征、空间格局和质量演变规律；研究区域土壤 - 地下水系统污染物迁移转化规律、扩散通量及主控机制；研究区域土壤 - 地下水污染物多介质界面过程与调控机制，阐明区域土壤 - 地下水复合污染物的生物地球化学过程；研究区域土壤污染的大数据系统，研发基于大数据的场地污染智能识别模式；研究农用地土壤污染靶向修复与安全利用技术原理，以及场地土壤 - 地下水污染智慧修复与风险智能预警系统；研究区域土壤污染全过程控制与协同修复技术原理。

（二）农田土壤健康与质量提升理论与方法［与地理学（D01）和与地球化学（D03）交叉］

农田土壤健康保护和耕地质量提升研究，是实施藏粮于地、藏粮于技战略和确保国家粮食安全的重大现实问题，是土壤物理学、土壤化学、土壤肥料学、土壤改良学等土壤学内部学科交叉研究的重要内容。重点研究农田土壤主要生源要素的生物地球化学循环过程及其驱动因子，阐明典型生源要素循环耦合关系的关键过程及其制约机制、协同转化理论；研究维系土壤健康的典型微生物过程、影响因素，阐明土壤微生物过程与关键物质循环的耦合关系；研究土壤调控对植物疾病防控的原理与机制，建立防治植物疾病的调控体系和模式；研究土壤生物网络构成、多样性及其演变规律，明确土壤生物网络功能对土壤有机质周转和养分循环的影响。研究主要生态区中低产田障碍类型及驱动因素，解析土壤酸化、（次生）盐渍化、潜育化、瘠瘦化等典型障碍类型的发生与形成机制，阐明其消减与调控机理；研究土壤肥沃耕层结构的形成机制，提出协调土壤水、肥、气、热条件的肥沃土壤耕层的构建方向；研究农田土壤有机质形成演变规律、平衡机理及驱动因素，阐明主要生态区中低产田土壤有机质提升的潜力与途径。

二、与其他学部学科交叉的优先领域

（一）地球关键带过程与土壤功能演变［与生态系统生态学（C0306）、全球变化生态学（C0308）交叉］

地球关键带研究作为地球科学、土壤学、水文地质学、大气科学、生态学等的综合交叉学科，来研究不同时间和空间尺度上土壤、水文、植被和大气相互作用过程及其景观、物质能量传输的关系。开展地球关键带过程与土壤功能演变研究，有利于解译土壤形成、演化与关键带结构、过程和功能的反馈关系。重点研究地球关键带多时空尺度土壤形成和演化过程、机制及其对水文、生物、地质的响应；地球关键带物质循环的控制机制及其对土壤生态功能的影响。地球关键带土壤中物质迁移转化的物理、化学和生物过程及耦合机制，建立地球关键带土壤能量和物质通量、迁移和转化的耦合模型，揭示土壤过程在各圈层内及不同圈层间的耦合及其耦合作用驱动机制；气候变化与土地利用变化对我国主要地球关键带土壤生物多样性的作用机理，揭示地球关键带土壤生态系统服务功能的评估、预测和管理保护机制等。

（二）土壤侵蚀演变过程与流域生态系统服务功能［与生态系统服务与生态安全（C0313）交叉］

土壤侵蚀是我国乃至全球土壤退化的主要表现形式，也是土壤学和流域生态学亟须共同解决的重大生态灾害问题，故研究土壤侵蚀演变过程与流域生态系统服务功能成为土壤侵蚀防治领域的研究热点。重点研究不同生态脆弱带多营力作用下的土壤侵蚀机理与过程，解析自然和人为因素，尤其是极端气候与大规模人类活动对区域土壤侵蚀的影响，构建具有地带性特点的土壤侵蚀预测预报物理模型；研究全球变化下土壤侵蚀演变及其灾变机理，阐明极端气候事件对侵蚀过程的影响机制及其不确定性，提出全球变化情势下土壤侵蚀灾变阈值及调控对策；研究农业与非农产业发展对水土流失的驱动机制与作用路径，社会－生态网络空间错位对水土流失治理的影响机理，水土保持成本与效益的空间异置与利益权衡，以生态系统服务功能提升为主的土壤侵蚀防治原理与技术；建立基于大数据分析的区域与全球尺度水土流失动态监测服务平台等。

第五节　前沿、探索、需求和交叉等方面的重点领域与方向

从国际土壤学发展态势来看，土壤圈物质循环与土壤生物学研究成为国际土壤学的研究前沿；缓解全球气候变化成为土壤学研究的强大需求牵引，全球变化下土壤碳氮生物地球化学循环成为国际土壤学的研究热点。土壤学研究在微观尺度上更加强调分子尺度上的土壤组分交互作用及界面过程，在宏观尺度上需要关注全球尺度的土壤学问题以及在地球表层系统中多个过程的耦合研究。同时，多学科交叉融合成为推动国际土壤学

快速发展的重要手段，土壤学的前沿发展需要新技术、新方法的运用，土壤形成演化与监测研究正朝定量化、精细化、智能化方向发展。

一、鼓励探索、突出原创

（一）土壤圈物质循环与土壤时空演变

土壤圈物质循环与土壤时空演变研究是土壤学、地球关键带科学基础研究的前沿。重点研究土壤圈物质循环与土壤时空演化，揭示土壤时空演化与陆表系统多尺度、多要素过程耦合机制；研究面向多源异构过程模型的综合数值模拟与情景预测；研究土壤圈物质循环过程与土壤演化模拟，模拟自然与人为作用影响下土壤演变过程，量化土壤演变过程对生态系统的抗性和恢复能力等。

（二）土壤生物多样性与地下食物网功能

土壤生物学是土壤学、微生物学和生态学等学科交叉的前沿。重点研究不同土壤生态系统中生物多样性的时空差异性，阐明不同时空尺度上土壤生物多样性的驱动机制、演化特征及其影响机制；研究土壤健康食物网的生物和非生物影响及反馈机制，阐明土壤食物网中关键物种、生态网络关系及其对土壤生物多样性维持的贡献；解析土壤多营养级生物结构、多样性、互作关系等与土壤促生、免疫和解毒功能发挥之间的关系，探究核心土壤生物在促生、免疫和解毒功能发挥中的互作模式、演化规律和进化机制，建立动态提升土壤生物功能的策略。

二、聚焦前沿、独辟蹊径

（一）土壤碳氮循环与全球气候及环境变化

土壤碳氮循环与全球气候及环境变化研究成为土壤学、大气科学、地球科学等交叉学科的研究热点。研究典型陆地生态系统碳氮生物地球化学循环特征、碳氮微量气体排放强度及固碳减排潜力；解析土壤碳氮微量气体对气候变化因子的响应规律及微生物学驱动机制；探索土壤碳氮循环过程的生物驱动机制与计量，碳氮温室气体产生和转化的生物学机理及其对全球变化的响应，土壤碳氮耦合的生物联作机制，全球变化敏感区土壤生物群落和功能的演变与适应，土壤碳氮生物地球化学循环过程的生物学模型；探索不同农业生态系统碳氮微量气体减排与作物高产高效的耦合途径及综合对策；研究全球变化要素（CO_2 浓度升高、全球变暖、氮沉降增加）农田生态系统过程的反馈机制；深入研究微生物同化无机氮的机制，增加土壤氮固持能力；探索新的固氮微生物，增加非豆科固氮，阐明土壤反硝化和硝酸盐异化还原过程的主要控制因子，实现氮素去向的合理调控，发展全球环境变化下不同区域土地利用方式下的农业绿色生产技术体系。

（二）土壤微界面化学过程与作用机制

土壤微界面化学过程与作用机制研究是土壤学、地球化学、环境微生物学等多学科交叉的前沿。重点研究土壤组分微界面反应过程，揭示土壤矿物－微生物界面的电子传递机制；研究微生物驱动的土壤元素循环与污染物转化过程，建立矿物－微生物电子传递驱动的耦合过程动力学机制模型；研究土壤矿物－微生物－有机质界面过程，阐明多界面、多过程、多要素耦合机制；研究土壤胶体界面养分与污染物多过程耦合反应动力学机制，发展土壤微纳多尺度多过程动力学行为预测模型；研究全球变化影响下土壤组分微界面养分与污染物化学动力学过程、环境行为、反馈机制以及定量预测模型。

（三）土壤物理与土壤改良技术原理

土壤物理与土壤改良技术原理研究是土壤学、地球关键带科学、土壤改良学等学科交叉研究的前沿。研究地球关键带土水过程相互作用以及驱动岩石风化、土壤发育和物质迁移转化；解析关键带水土过程与土壤生产功能的互馈关系，优化关键带服务功能；研究土壤孔隙结构对溶质迁移影响机制与数值模拟；研究土壤养分与污染物在包气带中的迁移转化与模型模拟；研究非饱和带水热盐耦合过程与生态调控；研究农田土壤物理质量的退化机制、提升原理和绿色改良技术，构建土壤物理质量与农业可持续发展模式。

三、需求牵引、突破瓶颈

（一）土壤养分高效利用与生物调控

土壤养分高效利用与生物调控研究是土壤学、植物生理学、微生物学、分子生物学、育种学等多学科交叉的研究热点。重点研究土壤－根系－微生物互作过程对作物养分高效利用的影响机制，揭示土壤－作物－环境相互作用与养分有效性；解析作物高效利用土壤养分机制，挖掘作物高效利用养分的基因、作物种质资源和微生物菌种资源；利用分子设计等育种技术培育氮磷养分高效利用的专用作物新品种；研究氮磷高效利用的地上－地下生物功能调控与技术原理，建立氮磷高效利用生物调控技术体系；研究锌、钙、硒等矿质元素的土壤根际行为、作物吸收模型，建立矿质元素高效利用和营养强化的生物调控技术体系。

（二）土壤肥力特征与精准施肥

土壤肥力特征与精准施肥研究是国家实施藏粮于地、藏粮于技和保障粮食安全的重要基础性科学问题。重点研究休耕时土壤肥力恢复过程、作用机制及其影响因素；研究高度集约化种植的土壤肥力维持和提升原理，集约化种植土壤养分循环规律和养分扩散途径，以及过量积累养分的消除技术；评估全球变化背景下的土壤肥力演变规律，提出适应全球变化的土壤培肥措施和方法等；研发绿色、环保、多功能复合肥料、专用肥料、液体肥料、水溶肥料、缓控释肥料、稳定性肥料、生物有机肥、生物炭基肥料等新工艺和新产品，开发测土配方施肥、精准施肥、智能化施肥等肥料施用新技术原理；开发新型控释肥料、有机肥料以及功能肥料，构建肥料环境效应评估方法和评估体系；开发土壤肥力快速测定系统，构建智能化、信息化、数字化、精准化施肥技术体系，开展互联网＋高效施肥技术集成，发展不同区域生态高值农业生产技术体系。

（三）土壤污染过程、风险评估与环境基准

土壤污染过程、风险评估与环境基准研究是我国土壤污染防治领域的重要研究内容和基础性科学问题。重点研究土壤污染物的物理－化学－生物学耦合过程与动力学机制；研究土壤污染生物毒性机制、生态效应和健康效应；建立土壤污染风险精准识别方法和指标体系；开发基于土壤污染生物地球化学过程的风险评估耦合模型；构建基于不同土壤利用方式下不同区域污染土壤环境基准与标准体系，识别土壤污染风险水平；研发"互联网＋"土壤环境风险数据综合分析与管理技术。

（四）污染土壤绿色可持续修复原理与技术

针对农田土壤污染修复原理和技术瓶颈问题，筛选重金属低积累作物品种和有机污染物高效降解微生物资源，研发农田土壤重金属靶向稳定化控制和仿生净化技术；研发有机污染物的根际－生物网络协同修复技术；建立基于土壤污染物生物地球化学循环的农田土壤污染原位修复技术。针对工业场地土壤－地下水污染智慧修复难题，研发场地土壤－地下水污染过程及多维分布精细刻画技术；建立重金属和非水相流体（NAPLs）污染场地风险精确评估技术；建立发展基于监测的原位强化微生物与自然衰减协同的修复技术；构建场地土壤－地下水污染源阻隔－风险监控－再开发利用风险评估技术体系；建立大型场地规划开发利用－污染风险预警－全生命周期管理决策支持系统。

（五）土壤酸化与农业可持续发展

土壤酸化与农业可持续发展研究是保障国家粮食安全和保护生态环境的重要基础性问题。重点研究土壤酸化对不同生态区不同作物产量的影响，揭示土壤酸化影响作物生长的机制；研究土壤酸化对土壤养分形态转化、迁移和有效性的影响，探究作物养分吸收和利用效率对土壤酸化的响应及其机制；研究土壤酸化对土壤重金属形态转化、迁移和有效性的影响，明确土壤酸化条件下农产品的重金属污染风险特征；研究土壤酸化对土壤微生物丰度和群落结构特征的影响，解析这些影响对耕地地力、土壤养分和重金属有效性、水和大气环境产生的后续效应；研发调控土壤酸化的技术，建立阻控土壤酸化的技术方案，提出实现酸性土壤可持续利用的策略。

（六）土壤侵蚀过程与水土保持原理

土壤侵蚀过程与水土保持原理研究是遏制我国土壤退化和保障区域生态安全的重要基础性科学问题。重点研究不同尺度下水文过程与侵蚀－搬运－沉积的级联效应；研究水文连通性对流域侵蚀产沙的影响机理及其过程模拟；研究自然作用和人为活动影响下土壤侵蚀的形成过程、机理及其响应机制，典型区侵蚀产沙原型观测，跨尺度的土壤侵蚀评价系统理论与预测模型；研究土壤侵蚀径流－泥沙（土）－面源污染物相互作用机制；研究土壤侵蚀模型中参数的区域演变规律，建立模型参数与气候、土壤、植被、地形特征等宏观区域参数间的关系，提升模型的区域适用性；研究土壤侵蚀防治原理与技

术；建立土壤侵蚀研究新技术与新方法。

（七）土壤质量与食物安全保障技术原理

土壤质量与食物安全保障技术原理研究是保障国家农产品安全的重要基础性科学问题。重点研究土壤胶体过程与土壤环境质量的相互作用关系，阐明胶体对土壤中污染物迁移和转化的作用机制；揭示土壤质量对土壤修复、水肥管理、全球气候变化的响应及其作用机制；研究土壤－作物系统污染过程、生态效应与健康风险；研究土壤－作物系统新污染物 / 生物污染环境过程与风险防控；构建土壤质量与食物安全大数据库和智慧评价系统；研究保障食物和粮食安全的污染土壤安全利用与肥力质量，提升技术原理等。

（八）土壤学研究的新方法、新技术、新原理

土壤学是一门综合性、应用性很强的基础学科。尤其是近年来，信息技术、生物技术、人工智能、大数据技术等发展迅猛，土壤学亟须应用这些高技术来表征土壤物质的多态性、土壤过程的多尺度性和土壤功能的多元性。重点研究土壤多组分、多界面与多尺度性质和行为的观测、分析和模拟分析方法；研发应急和生物监测技术，完善现代土壤质量分析方法标准体系；开发土壤原位采样、地球物理探测与污染监测一体化技术，实现土壤与地下水污染物分布、地下水流场、地层特征及含水层介质渗透性实时、动态、高分辨表征；发展野外观测的定量分析、动态表征技术；结合空间表达技术，构建不同尺度的计量土壤学理论和研究方法体系；开发基于大数据的自动控制、数据采集信息技术以及基于“互联网＋”的远程数据传输技术；研究基于星空地一体化的土壤智慧监测技术与系统；发展基于“大数据＋互联网＋人工智能”的土壤大数据信息决策理论与支持系统。

（参编人员：沈仁芳　滕　应　张甘霖　颜晓元　彭新华　李芳柏　沈其荣　史志华　蔡祖聪　骆永明　徐建明　孙　波　褚海燕）

参考文献

李芳柏，徐仁扣，谭文峰，等 . 2020. 新时代土壤化学前沿进展与展望 . 土壤学报，57（5）：1088-1104.

骆永明，滕应 . 2020. 中国土壤污染与修复科技研究进展和展望 . 土壤学报，57（5）：1137-1142.

邵明安，马东豪，朱元骏，等 . 2010. 黄土高原含碎石土壤的水分运动过程及水分有效性研究 . 北京：科学出版社 .

沈仁芳 . 2018. 土壤学发展历程、研究现状与展望 . 农学学报，8（1）：44-49.

沈仁芳，滕应 . 2015. 土壤安全的概念与我国的战略对策 . 中国科学院院刊，30（4）：468-476.

宋长青，谭文峰 . 2015. 基于文献计量分析的近 30 年国内外土壤科学发展过程解析（1986—2014 年）. 中国科学院院刊，30（增刊）：257-267.

徐建明，刘杏梅．2020.“十四五”土壤质量与食物安全前沿趋势与发展战略．土壤学报，57（5）：1143-1154.

张甘霖，朱永官，邵明安．2019. 地球关键带过程与水土资源可持续利用的机理．中国科学：地球科学，49：1945.

张佳宝，刘建立．2016. 粮食主产区农田地力提升机理与定向培育对策研究立项报告．科技创新导报，（14）：181.

赵其国，骆永明．2015. 论我国土壤环境保护宏观战略．中国科学院院刊，30（4）：452-458.

朱永官，沈仁芳，贺纪正，等．2017. 中国土壤微生物组：进展与展望．中国科学院院刊，32（6）：554-565.

Cai Y, Zheng Y, Bodelier P L E, et al. 2016. Conventional methanotrophs are responsible for atmospheric methane oxidation in paddy soils. Nature Communications, 7: 11728.

Falkowski P G, Fenchel T, Delong E F. 2008. The microbial engines that drive earth's biogeochemical cycles. Science, 320: 1034-1039.

Fierer N. 2017. Embracing the unknown: Disentangling the complexities of the soil microbiome. Nature Reviews Microbiology, 15: 579-590.

Liang C, Schimel J P, Jastrow J D. 2017. The importance of anabolism in microbial control over soil carbon storage. Nature Microbiology, 2: 17105.

Luo Y M，Tu C. 2018. Twenty Years of Research and Development on Soil Pollution and Remediation in China. Beijing: Science Presss，Springer.

Shi W C, Li M C, Wei G S. 2019. The occurrence of potato common scab correlates with the community composition and function of the geocaulosphere soil microbiome. Microbiome, 7: 14.

Siebecker M, Li W, Khalid S, et al. 2014. Real-time QEXAFS spectroscopy measures rapid precipitate formation at the mineral-water interface. Nature Communications, 5: 5003.

Yang Y F, Gao Y, Wang S P, et al. 2014. The microbial gene diversity along an elevation gradient of the Tibetan grassland. The ISME Journal, 8: 430-440.

Zhang J Y, Liu Y X, Zhang N, et al. 2019. NRT1.1B is associated with root microbiota composition and nitrogen use in field-grown rice. Nature Biotechnology, 37: 676-684.

Zhang R, Vivanco J, Shen Q. 2017. The unseen rhizosphere root-soil-microbe interactions for crop production. Current Opinion in Microbiology, 37: 8-14.

Zhao Z B, He J Z, Geisen S. 2019. Protist communities are more sensitive to nitrogen fertilization than other microorganisms in diverse agricultural soils. Microbiome, 7: 33.

第六章 环境水科学（D0702）

第一节 引 言

一、学科的定义和使命

环境水科学属于水文科学与环境科学、生态学的交叉领域，研究与陆地水循环紧密耦合的生态环境过程，运用表层地球系统科学的理论与方法探索自然条件和人类活动影响下地球水圈物理、化学、生物特性的变化规律、驱动机制和调节策略，为水资源保护和可持续利用提供科学基础。环境水科学的发展可为解决当前和今后人类所面临的重大水资源、水环境、水生态和水灾害问题提供理论依据和科技支撑。

随着我国人口的持续增长和社会经济的快速发展，水资源短缺、水环境恶化及生态退化问题日益凸显，严重影响人民生产、生活及社会稳定，成为阻碍我国社会经济可持续发展的关键瓶颈之一。水环境治理与水生态保护是当前我国生态文明建设的核心内容，国家在治水方面的政策力度和资金投入不断加大。2011 年，中央一号文件将水问题提升到国家安全战略高度；2015 年，国务院正式发布“水十条”，“水十条”成为我国新时期治水工作的行动纲领；近五年，“海绵城市”建设、城市黑臭水体整治等重大治水工程也相继推出。这一系列举措有效地缓解了部分地区的水污染问题，遏制了我国地表水体持续恶化的趋势。然而，在地表水环境逐渐改善的情势下，地下水污染问题却日趋严重，原因在于我国缺乏对地表水和地下水的统筹管理。同时，与流域水循环密切相关的面源污染问题和生态问题（如荒漠化、水生态功能退化等）尚未引起充分重视，也未得到有效解决。造成上述问题的根本原因是我国涉水学科条块分割的问题突出，难以为复杂水问题的解决提供系统科学的理论和方法支撑。因此，突破传统学科壁垒，通过多学科交叉，开展地表水与地下水耦合、水与生态系统耦合的研究，是当前国家的重大需求。环境水科学需要担当这一新兴交叉学科的重要历史使命，为我国新时期治水方略提供强有力的科技支撑。我国近期推出的山水林田湖草生态修复、长江大保护、黄河流域生态保护和高质量发展等重大涉水战略均需要环境水科学提供支撑。

二、学科内涵和外延

丰富的液态水以及水的三态转换塑造了地球的气候与地貌，孕育了地球上的生命，从而使地球成为银河系中独特的存在。水圈是地球各圈层的纽带，水循环是物质与能量在各圈层之间传递的关键过程之一。因此，以水循环为核心研究内容的水文科学（hydrologic sciences）是地球科学的主要支点之一。水循环与地球生态环境之间的耦合关系与相互作用属于水文科学的传统研究范畴。在人类文明诞生之前，这种耦合关系与相互作用经历了自然演化的过程。但在人类文明诞生后，特别是进入现代工业文明以来，这种耦合关系和相互作用受到了人类活动的显著扰动，其演变也对人类社会发展产生重要反馈，从而促使人类主动进行调控。在这一背景之下，水文科学不断拓展并与环境科学、生态学交叉融合，逐渐形成了环境水科学这一新兴交叉学科。因此，环境水科学的内涵就是研究自然条件和人类活动叠加影响下，水循环与地球生态环境之间耦合关系与相互作用的演化规律、反馈效应和调控机制。需要补充的是，海洋科学是地球科学中较为独立的领域，因此环境水科学目前着重研究与陆地水循环相关的生态环境问题。

由于生态环境问题的复杂性，环境水科学拥有丰富的外延。根据侧重点不同，其研究问题可总体上归为水环境和水与生态两大类，前一类聚焦水体水质问题，后一类则聚焦水与生态系统的关系。从近二十年的发展趋势来看，水环境类研究的重要方向可包括水中化学物质的迁移转化和通量、水环境演化、全球变化下的水质安全、水污染防治与修复等（表 6-1）；水与生态类研究的重要方向可包括水循环与陆地生态系统、变化环境下的水生生态系统、流域生态保护与修复等（表 6-2）。

表 6-1　聚焦水体水质问题的环境水科学研究

重要方向	重点研究内容
水中化学物质的迁移转化和通量	地表水污染物的迁移转化 地下水污染物的迁移转化 地表水－地下水界面物质交换
水环境演化	水环境监测 水环境遥感 水环境模拟与预测
全球变化下的水质安全	气候变化对水质的影响 城市化对水质的影响 旱涝灾害的水质效应 水环境中的新污染物
水污染防治与修复	农业面源污染管理 地表水体污染修复 地下水污染修复 绿色基础设施的水质效应

表 6-2　聚焦水与生态系统关系的环境水科学研究

重要方向	重点研究内容
水循环与陆地生态系统	植被生态水文过程 地下生态系统与水文过程 陆地生态系统对水文变化的响应
变化环境下的水生生态系统	水中生源要素的迁移转化 富营养化过程与机理 水生生态系统演变及其模拟 变化环境下的湿地生态系统
流域生态保护与修复	生态流量管理 湿地修复

在水环境类研究中，水中化学物质的迁移转化和通量研究关注微观过程，又可细分为地表水、地下水以及地表水－地下水界面三个层次。水环境演化研究关注宏观规律，主要是通过多种观测方式获取水环境时空变化数据，并在此基础上进行数学模拟，重现历史变化轨迹或预测未来变化趋势。全球变化下的水质安全以人－水关系为核心，研究气候变化和人类活动对水质的影响。水污染防治与修复则侧重研究水环境治理中的科学问题，包括流域管理（特别是农业面源污染管理）、地表水和地下水的污染修复，以及近期的研究热点——绿色基础设施。

在水与生态类研究中，水循环与陆地生态系统关注陆地上的生态系统，具体又可分为地表植被生态系统和植物根系与微生物构成的地下生态系统两部分开展研究，此外，陆地生态系统（包括地表和地下）对水文变化的响应也是研究的热点。变化环境下的水生生态系统关注地表水体（如河、湖、库）中的水生生态系统，在微观层面上研究生源要素迁移转化过程、与藻类生长相关的富营养化等过程；在微观机理研究的基础上，可进一步对宏观演变过程开展模拟研究；湿地生态系统作为一类特殊的水生生态系统，其对于变化环境的响应也需要开展系统性研究。流域生态保护与修复研究则强调健康的水循环过程在保护与修复中的关键作用，其代表性研究内容可包括河流的生态流量管理以及湿地修复。

三、学科特点

环境水科学是地球科学的新兴分支学科，具有以下几方面的重要特色。

（一）陆地水循环是科学主线

环境水科学重点关注陆地水循环驱动下的生态环境过程以及气候变化和人类活动的影响，环境水科学的研究须涉及陆地水循环的特定环节或整体过程。在环境水科学研究中，“水”是一个动态的研究对象，是一个复杂系统的有机组成。其他学科（如物理、化学、环境工程等）也有“水科学”的概念，但大多对水的物理、化学、生物性质进行静态、孤立的研究。

（二）多过程耦合分析是主要方法论

水圈是联系地球各圈层的纽带，其物理、化学、生物特性的改变通常涉及多个过程的耦合，如流体运动、物质传输、能量传导、生命活动等。因此，从研究方法上来看，环境水科学研究通常需要开展多介质采样、多源数据融合、多变量分析、多过程耦合建模等。

（三）“人－水”关系是重要研究内容

人类社会与水圈的复杂互馈关系是环境水科学的焦点之一，研究“人－水”关系是解决人类面临的重大水资源、水环境、水生态和水灾害问题的关键。环境水科学中的“人－水”关系研究相当于地球科学中的“人－地”关系研究，是学科的标志性研究内容。最近十年国际上涌现出的万物皆流（Panta Rhei，everything flows）、社会水文学（socio-hydrology）、粮－能－水系统关联（food-energy-water nexus）等热点学术议题都是“人－水”关系的具体表现。

第二节　学科发展现状

科技论文的发表情况是学科发展现状最直接的体现。为了解全球环境水科学的相关研究进展，并就国内外的发展布局和主要成就进行对比分析，选择 Web of Science 平台的 SCIE 数据库，针对第六章第一节列出的 7 个重要方向（表 6-1 和表 6-2）进行文献检索与计量。文献数据根据事先筛选的主题词组合进行检索。例如，在“水中化学物质的迁移转化和通量”方向，选取“surface water”或“surface-water”或“vadose zone”或“unsaturated zone”或“lake”或“river”或“reservoir”或“groundwater”或“ground water”和“solute”或“contaminants”或“contaminant”和“fate”或“transport”；“surface water”或“surface-water”或“river”或“lake”或“spring”或“reservoir”和“groundwater”或“ground water”和 interface”或“hyporheic zone”和“mass exchange”或“mass transfer”；“mass discharge”和“surface water”或“surface-water”或“river”或“lake”或“reservoir”或“ground water”或“groundwater”；“Chemical reaction”和“surface water”或“surface-water”或“river”或“lake”或“reservoir”或“ground water”或“groundwater”；“rock-water”或“water-rock”或“water”和“rock”或“salt”和“interaction”或“reaction”；“submarine”或“coastal”和“groundwater”或“ground water”和 discharge；“redox zonation”或“redox zone”和“surface water”或“surface-water”或“river”或“lake”或“reservoir”或“ground water”或“groundwater”进行检索。在水环境演化方向，选取“surface water”或“lake”或“river”或“reservoir”或“groundwater”或“ground water”和“quality”和“monitoring”；“remote sensing”和“water quality”或“water quality change”；“surface water”或“lake”或“river”或“reservoir”或“groundwater”或“ground water”和“quality”和“modeling”或“prediction”或“simulation”进行检索。在全球变化下的水质安全方向，选取“climate change”或“urbanization”和“groundwater”或“ground water”或“river”或“lake”或“reservoir”或“surface-water”或“surface water”和“quality”；“extreme climate”或“drought”或“flood”和“surfacewater”或“groundwater”或“ground water”或“river”或“lake”或

“reservoir” 或 “surface-water” 或 “surface water” 和 quality”；“emerging contaminant” 或 “trichloropropane” 或 “dioxane” 或 “trinitrotoluene” 或 “dinitrotoluene” 或 “nanomaterial” 或 “N-nitroso-dimethylamine” 或 “perchlorate” 或 “polybrominated biphenyl” 和 “surfacewater” 或 “groundwater” 或 “ground water” 或 “river” 或 “lake” 或 “reservoir” 或 “surface-water” 或 “surface water” 和 quality” 进行检索。在水污染防治与修复方向，选取 “agriculture” 或 “irrigation” 和 “non-point source” 或 “nonpoint source” 或 “non-point source” 或 “diffusive pollution” 和 “restoration” 或 “remediation”；“surface water” 或 “lake” 或 “river” 或 “reservoir” 或 “ground water” 或 “groundwater” 和 “contaminant” 和 “remediation” 或 “restoration”；“sponge city” 或 “green infrastructure” 或 “low impact development” 和 “surface water” 或 “lake” 或 “river” 或 “reservoir” 或 “ground water” 或 “groundwater” 和 “quality” 进行检索。在水循环与陆地生态系统方向，选取 “eco-hydrology” 或 “ecohydrology” 和 vegetation；“subsurface ecosystem” 或 “ecohydrology” 或 “eco-hydrology” 或 “aquatic ecology” 或 “hydroecosystem” 或 “hydro-ecosystem” 和 “process”；“terrestrial ecosystem” 或 “vegetation” 或 “subsurface” 和 “hydrology” 或 “climate change” 进行检索。在变化环境下的水生生态系统方向，选取 “nitrogen cycle” 或 “phosphorus cycle” 或 “carbon cycle” 或 “nutrients cycle” 和 “river” 或 “lake” 或 “aquatic ecosystem” 或 “wetland”；eutrophication 和 “process” 或 “mechanism”；“aquatic” 或 “water” 或 “lake” 或 “river” 或 “wetland” 和 “ecosystem” 和 “evolution” 或 “modeling”；“wetland” 和 “global change” 或 “climate change” 进行检索。在流域生态保护与修复方向，选取 “environmental flow” 或 “ecological flow” 和 “management”；“wetland” 和 “restoration” 或 “remediation” 进行检索。

选取 2000 年至今文献类型为 article 的数据。基于该数据集，从环境水科学领域整体、环境和生态两个侧重点，以及七个重点方向（表 6-1 和表 6-2）三个不同层面进行文献计量学分析。需要指出的是，由于环境水科学的外延十分广阔，前述主题词组合未必能将相关文献全部囊括，但应足以代表相关方向的主体研究工作。以下对文献计量结果进行简要论述。

一、总体发展趋势

在 Web of Science 平台的 SCIE 数据库，根据主题词检索环境水科学领域相关文献。2000～2019 年（截至 2019 年 8 月）总计检出 192 167 篇论文。以 2000 年为起点，5 年为一个阶段，分析 2000～2004 年、2005～2009 年、2010～2014 年和 2015～2019 年环境水科学领域各重点方向的论文分布情况，结果如图 6-1 所示。

2000 年，环境水科学领域发表了 3374 篇论文，占 2000～2019 年总论文数的 1.8%。水中化学物质的迁移转化和通量方向的论文占 2000 年总论文数的 62.8%。而对于全球变化下的水质安全方向的关注度较低，仅有 23 篇文章发表，不到 2000 年总论文数的 0.7%。另外，水污染防治与修复和流域生态保护与修复两个方向的研究也较少，发表论文数分别为 141 篇和 107 篇，占 2000 年总论文数的 4.2% 和 3.2%。我国 2000 年在环境水科学领域共发表 79 篇论文，仅占全球总论文数的 2.3%，其重点研究方向和全球保持一致，有 55 篇有关水中化学物质的迁移转化和通量，占全年发表总数的 69.6%，和全球

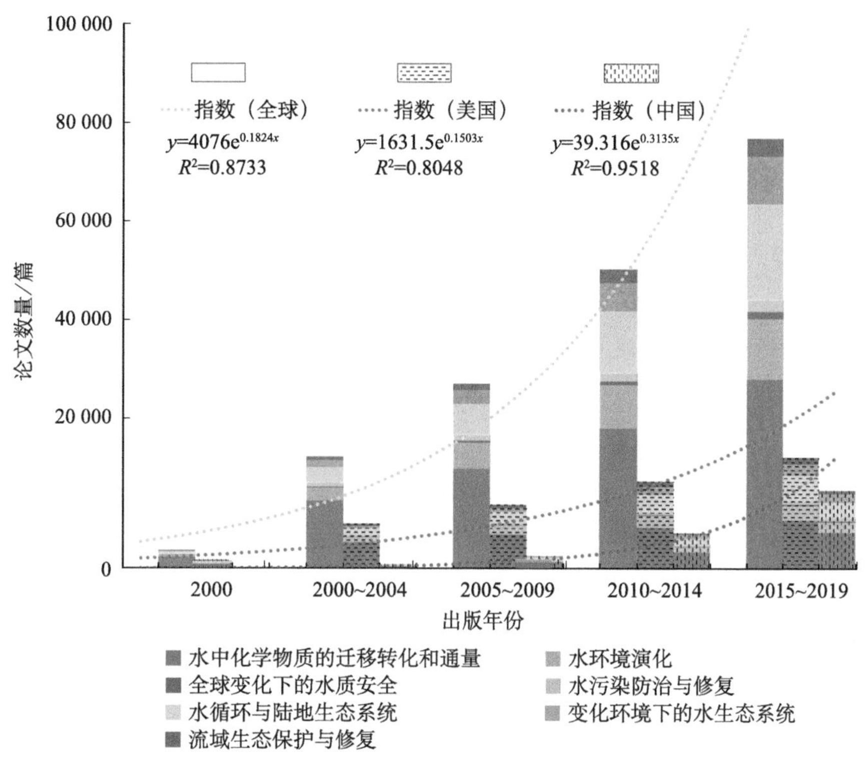

图 6-1　环境水科学领域各重点方向文章在不同时期的数量统计

该方向在整个领域的整体占比 62.8% 接近。在全球研究中关注度较低的全球变化下的水质安全方向，我国在 2000 年的发表量为 0。另外，除水循环与陆地生态系统方向发表 13 篇外（占全国当年总数的 16.5%），其余 4 个方向水环境演化、水污染防治与修复、流域生态保护与修复和变化环境下的水生生态系统的发文数均为个位数，分别占我国全年发表文章数的 8.9%、1.3%、1.3% 和 2.5%。

2000 年以后，我国与全球在环境水科学领域的文章发表量都呈指数增长。2015～2019 年（截至 2019 年 8 月），全球共发表 79 197 篇文章，占 2000～2019 年文章总数的 41.2%。其中，水中化学物质的迁移转化和通量方向的文章比例从 2000 年的 62.8% 下降至 44.0%。对全球变化下的水质安全方向的关注度依然最低，该方向的文章比例仅从 2000 年的 0.7% 提高至 1.6%。对水污染防治与修复和流域生态保护与修复两个方面的研究关注度也依然较低，文章比例分别为 2.7% 和 4.1%。水环境演化方向的研究关注度与 2000 年相比，无显著变化。研究侧重点向水循环与陆地生态系统和变化环境下的水生生态系统方向转移。与 2000 年相比，这两个方向的文章数量在环境水科学领域比例分别为 22.3% 和 11%。我国 2015～2019 年在环境水科学领域共发表 14 498 篇文章，在全球文章总数的占比从 2000 年的 2.3% 提高至 18.3%，提高近 7 倍，可见我国在环境水科学领域的迅猛发展。大部分重点研究方向的发展趋势与全球保持一致，水中化学物质的迁移转化和通量方向在整个领域中的占比也由 2000 年的 69.6% 下降至 46.2%。全球变化下的水质安全方向的研究依然最少，但与 2000 年的 0 篇相比，2015～2019 年在该方向发表论文 256 篇，占比 1.8%，已高出全球该方向的比例，表明我国研究人员逐渐关注该方向的研究。另一个在我国引起重视的方向是变化环境下的水生生态系统，发表文章的比例从 2000 年的 2.4% 提高至 2015～2019 年的 12.2%，增长了近 4 倍。水污染防治与修复和流域生态保护与修复方向也逐渐被我国学者关注，文章数量从 2000 年的各 1 篇增加至 2015～2019 年的 601 篇和 591 篇，其比例相比 2000 年有所提高，均为 4.1%。虽然文章数量增长，但与全球数据一致，对这两个方向的关注度依然较低。我国在水环境演化和水循环与陆地生态系统两个方向的文章数量都有显著增加，由 2000 年的 7 篇和 13 篇增加至 2015～2019 年的 1876 篇和 2717 篇，比例分别为 12.9% 和 18.7%。

图 6-1 也包含了美国的统计数据。2000 年至今，美国在环境水科学领域各方向的文章发表数量一直居于全球首位。各方向的变化趋势也与全球一致。值得注意的是，2000～2004 年，我国与美国在环境水科学领域的文章数量存在明显差距，随着时间的推移，差距在逐渐缩短，且差距缩短速度逐渐增加。从图 6-1 的趋势线可以看出，我国环境水科学研究虽然起步较晚，但我国在该领域的发展速度非常快，远超过了全球和美国的发展速度，可见我国对国际环境水科学领域研究的贡献在逐步增大。

关于环境水科学研究发展的总体趋势，可总结如下：

（1）论文数量的变化趋势显示，环境水科学研究在过去 20 年迅速发展，我国环境水科学研究的发展尤其迅速。

（2）从研究方向来看，水中化学物质的迁移转化和通量是经典研究方向，数量最多，但比重呈持续下降趋势。

（3）近年来，研究不断向水循环与陆地生态系统和变化环境下的水生生态系统方向转移，表明环境水科学研究对于生态的关注在不断提升。

（4）全球变化下的水质安全、水污染防治与修复、流域生态保护与修复的比重始终较小，而这些方向又与当前国家重大需求紧密相关，应成为未来国内重点发展的方向。

二、我国的国际地位

过去 20 年我国在环境水科学领域的文章数呈现指数增长。为了进一步分析我国在环境水科学领域的国际地位，图 6-2 展示了中国在环境水科学领域发表科技论文数占全球比例的变化趋势。百分比表示某时段内的中国学者发表的论文占全球的比例；累积百分比是从 2000 年开始计算的累计比例。图 6-3 则展示了中国在环境水科学领域整体及各个重点研究方向上文章数量的国际排名。

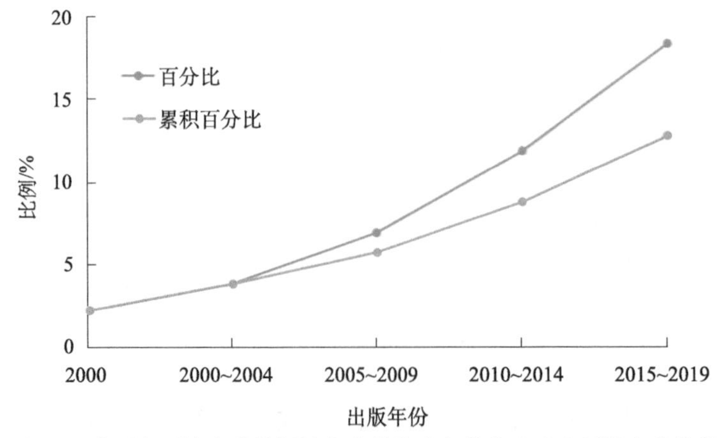

图 6-2　中国在环境水科学领域发表科技论文数占全球比例的变化趋势

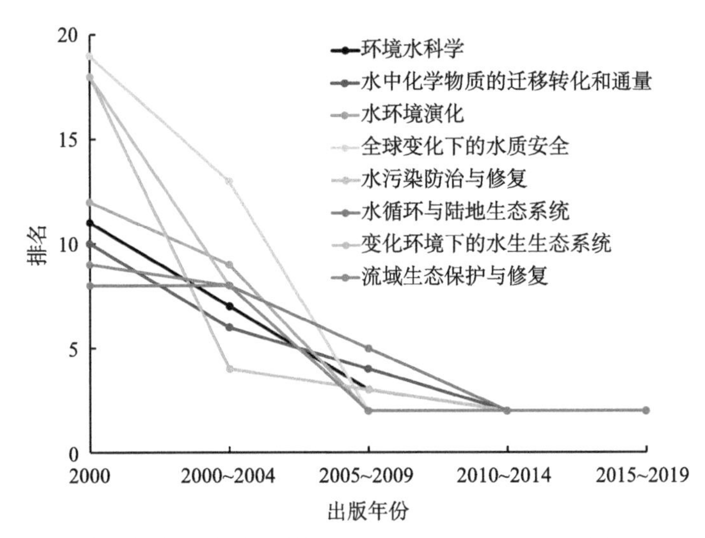

图 6-3　中国在环境水科学领域整体及各个重点研究方向上文章数量的国际排名

图 6-2 清楚表明，过去 20 年我国在环境水科学领域的文章比例呈指数增加，从 2000 年的 2.3% 增加到 2015～2019 年的 18.3%，同时累积百分比也在持续增加，但增加速度低于时段内百分比，说明全球范围内该领域的文章数都在增加。我国文章比例的逐渐增加也说明我国环境水科学领域的研究更具国际视野，其成果在国际上的认可度也显著提升。

统计数据显示，美国在环境水科学领域 7 个重点研究方向的文章数量均居于全球首位。而我国在 2005 年前文章数量排名相对靠后，2005 年以后排名迅速提升，从 2010 年起，在环境水科学领域跃居全球第 2 名，至今仍保持该排名。对于 3 个重点研究方向，全球变化下的水质安全、水污染防治与修复、变化环境下的水生生态系统，我国在 2000 年排名靠后，分别为第 19 名、第 18 名和第 18 名；而其他 4 个方向排名相对适中，在第 10 名左右。从图 6-3 可以看出，2000 年排名靠后的 3 个方向发展迅猛，到 2005～2009 年已分别跃居全球第 2 名和第 3 名，并在 2010～2019 年稳居全球第 2 名。而其他 4 个方向则发展相对稳定，排名从 2000 年的第 10 名左右于 2010～2014 年稳步提升到第 2 名，且保持至今。总体来说，2010～2014 年我国环境水科学领域的文章数量排名仅次于美国，位列第 2 名，且该排名保持至今，体现出 2000～2009 年我国环境水科学领域及各研究方向国际地位的迅猛提升和 2010～2019 年的稳定保持。

另外，本节对 7 个重点研究方向中的前 20 高被引文章也进行了统计分析。从图 6-4 可以看出，美国在 4 个重点研究方向水中化学物质的迁移转化和通量、水污染防治与修复、变化环境下的水生生态系统、流域生态保护与修复拥有超过半数的前 20 高被引文章。而我国仅在 3 个研究方向水中化学物质的迁移转化和通量、全球变化下的水质安全、水污染防治与修复有前 20 高被引文章，分别为 1 篇、1 篇和 2 篇。其中，水中化学物质的迁移转化和通量、水污染防治与修复分别是水环境类和水与生态类研究中占比最大的研究方向。而全球变化下的水质安全方向，不仅中国，全球在该方向的研究在环境水科学领域的占比都较低（图 6-1），我国在该方向的研究起步虽略晚于全球研究（2000 年在该方向没有发表文章，2000～2004 年该方向文章在全球的占比也低于 0.5%），但很快就与全球占比保持一致，体现出我国在全球变化下的水质安全方向的研究潜力和实力。同时，在该方向美国有 4 篇前 20 高被引文章，远少于其他 6 个方向，也体现出在起步条件接近的情况下，全球各国在该方向的研究相较于其他研究起步较早的方向，成果相对均衡。总体来说，虽然我国过去 20 年在环境水科学领域，包括各研究方向的文章数量都显著增加，成果逐渐被国际认可，但起步晚，积累相对较少，且早期领域内理论基础研究在国际期刊发表的文章数较少，导致高被引文章较少，研究质量有待提升。

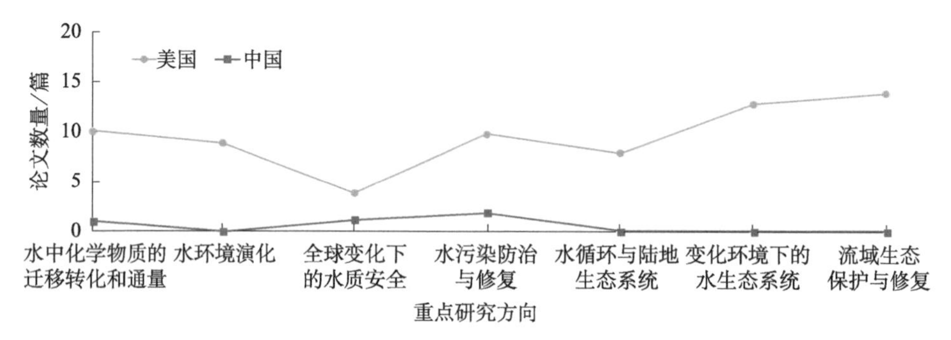

图 6-4　中国和美国在各重点研究方向的前 20 高被引文章数量

三、我国的发展布局和主要成就

我们将环境水科学领域分为两类研究问题：水环境类（即水体水质问题）和水与生态类（即水与生态系统关系）。在过去 20 年中，全球与我国对于这两类问题的关注度都有变化，且变化趋势基本同步。以我国文章发表量为例，2000 年水环境类文章在环境水科学领域内占比 79.7%，而水与生态类文章占比仅为 20.3%。在 2000～2004 年的 5 年内，两类研究问题占比变化不大，2004 年之后水与生态类相关文章开始稳步增加，到 2015～2019 年，水与生态类文章在环境水科学领域内占比已增加至 35.0%，略低于全球水与生态类文章占比的 37.5%（图 6-5）。从图 6-5 中可以看出过去 20 年水环境领域相关研究从侧重环境治理到生态修复的转变，表现出全球对于水与生态的保护与修复的日益重视。

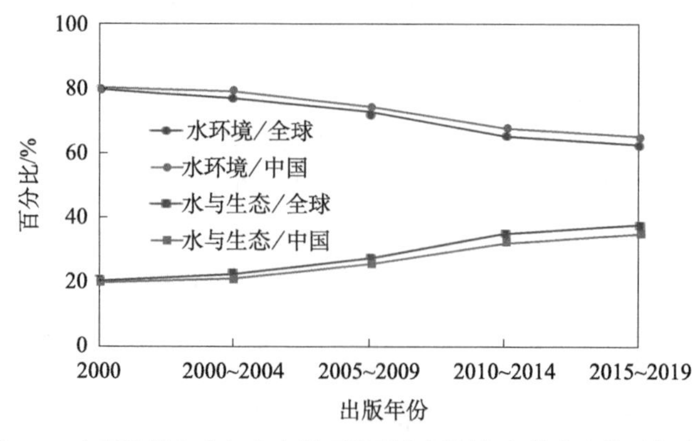

图 6-5　水环境类和水与生态类两类研究问题文章数占比的时间变化

我们同时统计和分析了7个重点方向的研究热度变化趋势。图6-6（a）和图6-6（b）分别表示了4个水环境类重点方向和3个水与生态类重点方向的相关文章在全球和我国的各类别文章总数中的占比。总体来看，在2000年，我国研究在各方向的侧重点与全球存在一定差异。例如，对于水循环与陆地生态系统方向，全球该方向文章在水与生态类别相关研究中的占比约为60.0%，而我国同方向的研究在同类别的占比高达81.3%。我国在流域生态保护与修复方向的研究占比则比全球在该方向的文章占比低了近10%（我国该方向在水与生态类研究中的占比为6.2%，全球为15.5%）。这些数据反映出2000年我国与全球对研究方向关注度的不同步。该现象同样体现在水环境类别的研究中。这种研究方向的侧重点与全球的不一致在近年来逐渐减小。例如，上述“水循环与陆地生态系统”方向的占比差异由2000年的21.3%缩小至2015～2019年的6%；而流域生态保护与修复方向的不一致则基本被消除。另外值得注意的是，水环境类中我国对于全球变化下的水质安全方向在2000年还没有相关研究，而到2015～2019年该方向在水环境类研究中占比2.7%且高于全球同方向占比0.1%。这些数据说明，我国研究在过去20年来不断与国际研究同步、接轨，以全球热点问题为导向，在环境水科学领域，全球迫切解决的问题在我国也同样适用。而在20年发展过程中，各时期我国的研究方向占比与全球占比表现出来的不同也说明各时期我国急需解决的问题和关注热点与全球整体存在地域差异。

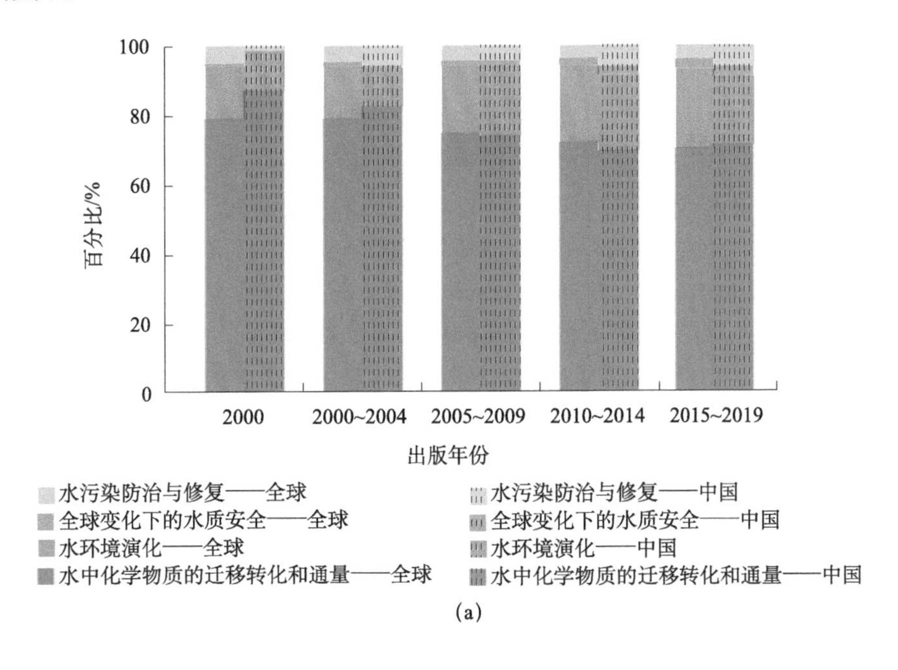

(a)

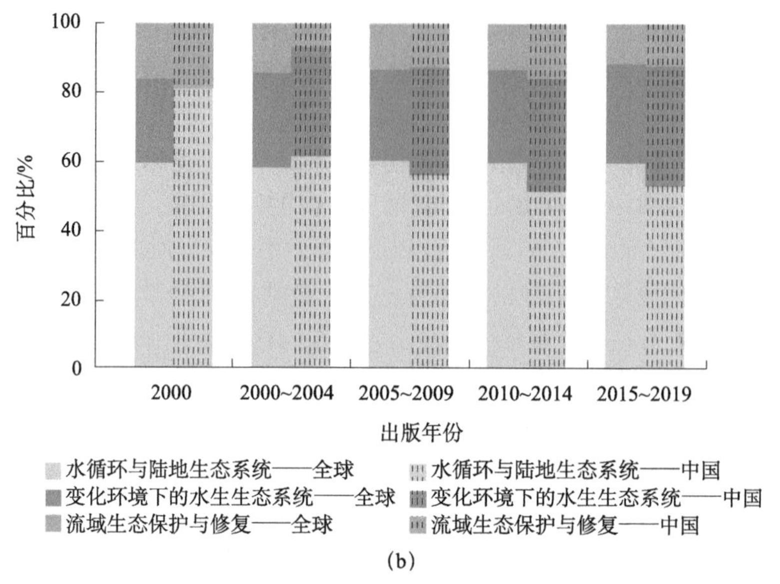

(b)

图 6-6　全球与我国在环境类各重点方向上的文章比例（a）；全球与我国在生态类各重点方向上的文章比例（b）

第三节　学科发展需求与趋势分析

一、环境水科学发展的国际背景

环境水科学属于水文科学与环境科学、生态学的交叉领域。从国际发展背景来看，环境水科学是水文科学在环境科学和生态学领域的延展。1991 年，美国国家研究理事会（NRC）出版了 *Opportunities in the Hydrologic Sciences*（《水文科学的机遇》）一书（NRC，1991），是水文科学发展史上的里程碑，对全球水文科学及相关学科的发展产生了深远影响。之后二十多年，新的分析、测量和计算技术不断涌现，为水文科学发展提供了全新机遇。而气候变化和日益加剧的人类活动也对水文科学提出了一系列重要的生态、环境命题。在此背景下，美国 NSF 地学部请 NRC 于 2009 年组织专家学者回顾水文科学研究及其与相关学科交叉融合的进展，识别能够推动水文科学发展的新机遇，并最终出版了 *Challenges and Opportunities in the Hydrologic Sciences*（《水文科学的挑战与机遇》）一书（NRC，2012）。该书定义了三个主题来描述当今水文科学所面临的挑战与机遇，即①水循环：变化的驱动因子；②水与生命；③人类和生态系统所需的清洁水。第一个主题属于经典水文学范畴，而第二、第三个主题则与本书所定义的环境水科学的内涵高度一致，第二个主题侧重于水与生态系统，第三个主题侧重于水环境。

2013 年，第九届国际水文科学大会在瑞典哥德堡举行，着重探讨如何更好地认知地球物理过程、理解人类对环境的作用、预测和减少自然灾害对人类的影响。在本次大会上，国际水文科学协会（IAHS）正式发布并启动新一轮（2013～2022 年）十年科学计划“Panta Rhei”（可译为“万物皆流”）。Panta Rhei 聚焦水文与社会的变化，关注二者的相互影响和协同演化，旨在通过强化全球水文研究团队的协作，促进为解决环境和社会系统变化引起的全球和区域水问题而开展的科学研究（Montanari et al.，2013）。Panta Rhei 的核心观点包括：①水文与社会的交互作用不断变化，新的反馈关系不断产生，需要用多学科的方法加以理解、评估、模拟和预测；②水文系统及其相关系统（包括社会系统）的协同演化需要用合理的手段加以识别和模拟，从而能预测它们对变化环境的响应；③水文过程决定着人与环境的关系，水文的变化对社会和环境本身都至关重要；④水文变化同时源于自然和人类活动；⑤现有的观测技术制约着水文学的发展，学术界应运用新技术、新数据去发展新的观测手段；⑥未来的科学必须建立在跨学科研究方法的基础上。Panta Rhei 本质上是一个科研发展战略，而不是具体的科研计划。在 Panta Rhei 的框架下，全球水文科学研究者自组织形成一系列的工作组，围绕以下六个重点主题开展研究：

（1）与水有关的灾害和水文变化。

（2）日益变化环境中的地下水。

（3）解决水源短缺和水质问题。

（4）水与人类社区的未来发展。

（5）生态水文学，协调管理创造可持续世界。

（6）水资源教育，水安全的关键。

这里的前五个主题均涉及本书所定义的环境水科学的外延。

综上，本书所定义的环境水科学在美国 NRC 的 *Challenges and Opportunities in the Hydrologic Sciences* 一书和国际水文科学协会的 Panta Rhei 计划中得到了很好的诠释，表明环境水科学是全球水文科学在新时代背景下的增长点（这一点在第二节的文献计量学分析中也得到了很好的体现），也充分证明环境水科学在当前和未来地球科学学科体系中的重要性。

二、环境水科学的应用需求

环境水科学的理论、方法和技术对于全球可持续发展具有重要意义。2015 年 9 月，联合国可持续发展峰会通过《改变我们的世界：2030 年可持续发展议程》，提出 17 项可持续发展目标（SDGs）和 169 项具体目标，旨在推动全球在 15 年内消除极端贫困、战胜不平等和不公正以及保护环境、遏制气候变化。SDGs 涵盖丰富的水资源、水环境、水生态保护和水灾害防治的内容，对环境水科学发展提出了重大需求。SDGs 目标 6 为“为所有人提供水和环境卫生并对其进行可持续管理”，具体目标涉及“安全和负担得起的饮用水”（目标 6.1）、“改善水质”（目标 6.3）、“水资源综合管理”（目标 6.5）、“保护和恢复与水有关的生态系统”（目标 6.6）等内容；目标 11 为“建设包容、安全、有抵御灾害能力和可持续的城市和人类住区”，提出要“大幅减少包括水灾在内的各种灾害造成的死亡人数和受灾人数，大幅减少上述灾害造成的与全球国内生产总值有关的直接经济损失”（目标 11.5）；目标 13 为“采取紧急行动应对气候变化及其影响”，提出要“加强各国抵御和适应气候相关的灾害和自然灾害的能力”（目标 13.1）；而目标 15 则为“保护、恢复和促进可持续利用陆地生态系统，可持续管理森林，防治荒漠化，制止和扭转土地退化，遏制生物多样性的丧失"，指出要"保护、恢复和可持续利用陆地和内陆的淡水生态系统及其服务"（目标 15.1）。可见，环境水科学在全球范围具有广阔的应用前景。

在我国，随着人口的持续增长和社会经济的迅速发展，水资源与水环境问题日益凸显，严重影响着我国人民的生活与健康，乃至社会的稳定和经济的可持续发展。水环境污染已成为制约我国社会经济可持续发展的瓶颈、全面建成小康社会的短板，引起政府与公众前所未有的重视。2006 年以来，国务院先后发布了《国务院关于落实科学发展观加强环境保护的决定》和《国家中长期科学和技术发展规划纲要（2006—2020 年）》，启动了"水体污染控制与治理科技重大专项"（即"水专项"），修订了《中华人民共和国环境保护法》，发布了《水污染防治行动计划》。习近平总书记在十九大报告中做出了"加快生态文明体制改革，建设美丽中国""加快水污染防治，实施流域环境和近岸海域综合治理"等明确指示。目前，我国正在全力推进长江大保护战略、山水林田湖草生态修复、"海绵城市"建设和城市黑臭水体整治等生态环境保护工作，力图扭转国内当前水环境恶化、水生态退化的不利局面，亟须环境水科学提供科学依据和先进技术支撑。

三、国际相关研究计划及关键科学问题

为科学评估和应对气候变化与人类活动对环境的影响，欧美等发达国家和地区在 21 世纪初推出了一系列科学研究计划，如美国 NSF 发起的关键带观测平台（Critical Zone Observatory，CZO）、水文科学发展的大学联盟（Consortium of Universities for the Advancement of Hydrologic Science，CUAHSI）、美国水与环境研究系统（Water and Environment Research Systems，WATERS），以及德国的陆地环境观测平台（TERENO）等（Bogena et al.，2016）。这些计划中的许多具体研究内容均属于环境水科学范畴，但不同计划又各有特色和侧重点。这些计划拟解决的重要科学问题可为我国环境水科学的发展提供重要参考。以下简要介绍几个主要的研究计划及其拟解决的关键问题。

（一）水文科学发展的大学联盟（CUAHSI）

2001 年，美国 NSF 资助成立 CUAHSI，旨在推进美国水科学基础设施建设和服务系统开发。逾 130 所美国大学和国际组织参与其中（www.cuahsi.org/uploads/library/CUAHSI-SciencePlan-Nov2007.pdf）。CUAHSI 的主要目标包括：①通过水资源数据服务的领导优势促进水科学方面的新发现，并支撑跨学科合作研究；② 推动将水文学科研究与数据服务融入创新的多学科教育和社区建设活动中；③多样化地扩展 CUAHSI 的合作伙伴和资金来源，以确保通过多学科方法实现服务的可持续性；④提高 CUAHSI 在不同水科学社群中的知名度、影响力和声誉。CUAHSI 构建了一个基于互联网的水文数据共享系统原型，该原型由数据库和服务器组成，用户可以共享 CUAHSI 的各种观测数据，并进行相应的分析和应用，是社区科学（community science）的一次重要实践。CUAHSI 社群重点关注以下三方面问题（Band et al.，2003）。

第一，水圈和生物圈的耦合（即生态水文学）。一些待解答的关键科学问题包括：生物圈如何协调缓慢的地下水动力过程和快速的地表大气动力过程？降雨转化为地下水补给、径流和蒸散发的比例受何种因素控制？这些因素又如何随环境条件和尺度而变

化？积雪、土壤水分和植被的时空格局如何响应并反过来影响降水、补给、蒸散发、地下水流、地貌、生物地球化学等因素的时空变化？能否基于物理过程（如是否存在一个自组织的孔隙系统使得土壤尽快排水，或者存在一系列生态过程使植物的碳产量最大化）预测根区土壤孔隙结构的形成过程？

第二，水文、生物地球化学和地貌过程的升尺度。一些待解答的关键科学问题包括：流域的河网和地下水流路径是如何在不同时空格局的物理、化学、生物过程的协同作用下产生的，在其形成过程中又会产生哪些新过程？在何种时空尺度，大孔隙等优先通道会对地下水的运动起主导作用，优先通道的变动又有什么样的作用？地下水和大气水的交互过程如何影响植被的空间格局？空间格局又如何受气候变化的影响？

第三，预测人类活动和气候变化对水资源的影响。一些待解答的关键科学问题包括：人类活动如何影响降水的分配、地表汇流系统、地下水流场和污染物运移，以及这种影响与环境条件和尺度的关系如何？气候变化将如何改变降水的时空格局、类型、强度、降水在地表的分配以及流域的响应？人类活动是否会与气候变化产生叠加作用，放大气候变化的影响，特别是增加极端性水文事件（如重大洪涝灾害）的发生概率？

总体而言，CUAHSI 聚焦水与生态系统的关系，且重点关注人类活动和气候变化对水文和生态系统的影响。

（二）关键带观测平台（CZO）

2001 年，美国 NRC 出版了 *Basic Research Opportunities in Earth Science* 一书，并在书中首次提出地球关键带（earth critical zone）的概念。一般而言，关键带是指地表各圈层相互作用的一个地带，其空间范围从植被顶层延伸至地下含水层底部，包含了近地表的生物圈、大气圈、土壤圈、水圈和岩石圈。地球关键带控制着土壤的发育、水资源的产生与净化、各种物质的地球化学循环等，这一切对地球上的生命而言都非常重要，也关系到人类社会的可持续发展，因此，相关研究迅速受到各国的关注和重视（An et al., 2016）。美国 NSF 于 2007 年发起成立了一个跨学科合作研究平台，即 CZO，专门研究水圈、土圈、岩石圈、生物圈和大气圈之间的复杂交互过程。2009 年，美国 NSF 建立了 3 个 CZO 站点。2014 年，公布了新的地球关键带计划，并新建了 4 个 CZO 观测站点。目前，CZO 已建立了良好的数据系统，为科研人员提供了大量基础数据，并整合不同领域的科学家研究不同时空尺度下关键带中物质与能量的传输如何影响生态系统，以及气候变化、人类活动等如何影响关键带。CZO 的概念和研究范式在全球范围引起关注，已成为当前地球科学研究的焦点之一，欧洲和澳大利亚等国也相继启动了相关研究计划。在我国，2010 年的“水文土壤学与地球关键带前沿研究及应用国际学术研讨会”代表着地球关键带研究在国内的启动。2014 年，国家自然科学基金委员会与中国科学院地学部联合召开双清论坛“地表圈层相互作用带科学前沿探索”和科学与技术前沿论坛“地球关键带科学”。2015 年，国家自然科学基金委员会与英国自然环境研究理事会共同征集和资助“地球关键带中水和土壤的生态服务功能维持机理研究”中英重大国际合作研究计划。2017 年，国家自然科学基金委员会与英国自然环境研究委员会共同主办“中 - 英地球关键带双边学术研讨会”（UK-China CZO Meeting），系统讨论了未来中英双方关于关键带的合作研究计划。

CZO 的主要目标包括：①发展关键带演化的统一理论框架；②发展耦合系统模型来研究人类活动、气候变化、地壳运动等过程如何影响关键带；③搜集不同地质、气候环境条件下的关键带数据集，建立理论框架，并结合数据和耦合模型，验证相应的理论。CZO 拟解答的关键科学问题主要包括（An et al.，2016）：

第一，风化层的地质演化是怎样构建地球关键带内生态系统功能的可持续性的？

第二，土壤和下垫岩层的相互作用如何影响流域开发地下含水层？

第三，如何在分子到全球尺度上将理论和数据结合，解释过去的地球表面变化和预测地球关键带演化？

第四，怎样通过数学建模对地球关键带进行定量预测？

第五，如何通过遥感和监测技术、电子 / 网络基础设施和建模集成方法，模拟陆地环境变量和预测水供应、食品生产、生物多样性？

第六，怎样将自然和社会科学的理论、数据和数学模型相集成，综合模拟和管理地球关键带的商品和服务？

总体而言，CZO 的研究十分强调多过程耦合、多源数据融合和多学科交叉，而水文、水质过程研究在其中处于一个关键地位。

（三）水与环境研究系统（WATERS）

水与环境研究系统（WATERS）计划由美国 NSF 于 2005 年提出（NRC，2010），旨在通过大规模环境观测系统来开展环境大科学研究，包括 WATERS 网络和 WATERS 科学计划。WATERS 网络是一个综合的国家观察站和实验设施网络，负责收集和整合不同空间和时间尺度的基础科研数据，供科学家、工程师和管理人员更好地理解、模拟和预测环境过程，可用以支持大尺度的水与环境研究，同时促进相关的教育工作。WATERS 科学计划的愿景则是通过建设一个观测平台网络以促进自然科学、工程学和社会科学等多学科的交叉。

WATERS 计划是在美国水资源管理压力日益增长的背景下，由 NSF 的工程学部、地球科学学部、社会科学学部、行为和经济科学学部联合倡议提出。美国 NSF 将 WATERS 作为一项应对水资源管理挑战的重要举措，旨在为水资源高效管理提供科学基础；之后，WATERS 的任务被进一步扩展至整个水和环境领域。WATERS 网络也是 NSF 两个环境观测网络的合并：环境研究合作大规模工程分析网络（collaborative large-scale engineering analysis network for environmental research，CLEANER）和 CUAHSI 计划。

WATERS 科学计划需要回答的核心问题是：在气候变化和人类活动深刻改变水循环的背景之下，应如何更好地管理和预测水资源（包括水量和水质），保护地球生态系统以利后世？具体科学问题包括（NRC，2010）：

第一，全球变化背景下，水资源如何变化？如何理解和预测这些变化？

第二，如何设计更可靠、具有韧性和可持续性的水资源基础设施？

第三，水资源变化与人类活动、政策和制度决策如何互相影响？

总体而言，WATERS 较之前述几个计划更侧重水环境研究，且与工程、社会经济的关联更为密切。WATERS 网络作为监测网络能够收集并提供跨学科、多尺度且质量可靠的数据；而 WATERS 科学计划则融合多学科的力量，旨在为基于环境大数据有效解决当前紧迫的水环境和水生态问题提供支撑。

（四）陆地环境观测平台（TERENO）

德国的 TERENO 计划[①]始于 2008 年，由亥姆霍兹国家研究中心联合会和德国联邦教育与研究部共同资助，是目前全球最大的蒸渗仪（lysimeter）项目。观测平台的搭建和观测任务主要由亥姆霍兹波茨坦中心（GFZ）、亥姆霍兹环境研究中心（UFZ）、亥姆霍兹国家研究中心联合会于利希研究中心（FZJ）、亥姆霍兹气候气象研究中心（IMK-IFU）四个研究中心执行。TERENO 以流域为单位进行跨学科、多尺度的观测，在德国全境四个主要流域（Uecker 流域、Bode 流域、Rur 流域和 Ammer 流域）搭建了 14 个环境集成观测站，旨在提供一个跨越德国全境的协同环境观测网络，长期（15 年以上）收集水、物质和能量通量数据，进而评估全球变化对区域生态环境的影响，为德国应对全球变化提供最佳策略（Pütz et al.，2016）。TERENO 项目拟解答的重要科学问题包括：

第一，气候变化对陆地系统各组分（地下水、土壤、植被、地表水）的影响。

第二，土壤－大气界面的水、物质和能量交换的反馈机制。

第三，土地管理和土地利用对区域气候、水量平衡、土壤肥力和生物多样性的直接影响。

第四，采矿和森林砍伐等大规模人类活动对陆地系统的影响。

总体而言，TERENO 计划侧重观测，并强调气候变化和人类活动的影响。具体到环境水科学方向，TERENO 的主要任务是研究陆地生态系统对水文变化的响应，陆地生态系统的氮磷循环过程，以及农业面源引起的水体氮磷污染（Fu et al.，2017）。

四、研究前沿与发展趋势分析

以下针对表 6-1 和表 6-2 中的 7 个重点方向分述之。

（一）水中化学物质的迁移转化和通量

化学物质在水中的迁移转化过程和通量计算是经典的水环境研究问题，目前已开展了大量工作，但许多微观过程机理仍有待进一步探索。以下列举几方面前沿问题。

1. 复杂地下水系统中的物质迁移与转化

复杂地下水系统内的各种物理、化学和生物过程相互作用，共同控制着物质与能量的迁移和转化。虽然前人对此已有大量研究，但对于微观尺度（如孔隙尺度）上的行为仍认识有限；同时，对于不同过程间的内在联系、相互影响及其在宏观－微观尺度间的转换也知之甚少。一些属于环境水科学范畴的重要问题在两份地下水战略研究报告中有具体阐述（中国科学院，2018；中国地下水战略研究小组，2009），包括：

（1）多孔介质中孔隙尺度的沉淀反应。多孔介质中孔隙尺度的沉淀反应对于地下水污染修复和碳封存效果具有重要影响，但目前人们对此仍缺乏清晰认识。未来研究不但需要揭示沉淀反应在孔隙尺度如何发生，也需要阐明宏观水文参数（如孔隙度和渗透

① https://www.tereno.net/joomla/index.php。

率）是如何随反应的变化而变化的。

（2）非均质地下介质中的有效反应速率。非均质地下介质中的有效反应速率具有显著的时空尺度依赖性，这种尺度的依赖性受许多因素的叠加影响，目前对此尚未形成完整的认识。理解和预测有效反应速率，并使其与本征反应速率间的偏差最小化，对于运用基于机理的动力学参数来校准和预测更大尺度上的迁移和反应过程至关重要。

（3）多组分和多尺度过程。地下环境中物质与能量的迁移和转化通常涉及多组分相互作用。水文学和生物地球化学过程的耦合、微生物生态学与生物地球化学的耦合以及水和能量的耦合，都会深刻影响污染物的迁移转化及修复效果。未来研究的关键是构建能对预测尺度上的机制、过程和参数进行双向（升尺度和降尺度）转化的多尺度集成模型。

2. 生物地球化学循环的时空异质性对流域物质输出的影响

流域监测水平的不断提升使人们对水文和生物地球化学过程的时空异质性有了更深入的认识。如果仅需估算流域水的通量，水文模型通常无须体现生物地球化学过程的异质性就可获得合理的结果。但对于具有生物地球化学活性的溶质和气态元素而言，不考虑生物地球化学过程的异质性就会导致显著的计算误差。在生态系统中，营养物质的获取以及水文连通性都存在巨大的时空非均质性，这些差异可以在某些时间某些区域非常明显地主宰整个生态系统的生物地球化学过程。一些待解决的科学问题包括：什么因素控制着陆地、河岸带以及潜流带内物质热点的产生与强度？对有机碳和快速水流路径联合分布的认知是否能够用于推断生态系统的生物地球化学反应主要控制因素？人类活动对景观的扰动如何改变水文连通性从而影响物质热点的空间分布？

3. 河流关键带和界面水文生物地球化学的耦合机制

河流关键带是化学物质在陆地和水体之间迁移转化的关键地带，是地表水与地下水强烈交互的地带，也是地表水中生物群落与地下水中生物群落之间的关键过渡带。几方面重要的问题和挑战包括：过渡带中界面反应与水流运动之间的反馈机制及其对界面反应动力学理论的挑战；过渡带生物地球化学过程对水文条件变化的响应及其对建立生物地球化学过程动力学模型的挑战；界面过程在介质非均质过渡带中的多尺度行为及其对建立关键带物质组分和元素迁移转化模型的挑战。

（二）水环境演化

地球的水质随时间和空间不断演化，而人类社会的污染物排放进一步扰动了演化过程。不同时空尺度的水环境演化过程需要采用不同的手段加以观测，而水环境的演化趋势则需要更为可靠的模型加以预测。以下列举几方面前沿问题。

1. 水环境中微量有机污染物检测

水环境中的常见污染物如BOD、营养盐等已有十分成熟的监测方法，包括水体在线监测。但水环境中许多低浓度、高风险的污染物还很难在野外水文条件下进行有效监测（Sousa et al.，2018）。未来研究可致力于制备超高灵敏和特异性的传感器用于实时快速检测水体环境中的微量污染物，研究天然水体环境中微量污染物的演化规律，并探索对人类健康的影响。其重点研发内容可包括：金属和类金属污染物传感器，抗生素及抗生素抗性基因传感技术，毒品、咖啡因、酒精等代谢产物的传感器，以及病原体传感器等。

2. 水环境遥感

与常规采样监测和在线监测不同，卫星遥感可以低成本、快速、大范围监测地表水环境变化，从而便于发现污染物的时空分布特征和迁移规律，是大尺度水环境监测的重要手段。随着国内外卫星遥感技术的不断发展，基于卫星遥感的水环境监测发挥了越来越大的作用（段洪涛等，2019）。相关研究前沿包括：

（1）水文过程遥感动态监测。考虑多源卫星遥感数据的空间分辨率、成像特征、观测条件、波段设置等差异，构建全球及大型流域尺度的河流、湖泊等水体范围的长时间序列动态图谱。结合主被动遥感技术，实现无观测区水位、流量等关键水文参数获取。利用先进雷达遥感技术，研究地下水过度开采引起地面沉降的时空变化过程。

（2）水质参数的遥感定量获取。结合遥感的光谱与时间信息，在人工智能等技术的支持下，实现全球水华、赤潮爆发范围的全自动获取。发展全球 / 区域湖泊或海岸带水体的典型水质参数高精度遥感定量反演模型，构建区域水质变化的实时动态监测机制，并拓展遥感在湖库水源地水质安全监测的能力。

（3）湿地生态系统的遥感多维度评估。利用无人机、光学卫星遥感、LiDAR 等手段，发展湿地覆盖类型、物种、生物量等特征参数的遥感获取方法。研究气候变化与人类活动扰动下的全球或区域湿地生态系统的动态过程与演化机制。

3. 水环境集成模拟与数据融合

相比于水文模拟，目前水环境模拟的精度还比较低，难以准确再现水质的历史演化过程及预测未来水质的变化趋势。水环境模拟精度的提高需要从模型本身和数据两个方面实现突破。相关研究前沿包括：

（1）复杂集成模型的开发。其可在多个维度上进行集成，包括水量模拟与水质模拟的耦合、不同时空尺度过程的耦合、流域模拟与水体模拟集成、地表水模拟与地下水模拟的集成等。

（2）多源数据融合与短期水质预报。发展先进的数据同化方法，将常规手动采样监测、在线水质监测、无人船采样监测、卫星遥感、无人机航拍等多渠道采集的数据融入基于过程的复杂水环境模型，并构建气象数据驱动下水质预报的方法。

（3）大数据与人工智能用于水环境模拟。应用计算机视觉、深度学习等人工智能技术对遥感影像、视频影像等非常规环境监测数据源进行加工，生成水环境大数据，并用于构建数据驱动的水环境模型，实现基于大数据和人工智能的水质预报。

（三）全球变化下的水质安全

气候变化和人类活动叠加造成的全球环境变化改变了流域生态系统的物质循环过程，可通过增加流域营养盐与污染物输出引起水生态环境的恶化，从而增加供水处理的成本与饮用水健康风险（UN Water，2020）。

1. 气候变化对水质的影响

目前，气候变化对水资源量的影响已得到了较为充分的研究，然而，对水质影响的研究尚存在理论体系不全、控制因素不明、耦合机理不详、不确定性大等挑战，亟须开展系统的研究。近年来，科学家们发现，在全球变暖趋势的影响下，区域极端干旱造成陆地水资源大量减少，流域森林虫害和森林火灾频发等生态干扰事件可导致饮用水水源水质的恶化，飓风事件与洪涝灾害频发也额外增加供水处理成本。然而，目前的水质研究关注的气候变化影响途径仍然有限，例如，气候变化通过改变微生物生态系统来影响水质安全的途径尚缺乏研究，对旱涝灾害等极端性气候事件对水质的影响机制也缺乏全面认识。此外，对气候变化与人类活动的协同作用的研究也不足。

2. 全球氮沉降增加对水质的影响

全球氮沉降增加是全球变化的重要趋势，沉降量已从 1860 年的 34 Tg/a 增加至 1995 年的 100 Tg/a，并将于 2050 年达到 200 Tg/a。流域陆地与水体生态系统将接收更多的氮沉降并发生一系列生物地球化学响应。然而，在全球氮沉降影响下，流域的营养盐与污染物的输出如何响应，是否可能影响水生态风险与供水水源水质仍缺乏研究。已有部分研究发现，模拟氮添加可促进森林流域的溶解性有机氮的输出，而溶解性有机氮可以在水处理过程中产生高毒性的含氮有机污染物。因此，全球氮沉降的持续增加有可能会对饮用水安全构成重要的威胁，亟须进行相关研究，厘清全球氮沉降变化趋势对流域营养物质的输出、供水水源水质、饮用水暴露相关健康风险的影响及机理。

3. 水环境中的新污染物

随着工业化、城市化的不断发展，水环境中的新污染物不断被发现，其环境风险备受关注，部分发达国家和地区已将一些新污染物纳入了饮用水标准。新污染物的最新热点是抗生素滥用产生抗生素耐药菌和抗性基因，以及微塑料。关于微塑料的研究始于海洋，但最近微塑料的陆源输送问题开始引起关注。未来需要研究影响新污染物在水环境中迁移转化的环境因子及微生物驱动机制，系统认识物理、化学和生物因素对新污染物的迁移转化的单一与交互影响，并加强新污染物生态和健康效应机制研究。

（四）水污染防治与修复

1. 城市黑臭水体治理

城市人口与经济的快速增长加速了碳、氮、磷等各类元素对水环境的排放，城市地表水体污染问题在发展中国家表现得尤为突出。在中国，城市黑臭水体治理是当前的一大难题，亟待环境水科学研究为其提供解决方案。未来需重点研究城市典型黑臭水体的碳、氮、磷迁移转化、生态环境效应及调控因素，发展黑臭水体水文生物地球化学动力学理论，建立黑臭水体水质演化过程模型，并开发耦合电化学供氧、吸附 / 絮凝、氧化三个过程的黑臭快速消除技术。

2. 地下水污染修复的新理论、新方法

地下水污染问题已日趋凸显，污染场地修复逐渐引起重视，但由于地下水污染的复杂性及长期性，在实际修复中，常出现场地的不完全修复或过度修复等情况。抽出处理（pump and treat）技术在很多情况下可对地下水污染物进行有效去除，但修复时间长且修复成本高。如何确定停止抽出处理的时间节点，从主动修复方式转为自然衰减修复等被动修复方式是未来研究的一个难点。同时，主动与被动方式相结合的高效低成本的修复技术、新型的污染修复材料等也是未来地下水污染修复的研究重点（SERDP，2018）。

3. 城市绿色基础设施水质效应

在水资源、水环境管理中发挥绿色基础设施的多维效应，使其成为传统灰色基础设施的替代或补充，是近年来的热点议题。绿色基础设施可作为应对气候变化所引发的暴雨、升温等问题的适应性对策，也可作为缓冲城市开发建设对流域水文、水质过程影响的措施。国内外已对城市地区绿色基础设施的水质净化作用开展了不少试验和模拟研究，研究尺度也逐渐由地块拓展到汇水单元。但目前城市尺度乃至流域尺度的研究还很少。一些待深入研究的问题包括：气候、地形等自然地理条件如何影响绿色基础设施在流域尺度上的水质效应？绿色基础设施对不同污染物的选择性净化作用如何影响受纳水体的水质与水生态？如何从生命周期的角度对比城市治水的灰色基础设施和绿色基础设施？

（五）水循环与陆地生态系统

水循环对陆地生态系统的存在和演化起着关键的驱动作用。陆地生态系统与水文循环的交互作用是近年来水文科学研究的重要内容，也是气候变化影响研究的关注点（Martin-Ortega et al.，2015；Smakhtin，2018；UN Water，2020）。以下列举一些该方向的研究前沿。

1. 土壤含水量的时空变化机制

土壤含水量的变化及其相伴随的潜热和显热通量传递直接影响着气候。土壤含水量控制着植被的生长，同时也受到植被生长过程的调节。土壤含水量决定了土壤的水势梯度，从而影响产汇流路径以及土壤侵蚀过程。相当一部分地球化学反应受到土壤水分及相关微生物活动的影响，土壤呼吸也随着含水量的季节性变化而变化。尽管土壤水在地表过程和生态系统中都扮演着重要角色，但限于观测手段，目前对土壤含水量时空变化机制的研究依然不够透彻，预测理论的成果也较为有限。一些待深入研究的问题包括：发展和应用全新的技术手段精准监测土壤水分含量在水平和垂直方向上的时空变化，以弥补传统定点观测和遥感反演的不足；在气候模式中充分体现土壤持水能力的空间异质性，从而更好地模拟土壤含水量对蒸散发过程的约束作用；风化基岩中的水分及饱和带的水转化为土壤水并被深根植物利用的过程。

2. 植被、景观、气候和水文系统的协同演变

在较为干旱的地区，地形在很大程度上决定了土壤水分的分布，进而决定了植被的空间分布格局，这一植被和地形的共组织关系是许多研究者关注的热点，一些重要的科学问题包括：水分胁迫如何影响植被空间格局？如何基于植被空间格局反演土壤水分过程？植被空间格局如何反过来影响水文过程及地表侵蚀过程，从而影响土壤和地形的演化？而在较为湿润的地区，植被空间格局受到土壤水分以外的许多其他因素影响，如火灾、极端暴雨条件、人类放牧、虫害爆发或者物种入侵等。在气候－水文－植被的耦合模拟中加入对多物种的食物网及各种扰动因素的考虑是一个非常前沿的问题。

3. 地下生态系统与水文过程的相互作用

土壤中的物种多样性占所有物种多样性的20%以上，其生物总量大约为地球上生物总量的50%。由于土壤养分和水分的高度非均质性，土壤中生物的分布也极为不均。土壤生物多样性产生的原因以及水文过程对多样性的影响是前沿研究问题。水和生物之间的联系可能主要集中在植物的根部周围。在根部周围区域，虽然已经明确土壤含水量及其分布对生物群落起关键影响作用，但具体的生物地球化学、生物物理和生态过程还鲜为人知。未来需要回答的重要问题包括：模拟植被、地形和局地气候协同演化的模型能否同时描述土壤生物演化过程及其对水文和生物地球化学过程的影响？土壤和风化基岩中的生物如何影响径流的化学特征？能否预测土壤生物对土壤水力特征、水龄分布和优先水流通道的影响？

（六）变化环境下的水生生态系统

气候变化和土地利用改变是当前驱动地球生态系统演替的两大因素。由气候模式与陆面模式耦合而成的地球系统模型（earth system model）已经被广泛用于研究植被生态系统对于气候变化和土地利用改变的响应。然而，水生生态系统对气候变化和土地利用改变响应的研究还为数较少，对于响应的机理尚缺乏清晰的认识，还有待深入研究（Smakhtin，2018）。以下列举一些该方向的研究前沿。

1. 水文过程变化对水生生态系统的影响

气候变化引起降水量、冰川、积雪、冻土的时空分布变化，这些变化与土地利用变化相叠加，将显著影响流域产汇流过程，使得地表水体（河、湖等）的水文情势发生明显改变。枯水期或断流期等特殊时期的水文情势对水生生态系统多样性的维持具有重要意义。但目前关于枯水期水文的研究相对较少，而关于水生生态系统对枯水期水文情势的响应机制也缺乏系统的研究。未来需要回答的一些重要问题有：在干旱期间，河流网络是如何改变的？未来气候变化如何影响枯水期的河流网络？水生生态系统与河岸带生态系统如何适应枯水期河道变窄和基流减少？小型河流系统是否对气候变化和流量扰动（如河道引水）更加敏感？在极枯条件下，淡水生物物种不得不集中在水质较差的有限栖息环境中，加剧的竞争是否会导致某些物种在局地、区域甚至全球范围内消亡？

2. 生源要素的变化及其对水生生态系统的影响

在各种湖泊的生态环境问题中，富营养化的发生是最为普遍的问题之一。为了有效控制湖泊富营养化，就必须了解生源要素在湖泊生态系统中分布、迁移、转化的生物地球化学机制，以及湖泊的富营养化过程中生源要素的循环机理。针对浅水湖泊富营养化发生的机理，国内外已经做了大量研究，但到目前为止，对于浅水湖泊中的生物地球化学循环过程还缺乏全面的了解。未来研究需要回答的问题有：湖泊主要生源要素的迁移转化、循环、生物可利用量及其与湖泊富营养化的关系如何？生源要素在沉积物 - 水界面的交换规律及影响因素有哪些？湖泊生态系统结构变化对富营养化灾变过程的驱动与反馈如何发生？湖泊生态系统在草型和藻型之间转化的机理是什么？浅水湖泊沉积物的内源释放机制是什么？湖泊的生物结构对沉积物营养盐的滞留有何种作用？外源营养盐的输入对浅水湖泊富营养化及生态系统演化的影响机制是什么？

3. 气候变化对全球富营养化的影响

工业革命以来，化石燃料大量燃烧、土地利用变化等人类活动加剧，大气中温室气体浓度大幅增加，扰动了全球的能量平衡，从而引起全球变暖。气候变化对湖泊生态系统的影响及湖泊对气候变化的响应主要取决于三方面关键参数：湖泊的物理、化学及生物特性。气候变化正通过改变降雨模式、土壤升温、冰川融化等方式增加水体营养盐的面源负荷，从而驱动富营养化加速发展。然而到目前为止，关于气候变化对水体富营养化影响的研究还较少，未来可能的研究方向包括：直接的增暖效应对水体初级生产力及藻类生长与群落结构演替有何影响？水体浮游植物如何响应冰冻区地表径流的增加以及水体营养盐负荷变化？全球降水模式的改变对营养盐外源性负荷有何影响？在全球地面太阳辐照度变化的背景下，水体中生源要素循环过程如何响应与适应？气候变化和人类活动双重驱动力作用下的全球富营养化机制是什么？

（七）流域生态保护与修复

流域内的植被、水体（河、湖、湿地等）为人类社会提供广泛的生态服务功能。这些生态服务功能的维持需要一个健康、稳定的流域水循环系统。工农业生产、发电等人类活动对流域原有的水循环产生强烈扰动，从而导致生态系统的退化。以下列举一些该方向的研究前沿（USDA，2013；US EPA，2015）。

1. 干旱区的植被恢复的生态水文机制

在许多内陆干旱区，农业灌溉的过量耗水引起河道流量枯竭、地下水位下降、内陆湖泊干涸等问题，进而导致植被的严重退化。在实践中，通常进行河道生态流量管理（即生态输水）和地下水开采限制，以保障植被生态系统的需水量得到更多的满足。然而，人们对植被恢复的生态水文机制尚不十分清楚，相关管理措施缺少足够的科学依据。一些值得深入研究的问题有：干旱区植被退化程度是否存在一个韧性阈值，一旦超过这个阈值，植被生态系统就无法恢复到退化开始前的状态？地下水的动态变化如何影响植被的退化或恢复？在特定的地区，气候变化和人类活动哪个起着主导作用？

2. 河流生态修复的基础科学问题

出于防洪、景观、发电等目的，大量河流受到了人工改造（如载弯取直、疏浚、改道、筑坝、修堤、河道硬化、河道内外植被清除等），加之污染物排放，河流的流速、沉积物和营养结构等均会发生改变，可能导致河流水污染加剧、生物多样性退化等问题。河流生态修复工程在全球范围内广泛实施，主要方式包括流量过程线重建和栖息地修复。然而，由于许多科学问题尚未得到解答，修复工程的效果存在高度不确定性。一些有待深入研究的问题包括：在河道水质严重退化的流域，如何能最有效地修复栖息地并恢复水生生物多样性？如何有效识别并移除阻碍河流生物迁徙的主要障碍（物理的、化学的或温度的）？恢复或重新设计一个自我维持形态动态演化能力的河道，需要满足什么样的条件？如何预测不同修复措施下鱼类种群的动态变化，以及气候及土地利用变化的影响？

3. 湿地保护与修复的基础科学问题

作为陆地和水生之间的过渡环境，湿地是生物与水文过程相互作用最为显著的场所，其提供了丰富的生态服务功能。全球湿地的退化速度十分惊人，保护和修复工作迫切且艰巨，过去20年相关研究数量众多。湿地的保护与修复要求对湿地的功能及其相关的水文、生物地球化学和生态过程有深入的科学认知，有许多基础性问题需要解答。例如，什么样的流量过程有利于保护现存的湿地？对于自然的、修复的和人工建造的湿地，其流量过程管理应有何不同？植被生长和水动力的细微变化如何形成截然不同的植被自组织格局？气候变化或人为调控导致的水文变化如何阻止或加剧入侵物种在湿地系统中的扩张？在气候变化或人为调控的影响下，湿地在全球碳循环过程中扮演何种角色？

第四节　学科交叉的优先领域

一、学部内部学科交叉的优先领域

（一）流域地表水－地下水交互过程的生态环境效应及其调控机制

在全球许多地区，如广袤的内陆干旱区，地表水－地下水的交互过程很大程度上控制着流域的生态环境。受天然条件和人类活动的影响，地表水－地下水交互过程对流域生态系统和水环境的影响呈现复杂的时空变化。可选择气候、社会经济、生态环境条件不同的代表性流域开展三个层面的工作：

首先，基于历史观测数据，重建代表性流域地表水－地下水水量与水质的演化过程。在此基础上，基于多尺度耦合模拟量化气候变化、人类活动等驱动力对于地表水和地下水水量和水质的影响，并研究地表水－地下水交互过程在水质演化过程中的作用。

其次，研究地表水－地下水交互作用对于流域生态环境系统“韧性”（resilience）的影响。“韧性”是指系统吸收扰动并进行再组织，以维持其原有功能、结构和反馈关系基本不变的能力。可基于多尺度模拟研究地表水、地下水和生态环境系统的协同演化过程，揭示地表水－地下水交互作用影响流域生态环境系统“韧性”的关键机制，并发展不同流域生态环境系统“韧性”及其关键阈值的量化方法。

最后，在社会水文学（socio-hydrology）框架下开展“人－水”关系研究，定量刻画不同时间尺度上社会经济结构性变化对于流域水资源和生态系统的影响，以及流域水资源和生态系统对社会经济的反馈作用。研究可揭示地表水－地下水交互作用对流域各个子系统的纽带作用，提出气候变化条件下地表水－地下水联合使用的调控方式和机制，实现“人－水”关系理论和研究方法的创新。

这一方向的研究体现了环境水科学与地理科学（D01）中水文学和气候学（D0102）、区域可持续发展（D0112）、地理观测与模拟技术（D0117）等方向，以及地质学（D02）中水文地质学（D0213）等方向的交叉。该方向研究对于我国推进“山水林田湖草”系统保护与整治工作具有重要意义。

（二）人类活动影响下河流关键带中物质的迁移转化过程

河流关键带是化学物质在陆地和水体之间迁移转化的关键地带，河流关键带中物质组分和元素迁移转化的过程机理和动力学是前沿科学问题。该科学问题的回答对于预测生源物质（如碳和氮）的循环和污染物分解（分布）、自净、固化、演化等具有重要的科学意义，同时，也能为建立河流系统的物质迁移转化理论、治理河流水污染（如黑臭水体）和保护河流生态环境提供科学依据和基础数据。可选取受人类活动不同程度影响的典型河流开展研究，聚焦河流系统物质通量变化的关键地带（源头、潜流带和河口地区），以水文地质学、地球化学、环境化学、水资源学理论为基础，开展多学科交叉、多尺度（分子尺度、孔隙尺度、流域尺度）和多方法（野外观察和原位试验、先进表征、室内分析和机理实验、过程集成和数值模拟、大数据）的综合研究，紧紧围绕“河流关键带中物质组分和元素迁移转化的水文生物地球化学动力学驱动机制”这一关键科学问题，开展基础性和前瞻性研究工作，以期揭示控制物质和元素的关键水文生物地球化学过程，建立过程耦合模型，预测河流关键带中的物质通量变化以及对气候变化、河流污染和流域调控措施的响应。通过聚焦流域中黑臭水体的分布规律和时空变化特征，可深入研究黑臭水体的形成机理和变化趋势，从而为开发高效经济的生态修复和治理技术提供理论指导。

这一方向的研究主要体现了环境水科学与地理科学（D01）中水文学和气候学（D0102）、地质学（D02）中水文地质学（D0213），以及地球化学（D03）等方向的交叉。该方向研究对于我国打赢水污染防治攻坚战具有重要意义。

（三）海岸带流域陆源营养物入海通量及关键控制过程

流域－近海生态系统位于海陆交界、人口密集、经济活跃的海岸带地区，对人类活动和气候变化十分敏感。随着沿海地区社会经济迅速发展和城市化加快，河口海湾富营养化加剧，有害藻华频发，生物多样性下降，生态系统功能退化。目前，对营养盐在陆海交换条件下的迁移转化过程的认识十分有限，亟待深入开展研究。可选取典型海岸带流域为研究对象，定量评估和获取氮、磷等主要营养盐通过沿岸点源排放、大气沉降、流域面源汇入和地下水排泄等途径输入近海的通量，识别不同途径营养物质输入贡献和控制因素，揭示高强度扰动下营养盐输入近海通量的变化特征。研究需要揭示人类活动影响下流域面源污染负荷量的变化特征，阐明面源污染对营养盐入海通量的贡献份额及其影响机制。此外，可利用镭同位素质量平衡模型，并结合原位观测和数值模拟等方法，定量评估沿岸海底地下水入海量以及地下水流中氮、磷等营养盐的入海通量，并揭示其变化规律及关键控制因素。

这一方向的研究主要体现了环境水科学与海洋科学（D06）中海洋化学（D0602）、海洋生态学与环境科学（D0605）、海陆统筹与可持续发展（D0614），以及地质学（D02）中水文地质（D0213）等方向的交叉。该方向研究对于我国海洋环境保护和沿海地区（如粤港澳大湾区）可持续发展具有重要意义。

（四）复杂耦合互馈关系下流域水环境的演化规律

以往的流域水环境研究多拘泥于单一或孤立的水文系统，忽略或简化了水文系统与其他资源、环境系统的复杂互馈关系。近年来，耦合互馈关系成为国际资源与环境领域研究的前沿和热点。复杂耦合互馈关系在何种程度上、以何种机制影响流域水环境的演变是一个前沿科学问题。在二元耦合研究中，水－能是热点，其次是水－粮和能－粮。水－土－粮的耦合互馈关系近年来引起关注。水资源、土地和粮食三者关联密切。例如，利用粮食生产生物质能源，会导致土地利用格局的变化，进而影响流域水文、水质过程；而流域水文、水质过程的改变又会反过来影响粮食种植和景观格局，这是一个协同演化的过程。因此，全球可持续发展需要更系统的方法，应重视水－土－粮耦合互馈的研究。目前，流域水－土－粮复杂系统耦合互馈机理是怎样的？气候变化和人类活动对流域水－土－粮复杂耦合系统的影响机制是什么？水－土－粮复杂耦合系统演变有怎样的全球级联效应？这些科学问题都需要深入研究。

这一方向的研究体现了环境水科学与地理科学（D01）中水文学和气候学（D0102）、土地科学和自然资源管理（D0111）、区域可持续发展（D0112）等方向的交叉。该方向研究对于我国确保粮食安全、水安全具有重要意义。

（五）卫星遥感与数值模拟耦合下的水环境演变机制分析

卫星遥感具有大范围、低成本、不受地域影响等数据获取优势，能较为准确地捕获水环境的时空变化过程。然而受技术手段的限制，遥感能观测到的只是水面范围或水体表层的水质信息，遥感能得到的水环境参数数量及其精度也较为有限。另外，因受到云等外部环境干扰影响，遥感一般只能获取得到片段的信息。而基于物理过程的数值模拟方法可以同时模拟多个水质的三维动态过程，提供时空上连续的水环境变化过程，进而实现对水环境演变的机制分析。然而，传统手段难以提供数值模拟所需要的空间化网格参数及边界条件，从而极大地影响了数值模拟的精度。国内外众多学者都看到了将遥感监测与数值模拟方法优势结合的研究机遇，但如何从数据和过程多维度进行耦合，最大限度地发挥两种手段的优势尚有待解答，其也是未来需要研究的重点方向。

这一方向的研究体现了环境水科学与地理科学（D01）中水文学和气候学（D0102）、遥感科学（D0113）、地理大数据与空间智能（D0116）等方向，以及海洋科学（D06）中海洋遥感（D0607）等方向的交叉。该方向研究对于我国水环境保护与治理有重要意义。

二、与其他学部学科交叉的优先领域

（一）水环境中微量高风险污染物的检测

目前，水环境中许多低浓度、高风险的污染物很难在野外水文条件下进行有效监测。未来研究可致力于制备超高灵敏和特异性的传感器，以用于实时快速检测水体环境中的微量污染物，并用于研究天然水体环境中微量污染物的演化规律，探索对人类健康的影响。因此，可重点针对以下几类微量污染物进行研发：

金属和类金属。研发合适的纳米材料并将其修饰在丝网印刷电极上，实现铅、砷等的电化学法快速检测，并以此为基础，结合电子工程原理相关知识，研发便携式快速检测装置。

抗生素及抗生素抗性基因。可采用核酸分子适配体作为探针，优化探针固定方法，研究电化学核酸适配体超灵敏检测水环境中的抗生素；采用恒温扩增技术特异性分析抗生素抗性基因，追踪其来源，增进理解环境中抗生素抗性基因的迁移、转化规律和多重耐药菌的产生机制。

毒品、咖啡因、酒精等代谢物。可结合廉价的纸张打印电极和信号放大技术，将监测装置发展成为便携式、小型化、数字化测试传感设备，对水环境中毒品、咖啡因、酒精等代谢物实现快速检测。

病原体传感器。可重点研究恒温扩增技术可视化检测微生物（如病原体、细菌、病毒等），集合纸张折叠和微流控技术，实现对待测样本中核酸的原位提取、纯化、扩增和可视化检测，研发出廉价的纸上实验室设备。

这一方向的研究体现了环境水科学与工程与材料科学部和信息科学部中多个分支学科的交叉。该方向的研究对于我国的饮用水安全保障工作具有重要意义。

（二）水环境大数据

卫星遥感和传统的定点监测尚无法充分满足水环境的高时空精度观测与预报需求。在当前移动监测平台（如无人机、无人船）和人工智能技术快速发展的情况下，如何生成水环境大数据并将其用于水环境演化研究和水环境预测是一个亟待探索的问题。首先，可利用移动监测平台搭载各种环境传感器（包括普通摄影摄像设备、光谱仪、水下显微成像设备等）多方面收集数据，并基于计算机视觉、深度学习等人工智能领域的新技术，从数据中提取出与水环境有关的信息；其次，探索多源水环境大数据融合的方法，应用人工智能技术实现卫星遥感数据、定点监测数据和各类新型传感器数据的融合，形成对水环境演化规律的系统性认识；最后，探索水环境大数据与基于物理过程的水环境模型的融合方法，发展数据和物理过程双重驱动的新一代水环境模型，实现高精度的水环境预测。

这一方向的研究体现了环境水科学与信息科学部中人工智能（F06）方向的交叉。该方向的研究对于我国的水环境、水生态保护具有重要意义。

（三）水中污染物的微生物生态效应

污染物与环境中的微生物群落有复杂的交互作用，而水环境中的微生物是驱动水圈中碳、氮、硫等重要生命元素地球循环过程以及有机污染物降解代谢的重要力量。目前，对于污染物如何通过影响微生物代谢和群落组成，从而干扰不同地球大尺度元素循环和能量交换的机制还缺乏认识，对于不同环境中的微生物如何降解污染物，也需要更深入全面的研究。水中抗生素抗性基因污染是最新的前沿热点，微生物群落中抗生素及抗性基因的传播机理是亟待研究的问题。可应用高通量多维度组学表征技术，评估环境抗生素污染水平的健康风险、探究抗性基因的环境传播扩散路径、阐明抗生素的微生物降解机理、开发有效的抗生素抗性基因去除工艺等，从而为应对抗性基因污染这一人类健康威胁提供新思路、新机理、新方法。

这一方向的研究体现了环境水科学与生命科学部和医学科学部中相关分支学科的交叉。该方向的研究对于我国的饮用水安全保障和居民人体健康保障具有重要意义。

第五节　前沿、探索、需求和交叉等方面的重点领域与方向

国家自然科学基金委员会全面推进深化改革，对申请项目按“鼓励探索、突出原创”“聚焦前沿、独辟蹊径”“需求牵引、突破瓶颈”“共性导向、交叉融通”进行分类评审。基于环境水科学发展现状及趋势，对重点研究方向进行分类梳理，旨在为未来学科资助提供导向，分述如下。

一、鼓励探索、突出原创

该类别研究应探索创新性方向或原创性问题。创新性方向或是指新学术思想、新概念、新理论、新方法、新过程、新体系等。不能简单地将“前人未做”或“未见公开文献报道”的研究等同于原创，而应关注研究是否在科学上具有原创性和显著价值，以及对拓展学科知识边界、完善学科体系结构、推动学科整体发展的重要贡献。此类研究较难进行预测和提前规划布局。参考相关领域难点和热点问题总结（Blöschl et al.，2019），可给出以下三个示例，分别代表机理、数据和模拟层面的原创性科研需求。

（一）全球变化驱动下水资源、水环境系统的适应性和突变

自然系统对于外界扰动具有一定的适应能力，这种适应能力也被称作韧性。如果扰动在韧性范围之内，系统可自我修正，经过一段时间后可恢复到起初的状态。如果扰动超过韧性范围，系统状态达到临界点（tipping point），则可能发生突变（abrupt transition），系统无法恢复到起初的状态。在当前全球变暖、极端天气频率增加、土地利用和覆盖变化、氮磷沉降、酸雨等多重全球变化的胁迫下，河流、湖泊、湿地等地表水体单元将会产生不同的变化。然而，复杂的水资源、水环境系统是否存在临界点现象仍存在争议。长期胁迫状态下地表水环境生态系统的适应性如何？水环境质量下降的生态系统服务功能退化的机理是什么？韧性范围和突变阈值如何确定？这一系列科学问题亟待原创性研究加以探索。西北干旱区植被生态系统、华北地下水系统、大型河湖系统（如长江、黄河、西南跨境河流等）、近海水生态系统都是需要重点关注的系统。

（二）大数据时代水环境、水生态观测的新方法

观测方法与技术的创新往往可以推动学科实现跨越式发展。20 世纪 80 年代以来，遥感技术的发展与应用对水资源、水环境、水生态研究的突飞猛进起到了至关重要的作用，也为环境水科学迈入大数据时代创造了基本条件。然而，遥感数据所能达到的时空分辨率无法充分满足多尺度研究的需求，所能观测的生态环境变量也较为有限。发展和运用新方法、新技术在地面或近地面进行多尺度、多变量的生态环境观测，形成真正的环境大数据，是未来环境水科学实现重大突破的必要条件。一些新兴的观测方法和手段包括视频影像采集与分析、无人机技术、基于微生物区系分析的新型示踪方法、水文地球物理学方法（hydrogeophysics）等（Tauro et al.，2018）。未来研究的侧重点包括：运用新的观测方法和技术收集新的数据，从崭新的角度去刻画水环境、水生态过程，揭示未知的机理；实现新数据与传统数据的融合，运用尖端人工智能技术，形成以数据驱动的环境水科学研究新范式。

（三）大尺度演替过程与中小尺度环境水过程的耦合模拟

当前环境水科学领域的复杂过程模拟通常假设宏观环境条件维持恒定。例如，在生态水文模拟中，假设土地利用、植被分布等宏观格局维持不变；在水环境模拟中，假设流域、水体的地形、地貌特征维持不变；在地下水水流和污染模拟中，假设水文地质条件维持不变；诸如此类。在一定时间范围（如数年）内，宏观环境条件恒定的假设可以近似成立。然而，为研究全球变化的生态环境效应，模拟常需要在年代际尺度（即几十年至上百年）上进行。而在年代际尺度，宏观环境条件有可能发生显著变化，如植被演替、地形地貌地质条件的改变等。这些宏观环境条件改变的“慢过程”又往往与现有模型所模拟的“快过程”紧密耦合。例如，地下水过量开采会导致地面沉降的发展，进而引起水文地质参数的逐渐变化，而水文地质参数的变化又会反过来影响地下水的开采。在全球变化的背景下，针对不同的水环境问题，如何实现大尺度演替过程（“慢过程”）和中小尺度水过程（“快过程”）的耦合模拟是一个重要的科学命题。现有的做法是通过时空尺度转换，将描述不同过程的模型进行集成。这一集成方式无法准确体现“慢过程”和“快过程”的真实互馈关系。因此，为准确预测全球变化下复杂水资源、水环境系统的长期演化趋势，亟须开展开创性研究来提供崭新的建模框架、方法和技术。

二、聚焦前沿、独辟蹊径

该类别研究应聚焦前沿科学问题，并以新颖的思路和角度开展研究，获得具有显著

科学价值的成果，从而引领或推动本领域的发展。本书已对环境水科学领域相关研究前沿进行了梳理，以下挑选几个代表性的前沿阐述“独辟蹊径”的意义。

（一）非均质地下介质中的多组分和多尺度过程

地下环境中物质与能量的迁移和转化通常涉及多组分相互作用。水文学和生物地球化学过程的耦合、微生物生态学与生物地球化学的耦合以及水和能量的耦合，都会深刻影响污染物的迁移转化及修复效果。未来研究的关键是构建能对预测尺度上的机制、过程和参数进行双向（升尺度和降尺度）转化的多尺度集成模型。同时，地下介质中的有效反应速率具有显著的时空尺度依赖性，这种尺度依赖性受许多因素的叠加影响，目前对此尚未形成完整的认识。理解和预测有效反应速率，并使其与本征反应速率间的偏差最小化，对于运用基于机理的动力学参数来校准和预测更大尺度上的迁移和反应过程至关重要。

（二）水环境中微量有机污染物检测

水环境中的常见污染物如 BOD、营养盐等已有十分成熟的监测方法，包括水体在线监测。但水环境中许多低浓度、高风险的污染物还很难在野外水文条件下进行有效监测。未来应致力于研究水环境中微量污染物高灵敏、特异性、实时快速的检测方法，探索天然水体中微量污染物的动态演化规律，并研究其对人类健康的影响。其重点研究内容包括：水环境中金属和类金属污染物的传感，抗生素及抗生素抗性基因的传感，毒品、咖啡因、酒精等代谢产物的传感，以及病原体的传感，等等。

（三）水环境中的新污染物

随着工业化、城市化的不断发展，水环境中的新污染物不断被发现，其环境风险备受关注，部分发达国家已将一些新污染物纳入了饮用水标准。新污染物的最新热点是抗生素滥用产成抗生素耐药菌和抗性基因，以及微塑料。关于微塑料的研究始于海洋，但最近微塑料的陆源输送问题开始引起关注。未来需要研究影响新污染物在水环境中迁移转化的环境因子及微生物驱动机制，系统认识物理、化学和生物因素对新污染物的迁移转化的单一与交互影响，并加强新污染物生态和健康效应机制研究。

（四）地下生态系统与水文过程的相互作用

由于土壤养分和水分的高度非均质性，土壤中生物的分布也极为不均。土壤生物多样性产生的原因以及水文过程对多样性的影响是前沿研究问题。水和生物之间的联系可能主要集中在植物的根部周围。在根部周围区域，虽然已经明确土壤含水量及其分布对生物群落起关键影响作用，但具体的生物地球化学、生物物理和生态过程还鲜为人知。未来需要回答的一些重要问题包括：模拟植被、地形和局地气候协同演化的模型能否同时描述土壤生物演化过程及其对水文和生物地球化学过程的影响？土壤和风化基岩中的生物如何影响径流的化学特征？能否预测土壤生物对土壤水力特征、水龄分布和优先水流通道的影响？由于地下系统的复杂性，上述问题的回答需要有全新的研究思路和观测手段。

三、需求牵引、突破瓶颈

目前，国家在可持续发展领域有一系列与水相关的重大需求。解决这些重大需求的关键在于解决其背后的基础科学问题，以及突破相关技术瓶颈。以下是几个代表性问题。

（一）“水－土－气－生－人”耦合的流域系统模拟

作为新时期生态文明建设的重要内容，我国目前正在大力推进“山水林田湖草”系统保护与整治工作，亟须流域系统科学的理论与方法作为支撑。“水－土－气－生－人”耦合的新一代流域系统模型（Li et al.，2018）可为流域过程解析和流域综合管理提供强大支撑，但国内外此类模型尚在发展初期。在过去八年间，国家自然科学基金委员会先后启动了两大流域研究计划——“黑河流域生态水文过程集成研究”重大研究计划和“西南河流源区径流变化和适应性利用”重大研究计划。这两大计划的实施极大地推动了我国流域系统科学的发展，在“水－土－气－生－人”耦合模拟方面进行了开创性的尝试，从而为我国引领新一代流域系统模型的研发奠定了基础。

（二）水环境智能化管理

我国水污染形势严峻，国家在水环境治理方面投入巨大，相关产业也迅速发展。然而，传统研究范式和技术手段无法满足当前水环境管理对准确性、实时性的要求，应用人工智能领域的先进方法与技术产出水环境大数据并将其用于水环境的智能化管理是一个必然的趋势。目前，人工智能在水环境研究和管理领域的应用还比较初步，学科交叉尚不充分，关键科学问题、研究范式、技术路线、应用场景有待进一步明晰。当前，发展人工智能已成为提高国家竞争力、助推新一轮产业升级的重要战略，被视为我国实现科技、工业“弯道超车”的契机。不管是政府主导和还是市场引导，人才和资金都在大量涌入人工智能领域。中国的人工智能从科学理论、技术方法和应用实践方面必将会有快速、重大的突破，这也为我国引领面向水环境保护的人工智能研究提供了绝佳的机遇。

（三）强人类活动影响下的水环境演化与保护

农业灌溉、水利水电工程、污染排放、土地利用结构变化等人类活动对水资源、水环境和水生态造成显著影响。在我国，这些强人类活动影响表现十分突出，且相互叠加，从而导致水环境出现复杂的演化规律，水环境保护难度巨大。这一现状既是我国可持续发展面临的一项重大挑战，也为环境水科学研究提供了引领发展的机遇。例如，国家自然科学基金委员会“西南河流源区径流变化和适应性利用”重大研究计划的核心研究内容之一就是大型梯级电站对西南河流生源物质和水生生态系统的影响及其保护措施。近期国家推出长江大保护战略，旨在全面修复长江的水环境和水生态，也亟须环境水科学领域的理论和方法创新。相关问题的典型性和集中性，以及可持续发展的迫切需求，决定了我国有望在国际上引领“强人类活动影响下的水环境演化与保护”这一方向的研究。

四、共性导向、交叉融通

环境水科学是一个高度交叉的学科，其研究必然涉及跨学科的知识融合。因此，该类别研究将会是环境水科学研究最大的分支。本书已对学科交叉的优先领域进行了梳理。以下几个代表性问题的研究对促进学科融合发展及孕育新的学科方向具有突出意义。

（一）海岸带流域陆源营养物入海通量及关键控制过程

流域－近海生态系统位于海陆交界、人口密集、经济活跃的海岸带地区，其对人类活动和气候变化十分敏感。随着沿海地区社会经济迅速发展和城市化加快，河口海湾富营养化加剧，有害藻华频发，生物多样性下降，生态系统功能退化。目前，对营养盐在陆海交换条件下的迁移转化过程的认识十分有限，亟待开展的研究工作包括：定量评估和获取氮、磷等主要营养盐通过沿岸点源排放、大气沉降、流域面源汇入和地下水排泄等途径输入近海的通量，识别不同途径营养物质输入贡献和控制因素，揭示高强度扰动下营养盐输入近海通量的变化特征等。这一方向的研究主要体现环境水科学与海洋科学的交叉，有望孕育海陆界面水科学这一新的学科分支，对于我国海洋环境保护和沿海地区（如粤港澳大湾区）可持续发展具有重要意义。

（二）水中污染物的微生物生态效应

水环境中的微生物是驱动水圈中碳、氮、硫等重要生命元素地球循环过程以及有机污染物降解代谢的重要力量。目前，对于污染物如何通过影响微生物代谢和群落组成，从而干扰不同地球大尺度元素循环和能量交换的机制还缺乏认识，对于不同环境中的微生物如何降解污染物也需要更深入全面的研究。水中抗生素抗性基因污染是最新的前沿热点，微生物群落中抗生素及抗性基因的传播机理是亟待研究的问题。未来研究可应用高通量多维度组学表征技术，评估环境抗生素污染水平的健康风险、探究抗性基因的环境传播扩散路径、阐明抗生素的微生物降解机理，从而为应对抗性基因环境污染的人类健康威胁提供新思路、新机理、新方法。这一方向的研究体现了环境水科学与生命科学和医学的交叉，有望促进水环境微生物学这一新的学科分支的发展，对于我国的饮用水安全保障和居民人体健康保障具有重要意义。

（三）复杂耦合互馈关系下资源与环境的综合管理

近年来，耦合互馈关系成为国际资源与环境领域研究的前沿和热点。复杂耦合互馈关系在何种程度上、以何种机制影响流域或区域的资源与环境的演变是一个前沿科学问题。在二元耦合研究中，水－能是热点，其次是水－粮和能－粮。水－土－粮的耦合互馈关系近年来引起关注。水资源、土地和粮食三者关联密切，协同演化。因此，全球可持续发展需要更系统的方法，开展水－土－粮耦合互馈的研究，可以为流域或区域水资源、水环境、土地资源和生物资源的综合管理提供科学依据。目前，流域水－土－粮复杂系统耦合互馈机理是怎样的？气候变化和人类活动对流域水－土－粮复杂耦合系统影响机制是什么？水－土－粮复杂耦合系统演变有怎样的全球级联效应？这些科学问题都需要深入研究。这一方向的研究体现了环境水科学与地理科学、管理科学的交叉，该方向研究对于我国确保粮食安全、水安全具有重要意义。

（参编人员：夏　军　郑春苗　秦伯强　吴吉春　李文鹏　王沛芳　汤秋鸿　赵晓丽　李　慧　郑　一　郭芷琳　梁修雨　冯　炼　张幼宽　郑　焰　李海龙　刘俊国　刘崇炫　傅宗玫）

参考文献

陈发虎，傅伯杰，夏军，等 . 2019. 近 70 年来中国自然地理与生存环境基础研究的重要进展与展望 . 中国科学：地球科学，49：1659-1696.

段洪涛，罗菊花，曹志刚，等 . 2019. 流域水环境遥感研究进展与思考 . 地理科学进展，38（8）：1182-1195.

中国地下水战略研究小组 . 2009. 中国地下水科学的机遇与挑战 . 北京：科学出版社 .

中国科学院 . 2018. 中国学科发展战略·地下水科学 . 北京：科学出版社 .

An P J, Zhang Z Q, Wang L W. 2016. Review of earth critical zone research. Advances in Earth Science, 31 (12): 1228-1234.

Band L, Moss M, Ogden F. 2003. The CUAHSI Plan for a Network of Hydrologic Observatories. Benson Arizona: First Interagency Conference on Research in the Watersheds, Citeseer.

Blöschl G, Bierkens M, Chambel A, et al. 2019. Twenty-three unsolved problems in hydrology (UPH)—A community perspective. Hydrological Sciences Journal, 64: 1141-1158.

Bogena H, Borg E, Brau er A, et al. 2016. TERENO: German network of terrestrial environmental observatories. Journal of Large-scale Research Facilities, 2: A52.

Fu J, Gasche R, Wang N, et al. 2017. Impacts of climate and management on water balance and nitrogen leaching from montane grassland soils of S-Germany. Environmental Pollution, 229: 119-131.

Li X, Cheng G, Lin H, et al. 2018. Watershed system model: The essentials to model complex human-nature system at the river basin scale. Journal of Geophysical Research: Atmospheres, 123: 3019-3034.

Martin-Ortega J, Ferrier R C, Gordon I J, et al. 2015. Water Ecosystem Services: A Global Perspective. Paris: UNESCO Publishing.

Montanari A, Young G, Savenije H H G, et al. 2013. “Panta Rhei-Everything Flows”: Change in hydrology and society—The IAHS Scientific Decade 2013—2022. Hydrological Sciences Journal, 58 (6):1256-1275.

NRC (National Research Council). 1991. Opportunities in the Hydrologic Sciences. Washington, DC: National Academy Press.

NRC (National Research Council). 2010. Review of the WATERS Network Science Plan. Washington, DC: National Academies Press.

NRC (National Research Council). 2012. Challenges and Opportunities in the Hydrologic Sciences. Washington, DC: National Academy Press.

Pütz T, Kiese R, Wollschläger U, et al. 2016. TERENO-SOILCan: A lysimeter-network in Germany observing soil processes and plant diversity influenced by climate change. Environmental Earth Sciences, 75 (18): 1242.

SERDP. 2018. SERDP and ESTCP Workshop on Research and Development Needs for Chlorinated Solvents in Groundwater. Seattle：Workshop on Management of DoD's Chlorinated Solvents in Groundwater Sites.

Smakhtin V. 2018. Ecosystems in the global water cycle. UN Chronicle, 55 (1): 29-32.

Sousa J C, Ribeiro A R, Barbosa M O, et al. 2018. A review on environmental monitoring of water organic pollutants identified by EU guidelines. Journal of Hazardous Materials, 344: 146-162.

Tauro F, Selker J. van de Giesen N, et al. 2018. Measurements and observations in the XXI century (MOXXI): Innovation and multidisciplinarity to sense the hydrological cycle. Hydrological Sciences Journal, 63 (2): 169-196.

UN Water. 2020. World Water Development Report 2020: Water and Climate Change. New York: UN Water.

US EPA. 2015. Protect and Restore Watersheds and Aquatic Ecosystems.Washington, DC: United State Environmental Protection Agency.

USDA. 2013. Restoration of Watersheds and Aquatic Ecosystems.Washington, DC: United States Department of Agriculture.

第七章 环境大气科学（D0703）

第一节 引　言

一、学科的定义和使命

定义：环境大气科学研究与环境大气变迁紧密耦合的各种人为和自然过程，运用地球系统科学的理论与方法探索自然环境和人类活动影响下地球大气圈物理、化学、生物过程及其传输演变规律、污染大气形成机理和调控、环境大气圈与其他圈层的相互作用及耦合反馈等，从而为跨尺度大气污染治理调控和环境大气质量持续改善提供科学基础。

使命：环境大气科学的发展可为解决当前和今后人类所面临的各类大气污染问题提供理论依据和科技支撑。

二、学科的特点、内涵和外延

环境大气科学属于大气科学与环境科学的交叉领域，是环境地球科学的“四梁”之一。其核心特点包括：

（1）环境大气要素循环和演变规律是科学主线。其具体研究内容涉及环境大气圈物理、化学、生物过程及其多界面、多圈层相互作用等。

（2）多过程多界面耦合探测与建模是主要方法论。例如，环境大气多圈层探测原理、多介质多界面耦合建模等。

（3）污染大气的成因溯源和优化调控是核心研究内容。量化研究人类活动和自然因素（包括气象因素）对污染大气的影响是关键，提出优化调控原理是解决人类面临的严峻大气污染问题的钥匙。

第二节　学科发展现状

自大气污染问题引起人们重视以来，环境大气科学研究迅速发展。研究表明，作为地球生命“连接纽带”的大气，其在地球环境系统中发挥着重要作用。日益加剧的人为活动正在改变局地、区域甚至全球尺度上的大气成分。事实表明，局地和区域的大气污染会给环境和生态造成毁灭性破坏。全球尺度上大气组分变化的后果可能更加严重。环境大气面临的科学问题不仅是对人类认知能力的挑战，同时对于社会的可持续发展以及生态系统的保护也相当重要。解决复杂大气污染问题的紧迫需求是环境大气科学发展的基本动力。发达国家在经历了工业化初期的严重大气污染和危害以及环境大气管理与大气污染控制中的大量困难后，逐渐意识到开展环境大气科学基础研究的重要性。这些国家在开展了大量研究、环境质量得到大幅度改善的今天，仍然针对具有全球性和区域性的环境大气污染问题，陆续启动了诸如以全球大气污染物理、化学及生物多种过程为研究内容的国际全球大气化学研究计划、以全球对流层臭氧逐年升高为研究内容的跨洲污染输送计划，以深入评估全球尺度上大气化学成分变化造成的潜在灾难性影响。

科学家们在对许多关键且难以预测的大气污染问题研究的过程中获得了对环境大气化学组分变化的基本认识。大气中包含大量痕量成分，这归因于大量复杂的地质、生物和化学过程，在多数情况下这也与人为活动密切相关。而且，这些痕量成分在环境中发挥着与其浓度不相称的作用，大多数情况下其毒性会给生态系统带来负面影响；此外，这些痕量成分还将通过辐射特性影响物理气候系统。通过对这些环境问题的研究，增进和改变了我们对这个赖以生存的环境大气系统的认识。

（1）环境大气状态过去已发生变化，将来仍将继续发生变化。观测表明，环境大气在局地、区域和全球尺度上都正在发生变化，全球变化已成为一个观测事实。南极臭氧洞就清楚地表明了环境大气对化学痕量组分扰动的脆弱性。多年的观测事实以及对冰芯中远古气体的分析清楚表明了大气的中长寿命温室气体，如二氧化碳、甲烷、氟利昂及其他多碳化合物浓度正显著上升。同时也有观测表明，短寿命大气成分，如北半球对流层臭氧、硫酸盐及含碳气溶胶浓度也在显著上升。

（2）人类活动是地球环境大气变化的关键驱动因子。很多大气成分的变化可归结到人类活动排放，这些排放有长期的环境后果，且很难逆转。典型的例子是二氧化碳，工业革命以来，二氧化碳大气丰度的上升趋势与化石燃料和生物质燃烧的趋势十分接近。人为排放活动还可以通过间接的方式影响大气环境变化，如人为活动排放氟利昂，导致平流层臭氧亏损；人为活动排放二氧化硫，导致大气中硫酸盐浓度上升，从而对气候和人类健康产生影响；人为活动排放氮氧化物和挥发性有机物，形成对流层臭氧和其他光化学氧化物，引起光化学烟雾事件等。

（3）环境大气中发生的动力、物理、化学和生物过程存在着复杂的非线性机制。有效的环境大气治理需要我们全面定量地认识这些过程。美国控制光化学烟雾的长期实践历程清晰地表明深入认识复杂环境大气系统的重要性。光化学烟雾是在阳光照射下，碳氢化合物与氮氧化物发生一系列复杂光化学反应后的产物，其在高温且稳定的天气条件下更加严重。这似乎表明光化学烟雾的控制，可以通过减排碳氢化合物和氮氧化物来实现。从 20 世纪 70 年代开始，美国便执行更严格的排放标准（主要是控制碳氢化合物），但光化学烟雾却仍然是美国许多城市主要的环境问题。臭氧产生率是大气中碳氢化合物和氮氧化物的非线性函数。臭氧产生率的大小取决于这些成分的相对浓度，臭氧产生率可能对碳氢化合物敏感，而对氮氧化物不敏感，在这种情况下控制碳氢化合物的排放将是控制光化学烟雾的有效手段；反之则需要控制氮氧化物。而这种比例的变化与气象条件关系密切，同时对于向自然生态系统排放碳氢化合物比较多的地区，基于控制人为碳氢化合物的策略可能没有效果。因而目前美国一些城市光化学烟雾控制进展不大。

（4）元素生物地球化学循环影响环境大气成分的变化。环境大气的化学成分并非彼此独立，而是通过一系列复杂化学和物理过程而紧密联系，环境大气系统中某些化学成分的轻微扰动都将导致系统内部其他成分的变化和反馈。不仅如此，受环境大气成分的源汇强度的影响，环境大气科学研究需要从元素生物地球化学循环的角度去研究。

当前，国际环境大气科学发展的新趋势是：从过去的侧重应用性走向现在的加强微观机理和宏观性质的研究，从单一学科走向与其他重要学科（如环境科学、生态学、地球化学、全球变化和气候学，以及健康医学等）综合交叉。环境大气科学面临的科学问题极其复杂，均与环境大气成分的变化密切联系。其研究重点为影响环境的重要的大气成分，即通过大气辐射和化学特性影响气候、关键生态系统及生命有机体的大气成分。这些大气成分不仅影响地球生命支撑系统，还影响人类健康，对于社会的可持续发展具有相当重要的意义和研究价值。未来几十年环境大气科学研究将要面临的挑战是：开发和发展先进科学设备及基础设施，建立环境大气动力学模式，用于监测和预测环境大气组分浓度变化，量化人为和自然驱动因素，评估其在多种时空尺度上的环境影响。其研究目标将具有明显的需求导向性，在组织形式上需要多学科综合以及区域与国际合作，研究对象将更加趋向区域性和全球性的具有长期性和复杂性的环境大气污染问题，研究手段将紧密依赖于数值模式、野外监测和实验室模拟，更多地采用野外长期监测、光学遥感技术手段和卫星观测等现代高新技术手段，最终集成于环境大气预报预测的数值计算模型。环境大气科学研究直接面对目前国际环境大气科学领域的前沿问题，涉及大气动力学、大气物理学、大气化学、大气环境、生态学、大气探测与遥感、污染控制论、计算机和网络技术等诸多学科领域，是一项多学科交叉、复杂性和综合性很强的系统工程，其关键难题在于准确阐明大气复合污染物在环境介质和界面上发生的物理、化学和生态过程的非线性机制。

我国环境大气科学研究不仅与大气化学观测和实验室模拟研究关联，也与预测模型工具的开发以及支持环境管理活动密切相关。其面临的首要科学问题是通过探测、监测和实验室模拟分析环境大气的重要组分以及影响这些组分生消的自然和人为过程，阐明其时空分布规律、变率、成因和影响，更多地采用野外长期监测、光学遥感探测、卫星观测、实验室模拟和高精度建模等现代高新技术手段，建立环境大气科学的方法学。我们必须开发环境大气动力学模型预测工具，用于预测人为和自然强迫导致的环境大气变化趋势和响应，为评估用于逆转和减缓不良趋势所采取的政策和措施可能产生的后果。我们现有的环境大气科学研究手段还远不能完成这些任务，主要由于我们对那些控制环境污染大气的物理、化学和生物过程与机制的认识还不够。为了开发可靠的环境大气预测模式并对这些模式进行评估，我们有必要开展相关外场实验，并辅以过程和机制研究。同时环境大气研究应当包括环境管理方面的研究，并及时调整环境管理措施。这些研究将着重提供工具和相关资料，评估环境管理行动的效率。

针对环境大气科学发展现状和重大需求，通过文献计量学、专家评分、问卷调查等方法对环境大气监测、空气质量模拟与污染防控、污染源治理等重点方向进行竞争力分析，得到的结论如下：①从文献和专利统计来看，我国在大气污染领域研究的活跃度较高，SCI 论文和专利数量上处于全球领先地位，但是原创性研究和核心技术相比欧、美、日等发达国家和地区仍有一定差距，总体技术水平落后 5～8 年。②特定行业、污染源的部分污染物监测和控制技术已达国际领先水平，但在多污染物协同控制、大气污染与气候变化协同应对等方面的研究落后于发达国家。③我国环境大气科学研究和技术研发以高校和科研院所为主，企业研发能力总体偏弱。

第三节　学科发展需求与趋势分析

一、环境大气科学发展的国际背景

人类活动和自然变化会引起人类赖以生存的环境大气发生显著变化。环境大气污染问题涉及多个圈层之间的相互作用（表 7-1）。我国环境大气科学研究能力在整体上与国际先进水平还存在较大的差距（图 7-1），缺乏从 0 到 1 的原创性研究。赶超世界先进水平，解决我国所面临的复杂大气污染问题，亟须进一步加强基础性、原创性研究工作，加强环境大气科学与气象学、环境科学、地理、遥感、计算、化学、物理等领域的跨学科交叉研究，提高环境大气科学领域的综合研究能力，需充分利用我国的区位优势和在全球经济发展中的大国地位，积极地参与或发动一系列与我国的环境大气变化以及经济发展相关的重大国际研究计划和重大项目，增强国际竞争力和影响力，使我国科学家能够在国际学科发展中发挥更大的作用。

表 7-1　国际学科前沿问题涉及的圈层

问题	涉及圈层
季风	大气圈、水圈（含海冰）、岩石圈（包括大陆冰盖）
海洋碳氮循环	大气圈、水圈（含海冰）、生物圈（含人类活动）
陆地碳氮循环	大气圈、岩石圈（包括大陆冰盖）、生物圈（含人类活动）
岩石风化	水圈（含海冰）、岩石圈（包括大陆冰盖）、生物圈（含人类活动）
全球环境大气变化	大气圈、水圈（含海冰）、岩石圈（包括大陆冰盖）、生物圈（含人类活动）

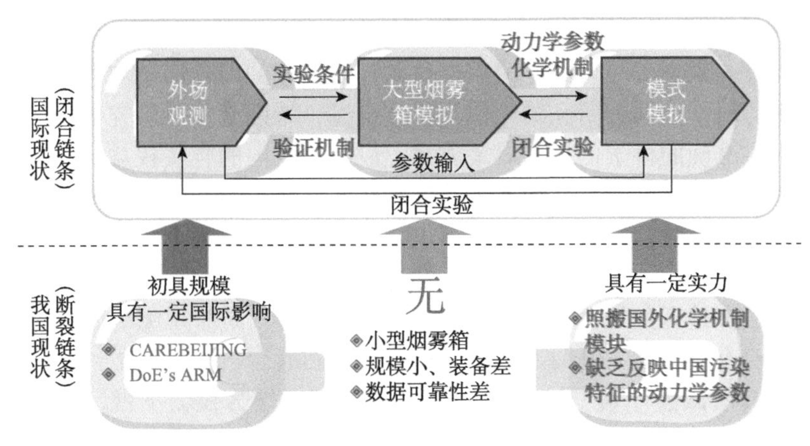

图 7-1　环境大气科学研究方法手段国内外对比

二、环境大气科学的应用需求

我国是一个发展中大国，人口众多，地域辽阔，生态与环境类型多样，但大部分地区生态脆弱、环境容量承载力低下、自然灾害频发。30 多年来我国经济快速增长，但走的是低效益、高消耗、高污染、高破坏之路，生态系统遭受了严重破坏，大气环境受到了严重污染，本应在不同阶段出现的生态与环境问题在短期内集中体现和爆发出来，使得我国的生态与环境问题严重、复杂和独特。2013 年监测的 342 个城市中，空气严重污染的占 26.8%，113 个大气污染防治重点城市中，36 个城市空气质量劣于三级，占总数的 31.9%。通过最近 5 年的集中治理，我国大气污染显著改善，但依然高位运行，形势严峻。这与我国 2035 年全面建成“美丽中国”的宏伟目标存在巨大的差距，与国际先进水平也有很大的距离。当前我国正处于污染防治“三期叠加”的重要阶段，需要加大力度破解生态系统水气土各要素的突出问题，系统防范区域性、布局性、结构性环境风险。新的形势要求按照山水林田湖草生命共同体理念，系统研究和优化重构环境大气监测、质控、评价、预警预测、决策支持全链条的基础理论、关键技术、设备装备，推动生态环境监测逐步由传统理化监测、污染物现状监测向生物 / 生态监测、环境风险评估预测转型。

当前环境大气的基础性研究和大气污染治理面临着复杂局面。大气污染问题是一个非常复杂的非线性过程，虽然一次污染物的排放和环境浓度出现了一定下降，但二次污染出现上升趋势，冬季重污染频发，夏季臭氧污染日益明显。区域大气污染控制策略的科学性还存在问题，在国家重大活动的空气质量保障中，虽然能取得很好的控制效果，但其控制方案成本巨大，难以持续。国务院 2013 年颁布“大气十条”，已认识到要最高效率、最低成本地解决我国大气复合污染问题。打赢“蓝天保卫战”，亟须开展环境大气科学基础研究，从成因机制、控制技术、综合解决方案全面支撑全国空气质量改善。此外，我国当前生态环境恶化与环境大气变迁密切相关，区域生态环境（植被退化、农业减产、城市建筑侵蚀等）面临严重威胁，对我国环境大气科学的深入、系统研究势在必行。

履行国际环境公约和国家环境外交的需要。目前我国已签署了《联合国气候变化框架公约》《联合国防治荒漠化公约》《生物多样性公约》《关于持久性有机污染物的斯德哥尔摩公约》等一系列国际公约。国家在这些环境领域的国际活动和履约过程中迫切需要全面、翔实的科学数据和研究结论作为科技支撑，特别是需要研究与公约相关的关键科学问题，提供准确的科学信息和对策方案，以维护我国的合法权益。同时，源自于某个地区或国家的大气污染物会长距离传输、转化和沉降，继而会对其他国家和地区的环境质量产生影响。因此，大气污染问题不仅是区域性的，而且更是半球或全球性的，特别是对那些化学寿命较长的污染性气体，如 CO 和 O_3。研究结果表明，夏季北美污染源排放量增加后欧洲地区的地面 O_3 浓度增加了 2～4 ppb。同时观测也表明，东亚地区污染物排放量的变化显著地影响了北美地区的空气质量。美国国家航空航天局（NASA）组织的全球对流层试验计划（GTE），利用飞机和卫星作为仪器平台，进行了一系列全球尺度的光化学输送试验（PEM-West，TRACE-P），旨在探讨大陆污染排放物向大洋的输送及其对全球环境的影响。目前正在进行的污染物跨洲输送和化学转化计划，则集中研究人为污染源的跨洲输送问题。为此战略性的大气污染物的跨国输送及全球输送研究，对于国家掌握环境外交的主动权具有重要意义。总之，在履行温室气体、消耗臭氧层物质、生物多样性、POPs、汞、危险废物和化学品等国际环境公约，以及解决微塑料、海洋低氧、西北太平洋放射性污染、极地冰川大洋等新兴环境问题方面，需要加快提高监测技术能力，补齐短板，跟踪发展并超前布局。

区域和城市群大气复合污染治理的需求。我国的大气环境污染已从一般污染物扩展到有毒有害污染物，已形成点源与面源污染共存、生活污染和工业排放叠加、各种新旧污染与二次污染相互复合的态势。大气污染物排放量大大超过承载力。经济快速发展的大中城市大气中出现二次污染，氮氧化物、臭氧和细颗粒物浓度显著提高，能见度明显下降。环境问题还呈现出由单一污染向复合污染，由常规污染向微量 / 痕量有毒污染和从无机污染向有机和生物型污染过渡的特点。城市群密集区生态与环境所面临的严峻挑战是：既要保证区域经济的快速发展，又要保证区域生态与环境质量逐步得到改善，保障人体健康和生态安全，以促进社会经济与资源环境的协调发展。针对城市群密集区人口集中和经济快速发展所带来的一系列环境问题，需要系统发展先进的环境污染控制、消减和治理技术以及环境风险的理论和方法，通过对污染风险形成机制、风险的甄别和筛选，依托各种综合的处理和控制技术（或集成技术）平台，达到构建风险控制技术体系并提出调控战略的目的。

有毒有害污染物污染形势严峻。我国城市化进程日益加快，城市化率从 1949 年的 10% 左右提高到目前的 50%～60%，形成了 10 多个以大城市和特大城市为中心的区域城市群，各城市群的细颗粒物污染获得较大改善，而对大气中的挥发性有机物（VOCs）、持久性有毒污染物（PTS）、EEDs 和主要生源要素（N、P）是否超标缺乏观测数据，急需解决观测网络中对有毒有害物质的观测技术、合适实时测量羟基自由基的技术方法、快速准确和简便分类测定挥发性有机物的方法、大气细粒子化学成分快速在线检测技术、适合我国国情的大气细粒子数浓度监测技术与相应仪器设备开发等问题。

环境健康问题日渐突出。根据联合国环境规划署的报告，大气污染特别是细颗粒物每年导致上百万人早逝，众多人感染上慢性支气管炎，每年环境污染造成的经济损失占 GDP 的 3%～8%。世界银行评估中国每年为大气污染导致的疾病支付超过 3000 亿美元。

另外 POPs 和 EEDs 等区域性污染物会对人类和生物体健康，尤其是生殖健康产生不可逆转的影响。这些有毒有害污染物通过转移、长距离传输，能被生物富集或由食物链放大，从而干扰动物和人体内激素，导致性别异化、生殖机能退化、行为失常、诱发恶性肿瘤、内分泌功能发生改变等，甚至会导致物种退化等严重后果。大气污染具有长期性、隐蔽性和滞后性，一旦发生重大污染将会导致灾难性的后果，对人类的影响会持续多代。环境健康风险不断增加已成为制约人们生活质量提高的重要影响因素。在区域和流域范围（特别是长江、珠江三角洲以及环渤海地区）已出现大气、水体、土壤污染相互作用的格局，它们对生态系统、食品安全、人体健康构成了日益严重的威胁。我国目前正迫切需要解决比工业发达国家更加复杂的环境大气污染问题。

环境大气组分改变直接影响区域环境和全球气候变化。我国气候和天气灾害非常严重，经济损失数目巨大，每年旱涝气象灾害造成的经济损失约 2000 亿元。随着我国工业生产的发展和化石燃料的大量使用，环境大气组分急剧变化，对云雨的形成、地气系统的能量平衡和全球气候产生了重要影响。而环境大气化学组分变化对海－陆－气多圈层的作用过程的认识程度将直接影响气候预测的准确度。由于对这些过程理解不足，迄今各国跨季度、年际气候预测水平均非常低，还不能满足国家需求。

国家突发环境大气污染事件应急体系的需要。十九大以来，国务院组建了应急管理部，将土地资源安全、粮食安全、重大自然灾害等纳入公共安全领域，加大对公共安全监测、预测、预警、预防和应急处置技术的研究，建立健全公共安全应急技术平台。当前我国的环境大气突发事故预警监测技术手段相对落后，缺乏大跨度学科综合交叉研究，尚未形成适合国情的环境污染应急监测和预警控制技术体系。国家急需集成发展满足需求的突发环境大气事故监控技术、高准确度有毒有害污染源识别技术、事故成因和影响预测预警与综合调控技术和系统管理模式，为国家突发环境大气污染事故（如核污染、化学工厂爆炸等）提供关键的科技支撑。

区域协调发展与污染协同优化控制。近年来，各级政府采取了一系列污染控制的重大措施来改善大气环境质量。具体措施包括制定更严格的污染物排放标准、建立更多废气处理设施等。这些措施虽然会取得一定成效，但还远不能解决环境污染问题。例如，使用天然气替代煤炭后，大气能见度低和大气氧化剂（对流层臭氧）污染的状况不可能显著改善，且大气细颗粒的来源及大气氧化剂的形成机理均不清楚，无法制定出有效的大气污染控制策略；因为没有系统研究多种污染物质的相互影响，在大气环境中发生的多种过程的交互作用，以及以生态系统的联合效应为特征的复合污染问题，不可能提出综合解决我国环境污染问题的污染协同优化控制总体思路。因此，建立区域性复合污染调控理论和地区协同优化控制方法体系，通过建立管理模型与决策平台，带动区域性重大环境污染问题的解决，优化城市群的工业结构布局，对于促进地区可持续发展战略的实施具有重要的作用。

三、学科目标及研究内容

环境大气科学以环境大气探测、大气污染成因、多界面多尺度建模为主线，构建“理论创新—探测技术—集成建模—示范应用”创新链，将环境大气的监测溯源、污染成因、模拟预测和综合治理作为战略重点，着眼于国家环境外交及履行国际环境公约，进行战略性的大气污染物的全球输送研究；拟攻克跨界大气复合污染的监测、实验、模拟、控制原理和方法中关键的基础科技问题；研究区域应急监测技术和建模预报预警方法，在典型区域建立新型天地一体综合观测网络，探明跨界大气复合污染的形成机制及其主控因子，阐明全球气候变化背景下我国环境大气的演变规律及其后果；研究区域应对气候变化减排与大气污染协同调控原理并建模，发展大气污染优化控制新技术，提出满足国家需求的系统解决方案，为系统解决区域性、复合性和长期性的环境大气污染及国家突发公共事件应急体系提供科技支撑；全面提升我国在环境大气领域的原始创新能力和解决国家应对大气污染问题的能力，并引领国际环境大气科学领域创新和发展。主要研究内容包括：

（1）建立环境大气及其耦合的其他地球圈层系统的观测、实验与数值模拟综合研究平台和系统工具，发展区域大气污染快速源解析与多尺度跨界面环境大气精细化空天地一体化监测网络和预警体系。

（2）在跨界大气复合污染形成机制、来源解析与迁移转化规律和大气污染－区域气候的相互作用，地球多圈层跨界面相互作用观测及优化调控机制等领域取得原创性科研成果，进一步发展与丰富环境大气、地球系统和环境变化科学理论与方法体系。

（3）研发污染源排放控制前沿技术和工程应用技术，研发大气污染监测、模拟和防控技术，研发环境大气、地球系统探测技术和设备，研发大气污染、地球系统和环境大气迁移转化模拟技术。

（4）研究环境经济政策，提出全球气候变化和区域与城市群跨界大气污染协同防治方案并进行示范应用，支撑国家“一带一路”倡议，为我国和世界其他发展中国家大气污染治理及应对气候变化等提供理论依据与技术支撑。

第四节　学科交叉的优先领域

一、大气污染物跨介质监测和模拟方法

问题：大气环境治理缺乏与其他环境问题（水污染、土壤污染等）协同治理原理。

（1）研发痕量气体与气溶胶单颗粒组分和粒径观测、物联网芯片和智能识别技术融合的立体监测技术，揭示颗粒物表面非均相过程及其对区域环境和空气质量的影响。

（2）研发气溶胶光谱分析、质谱检测和人工智能识别技术，研究多污染物协同作用的微观机制，量化自然源与人为源对区域光化学烟雾影响的协同贡献。

（3）研发多污染物和有毒有害物质排放与干湿沉降通量在线测量技术，量化揭示污染物在大气及各圈层中的迁移转化过程。

（4）研发区域环境多污染物跨介质模拟技术，将环境大气模拟与地球系统模拟耦合起来，研发影响不同圈层（生物圈、冰雪圈、水圈和土壤圈等）污染物的排放过程、不同圈层间污染物的沉降等物理过程以及非均相等化学过程的表征和数值建模技术。

（5）突破区域大气－流域水－生态环境响应的动态耦合模拟难题，准确量化常规和非常规（有毒）污染物的自然和人为排放贡献，评估不同圈层的相互影响。

二、环境大气大数据建模与污染智能预测原理

问题：大数据标准不统一，预警预报的精度不够，无法支撑制定精准的大气污染控制措施。

（1）环境大气智能（机器人）探测和物联网大数据智能处理，包括控制数据采集、数据处理、数据存储、数据传输和数据深度分析。

（2）突破数值预报、人工智能和污染大数据同化技术的交叉融合。

（3）研发大气环境自适应同化技术，具备海量多源观测（常规污染物、气溶胶组分、挥发性有机物、氨等地面监测和卫星遥感）大数据同化能力。

（4）研制适用于环境大气污染短邻和中长期预测预报的深度学习模型，开发环境监测大数据自动化质控、源清单自适应动态反演、关键模式参数迭代率定等功能。

（5）建立集成先进信息化技术和数理建模新理论，研发新一代大气环境智能自适应网格预报预警系统。

目标：科学大数据共享，实现大气组分和有毒有害污染物的多尺度高精度智能预测与来源追踪。

三、环境大气变化多尺度影响及优化应对方案

问题：如何准确评估环境大气变化对大气污染、生态、气候和社会经济的多尺度影响，并实现区域大气复合污染高效精准控制？

（1）评估生态系统、气候变化和大气污染的相互影响。

（2）环境大气容量与承载力和重污染应急方案制定。

（3）构建污染排放、环境效益非线性响应关系模型。

（4）区域大气治理综合性规划、逐年目标、效果评估。

（5）环境大气长期变化规律和应对策略。

目标：结合“一带一路”倡议，为我国和世界其他发展中国家大气环境质量改善以及应对大气环境的长期变化提供理论依据与技术支撑。

四、跨界大气复合污染的成因机制与溯源

问题：跨界大气复合污染机制不清、源解析和预警预报的精度不够，无法支撑制定精准的跨区域大气污染控制措施。

（1）高时空分辨率的大气污染物源排放清单。

（2）大气灰霾和光化学烟雾的化学机制及参数化方案。

（3）区域大气污染精细化来源解析和区域传输贡献。

（4）冬季重污染成因和主控因素。

（5）$PM_{2.5}$ 和臭氧协同控制。

（6）气象要素对大气污染的影响及反馈机制。

（7）大气污染物干湿沉降过程及其对空气质量预报模式的影响。

目标：阐明跨界大气复合污染成因，丰富大气复合污染理论体系。

五、污染物排放评估与优化控制技术

问题：大气复合污染关键前体物氮氧化物（NO_x）、挥发性有机物等的排放控制。

（1）污染源排放监测和监管评估技术（大数据耦合、数学模型、数值模式和卫星遥感等手段运用到清单评估，构建全物种高精度近实时源清单技术体系，实现全物种源清单的高分辨率表征）。

（2）污染源排放控制前沿技术研发（清洁燃煤、非电行业、移动源、农业排放）。

（3）建立以自然控制论为基础的区域环境大气质量最优控制理论，揭示区域社会－经济－自然复合系统的运行机制和反馈机制。

（4）大气污染排放浓度控制法、排放总量控制法及全局最优控制法的理论研究与应用；污染源最优减排的原理与方法；空气质量动态控制的理论与技术；工业污染源的优化布局问题。

目标：支撑环境监管核查，突破关键污染物深度治理和超低排放技术，为关键污染源污染物防、控、治系统解决方案的构建提供技术支撑，寻求在调控人类活动的条件下达到系统最优化的途径和方法，为国家实现环境大气治理的经济成本和环境效益最优组控提供科学依据。

六、大气有毒物质和营养成分沉降机制及其生态影响

问题：对大气有毒物质和营养成分的输送和沉降及其与生物圈的相互作用等还知之甚少，难以定量分析这些物质对生态系统的影响。

（1）定量研究环境大气痕量成分的干、湿沉降过程及其在陆地和海洋生态系统的沉降速率。

（2）量化大气有毒物质和营养成分的输送和沉降量，阐明大气有毒物质和营养成分沉降对生物圈代谢的影响。

（3）揭示环境大气和生物圈之间的相互作用及其受有毒物质和营养成分浓度变化与沉降影响的程度，评估人类活动对大气－生物圈耦合系统的影响。

第五节　前沿、探索、需求和交叉等方面的重点领域与方向

国家自然科学基金委员会全面推进深化改革，对申请项目按“鼓励探索、突出原创”“聚焦前沿、独辟蹊径”“需求牵引、突破瓶颈”“共性导向、交叉融通”进行分类评审。基于环境大气科学发展现状及趋势，着眼全球环境大气变化研究前沿，进行前瞻性战略基础研究；把握国家社会需求，打破已有的思维定式，把研究成果应用于业务工作。

加强顶层设计和系统集成。在重视基础理论创新的基础上，以国家战略需求为导向，从全球视野研究我国环境大气问题，努力探索区域性环境问题的全球意义。通过顶层设计，找准环境大气科学的定位，凝练战略重点，制订大型研究计划，积极参与国际

合作；从区域整体上开展环境大气的观测、数据交换与共享、理论研究、实验模拟、试验示范与推广规划。通过系统集成，充分发挥国家在环境大气领域的整体优势，着眼国家经济和社会发展需求，创建有特色的环境大气污染调控理论体系。

加强学科交叉综合和国际合作。加强地球科学各分支学科的交叉综合，加强环境大气科学与生命科学、数理科学、化学、信息科学、工程科学和经济学等其他科学和技术的交叉，加强自然科学与社会科学的交叉集成。通过多学科交叉综合和国家合作，解决环境大气科学领域的复杂科学问题。

加强观测与支撑系统建设。认识环境大气科学规律，依赖于野外观测数据和室内分析测试数据，科学数据也是检验理论和模式的基础，观测与实验手段的进步极大地推动了国际大气与海洋学科发展。围绕引领国际大气环境研究的战略方向，亟须强化我国在大型和综合实验模拟装备方面的自主研制能力，大力加强观测和实验网络与数据共享等支撑技术平台基地建设，为解决国家大气污染等重大问题提供数值模式集成系统与示范决策管理平台，并将其标准化和产业化，为制定和实施国家环境保护发展战略提供关键支撑。

对前沿、探索、需求和交叉等重点研究方向进行分类梳理，旨在为未来学科资助提供导向，对其分述如下。

一、鼓励探索、突出原创

环境大气观测与信息处理的新理论、技术和方法，主要包括：环境大气组分的物理化学性质和大气动力学过程的观测和实验技术；环境大气全廓线垂直探测、激光遥测和跨介质观测的理论、方法和技术；环境大气变化的目标观测原理与走航观测方法；环境大气科学的飞机观测原理和技术；环境大气中微量组分的高精度和高灵敏度实验分析技术；环境大气系统智能感知采集和遥感定量化应用的理论与技术；环境大气大数据的同化、融合、共享和分析技术；环境大气观测系统多源数据融合和环境大气再分析数据集；密闭空间的大气污染监测与室内污染预警；环境开放大气和室内空气污染物交换机制及其健康影响；极端环境（低温、低压、高温、高压）的大气动力学过程；环境大气科学数值计算与模拟技术；环境大气系统变化的可预测性与不确定度。

二、聚焦前沿、独辟蹊径

环境大气关键过程及其生态环境效应，主要包括：全球多尺度环境大气过程及其在生态环境系统中的作用；环境大气有毒有害污染物的来源、变化与归趋；环境大气关键过程的能量收支和物质能量交换；环境大气对地表过程变化的响应机制及其反馈；环境大气平流扩散过程与污染化学；对流层大气化学与区域过程；地球化学元素循环与大气污染溯源；生物地球化学过程与环境大气变化；环境大气污染物输送沉降与生态风险；青藏高原、南极、北极环境大气变化与成因；特大工程（如大规模城市化、大型风电厂、大型水电工程等）和农牧业集群化发展的环境大气效应；人工影响天气和气候的环境效应；环境大气污染的多圈层相互作用过程机理与人类圈可持续发展。

三、需求牵引、突破瓶颈

人类活动对环境大气品质的影响，主要包括：有毒有害污染物排放特征、交互作用规律与安全监管；土地利用、植被变化、大规模建设和产业转型等人类活动对环境大气的影响和致污机理；区域大气复合污染的爆发增长机理、成因机制和自然与人类影响；人类活动对区域和全球环境大气的影响；多尺度环境大气容量和承载力评估与区域大气重污染调控；环境大气污染物的多介质界面过程、效应与调控；$PM_{2.5}$和臭氧协同控制；环境大气污染物毒性和健康风险预估；国际大型活动空气质量保障、经济转型、交通结构和能源结构变化对环境大气的影响；“蓝天保卫战”的生态环境效应和健康影响；区域跨界多污染物优化控制原理和气候变化共赢协同减排策略。

四、共性导向、交叉融通

元素生物地球化学循环的大气驱动机制，主要包括：通过生命科学、地球科学、化学科学、信息科学、应用数学等学科交叉，研究元素地球生物化学循环的探测、监测和实验原理和方法，量化生物地球化学循环中大气污染物的生命周期，阐明地球生物化学循环中大气元素（同位素）时空变化规律，阐述物理、化学和微生物过程受大气关键因素的影响及其调控机制，揭示大气动力学过程对关键元素（碳、氮、硫、磷等）的生物地球化学循环过程的驱动方式和耦合机理，探索微生物参与元素生物地球化学循环的大气驱动机制。

（参编人员：王自发）

第八章 环境生物学（D0704）

第一节 引　　言

环境生物学是一门以环境科学和生物学为基础发展起来的新兴交叉学科，主要研究生命体与特定环境相互作用的规律及其机理，从生物学角度评估环境质量及解决环境问题，为生态环境的可持续发展提供路径和对策（段昌群，2019）。环境生物学以污染环境、生态退化或破坏环境、极端环境等胁迫条件下的生物与环境相互作用关系为研究重点，在学科上亦可细分为环境生态学、环境微生物学与环境毒理学。

环境生物学具有以下三个特点：一是具有明显的多学科交叉性。生命体和环境本身就是一个由多因素构成的复合体，影响因素复杂多样，涉及环境科学、生命科学、生态科学和地球科学等多学科领域，这些学科互相交叉渗透，互为补充。二是具有整体性。如果只考虑生命体的过程或只考虑环境问题，则不能充分阐明自然和社会系统的演变规律，只有把生命体和特定环境作为一个整体来研究，才能使生态环境的演变适宜于生命体的生存和发展。三是具有显著的应用价值。人类应用环境生物学原理和方法，对相关的环境问题进行修复和优化，为人类社会可持续发展服务。环境生物学的使命是以异常环境（污染环境、退化环境和极端环境）和各种生命体为对象，关注环境变化引起的生态环境效应、生物响应与适应以及生物与环境的协同发展。其目的在于保护和改善人类的生存环境，科学地避免与减少自然和人类行为对环境的负面影响，为解决全球气候变化、环境污染问题提供有效的、可持续发展的解决方案和技术理论支撑，进而减少环境变化对人类带来的不利影响，促进人类社会的可持续发展（耿春女等，2015）。

环境生物学的启蒙、形成以及发展与日益突出的全球性环境问题现密切相关。进入21世纪以来，人类活动导致全球各类环境问题层出不穷。全球气候变暖、土地利用变化以及全球性环境污染日益严重等环境问题，导致生物多样性普遍减少以及生态系统所提供的自然资源质量和数量明显下降，并成为当前社会经济发展中面临的重大难题和主要制约因素。我国发布的《国家中长期科学和技术发展规划纲要（2006—2020 年）》列举了综合治污与废弃物资源化、脆弱生态系统功能恢复重建、海洋生态与环境保护等发展主题。国家公布的“水十条”“大气十条”“土十条”等一系列建设生态文明的举措都与环境生物学研究内容息息相关。党的十八大将生态文明建设纳入中国特色社会主义事业“五位一体”总体布局，把生态文明建设融入经济建设、政治建设、文化建设和社会建设各方面和全过程，实现社会经济发展与生态环境改善的良性互动。可见，环境生物学也是我国生态文明建设的重要内容。

解决环境问题是环境生物学发展的根本驱动力。生物是维护生态系统功能的基础，也是环境治理和修复的重要力量。同时，生物的响应与适应也在进一步塑造着环境。随着时代的发展和新环境问题的不断出现，环境生物学研究的对象和内容也不断拓展和外延。其在研究对象上，不仅局限于区域污染环境，人类活动引起的气候变化、土地利用方式改变、生物多样性丧失等全球环境变化也日益受到关注；在研究类型上，不仅限于对已有现象进行回顾性研究，也逐渐包括关于预测未来环境变化带来的生态效应等前瞻性研究；在研究内容上，由原来的聚焦生物对污染物的响应与反馈逐渐向环境变化引起的生命体响应、关乎国民经济命脉的农业生产、能源转化、人类健康福祉和社会可持续发展研究的多维度拓展（图 8-1），积极推动了全球生态系统的良性演进，提高了大气、土壤、水体等人类赖以生存的环境保证。近年来，一系列结合已有环境学、生态学和生物学理论的新兴技术应用，极大地实现了环境生物学研究从微观机制到宏观格局的有效连接，有力地推动了环境生物学研究内容向多维度和多尺度发展。

图 8-1　环境生物学学科架构

第二节　学科发展现状

一、学科研究进展概述

从第一次工业革命以来，生产力水平快速提高和科技水平显著进步为人类社会创造了巨大的物质财富，但也给人类生态环境带来了种类繁多、数量巨大的污染物质，给生态环境造成了前所未有的污染和破坏，特别是水体环境的日益恶化。政府相关管理部门和环境工作者开始研究污染物对水生生物的影响并分析污染物对不同类型生物的影响。工业黑化现象是该时期环境生物学研究的一个经典案例，该案例开启了人们对环境生物学的关注。1908 年和 1909 年，柯尔克维茨和马松发明设计了污水生物系统，并在水污染生物检测中得到广泛应用，这个阶段被认为是环境生物学的萌芽和孕育期，相关的研究主要集中在环境卫生及环境毒理方面。随着人类对污染和水生生物认识水平与研究技术手段的提高和进步，学界逐渐开展水污染的生物监测、城市污水和工业废水的生物处理等方面的研究，深入揭示了环境有毒化学污染物从分子、细胞到个体、群落、生态系统的链式反应所产生的有害影响，并取得了丰硕成果。同时，大气污染和土壤污染带来的生物死亡事件也逐步进入学者们和政府的视野，从事环境生物学的学者越来越多。20 世纪 50 年代以后，随着全球环境问题变得更加尖锐，大气、水体和土壤等生物赖以生存的环境日益恶化，导致生物多样性丧失，生态平衡遭到严重破坏，物种灭绝的速度大幅度上升，人们开始真正关注环境对生物的影响以及两者相互作用规律及其机理，开展环境生物学系统的研究。进入 21 世纪以来，环境生物学科聚焦“污染治理”“全球变化”“元素循环”“生态毒理”等关键科学问题，伴随着技术手段、研究思路的不断创新，研究的广度和深度得到了长足发展。

二、国际环境生物学科文献计量学分析

科技论文的发表情况是对学科发展现状最直接的体现。为厘清全球环境生物学学科的研究进展，基于 Web of Science 数据库，以 environmental biology 为检索主题，以 1900 年为起点，以 10 年为一个阶段，发现环境生物学科论文逐年稳定增长。根据论文总数的明显差异，可分为“启蒙期”“诞生期”“快速发展期”三个阶段，如图 8-2 所示。

1960 年之前为“启蒙期”，论文增长到 3000 余篇（图 8-2）。20 世纪 60 年代初《寂静的春天》的出版标志着环境生物学新纪元的开端。环境生物学逐渐从生物学分化出来，真正发展成为一门相对独立的学科，从此进入了蓬勃发展的阶段。在这段时期，毒理学以及生态毒理学研究成为环境生物学研究的主体（熊治廷，2010）。研究人员在开发各种试验方法和技术的基础上，对环境污染物及其危害进行了广泛研究，在大气污染物 SO_2、HF 对植物的影响以及植物的敏感性方面取得了较好的进展。1961～1970 年，环境生物学的论文总数剧增至 38 000 余篇，被称为“诞生期”。

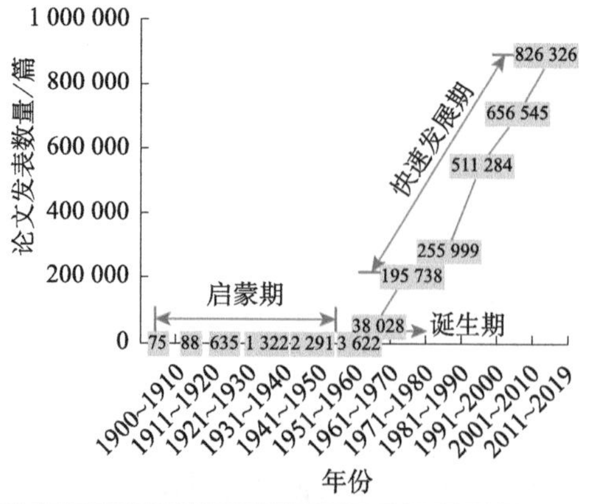

图 8-2　环境生物学学科全球 SCI 论文发表和研究方向动态（1900～2019 年）

1971 年以来，环境生物学科进入“快速发展期”，论文数量飞速增长，2011～2019 年已高达 820 000 余篇。其中，1970 年联合国教育、科学及文化组织（UNESCO）建立了人和生物圈研究计划（MAB），1972 年联合国人类环境会议全体会议在斯德哥尔摩通过了《人类环境宣言》，力求探寻合理利用和保存生物圈资源的科学基础，以改善人与环境的关系，为环境生物学的发展指明方向。1980 年环境学家 Barrington 出版了环境生物学专著 *Environmental Biology*，1981 年 Anderson 出版了环境生态学专著 *Ecology for Environmental Sciences*：*Biosphere*，*Ecosystems*，*and Man*，极大地促进了环境生物学的发展。

自 20 世纪 80 年代以来，全球气候变暖、生物多样性锐减、生态系统退化等新的环境问题不断出现，生态学原理和理论，如生态系统结构、功能和弹性等，在解决环境问题中发挥的作用日益受到重视。1991 年，美国生态学会率先提出了“创立可持续生物圈的创议：一份生态学研究议程”（SBI）；国际生态学协会亦提出了“持续的生物圈：全球的号令”；而美国国家环境保护局（EPA）则提出环境保护生态学研究战略。生态学的融入为环境生物学的发展提供了理论基础并注入新的活力，环境生物学研究呈现出向宏观和微观两极深入发展的趋势。在宏观研究领域，其主要研究对象从生物个体、种群、群落转移到生态系统、景观乃至生物圈水平上，并在多尺度上评价和预测污染物的整体生态效应和生态风险（李元，2018）。在微观研究领域，采用生理学、细胞生物学、分析生物学、遗传学等生物学分支学科的理论、方法和技术研究污染物及其代谢产物与生物大分子、细胞的相互作用以及与生物遗传和生理代谢的关系，深入揭示其作用机理。新兴的基因组学和生态基因组学能通过高通量的大数据研究细致入微地揭示个体或生物多样性对环境变化的细胞过程响应，改变现有研究有毒物质对生态系统影响的方法。这些进展使得研究的学科交叉性和综合性日益增强。

根据图 8-2 所示的主题词进行检索。从文章检索计量上看，环境生物学研究中“海洋与淡水生物”和“生物多样性保护”是以往研究的主要研究方向和亟待解决的关键科学问题，反映了由于社会经济高速发展，人们对生物多样性问题的关注与日俱增。另外，对上述科学问题的逐步深入研究，以及新技术、新方法的诞生，促使“生物资源挖掘”、“生物相互作用研究”和“生物群落功能及组学研究”成为当前的研究热点。新型生物资源和功能基因资源的不断开发、生物互作关系的不断明确、基因组组学技术的不断完善为解决上述关键科学问题提供了新思路、新视角（中国科学院，2013）。

三、我国环境生物学科文献计量学分析

基于 Web of Science 数据库，以 environmental biology 为检索主题，应用文献计量学分析了国内 1971～2019 年中国环境生物学的 SCI 论文发表情况及研究方向与趋势（图 8-3）。我国的环境生物学研究相对于欧美国家和地区起步较晚，从 20 世纪 70 年代才有

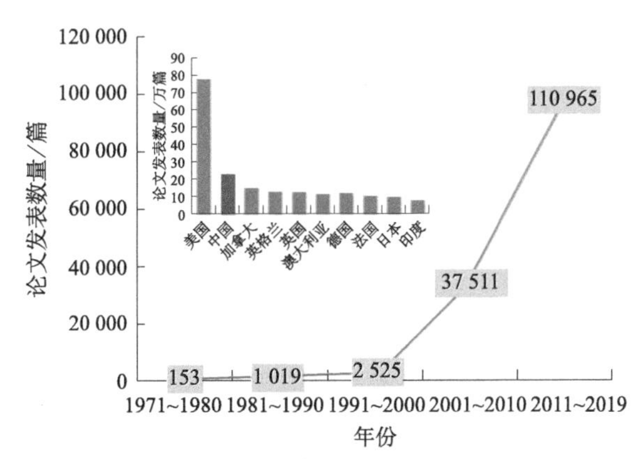

图 8-3　我国环境生物学学科 SCI 论文发表情况及在国际上的地位

相关SCI论文发表，2000年后我国的环境生物学研究进入快速发展期，到2011～2019年，我国SCI论文发表的数量达到110 965篇，在国际上排名第二，取得了显著进步，但是总体上与排在首位的美国差距依然很大。值得注意的是，2016～2019年以来我国在环境微生物学科的研究性文章已经逐渐超过美国，成为引领全球科研的重要学科前沿。我国环境生物学研究早期主要关注农药的毒理学研究，而后在污染物的迁移规律、污染物的生态毒理效应、污染物的生态风险评估与预警、污染物生物修复技术、受干扰环境生物地理学等方面取得了重要进展，研究的内容和深度不断提升，研究方向逐渐向环境生态学、植物科学、农业科学、生物医学、生物多样性保育、动物学、海洋生物学、生物修复、人类健康等领域转变，新技术的应用和多学科的交叉在环境生物学研究中日益受到重视。

改革开放使我国经济经历了30多年的高速发展，我国在积累巨大社会财富的同时，环境问题日益突出，并关系到国家安全。随着我国工业化、城市化和农业高度集约化的快速发展，以大气、水和土壤为介质的环境问题是我国当前和今后较长时间内社会经济发展中面临的重大难题和制约因素。环境生物学研究和应用实践是突破瓶颈制约、解决这些难题的必由之路，且本学科与社会的可持续发展和人类福祉的结合也是未来发展的趋势。

第三节　学科发展需求与趋势分析

一、学科发展国际背景

人类社会与其生存的自然生态环境有着密不可分的相互关系。随着人类社会发展，自第二次世界大战后，环境污染事件纷纷跃上历史舞台，人类社会逐渐认识到环境的脆弱性及人类活动对环境变化的影响。美国“环境法”这一术语是在20世纪70年代早期随着《国家环境政策法》（NEPA）的颁布出现的。美国于1972年颁布了《清洁水法》，公布了129种优先监测和严格控制的“优先污染物”，其中有毒害性有机污染物114种，占总数的88.4%。1976年颁布的《有毒物质控制法》禁止了多氯联苯（PCBs）的使用。1980年美国国会通过了《综合环境反应赔偿和责任法》，该法案因其中的环保超级基金而闻名，因此又被称为《超级基金法》。该法案为政府处理环境污染紧急状况和治理重点危险废物设施提供了财政支持，对危险物质泄漏的紧急反应以及治理危险废物处理设施的行动、责任和补偿问题做出了规定。自1980年《超级基金法》颁布以来，该法历经数次修订，包括1986年的《超级基金修正及再授权法》，1992年的《公众环境应对促进法》，1996年的《财产保存、贷方责任及抵押保险保护法》以及2002年的《小商业者责任减免及棕色地带复兴法》。在超级基金法案的指导下，美国从环境监测、风险评价到场地修复都制定了标准的管理体系。从美国超级基金污染场地修复的发展历程可以看出，20世纪80年代，地下水修复大多采用抽出-处理技术（80%～90%），而到2014年，此技术的使用率降低至17%。原位修复技术使用比例由20世纪80年代的小于10%逐年上升，至2014年使用率高达53%～58%。

研究维持生物群落结构与功能的基础，生物群体互作及对污染物降解和消除的影响机制，生物与环境因子互动的管控，特定功能的生物识别、筛选及应用等，服务黑臭水体治理、城市污水净化、污染土壤修复、减轻大气污染危害等，是环境生物学研究的重要内容。萌发自环境生物学研究的生物修复技术因其具有处理费用低、对环境影响小、效率高等优点，越来越受到广大科技人员的广泛关注。近年来，基于生物对重金属的作用机理，以修复有毒有害金属污染或回收有经济价值重金属为目的的生物处理技术日趋成熟。生物重金属修复以生物代谢活动为基础，通过对重金属进行吸附、累积、转化及固定等，达到修复作用。生物巨大的环境保护功能（生态毒理评价和生物修复）显得越来越重要。生物作用可以改变重金属离子的活动性，从而影响重金属离子的生物有效性。在自然条件下，很多生物可通过氧化－还原作用、甲基化作用和脱烃作用等将重金属离子转化为无毒或低毒的化合物形式。2012～2014 年的地下水修复技术中，有 51% 的决策文件采用了原位生物修复技术，29% 选择了生物修复，33% 使用了自然衰减法。因此原位植物、微生物修复以及以微生物降解、植物吸收作用为主的自然衰减法将会是未来污染场地修复技术的发展趋势。但目前来说，重金属场地的生物修复技术选择和规模化应用存在着较大的困难，仍需加强修复原理及应用研究，建立相应的示范工程，使生物修复技术同其他环境工程及修复技术紧密结合，在理论研究和实际应用中都取得新的突破。

另外，随着经济社会的高速发展，废弃物粗放式处理和化合物滥用带来的严重污染问题逐渐显露出来。工业生产过程中使用的有机溶剂以及其他化工原料的不规范储存、不合理排放及各种突发泄漏污染事件等，致使有机化合物通过土壤下渗至地下水系统。在农业生产中，农药及杀虫剂的大量使用也会造成土壤及地下水污染。目前，有机污染导致的环境污染问题已经引起世界范围内的广泛关注。2001 年，中国政府签署了一项关注 POPs 的国际公约——《关于持久性有机污染物的斯德哥尔摩公约》，致力于减少世界上最具危害的化学品，直至消灭其危害。至 2011 年，国家履行《关于持久性有机污染物的斯德哥尔摩公约》工作协调组办公室表示，POPs 防治面临新的挑战，已成为“十二五”期间我国环保工作的四个重要领域之一。微生物降解被认为是清除环境中有机污染物的主要方式之一。例如，2011 年康菲石油公司作业的渤海湾蓬莱 19-3 油田溢油事故备受关注。石油因其含有大量有害、致癌、诱发有机体发生突变的化合物而对海洋环境造成了极大的污染。石油毒性大，分子结构很稳定，很难被分解，但利用微生物自身的氧化还原、水解、酯化和基团转移等代谢过程，对石油的降解率达到了 50% 以上，有效解决了石油污染问题。然而，由于环境中微生物群落结构的复杂性和难培养性，到目前为止，仍有很多有机污染物的降解机制研究较为局限。微生物多组学技术的发展及多学科方法手段的交叉融合使提高有机污染物的生物利用度、增强优势菌株的竞争力、探索新的技术来提高微生物的解毒作用已成为可能。

尽管人类对于自然生态环境的保护意识有所增强，但仍然相对浅显。目前人类对全球环境的影响接近并超过自然变化的强度和速率，正在并将继续对未来人类的生存环境产生长远的影响（中国科学院，2016）。人类面临着日益严重的环境问题主要有：全球变暖、CO_2 浓度升高、降水格局改变、氮沉降增加、地面臭氧污染、淡水资源短缺和水质污染、土壤污染、河流富营养化、能源短缺、土地退化和荒漠化、森林资源锐减、生物多样性减少、有毒化学品污染等众多方面。这些重大全球环境问题已经远远超过了单一学科的范围，并成为当前影响全世界可持续发展、全球共同关注的热点问题和重大难题。

二、理论前沿与应用需求

环境生物学主要研究生命体与特定环境相互作用的规律及其机理。生物作为生态环境中的主体，控制着整个生态系统的物质能量循环。面对严重的环境污染问题和迫切的修复需要，环境中的生物就成为主要对象，对于此问题的解决要以对环境生物物种、种群、群落结构、新陈代谢、遗传和环境生态功能的深入探索为前提和基础，以去除环境污染物、减缓或者消除毒性效应和恢复环境生态功能为目标，以环境生物学与多学科和多种技术相结合为手段，从而在实际应用中取得良好的修复效果。

环境生物学亟须评估化学污染对群落和生态系统的影响。迄今为止，学界仍未能建立一套有效的、被广泛认可的自然环境和生态生物的管理与保护方法。进入环境中的污染物理化学性质差别巨大，如强极性、易转化的人工合成类固醇激素和酚类化合物，强亲脂性难降解的多卤代芳香族化合物等。关于污染物如何进入生物体、到达靶器官、作用于靶点及所产生的生理生化过程机制十分复杂，目前的科学认知十分有限。过去针对污染物环境分布和环境行为的研究较多，但对多数化学污染物进入生物体的途径、在生物体内的代谢转化及在靶位点的暴露和剂量－效应关系仍未知。21 世纪以来，对暴露评估的研究被科学家提升到一个新的领域，即暴露科学。暴露科学在收集分析生态系统与化学污染物和其他胁迫因子之间接触特性所需的定量和定性信息的基础上，力图捕捉和描述对生态系统具有短期与长期影响的时空维度暴露事件。

近年来，全球气候变化问题得到了国际社会的广泛关注（IPCC，2014）。以 CO_2、CH_4 和 N_2O 为主的温室气体增加与极端事件频繁发生的气候之间存在复杂的相互作用，陆地和水体中的生物泵、化学泵变化是其互馈的主要过程。土壤和深部水体能够通过生物和非生物过程吸纳大气中的碳素并将其稳定地储入碳库，而全球变暖导致的永久冻土融化使得以往被封存的碳库能够被微生物降解，从而产生了大量的 CO_2 和 CH_4。地表植物呼吸和土壤呼吸以 CO_2 的形式每年分别排放了约 600 万亿 t 碳，10 倍于人类每年燃烧化石燃料所排放的 CO_2。CH_4 也是全球气候变暖的主要贡献者之一。产 CH_4 微生物经过一系列的厌氧活动过程，将有机物质降解为 CH_4 和 CO_2，加剧了温室气体排放。另外，CH_4 氧化菌可以降解自然湿地等生态系统中高达 90% 的 CH_4，这两类微生物构成了环境中 CH_4 产生与消除的动态平衡。深化对 CH_4 产生和氧化过程等碳循环途径的理解，可为应对全球环境变化提供新思路。但是，在很大程度上，生物在调节生态系统多功能性对全球环境变化驱动因素的耐受作用方面仍未被探明，后续应加强环境生物群落多样性在多种生态系统功能方面发挥作用的研究，这些功能包括但不限于养分循环、初级生产力和温室气体排放的调节。明确生态系统多功能性的主导驱动因素（群落组成、多样性或丰度）对于制定可持续的生态系统管理和保护政策至关重要，这些研究将有助于优先考虑未来对生态系统多功能性所涉及的生物功能属性的保护，并有助于减少气候变化和土地利用集约化对陆地生态系统的影响。

在全球气候变化加剧的背景下，环境变化的生态效应、生物对环境变化的响应与适应以及受损环境的生物修复需要予以重点关注。环境变化对经过长期演化而适应于局部和区域环境的生命体将产生深远影响，通过改变它们的生长、发育和分布格局及其为人类所提供的产品和服务功能，进而影响人类社会经济的可持续发展（中国科学院，

2016；冷疏影等，2016）。首先，在生态效应上，环境变化将导致不同生态系统结构和功能发生重大改变。结构的变化包括时空结构（水平结构、垂直结构和时空分布格局）和营养结构（食物链和食物网）两个方面，其变化势必会引起生态系统功能的运转和发挥，如固碳效应、粮食生产、水资源涵养、养分保持和生物多样性保育等。这些变化与人类的生存息息相关，并关系到未来人类的命运。其次，生物的响应与适应也将进一步塑造着环境，这些研究将有助于利用模型准确地预测环境变化的生态效应。以往关于生物对环境变化的综合适应对策和机理的研究存在以下缺陷：①大部分研究聚焦于单因子或双因子，少有 3 个及 3 个以上的因子。长期多因子野外控制实验更是缺乏。②过去的研究大多集中于生物或生态系统的响应和反应，而忽略了生命体的适应性。事实上，生命体本身不只是被动地响应环境变化，同时主动地去适应并做出选择。③研究对象单一、分散，未能将各种生物（包括生产者、消费者、分解者）作为一个食物网整体进行综合研究。研究生物（生产者、消费者、分解者）对环境变化（增温、降水格局改变、CO_2 与 O_3 浓度升高、区域氮沉降）多因子影响下的响应和适应机制，系统地将各种生物作为一个食物网整体进行综合研究，全面正确地评价和预测环境变化对地球生物有机体的潜在影响以及生物对环境变化的综合适应对策和机理，从而制定科学对策，最大限度地减小环境变化的负面效应（Post，2013；国家自然科学基金委员会和中国科学院，2016；贺纪正等，2017）。因此，汇集多领域的科学家对环境变化展开系统而深入的研究非常必要。最后，受损生境的生物修复关系到人类的健康和福祉。自 20 世纪 60 年代以来，全球范围内的环境状况恶化加剧，生态环境破坏严重。尽管人们已意识到生物修复的重要性并做出了很多努力，但在包括平衡植物、动物和微生物与生境之间的关系等生物修复的理论和技术方面仍有极大的提升空间。此外，为了预防生境的进一步恶化，亟须对受损系统的服务潜力和承载能力进行进一步评估和研究。

生物资源是人类社会可持续发展的物质基础（Decker，1991）。对于农牧生态系统的优良动植物资源的筛选是促进农牧生产力的重要手段。对环境生物的功能机制研究也大大加强了对农牧生态系统的稳定性预测，促进了对环境中养分循环的认识，从而有效提高了生产效益。

能源也是人类社会可持续发展的另一大基石。随着化石能源的逐渐耗竭，大力开发包括生物能源在内的可再生能源已成为国际社会的共识。目前，越来越多的研究聚焦于生物能源利用和转化领域。生物质转化的过程是通过绿色植物或者藻类的光合作用将二氧化碳和水合成生物质，生物能源的使用过程又生成二氧化碳和水，从而形成一个物质的循环，理论上二氧化碳的净排放为零，可望消除温室效应的影响。生物能源能减少气候变化和土壤侵蚀、水污染和垃圾堆积的压力，提供野生生物居住环境和帮助维持更好的生态健康。生物能源燃烧后产生的较少的生物残滞还可以用作生物化肥，是一种可再生的清洁能源。开发和使用生物能源符合可持续科学发展观和循环经济的理念。同时，通过微生物将植物组分转化为可用能源，以及利用现有物化技术无法解决的化石能源，也是解决能源问题的重要途径。1922 年美国科学家发现油藏中存在大量的微生物类群，近百年的研究一直围绕微生物的群落和功能开展研究，并将其应用于油气资源勘探和提高采收率技术领域，然而该技术自 2000 年开始才真正实现跳跃式发展。与此同时，科学家发现了石油烃的厌氧降解产 CH_4 和 CH_4 厌氧氧化过程，其为揭示地球物质循环基础、完善地球碳循环过程等提供了重要的科学依据，其在油藏次生生物气、煤层气的成藏规律研究、低品位矿藏资源甲烷化开采等领域也具有重要的潜在应用价值。我国原油储量在55亿t以上，大部分是低品位油藏，大量原油依靠进口，转化速率问题一直亟待解决，急需加强基础研究，实现技术突破，带来产业化预期。另外，每年因钻井、压裂、驱油等过程产生的油泥在亿吨以上，给石油企业带来了巨大的环保压力，处理数量大、难度大、周期长是目前面临的突出问题。因此，结合地质学、工程学、环境科学、装备制造等学科领域交叉的微生物驱油和油泥处理等关键技术有极大的市场需求。

三、国内外相关发展战略或研究计划

随着人类社会的发展，世界各国特别是发展中国家对于环境生物在生态平衡、环境修复、气候变化消减和资源化能源化领域的开发研究与实践应用的需求将愈加旺盛，因而带来了环境生物学科发展的黄金时期。20世纪80年代以来，国际社会就环境问题相继推出了一系列的国际研究计划，如世界气候研究计划（WCRP）、国际地圈生物圈计划（IGBP）、国际全球环境变化人文因素计划（IHDP）、国际生物多样性计划（DIVERSTAS），这些计划目前已经组成地球系统科学联盟（ESSP）。以DIVERSTAS为例，DIVERSTAS在1991年由国际科学理事会（International Council for Science，ICSU）、环境问题科学委员会（Scientific Committee on Problems of the Environment，SCOPE）、国际生物科学联合会（International Union of Biological Sciences，IUBS）、国际微生物学会联合会（International Union of Microbiological Societies，IUMS）以及联合国教育、科学及文化组织人与生物圈计划（UNESCO-MAB）发起，由三个核心计划与几个交互网络（cross-cutting networks）组成。其核心计划包括：第一，生物多样性发现及其变化预测；第二，生物多样性变化的影响评估；第三，生物多样性保护与可持续利用的科学发展。交互网络项目包括全球入侵物种计划（Global Invasive Species Programme，GISP）、全球山地生物多样性评估（Global Mountain Biodiversity Assessment，GMBA）等。拟解答的关键科学问题主要包括：①生物发现计划（bioDISCOVERY），评估目前的生物多样性，监测生物多样性的变化、认知和预测生物多样性变化。②生态服务计划（ecoSERVICES），生物多样性与生态功能的联系，生态系统功能与生态服务的关系，生态系统服务变化的人类活动响应。③生物可持续计划（bioSUSTAINABILITY），评价目前所采取的生物多样性保护和可持续利用措施的有效性，研究导致生物多样性丧失的社会、政治和经济驱动因子，研究生物多样性保护和可持续利用的社会选择和决策去向。DIVERSITAS作为全球环境变化研究领域的一项国际性项目，其主要任务是联合生物学、生态学和社会科学，开展与人类社会相关的研究，推动生物多样性科学的集成化发展，为更好地认识生物多样性减少问题提供科学基础，并为生物多样性保护和可持续利用的政策制定提供建议。

在全球变化背景下，国际上已有的生态监测和研究网络组成了国际长期生态研究网络（ILTER），包括中国生态系统研究网络（CERN）、美国长期生态学研究网络（US-LITER）、英国环境变化网络（ECN）等。而微生物作为环境生物学的重要科学前沿，世界各国已陆续推出了一系列科学研究计划。2002年美国启动了“从基因组到生命计划”，2010年美国启动了“地球微生物组计划”，2016年美国启动“国家微生物组计划”，旨在全面系统地收集地球生态系统包括自然环境（陆地、海洋、土壤、水体等）和人工环境（污水处理生物反应器等）的微生物资源、数量、分布、结构和功能。2007年加拿大启动了“微生物组研究”计划。我国同样对环境微生物学研究高度重视。2017年，我国科技部1号文件将微生物组（即地球微生物的整体）列为三个重大颠覆性技术领域之一。2014年中国科学院启动了战略性先导科技专项（B类）“土壤-微生物系统功能及其调控”项目，2017年国家自然科学基金委员会地学部与生命科学部联合启动了“水圈微生物驱动地球元素循环的机制”重大研究计划。此外，国际大陆科学钻探计划（ICDP）、深部碳观察（DCO）等对矿藏生物圈的国际研究如火如荼，这些研究计划促进了环境生物学科的发展。但是这些计划距离回答和解决人类面临的生物资源可持续发展问题还相差甚远，因此迫切需要建立一套完整的环境生物学研究理论体系，从整体上来研究地球环境和生命系统的变化及其互作机制。

四、发展分析与关键科学问题

总体来说，环境生物学一直随着人类的发展和对生态环境认识的不断发展而前行（中国科学院，2016；冷疏影等，2016；贺纪正等，2017）。人类社会的生存和发展一直是环境生物学发展的终极动力所在。环境生物学已经在全球性生态环境保护、能源转化等方面发挥重要作用，生物组学和新兴的生态大数据方法等为解开复杂的生物群落和环境的相互关系打开了一扇大门，进而推进了环境生物学研究在全球环境变化应对、公共卫生、工业和农业上的应用。

未来需要研究的关键科学问题有以下几个方面：

（1）异常（污染、退化和极端）环境带来生物及其多样性的变化。

（2）异常（污染、退化和极端）环境改变关键物质元素的生物地球化学循环机理。

（3）异常（污染、退化和极端）环境对生态系统结构和功能影响的量化评估。

（4）生物对异常（污染、退化和极端）环境的适应对策与机制。

（5）生态系统对异常（污染、退化和极端）环境的响应及其变化趋势。

（6）环境变化背景下生物圈层内部及其与大气圈、土壤圈和水圈等各圈层界面间的交互作用研究。

（7）环境污染物在生物圈内的迁移、转化和传输机制。

（8）环境生物学技术在社会可持续发展中的应用。

（9）新型生物技术在污染环境中的修复机制。

第四节　学科交叉的优先领域

一、学部内部学科交叉的优先领域

（一）生态系统结构和功能对环境变化的响应与适应

1. 研究意义

环境生物学主要以英国生态学家坦斯利（Tansley）提出的生态系统概念为理论基

础，而生态系统通常包含了水、土、气、生物四大要素。环境变化作用于生物，必定影响生态系统中的土壤、水和大气等条件，而生物的改变也必定会与土壤、水体和大气相互作用，从而反馈于环境。通过对环境生物学和土壤学、水科学以及大气科学的交叉研究，可以系统地研究生态系统结构和功能对污染、退化、极端和灾害等环境变化的响应与适应，从而客观评价环境问题所引起的整体生态效应和生态风险。

2. 研究目标

随着全球环境变化对生态系统影响的日益加深，生态系统结构和功能将发生显著变化，生态系统提供部分特定资源和服务的能力持续下降。因此，该领域的研究目标就是全面认识生态系统的结构和功能与全球环境变化的关系，并揭示主要生态系统的结构与功能对环境变化多因子的复合响应过程及其适应机制。

3. 关键科学问题

全球环境变化如何影响生态系统的结构和功能，以及生态系统的响应与适应策略。

4. 研究内容

（1）植物对环境变化的综合适应对策和机理。
（2）微生物对环境变化的响应和适应机制。
（3）土壤动物对污染、退化、极端和灾害环境的响应及适应机制。
（4）典型生态系统对全球环境变化的响应和适应。
（5）全球变化下的生物多样性与生态系统功能的关系。
（6）生物与环境的协同演化机制。

（二）关键元素生物地球化学循环对环境变化的响应

1. 研究意义

生物地球化学作用是地球关键带中最为活跃的表生过程（Schlesinger and Bernhardt，1991；安培浚等，2016）。生态系统中所有生物本身由各种化学元素组成，因此物种生长在很大程度上会受到生命元素的制约。物种会改变其形态与功能驱动或者调控土壤化学循环过程，以满足其自身生长所需的养分。在全球变化背景下，生物在调节养分循环和产生温室气体方面起着重要作用，是地球生物化学循环过程的主要驱动者。陆地生态系统碳循环在全球碳收支中占主导地位，而氮的有效性是调控碳与气候变化反馈机制的重要因素。21 世纪初，生态学家更是把氮如何调控环境中温室气体排放放在了首位。因此，碳、氮耦合的生物地球化学循环已成为全球变化研究的热点问题。通过环境生物学与地球化学的交叉，可以研究物种和地球化学循环过程之间的相互作用，并特别强调了包括微生物群落在内的土壤微结构界面和植物根系作用的根际界面等最为活跃的区域的相互作用（Castrillo et al.，2017；Kwak et al.，2018；Hu et al.，2018），为解析陆地表层系统变化，如土壤元素循环、重金属脱毒转化、有机污染物降解转化和温室气体排放等提供了重要的理论基础。

2. 研究目标

探讨生物圈对重要元素或化合物（如碳、氮、磷、硫、水等）的吸收、释放的物理、化学和生物学过程，以及对这些过程的调节作用。

3. 关键科学问题

陆表系统关键元素生物地球化学循环过程及其对环境变化的响应。

4. 研究内容

（1）生态系统关键元素（碳、氮、磷、硫、铁）生物地球化学循环的过程特征。
（2）关键元素生物地球化学循环的微生物驱动机制。
（3）土壤生物地球化学过程的计量学研究。
（4）关键元素生物地球化学循环过程中的耦合机制。

（三）受损生态系统的环境效应与生态修复

1. 研究意义

环境治理和受损生境的修复是地球生命共同体的最终需要，关系到人类的健康和社会的福祉。针对各类污染、退化、极端和灾害环境影响下的生态系统，结合生态学、土壤学、水科学、大气科学、地球化学、农学及林学等学科进行交叉研究，系统地开展生态系统修复研究，筛选各种适生生物物种，可以用于恢复不同的污染和退化生态系统，因地制宜地构建高效持续的生态恢复模式，服务我国的生态安全和生态文明建设。

2. 研究目标

面向国家战略需求，基于社会、经济和环境的实际状况，以去除环境污染物、减缓或者消除毒性效应和恢复环境生态功能为目标，以环境生物学与多学科和多种技术相结合为手段，构建适宜的生态恢复模式，阐明各类生态系统的生态阈值和面临的健康风险，提出生态系统健康评价的指示指标体系，预测生态系统恢复潜力，制定实施对策和方案，为区域社会、经济和生态的可持续发展，全面实现小康社会做出贡献。

3. 关键科学问题

受损生态系统的退化机理和生物修复的过程机制。

4. 研究内容

（1）污染环境的生物修复。研究重金属的生物转化机制并开发相应的污染物控制和修复技术；生物是有机污染物降解的主要途径，利用生物消除土壤和水体的有机污染物具有广泛的应用前景，是未来污染物生物修复研究的重要方向；大气细颗粒物、土壤重金属、各类有机污染物、水体微塑料以及各类新污染物的迁移转换机制各不相同，在不同空间尺度上差异更大，系统了解环境污染物在不同空间尺度上的迁移转换过程及其机制是进行有效的环境治理和生态修复的前提。

（2）退化环境生态系统的修复。面向环境生物学的国际前沿和国家生态文明建设的重大需求，基于前期研究积累和大数据基础加强系统性和学科交叉，理解区域生物多样性形成与维持机理，解决生态系统恢复过程的障碍因素与技术难点，研发植物、动物、微生物多尺度生物多样性修复技术，实现区域的生物多样性价值被承认、保护、恢复和持续利用，为明显遏制生物多样性丧失及退化生态系统修复服务。

（3）极端及灾害环境的修复。在环境变化影响下，区域寒潮、台风、暴雨、冰雹、霜冻、热害、火灾、沙暴、泥石流、滑坡、雪崩、水土流失、洪涝、泥沙淤积等极端及灾害环境频发。研究极端及灾害环境影响下生态系统退化程度和退化机理，利用生态学原理、原位及异位修复原理，筛选各种适生生物物种，结合生态工程措施，构建适宜于极端及灾害环境修复的生态模式，为区域社会、经济和生态的可持续发展服务。

二、与其他学部学科交叉的优先领域

（一）全球变化背景下生物的地理分布格局和时空尺度拓展

1. 研究意义

在当前全球变化背景下，环境生物学与生物地理学相互交叉和影响。生物地理学是研究生物多样性时空分布及其驱动机制的科学。生物地理分布范围的大小、形态和功能差别很大，这既取决于生物本身的散布能力，也取决于其所处的环境条件，还受历史等因素的制约。因此，不同地理分布的生物对环境变化的响应与适应也会有所差异，即使是同一物种在不同地理位置对环境变化的响应与适应也可能有很大的不同。两个学科的交叉可以促进环境生物学研究范畴由点到面，客观评价不同区域环境变化引起生态效应的空间异质性，并为制定出具有区域特色的和高效的生态恢复政策提供理论基础。

2. 研究目标

探讨不同时空尺度下植物和微生物的分布规律及其对环境变化的响应。

3. 关键科学问题

植物和微生物时空分布特征如何受环境变化调控。

4. 研究内容

（1）全球环境变化与生物地理响应。
（2）谱系地理及其进化与环境驱动机理。
（3）不同空间尺度下土壤生物群落和功能基因的分布规律。
（4）土壤生物与植物群落的协同分布及共进化。
（5）生物功能性状的宏观拓展。
（6）生物对全球环境变化响应的长期定位研究。

（二）人类重要疾病的发生和传播的环境生物学机制

1. 研究意义

多数人类疾病的病因非常复杂，其受遗传和环境因素的共同影响。但是以往的研究往往是按照各自的学科独立开展。污染物往往是疾病发生的重要致病因素，我们亟须了解致病生物和环境因素在疾病形成和传播过程发挥的作用，从治病污染物、环境暴露风险、生物反应、地理分布、环境因素等方面综合评价其健康风险，为人类重大疾病的预防与控制提供科学支撑。

2. 研究目标

揭示重要环境污染物的迁移转化的规律，评估其环境暴露程度、个体生物反应、空间分布等与疾病发生、传播的关系和影响因素。

3. 关键科学问题

与人类疾病相关的环境污染物迁移和传播的生物学机制。

4. 研究内容

（1）重要污染物（重金属、抗生素、有机污染物、$PM_{2.5}$）的环境暴露风险及其与人类健康风险之间的关系。

（2）重要致病生物的空间分布规律及其发生传播与环境因子的关系。

（3）基于医学、环境生物学、暴露生物学、环境基因组学、人工智能的重大疾病的实时数据捕获、远程监测和预警系统的研发。

（三）环境生物学研究的新技术与平台发展

1. 研究意义

环境生物学学科因环境问题的出现而诞生和不断发展，因此解决环境问题是环境生物学发展的根本驱动力。随着时代的发展和新的环境问题的不断出现，传统的环境生物学理论和方法已难以满足解决该类问题的需求。因此，亟须开展学部内学科交叉和跨学部学科交叉研究，同时要融合遥感技术、分子生物学技术、稳定同位素技术、野外研究平台联网研究、环境生物学大数据等学科理念和技术，开展环境生物学理论和研究方法的创新，服务国家环境治理领域的重大需求。

2. 研究目标

利用新技术和构建新平台来解决环境生物学发展过程中遇到的问题。

3. 研究内容

（1）遥感技术：环境生物的学科特点决定了其多学科的交叉和多尺度的转换。3S①

① 3S 即遥感（RS）、地理信息系统（GIS）、全球定位系统（GPS）。

技术的应用有助于多元环境生物数据在不同空间尺度上的整合，可以更全面地揭示环境生物在不同时空尺度上的分布格局及互作机制，解析污染物的生态风险及驱动因素，支撑对生态安全屏障的构建和生态风险的预警。

（2）分子生物学技术：新一代高通量测序、组学技术的突破为环境生物学的发展提供了机遇，极大地扩展了对环境生物群落结构和功能的认识。宏基因组学通过对生境中生物的总基因组 DNA 进行研究，使得研究者可以对生境中生物种群组成、分布格局及功能特征进行全面研究。DNA 宏条形码技术提取环境样品或者生物混合样品中的总 DNA，使用特异性引物扩增，利用高通量测序技术实现大规模测序，从而对环境样本中所有物种（或高级分类单元）同时进行快速鉴定。功能基因组学（functional genomics）在基因组或系统水平上全面分析基因的功能，使得生物学研究从对单一基因的研究转向多个基因同时进行系统研究。利用多组学技术识别毒性分子机制和筛选高通量毒害化学品，并对物种响应与适应方面进行研究以及对特定功能物种进行定向利用。结合宏转录组学（metatranscriptomics）及表征生物功能的宏蛋白质组学（metaproteomics），可以系统地解释相应环境下生物群落组成结构及其功能，全面分析其组成结构、协同进化关系、功能及其对环境变化的响应与反馈机制。

（3）稳定同位素示踪技术：生物是环境生物学研究的主体，它们在土壤形成与发育、物质迁移与能量转化、污染物迁移与降解等方面发挥着重要作用。由于生物的个体大小差异很大、生境异质性强、研究手段受限等诸多因素影响，因此很难实现对诸多环境生物学过程的原位监测，同位素技术的引入为上述瓶颈的克服提供了可能性。稳定同位素技术和放射性同位素技术的应用有助于解析不同环境中生物类群之间的营养级互作、代谢周转及其在养分循环和污染降解等方面的作用。

（4）野外研究实验平台联网：野外自然条件下的生态系统控制实验不仅能够比较真实地模拟陆地生态系统对全球变化的响应与反馈，而且能够为生态系统模型提供参数估计和模型验证。随着对全球变化和人类活动的日益关注，野外控制实验手段被广泛应用于环境生物学研究。目前，我国针对环境生物学研究的多因子的综合性研究平台比较缺乏，急需加强平台建设。依托环境生物学野外研究实验平台开展联网研究，有利于全面而准确地认知不同类型和不同尺度下环境生物的结构与功能，提高生态系统尺度转化的可靠性，准确把握不同尺度下环境生物的生态功能和环境效应，为我国重大环境问题的解决提供支撑。

（5）环境生物学大数据库：环境生物学研究涉及的领域日益广泛，涵盖的过程日趋复杂，驱动因素众多。随着监测手段的不断进步，对获得的海量数据的分析和处理提出了更高的要求。随着大数据技术发展，解决这类问题有了新方向。大数据技术是信息技术产业的一次重要技术变革，其在数据库系统存储管理和分析处理能力上具有很大的优势。因此，构建完善的环境生物学数据库，将大数据技术引入环境生物学领域势在必行。把分散在不同行业领域的环境生物学数据进行有效集成，并对集成数据进行存储管理及信息挖掘，才能更加高效地解决生态环境问题。

第五节　前沿、探索、需求和交叉等方面的重点领域与方向

一、环境变化的生态效应研究

环境变化的生态效应研究主要围绕以下四个方向：多要素、多尺度环境变化效应的大数据分析；关键带生态环境演变历史及对环境变化的响应与适应；环境变化对关键物质和元素生物地球化学循环的影响及其驱动机制；环境污染物的生态效应与人体健康及其机制。

1. 多要素、多尺度环境变化效应的大数据分析（环境质量时空演变规律）

随着研究的深入和数据分析科学的快速发展，越来越多的数据累积使得生态大数据分析成为可能。利用人工智能和机器学习等手段，将遥感、气候等大数据与地面环境监测和生态实测数据结合，系统地了解环境变化的时空演变规律及其对关键物质元素循环的影响及生态效应，可以为经济、社会、可持续发展等方面提供重大决策支持。在当前我国城镇化背景下，环境变化领域的大数据分析研究可以提供重大社会、经济问题的定量分析和系统模拟，从而提供重大决策的科学依据。

2. 关键带生态环境演变历史及对环境变化的响应与适应

关键带（如海陆交错带、重要湾区或城市群、脆弱生态系统等）既涉及生物圈与其他各圈层相互作用，又包含地表要素区域格局及其演化过程，其与生物地球化学循环、生态过程及其服务功能演化、水文过程与水资源变化、动力地貌过程及其灾害效应等影响区域可持续发展的生态、环境、资源、灾害等学科领域具有紧密联系，是了解环境变化对人类社会和自然生态系统影响的典型区域。

3. 环境变化对关键物质和元素生物地球化学循环的影响及其驱动机制

解析环境中关键物质元素的生物地球化学循环过程及其驱动机制是了解环境变化影响的关键突破口。建议开展以下重点研究内容：关键物质元素的生物地球化学循环过程的计量化学机制；关键生命元素循环的尺度耦合和界面效应；地球化学循环的生物驱动机制以及环境生物对元素循环和污染物迁移转化的影响及其机制。

4. 环境污染物的生态效应与人体健康及其机制

随着经济发展，各种污染物层出不穷。大气污染、水体污染、土壤污染以及各类新污染物等都会导致生态与人体的健康风险增加。因此，系统地了解环境污染物状况及其健康危害，及时有效地分析环境因素导致的健康影响和危害结果，掌握环境污染与健康影响的发展趋势，可以为国家制定有效的干预对策和措施提供科学依据。环境污染 - 人

体健康整个过程复杂，涉及多个学科多个领域，需要以学科交叉的手段研究环境与健康科学问题。

二、生物在环境中的赋存状况及资源挖掘

目前估计环境中的生物物种约为 10^{12} 种，其中只有不到 1% 被认知。自然界蕴藏着丰富的生物资源亟待开发，近年来生物技术的不断发展与革新，为新型生物资源的发现和改良等领域提供了巨大的支持。

1. 生物技术时代生物资源识别与挖掘

对我国多样的生态环境，如高原、湿地、森林、湖泊、沙漠、海洋等蕴藏的丰富生物资源、相互作用及开发利用价值进行深入研究。通过红外相机监测、流式细胞、宏基因条形码等技术发现环境中的新型生物资源，分离培养得到更多种类的可用于高效降解环境污染物的植物、土壤动物、微生物，通过转基因技术、基因编辑和合成生物学改良已有的生物资源。

2. 功能基因资源识别与挖掘

新型生物技术的突破带动了环境生物科学的巨大进步。通过高通量测序及组学技术等发现环境中的新型功能基因资源，部署关于生物组大数据收集、存储、功能挖掘与开发利用的共性技术研发工作；发展基于环境生物组的生物菌剂和应用技术。

3. 基于环境基因组学的生态生物监测和生态阈值研究

优化技术参数，建立环境 DNA 技术的标准流程；对自然和污染条件下的淡水鱼、两栖动物、甲壳类动物和浮游动物等野生动物个体和种群进行环境 DNA 监测；评估生物多样性和群落结构在环境中的赋存状态，揭示污染物等环境条件对生物群落多样性、结构和功能的影响；构建生物多样性 - 生态系统功能模型 - 生态有害结局通路的概念框架。

4. 环境污染的长期定位观测研究

建立野外长期定位观测对于研究生物对环境变化的响应及适应机制至关重要。过去的研究多通过短时间尺度的环境变化了解生物的响应，而缺乏长时间尺度的适应及反馈。通过建立大型野外平台，开展不同区域联网长期观测环境污染（如土壤污染、水体污染、大气污染）、气候变化等对不同地域生态系统的影响及其适应机理等，是系统了解生物对环境变化响应的基础。

三、生物对环境变化的响应与适应

1. 植物对环境变化的综合适应对策和机理

植物是生态系统的初级生产者，是生态系统能量和光合产物的主要提供者。在全球

环境变化的背景下，植物会通过自身的调节来适应这些变化。因此，深入了解植物对环境变化的响应和适应机理是认识生态系统主要功能的重要前提，也是环境生物学的研究基础，可为制定环境变化的对应策略提供理论依据。

2. 环境变化关键区土壤微生物的响应和适应机制

全球环境变化的关键敏感区，如高寒生态系统、干旱半干旱地区、滨海生态系统以及重要的森林生态系统对环境变化的响应和适应不仅影响当地区域生态系统，也会对全球环境以及人类生产生活产生巨大影响。在这些生态系统中，土壤微生物的组成与分布及其对环境变化的响应是未来研究的重点和难点。

3. 生态系统结构和功能对环境变化的响应与适应

随着全球环境变化和人类活动对生态系统影响的日益加深，生态系统结构和功能发生强烈变化，生态系统提供部分特定资源和服务的能力持续下降。而人口增加和生活水平的提高则对生态系统服务和产品提出更高要求。在这种背景下，从地上植被、地下细根、土壤微生物及土壤养分等方面多尺度地全面认识主要生态系统的结构与功能对环境变化多因子的复合响应过程与适应已成为环境生物学的重大科学挑战。

4. 未来环境下生态暴露预测

根据暴露途径和暴露因子的差异，开发用于提高新暴露数据采集与改进效应评估联系的模型等新工具，确定暴露科学应对生态毒理、风险评估、应急预警和风险管理的重要需求和手段，提出应对新的环境健康威胁和自然及人为灾害的快速暴露监测评估技术与减缓手段，预测和预见与当前和未来新威胁有关的生态暴露，发展从胁迫源到受体的整合暴露路径框架。

四、污染环境的生物修复

污染环境的生物修复主要涉及重金属污染物的生物转化及修复机制研究、有机污染物的生物降解机制研究以及污染物在生物体内、生态系统各组分和大空间尺度上的迁移与转换及其微观机制研究等多个重要方向。

1. 重金属污染物的生物转化与修复机制

生物对重金属在环境中的形态、移动性和毒性都有深刻的影响。生物可以介导重金属的氧化还原过程以及甲基化过程，也可以通过改变土壤铁、硫等的氧化还原状态影响重金属的有效性和毒性。此外，生物分解有机质形成的络合物可以影响重金属的生物有效性，而且生物的细胞壁还可以吸附和固定重金属。因此，研究重金属的生物转化机制并开发相应的污染物控制和修复技术是未来的重要研究方向。

2. 有机污染物的生物降解机制

生物拥有的巨大的生物多样性和基因多样性赋予了其代谢功能的多样性，产生了具有降解多种类型有机污染物的能力。因此，生物降解是有机污染物降解的主要途径，有机污染物的生物降解机制是环境科学最活跃的研究方向之一。利用生物消除土壤和水体的有机污染物具有广泛的应用前景，是未来污染物生物修复研究的重要方向。

3. 污染物在生物体内、生态系统各组分和大空间尺度上的迁移与转换及其微观机制

大气细颗粒物、土壤重金属、各类有机污染物、水体微塑料以及各类新污染物的迁移与转换机制各不相同，在不同空间尺度上差异更大。系统了解环境污染物在不同空间尺度上的迁移与转换过程及机制是进行有效的环境治理和生态修复的前提。

五、退化环境生态系统评估及修复

面向环境生物学的国际前沿和国家生态文明建设重大需求，基于前期研究积累和大数据基础加强系统性和学科交叉，理解区域生物多样性形成与维持机理，解决生态系统修复过程的障碍因素与技术难点，研发植物、动物、微生物多尺度生物多样性修复技术，实现区域的生物多样性价值被承认、保护、修复和持续利用，为明显遏制生物多样性丧失及退化生态系统修复服务。

1. 退化环境生态系统赋存状况评估

重点研究各典型区域内生物多样性的演化与格局、群落物种多样性的形成与维持机制，解析区域生物多样性丧失机理及其生态效应；通过了解生物入侵的机理对生态系统的适应性进行管理；研究地上与地下生物多样性变化过程中的耦联机制、退化生态系统的恢复与重建技术原理、脆弱生态系统变异规律其及对全球变化响应阈值等重要课题，厘清区域生态系统服务功能对环境变化的响应与适应规律，权衡生物多样性与生态系统服务功能。

2. 退化环境生物多样性综合保育

揭示退化生态系统恢复过程中生物多样性与生态系统功能调控机理，进行不同时空尺度下景观格局与地表过程的整合研究；突破退化生态系统人工促进快速恢复技术，实现对重要生物多样性资源的高值化利用；促进退化生态系统恢复与重建的社会经济学研究，明确生态系统承载力与生态功能区划。

3. 全球变化背景下区域生物多样性及生态安全

构建全国尺度的“生物多样性保护和退化生态系统修复”长期监测与联网实时预警平台，厘清重要物种濒危与保护机制；对战略生物资源进行引种驯化与综合保育，对重要资源植物和动物优良品种进行培育及产业化；集成基于生境、生物多样性和种间关系的多尺度重建与修复技术，实现生态系统服务功能提升与生态系统管理；进行区域性生态环境预警体系与保护战略研究。

（参编人员：闫俊华　刘菊秀　鲁显楷　刘占锋）

参考文献

安培浚，张志强，王立伟 . 2016. 地球关键带的研究进展 . 地球科学进展，31（12）：1228-1234.

段昌群 . 2019. 环境生物学 . 第 2 版 . 北京：科学出版社 .

耿春女，高阳俊，李丹 . 2015. 环境生物学 . 北京：中国建材工业出版社 .

国家自然科学基金委员会，中国科学院 . 2016. 中国学科发展战略・土壤生物学 . 北京：科学出版社 .

贺纪正，陆雅海，傅伯杰 . 2017. 土壤生物学前沿 . 北京：科学出版社 .

冷疏影，等 . 2016. 地理科学三十年：从经典到前沿 . 北京：商务印书馆 .

李元 . 2018. 环境生态学导论 . 北京：科学出版社 .

熊治廷 . 2010. 环境生物学 . 北京：化学工业出版社 .

中国科学院 . 2013. 中国学科发展战略・生物学 . 北京：科学出版社 .

中国科学院 . 2016. 中国学科发展战略・环境科学 . 北京：科学出版社 .

Castrillo G, Teixeira P J, Paredes S H, et al. 2017. Root microbiota drive direct integration of phosphate stress and immunity. Nature, 543: 513-518.

Decker D J. 1991. Challenges in the Conservation of Biological Resources: A Practitioner's Guide. Boulder: Westview Press.

Hu L, Robert C A, Cadot S, et al. 2018. Root exudate metabolites drive plant-soil feedbacks on growth and defense by shaping the rhizosphere microbiota. Nature Communications, 9 (1): 2738.

IPCC. 2014. The physical science basis-summary for policymakers//Contribution of WG1 to the Fourth Assessment Report of the Intergovernmental Panel on Climate Change. Cambridge, UK: Cambridge University Press.

Kwak M J, Kong H G, Choi K, et al. 2018. Rhizosphere microbiome structure alters to enable wilt resistance in tomato. Nature Biotechnology, 36 (11): 1100-1117.

Post E. 2013. Ecology of Climate Change: The Importance of Biotic Interactions. Princeton: Princeton University Press.

Schlesinger W H, Bernhardt E S. 1991. Biogeochemistry: An Analysis of Global Change. Pittsburgh: Academic Press.

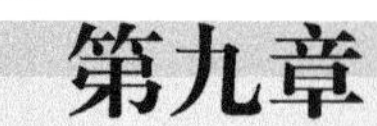

第九章 工程地质环境与灾害（D0705）

第一节 引　　言

一、学科定义

工程地质环境与灾害学科研究与人类工程活动相关的工程地质环境和地质灾害问题，是工程地质学、环境学、灾害学与土木工程等相互渗透的一门新兴交叉学科，是地球科学的分支学科。它以人类工程活动的浅表地质环境系统为研究对象，研究人类工程活动与地质环境的相互作用机理及环境效应，分析二者互馈作用下地质灾害的孕育及演化机理；评价工程地质环境问题与地质灾害的形成风险，开展地质灾害发育时空预测；提出人地有效协调模式和地质灾害防控理论、技术与方法，实现人类工程活动的社会效益、经济效益和环境效益的和谐统一，促进人类社会经济的可持续发展。

二、学科定位与特色

工程地质环境与灾害学科以“研究地球动力地质作用和人类工程活动影响下的环境变化及灾害孕育、形成、演化和风险减缓”为战略主题，旨在解决人类社会生存发展面临的重大地质环境和灾害问题，实现社会经济可持续发展和人地协调，服务于国家重大需求和发展战略，服务于生态文明建设。

工程地质环境与灾害学科的核心在于揭示人类工程活动 - 浅表地质环境的互响应机制与灾害地质过程，着力研究人类圈与岩石圈、水圈、生物圈、大气圈等交互的环境效应和灾害问题（图 9-1）。从本质上看，重大工程地质环境问题或地质灾害效应均是地球多圈层耦合与地球内外各动力系统共同作用的结果（图 9-2）。因此，工程地质环境与灾害学科是地球系统科学的重要组成部分，是环境地球科学学科的重要支柱。

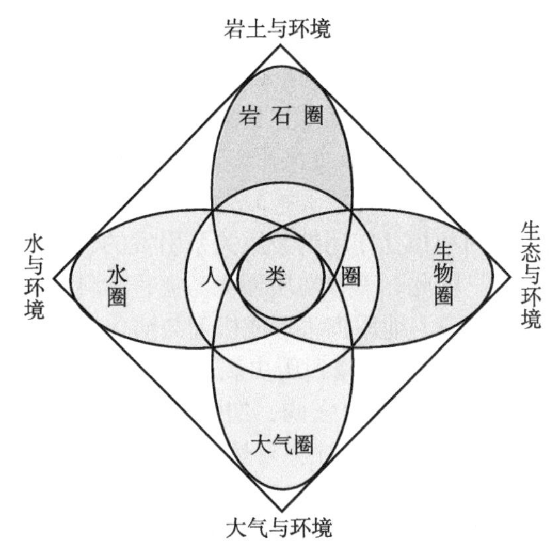

图 9-1　地表圈层相互作用的框架体系

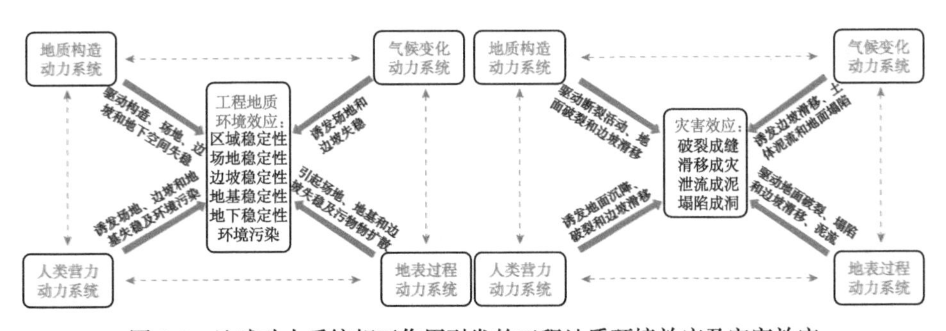

图 9-2　地球动力系统相互作用引发的工程地质环境效应及灾害效应

地球系统科学是将大气圈、水圈、生物圈、岩石圈、地幔 / 地核作为一个系统，通过大跨度的学科交叉，构建地球的演变框架，理解当前正在发生的过程和机制，预测未来的变化。环境地球科学将人类赖以生存的岩石圈、水圈、大气圈、生物圈与人类圈作为一个系统，构建地球表层的环境演变框架，研究地球环境变化过程和机制，预测未来数百年的地球环境变化。工程地质环境与灾害学科是基于地球系统科学思想，在环境地球科学框架内，研究多动力耦合作用下的工程地质环境问题和地质灾害的形成机理与演化，提出人地协调模式和地质灾害防控理论、技术与方法。

工程地质环境与灾害学科是一门新兴交叉学科，其特色在于研究对象具有地质学科、环境学科及工程学科等跨学科的特点，同时它又具有系统科学的属性，在时空尺度上具有非均匀性、非线性、突变性等特征，在研究方法上具有多学科技术方法交叉、渗透和融合的特性。

三、学科内涵与外延

（一）学科内涵

在地球系统科学中，将人类活动作为与太阳和地核并列、能引起地球系统变化的第三驱动力，这是因为人类活动诱发的变化超过了自然变化率，其范围、强度和影响可与许多大的自然作用相提并论，人类活动可在无意间触发一些变化，给地球系统带来灾难性的后果。因此，人类工程活动与地质环境之间存在着相互影响、相互制约的关系。工程地质环境制约着工程活动，而工程活动又影响着地质环境，二者形成一个有机的统一体。不论是工程地质环境问题，还是地质灾害问题，均是由地球多圈层耦合作用下，工程活动和地质环境二者相互制约和相互作用的矛盾关系引发的，工程地质环境问题及其控制与灾害问题具有整体相关性。因此，工程地质环境与灾害学科的内涵是研究多动力耦合作用下，工程活动的地质环境效应、地质灾害形成机理与演化及其防控理论、技术和方法。

党的十九大报告把生态文明建设提到历史新高度，开启了生态文明建设的新时代。习近平在中央财经委员会第三次会议上强调，加强自然灾害防治关系国计民生，要建立高效科学的自然灾害防治体系，提高全社会自然灾害防治能力，为保护人民群众生命财产安全和国家安全提供有力保障。因此，工程地质环境与灾害学科必须以科学地解决重大环境和灾害问题为使命，紧密结合国家需求和发展战略，不断加强学科建设，优化学科内涵，完善学科体系。

（二）学科架构体系

工程地质环境与灾害学科中的工程地质环境和地质灾害分别是自然环境和自然灾害的重要组成部分。地球环境包括自然环境和人类工程活动两个部分。自然环境由大气圈、生物圈、岩石圈和水圈组成（图 9-1）。在地表圈层相互作用下，岩石圈内的岩土体、地下水、地质过程和现象构成了独立的地质环境系统；深开采、高开挖、大填方、强扰动等人类活动强烈地改造着自然环境，这部分被人类工程活动影响的自然环境形成工程环境系统，它改变了建设场地原有的工程地质环境条件，进而加剧了自然环境演进的过程，甚至诱发地质灾害。因此，研究人类工程活动 - 地质环境的相互作用机理，揭示工程地质环境效应及其演化规律，是本学科的重要基础；掌握地质灾害孕灾模式和演化机理，预测评价灾害风险，是本学科的核心任务；研究重大工程地质环境条件与地质灾害成灾过程的关系，提出改善和治理地质环境与灾害的工程措施，形成人地协调的人类生存地质环境，是本学科的最终目标。这三项学科任务构成了工程地质环境与灾害学科体系（图 9-3），即环境工程地质学（D070501）、灾害地质学（D070502）和重大工程环境灾害效应与调控（D070503）。

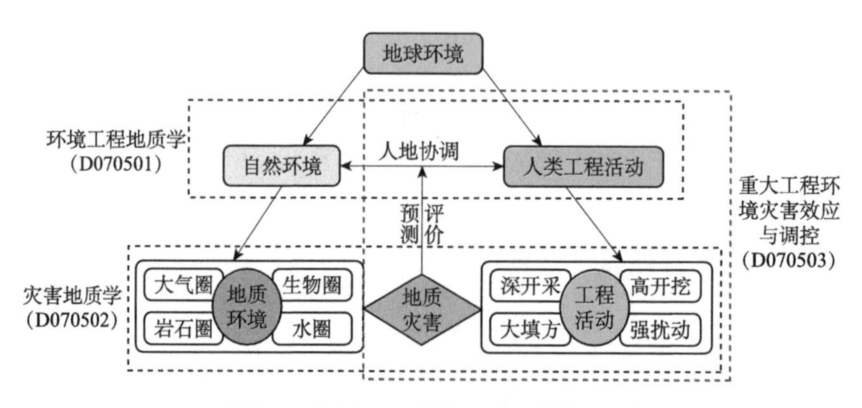

图 9-3　工程地质环境与灾害学科体系图

（三）学科关键科学问题

1. 人类工程活动与地质环境相互作用机制

人类工程活动已成为地质环境演化的独特驱动力，其作用强度及影响与日俱增，因此，掌握人类工程活动与地质环境间的相互作用机理是本学科的关键科学问题之一。从人类工程活动－地球表层系统的角度，研究人类活动与地质环境间的相互作用机理，人类工程活动对地球表层系统的扰动方式，重点研究岩土开挖和堆填、水流水体调节工程以及工程荷载对地球表层系统的影响；研究人类工程活动对地球表层动力过程的正向扰动和反向抑制效应；探索工程地质环境质量评价的定性和定量方法；建立科学的工程地质环境评估体系；在人地协调和可持续发展的理念下，提出工程地质条件利用和环境保护措施，为决策部门制定社会经济可持续发展战略提供科学依据。

2. 地质灾害演化机理

地质环境是地质灾害产生的背景和基础，地质灾害是地质环境异常恶化的集中表现，二者相互交叉，形成彼此融合的关系。因此，在地质环境演化与人类工程活动作用相互交叉与融合的背景下，掌握地质环境－人类工程活动－地质灾害的互馈机理是本学科的核心科学问题。研究地质环境演化与人类工程活动作用下引起的区域和单体的不良地质作用过程；分析地质灾害形成及其表现形式、孕育过程和演变规律；研究地质灾害的区域性、分带性、时效性和突变性；构建地质灾害的评价方法、预测预警和防治措施等防灾减灾支撑体系，为提升地质灾害应急救灾能力，保护人类生命财产和赖以生存的地质环境提供依据。

3. 重大工程环境灾害效应与过程控制

重大工程建设与地质环境的关系密切，人类工程活动和地质环境的失调可导致地质环境的恶化，所引发的环境灾害问题日益突出，因此，开展重大工程环境灾害效应及其调控研究是国家防灾减灾的重大需求。在复杂环境条件下，重大工程环境灾害演化阶段多场动态信息识别与演化阶段预测是有效控制环境灾害的前提和基础，因此，环境灾害过程控制是重大工程环境灾害调控的核心基础理论问题。环境灾害系统具有强非线性、不确定性、随机性、多变量耦合以及时变等复杂特性，因此，深入研究以强非线性与不确定、无穷维交叉复杂特征的多场动态信息识别与演化阶段预测系统的辨识与建模是重点。在预测控制方面，研究重点包括开展地质灾害监测、防治、预警预报技术和方法研究，研发新型地质灾害监测和防治技术，开发精度高、实时强、远程遥测和分布式的监测手段，以及经济、有效、快速的防治措施；探索地质灾害预警预报的方法、原则和体系；将复杂性科学中的系统论思想、信息论方法及网络化技术，与现代控制理论中行之有效的精确控制理论、控制技术及计算机算法紧密结合，在关键控制因素、最佳控制时间和优化控制技术等方面取得重大突破，实现对基于演化机理的重大工程环境灾害的有效控制。

（四）学科主要研究内容

1. 环境工程地质

环境工程地质以环境地质学及工程地质学为基础，研究人类工程活动与地质环境相互作用，包括地质环境对工程经济活动的原生制约以及工程活动对地质环境的人为干扰。环境工程地质的主要研究对象为人类工程活动所引起的环境工程地质问题，其主要解决工程建设与地质环境之间的关系问题。环境工程地质的基本任务是掌握人类工程活动与地质环境间的相互作用机理和规律，通过对二者相互反馈机理的认识与预测，对工程建设区地质环境进行评价，提出工程环境系统调控的优化方法。环境工程地质的研究目标为通过合理开发、利用、保护和改造地质环境，超前解决或缓和人类工程活动与地质环境之间日益加剧的冲突，避开不利地质环境，防止地质灾害的发生或减少地质灾害的危害，力求在人类与地质环境之间建立一种协调的关系，促进工程地质环境可持续发展，从传统的环境安全走向韧性宜居，为区域的合理开发、城镇建设和工程设施的合理规划与布局提供科学依据。

环境工程地质的主要研究方向包括：①能源与资源开发环境工程地质；②交通建设环境工程地质；③城镇建设环境工程地质；④废弃物处置环境工程地质；⑤海洋环境工程地质；⑥深海、深空、深地、高寒环境工程地质。

2. 灾害地质

灾害地质是研究地质环境演化与人类活动作用下引起的区域和单体的有害地质作用过程，分析这些灾害过程的成因规律、时空分布、演化机理，构建灾害预警系统、评价方法、防治措施，为人类的生命、财产和活动安全提供地质保障，其目标是掌握地质环境－人类工程活动－地质灾害的互馈机理，厘清表生地质灾害形成演化的过程机制，构建防灾减灾技术方法的支撑体系，提升地质灾害应急救灾的能力。

灾害地质主要研究方向包括：①地质灾害形成机理；②地质灾害演化规律；③地质灾害监测预警；④地质灾害风险评估；⑤地质灾害防治。

3. 重大工程环境灾害效应与调控

重大工程环境灾害效应与调控是研究重大工程环境灾害演化过程及其灾害效应，揭示环境灾害演化机理、地质体与工程（结构）协同演化作用机理，提出针对性的重大工程环境灾害评价预测防治方法与灾害效应调控技术方法，发展重大工程环境灾害时空演化的全过程控制理论，为有效防控重大工程环境灾害提供理论依据，并推动工程地质环境与灾害学科的发展。

重大工程环境灾害效应与调控的主要研究方向包括：①重大工程与地质环境互馈机制；②重大工程非线性系统动力学和多过程系统耦合理论；③重大工程环境灾害效应评价与预测；④重大工程人地协调理论与调控方法。

（五）学科外延

工程地质环境与灾害学科作为一门新兴交叉学科，由环境工程地质、灾害地质和重大工程环境灾害效应与调控三部分组成。该学科的核心价值在于在地球系统科学的框架内，在传统工程地质学的基础上，从地球圈层的相互作用和过程的角度，研究人类工程活动与地质环境（尤其是地球表层系统）间的相互作用和过程，其具有自然科学与人文科学的双重属性，它所追求的目标是人类工程活动与地质环境的和谐相处和社会的可持续发展。

工程地质环境与灾害学科的外延空间广阔，原因在于该学科与水工环地质、资源、环境、海洋、工程技术等其他多门学科（图 9-4）紧密联系，该学科可以为相关学科的发展提供支撑与推动作用，而更为重要的是该学科与其他学科的深度交叉融合，使工程地质环境与灾害学科外延进一步拓展。该学科的研究成果可以为自然资源和生态环境保护提供科学依据，也可以为国家重大基础设施建设的战略布局和顺利实施提供重要保障。

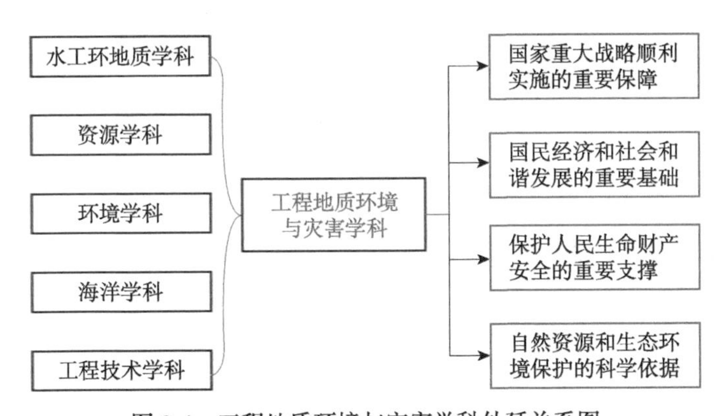

图 9-4 工程地质环境与灾害学科外延关系图

近年来，随着我国经济发展进入新常态，为了确保国民经济健康平稳发展以及中华民族伟大复兴，我国实施了一系列国家重大战略，主要有“一带一路”倡议、粤港澳大湾区发展战略、美丽中国战略、生态文明建设、乡村振兴战略、海洋强国战略、长江经济带发展战略、京津冀协同发展战略、川藏铁路和地下空间开发等。这些国家战略的顺利实施，离不开工程、资源、环境的支撑服务作用。例如，长江地质过程与环境灾害效应的研究有力支撑了长江经济带发展战略，黄河地质过程与环境灾害效应的研究支撑了“一带一路”倡议，珠江地质过程与环境灾害效应的研究支撑了粤港澳大湾区发展战略，青藏高原隆升过程与环境灾害效应的研究支撑了川藏铁路规划建设，华北盆地地质过程与环境灾害效应的研究支撑了京津冀协同发展战略，而海洋动力工程地质与灾害动力学的研究则有力支撑了海洋强国战略。随着国家一系列重要战略的顺利实施，对工程地质环境与灾害学科的要求也提到了一个新的高度，工程地质环境与灾害学科迎来了前所未有的重大发展机遇，学科的外延不断拓展，将会不断促进学科的蓬勃发展。

第二节 学科发展现状

工程地质环境与灾害学科包括环境工程地质学、灾害地质学和重大工程环境灾害效应与调控三个分支学科，经过近年来的发展，在学科基础理论及应用研究方面已取得了很多重要成就，直接服务和指导了我国防灾减灾工作与重大工程建设，培养了一批人才队伍，建立了一些重要科研平台，逐渐形成了学科发展的良好局面，但也存在系统性的理论不够完善、重大仪器设备研发水平和投入不足、杰出创新人才缺乏以及重大关键技术领域研究水平亟须突破等诸多问题。

一、研究进展

(一)环境工程地质学

国内外环境工程地质学领域研究主要集中在能源与资源开发环境工程地质、交通建设环境工程地质、城镇建设环境工程地质、海洋环境工程地质、废弃物处置环境工程地质以及深海、深空、深地、高寒环境工程地质等六个方面，均取得了很多重要进展，具体如下：

1. 能源与资源开发技术发展迅速，环境监测与风险管控机制不健全

随着信息技术与工业制造水平的快速发展，人类在能源与资源勘查、开发过程中应对复杂地质环境挑战等方面的能力显著提高，勘查技术与开发能力取得了巨大进展。伴随煤炭、常规石油及天然气等能源的不断耗竭，页岩油气、超深层油气、干热岩以及天然气水合物等非常规能源成为世界各国能源资源开发的重要方向，围绕非常规能源勘探与开采方面的研究与工程近年来十分活跃，以“页岩气革命”为代表的相关勘查与开采技术大量投入使用。能源与资源开发势必扰动或破坏工程地质环境，并诱发工程地质灾害与生态环境问题，这两方面问题在近年来逐渐引起我国政府部门和学界的高度关注和重视，与之相关的研究课题逐渐展开，但无法适应我国能源与资源迅速增长的巨大需求，且与主要发达国家存在一定差距，主要表现在能源与资源开发过程中导致的水环境、工程诱发地震、工程诱发地质灾害等机理不清，监测预警技术与风险管控机制不成熟，生态环境保护法律法规或处罚机制不健全等问题。

2. 交通建设环境效应与防护技术较完善，灾害判识与应急研究不足

公路、铁路及城市轨道等交通建设过程中不可避免扰动或破坏周边地质环境和生态环境，诱发地质灾害，并产生大量建筑垃圾，交通建设诱发的地质环境与生态环境问题近年来已逐渐受到广泛关注。围绕交通建设地质灾害形成机理以及治理防护等方面，国内外均取得了较好的进展，例如在交通建设活动对岩土环境施工扰动、交通荷载反复加卸载作用诱发边坡失稳破坏与地基不均匀沉降机理，以及公路与铁路边坡监测与防护技术，等等。但我国在交通地质灾害早期判识与风险评估等方面的研究却相对滞后，对于

大型线性交通设施灾害应急处理机制等方面的研究更是十分匮乏。

3. 城镇地质环境监测技术先进，灾害风险评估与动态防控滞后

伴随全球城市化和我国城镇化进程的快速推进，我国城镇建设速度之快，规模之大，前所未有，由此带来了一系列城市环境工程地质问题。城市三维地质建模是当前学科研究的重点与热点，可为城市地下空间开发与数字化建设提供支撑，城市三维地质建模方法与技术不断成熟。城市地质环境监测是城市工程地质活动顺利实施的重要保障，监测内容包括地面沉降地裂缝、边坡崩塌以及城市工程建设等，在监测理论、监测技术以及监测数据处理等方面均取得了较大进展。目前无人机与红外摄影、遥感以及空间定位等新兴监测技术已广泛应用于城市地质环境监测，大大提高了我国城市地质环境监测技术水平。在城市施工活动如何改变地质环境与影响地下水运移特性，并诱发地面沉降、基坑破坏以及边坡失稳破坏等灾害形成机理、演化机制等方面取得了显著进展，但在城市工程地质环境灾害风险精细评估与动态防控方面，理论落后于实践，与发达国家相比尚存在一定差距。

4. 海洋近岸开发理论与实践丰富，深海开发与海底灾害研究不足

随着全球海洋油气资源开发、海岸与海洋工程日益增多，近年来海洋环境工程地质问题备受关注。围绕近岸开发中遇到的海岸侵蚀、海水入侵、沿海地区地面沉降以及填海造陆等工程地质环境问题，国内外学者在海水长期波浪作用对海岸的侵蚀物理化学机理、填海造陆过程中吹填土固结沉降与地基加固方法等方面取得了重要进展。海洋油气资源开发诱发的海洋工程地质与环境问题是当前研究与关注的热点。海底地质灾害如海底滑坡、海底浊流、海底地震以及海床液化等近年来也备受国内外学者关注。我国海洋资源开发起步晚，在海洋工程地质勘查技术、环境工程地质研究领域与主要发达国家尚存在一定差距。

5. 废弃物填埋场选址理论方法先进，绿色降解、生态修复及法规滞后

随着我国城镇化进程的加快，城市垃圾等废弃物处置成为学术界和工程界关注的热点，其中填埋场选址对废弃物长期安全存放具有重要意义，场地稳定性直接决定了填埋场选址的成败。当前我国填埋场选址已由单目标优化转变为多目标优化设计，综合考虑场地地形地貌、地层结构、岩土性质以及地表水与地下水补给关系，而在填埋场稳定性评价方面引入了地统计及随机场等理论，逐渐由确定性评价转变为考虑地质模型不确定性的概率评价。在填埋场环境污染评估与治理方面，当前研究主要包括污染物在土壤和地下水介质中的迁移特性、填埋场隔离措施以及受污染土体和地下水净化方法等。部分发达国家已开始研究运用生物及化学技术等手段开展废弃物绿色降解与生态修复，同时出台一系列法律法规，我国在上述两个方面的研究则显得相对滞后。

6. 深海、深空、深地、高寒环境探索发展较快，关键技术装备研究不足

人类工程活动逐渐向深海、深空、深地以及高寒环境进军，将产生一系列环境工程

地质问题。围绕深海与高寒环境工程地质问题，当前研究主要集中在资源勘察开发和环境保护两个方面。主要发达国家海洋资源开发研究已转向多资源全方位勘察开发技术研究，研发了多用途海底资源综合考察船，并出台了一系列深海环境保护法律法规。高寒环境地质勘探与环境监测主要基于地质钻探、雷达探测、无人机以及卫星遥感等来开展。深空环境工程地质研究主要集中在对地环境变化与自然资源监测方面，如卫星遥感技术逐渐应用于地质灾害与环境监测、城市施工监测等。深地资源开发主要包括矿产资源勘查开发与地下空间开发，我国深地矿产资源开采技术目前主要借鉴国外技术，自主设备还处于研发阶段，而地下空间的综合利用受国际广泛关注，我国地下空间利用率远低于国际水平。

（二）灾害地质学

我国是世界上自然灾害最严重的国家之一，灾害种类多、分布地域广，发生频率高、灾害损失重是一个基本国情。灾害地质学是工程地质环境与灾害研究的中心课题之一，当前国内外灾害地质学的研究进展主要体现在地质灾害形成机理、地质灾害监测预警、地质灾害风险评估和地质灾害防治等四个方面，具体如下：

1. 地质灾害形成机理成果丰硕，但多场、多尺度和多因素作用下成灾机理亟须加强

当前对中小规模地质灾害的孕灾背景、形成条件、分布规律以及动力演化过程具备了较成熟认识，阐明了中小规模灾害形成机理，但对大规模、高强度地表物质运移机理及超埋隧道、深地、深海等复杂地质环境灾害问题缺乏系统研究，尚未建立其物理力学机理与预测模型。对常规条件、非复杂因素控制的地质灾害形成机理研究较为成熟，认识也较为深刻。伴随我国深海、深地和川藏铁路等重点难点工程的推进，复杂工程地质条件下和多场、多尺度、多因素作用下地质灾害成灾机理研究亟须进一步加强。

2. 地质灾害监测预警理论与技术先进，信息共享与联动机制滞后

美国（NOAA、NWS、USGS）和日本（气象厅、防灾研究所、砂防学会）等发达国家已建立了全国性的灾害监测预警网络，对地震、海啸、台风、火山及地质灾害开展综合性监测预警，实现了地震、气象、地质等灾害信息共享和联动。我国灾害监测预警存在不同部门和灾种条块分割，缺乏有机协调，往往是针对单一灾种的小范围监测，互相独立，没有形成统一的监测预警系统和相应的信息发布平台，效率低、效果差。尽管在地质灾害高发区初步建立了群专结合的监测示范区，但还需进一步完善地震、台风、洪水、泥石流、滑坡、冰雪冻土等灾害监测信息共享和联动机制。针对单灾种、中小规模自然灾害已建立相对成熟的监测预警理论与技术体系，并取得了较好的防灾减灾效果，但集成空天地一体化高新技术的监测预警系统仍需进一步完善并推广应用。

3. 地质灾害风险评估理论与方法基本成熟，软性科学研究不足，风险管控体系不完善

当前基于统计模型的区域灾害风险评估较为成熟，支撑了区域发展规划的制定。大量新的地质灾害风险评估数值模拟方法被提出，但对灾害的精准模拟与风险的可靠定量

评估方法仍有待加强。我国群测群防体系在地质灾害防灾减灾中发挥了重要作用，但是灾害风险的社会学研究、灾害风险保险制度等软性科学研究还相对较少。发达国家注重灾前的风险管理，建立了较为完善的风险管理体系，我国现阶段缺乏系统完善的风险管理体系。我国现有防灾减灾体系以减少灾害损失为重点，侧重于灾害防治和灾后救助，没有做到以防为主、防抗救相结合，导致防减灾工作缺乏科学管理和科技支撑，减灾成本较高。

4. 地质灾害防治理论与实践丰富，新材料研发和新型防治技术潜力大

现有减灾理论与技术体系主要针对灾害发生后的“被动救灾”，针对灾前防范和降低灾害风险的“主动减灾”成果较为缺乏，尚不能满足针对重大灾害的科学防灾减灾需求。在防治方面，中小规模灾害的形成机理理论与防治技术领域成果丰富，形成了一套较为全面的技术规范与标准，但缺乏系统性的地质灾害防治理论研究，工程设计和科学理论研究需要进一步结合。随着国家对生态文明建设和环境的要求，灾害防治领域的新材料、新结构和新技术开发和应用逐步得到进一步重视。生态和工程协同作用的防治措施，以及高强度、耐久性和环境友好型新材料等新型防治技术将成为地质灾害防治的重点，具有较大的发展潜力。

（三）重大工程环境灾害效应与调控

重大工程环境灾害效应与调控主要研究人类工程活动与地质环境相互影响、相互作用的互馈机制，减少和避免重大工程建设可能引起的环境灾害，实现人地协调、和谐发展。其主要研究方向包括：①重大工程与地质环境互馈机制；②重大工程环境灾害效应评价与预测；③重大工程人地协调理论与调控方法。具体进展体现如下：

1. 重大工程与地质环境互馈机制注重单向影响，长期影响效应研究薄弱

重大工程建设扰动区域或局地地质环境、改变孕灾条件，而地质环境的改变反过来又影响工程安全，甚至直接决定了重大工程的成败。当前在重大工程对地质环境及其灾害的单向影响领域已开展了大量工作，建立了重大工程对地质环境影响的评价与监测方法，并在政策层面出台了较为严格的法律法规要求，保障重大工程建设及运营期间对环境影响降到最低，支撑了国家重大工程项目的实施，但重大工程与地质环境的互馈机制，尤其是该机制未来的长期效应研究基础较为薄弱，地质环境长期演变对重大工程的影响的研究欠缺，重大工程与地质环境相互影响的机理认识和理论方法仍不成熟。

2. 重大工程环境灾害效应评价与预测方法定性多，多因素定量评价亟须加强

当前国内外围绕水利水电工程、交通工程、地下工程、能源开发及海洋工程等大型工程开展了一系列工程环境灾害效应的评价及预测，针对各类工程可能产生环境灾害的诱发因素和特征，建立了相应的评价与预测方法，取得了较好的社会经济效益。由于对重大工程与地质环境互馈机制和基础理论研究仍有欠缺，灾害效应的评价及预测总体上仍以定性评价为主，精细化的局地定量评估还有待提高，尤其是重大工程对环境影响的长期效应及其互馈作用需要进一步加强。此外，当前重大工程对水文、污染物、局地气

候、地质灾害等环境单因素分析较多，而多因素综合分析仍缺乏可靠的方法。

3. 重大工程人地协调理论与调控方法持续推进，推广应用亟须加强

重大工程对其影响区域范围内人口发展、经济活动及国土空间开发等均具有深远的影响，需要综合协调和考虑。当前围绕重大工程本身安全及工程直接影响的环境及灾害问题开展了大量研究，伴随着社会经济的快速发展，对人居环境和可持续发展提出了更高的要求，围绕重大工程风险评估、人地协调综合开发以及可持续发展理论还需要持续推进。当前传统地质与岩土工程技术应用广泛，技术较为成熟，在重大工程实施中被广泛应用，相关的环境友好型、绿色环保型及新材料、新结构和新技术等调控方法和技术不断涌现，但这些新的调控方法和技术应用范围还较小，需要进一步深入研究，加强推广应用。

二、从文献计量看学科方向国际地位

近 20 年来我国在工程地质环境与灾害学科发表论文数量增长迅猛，学科国际影响力显著提升。美国科学信息研究所（ISI）的 SCIE 数据库的文献统计分析，可在一定程度上体现学科前沿发展动态和国家、机构发文情况，反映一个国家在学科领域内的国际地位。基于 Web of Science 数据库，对 1999～2018 年国内外在工程地质环境与灾害学包括环境工程地质学、灾害地质学及重大工程环境灾害效应与调控三个分支学科或方向的文献进行了统计分析，按照分支学科现分述如下。

（一）环境工程地质学

近 20 年来，环境工程地质学领域 6 个研究方向相关英文文献总量 8059 篇，平均每年以 12.3% 速度增长，基本呈快速上涨趋势（图 9-5）。其中，废弃物处置环境工程地质、城镇建设环境工程地质两个方向的论文增长趋势更加明显，且论文总数居领先地位。中国论文数量仅次于美国，位居全球第二，但论文引用低于发达国家平均水平（图 9-6）。

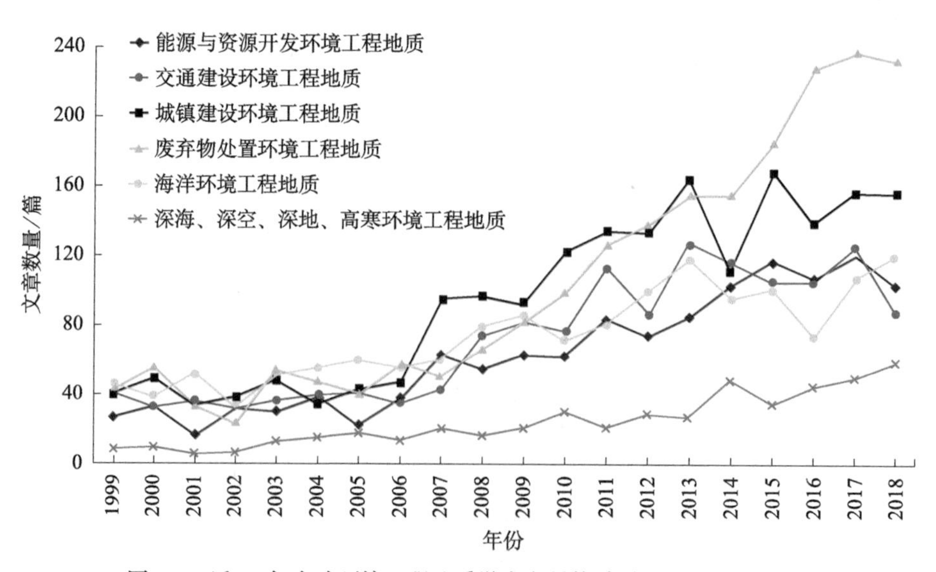

图 9-5 近 20 年全球环境工程地质学发文量统计（1999～2018 年）

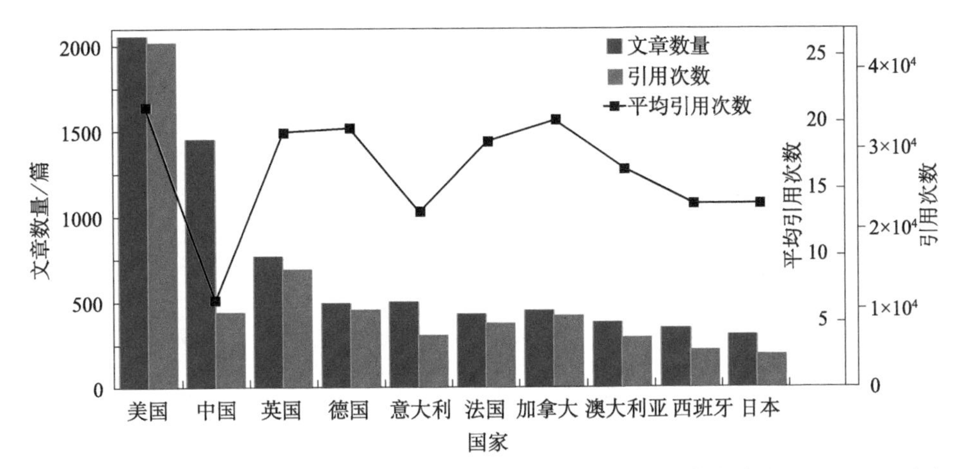

图 9-6　近 20 年全球环境工程地质学主要国家发文量与被引用次数统计（1999～2018 年）

从国际合作（共同发表论文统计）角度来看，中国在交通建设环境工程地质、废弃物处置环境工程地质方向具有较高国际参与度，尤其是在能源与资源开发环境工程地质方面，中国与其他国家有紧密合作。

（二）灾害地质学

近 20 年来，灾害地质学领域 4 个研究方向发表英文文献总量 77 614 篇，平均以每年 9.64% 增长，增长较为迅速（图 9-7）。其中，地质灾害形成机理方向论文数量最多，其次是地质灾害风险评估，地质灾害监测预警、地质灾害防治方向大体一致。从国别上来看，中国发文数量排名第一，美国其次，而其他国家则明显少于中美两国（图 9-8）。在单篇平均引用数量方面，英美两国篇均引用数量最高，中国则明显较少。

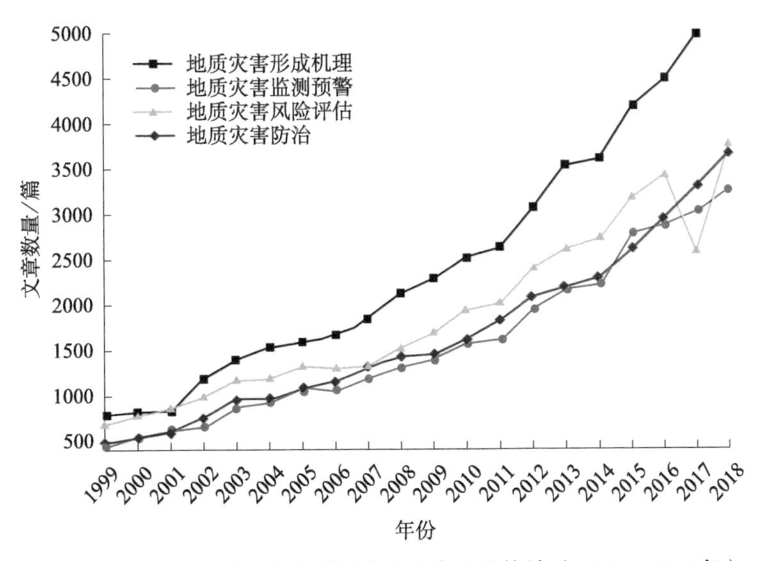

图 9-7　近 20 年全球灾害地质学各方向发文量统计（1999～2018 年）

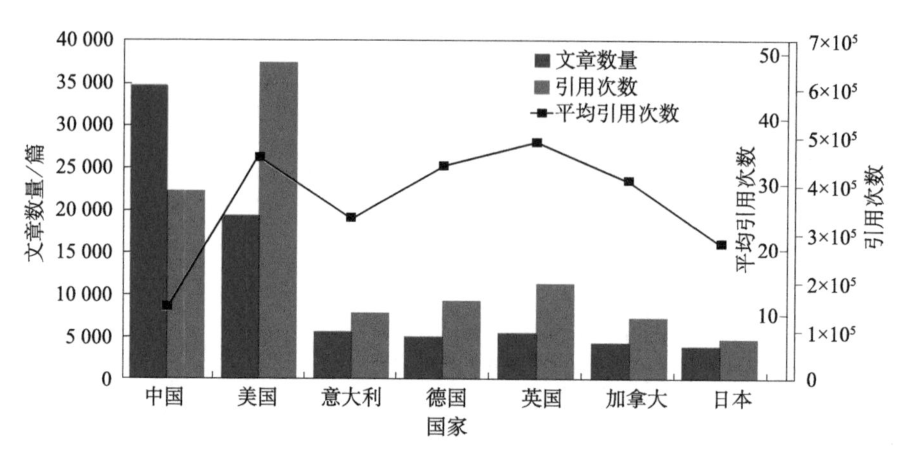

图 9-8　近 20 年全球灾害地质学主要国家发文量与被引用次数统计（1999～2018 年）

（三）重大工程环境灾害效应与调控

近 20 年来，重大工程环境灾害效应与调控领域 3 个研究方向发表的英文文献总量 32 208 篇，平均每年以 10.0% 的速度快速增长（图 9-9）。总体而言，重大工程与地质环境互馈机制、重大工程环境灾害效应评价与预测方向的论文数量较多，而重大工程人地协调理论与调控方法方向则明显少于上述两个方向。中国和美国发文数量排名前两位且较为接近，而其他国家则明显少于中美两国（图 9-10）。在单篇平均引用数量方面，美国篇均引用数量最多，其他发达国家较为接近，而中国则明显少于上述发达国家，篇均仅有 8 次。

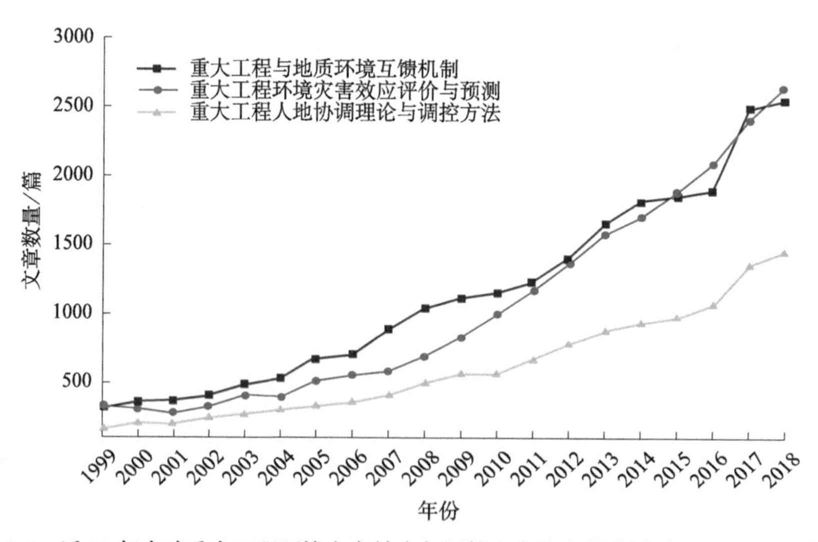

图 9-9　近 20 年全球重大工程环境灾害效应与调控方向发文量统计（1999～2018 年）

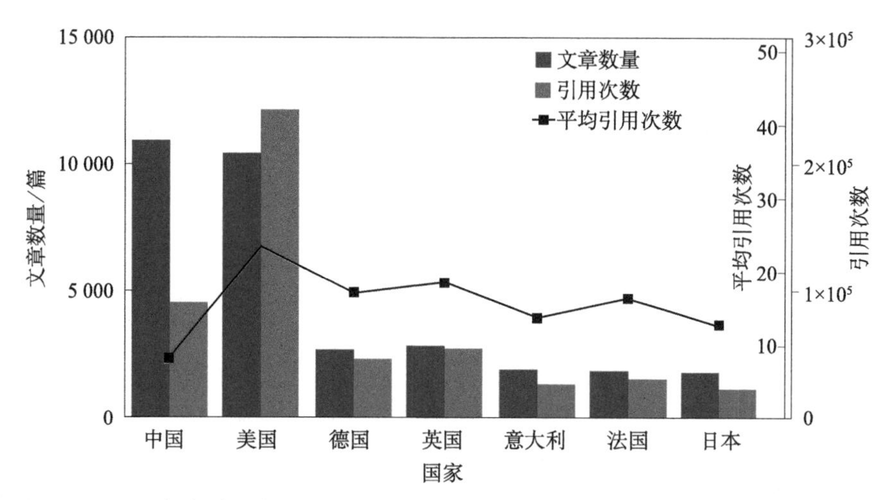

图 9-10　近 20 年全球重大工程环境灾害效应与调控方向主要国家发文量与被引用次数统计（1999～2018 年）

从国际合作角度来看，中国参与最多的是重大工程与环境互馈机制方向的研究，其次是重大工程人地协调理论与方法方向，而美国在三个方向均与其他国家的合作均较为密切，尤其是在重大工程环境灾害效应评价与预测方向，德国、意大利和法国在灾害效应评价与预测中的参与度相对较高，英国和日本则是在人地协调理论和方法方向的研究积极寻求与其他国家的合作。

从文献统计来看，在工程地质环境与灾害学科的三个分支学科中，总发文量最多的是灾害地质，其次为重大工程环境灾害效应与调控，而环境工程地质发文量相对较少。从发文国家分布来看，中国在灾害地质和重大工程环境灾害效应与调控两大分支学科的发文量均处于世界首位，但在环境工程地质分支学科，美国发文量超过中国，位居世界之首。论文引用次数美国均位于世界首位，中国学者单篇论文的平均引用次数低于世界主要发达国家，说明我国在学科质量上存在差距，也在某种程度上反映了我国工程地质环境与灾害学科发展缓存在“大而不强”的问题。

总而言之，我国工程地质环境与灾害科学领域发展较快，取得了很多重要研究成果，并具有如下特征：①学科发展紧密围绕国家重大战略需求；②紧跟国际学术前沿，发表论文数量在多个领域位居首位，但原创性成果相对欠缺，学术影响力不足；③区域（如青藏高原、黄土地区）特色主题研究成果丰富；④案例研究丰富，系统性与普适性的重大理论与技术瓶颈突破方面的研究有所不足；⑤跨学科交叉、新型技术方法融合的原创性研究不足；⑥观测平台、实验基地、重大仪器研发与跨学科研究计划的长期稳定支持的体制与机制有待完善。

三、学科取得的主要成就与发展布局

（一）主要成就

“十三五”以来，伴随着我国社会经济及科学技术的快速发展，工程地质环境与灾害学科领域的研究取得了丰硕成果和长足进步。以国家重大工程建设为依托，利用新兴高新技术，取得了溪洛渡水电站成功选址建设、川藏铁路沿线灾害调查、“一带一路”沿线国家灾害风险评估等多项重大成果。以学科发展服务国家重大需求为切入点，提高工程地质环境与地质灾害领域研究水平为宗旨，促进了学科发展，取得主要成就体现在以下五个方面：

1. 学科框架体系基本建立

我国主要高校和科研机构在国家自然科学基金、教育部、科技部及自然资源部等的项目支持下，围绕工程地质环境与灾害学科涉及的地质环境（岩石圈内的岩土体、地下水、地质过程和现象）和工程环境系统（人类工程活动影响的自然环境），根据学科特点和中国特色，基本建立起了工程地质环境与灾害学科的框架体系。工程地质环境与灾害学科涵盖三个分支学科或方向，即环境工程地质学（D070501）、灾害地质学（D070502）和重大工程环境灾害效应与调控（D070503），其中环境工程地质学（D070501）研究人类工程活动－自然环境地质环境的相互作用机理，揭示工程地质环境效应及其演化规律；灾害地质学（D070502）研究人类工程和经济活动对地质环境的改变或破坏而引起的地质灾害，如崩滑流、地面沉降、地裂缝及地面塌陷等的成灾机理、孕灾模式和演化过程，预测评价灾害风险；而重大工程环境灾害效应与调控（D070503）研究重大工程建设地质环境条件与地质灾害成灾过程的关系，提出改善和治理地质环境与灾害的工程措施，形成人－地协调的人类生存地质环境。

2. 成因机理理论研究取得重大突破

在工程地质环境与灾害学科领域，我国学者对灾害成因机理理论开展了大量的探索和研究工作，并取得了重大理论突破：①在西南山地灾害与地震滑坡成因方面，针对汶川大地震触发的滑坡灾害，提出了强震诱发地质灾害成因机制分类体系，揭示了强震条件下斜坡岩体以“拉裂破坏”为主的失稳动力机制以及同震－震后短中期－长期的强震地质灾害链全生命周期演化规律，破解了强震触发滑坡灾害的成因机理，揭示了高速远程滑坡从长期孕育的“锁固段效应”、快速起动的“刹车片效应”、远程运动的“触变效应”等全过程成因机理；②在泥石流成因机理方面，针对溃决型泥石流具有成灾时间短、灾害规模大、破坏力强等特点，基于现有堰塞坝灾史数据和堰塞坝溃决泥石流试验，结合泥沙运动力学中的水流功理论，建立了泥石流沟床坡降、泥石流重度、溃决峰值流量间的关系，得出了溃决型泥石流的临界条件，建立了泥石流流体应力本构关系、泥石流流速流量和冲击力计算公式、黏性泥石流起动模型，提出了山洪和泥石流规模放大效应与机理；③长江三峡库区滑坡成因机理方面，揭示了长江三峡库区表生作用过程、构造活动过程、地貌过程与库区滑坡地质灾害时空分布之间的关联性，提出了库区滑坡地质灾害启滑演化模式，构建了库区顺层滑坡演化动力学方程；④在地裂缝成因方面，以大华北盆地地区地裂缝为研究对象，查明并揭示了大华北地区地裂缝的时空分布规律，创新提出了构造控缝、应力导缝和抽水扩缝的地裂缝耦合成因理论；⑤在黄土滑坡成因理论方面，系统调查了工程性黄土滑坡的发育规律，诠释了其成因类别与成灾模式，揭示了工程开挖和堆载作用下黄土边坡的变形破坏模式和滑坡响应机制，发现了堆载作用下饱和软化层静态液化致滑的黄土滑坡成因机制模式；基于陕西泾阳、甘肃黑方台灌溉型黄土滑坡原型的地质调查与勘探，揭示了灌溉型黄土滑坡的孕灾背景与成灾模式，揭示了黄土非饱和渗透规律以及地表水转化为地下水的机制过程，再现了灌溉作用下黄土水文响应过程和滑坡发生的水动力学机理，发现了水作用下灾难性黄土滑坡的高速远程流动机制与灾害链生效应，以及灌溉型黄土滑坡基座软化带的静态液化激滑机制。上述突破性理论成果，为我国长江、黄河流域、京津冀地区、西部山区和黄土高原地区社会经济和重大工程建设提供了重要理论指导。

3. 技术方法创新取得重大进展

工程地质环境与灾害学科在探测、监测创新技术方法方面，无论从空间宏观尺度还是微观尺度，均取得了前所未有的成就。例如创新了光纤监测技术，不仅大量应用于我国地质灾害的监测与防治，而且还应用到了边坡、大坝、桩基、隧道等工程建设中；创新了海量地质数据融合技术，“地质云 2.0”上线服务，实现了 160 多个国家级核心地质数据库的上云共享，建立了数字地质调查技术体系，支撑了地质调查工作现代化；创新了基于云平台高精度北斗 /GNSS 监测技术，多次成功预报滑坡地质灾害，实现了基于空天地技术的滑坡识别与智能监测预警；创新了新一代遥感技术与信息技术，助力我国智慧城市的建设与防灾减灾。工程地质环境与灾害学科领域的技术方法创新不仅直接服务于我国国民经济建设和重大工程建设，而且保障了人民群众生命财产安全，带来了巨大的社会经济效益。

4. 服务国家重大需求成效显著

工程地质环境与灾害学科在我国防灾减灾、重大工程建设和国家战略的实施中发挥了十分重要的作用，服务国家重大需求，成效显著，主要体现在三个方面：①在防灾减灾、应急抢险中的科技支撑引领作用，解决了国家在经济建设和社会发展中的一系列重大科学技术问题，如汶川地震、芦山地震、舟曲特大泥石流灾后重建，三峡工程、南水北调、川藏铁路、川藏高速公路、高速铁路建设以及黄土高原城镇化建设等大型基础设施建设，以及服务国家“一带一路”倡议，并提升沿线国家综合减灾能力提供了强有力的科技支撑；②为我国成功实施一系列重大工程建设提供了重要技术支撑，如我国已建的青藏铁路、青藏公路、川藏公路等复杂艰险山区和生态脆弱地区的诸多大型交通工程、南水北调工程、秦岭超长隧道及引汉济渭工程等，通过上述这些重大工程建设积累了经验，培养了人才队伍；同时也为拟建的川藏铁路、川藏高速公路、中巴经济走廊等“一带一路”等重大工程建设奠定了良好的基础，工程地质环境与灾害学科为这些重大工程建设项目的安全建设运营保驾护航；③为我国的“三深”（深海、深地、深空）战略部署的实施提供重要技术支持，我国“十三五”规划纲要提出要加强“深海、深地、深空”的战略高技术部署。深海——用深海空间站集成提升中国深海技术和装备的系统开发与研究，加强海洋重点装备研制、深海装备开发、深海传感网络开发；深地——除了对地球深部的矿物资源、能源资源的勘探开发，也包括城市地下空间安全利用、减灾防灾等方面；深空——既要按步骤实施载人航天工程、探月工程，也要部署启动首次火星探测，推进深空探测。

5. 人才培养体系基本形成

我国许多高校和科研院所先后设置了与工程地质环境与灾害学科相关的教学和科研机构，并制定了较为完整的科学研究规划和人才培养的方案，建立起了比较完善的本科生－研究生培养计划、配套的管理制度，以及相应的实践实训环节，形成了较好的学士－硕士－博士人才培养机制，建立起了相应的科研平台和教师队伍。该学科领域研究人员规模逐年扩大，素质不断提升，杰出人才不断涌现，而且学科体系与人才队伍具有明显的地域特色，如西北地区多以黄土或冻土研究为主，西南地区多以地质灾害研究为主，东北地区多以冻土研究为主，而华东地区则以软土研究为主等。据 2019 年自然资源部和中国地质调查局网站报道，我国在改革开放 40 年以来，地质科技创新成果显著，极大地促进了高层次人才培养和创新队伍建设，在工程地质环境与灾害所属的地学学科领域 5 人当选两院院士、3 人入选国家“万人计划”，19 人入选国家“百千万人才工程”，5 人入选国家青年千人计划、国家杰出基金获得者。107 人（团队）入选国土资源高层次创新型人才培养计划，15 位“李四光学者”、44 位杰出地质人才和 88 位优秀地质人才。毫无疑问，工程地质环境与灾害学科基本形成了较好的人才培养体系，为我国重大工程建设、国家战略的实施提供重要的智力支持，也为学科的未来发展奠定了坚实基础。

（二）学科发展布局

以人类工程活动与地质环境相互作用为研究特色的工程地质环境与灾害学科主要涉及环境工程地质、灾害地质和重大工程环境灾害效应与调控三个研究方向，这三个方向并非孤立存在，其包含的大科学领域和交叉方向需聚焦于多要素、多尺度、多目标的地球系统科学。

1. 鼓励从 0 到 1 的原创性基础理论研究

从国际发展趋势看，我国应加强工程地质环境与灾害的基础理论研究与技术瓶颈突破，目前我国发表论文数量虽然居首位，但文献引用次数与影响力仍有待提高。同时，大部分研究领域或方向在国际上还处于跟跑地位，亟须从国家层面鼓励原创性基础理论研究，以期占领全球地学科技制高点。

2. 鼓励新材料、新技术、新设备研发

我国是世界上最大的发展中国家，资源消耗、城镇化建设、废弃物排放以及敏感地质环境开发均处于全球前列。针对人类工程活动引起的环境工程地质问题，及人为与极端自然外力影响下地质环境灾害问题，需要研发新材料、新技术与新设备，更深入认识地质环境灾害的机理，更准确监测其发展过程并预测未来发展趋势，进行更有效的防控。

3. 鼓励学科交叉，提升创新能力

工程地质环境与灾害学科具有显著的学科交叉特色，只有通过更深入的学科交叉，

强化理论、技术及方法创新，才能从根本上解决工程地质环境领域当前及今后面临的各种挑战，并更好地服务于重大国家战略。未来需要进行广泛的跨圈层学科交叉，从内到外，从宏观到微观，从不同时间尺度，弄清地球的过去与现状，以更好地预测未来，提升该学科领域科技创新能力。

4. 服务于国家重大战略目标

随着川藏铁路、“一带一路”倡议、长江经济带、新型城镇化等国家战略的实施，将有大量基础设施和重大工程在复杂环境区域内建设，工程风险显著增加，防灾减灾形势严峻。寻求工程建设与地质环境之间的平衡发展，保障国家重大战略的实施，建设美丽中国、宜居地球，这些都是工程地质环境与灾害学科的历史使命。

第三节　学科发展需求与趋势

一、前沿与应用需求

在地球环境学科体系中，工程地质环境与灾害学科主要涉及岩石圈、水圈、大气圈和人类圈各圈层之间的相互作用。在构造运动、地表过程、气候变化和人类营力等内外动力作用下，地质环境演化复杂且瞬息万变，地质灾害频发且危害加剧。随着我国“一带一路”倡议、京津冀协同发展、长江经济带、粤港澳大湾区以及黄河流域生态文明建设与高质量发展等国家战略的制定与推进，以及川藏铁路、港珠澳大桥和越江与海底隧道等重大工程的规划实施，地质环境破坏和地质灾害问题日益凸显。当前，工程地质环境与地质灾害学科面临着基础理论体系不完善、工程地质环境灾害效应认识不足、重大工程环境灾害关键技术滞后等多重挑战。为保障地质环境的友好和可持续、地质灾害的有效防控、国家发展战略和重大工程的安全实施，迫切需要站在环境工程地质、灾害地质和重大工程环境灾害效应与调控的学科前沿，面向国家发展战略与重大工程现实需求，着力解决人类工程活动与地质环境相互作用引发的环境与灾害问题，为实现人地协调发展、防灾减灾提供理论和技术支撑。

（一）学科前沿研究需求

1. 理论突破需求

在环境工程地质学方向，自然资源和能源合理利用、敏感地质环境开发、交通建设、城镇建设、废弃物处置、海洋以及深海、深空、深地、高寒等环境工程地质问题是当前人们关注的热点领域。该领域前沿研究需要探索并突破地质环境、敏感环境、特殊环境和开发环境中的评价、保护、治理及修复的理论方法，构建以理论和数据为驱动的环境灾害精准判识与智能管控的多维系统理论体系，为人类生存资源空间的合理开发利用与生存环境的可持续发展提供理论支撑。

在灾害地质学方向，地球当前构造运动活跃、气候变化异常、人类工程活动强烈，严重加剧了地质灾害的频发性与危害性，加之全球地质灾害正在由缓慢的自然营力型不断向诸如地震或异常气候等极端事件型和强工程扰动型转变，并呈现出增强的趋势，使得地质灾害的时空演化规律、成因机理等研究领域面临全新的挑战，尤其是极端事件与深海、深地和川藏铁路等重点难点工程的推进，强工程扰动型地质灾害的时空演化规律十分复杂，过去的理论体系不完全适用，需要突破多重营力相互作用下多场、多尺度、长时序、多效应的地质灾害动力学机理和理论，为地质灾害防治提供理论基础。

在重大工程环境灾害效应与调控学方向，近年来我国“三深”战略的实施和川藏铁路等重大工程的启动和推进，面临新的地质环境挑战，需要厘清重大工程与地质环境互馈作用机制，建立重大工程环境极端承载力、生态功能修复力、人地相互作用协调力的评价理论，重大工程中地质灾害的局地效应、地质环境相互影响的成灾模式、链生效应、时空演化的基础理论体系；构建重大工程环境灾害效应评价理论与预测模型，揭示极端复杂环境下灾害与防治措施作用规律，建立复杂极端环境下重大工程长期运营的环境可持续、灾害调控科学的评估管理系统；构建重大工程人地协调理论与调控理论方法。

2. 技术瓶颈问题

（1）敏感、特殊地质环境下能源、地下（尤其是深部）空间开发利用技术。主要涉及地质环境保护、合理开发与利用、有效修复等方面的技术。

（2）地质灾害自动化监测、预警预报技术。主要是如何构建基于天－空－地－内一体化监测的大数据平台的人工智能融合的自动化监测、精准判识及早期预警技术，为地质灾害有效救灾、应急和管控提供技术指导。

（3）极端、特殊及复杂条件下重大工程的环境灾害精准探测技术。主要涉及深地、深海、深空、高寒等复杂条件下重大工程建设导致的环境改变诱发灾害的精准定位和探测技术。

（4）绿色环保型新材料、新工艺等地质灾害防控技术。围绕重大工程人－地协调综合开发、环境友好型与绿色环保型新材料、新结构和新技术等调控方法和技术是未来发展的趋势，而开发绿色环保型新材料、新工艺等新技术是实现人－地协调的关键，如黄土高原大规模的治沟造地、平山造城等重大工程形成的边坡病害、西部山区的大型水利水电工程开发、公路铁路交通建设中的地质环境破坏如何实现绿色生态有效修护治理，需要突破新材料、新工艺等新技术瓶颈。

3. 重大设备研发需求

随着国家重大工程向深地、深海、深空、高寒等空间不断拓展，极端、特殊、复杂条件下工程环境灾害的探测与调控技术面临巨大的机遇和挑战，主要问题表现为重大工程的探测装备适应性不够，灾害效应与机理不清，灾害防控针对性不强。为了保障极端复杂工程环境下重大工程的顺利实施，研发能适应深地、深海、深空和高寒等环境中勘察、施工、监测的“卡脖子”技术装备，提升装备在极端、特殊、复杂环境下的稳定性与适应性，保证技术装备探测结果和监测数据的可靠性，促进特殊技术装备的智能性，是解决我国新时期重大工程建设中关键技术问题的迫切需求。此外，一些高精尖仪器设备严重依赖进口，大大制约了我国理论研究的水平，迫切需要加强仪器设备尤其是重要设备研发的投入和力度。

（二）国家发展战略需求

党的十九大明确了“一带一路”倡议与京津冀协同发展、长江经济带发展、粤港澳大湾区发展三大国家重大区域发展战略的对接，承担着我国扩大对外开放、统筹东中西、协调南北方、发挥先行示范和辐射带动的重要功能，这是新时代国家发展重大战略的目标与任务。国家发展战略势必推动国家重大工程建设，解决国家发展战略中重大工程建设中面临的工程地质环境与灾害难题，是工程地质环境与灾害学科面向国家发展战略需求，遇到的新机遇，面临的新挑战，承担的新使命。

1.“一带一路”倡议需求

“一带一路”倡议与京津冀协同发展、长江经济带发展、粤港澳大湾区发展三大国家重大区域发展战略下的空间格局，涵盖了跨区域、大尺度、多样化的地质地貌、水文气候、生态环境、地质灾害的特征与类型，极端、特殊、复杂工程地质环境与灾害问题迫在眉睫，亟须提高学科理论与技术水平，保证国家发展战略的顺利实施。“一带一路”横贯海陆东西，陆上丝绸之路与海上丝绸之路沿线港口与海洋的生态环境保护、地质灾害防控及特殊岩土灾变等领域均面临新的理论与技术挑战，为工程地质环境与灾害学科发展拓宽了新的领域。

2. 京津冀协同发展战略需求

京津冀协同发展战略是我国“一带一路”倡议的改革龙头，将着力打造调整优化经济结构、空间结构和扩大生态空间的环境容量、推动公共服务质量的示范，该战略的实施涉及高速公路与铁路、重大水利工程、地下空间开发、大数据人工智能等领域关键技术方法创新，更需要工程地质环境的新理论、新技术与新方法的理论体系作支撑。

3. 长江经济带发展战略需求

长江经济带发展战略是贯通东中西的经济大动脉，与“一带一路”全面对接，重点在于坚持生态优先绿色发展，为我国江河经济带绿色和开放发展提供有益借鉴。因此，加强长江流域地质环境对人类工程经济活动的协同发展机制、重大地质灾害的成因机理和监测预警、深部工程和水动力条件下重大工程环境灾害效应的理论方法研究，推动重大工程建设以资源环境承载力为基础、工程 - 人 - 自然协调发展的绿色重大工程可持续发展的研究，为我国长江经济带发展战略的绿色和开放发展提供经验借鉴和技术支持。

4. 粤港澳大湾区发展战略需求

粤港澳大湾区发展战略是“一带一路”巨型门户和世界级的经济平台，重点在于发挥粤港澳地区交通便捷、产业体系完备、改革开放前沿的独特优势，打造国际一流湾区经济体和世界级城市群，为我国湾区经济创新和开放发展提供先行示范。迫切需要加强港珠澳等跨海、跨江大桥工程、海洋环境工程、核电站工程、大数据工程等重大工程引发的各类环境效应与重大灾变理论与调控技术研究，为实现我国海洋强国提供强有力的理论基础和技术保障。

5. 黄河流域生态文明战略需求

黄河流域生态文明战略是筑牢我国生态屏障的迫切要求，在我国“两屏三带”生态安全战略布局中，青藏高原生态屏障、黄土高原—川滇生态屏障、北方防沙带等均位于或穿越黄河流域，在我国人居安全、生态安全战略格局中具有十分重要的地位。黄河流域生态状况关系华北、东北、西北乃至全国的生态安全，把黄河流域建成我国北方重要生态安全屏障，在祖国北疆筑起万里绿色长城，是立足全国发展大局确立的战略定位。目前黄河流域的生态环境主要存在五个方面的问题：①水资源严重短缺，开发利用率高，生态环境用水难以保障；②部分区域环境质量差，改善难度大；③生态系统退化，服务功能下降；④生态环境潜在风险高，且易转化为社会风险；⑤经济社会发展水平偏低，不利于生态环境保护。此外，该流域也是我国滑坡地质灾害高发区。上述生态环境与地质灾害问题需要加强生态环境保护、科学修复和有效防控研究，实现人－地可持续协调发展。

（三）国家重大工程建设需求

国家重大工程是中国新时代夯实社会主义现代化的强国基础，是人类文明的标志，代表时代科技进步水平，反映经济社会发展程度。为全面服务并满足国家的“一带一路”倡议与三大国家重大区域发展战略下的重大线路工程、深海工程、深地工程、深空工程、极寒地工程、跨海跨江工程、城市地下空间开发工程、大数据工程等国家重大工程建设的需求，工程地质环境与灾害学科将起到至关重要的作用。

国家重大工程受类型与环境的差异影响，在建设过程中面临着不同的地质环境挑战。应以工程地质环境与灾害学科的前沿研究为基础，开展重大工程建设中区域工程环境与灾害的分区、分类、分级的理论和监测防控研究，重点关注重大工程活动与地质环境演化及互馈机制、工程－环境－灾害协同作用与重大灾变的机理与预测、水－岩相互作用下地质体变形破坏机制、强扰动和特殊环境下岩土体的长期稳定性、复杂极端条件工程环境灾害防控的新方法等科学技术问题，依托国家重大工程建设驱动学科理论、技术、产业的变革进步，实现新时代赋予重大工程创新、优质、绿色、智能的发展理念。

二、学科发展国际背景及国际相关研究计划

（一）学科发展国际背景

从 20 世纪 70 年代开始，工程地质环境与灾害学科经历了近 50 年的发展，目前形成了环境工程地质、灾害地质及重大环境灾害效应与调控三个主要分支学科或方向，各分支学科发展的国际背景略有不同（图 9-11）。

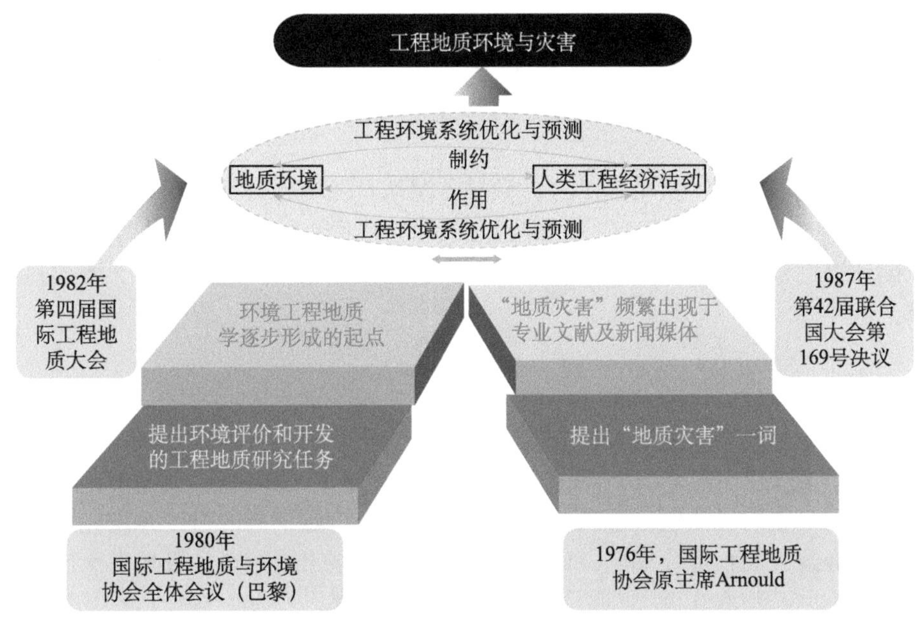

图 9-11　学科发展国际背景

1. 环境工程地质学

环境工程地质学科大致经历了三个发展阶段：

（1）萌芽阶段（20 世纪 70 年代初至 80 年代初）：20 世纪 70 年代初，国际上将环境保护问题提上了议事日程，关注重点主要是大气圈和水圈问题，后很快发展到岩石圈。1970 年，国际地球科学联合会（IUGS）正式成立了“地球化学与人类”专业委员会；1972 年，第二十四届国际地质大会将“城市和环境地质”列为第一专题；1979 年，国际工程地质协会（IAEG）在波兰召开首次“人类工程活动对地质环境变化的影响专题讨论会”（贾永刚等，2003）。1980 年，在巴黎召开的国际工程地质与环境协会全体会议，提出了进行环境评价和开发的工程地质研究的任务。要求从事工程地质及相邻学科的工作人员，在设计和建设工程时，不仅要考虑工程设施的可靠性和经济效益，而且考虑保护和合理利用环境问题（安德鲁・古迪，1989）。1982 年，在新德里召开的第四届国际工程地质大会，列出了“环境评价和开发的工程地质研究”这一专题进行学术交流和讨论，出现了一批实例性和方法性的论文，这次大会是环境工程地质学开始逐步形成的起点。然而，我国环境工程地质学研究起步较晚，1982 年 11 月，首次召开了“全国环境工程地质专题”学术会议，成为我国环境工程地质研究的一个良好的开端（林宗元，1990）。

（2）早期发展阶段（20 世纪 80 年代初至 90 年代末）：20 世纪 80 年代以后，环境地质尤其是环境工程地质的研究成果越来越多，质量也越来越高。1994 年 9 月，在葡萄牙里斯本举行的第七届环境工程地质大会上，主要讨论了地质与灾害、工程地质与环境保护等问题。与此同时，很多外国学者纷纷开始提出环境工程地质研究以及这个学科的重要性（Toll，1996）。1989 年我国在西安召开了第二次环境工程地质会议，本次会议对环境工程地质理论研究具有重要的指导意义。1992 年，我国召开的第四届工程地质大会中，区域环境工程地质等方面的论文占了三分之一，古建筑与古文物保护的工程地质研究受到广泛关注。随后1995、1998年分别在兰州、哈尔滨举行了第三届、第四届全国环境工程地质会议，共同探讨环境工程地质学科的发展，明确了21世纪人口、环境与发展的战略（陈剑平等，2003）。

（3）快速发展阶段（21世纪后）：世界各国从自然资源开发利用、敏感地质环境开发、废弃物处理及城市工程地质等方面开展了广泛而深入的研究，并取得了丰硕的成果。我国环境工程地质学科领域的相关工作及研究成果也逐步赶超美国、澳大利亚等发达国家。

2. 灾害地质学

灾害地质学发展早于环境工程地质学，发展也经历了三个发展阶段：

（1）20世纪60年代至70年代的萌芽阶段。20年纪50年代，我国的地质工作主要是找矿勘探和国土资源测绘。进入六七十年代，随着自然资源的过度开发，地下采空区不断扩大，导致大面积地面塌陷；许多沿海和内陆大城市因过量抽汲地下水出现了地面沉降；宝成、宝天等山区交通干线经常遭受崩塌、滑坡、泥石流灾害的侵袭。1964～1976年相继在邢台、海城、唐山发生的大地震，使中国的地质灾害研究逐步开展（潘懋和李铁锋，2012）。1976年，前国际工程地质协会主席Arnould教授在发表的题为“地质灾害—保险和立法及技术对策”一文中提出了“地质灾害”（geological hazard）一词，把滑坡、崩塌、泥石流、地震灾害看成是一种地质灾害（Arnould，1976）。

（2）早期发展阶段（20世纪70年代末至80年代末）：Alexander（1983）提出环境地质研究的目的为了探究地质环境与人类活动的相互联系，认识到地质灾害的特征和规律并预测其趋势才能更好地促进社会发展。1987年第42届联合国大会通过的第169号决议把20世纪的最后十年确定为“国际减轻自然灾害十年”（International Decade for Natural Disaster Reduction, IDNDR）行动之后，地质灾害一词频繁出现于专业文献及新闻媒体。1987年5月，山区环境工程地质国际研讨会在北京召开，着重就山区环境工程地质、自然地质灾害及工程建设与地质环境作用进行了卓有成效的研讨（王思敬和周平根，1995）。为响应“国际减轻自然灾害十年”行动，中国于1989年4月成立了由国务院20多个部委负责人组成的中国减轻自然灾害委员会，同年成立了中国地质灾害研究会。以地质灾害研究会的成立为转折点，中国地质灾害学科的研究内容也由最初的灾害调查逐步向评价、防治、预测预警发展，开始了对“灾害属性”的探索（刘传正等，2008）。

（3）快速发展阶段（20世纪90年代以后）：1999年，联合国提出了“国际减灾战略”，将对自然灾害的简单防御提升到综合风险管理层面（殷跃平，2018），灾害地质学科进入了快速发展阶段，为进一步推进我国减灾事业的发展，由中国气象学会牵头联合多个部门于1992年在青岛举办了第二届全国减轻自然灾害学术探讨会，重点交流了各学科对灾害理论及成因的综合研究。随着国际科学界陆续出台“国际地圈－生物圈计划”“国际减轻自然灾害十年”等计划，环境地质学以环境和灾害为主题得到国际学术界的广泛关注（Zektser et al.，2006；Hagan，1994；Lawrence，1992）。世界各国从地表重力地质灾害、地面变形地质灾害、气象水文地质灾害及特殊土地质灾害等方面开展了大量研究，在灾害成灾机理、发展趋势、演化规律、灾害评价及防治措施等方面积累了丰富的研究成果（Singhroy et al.，1998）。

3. 重大工程环境灾害效应与调控

重大工程环境灾害效应与调控学科方向发展明显晚于环境工程地质和灾害地质学。随着世界各国工程建设的日益增多，人类在城市多层空间开发、能源开发工程、交通工程建设、海洋工程等领域实施了大量的重大工程项目，在该背景下，以环境工程地质学科及灾害地质学科的理论知识及技术方法为基础，重大工程环境灾害效应与调控学科逐步形成并发展（Martinez et al.，2018；Hatheway and Reeves，1999）。2002 年，中国地质学会工程地质专业委员会主办了中国西北部重大工程地质问题论坛，此次会议针对高陡边坡、深埋长隧硐等重大工程中的工程地质问题及人－地协调发展进行了讨论（伍法权，2002）。2009 年，国际工程地质与环境协会（IAEG）召开了以“重大工程建设中的地质工程与地质环境问题”为主题的第七届亚洲区域会议，此次会主要围绕大型工程建设中的工程地质环境灾害机理、灾害评价与调控等进行了讨论。此后，2015 年、2017 年的全国工程地质学术年会中“重大工程建设中的地质问题”均为会议的主要议题之一，重大工程环境灾害效应与调控方面的理论与技术得到快速发展。

在上述基础上，工程地质环境与灾害学科逐步形成并发展。其内容主要包括工程地质环境条件调查及其对工程经济活动的影响与评价，以及由工程经济活动对工程地质环境的改变而造成的各类灾害的形成机理、演化过程与规律、灾害类型及特点、灾害预测预警以及评价与防治等。

（二）学科国际研究计划

从我国工程地质环境与灾害学科发展现状、国际地位和主要成就来看，该学科及研究人员在国际上学术界（组织、会议和刊物等）的话语权和影响力有待进一步提高，我国科学家发起并领导的国际大型研究项目偏少，具有国际影响力的专家偏少。尽管该学科在各专业领域研究水平方面基本与国际同步，但在多学科交叉融合、先进测试技术、现代监测方法、理论模型构建等方面还有一定差距。因此，该学科国际研究应遵循“原创性为根基，国际化为动力，传承创新并重，合作互利共赢”的原则，坚持立足本土，走向全球，重点突破，依托“一带一路”倡议等，利用国际工程地质环境协会等组织，发挥我国地质区位优势，在国家自然科学基金委、科技部、自然资源部等部门的大力支持下，积极开展国际合作研究计划，在未来 5～10 年内，实现工程地质环境与灾害学科的快速发展，形成学科的中国学派，提升学科的国际影响力。具体来讲，建议工程地质环境与学科重点开展以下几方面的研究计划。

1. 青藏高原及周缘复杂地质过程与资源环境效应科学研究计划（简称“青藏高原科学研究计划”）

习近平总书记强调，青藏高原是世界屋脊、亚洲水塔、地球第三极，是我国重要的生态安全屏障、战略资源储备基地，是中华民族特色文化的重要保护地。立足国家战略，破解青藏高原隆升与演变密码，为雪域高原生态环境保护、“川藏铁路”等重大工程建设、战略资源勘探开发等提供科学支撑，这是新时代赋予中国地质人的光荣而伟大的时代使命。从学科特点和区位特色来看，青藏高原及周缘是当前全球开展地球系统科学研究的热点，也是最有可能发展和创新地球系统科学重大理论的最理想场所。我国在青藏高原隆升机制研究领域已与欧美、青藏高原周边国家及地区开展了良好的合作，取得了很好地成果，积累了成功的经验。根据学科领域特点，“青藏高原科学研究计划”将围绕青藏高原及周缘“地质灾害防控及生态环境评价与修复”研究领域开展基础理论研究和应用技术开发，推动和促进高海拔山区地质灾害防控及生态环境保护科学领域的科技进步。

重点开展以下 4 个方面的研究：①青藏高原隆升及周缘地质环境时空演化规律；②青藏高原及周缘地质灾害成灾机理与风险防控；③青藏高原及其周缘重大工程的地质动力响应及其灾变效应；④青藏高原及周缘环境动态变化规律与生态修复技术。

2. 长江流域地质过程及资源环境科学研究计划（简称“长江科学研究计划”）

长江，是中华民族的母亲河，也是自然生态保护和经济发展的重要区域。然而近年来，伴随着长江流域建设和发展步伐的加快，出现了湿地面积萎缩、生态系统退化、生物多样性减少、蓄水调洪能力下降、水体污染严重、滑坡等地质灾害频发等等严峻问题。习近平总书记在深入推动长江经济带发展座谈会上的重要讲话中指出，必须从中华民族长远利益考虑，把修复长江生态环境摆在压倒性位置，共抓大保护、不搞大开发，努力把长江经济带建设成为生态更优美、交通更顺畅、经济更协调、市场更统一、机制更科学的黄金经济带，探索出一条生态优先、绿色发展新路子。“长江科学研究计划”可以围绕长江流域地质灾害演化过程、形成机理与防控，以及生态修复研究领域开展基础性理论研究和关键技术研发，该计划可与国外发达国家进行国际合作研究，成立长江生态环境保护修复与地质灾害防控联合研究中心，提升我国在生态修复、地质环境保护及观测等方面研究水平，为长江流域生态环境保护修复与区域经济社会快速发展提供技术支撑与保障。

重点开展以下 4 个方面的研究：①长江流域地质环境演化过程、地质灾害形成机理与风险防控；②长江流域重大工程地质动力响应及其灾变效应；③长江流域重大水利工程环境影响效应与风险防控；④全球气候变化驱动下长江流域生态环境动态变化规律与修复技术。

3. 黄河流域地质过程及生态文明科学研究计划（简称“黄河科学研究计划”）

黄河，是中华民族的母亲河，还是中华文明的摇篮。如今，黄河流域生态保护和高质量发展上升为国家战略。2019 年 9 月 18 日习近平总书记指出，黄河流域是我国重要的生态屏障和重要的经济地带，是打赢脱贫攻坚战的重要区域，在我国经济社会发展和生态安全方面具有十分重要的地位。保护黄河是事关中华民族伟大复兴和永续发展的千秋大计。黄河流域生态保护和高质量发展，同京津冀协同发展、长江经济带发展、粤港澳大湾区建设、长三角一体化发展一样，是重大国家战略。并强调，要坚持绿水青山就是金山银山的理念，坚持生态优先、绿色发展，共同抓好大保护，协同推进大治理，应着力加强生态保护治理。从区域地理环境角度来看，黄河流域地处黄土高原，地质构造复杂，地质环境异常脆弱，水土流失严重，是我国崩滑流地质灾害高发区，更是我国“一带一路”的关键区。该计划以学科为基础，依托相关单位，与欧美、“一带一路”陆上国家和地区开展国际合作研究，协同开展黄土环境及黄土地质灾害防控、黄河流域生态环境保护与治理领域的研究，为我国黄河流域地质环境保护与生态文明建设提供技术支撑。

重点开展以下 5 个方面的研究：①黄河流域重大灾害发育规律、孕灾模式与生态危害；②黄河流域地质地表过程与灾害周期响应规律；③地球动力耦合作用下黄河流域重大地质灾害响应机理与灾害链演化；④全球变化背景下黄河流域洪涝灾害发生规律及链生放大效应；⑤黄河流域重大灾害风险防控与生态安全对策。

4. 南海地质过程及资源环境效应科学研究计划（简称“南海科学研究计划”）

21 世纪是海洋的世纪，深海灾害地质过程与生态环境效应是当今海洋研究的科学前沿，是实现习近平总书记描绘的“深海进入、深海探测、深海开发”必须解答的科学问题。早在 2013 年习近平总书记访问东南亚国家联盟（简称东盟）时就提出了 21 世纪海上丝绸之路的战略构想。海洋开发利用是海洋及其周边环境（大气、海岸、海底等）的资源开发和空间利用活动的总称，需要地质学、地球物理学、工程地质学、环境地质学和能源地质学提供理论基础。南海隶属西太平洋，是我国海上丝绸之路的必经之地，也是全球低纬区最大的边缘海，海底资源十分丰富，区域面积大，地质灾害类型发育，生态环境敏感。从工程动力地质作用演变上讲，南海可谓“深海地质灾害过程的模拟试验场”，揭示南海地质灾害的孕育发生规律及其生态环境效应，具有重要的科学意义与国家需求，南海深部地质过程及能源开发利用的资源环境效应是迫切需要解决的关键科学技术问题。“南海科学研究计划”可以聚集东盟各主要国家，开展国际合作研究，推动海洋工程地质学科的进步，为我国的“三深”战略实施提供有力支撑。

重点开展以下 4 个方面的研究：①南海区域地壳稳定性与时空演化规律；②海底斜坡失稳动力学过程与海底滑坡机制；③南海资源开发环境影响效应与风险防控；④深海能源开采关键技术及其重大设备研发。

三、学科理论前沿与研究热点

（一）地质灾害动力演化过程、成因机理及预警预报理论

地质灾害孕育、发生、发展的演化全过程，反映了地质灾害在时空尺度与地质环境的互馈。基于多物理场、多模型、多尺度理论与数值方法，结合现场监测与室内测试技术手段，研究地质灾害演化过程中岩土体的性质、状态、行为的动态变化特征，厘清地质灾害的时空分布规律，揭示地质灾害形成机理及孕灾与工程致灾机理；建立地质灾害由表及里时空信息的早期识别方法，构建具有数理成因基础的精细化预警预报评价理论方法体系，形为一套以模型为判据、监测为依托、机制为依据的多尺度、多时段、多功能的预警预报智能系统，构建韧性防灾理念的地质灾后区域功能受损程度评价理论体系，灾后快速恢复过程的多目标优化防治策略，为地质灾害的过程模拟、风险评价、工程防治及应急救灾提供理论指导与技术支撑。

（二）特殊岩土灾变及其工程环境灾害效应与防控

我国特殊岩土类型多且分布广，主要包括黄土、软土、盐渍土、冻土和红层、膨胀岩土等。由于特殊岩土独特的工程地质特性，所引发的工程地质问题既具有特殊性，又具明显的区域性。"一带一路"倡议沿线所涉及的红层、软土和黄土等特殊土，在西部大开发重要战略区中大规模平山造城、治沟造地、固沟保塬等工程建设带来的重大工程灾变问题迫在眉睫，黄土的地裂缝问题，华北平原、东南沿海抽水引发的软土地面沉降问题，东北与西北地区因气候变化引发的水土流失、盐渍化和荒漠化等地质环境变化引发的次生灾变问题，以及南方的红土引发的地质灾害与工程病害问题，均亟须科学应对，确保保障国家重大战略的安全实施。厘清特殊土工程灾变行为特征以及特殊岩土地区重大工程环境灾害效应，建立特殊土地区人－地协调工作机制和框架体系，是工程地质环境与灾害学科的前沿和研究热点之一。

（三）青藏高原地质灾害动力学与重大工程环境灾害效应及调控

青藏高原被称为世界屋脊，构造活动强烈，高原隆升导致的区域地质环境、地形地貌和气候变化格局是造成青藏高原高位崩塌、滑坡、泥石流、冰（雪）崩、冰湖溃决、堰塞湖等灾害高发、频发、突发、群发，且灾害链效应明显的根本原因。青藏高原及周边地质灾害已严重制约着我国区域重大工程建设和社会经济发展，并对人民生命财产和重大工程建设安全构成严重威胁。青藏高原地质灾害时空演化规律、致灾机理、预测评价模型以及灾害风险识别理论与技术方法体系，均是该学科理论研究前沿和热点。随着"一带一路"倡议实施和西部大开发的深入，在青藏高原关键活动构造区开展重大工程建设所面临的环境灾害效应也是当前国际研究的前沿热点和关键难点，尤以青藏高原强烈活动构造区川藏铁路重大工程最为突出。开展青藏高原东南部川藏铁路沿线工程建设适宜性评价方法研究，构建内外动力耦合作用下地质体和川藏铁路典型结构分析模型，研究川藏铁路施工全过程中各类工程活动（如开挖、爆破和加固等）对于青藏高原东南部地质体结构演变、变形破坏和运动方式等方面的影响规律，分析川藏铁路结构体在内外动力地质耦合作用下的响应机理，揭示川藏铁路工程与复杂地质环境的互馈效应，构建基于内外动力地质耦合作用的复杂地质环境条件下川藏铁路工程效应评价方法体系等等，均是工程地质环境与灾害学科当前及未来很长一段时间的前沿和研究热点。

（四）深部开发重大工程环境灾害效应与调控

深部能源与资源开发、深海开发和高水平放射性废物安全处置等深部开发重大工程可能诱发环境灾害效应，亟须在工程理论方法与技术上取得突破。如高放废物安全处置问题，既是一个影响核能可持续发展、环境保护和子孙后代福祉的重大问题，也是一个科学、技术和工程上的重大难题。对高放废物的处置是一项极其复杂的系统工程，它具有长期性、复杂性、艰巨性、综合性和探索性等特点，距离最终安全处置高放废物依然存在一系列重大理论和工程技术挑战，主要包括处置场址深部岩土体及地质特性的适宜性评价技术、多场耦合和超长时间尺度下多重屏障体系的安全性能评价技术、放射性核素迁移机制及长期安全评价技术、高放废物处置库建造技术等方面。

四、发展趋势与启示

（一）学科发展趋势

随着人类经济社会的快速发展，工程地质环境与灾害学科研究领域不断扩展，服务国家战略需求的功能日趋增强。在现代空天地一体化监测、大数据和人工智能等新技术、新方法驱动下，工程地质环境与灾害学科正处于一个快速发展的重要时期，呈现多学科交叉融合、新理论与新技术不断涌现的发展趋势。

1. 多学科交叉融合趋势日渐增强

人类赖以生存的空间是一个复杂的动态系统，大气圈、生物圈、水圈和岩石圈为其组成单元，它们相互依存和制约，构成了人类活动和生存生活的总体环境。地球科学学科体系经历了从资源开发型向环境保护型的重要转变。近年来，地球科学领域的地球物理学、环境地质学、岩石学和地球化学等学科发展迅速。工程地质环境与灾害学科中的关键科学技术问题和难题往往涉及跨圈层的多学科交叉领域，需从地球圈层的相互作用和演化过程的角度研究人类工程活动与地球系统。而地球表层系统间的相互作用和演化过程更是该学科关注的重心与核心。为此，在工程地质环境与灾害学科领域，先后成立了国际工程地质与环境协会（IAEG）、国际滑坡协会（ICL）和国际地质灾害与减灾协会 (ICGdR) 等国际性协会组织，实施了联合国国际减灾战略计划（INISDR）、国际滑坡研究计划全球促进委员会（IPL-GPC）和国际地圈 - 生物圈计划等国际研究计划，促进了工程地质环境与灾害学科的发展方向。面对 21 世纪全球气候变化和复杂地质环境条件下重大工程建设等诸多难题，亟须集中地质学、地球系统科学、地球物理学、地球化学、信息技术科学、力学和现代工程科学等学科优势，加强促进多学科交叉融合，从不同时空尺度开展联合攻关研究，着力解决重大污染、生态和环境灾害等工程地质环境与灾害学科领域的关键科学技术问题和难题，为建设宜居地球做出贡献。

2. 高新技术促进学科精细化发展

随着现代信息技术和观测、探测等高新技术和装备的蓬勃发展，在环境工程地质效应、地质灾害机理、地质灾害预测预警、重大工程环境灾害效应与调控等方面定量化研究水平得到了不断提高。近年来，高新技术在地质灾害防治领域的应用取得了重要突破，如精度高、实时性强、遥测的远程分布式光纤传感技术已在地质、土木、城建、电力、交通和水利等重大工程中得到推广应用，长距离三维激光扫描系统、机载 LiDAR、InSAR 和无人机等高新技术在地质环境灾害调查中的应用日趋广泛。借助多源卫星遥感、地理信息系统、高精度试验与监测系统、高性能计算等技术，获取工程地质环境与灾害领域海量多源异构数据，采用大数据、云计算和人工智能等新技术手段，加快促进了学科精细化发展，为地质环境修复与地质灾害防治提供了重要技术支持。

3. 服务国家重大战略需求功能日益突显

在国家经济社会持续快速发展的背景下，随着国家经济建设战略转型，基础设施建设和城镇化建设持续发展，“一带一路”倡议、京津冀协同发展、长江经济带、黄河流域等国家战略举措的相继实施，战略资源、能源开发、生态保护成为国家发展的瓶颈，人地和谐问题更加迫切，环境问题和加强环境意识成为挑战。工程地质环境与灾害学科从兴趣驱动逐渐向需求驱动方向转变，服务国家重大需求的社会功能日益突显。面向“一带一路”倡议中的地质灾害与生态环境效应、高原隆升与全球变化驱动下高山峡谷区灾害动力学、重大工程地质过程与环境灾害效应等关键科学问题，工程地质环境与灾害学科可发挥更大作用，为川藏铁路、西气东输、西电东送、南水北调、跨海跨江大桥工程和深部开发等重大工程提供重要的理论和技术支撑，服务国家发展战略。

（二）学科发展启示

1. 贯彻系统科学观念，促进学科融合交叉

地球是一个由大气圈、水圈（含冰雪圈）、岩石圈、生物圈和日地空间组成的复杂系统，是一个所有组成要素处在相互作用下的动态系统，而引发地球系统变化的驱动力，来自于地球内部、太阳辐射和人类活动。在上述驱动力作用下，其中某一成分的变化都会引起其他成分的响应，某一成分的变化往往又是其他成分共同作用的结果。因此，亟须进一步深化地球系统科学理论，促进工程地质环境与灾害与其相关学科领域的深度融合，聚焦国际前沿和探索需求等方面的重点研究领域与发展方向，强化理论革新与方法创新，推动学科繁荣发展。

2. 以高新技术为先导，推进学科均衡发展

现代信息技术、大数据和人工智能等高新技术对学科建设和发展具有重要影响。现代高新技术极大地改变了人们的思维方式，为传统学科提供现代实验和分析手段，强调多方法的综合与集成，创新技术和方法，以获取更全面、更有效、更精确的关键信息，极大提高了人类的认知水平，有利于学科理论革新和方法创新。现代高新技术和装备改变传统学科发展轨迹和结构，拓展研究领域和方向，有利于形成新的学科生长点，有力促进学科交叉融合，有效推进学科各分支方向均衡发展。

3. 服务国家战略需求，提升国际影响力

在当前“一带一路”倡议和长江经济带等实施的大背景下，工程地质环境与灾害学科应进一步聚焦国家重大战略需求中的关键科学技术问题和难题，为我国防灾减灾和重大工程建设等提供重要理论和技术支撑。因此，实施创新驱动发展战略，推进学科理论与重大工程实践深入有机融合，为我国国民经济和社会可持续快速发展提供强大科技支撑和动力驱动，进而提升我国工程地质环境与灾害学科的国际影响力。

4. 树立与时俱进的教育理念，注重创新人才培养

随着新一轮科技革命和产业变革的蓬勃兴起，工程建设规模日益扩大，复杂程度越来越高，人与自然和谐共存的问题日显突出，新技术、新方法、新材料和新装备不断涌现，国际化发展趋势日渐增强。行业创新驱动发展成为必然，人才的创新能力、实践能

力和跨文化交流能力面临严峻挑战，必须树立与时俱进的全新教育理念，注重“政产学研用”五位一体教育与研究平台建设，培养具有现代工程观和解决复杂问题能力的创新人才，促进学科可持续发展。

第四节　学科交叉的优先领域

“一带一路”倡议、川藏铁路等重大工程的实施，是工程地质环境与灾害学科发展的重要历史机遇，也使该学科面临重大挑战。重大工程问题的解决涉及工程地质学、构造地质学、水文地质学、岩土力学、地球物理等多学科理论与方法，具有典型的学科交叉特征，是综合性极强的研究课题，传统的工程地质环境与灾害的理论和方法已难以满足解决该类问题的需求。因此，为了系统地解决重大工程建设所面临的关键科学技术难题，亟须开展学部内部的学科交叉研究，同时亦需融合环境科学、土木工程、材料学、交通工程、工程管理、生命科学、大数据科学等学科理念和技术，创新工程地质环境与灾害防控新理论和技术，提升工程地质环境与灾害科学水平，服务国家重大工程建设。

工程地质环境与灾害学科交叉研究分为学部学科内交叉和跨学部学科交叉。学部学科内交叉研究主要开展地球科学内多学科交叉融合，重点开展多圈层相互作用下地表动力学过程及其区域灾害效应、重大工程活动与地质环境演变互馈机制、重大海洋工程环境效应及其灾害机制、重大深部地质工程环境效应及其灾变机制等领域的研究。跨学部学科交叉主要是与数理科学部、工程与材料科学部、管理科学部、化学科学部、信息科学部、生命科学部结合，针对工程地质环境与灾害的演化过程和地质灾害防治关键问题，重点进行多相场跨尺度耦合的工程地质体特性表征及灾变判据，地质灾害防治（防控）的新材料、新工艺、新理论，地质灾害风险管理与调控，地质灾害救援与韧弹性社会建设等领域的研究。

一、学部内部学科交叉的优先领域

（一）多圈层相互作用下地表动力学过程及其区域灾害效应

1. 研究意义

地表动力学过程及其区域灾害效应是地球多圈层相互作用的结果。地质灾害是多圈层交互作用下地表动力学过程的产物，如大气活动影响地质灾害发生强度、频率、规模；河谷侵蚀触发沿岸地质灾害；近地表岩石圈决定了地质灾害类型；人类活动加剧了地质灾害。因此，亟须采用地理学、大气科学、地质学、水文学、地球物理与空间科学等多学科方法，开展多圈层相互作用下地表动力学过程及其区域灾害效应研究。

2. 研究目标

揭示多圈层相互作用下地表动力学过程及相互作用机制；研究气候变化、活动断裂、高原隆升及河流演化等过程中地质灾害诱发机理、演化机制与灾害效应；提高不同类型地质灾害评估、预警的准确性和时效性。

3. 关键科学问题

（1）多圈层相互作用下地表动力学过程。

（2）多圈层相互作用下区域地质灾害孕灾效应与演化机制。

4. 主要研究内容

1）气候变化地质灾害效应

揭示气候环境变化与地质灾害的协同演化机制、诱发因素与成灾机理；研究大规模、低频率极端灾害事件孕灾条件，并预测其发生概率；分析气候变化对灾害爆发、脆弱性和风险的影响程度；研究气候变化条件下基于土地利用的灾害地质风险评价方法。

2）河流流域区域地质灾害效应

研究溯源侵蚀范围、演化过程、机理及其灾害效应，分析流域内地质灾害发生规律；揭示大江大河沿岸地质灾害分布规律及演化机理；研究流域内流体迁移规律对地质灾害的诱发作用；研究平原区地上悬河稳定性的影响因素及风险评估方法。

3）活动断裂灾害地质效应

研究地震地质灾害发生机制及风险评估方法；分析多种自然灾害之间相互触发、相互作用机理，如地震活动触动滑坡、砂土液化；研究活动断裂对相关地质灾害发育分布规律的控制作用，如地裂缝、地面沉降及滑坡与活动断裂的几何、动力学关系；研究地震瞬间触发地质灾害的概率及影响规律。

4）高原隆升过程灾害地质效应

分析高原周缘快速隆升过程中剥蚀过程与地质灾害的关系；揭示环高原重大地震地质灾害链成灾机制，研发相关快速评估技术；研究重大工程和山区城镇地质灾害风险评估方法。

（二）重大工程活动与地质环境演变互馈机制

1. 研究意义

随着我国西部地区的快速发展，城镇化水平日益提升，一系列重大工程不断投入建设，工程地质环境与灾害学科亟须与地理学、地质学、地球物理和空间科学相结合，开展重大工程活动与地质环境演变互馈机制研究，为城市群规划、重大工程选址和保护区域地质生态环境提供技术支撑。

2. 研究目标

揭示重大工程活动对地质环境的影响制约规律，揭示重大工程活动与地质环境演化的互馈机制，提出重大工程与地质环境互馈调控理论和技术方法，为保障人－地系统整体协调发展提供理论支撑。

3. 关键科学问题

（1）重大工程活动对地质环境的影响评价指标与评估模型。
（2）重大工程活动与地质环境演变互馈机制数学模型。

4. 研究内容

1）重大工程对区域地质生态环境的影响规律与评价模型

开展重大工程多因素耦合作用下场地水环境变化、应力场响应与调整和位移场演变等研究；建立多因素协同作用下场地水循环变化模型，提出场地时效稳定性预测评价方法；提出重大工程活动对区域地质环境的影响规律与评价模型。

2）重大工程施工、运营与地质环境演化的互馈机制

阐明重大工程建设运营中场地地质环境条件的变化过程，揭示重大工程对地质环境的影响规律；研究地质环境演化对运营阶段重大工程稳定性的影响作用；揭示重大工程建设运行与地质环境演化相互作用影响机制，建立互馈关系定量模型。

3）重大工程活动与地质环境演变调控理论

依据重大工程与地质环境演化互馈机制、地质环境系统演变的耗散结构理论，建立基于系统耗散结构理论的重大工程与地质环境互馈调控理论；提出与重大工程相适应的生态地质环境修复方法与技术。

（三）重大海洋工程环境效应及其灾变机制

1. 研究意义

随着国家重大海洋工程的开展，围填海、海上堤坝工程、人工岛、物资储藏设施、跨海桥隧等工程建设引发的包括海洋环境污染等在内的环境与灾害问题日益突出，亟须采用与海洋科学、地球化学、大气科学、地球物理学相结合的方法，系统开展海洋工程环境效应与灾变机制研究，为海洋工程建设及其环境灾害防控提供理论技术支撑。

2. 研究目标

揭示海洋流体动力过程与海洋工程相互作用机制，建立海洋工程环境效应综合评价体系；揭示海洋工程灾害诱发及演化机制；提出海洋工程环境效应快速检测方法、高效的灾害防控措施和灾后修复措施，为实现我国安全、经济与高效的海洋工程建设、资源利用、国防建设等提供理论支撑和技术支持。

3. 关键科学问题

（1）海洋流体动力过程与海洋工程变形相互作用机制。
（2）内外动力耦合作用下海洋沉积物灾变机制。
（3）海洋工程环境效应快速检测与评价方法。

4. 研究内容

1）海洋流体动力过程与海洋工程变形相互作用机制

依据海洋工程地质条件，建立考虑潮流与波浪变化的三维地质与力学模型，研究不同海浪频谱、波谱与构筑物的相互作用关系；研究水流以及含砂波浪、气（多相流）运动特征，揭示风、浪、流、水位的多因素耦合作用对海洋工程变形稳定性影响规律；提出基于海岸演变的海岸防护与开发原则方法。

2）人工岛礁与海洋沉积物工程地质特性与灾变机理

研究动荷载作用下不同类别海洋土变形特点与强度变化规律，建立动荷载作用下海洋沉积土的强度准则与本构模型；揭示海洋沉积物与人工岛礁填筑物工程特性劣化机理，建立其力学特性劣化模型；研究分析动荷载作用下海洋工程的动力响应特征，揭示内外动力耦合作用下海洋沉积物与人工岛礁填筑物灾变机理。

3）海洋工程防灾减灾技术

依据海洋工程灾害孕育演化机制与海洋环境效应特征，采用地球物理学技术、海洋科学技术、计算机网络技术、地理遥感信息系统技术等综合技术，建立海洋工程环境效应与灾害评价体系；提出海洋工程安全性评价方法；建立智能化防灾减灾决策系统。

4）海洋工程环境快速检测和修复技术

研发基于海洋环境水力学、环境化学、遥感监测及地球物理等的海洋环境快速检测监测技术，开展近海海洋环境的动态监测，分析污染物在复杂海洋环境下的运动与演变规律，揭示污染物的污染机理与生态效应，建立多技术综合集成的海域生态环境监测、检测与评估预警体系；提出并研发海洋工程环境、水质和污染物的控制与修复技术。

（四）重大深部地质工程环境效应及其灾变机制

1. 研究意义

随着城市地下空间开发、深部资源与非常规能源开发、深部国防设施建设的迅速发展，深部地质工程诱发的地震、地质灾害、水与生态环境问题日益突出，对经济社会造成重大影响，亟须采用与地质学、地球化学、地球物理学与工程科学交叉方法，系统开展深部地质工程环境效应与灾变机制，为深部工程环境效应与灾害预测评价提供依据，为深部地下空间和资源能源开发工程的地质安全提供理论技术支撑。

2. 研究目标

运用地质学、地球化学、地球物理等勘探手段，提出深部地质体矿物结构特征多尺度识别与表征方法；突破深部地应力场测试方法与技术，建立深部复杂地质结构地应力场计算方法与评价技术，揭示深部地质工程环境效应及灾变机制；建立重大深部地质工程灾害的预警、动态反馈、调控优化的全过程控制体系和动态调控理论。

3. 关键科学问题

（1）深部地质体矿物结构特征多尺度识别与表征方法。

（2）深部复杂地质结构地应力场计算模型与评价方法。

（3）深部工程地质体热－流－固耦合算法与岩体破裂演化理论。

4. 研究内容

1）深部工程地质体结构多尺度特征及地应力场表征

基于地质与地球物理方法，结合室内试验和现场测试，提出快速获取地质体物理力学特性方法，研究深部工程地质体构造背景、矿物组成、结构类型等特征与表征方法；探索深部地应力测试方法与技术，研究深部复杂地质结构地应力场评价方法，建立深部地质体力学行为的结构与应力协同控制模型，揭示研究深部地质体应力变化对地质体结构的影响规律。

2）深部工程灾害效应及致灾机理

开展高温高压条件下岩石力学行为研究，基于原位地应力与温度条件下岩体破裂成像物理模拟，研究深部工程岩体应力变形响应与破裂演化规律，揭示岩体结构、地应力场特征、工程扰动类型对岩体破裂与气液运移的影响，研究深部工程扰动下地质体能量释放规律，提出深部地质体结构与应力演化模式，揭示深部工程灾害效应及致灾机理。

3）深部工程灾害时空预测与动态调控理论

研发深部工程地质体热－流－固耦合算法，建立深部工程地质力学模型，基于工程扰动类型、强度与时间，预测深部地质工程灾害时空风险，提出深部工程灾害时空风险评价方法，确定基于多元信息的深部工程安全监测预警标准；提出基于深部地质工程灾害孕育演化过程的预测预警、动态反馈分析、调控方法和调控措施于一体的动态调控理论，建立深部地质工程灾害时空预测与动态调控的综合集成智能系统。

二、与其他学部学科交叉的优先领域

（一）多相场跨尺度耦合的工程地质体特性表征及灾变判据

1. 研究意义

工程地质体由岩土介质、结构面、水、气体、化学物质、热量等多种要素构成，是渗流场、应力场、温度场等多场耦合、相互作用的载体。通过与工程与材料科学部、数理科学部、化学科学部、信息科学部交叉融合，研究工程地质体成灾机理必须综合考虑多场耦合、不同尺度效应下的地质体响应，这对认识地质结构单元之间的功能转化、行为互馈机制具有重要意义。

2. 研究目标

构建工程地质体结构物理模型、跨尺度地质力学模型、多场耦合模型；揭示宏观、细观、微观跨尺度关联作用下地质体成灾机理；分析地质结构要素多相多场耦合作用下的灾变机制；构建考虑多场多尺度耦合的地质体灾变评价方法和体系。

3. 关键科学问题

（1）多相多场跨尺度工程地质体结构及建模。

（2）多相多场跨尺度下工程地质体地质灾变力学模型。

4. 研究内容

1）多场多尺度工程地质体结构对灾害的控制作用及灾变判别

建立不同尺度下多场耦合灾害控制精细测量方法；研究不同尺度工程地质体结构多场响应之间的关系，探讨不同空间尺度在不同场作用下的相互作用关系，建立地质体结构与场协同控制模型；研究不同场（如渗流场、温度场）对结构变化的响应及对不同尺度下结构的影响规律，揭示结构变化对灾害的控制机制；研究多尺度结构变化与灾害发生的定性与定量关系，提出基于结构变化的灾害判别模式。

2）工程地质体多相多场多尺度耦合作用下地质力学模型

揭示多相多场耦合作用下工程地质体宏观力学特性的微观机理，建立考虑多场耦合效应的微观结构模型；研究多相多场对不同工程地质体的影响及作用机制，建立能反映不同场对不同尺度工程地质体结构及力学与变形响应的本构模型；针对不同尺度工程地质体，建立多场耦合效应下的力学模型；通过多尺度融合，建立在不同尺度下多场效应的相互影响机制与力学行为模型。

3）多场跨尺度耦合作用下工程地质体成灾特征、致灾机制

揭示区域、场地及单一地质体在不同时空尺度下的灾害特征及孕灾机理，建立内、外动力地质条件下工程地质体多场影响的敏感性区划；揭示不同工程地质体多相多场内部作用机制；依据不同区域多场耦合与工程地质体互馈响应关系，运用化学等方法控制多场耦合效应，提出基于机理的以致灾因子为导向的灾害控制方法；基于多尺度工程地质体在多场耦合效应下的灾变特征与互馈机制，提出跨尺度多学科方法融合的灾害控制方法。

（二）基于空天地一体化监测的地质灾害智能预警与风险防控

1. 研究意义

我国西部山区地质灾害大多具有高位、隐蔽性、远程运动等特点，近年来发生重大地质灾害事件近 70% 不属于已知的 30 万隐患点，地质灾害隐患识别难度大。通过地球科学部、工程与材料科学部、信息科学部、数学物理科学部交叉融合，构建空天地一体化的多元立体监测、灾害隐患智能化自动识别，提出实时动态监测预警的理论和技术方法，对提升地质灾害的风险防控水平具有重要意义。

2. 研究目标

构建基于空天地一体化的多元立体观测体系和智能化隐患识别理论技术体系，提出地质灾害危险性快速判别和定量风险评估的理论和方法；建立不同尺度类型地质灾害区域气象预警模型和单体灾害预警模型，研发地质灾害实时监测预警系统，建立示范区，

实现地质灾害隐患早期识别和监测预警。

3. 关键科学问题

（1）基于深度机器学习和云计算的地质灾害隐患智能化自动识别模型。
（2）基于多源观测数据的地质灾害精准预警模型。

4. 研究内容

1）各类地质灾害隐患特征与识别标志

分析总结各地质灾害主要类型（滑坡、崩塌、泥石流）及其亚类的地形地貌、物质组成、坡体结构、变形迹象、前兆等特征，建立基于多种类型遥感影像（光学、高光谱、合成孔径雷达、机载激光雷达等）的灾害隐患特征、识别标志和三维识别图谱。构建基于各类遥感影像的典型灾害隐患样本库。

2）基于空天地一体化的灾害隐患智能化识别理论和技术方法

研究基于光学、合成孔径雷达、机载激光雷达等影像的地灾隐患识别深度机器学习模型及其算法，提出基于大数据、云计算的地质灾害隐患快速识别技术方法，研发卫星和无人机工作过的即拍即算、实时变化检测和异常诊断的理论和技术方法，实现基于遥感的实时动态监测和灾害隐患智能化识别。

3）地质灾害隐患危险性快速判别和风险量化评估模型和方法

综合利用工程地质学、遥感科学与技术、可靠性分析、大数据、深度机器学习等，构建地质灾害隐患危险性快速判别和风险定量评估的指标体系和理论模型，实现对所发现隐患危险性的快速动态评判、风险自动评估和排序。

4）基于多源观测数据的地质灾害预警模型和实时自动预警方法

借助于统计学、可靠性分析以及大数据和深度机器学习等理论和方法，分析研究历史气象（降雨）数据和诱发灾害资料，构建降雨诱发的区域群发性地质灾害气象预警模型。研究基于多源观测数据（位移、降雨、地下水位、微震等）的单体地质灾害预警模型和判据，研发地质灾害实时监测预警系统。

（三）地质灾害防治（防控）的新材料、新工艺、新理论

1. 研究意义

随着测绘、新材料、新工艺、人工智能等学科的快速发展，地质灾害防治研究也获得了新的契机。通过与工程与材料科学部、数理科学部、化学科学部交叉融合，开展地质灾害新材料、新工艺、新理论的研究对于降低地质灾害防治成本、保护生态地质环境、提高灾害防控的可靠性和稳定性具有重要意义。

2. 研究目标

提出基于空天地观测及人工智能等技术的地质灾害智能探测新技术、新理论，研发特殊条件下地质灾害智能探测、监测设备，研制地质灾害防治新材料，编制地质灾害防治智能探测、监测与防治材料技术理论规范，为地质灾害形成演化、监测与环境效应研

究、地质灾害防治等提供新材料、新工艺和新理论。

3. 关键科学问题

（1）复杂环境条件下地质灾害智能防控理论体系。
（2）地质灾害防治新材料、新工艺、新理论。

4. 研究内容

1）地质灾害智能探测新技术、新理论

研发地质灾害监测和探测新技术与新方法，发展基于航空遥感、星载 InSAR、空基雷达、LiDAR 等的实时监测技术与理论；研发基于雷达、微波和地面监测等多源传感器的数值天气预报服务系统；研发微震、GPS、光纤传感、多点位移等相结合的深部观测和传输技术等；研究基于云计算的地质灾害大数据分析与挖掘技术，建立基于大数据的地质灾害智能化识别理论，提高多元异构数据组织管理与信息呈现能力。

2）特殊条件下地质灾害智能探测、监测理论与设备

针对高寒地区的重大灾害形成和活动特征，基于重大灾害演进和演化的关键节点，研究适用于高寒地区灾害的监测和探测新理论；针对高寒地区灾害监测的技术需求，研发适用于极寒、高海拔地区的灾害监测、探测传感器，研发适用于不同灾种的监测仪器选型和组合，开发集成性数据采集方法和无信号地区的传输方法，构建地质灾害智能综合探测与监测体系。

3）地质灾害监测和防治的新材料与新理论

研制适用于高寒、生态敏感地区的地质灾害监测和防治新材料，研究新材料与地质体、环境的相互作用机制，提出其使用方法、条件和标准；加强研究纳米技术加固机理和作用机制、有机材料加固技术和环境互馈作用、无机材料耐久性与岩土体的互相作用机理，提出高强度、耐久性和环境友好型新材料在岩土加固中的应用技术。

（四）地质灾害风险管理与调控

1. 研究意义

地质灾害风险是工程地质灾害与人类社会互馈、耦合的产物，不但涉及工程地质灾害形成机理和过程，也涉及灾害对人类社会的影响以及人类社会的反馈。随着“一带一路”倡议、川藏铁路等重大工程的实施，环境与工程地质灾害问题突显，给社会风险研究与管理带来新的机遇与挑战。通过与数理科学部、管理科学部交叉融合，加强对地质灾害风险评价与管理问题的研究，为重大工程建设和区域发展保驾护航。

2. 研究目标

采用现代高新技术与先进地质灾害风险理念，建立地质灾害的动态风险识别、评估和调控机制；合理选择风险管理工具和对策，构建地质灾害风险量度、优化处置、协同管理和应变决策系统，提升地质灾害风险管理能力和水平。

3. 关键科学问题

（1）地质灾害风险识别与评估方法。
（2）地质灾害专家系统与公共管理、社会管理的协同机制。
（3）基于地质灾害风险管理的地质灾害动态调控原理。

4. 研究内容

1）重大工程地质灾害点的早期识别、监测预警与风险控制

研究重大工程灾害形成的条件，确定孕灾因素和风险源，预测评价灾害风险关键因素与可能的风险程度，提出重大工程地质灾害点的监测理论与方法；构建重大工程地质灾害点的预警系统与灾害信息系统；提出重大工程地质灾害点的风险评估理论与方法，建立重大工程地质灾害点的应急工程救援保障技术体系；探讨重大工程地质灾害的风险管理模式。

2）地质灾害风险量度、评估和应变策略

构建地质灾害危险性评价方法体系；研究灾害体与承灾结构体的动力响应过程，提出地质灾害造成的社会影响的快速评估与决策方法；分析社会对灾害的承受能力，构建基于物理或动力过程的社会易损性评价方法；构建更完善的灾害社会风险量度、评估指标体系与分级方法；根据灾害风险，提出适宜的灾害风险预案、预防、预警措施确定方法；提出科学合理的临灾预案和应变策略，建立灾害综合防治方案。

3）可优化的地质灾害动态风险管理与调控机制

根据地质灾害体与社会承灾体的变化状态，建立地质灾害的动态风险管理和调控机制，合理选择风险管理工具和对策，分析所选择风险处理方案的风险、费用、效益，优化风险决策；依据决策方案实施风险管理计划，评价计划实施后的效果，调整地质灾害风险管理目标和方法，优化地质灾害的风险管理和调控过程。

（五）地质灾害救援与韧弹性社会建设

1. 研究意义

由于自然条件的复杂性，地质灾害的发生具有明显的突发性以及不可完全预见性，因此，提高地质灾害的救援工作能力是减少地质灾害导致人员伤亡和经济损失的重要途径。通过与管理科学部、生命科学部、医学科学部、信息科学部交叉融合，建设地质灾害救援和韧弹性社会应急救援管理体系，对当前我国城市化过程中面临的城市减灾能力提升具有重大意义。

2. 研究目标

量化防灾减灾领域韧弹性社会基本特征；建设科学高效的防灾避灾系统；建设重大地质灾害多专业、多部门联合灾害应急救援体系和协调保障机制；构建重大自然灾害灾后抢险救援机制，全面提高地质灾害的韧弹性恢复和重建能力。

3. 关键科学问题

（1）城市地质灾害高效医疗救援体系。
（2）防灾减灾领域韧弹性社会风险管理与协调保障机制。
（3）突发性灾害应急救援体系。

4. 研究内容

1）防灾减灾领域的韧弹性社会基本特征

将灾害管理纳入城市管理与工程建设各个环节，明确相关部门管理职责，建立量化指标，依据脆弱性评估结果，探索有重点的灾害防御体系，突出灾害防御体系的社会化功能，从而提高社会功能的抗灾能力。

2）地质灾害风险管理和抢险救援统一协调运行机制与智能化专业平台建设

结合重大战略工程实施中所涉及的环境与工程地质灾害，建立人类工程活动下区域地质灾害的演化趋势与风险评估模型，探索构建重大工程突发性灾害应急救援体系，包括地质灾害应急处置管理体系、应急管理地质灾害专家指挥系统与应急工程救援保障技术体系等。

3）重大地质灾害多专业、多部门联合抢险救援与协调保障机制建设

研发救援和救援实施期间的次生灾害防控预警技术，运用现代管理理论和方法，研究人、物、财、时间、信息等资源组织、规划、控制的整体运行机制；开展大规模地质灾害救援队伍调配优化、应急救援物资配置规划、应急行政体制响应等方面的理论研究，提出地质灾害高效行政应急处置新模式。

4）重大自然灾害灾后抢险救援体系构建

研发地质灾害医学救援分类、灾后救援人体生命特征原位探测新技术，研究群体防疫和心理疏导以及未来新城镇选址方法。建立相同地质背景与诱发因素下的灾害救援工程的系统化、常态化体制，提出适用于不同类型重大自然灾害处置的新技术和新方法、次生灾害防治和环境修复技术方法，研发基于生物修复的灾后环境重建系统技术。

第五节　前沿、探索、需求和交叉等方面的重点领域与方向

一、特殊岩土体灾变

1. 研究意义

“一带一路”倡议、长江经济带发展、粤港澳大湾区建设等国家重大举措的落实实施使基础设施得到重大发展的同时自然环境亦发生着重大改变，也使保障战略成功实施的重要基础——安全保障－地质环境保护面临着严峻挑战。战略实施区域是我国主要经

济社会区，该区域重大工程集中，地质灾害发育频繁。地质灾害发育的原因在于这些战略分布区的主要岩土体——西北黄土、南方红层、沿海软土等特殊岩土体，在强降雨等灾害性天气的作用下易发生灾变，引发大规模、高强度工程活动区的地质体突变、地基破坏、基础失稳、结构失效等重大灾害群发问题，其成为制约战略具体实施的基础科学问题与重大技术难题。目前对这些问题的灾变机理认识欠清楚，无法满足实际需要，因此，迫切需要开展特殊岩土体灾变理论、方法与技术及装备的系统研究，构建新的安全保障理论、方法与技术体系，为国家战略实施提供方法与技术支持。

2. 研究目标

针对“一带一路”倡议、长江经济带发展、粤港澳大湾区建设等国家战略分布区的西北黄土、南方红层、沿海软土等特殊岩土体，揭示其时空分异机制与规律，阐明本底属性与孕灾模式，揭示特殊岩土体多效应多尺度致灾机理；提出不同工况灾变评价方法，构建灾变演化综合控制理论，建立减灾示范区，形成具有国际领先水平的研发中心；服务于国家重大战略实施。

3. 关键科学问题

（1）特殊岩土体时空分异机制及其孕灾模式。
（2）特殊岩土体多效应多尺度致灾机理。
（3）特殊岩土体灾变演化防控理论与方法。

4. 研究内容

1）特殊岩土体的时空分异机制与规律

研究特殊岩土体建造改造过程与时空分布规律及其演化趋势，揭示特殊岩土体时空分布的受控制机制，提出若干代表性特殊岩土体地质结构与灾害演化规律，建立工程尺度下岩土体稳定性的界面控制理论；研究特殊岩土体分布的典型区域应力场、渗流场等特征，研究灾害性天气等环境变化对上述特征的影响规律；提出特殊岩土体致灾地质分区方法，揭示特殊岩土体对人类工程活动的响应规律及其对工程安全的影响规律，为特殊岩土体灾变系统研究奠定工程地质理论基础。

2）特殊岩土体的本底属性与孕灾模式

基于特殊岩土体地质结构分异规律，概化特殊岩土体结构类型；研究不同类型结构中岩土体自身结构及其组分的分布规律，阐明其工程地质特性；进行地质细化分区，确定其工程适宜性；提取易损性薄弱岩土体组合，研究薄弱岩土体的矿物、物理、力学、化学属性，研究岩－岩、土－岩、土－土界面以及复合岩体结构中软弱夹层的水理作用与致灾控制机制，揭示其对特殊岩土体水理致灾的控制作用与机制；研究特殊岩土体典型灾害类型，揭示岩土体水理致灾控制机制与灾害类型的内在关联，提出特殊岩土体孕灾模式，建立易损性特殊岩土体结构分级指标体系与辨识方法，确定致灾控制性岩土体结构组合。

3）特殊岩土体多效应多尺度致灾机理

基于特殊岩土体易损性辨识，研究水理作用下典型控制性的薄弱岩土体其结构、组分与裂隙等物质结构基础及变化规律，确定水理作用关键控制成分、结构等要素。概化典型干湿交替作用模式，研究薄弱岩土体水理软化过程特征与灾变临界条件；提出干湿交替作用下软化关键控制因素，建立水理软化模型，确定灾变控制变量与临界判据，建立干湿交替作用下的灾变判识方法。定量研究软化过程中宏观、细观、微观等不同尺度的渗流–化学–损伤效应规律，分析水–岩（土）相互作用的不同尺度界面过程，揭示其结构组分对水–岩（土）相互作用的影响机制；建立多尺度多过程耦合作用模型，提出灾变的多尺度多效应判据，揭示薄弱岩土体多尺度多效应致灾机理。

4）特殊岩土体不同工况灾变评价方法

概化典型工程的开挖、回填等不同工况模式，建立不同工况的特殊岩土体自持–易损性多尺度演化模型与临界状态判据，揭示岩土体松弛及软化过程中的自持–易损性演化机理。研究灾害性天气、不同工况岩土体灾变全过程时空特性，提出不同工况岩土体灾变全过程四维多尺度重构方法及其精细模拟计算方法，建立其灾变可分解多尺度计算模型。研究灾害性天气、动荷载等作用下岩土体的动力响应规律，建立岩土体对环境的时效响应模型，揭示灾害性天气与动荷载共同作用下岩土体–结构互馈机制。建立不同工况下岩土体灾变演化临界判据，揭示岩土体自持–易损性演化机理，构建不同工况特殊岩土体自持–易损性评价方法。

5）特殊岩土体灾变演化综合防控理论

依据特殊岩土体水理作用突出的特点，研究灾变早期诊断与临界状态辨识方法。研究特殊岩土体灾变演化过程中关键控制参数的量变轨迹，阐明复杂赋存环境及受荷特性，建立岩土体性能演化模型与预测预警理论。揭示地质、生态、材料等要素性质变化对岩土体自持能力的影响规律，提出灾变演化进程的综合控制变量，建立特殊岩土体灾变演化的综合控制模型，构建其灾变综合控制理论体系，建立减灾防灾示范区。

二、重大滑坡预测预报基础研究

1. 研究意义

我国是世界上滑坡地质灾害最为严重的国家之一（彭建兵，2019），滑坡地质灾害占地质灾害总数的 70% 以上。滑坡地质灾害危害严重、损失巨大，严重制约生态环境建设、区域经济和社会稳定发展（伍法权和祁生文，2015；王思敬，2004）。随着“一带一路”倡议、“长江经济带”国家战略、西气东输、西电东送、西南重大水电工程和川藏铁路等重大工程的实施，滑坡地质灾害的严重危害和潜在威胁引起了国家高度关注。滑坡预测预报是滑坡减灾防灾的重要基础，是国内外学者公认的世界级难题（唐辉明，2015；吴益平和唐辉明，2001；易顺民和晏同珍，1996）。滑坡演化过程具有阶段性、非线性和多灾变模式，滑坡预测预报工作面临巨大挑战。科学认识滑坡演化过程与物理力学机制，是实现滑坡预测预报的关键。因此，亟须面向我国乃至国际防灾减灾的重大需求，以突破滑坡预报的关键理论瓶颈为科学目标，以系统论、信息论和控制论为指导，综合运用多学科交叉融合的研究手段，系统开展重大滑坡地质结构演化机理与孕灾模式研究，揭示滑坡多场演化过程与力学起动机制，破解滑坡非线性动力演进与物理力学预报难题，建立基于演化过程和力学机制的重大滑坡预测预警模型与判据体系，实现基于物理力学机制和灾变过程的重大滑坡预测预报。

2. 研究目标

面向滑坡预测预报国际学科前沿和国家防灾减灾重大需求，系统研究重大滑坡孕灾模式，阐明滑动带动力演进机制、动水和应力驱动下重大滑坡启动的物理力学机制，实现基于物理力学机制和灾变过程的重大滑坡预测预报，为正在实施的长江经济带发展、黄河流域生态保护、“一带一路”倡议和川藏铁路建设等国家重要发展战略与计划提供科技支撑。

3. 关键科学问题

（1）地质结构－地表过程－气象耦合作用下重大滑坡孕灾模式与发育过程。
（2）不同主控因素驱动下重大滑坡启动的物理力学机制。
（3）重大滑坡演化全过程再现与过程预测预报理论。

4. 研究内容

1）重大滑坡易滑机制与孕灾模式

研究滑坡地质体物质组成、地质结构、诱发因素与滑坡灾变的关联性，揭示滑坡地质体易滑机制。研究物质组成及其空间分布、不同尺度地质结构、气象水文事件对重大潜在滑坡体演化过程的影响，提出地质结构－地表过程－气象水文复杂地质环境因素耦合条件下重大滑坡孕灾模式，建立滑坡主要灾变模式数学力学模型，定量描述滑坡发育过程。

2）滑动带动力演进机制与滑坡物理力学判据

研究滑动带形成与演化动力学全过程，揭示复杂条件下滑动带形成演化、结构改变和能量转化规律。研究滑动带微观－细观－宏观多尺度结构演变过程和能量耗散规律，建立多因素耦合作用下滑动带动力演进力学模型，揭示斜坡锁固段破坏解锁力学机制。研究滑动带动力演进目标变量与多尺度多要素演化参数之间的关联性，建立基于滑动带动力演化的物理力学预报判据。

3）动水作用下重大滑坡起动机制与力学耦合预报模型

研究降雨、灌溉和库水等动水作用下滑坡地质体工程物理灾变力学行为特征，提出不同动水渗透作用下的滑坡响应动力学模式，揭示基于水与滑坡地质体互馈灾变过程的重大滑坡启动力学机制。研究滑坡多场多尺度非线性耦合机理，分析多因素作用下的滑坡渗流场、应变场和强度等演化特征，建立动水渗透作用下重大滑坡渗流－力学耦合预报模型。

4）应力驱动下重大滑坡起动机制与预测预报

研究重力和工程扰动等驱动下滑坡地质体微观－细观－宏观多尺度损伤演化机理及力学响应规律，建立潜在滑体对应力作用的动力响应与演化灾变模型，分析不同应力作用下滑坡时效变形破坏与非线性时空演化特征，解析应力驱动下重大滑坡启动机制。在重大滑坡孕滑机制研究基础上，研究滑坡启动条件、主控因素和应力应变演化过程，提出应力驱动下重大滑坡预测预报方法。

5）重大滑坡演化阶段预测与过程预报理论

基于滑坡多场特征参量时空维度关联监测，建立滑坡演化多维信息时间序列矩阵，提出基于多场耦合机制的滑坡灾变阶段判识与预测方法，实现重大滑坡演化情景再现。采用大数据和人工智能方法，建立与孕灾模式、演化阶段相对应的滑坡过程预测模型，提出不同物理机制下滑坡过程预测阈值的确定方法，以多因素驱动下滑坡启动机制为基础，构建基于演化过程和物理力学机制的滑坡预报理论。

三、深部地质工程环境灾害效应

1. 研究意义

近年来，以“页岩气革命”为代表的深部能源资源开发、矿山工程、地热资源开发、高放废物地质处置工程、水利水电工程、交通与隧道工程、国防工程与石油储备油气重大工程建设日新月异，全球的资源能源开发向万米进发，地下空间开发逼近地下200 m。大规模深部地质工程可能引发地震、地面变形及水资源污染等环境问题，由于深部地质环境的复杂性和不可逆性，深部地质工程诱发的环境灾害效应问题成为地球科学领域需要研究的前沿科学问题。深部地质工程的类型、规模和对地质环境扰动方式的不同，将会产生不同类型和不同破坏程度的环境灾害问题，对其的认识深度和防控理论技术体系都直接影响深部开发工程的成败和区域生态地质环境是否可持续发展。因此，亟须立足于我国实际地质条件、地质环境和深部地质工程特点，揭示深部资源能源和空间利用开发过程中可能引起的重大环境与灾害机理，为实现人地协调可持续发展、国家经济社会发展与生态环境安全提供技术保障。

2. 研究目标

针对以页岩气开采、干热岩地热为代表的大规模深部地质工程环境与灾害问题，提出深部岩体结构、地应力场与工程扰动互馈耦合作用机制及模型，揭示深部地质工程引发的地质环境灾变机理，提出环境灾变的评价模型、预测方法、防控理论与技术手段。

3. 关键科学问题

（1）大规模人工致裂扰动下深部应力与岩体结构演化机理。

（2）人工致裂引起的工程地质体渗流场演变规律。

（3）深部地质工程灾害效应及调控机制。

4. 研究内容

1）深部工程地质体多尺度结构面发育规律

依据深部工程地质体结构面的发育特征与赋存环境，从区域断裂带－场地断层－岩体破碎带－节理裂隙－隐微结构面－岩石组分结构 6 个尺度分析深部工程地质体全尺度结构特征与关系，研究深部工程地质体赋存的应力、温度与渗流场条件，确定区域不同尺度结构面的联系与制约关系；揭示深部工程地质体多尺度结构面的发育规律。

2）大规模人工致裂引起断层活化机理与地震风险

分析地层、断层以及构造裂隙带对页岩气储层封闭性的控制作用，揭示开采区地层构造发育规律和地层封闭模式，确定储层人工致裂诱发地层封闭性改变的力学条件，揭示人工致裂引起裂隙、断层连通性的力学机理；建立人工致裂诱发断层错动、裂隙扩展及地层界面滑移的力学模型，建立人工致裂导致地层封闭性破坏形成导水通道力学的判据，提出大规模人工致裂诱发地震风险评价方法。

3）人工致裂与抽采工程引起地表变形机理与预测模型

研究人工致裂、能源资源抽采等工程与地表变形的时空相关关系，揭示人工致裂引起地层空隙水压力变化规律及储层与覆岩变形机理；基于遥感区域监测与地表变形监测数据，采用理论计算与大规模数字模拟技术，建立人工致裂压力、排量、持时与地表变形的关系模型，页岩气抽采与地表变形的长时间尺度关系模型，提出能源资源开采引起的地表变形预测模型与评价方法。

4）压裂液运移规律与地下水环境影响评价预测

发展传统和非传统水化学与稳定同位素污染物源解析和示踪技术，研究深部环境条件下流体与污染物在岩石孔隙、裂隙中的运移规律；提出适应的跨尺度地下水流动与物质迁移数学方法，揭示压裂液组分在地层中的弥散与输运的动力学机制；提出从渗透结构、渗流、溶质运移三个层次逐级开展压裂过程中的特征污染物组分与来源识别的方法，建立大规模压裂过程导致的地下水环境问题的定量评价和预测体系。

四、青藏高原地质灾害动力学

1. 研究意义

青藏高原具有强烈的构造运动、极端的气候条件、特殊的地形条件与复杂的地质条件，是国际地学界公认的地学研究最理想的天然实验室。随着“一带一路”倡议的推进，川藏铁路、川藏高速公路、中巴经济走廊、巨型水电站等一大批重大工程的展开，青藏高原获得了前所未有的发展机遇，地质灾害防治工作也面临巨大挑战。构造活动、高原隆升导致的区域地质环境、地形地貌和气候变化格局是造成青藏高原高位崩塌、滑坡、泥石流、冰（雪）崩、冰湖溃决、堰塞湖等灾害高发、频发、突发、群发，且灾害链效应明显的根本原因。为科学开展青藏高原区防灾减灾，亟须研究内外动力耦合作用下的青藏高原及其周缘地区地质灾害时空发育分布规律，揭示重大灾害致灾机理，建立灾害链预测评价理论与模型，以保障国家“一带一路”倡议和西部大开发战略等的高效安全实施和实现人–地协调发展。

2. 研究目标

通过地质学、地理学、气象学、生态环境学等多学科交叉，构建青藏高原地质大数据系统，揭示青藏高原地质灾害时空分布与动态演化规律及构造–气象–地表过程致灾机理；建立强震次生灾害发育分布与长期效应预测模型；研究高位远程特大灾害体形成演化动力学机制，建立灾害链效应预测评价模型；发展空间观测与信息技术，提出青藏高原巨灾风险识别理论与技术方法体系，建立时空演化预测评价模型。

3. 关键科学问题

（1）青藏高原复杂环境内外动力耦合和协同致灾机理。

（2）高位远程灾害动力学与灾害链预测评价模型。

4. 研究内容

1）青藏高原构造动力孕灾背景与灾害时空分布及动态演化规律

厘清青藏高原区域地质构造环境与历史构造运动期次；分析板块缝（结）合带的构造动力过程，剖析青藏高原构造动力孕灾背景；建立青藏高原及周缘地质灾害数据库，揭示青藏高原构造动力过程与灾害发育分布规律的时空耦合关系。

2）青藏高原构造－气象－地表过程耦合致灾动力学机制

研究构造动力累积作用下的岩体结构损伤与破碎机理；揭示重大灾害对气候变化的响应机制与规律；剖析青藏高原隆升与气候变化耦合作用下的青藏高原表生改造过程；揭示内外动力耦合作用下的青藏高原重大灾害动力学机制。

3）青藏高原地震次生灾害时空发育规律与长期效应

以湖相沉积为突破口，优化测年方法，重建古地震、古气候、古灾害事件，刻画古灾害灾变过程与时空格局；建立现今强震次生灾害演化数据库，揭示强震次生灾害的时空演化规律；综合古今重大灾害灾变过程与机理研究，建立强震地震灾害长期效应预测评价模型。

4）青藏高原高位远程特大灾害形成演化动力学机制与灾害链效应

研究高海拔极寒区岩体结构损伤破碎机理与动态演化规律，剖析特大规模高位山体（冰雪体）的启动机制；剖析特大高位山体（冰雪体）高速远程机理与动力学特征；揭示重大高位崩塌滑坡、冰崩碎屑流、特大规模泥石流、冰湖溃决和巨型灾害链孕灾、行程、演进和致灾全过程与机理；建立高原隆升与气候变化跨尺度耦合作用下巨型灾害链生效应预测模型。

5）青藏高原巨灾风险识别与时空演化预测

研究青藏高原巨灾及其灾害链隐患早期识别理论与技术方法体系，发展空间观测与信息技术，研制适用于青藏高原高海拔、高寒等特殊条件下的智能化预警仪器设备；建立各类典型山地灾害的实时智慧监测预警模型与系统；构建构造动力过程与全球气候变化联合驱动下的巨灾时空演化预测模型。

五、黄河中游区域性煤炭开采地质－生态环境灾变机理与防控

1. 研究意义

黄河是中华民族的“母亲河”，也是我国重要的生态屏障和经济地带。黄河中游流经黄土高原和毛乌素、库布齐两大沙漠，是我国生态环境最脆弱的地区。同时，该区域

也是我国最大的煤炭基地，是保障我国煤炭能源持续供给、不可替代的最大产能区。多年来的开采实践表明，黄河中游区域性煤炭开采诱发大型涌突水、地裂缝及滑坡崩塌等地质灾害，对井下和地面安全构成严重威胁，同时造成区域性水位下降、水资源枯竭、生态层破坏，严重威胁黄河流域生态环境安全。研究黄河中游区域性煤炭开采地质灾害及其生态环境效应、灾变机理及其空间分异规律，建立采动影响下区域地质－生态环境协调与灾变防控机制，实现区域煤炭开采生态环境安全保障目标，是“黄河流域生态保护和高质量发展”国家重大战略实施的需要，也是工程地质环境与灾害学科急需破解的重大科学技术难题。

2. 研究目标

系统认识黄河中游区域性煤炭开采地下－地表－生态耦合作用机制及其空间分异规律，揭示采动条件下区域地质灾害孕灾－致灾机理及生态环境链生灾变机制，建立采动影响下区域地质－生态环境灾变防控与人地协调理论与技术方法。解决黄河中游区域煤炭开采地质－生态环境保护的关键性前沿科学问题，服务于“黄河流域生态保护和高质量发展”国家战略。

3. 关键科学问题

（1）覆岩（土）体采动破裂突水时效性演变过程与机理。
（2）采动条件下覆岩－地表耦合作用与表生地质灾害形成机理。
（3）区域煤炭开采地质灾害生态环境链生灾变机理及调控机制。

4. 研究内容

1）黄河中游区域煤田地质、生态环境演变及孕灾模型

认识黄河中游区域煤田内外动力作用背景，厘清煤系－覆岩土（水）－地表生态组成结构、水岩土物理力学性质及其空间差异；阐明区域生态环境演变规律，揭示煤炭资源开发以来演变及其关联机制；建立区域地质－生态环境孕灾模型，并进行空间区划。

2）煤炭开采涌突水时效性及其对区域水循环影响

研究煤层开采导水裂隙带发育规律及其空间差异性；阐明关键隔水层采动卸载渗流力学性质、水－土岩相互作用及采后应力恢复蠕变结构效应以及渗透性变化特征与规律；揭示覆岩（土）采动破坏突水时效变化过程与机理，建立突水预测模型；再现区域矿井涌突水（排水）对浅表层水循环的影响过程。

3）煤炭开采覆岩－地表耦合作用过程及表生地质灾害机理

开展煤炭开采扰动下覆岩移动－地表耦合作用多场多参量空－天－地－井监测和数值物理模拟，研究采动地裂缝形成机理、条件阈值及模式类型；揭示黄土高原丘陵沟壑区采动崩塌、滑坡形成机理及空间差异性，建立黄土边坡采动破坏力学模式。

4）区域煤炭开采地质灾害对生态环境影响及链生灾变机理

研究煤炭开采大型涌突水渗流场－饱气带湿度场－土壤干层变化特征规律、采动变形土－植被根系相互作用过程与机制，揭示采动地质灾害对沙漠化影响及链生灾变过程

机理；研究采动地裂缝、滑坡等地质灾害对土壤侵蚀过程影响的特征规律，揭示其对水土流失影响及链生灾变过程机理；建立区域采煤扰动环境工程地质模式，进行空间区划。

5）区域煤炭开采地质－生态环境灾变防控与人地协调机制

构建环境工程地质灾变模式矿井（区）煤系覆岩土－水－生态层三维透明模型，采用多场多参量监测、多场耦合物理和数值模拟方法，研究调控采煤方法、优化采煤布局、离层充填减沉、隔水层受损修复等防控地质－生态环境灾变的机理和效果；提出煤炭开采地质－生态环境灾变防控理论体系和人地协调科学模式，建立孕源断链减灾模式示范区。

六、黄河流域地质地表过程与重大灾害发育规律及其成灾机理

1. 研究意义

黄河流域横跨世界上最年轻的青藏高原、黄土高原以及活动的华北平原，地质过程复杂，地貌过程迅速。流域内大型滑坡、泥石流、洪涝等重大灾害分布广、类型多、突发性强、群发周期显著，危害极重。这些重大灾害既造成土体大量搬移，加剧水土流失，还导致大量的泥沙输入到黄河，成为黄河泥沙的重要来源，双重恶化黄河流域的生态环境。同时，生态环境的恶化又促发重大灾害的发生，二者互为因果。因此亟须从圈层相互作用、地质地表过程、人－地关系协调的角度出发，研究全球环境变化背景下黄河流域的地质地表过程及其灾害效应，揭示重大灾害的发育规律与成灾机理，提出重大灾害有效防控理论与生态安全对策，为探索重大灾害与生态环境的关联研究开辟一条新的路径，为黄河流域生态环境保护和高质量发展国家战略的安全实施保驾护航。

2. 研究目标

面向黄河流域生态环境保护与高质量发展国家战略需求，针对黄河流域地质地表过程与灾害效应等关键科学问题，系统研究黄河流域地质地表过程的孕灾背景、模式和生态危害，建立黄河流域重大灾害时空分布模型，阐明地质地表过程诱发重大灾害的动力演进机制、周期响应规律、成灾机理及链生演化机制，以及全球变化背景下黄河流域洪涝灾害链生放大效应，提出黄河流域重大灾害风险防控理论与生态安全对策，为黄河流域生态环境保护和高质量发展提供科技支撑。

3. 关键科学问题

（1）地球动力系统相互作用下流域重大灾害响应机制与链生演化规律。

（2）基于人地协调的流域重大灾害风险防控与生态安全对策。

4. 研究内容

1）黄河流域重大灾害发育规律、孕灾模式与生态危害

研究流域上游青藏高原、中游黄土高原和下游华北平原等重大灾害区域分布规律，

阐明重大灾害群发与区域构造、局部构造、断裂构造、高原地貌、河流地貌之间的空间关系，编制黄河流域重大灾害分布图；查明流域重大灾害类型及主要诱灾因素，揭示不同构造特征、地层岩性等对表生灾害孕育和形成的影响规律；研究重大灾害与孕灾背景条件的相互关系，包括灾害与黄河流域特殊的沟壑分布、河流分布、降雨的关系等，揭示地表过程和气候过程耦合作用对重大灾害的制约机制；研究黄河流域滑坡泥石流和洪涝灾害对全域生态环境的影响规律，定量评估灾害影响下黄河流域的生态安全风险。

2）黄河流域地质地表过程与灾害周期响应规律

系统识别黄河流域各种类型的重特大古灾害事件，分析灾害演化及发育规律；基于不同成因类型巨灾年代学研究，揭示黄河流域历史巨灾活动规律及历史时期巨型滑坡、泥石流、大洪水的形成条件与演化机制；研究黄河流域现今构造演化－气候变化格局的形成与演化过程，探明气候变化与黄河流域重大灾害发生的内在联系；综合分析黄河流域历史巨灾事件的规模和影响范围，研究黄河流域地质地表过程、气候过程与重大灾害群发周期的对应关系，揭示黄河流域地质地表过程、气候过程对重大灾害过程的控制机制。

3）地球动力耦合作用下黄河流域重大地质灾害响应机理与灾害链演化

研究黄河流域构造动力、地表动力、水动力和人类工程营力跨尺度耦合作用基本规律，揭示地球动力耦合作用下黄河流域重大灾害响应规律；研究物质组成及其空间分布、不同尺度地质结构、气象水文事件对重大灾害形成演化的影响机制，揭示构造－地表－气候－人类活动过程耦合形成大规模、群发性地质灾害（链）的机制；研究重大工程活动下重大灾害响应机制、影响范围与受灾程度，揭示黄河流域人地失调的地质灾害响应规律；研究不同地表侵蚀过程发育和演化的主要影响因素及耦合关系，阐明黄河流域“构造－气候－地表过程”的相互作用机理，揭示地球动力耦合作用下黄河流域重大地质灾害响应机理与灾害链演化机制。

4）全球变化背景下黄河流域洪涝灾害发生规律及链生放大效应

基于大数据理念和气象－水文耦合模型，分析黄河流域上中下游水循环过程时空异质性，阐明黄河流域上中下游气象水文过程及洪涝灾害时空格局与发生机理，揭示气象水文极值时空演变及其致灾成害机理；研究黄河流域大范围长历时洪涝灾害形成过程、主要驱动因子及其对气候变化的响应过程与机理，揭示黄河流域洪涝灾害致灾因子及其对气候变化的响应机理；研究黄河流域洪涝灾害链形成阈值及主要灾害链类型，分析洪涝灾害链的物理过程、阈值、时空演化特征，揭示黄河流域上中下游气象水文灾害主要灾种及灾害链形成机制与放大效应。

5）黄河流域重大灾害风险防控与生态安全对策

调查评价黄河流域滑坡泥石流和洪涝等重大灾害潜在风险源，基于历史灾害事件的风险评估，构建多源、全要素、全深度风险动态监测与综合评估模型及智能分析系统；建立基于构造演化－气候变化－人类活动的重大灾害风险定量评估模型，研究黄河流域地球圈层相互作用下人地协调的地质安全保障策略，构建基于传统技术与人工智能技术的黄河流域重大灾害风险管控体系；阐明黄河流域重大灾害的控制性理论，提出针对黄河流域重大灾害的风险防控方法，建立重大灾害链预测理论；建立黄河流域重点灾害区域智能化联动应急管控平台，构建基于风险管控的安全黄河体系。

（参编人员：彭建兵　唐辉明　施　斌　王　清　李　晓　许　强　周翠英　李文平　胡新丽　黄强兵　祁生文　李长冬　唐朝生　范宣梅　许　领　龚文平　张帆宇　李守定　陈慧娥）

参考文献

安德鲁·古迪 . 1989. 人类影响—在环境变化中的作用 . 北京 : 中国环境科学出版社 .

陈剑平 , 付荣华 , 吴志亮 , 等 . 2003. 环境地质与工程 . 北京 : 北京地质出版社 .

贾永刚 , 李相然 , 韩德亮 , 等 . 2003. 环境工程地质学 . 山东 : 中国海洋大学出版社 .

林宗元 . 1990. 环境工程地质学的兴起与发展 . 勘察科技技术 , 32(2) : 32-35.

刘传正 , 王恭先 , 崔鹏 . 2008. 地质灾害防治研究现状与展望 // 中国科学技术协会 . 2008—2009 地质学学科发展报告 . 北京：中国科学技术出版社：123-138.

潘懋 , 李铁锋 . 2012. 灾害地质学 . 第 2 版 . 北京 : 北京大学出版社 .

彭建兵 . 2019. 工程地质与环境灾害学科面临的挑战与机遇 . 西安：长安大学 .

唐辉明 . 2015. 斜坡地质灾害预测与防治的工程地质研究 . 北京 : 科学出版社 .

王思敬 . 2004. 地圈动力学——地质环境、灾害与工程研究基础 . 工程地质学报 , 12(2) : 113-117.

王思敬 , 周平根 . 1995. 环境地质学的现状及发展方向展望 . 工程地质学报 , 3(4) : 12-18.

伍法权 . 2002. “2002 年中国西北部重大工程地质问题论坛大会”学术总结 . 工程地质学报，10(4) : 440-442.

伍法权 , 祁生文 . 2015. 工程地质 : 科学、艺术和挑战——从 2014 年全国工程地质年会看工程地质学科发展 . 工程地质学报 , 23(1): 1-6.

吴益平 , 唐辉明 . 2001. 滑坡灾害空间预测研究 . 地质科技情报 , 20(2) : 87-90.

易顺民 , 晏同珍 . 1996. 滑坡定量预测的非线性理论方法 . 地学前缘 , 3(1) : 77-85.

殷跃平 . 2018. 全面提升地质灾害防灾减灾科技水平 . 中国地质灾害与防治学报, 29（5）: 1.

Alexander D. 1983. Environmental geology: A hazard in its own right. Environmental Management, 7(2) : 125-128.

Arnould M. 1976. Geological hazards-insurance and legal and technical aspects. Bulletin of the International Association of Engineering Geology, (14) : 263-274.

Hagan W W. 1994. The role of the state geological surveys in environmental geology. Environmental Geology, 23: 166-167.

Hatheway A W, Reeves G M. A. 1999. second review of the international status of engineering geology-encompassing hydrogeology, environmental geology and the applied geosciences. Engineering Geology, 53(3-4) : 259-296.

Lawrence L. 1992. Planning the Use of the Earth’s Surface. Berlin: Springer Publishing.

Martinez G, Armaroli C, Costas S. 2018. Harley M D, Paolisso M. Experiences and results from interdisciplinary collaboration: Utilizing qualitative information to formulate disaster risk reduction measures for coastal regions. Coastal Engineering, 134: 62-72.

Singhroy V, Mattar K E, Gray A L. 1998. Landslide characterization in Canada using interferometric SAR and combined SAR and TM images. Advances in Space Research, 21(3): 465-476.

Toll D G. 1996. Educational issues in environmental geological engineering. Geological Society, London, Engineering Geology Special Publications, 11(1): 381-385.

Zektser I S, Marker B, Ridgway J, et al. 2006. Geology and Ecosystems. Boston: Springer Publishing.

第十章 环境地质学（D0706）

第一节　引　言

环境地质学是环境科学与地质学（主要涉及水文地质学、工程地质学、构造地质学、地球生物学、地球化学、岩石学、矿物学、沉积学和第四纪地质学、矿床学、石油天然气地质学等）的交叉学科，旨在揭示地质环境系统（由岩土体、有机质、地质流体和地下微生物群落组成）的成因与演化规律，研究地质环境与人类相互作用的机制与生态环境效应，应用地质学和相关学科的理论与方法体系探索地质环境问题及其解决方案，为协调人–地关系、确保环境宜居、人类健康和生态安全提供科技支撑。

一、环境地质学的学科定位

从环境地质学产生的历史背景中可以看出，环境地质学是环境科学在发展中与地质科学汇流、交融的新学科，具有多学科综合、渗透的鲜明特色。与其他传统学科不同，它不是沿着独立的发展道路成长起来的，而是借助各分支学科的发展而发展的。早在环境地质学被公认为一门学科之前，就已有许多学科以传统的专业视角向环境地质领域扩展，出现了一系列的方向，如环境水文地质学、环境工程地质学、环境地球化学、农业环境地质学、地质灾害学、环境矿产资源学等。直到今天，这一势头仍未减弱，新的研究方向还在增加。由此可见，多学科理论的综合，科学与技术的一体化应是环境地质学的基本特点。促使环境科学与地质科学交叉、地质科学内部各分支学科相互渗透的重要原因之一是当今人类面临着地质环境问题的严重挑战。这些挑战不仅影响着当代社会经济稳定健康发展，而且对子孙后代所应享有的生存、发展的权利也造成了威胁。所以，在这一背景下产生的环境地质学必然担负起研究地质环境问题的重任。

在人们长期的生活、生产实践中，虽然许多具体的地质环境问题已被人们知晓，但其真正成为专门的学问，深入系统地开展研究，在学术界仍是一个需要不断探索的新课题。这些问题不再局限于对现象的野外描述、归纳和对某单一专业知识的运用和分析，而是要求从多学科综合的角度探索其生成机理和发生规律；不仅仅就事论事，简单查明原因，而是要求从人－地关系或者说站在社会经济与自然相互作用相互制约的全局性高度，分析问题产生的根源，由当前的问题转向长期可持续发展；在理论上，要求突破原有的静态、平衡的思维模式，探索地质环境系统的演化规律以及远离平衡条件下的预测理论。总之，要求研究者站在新的起点上，这样视野更加开阔，知识结构更完善，认识更加深刻。

二、环境地质学的理论体系

基于上述认识，环境地质学的理论体系大致可分为两个层次：第一层次是基础理论，第二层次是专业理论。

环境地质学发展的关键是必须准确把握地质环境的本质特征，且必须从科学思维方式的变革与突破上来解决。新概念的创立、先进思维方法的引领，也是地质环境问题研究水平提升的必由之路。正所谓，概念是科学的基石，先进的思维方式是科学发现的先导。因此，环境地质学的基础理论必然具有强烈的科学方法论的色彩，以达到多学科的综合及对普适性规律认识的目的。环境地质学的基础理论是运用系统科学的观点和分析方法，研究地质环境系统，包括地质环境系统的概念、组成结构、功能特征，地质环境系统演化规律，关于地质环境问题的发生及其防治的哲学思考以及构建研究思路的基本方法等。这部分内容又被称为理论环境地质学，是系统科学、地质科学、环境科学三者结合的产物，也是研究和解决地质环境问题、建立人－地和谐关系的基本指导思想。

面对现象丰富、成因各异、过程复杂的地质环境问题，仅有基础理论的知识是不够的，要解决具体的问题还必须具备相关的专业知识，特别是地质科学中的岩石学、地层学、地质构造学、第四纪地质学、水文地质学、工程地质学等。这些分散在各传统学科的理论知识和技术方法构成了环境地质学理论体系的第二个层面。需要指出的是，环境地质学与各传统学科的关系不是前者兼并后者，也不是取代后者，而是以地质环境问题为切入点，进行知识重组。

三、环境地质学的研究主题

环境地质学研究的主题可以用一句话来概括，即研究人与地质环境的关系，简称人－地关系，包括：①地质背景、地质作用及其过程，对人类的意义和影响；②人类活动引起的地质环境变化的地质学基础及社会学问题；③如何协调人与地质环境的关系。当前阶段，环境地质学主要研究以下四个科学问题：一是地质环境问题出现的原因；二是各种地质环境问题的发生机理；三是地质环境问题的发育规律；四是各种地质环境问题的防治办法。

对于地质环境问题出现原因的研究，主要是依托研究区地质背景和社会经济或人为活动背景，分析问题产生的因果联系或时空对应关系。

关于各种地质环境问题发生机理的研究是指对各个灾种或问题的物理、化学作用的理论分析，或者说是对事件发生的地质学机理的论述。

地质环境问题发育规律的研究指区域性连带出现的多种问题（现象）或对某一种问题的时空分布特征的阐述和预测。

地质环境问题的防治主要是探讨防范或化解地质环境问题的办法，包括工程技术手段的使用和社会管理措施的制定等。

四、环境地质学的研究方向

当前环境地质学的重点研究方向见表 10-1。

表 10-1　环境地质学领域重点研究方向

研究方向	重点研究内容	备注
重点研究方向一	地球表层系统物质循环的环境效应	地球表层
重点研究方向二	深部地质过程的地质环境效应	地球深部
重点研究方向三	极端地质环境的水岩作用及其生态环境效应	极端环境
重点研究方向四	城镇人 - 地界面地质过程及其空间优化	城市地质
重点研究方向五	矿产资源开发的地质环境效应与生态修复	矿山地质
重点研究方向六	地质环境与人体健康	健康地学

第二节　学科发展现状

地质环境是支撑人类生存和发展的重要基础。随着世界人口剧增和经济迅速发展，人类活动深刻影响了地质环境，全球性的环境地质问题频发。环境地质学以人 - 地相互作用关系研究为核心，旨在服务于人与自然可持续发展。

文献计量是一种基于数理统计的定量分析方法，以科学文献的外部特征为对象，分析文献的分布结构、数量关系和变化规律，从而客观定量地反映学科或某领域的整体布局、研究热点、前沿动态和发展趋势，其广泛应用于趋势分析。运用文献计量分析方法对近 20 年（2000～2019 年）Web of Science 数据库中环境地质学研究相关文献进行较为全面的分析，借助文献的数量特征与可视化解析，揭示国内外环境地质学领域的发展历程、研究趋势、热点和关键词，并就国内外的发展布局和主要成就进行对比分析。

选择 Web of Science 平台的 SCIE 数据库，针对 6 个重要方向（表 10-1）进行文献检索与计量。文献数据根据事先筛选的主题词组合进行检索。例如，在地球表层系统物质循环的环境效应方向，选取“the earth surface system”或“earth critical zone”和“nutrients”或“trace elements”或“contaminants”和“biogeochemical cycle”或“cycle”或“dynamics”作为主题词进行检索；在深部地质过程的地质环境效应方向，选取“deep earth processes”或“deep geological processes”和“environment”或“eco-geology”或“ecology”或“evolution”作为主题词进行检索；在极端地质环境的水岩作用及其生态环境效应方向，选取“fluid”或“geothermal”或“hydrothermal”或“hot spring”或“shale gas”或“glacier”或“permafrost”或“extreme environment”和“water-rock interaction”或“fluid-rock interaction”作为主题词进行检索；在城镇人 - 地界面地质过程及其空间优化方向，选取“city geology”或“urban geology”或“urbanization”或“city”和“development”或“environment”作为主题词进行检索；在矿产资源开发的地质环境效应与生态修复方向，选取“mining”或“mine”和“environment”和

“contamination” 或 “ecological” 和 “recovery” 或 “reconstruction” 或 “rehabilitation” 作为主题词进行检索；在地质环境与人体健康方向选取 “geogenic contaminant” 或 “medical geology” 和 “environmental health” 或 “endemic disease” 作为主题词进行检索。

外文文献数据来源于 Web of Science 平台的 SCIE 数据库，采用主题词检索 2000～2019 年与环境地质学相关的文献，从 6 个重点方向进行文献计量学分析。需要指出的是，环境地质学属交叉学科，外延十分广阔，前述主题词组合未必能将相关文献全部囊括，但应足以代表相关方向的主体研究工作。以下对文献计量结果进行简要论述。

一、总体发展趋势

在 Web of Science 平台的 SCIE 数据库，根据主题词检索环境地质领域相关文献。2000～2019 年总计检出 15 493 篇论文，发文量逐年统计如图 10-1 所示，其主要集中在极端地质环境的水岩作用及其生态环境效应、矿产资源开发的地质环境效应与生态修复、地球表层系统物质循环的环境效应、深部地质过程的地质环境效应等研究方向，其分别占全球总论文数的 27.9%、25.2%、15.0%、13.2%，对城镇人－地界面地质过程及其空间优化、地质环境与人体健康等研究方向关注度较小，其发表论文数占全球总论文数的比率不超过 10%。2001～2006 年，全球发表的总论文数总体呈现增长趋势，但增长相对缓慢，年平均增长率仅为 6.7%，2006 年之后，全球发表的总论文数增长相对较快，年平均增长率 21%。

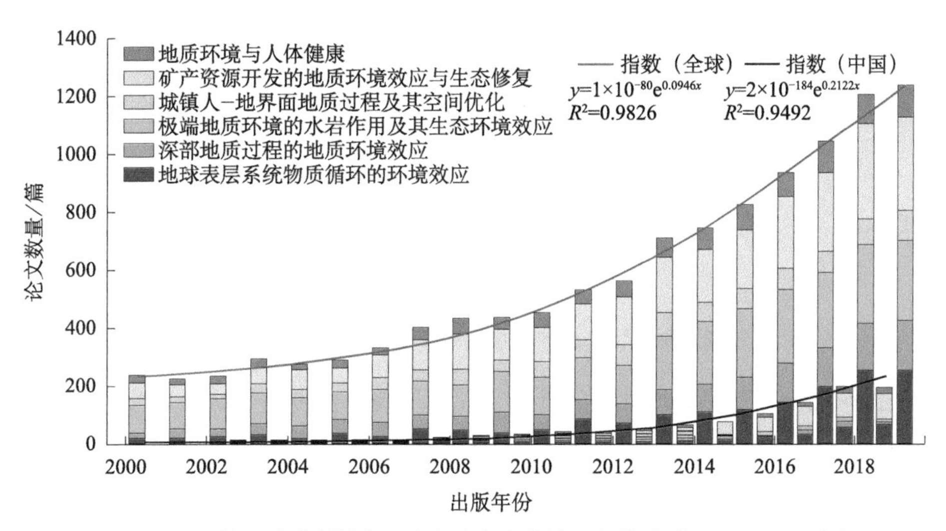

图 10-1　环境地质学领域各重点方向文章数量逐年统计（2000～2019 年）

我国 2000～2019 年共发表论文 1073 篇，占总论文的 6.9%。其主要集中在地球表层系统物质循环的环境效应、深部地质过程的地质环境效应、矿产资源开发的地质环境效应与生态修复等研究方向，发文占比分别为 24.3%、14.3%、44.5%。极端地质环境的水岩作用及其生态环境效应、城镇人－地界面地质过程及其空间优化、地质环境与人体健康等研究方向发表论文数较少，分别占总论文数的 6.3%、0.8%、9.8%。我国发文数的变化趋势与全球的基本保持一致。相对全球发文数，我国 2001～2019 年年平均增长率为 70%，是全球论文年平均增长率的 5 倍左右，呈现出井喷式增长。

21 世纪以来，全球的环境地质研究主要包括全球性气候变化、物质和能量循环等。欧美发达国家和地区逐渐确立了以问题为导向、以需求为研究目标的思路，相关研究在气候与土地利用变化、水资源利用和保护、地质灾害预警预报、城市环境地质、矿山环境地质、环境健康、生态系统等领域不断完善和深化。中国在此阶段确立了走可持续发展的道路，将保护生态环境列为一项基本国策，中国发表文章占比从 2000 年的 5.6% 增加到 2019 年 25.8%，在全球文章总数的占比提高了近 4 倍，对国际环境地质学科发展的贡献在显著提升。将 2000 年为起点，以 5 年为一个阶段，分析 2000～2004 年、2005～2009 年、2010～2014 年和 2015～2019 年环境地质学领域论文的分布情况（图 10-2），中国发表文章占比从 2000～2004 年的 7.2% 增加到 2015～2019 年的 22.4%，中国与美国发文量的差距正在逐步减小。

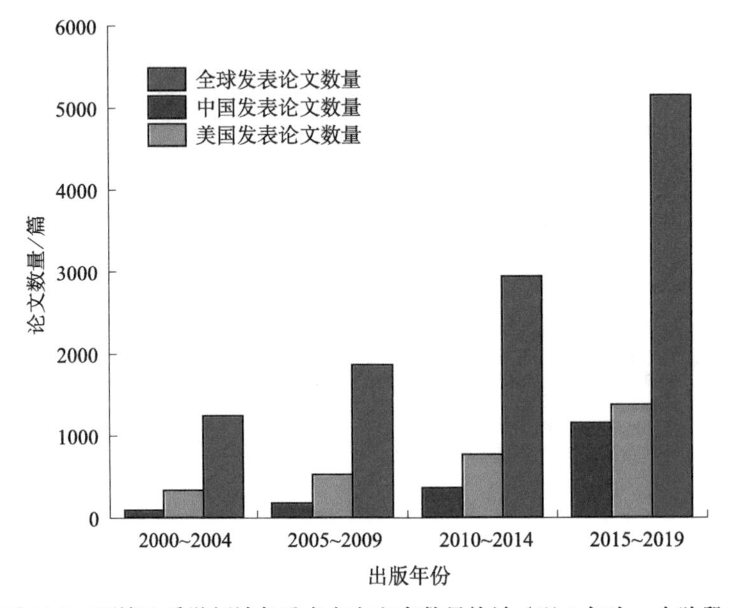

图 10-2　环境地质学领域各重点方向文章数量统计（以 5 年为一个阶段）

对 2000～2019 年环境地质各重点研究领域发表论文的关键词关联度进行统计分析发现（图 10-3），水、地下水、土壤、沉积物、重金属、微量元素、来源、演化、关键带、系统等成为关联度最高的论文关键词。随着城镇化快速推进，地质环境急剧变化，土地、地下水、矿产等资源开发力度加大，地下水资源衰减、地质灾害、矿山环境地质问题、水土污染等问题突出，加剧了资源、环境和人口之间的矛盾，威胁了人类生存和可持续发展，成为环境地质研究关注的主要对象。

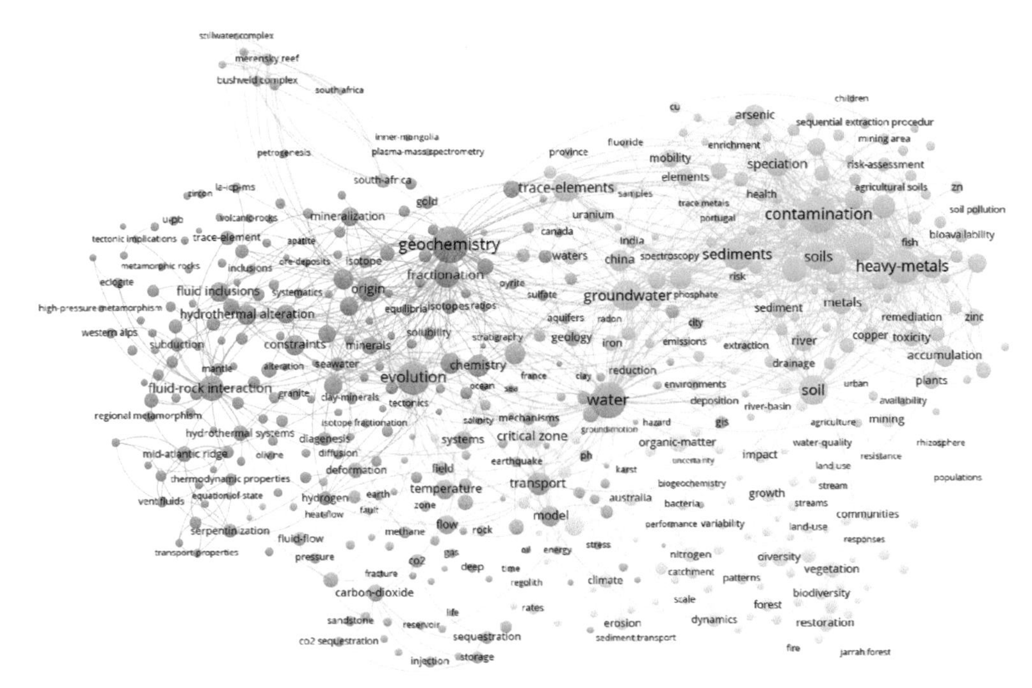

图 10-3　环境地质各重点研究领域发表论文的关键词关联度分析（2000～2019 年）

二、各重点研究方向的国际地位及我国的战略布局

（一）地球表层系统物质循环的环境效应

如图 10-4 所示，在地球表层系统物质循环的环境效应研究领域，2000～2019 年中国共发表 261 篇论文，占全球该领域发文数量的 11.2%。2003～2013 年，我国在该领域的发展较为缓慢，2013 年之后才呈现出快速增长的趋势。

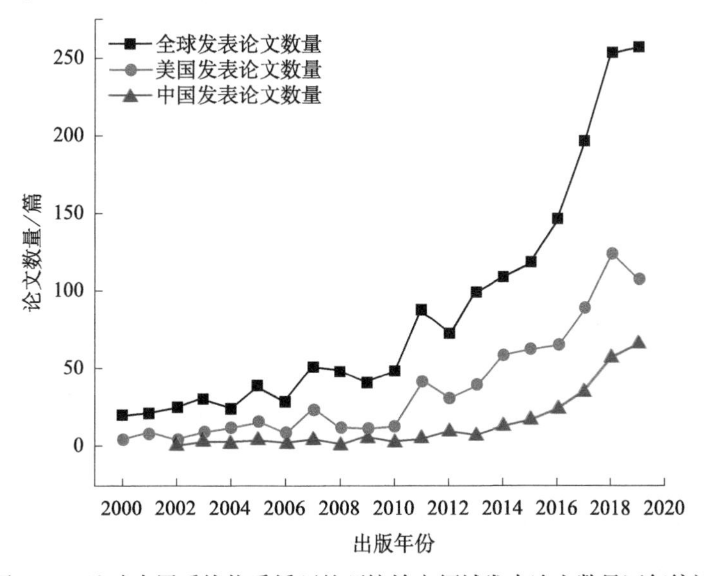

图 10-4　地球表层系统物质循环的环境效应领域发表论文数量逐年统计

地球表层系统多圈层交互作用带又称为“地球关键带”。2001 年美国国家研究委员会率先提出地球关键带概念。在过去十几年间，美国国家科学基金会（NSF）、美国地质调查局（USGS）分别在基于环境梯度的地球关键带建站观测。欧盟 2006 年发布土壤保护主题战略，开展以土壤结构为核心的地球关键带调查和观测。法国、德国、澳大利亚也分别推出了地球关键带提升计划。2014 年美国建设的地球关键带观测站达到 10 个，并形成首个地表过程系统观测网络。我国地球关键带研究相对较晚，最早被我国土壤学与水文土壤学领域于 2010 年左右引入。基于强烈的社会需求和科研价值，以地球表层系统物质循环与能量交换作为主要研究内容的地球关键带科学已经成为目前地球科学领域非常重要的前沿研究方向之一。

（二）深部地质过程的地质环境效应

如图 10-5 所示，在深部地质过程的地质环境效应研究领域，2000～2019 年中国共发表 153 篇文章，占全球发文数量的 7.5%。20 年间中国在该领域发表的论文数量增长较慢。过去 20 年来对深部过程驱动的地质环境效应的研究，尤其是地质环境形成的构造环境与热力演化机制引起了广泛关注。我国在该领域的相关研究仍然较为薄弱。

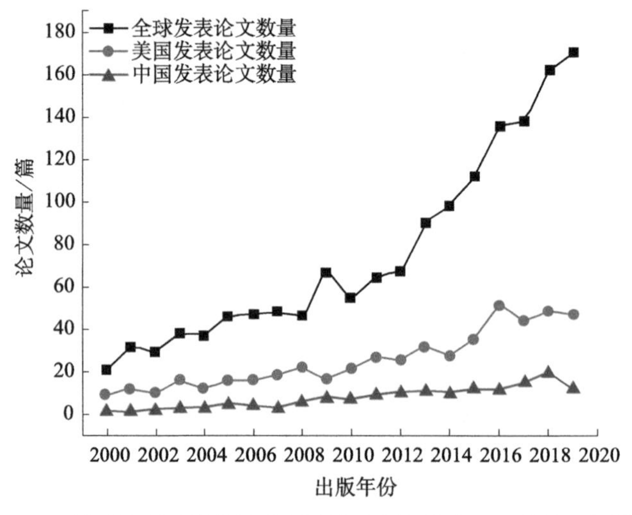

图 10-5　深部地质过程的地质环境效应领域发表论文数量逐年统计

（三）极端地质环境的水岩作用及其生态环境效应

如图 10-6 所示，在极端地质环境的水岩作用及其生态环境效应研究领域，中国 2003～2019 年共发表 68 篇文章，仅占全球该领域发文数量的 1.6%，远低于美国的发文数量占比 27.0%，表明我国在该领域成果产出较少。中国在该领域的发文数量 16 年间总体增长较慢，在 2018 年达到峰值，占到 20 年来中国在该领域总发文数量的 25%。

（四）城镇人 – 地界面地质过程及其空间优化

如图 10-7 所示，中国在城镇人 – 地界面地质过程及其空间优化研究领域起步较晚，直到 2013 年才有论文产出。2013～2019 年的发表文章总数为 7 篇，表明中国在该领域尚处于调查起步阶段，相关理论与方法研究正在发展。

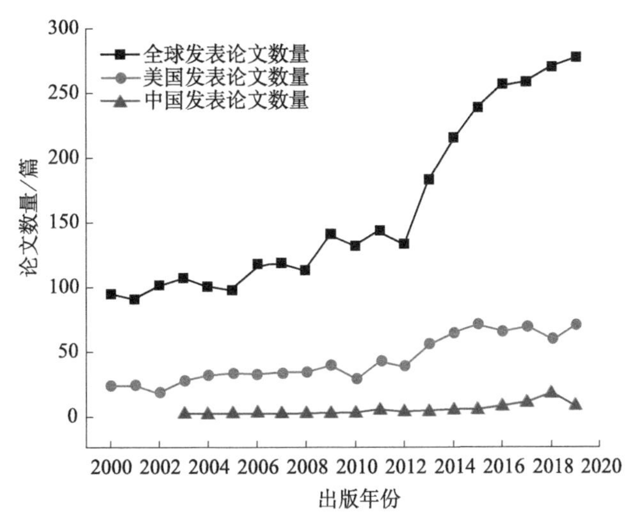

图 10-6　极端地质环境的水岩作用及其生态环境效应领域发表论文数量逐年统计

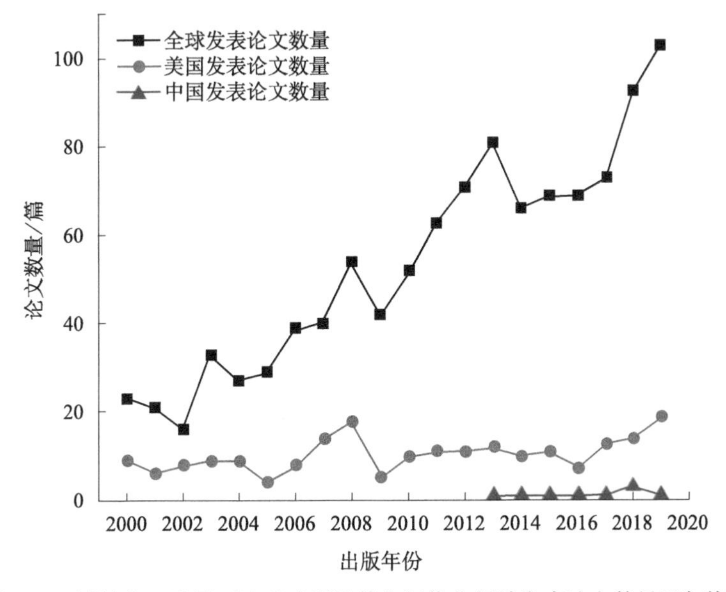

图 10-7　城镇人－地界面地质过程及其空间优化领域发表论文数量逐年统计

人口、资源、环境与社会经济的协调发展是 21 世纪的重大科学命题。城市作为人口和现代工业集中的地区，在国家建设和人类生存环境水平提高中发挥着巨大作用，城市化的快速发展促使自然环境发生巨变。我国开展比较系统的城市地质研究工作起步较晚，就其研究的广度和深度以及全面性而言，与国外发达国家相比尚有较大差距。近年来，我国大力推进新型城镇化建设，城市地质研究的需求越来越迫切，未来将是我国在环境地质领域新的研究增长点。

（五）矿产资源开发的地质环境效应与生态修复

如图 10-8 所示，中国在矿产资源开发的地质环境效应与生态修复研究领域，2002～2019 年共发表 477 篇论文，占全球该领域发文数量的 12.2%，比美国略高。17 年间中国在该领域的发文数量增长较快，尤其在 2013 年之后呈现快速增长。2013 年之后，中国发文量实现对美国的反超，2018 年、2019 年的发文量是美国同期发文量的 2 倍，优势明显。

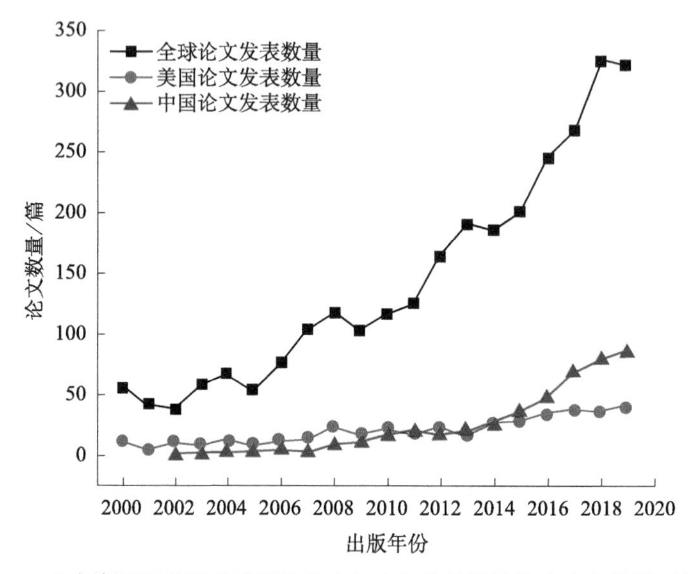

图 10-8　矿产资源开发的地质环境效应与生态修复领域发表论文数量逐年统计

矿山环境地质主要研究矿产资源开发活动与地质环境之间的相互影响与制约关系。我国矿山环境地质研究主要集中在矿山环境地质问题的形成机理、环境影响评估、土地复垦和生态环境修复、矿山地质灾害防治、固体废物堆放填埋和处理、环境污染治理等方面。由于经济发展的需求，矿产资源开发规模与强度剧增，相关的环境问题突出，生态修复需求增加，科研投入显著增加。

（六）地质环境与人体健康

如图 10-9 所示，过去 20 年中国、美国以及全球在地质环境与人体健康领域的文章发表数量增加，2000～2019 年全球在地质环境与人体健康领域共发表文章 1053 篇，中国发表文章占比从 2000 年的 8.3% 增加到 2019 年 16.3%。我国在地质环境与人体健康领域的研究成果在国际上的认可度显著增加。

综上分析，我国的环境地质学研究的重点领域包括城市环境地质、水资源合理利用和保护、地质灾害防治、矿山地质环境、环境污染和人类健康、农业可持续发展等。当前城镇人－地界面地质过程及其空间优化、极端地质环境的水岩作用及其生态环境效应、地质环境与人体健康等领域的研究起步较晚，基础较为薄弱，近几年虽然发文数量有一定的增加，但增长并不明显，和美国等国家相比还有很大的差距。而地球表层系统物质循环的环境效应、矿产资源开发的地质环境效应与生态修复等领域具备相当的研究基础，近年来部分领域的研究与美国相比已由跟跑转为领跑，在国际上也具有较强的学术影响力。

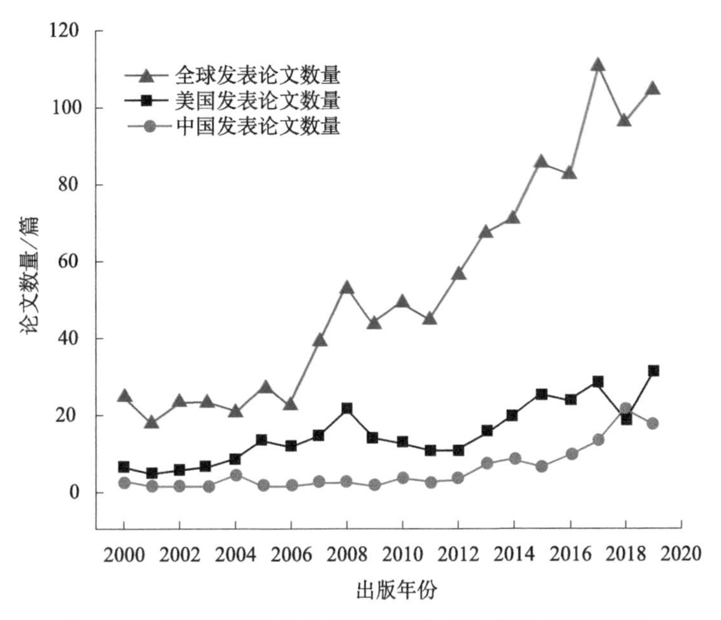

图 10-9　地质环境与人体健康领域发表论文数量逐年统计

第三节　学科发展需求与趋势分析

一、地球表层系统物质循环的环境效应

地质环境系统的功能由物质流、能量流和信息流三者决定。生物是调节地质环境系统内部物质流、信息流和能量流的关键。初级生产力是地球表生系统物质循环的主要驱动力，它是岩石圈、水圈、大气圈与生物圈相互作用的纽带。地球表层系统中碳、氮、磷循环是最重要的物质循环过程。光合作用以最高效的方式固定火山喷发来源的大气 CO_2，并生成有机质同时产生分子氧，该过程提供了气候变化、风化和地球表生系统各物质库氧化还原状态的反馈信息。大气 CO_2 浓度水平受控于硅酸盐的风化、火山活动和初级生产力。初级生产力受限于环境中氮和磷含量，大陆风化过程和火山活动是表生环境中氮的重要来源。地球表层系统是受人类活动影响最强烈、最直接的区域，人类活动和自然过程引发的资源约束趋紧、环境污染严重、生态系统退化等一系列关乎人类存续的严峻问题都发生并汇聚在该区域。因此，提高对地球表生系统中物质循环过程及其效应的理解和认识，对于人类社会具有重要意义。

2000 年以来，美国国家科学基金会、美国地质调查局、欧盟、澳大利亚先后推出了地球关键带提升计划、陆地环境观测计划、超级观测站点计划等一系列计划；2014 年美国国家科学基金会公布其新的地球关键带研究计划；国际科学联合会理事会（ICSU）推出了“全球环境变化”（GEC）研究计划等。

本领域的科学目标：以表生系统不同层次的物质循环过程研究为基础，研究地球表层系统物质循环的生态环境效应以及对人类可持续发展的影响，发展地球科学研究的基础理论和研究方法，为社会经济持续发展和山、水、林、田、湖、草、海生命共同体的保护与修复提供理论与方法支撑。

本领域的主要研究方向如下。

（一）陆地系统中磷和微量营养元素循环

赋存于岩石中的营养元素是陆地生态系统中主要的磷和微量营养物质的来源。在俯冲带，经由壳幔作用过程进入岩石圈的生物活性元素，在构造作用下出露到地表并接受风化剥蚀，从而进入表生系统地球化学循环。陆地系统中磷和微量营养元素循环与大陆风化强度、磷的埋藏及陆地河流系统磷输出通量密切相关。

主要研究内容：①大陆风化强度时空变化与磷和微量营养元素输出通量研究；②磷和微量营养元素埋藏与河流磷和微量营养元素输入通量监测与计算；③陆地磷和微量营养元素循环的高分辨数据库；④陆地系统中磷和微量营养元素循环的模型模拟。

（二）地球系统中氮元素形态与生物地球化学循环

氮气是现代大气的主要成分，大气中的氮主要来自于生物反硝化过程和俯冲带或大洋中脊铵态氮的高温热氧化过程。地球表层系统中生物过程是氮循环的主要驱动力，氮循环最主要的途径是生物固氮作用和生物吸收过程。此外，含氮岩石的风化在陆地系统氮循环过程中也扮演了重要角色。

主要研究内容：①大气 N_2 分压的精确测定与非生物 N_2 输出通量计算；②俯冲带或大洋中脊铵态氮的高温热氧化机制与实验模拟；③不同环境条件下铵态氮微生物厌氧氨氧化机制；④陆地系统中氮的存在形态及其不同氮储库氮通量监测与计算；⑤地球系统中氮元素形态与生物地球化学循环模型。

（三）地球关键带的结构识别与过程模拟

地球关键带是多圈层交互作用的区域，在垂向和水平上以界面作为主要特征，不同界面在动态、多元的系统中进行组织、耦合，形成了复杂的关键带结构，其间发生的物理、化学和生物过程相互耦合使其成为不可分割、有机联系、不断变化的动态系统。

主要研究内容：①关键带结构与过程动态观测；②碳、氮、磷时空变化特征及其捕捉；③水－土－作物系统水分和特征元素迁移转化模型；④流域水文－生物地球化学过程耦合模型；⑤关键带不同过程的尺度转化与模型模拟。

（四）海陆交互作用过程与海岸带环境效应

滨海地区主要由近海水域、潮间带和潮上带的沿岸陆地部分组成，是海陆交互作用最直接和最强烈的环境脆弱区，也是开发利用程度最高的区域之一。1993 年 IGBP 和 IHDP 共同发起了海陆交互作用项目，并就相关的五大主题进行了深入研究。我国滨海地区正面临快速城镇化进程，并由此不可避免地引发了一定程度的生态退化、资源衰竭和灾害频发等复杂环境问题，亟待建立多种研究视角的有机联系，并促进海陆统筹的城镇化可持续发展。

主要研究内容：①海陆交互带多界面观测的新技术新方法；②海陆交互带生物地球化学循环过程；③人类活动影响下海陆交互带环境变化过程；④全球气候变化影响下海陆交互带环境演化过程；⑤海陆交互带水文－生物地球化学过程耦合模拟。

二、深部地质过程的地质环境效应

地球深部是地表地貌格局塑造的驱动者，也是地球深部过程和表生过程相互作用的纽带。地球深部和表生系统之间不断进行着能量迁移和物质交换，并在长期演化过程中逐步建立动态的平衡系统，具有整体性、关联性、有序性和动态性等特征。例如，地球内部热能不均衡分布诱发的深部地质过程会导致地壳隆起抬升，导致化学风化加剧，并造成特定地球化学元素在局部区域的富集或分散，进而引起地方性疾病的发生；深部地质过程驱动的区域构造活动会导致区域岩石圈地壳应力场的变化和局部能量的积累，使得地质环境发生剧烈变化，甚至出现灾害性事件。

过去 20 年来对深部过程驱动的地质环境效应研究，尤其是地质环境形成的构造环境与热力演化机制广受关注。同时大量数据的获取为地质环境演化与预测模型的精炼和验证提供了新的约束。新的监测与成像技术同高分辨率地质过程模拟与重建方法的结合，使得基于过程的地质模拟预测拥有广阔前景。岩石圈作为固体地球的重要组成在地球深部和表生过程的相互作用中起到了关键作用，其作为板块构造的驱动在近期仍将是最活跃的研究主题。需要指出的是，地球物理、岩石学及地球化学等方法是开展相关研究的重要手段。大陆岩石圈深部的地震反射剖面，提供了岩石圈结构及构造活动的重要信息。同时，表生过程及其与构造活动的相互作用是了解大陆及其边缘演化最基础和最重要的过程。

国际岩石圈计划加深和促进了对地球系统动力学，尤其是不同时空尺度深部地球与表生过程的耦合及其环境效应的研究。德国与美国国家航空航天局（NASA）已启动了“地球工程学”和 NASA 地球科学事业（ESE）计划以及 NASA 固体地球科学计划等，上述计划的主要目标在于：提高人类对地球系统的科学认识，包括提高关于地球系统对自然与人为变化的响应的科学认识，改进现在和未来对气候和自然灾害的预报和预测。

本领域的科学目标：面向地球科学前沿，发展地球科学研究的基础理论、实验及观测模拟的新理论、新技术与新方法，为解决我国社会持续发展所面临的资源能源、防灾减灾和环境保护等重大问题提供理论与方法支撑。

本领域的主要研究方向如下。

（一）区域构造形变特征及其孕灾机制

内生地质作用驱动的构造形变是区域应力、应变状态转变的结果，并形成连续的稳定和不稳定区域，构造变形及其形迹记录了应力和应变状态转化的重要信息。通过对区域构造形变的监测及其演化的历史分析，能为地震等灾害发育规律、烈度和演化趋势等提供基础信息。以此为基础，构建地球内生地质作用驱动的灾害灾变机理模型。

主要研究内容：①高分辨率地表地形及形变观测与监测新技术新方法；②成灾因素变化与灾害发育的区域规律；③自然灾害动力学过程与灾变机理；④内生地质作用驱动的灾害理论模型与数值模拟。

（二）地壳隆升过程的环境效应

地壳隆升通过影响地貌格局、大气环流形势和气候环境变化，进而影响风化强度、水文与沉积等地表环境过程。通过开展地壳隆升和高原现代环境作用过程的研究，了解地壳隆升过程的环境效应；通过建立高原现代环境作用过程的数值模型，可为定量解释地壳隆升过程的环境效应提供理论支撑。

主要研究内容：①地壳隆升与地表地貌格局和水文过程演化研究；②高原冰冻圈高分辨率环境变化的监测、识别与解译；③高原冰川、冻土与大气和水圈物质能量交换过程及其灾害效应研究；④高原隆升过程的环境效应、理论模型与模型模拟。

（三）火山活动的环境效应

火山活动具有突发性，可对环境产生极大的影响，并造成巨大的环境破坏。火山活动已经被认为是全球气候变化的驱动因素之一，研究火山活动输入大气圈的火山气体/气溶胶的成分和总量，可以评价火山气体及气溶胶在驱动气候、生态环境变化过程中的贡献。火山喷出物的成分、含量及其变化趋势是研究火山活动造成的灾害和进行火山活动预测的重要参数。

主要研究内容：①火山喷出物质组分的精确测定与监测；②火山喷发气体及气溶胶的大气传输-反应模式与数值模拟；③火山活动驱动的生物、土壤与水文等环境要素变化过程研究；④火山活动过程中喷出物质组成、演变特征与火山活动过程的动力学模型模拟。

（四）与深部过程相关的地表形变及其资源环境效应

岩石圈热动力结构决定了大陆岩石圈演化及其地表地貌格局，驱动了近地表岩石圈的垂向运动，并强烈影响地质灾害与地质能源的区域分布。因此，对地表形貌结构的观测、监测与成像分析能为地质灾害预测和地质能源的利用提供支撑。

主要研究内容：①地壳应力状态及其热结构的监测、模拟与地质能的开发利用；②岩石圈应力场驱动的火山和地质灾害机制；③岩石圈热动力驱动的地质灾害的模型模拟与预测。

三、极端地质环境的水岩作用及其生态环境效应

极端环境指的是不适宜人类生存的自然环境，极端地质环境包括高温热液、深海、盐湖、高原冰川（冻土）、深部油气成藏区、沙漠等，主要表现为特殊的理化环境条件，如极端温度、压力、盐度、酸碱度、光照、氧气含量、降水、辐射等。极端地质环境为人类生存发展提供了宝贵资源，如深部地热、深部页岩气（油），对环境变化的响应尤为敏感，如高寒冰川（冻土）区、极端干旱的沙漠等。极端地质环境的水岩作用是物质循环与能量流动的关键过程，深部地热和油气资源开发利用会产生系列生态环境问题，

同时高寒冰川（冻土）等河流源区的生态环境较为脆弱敏感，对全球气候变化响应最强烈，气候变化与人类活动共同影响下的极端环境水岩作用及其生态环境效应研究是人地关系研究中的一个重要领域。

温度、压力、盐度、pH 和溶解氧等反应条件的特殊性，使得极端地质环境水岩相互作用的反应速率、反应程度、反应途径和反应产物与常规环境条件相比有显著差异，反应机理的识别和反应参数的获取面临极大挑战，ICSU 早在 20 世纪 90 年代初期提出的国际地圈－生物圈计划——全球变化研究，2000 年后 NASA 提出的“地球科学发展战略”，以及美国自然科学基金会发起并资助的“极端环境下的生命计划”，均在探索地球极端环境下的物质循环与能量传输过程，其中水作为重要的地质营力，水岩作用过程是上述研究的基础。

本领域的科学目标：查明与人类资源开发利用和生存发展密切相关的极端地质环境（高温地热流体、深部油气）下的水岩作用过程，揭示气候变化与人类活动共同作用下极端环境水岩机理及生态环境效应。

本领域的主要研究方向如下。

（一）地热流体地表排泄的生态环境效应

活动板块边缘是地壳物质循环和地球内部能量交换的最主要场所，维持着地球内部和外部之间长期的物质与能量收支平衡，其中赋存的高压－超高压流体是物质和能量交换的关键介质。在高温流体运移的过程中，它将与流经通道内的各类岩石发生不同程度的水－岩相互作用，并通过一系列的物理、化学和生物过程进行物质和能量交换，从而不断改变流体自身的物理化学组成。挟带各类物质的地质流体最终向地表排泄会影响地球表生系统的宜居环境甚至人体健康。地质流体所挟带物质的种类、含量和生态环境效应与流体的来源、形成温压条件、体系的封闭程度和水－岩作用程度等物理化学条件密切相关。

主要研究内容：①深部地质流体形成的矿物学温度和压力计算体系；②地质流体水－岩作用理论与实验模拟研究；③不同温压条件下地质流体中典型有害物质的水文地球化学特征研究；④地质流体地表排泄驱动的生物、土壤与水文等环境要素变化过程研究。

（二）气候变化影响下冰冻圈的水岩作用机理及生态效应

气候变暖使高原冰川范围萎缩、冻土活动层增厚等，这些变化对冻土区地下水冰、碳资源的储存，以及冻土表层水、土、气、生物等要素的相互作用关系产生重要影响，进而影响区域及全球的水文、生态与气候系统，也会影响人类工程活动及区域可持续发展。

主要研究内容：①冻融循环过程不同阶段活动层的水岩作用机理及稳定性评价；②冻土区土壤的碳、氮储量与循环对气候变化的反馈机制；③河流源区冻土退化对河流与地下水氮、磷、硅等营养元素循环的影响；④山岳冰川融水参与下的化学风化过程及对全球生物地球化学循环的影响。

（三）深部油气开采过程中的水岩作用机理与生态效应

常规油气资源以及页岩气开发利用产生的环境污染问题备受关注，油气资源赋存环境的高温、高 pH、高盐的地质流体，在开采过程中可能会注入酸性压裂液，流体－气－岩多相体系的水岩作用机理复杂，还会影响孔（裂）隙发育，进而反过来影响水岩作用程度、反应途径，开采过程的废液排放和泄漏对地下水、土壤与地表水造成污染，但污染或泄漏途径难以识别。

主要研究内容：①油气开发利用过程中的废水泄漏污染途径识别与示踪（如 Cl、Br、Na、Li、Ba、$^{87}Sr/^{86}Sr$ 和 ^{11}B 等多种水化学和同位素）；②页岩气开发（水力压裂）过程中的地下水甲烷污染同位素源解析；③高温多相流溶质运移模拟；④页岩气开发利用过程中监测与示踪的新技术、新方法。

四、城镇人－地界面地质过程及其空间优化

城市是人类经济社会活动最集中的区域，同时也是地质环境承载强度最大、对地质环境扰动最强烈的地区，人－地关系尤为活跃，人－地矛盾尤为突出。随着城市化进程不断加快，城市地质环境问题日益凸显，威胁城市安全和公众健康，严重制约城市的可持续发展。与此同时，城镇化和经济发展对城市地质信息公共服务提出了更多、更新和更高的要求。人们在城市生存环境、防灾减灾、资源环境承载力、土地规划、地下空间开发等方面所需的地学支撑与日俱增，这对城市环境地质工作也提出了迫切需求和更高的要求。

传统的城市环境地质工作多偏重于调查，主要任务是调查、研究、解决与人类活动及各类工程建筑有关的地质问题。进入新时代，城市环境地质工作除了必须为新型城镇化提供必要的矿物原料和基本资源、能源保障外，更要全方位服务新型城镇化绿色发展，统筹城市地下空间、资源、环境、灾害等基本地质信息，做好资源环境承载能力评价和国土空间开发适宜性评价，积极推动水、土、热等优质地质资源绿色开发，推动城市绿色发展。

在全球城市化发展的形势下，不同国际社会组织陆续开始关注城市地质工作的发展，通过实施城市地质研究计划、召开城市地质学术研讨会议等方式推动了城市地质工作的发展，并在世界范围内得到各国的积极响应。联合国亚洲及太平洋经济社会委员会（ESCAP）于 1986 年开始关注亚太地区的城市地质工作，实施了“城市发展地质学”研究计划，为亚太地区城市的地质调查工作开展奠定了基础。

国际环境规划地质科学委员会（CO-GEOENVIRONMENT）、国际工程地质与环境协会（IAEG）和国际水文地质学家协会（IAH）为了构建城市地质交流平台，于 1992 年共同发起组建了“国际城市地质工作组”（IWGUG）。

2010 年，欧盟发布了未来 10 年经济发展战略“欧盟 2020”，“欧盟 2020”提出推动经济实现智慧型、可持续与包容性增长。按照这一战略，欧盟先后启动了“Horizon 2020”科技创新框架计划和第七环境行动计划，下设“城市环境专题战略”。2012 年，USGS 先后发布了其 7 个战略领域未来 10 年的战略规划，明确了强化城市地质环境监测网络、构建重点区域地球表层三维地质框架模型、建立完善地质环境紧急事件快速响应

体系等重点研究任务。

相比于21世纪之前的工作，目前城市环境地质工作内容除了城市地质与水文地质条件、城市地质灾害、土壤地球化学、地下水资源与污染特征等方面的调查与评价外，其特点主要体现在城市地质结构的三维或四维模型构建与可视化、城市地学信息传递与数据共享方式的更新、城市地质数据生产者与使用者交流的强化，以及城市地质工作参与者的多元化。

本领域的科学目标：研究人类活动和地质环境相互作用的耦合关系，揭示城镇化驱动的地质环境变化的趋势、内在规律和控制因素，构建资源环境承载能力与国土空间开发适宜性评价理论体系，促进城市开发建设与国土空间开发适宜性相协调，推动城市绿色、智慧发展。

本领域的主要研究方向如下。

（一）人－地过程耦合机理及调控

自然营力和人类活动双重作用下的地质环境变化，是长期的、缓慢的、渐进的地质过程与突发的、快速的、不可逆转的地质过程共同作用的结果。城市环境地质工作要重视显而易见的地质灾害和地质环境问题，更要重视发生在地质环境中的地质过程、水文过程和生态过程，并在揭示这些过程机理的基础上提出调控措施。

主要研究内容：①扩展和强化地质环境监测，形成覆盖范围广、控制程度高、测量精度高的地质环境监测网络。②建立经济区、城市群、海岸带等重点地区城市三维地质结构框架模型。③开展典型地质环境事件时空分布规律和发生机制研究，提升地质环境事件识别能力和管控水平。

（二）区域资源环境承载力及国土空间优化

随着对我国优化国土空间开发格局的深入推进和国土综合整治需求的日益强烈，亟须开展地质环境与社会经济系统之间的耦合分析，揭示区域经济发展对地质环境的影响机制。开展城镇化对地质环境变化的驱动过程研究，根据资源环境生态红线管控需要，推进地质环境承载力评价和空间开发适宜性评价。

主要研究内容：①分析区域资源环境禀赋条件，研判国土空间开发利用问题和风险，识别生态系统服务功能和生态敏感空间。②以资源环境承载能力和国土空间开发适宜性评价支撑服务国土空间规划，构建理论与技术方法体系。③生态功能重要性和生态环境敏感性综合评价，探索生态系统服务功能价值评估和实现机制。

（三）城市地质环境管理理论与模型

协调人－地关系，确保环境宜居、人类健康和生态安全，是地质环境管理的主要内容。地质环境管理具有显著的学科交叉性，它既要考虑全球和局部地质环境演化规律，又要考虑人类对社会发展、群体健康和宜居环境的要求。

主要研究内容：①地质环境风险综合评价理论与模型，涉及风险评价、风险决策和风险管理三个关键环节，重点开展地质环境风险综合评价理论与模型的研究，涉及区域地质环境问题在不同演化模式和多种危害效应下的综合评价。②地质环境决策和管理模型，围绕人类健康、环境宜居、生态安全、人地协同演化等，研究地质环境多目标决策模型。③大数据与人工智能支持下的地质环境管理系统，实现地质环境调查、监测数据的采集管理，整合公共平台大数据，分析与地质环境需求相关的公众数据，研发多客户端和多公众平台的地质环境管理信息发布系统。

五、矿产资源开发的地质环境效应与生态修复

矿产资源开发的地质环境效应与生态修复是介于地质学、采矿学、环境科学、生态科学等之间的交叉研究领域，也是当前环境地球科学的重点关注领域，还是全球科技的热点研究方向。其主要研究矿产资源开发过程中地质环境的演化机制以及在此过程中伴随的如矿山地质灾害、矿山水土污染、生态破坏等地质环境问题产生的机理及其防控理论和方法。

国际上矿业发达的国家如美国、加拿大、澳大利亚、德国、南非等，早在20世纪70年代就开展了矿山环境保护和治理工作，经过多年的发展，已经形成了完善的法律法规和标准规范，这些国家的理论研究和修复技术也较为先进。而我国在这方面则起步较晚，在政策法规和技术研发等方面仍旧较为欠缺，技术相对落后。目前，由于矿产资源的不合理开采而产生的地质环境问题日益凸显恶化，矿山地质环境保护工作迫在眉睫，亟须开展矿山地质环境理论与方法的研究。2017年，习近平总书记在十九大报告中提出“必须树立和践行绿水青山就是金山银山的理念”，更加彰显了矿山地质环境的保护在新时代社会经济发展中的重要意义。

本领域的科学目标：查明在矿山采选冶活动下，环境地质要素（岩、土、水、气、生物）相互之间的作用机制，揭示矿区地质环境问题的形成机制及污染物的迁移、转化、富集规律，开发防控方法与技术。

本领域的主要研究方向如下。

（一）矿区地质环境保护与生态修复理论研究

不同类型矿山在采、选、冶活动下主要地质环境要素（岩、土、水、气、生物）变化的物理、化学、生物学机制和演化；研究利用生物（主要是植物、微生物）进行生态修复的相关理论，如生态恢复过程中的物质、能量迁移过程及生境改变对生态恢复过程的影响等；研究生态学、生态地质学理论的发展及其与植物学、园林景观学等相融合的矿山生态修复综合理论，为矿山地质环境保护与生态修复提供理论指导。

（二）矿区地质环境调查、评价与监测

研发水、土、气、生物多要素和多指标的联合调查、评价与监测体系是解决上述问题的关键。同时加强对不同生态介质之间重金属、POPs等的调查与监测，重点研发地质环境的空天地一体化监测技术以及地质环境监测数据集成、智能分析和知识拓展的理论方法。

（三）矿区地质灾害形成机制与防控

矿产资源开发导致的崩塌、滑坡、泥石流、矿坑透水、突水、深部岩爆、矿震、地

裂缝、地面沉降、地面塌陷等地质灾害的形成机理、防控技术、灾害监测、事故预警等亟待系统化的研究。

（四）矿区水土污染源解析技术与方法

识别、监测矿区内引发环境健康的污染物，对有机污染物、重金属元素、稀土元素和放射性元素等污染物进行调查和监测；开展矿区水土污染物源解析技术应用工作；系统研究这些环境污染物的迁移和转化过程，开展污染形成机制和影响因素及修复技术研究；对典型矿山酸性水的生成机制与防控技术进行研究；研究废弃物隔离和污染地下水系统的恢复技术等。

（五）闭坑矿山植被生态修复技术

针对国内外先进的闭坑矿山植被生态修复技术和适宜性，建立不同条件下生态修复技术体系和标准，研究针对采煤塌陷区生态修复，露天建材矿山、金属矿山等的废弃露天矿山生态复绿理论与技术。重点研究重建植物生长所需的生境条件，植被种植、地境再造中的保水、保土、保肥问题，提高植被成活率和生态多样性的相关技术，探索物理技术、化学技术、生物技术相结合的修复模式，研究不同修复技术效果监测和评价方法。

（六）矿产资源开发的环境风险管理与风险防控

重点研究内容包括：针对矿山地质灾害，如崩塌、滑坡、泥石流、矿坑突水以及重金属污染等单个地质环境问题的风险评价、管理与风险防控，以及针对矿山生命周期地质环境问题对综合评价指标体系和评价模型的研究；矿山环境污染对整个矿区生态系统的影响及对土壤、水生和陆地生物的风险评价；矿山地质环境风险评价理论框架的标准化，实施计划法制化和普及化、风险评价结果定量化、风险评价系统化、矿山地质环境风险评价服务化等均是近年来矿山地质环境风险研究的重点和难点。

六、地质环境与人体健康

医学地质学（medical geology）作为一门介于医学与地质学之间的新兴的交叉学科，旨在认识人类健康与疾病的地理分布特征及成因，研究地质材料和地质过程对人类和动物健康的影响。天然存在于地质环境（岩石、矿物）中的原生污染物如金属（类金属）、放射性元素等通过近地表的自然生物地球化学过程或/和采矿、油气开发及地热资源利用等人类活动释放进入环境中。它们会污染土壤、水、空气、植物，随后进入食物链对人体健康产生严重危害，目前对相关机理与过程重视不够、认识有限。鉴于地质因素对人体健康的重要性及科学界对地质环境与健康关系缺乏了解，国际环境规划地质科学委员会（CO-GEOENVIRONMENT）在1996年建立了医学地质工作组，2002年联合国教育、科学及文化组织和国际地科联授权设立了454号国际地质对比计划项目——医学地质，2006年成立了国际医学地质协会。

地质环境中的原生污染物取决于岩石、土壤、地质条件、地貌、外生与内生地质过程、水体、气候影响下的生物水文地球化学过程，以及矿业活动与土地利用等人类活动带来的影响。世界人口增长和经济高速发展使得人们对水、能源、食物、矿产资源的需求日益增加，将导致原生污染物在全球范围内加速释放。联合国《2030 年可持续发展议程》中明确提出良好的健康、安全饮用水供给，消除贫困等都与医学地质的研究密不可分，我国也将健康中国提升为国家战略。因此评估地质环境要素对人类和环境健康影响的复杂关系、深入研究地方病的成因、保障饮水和食品安全，对全球的可持续发展至关重要。

本领域的科学目标：采用深入而广泛的多学科综合知识和技术手段来查明与人类健康相关的原生污染物的来源与分布、迁移及富集规律，识别暴露于食物链和人类的途径及转化过程，揭示其生态毒理及环境健康效应。

本领域的主要研究方向如下。

（一）识别控制原生有害组分时空分布与迁移的自然与人为要素

生物或非生物参与的风化过程使原生污染物从母岩中活化，风及水的搬运作用使原生污染物迁移到地表水、地下水和土壤中。强烈的人类活动对地质环境的改造会促进原生污染物的活化与迁移，如矿业开采、建筑、地质材料雕刻加工等加速地质环境中的有毒有害组分进入水土环境或空气中，农业种植（养殖）等肥料的使用和池塘的开挖等活动，通过影响有毒有害物质的生物地球化学行为或者改变原生污染物循环途径从而增加人体暴露风险。通过同位素等示踪手段和模拟方法识别控制原生污染物分布与迁移的自然和人为要素，是污染物健康暴露风险评估和预测的基础。

（二）定量评估地质环境和食品中重金属的生物可给性和生物有效性

人体暴露污染物的水平与基质中污染物在人体内的生物有效性，即被人体组织中的各细胞吸收、储存和 / 或用于代谢功能的生物可利用的浓度大小有关。生物有效性是从人体健康来说，能够进入系统循环的污染物占比，可通过活体实验获得。生物可给性，即食品在模拟的胃肠消化液消化后释放的化合物的含量，体外模拟胃肠消化是估算生物有效性更为快速、经济、重现性高的方法。实际研究中需要多种方法对比或采用多方法联合评价。环境介质（如土壤）中重金属的生物有效性和生物可给性已被广泛研究，但对食品中的重金属的生物有效性和生物可给性研究相对较少，仅集中于谷物、蔬菜和海产品等，不同的食物种类、烹饪加工方式、人们的饮食习惯以及重金属原有的赋存形态等都会影响其生物有效性，还需开展系统的定量研究。

（三）多种复合原生有害组分对健康暴露风险的协同与拮抗效应

特定的地质环境中往往富集多种有毒有害元素或化学组分，如我国北方内陆干旱盆地地下水中砷与氟（碘）富集，全球的蛇纹岩超基性地质体中存在高含量的石棉、有毒金属（Cr、Ni、Fe、Mn、Co 和 Cd）。已有研究表明，某些有毒（类）金属之间存在协同作用，暴露于多种原生污染物环境下对健康产生毒性作用的最低临界浓度相较于单独污染物更低。有些（类）金属共存会产生拮抗作用，如 Ni-Cd、Hg-Se 等，地质环境中的复合污染物浓度组合关系及其生态毒性效应还需要进一步系统研究，可重点关注 As-F、As-Se、Hg-As、As-Cd、Se-I 及 Se-Cd 等。

（四）建立痕量 – 超痕量的原生有害组分的分析与精细表征方法

医学地质研究中需要测试分析的对象有岩石、矿物、土壤、水、空气等地质体，谷物、蔬菜和各种食品，以及全血、血清、尿、头发、指甲和器官组织等生物组织样品。污染物的毒性和生物有效性与其赋存形态密切相关。食品与生物样品中目标污染物的含量与形态有效检测是健康风险评估的基础与关键。亟待探索运用高分辨率质谱联用、核磁共振、同步辐射等新技术方法对生物与食品样品的痕量 – 超痕量原生污染物进行精细表征。

（五）构建地质成因有害组分的健康风险预测与评估模型

大多数地方病的区域分布与地质环境因素密切相关，也受人们的生活、饮食习惯等社会经济环境因素，以及种族、家族等遗传因素的综合影响。基于现有流行病学调查结果，从医学地质学的角度揭示地方病的地理分布特征，查明并掌握控制地方病发生的地质环境要素，建立地质成因污染物对人体健康影响的风险评估模型，以有效地预测无样本地区（经常是欠发达地区）地方病发生的潜在风险，其对于减缓地方病的发生与流行，并采取有效措施改善地质环境背景、降低地方病的危害具有重要的实际意义。目前健康风险预测与评估模型比较丰富，主要基于概率统计与随机过程理论，每种模型各有优缺点，是否适合用于评估医学地质问题，还需要进一步验证。由于流行病学数据难以获取，其数据点密度与地球化学数据往往难以匹配，可引进数据挖掘与机器学习方法来弥补这种不足，综合评估影响人体健康的地质因素的贡献率，并预测未来地质环境变化对患病率的影响，如气候变化等。

第四节　学科交叉的优先领域

一、学科内部学科交叉的优先领域

（一）地球表层系统物质循环的环境效应

优先领域：海陆交互作用过程与海岸带环境效应。
交叉学科：D0702 环境水科学，D0707 环境地球化学。

（二）深部地质过程的地质环境效应

优先领域：地壳隆升过程的环境效应。
交叉学科：D0707 环境地球化学，D0713 第四纪环境与环境考古。

（三）极端地质环境的水岩作用及其生态环境效应

优先领域：气候变化影响下冰冻圈的水岩作用机理及生态效应。

交叉学科：D0702 环境水科学，D0711 污染物环境行为与效应。

（四）城镇人－地界面地质过程及其空间优化

优先领域：区域资源环境承载力及国土空间优化。

交叉学科：D0714 环境信息与环境预测，D0716 区域环境质量与安全。

（五）矿产资源开发的地质环境效应与生态修复

优先领域：矿区地质环境保护与生态修复理论研究。

交叉学科：D0701 土壤学，D0711 污染物环境行为与效应。

（六）地质环境与人体健康

优先领域：识别控制原生有害组分时空分布与迁移的自然与人为要素。

交叉学科：D0711 污染物环境行为与效应，D0716 区域环境质量与安全。

二、与其他学部交叉的优先领域

（一）地球表层系统物质循环的环境效应

优先领域：海陆交互作用过程与海岸带环境效应。

交叉学科：D0105 区域可持续发展；D0213 水文地质学；D0312 生物地球化学；D0606 河口海岸学，D0614 海陆统筹与可持续发展。

（二）深部地质过程的地质环境效应

优先领域：地壳隆升过程的环境效应。

交叉学科：D0211 构造地质学与活动构造，D0303 岩石地球化学，D0408 地球动力学。

（三）极端地质环境的水岩作用及其生态环境效应

优先领域：气候变化影响下冰冻圈的水岩作用机理及生态效应。

交叉学科：D0101 自然地理学；D0302 微量元素地球化学，D0312 生物地球化学。

（四）城镇人－地界面地质过程及其空间优化

优先领域：区域资源环境承载力及国土空间优化。

交叉学科：D0101 自然地理学，D0104 自然自然管理，D0105 区域可持续发展，D0107 地理信息系统。

（五）矿产资源开发的地质环境效应与生态修复

优先领域：矿区地质环境保护与生态修复理论研究。

交叉学科：D0103 景观地理学，D0104 自然资源管理；D0213 水文地质，D0214 工程地质。

（六）地质环境与人体健康

优先领域：构建地质成因有害组分的健康风险预测与评估模型。

交叉学科：D0302 微量元素地球化学，D0312 生物地球化学；H2601 环境卫生，H2611 流行病学方法与卫生统计。

第五节　前沿、探索、需求和交叉等方面的重点领域与方向

在“地球表层系统物质循环的环境效应”这一重点方向下的“海陆交互作用过程与海岸带环境效应”研究可以通过多学科交叉，形成引领性的方向。

（一）海陆交互带多界面观测新技术新方法

由于海岸带强烈的潮汐作用，海水－地下水交互界面不断波动，探索观测的新技术十分重要。在环境地质调查的基础上，对选取潮汐强度与作用方式差异显著的典型示范区进行多要素综合监测，构建湿地生态地质监测网络，并结合遥感手段，采集长时间尺度的高空间分辨率、多光谱卫星数据识别海岸带的演化过程。

（二）人类活动影响下海陆交互带环境变化过程

在滨海地区快速城镇化进程中，海水养殖是主要的人类活动，集中在粉砂质潮上带，潮间带高、中潮滩，河流入海口以及潟湖周围。养殖占用了原有的大片天然湿地，致使湿地生态环境破碎化，湿地生态功能退化。海水养殖池塘排放的废水向滨海湿地中引入大量氮、磷营养物质，这些营养物质主要来自饲料和肥料，它们会增加滨海湿地富营养化的风险。此外，水产养殖活动（如水路运输、船厂排污等）会带来重金属污染，同时水体富营养化也会导致滨海湿地沉积物中重金属的富集。由于海水养殖生物容易患传染病，抗生素被广泛和集中地用于治疗和预防，因此海水养殖也会向滨海生态系统中输入大量的抗生素，对滨海生态系统以及人类健康造成不利影响。

（三）海陆交互带水文－生物地球化学过程耦合模拟

滨海含水层的地下水流动和溶质运移导致陆地淡水和海洋咸水的混合，促使潮间带具有地球化学梯度，驱动微生物引起化学转化。通过建立地下水－地表水及地下水－沉积物三维耦合模型，在识别关键地质环境因素的前提下，模拟不同水动力条件下的有机质降解、生物有氧呼吸作用、反硝化作用、硝化作用、厌氧氨氧化反应、硫酸盐还原作用、铁氧化作用等过程。

（参编人员：王焰新　甘义群　谢先军　邓娅敏）

第十一章 环境地球化学（D0707）

第一节 引　言

环境地球化学是20世纪70年代发展起来的新兴学科，是介于环境科学和地球化学之间的一门交叉学科，主要是将地球化学的原理和方法应用于环境问题的研究，具体是研究化学元素和微量元素在人类赖以生存的周围环境中的含量、分布和迁移与循环规律的科学，并研究它们对人类健康造成的影响（陈静生，1990）。同时，环境地球化学还研究人类生产和消费活动对自然环境的地球化学规律造成的影响。环境地球化学学科的主要任务和使命是研究人类赖以生存的地球环境的化学组成、化学作用、化学演化与人类活动相互关系及全球环境变化，进而揭示人类生存与环境之间的内在联系。这种关系包含两个内涵：一是原生环境的地球化学性质及其与植物、动物和人体健康的关系；二是人类活动对环境的化学组成、化学作用、化学演化的影响及其环境效应。因此，环境地球化学是一门造福于人类并使之与自然和谐共存的地球化学分支学科，可以划分为元素环境地球化学、环境有机地球化学、环境生物地球化学三个研究方向。

第二节 学科发展现状

一、学科研究进展

元素环境地球化学是环境地球化学学科中开展研究最早的方向，可以追溯到19世纪地球元素的研究。1869年俄国化学家D. Mendeleev创建了元素周期律，首次对自然界已有的和将被发现的元素的本质和内在规律进行了系统的阐述和预测，这对元素环境地球化学研究方向的形成和发展产生了深刻的影响。1889年美国化学家F.W. Clarke发表了《化学元素的相对丰度》一文，为元素环境地球化学的兴起奠定了基础。自20世纪60年代以来，元素环境地球化学研究在理论研究或生产实践上均有新的进展。其中做出卓越贡献的首推 V.M. Goldschmidt，他在名著《地球化学》一书中，几乎讨论了所有化学元素的环境地球化学行为。正是在这一时期，我国西南、东北、西北等地区由元素的地质背景引发的地方病现象逐渐受到政府及科研工作者重视，陆续成立专门研究机构开始“污染型”元素的地球化学研究，开展以元素环境地球化学行为特征、为核心的地方病区地质环境调查和地球化学病因研究（刘英俊，1984）。

在元素环境地球化学方向研究蓬勃兴起的时候，环境有机地球化学正处于萌芽阶段。20 世纪 20 年代，德国科学家 A. Triebs 首次发现并证实了地质卟啉化合物来自植物叶绿素，而美国科学家和苏联科学家成功从现代海洋沉积物中分离鉴定出微量类似于石油烃类化合物，为环境有机地球化学奠定了有机成因理论基础。1962 年 *Silent Spring* 的问世，彻底唤醒了人们对环境中有机污染物的警觉，开始研究有机污染物在环境中的迁移、转化、积累规律及其与环境质量之间的关系。1968 年 12 月，美国科学促进协会（American Association for the Advancement of Science，AAAS）在达拉斯召开了一次有关环境地球化学与人类健康和疾病的学科间座谈会，正式提出了“环境地球化学”这一术语。同一时期，有机地球化学及其在油气勘探中的应用取得了突飞猛进的发展，我国出版了一系列有关专著，如有机地球化学家与环境地球化学家傅家谟院士等主编的《有机地球化学》（盛国英，1992）。伴随着这两种学科的发展，1996 年傅家谟院士与盛国英研究员在《地学前缘》中明确地提出了“环境有机地球化学”的概念（傅家谟和盛国英，1996），标志着一个新的交叉方向的诞生，开拓了环境地球化学学科的内涵与外延。

与环境有机地球化学一样，环境生物地球化学同样启蒙于 20 世纪 20 年代，其间俄国地球化学家 V. Vernadsky 首次提出“生物地球化学”概念。1943 年，G.E. Hutchinson 将这个词引入英文中，吸引了全球大量科学家开展生物地球化学的相关研究。1983 年 Brock 指出，生物地球化学主要研究元素在生物圈中转移、积累和扩散；1985 年，Kovacsc 表示这是一门关于植物、动物和微生物所消耗元素的循环和分布的科学，他强调生物地球化学研究生物活动在重金属、营养元素和稀土元素等物质中释放和迁移的作用。之后，由于环境问题和生态危机日益威胁人类的健康和地球的生存，生物地球化学原理被应用于控制工农业污染和避免生态退化，推动了环境地球生物化学研究方向的诞生。在堪培拉召开的第四届国际环境生物地球化学会议，标志着环境生物地球化学作为环境地球化学的一个年轻分支的开端。20 世纪 80 年代，环境生物地球化学得到了广泛的实际应用，到 90 年代这一交叉学科真正成型并逐渐取得重大进步。

自 21 世纪以来，全球变化成为地球化学和环境科学领域公认的基础研究前沿。环境地球化学同时关注与污染相关的不同尺度区域地球化学问题及全球性气候变化和环境演变问题。基于微结构单元、区域局部单元、不同尺度区域元素迁移行为及其调控理论研究的地表介质污染形成机制及治理取得了重大进展，对局部地区性的甚至区域性的水、土、气、生、岩等地表环境介质污染的发生和环境效应开展较系统的研究，并从地球化学行为控制、元素 / 化合物去除等角度形成了具有较好效果的地表环境污染控制与治理技术，使地区性的环境污染问题得到了不同程度的控制；全球气候变化和环境演变是基于区域性污染物和生源要素环境地球化学过程的全球性环境问题，是人类活动效应积累到一定程度后环境变化的全球性效应，除污染重金属和毒害化合物外，碳、氧、氮、磷、硫等生源要素的环境地球化学过程也逐步受到重视，其自身的转化可形成与全球气候变化和环境演变直接相关的温室气体，同时，这些生源要素的转化也对污染重金属和毒害化合物的形态转化和区域迁移扩散产生重要影响，因此，生源要素循环耦合污染元素转化成为近年来环境地球化学学科研究的主要内容。

二、从文献计量看学科方向国际地位

下面分别从元素环境地球化学、环境有机地球化学和环境生物地球化学三个研究方向的文献统计来对我国环境地球化学学科的国际地位进行阐释。

（一）元素环境地球化学

近十年来，地表环境中重金属的迁移转化、区域重金属输入输出通量、重金属污染治理，以及作为重金属迁移转化过程载体性支撑组成的生源要素类和基质金属元素类（K、Na、Ca、Mg、Fe 等）的环境地球化学行为，成为元素环境地球化学的主要研究领域，包括美国、中国、法国、英国、日本、韩国等国家报道的文献量均持续增加。

元素环境地球化学方向的文献调研中，我们分重金属的迁移转化、区域重金属输入输出通量、生源要素类、基质金属元素类、重金属污染治理、其他无机污染物（氟、氯、硝酸盐）的环境地球化学行为六个领域开展文献调研。图 11-1 为元素环境地球化学（含元素之外的其他无机污染物）的文献总体统计结果。2010～2019 年，元素环境地球化学论文总数超过 13 万篇，并且每年的文献数量稳步上升，每年发文量上升幅度稳定在 10%～20%，从 2010 年的约 9500 篇，上升至 2018 年的约 18 000 篇。这一结果说明，元素环境地球化学方向的发展总体呈现稳定增长态势。

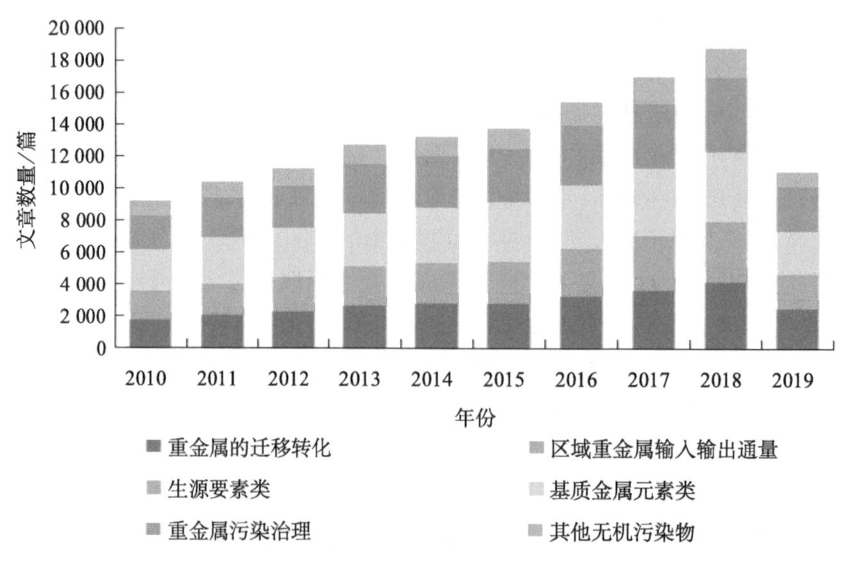

图 11-1　元素环境地球化学方向不同领域近十年文献量变化

设定的元素环境地球化学六个领域之间的文献量存在较大的差距［图 11-2（a）］。其中基质金属元素这一领域受到元素环境地球化学方向研究者的重视，该领域发文量占比达到 25.9%，说明在元素环境地球化学方向，除关注重金属本身的转化、迁移、控制等外，影响重金属环境行为的所在载体的结构和环境行为是元素环境地球化学密不可分的重要组成，也是重金属环境行为研究的理论基础性组成。其次为重金属的迁移转化与重金属污染治理领域，其发文量占比分别为 21.1% 和 24.1%。生源要素类也是重金属迁移的支撑性过程转化元素，其发文量总体占比 14.5%，结合其每年的发文量可以看出，生源要素类元素环境地球化学行为是较为成熟的研究领域，每年发文量维持在约 1400 篇的稳定水平。区域重金属输入输出通量领域，由于涉及微观和宏观学科的交叉融合，在研究方法体系结合方面具有较大的难度，因此总体发文量较少，占比 5.1%，并且每年的发文量也较稳定。包括氟、氯、无机盐等在内的其他无机污染物是较为传统的目标污染物，在元素环境地球化学方向形成之初，曾受到重点关注，在近十年来，由于其污染和健康危害效应体现较小，占比仅为 9.3%。

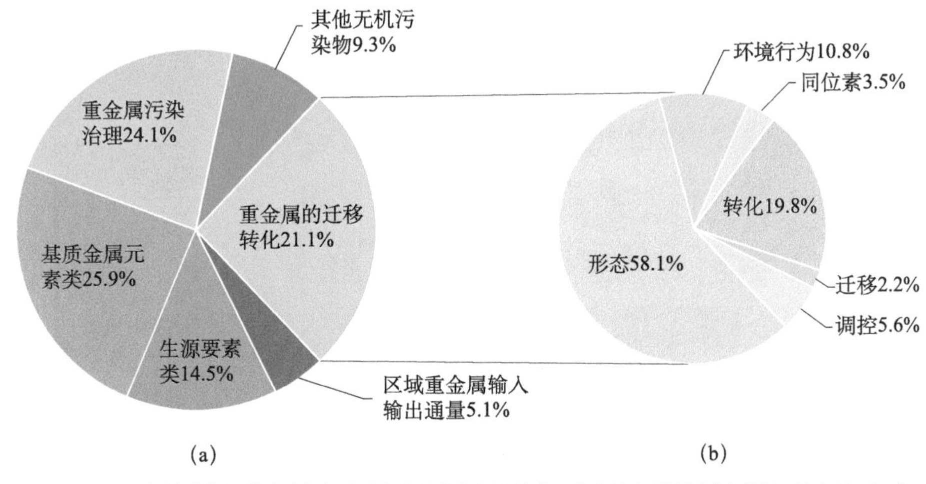

图 11-2　不同领域文献比例（a）及重金属迁移转化不同重点关键词主题文献占比（b）

在关注度较高并且在元素环境地球化学的核心领域的重金属迁移转化中，关于重金属“形态”的研究发文量最多，占比 58.1%［图 11-2（b）］，这与近十年来重金属形态与结构表征新方法和新设备的应用密切相关，尤其是同步辐射技术的应用，使地表不同介质中重金属形态的研究成为该领域研究中的重要兴趣点所在；另外，随着金属稳定同位素地球化学在重金属迁移转化及过程解析中的应用，重金属“转化”“迁移”“环境行为”等逐渐成为元素环境地球化学的热门研究词汇，近十年来其总体发文量占重金属的迁移转化方向的比例分别为 22.0% 和 10.8%。另外，明确的以“同位素”为主要关键词的文献量占比也达到 3.5%。随着重金属问题受到重视，其污染治理，尤其是基于其迁移转化过程“调控”的治理也逐渐受到关注，发文量总体占到 5.6%。

美国和中国是元素环境地球化学方向近十年来研究论文发文量最多的两个国家，整体发文量占总量的 72%。美国作为元素环境地球化学方向研究领先的国家，其发文量一直领先于其他国家和地区。我国则在近十年来取得了非常明显的进步，发文量从2010年的2008篇，迅速提升至2018年的6625篇。从图11-3可以看出，在2010年，我国元素环境地球化学方向的发文量与美国该方向发文量的比例约为2∶5，但到2018年这一比例已经超过4∶5；到2019年的前8个月已基本达到1∶1。这充分说明了我国元素环境地球化学方向的发展呈现出良好态势，在国际上已进入并跑行列。

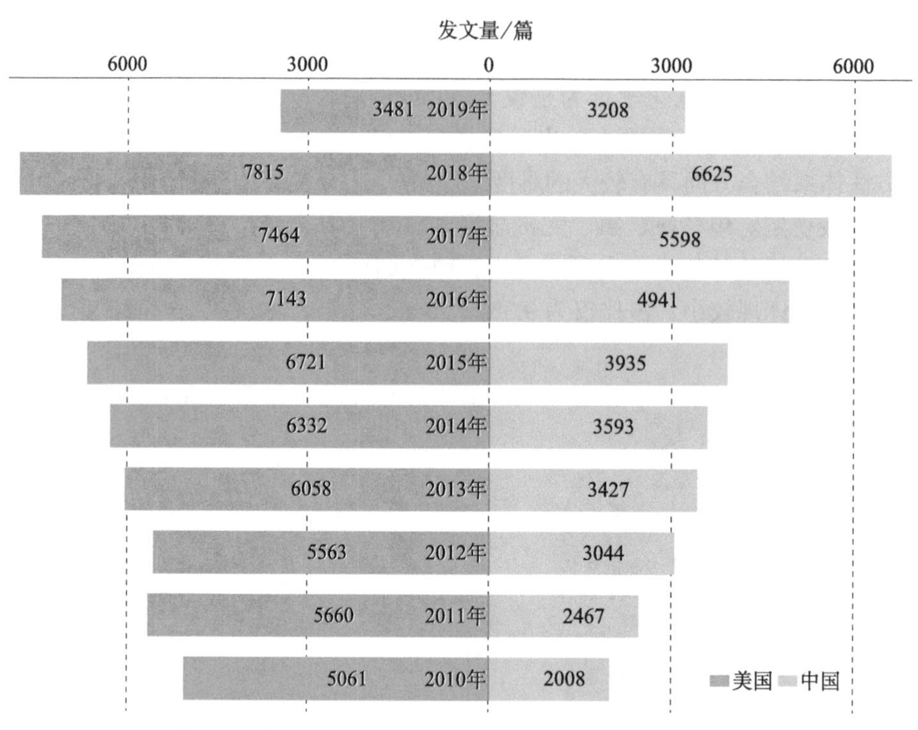

图11-3 中国和美国在元素环境地球化学方向发文量比较

但是，在高被引、高影响力论文方面，我国在元素环境地球化学方向弱势明显。如图11-4所示，在检索的被引次数前20名的论文中，我国只有3篇，美国是11篇，尤其是与重金属行为相关的生源要素类元素环境地球化学研究，被引次数前20名的文章有11篇（美国7篇），但没有我国学者的论文。这进一步说明与重金属环境过程及污染效应相关的基础理论类研究在我国还有待较大提升。

（二）环境有机地球化学

2000～2018年有160多个国家/地区发表了环境有机地球化学方面的研究论文共35 377篇。其中发表论文数量排名前10位的国家见表11-1。可以看出，美国无论是发文量还是总被引频次都是全球最高的国家，中国紧随其后。排名靠前的还有德国、加拿大、法国和英国等国家。英国虽然发文量排名第六，但是其论文的总被引频次超过加拿大排名第四，篇均被引频次为56.63次，是发文量排名前10位国家最高的，表明其文章影响力较强。而中国的篇均被引频次在发文量排名前10位国家排名最低，表明我国在提高论文数量的同时还需要更进一步重视论文的质量。

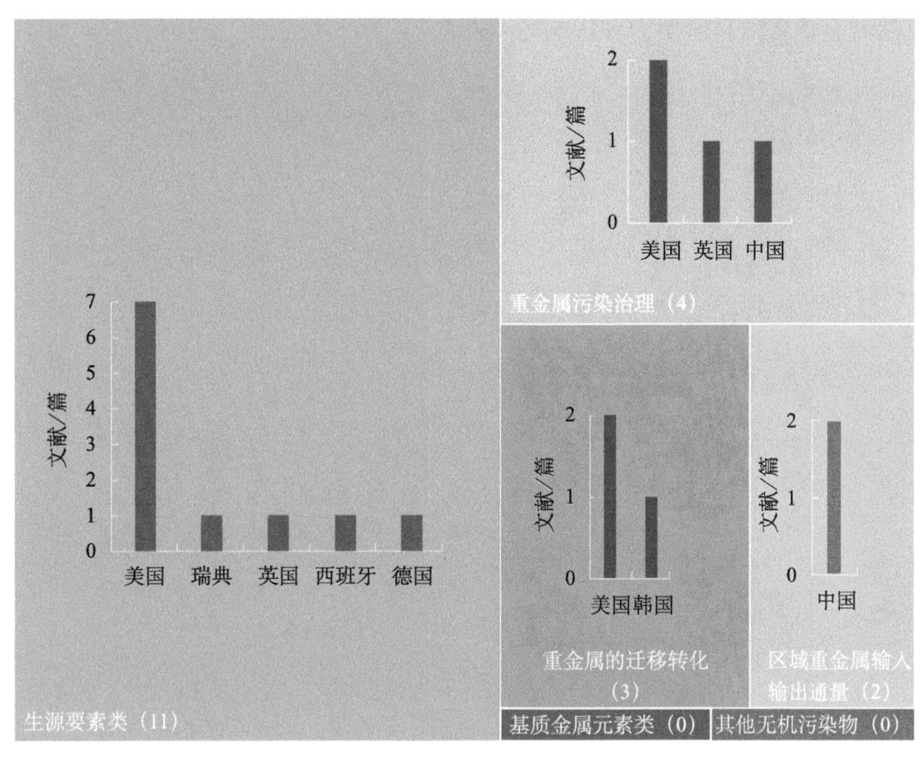

图 11-4　元素环境地球化学方向被引次数前 20 名的文献分布

表 11-1　环境有机地球化学方向发文量排名前 10 位的国家

国家	发文量 / 篇	百分比 /%	总被引频次 / 次	篇均被引频次 / 次	H 指数
美国	10 210	29.01	439 213	43.99	228
中国	7 994	22.72	202 589	25.34	145
德国	3 178	9.03	143 784	45.24	157
加拿大	3 016	8.57	117 357	38.91	139
法国	2 170	6.17	79 782	36.77	114
英国	2 099	5.97	118 864	56.63	157
西班牙	1 761	5.00	62 175	35.31	101
日本	1 590	4.52	54 922	34.54	102
意大利	1 535	4.36	60 611	39.49	104
印度	1 156	3.29	31 667	27.39	76

对比中美两国以及全球 2000～2018 年论文逐年发表的数据（图 11-5），过去 20 年全球环境有机地球化学研究进展迅猛，尤其是近十年，我国在环境有机地球化学领域的论文产出增长很快。2014 年论文总量超过美国，至 2018 年，我国贡献了环境有机地球化学领域总论文数量的 38.7%，这一贡献比例还在继续地扩大，表明我国在这

一研究领域有较强的科研实力和影响力。

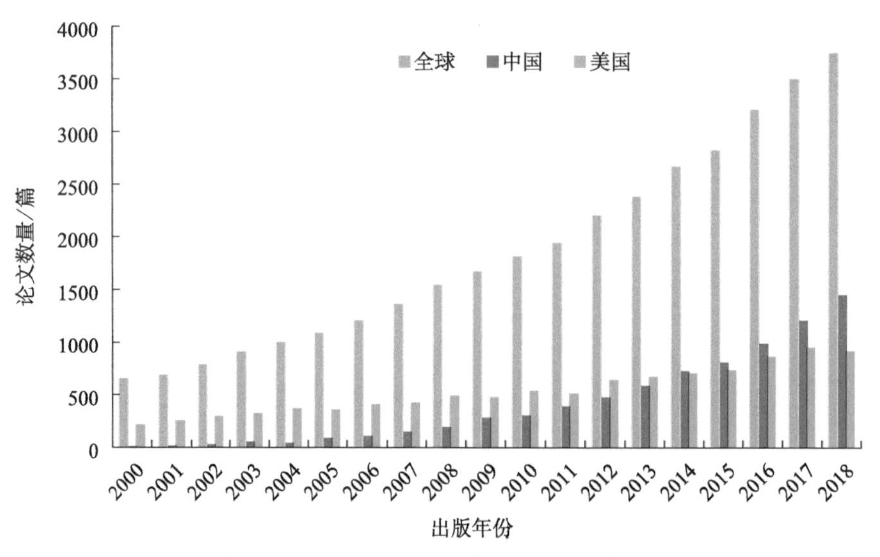

图 11-5 全球、中国和美国发表论文统计

从图 11-6 可以看出中国和美国是两大主体研究国家（气泡面积大），并且两国的合作关系也最多（连线粗）、最直接。其次，德国、英国、加拿大和法国的贡献也较大，他们和美国的合作关系也非常紧密，美国甚至在合作关系网中是中国和其他国家合作关系的纽带。各个国家 / 地区之间合作密切，共同致力于推动环境有机地球化学方向的进步，其中与中国合作密切的国家包括日本、美国、印度、加拿大和英国等。

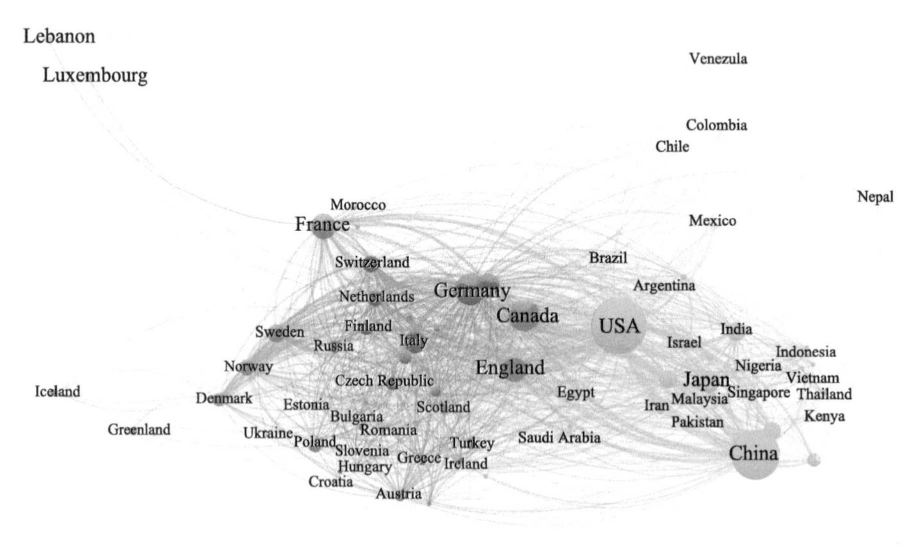

图 11-6 环境有机地球化学研究中国及世界各国之间的合作关系

2000～2018 年环境有机地球化学方向中有机污染物的时空分布规律受到最多的关注，共有 15 469 篇论文发表，其次是有机污染物的降解和转化（15 207 篇）以及有机污染物的迁移转化和归趋（10 599 篇），而对有机污染物的界面行为和排放通量方面的研

究关注较少，共计发表了 1374 篇论文。有机污染物的时空分布规律、迁移转化和归趋是环境有机地球化学方向的核心研究领域，美国在这两个领域一直引领全球的研究，而中国过去十年的科技投入和发力追赶，在论文发表数量上已经可以和美国并驾齐驱了（图 11-7 和图 11-8）。在有机污染物的降解和转化方面，中国研究者做了较多的贡献，从论文产出量方面，十年前就超越了美国并不断扩大领先优势（图 11-9）。而有机污染物的界面行为和排放通量这方面的研究目前还相对薄弱，我国也是近十年才有相关领域的研究开展（图 11-10），该研究方向涉及较多的学科交叉，如水文地质学、气象学等，应该在今后的研究中给予更多的重点关注。

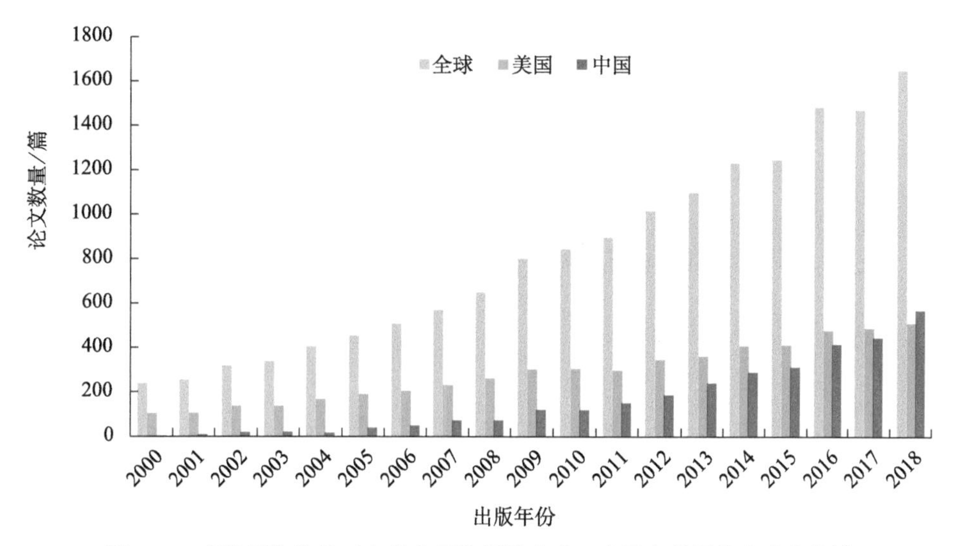

图 11-7　有机污染物的时空分布规律领域全球、中国和美国发表论文统计

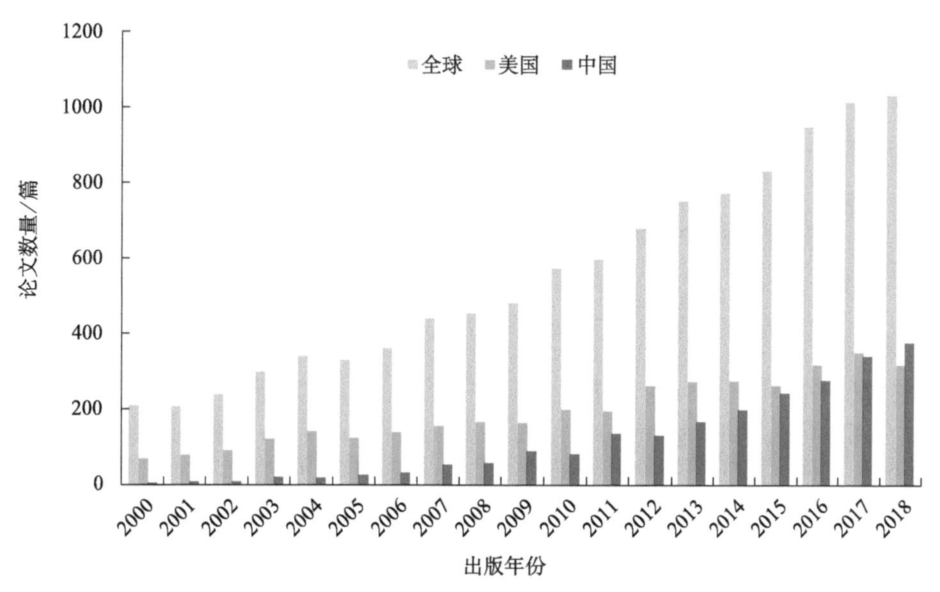

图 11-8　有机污染物的迁移转化和归趋领域全球、中国和美国发表论文统计

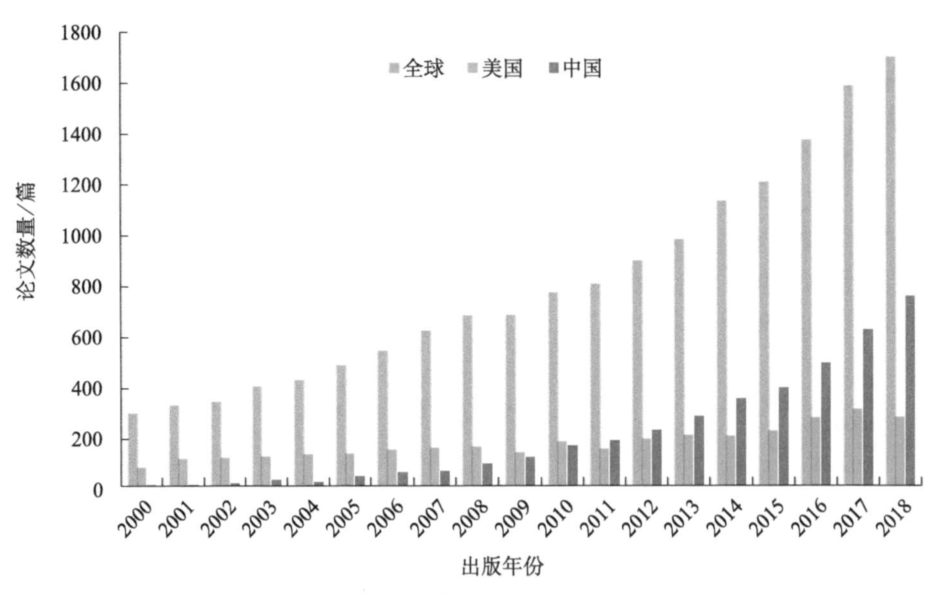

图 11-9 有机污染物的降解和转化领域全球、中国和美国发表论文统计

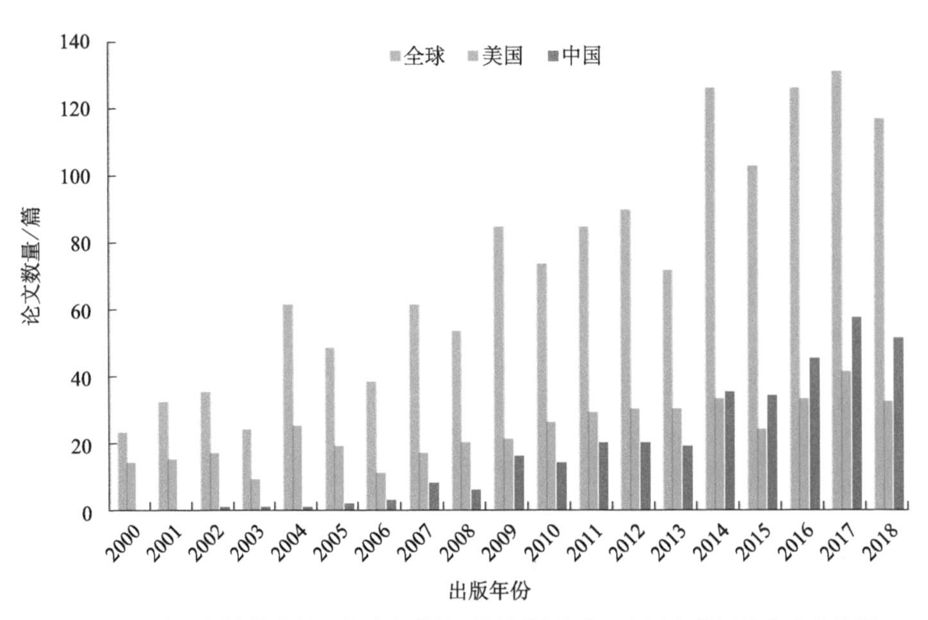

图 11-10 有机污染物的界面行为和排放通量领域全球、中国和美国发表论文统计

过去 20 年间环境有机地球化学方向的研究主要集中在污染物降解“degradation”、污染物生物降解“biodegradation”、污染物迁移“transport”和污染物的氧化反应“oxidation”方面，其中污染物降解的研究最多（图 11-11）。在未来的研究中，上述研究领域仍将继续保持热度，当前气候变暖还不断加剧、极端气候事件频发、污染物高排放、产业由欧美向亚非等不发达国家 / 地区转移以及时有发生的污染泄漏事件等均使得污染物的环境行为及其时空迁移过程变得更加复杂。而研究的目标污染物主要包括多环芳烃“polycyclic aromatic-hydrocarbons”、黑碳“black carbon”、挥发性有机物“volatile organic-compounds”和持久性有机污染物“persistent organic pollutants（POPs）”。其中对多环芳烃研究最多，其次是黑碳和挥发性有机物，这是由于目前大气污染严重而成为全球重点关注的焦点，而上述三类化合物对于空气质量、气候和人体健康都有显著影响。而新型化合物将是未来研究的主要趋势，这是由于人类为了自身方便而不停制造出各类污染物，这些新型化合物在人类大规模使用并排入到环境后，人类才意识到其对人体健康和环境均已造成了不可估量的危害。考虑到后续新污染物的层出不穷，因此对其环境危害及时空过程的研究也就必然会持续。

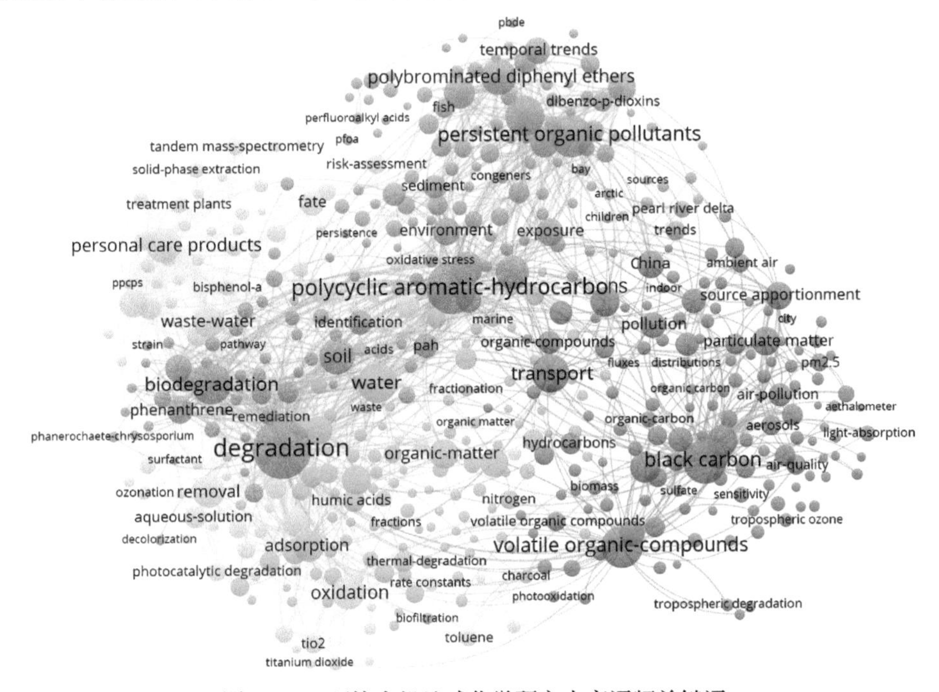

图 11-11　环境有机地球化学研究中高词频关键词

（三）环境生物地球化学

通过 Web of Science 检索主题词“environmental biogeochemistry”（环境生物地球化学）并将其作为重点关键词，共检索出 47 864 篇论文。其中中国科研院所和高校作为第一单位的文章 11 432 篇，占比 23.9%。受国家自然科学基金委员会资助的共 5339 篇，占中国发表文章的 46.7%，占全球总文章数的 11.2%，体现国家自然科学基金委员会资助对这一领域研究的重要作用。通过分析发现这一领域重点综述类文章全球共发表 3532 篇，总共被引用 292 275 次，去除自引后他引有 284 144 次，篇均 80.4 次；其中我国共发表 578 篇，被引用 25 510 次，去除自引后他引有 25 338 次，篇均 43.8 次（图 11-12）。

总体而言，近年来环境生物地球化学这一方向中国学者发表的文章呈现快速增长的趋势，同时在发表文章的数量占比也显著增加，从 2000 年的 5% 增长到 2019 年的 30% 左右（图 11-13），我国文章数量在全球排名也呈现进步态势（图 11-14）。但与美国相比，我国在这一领域高引文章的数量还很缺乏，尤其在植物 & 有机污染、动物 & 重金属和动物 & 有机污染领域差距明显（图 11-15），说明与其他研究方向一样，我国环境生物地球化学方向高质量研究成果都需要进一步加强。

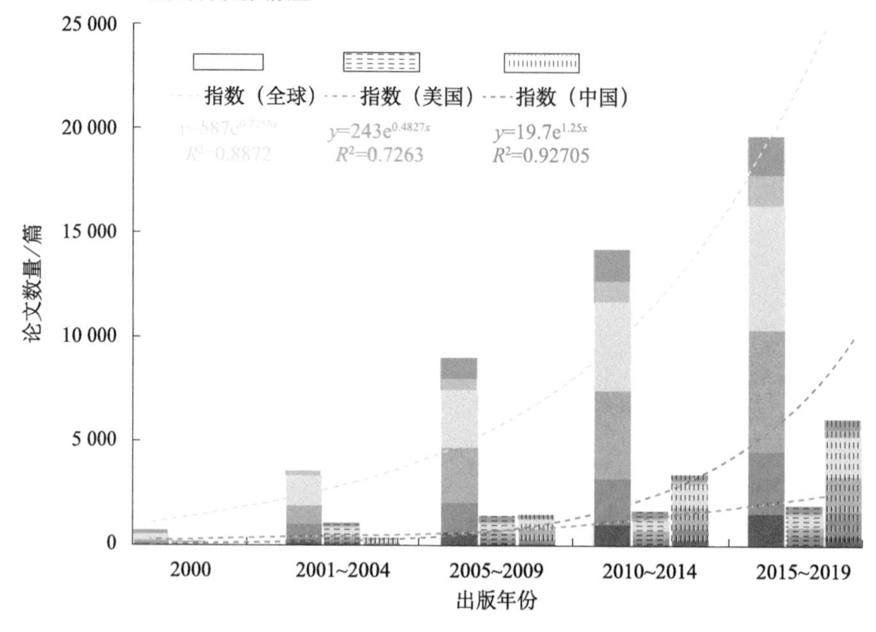

图 11-12　重点方向全球、美国和中国论文数量统计

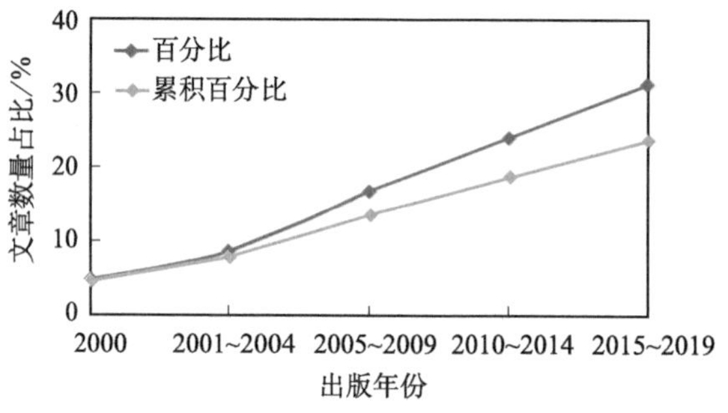

图 11-13　我国文章数量在全球环境生物地球化学研究方向的文章数量占比

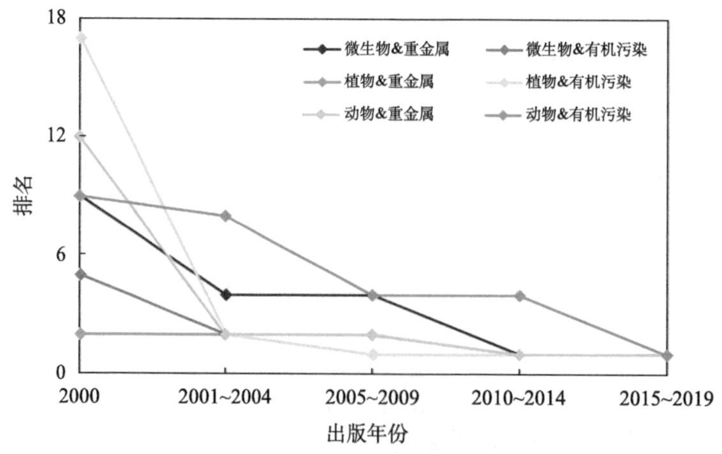

图 11-14　我国重点研究方向文章数量 20 年发展排名趋势

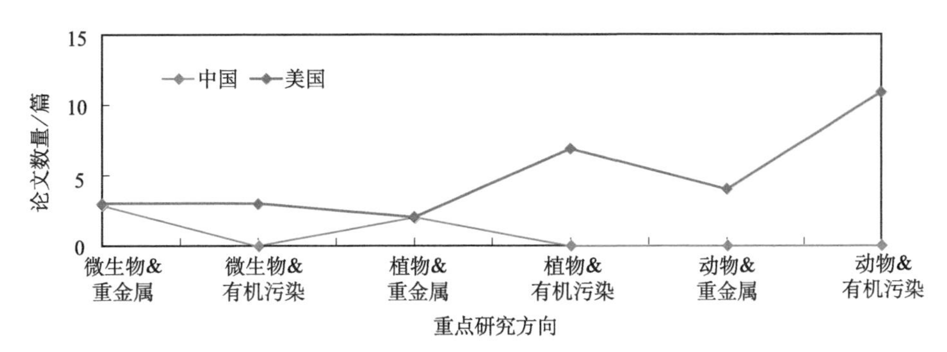

图 11-15　中国和美国重点研究方向引用数前 20 位的文章数量对比

具体对动物、植物和微生物三类生物文章所占比重分析表明，中国在微生物方向文章所占比重较高，而在植物领域逐渐增加并与全球比重基本趋同（图 11-16）；中国和全球一样，三类生物领域研究中在重金属元素方面略有提升（图 11-17），表明重金属的环境效应越来越受到国内外科学家的重点关注。

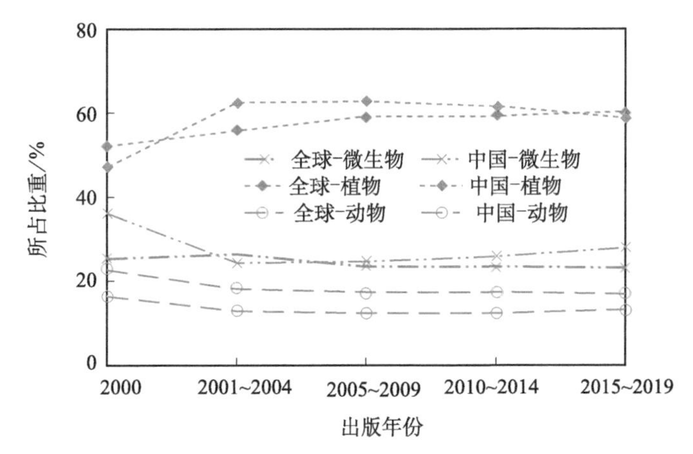

图 11-16　动植物与微生物研究文章数比重变化对比及趋势研究

综合以上文献检索统计发现，过去 20 年间，中国在环境地球化学学科的科研实力和论文产出都取得了较快的进步，尤其是近十年间，论文产出量在一些主要研究领域上跟美国保持齐头并进，部分如有机污染物的降解与转化等领域已经超过美国，并在全球保持领先优势，表明经过近十年的积累我国环境地球化学学科的研究取得了一定的成绩。但是，我国高水平论文数量还不够，论文影响力也有进一步上升的空间。在保持高的论文产出率的同时提高论文质量将是今后我国环境地球化学学科科学工作者的发力点。

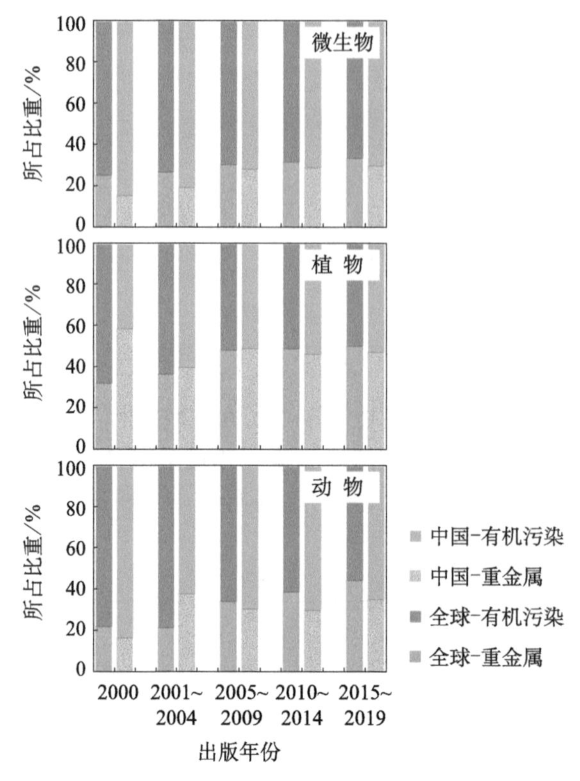

图 11-17 中国和全球对比不同污染物研究的文章比重

三、我国环境地球化学学科发展布局与主要成就

(一)元素环境地球化学

近十年来,我国元素环境地球化学围绕地表环境介质重金属污染治理及生态健康安全,从元素形态及其转化、元素区域性迁移、重金属污染治理、重金属污染生态与健康效应等角度,系统地对从源头到途径再到受体环境介质最后到环境效应的全过程环境地球化学行为过程进行科学发展布局,并在以下四个方面取得了重要的成就。

1. 初步构建了金属稳定同位素示踪重金属迁移转化的方法体系

近年来,得益于国家对环境地球化学学科的重视和投入,我国在稳定同位素环境地球化学领域的研究也获得长足的进步(Du et al.,2018;Xia et al.,2020)。例如,金属稳定同位素被广泛应用于典型工业场地重金属污染示踪,为厘清污染来源做出了重要贡献。此外,金属稳定同位素也被用于追踪大气、土壤和水体环境中的自然与人为重金属污染及其迁移转化过程。金属稳定同位素在重建古气候或古环境方面也有巨大的应用潜力,为指示地球古代环境变化以及生物灭绝等重大地质事件提供了重要证据。金属稳定同位素的应用也被拓展到生命医学领域,为准确诊断和预判疾病以及评估生态环境健康效应提供了新视野。此外,我国在同位素分析技术和新同位素体系的开发、金属稳定同位素分馏机制和理论研究等方面也获得了国际领先的一些成果。

2. 重金属形态转化与区域性重金属迁移过程机制

重金属污染物的形态特征及迁移转化过程是元素环境地球化学的基础科学问题（Huang et al.，2016；Liu et al.，2016；Wu et al.，2018），重金属的赋存形态及其转化是重金属污染环境效应的基础，重金属的区域性迁移转化过程则是区域不同位置环境介质污染形成的直接作用力。随着重金属形态特征的同步辐射等光谱学研究手段以及重金属区域性迁移过程研究的金属稳定同位素分馏示踪等先进研究手段的应用，过去十来年，我国在重金属形态转化与区域性重金属迁移过程领域取得了较为系统的研究成果：从原子、分子、晶体结构等不同微观尺度角度，揭示了主要地表环境介质中重金属的赋存形态特征；系统研究了不同区域不同作用过程下典型重金属载体中不同重金属的形态转化过程机制；采用金属稳定同位素示踪等手段，明确了典型区域重金属的区域性地表迁移过程，并形成了较好的重金属污染形成过程及污染来源解析成果体系。

3. 地表环境重金属的生态健康效应

我国学者在重金属对植物细胞遗传毒理学、对作物基因表达和根系分泌物的影响，以及生物对长期重金属污染的生态效应等方面做了大量工作（Lu et al.，2015），同时也在植物根际重金属生态效应、土壤－植物系统中重金属与养分元素的交互作用、水环境中重金属的生物毒性模型预测等方面开展了大量研究，取得了以下具有重要意义的成就：确立了我国区域范围内土壤主要重金属元素背景值及环境质量标准和食品卫生标准，并与环境因子进行了关联；对重金属在沉积物－水体－生物系统、土壤－植物－大气系统的迁移转化规律有了较为深刻的认识；对重金属在生物体内的吸收、迁移、富集、毒害以及重金属的解毒和抗性机理从微观到宏观水平均开展了相应的研究工作；建立了几种重金属污染的植物和微生物修复技术，发现了一批可用于重金属污染修复的超积累植物和一批可保障食品安全的重金属低积累植物。

4. 地表环境介质重金属污染控制与修复

在污染攻坚战和生态文明建设持久战国家战略思想的指导下，近十年来我国环境地球化学学科的科研工作者在重金属污染形成过程机制及地表水体的污染修复技术方向取得了较为系统的成就（Liu C S et al.，2018; Liu H et al.，2018）：建立了以重金属形态调控的农田土壤重金属污染治理理论及污染农田农产品安全生产技术体系；形成了以重金属吸附去除为主要过程机理的重金属污染水体修复材料及修复技术体系；构建了挥发性特殊重金属大尺度区域污染控制与形态转化综合治理技术体系。

（二）环境有机地球化学

近二十年来，我国环境有机地球化学的大量研究主要集中在 POPs 的环境污染及其控制领域，并对污染物成分与形态检测，污染物迁移、转化、归趋反应动力学，污染物的生物有效性与生态毒理，污染物的区域空间过程与生态风险，污染物人体健康效应，环境污染控制与修复等研究领域进行科学发展布局，具体表现在以下四个方面。

1. 环境分析能力大幅度提高，不断从环境中发现新的有机化合物

环境中的有机物质种类繁多，环境样品基质复杂且目标污染物含量低。充分运用现代科学理论和实验技术分离、识别与定量测定环境中相关物质的种类、成分、形态、含量和毒性，是开展环境有机地球化学研究的前提和基础。经过近二十年的发展，一系列的高分辨色谱－质谱仪器（磁电场型质谱、四极杆质谱、离子阱质谱、飞行时间质谱、轨道阱质谱）及其他高精尖的设备如多接收器－等离子体质谱、气相（液相）－色谱－同位素质谱联用仪在我国得到了广泛的使用，同时被动采样技术、固相萃取、无溶剂化萃取技术、仪器辅助增强型溶剂萃取等新的采样、提取和分离技术的应用，使得我国在环境痕量有机污染物的分析能力上得到极大提高，已经与国际的水平持平，在某些方面甚至处于国际领先水平（Wu et al.，2010）。除了传统的多氯联苯、二噁英、有机氯农药和多环芳烃外，我国学者建立和发展了众多新有机污染物在环境介质中的分析方法，如环境介质中多溴联苯醚、全氟化合物、非多溴联苯醚的卤代阻燃剂、药品和个人护理品、多氯萘、饮用水消毒副产物、短链氯化石蜡、有机磷系阻燃剂的样品前处理、分离纯化与分析方法（Zhang et al.，2015）。同时我国在环境中连续发现了系列的新有机污染物如三（2,3- 二溴丙基）异氰酸酯、全氟碘烷、合成酚类抗氧剂、氯取代的全氟醚基磺酸、新的光引发剂等。这些新 POPs 的发现标志着我国 POPs 的研究已由全面跟踪国外提出的目标物向发现并主动引领新 POPs 的研究方向发展。

2. 积累大量有机污染物时空分布数据，为我国有机污染物的防治与国际履约提供支撑

近二十年来，我国环境有机地球化学方向研究人员发表了大量有关毒害性有机污染物，如多环芳烃、多氯联苯、有机氯农药、多溴联苯醚、短链氯化石蜡、药品和个人护理品在大气、水体、沉积物、生物以及人体中的含量数据（Lin et al.，2020），对相关污染物的空间分布特征、时间演变趋势、人群暴露特点进行了揭示。这些数据主要集中在我国经济比较发达的区域，如珠江三角洲地区、长江三角洲地区、环渤海经济区。比较有影响的如发布了我国各地的抗生素使用和排放量，绘制了全国首张抗生素污染地图；在我国典型的电子垃圾拆解地，如广东贵屿、清远和浙江台州，我国科学工作者积累了大量有关多环芳烃、多氯联苯、多溴联苯醚、二噁英、溴代二噁英等 POPs 的环境转化、生物富集 / 放大、生态风险、人体赋存状态、母婴传递乃至人体健康影响等重要的数据（Liu et al.，2020）。在一些新有机污染物研究方面，如短链氯化石蜡、得克隆等化合物，我们国家发表的数据已成为国际上评价和管控相关化合物依据的最为重要的数据来源。除了上述数据的积累外，我们还系统地摸清了我国二噁英类污染物的排放源，获得了我国二噁英类排放因子，相关成果被联合国环境规划署《全球二噁英类污染源识别与定量技术导则》引用，为全球范围内评估二噁英类污染来源提供了重要技术参数。这些数据为我国相应的管理部门提供了科学依据，为我们国家履行相关的国际公约，如《关于持久性有机污染物的斯德哥尔摩公约》起到了重要的支撑作用。

3. 对有机污染物的环境地球化学行为取得新认识和进展

有机污染物的环境行为、迁移转化与归趋是环境有机地球化学的重要研究内容。我国在过去的研究过程中，对 POPs 的长距离迁移、赋存形态与环境转化、生物富集与生物转化等有关有机污染物的环境地球化学行为的研究上取得重要进展（Li et al.，2019）。在有机污染物的长距离迁移方面，我国率先在珠穆朗玛峰、南极和北极“三极”地区建立了长期采样观测系统，开展了 POPs 长距离迁移机制的深入研究。通过大量实验数据证明了 POPs 的冷捕集效应，在新的源汇关系方面也有所发现，这优化了 POPs 的远距离迁移模型，对认识 POPs 的环境归宿做出了贡献，在有机污染物在土壤与沉积物中的赋存形态、植物吸收与传输、生物可利用性与评价等方面取得了重要进展，如四溴双酚 A 在沉积物老化过程中的快速固化作用；重金属存在条件下植物对 POPs 的强化吸收；植物对多氯联苯、多溴联苯醚类化合物的吸收与转化；土壤腐殖质、生物大分子物质、黑碳，以及表面活性剂对有机污染物赋存形态、生物有效性的影响；利用仿生萃取技术及半透膜提取、环糊精提取、Tenax 萃取表征有机污染物的生物有效性等。在有机污染物的生物富集与食物链传递与生物转化方面，发现一些高疏水性、高分子量的有机污染物可能在陆生生物中富集和放大，并揭示了多溴联苯醚、得克隆等新型有机污染物在水、陆生食物链上富集与放大的差异及其机理。这就向传统的以鱼类为生物指示物研究污染物的生物富集的方法提出了质疑，向如何修订污染物的生态风险标准提出了新的挑战。在生物转化方面，利用单体 / 手性异构体稳定碳同位素技术，表征了化合物在不同生物中的差异性代谢过程，并部分揭示了差异性代谢的机理，首次利用化合物稳定碳同位素的变化定量表征了化合物的生物转化速率。

4. 进一步厘清有机污染物的环境转化过程和机制

进入环境中的有机污染物将经历一系列重要的环境转化过程，如水解、生物降解和光化学转化等物理化学过程，这对于全面了解其环境行为、环境归趋及其毒性效应具有非常重要的影响（An et al.，2014；Fang et al.，2013；Gao et al.，2016）。借助理论计算与实验研究相结合的方法，阐明了水体中多种典型药品与个人护理品的环境转化新机制。例如，在抗病毒药物的光化学转化与光催化降解过程中，发现该类环境药物光化学过程是以单线态氧介导的间接光化学降解途径为主；而人体护理品防腐剂对羟基苯甲酸酯类的光降解是以三线态引发的分子间氢迁移途径为主。光催化降解则是以羟基自由基介导的降解途径为主，其降解速率与有机污染物的结构密切相关，如随着对羟基苯甲酸酯类的取代碳链长度的增加，其速率常数也呈现增加的趋势；增塑剂邻苯二甲酸酯在深度氧化降解过程中以羟基自由基 - 苯环加成与烷基加氢为主要途径，且实验与理论相结合进一步揭示出邻苯二甲酸酯烷基碳链长短与其降解机理和产物毒性的相关性。首次通过理论计算成功揭示羟基自由基介导抗菌剂三氯生光化学过程是二噁英形成的又一重要途径，并阐明了环境光化学和深度氧化过程中是否产生二噁英的本质微观机理。这些有关环境转化机制的研究对于深入认清污染物的环境行为与生态环境影响具有重要意义。

(三)环境生物地球化学

近十年，我国环境生物地球化学方向的研究综合了多种因素的作用，在以下五个方面都取得了重要进展，有助于我们认识地球系统的环境演变，同时可为土壤和水体的环境污染修复以及人类活动维持地球环境生态平衡方面提供理论指导。

1. 认识到元素循环对环境生物地球化学产生重要影响

当前关于元素对环境生物地球化学影响的研究主要集中在生物炭改良技术的研究、元素在环境生物地球圈的排放循环与管理、稳定同位素示踪溯源技术的开发三个方面(Yu et al.，2016；Zhuang et al.，2019)。例如，有研究通过对比两种主要热解方法对生物炭化学特性以及加入土壤后对碳氮动态的影响，发现施加未被完全热解碳化的生物质含量较高的小麦秸秆生物炭后，土壤微生物生物量显著增加。在元素在环境生物地球圈的排放循环与管理方面，通过对我国1955～2014年氮排放数据进行处理确定了适于中国的氮排放边界，并模拟农业实行氮排放管理模式下的减排效果，推动了氮排放管理的进程；同时根据人工湿地污水处理过程中铁对微生物和化学转化的影响，论述了氧化还原作用控制下铁的转化与碳、氮、磷、硫和其他重金属等元素的生物地球化学过程的相互作用。稳定同位素示踪技术的发展主要是将氮的溯源研究从定性识别拓展到定量解析，并应用稳定同位素分馏理论及同位素配对技术，实现对氮的生物地球化学循环转化途径的判别及其转化速率的定量解析。

2. 发现重金属在生物地球系统中的主要影响机制

重金属在环境生物地球系统中的影响机制研究包含重金属生态风险、重金属的生物有效性、土壤重金属污染和重金属的植物修复、健康风险和重金属造成的食品安全问题等多个方面(Cui et al.，2019；Yin et al.，2016)。主要进展有通过对空气$PM_{2.5}$中重金属污染健康风险进行评价，发现其重金属浓度处于较高水平，其中砷、铬、铅超标现象较为严重，分析其污染源主要为土壤扬尘、机动车排放、煤矿燃烧和冶金等。此外，目前污染土壤植物修复的研究热点主要是研究土壤根际根系分泌物和根际微生物影响重金属的形态转化机制及超积累植物高效吸收、转运重金属的分子通道机理，其对提高超积累植物修复效率具有重要意义。近年来，重金属的食品安全问题受到广泛关注，作为我国居民尤其是南方省份居民的主食，稻米中砷和镉含量超标问题在我国不同类型重金属污染区被广泛报道，严重危害人体健康。砷和镉在稻米中富集主要是通过植物从污染土壤中吸收累积，因此，可通过选取低积累品种、向土壤中施加重金属钝化剂或拮抗剂、修饰重金属吸收转运分子通道蛋白表达等途径，采用分子生物学等手段，降低砷和镉在水稻中的积累。此外，在重金属生态风险方面，也有很多学者通过识别重金属污染对人群产生暴露的主要途径，运用干预手段降低重金属暴露，从而达到消减风险的目标。

3. 剖析有机物在生物地球系统中的主要影响机制

当前有机物对环境生物地球化学的影响研究主要包括对海域表面水体中POPs的分

析与评估，对沉积物中生物标志化合物、挥发性有机物和有机污染物生理毒性的研究，以及为污染减排识别可靠污染源及其相关人类活动的研究（Ren et al.，2019；Shi et al.，2017）。从生物可利用性的角度出发进行持久性有机污染下的暴露评估，可以更加真实地表征污染物的人体暴露情况。以 POPs 为例，通过对 POPs 在不同环境森林土壤和植物叶中的分布行为特征展开研究，分析地理环境条件和介质自身性质与分布特征的相关性，揭示森林中 POPs 在地球化学过程中的分布规律。近期研究表明，新有机污染物在生物体内富集后，除了以自由态的母体或代谢产物形式存在外，还有大量的生物残留。此外，评价有机物对人群健康的影响、如何准确测定环境中目标污染物浓度、评价人体暴露风险是有效管控有机物浓度的重要内容，也是解析有机物在生物地球系统中影响作用的关键。

4. 探索生物活动在环境生物地球化学过程中的作用机制

生物活动驱动地球物质循环的机制和环境效应逐步得到重视，生物活动对元素和污染物迁移、转化和环境效应有着显著的控制作用（Dang et al.，2019；薛喜枚和朱永官，2019）。查明微生物控制有害元素释放的机制有助于从源头上控制污染现象，通过控制微生物群落结构和生态功能可以转变有害元素的赋存形式和生物有效性，进而实现对有害元素污染的有效防治。微生物风化过程深刻影响着营养元素和多种金属同位素的分馏行为，以山脉隆升为代表的全球构造事件会激发岩石的生物风化和全球碳氮循环。因此，岩石的微生物风化作用对地球表层乃至大陆演化过程的同位素的调控作用和示踪意义巨大。生物活动参与有机物和碳氮地球化学循环的机制和效应还有着广阔的研究空间：一方面，生物活动影响着水体、大气和沉积物中天然有机质的转化、矿化和封存；另一方面，人类活动排放大量有机物改变了生态系统中营养元素的丰度和化学形态，甚至导致极端环境的形成，这些有机物的迁移转化和归趋直接影响着环境质量和生态安全。因此，生物活动参与有机物和碳氮地球化学循环的机制和效应研究是系统揭示有机化合物环境地球化学行为的重要内容。

5. 明晰人类活动在环境生物地球化学过程中的作用机制

为进一步明晰人类活动对生态环境带来的影响，当前研究关注人类围垦活动影响下的全球元素循环、沿海滩涂湿地土壤性质、生物多样性、土地利用及景观格局、生态系统服务及生态安全（Wang et al.，2016；Wan et al.，2019）。例如，通过 2003～2012 年黄河干流的观测数据，探讨黄河各形态碳的输运特征和季节变化规律，特别关注自然过程变化和人为活动对其的影响。解析自然环境下和退化后亚表层泥炭地二氧化碳和甲烷两种含碳温室气体及其主要影响因子，定量估算不同类型人类活动影响下小流域岩石风化碳汇量及碳释放通量。从城镇化与区域环境污染的关系出发，通过分析浑河流域水体、沉积物以及土壤中的多环芳烃和有机氯农药的污染水平，使用异构体比值法和主成分分析－多元线性回归法探讨其可能来源。区域分析将成为关注区域生态系统问题原因的一种手段，如河口的氮污染。遥感技术的应用，以及在地理信息系统和全球网格模型中捕获的数据，将允许本地数据的正式聚合应用于更大规模。而来自冰芯和沉积物中的古化学数据将告知我们生物地球化学循环的过去和人类对它们的影响，从而更有助于全方位、多角度理解人类活动对地球环境的重要影响。

第三节　学科发展需求与趋势分析

一、元素环境地球化学

（一）学科发展国际背景

自 20 世纪 70 年代以来，随着全球工业革命的深入发展，工业发展过程中产生的重金属等污染元素形成的环境污染及其带来的生态与健康危害受到重视。以地球化学中的元素地球化学为基础，从毒害元素的环境行为及其污染控制需求出发，国际地球化学及环境化学学者集中于元素转化及环境迁移过程研究。其体现最为直接的是，由于重金属等毒害元素的生态环境效应直接与人类健康相关，因此重金属的污染生态效应研究是国际环境地球化学研究的热点问题。国际上重金属污染导致的多起人类健康受损事件，将重金属与生态环境之间的相互关系作为最重要的研究方向之一，无论是地球化学还是环境科学，都把重金属环境地球化学行为及其控制作为优先方向开展研究。

（二）关键科学问题

（1）揭示不同重金属性质对其在介质载体中的结构分异行为特征的影响，明确影响环境介质重金属赋存形态的关键环境地球化学因素。

（2）有效阐明环境重金属的源 - 汇效应，形成基于重金属赋存形态结构分异的重金属污染源解析与途径识别机制。

（三）国际相关发展战略或研究计划

1989 年联合国教育、科学及文化组织批准了国际地圈 - 生物圈计划。该计划创立的宗旨是促进以地区为基础的交叉学科的研究，以便更好地了解和确定全球变化过程；开展方法学的研究和根据所需的观测数据做出正确判断；以减少或避免正在发生的或预测将来发生的气候变化造成的副效应；土地利用变化和其他相关变化的研究。1996 年国际科学联盟理事会联同国际社会科学联盟理事会共同发起国际全球环境变化人文因素计划。该计划主要研究：人类活动对地球环境的很多方面都产生着巨大的影响；全世界范围内的科学家都在研究这些变化的起因、结果以及可能引起的自然界的响应；全球环境变化人文因素研究主要是研究由人类活动引起的环境变化的起因和结果，以及人类对这些变化的响应。2015 年美国能源部部署地下虫物地球化学研究（Subsurface Biogeochemical Research）项目，针对河流和流域的汞及甲基汞污染，来了解汞及其他微量元素在河流和流域环境中的迁移转化规律、物理化学生物过程，以及这些过程的相互作用和影响这些过程的环境因素。其包含四方面的研究：汞在生态系统尺度的迁移转化过程；微生物对汞形态转化的影响；汞的生物地球化学循环；汞循环的宏观尺度模型。

（四）前沿与应用需求分析

基于近10年来各领域文献的数量及高被引文献各领域占比，结合元素环境地球化学各领域的交叉性，元素环境地球化学方向的主要前沿与应用方向如下。

（1）区域重金属迁移转化的源－汇效应与通量：以不同尺度区域中重金属的输入和输出过程为对象，研究不同环境条件下区域的源－汇效应及其通量，为特定区域重金属污染控制提供理论依据。

（2）表生环境非传统稳定同位素方法开发和应用：随着地球化学样品纯化技术的提高和新一代同位素质谱仪的开发应用，非传统稳定同位素分析技术得到快速发展，为深入研究元素环境地球化学过程提供了新的手段。

（3）生源要素与重金属的耦合循环：以揭示地表环境介质重金属赋存特征与转化、源－汇过程及其生态环境效应为目的，围绕碳氮等生源要素的微生物 / 化学转化耦合重金属形态转化与区域性迁移。

（4）重金属污染治理：以习近平生态文明思想为指导，重金属污染治理是实现碧水攻坚战和净土攻坚战目标的重要组成部分，以元素环境地球化学理论为基础的重金属污染治理是近十年来及今后很长一段时间的研究重点。

上述四个前沿领域在文献总量及高被引文献的比例方面均占据了较高的比重，是元素环境地球化学基础理论支撑性研究及解决当前重要环境问题的应用性研究所需重点关注的领域。

（五）研究热点、发展分析与启示

1. 重金属赋存形态转变及其区域性迁移转化

从区域性不同阶段、不同介质结构角度，从分子尺度认识重金属迁移转化机制是环境地球化学发展的趋势。但是如何获得分子水平的机制信息是重大挑战，这就要求发展分子水平的研究手段。同步辐射技术为分子环境地球化学的发展做出了很大贡献，但仍有一定局限。今后将重点发展原位同步辐射技术以及同步辐射纳米探针技术实现纳米颗粒的环境地球化学研究需求，同时还需发展核磁共振技术实现对氟、磷等元素的微观表征和天然有机质结构的精细表征，以及建立更适用于环境系统研究的量子化学计算方法学。此外，今后还需开展以下研究：以不同尺度区域为对象，从区域整体性角度开展重金属迁移的环境地球化学行为研究；采用穆斯堡尔谱仪、X射线吸收光谱等光谱学技术开展区域不同阶段次生矿物、有机质、微生物等载体的结构特征及其转化、重金属在载体中的结合方式及其转变等微结构形态特征的研究；进一步结合区域性迁移不同介质中目标重金属的稳定同位素分馏特征，解析特定形态重金属在全区域迁移过程中的形态结构演化，解析跟踪性明确目标形态重金属的全过程迁移转化机制。以上研究可拓展和深化重金属环境地球化学行为研究的科学内涵，丰富元素环境地球化学理论。

2. 重金属多介质环境行为与模型

在重金属的地球化学循环中，环境介质的组成类型、物理特性、化学成分、表面特征、生物作用等要素对重金属的形态和迁移具有非常重要的影响。随着环境因素的变化，重金属污染物可发生吸附－解吸、离子交换、络合（螯合）、氧化－还原、胶体形成、溶解－沉淀等一系列物理化学过程，进而在不同环境介质中分配、迁移、固定与累积。同时，重金属元素形态的改变也直接影响其迁移特性、生物可利用性和环境风险。认识重金属的多介质环境行为对于识别重金属污染途径与暴露风险至关重要。数学模型是预测重金属在多相介质中环境归趋的重要工具。目前，考察重金属分布达到平衡时赋存形态的化学平衡模型得到了较为广泛的应用，而模拟重金属宏观时空演化的多介质环境模型仍较为欠缺。我国在重金属的多介质环境行为研究上仍有大量空白，而在模型的开发上也与国外先进水平存在显著差距，仍以国外模型的应用为主。有必要加强重金属环境地球化学微观过程与宏观机制研究及其模型模拟，包括环境微界面的重金属地球化学行为、大气与水体中重金属空间扩散迁移及转化、径流与水土流失的重金属迁移等；同时，需要有针对性地加强典型污染情景与污染产业重金属污染物迁移转化研究，如矿业开采导致的重金属污染时空演化、突发事件中重金属污染扩散等。

3. 稳定同位素示踪技术与重金属污染源解析

重金属污染物的源汇关系及迁移转化过程是元素环境地球化学的基础科学问题。目前，金属稳定同位素技术被广泛用于追踪大气、土壤和水体环境中的自然与人为污染，为厘清污染来源和迁移转化机制做出了重要贡献。此外，金属稳定同位素也被用作环境过程的新兴指标，在重建古气候或古环境方面展示了巨大应用潜力，为研究地球环境和生命的协同演化提供了重要证据。近年来，金属稳定同位素的应用也被拓展到生命医学领域，为准确诊断和预判疾病以及评估生态环境健康效应提供了新视野。随着新的分馏体系、分馏理论和分析方法的开发，金属稳定同位素在环境地球化学及相关领域的应用前景也将进一步拓宽。金属稳定同位素技术的研究尚处于起步阶段，亟须更多研究力量的投入。另外，对环境过程的同位素分馏机理的认识仍有大量空白，复杂环境体系中稳定同位素的应用尚有较多不确定因素。未来的研究需要结合理论、实验、观测和模型的手段，进一步开发稳定同位素的分析方法，提高对低浓度、小尺度和复杂基质样品的分析能力，同时需要深化对环境过程的同位素分馏机理的认识，增强稳定同位素溯源的准确性和对环境过程的指示作用。通过与其他示踪手段相结合或多个同位素体系联合示踪等方法，提高稳定同位素解决复杂实际环境问题的能力，并且需进一步开发新的同位素体系和新的应用领域，扩展稳定同位素技术的应用范围。

4. 地表环境介质重金属污染成因与控制

地表环境介质重金属污染形成是毒害金属的外源性输入和介质发育过程带入的结果。矿区等部分特殊地质条件区域，地表环境介质的重金属污染与母质发育演化过程密切相关，其中的重金属主要由母质带入或矿冶活动输入；与人类活动关系密切的环境介质，如城郊区和矿冶活动周边，其污染主要是由重金属直接输入形成；部分区域远离人类活动区，并且无高背景重金属地质条件，其污染主要通过重金属在地表和大气长距离传输的环境地球化学过程形成。因此，系统开展环境介质重金属污染形成过程机制研究，结合不同污染成因和不同环境介质特点，开展地表环境介质重金属污染控制理论与技术研究，既是学科发展现阶段的重要科学问题，也是推动我国生态文明建设的重要科学保障。针对不同区域毒害重金属的迁移转化过程特征，开展地表环境介质重金属污染形成过程机制研究，研究调控、阻隔重金属迁移等理论和技术，形成环境介质重金属污染的源头控制体系；从地表不同环境介质的污染现状出发，以土壤、水体、沉积物等环境介质的组成和结构特点为基础，针对重金属的污染物特征，开展介质重金属去除或毒害性降低的理论和技术研究；从地表环境的系统性出发，注重地表水圈、土壤圈、生物圈多圈层相互作用，深入阐明水－土－生物与重金属耦合循环的环境地球化学机制，构建地表物质系统性循环过程调控与环境介质重金属污染控制的协同治理策略。

5. 基于元素化学形态的重金属生态与健康风险评估

不同种类重金属的地球化学性质、生物毒性、暴露途径及受体特征的差异造成重金属生态风险与人体健康效应差异巨大，对区域重金属风险的评估偏差将直接影响土壤重金属污染风险防治与修复工作的实际效果。对环境介质（尤其是土壤、沉积物和生物组织）样品中的毒害元素进行形态分析的前提是将不同形态的化合物从样品基质中定量提取出来，并且在这一过程中各形态间不发生转化。通常使用酸、碱、缓冲盐、蛋白酶以及有机溶剂的组合在加热、超声或微波的辅助下来进行萃取。因为不同化学形态的元素（如离子态、有机态）与样品基质间结合能力不同，且它们的稳定性不同，需要借鉴分析科学领域的方法和手段来优化提取方法。同时，结合色谱的高分离效率和原子光谱与质谱检测的专一性和高灵敏度的联用分析方法在元素化学形态分析方面有着广泛的应用前景。在环境介质中（土壤、水和大气）中，重金属元素赋存的化学形态决定了它们的迁移能力、毒性以及生物可利用性。铬、汞、砷等元素的化学形态分析结果可以帮助准确评估其污染的生态风险。在生物体内，尤其是农作物中，重金属元素的不同形态直接决定着其生物毒性的强弱和向人体转移的能力，也能在一定程度上揭示生物体从环境介质中吸收富集重金属的机理。重金属的赋存化学形态对于准确和合理地评价农产品的安全性和人群重金属膳食暴露的健康风险具有重要的意义。

二、环境有机地球化学

（一）学科发展国际背景

在有机污染物时空过程关键词索引下，选出 50 篇高被引论文，发现一个重要的研究区域是“arctic”，也就是说北极的污染物行为与时空过程是备受关注的。这些高被引论文重点关注了导致北极长期积累 POPs 的途径。此外，除了北极污染溯源与输送路径、北极 POPs 生物富集之外，北极 POPs 研究还和气候变化息息相关。研究者提取了 20 年间生物标本中的 POPs 数据，发现了气候变化的信号。在 50 篇高被引论文中，有 3 篇文章共同拥有“model”和“fate”这两个关键词。由此可以利用模型来计算和模拟污染物的环境行为。这3篇文章所涉及的模型模拟的尺度各有不同，既包括界面吸附微观尺度，也涉及流域循环的中观尺度。用数学的方法去刻画不同尺度下污染物迁移循环的过程，耦合多种环境因素的综合影响也是当前污染物时空过程研究的热点。在上述两个研究热点领域，我国的研究实力偏弱。首先，北极对POPs的连续监测已经超过20年，然而，即使是我国发达的城市地区，关于POPs的连续监测都未能超过10年，因此也很难获得POPs时空演变趋势与排放和气候变化的关系。其次，我国的POPs环境行为模型多为将国外模型参数进行适当调整后的优化模型，其既无环境机理上的实质突破，也无数学结构上的模块更新，在原创能力上明显逊色于国外。为此，我们特意提出该方向的几个关键科学问题。

（二）关键科学问题

（1）气候变化影响下POPs的地球化学循环（包括排放源确定、迁移路径识别、气候变化影响机制模拟和源汇关系的演变等）。

（2）有机物的生物富集与放大（生物浓缩、不同生态系统中的食物链传递与放大）、毒性与毒理、生态风险与健康风险评价、污染物排放控制与环境修复的技术与方法等。

（三）国际相关发展战略或研究计划

国际上影响较大的区域及跨区域POPs监测计划主要有全球大气被动采样网计划、北极环境监测与评估项目和欧洲监测及评估计划等。全球大气被动采样网计划由加拿大环境部于2004年12月组织成立。其采样点遍布全球七大洲，主要是在大气背景点，同时还包括部分城市和农村采样点。该计划主要使用被动大气采样器开展观测，目的在于评估POPs在全球范围内的空间分布，同时可以获得其在大气中的时间变化趋势以及空间传输模式。另一个重要的国际性POPs监测项目是北极环境监测与评估项目，其开始于1991年，致力于为北极环境提供充足可靠的环境状况或风险信息，并为北极国家、政府在污染防治领域提供科学建议和行动指导。这个POPs监测项目特别关注北极POPs浓度水平的时间变化趋势及其健康效应。欧洲监测及评估项目是一个具有科学依据和政策指向的远距离跨境大气污染监测与评估国际合作项目，其目的在于解决远程跨境空气污染问题。这个项目经过近40年的发展与努力，已经取得了显著成果。关于POPs的研究涉及欧洲POPs的排放浓度的时间和空间趋势以及POPs的洲际传输等各个方面。

（四）前沿与应用需求分析

（1）研究前沿在于加强POPs新型观测技术的研发，第一手观测资料仍然是当前大尺度污染物迁移循环研究的短板。因此，迫切需要发展一系列的在线观测技术和高分辨分析手段，以较为简便的方式获得更加高频的观测数据。

（2）在关键区域，如在不同气候区的背景地区（如南海、青藏高原、塔克拉玛干沙漠及南北极）开展有机污染物的长期监测，与国际计划形成数据对比。

（3）重点研发符合中国实地情况的污染物迁移循环模型，结合遥感资料细化地表类型，在污染物界面交换中考虑气候变化的影响，形成完善和独创的综合模拟模型，进而准确地对污染物的迁移过程进行模拟，并对污染物迁移转化的未来趋势进行预测。

（4）除了关注有机污染物本身之外，应当全面考虑有机污染物环境转化、转化产物的生态环境与健康效应等，并将其环境风险评估纳入相关的环保标准，它们成为当前形势下的新任务。

（五）研究热点、发展分析与启示

1. 新化学污染物的筛查与识别

化学品数量巨大，而被列入管控名单的化合物数量极其有限。如何打破在引起重大环境问题后被动地开展化学品的管控，实现预防为主，在尚未引起生态环境不良影响之前识别新化学污染物，从事故后的被动管理向风险防控发展，建立快速筛选和识别新化学污染物的方法体系是今后环境有机地球化学的一个重要科学问题。发展效应导向分析技术与方法，结合理论预测、非靶向检测等方法建立高通量污染物识别与筛查的系统方法学，从实际的环境样品中检出更多的、具有毒害性和潜在健康风险的化合物，在发现新化学污染物的方法学方面取得突破。

2. 新有机污染物的环境地球化学

除了经典的毒害性有机污染物外，一些新型 POPs 的分析方法、环境行为及界面迁移、生物富集与放大、生态风险及环境健康也越来越成为环境科学研究的热点。这些新型 POPs 的共有特点包括：正在大量生产和使用、环境存量较高、生态风险和健康风险的数据积累尚不能满足风险管理等。目前较为关注的有卤代有机阻燃剂及其替代品，如有机磷系阻燃剂、以全氟辛基磺酸盐为代表的全氟化合物及其替代物、以短链氯化石蜡为代表的氯化石蜡产品。此外，像得克隆、十溴二苯乙烷等多溴联苯醚（PBDEs）的替代型卤代阻燃剂的环境行为、生态与健康风险等都是当前研究的热点问题。除了跟踪国际上的新有机污染物的研究外，还需要针对我国的具体国情，筛选和识别具有重要生态风险和人体健康风险的毒害性有机污染物。例如，具有环境内分泌干扰的化合物、新型的毒害性农药（如新烟碱类农药）。

3. 以微塑料为代表的环境微塑料 / 化学品复合污染的环境危害和生态风险

环境微塑料也是当前环境领域的研究热点之一。目前研究主要集中在海洋微塑料污染状况的地域调查和海洋微塑料污染对海洋生物的影响两个方面。对微塑料在大气、土壤及陆地生态系统中的污染状况、迁移、危害的了解非常有限，微塑料的毒性与毒理机制不清，微塑料中的各种添加化学品的析出机理不明，微塑料与环境中的化学污染物之间的相互作用机制不清楚。全面开展海洋环境、大气、土壤、陆地生态系统生物中微塑料的污染状况调查；加强对微塑料的产生、排放、运移等环节的研究，了解微塑料的来源、分布和迁移规律；开展微塑料污染的毒性及毒理研究，除了关注微塑料本身，如材质、颗粒物形状、尺寸大小等对生物造成的不利影响外，还需关注微塑料中各种添加剂，如塑化剂、阻燃剂、防老化剂在塑料中的析出机理、影响因素及对生物的毒性效应；关注微塑料与环境中已经存在的毒害性有机污染物之间的相互作用，全面评估微塑料的生态环境风险。

4. 有机污染物的生物富集/放大、生物迁移与生物代谢及生态风险研究

由于新近的一些研究结果表明，某些在水生食物链上不存在生物放大的污染物在一些陆生食物链中表现出很高的生物放大效应，这使得污染物的生物富集评价不能仅局限于以鱼类作为生物指示物，需要全面评估污染物在不同生态系统中的生物富集与食物链放大行为。因此，今后需要更多关注污染物在两栖、陆生生物中的生物富集与食物链传递工作。考虑到生物迁移的重要性，需要更多关注生物活动造成的污染物的跨区域、跨界的传输过程。例如，昆虫变态发育过程造成的污染物的水、陆生态系统的跨界传输，生物集体迁徙活动如洄游、候鸟迁徙等造成的污染物的生物迁移过程。污染物的生物代谢在污染物的归趋研究及生态、健康风险评价过程中都具有不可替代的重要作用。现阶段还缺乏有效的定量表征生物代谢的方法，因此，需要开展更多新的技术和方法，如单体/对异体稳定同位素技术、多维稳定同位素技术等方法。在污染物的动物毒性与毒理的研究中，目前更多注重对鱼类、哺乳类动物的毒性与毒理的研究，而对鸟类、昆虫类及爬行类动物的毒性与毒理的研究较少。今后宜发展对有关鸟类、昆虫及爬行类动物进行毒性与毒理研究的模式动物，构建合理的毒性评价终点。同时充分利用生物组学技术，全方位地评价有机污染物的生态毒性及生态风险。

5. 有机污染物的体内暴露及其人体健康效应

目前世界上大约有1000万种化学物质，其中进入环境的有10万多种，并且每年还有1000多种新化学物质投入市场。大量的有毒有害有机化学物质（如环境内分泌干扰物）进入环境，加剧了区域尺度下的生态与健康风险，使人类的生存环境与安全面临严峻的污染问题。这对环境有机地球科学提出了更大的挑战，系统解决我国区域性的环境污染与健康风险问题，不仅需要依赖于科学和技术本身发展的支持，更需要学科层面的交叉融合。尽管目前我国在环境有机地球科学、环境流行病学、环境毒理学等方面的研究也取得了巨大的成就，然而在综合研究方面仍然十分落后，目前尚未形成在学科交叉与融合基础上的环境有机地球科学、环境流行病学、环境毒理学与人体健康的综合学科体系，学术水平与发达国家仍有较大差距，重大原始创新成果缺乏。国家进行的生态文明建设这一重大战略，使得环境地球化学必须将暴露科学与流行病学纳入学科领域，进行跨学科、跨领域、大尺度的交叉融合，也必然需要地球科学、环境科学、毒理学与人体健康科学体系的完善。

6. 新有机污染物时空演变趋势

近年来，新有机污染物的研究日益增多。我国本身就是一些新物质的生产国，以短链氯化石蜡为例，其在我国的产量位居世界前列。因此，对新有机污染物大尺度时空演变趋势的研究迫在眉睫。我国曾是传统POPs，如滴滴涕和六六六使用的大国，在气候变化的作用下，残留在水土环境中的传统POPs可能被再次释放进入环境，然而相关的研究还不够系统，有待加强。POPs本身就可以作为一种碳类型，一些燃烧活动既可以

排放 POPs 也向环境中释放了碳，因此将 POPs 的迁移循环和碳循环结合起来研究将是一个新的发展方向，有望取得国际领先的成果。

三、环境生物地球化学

（一）学科发展国际背景

植物所需的元素除碳、氢、氧可从大气和水中获得外，其余元素均来自土壤。目前国内外相关研究主要集中于关键营养元素和有毒有害元素在土壤、植株各部位的分布情况，元素在土壤、根系等简单体系的迁移转化机理，多元素之间的相互作用和影响。但由于野外复杂条件下针对元素迁移转化的研究工作依然十分有限，对元素在土壤－植物生态系统复杂体系中的迁移转化行为尚不能清晰地描述和预测。此外，目前对于许多微生物的氮转化功能已经有了清晰的认识，但还不能准确预测土壤微生物群落对氮转化路径的控制以及氮元素对土壤微生物群落的调控作用。同时，对多种环境因子的相互耦合作用缺乏深入研究。元素的根系吸收和作物转运的微观机制研究在近十年里进展迅速。当前研究已经从传统的不同组织部位常规分析上升到细胞、亚细胞和分子 / 基因层次。利用高精度模式植物在这一方面取得了重要进展，应用各种分子技术、同位素技术和系统生物学手段研究根系吸收和作物转运元素的关键分子和细胞机制已成为当前国际研究的热点。除了以上机理研究外，国际上近年来关于元素的生态效应评价方法和模型发展也比较快，但是急需实现各类评价模型从经验或半定量方法向基于机理的精确定量方法的转变。

（二）关键科学问题

（1）探究各生源要素的环境收支平衡性及对环境变化的响应性；各生源要素之间如何相互作用；如何影响环境介质及其界面的物质循环和能量转换；生命过程如何调控地表环境和生态系统的生源要素；如何定量表征和预测以生命过程为核心的地球系统各组成部分之间生源要素的陆－水过程、水－气过程和地－气过程及其界面动力学通量。

（2）阐述重要污染物质的形态、结构特征、剂量与生物有效性、生物毒性、生态毒理及现代生命多样性的关系；生物参与下的污染物相互作用及复合污染形成机制；环境有毒污染物对生命体健康的影响及其机理。

（3）揭示环境因素与背景对生物演化过程的影响及其机制；生物多样性的变化过程及其与环境事件的耦合关系；地表环境变化与微生物种类组成、功能的相互作用机理及其对生态系统的结构与功能的影响；环境变化对人类生存环境及其安全性的影响，以及人类对环境变化的适应性；代表性极端环境，如极地环境、海底环境、地球深部环境、荒漠环境、严重污染环境等条件下生命活动的形式和特征，以及生物的适应机制。

（三）国际相关发展战略或研究计划

生物地球化学经过半个世纪的发展已进入环境生物地球化学新阶段。目前，随着人类对区域和全球化环境问题认识的不断深化，地球环境中的环境生物地球化学已经是国际地圈生物圈计划过程以及全球环境变化的人文因素计划、世界气候研究计划的核心研究内容和许多国家科学研究发展战略规划的主要方向之一，并成为当今地球系统科学研究的国际热点和地球科学与生命科学交叉研究的前沿领域，在推动地球系统科学研究、环境保护研究等方面都具有重要的学术地位。

（四）前沿与应用需求分析

基于领域重点综述类文章中总被引次数最高的论文，筛选出的环境生物地球化学领域的主要应用研究方向如下。

（1）全球变化及其应对措施：该方向文章发行量占环境生物地球化学领域总文章数的 13.7%，主要集中于生物质炭用于调控温室气体排放、二氧化碳的源与汇分析、微生物介导的氮氧化合物合成、湿地盐碱化、人类活动对全球变化的影响、全球变化对土壤碳库的影响、海洋酸化、全球气候变化的驱动力分析等领域。

（2）环境修复：该方向文章发行量占环境生物地球化学领域总文章数的 2.8%，主要集中于在修复手段上，主要包括生物质炭、纳米技术、微生物、有机质修复材料等；在环境介质上，主要包括土壤、沉积物、沼泽地、海洋（酸化）等；在污染物上，主要包括镉、砷、汞、铀等领域。

（3）氮素管理：该方向文章发行量占环境生物地球化学领域总文章数的 36.9%，主要集中于植物固氮、微生物介导的氮循环、淡水向海洋的氮排放、土壤中氮的生物地球化学过程、有机质降解对氮循环的影响、非生物的氮氧化物生成反应等领域。

（4）富营养化风险的评估与控制：该方向文章发行量占环境生物地球化学领域总文章数的 7.5%，主要集中于富营养化控制、全球气候变化对富营养化的影响、富营养化对氮磷循环的影响、生物膜对富营养化的影响、富营养化对甲烷排放的影响、富营养化对污染物环境行为与生态风险的影响、氮去除技术等。

上述方向同期文献数合计占环境生物地球化学总文献数（不计方向间重合）的 60.8%，是目前该领域的研究前沿。

（五）研究热点、发展分析与启示

1. 元素循环对环境生物地球化学影响

近十年来，有关元素对环境生物地球化学影响的文章、图书约 1350 篇（基于中国知网、Web of Science），英文文章中发表在 *Nature*、*Earth Science Review* 等顶级期刊上的高引文章约 37 篇。当前有关元素对环境生物地球化学影响的研究热点主要集中在生物炭改良技术的研究、元素在环境生物地球圈的排放循环与管理、稳定同位素示踪溯源技术的开发等。有研究分析发现经生物炭改良的区域土壤微生物活性没有受到影响或抑制。比较两种主要热解方法对生物炭化学特性的影响以及加入土壤后对碳氮动态的影响，发现施加未被完全热解炭化的生物质含量较高的小麦秸秆生物炭后，土壤微生物生物量显著增加。通过对中国 1955～2014 年氮排放数据进行处理确定了适于中国的氮排放边界，并模拟农业实行氮排放管理模式下的减排效果，从而推动了氮排放管理的进程。开发环境水体中应用稳定同位素示踪技术及统计模型，将氮的溯源研究从定性识别拓展到定量解析，并应用稳定同位素分馏理论及同位素配对技术，实现对氮的生物地球化学循环转化途径的判别及其转化速率的定量解析。

2. 重金属在生物地球系统中的影响机制

近十年来，有关重金属对环境生物地球化学影响的文章、图书约 1400 篇（基于中国知网和 Web of Science），约 100 篇文章发表在 *Environmental Science & Technology* 等环境科学类顶级期刊上，重金属对环境生物地球化学影响的研究热点主要集中在重金属生物有效性、重金属生态风险、表层沉积物、土壤重金属污染和重金属的植物修复、健康风险重金属造成的食品安全问题以及土壤环境修复等方面。近期涌现出大量重金属污染对人体健康影响的研究。此外，研究土壤根际根系分泌物和根际微生物影响重金属的形态转化机制及超积累植物高效吸收、转运重金属的分子通道机理是目前污染土壤植物修复的研究热点，对提高超积累植物修复效率具有重要意义。近年来，稻米砷和镉含量超标问题在我国不同类型重金属污染区被广泛报道，而稻米是我国居民尤其是南方省份居民的主食，稻米砷和镉含量超标严重危害人体健康。因此，开发能够同时阻控水稻砷和镉吸收的农艺、分子生物学等手段，是目前控制水稻吸收砷和镉的热点研究方向。降低砷和镉在水稻中的积累，可以通过选取低积累品种、向土壤中施加重金属钝化剂或拮抗剂、修饰重金属吸收转运分子通道蛋白表达等途径实现。也有很多学者通过识别重金属污染对人群产生暴露的主要途径，运用干预手段降低重金属暴露，从而达到消减风险的目标。

3. 有机物在生物地球系统中的影响机制

近十年来，国内外学者对有机物与环境生物地球化学展开的相关研究有 4000 余篇文献，其中英文期刊论文 364 篇，有近 80 篇文章发表在 *The Journal of Physical Chemistry Letters*、*Soil Biology and Biochemistry* 等顶级期刊，有机物对环境生物地球化学的影响研究主要集中在挥发性有机物、有机污染物、沉积物、生物标志化合物等方面。当前有机物对环境生物地球化学的影响研究主要围绕海域表面水体中的 POPs 进行分析与评估，其为污染减排措施识别出可靠的污染来源及其相关的人类活动。从生物可利用性的角度出发进行持久性有机污染下的暴露评估，可以更加真实地表征污染物的人体暴露情况。对 POPs 在不同环境森林土壤和植物叶中的分布行为特征展开研究，通过地理环境条件和介质自身性质对分布特征的相关性进行研究，揭开森林中 POPs 分布过程的规律。评价有机物对人群健康的影响、如何准确测定环境中目标污染物浓度、评价人体暴露风险是有效管控有机物浓度的重要内容，也是解析有机物在生物地球系统中影响作用的关键。

4. 生物活动在环境生物地球化学过程中的作用机制

近十年来，有关生物活动对环境生物地球化学影响的文章、图书约 600 篇（基于中国知网、Web of Science），英文文章中发表在 *Science*、*Nature Geoscience* 等顶级期刊上的高引文章约 26 篇，其研究热点主要集中在利用生物活动预测人类对环境生物地球化学的影响、利用生物活动探究地球物质循环机制等方面。生物活动驱动地球物质循环的机制和环境效应逐步得到重视，生物活动对污染物迁移、转化和环境危害有着显著的控制作用。查明微生物控制有害元素释放的机制有助于从源头上控制污染现象，通过控制微生物群落结构和生态功能可以转变有害元素的赋存形式和生物有效性，进而实现对有害元素污染的有效防治。微生物风化过程深刻影响着营养元素和多种金属同位素的分馏行为，以山脉隆升为代表的全球构造事件会激发岩石的生物风化和全球碳氮循环。因此，岩石的微生物风化作用对地球表层乃至大陆演化过程的同位素的调控作用和示踪意义值得深入研究。生物活动参与有机物和碳氮地球化学循环的机制和效应还有着广阔的研究空间。一方面，生物活动影响着水体、大气和沉积物中天然有机质的转化、矿化和封存，另一方面，人类活动排放大量有机物改变了生态系统中营养元素的丰度和化学形态，甚至导致极端环境的形成，这些有机物的迁移转化和归趋直接影响着环境质量和生态安全。但是，生物活动－环境的复杂作用关系还远未查明，多组分耦合的生物地球化学研究还处于起步阶段，相关的模型研究尚鲜有报道，因此生物活动参与有机物和碳氮地球化学循环的机制和效应研究是系统揭示有机化合物环境地球化学行为的重要内容。

5. 人类活动在环境生物地球化学过程中的作用机制

近十年来，有关人类活动对环境生物地球化学影响的文章、图书约 1250 篇。英文文章中，发表在 *Environmental Science & Technology*、*Biogeochemistry* 等顶级期刊上的文章 174 篇，主要热门研究方向有气候变化、氮循环、沉积物、可持续性发展等。为进一步明晰人类活动对生态环境带来的影响，当前研究关注人类围垦活动影响下的沿海滩涂湿地土壤性质、生物多样性、土地利用及景观格局、生态系统服务及生态安全的国内外研究现状。因为城市中居住着全球过半人口，城市化进程中的人类活动已经成为影响区域乃至全球氮循环的关键原因之一，而其对氮循环的影响是一个复杂的动态过程。研究城市化过程对城市氮循环过程（包括氮污染物来源、沉降、流动、累积）的影响，不同于单一的城市尺度，其从多尺度概括了人类活动影响下的氮循环，对从各个尺度范围研究氮循环的评价指数和模拟方法进行了总结。通过 2003～2012 年黄河干流的观测数据，探讨黄河各形态碳的输运特征和季节变化规律，特别关注自然过程变化和人为活动对其的影响。解析自然环境下和退化后亚表层泥炭地二氧化碳和甲烷两种含碳温室气体及其主要影响因子，发现其中排水、耕作、放牧是主要人为因子。定量估算不同类型人类活动影响下小流域岩石风化碳汇量及碳释放通量。借助时空替代法对江苏南通如东围垦后的表层土壤性质进行分析表明，随着围垦年限的增加，土壤 pH 降低，有机质、碱解氮和速效磷增加。采用土壤质量综合指数评价区域土壤质量，发现围垦 60 年来土壤质量随围垦时间变化的轨迹为“急剧提高—相对稳定—持续提高”。从城镇化与区域环境污染的关系出发，通过分析浑河流域水体、沉积物以及土壤中的多环芳烃和有机氯农药的污染水平，使用异构体比值法和主成分分析－多元线性回归法探讨其可能来源。区域分析将成为关注区域生态系统问题成因的一种手段。遥感技术的应用，以及在地理信息系统和全球网格模型中捕获的数据，将允许本地数据的正式聚合应用于更大规模。来自冰芯、沉积物中的古化学数据将告知我们生物地球化学循环的过去和人类对它们的影响。

第四节　学科交叉的优先领域

一、学部内部学科交叉的优先领域

（一）重金属 - 有机物复合污染行为及控制［环境地球化学（D0707）内部交叉］

普遍的环境条件下（特别是人为污染环境中）均同时存在重金属和有机污染物，而大部分有机污染物均可能与重金属结合形成络合物，这种络合作用会显著影响重金属的迁移转化过程和生态毒理效应。同时，部分重金属也可通过生物和非生物作用转化为重金属有机化合物，如甲基汞，甲基砷等，这些重金属化合物的迁移转化过程会出现显著的改变，其生物有效性和毒性也会改变，因此，与环境有机地球化学的学科交叉有助于更清晰地认识重金属的环境地球化学行为和生态环境风险。其对于解决重金属和有机污染物复合污染场地中污染物的迁移转化机理有重要作用，同时也可为修复此类污染场地提供科学支撑。

（二）重金属的生物地球化学过程［环境地球化学（D0707）内部交叉］

表生环境中重金属的迁移转化不可避免地受生物 / 微生物作用的影响。重金属和生物的作用是相互的，一方面，生物 / 微生物作用可以强烈改变重金属的形态、转化与环境归趋，而且也会影响重金属在食物链中的传递和毒性效应。另一方面，重金属的富集也会影响环境中生物 / 微生物的群落组成与功能。因此，元素环境地球化学需与生物地球化学紧密结合，二者的相辅相成可更加清晰地阐明重金属的环境行为与归趋，也可促进在污染环境中在生物圈—区域—景观—生态系统—生物群落—种群—个体—细胞—基因等不同水平上对重金属污染的响应。

（三）污染物循环与碳循环的耦合效应［与地理学（D01）和地球化学（D03）交叉］

污染物的全球循环受到温度、大气环流和碳库的共同控制。有机碳的形成与转化深刻地影响着有机污染物的迁移和转化。虽然碳循环的研究已经备受关注，鉴于其与人类生存环境安全息息相关，有机污染物迁移转化涉及的过程比较复杂，但是目前在两方面相结合的条件下，污染物循环趋向与毒性变化的研究还非常有限，值得作为一个交叉领域重点开展。

（四）全球变化影响下的污染物地球化学过程［与地理学（D01）、地球化学（D03）、大气科学（D05）和海洋科学（D06）交叉］

作为全球变化的主要表现之一，气候变暖对人类赖以生存的地球环境已经产生了不可磨灭的影响，揭示气候变暖对POPs全球循环的影响机制对于准确理解POPs循环的过程有重要的指导意义。将现代观测与模型模拟相结合对未来气候变暖情景下POPs环境行为的反馈与响应进行预测，有助于政策和法律制定者在制定POPs控制措施中全面考虑气候变暖对POPs环境载荷的影响。这部分工作与地理、地球化学、大气以及海洋过程均有交叉。此外，气候变暖与全球变化的其他表现协同影响POPs的循环将是下一步的研究重点，POPs与碳循环、水循环互相关联耦合，其相互作用机制将是生态系统中污染物对气候变化适应性研究的一个新方向。

（五）元素环境地球化学过程行为的地表系统科学［与自然地理学（D0101）交叉］

元素环境地球化学与自然地理学有着密切的联系。自然地理学的主要研究内容之一是地球表面各圈层（岩石圈、土壤圈、水圈、大气圈、生物圈）之间的相互作用和人类活动对地表地球系统的影响。元素循环正是各圈层相互作用的主要表现形式之一。元素环境地球化学与自然地理学学科交叉的优势是在更广阔的研究范围运用环境地球化学的研究手段，解决与生态、能源、灾害，以及可持续发展等相关的问题。

（六）元素环境地球化学过程行为的同位素分馏示踪［与同位素地球化学（D0301）交叉］

元素环境地球化学与同位素地球化学学科有着密切的联系。金属稳定同位素技术已被广泛用于追踪环境中的自然与人为污染，其是解析重金属污染物来源和示踪其迁移转化过程的新兴而有效的手段。这两个学科的交叉有助于解决与元素的生物地球化学循环和人类活动影响相关的一系列核心问题，从而大大推动元素环境地球化学研究的发展。

（七）微生物和地质环境之间的相互作用及其产生的地球物理信号［与应用地球物理学（D0409）交叉］

微生物广泛参与了其所处地质环境的物理和化学性质改造过程。借助于地球物理勘测方法的独特优势（最小化侵入、时空连续及跨尺度运用），研究人员可以在对系统干扰最小的形式下得到覆盖面积广的高时空分辨率的数据，从而在更大尺度上研究微生物的活动以及矿物的变化。通过生物地球化学和勘测地球物理学可以解决以下几个问题：微生物活动产生的直接地球物理信号特征是什么？地球物理方法能够用来探索微生物与地质环境之间的相互作用吗？怎样利用地球物理方法增进对环境中生物地球化学过程的认识？

（八）水圈生物地球化学行为的环境效应［与自然地理学（D0101）、生物地球化学（D0312）、海洋生态学与环境科学（D0605）、海洋工程与环境效应（D0611）交叉］

水圈是地球特有的圈层，不同水环境有着各具特色的生态系统，动植物群落和微生物共生共变，深刻影响着环境质量和物理化学过程。湿地、湖泊和滩涂以及海洋水域的生态系统历经演变形成了独有的生物地球化学特征和环境特色，在经济快速增长的背景下，海洋、河流、湖泊和地下水过度开发现象严重，从而导致一系列环境问题。以环境修复和生态文明建设为目标，要揭示环境生物地球化学的过程、机制和调控规律，尤需理解地球表层系统的元素地球化学循环机制及其与环境变化的关系，研究湖泊湿地、海洋和土壤等自然生境中生态特征及其生物地球化学行为，其是理解和调控水圈生物地球化学行为及其环境效应的前提，通过其可厘清水圈环境的自然背景，更精准地确定人类活动的干预或环境的特异变化。

（九）金属元素与环境矿物相互作用过程与机制［与矿物学（D0203）和环境土壤学（D0701）交叉］

重金属的环境地球化学研究的一个关键环节是重金属与典型环境矿物（铁锰氧化物、黏土矿物、碳酸盐矿物）的相互作用。目前，针对重金属在矿物表面的吸附研究开展得比较多，但是关于矿物表面诱导重金属沉淀研究，金属阳离子和氟、磷等阴离子影响矿物表面溶解的研究，矿物表面结构和反应性影响金属离子吸附机理的研究都还较少，这需要环境地球化学与矿物学的交叉。此外，微生物—矿物—有机质—金属的相互作用也是国际低温地球化学的前沿领域，这也需要环境地球化学与矿物学和地质微生物学进行交叉。从应用角度，黏土矿物作为钝化剂应用于污染土壤的修复，其也是当前农业环境科学的热点领域。金属元素在修复过程的钝化与活化研究，符合当前国际生态文明建设的重大需求，也需要环境地球化学与矿物学和土壤学的交叉。

（十）污染物在环境生物地球化学循环中对人体健康效应的影响［与污染物环境行为与效应（D0711）交叉］

环境污染物在生物地球化学循环中发生化学组成、价态、丰度等变化，并通过生物富集和食物链放大作用，最终影响最高营养级——人体的健康。以往采集的环境样品往往是表层土壤的样品，并且仅分析了样品中化学元素的全量，这样评价环境污染物对人体健康风险时具有明显的局限性。需要进一步研究环境样品中化学元素的全量、化学相态提取并结合高精度同位素测试技术区分潜在有毒元素的污染来源及扩散，测试土壤溶液中金属离子的浓度并评价其生物可利用性对研究人体健康效应的作用。环境中某种污染问题往往同时伴随其他污染物的输入，如矿山含汞废水的输入伴随着铁、锰硫化物和有机质的输入，水产养殖可能导致甲基化的加剧等。另外，重金属在生物地球化学循环中会发生氧化、还原、甲基化和去甲基化等反应。因此，我们要加强对重金属暴露与其他污染物暴露的复合健康效应的研究，同时还要关注重金属暴露与营养物摄入之间的混杂作用。因此，复合污染物在生物地球化学循环中相互作用对人体健康效应的影响将是未来研究的重点之一。

（十一）生物空间异质性在区域环境质量安全评估中的作用［与区域环境质量与安全（D0716）交叉］

长期以来对区域生态环境质量与安全的评价主要依赖于物理、化学指标以及对生物个体与种群跟踪监测的环境评价，但近年来已扩展为对整个生态系统“健康”状态的生态评估，强调从生态系统的角度客观反映区域环境质量与安全状况。生物空间异质性是指生物学变量在空间上的不均匀性和复杂性，表现为生态系统的级块性和环境的梯度变化，这是自身生存状态的体现，也是对生物生存环境质量的一种反映。生物空间异质性指标生物完整性指数（IBI）是指可定量描述环境状况特别是人类活动引起的环境因素与生物特性关系的一组敏感性生物指数。生物空间异质性的变化可以用很多统计方法来描述。群排序分析是揭示物种组成数据和实测或潜在的环境因子之间关系的方法的总称，或者依据出现的物种及其丰富度，将其依次排列的多元统计技术的总称。典范对应分析是基于对应分析发展而来的一种排序方法，将对应分析与多元回归分析相结合，每一步计算均与环境因子进行回归，又称多元直接梯度分析。因此，开发多种空间异质性生物参数指标和多种统计方法会为区域环境质量与安全评估提供新的研究视点。

二、与其他学部学科交叉的优先领域

（一）地表环境重金属污染的生态学效应［与污染生态学（C0310）交叉］

元素环境地球化学中重金属的迁移转化过程与生态环境效应主要研究重金属在生物体内的富集过程以及重金属在生物体内或生物作用下的转化过程，该部分研究对于采用植物或微生物方法修复重金属污染土壤、沉积物具有重要的指示作用。通过与污染生态学的交叉融合，可在促进重金属生态环境效应研究的同时，促进重金属污染土壤的生态治理技术和我国环境修复产业的进一步发展。

（二）极端环境重金属环境地球化学行为［与环境微生物学（C0105）交叉］

极端环境和关键区域微生物学的研究是目前国际研究的热点领域，主要包括极端条件下微生物种群、基因的演化。在人为和自然环境中存在大量的极端重金属污染条件，如酸性矿山废水环境、重金属废渣影响区、工业采矿区等，这些环境条件下重金属浓度极高，可能对微生物种群和基因产生显著影响。通过与极端环境及其他环境微生物学的学科交叉，不仅可以加深对重金属的环境地球化学循环演化机理的认识水平，而且能促进对重金属严重污染的极端环境中微生物的理解。

（三）环境有机污染物的生态毒理与人体健康效应［与环境毒理与健康（B0603）、化学生物学（B07）、预防医学（H26）交叉］

随着环境污染问题的日益严重，人们对环境污染的关注不仅要求了解环境污染程度，而且要求关注污染物的毒理学效应及其可能产生的生态环境风险和人体健康效应。当前的生态毒理与人体健康效应的研究内容涵盖污染物的毒代动力学、毒性效应与机制、毒性作用与健康效应评价方法体系以及生态安全与人体健康风险评价。目前的环境污染毒性与健康效应研究主要在单一化学物质暴露模式下展开，污染物暴露剂量高、暴露周期短。这些情况下获得的数据并不能应用到评价多种污染物在复杂环境体系中低剂量长周期并存条件下对生物体乃至人体可能产生的生态风险与健康效应评估中。因此今后应该充分利用生物学、环境学、毒理学的新技术和新进展，采用分子生物学、细胞技术及基因干扰等技术，深入研究毒害性有机污染物对生物体系与人体的毒害作用与机制，构建有机污染物三致作用、神经毒性、内分泌干扰效应与生殖效应等在内的毒性评价体系，发展超灵敏的生物分析技术、复杂环境生物样品分析技术、大规模的快速筛查技术，研究有机污染物及其降解转化产物对生物及人体造成的损害及机理，探讨有机污染物对生态系统与人体健康损害的早期观察指示，确定剂量－效应关系，为制定相关的标准以及预防污染物对生态及人体健康的影响提供依据。

（四）微生物对极端环境的适应机制以及生源要素的生物地球化学过程［与环境微生物学 C0105）交叉］

深地生物圈生物量巨大，种类繁多，代谢途径多样，对地球系统过程起着重要的调控作用，同时它们也是潜在的资源，有望在医学、环保、能源资源等许多领域发挥重要作用。在这些独特和动态的地理位置，微生物如何对生物地球化学循环做出贡献，这些过程的意义是什么？这些地带的微生物能量来源是什么？将微生物与地质环境联系起来的具体物理、化学和生物机制是什么？我们相信推进生命科学与生物地球化学之间的交叉研究将有助于更好地阐述上述问题。

（五）低温微生物分离及其在环境污染修复中的应用［与污染生态学（C0310）交叉］

在自然环境中，占地表绝大部分的极地、海洋、湖泊以及高山和高纬地区的土壤等的年平均温度多在 15℃或以下，且地球上若干地区的冬季甚至春季温度均很低，这恰恰是低温微生物的最适生长温度。这类微生物在低温条件下既是生态系统中物质的初级生产者又是最终的降解者，在维持生物圈的物质循环和转化中起着巨大的作用，是维持整个生态平衡不可缺少的、重要的组成部分。因此，利用低温微生物开展的低温环境污染修复技术，将为解决生物环境地球问题提供一个全新的视角和方法。低温微生物是这个星球留给人类独特的生物资源和极其珍贵的科研素材。生物地球化学和污染生态学交叉研究将进一步推动微生物环境转化过程及其机理研究，将大大促进微生物在环境保护、人类健康和生物技术等领域的应用。

（六）病毒微小生命体在生态过程和生物地球化学循环中的作用［与微生物多样性、分类与系统发育（C0101）交叉］

病毒是地球上丰度最高的生命形式，广泛分布于包括深部生物圈在内的各种环境中。病毒通过侵染微生物宿主影响其生态特征、生态过程和生物地球化学循环，被称为“全球尺度过程的纳米尺度推动者”。病毒通过感染和裂解宿主影响其丰度、生产力、群落结构和多样性等生态特性，从而影响物质和能量在微生物食物网中的流动。通过病毒学研究病毒丰度、多样性、生活方式、生态功能和病毒－宿主相互作用等来讨论病毒在物质循环、能量流动、群落结构、物种间遗传物质的转移以及气候变化等方面都起着重要的调控作用，有助于进一步阐述病毒在深部生物圈中的生态效应和生物地球化学循环意义。

第五节　前沿、探索、需求和交叉等方面的重点领域与方向

（一）重金属－有机物复合污染物环境地球化学行为及其环境效应

重金属和有机物的复合污染研究对于揭示环境中污染物的行为与归趋具有重要意义，然而环境因素的复杂性和污染物种类的多样性以及生物体对重金属耐受的差异性，使得复合污染形成的机理十分复杂，对不同污染物之间的复合污染规律难以清晰阐明。因此，对重金属元素之间、重金属和有机物之间在多因素组合情况下的复合污染进行研究，是目前乃至未来研究的热点问题，需在理论和方法上进行更多的探索和创新。重金属－有机物复合污染物的毒理效应具有不同于两类污染物单独存在时的更为复杂的效应。不同营养级生物体本身的差异和重金属－有机物复合污染物毒性效应的差异，使得生物体对复合污染物的适应过程和机理研究极为复杂，很多机理和规律尚未发现，如对微生物、动植物及人体健康的研究尚停留在一般的耐受过程和毒理过程的研究，而从基因、细胞损害程度的研究仍十分薄弱。未来复合污染物的环境地球化学与环境生物地球化学领域的合作交叉仍是学科的热点问题，特别是开展基因、细胞层次重金属的环境地球化学循环演化规律与影响机理研究是未来探索的主要方向。

（二）地球关键带重金属循环及其环境效应

地球关键带是地表生态系统中土壤圈与大气圈、生物圈、水圈和岩石圈物质迁移和能量交换的交汇区域。关键带结构、过程和功能的变化直接关系着表层地球系统功能的发挥和人类的生存繁衍；同时，人类活动对关键带要素、景观、格局的改变势必会影响关键带的发育、形成和演变。关键带结构、过程和功能的变化影响重金属元素的空间分布和迁移转化行为；另外，重金属元素在关键带不同圈层中的形态及其迁移也是关键带结构功能变化的直接效应体现。因此，研究人类活动和自然因子共同影响下关键带演化过程中重金属元素的环境地球化学行为，辨识重金属元素迁移及效应的人类和自然因子的相对贡献及其时空分异特征，是元素环境地球化学的重要方向。我国也正在积极推进关键带科学的发展，但与美国等最早提出关键带概念的国家相比，我国在该领域的研究仍处于起步的阶段。因此，开展关键带科学与重金属元素循环交叉结合的研究是环境地球化学学科未来的一个重要发展方向。

（三）金属稳定同位素环境地球化学

定性与定量的污染来源是有的放矢地采取防控对策和治理措施的前提和基础。环境介质中重金属元素的来源可分为天然源（即背景值）和人为源两大类。由于来源的复杂性、污染源排放数据的缺乏以及对重金属污染物在环境中的迁移转化等行为的认识不足，传统基于元素浓度和形态的溯源方法往往存在很大局限性。而金属稳定同位素技术

在污染物溯源和过程示踪方面与传统方法相比具有独特的优势。由于各种天然和人为源中元素的富集和释放机制不同，环境中不同库的同位素组成也可能存在显著差别，这是利用稳定同位素进行源解析的前提。此外，污染元素在从源到汇的过程中容易发生稳定同位素分馏效应，这些分馏效应可以用来约束元素的迁移转化过程。目前，金属稳定同位素技术已被广泛用于追踪大气、土壤和水体环境中的自然与人为污染，为厘清污染来源和迁移转化机制做出了重要贡献。因此，稳定同位素环境地球化学是元素环境地球化学的前沿方向。但目前我国在该领域的研究尚处于起步阶段，随着更多研究力量的投入，未来很有可能在稳定同位素分析方法、分馏机制以及环境应用等核心方向获得突破。

（四）元素表生环境行为及地表重金属污染形成的人为和自然作用力贡献解析

自工业革命以来，人类活动对地表环境演化及元素环境行为的影响效应日趋增大，元素的表生环境行为受到自然和人为作用力的双重影响，人为作用力甚至超过了自然作用力。采用金属稳定同位素示踪、生物标记物、结构光谱学等研究手段，解析时间尺度元素表生环境行为及地表重金属污染形成过程中人为和自然作用力贡献，并选择经济发展不同程度的典型区域，开展人为和自然作用力贡献度解析，可明确地表环境特征的形成作用机制，明晰工业革命以来人为活动对地表环境特征及目标区域地表污染形成的人为作用力贡献，既可系统阐释地表元素环境地球化学行为及成因，并可进一步以此为基础，建立地表元素环境行为及污染形成过程模型，为预测未来人为活动占主导作用下的地表环境演化及元素迁移行为提供科学基础，为形成人与自然和谐发展的表生环境提供支撑。

（五）全球变化影响下有机污染物的归趋及其对生态系统的影响

当前，国际上针对全球变化影响下的有机污染物地球化学过程的研究还处于起步阶段。中国气候类型多样（自寒带到热带），污染物的程度和种类也有较大空间和时间差异，结合全球变暖（气候系统和植被变化）和不同排放情景预估中国典型有机污染物的归趋及其对生态系统的影响，有望取得国际领先的研究成果。具体研究包括如下几个方面：①全球变暖如何促进 POPs 从土壤、海洋、冰川和冻土中二次挥发出来；②全球极端气候（干旱和洪水）如何通过剧烈的地表侵蚀过程，将土壤所负载的 POPs 重新释放进入环境，进而改变 POPs 的全球分布；③气候变暖条件下大气与海洋环流的变化可否显著改变全球 POPs 的迁移路径；④气候变暖改变了海洋生物生产力，这种改变是否影响海洋对 POPs 的储存能力；⑤部分地区水生及陆地食物链结构在气候变暖的情景下发生了明显变化，这种变化对 POPs 在生态系统中的毒性有何影响；⑥如何将污染物迁移模型和气候模型相结合来对未来气候变暖情景下 POPs 环境行为的反馈与响应进行预测。

（六）全球变化影响下有机污染物对人体健康的影响

全球变化导致气温升高、北极冰川融化、极端天气增加、全球降水重新分布。这些系统性的变化会导致地表植被、生物均发生变化。在此情况下，有机污染物环境行为与归趋会发生相应的改变。目前全球变化影响下的有机污染物的生物地球化学循环研究并不多。有限的研究表明，全球变化特别是全球变暖条件下，水生及陆生生态系统的物理、化学及生物过程会发生变化。这种变化也会导致有机污染物的环境行为的变化，如随着温度的上升，更多原先赋存在土壤、沉积物及水体中的有机污染物会释放进入大气。随着生命元素如碳、硫、磷等循环的变化，POPs也随之在全球生态系统中进行循环，从而改变生物和人体对有机污染物的暴露，增加暴露风险。目前对全球气候变化导致的有机污染物的地球化学过程的影响，如水－土－气之间的交换、从储层中的再释放、微生物的作用、对食物网结构的影响从而造成的食物链迁移的变化都了解得不是很清楚，对有机污染物与营养元素循环之间的耦合关系都少有研究。中国气候类型多样，地域覆盖寒带到热带区域，污染物的种类多、污染的程度变化大，存在较大的空间和时间差异。因此中国有研究全球环境变化对有机污染物环境地球化学行为影响的先天条件。结合全球变暖（气候系统和植被变化）和不同排放情景预估中国典型有机污染物对人体健康的影响，有望取得国际领先的研究成果。

（七）深部生物圈的生态功能和环境生物地球化学作用

深地生物圈的生物量不容忽视，但是对深部的生物地球化学过程的研究起步较晚，了解甚少。深部微生物与地表微生物的微生物群落与新陈代谢途径完全不同，除碳之外，地下的生物圈同时还需要其他的元素和过渡金属元素。例如，地下微生物群可以消耗由光合作用产生的氧气，从而调节大气中氧气的浓度。深部生物圈对沉积物中POPs的归趋有何影响？如何影响C、N和Fe循环并调控矿物分解、重金属矿化？均需要进一步研究。病毒是深部生物圈的重要组成部分。病毒的多样性极高，是地球上最大的未知基因库之一。此外，凭借与宿主的相互作用，病毒在宿主的水平基因转移以及进化等方面也有不可忽视的影响。作为重要的生物资源，深部生物圈病毒不仅为分子生物学研究提供了宝贵的实验材料，也将为人类认知生命的起源进化及在极端环境下生命如何繁衍生息开拓新的视野。发掘有丰富多样性的病毒基因功能，将成为解密病毒微小生命体如何蕴藏巨大生物能量的途径之一。然而，病毒在深部生物圈中的生态功能和生物地球化学作用仍是一个黑箱。因此，深部病毒的多样性、作用机制及其生态学功能，包括对极端环境的适应、微生物群落的调控及遗传信息表达传递等潜能也亟待研发。生物地球化学领域关于深部生物圈病毒研究亟须开展的重点方向主要包括：①病毒生态特性（生物量、生产、降解、多样性、群落结构、生活方式等）的系统研究；②病毒生态功能和生物地球化学效应（碳、氮、磷、硫循环）的研究；③病毒参与的水平基因转移及其对宿主进化的影响；④典型病毒的分离培养、生物学研究及其生态环境意义的阐释。

（八）强人类活动下的环境生物地球化学

随着工业化进程的加速，城市建设、工业生产和矿山开发导致大量的重金属和有机污染物的排放，叠加生活垃圾处置，导致超乎寻常的环境问题，这其实也是“人类世”独有的地球环境特色；同时，农业、林业和渔业以及城市建设深刻改变了生态系统的结构和组成，微生物群落也因之而改变。因此，人类面对的是污染物排放和局部生态系统均受强干预的新环境。在此环境中，污染物的形成、富集、迁移和归趋均不同于自然体系，不仅形成了独有的地球化学行为模式，也因人类活动的调整而不断变化。但是，当前的环境现象研究和环境问题治理大多是针对局部的、暂时的、特定的污染现象，并没有从地球系统的层次、环境生物地球化学规律的层面开展系统研究。鉴于此，需要针对不同发展水平、不同发展模式、不同区域背景的典型地区开展系统性的环境生物地球化学监测、数据积累和规律分析，建立强人类活动下的环境生物地球化学理论，并提出针对性的生物地球化学循环模型，并利用其来模拟研究人类活动对有机污染物、重金属等有害物质环境生物地球化学循环的影响，研发针对性的治理技术和方法体系。

（九）重金属复合污染生态毒性及其风险干预研究

含重金属污水的排放对人体健康和环境带来了严重的污染。重金属离子（如镉）在自然界中没有自净和生物降解能力，一旦进入自然环境中便会污染水体、土壤等，很难被生物自然降解，可通过生物链不断富集，甚至可被植物、动物吸收后通过食物链危害人类健康，具有毒性大及持久性强等特点。不同重金属复合污染的毒理效应具有不同于单独污染物更为复杂的毒性效应。目前，对微生物、水生动物、无脊椎动物、植物以及人群健康风险复合毒性的研究尚停留在个体和细胞水平，而对其分子和基因水平的毒性机制研究目前还很薄弱。另外，目前国内对于重金属复合污染生态毒性干预研究还未有实质性的进展，而微生物技术具有环保、高效、经济等显著优点，是重金属复合污染生态毒性干预研究的未来的方向。

（参编人员：安太成 余应新 陈江耀 陆现彩 程和发 何孟常 麦碧娴 王小萍 刘承帅 黄 蕾 罗孝俊 高艳蓬 李桂英 孙 可 赵晓丽）

参考文献

陈静生．1990. 环境地球化学．北京：海洋出版社．

傅家谟，盛国英．1996. 环境有机地球化学初探．地学前缘，3：127-132.

刘英俊．1984. 元素地球化学．北京：科学出版社．

盛国英．1992. 有机地球化学．地球科学进展，7：91-93.

薛喜枚，朱永官．2019. 土壤中砷的生物转化及砷与抗生素抗性的关联．土壤学报，56：763-772.

An T C, Gao Y P, Li G Y, et al. 2014. Kinetics and mechanism of ·OH mediated degradation of dimethyl phthalate in aqueous solution: Experimental and theoretical studies. Environmental Science & Technology, 48: 641-648.

Cui J L, Zhao Y P, Lu Y J, et al. 2019. Distribution and speciation of copper in rice (*Oryza sativa* L.) from mining-impacted paddy soil: Implications for copper uptake mechanisms. Environment International, 126: 717-726.

Dang Q L, Tan W B, Zhao X Y, et al. 2019. Linking the response of soil microbial community structure in soils to long-term wastewater irrigation and soil depth. Science of the Total Environment, 688: 26-36.

Du B Y, Feng X B, Li P, et al. 2018. Use of mercury isotopes to quantify mercury exposure sources in inland populations, China. Environmental Science & Technology, 52: 5407-5416.

Fang H S, Gao Y P, Li G Y, et al. 2013. Advanced oxidation kinetics and mechanism of preservative propylparaben degradation in aqueous suspension of TiO_2 and risk assessment of its degradation products. Environmental Science & Technology, 47: 2704-2712.

Gao Y P, Ji Y M, Li G Y, et al. 2016. Theoretical investigation on the kinetics and mechanisms of hydroxyl radical-induced transformation of parabens and its consequences for toxicity: Influence of alkyl-chain length. Water Research, 91: 77-85.

Huang Q, Chen J B, Huang W L, et al. 2016. Isotopic composition for source identification of mercury in atmospheric fine particles. Atmospheric Chemistry and Physics, 16: 11773-11786.

Li H J, Bu D, Fu J J, et al. 2019. Trophic dilution of short-chain chlorinated paraffins in a plant-plateau pika-eagle food chain from the Tibetan Plateau. Environmental Science & Technology, 53: 9472-9480.

Lin M Q, Ma S T, Yu Y X, et al. 2020. Simultaneous determination of multiple classes of phenolic compounds in human urine: Insight into metabolic biomarkers of occupational exposure to e-waste. Environmental Science & Technology Letters, 7: 323-329.

Liu C S, Chang C Y, Fei Y H, et al. 2018. Cadmium accumulation in edible flowering cabbages in the Pearl River Delta, China: Critical soil factors and enrichment models. Environmental Pollution, 233: 880-888.

Liu C S, Zhu Z K, Li F B, et al. 2016. Fe (Ⅱ) -induced phase transformation of ferrihydrite: The inhibition effects and stabilization of divalent metal cations. Chemical Geology, 444: 110-119.

Liu H, Lu X C, Li M, et al. 2018. Structural incorporation of manganese into goethite and its enhancement of Pb (Ⅱ) adsorption. Environmental Science & Technology, 52: 4719-4727.

Liu Y, Luo X J, Zeng Y H, et al. 2020. Species-specific biomagnification and habitat-dependent trophic transfer of halogenated organic pollutants in insect-dominated food webs from an e-waste recycling site. Environment International, 138: 105674.

Lu S J, Teng Y G, Wang Y Y, et al. 2015. Research on the ecological risk of heavy metals in the soil around a Pb-Zn mine in the Huize County, China. Acta Geochimica, 34: 540-549.

Ren J, Wang X P, Gong P, et al. 2019. Characterization of Tibetan soil as a source or sink of atmospheric persistent organic pollutants: Seasonal shift and impact of global warming. Environmental Science & Technology, 53: 3589-3598.

Shi W, Yu N Y, Jiang X, et al. 2017. Influence of blooms of phytoplankton on concentrations of hydrophobic organic chemicals in sediments and snails in a hyper-eutrophic, freshwater lake. Water Research, 113: 22-31.

Wan D J, Mao X, Jin Z D, et al. 2019. Sedimentary biogeochemical record in Lake Gonghai: Implications for recent lake changes in relatively remote areas of China. Science of the Total Environment, 649: 929-937.

Wang X P, Sun D C, Yao T D. 2016. Climate change and global cycling of persistent organic pollutants: A critical review. Science China-Earth Sciences, 59: 1899-1911.

Wu J P, Zhang Y, Luo X J, et al. 2010. Isomer-specific bioaccumulation and trophic transfer of dechlorane plus in the freshwater food web from a highly contaminated site, South China. Environmental Science & Technology, 44: 606-611.

Wu Q R, Li G L, Wang S X, et al. 2018. Mitigation options of atmospheric Hg emissions in China. Environmental Science & Technology, 52: 12368-12375.

Xia Y F, Gao T, Liu Y H, et al. 2020. Zinc isotope revealing zinc's sources and transport processes in karst region. Science of the Total Environment, 724: 138191.

Yin H, Tan N H, Liu C P, et al. 2016. The associations of heavy metals with crystalline iron oxides in the polluted soils around the mining areas in Guangdong Province, China. Chemosphere, 161: 181-189.

Yu H Y, Liu C P, Zhu J S, et al. 2016. Cadmium availability in rice paddy fields from a mining area: The effects of soil properties highlighting iron fractions and pH value. Environmental Pollution, 209: 38-45.

Zhang Q Q, Ying G G, Pan C G, et al. 2015. Comprehensive evaluation of antibiotics emission and fate in the river basins of China: Source analysis, multimedia modeling, and linkage to bacterial resistance. Environmental Science & Technology, 49: 6772-6782.

Zhuang M, Sanganyado E, Li P, et al. 2019. Distribution of microbial communities in metal-contaminated nearshore sediment from Eastern Guangdong, China. Environmental Pollution, 250: 482-492.

第十二章
生态毒理学（D0708）

【定义】生态毒理学是应用毒理学的原理和方法，从生态学角度研究环境污染物对生态系统及其组成成分的有害作用和相互影响规律的学科。主要研究对象是非人类生物，从不同生命层次和生命现象水平研究外源化学物质与种群、群落和生态系统的相互关系及作用机理，探究污染物迁移、转化、衰解的生物机制和确定反映环境胁迫的指示特征。它可以为环境政策、法律、标准和污染控制方法的建立和修订提供科学支撑。

【内涵和外延】生态毒理学的任务和使命是研究有毒有害的化学物质低剂量长期作用于生态群体的效应，即环境污染物进入生物体内引发的毒害甚至死亡的直接作用、环境污染物引发生态平衡紊乱所导致的间接毒害作用，以及将污染物对某种生物的效应建成生物模型，以此推测另外一种生物可能发生的改变。生态毒理学不仅研究环境污染对某一种群的损害，还研究环境污染物对生态系统平衡的影响。

【组成】生态毒理学研究主要以毒理学、生态学和环境化学为基础，研究的科学问题和内容包括：生物指示物的慢性与急性毒性响应，探究其对生态系统平衡的影响；开展宏观野外研究，分析混合物种相互作用的毒性响应水平与模式；研究环境污染物在细胞、组织、器官、个体、种群、群落、生态系统、生物圈水平的生态毒理学效应，建立生态风险评价方法，探究生态修复和治理环境的理论和措施；开展污染物对环境影响的生态毒理学预测，建立和完善环境质量标准的生态毒理指标体系、新化学品安全评价方法，深入开展污染物在环境中归趋的研究并与毒理研究进行结合等。

【特点】研究环境污染物（或有毒物质）相关的生态系统健康问题成为生态毒理学最鲜明的学科特色，将宏观生态理论与微观机制结合起来是生态毒理学的鲜明特征。生态毒理学从生态系统上可划分为大气生态毒理学、土壤生态毒理学、淡水生态毒理学和河口与海洋生态毒理学等，从生物分类上可划分为植物生态毒理学、鱼类与两栖类生态毒理学、昆虫生态毒理学、鸟类生态毒理学、微生物生态毒理学等。该领域具有学科交叉性，生态毒理学涉及生态学、毒理学、生物监测、环境科学技术等多个学科，其研究对象的差异性决定了该学科的复杂性。其学科的特点也随着工业的发展、时代的进步不断改变，生态毒理学的内容也不断扩充和丰富。如今，化学品管理、毒物控制以及风险管理和评估也纳入了生态毒理学范畴。因此，生态毒理学具有顺应时势、传承创新的发展趋势。

【战略意义】随着人类对环境污染物毒理学知识需求的增加与环境污染的加剧，生态毒理学的研究内容不断扩充和更新。对基于不同层次的暴露途径产生的毒性危害和生态（健康）风险进行系统评估，揭示环境污染的构成与生态 / 健康结局的因果关系，实现生态健康的系统保护，对于推动国内环境风险研究领域的发展、生态系统健康的发展与生态系统服务功能的提升、我国在环境风险评价方法学及基础理论研究与国际前沿研究差距的缩小、相关研究领域学术的发展发挥着重要作用。

【主要成就】生态毒理学是 20 世纪 70 年代初期发展起来的一个毒理学分支，是生态学与毒理学相互渗透的一门交叉学科，主要研究污染物 - 环境 - 机体之间的关系及有毒物质对生物在个体、种群、群落和生态系统水平上的毒性效应。经过几十年的发展，生态毒理学已经取得了丰硕的成果，主要体现在以下几个方面：

（1）在污染物毒理学研究方法方面，生态毒理学已经形成了一套完整的技术与方法，从微观到宏观综合评价有毒污染物的毒性，涉及分子、细胞、个体、种群、群落及整个生态系统等不同功能和层次，其为生态毒理学的发展提供了研究基础和理论支撑。

（2）在污染物研究方面，我国学者不局限于传统污染物研究，更加关注于新污染物研究并取得了系列成果，阐明了新污染物的毒性作用以及毒性机理，为新污染物的生态风险评估提供了科学依据和先进决策方法，从而可以更好地应对全球生态危机的挑战。

（3）在生态系统毒理学研究方面，陆地、海洋、土壤、大气等生态毒理学在环境污染治理、标志物检测、有机污染物的免疫毒性等方面取得了长足的进展，系统地剖析了生态毒理学的应用进展以及未来的发展方向。

【引领性研究方向】

（1）混合物种相互作用的毒性响应水平与模式。

（2）宏观野外研究新技术与新方法。

（3）污染物在环境中的归宿及其与毒理相结合的研究。

（4）微观与宏观分析技术相结合的研究。

（5）环境质量标准的生态毒理指标体系。

（6）新污染物的风险评价方法。

（7）多种物质复合污染对生态系统的影响。

（8）污染物长期低剂量作用研究。

（9）重要污染物的大尺度生态毒理学效应。

第十三章 污染物环境行为与效应（D0711）

第一节 引　　言

一、战略意义

随着工业化与城市化的不断推进和经济社会的快速发展，我国面临着水土资源短缺、环境污染加剧、生态系统退化等资源环境问题的巨大压力，其严重威胁着经济社会可持续发展和人类安全健康，引起了人民、政府和科技界的高度关注。如何准确地认识污染物环境行为与效应、阻控和防治其环境风险是科学解决当前和未来发展面临的重大环境和生态问题的核心挑战和迫切需求。

二、学科定义

污染物环境行为与效应研究是以认识污染物行为和环境效应的区域特征为切入点，抓住污染物来源分布、时空格局、全球 / 区域迁移的特点，通过刻画地球化学过程中非均质环境介质影响下的污染物迁移转化规律，形成具有区域分异的生态风险和健康风险分析，并为污染阻控的地球科学与工程手段提供依据与方法。

三、学科特点

污染物环境行为与效应研究具有交叉和应用的双重属性，其特点是问题导向和学科交叉。该领域研究是以认识和解决环境问题为导向。因此，其重点研究对象和研究内容随着不同发展阶段的核心环境问题的变化而自然演化。该领域研究具有显著的交叉学科属性。在其研究领域内，不仅有地球科学内部各分支学科之间的交叉，也有地球科学与环境科学、生态学、毒理学、医学等学科之间的融合，乃至涉及自然科学和社会科学之间的渗透。因此，污染物环境行为与效应研究的诞生和发展符合现代科学发展交叉与综合的总体趋势。

四、学科内容

污染物环境行为与效应研究主要以地球科学、大气科学、环境科学、生态学和毒理学等学科为基础，该领域研究的主要问题包括污染物来源分布、时空格局、全球/区域迁移、生物/非生物降解和生态/健康效应。主要研究内容涉及污染物的环境多介质界面行为及模型、污染物的区域环境过程及演化机制、污染物的生态毒理效应及其微观致毒机制、污染物的健康风险评估与环境基准等。污染物环境行为与效应研究旨在通过解析污染物的环境行为和致毒机制，实现污染溯源、风险诊断和早期预警，并为污染的阻控防治提供科学的依据与方法。

五、内涵与外延

污染物环境行为与效应研究的任务是以认识和解决环境问题为导向，研究人类生存的地表环境中污染物进入环境的形式与途径，在环境中的迁移、转化、赋存规律及其通过各种途径对生命体形成的暴露和风险；并在此基础上，依据各区域的地学特征形成相应的防治措施、政策和基准。其重点研究对象和研究内容随着经济社会发展阶段的核心环境问题的变化而自然演化和拓展。此外，相关学科的理论和技术发展也使得该领域的知识基础和研究手段不断拓展和深化。

第二节　学科发展状态

近年来，在控制和解决我国面临的严峻环境问题的驱动下，污染物环境行为与效应研究形成了较为完善的研究体系，在研究方法学、目标污染物、区域过程机制、生态和健康效应等方面取得了长足的发展。

一、学科研究进展

污染物环境行为与效应研究领域的国际发展态势可以从以下四个主要方面来概括：①研究方法学的快速发展；②目标污染物类型的多样化；③研究尺度的拓展；④污染物健康风险研究的长足发展。

（一）研究方法学的快速发展

揭示污染物环境过程的机制依赖于更高时空分辨率的分析技术。技术进步极大地丰富了污染物浓度、形态、过程和机制方面的方法学。污染物环境行为研究已经形成了一套被广泛接受的方法学和技术组合，从而为该领域的发展提供了源源不断的助力，拓展了学科的前沿。目前，常规污染物分析方法几乎全部依赖自动和半自动的仪器分析技术，检出限不断降低。同步辐射和高分辨质谱的理论和技术基础已经逐渐成熟。在生态/健康效应研究方面，高通量测序技术，特别是第三代测序技术的普及也极大地突破了传统个体生物学的研究限制。组学技术，包括基因组学、转录组学、蛋白组学和代谢组学方法的建立和成熟实现了单一生物过程研究向生物群落水平研究的转变，人们可以在更复杂水平上理解元素循环和污染物转化过程及其生物、生态效应。与此同时，计算机技术的快速进步也给污染物环境行为研究带来了革新。

（二）目标污染物类型的多样化

研究的目标污染物类型呈现多样化的趋势。这首先归因于研究方法学的进步、测量仪器精度的提高和分析化学的发展。在此基础上，我们对环境中微量污染物的浓度分布和赋存形态的定量认识的能力逐步提高，对新污染物的鉴别能力显著提升。其次归因于我国正处于快速工业化阶段，涌现出了大量新污染物，形成了传统污染物和新污染物并存的局面。学科关注的目标污染物从早期的重金属、氯联苯、多环芳烃和二噁英等传统污染物，逐步扩展到全氟化合物、药物和个人护理有机物、内分泌干扰物、抗生素、抗性基因、纳米材料、微塑料等各类新污染物。此外，纳米材料和大气颗粒物的相关研究引入了尺寸的概念。其核心思想是当颗粒物尺寸小于阈值后会呈现与块体材料截然不同的环境行为和风险。颗粒态污染物成为继有机污染物和重金属污染物之外的一大类新污染物，其环境行为和效应日益受到公众和学术圈的关注。

（三）研究尺度的拓展

研究尺度跨越范围显著扩大，具体包括从分子、原子等微观尺度到微界面的小尺度机制，直至区域和全球尺度等大尺度时空变化过程模拟。其研究逐渐呈现多过程、多界面、多尺度、非线性的特征。目前，我国学者在污染物全球和区域尺度环境过程研究上取得了系列成果，研发建立的排放清单在国际上具有一定的影响力，部分研究成果已被国际主流和前沿研究项目采纳。未来需继续发展解析技术方法，建立高时空分辨率、更符合实际排放特征的高精度排放清单。我国学者陆续在环渤海、青藏高原等重点区域开展了区域污染观测研究，积累了大量的基础观测数据。其不足之处是持续时间相对较短，对于污染物传输、迁移、沉降、分配和分布等过程的刻画还不够细致，机制研究仍需开展。未来污染物的区域循环过程研究，尤其是污染物长距离传输的研究，会从以大气传输研究为主逐步扩展到大气传输、水 / 海洋传输和生物传输等多途径长距离迁移研究，并进一步完善全球尺度和气候变化背景下的区域环境过程及其风险的研究。

（四）污染物健康风险研究的长足发展

各国学者在环境污染暴露、地球原生环境与人体健康的关系、人为活动释放化学物质的迁移转化及健康效应等方面开展了多角度多层次的研究工作。随着近年来化学、生物、医学等学科理论和技术的快速发展，对一些关键科学问题，如污染物的暴露途径、环境外暴露评估、内暴露生物标志物、地方性疾病的成因与控制、特征污染物的健康危害效应、全球环境变化与健康等问题的认识取得了长足的进步。环境化学分析技术的进步促进了环境外暴露评估领域的发展，建立了系列环境污染物或代谢产物的国家及行业标准检测方法。污染物环境暴露评估模型的发展则帮助人们更为准确地掌握区域主要环境污染物的时空特征，了解污染物与局地地表状况之间的关联以及时空尺度上的动态特征变化。例如，利用模型对我国地下水中砷的浓度进行了估算，揭示了我国砷污染风险较高的地区和人群（Rodriguez-Lado et al.，2013）。环境污染物的人体内暴露真实反映了多途径暴露的总水平，其相关研究日益受到重视。目前，部分发达国家已制定并开展长期的国家范围内人体内暴露监测计划，我国也已开展了典型区域人群内暴露监测及暴露特征研究。地方性疾病是典型的地球原生环境与健康关系的研究内容，我国在这方面已进行了大量的研究并取得显著进展。

二、学科发展状态

为全面了解该领域的研究进展，对 Web of Science 平台的 SCIE 数据库中该领域文献进行了调研，分析了 2000 年至今的论文共 279 894 篇。

（一）总体发展趋势

1. 发文数量分析

2000～2019 年该领域内相关国家（地区）的 SCIE 论文发表前 20 位统计列于表 13-1，并以 5 年为一个时间段共 4 个时段（分别以时段 1、时段 2、时段 3、时段 4 指代 2000～2004 年、2005～2009 年、2010～2014 年、2015～2019 年四个时期，下同）考察发文的发展变化。其中高被引论文只对 2009～2019 年的数据展开调研。

表 13-1　2000～2019 年“污染物环境行为与效应”SCIE 发文量及高被引论文前 20 位国家（地区）

排名	SCIE 论文数量 / 篇								高被引论文数量 / 篇					
	国家（地区）	2000 年	2019 年	2000～2004 年	2005～2009 年	2010～2014 年	2015～2019 年	总计	国家（地区）	2009 年	2019 年	2010～2014 年	2015～2019 年	总计
—	世界	5 893	27 417	33 425	50 742	76 328	119 399	279 894	世界	109	205	831	1 294	2 234
1	美国	2 180	5 614	11 637	15 289	19 650	26 702	73 278	美国	50	60	394	465	909
2	中国	138	9 330	1 254	4 708	12 690	33 846	52 498	中国	11	96	208	566	785
3	德国	489	1 291	2 713	3 432	4 326	6 239	16 710	英国	15	18	134	164	313
4	英国	459	1 331	2 448	3 007	4 039	6 264	15 758	德国	8	15	76	136	220
5	加拿大	382	1 159	2 020	2 961	4 102	6 429	15 512	加拿大	4	10	98	94	196
6	法国	357	1 086	1 977	2 801	4 023	5 331	14 132	澳大利亚	4	15	57	100	161
7	意大利	285	1 093	1 644	2 710	3 709	5 441	13 504	法国	9	11	58	85	152
8	西班牙	202	1 145	1 302	2 591	4 017	5 236	13 146	意大利	7	13	56	89	152
9	印度	97	1 342	781	1 762	3 370	5 847	11 760	西班牙	9	10	60	79	148
10	澳大利亚	1 180	984	996	1 420	2 449	4 318	9 183	荷兰	6	9	46	73	125
11	荷兰	66	305	369	606	980	1 525	3 480	瑞士	2	8	39	65	106
12	瑞士	57	288	325	547	873	1 399	3 144	印度	4	12	31	53	88
13	瑞典	58	257	317	477	720	1 243	2 757	瑞典	6	7	39	41	84

续表

排名	国家（地区）	2000年	2019年	2000～2004年	2005～2009年	2010～2014年	2015～2019年	总计	国家（地区）	2009年	2019年	2010～2014年	2015～2019年	总计
	SCIE论文数量/篇								高被引论文数量/篇					
14	日本	47	232	336	545	731	1 077	2 689	挪威	0	6	26	42	68
15	丹麦	35	224	199	365	587	1 013	2 164	日本	4	3	25	39	68
16	韩国	15	263	142	382	572	1 029	2 125	苏格兰	1	3	23	36	60
17	比利时	32	177	207	330	564	910	2 011	丹麦	4	4	32	23	59
18	巴西	26	241	153	279	442	1 024	1 898	比利时	4	5	23	29	56
19	苏格兰	37	174	216	331	509	782	1 838	希腊	3	5	18	29	50
20	挪威	20	161	130	320	490	798	1 738	奥地利	2	4	22	23	47

注：表中按SCIE论文数量（2000～2019年）和高被引论文数量（2009～2019年）排序。

可以看出，SCIE论文的发文数量在过去20年有着大幅度增长：在2000年，相关发文量仅美国和澳大利亚两个国家（地区）超过千篇；到了2019年已经有9个国家（地区）的发文量过千；时段4比时段1发文量增加了2.6倍。其中，美国所占的比重下降明显，从34.8%下降到了22.4%；而中国所占的比重则从3.8%激增到了28.3%，发文量增长了十余倍；从时段1到时段3，中国与美国发文量的差距逐渐减小，在时段4甚至超过了美国。以近20年发文总量为统计指标，美国居于世界第1，中国居世界第2。

从高被引SCIE论文数量看，自2009年开始，各国高被引论文数量基本上呈现随年份递增的态势。尤其是中国，时段4是时段3高被引论文数量的约2.7倍，说明各国对这一领域的研究更加深入与广泛，投入这一领域的科研人才也越来越多。美国在时段3的高被引论文数量几乎达到了世界总量的50%，但从时段3到时段4的过程中，中国超越美国成为世界高被引论文数量最多的国家。虽然美国目前高被引论文数量总量依然处于世界第一，但是从近5年的发展态势上来看，中国有望在不远的未来超越美国。

从2000年至今，不论在文章数量上还是在文章质量上，中国学者在该领域内的进步远超世界平均水平。近20年论文的发文数量和高被引论文数量统计表明，美国分别占世界总量的26.2%和40.7%，在该领域依然具有领先地位。表13-1的两项指标的综合排序也从一个侧面表明，数量是基础，不容忽视，质量是关键，是论文数量达到一定基础后所必然面临的提升，要从量变到质变。

2. 研究热点分析

以基于关键词检索的SCIE文章为数据源，将2000～2019年每5年分为一个时间段，统计其中每个关键词2000～2019年出现的总频次并排序。根据关键词所表达的含义，将关键词分为3类，包括环境介质、污染物类型以及研究内容（主题）。在该分类的基础上，根据关键词出现的频率进行排序，以2000～2019年每5年为一个时间段进行时间序列分析（图13-1）。从图13-1可以看出，中国作者在热点问题上的研究增长速率很快。

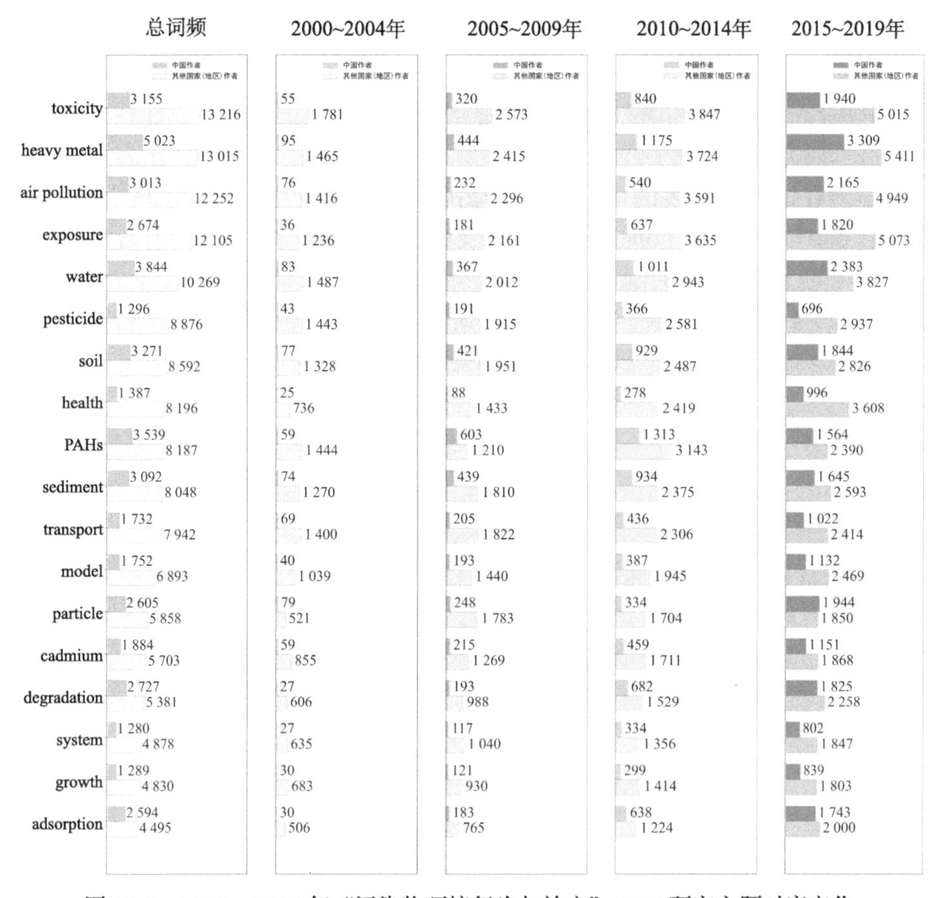

图 13-1　2000～2019 年“污染物环境行为与效应”SCIE 研究主题时序变化

从世界范围看，除了在时段 1 针对水环境的研究比大气环境多之外，其他时段的排序均为大气环境＞水环境＞土壤＞沉积物。中国学者早期研究水、土壤和沉积物的更多，对于大气环境的研究则是在近五年才逐渐增长起来的。中国作者对于水、土介质展开研究的数量与其他国家（地区）相比差距较小，而对大气方面的研究则差距较大。不过我国大气领域内相关论文，尤其是高质量论文在快速增长，文章的被引频次也在增加，体现出牵引科学研究的前沿性、契合社会需求的高关注度。

就研究的污染物种类而言，重金属、多环芳烃、农药和颗粒物是较受关注的话题，高频词相对较为集中。一些近年来出现的高频词，如抗性基因、多溴联苯醚等由于早期研究量较少而并未出现在图 13-1 中。对于这些新污染物的研究，中国学者与国际研究的一致性较高，也基本能跟上国际水平。在未来相当一段时间内，中国的环境研究依然将同时关注传统污染物与新污染物。

就研究内容或主题而言，高频统计词共出现 9 个，其中对污染物毒性的研究最多，此外还有传输、暴露、健康、模型模拟等方向。中国与国际研究的高频词排序大致相同。尽管关注的研究主题较为一致，但不同的主题中国学者所占的比重差别较大，其中吸附、降解的研究占比较高，而在与健康相关的暴露、发育等方向的研究所占比重则较小。

（二）我国的国际地位

为了分析我国污染物环境行为与效应研究领域在国际上的地位，图 13-2 展示了中国在该领域重点研究方向发表论文数占全球比例的变化趋势。其中百分比表示在该时间段内，中国学者在该方向发表的论文数占全球的比例；累积百分比表示从 2000 年开始计算的累计比例。此外，为了进一步了解该领域三个重点研究方向（包括污染物区域过程及演化、环境污染过程机制与控制和污染物的环境风险和健康效应）的发展形势，图 13-3 和图 13-4 则分别展示了我国在这些研究方向上的论文数量的排名和该方向上发表论文数占全球该方向论文总数量百分比的变化情况。

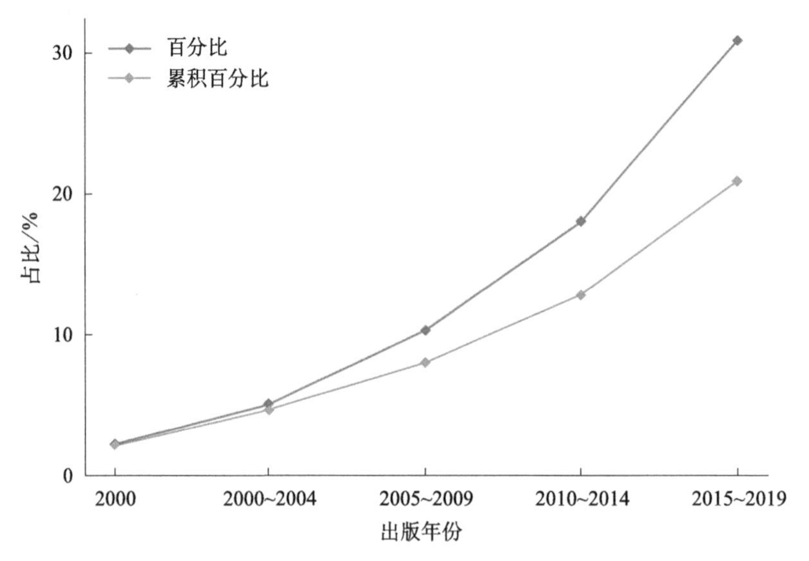

图 13-2　中国在“污染物环境行为与效应”重点研究方向发表科技论文数占全球的比例

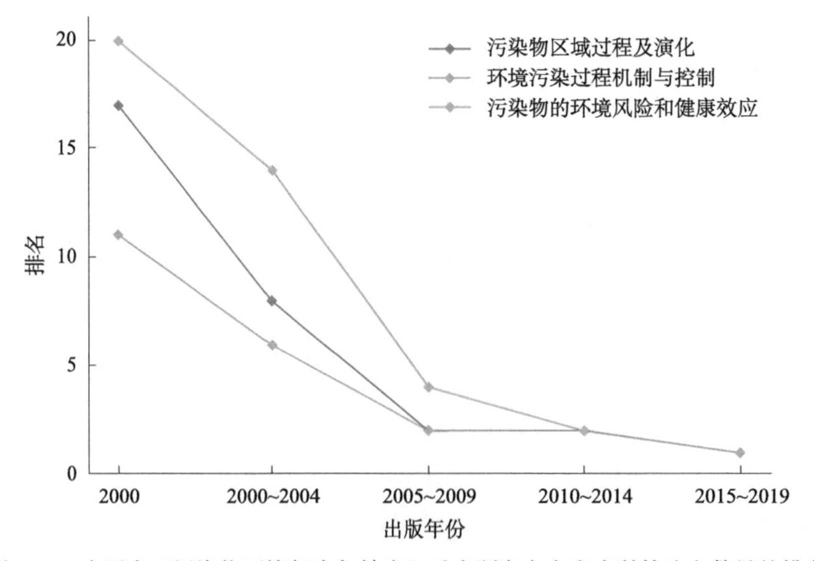

图 13-3　中国在“污染物环境行为与效应”重点研究方向发表科技论文数量的排名

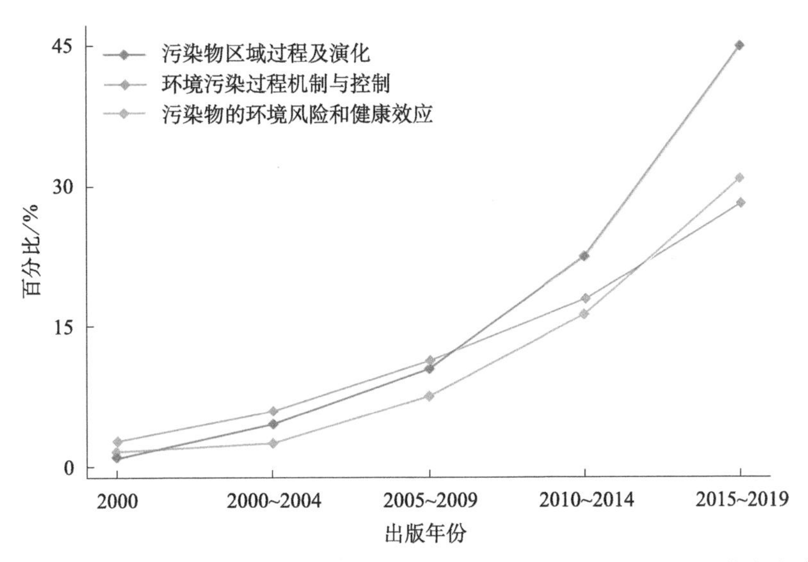

图 13-4　中国在“污染物环境行为与效应”三个重点研究方向上发表科技论文数占全球的比例

从图 13-2 可以看出，在过去 20 年中，我国在该领域重点研究方向的发文占比在持续增加，从 2000 年的 2.2% 增加到 2015～2019 年的 30.9%。累积百分比也由 2000 年的 2.2% 增加到 2015～2019 年的 20.9%，其增长速度略低于百分比的增长速度。这说明在这 20 年间，全球在该方向的研究都在逐渐增加，而在此大背景下，我国发表论文数量的占比依然能稳步上升，并且增长速度也在逐渐加快，说明我国在该方向的研究更具国际视野，研究成果也颇受国际认可。同时，从图 13-4 也可以看出，我国在重点研究方向的发文数量占比增加是三个方向占比同时增加的结果，并非由于其中某一个方向的爆发性增长。

根据统计数据，在 2000～2014 年的各个时间段，美国在三个重点研究方向的发文数量均位于全球首位。而在 2015～2019 年，中国在该时间段三个重点研究方向的发文数量均超过美国，成为全球第一。从图 13-3 可以看出，中国在 21 世纪初期，各方向的发文数量排名均处于全球十几名的位置，到 2005～2009 年已经跃居至全球前 5，再到 2015～2019 年的全球首位，足以可见我国在该领域国际地位的迅速提升。

三、我国学科发展布局与主要成就

（一）我国研究热点

在 Web of Science 平台的科学引文索引扩展版中选取 2000 年至今文献类型为 article、国家 / 地区为中国的数据，总计 52 498 篇论文。利用 cite space 对这些文献进行关键词共现关系分析，结果如图 13-5 所示。

从关键词共现关系图中可以看出，文献中出现频率较高的关键词为 heavy metal、water、sediment、bioavailability、air pollution、toxicity、adsorption 和 transport。从污染物方面来讲，主要有重金属和有机污染物两类。对于重金属，heavy metal 周围共现频率较高的关键词有 water 和 risk assessment，说明对水体中重金属的研究以及对环境介质中

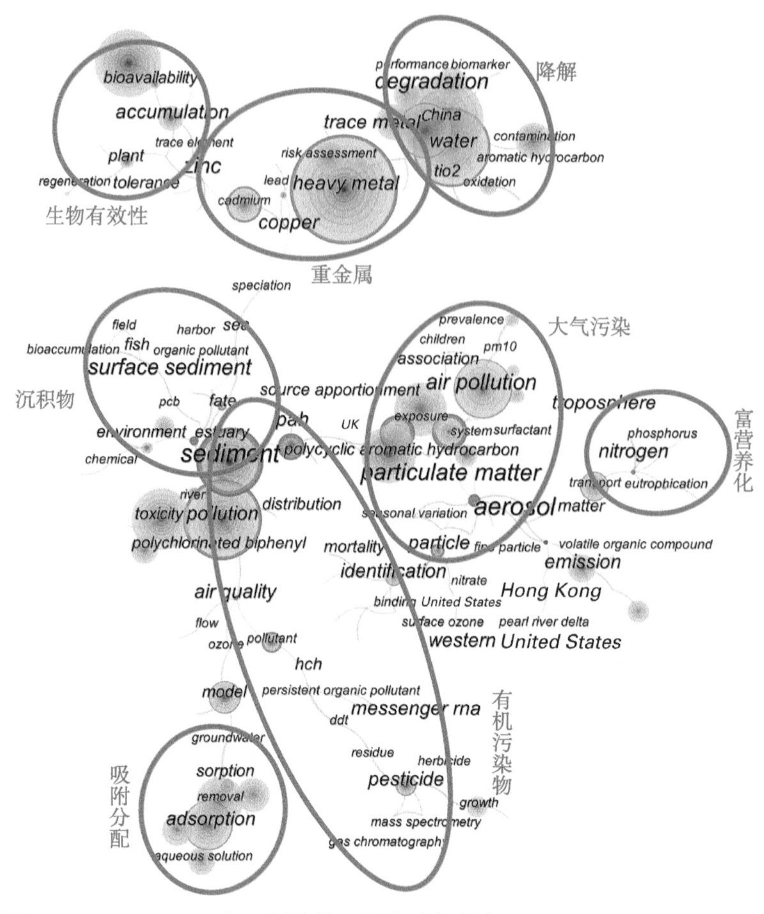

图 13-5　2000～2019 年“污染物环境行为与效应”SCIE 关键词共现关系

重金属的风险评估是重金属相关研究的核心。此外，我国对于重金属的研究主要集中在锌、铜、镉、铅等方面。对于有机污染物而言，图 13-5 中展示出 pesticide、polychlorinated biphenyl、polycyclic aromatic hydrocarbon 等常见有机污染物以及 gas chromatography 和 mass spectrometry 等检测方法，对沉积物中的污染物研究较多。在环境介质方面，大致可以分为 water、air、sediment 三类，水环境方向的研究主要针对污染物的氧化与降解，大气主要围绕气溶胶、颗粒物以及大气污染带来的健康风险展开，而沉积物则主要研究有机污染物在其中的富集及其对生物累积的影响。区域大气污染物的环境过程和影响方面的研究在近几年增长较快，明显多于土壤和流域水体环境质量及影响研究，这与国际社会以及我国对于大气环境质量的关注和重点治理息息相关。除此之外，bioavailability 周围出现的关键词有 accumulation、plant 和 tolerance 等，说明生物积累以及植物的耐受性是生物有效性研究的重点内容。围绕 adsorption 的高频关键词包括 removal 和 aqueous solution，说明基于吸附的水环境修复和水处理技术是研究的重点。围绕氮磷元素带来的富营养化的相关研究也较为丰富。

（二）我国学科发展布局

通过对污染物环境行为与效应三个重点研究方向上的研究热度进行分析，得出了三个重点研究方向的相关文章数目在全球和我国总量中的占比（图 13-6）。总体来看，在 2000 年，全球在“环境污染过程机制与控制”方向的文章数量占比为 67.5%，而在我国高达 80%，高出全球 12.5%，而在接下来的 2000～2004 年以及 2005～2009 年两个时间段也呈现相同的态势，说明我国在 21 世纪早期的研究重点更加集中在“环境污染过程机制与控制”方向上。而在 2010～2019 年时间段内，相对于 2000～2010 年，“环境污染过程机制与控制”方向的发文占比出现明显的下降，于 2015～2019 年时间段下降到了 52.0%；与之相反，“污染物的环境风险和健康效应”方向的占比出现了明显的上升，从 2000 年的 16.0% 上升到了 2015～2019 年的 32.1%，说明我国的研究重点正在不断变化，而我国在研究方向侧重点上的变化与全球的变化趋势也基本吻合，对于全球而言，“环境污染过程机制与控制”方向的占比从 2000 年的 67.5% 下降到 2015～2019 年的 56.8%，“污染物的环境风险和健康效应”方向的占比从 2000 年的 23.7% 上升至 2015～2019 年的 32.3%。从图 13-6 也可以看出，我国与全球在各方向的发文比例的差异在过去 20 年间不断缩小。这些数据说明，我国在过去 20 年间不断与国际研究同步，以全球热点问题为导向，而在各时间段内表现出来的差异也说明在各时期我国急需解决的问题与全球整体的地域差异。

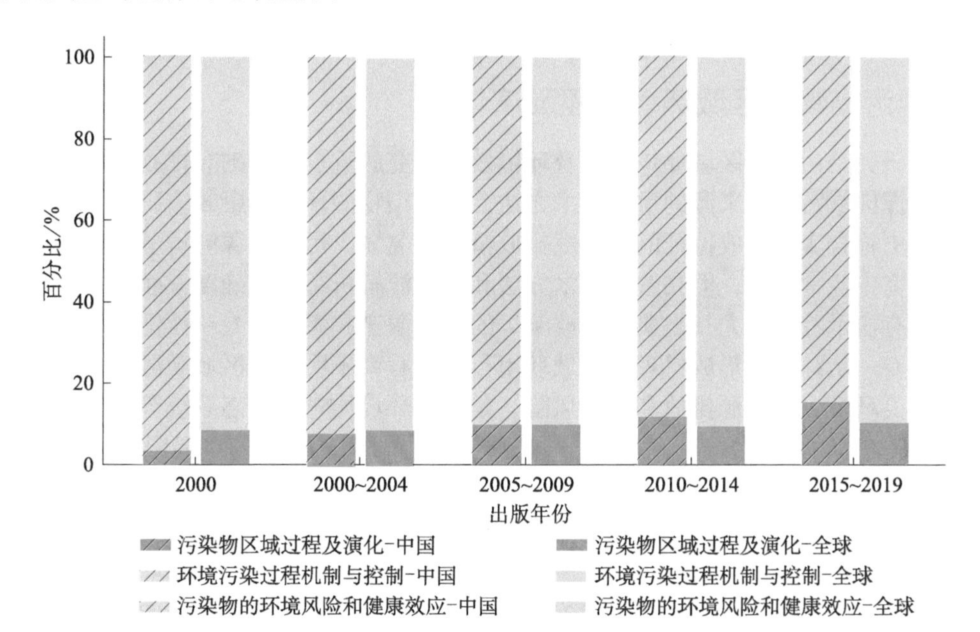

图 13-6　全球与中国在“污染物环境行为与效应”重点研究方向上的文章比例

综上，我国污染物环境行为与效应研究紧跟国际前沿，研究成果获得了国际同行的关注，部分领域进入国际先进行列。近 20 年，我国在该领域发表 SCIE 论文的占比从 2.0% 激增到了 34.0%，发文量增长了十余倍。以近 20 年发文总量为统计指标，美国居于世界第 1，中国居世界第 2。从高被引 SCIE 论文数量看，美国长期以来一直占据优势；然而在 2015～2019 年，我国超越美国成为世界高被引论文数量最多的国家。从发展态势上来看，中国有望在未来超越美国。我国关于区域大气污染物的环境过程和影响方面的研究在近几年增长较快，明显多于土壤和流域水体环境质量及影响研究，这与国际社会以及我国对于大气环境质量的关注和重点治理息息相关。在多尺度观测方面，我国不仅有自己的生态观测网络和长期定位试验站，同时还通过合作研究的方式积极融入欧洲PEGASOS等一些国际大型观测研究项目中。在一些经济快速发展地区（如京津冀地区、长江三角洲、珠江三角洲等），通过研究大气、水、土壤环境的质量变化、复合污染过程等积累了大量基础数据和资料。对于新污染物的研究，中国学者与国际研究的起步时间较为一致，研究紧跟甚至引领国际前沿。国家自然科学基金委员会在该领域的持续资助和支持帮助建立了环境地球科学的学科体系，打造了一支具有国际影响力的科研人才队伍。

第三节　学科发展需求与趋势分析

污染物环境行为与效应研究是环境地球科学研究的核心内容，也是评估和防治水体、土壤和大气污染的关键环节。该领域关注的关键科学问题主要包括污染物的区域环境过程及演化、环境污染过程机制与控制和污染物的环境风险和健康效应。目前的理论前沿、研究热点和发展趋势总结如下。

一、污染物的区域环境过程及演化

源汇研究是污染物区域环境过程及环境效应研究的重点和基础。排放清单和溯源解析都是掌握区域污染物来源的重要技术方法。在污染物的环境健康效应研究中，高时空分辨率、更符合实际排放特征的高精度排放清单仍欠缺。污染溯源解析虽然在很多基础和应用研究中经常开展，但在解析技术方法和提高源解析结果精确度方面尚未有突破性的进展。有机示踪物（尤其是典型排放源）的特征源谱和源排放专一性仍缺乏足够的科学论证。专一示踪物的形成机理和区域环境行为过程尚不明晰。区域观测作为环境过程研究的重要环节，衔接源排放和受体风险，是区域环境质量和生态系统等地学系统耦合模拟的重要验证数据来源。已有区域观测研究持续时间较短，且多局限在基础数据观测，对于污染物传输、迁移、沉降、分配和分布等过程的刻画还比较粗糙，机制研究较浅。污染物在环境中的传输模拟，单一介质内污染物分布的模拟有一些应用较广的模型，但模拟结果的不确定性较大，且多介质模型没有突破性的技术进展。由于区域过程的复杂性，实验室研究成果与场地研究直接相互验证的结果并不理想。而且已有的工作还主要集中在“传统”有机污染物上，新型有机污染物和复合污染物的区域环境过程研究仍在起步阶段。

（一）污染物来源及其时空分布规律

环境中污染物的来源复杂，其中人类生产生活是很多有毒有害物质的重要来源。此外，天然燃烧源释放的污染物和地质成因的金属污染物也对环境生态和人群健康有着不容忽视的影响。不同类型源对污染物环境负荷的贡献不同，存在明显的区域差别和经纬度差异，进而产生不同的环境效应，需要不同的控制技术方法和措施，需通过加强基础研究来系统全面地掌握不同源的污染物排放特征，尤其是典型污染源的排放特征谱以及重点污染物的排放系数。深入探索污染物形成和释放的机理过程，研究污染物排放的动态过程、变化特征和控制因素，从而为污染源头控制技术的发展提供科学支撑。对于不同的环境介质，在不同的空间尺度和时间维度上构建目标污染物的多源高时空分辨率排放清单可以有效地降低排放估算的不确定性。针对典型区域的特征污染物，可以通过系统分析掌握空间演变规律和长时间序列的排放变化趋势，分析导致时空变异的社会、经济、技术、政策等影响因素，掌握排放特征及其影响因素。建立并优化典型有机污染物的源解析技术，掌握排放源的源谱特征，识别并应用专一的示踪物或示踪物组合，降低源解析的不确定性。未来随着分析技术和科学仪器设备的发展，尤其是高时间分辨率的监测仪器的发展，有望取得突破的领域方向是污染物形成和释放的动态变化过程以及污染物的形成机理和区域排放过程。

（二）污染物区域传输和分布关键过程

区域观测研究需要积累大量的基础数据，这是区域环境过程及效应研究的基础和前提。外场观测和模式模拟相结合才能更加客观地全面掌握对象污染物的环境行为，为其健康和气候变化等地球系统影响研究奠定基础。未来研究需着重关注污染物从源排放进入环境后，经过复杂的环境过程，在多介质内和介质间进行迁移转化和分配，从而影响生态环境系统质量、人群健康和气候变化的全过程。突破污染物在区域传输和分布的过程刻画和模拟中的技术瓶颈，结合实时监测、主动采样、被动监测等技术方法，融合大数据和地学系统耦合模式模拟等，全面系统地刻画污染物在不同介质中的污染水平、赋存状态，在介质间的分布分配，以及这些过程空间差异和时间演变的动态模拟，研究导致分布时空差异和动态变化的过程机制。优化单一介质中污染物传输、反应和扩散等过程的刻画和模拟，同时更需在地学多模式耦合系统发展的契机和带动下，发展并优化多介质模型，精准刻画对象污染物在多个介质中及介质间的迁移、扩散和传输等过程，掌握其浓度水平、污染物形态、有效性、毒性危害、辐射强迫等的影响程度及变化过程。除了优化大气传输模拟研究外，逐步发展并深入大气传输、水/海洋传输和生物传输等多途径长距离迁移的系统性研究。需重点关注污染物全球或区域传输过程带来的环境质量、人群健康、生态安全、粮食安全、气候变化等多方面的影响，了解其作用过程机制，形成有效的控制技术路径和对策建议。在多学科交叉发展及气候变化和国际国家政策影响背景之下，大区域尺度和生态脆弱敏感区域的污染物环境过程模拟和风险评估可望取得突破性成果。

（三）区域环境行为过程的尺度转换

实验测定和模式模拟都是污染物区域环境行为过程及效应研究的重要手段。客观、科学、全面地认识并解决科学问题需要集成实验研究和模式模拟的结果。在污染物的区域环境过程研究中，区域或流域外场观测结果与实验室微观实验和模式模拟结果之间的相互印证和整合一直是领域内未能突破的难题。污染物在环境中的分布是由各种微观物理、化学和生物过程耦合作用，并在时空上放大之后的宏观结果。由于实际环境的复杂性，影响污染物环境行为及效应的因素错综复杂，其关键过程和决定因素会因环境条件和时空尺度的差异而有别。在实验室微观实验研究中，过程的刻画和关键参数识别与量化的研究体系较为简单，模型参数从微观尺度向现场尺度的转化尚缺乏有效的理论支持。区域模式模拟也因难以涵盖并难以准确模拟污染物的复杂环境过程，从而导致模拟出现偏差和高不确定性。实验结果与真实环境中污染物行为和效应的显著差异会导致污染防治“投入大、收效微”。

未来研究可重点关注新实验技术和新理论模型的发展，识别和刻画污染物区域排放与传输分布的动态过程，阐明动力学过程中组分的非均质性以及多过程耦合对污染物不同时空尺度的环境过程及分布的影响机制。掌握多介质不同尺度迁移转化规律，建立基于不同尺度和多过程耦合的污染物迁移转化和定量预测模型。同时，综合运用多尺度表征技术阐明影响污染物环境过程的主控因素。通过机理研究创新和新理论模型的发展，突破不同尺度下多过程耦合和反馈的理论瓶颈，解决叠加过程的非均质分布和非稳性，有效量化不同尺度的生物地球化学过程和物质迁移转化的通量，建立模型参数的尺度转换关系。实现不同尺度模型的融合和尺度转换，解决预测污染物动力学行为及其对环境质量演变影响的基础性科学问题，形成从微观到宏观不同层次，从污染物行为到环境质量评估全过程的区域环境过程及效应的系统性基础研究。

二、环境污染过程机制与控制

环境污染过程包括污染物在天然环境介质（水、土、气、生物等）及人工构建的环境系统（污染处理、修复过程）中分配、迁移、转化和归趋的过程。污染物的环境过程及机制研究是研究的前沿基础领域，也是污染控制与修复的重要基础。目前，多过程耦合概念是该领域研究发展的重要趋势。

（一）污染物环境行为研究的新方法

近年来人们对污染物环境行为研究的深度和广度快速拓展，更深层次的科学问题层出不穷，这些新的研究需求客观促进了污染物环境行为研究方法的进步。新的发展趋势主要体现在：①研究从经验性描述发展到微观机制解析；②原位、实时和在线分析技术快速发展；③现代分子生物学技术发展推动污染物环境转化降解研究；④环境数值模型发展大大提升了研究效率和预测精度。

我们对污染物环境行为微观机制的研究对分析方法的时空分辨率和测量精度都提出了更高的要求。同步辐射和高分辨质谱的理论和技术基础在 20 世纪后期已经逐渐成熟，其在环境地学科学领域的新应用以及带来的新发现一直占据着该领域的前沿和热点。其中典型的方法学创新包括新型同步辐射技术，基于第三代同步辐射光源的新型谱学显微方法扫描透射 X 射线显微术（STXM），以及可以追踪动态过程的快速 X 光吸收光谱技术（Q-EXAFS）。高分辨率的新型质谱技术，如纳米二次离子质谱（Nano-SIMS）和傅里叶变换离子回旋共振质谱（FT-ICR-MS）在近些年成为精细解析污染物化学组分、空间分布和动态的有效工具（Siebecker et al.，2014）。基于原子力显微镜（AFM）和红外光谱的 AFM-IR 联用技术就可以检测纳米尺度上有机基团的分布（Dazzi and Prater，2017）。电子顺磁共振（EPR）技术可以检测多种自由基信号，为鉴定污染物转化路径提供有用的信息。多接收电感耦合等离子质谱（MC-ICP-MS）的发展和普及让地质学上常用的同位素分馏研究方法拓展到环境污染物的转化和迁移机制的研究中。测定环境中各同位素分馏的指纹信息可以为追踪污染物来源和转化途径提供可靠的参考（Douthitt，2008）。稳定同位素示踪和分子标记物分析相结合的方法也得到了广泛应用。这些新型表征技术在方法学上的进展让很多长期被忽略的反应物种或反应路径的发现成为可能，拓展了元素地球化学的研究前沿。

随着研究的逐步深入，污染物环境行为研究的方法学也出现了向原位、实时、快速、在线测量快速发展的趋势。在样品获取的前端，研究更关注样品的环境代表性，因此能够反映污染物时间平均或生物有效性浓度的被动采样技术，便携式、高通量的分析设备，以及基于物联网的传感器技术是污染物环境行为研究方法学发展的趋势之一。样品在真实环境介质中的无损、快速分析是该领域的重要需求。新型的样品前处理或离子化方式，以及制样和测试技术的发展为满足这些需求提供了技术支持。目前，我国的高分辨率单颗粒物气溶胶质谱技术已经在国际上处于领先地位。先进电子显微技术，如球差校正和液体池透射电镜已成为对污染物微观环境行为和机制进行原位表征的重要手段（Lee，2010）。

污染物在土壤环境中的微生物转化研究依赖于方法的突破和进展。分子技术和原位表征方法的快速发展，突破了探寻土壤微生物奥秘的瓶颈，促进了人类对微生物介导的元素循环和污染物转化的认识（Fierer，2017）。高通量测序技术的发展极大地突破了传统个体生物学的研究限制，使得复杂体系中关键元素转化的微生物功能基因表达、转录和翻译的研究成为可能。目前，在土壤系统的水平开展的生物组学研究主要包括土壤基因组学、转录组学、蛋白组学和代谢组学。土壤组学将是未来土壤研究的核心手段，其核心问题是：如何从大规模海量的序列测定转向科学问题导向的土壤生物组学的研究？

土壤微生物学家还把生物标记分子与光学显微技术相结合，创新发展了激光共聚焦技术、荧光原位杂交技术等一系列研究方法，扫除了原位研究土壤微生物的物种数量、组成比例、时空分布、种群特征和群落结构等的障碍。近年来，同位素示踪技术在土壤微生物领域的应用得到迅猛发展，稳定同位素示踪和分子标记物分析相结合的方法也得到了广泛应用。这些技术的发展显著推动了对功能微生物种群结构、多样性和生态功能的研究，为阐述不同尺度土壤元素或污染物转化的动力学过程与微生物功能的关系提供了技术手段。此外，从复杂环境中分离、培养和鉴定具有特定功能的微生物一直是微生物学研究的难点和热点。设计和开发特异培养基，利用现代分子生物学技术，模拟自然土壤环境并分离那些难以计数的土壤微生物，全面刻画复杂环境中微生物的组成和代谢过程，为定向发掘土壤微生物资源和功能提供关键支撑，这是未来污染物生物转化过程中的另一重要研究方向。

目前，科学文献、技术报告和监测资料中积累了海量的污染物浓度、形态以及理化性质的数据。如何挖掘这些数据的价值，开发、运用更先进的模型来预测污染物在多个尺度的过程和效应也是方法学进一步发展的重要需求。基于机器学习和大数据，对污染物理化性质的预测可以显著提升研究效率。同时，污染物环境行为研究的进一步深入也将得益于环境介质迁移运动规律理论和数值模型的发展（Kanevski et al.，2004）。

（二）污染物在多介质环境体系中的分配及迁移规律

排放到环境系统的污染物会在复杂物理、化学和生物过程的联合作用下在不同环境介质（水－土－气－生物）间进行分配。全面而深刻地认识污染物在环境中的行为，需要从多介质的概念出发，研究污染物在环境系统中的分配和迁移过程。污染物在环境中的迁移途径主要包括两类，即平流过程和界面质量交换过程。大气和水等介质的流动性和平流输送功能，使得很多环境问题发展成了全球性环境问题。界面质量交换过程包括扩散过程和非扩散过程。污染物理化性质、温度、流体动力学条件、界面粗糙程度、相邻介质中污染物的逸度差都是影响界面传质过程的重要环境因素。目前，对典型环境介质与污染物的相互作用机制和主控因子已有了较好的认识（Xing et al.，2011）。未来对污染物界面行为的研究将从单一污染物发展到复合污染物，从单一过程发展到多过程耦合。近年来，原位表面化学分析技术在界面过程研究中得到了广泛的应用和发展，为深入理解污染物的微界面过程研究带来了突破性的进展。如何借助原位和在线研究方法认识真实环境下的低浓度复合污染物在土壤和沉积物等微界面上的界面过程机制，是解析污染物环境分配和迁移规律的关键挑战。逸度模型和非稳态多介质逸度模型能够以质量平衡原理为基础，描述污染物的多介质环境行为。其基本思想是利用逸度结合传输系数推导出污染物在各介质之间的质量守恒方程式，根据系统方程组解出物质在各介质中的浓度分布，最后模拟化学品在环境中的归趋。除了其在逸度推动力下的界面传输以外，污染物也可在颗粒物的挟带下进行迁移。天然颗粒物在自然界中广泛分布，它们可以挟带污染物在大气、水、土壤以及沉积物等介质中运移，改变污染物在环境介质中的分配，甚至协助污染物进入生物体。颗粒态污染物的迁移能力与游离态非常不同，其迁移特性主要由颗粒物性质和介质决定（Honeyman，1999）。颗粒物在土壤中的迁移过程通常被认为是其在多孔介质中的运动，可通过胶体过滤理论描述和预测。溶液中的胶体颗粒易发生团聚过程，其团聚行为可通过胶体稳定性理论（X-DLVO 理论）描述和预测。气溶胶颗粒的凝并过程主要与颗粒的布朗运动、带电量以及重力沉降等因素相关。需要指出，颗粒物挟带污染物的环境风险与游离态污染物存在着巨大的差异。因此，颗粒物挟带下的污染物迁移虽然构成了污染物的迁移通量，但其环境风险需要单独评估。目前，天然颗粒物、胶体或气溶胶的形成机理还不清晰，特别是天然纳米颗粒物的形成理论争议较多。颗粒物本身在环境中的迁移和变化（如聚合、增长和老化）需要定量描述，亟须对环境界面的扰动（如海水盐度梯度、生物活动等引起的扰动）对于污染物颗粒物载体的形成和迁移的影响进行研究。污染物在天然颗粒物中的富集机制种类繁多，目前尚缺乏定量的数学模型描述。颗粒物的存在使得污染物的迁移过程模拟变得更加复杂，开发模型预测颗粒物挟带污染物在环境中的迁移行为将成为重要的研究领域之一。

（三）污染物的化学与生物转化机制

污染物在复杂多介质体系中的化学和生物转化过程是其环境消减的关键过程。天然环境介质中最重要的部分是地球关键带，它是近地表陆地环境的一部分，指地球表面从植被冠层到地下水层底部之间的一个薄层，其在生命维持和人类生活中起着根本性作用。地球关键带往往具有较大的物理、化学和微生物学参数的异质性和剧烈的时空梯度，也是污染物发生形态转化的主要空间载体。地球关键带的重要组成部分是土壤、水体、沉积物和表层大气。

土壤是一个多相开放体系，其中的黏粒处于一定风化阶段，天然有机质处于分解或合成的动态变化之中。因此，由它们所组合起来的天然土壤界面是一个连续变化的异质界面，这导致污染物在此界面中的转化异常复杂。以电子传递介导的重金属和有机污染物的氧化还原反应是目前的研究热点，同时也是未来污染物净化的重要技术原理。最近，环境持久性自由基也引起了学界的关注，其在环境中的产生机制及其介导的有机污染物降解在污染控制中的应用也成为新的研究热点。土壤环境中污染物的转化热点区域包括土壤包气带体系、环境微生物和生物膜、矿物－微生物界面和根际体系微环境。此外，不同类型的土壤改良剂进入土壤形成的“土壤改良剂－根－土”的复杂界面环境，势必导致污染物在这种新体系中环境行为的改变。在这种新的复杂的界面中污染物的转化过程如何？其生物有效性的调控因子是什么？这些问题尚待进一步的研究。结合土壤－植物－微生物界面的动态变化和连续体特征，采用现代先进的分析测试和微观观测手段，从分子水平上阐明该系统中污染物迁移转化的界面过程，建立界面反应过程的机理模型，明确污染物的赋存形态，识别调控该界面过程的主控环境因子，建立基于该界面过程的污染控制技术，是未来需要共同关注的关键科学问题。

沉积物－水体系的界面反应主要在天然有机质和微生物的参与下进行。目前对沉积物－水体系中金属污染物的研究主要集中在微生物以及氧化还原电势诱导 / 催化的化学形态转化方面。水体中的天然有机质是污染物的重要化学络合剂、吸附剂和反应器，直接影响它们的转化和生物地球化学归宿。天然有机质在太阳光照下可产生多种活性光瞬物种，介导金属的形态变化和有机污染物的转化降解。天然有机质中含有大量醌类、酚类以及芳香羧酸等氧化还原活性组分，它们可作为反应物或者电子传递载体参与污染物的氧化还原转化过程。目前，对天然有机质氧化还原能力和产生活性光瞬物种量子产率的定量研究较为有限，尚不足以对天然有机质氧化还原和光化学特性及其对污染物归趋的影响机制进行系统定量讨论和预测。

水－气界面上的溶解脂肪酸在光化学作用下能生成富含功能团的气态不饱和有机化合物，后者能改变大气微环境中的局部氧化能力并促使次生气溶胶污染颗粒的形成（Rossignol et al.，2016）。溶解有机酸小分子能络合稳定重金属离子，并在光化学作用下还原或者水解重金属离子，从而改变金属污染物的化学形态和移动力。然而，水－气界面交互过程涉及表面微层中特殊的反应介质，人们并不清楚其很多的物理化学过程。气溶胶中无机物和有机物之间的混杂可以形成玻璃态，玻璃态作为介质可以改变污染物传输的扩散系数，影响污染物的分配行为。在污染海水或淡水中，有机物、生物碎片和金属离子可以凝聚和絮凝形成颗粒，这些颗粒吸附金属和有机污染物，影响它们在环境中的归趋。环境中自然光照下天然溶解有机质与金属污染物之间的电子转移过程的机理、对金属污染物迁移和对氧化还原过程中金属同位素分馏的影响是未来研究的重点选题。

（四）污染物多过程耦合及作用机制

污染物在环境界面上的反应过程纷繁多样，当前研究以吸附－解吸过程为主，其次是氧化－还原和沉淀－溶解过程。其中多数研究主要针对污染物的某单一环境过程展开研究。然而，在实际体系中，污染物的界面行为实质上是多过程的耦合结果。多过程耦合概念是环境地球科学等学科发展的大趋势。多过程耦合概念不仅包含污染物的反应过程，也涉及界面本身的转化过程。研究者已经开始尝试分析多个环境过程的交互作用对污染物迁移转化的影响，并取得了一些重要成果。然而，当前研究尚缺乏不同反应机制对整个反应过程相对贡献的定量分析，无法准确认识影响污染物反应速率和最终存在形态的关键环节。此外，目前研究中对生物地球化学体系的设计相对简单，考虑的反应过程也相当有限，与真实环境过程仍有较大出入。未来研究中应尽可能地考虑相对完整的生物地球化学体系，尝试从复合过程中找出决定污染物反应速率和最终形态的步骤。与此同时，将微界面转化过程纳入多过程耦合概念当中，重视环境微界面转换过程对污染物复合反应影响的分子机制，力求从分子水平上认识污染物在不同类型土壤组分与有机物 / 微生物作用的界面过程机制，土壤生物对非生物组分的响应机制和土壤结构的稳定性机制，土壤环境界面的元素生物地球化学循环与复合污染物质转化的耦合过程。

（五）基于过程调控的污染调控新技术

基于在地表过程研究中发现的新现象和新规律，可以不断发展出新颖独特、高效实用的污染控制新技术。污染物在环境中的行为是多过程共存、顺次进行，识别污染物去除或者锁定过程中的速控步是实现污染防控的重要前提。此外，环境友好修复材料研发一直是污染控制的研究热点（Liu et al.，2015）。

地表元素与污染物环境行为的耦合关系已经相对明确，铁 / 砷、硫 / 铅等在地表迁移过程中往往有通过生物通道调整、化学络合等过程协同、抑制迁移的特征。微生物控制了地球主要生源要素的循环过程，是各种生源要素形成与转化的关键动力，是元素生物地球化学循环的重要引擎，调控和驱动着生物地球化学过程（Weber et al.，2006）。解析环境地球化学的微生物驱动机制是深刻理解污染物环境过程的重要突破口（Peay et al.，2016）。在污染调控领域，如何通过调整关联元素的地表过程和微生物过程，利用生源要素与污染物的耦合关系实现对污染物的控制，是一个非常有潜力的研究领域。

在充分理解有机碳与污染物相互作用机制的前提下，在明确了有机碳转化过程与多种环境因子的耦合关系的基础上，调理有机碳周转更替过程，可为区域污染控制提供新的思路（Thingstad et al.，2008）。在土壤 / 底泥中加入外源碳（如生物炭）可显著增强其对有机污染物或重金属的亲和力和吸附容量，起到固定污染物的作用（Lehmann and Kleber，2015）。

氧化还原反应是自然界广泛进行的一种地球化学过程。强化调控不同环境介质中的电子迁移，可以实现污染物的定向转化去除。天然有机质介导的电子传递过程可促进有机污染物的氧化还原反应，其是未来污染物净化的重要技术原理。针对特定的天然环境，如何通过引入环境介质或者环境友好型的介质增大氧化还原势，是当前污染控制的难点。微生物的氧化还原作用普遍存在于自然环境中。微生物种类、离子浓度以及反应条件影响微生物对有害元素的氧化还原机制（Lower et al.，2001）。因此，利用 DNA 体外重组等现代分子生物学技术，构建可参与有害元素或污染物氧化还原的工程菌株，是强化污染物氧化还原过程的有效手段（Parks et al.，2013）。太阳光催化技术是一类具有广阔前景的高级氧化技术。目前，该技术仍受限于低能量利用率和催化活性。

生物修复技术在污染控制中的作用已经得到了充分的认可，主要包括微生物修复技术、植物修复技术和植物 - 微生物联合修复技术。微生物修复技术在其中最具应用和发展前景（Springthorpe et al.，2019）。针对有机污染物的研究主要着重于筛选和驯化能高效降解污染物、特异性较强的微生物菌株，对修复过程中的关键因子进行优化和调控，有效提高功能微生物在环境中的活性、寿命和安全性，从而为工程化应用提供基础。然而，基于单一菌株的微生物修复技术存在很多限制，如与土著菌的恶性竞争、容易受环境因素影响、稳定性差。将两个或多个物种或核心微生物组在已知的培养条件下培养由人工创建的微生物群体称为合成功能菌群或核心微生物组装（Toju et al.，2018）。新兴的微生物组方法为微生物修复技术的发展提供了新的思路和途径，这是未来需要重点关注的研究方向。针对重金属，目前微生物修复研究以微生物吸附和氧化还原重金属，以及微生物矿化固结重金属离子为主。其中，利用微生物矿化固结土壤中重金属的技术实用价值高，工艺简单，有利于大面积推广（Kim et al.，2004）。

植物修复技术的关键在于生物有效性调控以及生物生长状态。污染物的生物有效性是评估修复技术效果的关键参数。通过物理、化学和生物等方法调控污染物的生物有效性，是当前生物修复领域的研究热点（Beans，2017）。另外，植物常常由于缺乏降解顽固性有机污染物的完整代谢途径而难以高效地彻底降解有机污染物。因此，强化植物修复技术成为目前该领域的研究热点（Luo et al.，2018）。未来研究应系统解析污染物生物有效性主控环境因子及作用机制，构建污染物生物有效性调控技术体系；将基因工程和分子生物学技术与植物修复相结合，将外源基因转入超积累植物，提高其耐受性和富集量。植物－微生物联合修复是一种强化的植物修复技术，利用土壤－微生物－植物的共存关系，充分发挥植物和微生物的各自优势，弥补单一方法的不足（Abhilash et al.，2012）。该方向上仍需筛选和开发更加广谱、高效的微生物菌种及植物材料，研究其降解机制，利用分子生物学技术改造功能基因，提高微生物的修复效率及植物的耐受能力。

三、污染物的环境风险和健康效应

环境地球科学领域的污染物健康风险研究针对环境中天然产出的和人为释放的元素与化学物质，旨在阐明这些物质的迁移转化及对人体健康的影响和机制，其研究内容涉及环境污染物暴露、污染物生态效应与风险评估、机体健康效应、健康风险评估与基准研究等方面。

（一）环境污染物暴露

1. 环境污染暴露评估方法学

在环境外暴露评估中，可反映污染物毒性效应的环境生物监测技术是重点发展方向之一。从传统利用生物个体、种群对环境污染的反应，到采用生物分子、新型化学材料等来识别污染物及其毒性，提高其快速性、精确性与灵敏性是目前需要解决的问题。在环境内暴露评估方面，目前的技术瓶颈在于生物样品基体复杂及污染物的生物标志物含量低，亟须高通量、快速、高灵敏度的检测技术和高可靠性的生物标志物分离、富集前处理技术。其重要的突破点可集中在：应用分子印迹技术及纳米材料等提高标志物分离效率、建立新的样本前处理技术，用暴露组学和代谢组学的研究理念建立基于多个污染

物 / 代谢产物的标志物测量技术。同时，可结合人体暴露参数、污染物的摄入和吸收代谢动力学参数研究，研发针对不同暴露特征人群（如儿童、成人）的内暴露评估模型。

2. 人群暴露来源解析

内暴露可直接反映污染物健康风险，但目前内暴露标志物无法区分不同的暴露来源。寻找可识别或定量不同来源污染物的内暴露生物标志物是该方向研究的突破口。人为活动或自然过程引起的环境变化通常伴随着同位素组成的变化，采用同位素示踪为暴露生物标志物来源解析提供了新的方法和可能性。发现更多元素在生物地球化学循环中的变化特征，建立系统的非传统稳定同位素知识框架体系，明确非传统稳定同位素进入人体后的分布代谢过程，是将其应用于污染暴露来源示踪的前提。

（二）污染物生态效应与风险评估

1. 化学污染在群落和生态系统中的效应

当代生态毒理学面临的最大的挑战可能是如何可靠地评估化学污染对群落和生态系统的影响。生态毒理学常用的方法是实验室动物试验或体外测试，而这两种方法的研究重点都是个体水平或低于个体水平，无法反映更高水平如群落等上化学污染导致的生态效应。尽管有一些成功的研究案例表明可在个体及以下水平的测试终点，选取合适的生态模型来预测化学污染物暴露通过直接机制对种群和群落的有害影响，但却无法预测污染物通过间接机制（如物种相互作用）所导致的效应，以及在多个胁迫源共同存在的情况下对群落及以上水平的效应。在化学品污染对群落的直接影响方面，最成功的应用模型是物种敏感性分布（SSD）模型，它已被环境监管机构广泛应用于对环境质量的监管和环境基准的制定。然而在构建 SSD 模型时需要以标准化的实验方法和流程测试出单个物种的相关毒性数据，才能获得不同物种的敏感性分布结果。至今未能建立一套有效的且被广泛认可的自然环境和生态生物免受环境污染损害的管理与保护方法仍是全世界亟待解决的问题。如何建立更能反映生态系统的真实响应情况的污染物群落和生态效应的模型是当前研究的热点。

2. 多种环境胁迫因子共存条件下关键污染物识别

生态毒理学面临的另外一个主要挑战是如何区分导致生态系统退化的化学和非化学压力因素。新型化学物质的加速产生及在全球范围内的环境释放引起了对自然生态系统长期不利后果和可持续性的关注。环境污染物［如内分泌干扰物（EDCs）］可对野生动物个体、种群和生物多样性产生不利影响，进而影响生态系统所提供的服务。同时，全球水生生态系统受到来自非化学压力因素的胁迫，如栖息地退化、流量改变、富营养化、入侵物种、新型病原体和气候变化等。而诊断生态系统退化的污染因素的技术瓶颈主要在于缺乏有效和高效的工具来评估化学污染物对野外动植物的个体和种群、群落，以及生态系统功能的影响，特别是在生态系统处于低浓度、长时间、多污染物共暴露的情况下，有效识别关键风险因素，从多证据链合理评估不同胁迫因子对生态系统及其组成的危害至关重要。

（三）机体健康效应

1. 区域环境污染的健康效应

区域环境污染具有多来源排放、复合污染、影响人群广泛等特点。在多种污染物复合暴露情形下，甄别哪些物质是主要的健康损害风险因子，以及确定这些化学物质的联合作用靶点是研究区域环境污染健康影响的关键问题。高通量的组学技术，如基因组学、表观遗传组学、蛋白组学等，为研究污染物复合暴露的协同或拮抗作用提供了手段，是值得深入发展的研究方向。基于早期微观健康损害指标还可筛选健康损害的共同作用通路，从而有助于阐明复合环境污染的健康损害效应。

2. 地域性健康危害的特征和溯因

地域性健康危害是指具有地域性特征的健康损害或疾病，狭义上指地球化学性地方性疾病。虽然近年来大部分地方性疾病得到了有效控制，但有些地区地方病呈死灰复燃或恶化趋势。以地方性疾病为中心的地域性健康危害的地理分布和原因是将来值得继续关注的方向。需要重点研究的内容包括：原有地域性健康损害持续活跃的地理生态原因，包括西部地区大骨节病、西南地区燃煤型地方性砷中毒、东北地区饮水型砷中毒等；原有地域性健康危害新发病区和新发地域性健康危害的地理流行规律和环境流行病学研究，如与饮食相关的氟中毒，出生缺陷高发地区的地球化学原因，出生缺陷可能因素的空间地理识别等。

3. 全生命周期暴露的健康效应

生命早期是对环境暴露最敏感的时期，生命早期的暴露对胎儿发育、出生以后整个生命周期的发育、代谢和疾病存在重要影响（Li et al.，2015）。如何基于队列研究，尤其是出生队列，探索包括胚胎期、婴幼儿期在内的不同生命阶段污染物暴露与人体健康结局的关联是关键的科学问题。污染物的暴露窗口期与其健康效应直接相关，需要通过开发可靠可行的环境暴露评估方法刻画人体的全生命周期暴露特征，建立不同时间窗口的污染物暴露与人体健康结局的关系。可针对拟关注的健康效应，在靶器官的特定敏感时期，采用“自下而上”和“自上而下”相结合的暴露评估法，记录所有暴露因素的映像备份，捕捉单次或者重复暴露的映像，为人群队列研究提供不同时空维度的暴露信息。通过外暴露和内暴露标志物的映像，提供针对不同生命阶段关键时期的全景式暴露评价。同时通过对队列人群长期有效的随访，明确全生命周期的暴露与健康效应的关系。

4. 全球环境变化与健康

近年来，全球环境变化的概念已超出气候变化的范围。在环境地球科学领域，需重点关注以下因素与人类健康的关系：气候和大气层变化、大气污染与气候变化共同作用、城镇化等。未来需重点关注的方向包括：①筛选气候和大气层变化、大气污染引发的敏感性疾病或健康事件；②甄别大气污染与气候变化共同作用的健康影响的区域分布规律差异；③建立与健康危害相关的大气污染与气象因素早期预警信号；④建设研究全球环境变化健康影响的前瞻性队列研究平台，包括一般人群和特定疾病人群，定性定量观察全球环境变化的慢性健康效应，并选择少量人群进行干预研究，寻找有效的干预措施。

5. 新污染物的健康风险

针对近年来陆续出现的新污染物，如溴代和磷系阻燃剂、全氟化合物、药品和个人护理用品、纳米材料等，已开展了一定毒性效应研究（Grandjean et al.，2012），但已发现的毒性效应仅是冰山一角。如何通过不同层次的研究全面发现新污染物的毒性效应和健康风险，是环境健康研究的重要内容。如果采用传统的整体动物、模式生物实验，需重点考虑的是非常规的健康效应终点，如遗传毒性、神经毒性、内分泌干扰效应以及不同暴露窗口期的健康危害效应；此外，还可采用基于细胞实验的，以受体激活或毒性通路紊乱为观察指标的毒性筛查手段。

（四）健康风险评估与基准研究

1. 环境污染健康风险评估方法

环境污染物的健康风险评估中，污染物危害识别需包括多个毒性评估终点的测试数据。针对目前大量涌现的新型化学物质，发展高效准确的毒性效应测试方法是解决毒性数据缺乏的关键。除了传统的整体动物实验方法，建立基于人源细胞、细胞器，或以毒性通路为出发点的高通量体外毒性测试方法是值得发展的方向。此外，采用生物信息学和数学模型，发展基于化学物质结构和效应的毒性预测方法也是一个重要的发展思路。目前风险评估采用的数据大多是高剂量的实验动物数据，再推至低水平暴露的人类，存在相当的不确定性。基于人群的环境流行病学数据，可为风险评估提供高质量的数据。目前的瓶颈在于需确定流行病学数据的筛选原则和风险表征的方法。如何根据流行病学研究设计对数据进行筛选，并应用于风险表征，以及发展直接利用流行病学数据的风险估算方法，是需要解决的科学问题。

2. 区域环境污染健康风险评估技术

区域环境污染的真实情景是多种污染物经多介质对广泛人群造成暴露，筛选和识别主要环境健康风险因子，即区域内的特征污染物是需要首先解决的问题。采用基于生物标志物的毒性测试和化学分析筛选结合的方法甄别筛选环境健康风险因子是值得深入的发展方向。此外，与单一物质的健康风险评估相比，复合暴露的健康风险评估涉及更多的不确定性，如对各组分间毒理学相互作用的强弱和特性等的不充分理解、对联合暴露模式的不确定等。建立有效的不确定性分析方法是区域健康风险评估亟待解决的关键问题。

3. 污染物新的健康危害识别及剂量－效应关系

随着研究发展，许多污染物在低剂量时的毒性效应不断被发现，提示以死亡、突变等常规毒性终点进行风险评估和环境基准研究存在局限性。那么，明确污染物敏感毒性终点、量化毒性效应、确定剂量－效应关系，是环境污染健康风险评估和基准研究中需要重点关注的科学问题。近年来，污染物的环境内分泌干扰效应不断被发现，其中除了新的内分泌干扰物，传统污染物的内分泌干扰效应也尚未阐明。此外，内分泌干扰物可能存在非单一剂量－效应关系（Vandenberg et al.，2012）。因此，污染物新的健康危害，包括内分泌干扰效应和不同时期暴露的健康危害效应，以及剂量－效应关系，都是需要继续深入研究的问题。

4. 保护人体健康的环境基准方法学

我国在保护人体健康环境基准研究方面还十分薄弱，基本是沿用美国提出的基于健康风险评估的技术方案。由于区域环境污染特征的不同，直接使用美国提出的基于健康风险评估的技术方案存在较大的局限性。因此亟须针对我国地域特征、区域污染和污染控制的实际需要，建立适合我国的保护人体健康的环境基准方法。其中，污染物沿食物链的生物放大作用，污染物低剂量长期暴露的毒性效应识别和量化，风险水平的选择方法，以及多种污染物共存的复合型环境污染健康风险评估，是需重点考虑的方面。此外，确定环境基准需要保护的人口亚群，针对不同的人口亚群特征，研究明确需保护人群的暴露参数也是必须考虑的问题。

第四节　学科交叉的优先领域和引领性研究方向

学科交叉是环境地球科学的基本属性。污染物环境行为与效应领域未来在进一步丰富、强化和拓展现有学科领域的同时，将进一步进行学科交叉和系统集成，在此基础上形成更为完善的学科体系。未来污染物环境行为与效应研究的学科交叉优先领域和引领性研究方向总结如下。

一、学部内部学科交叉的优先领域

（一）污染物区域排放和迁移的动态过程刻画与模拟

掌握污染物典型排放源的源谱。综合实验室排放实测、外场观测和模式模拟等技术方法和手段，开展大气、水、土壤等环境介质中污染物的溯源研究，获得不同类型排放源对区域污染的贡献，以及排放贡献时空差异的过程和机制。开展排放现场测试，获得更准确、更科学和更有代表性的污染物排放系数。通过实地调研获得更真实的活动水平和部门能源消耗，从而建立高精度的区域污染物多部分动态排放清单，有效降低污染物排放估算的不确定性。基于污染物排放的影响因素研究，尝试开展污染物排放趋势和影响的预判性研究。突破污染物在大气、水和土壤等介质中和介质间分配、迁移、转化等过程模拟的技术瓶颈，动态刻画污染物区域传输的过程。在对未来社会经济发展、部门能源消耗和人口发展预测的基础上，基于预判的污染物排放趋势，研究区域污染水平、时空分布、健康和气候影响的未来变化。

（二）全球化中的污染物区域环境过程和效应研究

全球化中的污染物区域环境过程和效应研究包括污染物对于区域和全球的环境质量、人群健康、气候变化和生态系统的影响，以及在全球变化的背景下这些过程及变化对污染物区域时空分布的影响机制。伴随着地球科学，尤其是信息技术、监测技术方法和耦合模式模型的发展，研究污染物的区域环境过程与区域能源消耗、可持续发展、经贸发展、粮食安全、健康生活、气候变化等特定或多个过程的耦合机制和反馈影响。重点关注大气污染物对于全球和区域的健康和气候变化的共同作用，以及大气污染控制，尤其是典型特征源控制的健康和气候变化共同效益，量化成本效益。需要研究全球经贸发展和社会改革过程中因城市化、人口迁移、产业和能源结构调整等对于污染物的区域污染程度、时空分布、健康和气候影响的改变程度和过程机制。亟待研究“一带一路”倡议、美丽中国、健康中国等建设对于污染物时空分布和环境效应的影响，其给水、气和土壤污染控制技术发展，尤其是区域污染协同控制和质量改善带来了契机。

（三）污染物区域环境过程研究尺度转换的印证和整合

从特定的对象污染物入手，如多环芳烃等典型毒害有机污染物、汞砷铅等金属污染物，针对其特定的单或多介质环境过程，贯通微观机理研究和宏观区域环境过程实验研究与模式模拟，印证污染物的区域环境过程及分配、迁移和传输影响的机制。系统开展多尺度污染物反应迁移转化机理研究，综合运用多尺度表征技术，结合微观实验和区域现场观测获得关键参数赋值，识别污染物赋存形态及转化的重要影响因素和过程，构建并优化可有效应对尺度转化中非均质性和非稳性的污染物地球环境过程动力学模型，印证和整合不同尺度的研究发现，深入掌握污染物的区域环境过程及其对健康和气候等的影响规律。

（四）天然有机质的多端元属性对有机污染物环境行为的调控机制

天然有机质与有机污染物之间的相互作用带来的环境效应一直以来是地球环境科学研究者广泛关注的话题。如何对天然有机质进行指向性的表征，从而定量其对有机污染物环境行为的影响，是地球环境科学领域面临的极大挑战。在社会经济发展过程中，随着土地利用类型的改变、集约式农业活动以及城市化过程的推进，天然有机质的性质、储量、组分如何更替、周转，都是调控有机污染物环境行为和风险的核心环境因素。因此，以系统描述天然有机质多端元属性为目标的表征手段、概念模型的发展，将为有机污染物的地球环境科学研究提供重要的基础。如何将天然有机质的这些属性整合在有机污染物宏观多介质行为研究中，是研究者需要长期努力的研究领域。

（五）产业结构演变导致的污染问题与风险

近年来我国的产业结构和能源结构逐渐转变，能源消费总量和消费结构也在逐渐转变。在这个过程中伴随而来的特征环境污染物来源、过程、环境地球行为以及人群健康风险的改变是亟待明确的问题。对燃料燃烧造成的污染物排放的测定、对区域排放清单的梳理、对燃料燃烧产生污染物的迁移和归趋的描述等问题均有待研究。在此基础上寻找可代表暴露来源的生物标志物、探索其健康效应的早期效应生物标志物、探究区域环境污染与人体健康的关系也是亟待研究的领域。

（六）长江经济带新污染物环境地球化学行为和健康风险

随着长江经济带发展计划的提出，长江沿岸城市人口大规模聚集、经济快速发展。大量化学物，包括新污染物进入长江流域，对人类健康和生态环境带来极大威胁。从长江流域尺度，全面把握新污染物的环境地球化学行为和健康风险是一个重要的发展方向。需明确的问题包括：新污染物在长江水体中的浓度水平、分布特征；对新污染物环境地球化学行为的定性和定量描述；长江经济带城市人群新污染物暴露途径、暴露特征和健康风险等。

二、与其他学部学科交叉的优先领域

（一）重点区域污染演变特征、控制效果评估和政策建议

面向国家环境质量，尤其是在美丽中国建设中解决突出环境问题的需求，研究重点区域大气、水、土壤中广受关注且切实影响人民群众健康和气候环境变化的污染物环境行为。具体包括其污染水平、排放源、赋存形态、健康和气候等环境效应的较长时间尺度的演变特征，掌握区域污染时空变异的主导因素和关键过程。借助大数据和地理空间信息系统等技术发展，融合历史数据、统计资料、监测结果等，掌握不同区域特征污染物的历史演变。科学评估经济发展、技术手段和相关政策措施对区域污染特征及环境效应的影响，进而为国家下一步的污染控制和对策提出科学、合理、可行、可持续的技术路径和政策建议。

（二）污染物环境行为的研究方法学

聚焦广泛适用于真实环境样品污染物分析和表征方法。克服真实环境样品中的污染物浓度低、基质干扰大、异质性强的不利因素。发展样品前处理方法、标记方法，以及克服噪声和干扰的技术手段。进一步开发实时和原位检测及成像技术和方法，提升时空分辨率。针对非平衡过程，提高时间分辨率，提升仪器的扫描速率，追踪快速的动态过程，从而有助于揭示更深层次的物理化学机制。发挥大科学装置的效用，推进基于第四代同步辐射光源技术在污染物环境行为研究领域的应用，探索各类新方法和技术的联用。推动污染物分析检测设备的国产化，并提升国际竞争力。

（三）非平衡过程对污染物环境行为的影响机制

污染物的环境行为过程往往涉及非平衡过程，厘清非平衡过程对污染物行为的影响是深入理解污染物在环境中迁移转化的重要基础。未来需解析非平衡过程与微界面特性 / 污染物性质之间的关系，建立可靠和细致的数学模型，揭示关键非平衡过程的本质。探

讨污染物的吸附–解吸和降解等过程的非平衡动力学机制，重视生物地球化学反应体系的完整性，以最大限度地还原真实环境。阐明老化、自催化和晶体生长等自然过程导致的微界面表面活性位点变化，反应体系中电子受体供应不足和电子穿梭体缺失带来的传质受限以及微生物共代谢–根际系统中关键物种的缺失等过程造成的非平衡体系对污染物环境行为的影响。

（四）天然颗粒物作为载体及微反应器对污染物迁移转化的影响机制

自然界中的颗粒可作为污染物的载体和微反应器，显著影响污染物在环境介质中的迁移转化。因此，厘清天然颗粒物在污染物迁移和转化中的影响机制是理解污染物在环境中归趋的重要前提。未来研究的重点包括：天然纳米颗粒的形成机理、性质表征、在介质中的迁移规律以及与污染物的相互作用；水和土壤颗粒物表面氧化还原电位的形成以及对污染物迁移转化的影响；铁生物质络合物的形成机制；飞沫以及沙尘气溶胶形成机制和污染物在其中的富集机制；微生物作为污染物载体的特征；污染物在大气、水和土壤颗粒物中的转化；天然颗粒物中生物酶对污染物转化的作用；水和土壤中的气泡对污染物迁移和转化的影响；天然颗粒物挟带污染物迁移转化的模型开发等。

（五）原位高效反应体系的构建

针对目标污染物及其净化的需要，设计、组装和强化环境微界面的性质、结构和功能，构建原位高效反应体系，是未来研究的重要方向。未来研究中，应优先关注以下内容：①基于吸附和催化反应原理的环境友好功能材料的研发和应用，阐明污染物在功能材料表界面的作用机制及反应原理，构建多环境过程耦合的新型环境友好的污染物高效转移去除体系；②根据在微界面研究过程中发现的新现象和新规律，强化不同环境条件和多环境介质下的氧化还原反应，利用功能材料、微生物、光催化等介导的电子传递功能，构建新型高效的污染物净化体系；③系统解析污染物生物有效性主控环境因子及作用机制，基于污染物的吸附、解吸、转化、植物吸收、微生物降解等过程，构建基于环境主控因子的污染物生物有效性调控技术体系。

（六）基于核心微生物组装配的植物–微生物强化修复技术

植物–微生物联合修复技术凭借其高效、安全、可行性强等优点，近年来已逐渐成为有机污染物修复的研究热点。然而，植物、微生物种类繁多，联合形式多样，植物–微生物联合修复机制仍不清晰。污染物的植物–微生物联合修复技术还受到环境中诸多因素的影响，在田间实际修复应用中如何规避环境条件的不利影响，使联合修复正常发挥作用还需要加强研究。未来的研究应关注以下几个方向：①继续筛选和开发更加广谱、高效的微生物菌种或核心微生物组及植物材料，研究其降解机制，利用分子生物学技术改造功能基因，提高微生物的修复效率及植物的耐受能力，为植物–微生物强化修复技术提供基础。②利用现代分子生物学的技术，识别、筛选有利于重金属矿化固结的功能菌种，建立核心微生物组装配技术，构建基于核心微生物组装配的重金属矿化固结的植物–微生物强化修复技术。③研发环境友好型功能材料，建立核心微生物组组装的固定化技术；研发新型环境友好的表面活性剂材料，利用其解吸附作用和疏散作用提高污染物的生物有效性，建立表面活性剂辅助的基于核心微生物组装配的植物－微生物强化修复技术。

（七）区域环境污染的人体暴露风险源识别和暴露组解析技术

针对我国重点特征污染区域或高污染工业园区，发展人体暴露风险源识别和暴露组解析技术，识别人体暴露风险源，并定量解析出污染物通过不同暴露途径对人体暴露量的贡献。采用暴露组学的技术手段，阐明不同暴露途径污染物的人体暴露组学特征，提出人群复合暴露条件下可示踪不同暴露来源的内暴露标志物，揭示环境风险源与人群特异暴露标志物的内在联系，从而建立基于暴露组识别和解析区域环境污染的人体暴露风险源的技术。

（八）金属类内分泌干扰物的暴露行为和健康风险

近年来有研究发现，金属类物质也具有内分泌干扰活性，包括重金属镉和类金属元素，如砷、锑等。这对金属类物质的认识和环境管理提出了新的挑战。因此，充分识别金属类物质的内分泌干扰效应，探明这些物质的暴露行为，预测和评价其健康风险是亟须开展的重要研究内容。未来可有针对性地选择我国西南、西北和东北等重金属污染区，选定不同特征人群，对金属类物质的暴露途径、暴露量等进行评估，如通过实证分析和模型估计，寻找其内分泌干扰效应的生物标志物，或采用队列研究方式观察金属类内分泌干扰物的健康风险。

（九）快速城镇化进程中儿童典型污染物暴露特征及健康风险

随着我国现阶段的城镇化进程的加快，城镇和乡村环境污染特征与居民生活方式差异日渐明显。儿童是对环境暴露敏感的群体，儿童发育期暴露导致的健康效应可能持续终生。因此，快速城镇化进程中，城、乡儿童的环境暴露特征和健康风险特征是目前亟待回答的科学问题。具体研究方向可包括：城镇和乡村特征污染物的筛选和识别，城乡儿童特征污染物的暴露途径、特征及对比分析，城乡环境暴露本身以及与城乡不同生活方式共同作用对儿童长期的健康危害效应等。此外，目前已有的城镇化相关研究主要集中在长江三角洲、珠江三角洲和京津冀地区，未来相关研究工作可向中西部等城乡差异较大的地区延伸。

（十）链接环境暴露与靶点暴露的生态暴露组学

暴露科学领域突出强调描述生态环境暴露的生态暴露组（eco-exposome）。生态暴露组涵盖从胁迫因子与受体间接触点向内到生物体和向外到包括生物圈在内整体环境的延伸，同时包含暴露内标志物与外标志物的应用，形成污染物暴露场景—环境归趋—靶点暴露于一体的精准暴露评估技术体系，全面采集污染物暴露信息与暴露剂量，是理解和控制胁迫因子（污染物）对生态系统健康影响的最佳手段，是对传统生态毒理学中作用位点的进一步延伸。生态暴露组的概念也涵盖了从生物个体向外到单一或多重污染源的重要链接，其在制定化学污染物有效控制的风险决策中至关重要。

（十一）环境化学物质的预测（计算）生态毒理学

当前国际贸易中流通的化学物质超过10万种，随着化学化工、材料科学的快速发展和应用，以及城市化的快速发展，未来大量结构复杂的新化学物质可进入生态环境，对处于食物链不同等级的生物物种产生负效应，进而影响种群、群落结构，并损害生态系统功能。开发利用高通量体外测试、高内涵分析等测试技术，联合生物化学大数据以及人工智能，高通量地预测和评估不同物质结构对生态生物和群落的影响，不仅具有极为重要的科学价值，而且对于及时规避生态风险、保障未来我国生态环境安全有重要的意义。

（十二）复合污染下区域优先毒害物的筛选、识别与风险评估

环境问题呈现典型复合污染特征，其为建立有效的风险管理机制提出了挑战。这要求突破现有单污染物、单物种的生态风险评价模式，开展复合污染的风险管理机制研究。从多证据链的角度，全面系统研究低污染水平、长时间暴露，以及动态变化暴露条件下，多种污染物的复合毒性效应。在复合污染情况下，有效识别高风险区域并进行重点防控，针对区域特征，筛查、甄别关键毒害污染物，开展多层面的生态风险评估，支撑环境管理的需求。进一步，通过分析污染物的生命周期特征，结合风险评估和生命周期评估两种主导着环境管理和决策的分析观点，系统性地为复合污染条件下的环境风险评估提供可靠依据。

第五节　前沿、探索、需求和交叉等方面的重点领域与方向

一、学科发展目标

瞄准国际环境科学研究前沿，以关系我国国计民生的环境问题为重点，抓住污染物来源分布、时空格局、全球/区域迁移的特点，通过刻画地球化学过程中非均质环境介质影响下的污染物迁移转化规律，形成具有区域分异的生态风险和健康风险分析，并为污染阻控的地球科学与工程手段提供依据与方法；未来5～10年，力争在环境污染物的多介质界面过程、效应与调控等方面取得突破，为解决我国各类环境污染问题提供理论、方法和技术，为环境履约、跨境污染等环境外交问题提供科学依据，为生态文明建设、环境安全提供保障和科学支撑。

二、主要研究方向

（一）环境污染物的界面过程及模拟

研究土壤—水—大气—生物等多界面之间的污染物传输特征及生物地球化学过程，

建立基于化学、物理及生物学过程耦合的多介质定量传输模型；开展复杂环境介质——微生物 - 污染物在微界面作用的分子模拟研究，探讨污染物在界面迁移转化过程中的分子机制；研究并构建尺度扩展的方法学原理与模型、加强微观机理研究对宏观现象的阐释。

（二）环境污染物的区域过程及模拟

研究利用卫星遥感、定位站、监测站网、移动监测车船等设备，构建空天地一体化的环境观测技术与管理体系，揭示区域、流域及全球尺度的污染物扩散、复合演变与传输机理，特别是地气交换机理与定量模型；建立多种污染物的国家和全球尺度高分辨（时、空、源）排放清单；开展不同空间分辨率模型的传输模拟研究，定量模拟污染事件的形成过程；研究污染物在大尺度迁移和跨境输送过程的转化机理（如分配、降解、老化和气地交换），解析污染物迁移转化规律以及定量源汇关系。

（三）环境风险与健康效应

开展生物毒性分子机制理论研究，提出适用于复合污染物和新污染物的毒性评价新思路和新方法，建立基于机理的复合 / 新污染物毒性 - 构效关系预测模型，发展反应性复合污染物的环境暴露与联合毒性的理论模拟技术；研究环境污染物及其在环境中的降解与转化产物对生物体复合暴露及低剂量长周期暴露造成的损害和作用机理，建立环境污染物对生态系统损害的早期诊断指标；研究区域土壤及水体生态系统中污染物生物放大机理，构建典型环境污染物及在全球变化影响下的生态风险评估方法学理论与方法体系；发展特征区域优先污染物的筛选和识别、人体暴露因子溯源和解析技术，研究环境污染物不同生命时期暴露的暴露评估技术和人体健康效应；研究伴随能源结构改变和城镇化进程的特征污染物行为过程和人群健康风险，探索全球环境变化的敏感健康事件和急慢性健康效应。

（四）环境复合污染控制与联合修复技术的理论与方法

研究发展城市水体微量污染物的高效净化方法，探索给水处理过程风险控制方法；阐明面源污染形成机理和控制机制，探索面源污染“减源、增汇、截留、循环、全程控制”的生态治理技术原理；研究城市群区域大气复合污染关键污染物（特别是细粒子、氮氧化物、挥发性有机物和氨等）的控制技术模式，提出城市群区域的环境承载力与大气复合污染控制指标体系；研究土壤环境中典型毒害污染物的根际微生物代谢过程、多过程协同降解及生物修复机理，建立土壤复合污染物的联合控制和修复技术原理；研究污染物在土壤及其含水层迁移转化机制，建立土壤含水层复合污染物的物化 - 生物控制与修复技术原理。

（参编人员：朱东强　徐顺清　潘　波　瞿晓磊　赵晓丽　孙　可　王梓萌　沈国锋　王笑非　王宇恒　郑　浩　李媛媛　石振清　刘崇炫　张效伟　邢宝山）

参考文献

Abhilash P C, Powell J R, Singh H B, et al. 2012. Plant-microbe interactions: Novel applications for exploitation in multipurpose remediation technologies. Trends in Biotechnology, 30 (8): 416-420.

Beans C. 2017. Core Concept: Phytoremediation advances in the lab but lags in the field. Proceedings of the National Academy of Sciences, 114 (29): 7475-7477.

Dazzi A, Prater C B. 2017. AFM-IR: Technology and applications in nanoscale infrared spectroscopy and chemical imaging. Chemical Reviews, 117 (7): 5146-5173.

Douthitt C B. 2008. The evolution and applications of multicollector ICPMS (MC-ICPMS). Analytical and Bioanalytical Chemistry, 390 (2): 437-440.

Fierer N. 2017. Embracing the unknown: Disentangling the complexities of the soil microbiome. Nature Reviews Microbiology, 15 (10): 579.

Grandjean P, Andersen E W, Budtz-Jørgensen E, et al. 2012. Serum vaccine antibody concentrations in children exposed to perfluorinated compounds. JAMA, 307 (4): 391-397.

Honeyman B D. 1999. Geochemistry-colloidal culprits in contamination. Nature, 397 (6714): 23-24.

Kanevski M, Parkin R, Pozdnukhov A, et al. 2004. Environmental data mining and modeling based on machine learning algorithms and geostatistics. Environmental Modelling & Software, 19 (9): 845-855.

Kim J, Dong H, Seabaugh J, et al. 2004. Role of microbes in the smectite-to-illite reaction. Science, 303 (5659): 830-832.

Lee M R. 2010. Transmission electron microscopy (TEM) of Earth and planetary materials: A review. Mineralogical Magazine, 74 (1): 1-27.

Lehmann J, Kleber M. 2015. The contentious nature of soil organic matter. Nature, 528 (7580): 60.

Li Y P, Ley S H, Tobias D K, et al. 2015. Birth weight and later life adherence to unhealthy lifestyles in predicting type 2 diabetes: Prospective cohort study. British Medical Journal, 351: h3672.

Liu W, Jiang H, Yu H. 2015. Development of biochar-based functional materials: Toward a sustainable platform carbon material. Chemical Reviews, 115 (22): 12251-12285.

Lower S K, Hochella M F, Beveridge T J.2001. Bacterial recognition of mineral surfaces: Nanoscale interactions between *Shewanella* and α-FeOOH. Science, 292 (5520): 1360-1363.

Luo J S, Huang J, Zeng D L, et al. 2018. A defensin-like protein drives cadmium efflux and allocation in rice. Nature Communications, 9 (1): 645.

Parks J M, Johs A, Podar M, et al. 2013. The genetic basis for bacterial mercury methylation. Science, 339 (6125): 1332-1335.

Peay K G, Kennedy P G, Talbot J M. 2016. Dimensions of biodiversity in the Earth mycobiome. Nature Reviews Microbiology, 14 (7): 434-447.

Rodriguez-Lado L, Sun G F, Berg M, et al. 2013. Groundwater arsenic contamination throughout China. Science, 341 (6148): 866-868.

Rossignol S, Tinel L, Bianco A, et al. 2016. Atmospheric photochemistry at a fatty acid-coated air-water interface. Science, 353 (6300): 699-702.

Siebecker M, Li W, Khalid S, et al. 2014. Real-time QEXAFS spectroscopy measures rapid precipitate formation at the mineral-water interface. Nature Communications, 5: 7.

Springthorpe S K, Dundas C M, Keitz B K. 2019. Microbial reduction of metal-organic frameworks enables synergistic chromium removal. Nature Communications, 10 (1): 5212.

Thingstad T F, Bellerby R G J, Bratbak G, et al. 2008. Counterintuitive carbon-to-nutrient coupling in an Arctic pelagic ecosystem. Nature, 455: 387.

Toju H, Peay K G, Yamamichi M, et al. 2018. Core microbiomes for sustainable agroecosystems. Nature Plants, 4 (5): 247-257.

Vandenberg L N, Colborn T, Hayes T B, et al. 2012. Hormones and endocrine-disrupting chemicals: Low-dose effects and nonmonotonic dose responses. Endocrine Reviews, 33 (3): 378-455.

Weber K A, Achenbach L A, Coates J D.2006. Microorganisms pumping iron: Anaerobic microbial iron oxidation and reduction. Nature Reviews Microbiology, 4 (10): 752-764.

Xing B, Senesi N, Huang P M. 2011. Biophysico-Chemical Processes of Anthropogenic Organic Compounds in Environmental Systems. New Jersey: John Wiley & Sons.

第十四章

环境与健康风险（D0712）

【定义】环境与健康风险研究是基于风险调查或监测数据，通过暴露评估 / 预测和毒理学或流行病学的暴露 / 剂量 - 反应关系评估，对环境污染（生物、化学和物理）、气候变化等环境危害因素导致的健康风险进行定性或定量评价，并将风险结果与决策者和公众进行有效交流，进而降低人群健康风险。环境与健康风险研究可为提升公众及政府对环境与健康风险防范的能力和环境与健康相关政策的制定提供重要依据。

【内涵和外延】环境与健康风险的主要任务是识别影响人体健康的关键环境风险因素，揭示环境暴露及环境和遗传的交互作用影响人体健康的机制，以及地球多个圈层中物理、化学、生物环境要素对人体的暴露及其健康影响；采取相应的风险预防及干预措施，建立环境与健康风险评价和管理体系。随着多学科交叉技术与方法的发展，环境与健康风险的主要外延包括定量分析与预测环境暴露特征及来源，识别易感人群，确定区域和全球污染物与病原体在气、水、土、生物等圈层中迁移、转化模式和人体暴露途径，以及基于概率模型预测健康风险等研究方向。

【组成】环境与健康风险属于环境科学、暴露科学、行为科学、毒理学、流行病学、分子生物学、医学、风险评估以及概率与统计等学科的交叉领域，主要由环境暴露、环境流行病、环境毒理、环境与健康风险及管理和区域及全球环境与健康等方向的研究内容组成。通过对上述内容的研究，揭示环境污染物的健康效应、作用机制、相关疾病发生发展规律，为控制风险提供政策和依据。

【特点】环境与健康风险本质上具有很强的学科交叉性，所以它具有跨学科、跨专业、综合性强、技术要求高等特点。在寻找本学科相关问题的解决方案时，因为需要了解不同学科的独特观点、要点和技术术语，所以通常需要多个学科的科学家和决策者一起合作。除此之外，设置本学科符合当前我国以及全球各国开展环境与健康工作必要性和可行性的特点。

【战略意义】人类的健康与环境休戚相关，全球每年约有四分之一的死亡是由可改变的环境因素造成的。许多环境与健康问题都与经济发展、快速无序的城市化及工业化有关。环境与健康风险通过多学科深入交叉相融、协同攻关，科学系统地进行环境与健康技术支撑、环境与健康信息共享与服务、环境与健康风险预警和突发事件应急处置等工作的建设。同时构建的多学科、多角度、多层次科学体系是落实《健康中国2030规划纲要》和《健康中国行动（2019—2030）》的前提，其对可持续发展战略具有重要意义。

【主要成就】在环境与健康方面，2007年，18个部委共同发布《国家环境与健康行动计划（2007—2015）》，党的十八大提出“将健康融入所有政策”。因此，虽然我国环境与健康风险研究起步较晚，但在得到国家各种政策支持后，在以下方面取得了一定的进展：

（1）在环境暴露方面，通过研究初步形成了具有我国人群特色的环境暴露行为模式、暴露参数的技术指标及数据支撑体系，探索了地球多个圈层中物理、化学、生物环境要素的人体暴露剂量评价及途径解析方法。

（2）在环境流行病方面，通过研究①有害因素在环境中的分布特征及变化规律，以及影响人体健康的关键环境风险因素；②人群健康状况的构成，以及在时间、地区和人群中的分布规律；③环境有害因素及遗传因素交互作用与人群健康状况的关系等内容的研究，在探索疾病危险因素、阐明暴露/剂量-反应关系方面取得了重要成果，从而为制定和修订环境卫生标准等方面奠定了一定的基础。

（3）在环境毒理方面，可以完成环境污染物的各种毒性评价，包括急性毒性、胚胎毒性、发育毒性、器官毒性、生殖毒性和功能毒性评价；发展了用来确定环境暴露和环境条件会在何种程度上引起表观遗传修饰，从而影响个体在胚胎发育中的时间节点控制及成年时期的健康状态的新的分子生物技术；在纳米材料和新污染物生物毒性效应方面开展了深入的研究。

（4）在环境与健康风险及管理方面，完成了中国人群环境暴露行为模式调查，发布了《中国人群环境暴露行为模式研究报告》《中国人群暴露参数手册》，填补了我国长期以来在环境健康与风险评估中所必需的基础数据和参数的空白；制定并发布了涵盖调查、暴露评估、风险评估、风险交流和信息化管理等方面内容的十余项技术规范和指南，逐步建立健全国家环境健康风险评估制度；针对与健康密切相关的污染物来源及其主要环境影响和人群暴露途径开展监测，形成了国家环境健康风险监测网络，持续、系统地收集风险信息并以此开展风险评估；开展了环境基准研究工作，为相关法律、法规、标准制定提供了依据。

（5）在区域及全球环境健康方面，应用“One Health”理念来解决人畜共患病、抗微生物、食品安全和食品保障、媒介传播疾病、环境污染以及人、动物和环境共同面临的其他健康威胁问题。

【引领性研究方向】

（1）适合我国区域和人群特征的环境健康基准理论方法学。

（2）重点区域、流域及全球尺度的环境健康风险评估关键技术。

（3）适合我国国情的可接受风险水平推导模型。

（4）多介质、多途径蓄积性暴露及多污染物累积性暴露的风险评估新方法。

（5）体现时空尺度暴露差异及敏感人群特征的环境健康风险表达模型。

（6）环境因素疾病负担的时空分布特征分析和预测。

（7）重大环境健康风险的热点地区识别。

（8）高分辨率的时空尺度人群暴露组学特征对疾病成因的影响。

（9）探寻导致健康风险的环境危害因素的大数据分析技术。

（10）结合表观基因组关联和全基因组关联研究，深入剖析基因与环境因素的相互作用。

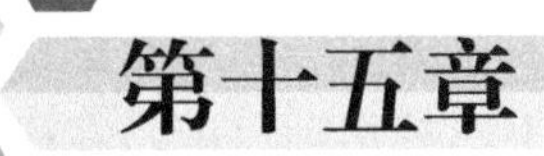

第十五章 第四纪环境与环境考古（D0713）

第一节 引　　言

一、学科定义

第四纪环境与环境考古是研究最近258万年地球环境特征、演变过程和动力机制以及环境演变与人类活动关系的学科，它既是一门涉及地球历史的地球科学学科，又是一门涉及人类活动的环境科学学科。

二、学科内涵与外延

第四纪环境与环境考古在时间上侧重第四纪，在空间上将区域与全球相连，其研究内容涵盖地球表层系统多尺度演变的历史和规律以及环境演变与人类演化和文明演进的关联。由于第四纪环境的宏观格局形成于新生代，因此第四纪环境作为科学范式在时间尺度上已拓延至新生代。第四纪环境和新生代环境在研究思路和研究方法上密切相关，在研究内容上构成相互关联的完整体系。此外，“过去是未来的钥匙”，第四纪环境与环境考古研究为预估未来地球环境趋势提供真实的历史相似型，为改进地球系统模式提供必不可少的检验基准。

三、学科组成

第四纪环境与环境考古以地球表层系统为研究对象，综合沉积学、地层学、地球化学、地球生物学、古气候学、古生态学、古人类学、年代学等多学科的方法和手段，开展第四纪环境演变过程与机制研究，其核心研究内容包括构造尺度环境演化、冰期－间冰期环境演变、第四纪环境突变、环境变化与人类活动和第四纪环境定量化等。第四纪环境与环境考古的学科目标是：创建和完善对地球环境及其与人类关系的科学认知，为构建可持续宜居环境提供理论支撑。

四、学科特点

第四纪环境与环境考古具有多学科融合、多尺度过程解析和多因素机制探索的特点。在研究方法和研究手段上，第四纪环境与环境考古融合了地质学、古地理学、古生态学、古海洋学、大气科学等多个学科；在研究的时间尺度上，第四纪环境与环境考古整合了构造（10^6年）、轨道（10^4～10^5年）和千年—百年—十年等多种尺度；在研究的空间尺度上，贯通了局地、区域和全球性研究。第四纪环境与环境考古研究强调在圈层相互作用视野下，从构造、气候、生物及人类等多因素角度探索地球环境演变机制，其在地球系统科学理论研究和全球气候变化对策研究方面起着重要的学科支撑作用。

五、学科战略意义

20世纪80年代末，全球变化研究的兴起以及地球系统科学概念的提出都与第四纪环境与环境考古在全球气候周期性和突变性以及气候系统运行机制等方面获得的理论突破密不可分。未来一段时期，构建地球系统科学框架、提出气候变化应对策略是地球科学研究的首要目标。第四纪环境演变研究涉及多圈层相互作用以及人类与自然相互作用，跨越构造、轨道和千年—百年—十年等多种时间尺度，因此第四纪环境与环境考古将为建立和完善地球系统科学框架提出原创性理论认识，为评估和应对气候变化提供基础科学支撑。

第二节　学科发展现状

一、学科研究进展

20世纪70～80年代，海洋、陆地和两极冰盖的气候记录研究证实了米兰科维奇关于气候变化的天文假说——地球公转轨道的周期性变化导致第四纪地球气候呈现冰期和间冰期的旋回性交替，推翻了主导长达半个世纪的第四纪“四次冰期理论”，使得米兰科维奇假说成为地球科学领域的革命性理论。90年代初，对北大西洋深海沉积和格陵兰冰芯研究发现，气候变化在冰期曾发生一系列不同变率、不同变幅的突变，从而催生了气候不稳定性假说，使得气候突变成为新的研究热点。与此同时，随着冰期－间冰期研究的深入，冰期的起源成为学界关注的挑战性科学问题。一些研究提出，新生代全球气候变冷与海峡开闭、高原隆升等构造变动密切相关，这又使得构造尺度气候环境演化研究日趋活跃。

过去数十年，我国第四纪环境研究在黄土沉积与全球变化、季风－干旱环境演变、青藏高原隆升的气候环境效应等多方面开展了大量工作，为构建和完善冰期旋回理论、气候不稳定性假说和构造尺度气候环境演化框架做出了突出贡献。近20年来，随着气候变化和人类活动对地球环境的影响日渐显露，我国的第四纪环境研究呈现出前所未有的拓展和深化。简言之，研究材料囊括各类地质－生物记录，如黄土、沙地、冰川、湖泊、石笋、树轮、珊瑚等；研究方法在时间上跨构造、轨道、千年—百年—十年3种尺度，在空间上从区域延伸至大陆乃至全球，在学科上融合了沉积学、地层学、古地理学、古生态学和环境地球化学等多学科，并注重代用指标定量化以及地质记录与数值模拟的对比检验；研究内容涵盖多尺度气候环境变化以及人类与自然相互作用。针对前沿科学问题和重大社会需求，形成了季风－干旱环境形成与演化、地质增温期、气候突变事件、环境考古、古气候定量重建5个方面的研究主题。

（一）季风－干旱环境形成与演化

新生代以来，地球环境经历了诸多重大变化。一方面，地球从两极无冰的"温室"环境发展为两极有冰的"冰室"环境（Zachos et al.，2001）；另一方面，板块运移和山地抬升极大地改变了海陆分布格局和水热交换模式，导致全球环境发生剧烈变迁。其中，青藏高原隆升和特提斯海收缩对亚洲气候、地形、水系和植被产生了重大影响，加之两极冰盖的气候效应，使得亚洲季风－干旱环境系统得以形成和发展，并成为新生代以来亚洲最为突出的环境变化特征（Rea et al.，1998；Kutzbach et al.，1993；Manabe and Broccoli，1990；Ruddiman and Kutzbach，1989）。

长期以来，国内外学者在亚洲季风气候和干旱环境起源方面做了大量工作，取得了重要进展。就季风起源而言，20世纪80～90年代，地层学和古地理学研究提出东亚季风的雏形可能形成于渐新世末（刘东生等，1998；张林源和蒋兆理，1992）或中新世、晚中新世（施雅风等，1998；Wang，1990）。黄土高原黄土及下伏红黏土研究将东亚季风的历史上溯至晚中新世（11～8 Ma）（Xu et al.，2009；An et al.，2001；Song et al.，2001；Ding et al.，1998；Sun et al.，1998）至早中新世（Qiang et al.，2011；Guo et al.，2002）。南亚植被演替（Quade et al.，1989）和阿拉伯海沿岸上涌流（Kroon et al.，1991）记录一直被视为印度季风形成于8～7 Ma的重要证据，但近年来的研究认为，印度季风可能形成于中中新世（约12 Ma）（Zhuang et al.，2017；Gupta et al.，2015）乃至始新世（约56 Ma）（Spicer et al.，2017；Shukla et al.，2014）。关于亚洲内陆干旱环境的形成时代，学界通常以最早风尘沉积的出现为标志。六盘山以东黄土－红黏土沉积始于8～7 Ma（Qiang et al.，2011；Song et al.，2001；Ding et al.，1999；Sun et al.，1998），而西风尘沉积则将亚洲内陆干旱化历史推延至25～22 Ma（Qiang et al.，2011；Guo et al.，2002）。对西宁盆地的研究表明，34 Ma前后干旱化加剧（Abels et al.，2011；Dupont-Nivet et al.，2007），其在时间上与北太平洋沉积记录的渐新世末以来亚洲内陆粉尘输入增加一致（Ziegler et al.，2007；Rea et al.，1998，1985）。虽然塔里木盆地的干旱化历史仍有争议（Sun et al.，2015，2011；Zheng et al.，2015），但准噶尔盆地北部（Sun et al.，2010）、蒙古高原（Sun and Windley，2015）和阿尔金山（Li et al.，2018）的风尘沉积证据表明，亚洲内陆干旱环境至少在晚渐新世即已形成。

孢粉和微体古生物组合以及沉积相研究表明，亚洲环境在古近纪呈东西向带状分布，这主要受行星大气环流系统的控制（Guo et al.，2008；Sun and Wang，2005；Wang et al.，2005；刘东生等，1998；张林源和蒋兆理，1992；Wang，1990；周廷儒，1983）。至渐新世末—中新世初，随着高原隆升和古特提斯海退缩（Sun et al.，2016，2011；Wang et al.，2014），亚洲环境格局发生明显变化，季风形成、干旱带向西北退缩、干旱区范围接近现今轮廓（刘晓东等，2019；Liu et al.，2017；Mudelsee et al.，2014；Guo et al.，2008），形成了现代格局的亚洲季风－干旱环境。

20 世纪 90 年代初，我国学者对第四纪东亚季风演变的周期性和不稳定性开展了系统研究，21 世纪以来研究重点转向季风－干旱环境的耦合过程（Sun and An，2005，2002；An，2000；An et al.，1991）。黄土高原西部风尘沉积研究提出，冬季风在整个中新世相对稳定，而夏季风在中新世早期最强（鹿化煜和郭正堂，2013；Guo et al.，2008），10～8 Ma 以后夏季风减弱、冬季风增强、干旱化加剧（Sun and An，2002）。多种地质证据表明，第四纪以来冬季风增强、夏季风变率增大、干旱化进一步加剧（An et al.，2001），东亚气候变化呈现明显的冰期－间冰期旋回（Liu and Ding，1998）。在亚洲内陆，渐新世以来随着全球变冷和古特提斯海退缩，西风带水汽输入减少，导致亚洲内陆干旱化；7～5 Ma 北帕米尔高原与天山的碰撞使得此前尚存的水汽通道完全关闭（Sun et al.，2017），加剧了塔里木盆地的干旱化趋势（Liu W G et al.，2014；Chang et al.，2012）。

新生代以来全球气候在变冷趋势上出现了多次快速、大幅度的气候事件（Mudelsee et al.，2014；Zachos et al.，2001），这些气候事件在亚洲季风－干旱环境系统中多有反映，但存在明显的区域差异。黄土高原风尘沉积记录了早中新世 24～22 Ma、中中新世 16～14 Ma、晚中新世 10～7 Ma、中上新世约 3.6 Ma、第四纪初约 2.6 Ma 和更新世中期 1.2～0.9 Ma 发生的构造尺度事件（安芷生等，2006）。北太平洋粉尘通量记录了 23 Ma、15 Ma、8～6 Ma 和 3 Ma 出现的亚洲内陆干旱化事件（Rea et al.，1998，1985）。塔里木盆地西部 34 Ma、25～23 Ma、16～14 Ma、5.3 Ma、3.4 Ma 和 2.8 Ma 干旱化逐步加剧（Wang et al.，2014），其与黄土高原西部风尘沉积和北太平洋粉尘记录基本一致。西宁盆地记录显示（Fang et al.，2019；Dupont-Nivet et al.，2007），气候干旱化在始新世—渐新世界限前后显著增强。临夏盆地记录表明，22 Ma、14～12 Ma、8～6.5 Ma 和 2 Ma 存在干旱气候事件（Ma et al.，2005；Dettman et al.，2003；Li and Fang，1999）。中卫盆地记录揭示出约 20 Ma、约 14 Ma 和约 1 Ma 出现的气候转折（Jiang and Ding，2008；Jiang et al.，2008）。南海陆源碎屑记录表明，东亚季风经历了 8 Ma、3.2 Ma、2.2 Ma 和 0.4 Ma 等多次强化事件（Wang et al.，2005）。

关于季风－干旱环境形成演化机制，学界多认为与青藏高原阶段性隆升、特提斯海退缩和消亡、两极冰盖扩张和全球变冷以及海道开闭等因素有关，但对其中的驱动－响应过程和机制一直存在争论。研究指出，青藏高原隆升极大地改变了亚洲大气环流格局及海陆热力对比，这不仅加强了亚洲冬、夏季风环流（Liu et al.，2015；Liu and Dong，2013；An et al.，2001），而且对加剧亚洲内陆干旱也起了重要作用（刘晓东等，2001；Kutzbach et al.，1993；Manabe and Broccoli，1990）；同时，青藏高原隆升可能通过风化过程影响大气 CO_2 浓度，从而助推全球变冷过程（Li and Fang，1999；Hodell and Woodruff，1994；Raymo and Ruddiman，1992；Raymo et al.，1988）；特提斯海退缩对亚洲季风－干旱环境的影响可能与青藏高原隆升相当甚至更大（Fluteau et al.，1999；Ramstein et al.，1997）；蒙古高原的影响也不可忽视（Sha et al.，2015；Shi et al.，2015）。也有学者提出，青藏高原隆升驱动不能完全解释晚新生代以来东亚环境的演化特征（鹿化煜和郭正堂，2013），全球变冷及北极冰盖形成发展对亚洲内陆干旱化具有重要作用（Li et al.，2018；郭正堂，2017；Guo et al.，2004）。

（二）地质增温期

地质历史时期，地球气候系统经历了多次不同幅度、不同速率的增温过程（Hansen et al.，2013；Royer et al.，2004；Zachos et al.，2001；Veizer et al.，1999），为气候变暖引发的生态环境变化提供了真实场景。地质时期增温研究对评估气候变暖的影响、认识气候系统的自然变率、区分自然与人为因素的作用具有重要价值（IPCC，2007）。随着人类社会对全球变暖的忧虑，地质增温期成为古气候研究的热点，增温期环境变化、增温的环境后果、增温机制等方面的研究已取得重要进展。

深海氧同位素变化综合曲线显示（Zachos et al.，2001），新生代以来气候在总体变冷的趋势上叠加了多次增温过程，如早始新世气候适宜期（52～50 Ma）、晚渐新世温暖期（26～24 Ma）、中中新世气候适宜期（17～15 Ma）等。除这些持续时间长的增温过程外，还有一些历时短暂的增温事件，如古新世—始新世极热期（PETM）（约 55.5 Ma）（McInerney and Wing，2011）、中上新世温暖期（3.264～3.025 Ma）（Haywood et al.，2016）等。轨道尺度的增温期包括 MIS 5e、MIS11 等。全新世大暖期被视为未来增温的最近相似型（施雅风等，1992）。

古增温对环境的影响是多方面的，不同增温过程具有不同程度的影响。就 PETM 增温事件而言，其间美国科罗拉多州西部（Foreman et al.，2012）、我国中部和东北部降水均有明显增加（Chen et al.，2017，2016），而非洲西北部、东非坦桑尼亚和阿拉伯半岛南部等低纬区气候变干（陈祚伶和丁仲礼，2011）。有学者认为，PETM 期间，大气 CO_2 浓度升高引发大气湿度增加、水循环加强、中纬度对流层湿度大幅增加，陆地生态系统变化导致碳循环增强，大气湿度增加进一步促使温度升高（Bowen et al.，2004）。PETM 极热事件 5～8℃增温对生物演化总体上产生了积极影响，促进了陆地和海洋生物大范围迁徙和快速进化，但也引发了底栖有孔虫灭绝（McInerney and Wing，2011）。哺乳动物偶蹄目、奇蹄目和灵长目动物均在古新世—始新世界限前后首次出现，这些动物在北半球三大洲的出现被认为与极热事件期间环境快速变化引起的生物多元化和扩散有关（Gingerich，2006）。PETM 期间，哥伦比亚东部和委内瑞拉西部植物多样性与起源速率迅速增加，并伴有被子植物新种的出现，表明新热带北部（northern Neotropics）的热带雨林可在高温和高 CO_2 条件下持续生存，而非某些研究认为的热带生态系统遭受了热应激的严重破坏（Jaramillo et al.，2010）。全新世大暖期我国年降水量总体上较现今高，东部季风区降水量增加显著，夏季风雨带向西北大幅推进，这导致我国东部不同类型森林北扩、草原向西北扩张、青藏高原冻原大范围退缩。与此相对应，陆地生态系统碳库较现今自然状态高约 10 Pg C，湖泊碳埋藏速率大幅升高（郭正堂等，2016）。

关于地质时期增温的机制，学界通常将碳循环作为主要控制因素。然而，对于不同时间尺度的增温过程，大气 CO_2 所起的作用需进行具体分析。就新生代早期而言，CO_2 浓度降低是整个始新世气候变冷的主要原因（Anagnostou et al.，2016）。在更短时间尺度上，如 PETM 期间和冰期 - 间冰期，CO_2 被视为气候变化的关键驱动因素（McInerney and Wing，2011；Yin and Berger，2011；Ruddiman，2003a）。然而，有证据显示大气 CO_2 浓度与温度之间存在严重脱耦的时期。新生代尤其是 30 Ma 来，全球气候呈阶段性变冷，而 CO_2 变化幅度不大，两者完全脱耦（Zhang et al.，2013；Ruddiman，2010）。一般认为，古增温与大气 CO_2 密切相关，但关联较为复杂。不同方法重建的新生代以来 CO_2 变化均呈现降低趋势，但重建的 CO_2 变化与气候变化并不完全吻合，CO_2 与温度之间往往存在脱耦现象。目前最为完整的 CO_2 综合曲线显示（Beerling and Royer，2011），CO_2 浓度 65～54 Ma 在 600 ppm 以下，之后上升至 1000 ppm 以上，30 Ma 下降至 500 ppm 以下并持续至今，这与深海氧同位素变化并非完全对应。就第四纪而言，南极冰芯 80 万年高分辨率记录表明，CO_2 浓度在冰期 - 间冰期旋回中在 180～280 ppm 波动，间冰期升高、冰期下降（Lüthi et al.，2008），与深海氧同位素变化耦合度较高。

一般认为，PETM 事件是由巨量的 CO_2 进入大气引起的，但关于碳的来源仍存在多种解释，如天然气水合物分解假说、有机质接触变质假说、泥炭燃烧假说、构造抬升假说、彗星撞击假说、北大西洋火成岩省假说等（Gutjahr et al.，2017；McInerney and Wing，2011；陈祚伶和丁仲礼，2011），其中天然气水合物分解假说影响最大。PETM 事件的结构特征显示，早期碳同位素负偏事件由两次巨量碳释放引发，其中第一次持续时间不足 2000 年，在两次碳释放之间碳同位素又恢复至背景值（Bowen et al.，2014）。但也有研究认为，在碳同位素发生负异常之前陆地温度已升高了 5℃。这表明在天然气水合物释放之前已有其他过程导致升温，但原因不明（Secord et al.，2010）。关于 PETM 升温历时的估算也存在极大差异，从 13 年至上万年不等，最新估算不超过 5000 年（Turner et al.，2017）。

在轨道尺度上，CO_2 浓度与间冰期关系的研究取得了重要进展。最近 80 万年 9 个间冰期的模拟结果显示，CO_2 浓度对全球年均温度的贡献是线性的，间冰期温度变化与太阳辐射和 CO_2 浓度均密切相关，但全球和南半球高纬的温度变化主要受控于温室气体，而降水以及北半球高纬的温度变化和海冰变化主要受控于太阳辐射（Yin and Berger，2011）。全新世中期，太阳辐射增加对增温起了主导作用（郭正堂等，2016）。然而，第四纪时期轨道尺度 CO_2 变化与气候变化的相位关系尚不清楚。以往研究认为，CO_2 变化滞后于温度变化数百至上千年（周鑫和郭正堂，2009）。然而，近年通过测量冰芯气泡 ^{15}N 含量校正封闭时间后的相关研究发现，末次冰消期大气 CO_2 变化与南极温度变化基本同步（Parrenin et al.，2013）。在千年—百年尺度上，由于两极 D-O 旋回快速变暖事件呈反向变化，CO_2 对快速增温的作用尚不清楚。有研究指出，末次冰期 CO_2 浓度升高发生于北半球冰阶，较北极区变暖早数千年（Ahn and Brook，2008）。

（三）气候突变事件

20 世纪 90 年代，格陵兰冰芯记录（Dansgaard et al.，1993）揭示出末次冰期存在一系列气候突变事件，即 Heinrich 事件和 D-O 旋回，使得学界意识到气候不仅呈现轨道尺度渐变，而且还发生千年—百年尺度突变。此后，在中高纬度大洋（Martrat et al.，2007；Hendy and Kennett，2000；Shackleton et al.，2000）和陆地（Guo et al.，1996；Porter and An，1995；Xiao et al.，1995）记录中也发现了系列气候突变事件。随着石笋定年技术的发展和高分辨研究的展开，亚洲季风与冰期气候突变的关系得以确认（Wang et al.，2001）。同时，石笋研究显示，气候突变事件在过去 64 万年一直存在，而非末次冰期独有（Cheng et al.，2016）。90 年代末，对北大西洋沉积研究发现，全新世时期气候系统也发生多次突变，表明气候突变在冰期和间冰期普遍存在（Bond et al.，1997）。

典型的气候突变事件包括末次冰期 Heinrich 事件和 D-O 旋回、末次冰消期 YD 事件以及全新世 8.2 ka 事件和 4.2 ka 事件。格陵兰冰芯提供了最清晰的气候突变序列，其成为气候突变事件对比的全球标准。南极冰芯记录的突变事件可与北极冰芯一一对应，但相位相反且变幅较小，从而形成两极"跷跷板"现象（Broecker，1998；Stocker，1998；Crowley，1992）。在北半球，北大西洋北极圈海域（Bond et al.，1993，1992）、太平洋 Santa Barbara 盆地（Hendy and Kennett，2000）和 Iberian margin 海域（Martrat et al.，2007）等不同区域海面温度变化，在末次冰期突变事件的时限和幅度上与格陵兰冰芯记录具有较好的一致性，表明气候突变在中高纬区同步发生。我国黄土石英粒度研究最早发现末次冰期东亚冬季风曾发生一系列突变（Xiao et al.，1995），这些突变事件在成因上与北大西洋 Heinrich 事件密切相关（Guo et al.，1996；Porter and An，1995）。石笋氧同位素清晰地揭示出末次冰期以来亚洲夏季风 Heinrich 事件、YD 事件和 D-O 旋回等一系列突变事件的存在（Kelly et al.，2006；Sinha et al.，2005；Yuan et al.，2004；Burns et al.，2003；Fleitmann et al.，2003；Wang et al.，2001）。在低纬区，Cariaco 海盆沉积（Lea et al.，2003；Haug et al.，2001；Peterson et al.，2000；Hughen et al.，1996）和赤道太平洋暖池海面温度记录（Stott et al.，2002）均显示，热带气候突变事件可与格陵兰冰芯记录对比。在南半球，除南极外其他地区的气候突变记录较少，且存在矛盾。例如，YD 事件期间，冰川记录指示降温，且与北半球同步（Lowell et al.，1995；Denton and Hendy，1994）；而孢粉记录指示升温，或变化不明显（Turney et al.，2003）。此外，南半球低纬区的一些记录揭示出末次冰期南北半球突变事件的反相位特征（Wang et al.，2006；Baker et al.，2001）。与 Heinrich 事件、YD 事件和 D-O 旋回相比，由于突变幅度小且持续时间短（O'Brien et al.，1995），全新世气候突变事件存在显著的区域差异（Shuman et al.，2009；Mayewski et al.，2004）。

关于气候突变的速率和幅度，学界已对典型事件进行了深入研究。以 YD 事件为例，冰芯记录的转暖历时约 45 年（Alley，2000），而石笋记录的转暖历时 38 年（Ma et al.，2012）；经 ^{15}N 含量校正封闭时间后估算的升温幅度约为 10℃。这意味着 YD 事件结束时的升温幅度在短短 40 年内可达冰期 - 间冰期温度变幅的 2/3（Grachev and Severinghaus，2005）。虽然全新世气候波动远远小于冰期和冰消期，但其变率和变幅也相当可观。研究显示，全新世 8.2 ka 事件发生时，降温幅度在 20 年内可达 3℃以上；甲烷浓度在 40 年内降低 80 ppb，降幅达 15%（Kobashi et al.，2007）。

气候突变对生态系统产生了不同程度的影响，陆地生态系统和水生生态系统均对千年尺度气候突变事件（如 Heinrich 事件、YD 事件、全新世 8.2 ka 事件）响应敏感。在陆地生态系统中，欧洲（Seddon et al.，2015；Williams et al.，2002）、北美（Yu and Eicher，1998；Grimm et al.，1993）、东亚（Takahara et al.，2010；Li et al.，2006；Demske et al.，2005；Shen et al.，2005）以及热带大西洋区（Hughen et al.，2004）植被组成受 Heinrich 事件、YD 事件和全新世 8.2 ka 事件等的影响十分明显，但不同区域植物群落结构和迁移幅度存在显著差异（Zhang et al.，2018；Zhao et al.，2015；Park et al.，2014；Stebich et al.，2009）。例如，YD 事件期间，北大西洋低纬区森林收缩、草地扩张（Hughen et al.，2004），而中高纬区植物群落衰退、耐寒属种增多（Yu and Eicher，

1998），东亚中高纬区植被盖度降低、生态恶化（Zhang et al.，2018；Stebich et al.，2009）。全新世 8.2 ka 事件期间，欧洲中部（Tinner and Lotter，2001）和北部（Seppä and Birks，2010）耐寒喜冷植物属种快速增加，但东亚植被并未出现明显变化（Jiang et al.，2019；Xu et al.，2017；Wen et al.，2010；Stebich et al.，2009）。对湖泊硅藻组合（Wang et al.，2018；Roberts et al.，1993）和摇蚊组合（Brooks and Birks，2000）研究显示，千年尺度气候突变对湖泊生态系统（组合特征、物种多样性等）产生了重要影响，但不同区域响应方式不同。此外，对古 DNA 研究发现，大型动物更替和灭绝与快速气候变化具有密切关联（Cooper et al.，2015）。在太平洋 Santa Barbara 盆地，Heinrich 事件和 YD 事件期间，海洋低含氧带缩小，底栖无脊椎动物扩散，生物多样性增加（Moffitt et al.，2015）。在北大西洋，冷事件期间底栖有孔虫和介形虫生物多样性升高（Yasuhara et al.，2014）。

关于气候突变的机制，高纬驱动说与低纬驱动说存在激烈争议。高纬驱动说认为，大洋环流变化是冰期全球气候突变的根本原因。这一假说最初由 Rooth（1982）提出，嗣后 Broecker 等（1985）运用该假说解释了冰期—冰消期所有突变事件的动力过程，认为大洋环流减弱或停止将导致向高纬输送热量的北大西洋暖流减弱甚至消失，从而引发全球气候突变。该假说得到北大西洋沉积中指示大洋环流强弱变化的碳同位素和 $^{231}Pa/^{230}Th$ 同位素证据的支持（Lynch-Stieglitz，2017；Oppo et al.，2015；McManus et al.，2004）。大洋环流减弱或停止的原因在于淡水注入，而淡水注入可分为两种模式：YD 事件模式的冰川湖决堤和 Heinrich 事件模式的冰盖崩解。低纬驱动说认为，ENSO 模态变化是全球气候突变的关键驱动因素（Clemens et al.，2001；Pierrehumbert，2000；Cane，1998）。简言之，太阳辐射的季节性变化会导致 ENSO 在 El Niño 态和 La Niña 态之间转换，从而引发气候突变。目前，两种假说都不能全面解释气候突变的诸多现象。有学者认为，将这些千年尺度的气候变化视为地球气候系统各子系统之间的耦合更为合适（Clement and Peterson，2008）。关于全新世气候突变的驱动因素，学界主要强调太阳活动（Bond et al.，2001，1997）、大洋环流（Alley et al.，1997）和火山活动（Crowley，2000）。也有学者强调热带驱动，认为 ENSO 变率是全球气候千年—百年尺度振荡的根本原因（Cane，2005；Clement et al.，1999）。

（四）环境考古

人类起源、农业起源和文明起源与环境变化的关系是第四纪环境与环境考古研究的重要课题。第四纪气候变冷变干的总体趋势和冰期 - 间冰期交替是古人类演化和阶段性扩散的关键动因，末次冰消期之后气候转暖转湿对人类从狩猎 - 采集转为定居 - 农业的过程起到了推动作用，进入现代社会以来，人类活动对气候环境的影响日益强烈。由此可见，研究环境变化与人类活动的关系，不仅是认识人类起源演化和农业起源发展的需要，而且是理解人类宜居环境可持续发展的需要。

关于人类起源演化，学界提出了多种环境假说。栖息地假说强调栖息环境重大变化的影响（Potts，1998）。其中，萨瓦纳假说（Dart，1925）提出，气候持续变冷和干旱导致非洲由森林转变为开阔的稀树草原，从而诱发了人类的出现和演化；变率选择假说（deMenocal，2004）认为，气候的阶段性突变或不稳定性导致生态的碎片化和快速转型，从而促进了人类进化。

第四纪时期发生的中更新世气候转型导致全球陆地生态系统发生重大改变，从而促使直立人在欧亚中纬度地区大范围迁徙和扩张（deMenocal，2011，2004；Potts，1998）：在欧洲和亚洲形成多样化的古人类，他们随气候变化频繁地南北迁徙；在南部地区形成冰期的人类“避难所”。更新世中晚期以来，气候变化对现代人的影响更为显著。末次冰盛期之前，地球经历了一段相对温暖的时期（Morgan et al.，2011）。早期现代人（出现于约 20 万年前、4.5 万～3.5 万年在欧亚大陆至少存在 4 个种群）在这一时期成功扩散至整个欧亚大陆，并大致形成了东亚人和欧洲人的分布格局（Yang et al.，2017；Fu et al.，2016，2015，2014；Lazaridis et al.，2014；Seguin-Orlando et al.，2014），生活在欧洲和亚洲一些地区的古老型人类（主要指尼安德特人和丹尼索瓦人）可能由于与现代人的直接竞争在约 4 万年前走向灭绝（Higham et al.，2014）。末次冰盛期，地球环境恶化导致古老型人类群体难以为继并最终消失，但古老型人类与现代人之间存在基因交流，这对当今现代人的环境适应性和身体健康产生了一定影响（Racimo et al.，2017，2015；Prüfer et al.，2017；Fumagalli et al.，2015；Huerta-Sánchez et al.，2014；Sankararaman et al.，2014；Yi et al.，2010）。末次冰消期，全球快速升温（Clark et al.，2009；Rasmussen et al.，2006）。在这一时期，气候变化对欧洲人群遗传结构造成了很大影响，14 ka 来古欧洲人与近东人群具有很强的联系。例如，14～7.5 ka 前欧洲中西部个体与阿奇利文化（Azilian）、旧石器晚期文化（Epipaleolithic）、格拉维特晚期文化（Epigravettian）和中石器文化（Mesolithic）等跨越旧石器和新石器的文化有密切关系（Fu et al.，2016），并与现今近东人和东亚人有遗传联系（Lipson and Reich，2017；Yang et al.，2017；Fu et al.，2016）。高加索地区 13～10 ka 前的个体（如格鲁吉亚的 Satsurblia 和 Kotias）与欧亚西部个体有较近的亲缘关系，且含有“古欧亚人”的遗传成分。这种“古欧亚人”的遗传成分在现今欧洲人群和近东人群中均存在（Fu et al.，2016；Lazaridis et al.，2016，2014），且在近东人群中含量最高，表明欧亚大陆东西部人群之间有着丰富而复杂的基因交流史。

环境变化对农业起源和传播具有推动作用。末次冰消期至全新世初，全球气候经历了 5～10℃的大幅波动，人类赖以生存的资源和环境发生了巨大变化，人类社会从以打制石器为特征的旧石器文化过渡为以磨制石器和陶器为特征的新石器文化（陈淳，1995），原始农业在西亚、中国和美洲几乎同时出现，并逐步取代狩猎采集成为主要的经济形态（Bellwood，2005），开创了人类控制和生产食物的新时代。

环境变化对农业起源和传播的影响是多方面的。在农业起源中心之一的西亚“新月沃地”，其气候环境的差异可能影响到早期麦类和豆类的分布范围（Anderson et al.，2007）。末次冰消期伊始，随着气候转暖，人类开始有目的地采集野生大麦、小麦、黑麦等植物资源（Bellwood，2005；Piperno et al.，2004）。在 14 ka 前后的暖期，早期驯化作物出现。但在 13～11 ka 的新仙女木期，驯化作物退化甚至消失。直到 11 ka 气候转暖后，这些驯化作物才被重新栽培和驯化（Tanno and Willcox，2006；Henry，1989），从而出现了具有明显驯化特征的一粒、二粒小麦和大麦、豆类等作物，使得农业的比重有所增加（Bar-Yosef，2011）。有学者指出，在气候转暖过程中，持续千年的 YD 事件是促使人类驯化动植物和从事食物生产的直接动因（Bar-Yosef，2011）。与西亚类似，我国在早全新世也出现了农业的萌芽，这与全新世气候适宜期同步。全新世早期，我国北方温度和降水虽然逐渐好转，但气候总体上仍相对凉干（Lu et al.，2009；Feng et al.，2006），北方新石器早期先民可能倾向于选择更为耐寒且生长周期短的黍作为首要粮食作物（Lu et al.，2009）。8 ka 前后，黍粟类已成为我国北方史前人类的主要粮食作物。在我国南方，人类在采集野生植物的同时开始有意识地采集和栽培水稻。中全新世之后，我国东部季风区变得温暖湿润，使得野生稻分布范围扩展至长江以北乃至中原和山东等地（d'Alpoim Guedes et al.，2015；Fuller et al.，2010），从而形成了我国北方的稻作农业（Wang et al.，2016；Zhang et al.，2012，2010；张弛，2011）。显然，全新世温暖湿润的气候是人类成功驯化作物和发展农业的重要因素（Gupta，2004；Richerson et al.，2001）。随着农业的发展，全球人口不断增长（Li et al.，2015），相应的农业用地面积不断增加，因而对全球气候环境产生了深刻的影响。冰芯记录显示，大气 CO_2 浓度（Lüthi et al.，2008；Petit et al.，1999）和 CH_4 浓度（Loulergue et al.，2008；Blunier et al.，1995）分别在约 8000 年和 5000 年前由降低趋势转为升高趋势，这被认为与人类毁林开荒和大面积种植水稻有关（Ruddiman，2007，2003b）。由此可见，环境变化推动了农业的起源和发展，而农业发展到一定阶段又会反过来影响气候环境的变化。

鉴于人类活动对气候环境的影响日渐强烈，有学者于 2000 年提出“人类世”（Anthropocene）的概念（Crutzen and Stoermer，2000）。他们认为，自 1784 年瓦特发明蒸汽机以来，人类活动越来越成为一种主要的地质营力，改变着全新世的边界条件，必将导致全新世终结，使地球进入一个由人类主导的新的地质时代——“人类世”。第四纪古气候学家甚至提出“早期人类影响假说”（Ruddiman et al.，2008），他们认为数千年前人类就已开始对地球气候产生显著影响，改变了地球的“自然”变化过程。鉴于此，2008 年伦敦地质学会地层委员会建议从地质学视角审视“人类世”的内涵和定义，并提出人类活动尤其是工业革命以来的人类活动对气候环境造成了全球尺度的影响。这些影响改变了人类的生存环境，也改变了地球的地质，并在地层中留下了可见、可测的标志，为确定“人类世”/ 统的下限 / 底界提供地层学意义上的依据（Zalasiewicz et al.，2008）。经过 10 年的调研，2019 年“‘人类世’工作组”（Anthropocene working group，AWG）”经投票确认地球已进入新的地质年代——“人类世”，其起点为 20 世纪中叶。作为独立的世级地质年代单元，“人类世”的确立丰富了第四纪环境与环境考古的内涵，拓展了第四纪环境与环境考古的学科交叉范围，为第四纪环境与环境考古提供了新的理论生长点。

（五）古气候定量重建

古气候定量重建是第四纪环境研究长期努力的方向，也是古气候研究的难点之一。由于观测历史有限（最长不过 150 年），器测数据无法反映气候系统的全部变率。古气候研究是获得更长时间尺度气候变率的唯一途径，但要将古气候与现代气候衔接，则必须对古气候参数进行定量化。此外，古气候研究的一个重要目的是借助气候模式预估未来气候趋势，而气候模式的检验和改进也需要将古气候参数定量化。因此，古气候研究从定性走向定量是第四纪环境与环境考古学科发展的必然趋势。

古气候定量重建与现代意义上的古气候研究几乎同步展开。20 世纪 60～70 年代开展的深海有孔虫、孢粉、冰雪 $\delta^{18}O$ 等与气候要素的定量关系研究（Imbrie and Kipp，1971；Dansgaard，1964）揭示出冰期-间冰期旋回温度的变化幅度，同时奠定了代用指标定量化研究的方法基础。70～80年代，美国NSF实施了长期气候研究、制图与预测（Climate：Long-Range Investigation，Mapping and Prediction，CLIMAP）国际研究计划，并于1976年首次发表了末次冰盛期全球海面温度图。80～90年代，高分辨率冰芯、海洋和湖泊记录的定量重建研究揭示出亚轨道尺度气候突变事件的变率，证实了气候系统的不稳定性（Nürnberg et al.，1996；Dansgaard et al.，1993；Grimm et al.，1993）。与此同时，孢粉、硅藻、摇蚊等生物指标的定量研究成果不断涌现（Ji et al.，2002；Fritz et al.，1991；Walker and Lance，1991；Guiot et al.，1989），深化了对不同区域水热组合特征的认识，推动了古气候学的发展。经过海洋、陆地、冰芯等不同领域学者的长期努力，第四纪环境与环境考古逐步形成了一整套涵盖生物指标、理化指标、历史文献等的古气候定量重建方法体系。

古海洋研究最早利用浮游有孔虫转换函数重建海面温度。浮游有孔虫的群落特征受其环境水的温度、盐度、营养盐以及碳酸盐含量等物理和化学参数影响，有孔虫转换函数借助因子分析、回归分析等数理方法对有孔虫化石群落进行定量分析，提取出海面温度（SST）信号（田军，2013）。海水温度变化影响有孔虫壳体的Mg/Ca值，浮游有孔虫壳体的Mg/Ca值是SST重建的有效工具。近年来，长链不饱和烯酮 $U_{37}^{K'}$ 和生物标志物 TEX_{86} 等有机地球化学方法被广泛用于SST重建。从赤道到极地，颗石藻类均可自生长链不饱和烯酮，且不同地理区的 $U_{37}^{K'}$ 与SST的计算公式无显著差异，表明颗石藻的种类并不影响其 $U_{37}^{K'}$ 值（Müller et al.，1998）。TEX_{86} 是含有86个碳原子的古菌四醚指数，是古菌的一个分支——海洋泉古菌所产生的一系列生物标志物的比值，其也被用于SST重建（Schouten et al.，2002）。

在陆地古气候定量化研究中，用于古温度重建的生物指标包括孢粉、植硅体、摇蚊、树轮等，用于古降水重建的生物指标包括孢粉、树轮轮宽指数、硅藻、介形虫、摇蚊等。其重建方法都是根据现代样品指标与器测气候参数之间的统计关系，建立转换函数，进行古气候定量重建。δD、$\delta^{18}O$ 是古温度重建的重要指标，它们在冰芯古温度重建中发挥着重要作用。近年来，δD、$\delta^{18}O$ 在树轮古温度重建方面取得了很大进展（McCarroll and Loader，2004），也有学者利用树轮 $\delta^{18}O$ 进行降水重建（Xu et al.，2019）。Ar、Kr、Xe等地下水惰性气体的溶解度与温度密切相关，因此石笋包裹体中的惰性气体含量可用于重建洞穴古温度（Kluge et al.，2008）。湖泊沉积中的 $U_{37}^{K'}$ 和 TEX_{86} 都被用于重建湖水古温度（Chu et al.，2005）。用于古降水重建的理化指标较多，如高山冰雪累积量、古土壤磁化率、古风化强度、碳酸盐淋溶深度、成壤碳酸盐微晶成分、土壤有机质 $\delta^{13}C$ 以及黄土 ^{10}Be 丰度等。湖泊自生碳酸盐 $\delta^{18}O$、石笋 $\delta^{18}O$ 也具有古降水定量估算的潜力。

历史文献记载的气候信息量大、记录时间准确、空间分辨率高，且多存在于各种自然记录难以覆盖的地区，因此对历史时期气候重建具有重要价值。利用文献记录建立温度序列，首先需对史料记载的冷暖事件进行判定、分等、定级或确定指数，然后通过与现代资料对比，将其转换为相应的温度距平（王绍武和王日昇，1990）；或直接统计给定时段内冷暖事件发生的频率，进而重建温度变化曲线或生成冷暖指数序列（张德二，

1993）。近年来，国外许多学者利用集成方法，通过多种代用资料的相互对比、校核及综合，构建区域和全球尺度的温度、降水变化序列。

数十年来，古气候学界对构造尺度、轨道尺度和短尺度气候变化进行了不同程度的定量重建，为理解新生代尤其是第四纪气候变化机制提供了基本框架。在空间格局重建方面，开展了末次冰盛期和全新世中期两个重要特征时段的气候定量化重建，获得了全球尺度上的气候格局（Bartlein et al.，2011；MARGO Project Members，2009；Wu et al.，2007；Jackson et al.，2000；Farrera et al.，1999；CLIMAP Project Members，1976）。在时间连续性上，北半球尤其是欧洲和美洲气候空间格局重建最为详细（Routson et al.，2019；Marsicek et al.，2018；Davis et al.，2003）。结果显示，12～7.8 ka 欧洲年均温升高约 2℃，其中冬季温度升高约 4℃，夏季温度升高仅 0.5℃（Davis et al.，2003）。古气候重建结果与模拟结果的对比表明，模拟能够较好地重现末次冰消期以来地质记录重建的全球增温过程（Shakun et al.，2012），但重建和模拟在全新世时期存在明显差异：早中全新世以来重建表现为逐步降温，而模拟却表现为持续增温（Liu Z Y et al.，2014；Marcott et al.，2013）。此外，在末次冰盛期和全新世中期，模拟和重建的季节性温度变化存在明显差异，模拟的季风降水变幅也低于重建（Lin et al.，2019；Wu et al.，2019；Harrison et al.，2015；Braconnot et al.，2012）。与北半球相比，南半球温度重建序列较少，基于温度重建序列的集合平均序列勾勒出南半球过去千年（1000～2000 AD）温度变化框架（Neukom et al.，2014）。目前，季风强度时间变化和水热配置空间分布的定量重建仍相对薄弱，模拟结果与代用指标记录之间也存在矛盾（Lu et al.，2013；Jiang et al.，2012）。

二、学科方向国际地位

近 20 年来，随着全球变化研究的拓展和深化，国际学界针对季风 - 干旱环境形成与演化、地质增温期、气候突变事件、环境考古、古气候定量重建等研究方向开展了大量工作，取得了一系列重大进展，推动了第四纪环境与环境考古学科发展，使得第四纪环境与环境考古成为国际地球科学界最具活力的学科之一。

从 SCI 期刊发文量（数据来源：Web of Science；下同）看，近 20 年来，上述 5 个方向共计发表论文 64 780 余篇，其中环境考古、地质增温期两个方向发文量居前两位，反映出学界对全球变暖和人类活动引起生存环境恶化的高度关注。从主要国家 SCI 期刊发文量看，美国、英国、德国、中国、法国分列前五位，其中美国在地质增温期、气候突变事件、环境考古、古气候定量重建 4 个方向均居第一位；我国在季风 - 干旱环境形成与演化方向居第一位，在其他 4 个方向均居第四位。从主要国家 SCI 期刊发文引用次数看，我国在上述 5 个方向均落后于主要发达国家，具体情况按上述 5 个方向分述如下。

（一）季风 - 干旱环境形成与演化

该方向近 20 年来共计发表论文 11 780 余篇，发文量以年均 11.8% 的速率增长；所有 5 个主题发文量均呈增长趋势，其中高原隆升与环境、亚洲内陆干旱化 2 个主题发文量分别为 3640 余篇、3000 余篇，增长速率最快（图 15-1）。

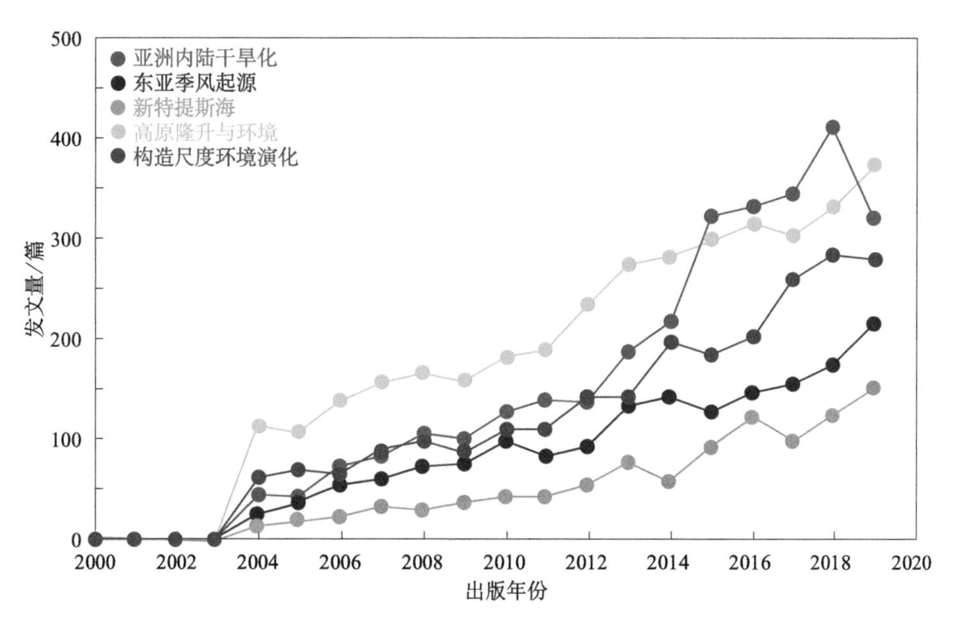

图 15-1　季风－干旱环境形成与演化方向近 20 年 SCI 期刊发文量

从主要国家 SCI 期刊发文量看，我国在所有 5 个主题发文量均居第一位，共计 5800 余篇；美国在 4 个主题发文量均居第二位，共计 2840 余篇；德国、英国、法国在该方向发文量分列第三、第四、第五位，依次为 1240 余篇、860 余篇、790 余篇（图 15-2）。从主要国家 SCI 期刊发文引用次数看，我国在该方向发文平均引用次数为 27.1 次，低于英国、美国、日本、德国、法国、澳大利亚等发达国家（图 15-2）。

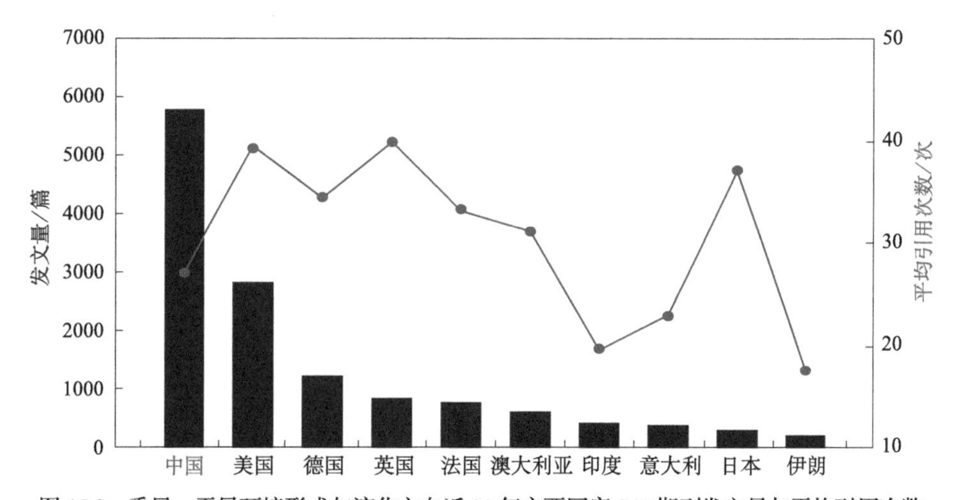

图 15-2　季风－干旱环境形成与演化方向近 20 年主要国家 SCI 期刊发文量与平均引用次数

（二）地质增温期

该方向近 20 年来共计发表论文 15 640 余篇，发文量以年均 4.7% 的速率增长；5 个主题发文量存在差异，其中全新世大暖期、第四纪间冰期 2 个主题发文量分别为 6230

余篇、6220 余篇，增长速率最快（图 15-3）。

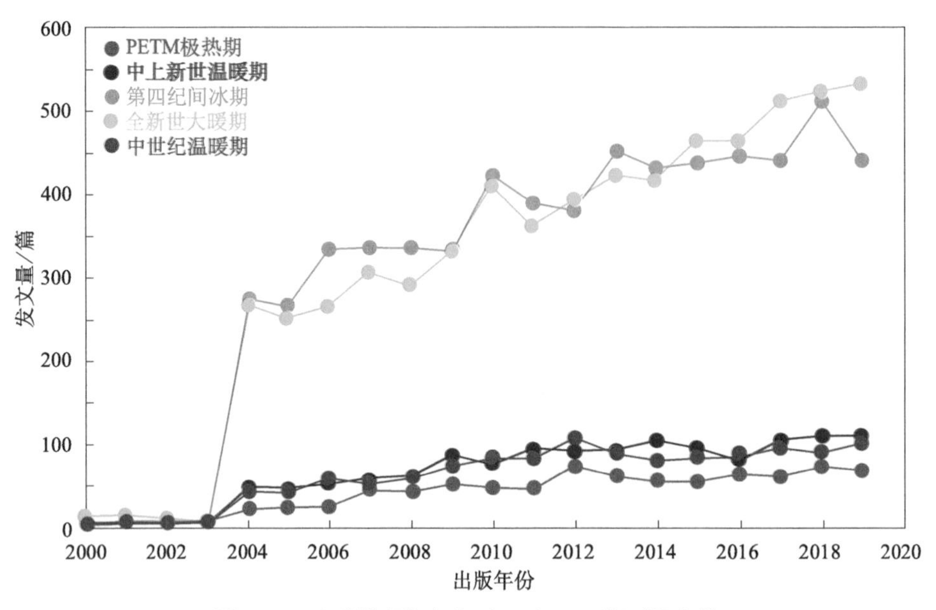

图 15-3　地质增温期方向近 20 年 SCI 期刊发文量

从主要国家 SCI 期刊发文量看，美国在所有 5 个主题发文量均居第一位，共计 4970 余篇；德国、英国在该方向发文量分列第二、第三位，依次为 2620 余篇、2510 余篇；我国在该方向发文量居第四位，共计 2240 余篇（图 15-4），在全新世大暖期、中世纪温暖期 2 个主题发文量居第二位。从主要国家 SCI 期刊发文引用次数看，我国在该方向发文平均引用次数为 29.5 次，低于英国、荷兰、美国、法国、德国、澳大利亚、加拿大、意大利等发达国家（图 15-4）。

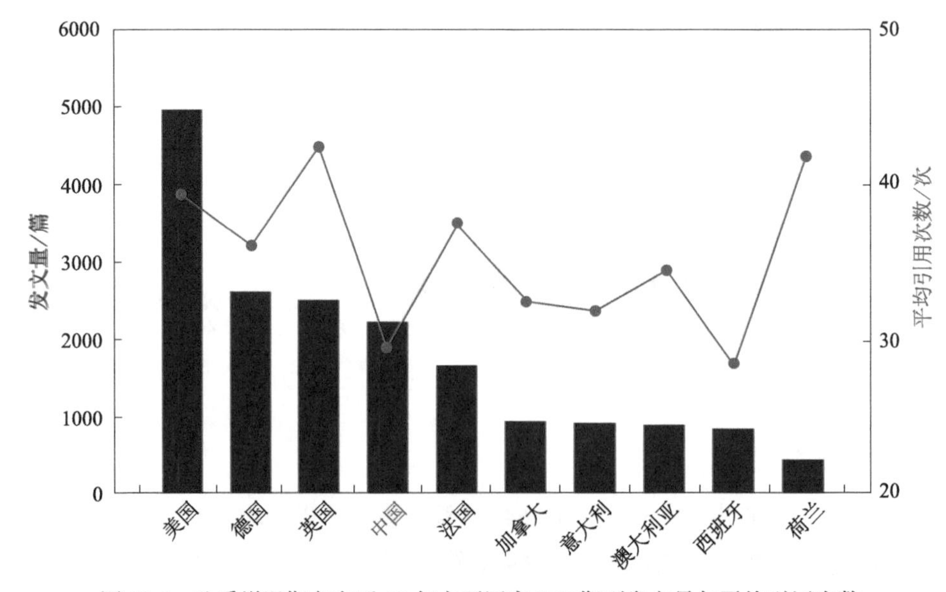

图 15-4　地质增温期方向近 20 年主要国家 SCI 期刊发文量与平均引用次数

（三）气候突变事件

该方向近 20 年来共计发表论文 13 360 余篇，发文量以年均 4.6% 的速率增长；5 个主题发文量存在差异，其中 Bond 事件主题发文量为 3420 余篇，增长速率最快（图 15-5）。

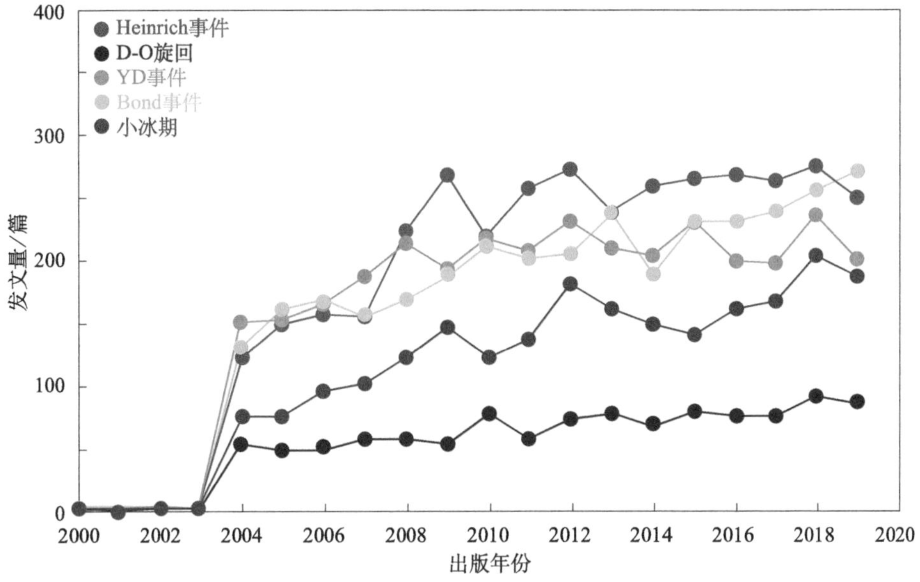

图 15-5　气候突变事件方向近 20 年 SCI 期刊发文量

从主要国家 SCI 期刊发文量看，美国在所有 5 个主题发文量均居第一位，共计 4250 余篇；英国、德国在该方向发文量分列第二、第三位，依次为 2190 余篇、1920 余篇；我国在该方向发文量居第四位，共计 1890 余篇（图 15-6），在 Heinrich 事件、Bond 事件 2 个主题发文量居第二位。从主要国家 SCI 期刊发文引用次数看，我国在该方向发文平均引用次数为 30.4 次，低于瑞士、法国、英国、德国、美国、意大利、澳大利亚、加拿大等发达国家（图 15-6）。

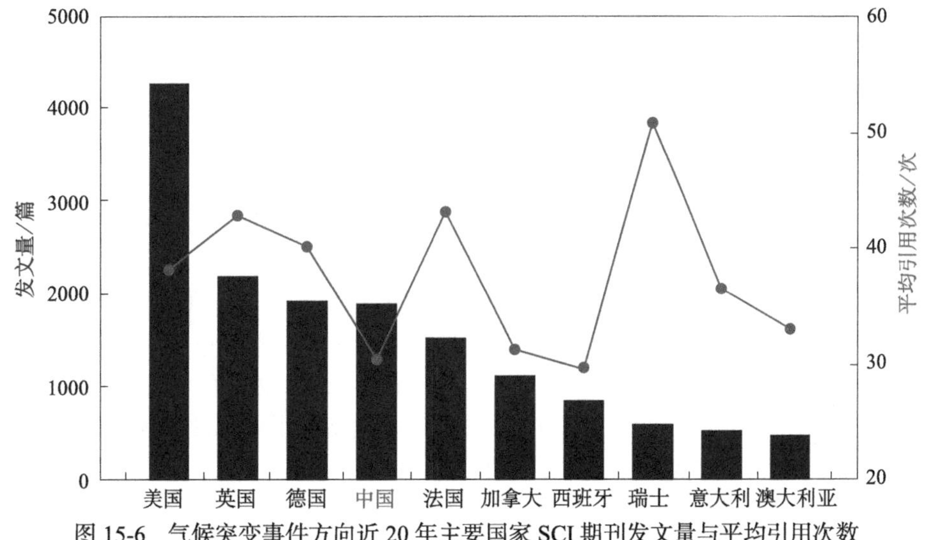

图 15-6　气候突变事件方向近 20 年主要国家 SCI 期刊发文量与平均引用次数

（四）环境考古

该方向近 20 年来共计发表论文 16 150 余篇，发文量以年均 10.3% 的速率增长；所有 5 个主题发文量均呈增长趋势，其中“人类世”、环境考古 2 个主题发文量分别为 2690 余篇、5130 余篇，增长速率最快（图 15-7）。

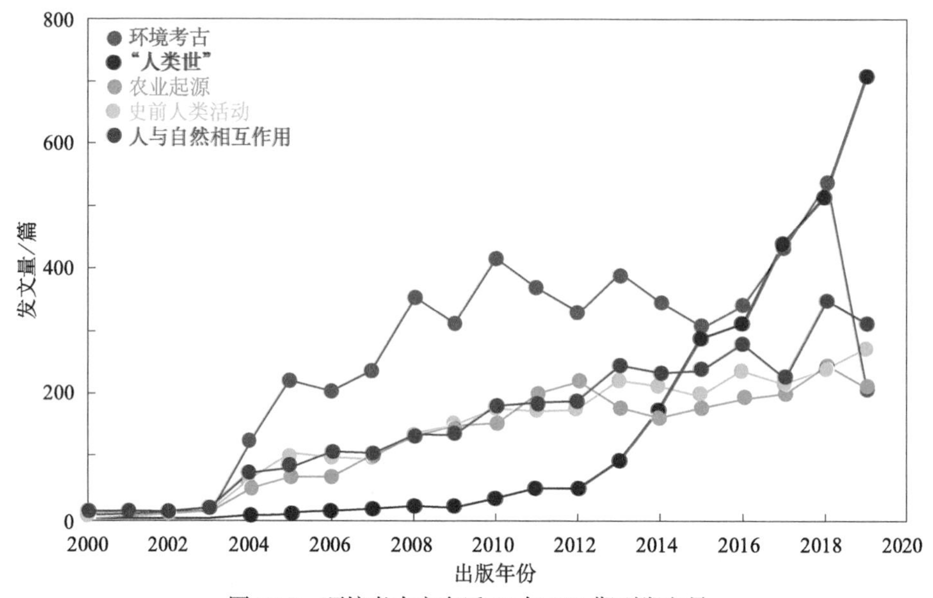

图 15-7　环境考古方向近 20 年 SCI 期刊发文量

从主要国家 SCI 期刊发文量看，美国在所有 5 个主题发文量均居第一位，共计 4540 余篇；英国、德国在该方向发文量分列第二、第三位，依次为 2770 余篇、2040 余篇；我国在该方向发文量居第四位，共计 1830 余篇（图 15-8），在农业起源主题发文量居第二位。从主要国家 SCI 期刊发文引用次数看，我国在该方向发文平均引用次数为 31.5 次，低于瑞士、澳大利亚、英国、美国等发达国家（图 15-8）。

（五）古气候定量重建

该方向近 20 年来共计发表论文 7830 余篇，发文量以年均 6.4% 的速率增长；5 个主题发文量均存在差异，其中古气候模拟、古气候定量重建 2 个主题发文量分别为 2670 余篇、2630 余篇，增长速率最快（图 15-9）。

从主要国家 SCI 期刊发文量看，美国在该方向发文量居第一位，共计 2280 余篇（图 15-10），在古气候定量重建、最佳类比法、古气候模拟 3 个主题发文量均居第一位；英国、德国在该方向发文量分列第二、第三位，依次为 1350 余篇、1280 余篇，其中英国在转换函数主题发文量居第一位、德国在共存分析法主题发文量居第一位；我国在该方向发文量居第四位，共计 1020 余篇，在共存分析法主题发文量居第二位。从主要国家 SCI 期刊发文引用次数看，我国在该方向发文平均引用次数为 27.6 次，低于瑞士、英国、美国、法国、澳大利亚、德国、加拿大等发达国家（图 15-10）。

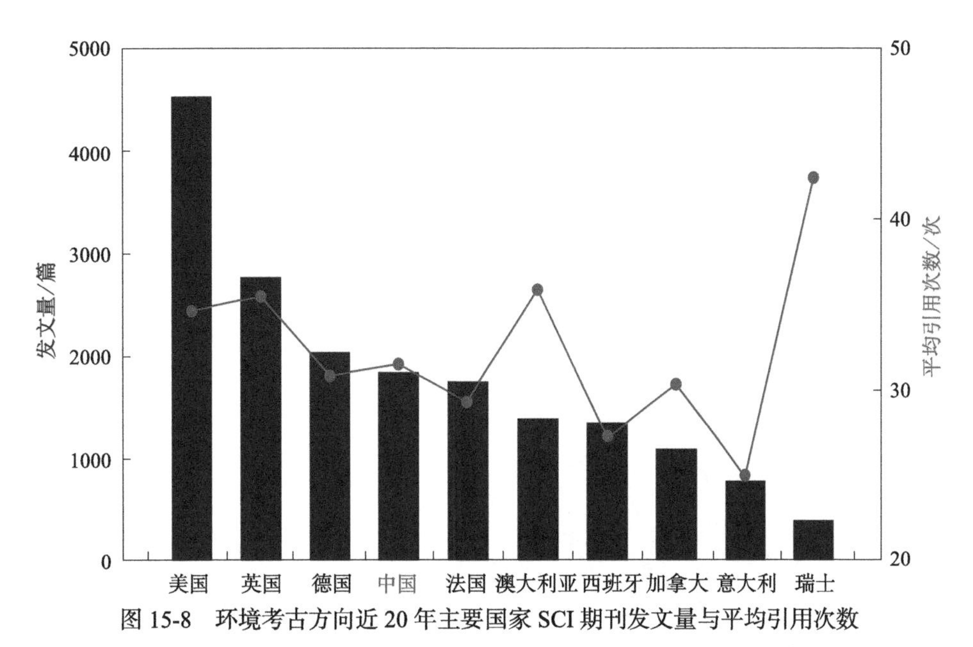

图 15-8　环境考古方向近 20 年主要国家 SCI 期刊发文量与平均引用次数

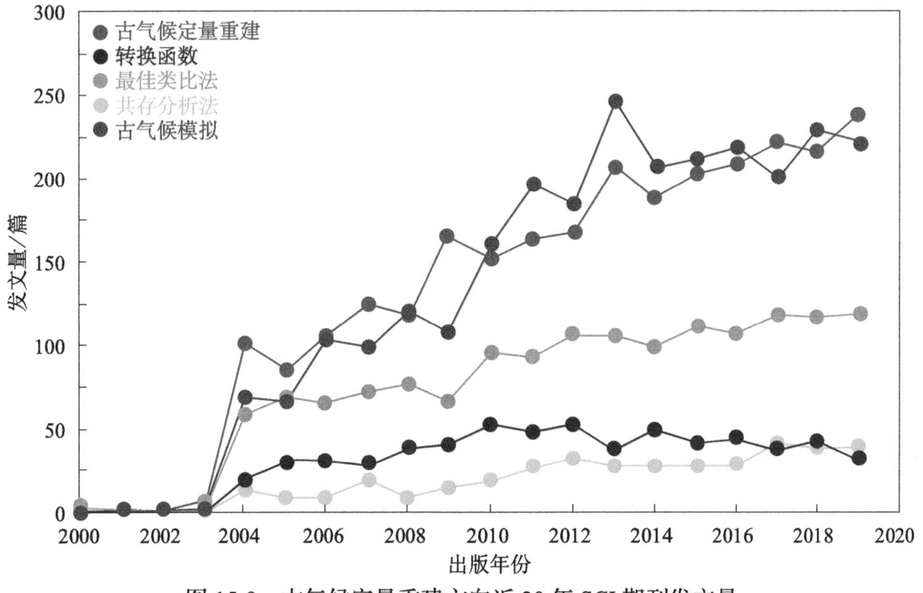

图 15-9　古气候定量重建方向近 20 年 SCI 期刊发文量

三、学科发展布局与主要成就

20 世纪 90 年代以来，我国第四纪环境与环境考古学科围绕东亚古气候古环境演变及其与全球变化的动力关联开展了大量工作，取得了一系列原创性成果，在国际上产生了重要影响。

（一）东亚季风起源

通过黄土高原风尘沉积研究，我国学者将亚洲古季风的历史从更新世上溯至晚中新世、渐新世—中新世界限，讨论了亚洲季风－干旱系统在构造尺度上对海陆格局变化、青藏高原生长以及全球降温的响应，发现欧亚大陆东部气候格局在渐新世—中新世界限前后发生显著变化，提出亚洲季风系统至少形成于中新世初。

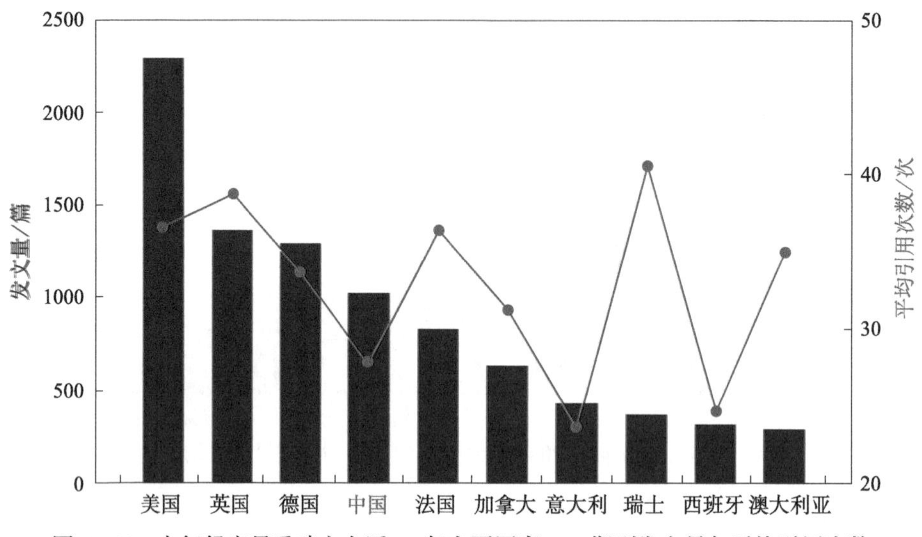

图 15-10　古气候定量重建方向近 20 年主要国家 SCI 期刊发文量与平均引用次数

（二）东亚季风演变的冰量驱动说

通过对比研究我国黄土古气候记录与北极冰盖演化历史，发现两者在趋势和周期上的高度相似性，提出：①第四纪东亚季风演变受全球冰量尤其是大陆冰盖的控制；②在最近 80 万年冰期－间冰期旋回中，南北半球气候对太阳辐射和大气 CO_2 呈现不对称响应；③在地球轨道参数与现今相似的 40 万年和 80 万年前，北极冰盖增长滞后于南极冰盖增长，导致冰期背景下的强盛东亚冬季风延迟。

（三）全新世东亚季风演变特征与我国北方环境格局

全新世东亚夏季风穿时性概念的提出引起国内外学者的高度关注。通过对我国季风区和干旱区不同单元、不同类型地质－生物记录研究，我国学者提出：①全新世气候适宜期在我国北方出现于中全新世、在我国南方出现于早全新世，干旱区气候变化与季风区不同步，这一特征与早全新世北半球残存冰盖抑制东亚季风雨带北进有关；②全新世气候适宜期，我国沙漠东界西撤约 1000 km（与末次冰盛期相比），现今的北方沙地呈现荒漠草原景观，黄土高原植被面貌为典型草原，这一格局为全球变暖背景下我国北方生态状况提供了历史相似型。

（四）南海科学钻探与新科学假说

自 1998 年起，由我国学者主导的南海科学钻探执行了 4 个大洋钻探计划－整合大洋钻探计划（ODP-IODP）航次，实施了 18 个深海站位的钻探作业，获取近万米沉积岩芯，使南海成为全球研究程度最高的边缘海。基于相关研究，我国学者提出了“全球季风”的新概念，建立了以全球季风为标志的水循环假说和以微生物碳泵为基础的溶解有机碳假说，提出了第四纪气候变化的“冰盖驱动”和“热带驱动”的双驱动假说，为解开第四纪冰期成因之谜贡献了中国智慧。

（五）石笋高分辨率古气候记录

最近20年，我国石笋与古气候研究在国际全球变化领域发挥了引领作用。其标志性成果包括：①建立了全球最长的高分辨率气候变化记录（东亚季风区64万年、印度季风区28万年、西部干旱区50万年），揭示出轨道－亚轨道尺度上亚洲季风与太阳辐射和高纬气候过程的关联以及与南美季风的反相位关系；②刻画了全新世亚洲季风变化的精细过程，提供了亚洲古文明演进的水文气候背景；③测试了距今5.4万～1.1万年石笋记录的大气^{14}C变化，大幅提高了该时段^{14}C年龄校正的精准度和分辨率。

（六）中国现代人起源

已有研究认为，现代人在末次间冰期之后逐渐走出非洲大陆。我国学者在华南和华北发现了解剖学意义上的现代人化石，近年DNA研究显示：①末次冰盛期已大致形成东亚人和欧洲人的分布格局；②至少在3.5万年前与现今欧洲人有遗传联系的人群已在欧洲西部广泛分布；③1.4万年以来古欧洲人与近东人群具有密切联系，之后欧亚大陆东西部人群之间有着丰富而复杂的基因交流史。

（七）农业起源与作物驯化

末次冰消期至早全新世是农业形成的关键时期。我国学者通过大量考古遗址研究提出：①全新世早期，我国北方以黍为首要粮食作物，而南方开始有意识地采集和栽培水稻；②全新世中期，野生稻北扩促进了稻作的扩散和发展，温暖湿润的气候为作物驯化和农业发展创造了重要条件。

第三节　学科发展需求与趋势

一、前沿研究与社会应用需求

（一）前沿研究需求

无论从学科发展基础还是从学科科学目标和内涵外延看，第四纪环境与环境考古都是与地球系统科学理论研究最为契合的学科之一。就学科自身需求而言，第四纪环境变化体现在海－陆－气相互作用、高低纬及南北半球相互作用以及人类活动与环境变化相互作用等多个层次多个方面，因此第四纪环境与环境考古的发展需要注重跨时间尺度气候环境变化的关联与综合，重视环境变化与人类活动关系的综合，深化古气候定量化研究。

亚洲季风－干旱环境的形成与分异是构造变动和全球变冷共同作用的结果。随着构造变动证据和环境变化证据的不断积累，亚洲季风动力学机制的理论框架逐步成形，有望在圈层相互作用、高低纬相互作用等方面提出新的理论认识。

对不同时间尺度环境变化关联性的认识是第四纪环境研究在思维方式上的重大进步。构造—轨道尺度上的渐变可能影响气候系统的突变，轨道—亚轨道尺度上的变化可能诱发气候系统不可逆的重大转型。然而，现有的认识仍相对零散，难以形成系统的科学认知。针对季风－干旱重大环境事件开展多时间尺度气候变率研究，是取得理论突破的关键途径。

环境变化与人类活动关系研究日益受到重视。这一领域的研究可分为两方面：一方面关注环境变化在人类起源演化、农业起源发展和文明起源演进中的作用与机制；另一方面关注人类活动何时开始成为一种地质营力，对环境变化的自然过程产生显著影响以及影响的方式和机制。东亚地区拥有独特的地域优势，为开展上述研究提供了有利条件。

古气候与现代气候对接一直是过去全球变化领域的难题，也是未来的研究重点之一。发展机理清晰且意义明确的古气候代用指标、建立代用指标与气候要素的定量关系、重建气候环境变化的区域定量集成序列，有望推动第四纪环境研究从定性－半定量走向真正意义上的定量之路。

总之，我国的第四纪环境研究在材料积累方面物力有余，但在理论创新方面能力不足；在注重时间序列和空间格局的基础上，对指标和现象的研究较为深入，但对过程和机制的研究较为薄弱。注重科学假说的提出和验证、研发全面耦合不同尺度过程的气候模式、加强地质记录与数值模拟的对比检验，有望促进第四纪环境研究实现从量变到质变的飞跃。

（二）社会应用需求

从社会应用需求看，在全球变暖背景下，季风气候、干旱环境将如何演变？气候系统可能发生怎样的突变行为？气候突变对生态系统将产生怎样的影响？这些问题都是人类社会面临的重大紧迫问题。此外，全球变化环境效应的不确定性以及后果的不可控性和不可恢复性也威胁着地球宜居环境的可持续性。第四纪环境研究亟须针对上述问题做出科学的解答。

解答上述问题的途径主要有两个：气候模拟研究和地质记录研究。其中，地质记录可用以构建过去气候系统增温和突变的生态环境效应的真实场景，其在预估未来环境趋势中起着不可替代的作用。通过环境时空过程研究，揭示地质时期不同增温情景下、不同突变幅度下的区域降水强度和植被面貌，获取古增温、气候突变对降水模式和生态格局影响的系列证据，将为评估气候变化后果、制定气候变化应对策略提供科学支撑。

此外，当前大气温室气体浓度已经超过过去 400 万年自然变化的背景值，增速更是史无前例。气候系统对 CO_2 的敏感度究竟有多大？在增温背景下敏感度会发生怎样的变化？如何利用自然反馈过程调控气候变化？第四纪环境研究有望为解答这些问题提供关键证据，并为碳排放谈判提供科学参考。

二、学科背景与国际研究计划

自 20 世纪 60 年代末米兰科维奇假说推翻主导第四纪长达半个世纪的“四次冰期理论”以来，冰期－间冰期周期性及其机制一直是第四纪环境研究的核心主题。最近半个世纪，随着研究的深入以及人类对生存环境恶化的忧虑，欧美国家和地区以及国际组织提出多个大型研究计划，以加强第四纪环境演变研究，使得第四纪科学成为国际地球科学界最具活力的学科之一。

米兰科维奇理论的确立开创了第四纪科学的新纪元。20 世纪 70～80 年代，欧洲科学家牵头实施的格陵兰冰芯钻探计划、美国科学家牵头实施的大洋钻探计划以及我国科学家在 70 年代后期迅速展开的黄土与环境研究计划，在国际上掀起冰期－间冰期研究的热潮。极地冰盖、海洋、黄土“殊途同归”，揭示出第四纪时期地球环境冰期－间冰期多旋回交替与地球轨道参数周期性变化之间的动力学关联。

与此同时，面对第二次世界大战后 30 余年全球气温每 10 年降低 0.03℃的器测记录，古气候学家普遍担心“冰期将至”。1972 年，欧美知名古气候学家聚集在布朗大学，就“现代间冰期何时结束、如何结束”展开专门研讨。鉴于人类对气候变化的认知远不足以应对可能来临的冰期，会上致信美国总统，提议加强冰期－间冰期研究。古气候学家的提议促成美国政府于 1974 年成立了气候变化委员会，从国家战略层面启动了全球变化研究。

20 世纪 70 年代中期以后，全球气温逐年升高，1977～1986 年成为有器测记录以来最温暖的 10 年。气候变化莫测以及学界对认识气候系统运行机制的渴求催生了多个以全球变化为研究核心的国际组织，如美国国家航空航天局地球系统科学委员会（ESSC）（1983 年）、国际科学联盟理事会国际地圈生物圈计划（IGBP）（1986 年）以及世界气象组织与联合国环境规划署联合建立的联合国政府间气候变化专门委员会（IPCC）（1988 年）等。由于现代气象观测仅有数十年的历史、器测数据无法反映气候系统的全部变率，上述组织成立伊始就将古气候作为研究重点。尤其值得强调的是，在美国和瑞士两国国家科学基金会的资助下，IGBP 于 1991 年设立专门研究计划——过去全球变化（PAGES），旨在加强古气候古环境变化的定量重建和机理研究，为提高未来气候环境趋势预估的可靠性提供基础数据。数十年来，过去全球变化研究取得举世瞩目的学术成就，深化了学界对气候系统运行机制的理解，推动了古气候学和现代气候学的发展，为构建地球系统科学理论体系提供了重要科学认知。我国于 1994 年加入 PAGES，依赖独特的地域优势，在东亚古季风研究等方面取得了卓越成就，为 PAGES 的发展和壮大做出了突出贡献。

进入 21 世纪，随着全球变暖和大气 CO_2 浓度持续升高，地质温暖期增温机制成为古气候领域的研究热点。PAGES 先后组织过去间冰期（PIGS）（2008～2015 年）和第四纪间冰期（QUIGS）（2015～2021 年）研究计划，促进了地质温暖期气候变化机制研究，推动了相关研究的国际合作和学科交叉，取得了丰硕成果。

三、学科发展趋势与前沿领域

综合学科发展的现状和需求，第四纪环境与环境考古亟须开展以下 5 个前沿领域的研究。

（一）季风－干旱环境形成与演化

在新生代全球变冷的总体背景下，亚洲地区最突出的地质－环境事件就是青藏高原隆升和季风－干旱环境形成。在全球六大季风－干旱系统中，亚洲季风最具活力、影响最广，而亚洲干旱区又是全球最大的非地带性干旱区。已有证据显示，季风－干旱环境形成与演化同区域构造变动和全球气候变化密切相关。因此，开展季风－干旱环境形成与演化及构造－气候共同作用研究，有望在跨圈层相互作用、高低纬相互作用方面提出新的认识框架。

本领域主攻的关键科学问题是：现代格局的季风－干旱环境何时形成？在不同时间尺度上如何演变？两者与构造变动和全球变冷有何关联？回答上述问题的关键在于解决如何区分季风格局下的干旱与行星风系下的干旱、如何甄别构造变动与全球变冷的影响等难题。我国学者在亚洲季风－干旱环境起源和多时间尺度变率研究方面取得了一大批具有国际影响的成果，但学界在诸多重大问题上仍存在较大分歧。例如，触发季风－干旱耦合系统形成与分异演化的动力学机制是什么？季风－干旱环境不同子系统在构造尺度上的演变与地球气候系统外部和内部因子之间具有怎样的相互作用过程？季风－干旱环境重大事件的发生与海－陆－气相互作用具有怎样的关联机制？等等。对这些重大科学问题的深入探索，是我国第四纪环境与环境考古学科面临的紧迫任务。

基于上述分析，季风－干旱环境形成与演化研究需要聚焦以下3方面内容：①季风－干旱环境形成与构造－气候背景；②季风－干旱环境构造尺度演化与分异；③重大环境事件与构造－气候动力学关联。

（二）气候系统古增温

古增温是地球气候系统外部驱动（板块构造变动、地球轨道变化、太阳辐射度变化）和内部过程（地表圈层之间的各种正负反馈过程）共同作用的结果。就理解气候变化机制而言，古增温研究应包括增温期、高温期和降温期（回归背景温度）三个阶段，其中降温期是理解碳循环与气候系统反馈过程的重要窗口。完整解析这三个阶段的温度变化是理解地球气候系统变化阈值、自调节过程和机制的基础，也是认识地球气候－环境系统对增温过程的响应与反馈特征的必要前提。

本领域主攻的关键科学问题是：在不同类型、不同速率的古增温过程中，温室气体的作用如何？不同速率气候变暖具有怎样的环境效应？古增温过程包括不同增温速率、不同增温幅度的气候系统过程，其可分为缓慢增温（构造—轨道尺度增温）和快速增温（千年—百年尺度增温）。新生代古增温研究已取得一系列重要进展，但仍有诸多科学问题亟待解答。例如，在不同边界条件下，气候系统对CO_2的敏感度如何变化？在不同类型的增温事件中，温度变化与温室气体浓度变化的相位关系如何？增温后温度如何回归背景值？不同速率和幅度的增温具有怎样的环境效应？此外，在技术层面上，如何降低古增温定量重建的不确定性？如何准确重建地质温暖期CO_2浓度的变化历史？解决这些问题，需要研发和改进新方法，并攻克相关技术难点。

基于上述分析，气候系统古增温研究需要聚焦以下3方面内容：①典型古增温事件的精细过程；②典型古增温事件的环境效应；③古增温成因机制。

（三）气候系统突变

气候系统突变是气候系统变化的重要过程，其反映气候系统“稳态”在千年或更短时间尺度上的快速变化。气候突变可能造成灾难性的环境后果。从关注气候演变的轨道周期到关注气候在千年—百年—年代际尺度上的突变，是20世纪90年代第四纪环境研究主题的一次重大转变。深入研究气候突变及其对降水和生态的影响，对理解气候系统快速驱动－响应的过程和机制具有重要意义，也将为评估未来全球变暖背景下极端气候的频率、特征和影响提供科学依据。

本领域主攻的关键科学问题是：气候突变与北大西洋环流和热带海－气系统有何关联？不同性质、不同结构的气候突变事件在驱动机制上有何差异？生态系统如何响应气候突变？该方向研究面临的技术难点包括：如何检测气候代用指标记录的气候突变信号？如何厘定气候突变的阈值和幅度？在未来研究中，需要系统分析气候突变事件的时空特征（时限、阈值、突变点、突变速率、突变幅度、空间差异），这是理解气候系统突变的动力过程和驱动机制的重要基础。同时，需要针对典型气候突变事件，开展气候突变期间与前后植物属种和群落的演替过程研究，揭示生态系统对气候突变响应的方式和程度。

基于上述分析，气候系统突变研究需要聚焦以下 3 方面内容：①典型气候突变事件的时空特征；②典型气候突变事件的环境效应；③气候系统突变机制。

（四）环境变化与人类活动

环境变化与人类活动研究对创建和谐宜居环境具有重要科学价值。人类起源、农业起源和文明起源是地球科学、生命科学、社会科学、人文科学共同关注的重大科学问题。国际学界将古人类起源演化的动因归于环境变化，但具体过程和机制不明。人类活动对环境变化的影响日渐强烈，但人类活动何时开始作为一种地质营力显著改变地球气候环境，尚存在激烈争议。因此，环境变化与人类活动关系的研究亟待深化。

本领域主攻的关键科学问题是：环境变化影响古人类起源、迁徙和扩散的机制是什么？人类活动何时开始对环境变化产生显著影响？本方向需要攻克的技术难点有：如何区分环境因素与进化因素对古人类起源演化的影响？如何准确估算人类活动（尤其是与农业活动相关的古土地利用）的范围和强度？

我国关于早期人类（包括智人）演化、迁徙和扩散与气候变化关系的研究仍十分缺乏。有关农业起源研究虽已取得突破性进展，但较少从气候环境变化视角解释农业起源和早期发展的动因。气候变化对史前社会影响的研究局限于两者在发生时间上的对比，缺乏对中间环节（如气候变化对生存环境和生命支撑系统的影响）的研究，也缺乏模式模拟研究，致使对两者之间的成因联系理解不深。有关气候变化对历史事件影响的研究虽摆脱了早期的定性描述，出现了较多的定量化研究，但仍停留在比对两者在时间上的一致性，而缺乏具有逻辑推理的因果关联分析。在人类活动对环境影响的研究上，则需要定量区分人类活动和自然过程对环境影响的相对贡献。

基于上述分析，环境变化与人类活动研究需要聚焦以下 3 方面内容：①环境变化与人类演化和扩散；②环境变化与农业起源和传播；③人类文明与“人类世”。

（五）古气候定量化

发展机理清晰的古气候代用指标、建立代用指标与气候要素的定量关系模型、实现不同区域古气候定量化重建，是揭示过去地球气候系统时空演变及其机制的关键，也是融合古今气候研究、深入认识气候变化机制及未来趋势的必由之路。

本领域主攻的关键科学问题是：不同类型的古气候代用指标与温度、降水具有怎样的物理关联？未来气候发展的趋势如何？目前，国际上定量化研究方法依然存在诸多不足：①难以实现温度和降水信号的有效分离；②难以实现古气候重建结果（年与季）之间的有效对比；③难以实现重建结果（单点）与模拟结果（区域）的对比检验。我国学者在古气候定量化研究方面基本实现与国际接轨，但仍存在以下不足：①缺乏系统地对古气候代用指标的现代过程研究和机理的认识；②缺乏标准统一的区域现代指标数据库和定量化研究方法体系；③缺乏不同时间尺度区域温度和降水变化的定量序列；④古气候模拟研究相对薄弱。

基于上述分析，古气候定量化研究需要聚焦以下 3 方面内容：①气候代用指标定量转换；②记录－模拟检验与模式优化；③未来气候趋势预估。

第四节　学科交叉的优先领域

第四纪环境与环境考古以地球表层系统为研究对象，是一门涉及地质学、古地理学、古生态学、古海洋学、大气科学等的跨学科综合的学科。因此，第四纪环境与环境考古 具有独特的学科交叉性。

一、学部内部学科交叉的优先领域

（一）季风－干旱环境形成与构造－气候背景

交叉学科：地层学，同位素和化学年代学，古生物学和古生态学，构造地质学与活动构造，海洋地质学与地球物理学，大气科学。

交叉意义：现代格局季风－干旱的形成时间及其与高原隆升、海陆变动和全球变冷的关系是多学科关注但认识尚未统一的科学问题。开展交叉研究，有望在年代学、沉积学、古生物学、气候学和构造地质学等方面获得更可靠的证据，进而有助于区分现代格局下的干旱与行星风系下的干旱，厘定季风－干旱环境形成与构造变动、全球变冷的关系。

研究内容：从时间序列和空间格局两方面考察季风环境形成，通过对季风强度指标时间序列的考察与对干湿状况空间格局的考察，确定季风环境的形成及其相应的气候格局转型时间。对指示干旱区干旱强度、范围、干旱－半干旱区边界的沉积指标进行时间序列和空间格局考察，确定干旱环境形成演化的时空框架。在此基础上，探讨季风－干旱环境演化的关联及季风－干旱环境形成的构造－气候背景。

（二）季风－干旱环境构造尺度演化与分异

交叉学科：地层学，同位素和化学年代学，第四纪地质学，古生物学和古生态学，构造地质学与活动构造，海洋地质学与地球物理学，大气科学。

交叉意义：季风－干旱环境演化由构造变动、气候转型等构造尺度变化叠加而成，两者之间存在着复杂的动力学联系。由于海道启闭、高原隆升、冰盖进退等的表现特征和控制因素不同，因而需要从多学科的角度进行研究。开展交叉研究，有望获得构造尺度季风－干旱变化的精确时限和气候变化的地质－生物证据以及模拟结果。

研究内容：通过建立关键区域陆相和海洋沉积记录的气候－环境变化时间序列，明确季风－干旱环境在构造尺度上的演变规律（趋势、阶段、转型、突变等特征）。通过对季风区和内陆干旱区不同时期气候－环境梯度变化和格局变化的考察，明确季风－干旱环境空间分异及其构造尺度演变特征。

（三）典型气候突变事件的时空特征

交叉学科：同位素和化学年代学，古生物学和古生态学，有机地球化学，海洋地质学与地球物理学，大气科学。

交叉意义：阐明气候突变的精细过程和结构特征（时限、突变速率、幅度等）是理解气候系统突变的动力学特征与驱动机制的重要基础。开展学科交叉，有望在高精度年代学的约束下，检测不同代用指标记录的气候突变信号，重建突变事件的地质过程、生物过程和气候过程，厘定气候突变阈值和幅度，在数值模拟的支持下揭示气候突变与高纬气候过程和低纬海－气系统过程的关联机制。

研究内容：典型气候突变事件的时空特征。针对典型气候突变事件（如 YD 事件、全新世 8.2 ka 事件、4.2 ka 事件等），开展区域代表性高分辨率地质－生物记录的多学科指标和高精度年代学研究，厘定气候突变事件；解析突变事件的属性、时限、突变速率、突变幅度和阈值，研究不同属性突变事件的开启和回返过程；分析突变事件在不同区域的相位关系和相对幅度，研究不同属性突变事件的空间表现。

（四）环境变化与农业起源和传播

交叉学科：同位素和化学年代学，古生物学和古生态学，同位素地球化学，土壤学。

交叉意义：环境变化被视为农业起源与早期发展的主要驱动因素，但在东亚地区，环境变化对农业起源、发展和传播的作用和机理尚不明确。开展学科交叉，有望在高精度年代框架控制下获得农作物驯化和扩散以及人类土地利用等多学科数据，从而为东亚环境与农业起源的理论研究提供关键证据。

研究内容：选择典型地区进行个案剖析，并通过区域集成分析农业起源发展和早期农业全球化与重大气候环境事件的关系，深入研究气候转型、气候突变和气候灾害对生存环境、农业演化和食物结构影响的过程与机制，从环境变化角度探讨农业起源和发展的动因。

二、与其他学部学科交叉的优先领域

（一）气候代用指标定量转换

交叉学科：数学，化学测量学，微生物学，植物学，生物物理，生物化学和分子生物学。

交叉意义：现代过程和控制实验研究是古气候参数定量化的主要途径。古气候参数定量化面临如何实现温度与降水信号的有效分离、如何提取季节性信号以及如何降低古温度和古降水定量重建的不确定性等难题。通过跨学部学科交叉，有望明确理化、生物气候代用指标的环境控制因素和控制机理，优化气候转换函数方程和参数设置，提高古气候参数定量化的精度，推动古气候数据与仪器观测数据的衔接。

研究内容：从现代过程机理入手，结合具有区域特色的生物、化学和物理等指标，查明古气候代用指标的物理意义，建立代用指标与气候要素的定量关系和数理模型。选择不同地区具有代表性的沉积记录，实现区域气候变化的定量重建，并评价其不确定性，开展第四纪以来温度和降水综合集成序列重建，获得区域和全球气候要素变化序列。

（二）记录－模拟检验与模式优化

交叉学科：数学。

交叉意义：国际上各种通用的气候模式对亚洲季风的模拟能力普遍较弱，亚洲季风－干旱系统动力学机制研究的最新进展对优化气候模式提出了更高要求。通过跨学部学科交叉，考虑所有可能的反馈机制，优化不同关键物理过程、化学过程和生物地球化学过程参数方案，改进算法，并通过地质记录－数值模拟对比检验，有望提升数值模式模拟不同时间尺度气候变化过程的能力。

研究内容：将地球系统模式和区域气候模式相结合，通过古气候模拟与地质记录对比检验，揭示不同时间尺度我国区域气候变化的动力机制及其对全球温度响应的敏感性，诊断构造—轨道—亚轨道—年代际尺度季风气候变化的机理。

（三）环境变化与人类演化和扩散

交叉学科：遗传学与生物信息学，运动系统结构、功能和发育异常。

交叉意义：国际学术界将古人类起源演化归因于环境变化，但由于古人类遗址区环境记录的缺乏以及古人类遗存不连续等问题，人类演化的诸多环境假说难以验证。通过跨学部学科交叉，借助体质人类学、考古学、古基因组学等多学科研究，有望获得古人类演化、扩散、人种交叉融合的准确信息，从而为厘定环境变化与人类演化关系提供关键证据。

研究内容：结合古人类和旧石器遗址，对关键地点进行高质量年代学和高精度环境及人类活动过程重建研究，建立和完善早期人类演化与环境变化对比的时间序列。对大陆尺度和区域尺度的人类活动地点进行分析和集成研究，分析古人类演化和迁徙、扩散的空间变化，探讨区域和全球气候与生态变化，尤其是冰期－间冰期旋回气候变化对人类演化、迁徙和扩散的作用和驱动机制。

第五节　前沿、探索、需求和交叉等方面重点领域与方向

地球系统科学已成为当代地球科学研究的指导性认识框架。回顾历史，地球系统科

学概念的提出同第四纪环境与环境考古在全球冰期－间冰期周期性、气候突变及其区域响应以及气候系统运行机制等方面获得的理论突破密不可分。未来一段时期，构建地球系统科学理论框架、提出气候变化应对策略是地球科学研究的首要目标。鉴于此，第四纪环境与环境考古在科学前沿、理论探索和社会需求等方面均有亟须布局的重点方向。

一、前沿方面重点方向

跨尺度整合海－陆－气相互作用过程、定量区分自然过程和人类活动对气候系统的影响是创建地球科学新理论的突破口，其必将推动地球科学相关学科的发展。为此，第四纪环境与环境考古需要在重大环境事件与构造－气候动力学关联、典型古增温事件的精细过程、人类文明与“人类世”、未来气候趋势预估等方向展开前沿研究。

（一）重大环境事件与构造－气候动力学关联

季风－干旱环境演化过程中发生了一系列重大环境事件，这些环境事件是跨尺度、跨圈层、多因子相互作用的结果，是海－陆－气相互作用过程整合研究的最佳切入点。在未来的研究中，应系统考察关键区域代用序列记录的季风－干旱环境重大转型和突变事件，建立重大事件序列的时间框架和空间对比框架。结合数值模拟，从跨圈层动力学角度认识季风－干旱环境分异过程，探索季风－干旱环境演化与青藏高原隆升（古高度、隆升范围、隆升事件等）、特提斯海退却以及南极冰盖形成等的动力学关联，明确重大季风－干旱环境事件与南北半球气候过程和高低纬气候梯度变化的相互作用机制。

（二）典型古增温事件的精细过程

地质时期地球气候经历了不同速率、不同幅度的增温。针对不同边界条件下快速增温和缓慢增温的典型事件开展增温期时限、变幅和变率研究，是厘定气候系统变化“失稳”阈值和成因机制的基础。在未来的研究中，应围绕新生代典型增温事件（如古新世—始新世极热期、中上新世温暖期、MIS11 间冰期）开展高精度年代约束下的沉积学和地层学研究，获取高质量、高分辨率的地质记录；发展和丰富不同沉积相地层的多代用指标体系，精确刻画不同类型古增温事件增温期、持续期、结束期的物理过程、化学过程和生物地球化学过程，获得古增温阶段性、变率和变幅的信息；精确重建不同类型古增温时期温室气体、大洋环流、海陆变动的历史，揭示气候变化机制研究必需的边界条件。

（三）人类文明与“人类世”

现今地球环境变化是自然过程和人类活动共同作用的结果。“人类世”概念提出后，学界对人类活动何时开始显著影响气候变化存在激烈争议，因此亟须对人类文明演进历史上人类活动的强度和影响进行准确评估。在未来的研究中，应通过区域和全球性集成研究，整合考古、历史与环境变化记录，分析人类活动对环境影响的方式、程度和后果，明确人类活动对土地利用、生态系统以及大气成分等产生显著影响的证据和时间，研究人类活动对环境影响及环境变化反馈的物理机制，从地质学视角审视“人类世”的内涵，评估“人类世”地质年代单位的必要性和可行性。

（四）未来气候趋势预估

第四纪环境与环境考古研究的终极目标之一是对未来气候变化趋势进行预估。就方法论而言，气候趋势预估主要有两类，即基于“相似型”地质证据的预估和基于数值模式的预估，两者在驱动因素上分别侧重自然因素和人为因素。在未来的研究中，应将定量化的古气候重建序列与树轮、器测记录对接，通过对不同时间尺度气候周期、相位和趋势的分析，根据相似型原理揭示现代温暖期所处的位置；同时开展地质时期古增温研究，检验数值模式对过去气候的模拟能力，实现古今气候研究的融合，降低未来气候变化趋势预估的不确定性。

二、探索方面重点方向

地球表层系统演变机制研究的深入孕育着新思想、新理论的诞生。为此，第四纪环境与环境考古需要在古增温成因机制、气候系统突变机制两个方向展开探索研究。

（一）古增温成因机制

在新生代历次古增温事件中，温室气体究竟是气候变化的原因还是气候变化的后果？在不同边界条件下温室气体的角色是否有所不同？在不同时间尺度上古增温的控制因素有何差异？这些问题都是学界高度关注的重大科学问题。在未来的研究中，应在精确重建气候系统关键驱动因素演变过程的基础上，剖析不同温室气体浓度变化对气候系统古增温的影响，厘定气候系统敏感度等参数，为气候模拟提供约束和支撑；理解不同温室气体（CO_2、CH_4、水蒸气等）之间的相互关联和反馈机制、温室气体变化和温度变化对海洋环境和海洋生物变化及陆地环境和陆地生物变化的影响以及彼此之间的反馈机制，追踪温室气体的源-汇过程，获取气候系统在高温度、高CO_2浓度下的运行机理，建立快速增温和缓慢增温机制的理论概念模型；将地质证据和数值模拟相结合，评估构造因素、温室气体、海洋环境、地球轨道参数等内、外边界条件变化对不同类型古增温的作用和贡献，揭示气候系统古增温的成因机制。

（二）气候系统突变机制

晚第四纪一系列千年—百年尺度气候突变事件揭示出气候系统的不稳定性和自调节能力，其对于理解气候系统运行机制具有极其重要的意义。气候系统突变的阈值是什么？突变事件是否具有周期性和全球/半球/区域性？高纬气候过程和低纬海-气相互作用对气候突变的作用机制是什么？解答这些问题是全球变化研究领域面临的突出挑战。在未来的研究中，应系统考察典型气候突变事件的动力学特征，明确气候系统发生突变的边界条件和阈值、突变启动所需的时间、突变持续时间和突变幅度以及突变与驱动因素和其他边界条件的动力学关联。同时，在对比分析不同时间尺度气候突变的动力学特征及其差异的基础上，探究气候系统突变与气候系统内部变率及外部驱动的不同关联模式，明确季风系统、干旱系统、热带海-气系统和高纬气候系统等在典型气候突变发生期间的表现特征，构建基于古气候研究的气候系统突变机制认识框架。

三、需求方面重点方向

IPCC 报告指出，随着全球气温持续升高，极端气候事件更为频繁，降水的区域差异增大，生物多样性降低，最终造成灾难性后果。我国季风－干旱环境演变与全球变化密切相关，生态文明建设战略对评估气候变化影响提出了紧迫的知识需求。据此，第四纪环境与环境考古需要在典型古增温事件和典型气候突变事件的环境效应两个方向展开基础理论研究。

（一）典型古增温事件的环境效应

地质时期古增温涵盖不同速率、不同幅度的增温过程，在时间尺度上可分为构造尺度增温、轨道尺度增温和快速增温。在未来的研究中，应针对典型古增温期地质记录，建立和完善基于沉积物物理化学指标、古生物指标、古生物标志物等的古降水、古温度转换函数；在不同环境单元重建古增温期古降水的定性、定量时间变化序列和古生物组合演变序列，利用同位素、古环境格局图等示踪增温期不同时段的降水格局变化；绘制不同增温幅度下古降水和古植被的空间格局图，获得不同增温幅度对古大气环流、水热配置、植被带迁移和动物迁徙的影响。

（二）典型气候突变事件的环境效应

气候突变是气候系统“稳态”的快速转变，包括千年—百年尺度突变和百年—年代际尺度突变。在未来的研究中，应针对典型气候突变事件，选取不同区域代表性地质－生物记录开展元素和同位素地球化学、生物地球化学、孢粉学等多学科交叉研究；基于现代过程研究，建立和完善古降水转换函数；重建不同环境单元气候突变期古降水变化序列和古植被演替序列，揭示不同气候突变期降水强度和植被类型的时空变化；解析古降水和古植被变化对不同幅度气候突变响应的方式和程度，阐明典型气候突变对降水模式和生态格局的影响。

（参编人员：肖举乐　郝青振　熊尚发　宋友桂　旺　罗　李小强　付巧妹　吴文祥　张健平　吴海斌　唐自华　张生瑞）

参考文献

安芷生，张培震，王二七，等．2006．中新世以来我国季风－干旱环境演化与青藏高原的生长．第四纪研究，26：678-693.

陈淳．1995．谈中石器时代．人类学学报，14：82-90.

陈祚伶，丁仲礼．2011．古新世－始新世极热事件研究进展．第四纪研究，31：937-950.

郭正堂．2017．黄土高原见证季风和荒漠的由来．中国科学：地球科学，47：421-437.

郭正堂，任小波，吕厚远，等 . 2016. 过去 2 万年以来气候变化的影响与人类适应 . 中国科学院院刊，31：142-151.
刘东生，郑绵平，郭正堂 .1998. 亚洲季风系统的起源和发展及其两极冰盖和区域构造运动的时代耦合性 . 第四纪研究，18：194-204.
刘晓东，Dong B W，Yin Z Y，等 . 2019. 大陆漂移、高原隆升与新生代亚 – 非 – 澳洲季风区和干旱区演化 . 中国科学：地球科学，49：1059-1081.
刘晓东，李力，安芷生 . 2001. 青藏高原隆升与欧亚内陆及北非的干旱化 . 第四纪研究，21：114-122.
鹿化煜，郭正堂 . 2013. 晚新生代东亚气候变化：进展与问题 . 中国科学：地球科学，43：1907-1918.
施雅风，孔昭宸，王苏民，等 . 1992. 中国全新世大暖期的气候波动与重要事件 . 中国科学（B 辑），22：1300-1308.
施雅风，汤懋苍，马玉贞 . 1998. 青藏高原二期隆升与亚洲季风孕育关系探讨 . 中国科学（D 辑），28：263-271.
田军 . 2013. 过去海水表层温度的重建方法 // 丁仲礼 . 固体地球科学研究方法 . 北京：科学出版社：82-103.
王绍武，王日昇 . 1990.1470 年以来我国华东四季与年平均气温变化的研究 . 气象学报，48：26-35.
张弛 . 2011. 论贾湖一期文化遗存 . 文物，3：46-53.
张德二 . 1993. 我国“中世纪温暖期”气候的初步推断 . 第四纪研究，13：7-15.
张林源，蒋兆理 . 1992. 论我国西北干旱气候的成因 . 干旱区地理，15：1-12.
周廷儒 . 1983. 中国第四纪古地理环境的分异 . 地理科学，3：191-206.
周鑫，郭正堂 . 2009. 浅析新生代气候变化与大气温室气体浓度的关系 . 地学前缘，16：15-28.
Abels H A, Dupont-Nivet G, Xiao G, et al. 2011. Step-wise change of Asian interior climate preceding the Eocene-Oligocene Transition (EOT). Palaeogeography, Palaeoclimatology, Palaeoecology, 299: 399-412.
Ahn J, Brook E J. 2008. Atmospheric CO_2 and climate on millennial time scales during the last glacial period. Science, 322: 83-85.
Alley R B. 2000. Ice-core evidence of abrupt climate changes. Proceedings of the National Academy of Sciences, 97: 1331-1334.
Alley R B, Mayewski P A, Sowers T, et al. 1997. Holocene climatic instability: A prominent, widespread event 8200 yr ago. Geology, 25: 483-486.
An Z S. 2000. The history and variability of the East Asian paleomonsoon climate. Quaternary Science Reviews, 19: 171-187.
An Z S, Kukla G J, Porter S C, et al. 1991. Magnetic susceptibility evidence of monsoon variation on the Loess Plateau of central China during the last 130,000 years. Quaternary Research, 36: 29-36.
An Z S, Kutzbach J E, Prell W L, et al. 2001. Evolution of Asian monsoons and phased uplift of the Himalaya-Tibetan plateau since Late Miocene times. Nature, 411: 62-66.
Anagnostou E, John E H, Edgar K M, et al. 2016. Changing atmospheric CO_2 concentration was the primary driver of early Cenozoic climate. Nature, 533: 380-384.
Anderson D G, Maasch K, Sandweiss D H. 2007. Climate Change and Cultural Dynamics. London: Academic Press.
Baker P A, Rigsby C A, Seltzer G O, et al. 2001. Tropical climate changes at millennial and orbital timescales

on the Bolivian Altiplano. Nature, 409: 698-701.

Bartlein P J, Harrison S P, Brewer S, et al. 2011. Pollen-based continental climate reconstructions at 6 and 21 ka: A global synthesis. Climate Dynamics, 37: 775-802.

Bar-Yosef O. 2011. Climatic fluctuations and early farming in West and East Asia. Current Anthropology, 52: S175-S193.

Beerling D J, Royer D L. 2011. Convergent Cenozoic CO_2 history. Nature Geoscience, 4: 418-420.

Bellwood P. 2005. First Farmers: The Origin of Agricultural Societies. Oxford: Oxford University Press.

Blunier T, Chappellaz J, Schwander J, et al. 1995. Variations in atmospheric methane concentration during the Holocene epoch. Nature, 374: 46-49.

Bond G, Broecker W, Johnsen S, et al. 1993. Correlations between climate records from North-Atlantic sediments and Greenland ice. Nature, 365: 143-147.

Bond G, Heinrich H, Broecker W, et al. 1992. Evidence for massive discharges of icebergs into the North-Atlantic Ocean during the last glacial period. Nature, 360: 245-249.

Bond G, Kromer B, Beer J, et al. 2001. Persistent solar influence on North Atlantic climate during the Holocene. Science, 294: 2130-2136.

Bond G, Showers W, Cheseby M, et al. 1997. A pervasive millennial-scale cycle in north Atlantic Holocene and glacial climates. Science, 278: 1257-1266.

Bowen G J, Beerling D J, Koch P L, et al. 2004. A humid climate state during the Palaeocene/Eocene thermal maximum. Nature, 432: 495-499.

Bowen G J, Maibauer B J, Kraus M J, et al. 2014. Two massive, rapid releases of carbon during the onset of the Palaeocene-Eocene thermal maximum. Nature Geoscience, 8: 44-47.

Braconnot P, Harrison S P, Kageyama M, et al. 2012. Evaluation of climate models using palaeoclimatic data. Nature Climate Change, 2: 417-424.

Broecker W S. 1998. Paleocean circulation during the last deglaciation: A bipolar seesaw? Paleoceanography, 13: 119-121.

Broecker W S, Peteet D M, Rind D. 1985. Does the ocean-atmosphere system have more than one stable mode of operation? Nature, 315: 21-26.

Brooks S J, Birks H J B. 2000. Chironomid-inferred late-glacial and early-Holocene mean July air temperatures for Krakenes Lake, western Norway. Journal of Paleolimnology, 23: 77-89.

Burns S J, Fleitmann D, Matter A, et al. 2003. Indian Ocean climate and an absolute chronology over Dansgaard/Oeschger events 9 to 13. Science, 301: 1365-1367.

Cane M A. 1998. A role for the tropical Pacific. Science, 282: 59-61.

Cane M A. 2005. The evolution of El Niño, past and future. Earth and Planetary Science Letters, 230: 227-240.

Chang H, An Z, Liu W, et al. 2012. Magnetostratigraphic and paleoenvironmental records for a Late Cenozoic sedimentary sequence drilled from Lop Nor in the eastern Tarim Basin. Global and Planetary Change, 80-81: 113-122.

Chen Z L, Ding Z L, Tang Z H, et al. 2017. Paleoweathering and paleoenvironmental change recorded in lacustrine sediments of the early to middle Eocene in Fushun Basin, Northeast China. Geophysics, Geochemistry, Geosystems, 18: 41-51.

Chen Z L, Ding Z L, Yang S L, et al. 2016. Increased precipitation and weathering across the Paleocene-Eocene Thermal Maximum in central China. Geochemistry, Geophysics, Geosystems, 17: 2286-2297.

Cheng H, Spötl C, Breitenbach S F M, et al. 2016. Climate variations of Central Asia on orbital to millennial timescales. Scientific Reports, 6: 36975.

Chu G, Sun Q, Li S, et al. 2005. Long-chain alkenone distributions and temperature dependence in lacustrine surface sediments from China. Geochimica et Cosmochimica Acta, 69: 4985-5003.

Clark P U, Dyke A S, Shakun J D, et al. 2009. The last glacial maximum. Science, 325: 710-714.

Clemens A C, Cane M A, Seager R. 2001. An orbitally driven tropical source for abrupt climate change. Journal of Climate, 14: 2369-2375.

Clement A C, Peterson L C. 2008. Mechanisms of abrupt climate change of the last glacial period. Reviews of Geophysics, 46: RG4002.

Clement A C, Seager R, Cane M A. 1999. Orbital controls on the El Niño/Southern Oscillation and the tropical climate. Paleoceanography, 14: 441-456.

CLIMAP Project Members. 1976. The surface of the ice-age Earth. Science, 191: 1131-1137.

Cooper A, Turney C, Hughen K A, et al. 2015. Abrupt warming events drove Late Pleistocene Holarctic megafaunal turnover. Science, 349: 602-606.

Crowley T J. 1992. North Atlantic deep water cools the Southern Hemisphere. Paleoceanography, 7: 489-497.

Crowley T J. 2000. Causes of climate change over the past 1000 years. Science, 289: 270-277.

Crutzen P J, Stoermer E F. 2000. The “Anthropocene”. International Geosphere-Biosphere Programme Newsletter, 41: 17-18.

d’Alpoim Guedes J, Jin G, Bocinsk R K. 2015. The impact of climate on the spread of rice to north-eastern China: A new look at the data from Shandong Province. Plos One, 10: e0130430.

Dansgaard W. 1964. Stable isotopes in precipitation. Tellus, 16: 436-468.

Dansgaard W, Johnsen S J, Clausen H B, et al. 1993. Evidence for general instability of past climate from a 250-kyr ice-core record. Nature, 364: 218-220.

Dart R A. 1925. Australopithecus africanus: The Man-Ape of South Africa. Nature, 115: 195-199.

Davis B A S, Brewer S, Stevenson A C, et al. 2003. The temperature of Europe during the Holocene reconstructed from pollen data. Quaternary Science Reviews, 22: 1701-1716.

deMenocal P B. 2004. African climate change and faunal evolution during the Pliocene-Pleistocene. Earth and Planetary Science Letters, 220: 3-24.

deMenocal P B. 2011. Climate and human evolution. Science, 331: 540-542.

Demske D, Heumann G, Granoszewski W, et al. 2005. Late glacial and Holocene vegetation and regional climate variability evidenced in high-resolution pollen records from Lake Baikal. Global and Planetary Change, 46: 255-279.

Denton G H, Hendy C H. 1994. Younger Dryas age advance of Franz-Josef Glacier in the southern Alps of New-Zealand. Science, 264: 1434-1437.

Dettman D L, Fang X, Garzione C N, et al. 2003. Uplift-driven climate change at 12 Ma: A long $\delta^{18}O$ record from the NE margin of the Tibetan plateau. Earth and Planetary Science Letters, 214: 267-277.

Ding Z L, Sun J M, Yang S L, et al. 1998. Preliminary magnetostratigraphy of a thick eolian red clay-Loess sequence at Lingtai, the Chinese Loess Plateau. Geophysical Research Letters, 25: 1225-1228.

Ding Z L, Xiong S F, Sun J M, et al. 1999. Pedostratigraphy and paleomagnetism of a ~7.0 Ma eolian loess-red clay sequence at Lingtai, Loess Plateau, north-central China and the implications for paleomonsoon evolution. Palaeogeography, Palaeoclimatology, Palaeoecology, 152: 49-66.

Dupont-Nivet G, Krijgsman W, Langereis C G, et al. 2007. Tibetan Plateau aridification linked to global cooling at the Eocene-Oligocene transition. Nature, 445: 635-638.

Fang X M, Fang Y, Zan J, et al. 2019. Cenozoic magnetostratigraphy of the Xining Basin, NE Tibetan Plateau, and its constraints on paleontological, sedimentological and tectonomorphological evolution. Earth-Science Reviews, 190: 460-485.

Farrera I, Harrison S, Prentice I C, et al. 1999. Tropical climates at the Last Glacial Maximum: A new synthesis of terrestrial palaeoclimate data. I. Vegetation, lake-levels and geochemistry. Climate Dynamics, 15: 823-856.

Feng Z D, An C B, Wang H B. 2006. Holocene climatic and environmental changes in the arid and semi-arid areas of China: A review. The Holocene, 16: 119-130.

Fleitmann D, Burns S J, Mudelsee M, et al. 2003. Holocene forcing of the Indian monsoon recorded in a stalagmite from southern Oman. Science, 300: 1737-1739.

Fluteau F, Ramstein G, Besse J. 1999. Simulating the evolution of the Asian and African monsoons during the past 30 Myr using an atmospheric general circulation model. Journal of Geophysical Research, 104: 11995-12018.

Foreman B Z, Heller P L, Clementz M T. 2012. Fluvial response to abrupt global warming at the Palaeocene/Eocene boundary. Nature, 491: 92-95.

Fritz S, Juggins S, Battarbee R, et al. 1991. Reconstruction of past changes in salinity and climate using a diatom-based transfer function. Nature, 352: 706-708.

Fu Q, Hajdinjak M, Moldovan O T, et al. 2015. An early modern human from Romania with a recent Neanderthal ancestor. Nature, 524: 216-219.

Fu Q, Li H, Moorjani P, et al. 2014. Genome sequence of a 45,000-year-old modern human from western Siberia. Nature, 514: 445-449.

Fu Q, Posth C, Hajdinjak M, et al. 2016. The genetic history of Ice Age Europe. Nature, 534: 200-205.

Fuller D, Sato Y I, Castillo C, et al. 2010. Consilience of genetics and archaeobotany in the entangled history of rice. Archaeological and Anthropological Sciences, 2: 115-131.

Fumagalli M, Moltke I, Grarup N, et al. 2015. Greenlandic Inuit show genetic signatures of diet and climate adaptation. Science, 349: 1343-1347.

Gingerich P D. 2006. Environment and evolution through the Paleocene-Eocene thermal maximum. Trends in Ecology & Evolution, 21: 246-253.

Grachev A M, Severinghaus J P. 2005. A revised +10 ± 4 ℃ magnitude of the abrupt change in Greenland temperature at the Younger Dryas termination using published GISP2 gas isotope data and air thermal diffusion constants. Quaternary Science Reviews, 24: 513-519.

Grimm E C, Jacobson G L, Watts W A, et al. 1993. A 50,000-year record of climate oscillations from Florida and its temporal correlation with the Heinrich events. Science, 261: 198-200.

Guiot J, Pons A, de Beaulieu J L, et al. 1989. A 140,000-year continental climate reconstruction from two European pollen records. Nature, 338: 309-313.

Guo Z, Liu T, Guiot J, et al. 1996. High frequency pulses of East Asian monsoon climate in the last two glaciations: Link with the North Atlantic. Climate Dynamics, 12: 701-709.

Guo Z T, Peng S Z, Hao Q Z, et al. 2004. Late Miocene-Pliocene development of Asian aridification as recorded in the Red-Earth Formation in northern China. Global and Planetary Change, 41: 135-145.

Guo Z T, Ruddiman W F, Hao Q Z, et al. 2002. Onset of Asian desertification by 22 Myr ago inferred from loess deposits in China. Nature, 416: 159-163.

Guo Z T, Sun B, Zhang Z S, et al. 2008. A major reorganization of Asian climate regime by the early Miocene. Climate of the Past, 4: 153-174.

Gupta A K. 2004. Origin of agriculture and domestication of plants and animals linked to early Holocene climate amelioration. Current Science, 87: 54-59.

Gupta A K, Yuvaraja A, Prakasam M, et al. 2015. Evolution of the South Asian monsoon wind system since the late Middle Miocene. Palaeogeography, Palaeoclimatology, Palaeoecology, 438: 160-167.

Gutjahr M, Ridgwell A, Sexton P F, et al. 2017. Very large release of mostly volcanic carbon during the Palaeocene-Eocene Thermal Maximum. Nature, 548: 573-577.

Hansen J, Sato M, Russell G, et al. 2013. Climate sensitivity, sea level and atmospheric carbon dioxide. Philosophical Transactions of the Royal Society A: Mathematical, Physical and Engineering Sciences, 371: 20120294.

Harrison S P, Bartlein P J, Izumi K, et al. 2015. Evaluation of CMIP5 palaeo-simulations to improve climate projections. Nature Climate Change, 5: 735-743.

Haug G H, Hughen K A, Sigman D M, et al. 2001. Southward migration of the Intertropical Convergence Zone through the Holocene. Science, 293: 1304-1308.

Haywood A M, Dowsett H J, Dolan A M. 2016. Integrating geological archives and climate models for the mid-Pliocene warm period. Nature Communications, 7: 10646.

Hendy I L, Kennett J P. 2000. Dansgaard-Oeschger cycles and the California Current System: Planktonic foraminiferal response to rapid climate change in Santa Barbara Basin, Ocean Drilling Program hole 893A. Paleoceanography, 15: 30-42.

Henry D O. 1989. From Foraging to Agriculture: The Levant at the End of the Ice Age. Philadelphia: University of Pennsylvania Press.

Higham T, Douka K, Wood R, et al. 2014. The timing and spatiotemporal patterning of Neanderthal disappearance. Nature, 512: 306-309.

Hodell D A, Woodruff F. 1994. Variations in the strontium isotopic ratio of seawater during the Miocene: Stratigraphic and geochemical implications. Paleoceanography, 9: 405-426.

Huerta-Sánchez E, Jin X, Asan, et al. 2014. Altitude adaptation in Tibetans caused by introgression of Denisovan-like DNA. Nature, 512: 194-197.

Hughen K A, Eglinton T I, Xu L, et al. 2004. Abrupt tropical vegetation response to rapid climate changes. Science, 304: 1955-1959.

Hughen K A, Overpeck J T, Peterson L C, et al. 1996. Rapid climate changes in the tropical Atlantic region during the last deglaciation. Nature, 380: 51-54.

Imbrie J, Kipp N G. 1971. A new micropaleontological method for quantitative paleoclimatology: Application to a Late Pleistocene Caribbean core//Turekian K K. The Cenozoic Glacial Ages. New Haven: Yale University Press: 71-181.

IPCC. 2007. Climate Change 2007: The Physical Science Basis. Cambridge: Cambridge University Press.

Jackson S T, Webb R S, Anderson K H, et al. 2000. Vegetation and environment in Eastern North America during the Last Glacial Maximum. Quaternary Science Reviews, 19: 489-508.

Jaramillo C, Ochoa D, Contreras L, et al. 2010. Effects of rapid global warming at the Paleocene-Eocene boundary on Neotropical vegetation. Science, 330: 957-961.

Ji J, Balsam W, Chen J, et al. 2002. Rapid and quantitative measurement of hematite and goethite in the Chinese loess-paleosol sequence by diffuse reflectance spectroscopy. Clays and Clay Minerals, 50: 208-216.

Jiang D, Lang X, Tian Z, et al. 2012. Considerable model-data mismatch in temperature over China during the mid-Holocene: Results of PMIP simulations. Journal of Climate, 25: 4135-4153.

Jiang H C, Ding Z. 2008. A 20 Ma pollen record of East Asian summer monsoon evolution from Guyuan, Ningxia, China. Palaeogeography, Palaeoclimatology, Palaeoecology, 265: 30-38.

Jiang H C, Ji J, Gao L, et al. 2008. Cooling-driven climate change at 12-11 Ma: Multiproxy records from a long fluviolacustrine sequence at Guyuan, Ningxia, China. Palaeogeography, Palaeoclimatology, Palaeoecology, 265: 148-158.

Jiang W Y, Leroy S A G, Yang S L, et al. 2019. Synchronous strengthening of the Indian and East Asian Monsoons in response to global warming since the last deglaciation. Geophysical Research Letters, 46: 3944-3952.

Kelly M J, Edwards R L, Cheng H, et al. 2006. High resolution characterization of the Asian monsoon between 146,000 and 99,000 years BP from Dongge cave, China and global correlation of events surrounding Termination Ⅱ. Palaeogeography, Palaeoclimatology, Palaeoecology, 236: 20-38.

Kluge T, Marx T, Scholz D, et al. 2008. A new tool for palaeoclimate reconstruction: Noble gas temperatures from fluid inclusions in speleothems. Earth and Planetary Science Letters, 269: 408-415.

Kobashi T, Severinghaus J P, Brook E J, et al. 2007. Precise timing and characterization of abrupt climate change 8200 years ago from air trapped in polar ice. Quaternary Science Reviews, 26: 1212-1222.

Kroon D, Steens T N F, Froelstra S R. 1991. Onset of monsoonal related upwelling in the western Arabian Sea as revealed by plantonic foraminifera. Proceedings of the Ocean Drilling Program: Scientific Results, 117: 257-263.

Kutzbach J, Prell W, Ruddiman W F. 1993. Sensitivity of Eurasian climate to surface uplift of the Tibetan Plateau. The Journal of Geology, 101: 177-190.

Lazaridis I, Nadel D, Rollefson G, et al. 2016. Genomic insights into the origin of farming in the ancient Near East. Nature, 536: 419-424.

Lazaridis I, Patterson N, Mittnik A, et al. 2014. Ancient human genomes suggest three ancestral populations for present-day Europeans. Nature, 513: 409-413.

Lea D W, Pak D K, Peterson L C, et al. 2003. Synchroneity of tropical and high-latitude Atlantic temperatures over the last glacial termination. Science, 301: 1361-1364.

Li C H, Tang L Y, Feng Z D, et al. 2006. A high-resolution late Pleistocene record of pollen vegetation and climate change from Jingning, NW China. Science China Earth Sciences, 49: 154-162.

Li H, An C, Fan W, et al. 2015. Population history and its relationship with climate change on the Chinese Loess Plateau during the past 10,000 years. The Holocene, 25: 1144-1152.

Li J J, Fang X M. 1999. Uplift of the Tibetan Plateau and environmental changes. Chinese Science Bulletin, 44: 2117-2124.

Li J X, Yue L P, Roberts A P, et al. 2018. Global cooling and enhanced Eocene Asian mid-latitude interior aridity. Nature Communications, 9: 3026.

Lin Y, Ramstein G, Wu H, et al. 2019. Mid-Holocene climate change over China: Model-data discrepancy. Climate of the Past, 15: 1223-1249.

Lipson M, Reich D. 2017. A working model of the deep relationships of diverse modern human genetic lineages outside of Africa. Molecular Biology and Evolution, 34: 889-902.

Liu T S, Ding Z L. 1998. Chinese loess and the paleomonsoon. Annual Review of Earth and Planetary Sciences, 26: 111-145.

Liu W G, Liu Z, An Z, et al. 2014. Late Miocene episodic lakes in the arid Tarim Basin, western China. Proceedings of the National Academy of Sciences, 111: 16292-16296.

Liu X, Dong B, Yin Z Y, et al. 2017. Continental drift and plateau uplift control origination and evolution of Asian and Australian monsoons. Scientific Reports, 7: 40344.

Liu X D, Dong B. 2013. Influence of the Tibetan Plateau uplift on the Asian monsoon-arid environment evolution. Chinese Science Bulletin, 58: 4277-4291.

Liu X D, Guo Q, Guo Z, et al. 2015. Where were the monsoon regions and arid zones in Asia prior to the Tibetan Plateau uplift? National Science Review, 2: 403-416.

Liu Z Y, Zhu J, Rosenthal Y, et al. 2014. The Holocene temperature conundrum. Proceedings of the National Academy of Sciences, 111: E3501-E3505.

Loulergue L, Schilt A, Spahni R, et al. 2008. Orbital and millennial-scale features of atmospheric CH_4 over the past 800,000 years. Nature, 453: 383-386.

Lowell T V, Heusser C J, Andersen B G, et al. 1995. Interhemispheric correlation of late Pleistocene glacial events. Science, 269: 1541-1549.

Lu H, Yi S, Liu Z, et al. 2013. Variation of East Asian monsoon precipitation during the past 21 ky and potential CO_2 forcing. Geology, 41: 1023-1026.

Lu H Y, Zhang J P, Liu K B, et al. 2009. Earliest domestication of common millet (*Panicum miliaceum*) in East Asia extended to 10,000 years ago. Proceedings of the National Academy of Sciences, 106: 7367-7372.

Lüthi D, Le Floch M, Bereiter B, et al. 2008. High-resolution carbon dioxide concentration record 650,000-800,000 years before present. Nature, 453: 379-382.

Lynch-Stieglitz J. 2017. The Atlantic meridional overturning circulation and abrupt climate change. Annual Review of Marine Science, 9: 83-104.

Ma Y, Fang X, Li J, et al. 2005. The vegetation and climate change during Neocene and Early Quaternary in Jiuxi Basin, China. Science China Earth Sciences, 48: 676-688.

Ma Z B, Cheng H, Tan M, et al. 2012. Timing and structure of the Younger Dryas event in northern China.

Quaternary Science Reviews, 41: 83-93.

Manabe S, Broccoli A. 1990. Mountains and arid climates of middle latitudes. Science, 247: 192-195.

Marcott S A, Shakun J D, Clark P U, et al. 2013. A reconstruction of regional and global temperature for the past 11,300 years. Science, 339: 1198-1201.

MARGO Project Members. 2009. Constraints on the magnitude and patterns of ocean cooling at the Last Glacial Maximum. Nature Geoscience, 2: 127-132.

Marsicek J, Shuman B N, Bartlein P J, et al. 2018. Reconciling divergent trends and millennial variations in Holocene temperatures. Nature, 554: 92-96.

Martrat B, Grimalt J O, Shackleton N J, et al. 2007. Four climate cycles of recurring deep and surface water destabilizations on the Iberian margin. Science, 317: 502-507.

Mayewski P A, Rohling E E, Stager J C, et al. 2004. Holocene climate variability. Quaternary Research, 62: 243-255.

McCarroll D, Loader N J. 2004. Stable isotopes in tree rings. Quaternary Science Reviews, 23: 771-801.

McInerney F A, Wing S L. 2011. The Paleocene-Eocene Thermal Maximum: A perturbation of carbon cycle, climate, and biosphere with implications for the future. Annual Review of Earth and Planetary Sciences, 39: 489-516.

McManus J F, Francois R, Gherardi J M, et al. 2004. Collapse and rapid resumption of Atlantic meridional circulation linked to deglacial climate changes. Nature, 428: 834-837.

Moffitt S E, Hill T M, Roopnarine P D, et al. 2015. Response of seafloor ecosystems to abrupt global climate change. Proceedings of the National Academy of Sciences, 112: 4684-4689.

Morgan C, Barton L, Bettinger R, et al. 2011. Glacial cycles and Palaeolithic adaptive variability on China's Western Loess Plateau. Antiquity, 85: 365-379.

Mudelsee M, Bickert T, Lear C H, et al. 2014. Cenozoic climate changes: A review based on time series analysis of marine benthic $\delta^{18}O$ records. Reviews of Geophysics, 52: 333-374.

Müller P J, Kirst G, Ruhland G, et al. 1998. Calibration of the alkenone paleotemperature index $U_{37}^{K'}$ based on core-tops from the eastern South Atlantic and the global ocean (60° N-60° S). Geochimica et Cosmochimica Acta, 62: 1757-1772.

Neukom R, Gergis J, Karoly D J, et al. 2014. Inter-hemispheric temperature variability over the past millennium. Nature Climate Change, 4: 362-367.

North Greenland Ice Core Project Members. 2004. High-resolution record of Northern Hemisphere climate extending into the last interglacial period. Nature, 421: 147-151.

Nürnberg D, Bijma J, Hemleben C. 1996. Assessing the reliability of magnesium in foraminiferal calcite as a proxy for water mass temperature. Geochimica et Cosmochimica Acta, 60: 803-814.

O'Brien S R, Mayewski P A, Meeker L D, et al. 1995. Complexity of Holocene climate as reconstructed from a Greenland ice core. Science, 270: 1962-1964.

Oppo D W, Curry W B, McManus J F. 2015. What do benthic $\delta^{13}C$ and $\delta^{18}O$ data tell us about Atlantic circulation during Heinrich Stadial 1? Paleoceanography, 30: 353-368.

Park J, Lim H S, Lim J, et al. 2014. High-resolution multi-proxy evidence for millennial-and centennial-scale climate oscillations during the last deglaciation in Jeju Island, South Korea. Quaternary Science Reviews,

105: 112-125.

Parrenin F, Masson-Delmotte V, Köhler P, et al. 2013. Synchronous change of atmospheric CO_2 and Antarctic temperature during the last deglacial warming. Science, 339: 1060-1063.

Past Interglacials Working Group of PAGES. 2016. Interglacials of the last 800,000 years. Reviews of Geophysics, 54: 162-219.

Peterson L C, Haug G H, Hughen K A, et al. 2000. Rapid changes in the hydrologic cycle of the tropical Atlantic during the last glacial. Science, 290: 1947-1951.

Petit J R, Jouzel J, Raynaud D, et al. 1999. Climate and atmospheric history of the past 420,000 years from the Vostok ice core, Antarctica. Nature, 399: 429-436.

Pierrehumbert R T. 2000. Climate change and the tropical Pacific: The sleeping dragon wakes. Proceedings of the National Academy of Sciences, 97: 1355-1358.

Piperno D R, Weiss E, Holst I, et al. 2004. Processing of wild cereal grains in the Upper Palaeolithic revealed by starch grain analysis. Nature, 430: 670-673.

Porter S C, An Z S. 1995. Correlation between climate events in the North-Atlantic and China during last glaciation. Nature, 375: 305-308.

Potts R. 1998. Environmental hypotheses of hominin evolution. American Journal of Physical Anthropology, 107: 93-136.

Prüfer K, de Filippo C, Grote S, et al. 2017. A high-coverage Neandertal genome from Vindija Cave in Croatia. Science, 358: 655-658.

Qiang X, An Z, Song Y, et al. 2011. New eolian red clay sequence on the western Chinese Loess Plateau linked to onset of Asian desertification about 25 Ma ago. Science China Earth Sciences, 54: 136-144.

Quade J, Cerling T E, Bowman J R. 1989. Development of Asian moonsoon revealed by marked ecological shift during the Lastest Miocene in north Pakistan. Nature, 342: 163-166.

Racimo F, Marnetto D, Huerta-Sanchez E. 2017. Signatures of archaic adaptive introgression in present-day human populations. Molecular Biology and Evolution, 34: 296-317.

Racimo F, Sankararaman S, Nielsen R, et al. 2015. Evidence for archaic adaptive introgression in humans. Nature Reviews Genetics, 16: 359-371.

Ramstein G, Fluteau F, Besse J, et al. 1997. Effect of orogeny, plate motion and land-sea distribution on Eurasian climate change over the past 30 million years. Nature, 386: 788-795.

Rasmussen S O, Andersen K K, Svensson A M, et al. 2006. A new Greenland ice core chronology for the last glacial termination. Journal of Geophysical Research: Atmospheres, 111: D06102.

Raymo M E, Ruddiman W F. 1992. Tectonic forcing of late Cenozoic climate. Nature, 359: 117-122.

Raymo M E, Ruddiman W F, Froelich P N. 1988. Influence of late Cenozoic mountain building on ocean geochemical cycles. Geology, 16: 649-653.

Rea D K, Leinen M, Janecek T R. 1985. Geologic approach to the long-term history of atmospheric circulation. Science, 227: 721-725.

Rea D K, Snoeckx H, Joseph L H. 1998. Late Cenozoic eolian deposition in the North Pacific: Asian drying, Tibetan uplift, and cooling of the northern hemisphere. Paleoceanography, 13: 215-224.

Richerson P J, Boyd R, Bettinger R L. 2001. Was agriculture impossible during the Pleistocene but mandatory

during the Holocene? A climate change hypothesis. American Antiquity, 66: 387-411.
Roberts N, Taieb M, Barker P, et al. 1993. Timing of the Younger Dryas event in East Africa from lake-level changes. Nature, 366: 146-148.
Rooth C. 1982. Hydrology and ocean circulation. Progress in Oceanography, 11: 131-149.
Routson C C, Mckay N P, Kaufman D S, et al. 2019. Mid-latitude net precipitation decreased with Arctic warming during the Holocene. Nature, 568: 83-87.
Royer D L, Berner R A, Montañez I P, et al. 2004. CO_2 as a primary driver of Phanerozoic climate. Geological Society of America Today, 14: 4-10.
Ruddiman W F. 2003a. Orbital insolation, ice volume, and greenhouse gases. Quaternary Science Reviews, 22: 1597-1629.
Ruddiman W F. 2003b. The anthropogenic greenhouse era began thousands of years ago. Climatic Change, 61: 261-293.
Ruddiman W F. 2007. The early anthropogenic hypothesis: Challenges and responses. Reviews of Geophysics, 45: RG4001.
Ruddiman W F. 2010. A paleoclimatic enigma? Science, 328: 838-839.
Ruddiman W F, Guo Z T, Zhou X, et al. 2008. Early rice farming and anomalous methane trends. Quaternary Science Reviews, 27: 1291-1295.
Ruddiman W F, Kutzbach J E. 1989. Forcing of late Cenozoic northern hemisphere climate by plateau uplift in southern Asia and the American West. Journal of Geophysical Research: Atmospheres, 94: 18409-18427.
Sankararaman S, Mallick S, Dannemann M, et al. 2014. The genomic landscape of Neanderthal ancestry in present-day humans. Nature, 507: 354-357.
Schouten S, Hopmans E C, Schefuß E, et al. 2002. Distributional variations in marine crenarchaeotal membrane lipids: A new organic proxy for reconstructing ancient sea water temperatures? Earth and Planetary Science Letters, 204: 265-274.
Secord R, Gingerich P D, Lohmann K C, et al. 2010. Continental warming preceding the Palaeocene-Eocene thermal maximum. Nature, 467: 955-958.
Seddon A W R, Macias-Fauria M, Willis K J. 2015. Climate and abrupt vegetation change in Northern Europe since the last deglaciation. The Holocene, 25: 25-36.
Seguin-Orlando A, Korneliussen T S, Sikora M, et al. 2014. Genomic structure in Europeans dating back at least 36,200 years. Science, 346: 1113-1118.
Seppä H, Birks H J B. 2010. July mean temperature and annual precipitation trends during the Holocene in the Fennoscandian tree-line area: Pollen-based climate reconstructions. The Holocene, 11: 527-539.
Sha Y, Shi Z, Liu X, et al. 2015. Distinct impacts of the Mongolian and Tibetan Plateaus on the evolution of the East Asian monsoon. Journal of Geophysical Research: Atmospheres, 120: 4764-4782.
Shackleton N J, Hall M A, Vincent E. 2000. Phase relationships between millennial-scale events 64,000-24,000 years ago. Paleoceanography, 15: 565-569.
Shakun J D, Clark P U, He F, et al. 2012. Global warming preceded by increasing carbon dioxide concentrations during the last deglaciation. Nature, 484: 49-54.
Shen C M, Tang L Y, Wang S M, et al. 2005. Pollen records and time scale for the RM core of the Zoige Basin,

northeastern Qinghai-Tibetan Plateau. Chinese Science Bulletin, 50: 553-562.

Shi Z, Liu X, Liu Y, et al. 2015. Impact of Mongolian Plateau versus Tibetan Plateau on the westerly jet over North Pacific Ocean. Climate Dynamics, 44: 3067-3076.

Shukla A, Mehrotra R C, Spicer R A, et al. 2014. Cool equatorial terrestrial temperatures and the South Asian monsoon in the Early Eocene: Evidence from the Gurha Mine, Rajasthan, India. Palaeogeography, Palaeoclimatology, Palaeoecology, 412: 187-198.

Shuman B N, Newby P, Donnelly J P. 2009. Abrupt climate change as an important agent of ecological change in the Northeast U. S. throughout the past 15,000 years. Quaternary Science Reviews, 28: 1693-1709.

Sinha A, Cannariato K G, Stott L D, et al. 2005. Variability of southwest Indian summer monsoon precipitation during the Bølling-Allerød. Geology, 33: 813-816.

Song Y G, Fang X M, Masayuki T, et al. 2001. Magnetostratigraphy of Late Tertiary sediments from the Chinese Loess Plateau and its paleoclimatic significance. Chinese Science Bulletin, 46: 16-21.

Spicer R, Yang J, Herman A, et al. 2017. Paleogene monsoons across India and South China: Drivers of biotic change. Gondwana Research, 49: 350-363.

Stebich M, Mingram J, Han J T, et al. 2009. Late Pleistocene spread of (cool-) temperate forests in Northeast China and climate changes synchronous with the North Atlantic region. Global and Planetary Change, 65: 56-70.

Stocker T F. 1998. The seesaw effect. Science, 282: 61-62.

Stott L, Poulsen C, Lund S, et al. 2002. Super ENSO and global climate oscillations at millennial time scales. Science, 297: 222-226.

Sun D H, Bloemendal J, Yi Z, et al. 2011. Palaeomagnetic and palaeoenvironmental study of two parallel sections of late Cenozoic strata in the central Taklimakan Desert: Implications for the desertification of the Tarim Basin. Palaeogeography, Palaeoclimatology, Palaeoecology, 300: 1-10.

Sun D H, Shaw J, An Z S. et al. 1998. Magnetostratigraphy and paleoclimatic interpretation of a continuous 7.2 Ma Late Cenozoic eolian sediments from the Chinese Loess Plateau. Geophysical Research Letters, 25: 85-88.

Sun J M, Alloway B, Fang X, et al. 2015. Refuting the evidence for an earlier birth of the Taklimakan Desert. Proceedings of the National Academy of Sciences, 112: E5556-E5557.

Sun J M, Liu W G, Liu Z, et al. 2017. Extreme aridification since the beginning of the Pliocene in the Tarim Basin, western China. Palaeogeography, Palaeoclimatology, Palaeoecology, 485: 189-200.

Sun J M, Windley B F. 2015. Onset of aridification by 34 Ma across the Eocene-Oligocene transition in Central Asia. Geology, 43: 1015-1018.

Sun J M, Windley B F, Zhang Z, et al. 2016. Diachronous seawater retreat from the southwestern margin of the Tarim Basin in the late Eocene. Journal of Asian Earth Sciences, 116: 222-231.

Sun J M, Ye J, Wu W, et al. 2010. Late Oligocene-Miocene mid-latitude aridification and wind patterns in the Asian interior. Geology, 38: 515-518.

Sun X J, Wang P X. 2005. How old is the Asian monsoon system?—Palaeobotanical records from China. Palaeogeography, Palaeoclimatology, Palaeoecology, 222: 181-222.

Sun Y B, An Z S. 2002. History and variability of Asian interior aridity recorded by eolian flux in the Chinese

Loess Plateau during the past 7 Ma. Science China: Earth Sciences, 45: 420-429.

Sun Y B, An Z S. 2005. Late Pliocene-Pleistocene changes in mass accumulation rates of eolian deposits on the central Chinese Loess Plateau. Journal of Geophysical Research: Atmospheres, 110: D23101.

Takahara H, Igarashi Y, Hayashi R, et al. 2010. Millennial-scale variability in vegetation records from the East Asian Islands: Taiwan, Japan and Sakhalin. Quaternary Science Reviews, 29: 2900-2917.

Tanno K, Willcox G. 2006. How fast was wild wheat domesticated? Science, 311: 1886.

Tinner W, Lotter A F. 2001. Central European vegetation response to abrupt climate change at 8.2 ka. Geology, 29: 551-554.

Turner S K, Hull P M, Kump L R, et al. 2017. A probabilistic assessment of the rapidity of PETM onset. Nature Communications, 8: 353.

Turney C S M, McGlone M S, Wilmshurst J M. 2003. Asynchronous climate change between New Zealand and the North Atlantic during the last deglaciation. Geology, 31: 223-226.

Veizer J N, Ala D, Azmy K, et al. 1999. $^{87}Sr/^{86}Sr$, $\delta^{13}C$ and $\delta^{18}O$ evolution of Phanerozoic seawater. Chemical Geology, 161: 59-88.

Walker C D, Lance R C M. 1991. Silicon accumulation and ^{13}C composition as indices of water-use efficiency in barley cultivars. Australian journal of plant physiology, 18: 427-434.

Wang C, Lu H, Zhang J, et al. 2016. Macro-process of past plant subsistence from the Upper Paleolithic to Middle Neolithic in China: A quantitative analysis of multi-archaeobotanical data. Plos One, 11: e0148136.

Wang L, Jiang W Y, Jiang D B, et al. 2018. Prolonged heavy snowfall during the Younger Dryas. Journal of Geophysical Research: Atmospheres, 123: 13748-13762.

Wang P X. 1990. Neogene stratigraphy and paleoenvironments of China. Palaeogeography, Palaeoclimatology, Palaeoecology, 77: 315-334.

Wang P X, Clemens S, Beaufort L, et al. 2005. Evolution and variability of the Asian monsoon system: State of the art and outstanding issues. Quaternary Science Reviews, 24: 595-629.

Wang X, Sun D, Chen F, et al. 2014. Cenozoic paleo-environmental evolution of the Pamir-Tien Shan convergence zone. Journal of Asian Earth Sciences, 80: 84-100.

Wang X F, Auler A S, Edwards R L, et al. 2006. Interhemispheric anti-phasing of rainfall during the last glacial period. Quaternary Science Reviews, 25: 3391-3403.

Wang Y J, Cheng H, Edwards R L, et al. 2001. A high-resolution absolute-dated Late Pleistocene monsoon record from Hulu Cave, China. Science, 294: 2345-2348.

Wen R L, Xiao J L, Chang Z G, et al. 2010. Holocene climate changes in the mid-high-latitude-monsoon margin reflected by the pollen record from Hulun Lake, northeastern Inner Mongolia. Quaternary Research, 73: 293-303.

Williams J W, Post D M, Cwynar L C, et al. 2002. Rapid and widespread vegetation responses to past climate change in the North Atlantic region. Geology, 30: 971-974.

Wu H, Guiot J, Brewer S, et al. 2007. Dominant factors controlling glacial and interglacial variations in the treeline elevation in tropical Africa. Proceedings of the National Academy of Sciences, 104: 9720-9724.

Wu H, Li Q, Yu Y, et al. 2019. Quantitative climatic reconstruction of the Last Glacial Maximum in China. Science China Earth Sciences, 62: 1269-1278.

Xiao J L, Porter S C, An Z S, et al. 1995. Grain-size of quartz as an indicator of winter monsoon strength on the Loess Plateau of central China during the last 130,000-yr. Quaternary Research, 43: 22-29.

Xu C, An W, Wang S Y S, et al. 2019. Increased drought events in southwest China revealed by tree ring oxygen isotopes and potential role of Indian Ocean Dipole. Science of the Total Environment, 661: 645-653.

Xu Q H, Chen F H, Zhang S R, et al. 2017. Vegetation succession and East Asian Summer Monsoon Changes since the last deglaciation inferred from high-resolution pollen record in Gonghai Lake, Shanxi Province, China. The Holocene, 27: 835-846.

Xu Y, Yue L, Li J, et al. 2009. An 11-Ma-old red clay sequence on the Eastern Chinese Loess Plateau. Palaeogeography, Palaeoclimatology, Palaeoecology, 284: 383-391.

Yang M A, Gao X, Theunert C, et al. 2017. 40,000-year-old individual from Asia provides insight into early population structure in Eurasia. Current Biology, 27: 3202-3208.

Yasuhara M, Okahashi H, Cronin T M, et al. 2014. Response of deep-sea biodiversity to abrupt deglacial and Holocene climate changes in the North Atlantic Ocean. Global Ecology and Biogeography, 23: 957-967.

Yi X, Liang Y, Huerta-Sanchez E, et al. 2010. Sequencing of 50 human exomes reveals adaptation to high altitude. Science, 329: 75-78.

Yin Q Z, Berger A. 2011. Individual contribution of insolation and CO_2 to the interglacial climates of the past 800,000 years. Climate Dynamics, 38: 709-724.

Yu Z C, Eicher U. 1998. Abrupt climate oscillations during the last deglaciation in central North America. Science, 282: 2235-2238.

Yuan D X, Cheng H, Edwards R L, et al. 2004. Timing, duration, and transitions of the last interglacial Asian monsoon. Science, 304: 575-578.

Zachos J, Pagani M, Sloan L, et al. 2001. Trends, rhythms, and aberrations in global climate 65 Ma to present. Science, 292: 686-693.

Zalasiewicz J, Williams M, Smith A, et al. 2008. Are we now living in the Anthropocene? Geological Society of America Today, 18: 4-8.

Zhang J P, Lu H Y, Gu W, et al. 2012. Early mixed farming of millet and rice 7800 years ago in the Middle Yellow River Region, China. Plos One, 7: e52146.

Zhang J P, Lu H Y, Wu N Q, et al. 2010. Phytolith evidence for rice cultivation and spread in Mid-Late Neolithic archaeological sites in central North China. Boreas, 39: 592-602.

Zhang S R, Xiao J L, Xu Q H, et al. 2018. Differential response of vegetation in Hulun Lake region at the northern margin of Asian summer monsoon to extreme cold events of the last deglaciation. Quaternary Science Reviews, 190: 57-65.

Zhang Y G, Pagani M, Liu Z, et al. 2013. A 40-million-year history of atmospheric CO_2. Philosophical Transactions of the Royal Society A: Mathematical, Physical and Engineering Sciences, 371: 20130096.

Zhao Y T, An C B, Mao L M, et al. 2015. Vegetation and climate history in arid western China during MIS2: New insights from pollen and grain-size data of the Balikun Lake, eastern Tien Shan. Quaternary Science Reviews, 126: 112-125.

Zheng H, Wei X, Tada R, et al. 2015. Late Oligocene-early Miocene birth of the Taklimakan Desert. Proceedings of the National Academy of Sciences, 112: 7662-7667.

Zhuang G, Pagani M, Zhang Y G. 2017. Monsoonal upwelling in the western Arabian Sea since the middle Miocene. Geology, 45: 655-658.

Ziegler C L, Murray R W, Hovan S A, et al. 2007. Resolving eolian, volcanogenic, and authigenic components in pelagic sediment from the Pacific Ocean. Earth and Planetary Science Letters, 254: 416-432.

第十六章 环境信息与环境预测（D0714）

第一节 引　言

一、学科定义

环境信息是指自然环境要素与人文社会现象在特定空间位置上的定量表达。环境预测就是在充分考虑环境自然变率的基础上，模拟分析人文社会条件下自然与自然贡献的未来情景。环境信息与环境预测是基于环境信息，预测自然变化与自然对人类贡献的一个研究领域。该领域还涉及相关观测仪器、信息处理算法和模拟分析理论与方法的研究。

二、学科内涵和外延

环境系统是人类赖以生存的基础，环境要素涵盖了地球表层自然要素和人类活动要素。随着人类活动及气候变化的加剧，地球表层环境系统正在发生剧烈的变化，并产生深远的甚至危及人类可持续发展的影响。环境变化与环境预测侧重于人类文明时期（大约过去 10 000 年）尤其是历史时期（大约过去 2000 年）人地关系的演变研究。随着空间信息、实验观测、设备仪器、互联网、大数据以及人工智能等领域的发展，环境信息采集、深度挖掘与环境精准预测已然成为可能。环境信息与环境预测的研究范畴延伸到信息科学、地理科学、地球化学、生态学、环境科学、管理科学。环境信息与环境预测的研究通过对地球表层环境系统变化的动态观测、全过程模拟、机制解析和影响评估，既力求拓展对地球表层各环境要素及其组成的复杂环境系统的理解，为地球系统科学前沿问题的突破提供可能，又力求预测已经发生了的和将要发生的环境变化对人类社会可持续发展构成的威胁，从而为相关政策的制定提供科学基础。

三、学科组成

环境信息与环境预测旨在通过先进遥感仪器和地面观测仪器的研制，数据时空插值、升尺度、降尺度和数据融合等数据处理算法的发展，模型－数据同化、模型耦合和情景模型构建等理论和方法的研究，发现环境系统变化规律及其驱动机制，评估环境系统变化的安全阈值，预测环境系统变化的未来趋势和影响。先进的星基、空基和地基观测仪器包括主动观测和被动观测以及数据自动传输等。数据时空插值就是利用时间或空间离散点信息或不连续的信息构建一个连续的曲面，它的目的是使用有限的观测值，运用有效方法对无数据的点进行填补。在许多情况下，需要将细分辨率数据转换为粗分辨率数据，此过程称为升尺度。许多模型和数据由于分辨率太粗而无法用于分析区域尺度和局地尺度问题，因此需要将粗分辨模型输出结果和粗分辨率数据转换为高分辨率数据，这个转换过程被称为降尺度。数据融合是将表达同一现实对象的多源、多尺度数据和知识集成到一个一致的有用形式，其主要目的是提高信息的质量。模型－数据同化就是将地面观测数据并入系统模型的过程，其目的是根据地面观测数据调整系统模型的初始状态变量或参数来提高系统模拟的精度。模型耦合包括松散耦合和紧凑耦合两类，松散耦合不考虑模型之间的相互反馈，保持了每个模型的特征和优势；紧凑耦合适合于系统要素的相互反馈对模拟结果比较重要的情形。未来情景包括归因情景、政策筛选情景和目标导向情景。归因情景根据驱动力的可能轨迹，分析自然系统对人类贡献的可能未来；政策筛选情景通过对备选政策或管理措施对环境影响的预测，对备选政策进行事前评估；目标导向情景在明确定义目标的基础上，通过优化目标函数，识别达到目标的不同路径。环境信息与环境预测的具体目标包括以下三个。第一，建立环境信息系统：收集和整理已有的遥感和地面观测资料（包括古环境代用指标资料），扩展和加密遥感和地面观测的内容（包括古环境代用指标资料）；通过对已有数据的时空插值、降尺度和数据融合等数据处理方法，构建尽可能高分辨率（时间和空间）的环境信息系统。第二，构建环境预测模型：在地球系统科学的理论指导下，基于环境信息系统，建立能够刻画和解剖人类文明时期（大约过去 10 000 年）、历史时期（大约过去 2000 年）、器测时期（大约过去 100 年）“环境系统与人类系统耦合度和协调度”的模型。第三，环境预测：在充分考虑了环境变化的自然韵律和变率的基础上，预测在变化的人文社会条件下“人类系统与环境系统的未来耦合度和协调度”。

四、学科特点

环境信息的多样性、时空异质性和动态变化特征决定了环境信息与环境预测具有很强的学科交叉性、应用基础性和前沿创新性。其很强的学科交叉性要求必须突破相关学科研究领域割裂化和碎片化造成的壁垒。环境问题的迫切性、前瞻性、交叉性决定了环境信息与环境预测学科的应用基础学科特征。其前沿创新性得益于空间信息、实验观测、设备仪器、互联网、大数据以及人工智能等领域的发展。

五、战略意义

资源与环境的可持续利用已成为人类可持续发展面临的重要挑战。环境信息与环境预测通过学科交叉融合，能实现对地球表层环境系统变化的动态观测、全过程模拟、机制解析和影响评估，不但为相关学科的发展提供了平台，更为突破地球系统科学前沿问题的解决提供了可能，是满足人类可持续发展决策支持需求的重要科学领域。

第二节　学科发展现状

一、总体发展趋势

运用ScienceDirect数据库、Springer数据库和Wiley Online Library数据库，对题目、关键词及摘要包含环境信息、环境监测、遥感、地面观测、空间采样、空间插值、尺度转换、升尺度、降尺度、数据融合、模型-数据同化、模型耦合、模型集成、环境预测、环境模型、生态模型、未来情景、综合模型和模拟分析平台的学术论文进行了检索。检索结果显示，1996～2019年，三个数据库共检索到有关学术论文163万余篇。

据ScienceDirect数据库检索结果，1996～2019年，全球有关环境变化研究和未来情景模拟分析的文章总数为62万余篇，其中中国发表84 732篇，占全球发表文章总数的13.6%。自1996年以来，中国学者的文章发表量加速增长，发表文章年占比由1996年的1.69%增长到2019年的25.78%，年发表文章占比平均每年增长0.9%，尤其是2015～2019年，中国学者年发表文章占比以每年2.8%的速度高速增长。中国年发表论文数占比于1998年超过俄罗斯、2006年超过日本、2008年超过英国、2009年超过德国、2016年超过美国，2019年成为世界上发表有关文章数量最多的国家（表16-1和图16-1）。

表16-1　中国在1996～2019年ScienceDirect数据库中环境信息与环境预测学术论文占比分析

年份	中国占比/%	美国占比/%	德国占比/%	英国占比/%	日本占比/%	俄罗斯占比/%	印度占比/%
1996	1.69	23.79	8.12	7.41	4.47	1.61	1.66
1997	1.86	23.10	9.31	7.95	3.99	2.25	1.86
1998	2.07	24.75	9.41	8.73	4.82	1.88	1.50
1999	2.50	26.25	10.78	9.80	4.76	1.87	1.58
2000	2.22	26.07	9.75	10.43	5.00	1.74	1.66
2001	2.64	27.14	9.66	9.59	4.42	1.65	1.93
2002	3.39	26.77	9.68	9.84	4.50	1.84	1.76
2003	3.72	29.46	9.47	9.86	5.03	1.63	1.63
2004	4.32	29.20	9.17	9.56	4.86	1.55	2.13
2005	4.53	24.05	9.89	8.78	4.59	1.12	1.95
2006	6.31	22.46	8.72	8.91	3.93	1.13	2.28
2007	7.55	20.60	8.63	8.24	4.01	1.09	2.22
2008	7.91	20.42	8.47	7.27	3.63	1.02	2.07
2009	8.63	20.05	8.58	7.16	3.56	1.10	2.44
2010	10.03	18.82	8.38	7.03	3.07	0.79	2.32
2011	12.41	18.36	8.68	6.44	2.91	0.90	2.56

续表

年份	中国占比 / %	美国占比 / %	德国占比 / %	英国占比 / %	日本占比 / %	俄罗斯占比 /%	印度占比 / %
2012	12.38	17.66	7.95	6.42	2.69	0.95	2.76
2013	12.58	17.73	7.90	6.43	2.89	0.89	2.78
2014	13.28	17.56	8.05	6.10	2.71	0.92	3.14
2015	14.72	17.01	8.26	6.31	2.49	1.29	4.03
2016	16.40	16.03	7.97	6.03	2.58	0.98	4.30
2017	17.58	14.42	7.36	5.80	2.36	1.01	3.97
2018	22.17	16.00	7.32	6.05	2.46	1.02	4.63
2019	25.78	15.40	7.24	5.68	2.65	0.95	4.53
平均	9.03	21.38	8.70	7.74	3.68	1.30	2.57

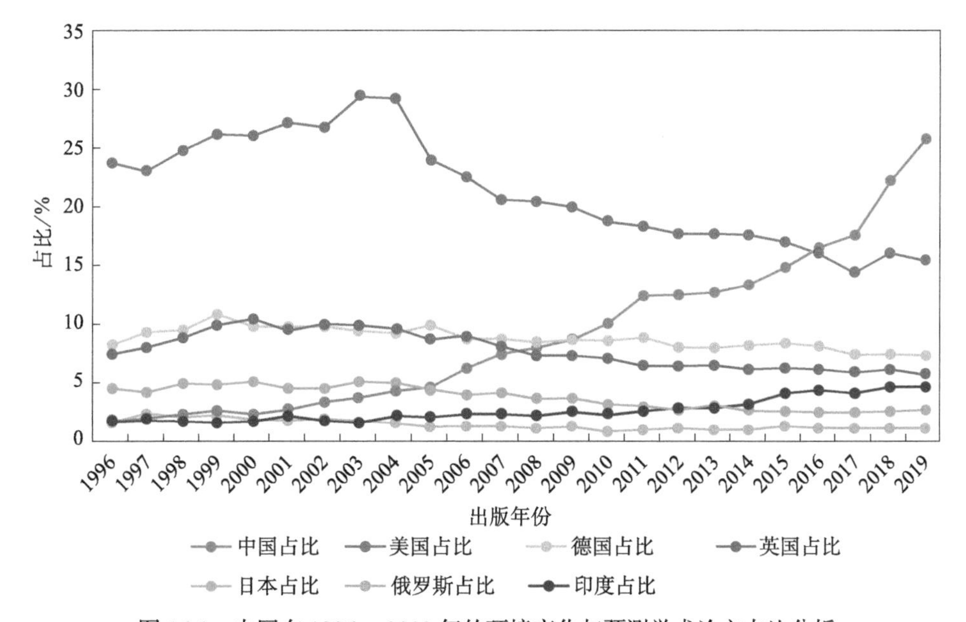

图 16-1　中国在 1996～2019 年的环境变化与预测学术论文占比分析

这里应该指出的是，环境预测（environmental prediction/forecast）一词学界已很少使用，而与之对应的情景（scenarios）一词则逐渐得到学界青睐。在 ScienceDirect 数据库中，以情景为题的文章由 1996 年的 724 篇猛增到 2019 年的 12 134 篇；我国以情景为题的文章在 1999 年突破 10 篇，2019 年达到 2249 篇。

二、过去环境变化研究

自 1840 年 Louis Agassiz 和 William Buckland 在苏格兰地区考证了冰川作用以来，关于长时间尺度气候和环境变化的科学文献开始大量涌现，过去环境变化的研究逐渐成为研究行星地球及其演化历史的主要科学前沿之一（汪品先等，2018；Elias and Mock，

2013）。20 世纪后期，技术的快速进步为地学的全球化和大发展创造了条件。特别是深海钻探、冰芯钻探和大陆钻探等计划的开展为获得更长时间序列和高分辨率的过去环境变化记录提供了可能，这些计划的结果比较清晰地勾勒了长时间尺度（如整个第四纪）环境变化的时间韵律和空间特征。特别值得一提的是：20 世纪末至 21 世纪初，为应对全球变化的严峻挑战，地球系统科学应运而生。例如，20 世纪 80 年代中期以来，美国科学家明确提出地球的物理过程 - 化学过程 - 生物过程相互作用的观点，形成了地球系统科学的思想基础。德国科学家于 2000 年制定超大型研究计划——地球工程学计划。该计划的目标是：认识地球演化中各个圈层的生物 - 物理 - 化学过程及其相互关系，评估人类对自然平衡和自然循环的影响。国家自然科学基金委员会地学部也于 2002 年 3 月提出了 21 世纪初的地球科学战略重点，拟定了“以地球系统各圈层的相互作用为主线，从我国具有优势的前沿领域寻找主攻目标”的优先资助领域战略。

为应对全球变化的严峻挑战而应运而生的地球系统科学关注的是：在认识地球各个圈层的生物 - 物理 - 化学过程及其相互关系的基础上，评估人类对自然平衡和自然循环的影响。然而，“人类世”概念的新近兴起意味着：地球系统科学必须关注人类活动对“地球各个圈层的生物 - 物理 - 化学过程及其相互关系”影响的广度和深度。“人类世”概念的核心在于：人类活动已经成为环境变化的巨大营力，此营力的影响力可能已经超过了自然营力的影响力。自工业革命以来，人类活动通过改变地表覆盖类型极大地改变了地球表面的物理性质（如反射率），还通过化石燃料的巨量燃烧改变了大气成分（Immerzeel et al.，2020；Sarrazin and Lecomte，2016；Sandel and Svenning，2013；Steffen et al.，2007，2015）。

虽然已对工业革命以来人类活动引起的环境变化进行了广泛和详细的研究，但已经发生了的和将要发生的环境变化对人类社会可持续发展的可能威胁却成为学术界争论不休的话题，也成为全社会关注的焦点（Steffen et al.，2015；徐冠华等，2013；陆大道，2011；Reid et al.，2010；安芷生和符淙斌，2001；宋长青等，2000）。为了预测环境变化对可持续发展的威胁，学者们一直在尝试着勾勒第四纪（即过去 200 多万年）不同时间尺度上环境变化的规律（周期、变幅、变率等）（Chen et al.，2019；Burke et al.，2018；Mackay et al.，2013；Lézine et al.，2011），以期将工业革命以来环境变化的“人类印痕”从环境变化的“自然基线”中剥离出来。

过去 2000 年被认为是一个最为合理和理想的研究窗口（郑景云等，2020；Waters et al.，2016；葛全胜等，2014；Mann et al.，2008）。这个窗口的合理性和理想性来自两个方面。第一，这一时段的环境变化资料最为丰富和可靠（如树轮、冰芯、湖泊纹层沉积、石笋、珊瑚礁、历史记录等资料），可以从时间分辨率上满足精准地将工业革命以来环境变化的“人类印痕”从“自然基线”中剥离出来的需求；第二，这一时段也正是人类社会进入复杂阶段的时段，因而很适合于审视工业革命之前的“人类印痕”和揭示社会复杂阶段“环境系统与人类系统的耦合过程和调控机制”。过去 2000 年来的气候与环境变化一直是国际全球变化研究的核心主题和 IPCC 评估的重点，也是 Future Earth（2014～2023 年）的重要议题。其也一直是 IGBP 的核心计划 PAGES 反复强调的议题

（Braconnot et al.，2012）。经全球科学家的长期和共同努力，有关过去 2000 年来气候和环境的研究已经取得了一系列重要成果并建立了全球古气候资料共享网[①]。

三、综合模型与未来情景

为了指导联合国“生物多样性与生态系统服务政府间科学-政策平台（Intergovernmental Platform on Biodiversity and Ecosystem Services，IPBES）”的有关情景分析与建模工作，联合国于 2014 年启动了《生物多样性和生态系统服务情景与模型方法评估》（简称《IPBES 情景模型评估》），并于 2016 年向全球发布。这个报告主要涉及 11 种主流动态模型：全球环境评价集成（IMAGE）模型、全球生物多样性（GLOBIO）模型、全球生物圈管理（GLOBIOM）模型、生物圈全球统一元（GUMBO）模型、生态系统服务多尺度集成模型（MIMES）、全球植被动态模型（DGVM）、土地利用转换及其影响（CLUE）模型、生态模拟通道（EwE）模型、生态系统服务及权衡综合评价（InVEST）模型、生态服务人工智能（ARIES）模型和地球系统模型（ESM）等。

IMAGE 模型由生态系统服务模块以及能源-产业模块、陆地环境模块和大气-海洋模块组成（岳天祥，2003），主要用于评价间接驱动力情景和模拟直接驱动力与间接驱动力之间的相互关系（Stehfest et al.，2014）。全球环境评价集成模型已被运用于支撑诸如 IPCC 评估、UNEP 的《全球环境展望》、OECD 的环境展望和千年生态系统评估等各种国际评估。IMAGE 模型也被广泛用于科学研究。

GLOBIO 模型是计算环境驱动力对生物多样性过去、现在和未来影响的建模框架，由陆地生态系统模型和淡水环境模型构成。它的输入主要来自 IMAGE 模型。GLOBIO 模型的当前版本 GLOBIO3 仅限于不包括南极洲的全球陆地部分。GLOBIO 模型可用于评估环境驱动力对平均物种丰富度（mean species abundance，MSA）的影响、各种未来情景下的可能变化趋势及各种响应或政策选择的可能影响（Alkemade et al.，2009）。

GLOBIOM 模型是由国际应用系统分析研究所开发的部分均衡经济模型，用于阐述农业、生物能源和林业生产部门在土地利用变化过程中的相互作用，该模型涉及 18 种最重要的农作物、7 种畜产品、林业系统和生物能源供应链（Skalsky et al.，2008）。

GUMBO 模型是最早的系统动力学模型之一。GUMBO 模型由大气圈、岩石圈、水文圈、生物圈和人类圈 5 个模块组成，地球表面被划分为海洋、沿海、森林、草地、湿地、河 / 湖、沙漠、苔原、冰 / 石、耕地和城市 11 种生态系统类型，以模拟生态系统服务及其对全球经济和人类福利的影响（Boumans et al.，2002）。

MIMES 模型源于 GUMBO 模型的发展，其通过集成各种知识，模拟生态系统服务的得失。MIMES 模型将类似的系统要素组合为模块，每个模块分别描绘自然和人类系统的一组过程。在应用过程中，这些模块可以进行耦合，用于分析各模块之间的相互作用和反馈。其基本内容包括圈层、资源、生产函数、影响函数、需求表和未来情景（Boumans et al.，2015）。

DGVM 用以模拟各种生物地理化学、生物地理物理和水文过程（Smith et al.，2001）。它运用时间序列气候数据，在纬度、地形和土壤特征等约束的条件下，模拟月

① https://www.ncdc.noaa.gov。

时间尺度或日时间尺度生态系统动态过程，其是模拟未来气候变化对自然植被、碳和水循环影响的最常用手段。

CLUE 模型基于农业发展和自然保护两种情景，模拟分析每个像元上不同土地利用类型的未来需求分配（Verburg and Overmars，2009）。在模拟分析过程中，土地类型被区分为在区域层面需求驱动（例如，农业用地、城市用地和经济林地）和在区域层面无法确定聚合需求（例如，自然和半自然土地覆被）两组。在迭代比较每种土地类型分配面积的过程中，在区域层面将土地利用类型分配到每个像元，直到满足需求时终止迭代。

EwE 模型是一种区域动态过程模型，主要用于动态描绘海洋和水生生态系统能流（Christensen et al.，2005）。EwE 模型由“生态通道”（ecopath）、“生态模拟”（ecosim）和“生态空间”（ecospace）三个相互联系的部分组成（Christensen and Walters，2004）。“生态通道”描绘生态系统生物量储量和通量的物质平衡静态片段，“生态模拟”通过运用一套微分方程计算捕食、消费和渔获率来描绘生物量和生物量通量随时间的变化，“生态空间”则对生态系统进行时空动态模拟，以探索渔业管理政策的空间效应。

InVEST 模型是一套广泛使用的区域静态过程关联模型，它基于生物物理过程的简化表达，描绘生态系统结构和功能如何影响生态系统服务流和价值（Kareiva et al.，2011）。它是基于未来价格和成本假设的生物物理和经济模型，可用于识别当前景观和未来情景下生态系统服务和价值的空间格局以及权衡管理情景。

ARIES 模型是一个区域动态专家模型，它将多尺度过程与贝叶斯模型相结合，可对任何生态系统服务进行空间模拟（Villa et al.，2014）。由于 ARIES 模型可以通过网络界面进行访问，因此不需要商业地理信息系统和模拟软件，可通过在线生态系统服务搜索演示，测绘碳储量、淡水供应、洪水调节、沉积调节、生计渔业和旅游观光等生态系统服务。

ESM 是一种陆地和海洋生态系统服务及生物地理化学循环的模拟模型（Bonan and Doney，2018）。ESM 是全球气候模型的扩展。全球气候模型由大气、海洋和海冰动态及陆地水文气象表达，陆地和海洋与大气通过能量和动量通量耦合；而 ESM 在全球气候模型的基础上，增加了碳循环、陆地和海洋生态系统、生物地理化学和大气化学以及自然和人类干扰等。

其他用于量化生态系统服务的模型包括生态系统服务共同评估（corporate ecosystem services review，ESR）、生态系统服务样地评估（ecosystem service site-based assessment，TESSA）、自然成本估算（co$ting nature）和土地利用与容量指标（land utilisation and capability indicator，LUCI）。ESR 是由世界资源研究所（World Resources Institute）研发的定性方法，用于考虑千年生态系统评估列举的 27 种生态系统服务功能的评估（Hanson et al.，2012）。TESSA 运用决策树引导用户迅速识别生态系统服务的优先顺序，为特定案例提供评估模板（Peh et al.，2014）。Co$ting nature 是很便于使用的网络工具，可用于估算在气候和土地利用变化情景下碳储量、产水量、自然旅游和自然灾害减缓 4 种生态系统服务。LUCI 是类似于 co$ting nature 的网上工具，其聚焦于农业景观和生态系统服务，可利用简单算法识别生态系统服务，并向利益相关者和决策者提供生态系统服务权衡信息（Jackson et al.，2013）。

自 2001 年以来，我国在生态系统评估模型方面取得了不少成果。2001 年 5 月，为了配合联合国千年生态系统评估的实施，我国启动了中国西部生态系统综合评估研究项目，该项目同时也被联合国千年生态系统评估确定为首批启动的五个亚全球区域评估项目之一。在此项目的支持下，建立了高精度曲面建模（HASM）方法，并将该方法运用于中国西部生态系统服务变化及其驱动力未来情景模拟分析（Yue et al.，2020，2016，2015；刘纪远等，2006；Liu et al.，2005）。近年来，为了形成我国统一的指标体系和技术方法，使不同区域间的评估结果具有可比性，构建了中国生物多样性与生态系统服务评估指标体系和相应的模型（傅伯杰等，2017；于丹丹等，2017）。

由上述内容可见，任何单个模型都无法在高细节层面捕捉所有生态系统动态，这就需要进行模型耦合，以集成生态系统的不同方面。按照模型的耦合程度，可区分为模型的松散耦合和紧凑耦合或模型集成（Pichs-Madruga et al.，2016）。模型松散耦合的优势是可以保留每个专业模型的专项长处，它的劣势是缺乏所模拟要素之间的反馈和不同模型对同一现象会出现矛盾表达。与此同时，松散耦合可能会在被耦合模型之间传播误差，而且这些被传播的误差很难被跟踪和量化（Verburg et al.，2013）。于是，紧凑耦合（模型集成）便成为被选耦合方式。

模型集成是最紧凑的无缝模型耦合，它以一致的方式将不同模型表达系统镶嵌在一起。第三次 IPCC 评估报告将集成评估模型定义为“组合、解释和表达自然和社会科学多学科知识的跨学科过程，旨在研究和认识复杂系统之间和系统内部的因果关系”（IPCC，2001）。集成模型的基本特征之一就是同时考虑了环境问题多个方面。在全球层面，集成模型是模拟不同驱动力下生物多样性和生态系统服务动态的潜在有用工具，但目前的集成模型并没有这个能力（Harfoot et al.，2014）。现有集成模型的最主要局限性在于缺乏对海洋和淡水生态系统的考虑。另一个值得注意的局限性在于缺乏对生物多样性和生态系统服务与驱动力之间相互反馈的考虑。

IPBES（2016）关于生物多样性与生态系统服务情景和模型的方法评估发现，本土和局地知识是可以填补多尺度重要信息缺口的，因此动用本土和局地知识可改进情景和模型的模拟结果。对情景研究的总结分析表明（Seppelt et al.，2013），全球情景分析受益于各尺度亚全球研究的系统综合，亚全球调研需要嵌入全球评估。事实上，根据地球表层建模基本定理（Yue et al.，2020；岳天祥等，2020，2017；Yue et al.，2016），地球表层及其环境要素曲面由外蕴量和内蕴量共同决定。也就是说，任何空间尺度上的情景分析，都需要宏观信息和细节信息的有机结合。然而，目前几乎所有集成模型都没有考虑宏观信息和微观信息的完备性。

第三节　学科发展需求与趋势分析

一、环境信息与环境预测发展的国际背景

自 20 世纪 80 年代开始，国际科学界先后发起并组织实施了以全球变化与地球系统为研究对象的四大国际计划，即世界气候研究计划（WCRP）、国际地圈生物圈计划（IGBP）、国际全球环境变化人文因素计划（IHDP）和国际生物多样性计划（DIVERSITAS）。为应对全球气候变化及其对社会经济的潜在影响，1988 年由联合国环

境规划署（UNEP）和世界气象组织（WMO）共同成立了IPCC。过去全球变化（PAGES）是IGBP的核心计划之一，它的目的是通过对过去地球表层环境变化规律和机制的研究，达到以下三个目的。第一，寻找与今天状况相似的“历史相似型”，以建立理解“目前的全球变暖”的历史参照或地质参照。第二，勾勒“目前的全球变暖”发生的自然基线，以区分“目前的全球变暖”的自然贡献和人为贡献。第三，在理解了“目前的全球变暖”的自然贡献和人为贡献的基础上，预测未来的气候和环境变化趋势或可能情景。PAGES和世界气候研究计划数值试验工作组（WGNE）于1991年联合启动了国际古气候模拟比较计划（PMIP）。PMIP计划利用不同的全球大气环流模式（GCMs）对典型时段的古气候过程进行了一系列研究，人类文明化时期（即全新世：大约过去10000年）尤其是历史时期（大约过去2000年）的古气候模拟是该计划的焦点。这里应该指出：之所以关注全新世，是由于地球气候系统目前和将来一段时间的自然边界条件仍然是全新世自然边界条件的延续，而且这一时段也正是人类经历文明化的时段；之所以关注过去2000年，是由于这一时段的古气候资料最为丰富和可靠（如树轮资料、冰芯资料、珊瑚礁资料、历史记录等），而且对这一时段“自然基线”的确定能帮助人们更有信心地区分“目前的全球变暖”的自然贡献和人为贡献。进而，过去2000年也正是人类社会进入复杂阶段的时段，因而很适合于揭示社会复杂阶段“环境系统与人类系统的耦合过程和调控机制”。进入21世纪，四大全球环境变化计划（WCRP、IGBP、IHDP、DIVERSITAS）又联合成立了“地球系统科学联盟”（ESSP），旨在促进地球系统的集成研究，为“可持续发展”政策的制定提供科学基础。2012年6月，在巴西里约热内卢召开的联合国可持续发展大会上正式宣布Future Earth的倡议。该计划是建立在30多年的全球变化研究基础之上的，旨在打破目前的学科壁垒，重组现有的科研项目与资助体制，填充全球变化研究和实践的鸿沟，以有效地提升人类应对全球环境变化所带来的挑战的能力。

二、环境信息与环境变化的应用需求

生物多样性和生态系统服务正在以史无前例的速率下降，为了解决这个挑战，第65届联合国会员大会通过了成立IPBES的决议。在2011年2月召开的第26届联合国环境署理事会会议上讨论了此决议，于2012年4月成立了向联合国所有成员国开放的生物多样性与生态系统服务政府间科学－政策平台，并在2016年2月召开的第四届“生物多样性与生态系统服务政府间科学－政策平台”全体会议上，讨论通过了《IPBES情景模型评估》报告。我国于2012年12月经国务院批准，正式加入IPBES。《IPBES情景模型评估》是IPBES的首批评估活动之一，于2014年年初启动，2016年年初完成。情景模型的基本概念包括归因情景（exploratory scenarios/attribution scenarios）、政策筛选情景（policy-screening scenarios）、目标导向情景（target-seeking scenarios）和政策后评估（retrospective policy evaluation）（图16-2）。①归因情景根据驱动力的可能轨迹，分析自然对人类贡献的可能未来；②政策筛选情景通过对备选政策或管理措施对环境影响的预测，对备选政策进行事前评估；③目标导向情景在明确定义目标的基础上，通过优化目标函数，识别达到目标的不同路径；④政策后评估根据对过去已执行政策轨迹的观测，与计划达到既定目标的轨迹进行比较，对其偏差进行分析。2016年8月25日《IPBES

情景模型评估》报告的决策者摘要在法国蒙彼利埃正式向全球发布。

作为联合国情景分析与生态环境建模指导性文件的《IPBES 情景模型评估》报告已被成功应用于以下的重要报告中：联合国 IPBES《土地退化与恢复评估》（*Assessment on Land Degradation and Restoration*）、《生物多样性与生态系统服务欧洲和中亚区域评估》（*The Regional Assessment on Biodiversity and Ecosystem Services for Europe and Central Asia*）、《生物多样性与生态系统服务亚洲和太平洋区域评估》（*The Regional Assessment on Biodiversity and Ecosystem Services for Asia and the Pacific*）、《生物多样性与生态系统服务非洲区域评估》（*The Regional Assessment on Biodiversity and Ecosystem Services for Africa*）、《生物多样性与生态系统服务美洲区域评估》（*The Regional Assessment on Biodiversity and Ecosystem Services for Americas*）和 *The Global Assessment on Biodiversity and Ecosystem Services*（IPBES，2019，2018a，2018b，2018c，2018d，2018e）。

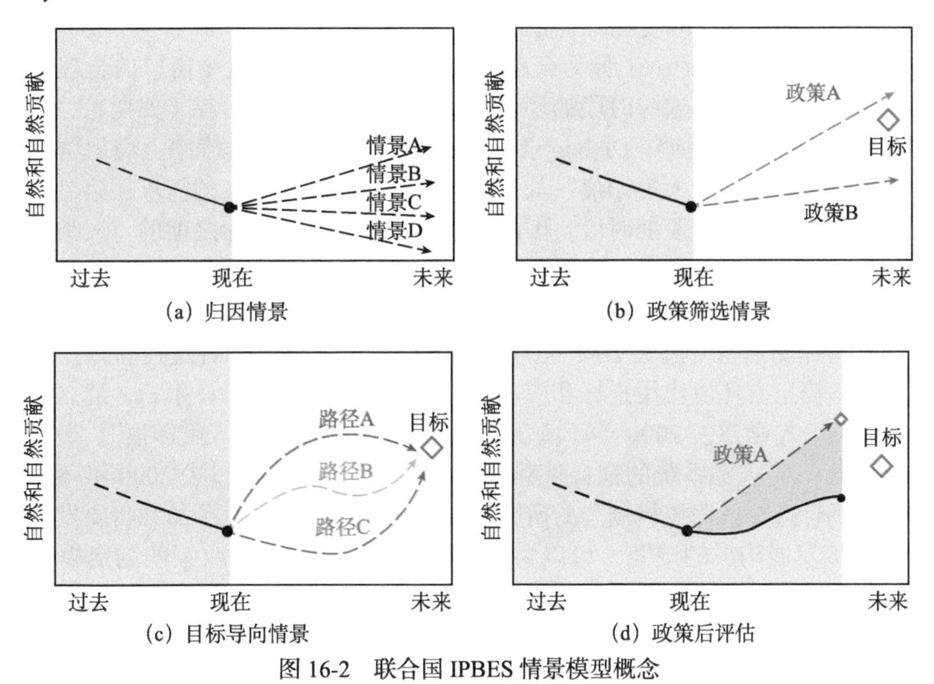

图 16-2　联合国 IPBES 情景模型概念

第四节　学科交叉的优先领域

一、学部内部学科交叉的优先领域

（一）过去 2000 年环境系统与人类系统的耦合过程与调控机理

1. 科学意义与国家战略需求

与人类社会密切相关的环境系统指由岩土圈、大气圈、水圈和生物圈（包括人类）

所构成的地球表层系统，环境要素是指构成环境系统的性质不同而又相互关联，服从整体演化规律的基本组分，包括自然环境要素和人工环境要素。工业革命以来人类活动导致的环境变化是全球性的，因此全球变化便成为世界性的热门话题。全球变化研究旨在：描述和解剖控制地球表层系统的物理、化学和生物学过程及其相互作用，以及人类活动与它们之间的关系。

虽然已对工业革命以来人类活动引起的环境变化进行了广泛和详细的研究，但已经发生了的和将要发生的环境变化对人类社会可持续发展的可能威胁却成为学术界争论不休的话题，也成为全社会关注的焦点。为了预测环境变化对可持续发展的威胁，学者们一直在尝试着勾勒第四纪（即过去200多万年）不同时间尺度上环境变化的规律（周期、变幅、变率等），以期将工业革命以来环境变化的“人类印痕”从环境变化的“自然基线”中剥离出来。然而，对第四纪“自然基线”的勾勒却远远不能满足要求，因为资料的质量（如资料的定量精准度和时空分辨率）总是不尽如人意。

过去2000年被认为是一个最为合理和理想的研究窗口。这个窗口的合理性和理想性来自两个方面。第一，这一时段的环境变化资料最为丰富和可靠（如树轮、冰芯、湖泊纹层沉积、石笋、珊瑚礁、历史记录等资料），可以从时间分辨率上满足精准地将工业革命以来环境变化的“人类印痕”从“自然基线”中剥离出来的需求；第二，这一时段也正是社会进入复杂阶段的时段，因而很适合于审视工业革命之前的“人类印痕”和揭示社会复杂阶段“环境系统与人类系统的耦合过程和调控机制”。

“过去2000年环境系统与人类系统的耦合过程和调控机制”的研究包括四方面的内容。第一，构建能剖析“过去2000年环境系统与人类系统的耦合过程和调控机制”的模型；第二，校正古环境代用指标和厘定“人类痕迹”示踪指标；第三，建立古环境信息系统；第四，勾勒过去2000年环境变化的“自然基线”和“人类印痕”，揭示“过去2000年环境系统与人类系统的耦合过程和调控机制”。总之，“过去2000年环境系统与人类系统的耦合过程和调控机制”的研究，有助于预测已经发生了的和将要发生的环境变化对可持续发展构成的威胁，可以为人类社会的可持续发展政策的制定提供科学基础，还可以拓展对地球表层环境系统的理解，为地球系统科学前沿问题的突破提供可能。

2. 国际发展态势与我国的发展优势

过去2000年来的气候与环境变化一直是国际全球变化研究的核心主题和IPCC评估的重点，也是Future Earth（2014～2023年）的重要议题。其也一直是IGBP的核心计划PAGES反复强调的议题。PAGES还与WGNE在1991年联合启动了PMIP，过去2000年时段的古气候模拟是该计划的焦点之一。经全球科学家的长期和共同努力，有关过去2000年来气候和环境的研究，已经取得了一系列重要成果并建立了全球古气候资料共享网①。

进入21世纪，四大全球环境变化计划（WCRP、IGBP、IHDP、DIVERSITAS）又联合成立了ESSP，旨在促进地球系统的集成研究，为“可持续发展”政策的制定提供科学基

① https://www.ncdc.noaa.gov。

础。2012年6月，在巴西里约热内卢召开的联合国可持续发展大会上正式宣布Future Earth的倡议，旨在打破目前的学科壁垒，重组现有的科研项目与资助体制，填充全球变化研究的理论和实践鸿沟，以有效地提升人类应对全球环境变化所带来的挑战的能力。国家自然科学基金委员会地学部也于2002年提出了21世纪初的地球科学战略重点，以地球系统各圈层的相互作用为主线，从我国具有优势的前沿领域里寻找主攻目标，确定优先资助领域。我国科技部也于2010年设立了全球变化研究国家重大科学研究计划（该计划于2016年变成了全球变化及应对重点专项）。

3. 发展目标

"过去2000年环境系统与人类系统的耦合过程和调控机制"的研究：首先，建立基于现代资料的"环境系统与人类系统的耦合过程和调控机制"模型；然后，建立古环境代用指标在现代环境下定量校正过的古环境信息系统；最后，基于古环境信息系统和用基于现代资料的"环境系统与人类系统的耦合过程和调控机制"模型，勾勒过去2000年环境变化的"自然基线"和"人类印痕"，揭示"过去2000年环境系统与人类系统的耦合过程和调控机制"。这样的研究不但能为地球系统科学前沿问题的突破提供可能，也能为人类社会的可持续发展政策的制定提供科学基础。这样的研究还能在研究手段、实验方法、模型发展等方面为地球系统科学的进步做出贡献。

4. 主要研究方向

（1）构建模型。将过去100年作为一个完全可把控的窗口，基于广泛可得的高质量资料，建立既能表述现代"环境系统与人类系统的耦合过程和调控机制"又能用来剖析"过去2000年环境系统与人类系统的耦合过程和调控机制"的模型。

（2）校正古环境代用指标和厘定"人类痕迹"示踪指标。如此的定量校正和定量厘定需要在不同的环境下进行大量的指标测试，被测试的指标涉及地球化学、地球物理、地球生物等方面。

（3）建立古环境信息系统。广泛和高质量地收集新的和整理已有的古环境代用指标资料；通过对资料的时空插值、降尺度和数据融合等数据处理，建立尽可能高分辨率（时间和空间）的古环境信息系统。

（4）揭示耦合过程与调控机理。基于古环境信息系统，用基于现代资料的"环境系统与人类系统的耦合过程和调控机制"模型，勾勒过去2000年环境变化的"自然基线"和"人类印痕"，揭示"过去2000年环境系统与人类系统的耦合过程和调控机制"。

（二）基于物质循环的"环境系统与人类系统协调度"研究

1. 科学意义与国家战略需求

环境系统是人类赖以生存的基础，环境要素涵盖了地球表层自然要素和与人类活动相关的人文要素。当前，随着人类活动强度的加剧、范围的扩展和方式的改变，地球表层环境系统正在发生剧烈的变化。除了大气组分（如CO_2含量）的人为改变和下垫面生物物理属性（如地面反射率）的人为改变对生态环境造成的不可逆转的负面影响外，资源开采和利用对地球表层系统物质平衡的人为改变也对生态环境造成了不可逆转的负面影响。大量的资源开采通过生产活动被加工成各种产品来满足人类的消费需求，这些产品报废后形成废旧品堆积在社会经济系统或者环境系统中，不仅对生态环境造成了不可逆转的负面影响，更是对区域可持续发展产生了深远的影响。从多学科交叉的视角出发，理解资源开采和利用过程中物质循环格局的过去、现在和未来，揭示地球表层人类活动与资源环境要素变化之间的互馈机制，是环境地球科学亟须关注的前沿科学问题。

当前，我国正处于人口总量增长放缓但城镇化快速发展的关键时期，社会经济运行离不开自然资源和生态环境的强大支撑。因此，党的十九大报告指出，要形成节约资源和保护环境的空间格局、产业结构、生产方式、生活方式，还自然以宁静、和谐、美丽。2019 年，国务院办公厅印发《“无废城市”建设试点工作方案》，倡议固体废物源头减量、资源化利用、最大限度减少填埋量，力求将固体废物的环境影响降至最低。面对资源与环境问题的迫切性，为了寻求通向可持续发展的途径和解决方案，必须系统地和定量地理解人类活动影响下物质从资源到环境的迁移转化过程，突破相关学科研究领域割裂化、碎片化、单一视角的局限，探寻维持良好生态环境和资源可持续利用的途径，为我国资源环境可持续利用战略的制定和为生态文明建设提供科学依据。

2. 国际发展态势与我国的发展优势

与资源开采和利用相关的物质循环过程分析主要包括三个部分：资源开发利用（物质流分析）、污染物排放（清单分析）、环境归趋（环境模拟）。在资源开发利用方面，学者们的主要关注点是：以质量守恒定律为基本依据，量化每一个过程的输入流和输出流，从而刻画出物质循环的主要过程。以磷为例，2012 年中国磷矿石年开采量占全球产量的近一半，其中 70% 用于生产磷肥，只有约 4% 的磷矿石资源最终进入食品中满足人类消费需求，而大部分磷都损失在传递过程中，如磷石膏、秸秆、畜禽粪便等（Liu et al.，2016）。同时，学者们也关注国际贸易在资源开发利用过程中的作用。例如，一份报告指出，全球铝土矿贸易主要表现为中国从印度尼西亚和澳大利亚的进口（Liu and Muller，2012）。

清单分析主要侧重于精确估计人类活动的污染物排放特征。排放清单编制是一个长期的系统工程，目前主要应用于大气领域，囊括各种大气污染物，如温室气体（Liu et al.，2015）、二氧化硫（Smith et al.，2011）、氮氧化物（Miyazaki et al.，2017）、颗粒物（Reff et al.，2009）、挥发性有机污染物（Li et al.，2014）、重金属（Tian et al.，2015）等（注：相较于大气污染物，水污染物类型及排放源相对明确，主要关注化学需氧量、总磷、氨氮、总氮等污染物，涵盖工业、农业和生活等各类污染源）（高伟等，2013）。污染物排放清单编制可分为基于实地调查的“自下而上”和基于宏观统计的“自上而下”两种方法。前者获取的数据精确度较高，可满足模型模拟需求，但覆盖范围较小且数据获取过程耗时耗力；后者适用于污染负荷的宏观核算，但数据不够精细且排放因子一般采用推荐值或补充校正值，而使得核算结果具有较大的不确定性。

在环境模拟方面，主要将污染物的环境行为分为环境归趋、环境暴露与生态 / 健康效应等过程。在环境归趋研究方法方面，有学者运用传输矩阵（transfer matrices）模拟了排入大气的氮氧化物、氨气等的迁移转化过程及其最终进入海洋的比例（Huijbregts et al.，2000）。在众多的多介质环境归趋模型中，Mackay提出的逸度模型是基于热力学平衡或质量平衡原理的，可同时计算污染物在多介质环境中的质量分布和迁移通量（Paterson et al.，1991）。在环境暴露和生态/健康效应评估方法上，随着测量仪器精度的提高，以及与环境相关的毒理、医学、流行病学和生命科学等领域的发展，研究体系日臻完善。例如，有学者通过构建生态系统食物链和受体生物富集模型，研究了POPs的富集过程与机制（Tao et al.，2017；王传飞等，2013）。还如，有学者在建立高分辨多环芳烃排放清单的基础上，进一步利用大尺度大气传输模型计算了大气多环芳烃的含量和分布，以及由此导致的居民呼吸暴露和肺癌风险（Shen et al.，2014；张毅等，2009）。

我国学者紧密围绕着国际学术前沿，在资源开发利用格局、存量与报废量预测、污染物大尺度空间分布、长距离传输、多介质迁移转化、健康效应、生态风险评估与控制等方面，开展了大量方法学和实证研究，取得了丰硕的研究成果。然而，该研究领域仍然存在着一些不足。例如，将资源问题与环境问题分开研究，忽视了资源环境问题根源于资源开发利用生命周期过程这一事实。再如，大多研究只针对某个环节，忽视了资源开发利用、污染物排放、环境归趋和效应之间的反馈作用。

3. 发展目标

整合物质的资源属性和环境属性，借助卫星遥感、环境观测、互联网、大数据以及人工智能等领域的发展，通过多学科交叉融合研究，探索物质循环格局演变的时空演变规律，加深对地球表层人类活动与资源环境要素变化之间相互影响机制的认知，有效提升对资源环境演变预测和可持续利用能力，实现对地球表层物质循环过程及其环境效应的动态观测、全过程模拟、机制解析、影响评估和智慧调控，体现系统化、多尺度、精细化、智能化、平台化、复杂化的特色，为有效解决经济社会发展与资源环境之间的矛盾提供科学支撑。

4. 主要研究方向

（1）环境要素大数据平台搭建方法与技术。针对环境系统各类环境要素数据来源分散、质量不一、共享不足等突出问题，利用卫星遥感、环境观测、互联网等手段，探索各类环境要素的观测手段、分析方法，获取统计数据、实验数据、遥感影像等多源数据，开展多源数据时空尺度融合与转换研究，发展多源数据融合方法、技术、软件，打造环境要素大数据平台，为物质循环模拟与预测提供精细化数据支撑。

（2）物质循环时空格局分析。研究自然条件和人类活动共同作用下物质循环“采、产、用、存、废、排”路径的拓扑结构，探索提高物质循环路径分析精度的方法、手段，分析不同时空尺度的物质循环格局变化及其驱动机制，发展废旧资源时空分布特征分析方法和分布式回收技术，识别主导的驱动因素、作用机制和风险控制策略。

（3）物质循环的环境效应模拟。开展污染物环境多介质归趋模型方法研究，定量分析污染物在各种环境介质中的分布和运移规律，发展污染物环境暴露剂量检测监测方法、剂量－效应模型和环境效应评估工具，建立集资源开发利用、污染物排放、环境归趋和效应为一体的本土化模拟关键技术，评估污染物环境归趋和效应的时空异质性，识别人类活动与环境介质之间的时空交互作用，揭示污染物危害形成机制。

（4）物质循环格局预测与调控。构建时空大数据分析与智能计算支持下的环境要素预测模型，分析人口、社会、经济等发展对区域资源消耗、污染物排放、资源供给和环境承载力的影响，预测物质循环未来情景，研发废物资源化技术，探索推动物质梯级利用和闭路循环的技术路径、模式和政策措施。研究环境系统弹性、阈值和调控措施，推动物质高效循环和资源可持续利用。

二、与其他学部学科交叉的优先领域

（一）自然与自然贡献的未来情景模型

1. 科学意义与国家战略需求

2001年6月，联合国秘书长安南宣布启动了为期四年的“千年生态系统评估”（MA）国际合作项目，其目标是对生态系统及其服务的变化趋势进行科学评价，并为保护和持续利用生态系统及其服务的行动提供科学支撑。2005年3月30日，“中国西部生态系统综合评估”（MAWEC）亚全球项目的中英文报告与国际MA评估报告同时在北京正式发布。为了加强科技界、政府和其他利益相关者在生物多样性和生态系统服务方面的沟通与对话，以“生物多样性、科学与管理”为主题的会议于2005年1月在巴黎召开，会议建议对生物多样性科学评价国际机制的必要性、范围和可能形式进行磋商。

作为响应MA磋商过程的延续，第26届联合国环境规划署理事会会议（2011年2月）专门讨论了第65届联合国会员大会通过的关于成立IPBES的决议，并于2012年4月成立了向联合国所有成员国开放的生物多样性与生态系统服务政府间科学－政策平台（https://ipbes.net）。《IPBES情景模型评估》结果表明，情景模型是预见自然对人类各种发展途径和政策选择响应的有效利器。虽然大多数全球环境评估情景模型探讨了社会对自然的影响，但是它们没有将自然作为社会经济发展的核心要素给予考虑，忽视了自然保护的政策目标及自然在基础发展和人类福祉中的重要作用。由于人类发展目标越来越与自然目标息息相关，因此现有的情景模型已不能满足“预见自然对人类各种发展途径和政策选择响应”的需求。

2016年8月25日《IPBES情景模型评估》报告及其决策者摘要在法国蒙彼利埃正式向全球发布。该报告提出了研发新一代自然与自然贡献情景模型的倡议，并将自然和自然贡献情景模型列为联合国IPBES第二轮（2020～2030年）工作方案的优先主题之一。我国于2012年12月经国务院批准，正式加入生物多样性和生态系统服务政府间科学－政策平台。2014年年初，IPBES启动了作为其首批评估活动之一的《IPBES情景模型评估》。目前，中国学者也投入研发新一代自然与自然贡献情景模型的行列。

2. 国际发展态势与我国的发展优势

1967年，Kahn和Wiener发表了他们关于环境变化与未来情景的开创性工作。在罗马俱乐部关于增长极限的报告中（Meadows et al.，1972），条件展望计算（conditional forward calculations）与现在的未来情景发挥着类似作用。21世纪初以来，每年至少有

300 篇关于情景分析的学术论文发表（Pulver and van Deveer，2009）。与此同时，情景分析在全球环境评估中得到广泛应用。例如，在以下这些重要的报告中，情景分析都占有举足轻重的分量：联合国政府间气候变化专门委员会评估报告（IPCC，2014，2007，2001），联合国环境规划署全球环境展望（UNEP，2012，2007，2002），千年生态系统评估（MA，2005）和亚全球评估报告（Liu et al.，2005），农业水管理综合评估（CA，2007），农业知识、科学和技术发展国际评估（Watson，2009），以及生物多样性和生态系统服务情景与模型的方法评估报告（IPBES，2016）。

以往的绝大多数研究属于探索情景。例如，Schroeter 等（2005）基于社会经济、大气温室气体浓度、气候和土地利用等全球变化驱动力情景，运用全球植被动态模型（DGVM），模拟了全球变化对欧洲碳储量和食物生产等生态系统服务的影响。刘纪远等（2006）在中国西部生态系统综合评估中，对气候变化和人类活动双重驱动力作用下的生态系统综合评估进行了初步探讨。Swetnam 等（2011）运用基于地理信息系统的模型描绘了坦桑尼亚东部弧形山脉的 2000～2025 年碳储量情景。Okruszko 等（2011）通过全球性水资源评估和诊断（WaterGAP）模型与大气环流模型（GCMs）的耦合，模拟了基于气候变化驱动力情景的欧洲湿地生态系统 21 世纪 50 年代的情景。Estoque 和 Murayama（2012）运用基于地理信息系统的土地利用变化模型（GEOMOD）分析了菲律宾碧瑶市 2020 年土地利用变化驱动的生态系统服务情景。Walz 等（2014）通过识别生态系统变化驱动力和定义每个驱动力的可能未来状态，估算了驱动力与生态系统状态变量之间的相互作用关系，模拟分析了瑞士山区生态系统服务的 2050 年情景。Kirchner 等（2015）研发了一个基于农业生态系统服务和经济发展的集成建模框架，并以奥地利为案例，评估了不同农业政策途径和区域气候情景对 2008～2040 年生态系统服务的各种影响。

Thompson 等（2016）通过耦合土地利用与景观模型（LANDIS-Ⅱ）模拟了土地利用情景及其与预期气候变化的相互作用，估算了 2010～2060 年马萨诸塞州可能的生态系统服务量级和空间分布。Landuyt 等（2016）通过耦合元胞自动机土地利用变化模型与生态系统服务贝叶斯置信网络模型，分析了社会经济发展对比利时佛兰德斯地区 2050 年食物供给、木材产量和空气质量调节等生态系统服务的可能影响。Berg 等（2016）基于人文和气候驱动力，模拟分析了美国新罕布什尔州地区生态系统服务的 2025 年情景。Outeiro 等（2015）运用生态系统服务及其权衡综合评价模型（InVEST），发展了智利南部洛斯拉戈斯海域生态旅游和濒危物种的未来情景。Kremer 等（2016）运用多指标分析（MCA）法，评价分析了纽约市雨水吸收、碳储量、空气污染清除、局地气候调节和休闲娱乐等生态系统服务的空间精准未来情景。

我国在情景模型研制方面起步较晚。2001 年 5 月，为了配合联合国 MA 的实施，我国启动了中国西部生态系统综合评估研究项目，该项目同时也被联合国 MA 确定为首批启动的五个亚全球区域评估项目之一。为此，我国学者建立了 HASM 方法，并被运用于中国西部生态系统服务变化及其驱动力未来情景模拟分析（Yue et al.，2020，2016；Zhao et al.，2018；刘纪远等，2006；岳天祥，2003）。近年来，为了形成我国统一的指标体系和技术方法，使不同区域间的评估结果具有可比性，我国学者构建了中国生物多样性与生态系统服务评估指标体系和相应的模型（傅伯杰等，2017；于丹丹等，2017）。

高精度曲面建模方法已作为要点内容被纳入IPBES的情景分析与建模指导性文件中（IPBES，2016）；在高精度曲面建模方法发展和应用过程中提炼形成的地球表层建模基本定理已被列入联合国《生物多样性与生态系统服务全球评估报告》（IPBES，2019）。

3. 发展目标

建立由长时间序列遥感影像数据、土地利用时空数据、植被分类数据，以及农业野外观测试验数据、国家气象台站和环境监测站数据、生态网络观测数据、森林清查固定样地和实地采样调研数据等组成的多源多尺度数据库；构建和遴选自然变化模型、自然变化驱动力模型和自然贡献模拟模型，形成能为我国新一代情景模型服务的和以我国原创成分为亮点的专业模型库；运用生态环境曲面建模基本定理及其关于空间插值、升尺度、降尺度、数据融合和模型－数据同化等推论，实现自然变化驱动力模型组与自然贡献模型组的紧凑耦合。

4. 主要研究方向

（1）自然变化模型。自然（nature）包括生物多样性、基因组成、物种种群、生态群落、生态系统结构、生态系统功能和地球系统等，涉及地方土著知识和全局信息、自然的外蕴驱动和内蕴属性以及多空间尺度数据和相应的多时间尺度过程数据。我们需要研制多尺度转换模型，发展可综合微观过程信息和宏观格局信息的普适建模方法，研究生物多样性和生态系统现状及时空变化机理，实现对自然现状和变化动态的模拟分析。

（2）自然对人类贡献模型。自然对人类贡献（nature's contribution to people）可能是正面贡献，也可能是负面贡献。它们包括自然对气候、空气质量、海洋酸化、淡水总量和质量等环境条件的调节，也包括对食物、饲料、生物能源、药物和原材料等的物质商品供给，还包括对教育、文化和休闲娱乐等非物质贡献和对水土保持、土壤肥力维护和土壤污染净化等的支持服务。我们需要研制贯穿和紧凑耦合各类自然贡献的生物物理过程模型、各类自然贡献的相互作用和彼此消长影响模型、局地贡献到全球贡献的升尺度模型，以及自然贡献对人类生活质量和健康影响的评估模型。

（3）自然变化驱动力模型。驱动力可区分为间接驱动力（indirect drivers）和直接驱动力（direct drivers）。间接驱动力包括人口增长、流动和城市化，技术创新，经济增长和结构调整，贸易和资金流动，政策、法规和计划/规划等乡村到中央及国际协约的各种管理措施；直接驱动力包括耕作、捕鱼、伐木和采矿等生产活动，土地利用变化和海洋利用变化，资源开发，环境污染，外来物种入侵和气候变化等。我们需要建立各种驱动力未来情景模型及其相互作用模型，模拟分析驱动力对自然变化和自然贡献变化的作用机理，构建归因情景、政策筛选情景和目标导向情景等未来情景模拟模型。

（4）模型耦合。任何单个模型都无法在高细节层面捕捉所有生态系统动态，这就需要我们进行模型耦合（model coupling），以集成生态系统的不同方面。按照模型的耦合程度，可区分为模型的松散耦合和模型集成。如果系统要素之间或不同空间尺度之间的相互反馈对模拟产出比较重要时，选择模型集成较好；如果个别要素主导系统动态，则模型松散耦合更适合于捕捉这种动态。我们需要发展自然变化、自然贡献和变化驱动力耦合方法，模拟分析自然和自然贡献变化及其变化驱动力之间的相互作用机理，构建自然和自然对人类贡献的综合评估模型及三维可视化模拟分析平台。

第五节 前沿、探索、需求和交叉等方面的重点领域与方向

一、鼓励探索、突出原创

当前与地球环境变化有关的重大科学问题（如气候变化、可持续发展等）均是从地球表层入手，用系统的视角审视问题、理解问题和解决问题。随着“环境变化”观测能力的加强，环境变化研究方法正在从要素和过程的分离方式向综合、系统、集成的方式发展，更加重视对不同时空尺度环境变化发生机理的揭示。进而，环境变化过程及其机理的时空尺度依赖性和时空尺度转换便成为核心问题。不同尺度的环境变化既是一个相互联系的系统过程，又具有各自独特的发展变化模式。例如，在年际尺度上，环境变化主要是地球系统内部一系列大气、海洋和陆地等短尺度“相互作用与反馈机制”的表现；而在百年尺度上，环境变化的主导过程受太阳活动等地球系统外部因素的影响强烈。同时，这两个时间尺度的变化也是相互影响的，即长尺度的变化是短尺度变化的基础，而短尺度变化也会“累积”地贡献于长尺度变化。又如，在区域尺度上，环境变化强烈地依赖于下垫面的生物物理状态；而在全球尺度上，环境变化主要依赖于大气环流、海洋振荡以及冰冻圈反馈等大尺度异常及其影响的全球扩散。大尺度的变化为小尺度的变化提供背景，而小尺度变化也会不断反馈于大尺度变化。为了提升地球系统科学理论和提升对未来环境变化的预测能力，“环境变化过程及其机理的时空尺度依赖性和时空尺度转换”应该成为将来的研究聚焦之一。

二、聚焦前沿、独辟蹊径

随着科学认知水平的提升，人们越来越重视气候变化和人类活动对生态系统扰动过程和结果的量化研究，量化的目的是建设一个有利于充分理解“人类与自然耦合系统”的科学认知平台，建设该平台的目的是更科学地预防、减缓和适应已经和将要发生的环境变化。“人类－自然耦合系统”一词早在 1999 年就出现在文献中。2007 年，美国国家科学基金会创建了一个“自然和人类系统耦合动力学”（dynamics of human-nature coupled systems）的常设项目。“人类－自然耦合系统”研究力图借助复杂适应系统、动力系统理论和地球科学的最新理论，发展一套能刻画“人类－自然耦合系统”的数值模型。实际上，“人类－自然耦合系统”的数值模型是将气候模式、生态模式和社会经济模式耦合成一个互动的系统，以模拟生态系统状态变量与其环境因素和人为因子之间的有机联系。诚然，这样的数值模型将是解决诸如“在全球变化背景下，社会经济如何才能可持续发展”这样重大问题的有效工具。在“人类－自然耦合系统的解剖和模拟”方面，应该针对关键区域，借助复杂适应系统、动力系统理论和地球科学的最新理论，发展一套能刻画这些关键地区“人类－自然耦合系统”的数值模型。这样的模型不仅是提升地球系统科学理论的需求，也是地球系统科学服务于社会发展的需求。

三、需求牵引、突破瓶颈

2015年9月，联合国可持续发展峰会发布的《改变我们的世界：2030年可持续发展议程》制定了17项可持续发展目标（sustainable development goals）和169个子目标。全球可持续发展目标的制定，标志着国际社会对于世界发展转型的两点共识：①在日趋严峻的地球资源和环境约束条件下，人类社会必须采取新的方案以实现人类共同发展；②现有的国际话语体系与世界秩序正在发生重大转变，全球治理的议程设置也随之发生变革，需要构建与之相适应的新全球治理体系。中国已将17项可持续发展目标和169个子目标纳入国家发展总体规划。然而，可持续发展目标存在量化难度大和未来情景模型不足等问题，亟待发展归因情景、政策筛选情景、目标导向情景和政策后评估等定量模拟分析模型。

四、共性导向、交叉融通

传统模型通常采用相关性分析等方法，筛选数量有限的驱动因子进行建模，往往会导致模型参数的误选和漏选。新一代环境预测模型有必要在地球系统的统一框架下，综合分析地球各要素之间的交互作用，研究大数据环境下地理关联模式挖掘的理论与方法，厘清自然与人类活动的影响方式与贡献程度。在此基础上，构建时空大数据分析与智能计算支持下的全要素环境预测模型，精准把握环境系统演化的时空特征。现有模型大多是针对水、土、气、生物等单一环境要素，而地球是一个复杂巨系统，各要素间存在高度复杂的非线性交互作用，单一要素模型难以反映环境系统演化的时空关系。多模型耦合与优化有望集成各模型的特点与优势，实现对环境要素在“水－土－气－生”等圈层间相互作用关系的全过程模拟。

（参编人员：岳天祥　陈文波　戴君虎　第宝峰　冯兆东　关庆锋　侯居峙　冷国勇　李　育　王　锋　王开存　王自发　吴丰昌　徐福留　喻朝庆　袁增伟　张学珍　赵　娜　赵晓丽　邹　滨）

参考文献

安芷生，符淙斌．2001．全球变化科学的进展．地球科学进展，16（5）：671-680．

范泽孟，岳天祥．2004．资源环境模型库系统与GIS综合集成研究——以生态系统的综合评估系统为例．计算机工程与应用，40（20）：47-53．

傅伯杰，于丹丹，吕楠．2017．中国生物多样性与生态系统服务评估指标体系．生态学报，37（2）：341-348．

高伟，余能富，涂业苟，等．2013．过渡金属和有机小分子共催化反应的进展．江西林业科技，（6）：46-48．

葛全胜，郑景云，郝志新，等．2014．过去2000年中国气候变化研究的新进展．地理学报，69（9）：1248-1258．

刘纪远，岳天祥，鞠洪波，等 . 2006. 中国西部生态系统综合评估 . 北京：气象出版社 .

陆大道 . 2011. 中国地理学的发展与全球变化研究 . 地理学报，66（2）：147-156.

宋长青，冷疏影，吕克解 . 2000. 地理学在全球变化研究中的学科地位及重要作用 . 地球科学进展，15（3）：318-320.

汪品先，田军，黄恩清，等 . 2018. 地球系统与演变 . 北京：科学出版社 .

王传飞，王小萍，龚平，等 . 2013. 植被富集持久性有机污染物研究进展 . 地理科学进展，32（10）：1555-1566.

徐冠华，葛全胜，宫鹏，等 . 2013. 全球变化和人类可持续发展：挑战与对策 . 科学通报，58（21）：2100-2106.

于丹丹，吕楠，傅伯杰 . 2017. 生物多样性与生态系统服务评估指标与方法 . 生态学报，37（2）：349-357.

岳天祥 . 2003. 资源环境数学模型手册 . 北京：科学出版社 .

岳天祥 . 2017. 地球表层系统模拟分析原理与方法 . 北京：科学出版社 .

岳天祥，赵娜，刘羽，等 . 2020. 生态环境曲面建模基本定理及其应用 . 中国科学：地球科学，50：1083-1105.

张毅，支修益，钱坤，等 . 2009. 单光子发射计算机扫描在评价肺癌淋巴结分期中的作用 . 中华医学杂志，89（47）：3356-3358.

郑景云，文彦君，方修琦 . 2020. 过去 2000 年黄河中下游气候与土地覆被变化的若干特征 . 资源科学，42（1）：5-21.

Alkemade R, Van Oorschot M, Miles L, et al. 2009. GLOBIO3: A framework to investigate options for reducing global terrestrial biodiversity loss. Ecosystems, 12 (3): 374-390.

Berg C, Rogers S, Mineau M. 2016. Building scenarios for ecosystem services tools: Developing a methodology for efficient engagement with expert stakeholders. Futures, 81: 68-80.

Bonan G B, Doney S C. 2018. Climate, ecosystems, and planetary futures: The challenge to predict life in Earth system models. Science, 359: 8328.

Boumans R, Costanza R, Farley J, et al. 2002. Modeling the dynamics of the integrated earth system and the value of global ecosystem services using the GUMBO model. Ecological Economics, 41 (3): 529-560.

Boumans R, Roman J, Altman I, et al. 2015. The Multiscale Integrated Model of Ecosystem Services (MIMES): Simulating the interactions of coupled human and natural systems. Ecosystem Services, 12: 30-41.

Braconnot P, Harrison S P, Kageyama M, et al. 2012. Evaluation of climate models using palaeoclimatic data. Nature Climate Change, 2 (6): 417-424.

Burke K D, Williams J W, Chandler M A, et al. 2018. Pliocene and Eocene provide best analogs for near-future climates. Proceedings of the National Academy of Sciences, 115 (52): 13288-13293.

CA. 2007. Water for Food, Water for Life: A Comprehensive Assessment of Water Management in Agriculture. London: Earthscan.

Chen F H, Chen J H, Huang W, et al. 2019. Westerlies Asia and monsoonal Asia: Spatiotemporal differences in climate change and possible mechanisms on decadal to sub-orbital timescales. Earth-Science Reviews, 192: 337-354.

Cheung W W L, Rondinini C, Avtar R, et al. 2016. Linking and harmonizing scenarios and models across scales and domains//Ferrier S, Ninan K N, Leadley P, et al. IPBES (2016): The Methodological Assessment Report on Scenarios and Models of Biodiversity and Ecosystem Services. Bonn, Germany: Secretariat of the Intergovernmental Science-Policy Platform for Biodiversity and Ecosystem Services.

Christensen V, Walters C J. 2004. Ecopath with Ecosim: Methods, capabilities and limitations. Ecological Modelling, 172 (2-4): 109-139.

Christensen V, Walters C J, Pauly D. 2005. Ecopath with Ecosim: A User's Guide. Vancouver: Canada, Fisheries Centre, University of British Columbia.

Elias S A, Mock C J. 2013. Encyclopedia of Quaternary Science (2nd Edition). Amsterdam: Elsevier.

Estoque R C, Murayama Y. 2012. Examining the potential impact of land use/cover changes on the ecosystem services of Baguio city, the Philippines: A scenario-based analysis. Applied Geography, 35: 316-326.

Hanson C, Ranganathan J, Iceland C, et al. 2012. The Corporate Ecosystem Services Review: Guidelines for Identifying Business Risks and Opportunities Arising from Ecosystem Change (version 2.0). http://www.wri.org/publication/corporate-ecosystemservices-review USA. [2012-12-31].

Harfoot M, Tittensor D P, Newbold T, et al. 2014. Integrated assessment models for ecologists: The present and the future. Global Ecology and Biogeography, 23 (2): 124-143.

Huijbregts R P, de Kroon AI, de Kruijff B. 2000. Topology and transport of membrane lipids in bacteria. Biochimica et Biophysica Acta (BBA) -Reviews on Biomembranes, 1469 (1): 43-61.

Immerzeel W W, Lutz A F, Andrade M, et al. 2020. Importance and vulnerability of the world's water towers. Nature, 577: 364-369.

IPBES. 2016. The Methodological Assessment Report on Scenarios and Models of Biodiversity and Ecosystem Services. Bonn, Germany: Secretariat of the Intergovernmental Science-Policy Platform on Biodiversity and Ecosystem Services.

IPBES. 2018a. The Assessment Report on Land Degradation and Restoration. Bonn, Germany: Secretariat of the Intergovernmental Science-Policy Platform on Biodiversity and Ecosystem Services.

IPBES. 2018b. The Regional Assessment Report on Biodiversity and Ecosystem Services for Europe and Central Asia. Bonn, Germany: Secretariat of the Intergovernmental Science-Policy Platform on Biodiversity and Ecosystem Services.

IPBES. 2018c. The Regional Assessment Report on Biodiversity and Ecosystem Services for Asia and the Pacific. Bonn, Germany: Secretariat of the Intergovernmental Science-Policy Platform on Biodiversity and Ecosystem Services.

IPBES. 2018d. The Regional Assessment Report on Biodiversity and Ecosystem Services for Africa. Bonn, Germany: Secretariat of the Intergovernmental Science-Policy Platform on Biodiversity and Ecosystem Services.

IPBES. 2018e. The Regional Assessment Report on Biodiversity and Ecosystem Services for Americas. Bonn, Germany: Secretariat of the Intergovernmental Science-Policy Platform on Biodiversity and Ecosystem Services.

IPBES. 2019. The Global Assessment Report on Biodiversity and Ecosystem Services. Bonn, Germany: Secretariat of the Intergovernmental Science-Policy Platform on Biodiversity and Ecosystem Services.

IPCC. 2001. Climate Change 2001: Synthesis Report. Cambridge: Cambridge University Press.

IPCC. 2007. Climate Change 2007：Synthesis Report. Contribution of Working Groups Ⅰ, Ⅱ and Ⅲ to the Fourth Assessment Report of the Intergovernmental Panel on Climate Change. Cambridge: Cambridge University Press.

IPCC. 2014. Climate Change 2014: Synthesis Report//Pachauri R K, Meyer L A. Contribution of Working Groups Ⅰ, Ⅱ and Ⅲ to the Fifth Assessment Report of the Intergovernmental Panel on Climate Change. Geneva, Switzerland: IPCC.

Jackson B, Pagella T, Sinclair F, et al. 2013. Polyscape: a GIS mapping toolbox providing efficient and spatially explicit landscape-scale valuation of multiple ecosystem services. Urban and Landscape Planning, (112): 74-88.

Kahn H, Wiener A J. 1967. The Year 2000: A Framework for Speculation on the Next Thirty-Three Years. New York: MacMillan.

Kareiva P, Tallis H, Ricketts T H, et al. 2011. Natural Capital: Theory and Practice of Mapping Ecosystem Services. Oxford: Oxford University Press.

Kirchner M, Schmidt J, Kindermann G, et al. 2015. Ecosystem services and economic development in Austrian agricultural landscapes—The impact of policy and climate change scenarios on trade-offs and synergies. Ecological Economics, 109: 161-174.

Kremer P, Hamstead Z A, McPhearson T. 2016. The value of urban ecosystem services in New York city: A spatially explicit multicriteria analysis of landscape scale valuation scenarios. Environmental Science & Policy, 62: 57-68.

Landuyt D, Broekx S, Engelen G, et al. 2016. The importance of uncertainties in scenario analyses—A study on future ecosystem service delivery in Flanders. Science of the Total Environment, 553: 504-518.

Lézine A M, Hély C, Grenier C, et al. 2011. Sahara and Sahel vulnerability to climate changes, lessons from Holocene hydrological data. Quaternary Science Reviews, 30 (21-22): 3001-3012.

Li M, Zhang Q, Streets D G, et al. 2014. Mapping Asian anthropogenic emissions of non-methane volatile organic compounds to multiple chemical mechanisms. Atmospheric Chemistry and Physics, 14: 5617-5638.

Liu G, Muller D B. 2012. Addressing sustainability in the aluminum industry: A critical review of life cycle assessments. Journal of Cleaner Production, 35: 108-117.

Liu J Y, Yue T X, Ju H B, et al. 2005. Integrated Ecosystem Assessment of Western China. Beijing: China Meteorological Press.

Liu Y, Alessi D S, Owttrim G W, et al. 2016. Cell surface acid-base properties of the cyanobacterium synechococcus: Influences of nitrogen source, growth phase and N: P ratios. Geochim Cosmochim Acta, 187: 179-194.

Liu Z, Guan D, Wei W, et al. 2015. Reduced carbon emission estimates from fossil fuel combustion and cement production in China. Nature, 524: 335-338.

MA. 2005. Millennium Ecosystem Assessment-Synthesis Report. Washington, DC: Island Press.

Mackay A W, Swann G E A, Fagel N, et al. 2013. Hydrological instability during the Last Interglacial in central Asia: a new diatom oxygen isotope record from Lake Baikal. Quaternary Science Reviews, 66 (436): 45-54.

Mann M E, Zhang Z, Hughes M K, et al. 2008. Proxy-based reconstructions of hemispheric and global surface temperature variations over the past two millennia. Proceedings of the National Academy of Sciences, 105

(36): 13252-13257.

Mark M, Jorge R, Glenn H, et al. 2010. The Andes basins: Biophysical and developmental diversity in a climate of change. Water International, 35 (5): 472-492.

Meadows D H, Meadows D L, Randers J, et al. 1972. The Limits to Growth: A Report to The Club of Rome. New York: Universe Books.

Megan T. 2016. Barriers to entry index: A ranking of starting a business difficulties for the United States. Journal of Entrepreneurship and Public Policy, 5 (3): 285-307.

Miyazaki M, Furukawa S, Komatsu T. 2017. Regio-and chemoselective hydrogenation of dienes to monoenes governed by a well-structured bimetallic surface. Journal of American Chemical Society, 139 (50): 18231-18239.

Okruszko T, Duel H, Acreman M, et al. 2011. Broad-scale ecosystem services of European wetlands—Overview of the current situation and future perspectives under different climate and water management scenarios. Hydrological Sciences Journal, 56 (8): 1501-1517.

Outeiro L, Haessermann V, Viddi F, et al. 2015. Using ecosystem services mapping for marine spatial planning in southern Chile under scenario assessment. Ecosystem Services, 16: 341-353.

Paterson S, Mackay D, Gladman A. 1991. A fugacity model of chemical uptake by plants from soil and air. Chemosphere, 23 (4): 539-565.

Peh K S H, Balmford A P, Bradbury R B, et al. 2014. Toolkit for Ecosystem Service Site-based Assessment (TESSA). Version 1.2. Cambridge, UK：Anglia Ruskin University, Bird Life International, the Royal Society for the Protection of Birds, the Tropical Biology Association, UNEP-World Conservation Monitoring Centre, the University of Cambridge and University of Southampton.

Pichs-Madruga R, Obersteiner M, Cantele M, et al. 2016. Building scenarios and models of drivers of biodiversity and ecosystem change//Ferrier S, Ninan K N, Leadley P, et al. The Methodological Assessment Report on Scenarios and Models of Biodiversity and Ecosystem Services. Bonn, Germany: Secretariat of the Intergovernmental Science-Policy Platform for Biodiversity and Ecosystem Services.

Pulver S, van Deveer S. 2009. Thinking about tomorrow: scenarios, social science and global environmental politics. Global Environmental Politics, 9 (2): 1-13.

Reff A, Bhave P V, Simon H, et al. 2009. Emissions inventory of $PM_{2.5}$ trace elements across the United States. Environmental Science & Technology, 43 (15): 5790-5796.

Reid W V, Chen D, Goldfarb L, et al. 2010. Earth system science for global sustainability: Grand challenges. Science, 330 (6006): 916-917.

Russell M, Harvey J, Dantin D, et al. 2016. A spatially-explicit technique for evaluation of alternative scenarios in the context of ecosystem goods and services. Ecosystem Services, 20: 15-29.

Sandel B, Svenning J. 2013. Human impacts drive a global topographic signature in tree cover. Nature Communications, 4: 2474.

Sarrazin F, Lecomte J. 2016. Evolution in the anthropocene. Science, 351 (6276): 922-923.

Schroeter D, Cramer W, Leemans R, et al. 2005. Ecosystem service supply and vulnerability to global change in Europe. Science, 310: 1333-1337.

Seppelt R, Lautenbach S, Volk M. 2013. Identifying trade-offs between ecosystem services, land use, and biodiversity: A plea for combining scenario analysis and optimization on different spatial scales. Current Opinion in Environmental Sustainability, 5: 458-463.

Shen W S, Xi H Q, Zhang K C, et al. 2014. Prognostic role of EphA2 in various human carcinomas: A meta-analysis of 23 related studies. Growth Factors, 32 (6): 247-253.

Skalský R, Tarasovičová Z, Balkovič J, et al. 2008. GEO-BENE Global Database for Bio-physical Modeling v.1.0. Concepts, Methodologies and Data. Laxenburg, Austria: IIASA.

Smith B, Prentice I C, Sykes M T. 2001. Representation of vegetation dynamics in the modelling of terrestrial ecosystems: comparing two contrasting approaches within European climate space. Global Ecology and Biogeography, 10 (6): 621-637.

Smith S J, van Aardenne J, Klimont Z, et al. 2011. Anthropogenic sulfur dioxide emissions: 1850-2005. Atmospheric Chemistry and Physics, 11: 1101-1116.

Steffen W, Crutzen P J, McNeill J R. 2007. The Anthropocene: Are humans now overwhelming the great forces of nature? Ambio, 36 (8): 614-621.

Steffen W, Richardson K, Rockström J, et al. 2015. Planetary boundaries: Guiding human development on a changing planet. Science, 347 (6223): 1259855.

Stehfest E, Van Vuuren D, Kram T, et al. 2014. Integrated Assessment of Global Environmental Change with IMAGE 3.0. Model Description and Policy Applications. The Hague: PBL Netherlands Environmental Assessment Agency.

Swetnam R D, Fisher B, Mbilinyi B P, et al. 2011. Mapping socio-economic scenarios of land cover change: A GIS method to enable ecosystem service modeling. Journal of Environmental Management, 92: 563-574.

Tao C, Qais A, Hajir P, et al. 2017. The next-generation U. S. retail electricity market with customers and prosumers—A bibliographical survey. Energies, 11 (1): 8.

Thompson J R, Lambert K F, Foster D R, et al. 2016. The consequences of four land-use scenarios for forest ecosystems and the services they provide. Ecosphere, 7 (10): e01469.

Tian H, Tian C, Zhu J, et al. 2015. Quantitative assessment of atmospheric emissions of toxic heavy metals from anthropogenic sources in China: Historical trend, spatial distribution, uncertainties, and control policies. Atmospheric Chemistry and Physics, 15: 10127-10147.

UNEP. 2002. Global Environment Outlook 3. London: UNEP.

UNEP. 2007. Global Environment Outlook 4. Nairobi: UNEP.

UNEP. 2012. Global Environment Outlook 5. Geneva: UNEP.

van Vuuren D P, Kok M T J, Girod B, et al. 2012. Scenarios in global environmental assessments: Key characteristics and lessons for future use. Global Environmental Change, 22: 884-895.

Verburg P, Overmars K. 2009. Combining top-down and bottom-up dynamics in land use modeling: Exploring the future of abandoned farmlands in Europe with the Dyna-CLUE model. Landscape Ecology, 24 (9): 1167-1181.

Verburg P H, Tabeau A, Hatna E. 2013. Assessing spatial uncertainties of land allocation using a scenario approach and sensitivity analysis: A study for land use in Europe. Journal of Environmental Management, 127: S132-S144.

Villa F, Bagstad K J, Voigt B, et al. 2014. A methodology for adaptable and robust ecosystem services assessment. Plos One, 9 (3): e91001.

Walz A, Braendle J M, Lang D J, et al. 2014. Experience from downscaling IPCC-SRES scenarios to specific national-level focus scenarios for ecosystem service management. Technological Forecasting & Social Change, 86: 21-32.

Waters C N, Zalasiewicz J, Summerhayes C, et al. 2016. The Anthropocene is functionally and stratigraphically distinct from the Holocene. Science, 351 (6269): aad2622.

Watson B. 2009. International Assessment of Agricultural Science and Technology Development. Washington, DC: Island Press.

Yue T X, Liu Y, Zhao M W, et al. 2016. A fundamental theorem of Earth's surface modeling. Environmental Earth Sciences, 75 (9): 1-12.

Yue T X, Zhang L L, Zhao N, et al. 2015. A review of recent developments in HASM. Environmental Earth Sciences, 74 (8): 6541-6549.

Yue T X, Zhao N, Liu Y, et al. 2020. A fundamental theorem for eco-environmental surface modeling and its applications. Science China Earth Sciences, 63 (8): 1092-1112.

Zhao N, Yue T X, Chen C F, et al. 2018. An improved statistical downscaling scheme of Tropical Rainfall Measuring Mission precipitation in the Heihe River basin, China. International Journal of Climatology, 38 (8): 3309-3322.

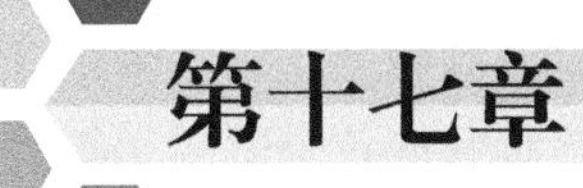

第十七章 环境地球科学新技术与新方法（D0715）

【定义】环境地球科学新技术与新方法是一个新的学科，其致力于提高物质组分测试技术的精准性、地下结构和构造探测技术的透明性、表层地球系统演变过程监测技术的长期稳定性，利用多学科观测的海量数据与地球观测系统进行整合，不断增强挑战非线性复杂地球系统中的预测问题的能力，从而为解决地球环境问题提供科学技术指导。

【内涵和外延】技术开发、适当的时空尺度观测，以及综合模拟成果构成了所有基础地球科学研究的前沿。环境地球科学新技术与新方法从环境地球科学前沿的角度系统地阐述了解决科学问题中运用的新技术与新方法，推动了从地表到地球内部运动过程的研究，以及海洋与大气学、生物学、工程学、社会学等领域的跨学科研究，打破了各学科的学术壁垒，推动了各学科创新性的研究，是环境地球科学整个学科研究的支撑。

【组成】环境地球科学新技术与新方法学科的任务和使命是建立环境地球科学水、土、气和生物多圈层物质循环探测和多参量分析新技术与新方法；表层地球系统中污染物等物质的物理、化学和力学性质的测试新技术与新方法；地球表层系统垂直结构探测和遥测新技术与新方法；环境地球系统灾害感知预警技术和预测集成模式等。

【特点】技术与方法的创新是推动环境地球科学学科发展的必然要求，环境地球科学新技术与新方法具有鲜明的时代特色、前沿性、探索性与原始创新性的特点。其利用新技术与新方法，研究地球系统如何发展演化，突破传统研究手段的局限，更深入、更定量化地认识地球、研究地球，引导科学家利用新技术、新方法解决过去、现在和未来的重大科学问题。

【战略意义】面向地球科学前沿，发展地球科学研究的新理论、新技术和新方法，有利于发现新现象、认识新机理和解决新问题，促进地球科学各学科均衡、协调和可持续发展，推动各学科的创新性研究和新兴领域的发展；激励原始创新，拓展科学前沿，可以为学科发展打下全面而厚实的基础；同时，也可以为我国地球科学重大突破和纵深发展，解决国家经济建设和可持续发展所面临的资源、能源、防灾减灾和环境保护等重大问题提供研究理论和手段。

【主要成就】环境地球科学新技术与新方法是一门新兴的学科，其致力于支撑整个地球科学的研究，用于平衡各学科均衡发展和促进学科交叉融合，对于理解当前正在发生的过程和机制，预测未来几百年的变化具有重要的意义。对地观测体系、时空分辨率以及超级计算机数据处理等技术的出现使得人们对于高度复杂的非线性地球系统的模拟成为可能，利用大数据、云计算等现代信息技术处理分析数据建立模型，可以推进环境地球系统科学的发展。将新技术与新方法应用于环境地球科学研究的各个范畴是扩展其应用、开拓其创新、发展新思路的重要动力。然而，环境地球科学的研究对象具有区域性、开放性、隐蔽性、复杂性、动态性以及多场耦合作用等特点，其给学科的技术与方法的创新带来了巨大挑战，在精准性、透明性以及长期稳定性方面仍需不断探索。

【引领性研究方向】

（1）不同圈层物质循环探测和多参量分析的新技术与新方法。

（2）表层地球系统中污染物等物质的物理、化学和力学性质测试的新技术与新方法。

（3）地球表层系统垂直结构探测和遥测新技术与新方法。

（4）环境地球系统灾害感知预警技术和预测集成模式。

（5）应用大数据、云计算等新技术与新方法建立环境地球科学综合评价体系。

（6）时空分布相关学科与环境地球科学相融合的新技术与新方法。

（7）模拟预测地球系统变化的新技术与新方法。

第十八章 区域环境质量与安全（D0716）

第一节 引　　言

一、学科定位与使命

高质量、可持续的区域环境是人地和谐共生的基础，同时也是联合国可持续发展目标（SDGs）及未来地球研究计划框架下的重要议题。自工业革命以来，强烈的人类活动极大地改变了人类赖以生存的地球表层环境，这些影响既包括正面的影响，也包括负面的影响。负面的影响表现在多个方面，不合理地开发与利用水、土、气、生物等资源，不同程度地造成了区域水环境污染、土壤环境污染、大气环境污染、生态系统退化并引发了相关次生灾害事件等。新时期，中国将建设生态文明和美丽中国提升为国家战略，并指出生态文明建设是关系中华民族永续发展的根本大计，是“五位一体”总体布局和“四个全面”战略布局的重要内容。其中，区域环境质量与安全问题备受关注。2012 年以来，国家战略部署不断加强、区域环境治理力度不断加大，国务院先后印发了大气、水、土壤污染防治三大行动计划，坚决向污染宣战。这为切实加强环境污染防治，逐步改善环境质量提供了法规依据。2017 年，党的十九大报告指出，中国现阶段的社会主要矛盾已经转化为人民日益增长的美好生活需要和不平衡不充分的发展之间的矛盾。要破解这个矛盾，也亟须高质量和可持续的区域环境，这包括清洁的水、健康的土壤、干净的大气、良好的生态系统和绿色食物以及安全的人居环境。一方面，人类需要发展，发展的过程中不可避免地会引发各类生态环境问题；另一方面，人类需要保护和维持生态环境的健康性和可持续性。对于科学工作者而言，亟须建立科学的区域环境质量与安全评估理论和方法体系，开展区域环境灾害过程、形成机制、影响和相关模拟研究，探索区域环境质量诊断、评价方法体系以及管控的模式，构建区域环境保育、修复、整治的模式并阐明相关机制，解析高强度人类活动对区域环境的影响、互馈及调控机理，探明人与自然和谐共生的路径。

二、学科内涵与外延

要回答上述问题，首先要认清区域环境质量与安全的定义和内涵。区域环境质量与安全是一门研究一定区域人与自然相互作用机理、变化规律及生态环境效益的交叉学科，其为维持区域人与自然协调和可持续发展提供理论指导，在整个环境地球科学领域中占有重要的地位。刘彦随（2020）将区域环境质量与安全定义为，一定区域环境变化的自然过程、人文过程、技术过程及其交互作用对区域环境状态、演化进程、效益强度和稳定水平的综合表征，并强调将人地系统科学作为理解现代人地关系和高质量发展的理论基础，指导科学认知区域生态环境质量与安全，正确处理人地系统协调与可持续发展（刘彦随，2020），同时强调它具有“四多”的特点：①区域多尺度；②环境多类型；③质量多层级或多水平；④安全多目标。区域环境质量与安全反映了区域人与自然协调程度的一种状态和特征，是建立在人类活动与自然环境相适应、相协调基础上的量度指标，通过综合评估能够客观地反映环境质量与安全的等级水平。在区域环境质量与安全目标的导向下，如何研究解决当前复杂多样的资源、环境、生态和灾害问题，为环境地球科学研究和发展提出了新的挑战。区域环境质量与安全成为全面评判区域水土资源短缺、环境污染加剧、生态系统退化、自然灾害频发等环境问题对人类生存和发展影响程度的基本维度（刘彦随等，2010；刘彦随和周扬，2015）。区域环境质量与安全是一个变化发展的系统问题，具有大跨度、多尺度、分维度“三度”特点。首先是大跨度，区域环境的影响因素多、地域分布广，不同类型的区域环境内涵功能与质量存在明显差异，在宏观上也遵循一定的地域分异规律；其次是多尺度，这是由区域的多尺度、多层级特点所决定的，通常可以从区域环境的地带性、地区性、地方性来审视；最后是分维度，依据生态保护、环境治理的多情景目标，围绕区域环境高质量、安全性目标，探究人类经济活动及其治理方式如何适应生态文明、美丽中国建设等战略需求。因此，针对具体区域环境和特定环境问题，亟须从不同的视角和维度探究区域环境质量与安全的理论位点、战略路径、突破途径和政策保障，研究建立区域环境质量与安全地域格局－作用机理－环境效应的解析范式。

三、学科内容与框架

区域环境质量与安全的研究目标是以环境科学理论和人地关系地域系统理论为指导，面向国家经济社会可持续发展需求和破解区域生态环境问题需要，推进环境科学、地理科学、工程科学等多科学交叉集成，为区域可持续发展、人居环境治理及美丽中国建设提供科技支撑。其主要研究内容包括建立科学的区域环境质量与安全评估理论和方法体系，开展区域环境灾害过程、形成机制、影响和相关模拟研究，探索区域环境质量诊断、评价方法体系以及管控的模式，构建区域环境保育、生态修复、工程治理的模式并阐明相关机制，解析高强度人类活动对区域环境的影响、互馈机制及其调控机理等。

第二节　学科方向发展现状

一、国内外研究进展

国外的区域环境质量与安全评价研究工作开始于20世纪60年代的欧美及澳大利亚等西方发达国家和地区，蓬勃发展于20世纪90年代。20世纪60年代中期，美国首次提出“环境影响评价”，并制定了世界上最早的环境影响评价制度——《国家环境政策法》（NEPA）。90年代初，美国国家环境保护局开展的环境监测与评价项目（the Environmental Monitoring and Assessment Program，EMAP）对初期的生态环境评价工作产生了较大影响，该项目在国家尺度上对生态环境质量进行评价，并对其后续发展进行长期的跟踪监测，后来又以州为尺度对生态环境质量进行监测与评价。然而，国外在区域环境质量与安全评价指标体系的构建研究中，没有统一的理论框架体系，主要是以区域的可持续发展为目的构建区域环境评价指标体系。90年代，经济合作与发展组织（OECD）和联合国环境规划署（UNEP）针对全非洲撒哈拉沙漠地区的生态问题提出利用压力－状态－响应（PSR）模型，对评价区域的生态环境安全进行系统的评价，并结合13个主要的生态环境问题，首次提出了生态环境评价指标体系。21世纪初Bhandari（2013）合作建立了一套完整的环境可持续性评价指标体系，并给出了指标，该评价指标体系成为世界各国评价其环境可持续发展的重要标准。Lal等（2017）研究指出，土壤是植物生长的介质，是所有生物地球化学和生物地球物理过程的基质；土壤独特的自然组织构成了人类－食物－淡水－能量关系系统的基础。此外，由联合国开发计划署提出的人文发展指数、加拿大国际持续发展研究所提出的环境经济持续发展模型、联合国可持续发展委员会提出的可持续发展指标体系等都对环境质量评价的发展起到了推动性的作用。联合国粮食及农业组织2015年（Montanarella et al.，2015）明确指出，作为地球陆地表层自然资源与自然环境要素的集合体，土壤不仅是绿色植物生长发育的基地，还是地球上最大的滤水膜和储水器；土壤圈比地上植物蕴藏有更多的碳素，土壤更是关联粮食淡水－能源生态的枢纽。这已经展现出从环境地球科学角度开始关注资源环境与人类社会可持续发展的议题（Rozzi et al.，2015；赵烨，2015）。

20世纪70年代中国开始了北京西郊环境污染调查与环境质量综合评价等研究，在理论上探讨了环境质量评价的类型及其指标体系，1979年9月颁布的《中华人民共和国环境保护法（试行）》中已明确规定了环境影响评价制度。随后众多学者构建了多指标的环境质量评价体系，但构建的指标体系并没有统一的标准，多是根据评价区域的特点和所评价的环境对象确定的。国内已有研究评价区域农业生态环境、水环境、地质环境、人居环境、土地环境、城市环境、声环境、矿区环境和海洋环境等，可以看出区域环境质量评价对象呈现出多元化的特点。已有研究中评价较多的是生态环境质量评价，并且国家环境保护总局于2006年发布了《生态环境状况评价技术规范（试行）》（HJ/T192—2006），2015年发布了《生态环境状况评价技术规范》（HJ192—2015），自2012

年以来，国务院先后印发了《大气污染防治行动计划》《水污染防治行动计划》《土壤污染防治行动计划》，以技术规范的形式来指导区域生态环境质量评价。

随着计算机模拟技术及信息采集技术的不断进步，区域环境质量与安全评价已经从传统的单因子评价转向多因子、多维度评价。通过采用模型，筛选代表性强、可获得的评价指标，构建合理的指标体系，判别生态环境质量的优劣程度。在技术方法上，短短的几十年，各国研究者开创了各种方法，如影响识别方法、影响预测方法、影响综合评价方法等，它们属于定性分析与定量分析范畴。同时遥感、地理信息系统、大数据等手段因技术优势明显，也被广泛地应用到区域环境质量与安全评价中（Liu et al.，2004，2010）。

中国在区域环境质量与安全方面取得的主要成就包括：目前已经形成了较为完善的区域环境质量监测技术方法和能力，如近年来遥感、遥控和地理信息系统等数据基础设施的应用；区域环境安全学科逐步向数字化、信息化的方向发展，在大气科学中，各种现象几乎都可以表示成一定的数学模型，借助高性能计算机 / 服务器进行数值模拟和预测；灾害型区域环境安全研究受到重视，如地质本身引起地震、火山和滑坡等自然灾害，尽可能地减少环境恶化所带来的间接性灾害出现的可能性；人地关系协调共生思维导向的形成，由于人类活动对地球各圈层的影响日益显著，因此要求人们理性科学地对地球加以保护和利用、协调人与自然的关系，形成良好的可持续发展的人地系统。

二、主要学科方向文献计量学分析

结合区域环境质量与安全五大重点研究领域，在 CNKI 及 Web of Science 等国内外重要文献检索库中共搜集了超过 10 万条相关的文献发表计量，并对其进行梳理如下。

（一）区域环境质量与安全评估理论和方法

通过 WOS 搜索篇名有“environmental quality assessment” 和“environmental safety assessment”的文章，设置时间切片为 5 年，选取每个时间片内前 100 位的高频关键词，通过最小生成树算法进行网络剪枝。节点的大小表示关键词频次的高低，紫色圈代表关键词的中心性。如图 18-1 所示，“区域环境质量与安全评估理论和方法”研究领域的重点经历了由污染物的研究到环境质量评估的研究再到重金属和多环芳烃等对环境影响的研究，再到现在环境质量评价指标和环境质量预测研究的变化。中国、意大利、美国、葡萄牙、英国最早在这一领域开展研究（图 18-2）。其中，中国科学院、意大利的马尔凯理工大学（Marche Polytechnic University）、美国的亚利桑那州立大学（Arizona State University）、葡萄牙的科英布拉大学（Coimbra University）对这一领域开展了一定的前沿研究。这些国家中，美国作为主要连接枢纽国，于 2003 年左右开始与英国、葡萄牙等国的机构共同开展相关研究，美国与中国的研究合作中起到主要连接枢纽作用的机构为中国科学院，中美合作者围绕城市周边农业环境质量、旅游承载力和环境质量、生态系统层面的环境质量评价等主题开展了综述或研究。

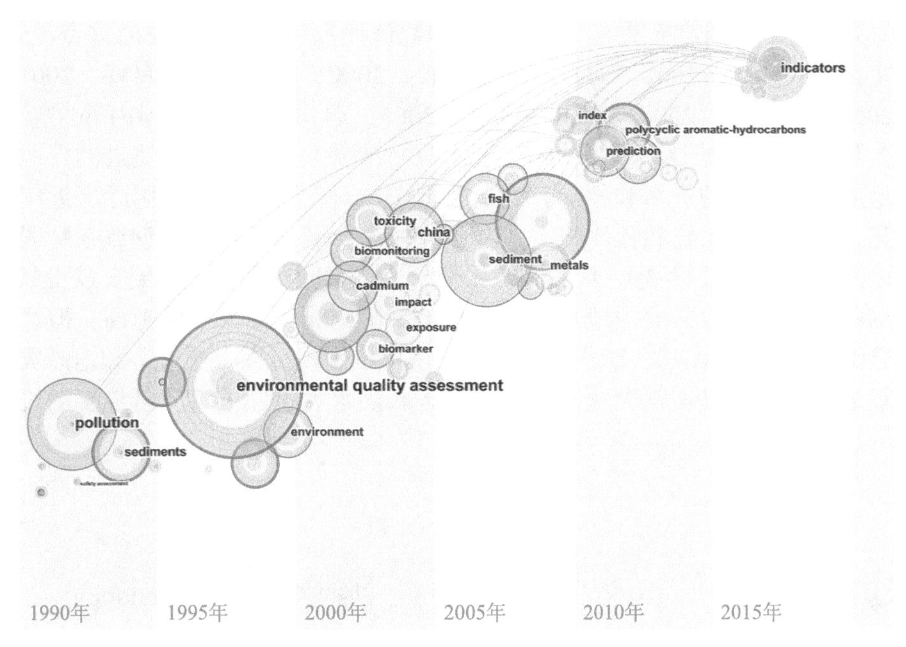

图 18-1　区域环境质量与安全评估理论和方法研究的关键词演化

图 18-2　区域环境质量与安全评估理论和方法的主要研究机构及其合作网络

（二）区域环境灾害的过程、机制、影响与模拟

国际学者对灾害模型与系统的研究较多，重点关注了区域环境灾害的影响、模拟和预测工作，受到关注最多的灾害是地震灾害和滑坡以及飓风等气象灾害（Emanuel，1999；Bates and Roo，2000；Cutter et al.，2003；Cisternas et al.，2005；Lee and Pradhan，2007；Guzzetti et al.，2012；Zhou et al.，2014）。国内学者们对滑坡、泥石流等地质灾害也投入

了较多的关注，但地理信息系统、风险评估和数值模拟是学者们关注的重点（刘希林，1988；崔鹏等，2000，2008；向喜琼和黄润秋，2000；殷坤龙和朱良峰，2001；李世奎等，2004；史培军，2005；唐川和朱静，2005；唐川，2010）。国内外文献关键词的时区变化图、时区视图是另一种侧重于从时间维度上来表示知识演进的视图，它可以清晰地展示出文献的更新和相互影响。根据图形对比可以看出，国际上近年来针对气候变化、地理信息系统和预测等方面的研究较多，国内学者的侧重点在脆弱性研究和风险评价等方面（图 18-3）。从发文机构分析，在国际环境灾害领域文献贡献量最多的是中国科学院，随后是美国地质调查局与美国国家海洋和大气管理局，但这些机构之间的合作较少（图 18-4）。细分环境灾害领域可以发现，在自然灾害和地震灾害领域发文量最多的机构均是加州大学，在地质灾害和洪水灾害领域发文量最多的机构是中

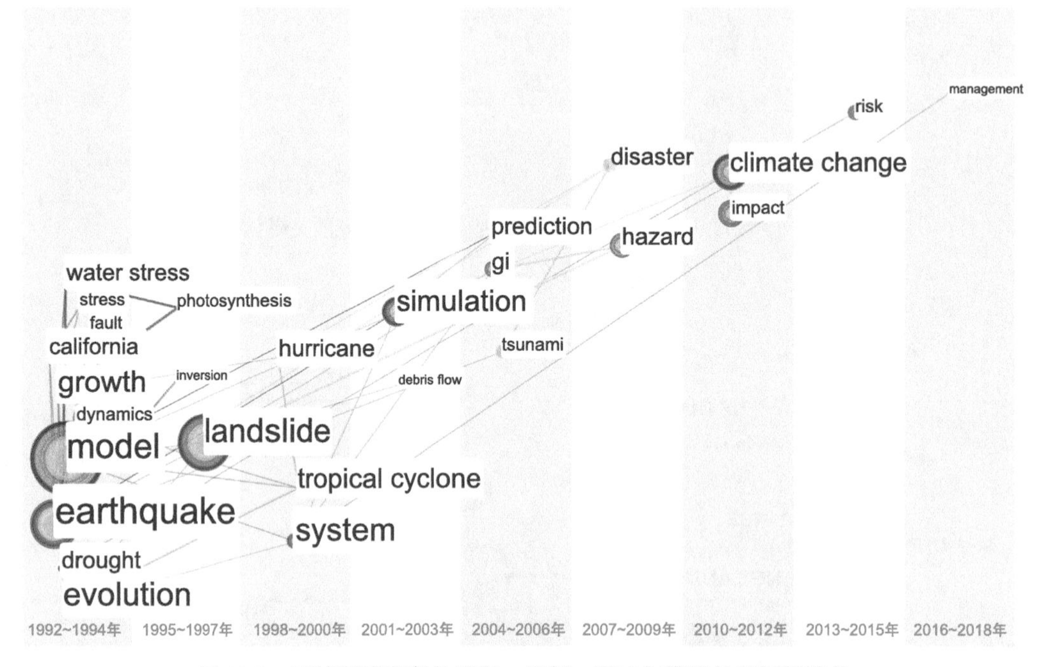

图 18-3　区域环境灾害的过程、机制、影响与模拟的关键词演化

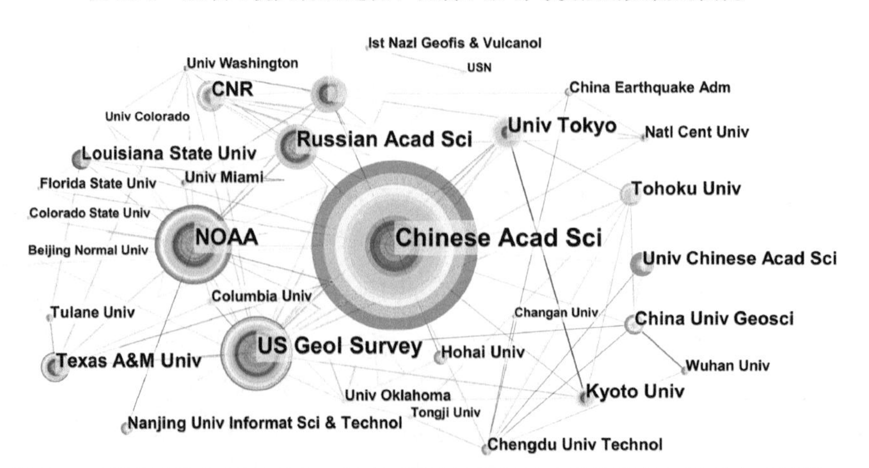

图 18-4　区域环境灾害的过程、机制、影响与模拟的主要研究机构及其合作网络

国科学院，在气象在领域发文量最多的机构是美国国家海洋和大气管理局，美国东北大学是对海洋灾害做出研究成果最多的机构，在农业灾害领域发文量最多的机构是印度农业研究所，在森林灾害领域发文最多的机构是美国农业部。

（三）区域环境质量诊断、评价与管控模式

20 世纪 90 年代，研究已经开始关注环境影响评估（environmental impact assessment），评估对象有环境质量（environmental quality）、气候变化（climate change）、水质（water quality）、沉积物（sediment）、河流（river）、社区（community）等，90 年代后期出现的新关键词有环境管理（environmental management）领域的模型（model）、影响（impact）、系统（system）、框架（framework）、政策（policy）、可持续性（sustainability）。2000～2010 年，生命周期评估（life cycle assessment）、生态系统服务（ecosystem service）的研究热点出现，强调全面认识物质转化过程中的环境影响，同时研究对象方面也转变为区域（area）、产业（industry）等。2010 年后出现的新关键词有能源（energy）、CO_2 的排放和治理（governance）等（图 18-5）。关键词的变化反映了区域环境质量诊断、评价与管控模式领域的研究呈现出由关注单一元素到从系统和区域角度整体分析、由单纯诊断评估到深入探究的演化过程。从发文机构贡献图谱发现，中国科学院（Chinese Academy of Sciences）为环境质量与安全领域的最核心研究机构之一，另外北京师范大学（Beijing Normal University）、中国海洋大学（Ocean University of China）、丹麦技术大学（Technical University of Denmark）、昆士兰大学（The University of Queensland）、麦考瑞大学（Macquarie University）、墨尔本大学（The University of Melbourne）、加拿大环境部（Environment Canada）、瓦格宁根大学（Wageningen University）、西班牙国家研究委员会（Spanish National Research Council，CSIC）以及威斯康星大学（University of Wisconsin）、加利福尼亚大学戴维斯分校（University of California，Davis）、田纳西大学（University of Tennessee）、美国国家环境保护局、得克

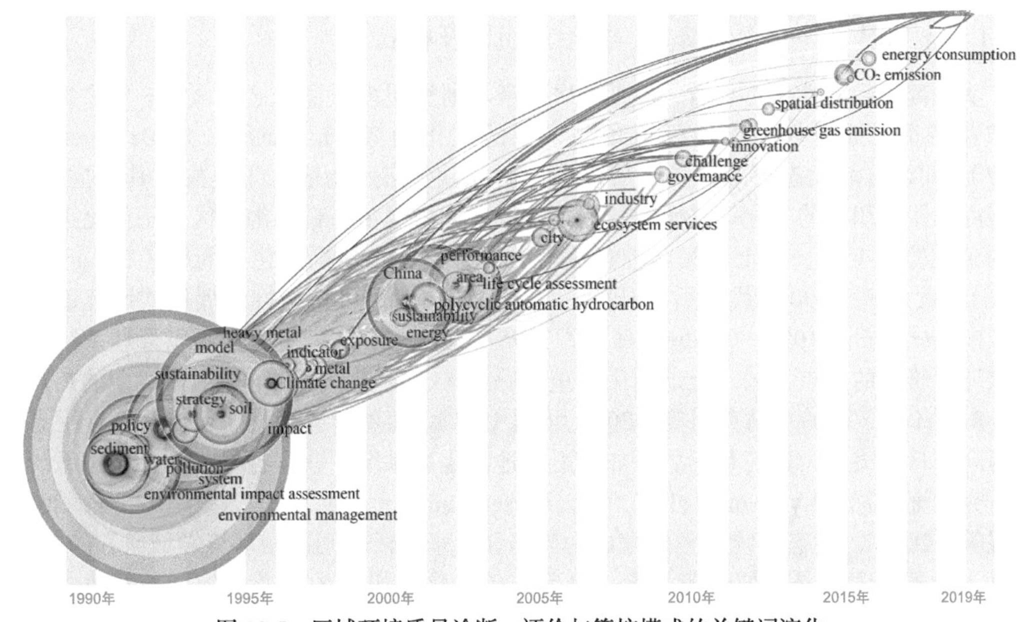

图 18-5　区域环境质量诊断、评价与管控模式的关键词演化

萨斯 A&M 大学（Texas A&M University）、美国地质调查局、美国农业部农业工程应用技术研究所（USDA-ARS）、橡树岭国家实验室（Oak Ridge National Laboratory）、伊斯兰自由大学（Islamic Azad University）、德黑兰大学（University of Tehran）均是为环境质量与安全领域做出大量研究贡献的研究机构（图 18-6）。

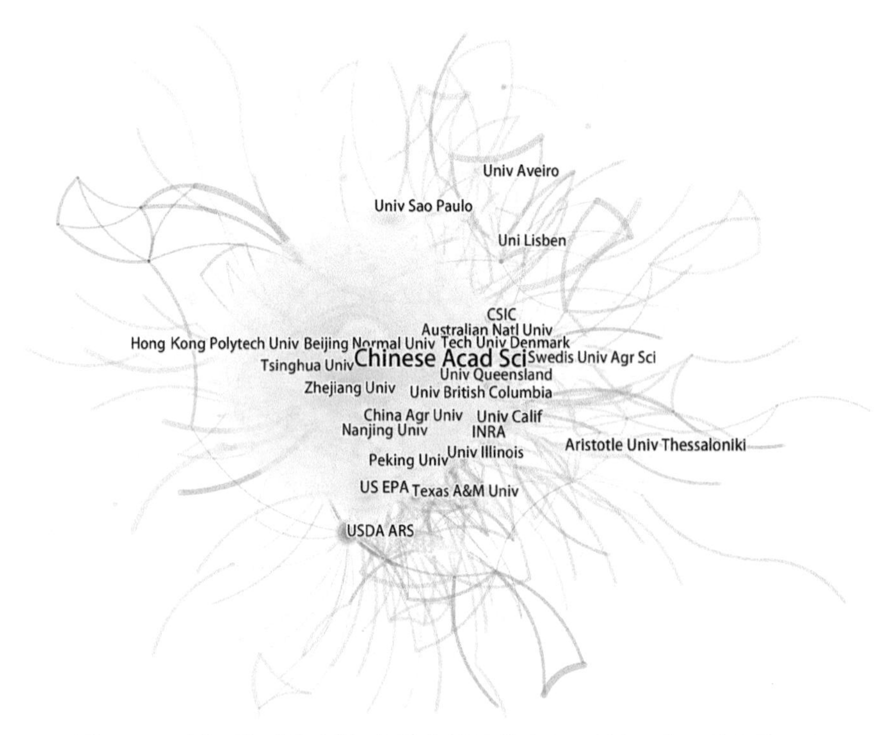

图 18-6　区域环境质量诊断、评价与管控模式主要研究机构及其合作网络

（四）区域环境保育、修复、整治的机制及模式

从关键词趋势性分析来看，早期的区域环境研究更多关注水－土－气－生物各要素的演化特征，通过模型构建模拟预测未来的变化趋势（Jorgensen，1990；Buechner，1987）。围绕区域生态环境保护开展多方面研究，生态脆弱区水土流失及其防控问题、流域内水体沉积物的变化等是研究的热点领域，如中国黄土丘陵沟壑区生态修复工程带来的植被覆被变化、水土流失防控、黄河泥沙淤积、含沙量变化等问题（Wang et al.，2016）。从 20 世纪 90 年代中后期开始，生态系统修复、可持续性发展模式研究逐渐增多（Palmer et al.，1997；Gladwin et al.，1995）。进入 21 世纪初期，环境管理系统成为区域环境研究的热点领域，土地利用、重点保护区、生物多样性等成为该时期的热点方向（Rey et al.，2009；马克明等，2004）（图 18-7）。随着资源枯竭、环境污染、生态破坏等问题日益突出，人们开始思考如何适当地从生态系统中获得益处，因此生态系统服务研究逐渐增加（Nystrom et al.，2019；Kaiser-Bunbury et al.，2017；傅伯杰等，2017；张琨等，2016）。生态系统服务研究成为当前和未来一段时间区域环境领域研究的热点。此外，中国科学院是区域环境保育、修复与整治领域研究的核心机构。美国地质调查局、美国林业局（US Forest Service）、澳大利亚昆士兰大学、北京师范大学、美国加利

福尼亚大学戴维斯分校（University of California，Davis）、美国科罗拉多州立大学（Colorado State University）、美国佛罗里达大学（University of Florida）、美国俄勒冈州立大学（Oregon State University）、美国华盛顿大学（University of Washington）等研究机构在该领域具有较高的学术贡献（图 18-8）。

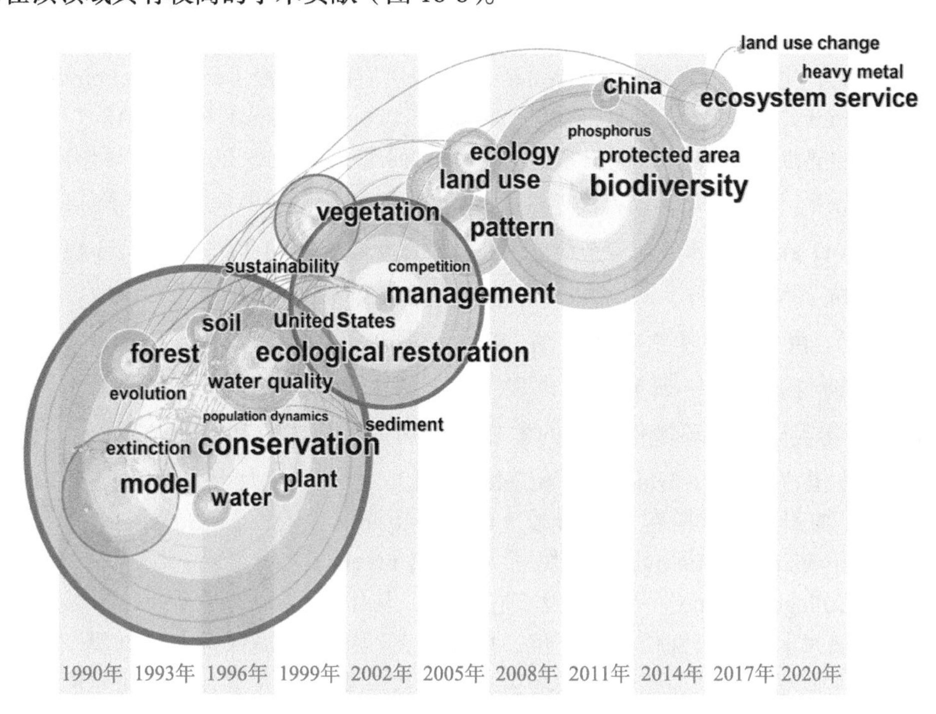

图 18-7　区域环境保育、修复、整治的机制及模式的关键词演化

图 18-8　区域环境保育、修复、整治的机制及模式的主要研究机构及其合作网络

（五）高强度人类活动对区域环境的影响、互馈及调控

通过关键词演进图发现，反映人类活动对区域环境影响、互馈与调控的关键词包括可持续性（sustainability）、系统（system）、管理（management）、模型（model）、影响（impact）、气候变化（climate change）、生物多样性（biodiversity）、环境（environment）、生态系统服务（ecosystem service）、生态工程（ecological engineering）、动态（dynamics）、生态系统（ecosystem）、保护（conservation）等（图 18-9）。2000 年之前，研究的热点主要集中在生态系统可持续性研究；2000～2010 年，研究的热点集中在生态系统的生物多样性、人类活动对自然环境的影响、气候变化、环境系统管理等方面（Liu et al.，2008）；2010 年之后，研究的热点转向生态工程、环境保护、生态系统的抵抗力与恢复力、环境质量评估等方面（刘彦随和李裕瑞，2017；刘彦随和周扬，2015）。由发文机构贡献图（图 18-10）可知，中国科学院在人类活动对区域环境影响、互馈与调控这一研究领域内发文量最多。俄亥俄州立大学（The Ohio State University）与美国国家环境保护局的发文量分别位居第二位和第三位；此外，北京师范大学、马里兰大学（University of Maryland）、昆士兰大学、河海大学（Hohai University）、加州大学圣塔芭芭拉分校（University of California，Santa Barbara）、密歇根大学（University of Michigan）、悉尼大学（University of Sydney）、伦敦大学学院（University College London）等机构发文量较多；从中心性来看，中国科学院、昆士兰大学、斯坦福大学的中心性位居前三位，此外，美国国家环境保护局、马里兰大学、悉尼大学、北京师范大学、加州大学圣塔芭芭拉分校、墨尔本大学、斯德哥尔摩大学等机构的中心性较高。

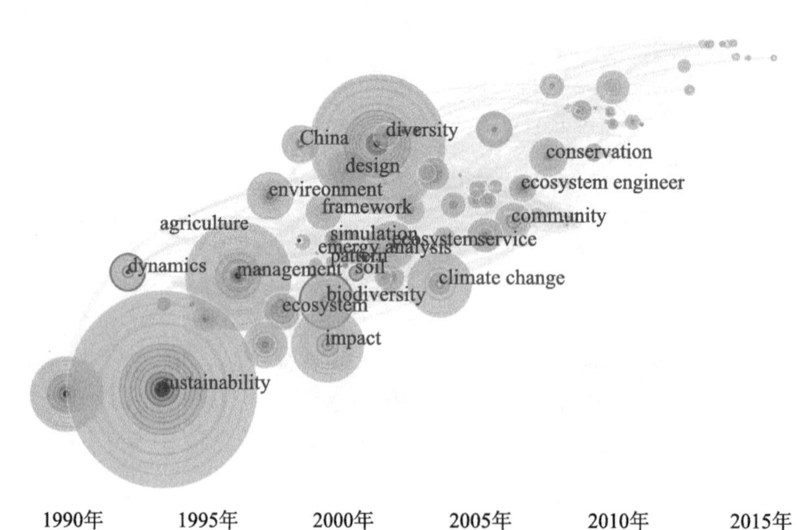

图 18-9　高强度人类活动对区域环境的影响、互馈及调控的关键词演化

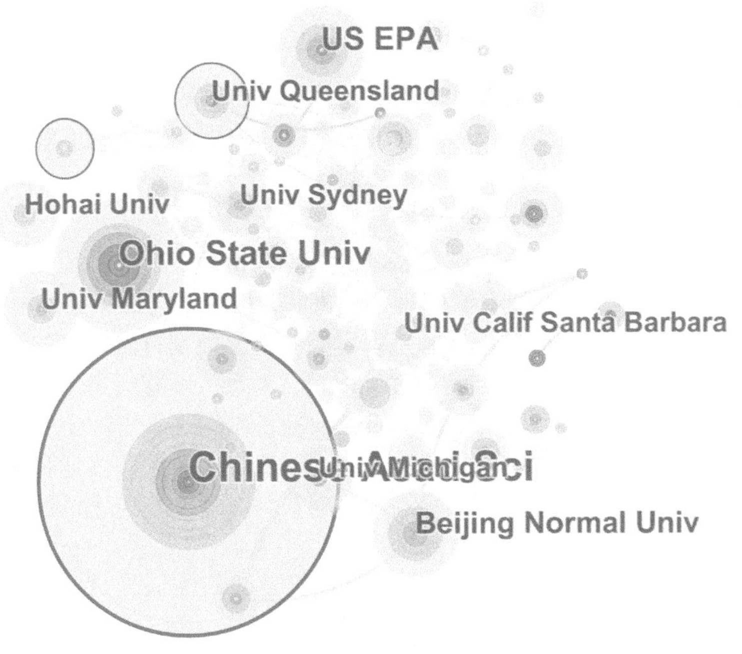

图 18-10　高强度人类活动对区域环境的影响、互馈及调控的主要研究机构及其合作网络

第三节　学科方向发展需求与趋势分析

党的十九大提出了“建设生态文明，打造美丽中国”的科学新论。如何营造高质量、可持续、安全健康的区域环境，成为新时代重视和加强区域环境质量与安全研究的重要命题和前沿课题，同时也是国家可持续发展的重大需求。习近平同志在党的十九大报告中强调，中国特色社会主义进入新时代，我国社会主要矛盾已经转化为人民日益增长的美好生活需要和不平衡不充分的发展之间的矛盾。尽管目前对环境质量与安全的认识有长足进展，然而随着经济社会的发展及人民生活水平的提高，目前对于区域环境质量与安全的认识水平、评价能力、信息共享水平等仍不能满足人民对环境质量作为基础性、支撑性约束的需求。同时在全球气候和环境变化的影响下，环境质量在要素结构、组成、阈值范围和约束程度上也均在发生着巨大的变化。区域环境质量与安全也就成为亟须解决的关键科学问题。应对区域环境质量与安全学科需求的科学研究需要强化五个方面的研究需求：区域环境质量与安全评估理论和方法；区域环境灾害的过程、机制、影响与模拟；区域环境质量诊断、评价与管控模式；区域环境保育、修复、整治的机制及模式；高强度人类活动对区域环境的影响、互馈及调控。

针对五个重点研究领域，梳理相关关键科学问题及热点需求如下。

（一）区域环境质量与安全评估理论和方法

（1）构建基于人地系统协调的区域环境质量理论框架和综合性定量评估体系。

（2）区域环境单要素质量与安全评估原理与方法。

（3）构建多尺度、多要素耦合的环境质量评估指标体系。

（4）复杂时空尺度条件下区域环境质量及其承载力的地域分异规律。

（5）解析区域环境水－土－气－生物多要素之间的相互作用及互惠机制。

（二）区域环境灾害的过程、机制、影响与模拟

（1）全球环境变化背景下自然灾害特征及其形成机理：全球环境变化背景下自然灾害发生机制和演变机理，灾种耦合影响特征和机制，以及多灾种相关作用机制。

（2）主要自然灾害的社会经济生态系统影响：主要类型自然灾害的社会经济影响及其放大效应分析的理论与方法，自然灾害（地震、洪水、冰冻灾害等）冲击对社会经济生态系统（如基础设施或企业网络系统）的影响机制和模拟。

（3）重大自然灾害监测预警与风险防控：自然灾害多层次、多元化防控体系构建原理，不可控重大自然灾害风险监测预警与减灾对策，可控自然灾害的预防、减轻和控制战略与实施路径。

（三）区域环境质量诊断、评价与管控模式

（1）探讨区域地表的发生学特征与地表形成环境，建立并制定区域环境质量诊断的指标体系与标准，分析不同时期城乡关系演变与区域环境质量变化。

（2）通过测算环境容量与承载力，评估区域环境开发强度与可能的灾害，分析环境的自调节与自适应能力。

（3）综合探讨区域环境的脆弱性与复杂性，诊断不同区域人地系统特质与适应过程，探究区域环境的平衡与协同机制。

（4）将理论研究与典型区域试验、示范与检验相结合，提出区域环境改进、成长与提升的策略与路径。

（5）分析区域环境安全涉及的利益主体与权力博弈，提出技术、法律等维度的精准管治政策。

（四）区域环境保育、修复、整治的机制及模式

（1）揭示和阐明区域环境保育、生态修复、工程治理的机制和方法措施体系及其作用原理和生态环境效应。

（2）建立区域环境恢复与修复过程的预估理论与模型。

（3）系统开展区域环境现状与恢复过程的评估及系统集成模拟研究。

（4）深入提炼针对典型区域的可持续生态恢复模式（保育、修复和整治）。

（5）解析区域环境恢复过程影响及可持续发展途径。

（6）阐明生态系统修复过程中的物质－能量循环变化机理。

（7）开展区域环境保育、修复、整治的综合技术集成与示范。

（8）黄土高原由黄变绿生态建设过程、长效保护机制和调控模式。

（9）黄河流域生态环境保护与高质量发展地域类型、耦合机理和协调途径等。

（五）高强度人类活动对区域环境的影响、互馈及调控

（1）阐明典型地区高强度人类活动（重大工程）对区域环境的综合效应及作用机理。

（2）通过评估区域环境容量与承载力，测算人类活动的强度阈值。

（3）构建区域环境变化监测、模拟预测及预警系统。

（4）揭示典型地域高强度人类活动与区域环境的交互作用模式及特征。

（5）诊断不同区域社会－生态系统耦合过程，并对其耦合协调性进行定量评价和分析。

（6）建立区域环境保育约束下的高强度人类活动优化决策机制及其评估体系。

第四节　学科方向交叉的优先领域

近年来，区域环境质量与安全研究保持快速发展态势，已成为环境地球科学学科的热点与前沿方向（Glasson and Therivel，2013）。经济社会高质量发展和人们高品质生活的需求，是区域环境质量与安全研究方向的根本动力；地理学、生态学、环境化学、气候变化及信息科学与技术等学科交叉融合是本研究方向创新发展的源泉；空间信息科学、系统工程学、互联网技术和人工智能发展为本研究方向提供了更有效的技术手段（Brown and Daniel，1987；Cashmore，2004；Jay et al.，2007）。为了深化对地球环境系统背景下区域环境质量与安全规律的认知，拓展区域环境质量与安全研究创新领域，加强区域环境质量与安全研究成果的地学转化与应用，更好地服务生态文明建设实践，需要战略性地加强区域环境质量与安全同多地学学科的交叉与融合，充分运用其他学科的新理论、新技术及逻辑体系，优先开展经济社会实践需求强烈、对学科发展引领作用大的研究领域，提升环境地球科学创新研究整体水平（Pacione，2003）。本书建议优先开展两个学科研究领域，其中，一个是优先学科领域：区域环境质量诊断、评价与管控模式；另一个是优先交叉领域：区域环境保育、修复、整治的机制及模式。具体说明见下文。

（一）优先学科领域：区域环境质量诊断、评价与管控模式

1. 发展目标

区域环境质量诊断、评价与管控模式的建立，需要对区域环境空间分异、区域人地系统等进行科学的评估和综合的认知，揭示不同区域环境特征、承载力特征与可能的灾害过程，建立系统的分类与评价理论框架；综合探究人类活动对于区域环境变化的影响，并深入揭示其响应和反馈机制；探究不同区域尤其是城乡之间的人地系统特质的构建与差异调试机制，以促进区域环境协调与协同发展；充分利用新技术、新方法与新手段，建立不同区域环境质量的诊断评价、风险评估与检测预警体系，提出区域环境管控模式与政策，并将其运用于典型区域试验、示范与检验过程中。

2. 主要研究方向

（1）区域环境质量诊断与评价的综合集成方法。建立宏观、中观和微观不同尺度的环境质量诊断与评价的指标体系，实现区域环境质量诊断与评价的多数据、多方法、多尺度集成。研究区域环境质量组成要素、环境系统、人地系统之间的非线性关系，建立单要素尺度到地球环境系统和人地系统尺度上的耦合途径和方法，发展充分考虑区域环境质量演化过程及其主控因素变化时间尺度极大差异性的区域环境质量要素监测方法；探究多尺度观测、多方法印证、多过程融合、跨尺度模拟等集成的区域环境质量评价理论和方法。

（2）人类活动对区域环境质量与安全的影响机制。揭示人类活动对于区域环境的作用特征、过程与效应，以及人与自然二元关系对区域环境质量的影响以及相互作用。运用人地系统科学理论，研究自然因素和人为因素对区域环境质量的综合性影响，剖析区域环境质量响应对地球环境系统的响应，揭示地球环境系统与其他系统的协同性；发展多学科（环境科学、大气科学、地理科学、人文科学、生态科学和地球信息科学）有效交叉渗透和方法集成的区域环境质量影响研究理论和方法，阐明区域环境质量变化的驱动因子之间的交互作用及其内在机理。

（3）区域环境质量的系统理论与典型区域实际的耦合关系模型。探究人地系统对区域环境质量变化的敏感性、脆弱性以及适应能力，构建适宜于减少环境变化对环境质量形成负面影响的环境管理政策理论和方法；剖析区域环境质量适应环境变化的阈值，研究区域环境系统由量变到质变的非平衡状态判识理论和方法，建立不同时空尺度的环境变化与环境质量响应过程的耦合途径，揭示区域环境质量视角下环境系统可持续的系统动力学机制。

（二）优先交叉领域：区域环境保育、修复、整治的机制及模式

1. 发展目标

以生态学原理和人地系统科学理论为指导，面向国家生态文明建设和经济社会可持续发展需求，在多学科交叉融合的基础上研究典型地区生态建设中水-土-气-生物等关键要素的耦合过程和相互作用机理，探究生态建设过程中的人地系统协调机制，构建典型区域环境保育、修复、整治的理论和方法，监测评估生态建设的环境效应及其可持续性，梳理提炼和建立支持生态文明和美丽中国建设的可持续生态环境建设模式。

2. 主要研究方向

（1）生态文明建设中水-土-气-生物等关键要素改善的机理、过程与耦合机制解析。生态文明建设提出了一系列新思想、新目标、新要求和新部署，为建设美丽中国提供了根本遵循和行动指南。建设生态文明，需要深化水-土-气-生物等关键要素改善和优化配置的理论研究、技术研发和示范应用，探索多学科交叉、产学研多部门协作机制，系统开展多类型野外观测研究和多数据融合的技术调控模式，服务支撑国家全面乡村振兴、国土空间优化和美丽中国建设。

（2）生态恢复的综合效应评估及区域水土资源可持续利用模式。综合利用大数据遥感、模型模拟及物联网定位观测技术，探讨典型脆弱地区、重大生态工程地区生态恢复的综合效应，建立多维度的过程分析框架，综合探讨生态恢复过程中的生物地球物理效应、生物地球化学效应及社会经济效应等，深入解析其发生与发展机理，探索生态恢复后的区域水土资源可持续利用的途径与模式，并示范推广。

（3）生态恢复过程与城乡经济社会发展耦合及互促机制。探究生态恢复与城乡经济社会发展之间相互作用规律，重点分析产业结构、城镇化水平、人们生活水平发展阶段与生态恢复的投入能力、恢复措施和恢复效果之间的关系。研究生态恢复促进城乡经济社会发展的过程、机制与主要模式。探究生态文明理念下生态恢复过程与城乡经济社会可持续发展的耦合协同机制，总结"绿水青山就是金山银山"的理论基础与实践经验，形成具有中国特色的生态保护与修复理论模式。

第五节　前沿、探索、需求和交叉等方面的重点领域与方向

根据目前区域环境质量与安全发展趋势和国家重大需求，将未来研究归纳为五个重点研究领域：区域环境质量与安全评估理论和方法，区域环境灾害的过程、机制、影响与模拟，区域环境质量诊断、评价与管控模式，区域环境保育、修复、整治的机制及模式，高强度人类活动对区域环境的影响、互馈及调控，具体领域的研究方向如下。

（一）区域环境质量与安全评估理论和方法

区域环境质量与安全评估理论和方法重点研究在于，环境质量区域特性的再认识和新发现：环境质量的组成、表达及区域环境功能，区域环境质量新组成因子的贡献权重和胁迫功能，区域环境质量的整体性和连续性，气候与环境变化对区域环境质量的影响。区域环境质量状态识别、响应与调节规律和机制：区域环境质量多数据、多方法的多尺度集成，人与自然二元关系对区域环境质量的影响以及相互作用，环境质量的稳定性和可持续的系统动力学机制。区域环境安全机制与调控：针对区域环境安全的科学理论与评价方法，变化环境影响下的区域环境系统脆弱性评价体系，突发性事件的环境风险评估。

重点领域围绕：

（1）从人地关系和谐发展角度科学解析区域环境质量的内涵，构建区域环境质量的框架结构，剖析构成区域环境质量的地学过程及效应，探讨区域环境质量量化评估体系。运用最小限制性、生态幅理论和 Meta 分析法，建立多尺度、多要素的环境质量监测指标体系与监测方法（监测指标及其生态幅体系：大数据的获取、多数据的融合、高分遥感 / 无人机）。

（2）探究新污染物的有效识别及其标准化体系，探讨新污染物在环境中的来源、分布、迁移转化规律及在食物链中的富集特征和健康效应；利用基因组学、蛋白组学和代谢组学等多组学技术，研究复合环境污染物质对人体健康的影响效应，探讨新污染物毒

性效应的机理、构效关系与预测方法，建立新污染物对区域环境质量的潜在影响及风险评估方法。

（3）从多尺度角度剖析区域环境质量及其承载力的地域（地带性、地区性、地方性）分异规律，为区域规划 / 国土整治与生态建设提供科学基础，以确保区域环境安全的整体性、时间的持续性、要素 / 阶层的公平性。

（4）综合监测、诊断分析典型区域环境内水 - 土 - 气 - 生物多要素之间的相互作用及互惠机制，基于现代信息技术与大数据等创新性方法，基于样点—样区—样带体系构建微观尺度和宏观尺度上多种物质循环过程的顺畅与滞淤状况，从机理阐释区域环境地学过程及其效益。

（5）探讨区域环境安全内涵、类型及其诊断，确定区域环境安全阈值，构建区域环境安全的预测、预警方法体系。

（6）探讨区域环境质量与经济社会发展的互馈机制及调控机理，建立区域环境质量与经济社会协调发展的优化模式。

（7）基于多尺度、多要素、多过程的监测，构建新时代区域环境质量、安全状况的智能化、快速信息传输网络，为预测区域环境质量及其安全状况变化趋势奠定基础。

（8）深入开展流域水 - 污染物 - 生物相互作用研究，分析彼此间相互影响效应及驱动与互馈机制，构建基于水 - 污染物 - 生物等多要素的流域生态健康评估方法，确定流域生态健康阈值，探索基于流域健康的水 - 污染物 - 生物修复机理。

（9）基于同位素示踪和元素形态分析等技术，对环境中污染物或环境指标、环境形态变化过程进行分析，评估环境中排放及输送的生源要素对不同环境类型的环境效应与生态风险，为环境污染治理提供理论基础。

（二）区域环境灾害的过程、机制、影响与模拟

针对自然灾害孕灾环境多样、成灾机理复杂等特征，围绕自然灾害发生发展机理、社会经济影响、防灾减灾应对等重大科学问题和社会经济挑战，研究自然灾害的特征、影响因素与形成机制，灾害社会经济影响评估的理论方法体系，以及防灾减灾对策途径，深化对自然灾害形成过程与发展规律的认识，评估全国和不同区域自然灾害风险等级，从而为提高人类自然灾害风险综合防范能力，建设风险可控、安全和谐的生存和发展环境提供科技支撑。

重点领域围绕：

（1）全球环境变化背景下区域灾害形成的过程、格局、机制与效应。在灾害过程研究中重点对象为区域孕灾环境识别、致灾因子（发生、风险强度）、承灾体。

（2）区域灾害、地理环境与乡村贫困之间的关系。

（3）区域环境灾害对社会、经济和生态系统的影响评估。

（4）全球环境灾害风险评价与区划。

（三）区域环境质量诊断、评价与管控模式

区域环境质量的诊断、评价与管控模式的建立，是对区域环境的综合认知，是对不同区域环境特征、承载力与可能的灾害进行梳理、分类与评价的过程；是对区域人地关

系的综合认知，是探究人类活动对于区域环境形成的影响，以及评估区域环境对人类生产生活的支撑能力与水平的双向过程；是对区域空间分异的综合认知，是探究不同区域尤其是城乡之间的人地系统特质的构建与差异调试，以达成区域环境协调与协同发展的过程；是对区域发展的科学评估的综合认知，是运用新技术、新方法与新手段，建立不同区域环境质量的诊断评价、风险评估与检测预警体系，进而提出区域环境管控模式与政策，并将其运用于典型区域进行试验、示范与检验的过程。

重点领域围绕：

（1）阐明有利于环境质量改善提升的区域发展路径。

（2）探索多部门规划与国土空间规划相交叉融合的技术方法。

（3）从人地系统耦合关系视角剖析影响环境质量的主要因素。

（4）揭示人类活动对于区域环境的作用特征、过程与效应。

（5）研究城乡关系动态演化与区域空间环境质量变化的作用规律与关键机理。

（6）建立宏观、中观和微观不同尺度的环境质量诊断与评价的指标体系。

（7）研究区域环境质量的系统理论与典型区域实际的耦合关系模型。

（8）围绕着日常生活与重大公共卫生事件的区域环境质量与安全影响的评估。

（四）区域环境保育、修复、整治的机制及模式

以生态学原理和人地系统理论为指导，面向国家生态文明建设和经济社会可持续发展需求，研究典型地区生态建设中水－土－气－生物等关键要素的耦合过程和相互作用机理，探究生态建设过程中的人地系统协调机制，构建典型区域环境保育、修复、整治的理论和方法，监测评估生态建设的环境效应及其可持续性，梳理提炼和建立支持生态文明和美丽中国建设的可持续生态环境建设模式。

重点领域围绕：

（1）生态建设中水－土－气－生物等关键要素改善的机理、过程与耦合机制。

（2）生态恢复过程与城乡经济社会发展耦合及互促机制。

（3）生态建设环境效应试验、监测和模拟方法，评估理论与方法。

（4）典型山地森林水源涵养演变机制及调控机理。

（5）典型地区生态建设与恢复创新机制。

（6）自然保护区（主体功能限制开发区）保育、农牧业区退化生态系统修复与生产力水平提升、工业（矿）区环境治理的模式。

（7）区域可持续生态环境建设综合模式与技术体系。

（8）土壤－植物－微生物系统中新污染物的形态与微界面过程，土壤－植物－微生物体系的强化修复机制。

（五）高强度人类活动对区域环境的影响、互馈及调控

高强度人类活动对区域环境的影响、互馈及调控，是对区域环境与人类经济社会发展交互作用的综合认知，是运用新技术、新方法与新手段，建立高强度人类活动对不同类型区域环境影响、互馈的研究体系，进而提出区域环境调控模式与实施路径，并将其运用于典型区域进行试验、示范与检验的过程。其研究目标在于基于社会－生态系统视

角，科学揭示高强度人类活动对区域环境的影响过程、地域格局及其机理，分析典型地域区域环境对高强度人类活动的响应机制，梳理高强度人类活动与区域环境耦合的典型地域模式，建立多元主体联动的区域环境质量预警监测系统以及高强度人类活动优化决策机制及其评估体系。

重点领域围绕：

（1）探讨典型地区高强度人类活动对区域环境的效应及机理。

（2）通过评估区域环境容量与承载力，测算人类活动的强度阈值。

（3）模拟区域环境对人类高强度活动的响应过程、格局及机制。

（4）构建区域环境变化预警监测系统。

（5）分析区域环境安全涉及的利益主体与权力博弈，提出技术、法律等维度的精准管治政策。

（6）揭示典型地域人类高强度活动与区域环境的交互作用模式及特征。

（7）诊断不同区域社会－生态系统耦合过程，并对其耦合协调性进行定量评价和分析。

（8）建立区域环境保育约束下的高强度人类活动优化决策机制及评估体系。

（9）基于多尺度和多过程揭示高强度人类活动影响下的区域生态系统服务非线性变化机制及调控模式。

（参编人员：刘彦随　赵　烨　朱　竑　王克林　邓祥征　陈　雯　宋进喜　陈怡平　葛　咏　吴文良　赵晓丽　封志明　廖晓勇　欧阳竹　康跃虎　范　文　郭庆军　朱连奇　龙花楼　胡远满　董金玮　陈兴鹏　海　山　林爱文　武廷海　李贵才　陈玉福　王介勇　李裕瑞　李玉恒　周　扬　尹　铎　高金龙　崔　璟　刘正佳）

参考文献

崔鹏，刘世建，谭万沛，等 . 2000. 中国泥石流监测预报研究现状与展望 . 自然灾害学报，9（2）：10-15.

崔鹏，韦方强，陈晓清，等 . 2008. 汶川地震次生山地灾害及其减灾对策 . 中国科学院院刊，23（4）：317-323.

傅伯杰，于丹丹，吕楠 . 2017. 中国生物多样性与生态系统服务评估指标体系 . 生态学报，37（2）：341-348.

李世奎，霍治国，王素艳，等 . 2004. 农业气象灾害风险评估体系及模型研究 . 自然灾害学报，13（1）：77-87.

刘希林 . 1988. 试论泥石流动力作用与沟谷地貌演变的关系 . 地理科学，8（4）：389-392.

刘彦随 . 2020. 现代人地关系与人地系统科学 . 地理科学，40（8）：1221-1234.

刘彦随，李裕瑞 . 2017. 黄土丘陵沟壑区沟道土地整治工程原理与设计技术 . 农业工程学报，33（10）：1-9.

刘彦随，刘玉，郭丽英 . 2010. 气候变化对中国农业生产的影响及应对策略 . 中国生态农业学报，18（4）：905-910.

刘彦随，张紫雯，王介勇．2018. 中国农业地域分异与现代农业区划方案．地理学报，73（2）：203-219.

刘彦随，周杨．2015. 中国美丽乡村建设的挑战与对策．农业资源与环境学报，4（2）：97-105.

马克明，傅伯杰，黎晓亚，等．2004. 区域生态安全格局：概念与理论基础．生态学报，24（4）：761-768.

史培军．2005. 四论灾害系统研究的理论与实践．自然灾害学报，14（6）：1-7.

唐川．2010. 汶川地震区暴雨滑坡泥石流活动趋势预测．山地学报，28（3）：341-349.

唐川，朱静．2005. 基于 GIS 的山洪灾害风险区划．地理学报，60（1）：87-94.

向喜琼，黄润秋．2000. 地质灾害风险评价与风险管理．地质灾害与环境保护，11（1）：38-41.

殷坤龙，朱良峰．2001. 滑坡灾害空间区划及 GIS 应用研究．地学前缘，8（2）：279-284.

张琨，吕一河，傅伯杰．2016. 生态恢复中生态系统服务的演变：趋势、过程与评估．生态学报，36（20）：6337-6344.

赵烨．2015. 环境地学．2 版．北京：高等教育出版社．

Bates P D, Roo A P J D. 2000. A simple raster-based model for flood inundation simulation. Journal of Hydrology, 236 (1): 54-77.

Bhandari M P. 2013. Environmental performance and vulnerability to climate change: A case study of India, Nepal. Bangladesh and Pakistan//Leal F W. Climate Change and Disaster Risk Management. Climate Change Management. Berlin：Springer.

Brown T C, Daniel T C. 1987. Context effects in perceived environmental quality assessment: Scene selection and landscape quality ratings. Journal of Environmental Psychology, 7 (3): 233-250.

Buechner M. 1987. Conservation in insular parks：Simulation models of factors affecting the movement of animals across park boundaries. Biological Conservation, 41 (1): 57-76.

Cashmore M. 2004. The role of science in environmental impact assessment: Process and procedure versus purpose in the development of theory. Environmental Impact Assessment Review, 24 (4): 403-426.

Cisternas M, Atwater B F, Torrejón F, et al. 2005. Predecessors of the giant 1960 Chile earthquake. Nature, 437 (7057): 404-407.

Cutter S L, Boruff B J, Shirley W L. 2003. Social vulnerability to environmental hazards. Social Science Quarterly, 84 (2): 242-261.

Emanuel K A. 1999. Thermodynamic control of hurricane intensity. Nature, 401 (6754): 665-669.

Gladwin T N, Kennelly J J, Krause T S.1995. Shifting paradigms for sustainable development implications for management theory and research. Academy of Management Review, 20 (4): 874-907.

Glasson J, Therivel R. 2013. Introduction to Environmental Impact Assessment. London: Routledge.

Guzzetti F, Mondini A C, Cardinali M, et al. 2012. Landslide inventory maps: New tools for an old problem. Earth-Science Reviews, 112 (1-2): 42-66.

Jay S, Jones C, Slinn P, et al. 2007. Environmental impact assessment: Retrospect and prospect. Environmental Impact Assessment Review, 27 (4): 287-300.

Jorgensen S E. 1990. Ecosystem theory, ecological buffer capacity, uncertainity and complexity. Ecological Modelling, 52 (1): 125-133.

Kaiser-Bunbury C, Mougal J, Whittington A. et al. 2017. Ecosystem restoration strengthens pollination network resilience and function. Nature, 542 (7640): 223-227.

Lal R, Mohtar R H, Assi A T, et al. 2017. Soil as a basic nexus tool: Soils at the center of the food-energy-water nexus. Current Sustainable/Renewable Energy Reports, 5: 127.

Lee S, Pradhan B. 2007. Landslide hazard mapping at Selangor, Malaysia using frequency ratio and logistic regression models. Landslides, 4 (1): 33-41.

Liu Y, Guo Y, Li Y, et al. 2015. GIS-based effect assessment of soil erosion before and after gully land consolidation: A case study of Wangjiagou project region, Loess Plateau. Chinese Geographical Science, 25 (2): 137-146.

Liu Y, Wang D, Gao J. 2005. Land use/cover changes, the environment and water resources in Northeast China. Environmental Management, (36): 691-701.

Liu Y, Wang J, Deng X. 2008. Rocky land desertification and its driving forces in the Karst areas of rural Guangxi, Southwest China. Journal of Mountain Science, 5 (4): 681-699.

Liu Y, Zha Y, Gao J, Ni S. 2004. Assessment of grassland degradation near Lake Qinghai, Western China using Landsat TM and ‘in situ’ reflectance spectra data. International Journal of Remote Sensing, 25 (20): 4177-4189.

Liu Y, Zhang Y, Guo L. 2010. Towards realistic assessment of cultivated land quality in an ecologically fragile environment: A satellite imagery-based approach. Applied Geography, 30 (2): 271-281.

Montanarella L, Badraoui M, Chude V, et al. 2015. Status of the World’s Soil Resources (SWSR)—Main Report.New York：Food and Agriculture Organization of the United Nations.

Nystrom M, Jouffray J, Norstrom A V, et al. 2019. Anatomy and resilience of the global production ecosystem. Nature, 575 (7781): 98-108.

Pacione M. 2003. Urban environmental quality and human wellbeing—A social geographical perspective. Landscape and Urban Planning, 65 (1-2): 19-30.

Palmer M A, Ambrose R F, Poff N L. 1997. Ecological theory and community restoration ecology. Restoration Ecology, 5 (4): 291-300.

Rey Benayas J M R, Newton A C, Diaz A, et al. 2009. Enhancement of biodiversity and ecosystem services by ecological restoration: A meta-analysis. Science, 325 (5944): 1121-1124.

Rozzi R, Iii F S C, Callicott J B, et al. 2015. Earth Stewardship. Linking Ecology and Ethics in Theory and Practice. Berlin: Springer Verlag.

Wang S, Fu B, Piao S, et al. 2016. Reduced sediment transport in the Yellow River due to anthropogenic changes. Nature Geoscience, 9 (1): 38-42.

Zhou Y, Li N, Wu W, et al. 2014. Local spatial and temporal factors influencing population and societal vulnerability to natural disasters. Risk Analysis, 34 (4): 614-639.

第十九章 环境保护与可持续发展（D0717）

【定义】环境保护与可持续发展是一门交叉学科，其基于环境相关的政策法规、社会管理、环境保护的新理论、新技术、新方法等，将生态环境保护融入社会主义现代化发展的各方面和全过程。

【内涵和外延】环境保护是可持续发展的基础和手段，可持续发展是环境保护的目的，人类应该在发展中保护环境，通过环境保护使得人类经济和社会可持续发展下去。环境保护与可持续发展学科的内涵是将经济社会现代化发展与生态环境保护治理结合起来、统一起来，按照生态环境保护治理的目标、任务与行动要求，将它们融入包括经济建设在内的社会主义现代化发展的各方面和全过程，以实现生态文明和人类永续发展。

【组成】环境地球科学中的环境保护与可持续发展是一门交叉学科，其内容包括环境经济、环境政策标准、环境法规、环境战略与理论、环境与社会管理、国际环境政策、环境与能源、生态文明与绿色发展、环境健康风险、防灾减灾、节能减排政策、自然资源管理、低碳绿色等。随着对环境保护与可持续发展研究的重视，本研究领域的组成也将不断完善。

【特点】环境保护与可持续发展是土地利用、绿色低碳、节能减排、宜居地球、防灾减灾、生态安全、环境健康和区域质量安全等多个二级学科的综合交叉，也是地球科学、管理科学、生命科学、社会经济政治文化等科学的延伸和领域交叉，是基础研究直接融入国家生态文明建设和社会经济建设决策与制度建设的重要路径。可持续发展理论源于环境保护、低碳节能减排，是既满足当代人的需要，又不对后代人满足其需要的能力构成危害的发展。经济和社会的健康发展创造出更高的经济效益，有利于增加环境保护的投入，保护或形成更适于经济与社会发展的环境，使人类社会得以持续发展，这也是生态文明的内在精髓。

【战略意义】环境保护与可持续发展既是国际发展前沿也是国家需求。2015年联合国在可持续发展峰会上正式通过成果性文件——《改变我们的世界：2030年可持续发展议程》，自此，环境成为2030年持续发展议程的核心支柱。党的十八大以来，“生态文明建设”已居于治国理政方略的主导性地位，可持续发展和绿色发展已经被纳入“生态文明及其建设的话语和政策实践”这一更宏大的理论与政策框架体系之下。党的十九大报告更是提出，中国将继续发挥负责任大国作用，积极参与全球治理体系改革和建设，不断贡献中国智慧和力量，从而对我国环境保护与可持续发展提出新的高度和挑战。生态文明坚持人与自然和谐共生，倡导尊重自然、顺应自然、保护自然。环境地球科学源于如何处理人与自然关系的研究，肩负探索和解决全球环境变化尤其是人类可持续发展面临的生态、环境和灾害问题的学科使命，其涉及生态保护、污染治理、防灾减灾、环境变化应对、土壤资源与环境、环境健康等，是生态文明建设和可持续发展的核心基础学科。新形势下，环境保护与可持续发展应运而生，承担起了更多的社会责任，主动作为，主动对接，主动融入经济、政治、文化和社会全过程，使环境地球科学走进社会、政府和主战场的决策层面，为国家治理体系和治理能力建设、治国理政方略、管理、决策和制度建设提供科技支撑。

【主要成就】环境保护与可持续发展作为环境地球科学的新增二级学科，是实现生态文明和人类永续发展的宗旨和重要保障。环境保护与可持续发展思想指导着我国环境治理体系的构建和生态文明建设。现今我国社会主义生态文明建设进入了新的时代，中央统筹推进“五位一体”总体布局，以创新、协调、绿色、开放、共享五大发展理念，把生态文明建设和生态环境保护摆上更加重要的战略位置，其对促进我国经济社会实现可持续发展发挥着重要作用。中科院院士傅伯杰、李静海、侯增谦等研究人员在《国家科学评论》(*National Science Review*)期刊上发表文章《实现17项可持续发展目标的复杂关系研究》(*Unravelling the Complexity in Achieving the 17 Sustainable Development Goals*)，从系统视角对“2030年可持续发展议程”框架的全球17项可持续发展目标的复杂关系进行了研究，得出在复杂的全球系统中实现千年目标是一个优化过程，需要在满足基本需求和最大限度地实现预期目标之间进行权衡。从系统角度看，可持续发展目标之间的复杂关系对于促进理论创新至关重要，通过将这一分析框架应用于发达国家和发展中国家，可以确保政策的一致性，从而有助于促进全球可持续发展目标的实现。

【引领性研究方向】

（1）用于环境保护、低碳、节能减排的新技术、新方法。

（2）新能源的开发与应用。

（3）生态文明建设的法规政策与战略研究。

（4）经济建设与生态环境保护相结合的研究。

（5）自然资源管理。

第二十章 人工纳米颗粒的环境地球化学过程（专题）

第一节 引　　言

纳米颗粒是指在三维空间中至少有一维处于纳米尺寸（1～100 nm）或由它们作为基本单元构成的颗粒物。纳米颗粒具有独特的物理、化学、光学和生物学性质，支撑和成就了纳米技术的发展。纳米技术起源于20世纪70年代，1990年，第一届国际纳米科学技术会议在美国巴尔的摩举办，标志着纳米科学技术的正式诞生；1999年，纳米技术逐步走向市场；2001年，一些国家纷纷制定相关战略或者计划，投入巨资抢占纳米技术战略高地。日本设立纳米材料研究中心，把纳米技术列入新5年科技计划的研发重点；德国专门建立纳米技术研究网；美国将纳米计划视为下一次工业革命的核心；中国也将纳米科技列为国家战略并对相关产业进行大力扶持。据预测，到2022年，全球纳米材料市场将从2015年的147亿美元增加到550亿美元以上，此期间的复合年增长率将达到20.7%（Inshakova and Inshakov，2017）。

然而，纳米产品和纳米材料在生产、使用、废弃过程中产生的人工纳米颗粒（ENPs）不可避免地会进入环境（Garner and Keller，2014）。ENPs的形态可能是乳胶体、聚合物；它的材质分为金属、金属氧化物、碳材料、陶瓷、高分子材料等。这些ENPs给生态系统功能及人类健康带来不可预知的潜在危害。2003年*Science*（Service，2003）、*Nature*（Brumfiel，2003）、*Nature Biotechnology*（Colvin，2003）等国际权威期刊陆续发表评论员文章，强调ENPs具有潜在毒性，呼吁开展ENPs的健康风险研究。此后，ENPs的环境健康效应引起广泛关注。最初，研究工作主要集中于ENPs对人体细胞、模式生物和其他生物个体的研究（Hansen et al.，2007）。2010年后研究范围逐渐扩大至ENPs在大气、水体和土壤等圈层内的迁移、转化和生物响应方面（Xu et al.，2020；Dale et al.，2015；Cornelis et al.，2014；Garner and Keller，2014）。ENPs的环境地球化学过程成为一个新兴领域，处于地学、环境科学、材料学、化学、物理和生物学等多个学科的交叉领域，重点研究人类活动排放的ENPs在地球系统中的迁移转化规律及其与环境质量、人体健康的关系。ENPs的环境地球化学过程研究的最终目标是实现ENPs在地球系统中的环境过程透明化、环境归趋可预测、环境风险可预防，最终服务于国家战略，保障纳米技术的绿色应用和可持续发展。

第二节　学科发展现状

2000年起，ENPs的环境地球化学研究得到了迅猛的发展：大气、水体和土壤环境中ENPs的溯源、检测等技术受到充分重视（Liu et al.，2009）；大气、水体和土壤环境中ENPs的关键环境过程均得到重点关注（Garner and Keller，2014；Tourinho et al.，2012）；环境介质（如自然胶体颗粒、溶解性有机质等）对ENPs环境过程的调控作用和机制研究取得长足发展；毒理学研究的受试生物从模式生物到区域优势物种和经济物种（如作物和经济鱼类）均广泛涉及（Brohi et al.，2017；Ma et al.，2015）(图20-1)。

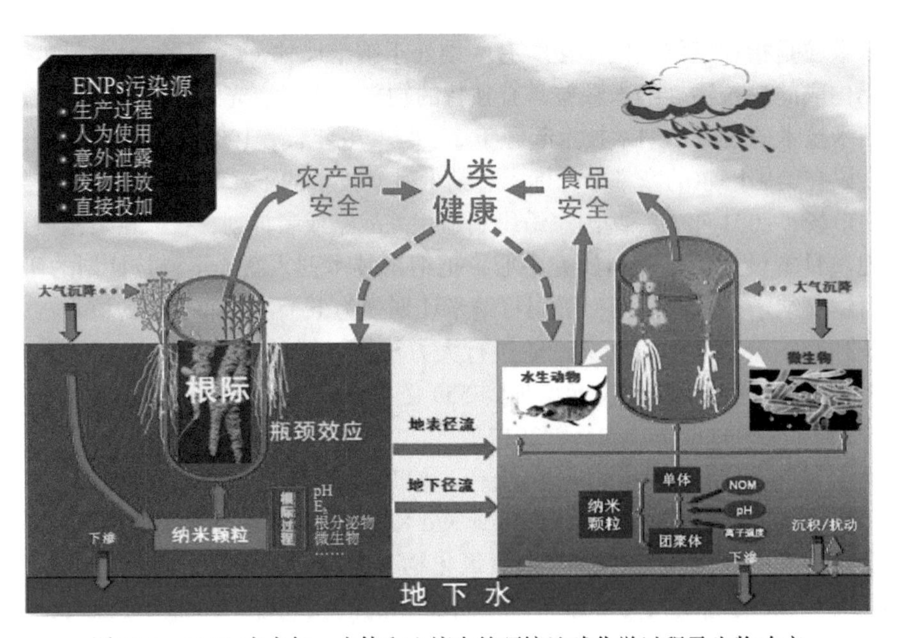

图20-1　ENPs在大气、水体和土壤中的环境地球化学过程及生物响应

与此同时，ENPs的环境地球化学领域得到各大国际学术组织（如美国化学会、国际环境毒理学与环境化学学会等）的重点关注。欧美发达国家和地区纷纷加大了对ENPs环境效应研究的资助力度，以期占领该研究领域的战略制高点。自2001年以来，美国国家纳米科技计划（NNI）累计受资助金额约240亿美元，2017年财政预算额超过14亿美元，2019年财政预算额将近14亿美元，其中一项重要任务就是促进纳米新技术

转移和公共健康应用，如纳米农业技术等。此外，2008 年至今，美国国家科学基金会连续资助了加州大学的纳米技术环境影响中心和杜克大学的纳米技术环境影响中心累积达 0.774 亿美元，以研究并解决 ENPs 的生态毒性及其环境归趋问题。欧盟 Horizon 2020 科研规划作为第七框架（FP7）之后欧盟最为重要的科研计划，于 2017 年 10 月发布了新一轮工作计划《2018—2020 工作计划》（2018—2020 Work Programme），提供 300 亿欧元资助，重点发展四个领域：建立一个低碳、气候适应型未来，连接经济与环境收益－循环经济，欧洲产业和服务的数字化和改革，提高安全联盟的有效性，其中前三项战略领域均需要发展纳米技术及相关纳米材料。作为全球的一个热点研究领域，许多国家和地区都先后组织了纳米研发计划。我国 2016 年启动的国家重点研发计划设立了“纳米科技”重点专项，该重点专项的总体目标是获得重大原始创新和重要应用成果，提高自主创新能力及研究成果的国际影响力，力争在若干优势领域率先取得重大突破，如纳米尺度超高分辨表征技术、新型纳米信息材料与器件、纳米能源与环境技术、纳米结构材料的工业化改性、新型纳米药物的研发与产业化等。2016～2018 年，“纳米科技”重点专项围绕上述目标共立项 98 项，涵盖环境科学、材料科学、信息科学、能源、生命科学以及纳米科学重大基础问题等多个领域，其中环境相关领域获资助 6 项（No. 2016YFA0203000：纳米光催化大气污染控制技术研究与示范应用；No. 2016YFA0203100：纳米材料治理水体复合污染的应用基础研究及工程示范；No. 2017YFA0207000：用于土壤有机污染阻控与高效修复的纳米材料与技术；No. 2017YFA0207100：面向典型污染物检测的纳米敏感材料与高性能传感器基础研究；No. 2017YFA0207200：农村饮用水中微量有毒污染物深度处理的纳米材料与技术；No. 2018YFA0209300：工业源挥发性有机硫治理及资源化纳米催化材料与技术），总资助额度达 15 786 万元。

在 ENPs 的环境地球化学领域得到重点关注和支持的同时，近 20 年相关 SCI 论文数量一直呈指数增长，显示出纳米技术相关领域的持续影响力和 ENPs 环境效应的重要性（图 20-2）。自 2005 年起，本领域中 ENPs 的生物毒性方向文章数量大幅上升，纳米技术的环境应用在 2010 年后引起较大关注，近 5 年成为研究热点和新的增长点。在 ENPs 的生物响应和环境应用方面，中国的 SCI 论文总数均遥遥领先，成为主要贡献方，显示出我国的重要国家战略需求。从研究领域看，ENPs 的“环境应用”、“毒性”和“生态”的比重均呈指数型增长，中国的增长尤为突出；我国的“环境应用”比重与世界趋同，而“毒性”和“生态”比重与美国尚有差距（图 20-3）。排名前 20 论文数量显示，中国在这两个领域的影响力有所下降，特别是在 ENPs 的生物响应方面，中国（1 篇）的影响力远小于美国（9 篇）（图 20-4）。

经过科学界近 20 年的不懈努力，ENPs 的环境地球化学领域得到长足发展，已经初步为纳米技术的发展提供了重要指导。但是，环境系统的复杂性和学科的交叉性决定了 ENPs 众多环境过程和作用机制仍不清楚，亟须各学科科学家广泛合作、持续性的深入研究。同时，这也使本领域研究展现了旺盛的生命力和与时俱进的学科特性。

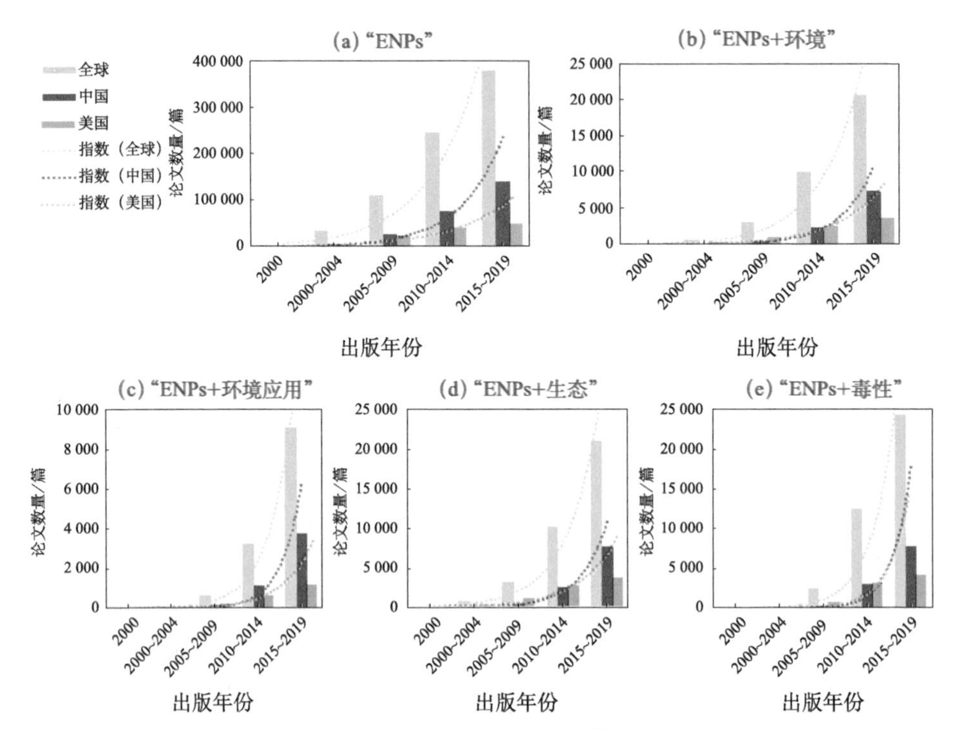

图 20-2　2000～2019 年 ENPs 相关领域 SCI 论文发表情况（Web of Science，2019.10）

分别以“ENPs”“ENPs+ 环境”“ENPs+ 环境应用”“ENPs+ 生态”“ENPs+ 毒性”为关键词进行搜索得到的 SCI 论文发表数据

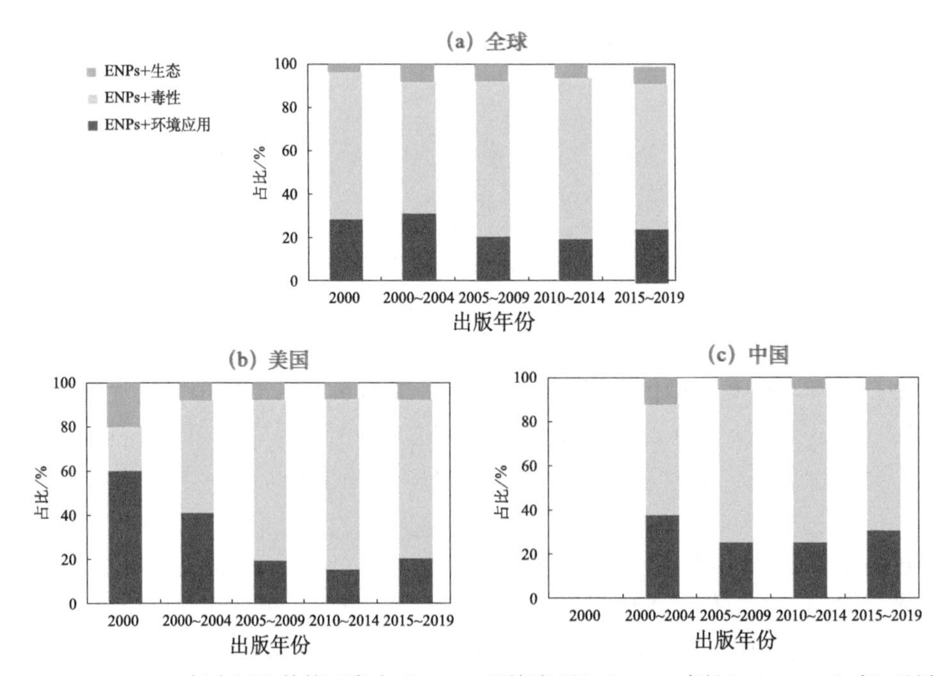

图 20-3　2000～2019 年中国和其他国家在“ENPs+ 环境应用”“ENPs+ 毒性”“ENPs+ 生态”研究领域的布局（Web of Science，2019.10）

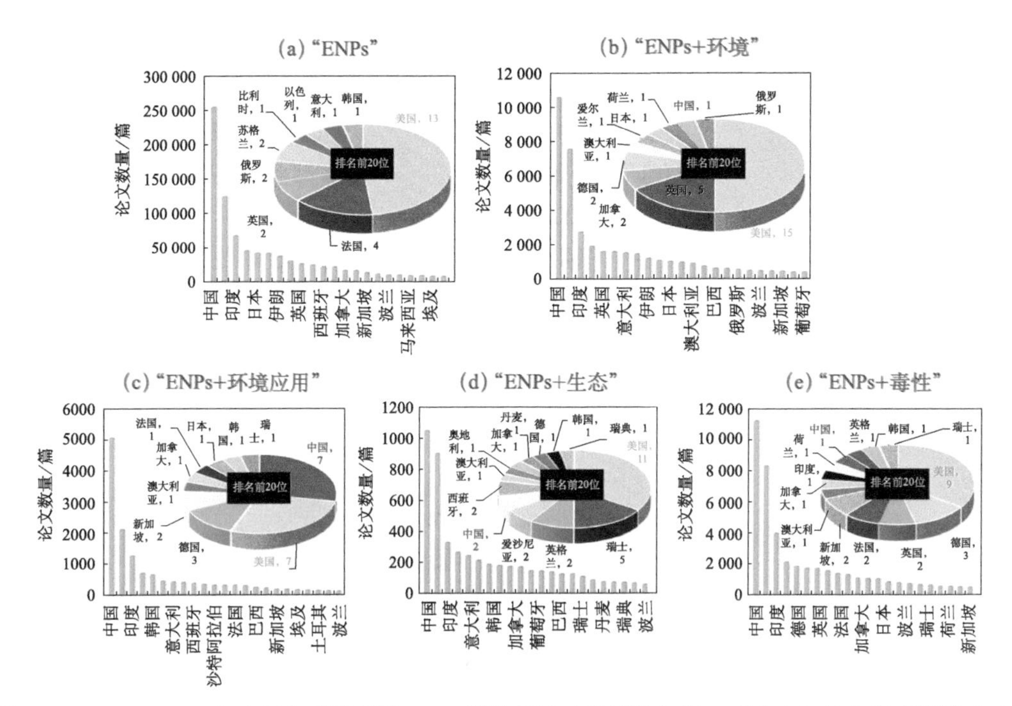

图 20-4　2000～2019 年中国和其他国家 ENPs 相关领域“引用排名前 20 位”SCI 论文发表情况（Web of Science，2019.10）

第三节　分方向发展现状与需求分析

一、人工纳米颗粒在土壤、水体（淡水、海洋）和大气等环境中的浓度、输运和来源分析

天然纳米颗粒在环境中广泛存在，它们的浓度和组成在水、土壤、大气等不同环境介质中存在一定差异。不同环境介质中天然纳米颗粒的质量和数量水平明显高于同类 ENPs。除浓度差异较大外，ENPs 和天然纳米颗粒的环境行为也存在一定差异。离子强度、pH、天然有机质组成和含量等环境因素更容易影响无修饰剂 ENPs 的表面化学性质、与其他共存物的吸附以及本身的氧化还原反应等行为。具有稳固修饰剂 ENPs 的稳定性与对应的天然纳米颗粒也存在显著差异（Wagner et al.，2014）。因此，通过分析二者环境行为或稳定性的差异有望实现对它们的区分。然而，在实际环境中，ENPs 易于结合在天然纳米颗粒表面形成异质团聚体，这为有效区分它们提出了更大的挑战。虽然采用同位素或荧光标记的方法可以研究 ENPs 与天然纳米颗粒的相互作用并考察它们的生物摄入过程（Yin et al.，2017），但如何区分环境中现有的 ENPs 和天然纳米颗粒目前尚无有效方法。因此，现有的纳米颗粒的分析方法一般都是针对特意添加 ENPs 的样品发展起来的。

（一）复杂基质中人工纳米颗粒表征和分析的新原理、新方法、新技术

ENPs 表征和分析技术是其他相关研究的基础。近年来我国学者在该领域的研究水平快速提高，科研成果在数量和质量上均有突破。通过文献计量分析发现，中国学者共发表文章 5740 篇，占发文总量（17 607 篇）的 32.60%（图 20-5）。其中，两篇文章进入被引用次数排前 20 位。中国科学院生态环境研究中心刘景富课题组开发了一系列分离、识别、表征和定量测定环境中痕量 ENPs 的方法（Zhou and Jin，2019；Zhou et al.，2017a；Liu et al.，2009），相关研究成果得到国际同行的广泛关注和充分认可，并获 2018 年国家自然科学奖二等奖。这些分析方法为深入研究环境中 ENPs 的来源和赋存水平、生成转化、环境和生物效应，并揭示元素的环境地球化学循环机制奠定了坚实基础。

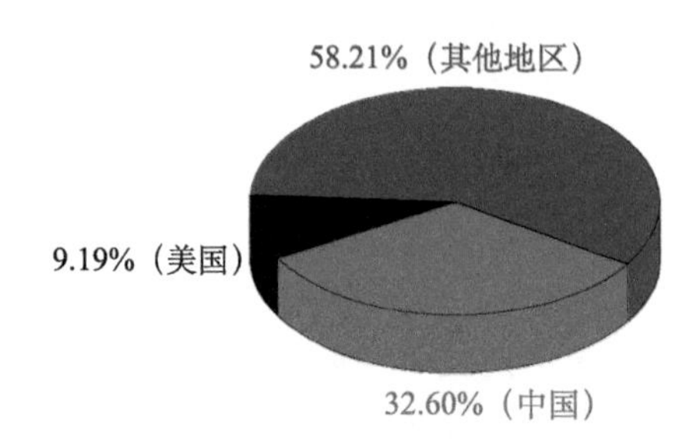

图 20-5　不同国家和地区发表 ENPs 表征与分析相关 SCI 文章对比图
（Web of Science，2019.10）

选择检索式为“标题= characterization of * nanoparticles or quantification of * nanoparticles or detection of * nanoparticles or determination of * nanoparticles or speciation of * nanoparticles”，筛选文章类型为 Article、Review、Letter 等作为分析数据

电子显微镜技术是目前最常用的 ENPs 表征技术，未来有望实现 ENPs 三维结构的高分辨率成像分析。多种分离技术与质谱分析联用是同时定性和定量分析 ENPs 的最有潜力的技术。需要特别重视纳米塑料等有机 ENPs 的分析方法研究，由于有机 ENPs 在有机溶剂中性质不稳定以及与基质成分的相似性，有机 ENPs 的分析检测成为一大难题。与无机 ENPs 相比，目前对有机 ENPs 分析的方法仍被忽视，对分析方法的研究关注仍然较少，不能满足相关研究的发展需求。当前亟待开发针对复杂环境介质中有机 ENPs 的提取技术以及相应的分析与检测方法，大力发展有机 ENPs 的色谱和质谱联用分析技术等。

水环境基质相对简单，但其中 ENPs 的赋存水平普遍较低，这使得 ENPs 的分析检测成为一大挑战。我国科研工作者对水环境介质中 ENPs 的分离测定方法进行了长期系统的研究。ENPs 的分析主要集中在形貌粒径表征和组分测定，分析方法包括电子显微镜、动态光散射、紫外可见光谱、拉曼光谱、电感耦合等离子质谱、电化学和色谱法等。实际水环境中存在大量天然有机质和悬浮物质，且 ENPs 含量多在痕量或超痕量浓度水平，所以一般需要经过分离、富集等预处理后才能进行分析。常用的预处理方法包括超滤、超速离心、固相萃取、液相萃取、浊点萃取、膜固相萃取等（Zhou et al.，2017b）。采用浊点萃取技术不仅可实现不同粒径、不同涂层的典型 ENPs（如半导体量

子点、金属纳米颗粒、碳质纳米颗粒等）分离富集，还最大限度地保持了其原有的形貌和大小，为研究 ENPs 的环境行为提供了有效的技术手段（Liu et al.，2010）。此类前处理方法操作简便、成本低、易于普及，但往往需要较长的时间，降低了整个分析效率。另外，这些前处理技术尚无法实现对不同粒径 ENPs 的精细分级。为解决这些问题，将尺寸排阻色谱、中空纤维流场流分离等高效分离技术与电感耦合等离子体质谱、原子发射光谱等高灵敏检测仪器在线联用，可实现 1～100 nm 尺度范围的不同粒径 ENPs 的基线分离，而且极大地缩短了整个分析时间（Tan et al.，2015；Zhou et al.，2014）。此类在线联用系统为环境水体中痕量 ENPs 的分析提供了识别、表征和定量测定平台。目前，由于需要较专业技术和仪器成本等问题，这些联用系统的构建模块尚未在一般实验室普及，因此如何进一步推广是该研究领域未来发展的重要方向。

土壤中的 ENPs 分析的难点在于对其提取分离。事实上，ENPs 非常容易发生异质团聚以及在矿物表面吸附，因此很难将其完全从土壤中分离出来。通过干湿和冻融交替、延长振荡时间、超声破碎、化学解离（如过氧化氢处理）等操作可以提高 ENPs 从土壤中分离的效率（Li L et al.，2019；Hadri and Hackley，2017；Schwertfeger et al.，2017）。另外，采用筛选、沉淀、离心、错流过滤等相结合的手段，在保证较高分离效率的前提下，还可以在一定程度上保持土壤天然 ENPs 的组成和原始形貌（Tang et al.，2009）。有学者尝试采用流场流分离技术分离土壤中不同粒径的纳米银，但土壤基质中的悬浮黏土矿物对纳米银的分离效果存在明显干扰（Koopmans et al.，2015）。因此，目前尚无有效分级土壤基质中不同粒径 ENPs 的方法。土壤中 ENPs 的定量分析是另一个难点。对通过不同提取方法（如超声和酸提取）得到的 ENPs 样品，采用相同测定仪器（如电感耦合等离子体质谱仪）得到的结果却存在一定差异。因此，未来除了需要综合利用和开发有效提取、高效粒径分级、准确定量分析等方法外，还亟须尽快制定标准方法，确保不同分析方法数据具有可比性（Pachapur et al.，2016）。

由于大气具有较强的流动相，通常需要用大气采样器将大气收集后再进行分析。对收集的大气颗粒物中 ENPs 质量浓度测定的方法主要有重量法、光散射法、光度测定法等。大气颗粒物的元素分析可以采用无损分析（如电子能谱分析法）或消解后再进行元素组成分析（如原子发射光谱法），有机组分可经过提纯及净化后采用气相色谱 - 质谱联用等手段进行分析。通过对比不同年份大气中 ENPs 的粒径和化学组分变化，有助于深入开展大气灰霾成因及控制研究（Cyrys et al.，2003）。另外，为实现野外现场的快速分析，未来非常有必要发展直接读数法。目前市场上已有手持式的冷凝粒子计数仪器，其可以快速、准确给出大气颗粒中不同尺寸颗粒的离子数浓度（Sem，2002）。但这种方法仍然无法区分 ENPs 和大气中其他颗粒组分，因此如何进一步识别和定量分析大气中的不同颗粒态组分是目前该研究领域的难点。

（二）环境介质中人工纳米颗粒的赋存水平与溯源

大气灰霾的防治是我国环境保护的长期任务，对工业废气、废水和废渣中的 ENPs 污染物的防治更是环境污染防治的难题，环境介质中 ENPs 的赋存水平与溯源研究是灰霾和 ENPs 污染物防治的关键基础，需要组织环境地球化学、环境分析化学、环境污染控制等方面的专家联合攻关。

1. 环境中人工纳米颗粒的来源与输运

火山爆发、宇宙尘埃、海浪飞花、森林火灾、矿物风蚀老化等天然过程，以及化石燃料和生物质燃烧、汽车轮胎等磨损、腐蚀、生物转化等物理化学过程均产生大量天然ENPs，从而进入水、土、气环境中。而ENPs在生产、加工、使用和处置过程中也不可避免地进入自然环境中，并通过水、土壤、大气、生物等环境介质参与整个生态系统的循环（Westerhoff et al.，2018）。研究环境中ENPs的来源与输运，对于揭示元素的环境地球化学循环、评估ENPs的环境安全性和控制纳米污染物具有重要意义。

2. 环境中人工纳米颗粒的赋存水平

国内外学者近年来对水环境中典型ENPs的赋存水平进行了一些研究。Westerhoff等（2018）根据相关文献总结了地表水、海水和地下水等环境水体中ENPs的粒径分布与数浓度，发现地表水中ENPs的浓度水平比天然纳米颗粒低几个数量级（图20-6）。对于金属ENPs来说，现有的分离技术难以将它们与金属络合物完全分离，因此这些测定结果的准确性有待考究。市政污水处理厂是ENPs的重要环境归趋中介。在污水处理厂，经过物理、化学以及生物处理，90%以上的ENPs会被去除。最近研究表明，活性污泥中的ENPs的含量明显高于水中，甚至高于大气以及土壤中的相应含量（Majedi et al.，2012；Mitrano et al.，2012）。因此，如果活性污泥处置不当，ENPs极有可能再次进入环境中，所以这是在评价ENPs的生命周期时应该考虑的。

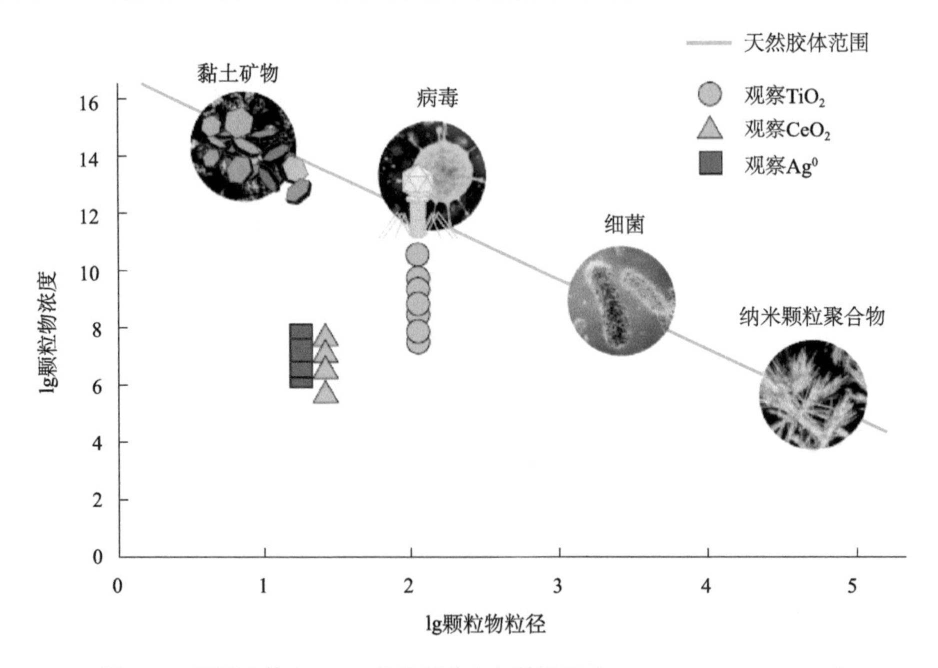

图20-6　环境水体中ENPs的粒径分布与数浓度（Westerhoff et al.，2018）

大气中ENPs的赋存浓度随季节和气候变化较大，目前国际上多采用数学模型来预测。遗憾的是，模拟预测的结果往往仅反映区域范围内ENPs含量随时间的变化趋势，难以准确提供具体时间和地点的 ENPs 的赋存水平，这表明相关模型还需要完善和修正（Gottschalk et al.，2010）。大数据是一种新的信息数据处理模式，可通过模式处理使海量数据更加科学地反映事物的本质特征（Apte et al.，2017）。将大数据利用于大气中 ENPs 赋存水平的预测，有望精确把握区域 ENPs 浓度水平，查清其来源，更加准确地预测 ENPs 含量变化趋势，为有效控制和治理 ENPs 提供重要依据。

总体而言，国际上对水、土环境中 ENPs 的赋存水平研究较少，积累的数据极为有限，且大多数都是模型模拟得到的数据，需要在方法学突破的基础上大力开展这方面的研究。

3. 环境人工纳米颗粒的溯源

目前，有关环境中 ENPs 溯源的研究鲜有报道。Maher 等（2016）在探究人体脑部内发现的磁性 Fe_3O_4 ENPs 的来源时，主要是根据目标 Fe_3O_4 ENPs 存在紧密而规则的晶体结构，从而推测其可能来自高温燃烧等人为生产过程。此外，稳定同位素分馏一直是地球科学领域示踪溯源研究的有力工具，其在 ENPs 的溯源方面大有可为。Lu 等（2016）研究了水环境中 Ag ENPs 与 Ag^+ 相互转化过程中的银同位素分馏，并基于银同位素分馏研究了 Ag ENPs 与 Ag^+ 相互转化机制。

二、人工纳米颗粒的关键地球化学过程

（一）人工纳米颗粒的环境行为相关论文情况和趋势

纳米材料和纳米产品的广泛使用导致 ENPs 不可避免地进入地球表层系统的水、土、气、生物等圈层，参与到环境地球化学过程中，其迁移、转化及归趋等环境行为受到环境因素的影响和控制，不同环境要素的复杂性决定了 ENPs 的环境行为的多样性和不确定性。目前国内外研究主要关注 ENPs 的生物地球化学转化、归趋及其对人类和生态系统健康的毒理效应。以纳米颗粒（nanoparticles）、环境（environment）和行为（behavior）为关键词，筛选文章类型为 Article、Review、Letter，研究领域为 environmental sciences ecology，在 Web of Science 系统检索（1999～2019 年）分析，共检索到 1513 篇文章。对图 20-7 分析发现，每年的发文量呈指数持续增加，中国增长指数最高。但是，文章引用率排在前 20 位的国家均为美国和欧盟国家，这归因于我国相关研究起步较晚。由此可知，ENPs 的环境行为研究一直是近十年来国际研究的热点问题，中国增长速率最快，但是发文质量需进一步提高。

应用文献计量可视化方法对 ENPs 环境行为的研究关键词进行分析，发现 1999～2019 年的研究热点是 C_{60} 富勒烯、纳米氧化铈（CeO_2 ENPs）、纳米氧化锌（ZnO ENPs）和 Ag ENPs 等人工纳米颗粒，主要围绕纳米颗粒的溶解、分散、团聚和沉淀等环境行为来探讨。此外，水体和土壤的天然有机质、酸碱度和离子强度等因素会影响纳米颗粒的环境行为，是研究的影响因素热点，这些因素对纳米颗粒的生物积累和毒性的改变也是探讨的重点（图 20-8、图 20-9）。分析图 20-8，靠近 2019 年时间点的聚类关键词有纳米塑料和微塑料，意味着这是最新的研究热点，纳米塑料和微塑料的环境行为成为近期人们关注和探讨的内容。

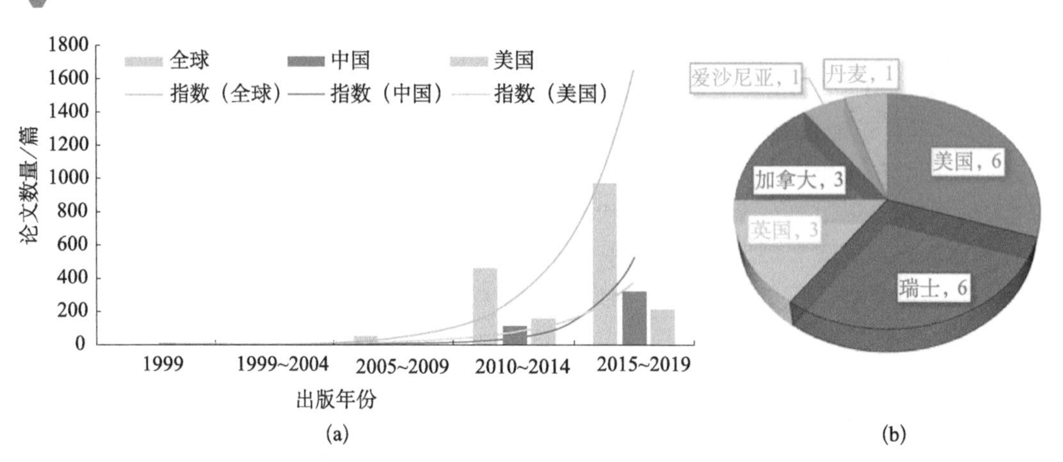

图 20-7 1999～2019 年 ENPs 环境行为研究的论文发表数量（a）和引用率排在前 20 位的国家分布（b）（Web of Science，2019.10）

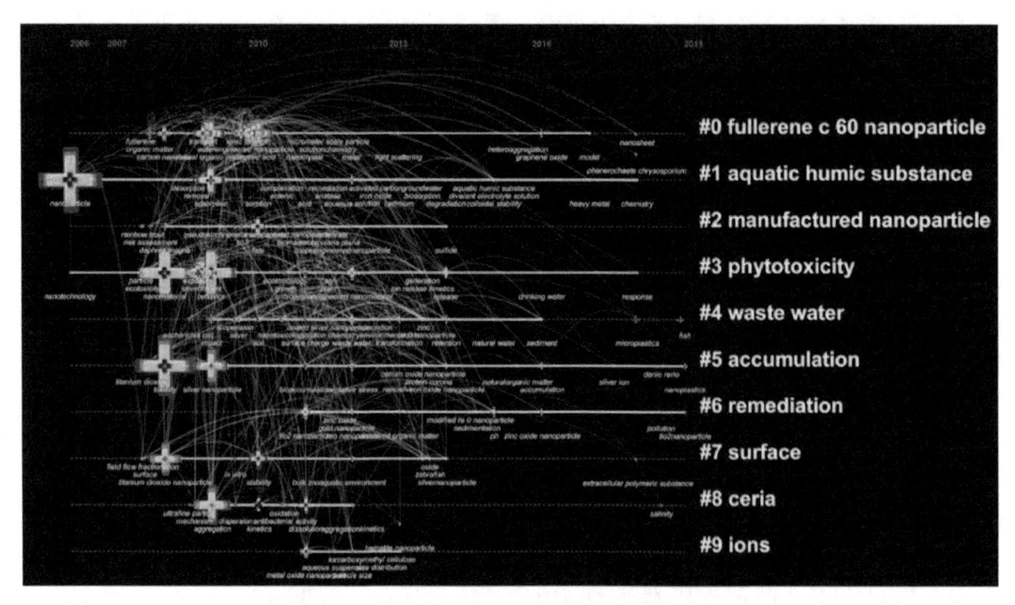

图 20-8 1999～2019 年 ENPs 环境行为研究关键词时间线图（Web of Science，2019.10）

（二）人工纳米颗粒在环境（土 – 水 – 气）中的迁移规律

纳米材料和纳米产品的广泛使用导致 ENPs 不可避免地进入环境。一方面，ENPs 在施用和废弃过程中会直接排放到土壤、水体和大气中；另一方面，ENPs 在土 – 水 – 气中进行迁移，并对生态系统造成危害。而在迁移过程中，ENPs 的物理化学过程会改变，进而对其毒性和归趋造成影响（Colvin，2003）。ENPs 进入环境后，在大气圈、水圈、土壤圈和生物圈中进行复杂的迁移 / 转化过程（Hochella et al.，2019），其成为目前的研究热点和难点。

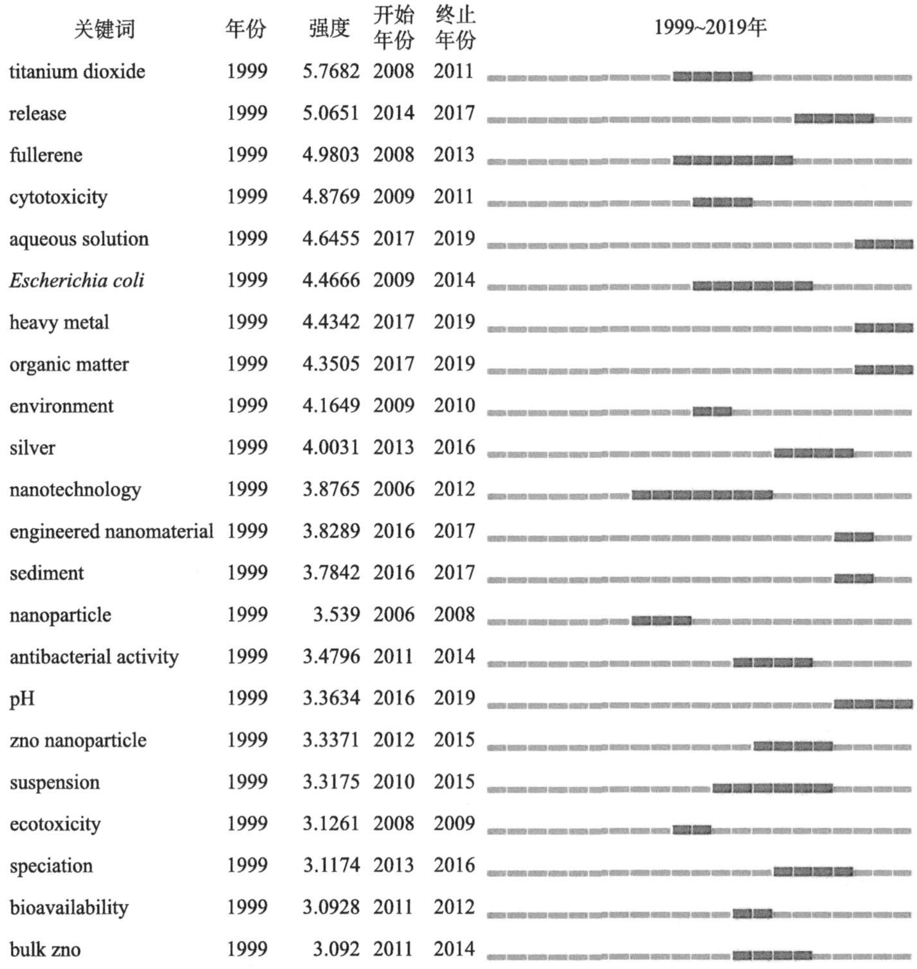

关键词	年份	强度	开始年份	终止年份	1999~2019年
titanium dioxide	1999	5.7682	2008	2011	
release	1999	5.0651	2014	2017	
fullerene	1999	4.9803	2008	2013	
cytotoxicity	1999	4.8769	2009	2011	
aqueous solution	1999	4.6455	2017	2019	
Escherichia coli	1999	4.4666	2009	2014	
heavy metal	1999	4.4342	2017	2019	
organic matter	1999	4.3505	2017	2019	
environment	1999	4.1649	2009	2010	
silver	1999	4.0031	2013	2016	
nanotechnology	1999	3.8765	2006	2012	
engineered nanomaterial	1999	3.8289	2016	2017	
sediment	1999	3.7842	2016	2017	
nanoparticle	1999	3.539	2006	2008	
antibacterial activity	1999	3.4796	2011	2014	
pH	1999	3.3634	2016	2019	
zno nanoparticle	1999	3.3371	2012	2015	
suspension	1999	3.3175	2010	2015	
ecotoxicity	1999	3.1261	2008	2009	
speciation	1999	3.1174	2013	2016	
bioavailability	1999	3.0928	2011	2012	
bulk zno	1999	3.092	2011	2014	

图 20-9　1999～2019 年 ENPs 环境行为研究前 22 关键词爆发点图（Web of Science，2019.10）

ENPs 可以通过大气沉降、地表径流、污泥的土地利用等方式进入土壤。目前，关于 ENPs 在土壤中迁移和截留环境行为的研究报道较多，主要研究方法大多是实验室内的土柱模拟。研究目的主要有两个：一是探明 ENPs 穿透土层进入并污染地下水的潜力；二是提高 ENPs 穿透土层进入并修复污染地下水的性能。研究的 ENPs 主要包括碳 ENPs（石墨烯、碳纳米管、富勒烯等）（He et al.，2017；Yang et al.，2013；Espinasse et al.，2007）、氧化物（TiO_2、SiO_2 等）（Nascimento et al.，2018；Fang et al.，2009）和金属（Ag、Au、零价铁等）（Afrooz et al.，2016；Liang et al.，2013；Saleh et al.，2008）。研究发现，ENPs 在土壤孔隙环境中的迁移扩散性能受其物理化学性质（颗粒大小、表面电荷等）和土壤性质（pH、矿物组成、有机质含量、离子强度等）的影响。由于土壤性质较为复杂，ENPs 在土壤中的迁移和转化规律尚无定论，土壤胶体颗粒对 ENPs 的异相团聚和截留机制值得进一步研究。

另外，由于 ENPs 具有很高的比表面能，容易团聚，并容易在重力作用下发生沉降。因此，ENPs 在水体（海水、淡水）中的悬浮—团聚—沉降是决定其在水中迁移/

转化的关键过程，也是当前 ENPs 水环境行为研究的重点。已有研究表明，除了密度和粒径，ENPs 的悬浮性能也受其亲水性、表面电荷大小等理化性质以及地表水的水文水质条件影响（Seitz et al.，2014；Chowdhury et al.，2012）。目前 ENPs 在纯水中的悬浮—团聚—沉降规律已较为明确。但真实水环境往往复杂，如何尽可能客观地评价 ENPs 在不同自然水体（河流、湖泊、海洋等）中的真实归趋成为该研究领域的重点和难点。

通常，自然源（火山爆发、沙尘暴、森林火灾等）和人为源（汽车尾气、秸秆燃烧、工矿活动等）产生的 ENPs 或超细颗粒会进入大气，发生复杂的大气光化学反应，与共存污染物相互作用，在一定条件下，它们会随气流进行长距离输送并对人体暴露（Buzea et al.，2007）。大气的变化可能会影响 ENPs 的理化性质，进而影响其环境行为和归趋，例如，团聚富勒烯和缠绕的碳纳米管可能会在大气的作用下变得更加像球状（Tiwari and Marr，2010；Ketzel and Berkowicz，2005）。然而，目前 ENPs 在大气中的环境行为研究相较在土壤或水体介质中的研究却少很多。

总之，目前我国对 ENPs 的迁移行为了解得还不够全面，尤其是在实际环境介质中的迁移，受到不同环境因子的影响，缺少深入系统的机理分析，ENPs 在水体、土壤、大气等复杂环境介质中的迁移行为将是今后深入了解 ENPs 环境行为的基础关键科学问题。

（三）水环境条件下人工纳米颗粒的环境转化和归趋

人工纳米颗粒在水环境中的迁移转化及影响因素。ENPs 的迁移转化包含溶解、聚集、沉降、硫化和矿化等关键过程（Williams et al.，2019）。这些过程很大程度上受到水生系统化学复杂性的影响，如天然有机物质（natural organic matter，NOM）、溶氧量、光照、离子强度、pH、微生物代谢和温度（Klaine et al.，2008），以及 ENPs 的理化性质（Ellis et al.，2016）等，这些影响因素共同决定 ENPs 在环境中的持久性及其对暴露生物的毒性效应大小。

NOM 可通过电位排斥作用来稳定 ENPs（Mohona et al.，2019）。同时，NOM 可减缓 ENPs 的聚集并抑制 ENPs 在饱和多孔介质中的沉积，NOM 吸附到 ENPs 的表面或与释放的溶解金属离子结合，通过减少纳米颗粒和离子浓度与微生物细胞的直接相互作用来减少生物毒性（Angel et al.，2013；Aiken et al.，2011）。植物来源的天然有机质具有稳定聚乙烯吡咯烷酮包覆纳米银（PVP-Ag ENPs）的作用，但是会通过溶解以及结合阿拉伯胶包覆纳米银（GA-Ag ENPs）释放的 Ag^+ 从而将 GA-Ag ENPs 从水中除去，并利用同步辐射光谱技术确定 Ag 的最终归趋，即 22%～28% 的颗粒 Ag 与硫醇结合，5%～14% 以氧化物的形式存在（Unrine et al.，2012）。而 NOM 分子结构的多样性和差异性也会影响到 ENPs 的水体稳定性。据报道，腐殖酸含有较高比例的高分子量部分，比 Suwannee River 富里酸（SRFA）更能稳定 Ag ENPs，因此，腐殖酸对 Ag ENPs 的影响预计会比 SRFA 更加明显。此外，具有还原性的硫和氮基团可以结合 Ag，具有较高含量的硫和氮的 NOM 能更强地结合 Ag ENPs。使得 Ag ENPs 的稳定性在 Pony Lake 黄腐酸（PLFA）和 Suwannee River 腐殖酸（SRHA）溶液中更高（Rong et al.，2019）。前期的研究多关注 NOM 整体的影响，当今乃至今后，应该更加注重不同来源、不同结构及不同成分的NOM及其馏分（如腐殖酸和低分子量有机部分）对ENPs稳定和转化机制的影响。

NOM除了通过化学键合相互作用外（如充当配体或吸附到ENPs的表面），在光照和溶解氧存在的情况下，还具有很强的还原性质，对ENPs在水中迁移转化至关重要（Colman et al.，2014；Xiu et al.，2012）。研究表明，可见光和紫外光均有助于自然水体中ZnO的溶解，在天然水体条件下，可见光增加了Ag ENPs的溶解，而紫外光暴露较长时间后导致溶解的Ag^+减少，这些效应说明紫外光下有机化合物还原Ag^+（Odzak et al.，2017）。环境水中的可溶性有机质（dissolve organic matter，DOM）可以介导Ag和Au离子在自然阳光下还原为金属ENPs，暗示这一还原过程对于具有高还原潜力的金属可能是通用的。已有研究表明，这种还原反应是由来自DOM中光照射酚基团形成的超氧化物介导的，并且溶解的O_2显著增强了Ag ENPs的形成（Yin et al.，2012）。而且低浓度NOM（≤20 mg/L）存在的情况下，光照产生的超氧自由基诱导Ag（Ⅰ）还原形成Ag ENPs（Rong et al.，2019）。同位素检测技术进一步证明，Ag ENPs在含有NOM和溶解氧的水体中可生成二次ENPs（Zhang et al.，2017）。温度也是影响ENPs在水体环境中迁移转化的因素之一。四季中水体的温度会发生变化，在夏季，Ag会存在于水体中，但是Ag ENPs在地表水中仅占54%（Ellis et al.，2018）。低温会抑制Ag ENPs的溶解，而且Ag ENPs会停留在天然水相中，值得注意的是，在冬季，冻融循环或冷冻可以降低Ag^+释放并加速Ag^+还原为Ag ENPs（Zhang et al.，2019）。由此可见，光照、溶解氧和NOM的存在，增加了ENPs的转化，同时ENPs受控于一定的环境温度，导致其转化过程更加复杂和多样，今后需要进一步加强对转化过程及机制的检测和表征手段的发展。

通常，水体中的矿物颗粒、离子强度和pH也会影响ENPs的环境行为。矿物颗粒与ENPs之间极易发生异相团聚，因此，水环境中的ENPs多以异相团聚体的形式存在，异相团聚能够加大ENPs的沉降过程，导致即使悬浮性最好的氧化石墨烯（GO）也很难长期稳定存在（Zhao et al.，2015）。此外，电解质通过压缩ENPs的双电层促使其团聚（Mohona et al.，2019）。但溶液pH又会影响ENPs的溶解，在pH约8.2时ZnO开始溶解，在较低的pH（4.8～6.5）条件下，ZnO ENPs几乎完全溶解（Odzak et al.，2017）。CuO ENPs和Cu ENPs的溶解速率同样依赖于水溶液pH：pH 4>>pH 7>pH 11（Adeleye et al.，2014）。离子强度和pH共同决定着ENPs的团聚和溶解行为，而实际水体中又普遍存在不同浓度的离子和pH，哪个因子作为主导因素控制ENPs的团聚-溶解，不同团聚形态的ENPs在不同pH下的溶解行为如何？偏酸或偏碱性水条件下，离子强度是否促进ENPs发生团聚？这一科学问题的解决需要构建多环境因子影响模型，ENPs环境行为的预测模型的构建也必将是今后ENPs环境影响评价的基础。

有机物质涂层的ENPs和碳族ENPs（如石墨烯、碳纳米管、富勒烯和碳点）会被微生物代谢降解和矿化（Williams et al.，2019）。在噬菌体模拟液和辣根过氧化物酶的作用下，过氧化氢迅速降解氧化单壁碳纳米管，两个月后，氧化多壁碳纳米管的形态发生了很大的改变，虽不完整，但已高度降解（Russier et al.，2011）。^{13}C稳定同位素等技术示踪了两种白腐菌担子菌真菌（*Phlebia tremellosa*和*Trametes versicolor*）代谢和降解C_{60}富勒醇的过程，32周后，两种真菌都能够漂白并将富勒醇氧化成CO_2，另外，真菌将少量富勒醇碳掺入脂质生物质中（Schreiner et al.，2009）。针对有机物质涂层的 ENPs 和碳族 ENPs，在关注其迁移、团聚等行为的过程中，尤其要注重其环境中的降解转化过程，而此方面的研究缺乏，亟须今后加强此方面的研究，引领国际研究。

（四）土壤环境条件下人工纳米颗粒的环境转化和归趋

近 20 年的文章检索表明，由于水体中环境因子的测定和表征的可操作性，针对 ENPs 的迁移、转化等行为多集中于水体环境。土壤环境的复杂性和环境指标表征的难操作性，导致对 ENPs 在土壤中的迁移、转化机制的研究不足，但是土壤中的有机质、矿物、微生物等同样会影响 ENPs 的环境行为。例如，ENPs 进入土壤后，土壤孔隙水中的腐殖酸能吸附到其表面，这些丰富的有机配体相互作用，发生一系列环境转化，改变 ENPs 的分散性和稳定性，进而影响其生物有效性和生物毒性，土壤 pH、水分、矿物质和离子强度也会影响 ENPs 在土壤中的环境行为（张莹等，2018）。已有研究表明，500 mg/kg CuO ENPs 暴露的水稻土中 Cu 的主要赋存形态是 CuO、Cu 腐殖酸结合物、Cu_2S 和 Cu 与针铁矿结合的形式，而吸附在土壤腐殖酸中的 CuO 和 Cu 在水稻淹水期和交替干湿环境中逐渐转变为 Cu_2S 和 Cu 与针铁矿结合的形式（Peng et al.，2017）。土壤中黏土含量增加可以促进 Ag ENPs 和黏土颗粒的杂聚，增加聚集体尺寸，并使它们对微生物的可用性降低，ENPs 释放的离子与黏土颗粒形成复合物，也可以抑制其对生物的毒性（Schlich and Hund-Rinke，2015）。

ENPs 的环境行为还受到其自身特性的影响，包括 ENPs 团聚和聚合、ENPs 的物理性质（形状和粒径）、化学性质，如表面官能团、表面吸附和金属及金属氧化物的溶解能力（张莹等，2018）。ENPs 小尺寸效应和较大比表面积，导致 ENPs 拥有更多的反应位点与土壤中其他物质相互作用（Peng et al.，2017）。两种不同粒径大小（3.8 nm 和 185 nm）的 CeO_2 ENPs 暴露淡水湿地的实验结果表明，在土壤和沉积物中检测到大部分 CeO_2 颗粒，但在两种 ENPs 之间的归趋、分布和迁移机制方面存在显著差异，湿地中，较小的 ENPs 主要通过与悬浮固体和植物的杂聚除去，而较大 ENPs 则通过沉降除去；相对于大颗粒，较大部分的小颗粒保留在沉积物的上部絮状层中，Ce 会在水生植物、蜗牛和昆虫中积累（Geitner et al.，2018）。这些结果表明，源自纳米材料的痕量金属 ENPs 比其大颗粒物具有更强的扩散和迁移能力，并且更加易于生物吸收和营养级传递。

土壤的吸附行为和 ENPs 的特性直接影响纳米颗粒的迁移、归趋和毒性（张莹等，2018）。在富含无机离子的漫滩土壤溶液中，高度亲水性 NOM 强烈吸附在 Ag 上，而不是吸附在 TiO_2 ENPs 上；相反，在具有低离子强度的农田土壤溶液中，更疏水的 NOM 吸附在 TiO_2 ENPs 上，而不吸附在 Ag ENPs 上，这些差异对 ENPs 稳定性有很大影响，导致洪水平原土壤溶液中的 Ag ENPs 去稳定化和在农田土壤溶液存在下的 TiO_2 ENPs 稳定化（Degenkolb et al.，2019）。ENPs 的迁移行为在很大程度上取决于土壤介质的理化性质，并且因 ENPs 的种类而变。例如，最近研究表明，PVP 涂层 Ag ENPs 的迁移率随着土壤 pH、离子交换能力和土壤基质中有机物含量的增加而增加，氧化铁却降低了其迁移率；此外，TiO_2 在土壤中的迁移范围为 41.3～370 cm，这表明存在潜在的地下水污染风险（Pachapur et al.，2016）。

综上所述，ENPs 进入环境中，其本身的物理化学性质受到水环境因子（pH、

DOM、矿物颗粒、光照、离子强度等）或土壤环境因子（土壤矿物、胶体类型、微生物、植物分泌物等）的影响，进而物化性质改变，而物化性质的改变及其在土－水－气环境介质的迁移、转化等将会改变其自身的毒理效应，影响环境生态安全。而目前研究多集中于单个环境因子对 ENPs 迁移、转化及归趋行为的影响，无法进一步了解实际环境中的 ENPs 的环境行为及主要调控环境因子。因此，探明 ENPs 在实际环境介质中的迁移、转化及归趋是正确评估 ENPs 环境生态威胁的理论基础，其为 ENPs 的开发和使用提供正确的指导。

（五）大气中人工纳米颗粒的环境过程、转化与归趋

大气 ENPs 通常指传输和性质表现类似，空气动力学直径在 1～100 nm 的颗粒物。大气中的 ENPs 涵盖有①天然产生的 ENPs，纳米级的矿物（生物和非生物产生的）、火山爆发和森林大火产生的黑碳等；②次生 ENPs，人类活动产生的、意外排放的 ENPs，如采矿、燃煤和发动机排放等；③工程 ENPs，即至少一维尺寸在 1～100 nm，具有 ENPs 的独特性质。每年有成千上万的天然纳米颗粒在地球系统中运移，其中在大气环境中形成，释放到大气中的 ENPs 的质量达到 1～10 Tg，其主要来自工厂和运输排放、采矿、森林大火和城市交通（Hochella et al.，2019）。工程 ENPs 在生产、处理、使用及最终处置过程中都不同程度地释放到大气中，比例仅有 0.1%～1.5%（如 TiO_2、SiO_2、ZnO、Ag ENPs、Cu ENPs、CNTs 和 CeO_2）（Keller et al.，2013），金属 ENPs 含量虽低，但是能够起到催化的作用，改变 ENPs 自身的物化特性或其他有机和无机污染物的转化。据研究报道，丹麦大气中含有几皮克的 ENPs/m^3（Gottschalk et al.，2015）。基于真实释放模型的物质流分析得出，瑞士大气中含有 1.7 ng/m^3 的 Ag ENPs、1.5 ng/m^3 的 TiO_2 ENPs 和 1.5 ng/m^3 的 CNTs（Mueller and Nowack，2008）。但是，目前缺乏对生产设备周边产生 ENPs 的浓度的报道。气溶胶 ENPs 的实际浓度、转化过程和归趋与大气化学过程密切相关。大气化学过程的转化能够改变 ENPs 的物化特性，进而影响其潜在毒性，但作用模式、机理及其具体 ENPs 单一特性的毒性关联更需要进一步系统而深入的研究（Bierkandt et al.，2018）。

从空气质量和安全的角度，大气中颗粒物的迁移和沉降一直是关注的热点。大部分的研究集中于阐述质量浓度和沉降行为，并构建大气化学传输模型。过去十几年间，超细颗粒物（ultrafine particles，UFP）由于其健康和气候效应而受到广泛的关注，主要涉及其成核、凝聚、凝结等过程。但是研究方法依赖于传统颗粒的研究思路，对 UFP 的深入研究仍然不够精确，尤其对于大气 ENPs。相比 ENPs 在水体和土壤系统中的环境归趋模型，大气 ENPs 的归趋模型很难确定。目前，对大气 ENPs 的沉降行为的研究不足。与 UFP 不同，ENPs 可以拥有特定的形状，如纳米管或纤维，这影响到 ENPs 在大气中的去除效率。另外，释放到大气中的 ENPs 并不都是纳米级别，有的是较大的团聚体，而沉降和转化决定着大气 ENPs 的传输距离。但是，目前还没有适用于模拟小尺度到中等尺度的时空 ENPs 浓度的特定模型，虽然现在有预测区域尺度范围内 UFP 浓度的模型（如 LOTOS-EUROS）。其主要原因是排放到大气中的 ENPs 很难划分类别，粒径、附着到其他材料、涂层、反应性、体积、连续或间断性排放及排放高度是精准预测 ENPs 归趋的最重要的指标，也是构建预测模型的重点和难点。

三、人工纳米颗粒的环境效应与生态响应

（一）人工纳米颗粒的生态响应方面论文的情况和趋势

ENPs 在生态响应方面的研究工作于 2000～2003 年展开，自 2005 年后文章数量大幅上升［图 20-2（a）、图 20-2（d）和图 20-2（e）］。在 ENPs 的生态响应方面，中国的 SCI 论文总数均遥遥领先，成为主要贡献方，显示出我国的重要国家战略需求。排在前 20 位的论文数量显示，中国在这两个领域的影响力明显下降，特别是在 ENPs 的生物响应方面，中国（1 篇）影响力远小于美国（9 篇）［图 20-4（a）、图 20-4（d）和图 20-4（e）］。这些结果显示今后的研究工作应特别注重质的提高。

（二）人工纳米颗粒在环境（土 – 水 – 气）中的生物安全性

自 2000 年 *Science* 提出 ENPs 是否具有毒性一问以来，关于 ENPs 对水体、土壤中各种生物的安全性评价与研究陆续展开。已有研究表明，ENPs 对土壤、水体等环境中的各类生物产生直接或间接的负面影响（Jośko et al.，2019；Asadishad et al.，2018；Gnach et al.，2015），而大气环境中的 ENPs 也已被证明可以通过穿透皮肤、呼吸系统和消化道进入生物体，对人体健康产生影响（Mitrea et al.，2019）。值得指出的是，以往毒理学研究所用的 ENPs 浓度范围较广，大多数暴露实验是在较高浓度下进行的，未充分考虑到 ENPs 的环境相关浓度。实际上，ENPs 在水相中浓度多集中在“μg/L”级别，土壤也鲜见超过“mg/kg”级别的（Wimmer et al.，2019；Sun et al.，2016）。ENPs 在高浓度和低浓度下的生物效应可能截然不同（Abdel Latef et al.，2018）；同一种 ENPs 对不同生物也可能表现出截然相反的生物效应（Jahan et al.，2018；Prasad et al.，2012）。因此，环境相关浓度下 ENPs 的生物效应研究成为今后研究工作的重点。

（三）环境介质（如有机质）对人工纳米颗粒生物响应的影响

水体、土壤和大气中的环境介质能够改变 ENPs 的地球化学行为。因此，客观评价 ENPs 的生物效应需要充分考虑这些环境介质的影响。水体中，NOM、矿物颗粒和离子强度等是影响 ENPs 生物有效性的主要因素。NOM 能够调控 ENPs 的关键水化学行为，从而改变 ENPs 对水生生物的毒性效应（Zhao et al.，2019；Wang et al.，2016）。天然水体中还存在大量的悬浮矿物颗粒，这些矿物颗粒能够与 ENPs 发生异相团聚，从而缓解 ENPs 的毒性效应。海洋环境中的高离子强度导致 ENPs 很难稳定悬浮于海水中，会逐渐向海洋底部聚沉。土壤中，ENPs 的迁移和转化受土壤颗粒类型、有机质含量等因素的制约较为明显，毒性效应相应受到影响（Huang et al.，2019）。研究表明，同浓度的 ENPs 对土壤生物的毒性效应远小于水生生物，这主要是土壤颗粒对 ENPs 的固持作用所致。土壤有机质在 ENPs 的毒性缓解方面也发挥了重要作用。大气中，ENPs 毒性效应主要集中于植物和动物研究，这些研究均表明 ENPs 能够通过植物气孔和动物呼吸等作用进入生物体内，从而产生毒性效应，但是较少考虑共存介质、空气湿度、气溶胶等因素的影响。

为了客观评价 ENPs 的生物响应，应从以下方向入手进一步研究：①继续对水体的

主要有机质种类、矿物颗粒及矿物颗粒－有机质复合体进行深入研究，并着重探明ENPs的异相团聚过程对其毒性的调控机制；②土壤环境中，将修复材料（如零价铁ENPs）作为毒性评价的重点，同时研究土壤NOM等关键介质对ENPs的转化、迁移、异相团聚和毒性的调控作用；③将大气中ENPs与$PM_{2.5}$的毒性效应研究相结合，毒理学参数进行统一，结果进行比对，以推进大气中ENPs毒性效应研究。

（四）人工纳米颗粒对环境介质（如土壤元素）循环的影响

环境介质能够影响ENPs的生物有效性，同样，环境中的ENPs对环境介质中的植物、动物和微生物也会产生影响，进而影响元素地球化学循环（碳、氮、磷、硫等）。目前，关于ENPs对元素地球化学循环的研究尚处于起步阶段，经统计相关文献约20篇（主要集中在碳氮元素循环）。但ENPs对土壤碳、氮、磷、硫循环影响的研究近年来呈上升趋势（Chen et al.，2018；Gruen et al.，2018；Simonin et al.，2018；Cao et al.，2017），2018年相关SCI论文发表数量达到最多。相关研究中，中国研究机构占比最高（42.9%），约为其他国家占比的总和，说明我国对该领域的重视度较高，且我国在该领域的研究（2011年）起步也早于其他国家（2013年）。但是，该领域研究在元素循环整体性、研究的尺度与维度以及研究方法等方面还存一些不足之处。因此，今后研究应重点关注以下几个方面。①元素循环部分与整体的联系。碳、氮、硫、磷等元素对生命至关重要，但ENPs对这些元素循环影响的研究较少。元素循环是多介质、多体系、多环节的系统过程，但ENPs与植物和微生物相互作用的研究通常是分开进行的。为了更好地理解ENPs对土壤－植物－微生物交互系统中元素循环的影响，应在与生命系统和自然环境相关的条件下进行前瞻性研究。② ENPs的尺度与维度。ENPs的纳米级尺度导致很难追踪它们在环境中的转移路径，一些金属ENPs能在环境中发生化学转化，这也增加了追踪难度。例如，碳纳米材料的碳转移路线以及在碳循环中的角色还不清楚，需要建立一个包括新设备和技术的系统方法，（如高精度的数字模拟技术）。目前研究的ENPs维度主要是零维（金属ENPs）和一维（碳纳米管），而对二维纳米材料（如黑磷等）的研究较少。③研究方法与研究尺度。目前，相关研究大多在实验室水平，从微观尺度上探究ENPs对碳氮循环的某个环节（硝化等）的影响机理，可以尝试将ENPs添加到宏观尺度的土壤碳氮模型中，在全球尺度上评估ENPs对土壤碳氮循环的影响。

（五）不同尺度（种群、群落及生态系统）下人工纳米颗粒的生态响应

ENPs进入环境中不可避免地和环境介质相互作用，其潜在的环境效应和生态风险不容忽视。大量实验室研究表明，ENPs能对不同物种产生多种毒理学效应，其毒性作用机制因ENPs种类而异（Kwak et al.，2016；Osborne et al.，2015；Ivask et al.，2014）。近年来关于ENPs暴露在种群水平、群落水平和区域生态系统水平上的生态响应已受到关注并已有初步报道（Guo et al.，2019；Lin et al.，2009）。研究发现，生态系统中不同的生物类别对ENPs的暴露也有不同的响应机制和适应策略，其环境效应与健康风险远比想象中的复杂。同时，由于实验室研究与自然生态系统相去甚远，相关的数据是否能有效应用于ENPs的生态风险评估有待确认。以下方面的深入、系统研究将有助于充分探明ENPs的生态响应与风险。①迄今已有的ENPs毒性研究基本上都是基于实验室内

单/多物种的暴露结果，相当一部分研究仅有短期急性暴露的研究结果。应加强长期慢性暴露的相关研究，特别是基于野外生态系统暴露下的研究。同时，在生物种群、群落和区域生态等不同尺度上全面研究 ENPs 的生态响应规律。②加强有关 ENPs 在真实环境中的分布、赋存状态及其在不同环境介质间迁移、转化研究，明确 ENPs 在全球尺度内参与地球化学循环及其对地球系统的影响的研究；开展 ENPs 在真实食物链乃至食物网中的传递效应研究、寻找 ENPs 生态危害的野外证据、获取现实有效的生态毒理数据。以上方向的展开将有助于明确 ENPs 对生态系统结构和功能的影响机理，并有助于准确评估 ENPs 的环境效应与生态风险。

（六）人工纳米颗粒对物种演变和生物进化的潜在影响

环境中 ENPs 的普遍存在可能激活某种适应性机制而悄然加入自然选择的渐进过程，从而影响物种的演变乃至生物的进化，具体表现在以下方面。① ENPs 对物种演变的潜在影响。经 ENPs 暴露后，物种可能在有利于适应新环境的方向上发生有效的突变和基因重组，最终形成区别于相隔离的其他区域原物种的新物种。② ENPs 对生物进化的潜在影响。目前 ENPs 的基因毒性在体外实验（Valdiglesias et al.，2015；Alarifi et al.，2013）和体内实验（Gallo et al.，2018；宋伟，2010）均有发现，主要体现在生物染色体易位（即可发生基因重组）、染色体数目畸变和 DNA 损伤。ENPs 对基因的直接作用可能增加等位基因突变的频率，且可能作用于不同的等位基因（即不同的性状）上。在 ENPs 的刺激下，生物个体控制某一性状的等位基因变异将更为频密，将进一步推动生物进化。

研究 ENPs 对物种演变和生物进化的影响十分必要。然而在生物进化史中，进化的时间尺度通常以万年或百万年计，人类对生物进化的探索一直面临着绝对挑战。可从以下方面着手应对。①从遗传信息结构简单的生物对象着手，以世代为单位，对 ENPs 在物种形成和生物进化上的响应进行推演或为可行方法。②在认识到 ENPs 广布于环境并可产生基因毒性的事实的基础上，从生物进化的角度去探索 ENPs 对单细胞生物的致突变效果在种群基因频率上的反映具有重要意义。③关注人类对 ENPs 污染的防治及人类其他与 ENPs 相关的活动对生物进化进程造成的潜在影响有其现实必要性，同时对寻找未来人类与纳米科技之间更合适的相处方式具有指导意义。

（七）人工纳米颗粒对典型生态系统（农业生态系统）的影响

农业生态系统与人类生存繁衍密切相关，其是目前 ENPs 环境地球化行为的研究热点。目前，ENPs 对农业生态系统影响的研究主要集中在其对系统中基本要素（生产者、消费者和分解者）的影响上。截至 2018 年，该领域共发表 SCI 文章 1000 余篇。我国在这方面的研究始于 2011 年，且影响力逐年增加，到 2018 年我国学者在该方向发表的 SCI 文章数量占同期发表总数的 27.5%，研究手段从初始阶段的农作物生理生化指标发展到代谢组学（Zhao et al.，2016）、蛋白质组学（Galazzi et al.，2019；Fan et al.，2018）以及基因组学（Morelli et al.，2015；Vannini et al.，2014）。作为消费者，土壤动物与 ENPs 相互作用的研究工作相继展开，ENPs 对土壤动物的急/慢性毒性效应是目前研究的热点。随着研究手段的进步（冷冻电镜、X 射线发射光谱、基因和蛋白组学等），研究者开始对土壤动物生长、发育、成熟、繁殖、死亡整个生命周期进行系统性研究，并拓展到土壤动物肠道微生物范畴（Yausheva et al.，2016）。ENPs 对土壤微生物这一主要分解者影响的研究工作从 2007 年全面展开（Tong et al.，2007）。尽管 ENPs 对农业生态系统基本要素的研究已经开展十多年，但是仍然有诸多问题亟待研究：①大部分研究为实验室模拟研究，亟须在真实环境下开展环境相关浓度的研究；②目前的研究多集中在 ENPs 对生态系统中单个种群或者群落影响的研究，系统地开展 ENPs 对生态系统结构、功能以及服务价值的影响，从生态学的角度探讨 ENPs 对农业生态系统的影响将是未来研究的方向。

四、人工纳米颗粒对共存污染物环境归趋的调控

（一）研究进展与趋势

ENPs 在生产、运输、使用和排放等环节中通过多种途径进入环境，并在环境中扩散，与环境介质形成复杂体系。在这一复杂多介质环境体系中，各种持久性有毒污染物（PTS）在纳米材料水固微界面的吸附 / 解吸、扩散 / 沉降、配位 / 螯合、溶解 / 沉淀、氧化 / 还原和吸收 / 转化等一系列环境地球化学过程与纳米材料的物理化学性质、PTS 自身的性质以及环境化学条件紧密相关，进而影响 ENPs 与 PTS 在复杂环境体系中的浓度分布、迁移转化、富集滞留、生物有效性和生态毒性。科技部发布的纳米科技重点专项指南中，共部署了七个方面的内容：①新型纳米制备与加工技术；②纳米表征与标准；③纳米生物医药；④纳米信息材料与器件；⑤能源纳米材料与技术；⑥环境纳米材料与技术；⑦纳米科学重大基础问题。与指南对应，基于环境纳米材料与技术，研究并明确 ENPs 在环境介质界面对共存 PTS 归趋的调控机制，是解决 ENPs 重大基础问题的前提。

ENPs 因其独特的纳米效应和反应活性，被广泛应用于环境中 PTS 的污染控制，近 20 年在领域内有数万篇论文发表。其中，我国论文数量增长尤其迅速（图 20-10），论文数占比高达 35%（图 20-11），位列第一。在 ENPs 对 PTS 吸附转化研究方向，引用数排在前 20 位的文章中我国占比 33%，与美国相差不大，表明我国在该研究领域与国际并跑。相比之下，在 ENPs 生物效应研究方向，我国研究质量较差。聚焦学科方向，设计构建高活性纳米单元或者多元纳米材料，将其用于环境污染物的吸附降解转化，并研究 ENPs 与共存污染物的联合生物效应是现阶段该领域的重点研究方向，也是保持我国在纳米国际竞争中引领地位的大势所趋（图 20-12）。

ENPs 对共存污染物的界面吸附。ENPs 的高表面 / 体相原子比等特性使其具有高表面能和化学反活性，可显著改变 PTS 环境界面吸附行为，进而影响其环境归趋。研究人员解决了污染物选择性吸附在纳米材料上的原理和水相分离功能调控等关键科学问题，发现了基于浊点萃取实现纳米材料水相分离的新原理（Yin et al.，2017）。其成果丰富了纳米材料功能化修饰和水相分离调控理论，在国际上引领了磁性纳米材料选择性吸附污染物及纳米材料浊点萃取分离等研究方向，推动了环境地球科学等相关基础学科的发展。

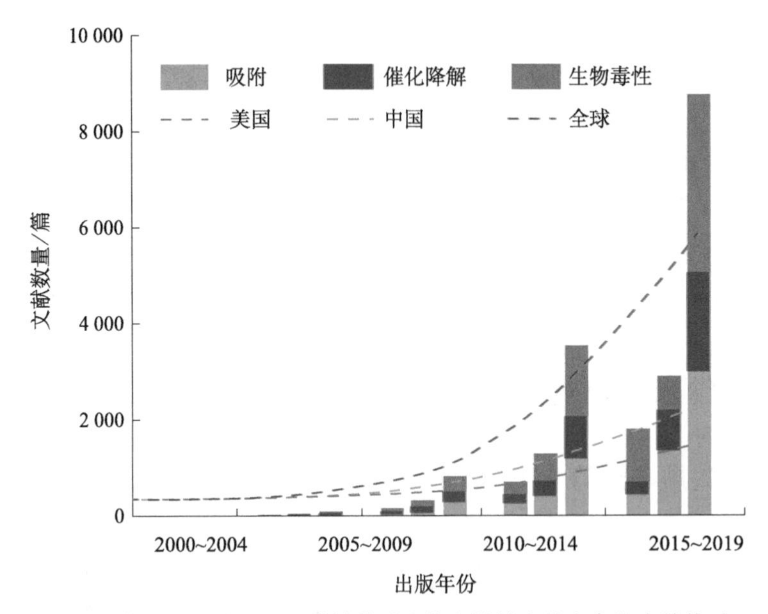

图 20-10　2000～2019 年 ENPs 对 PTS 吸附转化及生物毒性效应的文章发表趋势（Web of Science，2019.10）

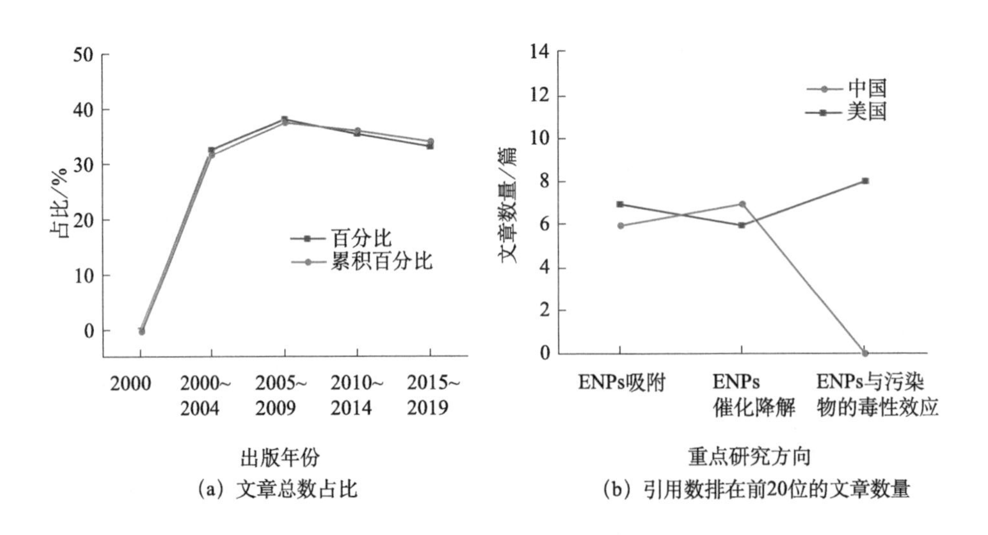

图 20-11　2000～2019 年 ENPs 对 PTS 吸附转化及生物毒性效应研究中我国文章数量及排在前 20 位的文章数的占比（Web of Science，2019.10）

天然环境中共存离子可能阻碍或促进 PTS 在纳米材料表面吸附，多种离子共存时对 PTS 吸附的复合影响研究十分有限，这可能是实际环境中 PTS 吸附行为不能被准确预测的主要原因。大科学装置及理论量子化学计算的飞速发展为研究 ENPs 对共存 PTS 环境归趋与调控机制提供了契机，相关研究从宏观、介观水平逐渐向分子、原子、亚原子水平发展。综合多种现代谱学技术，尤其是世界领先的同步辐射光谱，研究人员建立了分子水平、纳米尺度原位表征 PTS 分布特征及动态转化过程的研究方法体系。利用原位谱学方法平台，发现地下水共存的二价阳离子会与砷形成三元表面络合，基于这种三元络

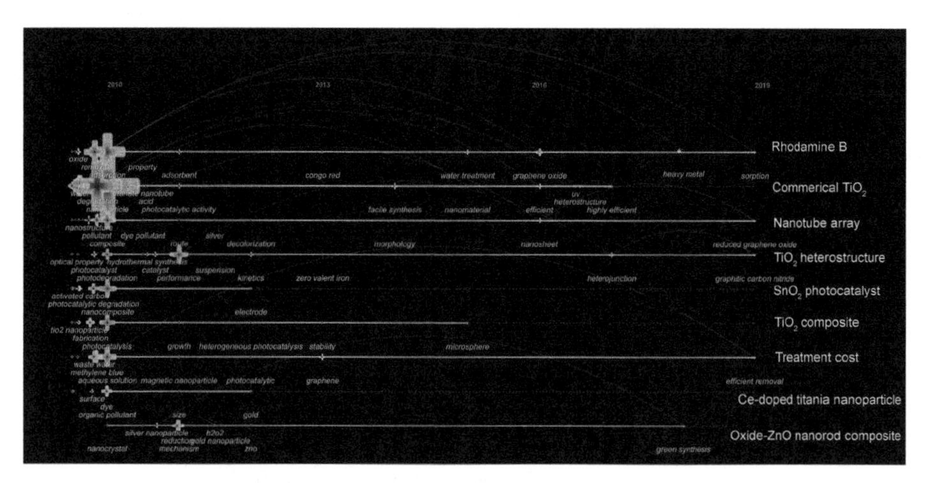

图 20-12 近 10 年关于 ENPs 对 PTS 吸附转化的研究焦点（Web of Science，2019.10）

合吸附模型可以准确模拟预测砷在宏观尺度的界面反应及行为（Hu et al.，2015）。利用同步辐射 X 射线吸收光谱（XAFS），研究人员直接确定了砷锑等 PTS 在 TiO_2 不同晶面上的配位距离及配位数，结合理论量化计算分析吸附过程中的电子重排及成键机制，建立了 TiO_2 晶面调控 PTS 界面吸附的理论体系（Yan et al.，2017），从而为开展 PTS 的污染去除及相关研究提供了基础。通过将原位在线 ATR-FTIR 技术和二维相关光谱方法结合，研究人员解析了不同类型有机污染物在碳纳米管等纳米材料微界面上的结合位点、赋存形态和结构特征（Yan W et al.，2016）。上述纳米表征技术的突破，极大地促进及深化了对 PTS 地球化学行为的研究。

ENPs 对共存 PTS 的吸附作用会直接 / 间接驱动 PTS 地球化学循环过程，并影响实际环境中 PTS 的迁移、转化和生物可利用性。真实环境条件下也可通过多种途径影响 ENPs 与 PTS 的相互作用。真实环境中 ENPs 与 PTS 的复杂界面过程机制是制约 ENPs 环境应用的关键基础科学问题，分子水平界面反应过程的原位表征是阻碍学科发展的技术瓶颈。基于先进表征技术，在微观机制指导下，调控 ENPs 环境微界面的物理、化学性质，深入系统研究 ENPs 在环境介质界面对共存污染物环境生命周期与长期归趋的调控机制，是揭开 PTS 环境地球化学循环奥秘的关键点，对合理制定 PTS 的污染防治对策具有重要的科学意义，也将是未来的学科发展趋势。

（二）环境条件（如光照、有机质）下，人工纳米颗粒对共存污染物的转化（降解、形态转化、矿化）

环境中的自然光及溶解有机质容易诱导纳米材料界面产生十分丰富的选择性反应特性或转移特性，特别是由共存污染物分子参与的界面反应或转移行为。上述环境条件对研究 PTS 及 ENPs 的环境地球化学循环提供了极大的挑战与机遇。研究 ENPs 对共存 PTS 的转化机制是环境前沿科学问题，解决该问题的关键在于从原子和分子水平上阐明环境介质中由 ENPs 介导的 PTS，特别是新型、环境累积型 PTS 的赋存形态及迁移转化机制，揭示环境微界面上发生的氧化还原过程以及电子转移途径。

利用原位动态表征技术，研究人员在分子水平研究了环境介质中由 TiO_2 介导的砷锑迁移转化机制。利用皮秒级时间分辨荧光光谱，结合电子顺磁共振波谱法，原位、动态研究了光照条件下 TiO_2 不同晶面产生的活性氧物种，确定了参与砷锑价态转化的自由基种类及含量（Song et al.，2017；Yan L et al.，2016）。通过研究 TiO_2 晶面上光生电子－空穴对的分离及介导的自由基形成过程，揭示了 TiO_2 晶面依赖的自由基形成机制及砷锑价态转化过程（Yan L et al.，2016），极大地促进了对 PTS 转化过程的认识。

天然环境中的活性有机质在污染物氧化还原转化过程中起重要作用。NOM 自身的光化学过程及醌呼吸过程极可能与环境污染物的转化发生耦合；天然有机质会与排入环境的 ENPs 相互作用，从而影响其环境行为（Sani-Kast et al.，2017；Philippe and Schaumann，2014）；此外，NOM 能够通过吸附、络合，以及充当电子转移介质等作用显著影响纳米材料对污染物的降解过程。基于 NOM 的上述重要性质，深入研究 NOM-ENPs- 共存污染物相互作用机制是环境地球化学领域的研究热点之一。

真实环境中存在着多种微生物，其生命活动直接或间接影响污染物的界面行为。已有研究表明，砷、铁、硫、硝酸盐等还原菌对 PTS 还原释放过程的影响是调控 PTS 污染物生物地球化学循环的关键（Wang et al.，2018；Yan W et al.，2016；Tian et al.，2015）。基于同步辐射等微观表征，发现硫酸盐还原菌促进吸附在 ENPs 上的 As（Ⅴ）发生还原脱附，其为深入认识吸附态砷的环境归趋提供了新观点（Luo et al.，2013）。因此，当 ENPs 与共存 PTS 进入自然界，并与环境微生物耦合后，这种生物代谢过程和非生物化学界面反应的多重交互作用机制导致污染物环境界面行为更加复杂。聚焦 ENPs 对共存 PTS 环境转化过程机制的前沿科学问题，开展分子水平上微生物 -ENPs- 共存污染物相互作用研究，明确 PTS 在环境转化中的关键过程及主控因子，是深入探索 PTS 地球化学行为的研究趋势，有望在未来五年形成新的交叉学科增长点。

（三）人工纳米颗粒与共存污染物的联合生物效应及机制

ENPs 促进 PTS 污染物运移的能力可超过溶解态有机质等天然胶体物质上千倍，其是真实环境中 PTS 运移的重要载体。ENPs 的生物效应不仅源于本身，还可能与环境中的共存污染物发生吸附、降解等相互作用，从而影响这些污染物在环境中的迁移转化和过程归趋，产生无法预料的协同生物效应（Deng et al.，2017）。与此同时，环境化学条件的微小变化可显著改变 ENPs 的团聚状态，使其协助污染物迁移的能力进一步大幅提升，因此，真实水环境中 ENPs 与共存污染物的联合生物效应及机制极为复杂。

ENPs 对共存污染物生物效应的影响机制已成为毒理学领域的研究热点（Naasz et al.，2018）。一方面，由于 ENPs 粒径小，比表面积高，其本身就是环境污染物的高效载体，与污染物产生复合毒性，增加污染物对生物体的有效性。例如，纳米 TiO_2 颗粒与 As(Ⅲ)/As(Ⅴ) 共存时，能使 As(Ⅲ) 和 As(Ⅴ) 在鲤鱼体内的富集浓度分别增加 44% 和 132%（Sun et al.，2009），显著促进无机砷的生物累积（Luo et al.，2018）；另有研究表明，与纳米 TiO_2 相关的 As(Ⅴ) 毒性可表现出双重效应：纳米 TiO_2 吸附 As(Ⅴ) 后，吸附的 As(Ⅴ) 可以自解并单独运输，在较高的纳米 TiO_2 浓度下，As(Ⅴ) 生物毒性增加，反之，As(Ⅴ) 毒性降低（Li M T et al.，2016）。另一方面，纳米材料的吸附作用可改变污染物的溶解态浓度，从而降低环境污染物的生物有效性。例如，纳米银颗粒能够降低植物对 PTS 的吸收（de La Torre-Roche et al.，2013）；TiO_2 与 PTS 共存时，基于 TiO_2 的吸附与光降解性能可产生拮抗作用，减轻植物毒性（Ma et al.，2017）。

现有报道大多集中于单一 ENPs 对环境污染物生物效应的影响。有关 ENPs 与环境中共存污染物引发的复合生物效应与机制仅有零星研究，亟须进行系统深入的探索。实际环境中，生物体多暴露于污染物混合体系，如有机化合物和重金属、纳米颗粒和重金属等，每种污染物都发挥着各自的毒性作用。ENPs 与共存污染物其成分的复杂性、混合体系组成方式不同等因素导致吸收、转化及致毒机理不同，因而联合生物效应也不尽相同。研究 ENPs 与 PTS 的联合生物效应及机制是保障 ENPs 安全环境应用的重要问题。

五、人工纳米颗粒在环境地球科学领域的潜在应用

ENPs 在环境地球科学领域的潜在应用是研究 ENPs 关键地球化学过程及环境生态响应的终极目标。ENPs 在环境地球科学领域的应用是指在充分认识 ENPs 关键地球化学过程及生态环境响应机制的基础上，结合生态学、化学、物理学、生物学以及材料科学等理论，利用 ENPs 或者改性 ENPs 自身独特的性质解决人类生存与可持续发展中的资源供给、环境保护、减轻灾害等重大问题。基于 Web of Science 核心合集中收录的 SCI 英文期刊，选择检索式为：主题 = nanoparticles *environment* environmental application，筛选文章类型为 Article、Review、Letter，研究领域为 environmental sciences ecology 作为分析数据，共检索到 6158 篇文章。从 2000 年开始，论文发表数量从最开始的个位数增长到 2018 年的 1337 篇，2019 年截至 10 月已发表 900 篇（图 20-13）。我国在该领域的研究起步较晚（2000～2007 年共 9 篇），但发展迅猛（2015～2019 年发文数占到全球总发文量的 38.51%）[图 20-14（a）]。近几年引用率排在前 20 位的文章中我国发文占比已增长到 55%，彰显出我国学者在该领域的领跑地位 [图 20-14（b）]。此部分的学科交叉涉及环境地球科学、海洋科学和地球化学学科在内的地学部内部学科交叉以及环境地球科学、化学部的环境化学、材料化学和生命科学部生态学学科、园艺学与植物营养学学科之间的交叉。

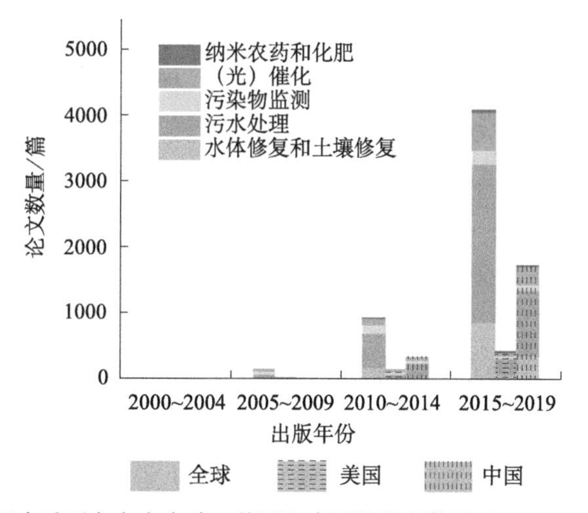

图 20-13　ENPs 五个重要方向在全球、美国和中国的发文数量（Web of Science，2019.10）

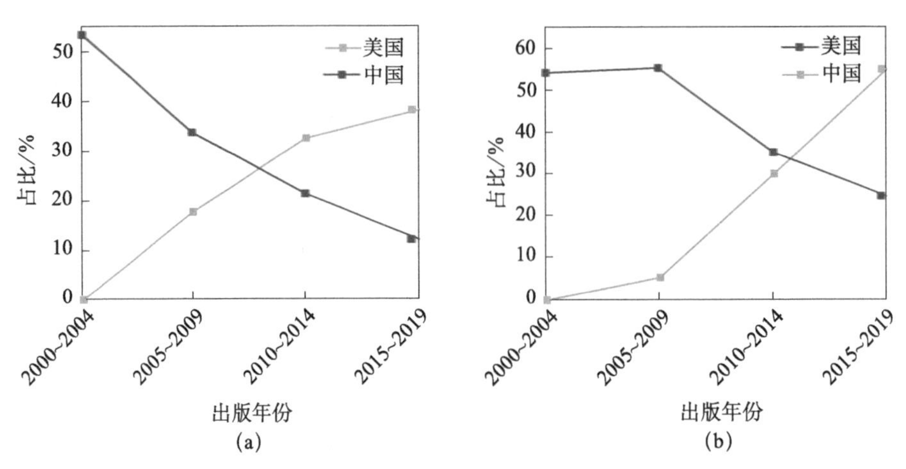

图 20-14 中国和美国在 ENPs 环境地化应用领域发文占比（a）；中国和美国在 ENPs 环境地化应用方向引用率 TOP20 文章占比（b）（Web of Science，2019.10）

（一）土壤修复和水体修复

ENPs 具有比表面积大、反应活性高、吸附能力强等特点，其在土壤和水体修复领域表现出巨大的应用潜力。2003～2019 年，ENPs 在土壤修复中应用的 SCI 论文共 125 篇。我国学者在该方面的研究起步虽晚，但发展迅速，发文量已占全球总量的 50%。ENPs 在水处理中应用的研究已得到了国内外学者的广泛关注，1999～2019 年累计发文量超 10 000 篇。而 ENPs 用于污染水体修复的研究相对较少，约 1200 篇（2001～2019 年），其中我国学者的发文总量已超 500 篇，约占全球 50%。可见，我国学者在 ENPs 土壤、水体修复研究领域的发展十分迅速。

ENPs 在土壤修复中应用的研究主要集中于纳米零价铁、碳纳米材料、金属纳米颗粒等，通过吸附（Qi et al.，2014；Wang L et al.，2012）、催化降解（Chang Chien et al.，2011；Darko-Kagya et al.，2010）等方式去除有机和重金属污染物。ENPs 在新材料研发方面也有较好的突破，如双金属纳米颗粒（Pd/Fe、Ag/Fe、Ni/Fe）比单金属纳米颗粒对林丹、四溴双酚 A 的降解具有更高的反应活性（Luo et al.，2012；Singh et al.，2012）。虽然在实验室尺度上已经证实 ENPs 在土壤修复方面具有良好表现，但到目前为止仅少数欧美发达国家和地区有 ENPs 土壤修复工程的成功案例。将 ENPs 应用于实际土壤修复还需要解决一些关键问题：① ENPs 的反应活性和迁移能力等会受到土壤理化性质的影响，使其修复效率不稳定；② ENPs 在土壤修复过程中的生物效应不明确，安全性有待考量；③ ENPs 的大规模低成本生产存在技术难题，限制了其从实验室规模向工程应用的转化；④ ENPs 对土壤污染的修复或阻控机制不明晰。因此，后续研究可以围绕上述难题进行研究，以明确纳米材料对土壤污染的修复机理及其迁移转化行为过程和生物效应，发展新型功能性纳米修复材料的大规模制备技术，开发适合我国土壤污染特点的高效、安全、环保的纳米修复材料，实现实验室规模向工程示范的转化。

ENPs 可以通过吸附、催化、过滤等方式进行水体污染修复。例如，将纳米零价铁与陶瓷颗粒和还原氧化石墨烯等制成复合材料，可以有效吸附水体中的砷、铀等离子型污染物（Sun et al., 2014; Setshedi et al., 2013）。由于纳米 TiO_2 具有吸附及光催化能力，可将水中的微囊藻毒素由 500 μg/L 降至 1 μg/L，同时去除氨氮、有机酸等污染物。ENPs 加入的膜材料中可以提高对污染物的过滤去除。将氧化石墨烯沉积在聚酰胺亚胺–聚乙烯亚胺中空纤维膜表面，使膜透水性提高 86%（Goh et al., 2015）。ENPs 在水体修复过程中，可能发生迁移转化，这不仅能降低修复效率，而且使 ENPs 难以回收、提高成本，还可能产生潜在的生态风险。针对上述问题，已有研究致力于开发可用于反应器、过滤柱、反应格栅甚至家用过滤器等静态处理方式的纳米复合材料，这些体系可以有效减少游离纳米材料的释放（Bezbaruah et al., 2013; Horzum et al., 2013）。目前纳米材料在水体修复中应用的研究尚有一些亟待攻克的难题：① ENPs 光催化降解水体污染物大多需要在紫外光照射的条件下进行，能耗和成本较高；②水体修复中常用的 ENPs 大多含有稀有金属或贵、重金属元素，如长期在环境中应用，必将带来一定的生态和健康风险；③水体中污染物种类复杂，使用简单的材料和处理工艺实现对多种污染物的高效去除是难点之一；④降低 ENPs 生产成本，提高可回收重复利用率是推进大规模应用的前提条件。今后研究工作可以考虑利用太阳能等清洁能源，选择性能优越、环境友好的非金属纳米材料替代传统金属材料，结合化学、材料学等学科的相关知识，设计开发新型多功能水体修复 ENPs，实现安全、环保、高效、多种污染物协同去除的目标。

（二）污水处理

纳米材料在水和废水处理方面具有巨大的能力和潜力，特别是在吸附（Ali, 2012）、膜工艺（Pendergast and Hoek, 2011）、催化氧化（Ayati et al., 2014）、消毒和传感（Das et al., 2015）等方面。ENPs 对某些特定污染物的吸附性能比传统吸附剂高几个数量级（Khajeh et al., 2013）。纳米复合材料往往比单一 ENPs 吸附能力更强，能去除或浓缩无机或有机的微量污染物，如 Co（Ⅱ）、Zn（Ⅱ）、Se（Ⅳ）和阿特拉津等（Unuabonah and Taubert, 2014）。

膜分离技术在污水处理中也尤为重要，膜为该技术的关键也是限制因素，膜的选择性、高能耗、易结垢等问题阻碍了膜分离技术在污水处理过程中的广泛应用。近年来的研究发现，膜中添加功能性纳米材料可增加氧化基团、残缺结构和边缘缝隙，提供更多的水通道，提高纯水通量和截留率、降低能耗（Cao et al., 2014）。含氧基团的存在可增强膜表面的亲水性和负 ζ 电位，从而降低膜污染，大大提高膜处理效率（Lai et al., 2016）。利用一些 ENPs 的强杀菌特性，如壳聚糖纳米粒子（Higazy et al., 2010）、纳米银（Zhang et al., 2018）、纳米 TiO_2（Yang et al., 2019）和碳纳米材料（Martynkova and Valaskova, 2014）等，通过释放有毒金属离子或直接接触破坏细胞膜或产生活性氧物质杀死微生物，可以最大限度地减少有害消毒副产物的形成（Li et al., 2008）。TiO_2、还原石墨烯（rGO）等 ENPs 具备催化降解水中污染物的能力（Read, 2017），其在光照下可产生高活性物质（如羟基、超氧阴离子和过氧化物），在吸附污染物的同时彻底催化降解污染物（Fagan et al., 2016）。纳米传感器也被应用于废水污染物检测方面，碳纳米管、石墨烯和贵金属（如银或金）等具有独特的磁性、光学和电化学特性，将其引入传感器或电极可以选择性地浓缩痕量污染物进行检测（Das et al., 2015）。

总之，纳米材料因其诸多优越性能在污水处理领域发挥出举足轻重的作用，但就当前而言，纳米材料在污水处理中的应用性仍存在许多需要克服和探索的问题：①在科学层面，应增强对 ENPs 长期运行后迁移、转化和毒性的了解，逐一或同时探索，并进一步改良和完善；②在技术层面，应考虑增强 ENPs 的稳定性，防止其在运行过程中结块或流失，探索适当的分离和再生方法，促进其应用的同时可降低运行成本，特别是纳米复合材料设计与开发是推进纳米材料应用的关键。今后的研究工作应在开发纳米复合材料的同时，探索 ENPs 与载体之间的作用机理，对比分析复合材料上的 ENPs 与分散 ENPs 对水中各种污染物的去除机制及性能形态的变化，以求实现对机理的深入认识，促进现代污水处理体系中纳米材料的环境友好型应用。

（三）污染物监测

ENPs 在污染物监测方面具有广阔的应用前景。自从 Nelli 等（1996）利用 Ti-WO_3 材料监测 NO_2 起，目前该领域全球 SCI 论文已超 861 篇。2016 年以来的研究工作主要集中于水相污染物（化学污染物：微生物为 131：22）监测技术研发，其次为气相（化学污染物：微生物为 45：1）和土壤相。至 2014 年，我国相关研究工作的数量逐年提高，平均占全球 44%～60%；2018 年，我国 SCI 论文发表数量已超全球发文总量的 50%，说明我国研究工作者对此方面的关注热度逐年增加。

目前，已发展出适用于不同环境介质的纳米传感器：①功能化的碳纳米管、石墨烯或多种复合纳米材料的气体传感器（Schroeder et al.，2019），对 NH_3、NO_2、CH_4、CO、H_2S 检测限低至 1～20 ppb（Zhang et al.，2007；Bittencourt et al.，2006；Lu et al.，2004），低于职业安全与健康标准所规定的人体对气体污染物（暴露 8 h）的允许接触限值（Brogan，1984）；②基于荧光、电化学、光化学、比色、化学发光、电化学等方法的纳米传感器，包括量子点、纳米管、贵金属、金属氧化物等纳米传感器，可快速检测水中重金属离子、余氯、COD、BOD、农药、酚、POPs 和 EEDs 等（Das et al.，2017）；③纳米材料负载人工抗体作为农药传感器，对土壤中啶虫脒的检出限达 75 nmol/L，吸附聚集土壤中核酸或蛋白质靶标的 CNT 传感器，可利用导电性增强识别或转录信号通路监测微生物菌群动态变化（Brown et al.，2011；Mueller and Nowack，2008）。

此外，ENPs 还可作为固相萃取填料、集成分析仪器的原部件等监测污染物（Augusto et al.，2013；Baruah and Dutta，2009）。使用纳米银制作表面可增强拉曼基底，同时检测水中甲基对硫磷、2, 4- 二氯苯氧基乙酸、罗丹明染料、4- 氯苯酚等污染物，其灵敏度达到 ppt 级别（Zhu et al.，2016）。多壁碳纳米管等作为色谱或电泳的改性剂、稳定剂或固定相（Ravelo-Perez et al.，2010），可提高分离选择性，从而实现了 ppb 级别手性色氨酸等物质的分离（Chang et al.，2012）。

纳米监测技术由使用单一材料，如碳纳米管、金属纳米颗粒，逐步发展至化学物质 / 官能团改性或多种 ENPs 的复合材料，其灵敏度和选择性不断提高（Shao et al.，2012）。碳量子点对 Cu^{2+} 的荧光检测限为 35.2 nmol/L（Liu et al.，2014），对单分散金纳米簇的检测限为 7.9 nmol/L（Deng et al.，2015），半胱氨酸改性的碳纳米管对 Pb^{2+} 和 Cu^{2+} 的检测限则可达 1 ppb、15 ppb，且不受 Cl^-、SO_4^{2-}、CO_3^{2-}、Cd^{2+} 或 Ni^{2+} 等离子干扰，其达到美国国家环境保护局对饮用水中铜、铅的允许暴露浓度标准（Cu：1～10 ppm，

Pb：1～10 ppb）（Schroeder et al.，2019）。但是，目前的研究多针对水、土、气等环境介质，适用于生物体（动、植物）的纳米监测技术研发进展较为缓慢。由于生物体的特殊性，其对于无毒、低毒的原位纳米监测技术具有强烈的需求，因此将纳米技术与生物学、毒理学技术深度交叉融合，是促生发展生物相容性、原位纳米监测技术的关键。

纳米监测技术主要基于 ENPs 与被测物的相互作用，通过化学修饰增强特异性相互作用可以增大被测物的吸附容量，提高响应灵敏度（Chang et al.，2012）。今后的研究中可多考虑具有更高比表面积和生物安全性的新型二维纳米材料，同时借助理论化学计算方法，从分子或原子水平上设计研发对高风险污染物具有高选择性的改性二维纳米材料，以适应复杂环境基质中痕量、复合污染物分析监测的需求。值得注意的是，ENPs 与被测物的牢固结合是一把双刃剑，在提高响应灵敏度、选择性的同时，被测物在纳米颗粒表面的积累可能使传感器失活，长期使用的稳定性必然下降（Brown et al.，2011）。为了解决该问题，需要结合环境化学、光、电化学、酶化学等多学科，加快研发对光催化、酶催化等集监测与降解于一体的纳米材料，以发展具有长期使用稳定性的原位纳米监测技术。目前大多数纳米监测技术研究均处于实验室规模，在实际使用中可能面临很多问题，例如，是否仍能保持高的灵敏度、选择性、稳定性，以及如何降低制备成本、提升操作简易度等，均是原位纳米监测技术实现商业化需要考虑的实际问题。

（四）（光）催化

1972 年，Fujishima 和 Honda 最早发现 TiO_2 ENPs 的光催化（photocatalytic）现象。随后，光催化技术广泛用来降解有机和无机污染物，成为目前最为活跃的研究方向之一（Li X et al.，2016）。以光催化为主题的研究论文在近十年内逐年递增，在 2018 年达到 13 484 篇。2017～2019 年，我国研究学者发文量占比 60%。在环境科学领域，光催化方面近三年发文量占 20%，我国学者发文量占 40%。

ENPs 作为催化剂，依靠大比表面积，有效吸附有机污染物，利用光照作用将其降解，达到净化的目的（Zhang et al.，2015）。催化剂分为三种：半导体型（Hussain et al.，2017）、贵金属型（Li and Jin，2013）和非金属型。单一类型催化剂的催化效率往往较低。掺杂形成异质结构能够提高催化剂的光催化效果（Zhang and Yates，2012）。通过掺杂改性 TiO_2，能改变禁带宽度，提高光利用率，同时抑制光生电子和空穴的复合，提高光催化能力（Low et al.，2017）。经过近十几年的发展，光催化技术被成功应用在温室气体还原（Ehsan and He，2015）、重金属离子还原（Yi et al.，2019）、挥发性有机物（Li J Y et al.，2019）和有机污染物（如卤代物、染料、农药、抗生素药物等）（Tian et al.，2019；Zhou et al.，2018）降解等领域。我国诸多科研院所和高校围绕不同的科学问题和应用方向，开展光催化的相关研究，取得了很好的研究成果。

ENPs 光催化目前大多处于实验阶段，距大规模应用还有许多问题亟待解决。①研发制备低成本、高催化效率的新型光催化剂，设计尺寸更小，甚至单原子水平催化材料，提高催化效率；或构造多级纳米复合结构，增加光捕获能力、提高光生载流子的分离效率、增加反应物与催化剂接触面积。②微观界面催化机理研究，采用原位电化学红外光谱、原位拉曼光谱法、同位素示踪法和同步辐射等多种原位表征手段，捕获降解过程的中间体信息，研究污染物在电极微观结构界面上的反应过程与反应路径；结合瞬态/稳态光电测定，揭示阳极催化过程的反应动力学及光生载流子的分离机制；并利用原位电子顺磁共振方法解析氧化活性物种，阐明污染物降解机制。③设计具有选择功能的新型光催化材料，在高浓基质干扰下，优先降解低浓度、高毒性有机污染物，提高处理效率、降低处理成本，实现绿色节能。④在催化剂制备、污染物在催化剂表面的吸收、催化界面光生电子及迁移等研究中，需要化学、材料、物理和环境等多个学科之间的交叉和相互协作。

（五）纳米肥料和纳米农药

全球气候变化和人口问题导致的资源匮乏、环境污染等一系列不可持续发展问题日益加剧，传统的高消耗型农业技术不仅难以满足全世界人口的粮食需求，还将造成严重的环境问题（Tilman et al.，2002）。传统肥料中 N、P、K 利用率低分别至 30%～35%、18%～20% 和 35%～40%（Subramanian et al.，2015），导致全球超过 37 000 km^2 的水体富营养化。同时，全球 7%～15% 的温室气体来源于农业生产排放。具体到我国，形势更为严峻。据统计，我国拥有地球上 7% 的耕地，但化肥和农药的用量占到了全球的 35%，我国化肥平均利用率仅为 35% 左右，低于美国等发达国家 5～10 个百分点。我国农用化肥单位面积平均施用量达到 434.3 kg/hm^2，是国际公认化肥使用安全上限（225 kg/hm^2）的 1.93 倍。2012～2014 年我国农作物病虫害防治用到的农药年均施用量达到 31.1 万 t，比 2009～2011 年增长 9.2%，且农药利用率不到 35%。每年，我国有 74 亿美元出口农产品由于农药残留超标受到不良影响。肥料农药利用率低的问题，不仅大大降低了经济效益，并且增强了昆虫、病原物的抗药性以及农作物的耐肥性。因此，开发新型纳米肥料/农药，提高肥料/农药的利用率是保障我国粮食安全和农业绿色健康发展的关键。

21 世纪，纳米技术逐渐应用到新型肥料中。纳米肥料概念由我国学者在 2002 年率先提出（张夫道等，2002），并在国家“863”项目中立项（殷宪国，2012）。deRosa 等（2010）在 *Nature Nanotechnology* 上发表了题为“*Nanotechnology in Fertilizers*”的文章；Wang Z Y 等（2012）率先提出 ENPs 能够在植物体内进行长距离运输和转化，并着重强调了纳米技术在农业中应用的潜力。之后，包括纳米肥料在内的纳米农业技术的相关研究进入快速发展阶段。截至 2019 年 8 月，纳米肥料和农药相关的 SCI 论文共有 189 篇，我国学者发表 36 篇，展现出重要的国际影响力。纳米肥除在土壤或者水溶液环境中释放营养元素外，还可直接进入植物体内进行释放，减少营养元素在植物体外的损失，其大致可分为两类：①纳米材料自身为营养元素；②纳米材料作为载体控制释放吸附于其上的营养元素（Kah et al.，2018）。碳纳米管、铜、银、锰、钼、锌、铁、硅、钛及氧化物等和传统农业投入物的纳米制剂，如磷、氮、硫、铁等的纳米肥料形式（Taha et al.，2016；Ghafariyan et al.，2013；Pradhan et al.，2013；Mahajan et al.，2011）比传统形式具有更好的释放和目标传输效率（Chhipa，2016）。

纳米农药的研发主要集中在除草剂、杀虫剂、杀菌剂、杀线虫剂、杀菌剂和杀鼠剂等方面（Ecobichon，2001），其以杀真菌剂和杀细菌剂为主（占全部纳米农药的 41.76%），其次是除草剂（33.92%）（Kumar et al.，2019）。纳米颗粒掺杂到杀菌剂百菌清中，可以有效降低百菌清的释放速率（Liu et al.，2001）。纳米农药以农药包封载体为主要形式，实现农药的缓释、有效递送、靶向传递等（Kumar et al.，2019）。我国学者采用溶胶－凝胶法，成功研发出以 $CaCO_3$ 纳米颗粒为模板，具有多孔壳结构的空心二氧化硅纳米球（Li et al.，2004），实现药物的缓释，其可应用于杀虫剂等领域。此外，ENPs 可用于将 DNA 和其他所需化学物质传送到植物组织中，以保护寄主植物免受害虫的侵害（Torney，2009）。

第四节　学科交叉分析

从学科布局上，ENPs 在环境地球科学领域由初期与化学、能源和工程等纯应用学科交叉，逐渐向毒理学、环境健康和经济学拓展（图 20-15）。

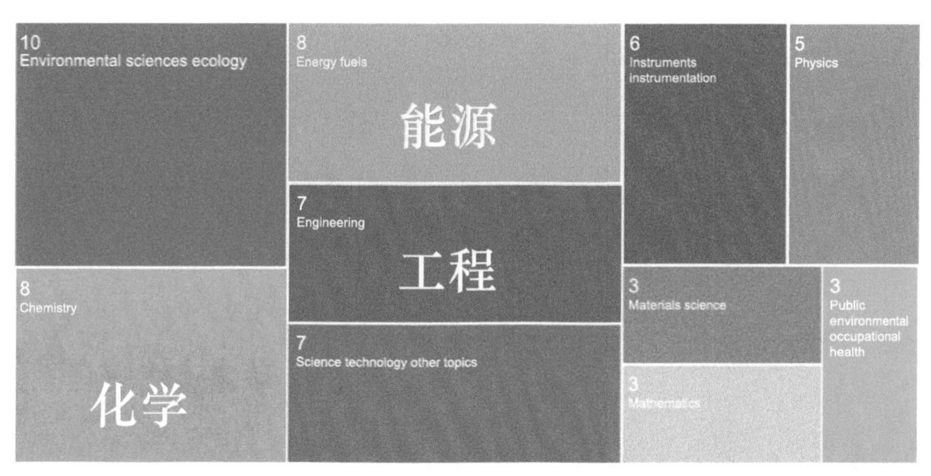

（a）1999~2003年

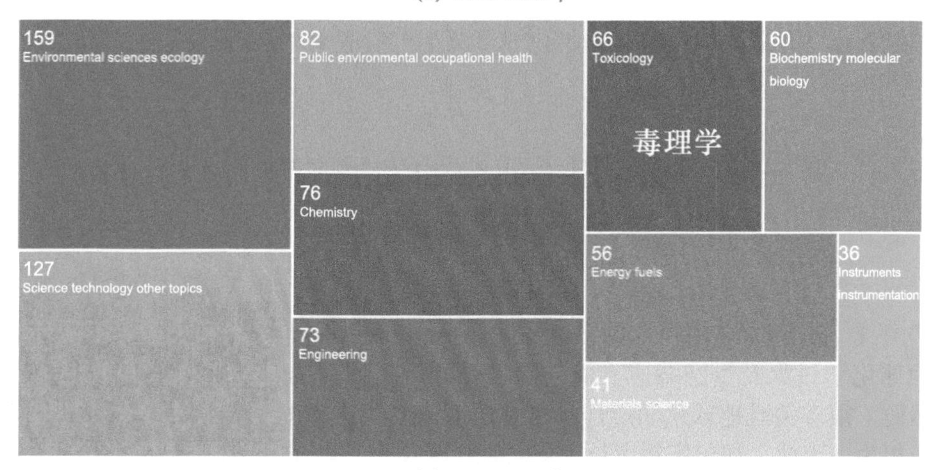

（b）2004~2008年

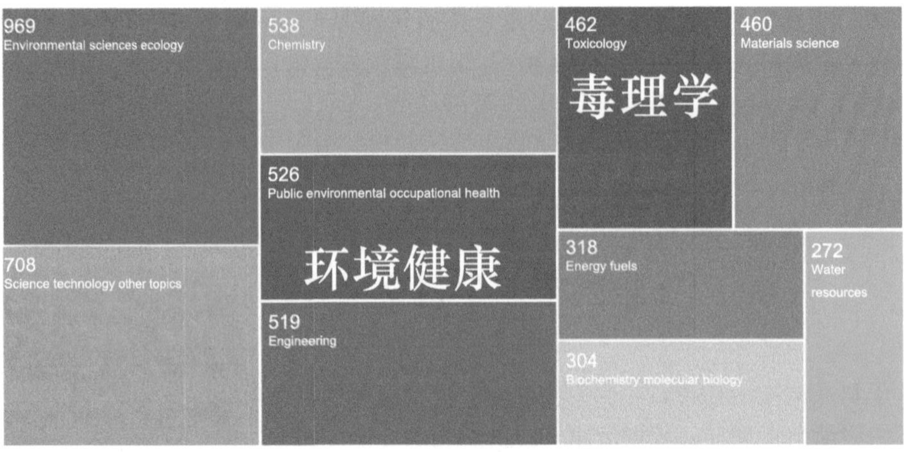

（c）2009~2013年

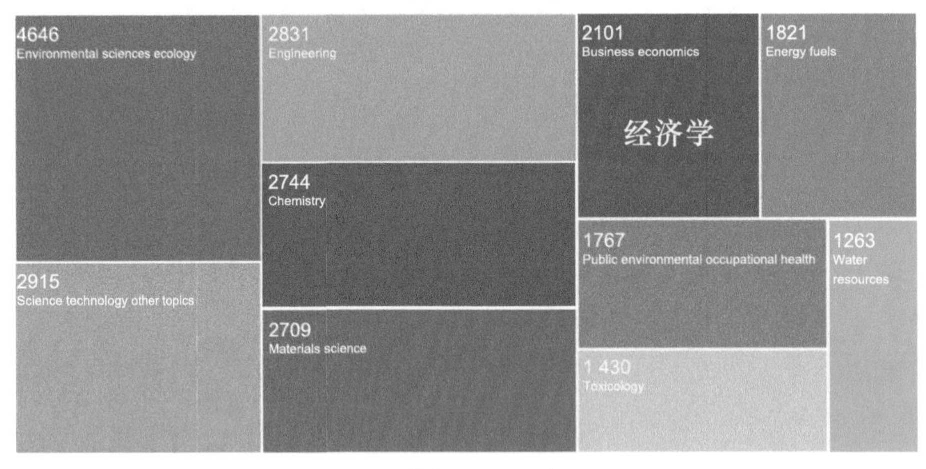

（d）2014~2019年

图 20-15　ENPs 在环境地球科学领域交叉学科发展趋势分析（Web of Science，2019.10）

第五节　国际相关研究的发展趋势及今后的研究方向

20 年来，伴随着纳米技术的飞速发展，围绕 ENPs 在气、水和土壤等不同环境介质环境地球化学过程及生态响应方面，国内外开展了大量的研究工作，并取得了显著成果。然而，很多关键地球化学过程的机制还不清楚，这与土壤、水体和大气环境的复杂性密切相关。因此，如何客观评价 ENPs 的环境效应是当前相关研究所面临的重大挑战，也是国际上相关研究的发展趋势。因此，今后的主要研究方向如下。

（一）复杂基质中 ENPs 表征和分析的新方法、新技术

（1）复杂环境介质中纳米塑料等有机 ENPs 的提取技术以及相应的分析与检测方法。
（2）有机 ENPs 的色谱和质谱联合分析技术。
（3）大气中 ENPs 的表征和测定方法。

（二）多环境条件下 ENPs 的迁移转化机制

（1）多变量的影响，构建预测模型，探明主控因子。
（2）根际过程对 ENPs 转化机制的影响。
（3）水 - 土、水 - 沉积物等跨介质环境中 ENPs 的迁移转化。

（三）ENPs 的致毒机制

（1）NOM、矿物颗粒、离子强度等对 ENPs 毒性的耦合作用。
（2）ENPs 在环境中的长期老化过程和 ENPs 经长期慢性暴露的毒性效应。
（3）ENPs 经长期暴露后对生物的种群、群落和生态系统的影响。
（4）ENPs 结构 - 界面过程 - 共存污染物的构效关系。
（5）ENPs 与共存污染物的毒性效应机制。

（四）纳米农业技术的建立

在明晰 ENPs 关键地球化学过程及生物响应机制的基础上，构建农田生态系统下，高效、安全、可持续性的纳米农业技术将是未来几年中新的交叉学科增长点。

（参编人员：王震宇　刘景富　景传勇　赵　建　王传洗　赵　青　王　飞　朱小山）

参考文献

宋伟 . 2010. 二氧化钛纳米微粒具有体内基因毒性 . 生理科学进展，2：149.

殷宪国 . 2012. 纳米肥料制备技术及其应用前景 . 磷肥与复肥，27：48-51.

张夫道，赵秉强，张骏，等 . 2002. 纳米肥料研究进展与前景 . 植物营养与肥料学报，8：254-255.

张莹，陈光才，刘泓 . 2018. 纳米颗粒的土壤环境行为及其生态毒性研究进展 . 江苏农业科学，46：8-12.

Abdel Latef A A H, Srivastava A K, El-sadek M S A, et al. 2018. Titanium dioxide nanoparticles improve growth and enhance tolerance of broad bean plants under saline soil conditions. Land Degradation & Development, 29: 1065-1073.

Adeleye A S, Conway J R, Perez T, et al. 2014. Influence of extracellular polymeric substances on the long-term fate, dissolution, and speciation of copper-based nanoparticles. Environmental Science & Technology, 48: 12561-12568.

Afrooz A, Das D, Murphy C J, et al. 2016. Co-transport of gold nanospheres with single-walled carbon nanotubes in saturated porous media. Water Research, 99: 7-15.

Aiken G R, Hsu-Kim H, Ryan J N. 2011. Influence of dissolved organic matter on the environmental fate of metals, nanoparticles, and colloids. Environmental Science & Technology, 45: 3196-3201.

Alarifi S, Ali D, Suliman Y AO, et al. 2013. Oxidative stress contributes to cobalt oxide nanoparticles-induced cytotoxicity and DNA damage in human hepatocarcinoma cells. International Journal of Nanomedicine, 8: 189-199.

Ali I. 2012. New generation adsorbents for water treatment. Chemical Reviews, 112: 5073-5091.

Angel B M, Batley G E, Jarolimek C V, et al. 2013. The impact of size on the fate and toxicity of nanoparticulate silver in aquatic systems. Chemosphere, 93: 359-365.

Apte J S, Messier K P, Gani S, et al. 2017. High-resolution air pollution mapping with google street view cars: Exploiting big data. Environmental Science & Technology, 51: 6999-7008.

Asadishad B, Chahal S, Akbari A, et al. 2018. Amendment of agricultural soil with metal nanoparticles: Effects on soil enzyme activity and microbial community composition. Environmental Science & Technology, 52: 1908-1918.

Augusto F, Hantao L W, Mogollón N G S, et al. 2013. New materials and trends in sorbents for solid-phase extraction. TrAC Trends in Analytical Chemistry, 43: 14-23.

Ayati A, Ahmadpour A, Bamoharram F F, et al. 2014. A review on catalytic applications of Au/TiO_2 nanoparticles in the removal of water pollutant. Chemosphere, 107: 163-174.

Baruah S, Dutta J. 2009. Nanotechnology applications in pollution sensing and degradation in agriculture: A review. Environmental Chemistry Letters, 7: 191-204.

Bezbaruah A N, Kalita H, Almeelbi T, et al. 2013. Ca-alginate-entrapped nanoscale iron: Arsenic treatability and mechanism studies. Journal of Nanoparticle Research, 16: 2175.

Bierkandt F S, Leibrock L, Wagener S, et al. 2018. The impact of nanomaterial characteristics on inhalation toxicity. Toxicology Research, 7: 321-346.

Bittencourt C, Felten A, Espinosa E H, et al. 2006. WO_3 films modified with functionalised multi-wall carbon nanotubes: Morphological, compositional and gas response studies. Sensors and Actuators B: Chemical, 115: 33-41.

Brogan H. 1984. The Life of Arthur Ransome. London: Jonathan Cape.

Brohi R D, Wang L, Talpur H S, et al. 2017. Toxicity of nanoparticles on the reproductive system in animal models: A review. Frontiers in Pharmacology, 8: 606.

Brown M D, Suteewong T, Kumar R S, et al. 2011. Plasmonic dye-sensitized solar cells using core-shell metal-insulator nanoparticles. Nano Letters, 11: 438-445.

Brumfiel G. 2003. A little knowledge. Nature, 424: 246-248.

Buzea C, Pacheco I I, Robbie K. 2007. Nanomaterials and nanoparticles: Sources and toxicity. Biointerphases, 2: MR17-MR71.

Cao J L, Feng Y Z, He S Y, et al. 2017. Silver nanoparticles deteriorate the mutual interaction between maize (*Zea mays* L.) and arbuscular mycorrhizal fungi: A soil microcosm study. Applied Soil Ecology, 119: 307-316.

Cao K T, Jiang Z Y, Zhao J, et al. 2014. Enhanced water permeation through sodium alginate membranes by incorporating graphene oxides. Journal of Membrane Science, 469: 272-283.

Chang C L, Wang X, Bai Y, et al. 2012. Applications of nanomaterials in enantioseparation and related techniques. TrAC Trends in Analytical Chemistry, 39: 195-206.

Chang C W C, Chang C H, Chen S H, et al. 2011. Effect of sunlight irradiation on photocatalytic pyrene degradation in contaminated soils by micro-nano size TiO_2. Science of the Total Environment, 409: 4101-4108.

Chen M, Zhou S, Zeng G M, et al. 2018. Putting carbon nanomaterials on the carbon cycle map. Nano Today, 20: 7-9.

Chhipa H. 2016. Nanofertilizers and nanopesticides for agriculture. Environmental Chemistry Letters, 15: 15-22.

Chowdhury I, Cwiertny D M, Walker S L. 2012. Combined factors influencing the aggregation and deposition of nano-TiO_2 in the presence of humic acid and bacteria. Environmental Science & Technology, 46: 6968-6976.

Colman B P, Espinasse B, Richardson C J, et al. 2014. Emerging contaminant or an old toxin in disguise? Silver nanoparticle impacts on ecosystems. Environmental Science & Technology, 48: 5229-5236.

Colvin V L. 2003. The potential environmental impact of engineered nanomaterials. Nature Biotechnology, 21: 1166-1170.

Cornelis G, Hund-Rinke K, Kuhlbusch T, et al. 2014. Fate and bioavailability of engineered nanoparticles in soils: A review. Critical Reviews in Environmental Science and Technology, 44: 2720-2764.

Cyrys J, Stölzel M, Heinrich J, et al. 2003. Elemental composition and sources of fine and ultrafine ambient particles in Erfurt, Germany. Science of the Total Environment, 305: 143-156.

Dale A L, Casman E A, Lowry G V, et al. 2015. Modeling nanomaterial environmental fate in aquatic systems. Environmental Science & Technology, 49: 2587-2593.

Darko-Kagya K, Khodadoust A P, Reddy K R. 2010. Reactivity of lactate-modified nanoscale iron particles with 2, 4-dinitrotoluene in soils. Journal of Hazardous Materials, 182: 177-183.

Das R, Vecitis C D, Schulze A, et al. 2017. Recent advances in nanomaterials for water protection and monitoring. Chemical Society Reviews, 46: 6946-7020.

Das S, Sen B, Debnath N. 2015. Recent trends in nanomaterials applications in environmental monitoring and remediation. Environmental Science and Pollution Research International, 22: 18333-18344.

de La Torre-Roche R, Hawthorne J, Musante C, et al. 2013. Impact of Ag nanoparticle exposure on *p*, *p*′-DDE bioaccumulation by *Cucurbita pepo* (Zucchini) and *Glycine max* (Soybean). Environmental Science & Technology, 47: 718-725.

Degenkolb L, Kaupenjohann M, Klitzke S. 2019. The variable fate of Ag and TiO_2 nanoparticles in natural soil solutions-sorption of organic matter and nanoparticle stability. Water, Air, & Soil Pollution, 230: 1-14.

Deng H H, Zhang L N, He S B, et al. 2015. Methionine-directed fabrication of gold nanoclusters with yellow fluorescent emission for Cu^{2+} sensing. Biosens Bioelectron, 65: 397-403.

Deng R, Lin D H, Zhu L Z, et al. 2017. Nanoparticle interactions with co-existing contaminants: Joint toxicity, bioaccumulation and risk. Nanotoxicology, 11: 591-612.

deRosa M C, Monreal C, Schnitzer M, et al. 2010. Nanotechnology in fertilizers. Nature Nanotechnology, 5:

91.

Ecobichon D J. 2001. Pesticide use in developing countries. Toxicology, 160: 27-33.

Ehsan M F, He T. 2015. In situ synthesis of ZnO/ZnTe common cation heterostructure and its visible-light photocatalytic reduction of CO_2 into CH_4. Applied Catalysis B: Environmental, 166-167: 345-352.

Ellis L A, Baalousha M, Valsami-Jones E, et al. 2018. Seasonal variability of natural water chemistry affects the fate and behaviour of silver nanoparticles. Chemosphere, 191: 616-625.

Ellis L A, Valsami-Jones E, Lead J R, et al. 2016. Impact of surface coating and environmental conditions on the fate and transport of silver nanoparticles in the aquatic environment. Science of the Total Environment, 568: 95-106.

Espinasse B, Hotze E M, Wiesner M R. 2007. Transport and retention of colloidal aggregates of C_{60} in porous media: Effects of organic macromolecules, ionic composition, and preparation method. Environmental Science & Technology, 41: 7396-7402.

Fagan R, McCormack D E, Dionysiou D D, et al. 2016. A review of solar and visible light active TiO_2 photocatalysis for treating bacteria, cyanotoxins and contaminants of emerging concern. Materials Science in Semiconductor Processing, 42: 2-14.

Fan X J, Xu J H, Lavoie M, et al. 2018. Multiwall carbon nanotubes modulate paraquat toxicity in *Arabidopsis thaliana*. Environmental Pollution, 233: 633-641.

Fang J, Shan X Q, Wen B, et al. 2009. Stability of titania nanoparticles in soil suspensions and transport in saturated homogeneous soil columns. Environmental Pollution, 157: 1101-1109.

Fujishima A, Honda K. 1972. Electrochemical photolysis of water at a semiconductor electrode. Nature, 238: 37.

Galazzi R M, Lopes C A, de Lima T B, et al. 2019. Evaluation of some effects on plant metabolism through proteins and enzymes in transgenic and non-transgenic soybeans after cultivation with silver nanoparticles. Journal of Proteomics, 191: 88-106.

Gallo A, Manfra L, Boni R, et al. 2018. Cytotoxicity and genotoxicity of CuO nanoparticles in sea urchin spermatozoa through oxidative stress. Environment International, 118: 325-333.

Garner K L, Keller A A. 2014. Emerging patterns for engineered nanomaterials in the environment: A review of fate and toxicity studies. Journal of Nanoparticle Research, 16: 2503.

Geitner N K, Cooper J L, Avellan A, et al. 2018. Size-based differential transport, uptake, and mass distribution of ceria (CeO_2) nanoparticles in wetland mesocosms. Environmental Science & Technology, 52: 9768-9776.

Ghafariyan M H, Malakouti M J, Dadpour M R, et al. 2013. Effects of magnetite nanoparticles on soybean chlorophyll. Environmental Science & Technology, 47: 10645-10652.

Gnach A, Lipinski T, Bednarkiewicz A, et al. 2015. Upconverting nanoparticles: Assessing the toxicity. Chemical Society Reviews, 44: 1561-1584.

Goh K, Setiawan L, Wei L, et al. 2015. Graphene oxide as effective selective barriers on a hollow fiber membrane for water treatment process. Journal of Membrane Science, 474: 244-253.

Gottschalk F, Lassen C, Kjoelholt J, et al. 2015. Modeling flows and concentrations of nine engineered nanomaterials in the Danish environment. Journal of Environmental Research and Public Health, 12: 5581-5602.

Gottschalk F, Scholz R W, Nowack B. 2010. Probabilistic material flow modeling for assessing the environmental exposure to compounds: Methodology and an application to engineered nano-TiO_2 particles. Environmental Modelling & Software, 25: 320-332.

Gruen A L, Straskraba S, Schulz S, et al. 2018. Long-term effects of environmentally relevant concentrations of silver nanoparticles on microbial biomass, enzyme activity, and functional genes involved in the nitrogen cycle of loamy soil. Journal of Environmental Sciences, 69: 12-22.

Guo Y T, Cichocki N, Schattenberg F, et al. 2019. AgNPs change microbial community structures of wastewater. Frontiers in Microbiology, 9: 3211.

Hadri H E, Hackley V A. 2017. Investigation of cloud point extraction for the analysis of metallic nanoparticles in a soil matrix. Environmental Science: Nano, 4: 105-116.

Hansen F S, Larsen B H, Olsen S I, et al. 2007. Categorization framework to aid hazard identification of nanomaterials. Nanotoxicology, 1: 243-250.

He K, Chen G Q, Zeng G M, et al. 2017. Stability, transport and ecosystem effects of graphene in water and soil environments. Nanoscale, 9: 5370-5388.

Higazy A, Hashem M, ElShafei A, et al. 2010. Development of antimicrobial jute packaging using chitosan and chitosan-metal complex. Carbohydrate Polymers, 79: 867-874.

Hochella M F J, Mogk D W, Ranville J, et al. 2019. Natural, incidental, and engineered nanomaterials and their impacts on the Earth system. Science, 363 (6434): eaau8299.

Horzum N, Demir M M, Nairat M, et al. 2013. Chitosan fiber-supported zero-valent iron nanoparticles as a novel sorbent for sequestration of inorganic arsenic. RSC Advances, 3: 7828-7837.

Hu S, Shi Q T, Jing C Y. 2015. Groundwater arsenic adsorption on granular TiO_2: Integrating atomic structure, filtration, and health impact. Environmental Science & Technology, 49: 9707-9713.

Huang Y N, Qian T T, Dang F, et al. 2019. Significant contribution of metastable particulate organic matter to natural formation of silver nanoparticles in soils. Nature Communication, 10: 1-8.

Hussain H, Tocci G, Woolcot T, et al. 2017. Structure of a model TiO_2 photocatalytic interface. Nature Materials, 16: 461-466.

Inshakova E, Inshakov O. 2017. World market for nanomaterials: Structure and trends. MATEC Web of Conferences, 129: 02013.

Ivask A, Elbadawy A, Kaweeteerawat C, et al. 2014. Toxicity mechanisms in *Escherichia coli* vary for silver nanoparticles and differ from ionic silver. ACS Nano, 8: 374-386.

Jahan S, Alias Y B, Bakar A F B A, et al. 2018. Toxicity evaluation of ZnO and TiO_2 nanomaterials in hydroponic red bean (*Vigna angularis*) plant: Physiology, biochemistry and kinetic transport. Journal of Environmental Sciences, 72: 140-152.

Jośko I, Oleszczuk P, Dobrzyńska J, et al. 2019. Long-term effect of ZnO and CuO nanoparticles on soil microbial community in different types of soil. Geoderma, 352: 204-212.

Kah M, Kookana R S, Gogos A, et al. 2018. A critical evaluation of nanopesticides and nanofertilizers against their conventional analogues. Nature Nanotechnology, 13: 677.

Keller A A, McFerran S, Lazareva A, et al. 2013. Global life cycle releases of engineered nanomaterials. Journal of Nanoparticle Research, 15: 1692.

Ketzel M, Berkowicz R. 2005. Multi-plume aerosol dynamics and transport model for urban scale particle pollution. Atmospheric Environment, 39: 3407-3420.

Khajeh M, Laurent S, Dastafkan K. 2013. Nanoadsorbents: classification, preparation, and applications (with emphasis on aqueous media). Chemical Reviews, 113: 7728-7768.

Klaine S J, Alvarez P J J, Batley G E, et al. 2008. Nanomaterials in the environment: Behavior, fate, bioavailability, and effects. Environmental Toxicology and Chemistry, 27: 1825-1851.

Koopmans G F, Hiemstra T, Regelink I C, et al. 2015. Asymmetric flow field-flow fractionation of manufactured silver nanoparticles spiked into soil solution. Journal of Chromatography A, 1392: 100-109.

Kumar S, Nehra M, Dilbaghi N, et al. 2019. Nano-based smart pesticide formulations: Emerging opportunities for agriculture. Journal of Controlled Release, 294: 131-153.

Kwak J I, Cui R, Nam S H, et al. 2016. Multispecies toxicity test for silver nanoparticles to derive hazardous concentration based on species sensitivity distribution for the protection of aquatic ecosystems. Nanotoxicology, 10: 521-530.

Lai G S, Lau W J, Goh P S, et al. 2016. Graphene oxide incorporated thin film nanocomposite nanofiltration membrane for enhanced salt removal performance. Desalination, 387: 14-24.

Li G, Jin R C. 2013. Atomically precise gold nanoclusters as new model catalysts. Accounts of Chemical Research, 46: 1749-1758.

Li J Y, Dong X A, Zhang G, et al. 2019. Probing ring-opening pathways for efficient photocatalytic toluene decomposition. Journal of Materials Chemistry A, 7: 3366-3374.

Li L, Wang Q, Yang Y, et al. 2019. Extraction method development for quantitative detection of silver nanoparticles in environmental soils and sediments by single particle inductively coupled plasma mass spectrometry. Analytical Chemistry, 91: 9442-9450.

Li M T, Luo Z X, Yan Y M, et al. 2016. Arsenate accumulation, distribution, and toxicity associated with titanium dioxide nanoparticles in *Daphnia magna*. Environmental Science & Technology, 50: 9636-9643.

Li Q, Mahendra S, Lyon D Y, et al. 2008. Antimicrobial nanomaterials for water disinfection and microbial control: Potential applications and implications. Water Research, 42: 4591-4602.

Li X, Yu J G, Jaroniec M. 2016. Hierarchical photocatalysts. Chemical Society Reviews, 45: 2603-2636.

Li Z Z, Wen L X, Shao L, et al. 2004. Fabrication of porous hollow silica nanoparticles and their applications in drug release control. Journal of Controlled Release, 98: 245-254.

Liang Y, Bradford S A, Simunek J, et al. 2013. Sensitivity of the transport and retention of stabilized silver nanoparticles to physicochemical factors. Water Research, 47: 2572-2582.

Lin S J, Bhattacharya P, Rajapakse N C, et al. 2009. Effects of quantum dots adsorption on algal photosynthesis. Journal of Physical Chemistry C, 113: 10962-10966.

Liu J F, Liu R, Yin Y G, et al. 2009. Triton X-114 based cloud point extraction: A thermoreversible approach for separation/concentration and dispersion of nanomaterials in the aqueous phase. Chemical Communications, 12: 1514-1516.

Liu R, Liu J F, Jiang G B. 2010. Use of Triton X-114 as a weak capping agent for one-pot aqueous phase synthesis of ultrathin noble metal nanowires and a primary study of their electrocatalytic activity. Chemical Communications, 46: 7010-7012.

Liu X J, Zhang N, Bing T, et al. 2014. Carbon dots based dual-emission silica nanoparticles as a ratiometric nanosensor for Cu^{2+}. Analytical Chemistry, 86: 2289-2296.

Liu Y, Yan L, Heiden P, et al. 2001. Use of nanoparticles for controlled release of biocides in solid wood. Journal of Applied Polymer Science, 79: 458-465.

Low J, Yu J, Jaroniec M, et al. 2017. Heterojunction photocatalysts. Advanced Materials, 29: 1601694.

Lu D W, Liu Q, Zhang T Y, et al. 2016. Stable silver isotope fractionation in the natural transformation process of silver nanoparticles. Nature Nanotechnology, 11: 682-686.

Lu Y J, Li J, Han J, et al. 2004. Room temperature methane detection using palladium loaded single-walled carbon nanotube sensors. Chemical Physics Letters, 391: 344-348.

Luo S, Yang S G, Wang X D, et al. 2012. Reductive degradation of tetrabromobisphenol using iron-silver and iron-nickel bimetallic nanoparticles with microwave energy. Environmental Engineering Science, 29: 453-460.

Luo T, Tian H X, Guo Z, et al. 2013. Fate of arsenate adsorbed on nano-TiO_2 in the presence of sulfate reducing bacteria. Environmental Science & Technology, 47: 10939-10946.

Luo Z X, Wang Z H, Yan Y M, et al. 2018. Titanium dioxide nanoparticles enhance inorganic arsenic bioavailability and methylation in two freshwater algae species. Environmental Pollution, 238: 631-637.

Ma C X, Liu H, Chen G C, et al. 2017. Effects of titanium oxide nanoparticles on tetracycline accumulation and toxicity in *Oryza sativa* (L.). Environmental Science-Nano, 4: 1827-1839.

Ma C X, White J C, Dhankher O P, et al. 2015. Metal-based nanotoxicity and detoxification pathways in higher plants. Environmental Science & Technology, 49: 7109-7122.

Mahajan P, Dhoke S K, Khanna A S. 2011. Effect of nano-ZnO particle suspension on growth of Mung (*Vigna radiata*) and Gram (*Cicer arietinum*) seedlings using plant agar method. Journal of Nanotechnology, 2011: 1-7.

Maher B A, Ahmed I A, Karloukovski V, et al. 2016. Magnetite pollution nanoparticles in the human brain. Proceedings of the National Academy of Sciences, 113: 10797-10801.

Majedi S M, Lee H K, Kelly B C. 2012. Chemometric analytical approach for the cloud point extraction and inductively coupled plasma mass spectrometric determination of zinc oxide nanoparticles in water samples. Analytical Chemistry, 84: 6546-6552.

Martynkova G S, Valaskova M. 2014. Antimicrobial nanocomposites based on natural modified materials: A review of carbons and clays. Journal of Nanoscience and Nanotechnology, 14: 673-693.

Mitrano D M, Lesher E K, Bednar A, et al. 2012. Detecting nanoparticulate silver using single-particle inductively coupled plasma-mass spectrometry. Environmental Toxicology and Chemistry, 31: 115-121.

Mitrea D R, Toader A M, Hoteiuc O A. 2019. Oxidative Stress Produced by Urban Atmospheric Nanoparticles. Nanomaterials-Toxicity, Human Health and Environment. London: IntechOpen.

Mohona T M, Gupta A, Masud A, et al. 2019. Aggregation behavior of inorganic 2D nanomaterials beyond graphene: Insights from molecular modeling and modified DLVO theory. Environmental Science & Technology, 53: 4161-4172.

Morelli E, Salvadori E, Basso B, et al. 2015. The response of phaeodactylum tricornutum to quantum dot exposure: Acclimation and changes in protein expression. Marine Environmental Research, 111: 149-157.

Mueller N C, Nowack B. 2008. Exposure modeling of engineered nanoparticles in the environment. Environmental Science & Technology, 42: 4447-4453.

Naasz S, Altenburger R, Kuhnel D. 2018. Environmental mixtures of nanomaterials and chemicals: The Trojan-horse phenomenon and its relevance for ecotoxicity. Science of the Total Environment, 635: 1170-1181.

Nascimento A M, Assis F A, Moraes J C, et al. 2018. Silicon application promotes rice growth and negatively affects development of *Spodoptera frugiperda* (J. E. Smith). Journal of Applied Entomology, 142: 241-249.

Nelli P, Depero L, Ferroni M, et al. 1996. Sub-ppm NO_2 sensors based on nanosized thin films of titanium-tungsten oxides. Sensors and Actuators B: Chemical, 31: 89-92.

Odzak N, Kistler D, Sigg L. 2017. Influence of daylight on the fate of silver and zinc oxide nanoparticles in natural aquatic environments. Environmental Pollution, 226: 1-11.

Osborne O J, Lin S, Chang C H, et al. 2015. Organ-specific and size-dependent Ag nanoparticle toxicity in gills and intestines of adult zebrafish. ACS Nano, 9: 9573-9584.

Pachapur V L, Larios A D, Cledón M, et al. 2016. Behavior and characterization of titanium dioxide and silver nanoparticles in soils. Science of the Total Environment, 563: 933-943.

Pendergast M M, Hoek E M V. 2011. A review of water treatment membrane nanotechnologies. Energy & Environmental Science, 4: 1946-1971.

Peng C, Xu C, Liu Q L, et al. 2017. Fate and transformation of CuO nanoparticles in the soil-rice system during the life cycle of rice plants. Environmental Science & Technology, 51: 4907-4917.

Philippe A, Schaumann G E. 2014. Interactions of dissolved organic matter with natural and engineered inorganic colloids: A review. Environmental Science & Technology, 48: 8946-8962.

Pradhan S, Patra P, Das S, et al. 2013. Photochemical modulation of biosafe manganese nanoparticles on *Vigna radiata*: A detailed molecular, biochemical, and biophysical study. Environmental Science & Technology, 47: 13122-13131.

Prasad T N V K V, Sudhakar P, Sreenivasulu Y, et al. 2012. Effect of nanoscale zinc oxide particles on the germination, growth and yield of peanut. Journal of Plant Nutrition, 35: 905-927.

Qi Z C, Hou L, Zhu D Q, et al. 2014. Enhanced transport of phenanthrene and 1-naphthol by colloidal graphene oxide nanoparticles in saturated soil. Environmental Science & Technology, 48: 10136-10144.

Ravelo-Perez L M, Herrera-Herrera A V, Hernandez-Borges J, et al. 2010. Carbon nanotubes: Solid-phase extraction. Journal of Chromatography A, 1217: 2618-2641.

Read C. 2017. National Science Foundation Engineering Programs for Energy Sustainability. Washington, DC: Abstracts of papers of the American Chemical Society.

Rong H, Garg S, Waite T D. 2019. Impact of light and Suwanee River fulvic acid on O_2 and H_2O_2 mediated oxidation of silver nanoparticles in simulated natural waters. Environmental Science & Technology, 53: 6688-6698.

Russier J, Menard-Moyon C, Venturelli E, et al. 2011. Oxidative biodegradation of single-and multi-walled carbon nanotubes. Nanoscale, 3: 893-896.

Saleh N, Kim H J, Phenrat T, et al. 2008. Ionic strength and composition affect the mobility of surface-modified Fe^0 nanoparticles in water-saturated sand columns. Environmental Science & Technology, 42: 3349-3355.

Sani-Kast N, Labille J, Ollivier P, et al. 2017. A network perspective reveals decreasing material diversity in studies on nanoparticle interactions with dissolved organic matter. Proceedings of the National Academy of Sciences, 114: E1756-E1765.

Schlich K, Hund-Rinke K. 2015. Influence of soil properties on the effect of silver nanomaterials on microbial activity in five soils. Environmental Pollution, 196: 321-330.

Schreiner K M, Filley T R, Blanchette R A, et al. 2009. White-rot basidiomycete-mediated decomposition of C_{60} fullerol. Environmental Science & Technology, 43: 3162-3168.

Schroeder V, Savagatrup S, He M, et al. 2019. Carbon nanotube chemical sensors. Chemical Reviews, 119: 599-663.

Schwertfeger D M, Velicogna J R, Jesmer A H, et al. 2017. Extracting metallic nanoparticles from soils for quantitative analysis: Method development using engineered silver nanoparticles and SP-ICP-MS. Analytical Chemistry, 89: 2505-2513.

Seitz F, Rosenfeldt R R, Schneider S, et al. 2014. Size-, surface-and crystalline structure composition-related effects of titanium dioxide nanoparticles during their aquatic life cycle. Science of the Total Environment, 493: 891-897.

Sem G J. 2002. Design and performance characteristics of three continuous-flow condensation particle counters: A summary. Atmospheric Research, 62: 267-294.

Service R. 2003. Nanomaterials show signs of toxicity. Science, 300: 243.

Setshedi K Z, Bhaumik M, Songwane S, et al. 2013. Exfoliated polypyrrole-organically modified montmorillonite clay nanocomposite as a potential adsorbent for Cr (Ⅵ) removal. Chemical Engineering Journal, 222: 186-197.

Shao H, Min C, Issadore D, et al. 2012. Magnetic nanoparticles and microNMR for diagnostic applications. Theranostics, 2: 55-65.

Simonin M, Cantarel A A M, Crouzet A, et al. 2018. Negative effects of copper oxide nanoparticles on carbon and nitrogen cycle microbial activities in contrasting agricultural soils and in presence of plants. Frontiers in Microbiology, 9: 3102.

Singh R, Misra V, Mudiam M K, et al. 2012. Degradation of γ-HCH spiked soil using stabilized Pd/Fe0 bimetallic nanoparticles: Pathways, kinetics and effect of reaction conditions. Journal of Hazardous Materials, 237-238: 355-364.

Song J Y, Yan L, Duan J M, et al. 2017. TiO_2 crystal facet-dependent antimony adsorption and photocatalytic oxidation. Journal of Colloid and Interface Science, 496: 522-530.

Subramanian K S, Manikandan A, Thirunavukkarasu M, et al. 2015. Nano-fertilizers for balanced crop nutrition. Nanotechnologies in Food and Agriculture, 3: 69-80.

Sun H W, Zhang X Z, Zhang Z Y, et al. 2009. Influence of titanium dioxide nanoparticles on speciation and bioavailability of arsenite. Environmental Pollution, 157: 1165-1170.

Sun T Y, Bornhö ft N A, Hungerbü hler K, et al. 2016. Dynamic probabilistic modeling of environmental emissions of engineered nanomaterials. Environmental Science & Technology, 50: 4701-4711.

Sun Y B, Ding C C, Cheng W C, et al. 2014. Simultaneous adsorption and reduction of U (Ⅵ) on reduced graphene oxide-supported nanoscale zerovalent iron. Journal of Hazardous Materials, 280: 399-408.

Taha R A, Hassan M M, Ibrahim E A, et al. 2016. Carbon nanotubes impact on date palm in vitro cultures.

Plant Cell, Tissue and Organ Culture (PCTOC), 127: 525-534.

Tan Z Q, Liu J F, Guo X R, et al. 2015. Toward full spectrum speciation of silver nanoparticles and ionic silver by on-line coupling of hollow fiber flow field-flow fractionation and minicolumn concentration with multiple detectors. Analytical Chemistry, 87: 8441-8447.

Tang Z Y, Wu L H, Luo Y M, et al. 2009. Size fractionation and characterization of nanocolloidal particles in soils. Environmental Geochemistry and Health, 31: 1-10.

Tian H, Araya T, Li R, et al. 2019. Removal of MC-LR using the stable and efficient MIL-100/MIL-53 (Fe) photocatalyst: The effect of coordinate immobilized layers. Applied Catalysis B: Environmental, 254: 371-379.

Tian H X, Shi Q T, Jing C Y. 2015. Arsenic biotransformation in solid waste residue: Comparison of contributions from bacteria with arsenate and iron reducing pathways. Environmental Science & Technology, 49: 2140-2146.

Tilman D, Cassman K G, Matson P A, et al. 2002. Agricultural sustainability and intensive production practices. Nature, 418: 671-677.

Tiwari A J, Marr L C. 2010. The role of atmospheric transformations in determining environmental impacts of carbonaceous nanoparticles. Journal of Environmental Quality, 39: 1883-1895.

Tong Z H, Bischoff M, Nies L, et al. 2007. Impact of fullerene (C-60) on a soil microbial community. Environmental Science & Technology, 41: 2985-2991.

Torney F. 2009. Nanoparticle Mediated Plant Transformation: Emerging Technologies in Plant Science Research. Ames: Iowa State University.

Tourinho P S, van Gestel C A, Lofts S, et al. 2012. Metal-based nanoparticles in soil: Fate, behavior, and effects on soil invertebrates. Environmental Toxicology and Chemistry, 31: 1679-1692.

Unrine J M, Colman B P, Bone A J, et al. 2012. Biotic and abiotic interactions in aquatic microcosms determine fate and toxicity of Ag nanoparticles. Part 1. aggregation and dissolution. Environmental Science & Technology, 46: 6915-6924.

Unuabonah E I, Taubert A. 2014. Clay-polymer nanocomposites (CPNs): Adsorbents of the future for water treatment. Applied Clay Science, 99: 83-92.

Valdiglesias V, Kiliç G, Costa C, et al. 2015. Effects of iron oxide nanoparticles: Cytotoxicity, genotoxicity, developmental toxicity, and neurotoxicity. Environmental and Molecular Mutagenesis, 56: 125-148.

Vannini C, Domingo G, Onelli E, et al. 2014. Phytotoxic and genotoxic effects of silver nanoparticles exposure on germinating wheat seedlings. Journal of Plant Physiology, 171: 1142-1148.

Wagner S, Gondikas A, Neubauer E, et al. 2014. Spot the difference: Engineered and natural nanoparticles in the environment-release, behavior, and fate. Angewandte Chemie International Edition, 53: 12398-12419.

Wang L, Huang Y, Kan A T, et al. 2012. Enhanced transport of 2, 2′, 5, 5′-polychlorinated biphenyl by natural organic matter (NOM) and surfactant-modified fullerene nanoparticles (nC60). Environmental Science & Technology, 46: 5422-5429.

Wang L Y, Ye L, Yu Y Q, et al. 2018. Antimony redox biotransformation in the subsurface: Effect of indigenous Sb (V) respiring microbiota. Environmental Science & Technology, 52: 1200-1207.

Wang Z Y, Xie X Y, Zhao J, et al. 2012. Xylem-and phloem-based transport of CuO nanoparticles in maize (*Zea mays* L.). Environmental Science & Technology, 46: 4434-4441.

Wang Z Y, Zhang L, Zhao J, et al. 2016. Environmental processes and toxicity of metallic nanoparticles in aquatic system as affected by natural organic matter. Environmental Science: Nano, 3: 240-255.

Westerhoff P, Atkinson A, Fortner J, et al. 2018. Low risk posed by engineered and incidental nanoparticles in drinking water. Nature Nanotechnology, 13: 661-669.

Williams R J, Harrison S, Keller V, et al. 2019. Models for assessing engineered nanomaterial fate and behaviour in the aquatic environment. Current Opinion in Environmental Sustainability, 36: 105-115.

Wimmer A, Markus A A, Schuster M. 2019. Silver nanoparticle levels in river water: Real environmental measurements and modeling approaches—A comparative study. Environmental Science & Technology Letters, 6: 353-358.

Xiu Z M, Zhang Q B, Puppala H L, et al. 2012. Negligible particle-specific antibacterial activity of silver nanoparticles. Nano Letters, 12: 4271-4275.

Xu L, Wang Z, Zhao J, et al. 2020. Accumulation of metal-based nanoparticles in marine bivalve mollusks from offshore aquaculture as detected by single particle ICP-MS. Environmental Pollution, 260: 114043.

Yan L, Du J J, Jing C Y. 2016. How TiO_2 facets determine arsenic adsorption and photooxidation: Spectroscopic and DFT study. Catalysis Science & Technology, 6: 2419-2426.

Yan L, Song J Y, Chan T S, et al. 2017. Insights into antimony adsorption on {001} TiO_2: XAFS and DFT study. Environmental Science & Technology, 51: 6335-6341.

Yan W, Zhang J F, Jing C Y. 2016. Enrofloxacin transformation on *Shewanella oneidensis* MR-1 reduced goethite during anaerobic-aerobic transition. Environmental Science & Technology, 50: 11034-11040.

Yang J, Bitter J L, Smith B A, et al. 2013. Transport of oxidized multi-walled carbon nanotubes through silica based porous media: Influences of aquatic chemistry, surface chemistry, and natural organic matter. Environmental Science & Technology, 47: 14034-14043.

Yang W, Ok Y S, Dou X M, et al. 2019. Effectively remediating spiramycin from production wastewater through hydrolyzing its functional groups using solid superacid TiO_2/SO_4. Environment Research, 175: 393-401.

Yausheva E, Sizova E, Lebedev S, et al. 2016. Influence of zinc nanoparticles on survival of worms *Eisenia fetida* and taxonomic diversity of the gut microflora. Environmental Science and Pollution Research, 23: 13245-13254.

Yi X H, Ma S Q, Du X D, et al. 2019. The facile fabrication of 2D/3D Z-scheme g-C_3N_4/UiO-66 heterojunction with enhanced photocatalytic Cr (Ⅵ) reduction performance under white light. Chemical Engineering Journal, 375: 121944.

Yin Y G, Liu J F, Jiang G B. 2012. Sunlight-induced reduction of ionic Ag and Au to metallic nanoparticles by dissolved organic matter. ACS Nano, 6: 7910-7919.

Yin Y G, Tan Z Q, Hu L G, et al. 2017. Isotope tracers to study the environmental fate and bioaccumulation of metal-containing engineered nanoparticles: Techniques and applications. Chemical Reviews, 117: 4462-4487.

Zhang J L, Zhou Z P, Pei Y, et al. 2018. Metabolic profiling of silver nanoparticle toxicity in Microcystis aeruginosa. Environmental Science: Nano, 5: 2519-2530.

Zhang P, Qiao Z A, Dai S. 2015. Recent advances in carbon nanospheres: Synthetic routes and applications. Chemical Communications, 51: 9246-9256.

Zhang T, Mubeen S, Bekyarova E, et al. 2007. Poly (m-aminobenzene sulfonic acid) functionalized single-walled carbon nanotubes based gas sensor. Nanotechnology, 18: 165504.

Zhang T Y, Lu D W, Zeng L X, et al. 2017. Role of secondary particle formation in the persistence of silver nanoparticles in humic acid containing water under light irradiation. Environmental Science & Technology, 51: 14164-14172.

Zhang W C, Ke S, Sun C Y, et al. 2019. Fate and toxicity of silver nanoparticles in freshwater from laboratory to realistic environments: A review. Environmental Science and Pollution Research International, 26: 7390-7404.

Zhang Z, Yates J T. 2012. Band bending in semiconductors: Chemical and physical consequences at surfaces and interfaces. Chemical Reviews, 112: 5520-5551.

Zhao J, Li Y, Cao X, et al. 2019. Humic acid mitigated toxicity of graphene-family materials to algae through reducing oxidative stress and heteroaggregation. Environmental Science: Nano, 6: 1909-1920.

Zhao J, Liu F F, Wang Z Y, et al. 2015. Heteroaggregation of graphene oxide with minerals in aqueous phase. Environmental Science & Technology, 49: 2849-2857.

Zhao L J, Huang Y X, Hu J, et al. 2016. 1H NMR and GC-MS based metabolomics reveal defense and detoxification mechanism of cucumber plant under nano-Cu stress. Environmental Science & Technology, 50: 2000-2010.

Zhou C, Lai C, Huang D, et al. 2018. Highly porous carbon nitride by supramolecular preassembly of monomers for photocatalytic removal of sulfamethazine under visible light driven. Applied Catalysis B: Environmental, 220: 202-210.

Zhou H L, Jin W Q. 2019. Membranes with intrinsic micro-porosity: Structure, solubility, and applications. Membranes, 9: 3.

Zhou X X, Lai Y J, Liu R, et al. 2017a. Polyvinylidene fluoride micropore membranes as solid-phase extraction disk for preconcentration of nanoparticulate silver in environmental waters. Environmental Science & Technology, 51: 13816-13824.

Zhou X X, Liu J F, Jiang G B. 2017b. Elemental mass size distribution for characterization, quantification and identification of trace nanoparticles in serum and environmental waters. Environmental Science & Technology, 51: 3892-3901.

Zhou X X, Liu R, Liu J F. 2014. Rapid chromatographic separation of dissoluble Ag (I) and silver-containing nanoparticles of 1-100 nanometer in antibacterial products and environmental waters. Environmental Science & Technology, 48: 14516-14524.

Zhu C, Meng G, Zheng P, et al. 2016. A hierarchically ordered array of silver-nanorod bundles for surface-enhanced Raman scattering detection of phenolic pollutants. Advanced Materials, 28: 4871-4876.

第二十一章
新污染物的环境地球化学过程（专题）

第一节 引　言

随着工业快速发展和各类化学品的大量生产使用，一些新污染物对公众健康和生态环境的危害正逐步显现。党的十九届五中全会明确提出“重视新污染物治理”。新污染物是指由人类活动造成的、目前已明确存在、但尚无法律法规和标准予以规定或规定不完善、危害生活和生态环境的所有在生产建设或者其他活动中产生的污染物，通常包括环境内分泌干扰物、新型持久性有机污染物、微塑料、抗生素等类型。

新污染物具有以下特点。①种类多数量大，例如，仅 PPCPs 就包括成百上千种化合物。②具有特殊的理化性质，例如，PFASs 具有非常强的稳定性和特殊的疏水疏油特性，因此在环境中呈现出其独特的环境地球行为。③分析检测难度大，例如，环境中微塑料、纳米材料等的定性定量分析目前尚未解决。④具有特殊的毒性效应和致毒机制，与传统化学污染物在致毒机理上存在较大差异。⑤不断更替演变的趋势，例如，抗生素抗性基因会随着垂直 / 水平基因转移在环境中进一步发生生物学增殖。⑥传播途径和暴露风险具有更大的不确定性，例如，一些病毒、病原菌以及抗性基因等生物病原体在传播过程中容易发生变异，可能会造成对其暴露风险的低估和不确定。因此，新污染物的环境地球化学具有传统污染物不具备的特性，需要依靠多学科交叉协同研究。

开展新污染物的环境行为、生态与健康风险及其控制技术的研究，符合国家及国际社会管控污染物环境危害的需求，是环境地球科学领域前沿热点问题。对新污染物的研究亟须加快加强，尤其是在其多介质环境地球化学归趋、跨介质传输、迁移转化机制及其转化 / 代谢产物的区域生态效应和人体健康效应及其暴露风险评估等方面，其对有效加强污染预防、污染管控、风险消减以及区域经济与环境的协调发展均具有十分重要的理论和现实意义。

第二节　学科发展现状

一、学科研究进展及国际地位

新污染物在环境中存在或者已经大量使用多年，但一直没有相应法律法规监管，而发现其潜在危害时，它们已经通过不同的来源和途径进入各种环境介质，如土壤、水体、大气中。新污染物不仅仅是指新进入环境中的污染物，还包括由于分析测试手段的改进、处理技术的提高、公众认知水平的提升等而发现的在环境中广泛存在并对生态系统包括人类在内的各种生物构成潜在危害的化学、生物或其他类型的污染物，新污染物的环境地球化学研究一直都是环境地球科学领域研究的前沿和热点。

通过 Web of Science 文献库对 1950～2019 年新污染物研究领域进行检索，使用 VOSviewer 对关键词进行统计分析，得到关键词聚类密度图（图 21-1），结果显示 PPCPs、纳米颗粒、EDCs、BFRs、PFASs、PBDEs、ARGs 等关键词的热度较高。除此之外，SCCPs、DBPs、遮光剂 / 滤紫外线剂等新污染物的研究也在不断增加。这些物质与人们的日常生产、生活密切相关，其来源广泛，生产使用量庞大，成为潜在的环境污染物。但是，对这些新污染物的环境行为和生态毒性效应了解较少，因此其成为世界各国政府部门和环境科学家关注的焦点，也是环境地球化学的重要研究对象。随着新污染物数量的增长，其外延也在不断扩大，不仅包括最初的分子态有机污染物，也包括像 ARGs、人工纳米颗粒、微塑料等在内的污染物种类。从污染物的形态来分，新污染物包括新兴有机污染物，颗粒态污染物如人工纳米颗粒、微塑料、大气细颗粒物，生物类污染物、如 ARGs、病毒等。

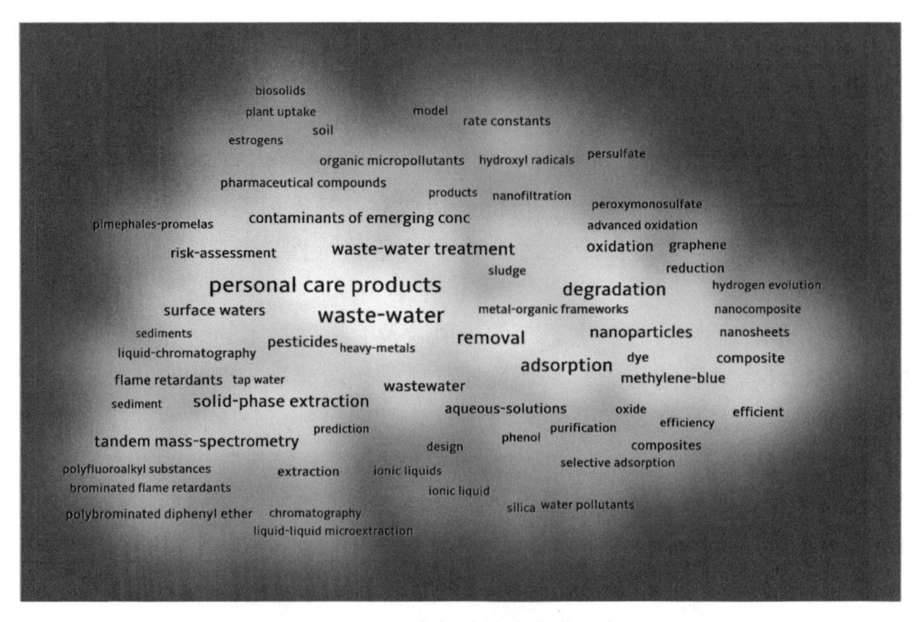

图 21-1　新污染物关键词聚类密度图

一些“新污染物”在得到较为充分的研究并证明其对环境和人体健康产生负面影响之后，往往因受到国际社会的高度关注而被限制和管控。但是，巨大的市场需求催生了各种替代化学品的研发和生产，并在没有进行充分环境效应研究的情况下就投入市场，成为“新污染物”，PFASs 就是一个典型的例子。针对这些新污染物，欧美等国家和地区相继启动了一系列的综合研究项目，如美国国家环境保护局的 PBDEs 项目计划、PPCPs 研究计划、纳米材料研究计划等，旨在建立这些新污染物的标准分析方法，研究它们的环境归趋、生态效应并进行暴露风险评估，我国也相继启动了一些重大项目以推动对新污染物的研究。

从图 21-2 可以看出，关于新污染物的研究机构中影响力最大的是中国科学院。在过去 10 年中，中国科学院针对新有机污染物的污染特点及所面临的履约需求和国家目标，深入开展了包括 PFASs、六溴环十二烷（hexabromocyclododecane，HBCDs）、SCCPs 等在内的新污染物的分析方法、区域污染特征及时间变化趋势、生物富集 / 放大、长距离迁移、毒性及毒理学效应、生态风险评价及人体健康评估等方面的研究（Xia et al., 2017；Zeng et al., 2014）。所获得的研究成果为促进我国新有机污染物分析方法体系的建立，评估我国典型区域新有机污染物的污染现状、污染特征及环境效应以及为我国履约谈判提供科学依据和技术支持等方面做出了重要贡献。同时，清华大学、南京大学、南开大学等中国高校的影响力也位居前列，所取得的成果显示了我国在该领域具有一定的研究优势，说明我国在新污染物领域研究的长足进步。

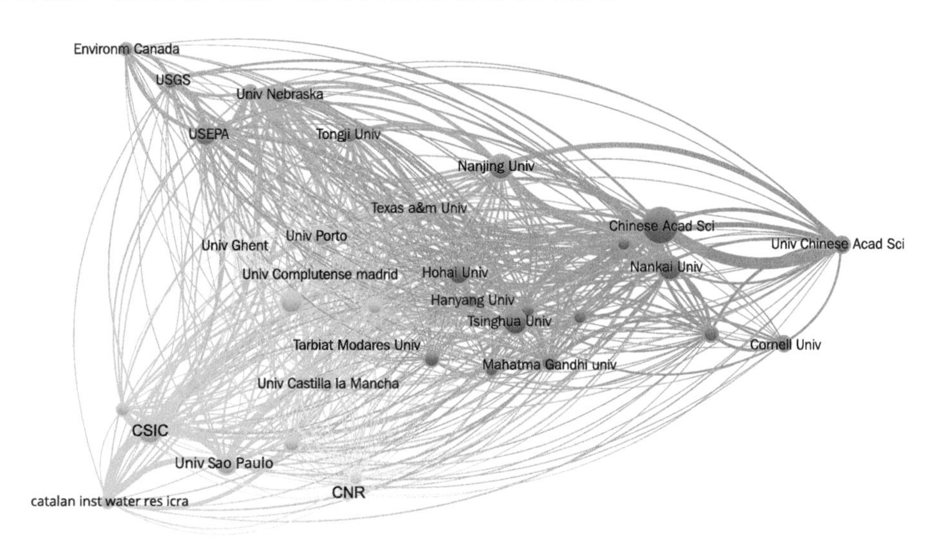

图 21-2　新污染物研究机构分析

由图 21-3 可以看出，中国和美国以其绝对的合作影响力成为新污染物研究领域合作最多的国家。我国在初始阶段虽然落后于欧美等国家和地区，但是近年来通过加强与世界各国的合作，在新有机污染物特别是新增新污染物的分析方法学、环境行为、生态毒理以及环境风险等方面开展了卓有成效的研究工作，积累了大量的重要数据，开拓了一些新的研究方法和手段，培养了一批中青年优秀学者，组建了多支在国际上有一定影响力的高水平研究团队，提升了相关研究实力和地位，为我国开展履约提供了数据基础和技术支持，并取得了丰硕的研究成果。如图 21-4（a）所示，中国科研机构在新污染物方面 SCI 论文的发表量自 2008 年后开始进入一个飞速增长时期，目前在新有机污染物、微塑料、耐药基因等方面 SCI 论文发文量跃居世界前两位，占世界总量的 20%～22%，说明我国在新污染物方面的研究实力迅速提升。但是我国在顶尖期刊上的文章数量仍与其他国家存在较大差距，如图 21-4（b）所示，我国在抗性基因研究方面在 *Nature* 等顶级期刊上的论文呈现逐渐上升的趋势，但与美国还有一定的距离，对新污染物研究的方法学、环境地球过程的诸多作用机制和生态健康效应仍不清楚，亟须开展持续深入的创新性研究。

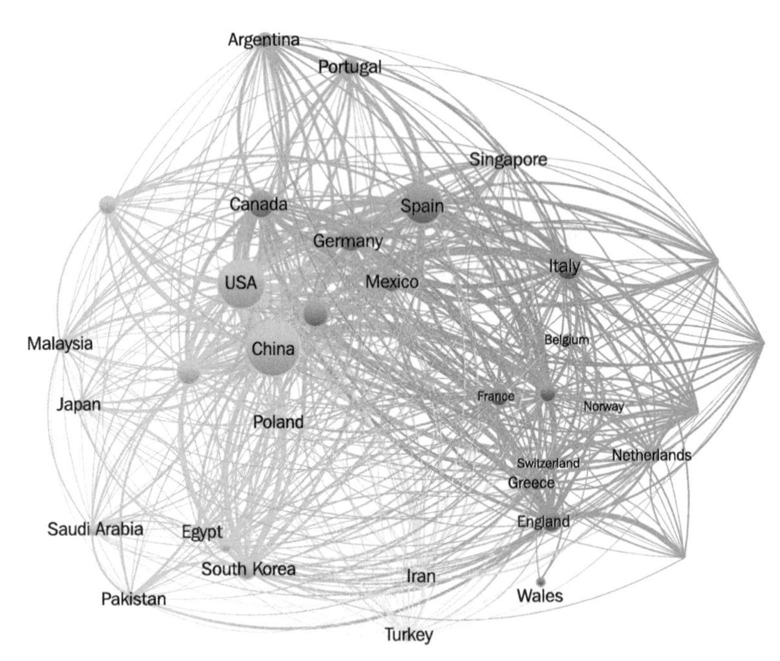

图 21-3　新污染物研究的国家和地区合作分析

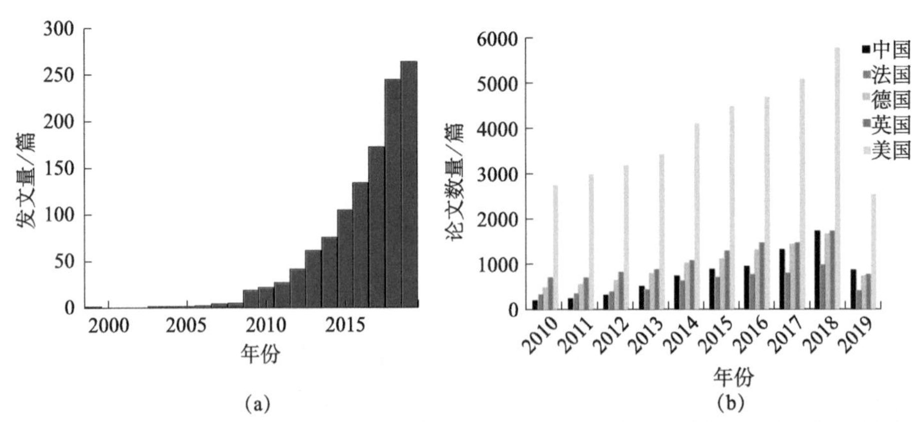

图 21-4　中国新有机污染物相关研究的 SCI 文章年发文量（a）及中国和其他国家在环境耐药领域顶尖期刊（*Nature*、*Science*、*Cell* 及其子刊）上发表论文数量的变化趋势（b）（Web of Science，2010.1～2019.6）

从所发表论文的平均被引次数上看（均篇被引次数为26.76次），我国均篇被引次数为21.3次，可见我国新有机物污染物领域SCI论文均篇引用次数接近世界平均引用次数。而在微塑料领域（均篇被引次数为23.65次），我国的均篇被引次数仅为12.31次，且前十位高被引次数论文的研究机构均为英美等发达国家的科研机构，显示了传统科技强国在微塑料环境风险评估与技术领域仍具有较高的研究水准，我国在这一指标上具有明显劣势，说明我国的科研深度亟待提高。

图21-5显示了近年来新污染物研究主要分为三类：绿色的聚类为新污染物的分析方法、环境污染水平和区域特征等方面；蓝色的为新污染物的生物富集、人体暴露、生态与生物毒性等方面；红色的为新污染物的污染去除，与地球科学相关的主要是绿色和蓝色两大板块。

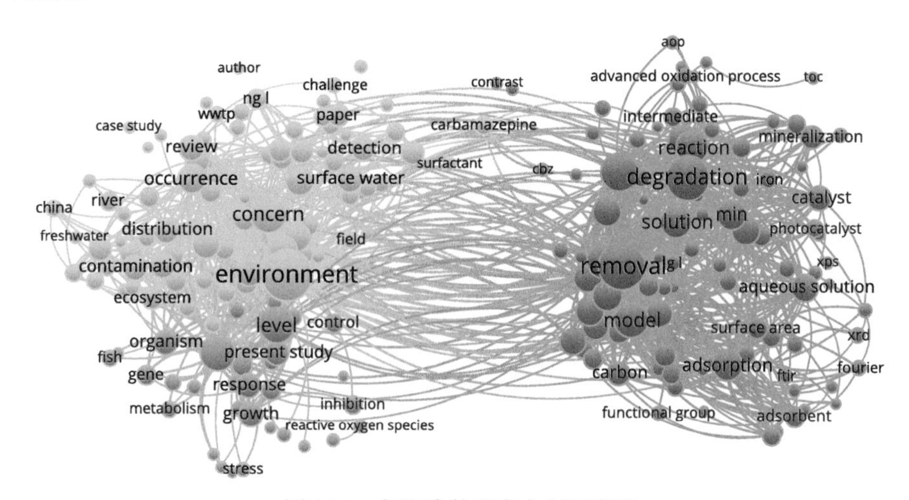

图21-5　新污染物研究主题聚类图

二、发展布局与主要成就

（一）新污染物的分析检测技术快速发展

新污染物环境地球科学的研究在很大程度上得益于分析技术的飞速发展。针对新有机污染物，全二维气相色谱（GC×GC）、超高效液相色谱（UPLC）、飞行时间质谱（TOF-MS）、轨道离子阱质谱（Orbitrap MS）等已经成为其筛查和定性定量分析的重要技术手段。例如，针对SCCPs和MCCPs发展了气相色谱－负化学源飞行时间质谱、催化加氘－气相色谱质谱法、全二维气相色谱－负化学源飞行时间质谱测定48种碳原子数为10～17，氯原子数为5～10的SCCPs和MCCPs的分析方法，实现了针对空气、土壤、母乳和血液中痕量－超痕量SCCPs和MCCPs的检测，最低检测限为10 ng/g左右（Yuan et al.，2017）。近年来生物检测法发展迅速，酶联免疫法、报告基因法都成功用于新污染物的分析，具有成本低、快速、半定量的特性，是经典测定方法的有力补充。另外，新有机污染物种类繁多且环境浓度极低，常规的仪器分析手段难以准确检测其在环境中的迁移转化，不能很好地鉴别污染物，测量方法的不统一和不规范也使得研究者的研究结果各有差异，限制了人们对新污染物的认识。因此，尽快建立一个标准化的采样、分析检测方法，对于确保研究结果的准确性和制定有效的管理排放标准具有重要意义。

对于抗性基因，由于环境中仅有约 1% 的细菌能分离培养，传统的细菌培养法会严重低估环境抗生素耐药组。因此，宏基因组测序、高通量 PCR、功能基因探针、基质辅助激光解吸电离飞行时间质谱（MALDI-TOF-MS）、拉曼光谱、微流控、单细胞测序、基于染色体构象的 HiC-Meta 技术等不依赖培养的方法被逐渐应用于环境样品 ARGs 的广谱检测和相对定量。随着现代高通量测序技术的不断进步（Gibson，2014），宏基因组学（metagenome）研究环境微生物种群和群落已显示出巨大潜力，利用功能基因筛选和测序分析等研究手段，可获得样本中可培养和不可培养的全部微生物 DNA 序列信息，从而对微生物群落结构组成和种群丰度进行精准定量，有效解决其他方法的技术缺陷。基于贝叶斯算法建立的 SouceTracker 机器学习（machine-learning）方法可以进行抗性基因源－汇追溯分析以及复杂环境样品体系中抗性基因宿主的定位分析（Miletto and Lindow，2015）。

针对微塑料的研究，目前主要是运用常规的显微镜、FTIR、扫描和透射电镜、拉曼光谱、原子力显微镜等对其进行定性分析，尚缺乏较好的定量检测技术。化学表征主要是通过检测微塑料的化学成分来进行分析测定，包括差示扫描量热法、热裂解气相色谱质谱联用（Py-GC/MS）、热脱附气相色谱质谱联用（TDS-GC/MS）等。在实际工作中，往往要依据研究目的和样品组分的特点，将一种或几种分析技术相结合，才能进行准确的定性和定量分析。一些新的方法，如分子排阻色谱、凝胶电泳和场流分离技术，以及原子力显微镜、透射电镜等技术逐渐应用于微塑料的定性定量分析，提高了分析的准确度和灵敏度（Hidalgo-Ruz et al.，2012）。然而，如何快速将微塑料从复杂的环境样品中分离提取出来，以及如何开展其定性定量分析还存在巨大挑战，迫切需要优先发展提升微塑料的创新性分离检测技术。

（二）新污染物区域污染特征研究增长快速

在科技部和国家自然科学基金委员会等支持下，我国众多科研机构开展了新污染物在不同环境介质中的污染水平、污染特征、时空演变、区域特征等方面的研究工作，所开展的研究工作具有以下特点：①新污染物的种类众多，包括各种新有机污染物，如 PBDEs、PFASs、HBCDs、SCCPs、PPCPs、BPs、OPEs 等，以及抗性基因和微塑料等；②涉及的环境介质广泛，包括大气、室内空气、细颗粒物、灰尘、城市污水处理厂的活性污泥、污水、地表水、地下水、饮用水、大气湿沉降、海水、土壤、水生生物等；③研究区域范围广；主要包括北美地区和欧洲一些典型的人口密集的城市、我国不同的城市，特别是长江经济带、粤港澳大湾区、京津冀地区等经济发达地区、工业生产及周边地区，也涉及高山极地等偏远地区。

长期研究为我国新污染物的环境污染特征积累了丰富的基础数据，新污染物的环境污染与区域分布特征总体呈现一些共性的特征。它们在各种环境介质中广泛存在和检出，在经济发达地区的环境浓度相对较高，说明高强度的工农业生产和生活活动是这些新污染物的主要污染来源。由于中国是许多新型化学品的重要生产基地，一些新污染物在我国环境中的污染水平在世界范围内偏高，例如，我国大多数地区 SCCPs 和 MCCPs 含量较国外高一个数量级，在我国太湖西北部地区入湖河流中 OPEs 的浓度高达 μg/L 水平（Wang et al.，2018）。一些新污染物在水体中的浓度往往呈现从污染源到河流—海洋逐渐降低的趋势，例如，水体中 PFASs 浓度按照污染源水体（μg/L）> 河水（ng/L）> 海水（pg/L）呈现逐渐降低的趋势（向前等，2019）。

与一些新有机污染物不同，抗性基因在土壤，特别是农业用土壤中具有较高的污染水平。此外，水产养殖环境是耐药基因污染的高发区域，芬兰科学家发现养殖场鱼类肠道菌中含有较高浓度的耐药基因，而鱼的皮肤黏膜和鱼鳃中极少检出耐药基因（Tamminen et al.，2011），表明动物肠道是耐药基因传播的重要载体。自来水厂消毒环节以及输送自来水的输水管网也是耐药基因污染的高发区域，其增加了由饮用水暴露引起的抗性基因进入人体的风险（Hu et al.，2019；Zhang et al.，2019）。

目前对于微塑料环境分布特征的研究主要集中在海洋环境。从整体来看，微塑料在全球水域分布广泛，特别是在近海环境分布相对集中。微塑料也广泛存在于陆地环境中，但是由于提取和分离难度较大，关于陆地环境中微塑料分布特征的研究还非常匮乏。未来需要加强全球范围内的国际合作，系统开展环境介质中（大气、水体和土壤）微塑料污染的调查及生命周期的研究，阐明微塑料的分布特征及其在不同环境中的交互作用，揭示其环境行为与归驱。

关于新污染物区域环境污染特征的研究，目前存在一些不足，如许多研究都是小规模、随机、缺乏标准采样规范的研究工作，需要通过规范的采样方法、系统的采样布局、大规模的采样等提高数据的可靠性和科学性，从而为进一步研究其环境过程、转归、来源等提供基础数据。

（三）新污染物的环境行为研究

新有机污染物的界面分配，如 SCCPs、PFASs、PPCPs、PBDEs 等在气 / 固、固（土壤、悬浮颗粒物、灰尘等）/ 水等的界面分配过程，特别是针对 PBDEs、OPEs、PFASs 开展了较多的研究，发现了污染物理化性质、环境介质的组成等对界面分配的影响规律，如发现 PFASs 因碳链长度不同、官能团种类不同理化性质差异较大，造成其在环境介质中的迁移规律存在明显的差异。碳链越长的 PFASs 疏水性越强，因此长碳链 PFASs 较易吸附到灰尘、土壤和沉积物等固体颗粒相上，其迁移性较差。短碳链的 PFASs 在大气和水体等介质中具有更强的迁移性（Chen et al.，2015）。另外，一些中性全氟化合物氟调醇、全氟辛基磺酰等几乎不溶于水，但却具有较强的挥发性，大气是这些半挥发性的中性全氟化合物的主要归趋，它们最终会降解成 PFCAs 或 PFSAs 等离子型 PFASs。

由于缺乏定量分析检测技术，目前针对微塑料环境行为方面的研究较少，相关研究主要集中在微塑料与环境中共存污染物的吸附解吸、微塑料中组分的释放、微塑料与共存污染物的相互作用等方面（Castro-Jiménez et al.，2016），尚缺乏对微塑料与环境介质组分之间物理、化学作用和转化机理的深入研究。抗性基因可以在地球表层水、土、气、生物等圈层之间进行传播扩散，其迁移、转化和归趋等环境行为受到复杂环境因素的影响，环境要素的复杂性决定了抗性基因环境行为的多样性和不确定性。虽然已有研究表明耐药细菌和抗性基因可在环境多介质进行跨介质传播和扩散，但目前开展的绝大多数研究还集中在单一介质，如土壤环境、水环境和大气环境介质中耐药细菌和抗性基因的传播和扩散，有关耐药细菌和抗性基因在环境－动物－人体的跨介质跨物种传播的研究亟待开展。

随着我国科研实力和装备的提升，一些科研单位，特别是中国科学院所属的研究机构、国家海洋局等在我国西藏、地球南北极、各大海洋等开展了开拓性的研究工作，不仅积累了大量的基础科学观测数据，更是在新污染物的长距离迁移方面提出了许多新的观点和论据。通过大量系统的研究，目前对 PFASs 这种具有特殊理化性质的污染物的全球迁移有了较为系统的认识，指出 PFASs 的远距离迁移有四种可能的途径。一是半挥发性、挥发性的中性全氟化合物进入大气后进行长距离迁移，然后在光照或者微生物的作用下降解转化生成 PFCAs 或 PFSAs。二是直接排放到环境中的离子型 PFASs 由于水溶性较强，通过海洋洋流或海浪运动进行长距离迁移。三是虽然 PFOA、PFOS 等水溶解性强、挥发性差，难以通过挥发直接进入大气，但是可以通过飞沫、汽溶胶的形式从水中进入大气，这成为其进入大气的一个途径。四是在生物体内富集的 PFASs 随食物链或生物迁徙向偏远地区传输。这些研究工作中采用了一些新的研究手段或者和地球科学其他领域交叉，如异构体指纹技术、同位素示踪技术、气象资料反演等（Jin et al.，2016）。

抗性基因在环境中的迁移具有特殊性，水平转移是其在环境介质中扩散的主要分子机制，以 Class 1 integrons（intI1）为主要载体，intI1 嵌合于质粒和转座子等可移动遗传元件中，携载抗性基因横向转移至各类病原菌（McAdam et al.，2012）。此外人为污染形成的化学选择性压力造成了 intI1 介导的耐药基因在土壤、水体环境中的大规模散播（Gillings et al.，2015）。大气环境的流动性和分散性以及城市大气特有的高氧化性，决定了大气菌群的生存策略与抗性基因的水平转移能力可能与水体和土壤环境中的相关特征迥异，其中的机理尚待阐明。因此，宏观气象因素和微观颗粒物化学组分如何影响生物气溶胶中抗性基因的赋存、分布，对理解其在大气环境中的长距离传播及其机制意义重大，值得深入探讨。

（四）新污染物在生物体内的富集和放大

新有机污染物如 PBDEs、OPEs、PFASs 等在生物富集和食物链放大等方面取得了重要的进展，不仅对它们在常规水生动物中的富集规律有了新的认识，还通过同位素标记和同位素示踪、高分辨质谱技术等，对它们在陆生动物、陆生植物、食物链中的富集规律、代谢转化、生物放大与污染物性质和代谢转化之间的内在关系等方面都有了重要的发现。

研究发现，抗性基因具有通过质粒在不同细菌间转移、扩散的可能性，因此在鱼类皮肤黏膜、鱼鳃、肠道菌中均含有一定浓度的抗性基因，然而抗性基因在水体环境中如何通过水生生物链传播目前还不清楚。人类位于生物链的顶端，一旦抗性基因通过生物链传播进入人体特别是传播到人致病菌将产生更大的健康风险。因此，弄清抗性基因能否通过生物链由低营养级生物向高营养级生物传播对于揭示环境中抗性基因对人体健康的效应意义重大。

（五）新污染物在环境中的转化规律

对新污染物在土壤、活性污泥等介质中的好氧和厌氧微生物降解过程，以及在蚯蚓、植物、大鼠等体内的生物降解过程有了初步的认识。但是总体来说，其以对降解率和降解中间产物的鉴定为主，对降解的关键机制、起作用的关键酶和基因方面的认识还有待进一步深入。对于抗性基因来说，微生物降解是个双刃剑，微生物降解引起的抗性基因水平升高可能造成更大风险。抗生素的微生物降解与抗性基因转化之间的关系还需要进一步深入。微塑料进入环境后会发生复杂的生物和非生物转化，导致其毒性效应的变化，目前相关的研究还比较薄弱，需要加强相关研究。

（六）新污染物的毒性效应和人体暴露

生物暴露与毒理学效应方面的研究也是新污染物的热点之一。尽管新污染物在环境中的含量较低，但其对生态环境和人体健康存在较大的威胁和健康风险。目前许多污染物的环境风险已经得到了研究证实，如内分泌干扰物引发的生物性别突化、雌性化、神经系统紊乱等症状；抗生素滥用引发的抗性基因问题，“超级细菌”的产生就是直接证明。更加让人担忧的是，新污染物往往是以复杂的混合物形式存在，其产生的协同效应会使其毒性更大。尽管包括我国科研人员在内的科学家已经证实了新污染物的人体暴露问题，但其暴露风险与健康效应评估仍有待深入开展。以 PFASs 为例，人体通过呼吸、皮肤接触、饮食等途径暴露PFASs。总体来说，职业人群的暴露水平明显高于普通人群，工业区周边人群的暴露水平也高于普通人群的暴露水平（Zhou et al.，2014）。大量研究证实，PFASs 造成的毒性效应主要表现在肝毒性、内分泌干扰毒性、免疫毒性、神经毒性、致癌性等方面。近年来，通过细胞、组织、动物以及理论模型，可以评估 PFASs 等毒物在生物体内的富集及对特定靶器官的毒性效应，从而预测 PFASs 对人类的健康危害。

关于抗性基因的健康影响目前还不明确，相关研究亟待开展，如肠道微生物菌群平衡破坏、肠道炎性反应等，将进一步影响机体免疫，如干扰菌群糖脂代谢、氨基酸蛋白合成、免疫反应等，从而将增加病原菌感染的风险，这可能与肥胖、糖尿病、心脑血管疾病、癌症等疾病密切相关，甚至还发现了肠道微生物与帕金森病之间关系密切（Seville et al.，2009）。抗性基因如何进入人体并与人体肠道菌群相互作用以及对机体免疫的应答机制还缺乏系统研究，对这一科学问题的阐明有助于正确评估环境中的耐药基因对人体的健康风险，从而为环境中耐药基因的风险防控提供理论依据和数据支持。

由于微塑料具有粒径小的特点，很多脊椎动物和无脊椎动物可能误食微塑料，从而减少繁殖、影响个体生长、减弱适应性、内部损伤和替代食物影响营养摄入等；对食物链和食物网来说，则会对高级捕食者产生危害。目前微塑料对水生生物毒性效应的研究大多以短期暴露实验为主，用于评价毒性效应的指标包括行为、摄食率、生长情况、产卵量、氧化应激、炎症反应和生物酶活性等亚致死效应以及死亡率。目前对于微塑料的毒性研究大多还停留在效应层面，而对其微观作用机制尚缺乏了解；此外，未来应对微塑料引起的群落结构以及生态系统能量流动、物质循环等宏观尺度方面的毒性效应深入研究。

第三节　学科发展需求与趋势分析

一、关键科学问题、前沿与应用需求

2019 年我国《政府工作报告》指出："加强污染防治和生态建设，大力推动绿色发展"。绿色发展理念已经成为我国经济发展的主旋律。由于西方发达国家将大量化学品生产转移至我国，我国成为世界化学品的重要生产基地；我国也拥有发达和高强度的农业和养殖业，它们为我国的社会经济发展发挥了重要作用，但同时也伴随着各种新污染物污染程度的加剧，一些新污染物在我国地球环境中的污染程度处在全球相对较高水平。党的十九大明确提出，中国特色社会主义进入新时代，我国社会主要矛盾已经转化为人民日益增长的美好生活需要和不平衡不充分的发展之间的矛盾。随着人民生活水平的不断提高和对环境质量改善的迫切需求，新污染物带来的环境和健康问题日益凸显。

然而，我国环境多介质中新污染物的释放与污染特征仍不清楚，在全球范围内新污染物的来源不明。新污染物的化学结构与性质都有别于传统污染物，在环境多介质的分配与传输过程中很多问题难以用传统理论解释，而且生物污染与化学污染、溶解态与颗粒态复合存在，导致新污染物的环境行为、生态毒理效应、人体健康危害等领域尚存在很多认知空白，缺少相关环境标准与法规，大大制约了其风险的科学管控，并导致我国在国际公约谈判及履约过程中处于被动局面，对其深入研究必将推动环境地球化学的理论进步。因此，新污染物环境地球化学行为及其生态健康风险难以用传统理论解释，需要研究视角、方法与理论的创新。

在未来的研究中，需要瞄准国际环境科学研究前沿，以关系我国国计民生的环境问题为重点，通过对关键科学问题的研究，加深对地球表层系统下新污染物的生物地球化学过程、环境质量演变规律、生态与健康效应的理解，提高对区域及全球复合污染问题形成机制的认知，力争在其多介质环境地球化学归趋、跨介质传输、迁移转化机制及其转化 / 代谢产物的区域生态效应和人体健康效应及其暴露风险评估等方面取得突破，为解决我国各类环境污染问题提供理论、方法和技术支持，为环境履约、跨境污染等环境外交问题提供科学依据，为生态文明建设、环境安全提供保障和科学支撑，这对有效加强污染预防、污染管控、风险消减以及区域经济与环境的协调发展均具有十分重要的理论和现实意义。

二、学科发展国际背景及国际相关研究计划

新污染物具有种类多、数量大、分析检测难度大、缺乏基础环境数据、特殊的理化性质、特殊的毒性效应和致毒机制、不断更替演变等特点，这些特点使研究难度增大。针对新污染物，欧美等国家和地区相继启动了一系列的综合研究项目，例如，美国国家环境保护局早在 2009 年就提出了针对 PFASs、PBDEs、SCCPs、邻苯二甲酸酯四类化学品在内的首个"化学品行动计划"，旨在建立这些新污染物的标准分析方法，研究它们

的环境归趋、生态效应并对它们进行风险暴露评估。20 世纪 90 年代中期，世界卫生组织呼吁全球关注抗性基因的环境健康问题。1996 年，美国农业部与疾病预防和控制中心（Centers for Disease Control and Prevention，CDC）合作成立了国家抗微生物药耐药监测系统（NARMS）。2015 年白宫发布《遏制耐药菌国家行动计划》，由美国卫生与公众服务部、国土安全部、国家环境保护局、国家科学基金会等多个部门联合参与制定了“抗击耐药细菌 5 年国家行动计划”。自 2011 年起，联合国环境规划署开始持续关注海洋中的微塑料污染问题，2014 年 6 月召开的首届联合国环境大会将海洋塑料污染列为近 10 年中最值得关注的十大紧迫环境问题之一。2016 年联合国第二届环境大会进一步从国际法规和政策层面推动了对海洋微塑料的管理和控制。欧洲某组织于 2016 年 1 月启动了微塑料系列研究项目。美国国家海洋和大气管理局也启动“海洋垃圾项目”，旨在开展对微塑料垃圾影响的研究，微塑料分布、丰度和影响研究，并通过公众教育项目提升对微塑料的关注度。EPA 先后启动了人工纳米材料的研究计划，并发表了《纳米技术白皮书》《纳米技术环境、健康、安全研究战略》白皮书等系列报告，2007 年始，欧洲开始讨论如何将已生效的 REACH 法规（化学品注册、评估、授权和限制）应用于纳米材料。

我国也相继启动了一系列项目以推动对新污染物的研究，包括科技部的国家重点研发计划，国家自然科学基金的重大、重点、面上、人才等项目，生态环境部、自然资源部等部门的科技专项等。有关新污染物环境地球化学的研究，我国起步虽然落后于欧美等国家，但是近年来通过加强与世界各国的合作，在新有机污染物特别是新增新污染物的分析方法学、环境行为、生态毒理以及环境风险方面开展了卓有成效的研究工作，积累了大量的重要数据，开拓了一些新的研究方法和手段，培养了一批中青年优秀学者，组建了多支在国际上有一定影响力的高水平研究团队，提升了相关研究的实力和地位，为我国履行国际公约提供了数据基础和技术支持，并取得了丰硕的研究成果。结合国际上在环境科学研究出现的热点领域，如纳米材料和抗性基因等新污染物的环境行为及效应等，无论从项目支持还是论文发表情况来看，它们都呈现了较快的发展势头，也为国家履行国际公约提供了有力的技术支撑。但是我国在新污染物研究方面在 *Nature*、*Science* 和 *Cell* 等顶级期刊上发表的论文与美国等国家还有一定的差距，亟须开展从 0 到 1 的创新性研究，例如，对它们可能引起的环境和健康危害开展研究。

三、学科理论前沿与研究热点、发展趋势与启示

（一）环境中新污染物的标准分析方法、筛选与识别

充分利用非靶向检测、发展效应导向分析技术与方法，高通量筛查新污染物，建立筛查新污染物的系统方法学，从实际的环境样品中检出更多的、具有毒害性和潜在健康风险的污染物，从而在发现新有机污染物的方法学方面取得重大突破。针对复杂环境样品中抗性基因、微塑料等进行标准化分析方法的建立是一个重要的挑战。

（二）排放清单和溯源解析

针对新有机污染物的生产，摸清不同规模、生产工艺、生产过程中新污染物的含量

和特征，探明其在大气中的关键组成、排放强度、时空变化、分布特征、来源成因，构建新污染物的排放清单。针对各种新污染物包括抗性基因、微塑料等，实现源解析的方法学和技术上的突破，开展大气、水、土壤等环境介质中污染物的溯源研究，探索不同来源区域污染的贡献，为污染防治提供基础数据和理论指导。

（三）多介质界面行为、区域环境过程与调控

污染物的多介质界面行为涉及化学、地学与生物学等多学科交叉的研究内容。其重点研究新污染物包括新型有机污染物、抗性基因、微塑料等从源排放进入环境后，经过复杂的环境过程，在多介质内和介质间进行迁移转化和分配，从而影响生态环境系统质量、人群健康和气候变化的全过程。探索其与环境介质各组分之间的作用过程与机制，阐明其随流体动力学条件、环境介质的演化、相邻介质中污染物的逸度差等而发生的赋存形态、反应活性、生物可利用性等的变化及其机制；开展多介质不同尺度迁移转化规律，建立基于不同尺度和多过程耦合的污染物迁移转化和定量预测模型，进行从环境行为到环境质量评估全过程的区域环境过程及效应的系统性基础研究。

（四）生态毒性效应与健康风险

关注新污染物由环境圈层向生物圈层以人类的迁移传递过程和主控因子。除了传统的毒理学手段和方法外，要充分利用现有的生物组学技术和手段，如基因组学、蛋白质组学、转录组学、代谢组学等，并融合人工智能、大数据等跨学科的技术手段，揭示新污染物对水生生态系统、陆生生态系统、边界生态系统从组织、个体到种群等的不良效应及微观机理。从微观到宏观不同层次开展新污染物低剂量长期暴露的毒性效应识别和量化，以及多种污染物共存的复合型环境污染健康风险评估。开展新污染物人体暴露及其与典型慢性疾病的内在关联，以及其代谢通路与生物标志物方面的研究。

第四节　学科交叉的优先领域

一、学部内部学科交叉的优先领域

（一）新污染物的区域污染特征与来源解析研究

开展重点行业及其辐射地区、经济高速发展和人口密集区域及对照区域新污染物种类筛查、时空变化、分布特征的研究，探明社会经济要素和自然环境因子对区域污染特征的影响规律。综合实验室排放实测、外场观测、同位素技术、异构体指纹谱、模型模拟等技术方法和手段，开展大气、水、土壤等环境介质中新污染物的溯源研究，获得不同类型排放源对区域污染的贡献，以及排放贡献时空差异的过程和机制。

（二）新污染物的环境界面过程与迁移转化机制研究

重点研究新污染物包括新有机污染物、微塑料、抗性基因等从源排放进入环境

后，经过复杂的环境过程，在多介质界面间的分配和迁移，探索其与环境介质各组分之间的作用过程与机制，阐明其随流体动力学条件、环境介质的演化、相邻介质中污染物的逸度差等驱动而发生的赋存形态、反应活性、生物可利用性等的变化及其机制。系统研究新污染物由环境圈层向生物圈层迁移传递的规律、过程与微观机制。探索新污染物在与环境介质作用和迁移过程中的生物与非生物转化、关键影响因子和分子机制，明确关键的转化产物，筛选特异性环境转化分子标志物。建立基于不同尺度和多过程耦合的污染物迁移转化和定量预测模型。

（三）新污染物及其转化产物的生态毒性效应研究

开展新污染物低剂量长期暴露的毒性效应识别和量化，不仅关注传统的水生生物、哺乳动物等模式生物，还需要关注低营养级生物，如昆虫等生物的负面效应评估和研究，以及多种污染物共存的复合型环境污染风险评估。目前新污染物的生态毒理学效应和机制尚不清楚，进一步寻找其新的毒性靶标和生物标志物，除了传统的毒理学手段和方法外，要充分利用现有的生物组学技术和手段，如基因组学、蛋白组学、转录组学、代谢组学等，揭示新污染物的毒性效应和分子机制。

（四）新污染物及其转化产物的人体健康暴露与环境基准研究

在重点行业及辐射区域、高风险区域等地区，开展新污染物人群暴露水平、暴露特征的研究，探索不同暴露模式和途径对人体中新污染物总摄入量的贡献，构建人体暴露的定量模拟模型。系统研究新污染物在人体中的代谢过程、代谢产物以及分子标志物，开展新污染物的人体健康风险评估。开展新污染物人体健康基准理论体系研究，针对一些特殊新污染物的重点行业和特殊污染区域开展相关的污染排放标准研究。

二、与其他学部学科交叉的优先领域

（一）污染暴露与现代分析手段（与分析化学交叉）

总体目标：推动与分析化学学科的交叉融合，为研究新污染物的环境介质分布、环境地球化学过程、人体暴露评估和生态健康风险评价提供先进技术手段和基础数据。

（1）发展简便高效的采样技术和复杂基质前处理技术：环境样品和人体样本的可获取性是环境地球化学研究的基础，采样技术和前处理技术一直朝着高灵敏度、高选择性以及快速高效、高自动化程度的方向发展；未来将进一步应用物理、化学、生物学等方面的理论来发展新的分析方法与技术，以满足在更大的环境和人群尺度下进行新污染物研究的发展需要。

（2）发展多技术手段对未知化学品和已知新污染物的降解转化产物进行鉴定，寻找对生态系统和人体健康具有危害的新环境污染物。化学品环境问题层出不穷，提前关注其环境风险的管理思维是目前的发展趋势，可减少环境污染问题和危害人类健康事件的发生。未来需要进一步建立和发展结合靶向和非靶向质谱筛查、计算化学、有机合成和环境分析等多技术体系，对潜在新污染物进行有效鉴定。

（3）构建基于高通量组学技术（暴露组）的环境介质中种类繁多的污染物分析方法

和技术体系：采用当今先进的高精度、高灵敏度的靶向和非靶向检测技术，建立更为准确、高通量的新污染物测定技术体系。

（4）构建基于现代高通量组学技术（基因组学、蛋白组学、代谢组学等）的新污染物暴露及生态健康风险评价方法和技术体系。当今基因组学、蛋白组学、代谢组学、微生物组学等现代高通量组学技术发展迅速，但是以上单组学技术在阐述新污染物的毒理效应、致毒机理方面依然存在局限性，因此如何整合和优化现有高通量技术使之能够全面、准确、高效地评估新污染物潜在的生态和健康风险是未来地球环境研究中的重点之一。未来研究可从以下三个方面着力发展。

第一，整合多组学技术，建立多组学综合技术平台，从分子、细胞、组织及人群不同层次，多角度深度挖掘环境污染的毒性效应和致毒机理，重点阐述在环境相关剂量下的长期毒性效应，建立可靠的污染物毒性大数据库，为防治新污染物提供翔实的基础数据及坚实的理论支撑。

第二，利用多组学技术，筛选可靠的致毒生物标志物，并建立快速甄别生物标志物的方法，同时标准化标志物及相应检测方法，为政府管理部门发布环境健康预警、保障人民健康提供可靠的技术支撑。

第三，优化现有的组学技术，研制具有高灵敏度、机动性强，同时具有自主知识产权的小型高通量检测设备，快速并高通量地输出多种新污染物，为政府管理部门有效地处理环境应急事件提供技术支撑。

（二）污染与人群健康（与预防医学交叉）

总体目标：根据我国环境污染群体健康损害的特点，建立一套统一科学的因果关系评定依据和程序，为未来的环境诉讼和环境管理工作提供合理的依据。

（1）在环境污染等因素的影响下，重大疾病，包括慢性病和感染性疾病，如癌症、心血管疾病、糖尿病、慢性呼吸系统疾病的发病率呈上升和低龄化的趋势。最近肆虐全球的新冠病毒的大范围流行与传播，对人类健康产生巨大挑战。以流行病学研究为基础，应用人群基线调查数据，基于不同区域、不同环境下污染物对人群各类疾病及不良健康效应进行危险评定。

（2）通过大型人群队列研究以及多中心研究，从病因学角度出发，运用环境监测技术，探讨环境致不良健康效应的风险系数和因果关系，为环境所致人群健康效应提供可靠的理论依据。

（3）结合分子流行病学，从源头明确疾病的发病机制，摸清内在（如基因）和外在（如环境）的诱发原因，为人群健康防护与疾病的预防提供科学依据和方法。

第五节　前沿、探索、需求和交叉等方面的重点领域与方向

随着工农业的发展，我国环境负荷逐渐增大。由于无法达到零排放，众多难以降解的化学污染物，以低剂量、长时间共同作用的累积效应影响人群的健康与生活。2016 年

10月，国家发布《“健康中国2030”规划纲要》。该纲要指出，至2020年主要健康指标要居于中高收入国家前列，至2030年主要健康指标要进入高收入国家行列。目前，我国健康服务供给总体不足与需求不断增长之间的矛盾依然突出，且存在多方面的健康风险因素，其中一个重要的风险因素源于环境污染。据美国化学文摘统计，全球市场上每年有上千种新的化学物质出现。各种化学物质在工农业生产和日常生活中的广泛使用，使人们暴露于化学品的机会不断增大、暴露水平不断升高。但与上述情况形成鲜明对比的是，人们仅了解其中极小一部分化学物质对环境与健康的影响。许多最初认为对环境和人体健康无害的化学物质，最终却证实对环境与健康有着意想不到的损害作用。

据全球疾病负担研究估计，2015年与环境污染相关的疾病导致900万人过早死亡，其占全球总死亡人数的16%。全球疾病负担研究还估计，与污染相关的疾病造成了2.68亿伤残的人调整寿命年。在非传染性慢性病的死亡归因中，环境污染占到70%。第二届联合国环境大会发布的主旨报告《健康环境，健康人类》及世界卫生组织发布的《通过健康环境预防疾病－全球归因于环境因素的疾病负担》报告均表明，2012年全球约1260万人由于环境因素而死亡，其占全部死亡人数的23%。2015年，全球范围内估计的环境污染导致900万人死亡，超过以下因素造成的死亡数：高钠饮食（410万人）、肥胖（400万人）、饮酒（230万人）、交通事故（140万人）、儿童和孕产妇营养不良（140万人）。污染所致死亡数是艾滋病、结核和疟疾联合起来所致死亡数的3倍。所有饮食危险因素联合起来（1210万人）和高血压（1070万人）造成的死亡数才高于污染所致死亡数。

我国是全球最大的发展中国家，经济高速增长已保持近四十年，但因地域辽阔，地区经济发展不平衡，不得不同时面对更为复杂多样的环境健康问题，同时与发达国家一样面临的现代环境健康问题也日益突出。

1. 大气环境污染与健康

进入21世纪以来，由于大气细颗粒物浓度的增高，雾霾发生的频率、污染程度、持续时间、波及范围都呈愈演愈烈之势。室内外空气中细颗粒物和臭氧是最主要的污染物。大气颗粒物挟带的病原菌、条件致病菌或病毒会严重威胁人体健康，大气气溶胶是当前肆虐全球的新冠病毒大范围流行与传播的重要途径之一（Liu et al.，2020）。并且大气污染能够跨区域、跨大陆，形成近源污染，导致大气污染物和流行性疾病在全球传播。在长期暴露于大气污染的情况下，人们很难单独评价单一污染物的效应。大量研究表明，各种急性健康事件与环境空气污染的短期升高相关，并且人群中某些亚组具有更高风险。在2008年北京奥运会期间，通过强制减排，北京空气颗粒污染物浓度显著降低，并对健康呈现显著的滞后效应。近年来，大量研究已经揭示，大气颗粒物对各类疾病及器官的不良健康效应最为明显，其中最突出的是呼吸系统。大气污染除对呼吸道健康有影响外，颗粒物还会通过自主神经系统、炎性反应间接影响，或直接进入循环系统，并破坏血管导致疾病的发生。大气污染尤其与心血管疾病的发生与发展有关。对于特殊群体，研究提示，孕产期暴露于交通污染、香烟烟草均可能是不良妊娠结局的重要影响因素。比较1990年与2013年中国各省归因于室内空气污染的疾病负担，发现约有32.5%的慢性阻塞性肺部疾病、12.0%的缺血性卒中、14.2%的出血性卒中、10.9%的缺血性心脏病和13.7%的肺癌归因于室内空气污染。

2. 水体环境污染与健康

来自世界卫生组织的调查指出，80%的人类疾病与水体污染有关。近年来，我国水体污染也较为严重。《中国（生态）环境状况公报》显示，2012年全国地表总体为轻度污染，湖泊（水库）富营养化问题突出。其中，辽河、海河、黄河、淮河等劣V类断面水质分别为61.1%、49.6%、31.7%和24.8%。国内外学者对水中污染物与人体健康的关系进行了大量的流行病学调查，分析了人体健康指标如癌症发病率、死亡率与水体污染物指标之间的关系。中国城市环境可持续发展指标体系课题研究报告中就假设：胃癌、肝癌、食道癌、膀胱癌等过早死亡疾病的病因是水体污染。来自中国疾病监测系统死因监测数据集1991～2005年的数据显示，水质下降一个等级，消化道癌症死亡率上升9.7%。中国疾病预防控制中心通过对淮河流域内的河南、江苏、安徽等地的跟踪研究，也证实了癌症高发与水污染的直接关系。

3. 土壤环境污染与健康

土壤是环境污染物的最终承受介质，大量水、空气污染都陆续转化为土壤污染。土壤污染对环境和人类造成的影响与危害在于它可导致土壤的组成结构和功能发生变化，进而影响植物的正常生长发育，造成有害物质在植物体内累积，并可通过食物链进入人体以至危害人体健康。我国首次全国土壤污染状况调查结果表明，部分地区土壤污染较重，耕地土壤环境质量堪忧，工矿业废弃地土壤环境问题突出。其中耕地污染超标率为19.4%，主要污染物为镉、镍、铜、砷、汞、铅、滴滴涕和多环芳烃。部分地区土壤污染严重，土壤污染类型多样，呈现新老污染物并存，无机物、有机物复合污染的局面。在一些重污染企业或工业密集区、工矿开采区及周边地区、城市和城郊地区已成为新老污染物重污染区和高风险区。在接受调查的49个国家中，约有6100万人在污染场地接触到重金属和有毒化学物质。由于这一估算仅反映了世界范围内受污染场地总数的一小部分，因此需要进一步调查才能估计这些场地的全面暴露量及其对全球疾病负担的贡献。

展望：鉴于环境污染已对人群健康产生短期及长期不良影响，新污染物暴露评价及其健康效应的探索需从多个方面考虑：

（1）运用多终点的生物学效应评价体系研究新污染物混合暴露的毒理学效应，确立剂量－反应关系，阐明毒性作用机理；建立新污染物多途径混合暴露、人体暴露和健康损伤的监测和评估方法，为构建新污染物与人体健康综合监测和风险评估提供技术支撑。

（2）应用流行病学对重大非传染性疾病的研究方法，以“暴露为中心”，对环境有害因素所致健康效应进行测量和评价。从大气污染、气候变化到环境化学物质的长期效应研究，生物标志物暴露分析到多城市时间序列模型，环境与遗传的相关分析到暴露的剂量－反应关系评价模型等多种模型和研究方法出发，研究新污染物对人体的健康效应，为揭示新污染物致人群健康效应提供病因学上的科学依据。

（3）依据已有的新污染物与慢性病之间关系的研究模型，应用环境监测技术，从暴露监测、代谢组评估、分子水平分析，结合流行病学研究方法，从多角度出发，寻找引起致病及不良健康效应的敏感标志物，为新污染物所致健康损害，特别是一些重大疾病，如高血压、2 型糖尿病、心血管疾病和神经精神疾患等寻找可能的治病因子。

（4）饮食已作为人群暴露新污染物的最主要途径，应用营养流行病学对人群膳食结构、规律、膳食环境污染物进行调查和监测，有助于解析人群经口暴露新污染物的方式、含量，以及食源性污染源，也有助于为降低环境因素引起的膳食污染及促进人群健康饮食提供强有力的支撑。

（5）儿童青少年期及成年后肥胖、代谢性疾病等慢性疾病的发生风险早在胎儿时期就已经设定。处于生长发育期的胚胎对环境毒性物质非常敏感，妊娠期暴露新污染物所致的孕母肥胖、胎儿营养失调、不良出生体重的发生率逐年增高。从生命早期开始对新污染物进行监测评价，将有力减少孕前及孕期新污染物暴露，有助于预防不良妊娠结局的发生，从而为提高人群整体健康水平提供可靠保障。

（参编人员：祝凌燕　罗　义　麦碧娴　李向东　张　彤　陈　达　汪　磊　鞠　峰　高丽蓉　李　炳　陈则友　单国强　朱玉敏　张　影）

参考文献

向前，单国强，邬畏，等 . 2019. 全氟 / 多氟烷基化合物在全球海洋水体中的污染演变趋势研究进展 . 科学通报，64（9）：910-921.

Castro-Jiménez J, González-Gaya B, Pizarro M, et al. 2016. Organophosphate ester flame retardants and plasticizers in the global oceanic atmosphere. Environmental Science & Technology, 50 (23): 12831-12839.

Chen X, Zhu L, Pan X, et al. 2015. Isomeric specific partitioning behaviors of perfluoroalkyl substances in water dissolved phase, suspended particulate matters and sediments in Liao River Basin and Taihu Lake, China. Water Research, 80: 235-244.

Daughton C G, Ternes T A. 1999. Pharmaceuticals and personal care products in the environment: Agents of subtle change? Environmental Health Perspectives, 107 (suppl 6): 907-938.

Gibson G. 2014. Eleven Canadian Novelists Interviewed by Graeme Gibson. Toronto: House of Anansi.

Gillings M R, Gaze W H, Pruden A. et al. 2015. Using the class 1 integron-integrase gene as a proxy for anthropogenic pollution. The ISME Journal, 9 (6): 1269-1279.

Hidalgo-Ruz V, Gutow L, Thompson R C, et al. 2012. Microplastics in the marine environment: A review of the methods used for identification and quantification. Environmental Science & Technology, 46 (6): 3060-3075.

Hu Y, Zhang T, Jiang L, et al. 2019. Occurrence and reduction of antibiotic resistance genes in conventional and advanced drinking water treatment processes. Science of the Total Environment, 669: 777-784.

Jin H, Zhang Y, Jiang W, et al. 2016. Isomer-specific distribution of perfluoroalkyl substances in blood. Environmental Science & Technology, 50 (14): 7808-7815.

Liu Y, Ning Z, Chen Y, et al. 2020. Aerodynamic analysis of SARS-CoV-2 in two Wuhan hospitals. Nature, 582: 557-560.

McAdam P R, Templeton K E, Edwards G F, et al. 2012. Molecular tracing of the emergence, adaptation, and transmission of hospital-associated methicillin-resistant *Staphylococcus aureus*. Proceedings of the National Academy of Sciences, 109 (23): 9107-9112.

Miletto M, Lindow S E. 2015. Relative and contextual contribution of different sources to the composition and abundance of indoor air bacteria in residences. Microbiome, 3 (1): 61.

Seville L A, Patterson A J, Scott K P, et al. 2009. Distribution of tetracycline and erythromycin resistance genes among human oral and fecal metagenomic DNA. Microbial Drug Resistance, 15 (3): 159-166.

Tamminen M, Karkman A, Lohmus A. 2011. Tetracycline resistance genes persist at aquaculture farms in the absence of selection pressure. Environmental Science & Technology, 45: 386-391.

Wang X, Zhu L, Zhong W, et al. 2018. Partition and source identification of organophosphate esters in the water and sediment of Taihu Lake, China. Journal of Hazardous Materials, 360: 43-50.

Xia D, Gao L, Zheng M, et al. 2017. Human exposure to short-and medium-chain chlorinated paraffins via mothers' milk in Chinese urban population. Environmental Science & Technology, 51 (1): 608-615.

Yuan B, Bogdal C, Berger U, et al. 2017. Quantifying short-chain chlorinated paraffin congener groups. Environmental Science & Technology, 51 (18): 10633-10641.

Zeng L, Yang R, Zhang Q, et al. 2014. Current levels and composition profiles of emerging halogenated flame retardants and dehalogenated products in sewage sludge from municipal wastewater treatment plants in China. Environmental Science & Technology, 48 (21): 12586-12594.

Zhang H, Chang F, Shi P, et al. 2019. Antibiotic resistome alteration by different disinfection strategies in a full-scale drinking water treatment plant deciphered by metagenomic assembly. Environmental Science & Technology, 53 (4): 2141-2150.

Zhou Z, Shi, Y, Vestergren R, et al. 2014. Highly elevated serum concentrations of perfluoroalkyl substances in fishery employees from Tangxun Lake, China. Environmental Science & Technology, 48 (7): 3864-3874.

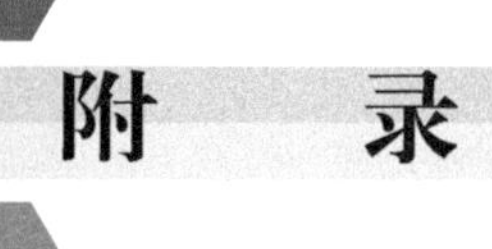

附表 1 “污染环境”版块的检索词及检索结果

检索主题词	限制条件	检索结果/篇
“heavy metal pollution and remediation” 或 “organic pollution and remediation” 或 “compound pollution and remediation” 或 “other pollution and remediation” 或 “soil quality” 或 “soil pollution and safety of agricultural products” 或 “soil quality and food security” 或 “surface hydrological process” 或 “soil hydrological process” 或 “simulation and prediction of hydrological process” 或 “migration，transformation and simulation of surface water pollutants” 或 “agricultural non-point source pollution” 或 “urban non-point source pollution” 或 “surface water ecology” 或 “mechanism and simulation of flood disaster” 或 “mechanism and simulation of drought disaster” 或 “sediment” 或 “underground hydrogeological conditions” 或 “underground water bearing medium” 或 “groundwater recharge” 或 “groundwater dynamics” 或 “dynamic process” 或 “groundwater seepage” 或 “groundwater circulation” 或 “hydrological parameters of groundwater” 或 “unsaturated groundwater” 或 “groundwater environment management” 或 “numerical simulation of groundwater” 或 “groundwater uncertainty analysis” 或 “stochastic hydrogeology” 或 “hydrogeochemical modeling” 或 “groundwater environment” 或 “groundwater pollution” 或 “organic pollution of groundwater” 或 “groundwater chemistry” 或 “gas in groundwater” 或 “nitrate pollution of groundwater” 或 “light nonaqueous liquid” 或 “heavy nonaqueous liquid” 或 “migration process of groundwater pollutants” 或 “migration and transformation of groundwater pollutants” 或 “anomalous dispersion of solute transport in groundwater” 或 “redox zone” 或 “groundwater remediation” 或 “groundwater environment in mountainous area” 或 “hydrogeological environment mine” 或 “karst hydrogeological environment” 或 “hydrogeological environment of coastal zone” 或 “hydrogeological environment of key zone” 或 “geothermal fluid” 或 “ground source heat pump” 或 “mechanism and simulation of water cycle” 或 “ecohydrology” 或 “social water cycle” 或 “urban water cycle” 或 “river water circulation” 或 “marsh water cycle” 或 “water cycle in cold region” 或 “water cycle in arid areas” 或 “groundwater circulation” 或 “surface groundwater interaction” 或 “water cycle under changing environment” 或 “air pollution” 或 “global climate change” 或 “aerosol” 或 “environmental geochemistry” 或 “influence factor” 或 “behavior environment” 或 “interaction mechanism” 或 “environmental pollution” 或 “environmental geochemical behavior” 或 “methylmercury” 或 “atmospheric mercury” 或 “lake water environment” 或 “environmental pollutants” 或 “aquatic organisms” 或 “sediment” 或 “transfer” 或 “soil environment” 或 “groundwater pollution” 或 “heavy metal” 或 “adsorbent” 或 “remediation of groundwater pollution” 或 “atmospheric pollutant” 或 “N_2O emission” 或 “heavy metal” 或 “organic pollutants” 或 “harmless treatment” 或 “hexabromocyclododecane” 或 “polybrominated diphenyl ethers” 或 “pops” 或 “microbial degradation” 或 “organic geochemistry” 或 “organic geochemistry of marine organisms” 或 “river organic matter” 或 “aquatic organisms” 或 “microbial flooding” 或 “volatile organic compounds” 或 “spatiotemporal variation of pollutant sources and emissions” 或 “environmental behavior of pollutants” 或 “temporal and spatial variation of environmental pollution” 或 “fate and dynamics of pollutants” 或 “other directions of pollutant migration，transformation and fate dynamics” 或 “pollutant forms and bioavailability” 或 “ecotoxicology of pollutants” 或 “other directions of bioavailability and ecotoxicology of pollutants” 或 “simulation of regional environmental process of pollutants” 或 “ecological risk of regional environmental pollution” 或 “remediation of polluted environment”	出版年=2010～2019 年 文献类型=article 或 procedings paper 或 review 或 letter	860 714

附表 2 “灾害环境”版块的检索词及检索结果

检索主题词	限制条件	检索结果 / 篇
“mechanism and simulation of flood disaster” 或 “mechanism and simulation of drought disaster” 或 “rock mass structure” 或 “rock mechanics” 或 “engineering properties of soil” 或 “engineering properties of unsaturated soil” 或 “soft soil engineering” 或 “expansive soil” 或 “loess” 或 “frozen soil” 或 “contaminated soil and its remediation” 或 “special soil” 或 “slope stability and retaining structure” 或 “landslide disaster and prevention” 或 “debris flow” 或 “geologic hazard” 或 “genetic mechanism of geological disasters” 或 “environmental geological problems” 或 “engineering geological problems in karst area” 或 “ground fissures” 或 “land subsidence” 或 “dynamic characteristics of rock and soil” 或 “numerical method of engineering geology” 或 “engineering geological model test” 或 “in situ testing of engineering geology” 或 “tunnel engineering geology” 或 “energy engineering geological problems” 或 “marine engineering geological problems” 或 “time effect” 或 “reliability analysis” 或 “monitoring and early warning” 或 “avalanche disaster” 或 “landslide disaster” 或 “debris flow disaster” 或 “ground fissure disaster” 或 “land subsidence disaster” 或 “ground collapse disaster” 或 “rockfall disaster” 或 “slope stability hazard” 或 “loess disaster” 或 “post earthquake disaster” 或 “geological hazard chain” 或 “geological hazard risk assessment” 或 “geological disaster monitoring technology” 或 “geological hazard simulation technology” 或 “geological hazard detection technology” 或 “geological disaster prevention and control technology” 或 “geological disaster prediction technology” 或 “major geological environmental effects” 或 “environmental geological engineering” 或 “large scale human activities and environmental geological effects” 或 “mine environment and pollution disaster” 或 “environmental geological engineering” 或 “mine environment and pollution disaster” 或 “large scale human activities and environmental geological effects” 或 “impact and risk analysis of natural disasters” 或 “comprehensive assessment of natural disasters” 或 “natural disaster response and mitigation mechanism” 或 “environmental engineering geology” 或 “geological engineering” 或 “engineering geology” 或 “engineering geological” 或 “engineering geology” 或 “disaster geology” 或 “geologic disaster” 或 “geologic hazards” 或 “hazard geology” 或 “geological disaster” 或 “geological disaster” 或 “geological hazard” 或 “geologic hazard” 或 “environmental disaster effect and regulation of major projects” 或 “disaster environment” 或 “environmental disaster” 或 “environmental hazard” 或 “earthquake” 或 “volcano” 或 “landslide” 或 “collapse” 或 “karst ground collapse” 或 “mine” 或 “desertification” 或 “ground deformation” 或 “slope deformation”	出版年=2010～2019 年 文献类型=article 或 procedings paper 或 review 或 letter	160 615

附表 3 “生态环境”版块的检索词及检索结果

检索主题词	限制条件	检索结果 / 篇
“material circulation in soil circle” 或 “soil genesis and evolution” 或 “soil classification” 或 “soil degradation and regional characteristics” 或 “soil structure and properties” 或 “soil water movement” 或 “soil gas movement and soil heat status” 或 “soil mechanics” 或 “soil magnetism” 或 “soil biophysics” 或 “soil solute transport” 或 “soil mineral chemistry” 或 “soil colloid and interface chemistry” 或 “soil physicochemistry” 或 “soil solution chemistry” 或 “soil organic matter chemistry” 或 “soil microorganism” 或 “soil biochemistry” 或 “soil microbial diversity, community structure and function” 或 “the interaction between soil minerals and organisms” 或 “soil organisms and element cycling” 或 “soil animal” 或 “soil bioinformatics” 或 “soil water erosion” 或 “wind erosion of soil” 或 “compound soil erosion” 或 “water and soil conservation” 或 “environmental effects of soil erosion” 或 “composition and evolution of soil fertility” 或 “soil nutrient management” 或 “soil rhizosphere process and fertility” 或 “evaluation of soil fertility” 或 “soil improvement and fertility cultivation” 或 “surface water circulation and water resources” 或 “surface water restoration and water treatment” 或 “ecohydrogeology” 或 “evaluation of groundwater ecological environment” 或 “ecological risk” 或 “urban environmental effect” 或 “microbial ecology” 或 “soil microbiology” 或 “microbial metabolic process” 或 “bioinformatics	出版年=2010～2019 年 文献类型=article 或 procedings paper 或 review 或 letter	553 813

续表

检索主题词	限制条件	检索结果/篇
methods” 或 “microbial activity and function” 或 “environmental microbiology” 或 “ecotoxicity and toxicological effect” 或 “toxicity mechanism” 或 “geological cycle of environmental material” 或 “extreme atmospheric environmental geology” 或 “water environment geology” 或 “bio environmental geology” 或 “geographical environment geology” 或 “regional environmental evolution and geological regulation” 或 “evolution of global geological environment” 或 “key environmental geology” 或 “surface layer environment sink” 或 “major geological environmental effects” 或 “geological cycle of environmental material” 或 “extreme atmospheric environmental geology” 或 “microorganisms in extreme geological environment” 或 “water environment geology” 或 “bio environmental geology” 或 “geographical environment geology” 或 “regional environmental evolution and geological regulation” 或 “evolution of global geological environment” 或 “key environmental geology” 或 “surface layer environment sink” 或 “travertine” 或 “ecological risk” 或 “material circulation and its eco-environmental effects in watershed” 或 “CO_2 geological storage” 或 “pollution ecology and ecological restoration” 或 “urban environmental effect” 或 “Bioaccumulation” 或 “environmental media” 或 “chemical form” 或 “groundwater environment” 或 “eeochemical process” 或 “ecological geochemistry” 或 “coordination chemistry” 或 “geochemistry of nutrient elements” 或 “ecological restoration of surface water” 或 “wetlands” 或 “geochemical cycle of elements in soil water system” 或 “environmental interface chemistry” 或 “environmental toxicology” 或 “aerosol” 或 “Paleoclimate” 或 “hydrochemistry” 或 “CO_2 geological storage” 或 “nuclide” 或 “ecological risk assessment ” 或 “mineral geochemistry” 或 “environmental microorganism” 或 “three wastes treatment and resource technology” 或 “migration and transformation of pollutants” 或 “soil erosion” 或 “global climate change” 或 “microbial geochemistry” 或 “carbon cycle” 或 “ecology” 或 “microbiology” 或 “soil microbial ecology” 或 “plankton” 或 “anaerobic microorganism” 或 “grassland ecosystem in Inner Mongolia” 或 “environmental biogeochemistry” 或 “microbial flooding” 或 “carbon cycle” 或 “litter decomposition” 或 “biogeochemical cycle of nitrogen” 或 “greenhouse gas emissions” 或 “aquatic organisms” 或 “nitrification” 或 “soil organic matter” 或 “microbiological mechanism” 或 “microbial degradation” 或 “rhizosphere microorganism” 或 “global change” 或 “terrestrial ecosystem” 或 “soil respiration” 或 “soil carbon decomposition” 或 “microbiological mechanism” 或 “environmental geochemistry” 或 “phytoremediation” 或 “eutrophic lake” 或 “cyanobacterial bloom” 或 “microbial processes” 或 “river organic matter” 或 “bacteria” 或 “marine biogeochemistry” 或 “wetlands” 或 “molecular ecology” 或 “travertine” 或 “quaternary environmental geology” 或 “quaternary geochronology” 或 “luminescence chronology” 或 “aeolian deposition” 或 “lakes and glacial deposits” 或 “ocean and polar environment” 或 “stalagmite” 或 “tree ring” 或 “animal and plant fossils” 或 “quantitative environmental indicators” 或 “environmental mutation” 或 “Asian monsoon” 或 “human activity” 或 “environmental magnetism” 或 “environmental archaeology” 或 “paleoenvironment simulation” 或 “the modern process of substitution index” 或 “temporal and spatial evolution of paleoenvironment” 或 “global environmental change and its impact” 或 “adaptation to environmental change” 或 “coupling and simulation of surface processes” 或 “regional environmental sensitivity and vulnerability” 或 “evolution of regional environmental quality” 或 “major emergencies and their regional effects” 或 “regional environmental impact of water conservancy and hydropower projects” 或 “regional environmental impact of traffic engineering” 或 “regional environmental impact of mineral resources development” 或 “ecosystem structure and function restoration” 或 “regional ecological restoration and environmental effects” 或 “ecosystem health” 或 “ecosystem processes and services”	出版年=2010～2019年 文献类型=article 或 procedings paper 或 review 或 letter	553 813

附表 4 “健康环境”版块的检索词及检索结果

检索主题词	限制条件	检索结果/篇
“risk assessment” 或 “environmental medicine” 或 “mineral pneumoconiosis” 或 “pollutant exposure” 或 “bioaccumulation and amplification” 或 “health hazards of regional environmental pollution” 或 “pollutant exposure and health effects” 或 “environmental safety and food pollution” 或 “health risk biomarkers” 或 “regional environmental quality assessment” 或 “health and medical geography” 或 “environmental health”	出版年=2010～2019 年 文献类型=article 或 procedings paper 或 review 或 letter	66 458

附表 5 环境地球科学综合交叉学科代表性 / 影响力期刊汇总表

推荐排序	综合及专业期刊名称（SCI/EI/SSCI）	影响因子（2019 年）	期刊链接	期刊特点简介
1	*The New England Journal of Medicine*	70.670	http://www.nejm.org/	医学：内科
2	*Chemical Reviews*	52.85	http://pubs.acs.org/journal/chreay	化学综合
3	*Nature*	42.778	http://www.nature.com/	综合期刊
4	*Science*	41.845	http://www.sciencemag.org/	综合期刊
5	*Energy & Environmental Science*	30.289	http://pubs.rsc.org/en/journals/journalissues/ee	化学综合、能源与燃料、工程化工、环境科学
6	*Nature Climate Change*	20.893	https://mts-nclim.nature.com/cgi-bin/main.plex	地学综合、环境科学、气象与大气科学
7	*Nature Geoscience*	13.566	http://www.nature.com/ngeo/index.html	地球科学综合
8	*National Science Review*	13.222	https://academic.oup.com/nsr	综述期刊，涵盖自然科学的所有领域，包括物理和数学、化学、生命科学、地球科学、材料科学和信息科学
9	*Science Advances*	12.804	https://advances.sciencemag.org/	多学科综合期刊，涵盖特定学科领域和广泛的跨学科领域
10	*Nature Communications*	11.8	https://www.nature.com/ncomms/	生物学、物理学和化学
11	*Annual Review of Ecology Evolution and Systematics*	11.18	https://www.annualreviews.org/journal/ecolsys	生态学、进化生物学和系统学
12	*Global Environmental Change*	10.466	http://www.journals.elsevier.com/global-environmental-change/	环境科学、环境研究、地理学方向期刊
13	*Earth-Science Reviews*	9.63	https://www.journals.elsevier.com/earth-science-reviews	地球科学领域综述性论文
14	*PNAS*	9.58	http://www.pnas.org/	综合学术期刊
15	*ISME Journal*	9.23	http://www.nature.com/ismej/index.html	环境生态学
16	*Remote Sensing of Environment*	9.085	http://www.elsevier.com/wps/find/journaldescription.cws_home/505733/description#description	环境科学－成像科学与照相技术

续表

推荐排序	综合及专业期刊名称（SCI/EI/SSCI）	影响因子（2019年）	期刊链接	期刊特点简介
17	*Journal of Hazardous Materials*	9.038	http://www.journals.elsevier.com/journal-of-hazardous-materials/	环境科学
18	*Global Change Biology*	9.02	https://onlinelibrary.wiley.com/journal/13652486	环境生态领域
19	*Ecology Letters*	8.665	https://onlinelibrary.wiley.com/journal/14610248	生态领域
20	*Environmental Health Perspectives*	8.382	https://ehp.niehs.nih.gov/	环境科学－公共卫生、环境卫生与职业卫生
21	*Environmental Science & Technology*	7.864	http://pubs.acs.org/journal/esthag	环境科学与技术领域综合期刊
22	*Environment International*	7.577	http://www.sciencedirect.com/science/journal/01604120	公共卫生与健康影响评估、环境流行病学、环境健康及风险评估、环境化学、环境监测与过程、环境微生物学与毒理学、环境技术
23	*Journal of Cleaner Production*	7.246	http://www.elsevier.com/wps/find/journaldescription.cws_home/30440/description#description	环境科学
24	*Journal of Advanced Research*	6.992	https://www.journals.elsevier.com/journal-of-advanced-research	医学、基础和生物科学化学、物理、生物物理学、地质学、天文学、生物物理学和环境科学
25	*Environmental Pollution*	6.792	http://www.journals.elsevier.com/environmental-pollution/#description	环境科学
26	*Science of the Total Environment*	6.551	https://www.journals.elsevier.com/science-of-the-total-environment/	环境类多学科国际期刊，涉及大气圈、水圈、生物圈、岩石圈和人类圈
27	*Plant，Cell & Environment*	6.362	https://onlinelibrary.wiley.com/journal/13653040	植物、细胞、化学等对环境响应
28	*Earth's Future*	6.141	https://agupubs.onlinelibrary.wiley.com/journal/23284277	环境科学、地球科学综合、气象与大气科学方向期刊
29	*Environmental Research Letters*	6.096	http://iopscience.iop.org/journal/1748-9326	环境科学、气象与大气科学期刊
30	*Chemosphere*	5.778	https://www.journals.elsevier.com/chemosphere/	环境科学、生态学和公共卫生
31	*Environmental Research*	5.715	https://www.journals.elsevier.com/environmental-research/	环境科学、生态学和公共卫生多学科
32	*Journal of Environmental Management*	5.647	https://www.journals.elsevier.com/journal-of-environmental-management/	环境管理
33	*Scientific Data*	5.541	https://www.nature.com/sdata/	科学数据

续表

推荐排序	综合及专业期刊名称（SCI/EI/SSCI）	影响因子（2019 年）	期刊链接	期刊特点简介
34	*Hydrology and Earth System Sciences*	5.153	http://www.hydrology-and-earth-system-sciences.net/home.html	地学－地球科学综合
35	*Environmental Modelling & Software*	4.807	http://www.journals.elsevier.com/environmental-modelling-and-software/	计算机：跨学科应用、环境科学
36	*Geology*	4.768	https://pubs.geoscienceworld.org/geology	地球科学－地质学
37	*Ecology*	4.7	https://mc.manuscriptcentral.com/ecology	生态学研究专业期刊
38	*Geochimica et Cosmochimica Acta*	4.659	http://www.elsevier.com/wps/find/journaldescription.cws_home/212/description#description	地学－地球化学与地球物理
39	*Global Biogeochemical Cycles*	4.608	https://agupubs.onlinelibrary.wiley.com/journal/19449224	关注人类活动对全球或区域的生物地球化学循环、地球系统与气候的影响
40	*Geophysical Research Letters*	4.497	https://agupubs.onlinelibrary.wiley.com/journal/19448007	地球科学综合
41	*CATENA*	4.333	https://www.elsevier.com/journals/catena/0341-8162#description	涉及土壤科学、水文、地貌等地球生态学科
42	*Journal of Environmental Sciences*	4.302	http://www.jesc.ac.cn/jesc_cn/ch/index.aspx	环境科学和生态学
43	*Agriculture Ecosystem & Environment*	4.241	https://www.journals.elsevier.com/agriculture-ecosystems-and-environment/	农业生态系统与环境之间的相互作用研究
44	*Quaternary Science Reviews*	3.803	http://www.journals.elsevier.com/quaternary-science-reviews/	自然地理、地球科学综合
45	*Limnology and Oceanography*	3.778	https://aslopubs.onlinelibrary.wiley.com/journal/19395590	地学－海洋学
46	*Journal of Geophysical Research-Oceans*	3.559	https://agupubs.onlinelibrary.wiley.com/journal/21699291	地球科学－海洋学
47	*Ecological Modelling*	2.75	http://www.elsevier.com/wps/find/journaldescription.cws_home/503306/description#description	生态学
48	*Journal of Geotechnical and Geoenvironmental Engineering*	2.714	https://ascelibrary.org/journal/jggefk	地质环境与技术
49	*International Journal of Phytoremediation*	2.528	https://www.tandfonline.com/loi/bijp20	环境科学与生态学
50	*Journal of Contaminant Hydrology*	2.347	http://www.elsevier.com/wps/find/journaldescription.cws_home/503341/description#description	环境科学－地球科学综合

续表

推荐排序	综合及专业期刊名称（SCI/EI/SSCI）	影响因子（2019年）	期刊链接	期刊特点简介
51	中国环境科学	—	http://www.zghjkx.com.cn/CN/volumn/home.shtml	环境物理、环境化学、环境生态、环境地学、环境医学、环境工程、环境法、环境管理、环境规划、环境评价、监测与分析
52	环境科学	—	http://www.hjkx.ac.cn/hjkx/ch/index.aspx	环境科学技术及资源科学技术类
53	环境科学学报	—	http://www.actasc.cn/hjkxxb/ch/index.aspx	环境科学、环境工程技术
54	环境科学研究	—	http://www.hjkxyj.org.cn/hjkxyj/ch/index.aspx	环境科学与工程技术

附表 6　各环境地球科学学科代表性（影响力）期刊汇总表

学科方向	推荐排序	综合及专业期刊名称（SCI/EI/SSCI）	影响因子（2019年）	期刊链接	期刊特点简介
环境土壤学（D0701）、基础土壤学（D0709）和土壤侵蚀与土壤肥力（D0710）	1	*Biology and Fertility of Soils*	5.521	http://www.springer.com/life+sciences/agriculture/journal/374	土壤生物与土壤肥力相关研究（土壤肥力与土壤养分循环）
	2	土壤学报	—	http://pedologica.issas.ac.cn/trxb/ch/first_menu.aspx?parent_id=2008111891617001/ ISSN 0564-3929	土壤科学及相关领域，如植物营养科学、肥料科学、环境科学、国土资源等领域方面的研究（土壤学综合类）
	3	*Soil Biology and Biochemistry*	5.795	https://www.journals.elsevier.com/soil-biology-and-biochemistry	土壤生物过程、生化特征的科学研究及其对土壤质量影响的文章（土壤生物学）
	4	*Geoderma*	4.848	https://www.sciencedirect.com/journal/geoderma	土壤各过程动力学和土壤功能时空变化过程研究（土壤学综合类）
	5	*Soil & Tillage Research*	4.601	http://www.elsevier.com/wps/find/journaldescription.cws_home/503318/description#description	耕作和田间应用等引起土壤物理、化学和生物变化（土壤物理、土壤肥力与养分循环）
	6	*Land Degradation & Development*	3.775	https://onlinelibrary.wiley.com/journal/1099145x	土壤发育和土壤侵蚀方向最重要的专业性期刊（土壤物理、土壤侵蚀与水土保持）
	7	*European Journal of Soil Science*	3.742	https://onlinelibrary.wiley.com/journal/13652389	主要涉及从分子尺度到自然环境中土壤物理、化学、生物相互作用过程的理论及其机制的研究（土壤学综合类）
	8	*Pedosphere*	3.736	http://pedosphere.issas.ac.cn/trqen/ch/index.aspx/ISSN：1002-0160	土壤科学及相关领域研究，涉及环境科学、生态学、农学、生物科学、地质科学、林学等相关的土壤科学研究（土壤学综合类）
	9	*Journal of Agriculture and Food Chemistry*	3.571	https://pubs.acs.org/journal/jafcau/	农业食品化学、土壤化学与农业化学

续表

学科方向	推荐排序	综合及专业期刊名称（SCI/EI/SSCI）	影响因子（2019 年）	期刊链接	期刊特点简介
环境土壤学（D0701）、基础土壤学（D0709）和土壤侵蚀与土壤肥力（D0710）	10	*Plant and Soil*	3.299	https://www.springer.com/journal/11104	探讨植物生物学和土壤科学界面反应、植物和土壤互作过程，涉及矿物营养、植物与水、植物与土壤生物、生态、农业化学等方面（土壤生物学、土壤肥力与土壤养分循环）
	11	*Applied Soil Ecology*	3.187	https://www.journals.elsevier.com/applied-soil-ecology/	土壤生物作用及其与土壤可持续性和生产力、养分循环和土壤过程、土壤功能维持以及人类活动对土壤生态系统的影响等之间的相互作用等
	12	*Journal of Soils and Sediments*	2.763	https://www.springer.com/journal/11368/	土壤与沉积物污染及干扰
	13	*Vadose Zone Journal*	2.504	https://pubs.geoscienceworld.org/vzj	包气带（土壤－地下水）方面的跨学科研究期刊
	14	*Nutrient Cycling in Agroecosystems*	2.45	https://www.springer.com/journal/10705	土壤－作物系统中碳和养分循环与管理及其对生态、农业环境和经济的影响
	15	*Soil Science Society of America Journal*	2.311	https://dl.sciencesocieties.org/publications/sssaj	综合型期刊，涉及土壤学、生物地球化学、农学等范围（土壤学综合类）
	16	*European Journal of Soil Biology*	2.285	https://www.sciencedirect.com/journal/european-journal-of-soil-biology	土壤生物学研究的各个方面，包括微生物生态、真菌生态、土壤活性等
	17	*Journal of Soil and Water Conservation*	2.209	https://www.jswconline.org/	自然资源保护研究方面的多学科交叉期刊
	18	*Archives of Agronomy and Soil Science*	2.135	https://www.tandfonline.com/toc/gags20/current	农学和土壤科学方面期刊，包括植物营养、肥料、土壤耕作、土壤生物技术、土壤改良、土壤灌溉等方面
	19	*Soil Science & Plant Nutrition*	2.083	https://onlinelibrary.wiley.com/journal/17470765	土壤科学和植物营养方面的综合类期刊
	20	*Pedobiologia*	2	https://www.journals.elsevier.com/pedobiologia	土壤生态学方面的期刊，包括土壤生物及其与生物和非生物之间的相互作用
	21	*Soil Science*	1.7	https://journals.lww.com/soilsci/pages/default.aspx	涉及基础和应用土壤学，尤其是关于土壤和植物/环境关系的研究（土壤学综合类期刊）
	22	*Soil Use and Management*	1.69	https://onlinelibrary.wiley.com/journal/14752743	土壤科学应用与管理方面的期刊
	23	*Soil Research*	1.686	https://link.springer.com/chapter/10.1007/978-3-319-53334-6_11	土壤学综合类期刊
	24	*Canadian Journal of Soil Science*	1.171	https://www.nrcresearchpress.com/loi/cjss	土壤科学综合类期刊
	25	*Soil and Water Research*	0.982	https://www.agriculturejournals.cz/web/swr/	土壤与水科学与工程方面的期刊

续表

学科方向	推荐排序	综合及专业期刊名称（SCI/EI/SSCI）	影响因子（2019年）	期刊链接	期刊特点简介
环境水科学（D0702）	1	*Water Research*	9.13	https://www.journals.elsevier.com/water-research	水和废水处理工艺、市政、农业和工业，包括残渣管理
	2	*Water Resources Research*	4.309	https://agupubs.onlinelibrary.wiley.com/journal/19447973	环境科学－湖沼学期刊
	3	*Advances in Water Resources*	4.016	http://www.journals.elsevier.com/advances-in-water-resources/	环境科学－水资源期刊
	4	*Journal of Hydrometeorology*	3.891	http://journals.ametsoc.org/toc/hydr/current	地学－气象与大气科学期刊
	5	*Journal of Geophysical Research：Biogeosciences*	3.406	https://agupubs.onlinelibrary.wiley.com/journal/21698961	环境科学与生态学、地球科学期刊
	6	*Hydrological Processes*	3.256	https://onlinelibrary.wiley.com/journal/10991085	环境科学－水资源期刊
	7	*Water Resources Management*	2.924	https://www.springer.com/journal/11269	环境科学－工程期刊
	8	*Ecohydrology*	2.767	https://onlinelibrary.wiley.com/journal/19360592	环境科学－生态学期刊
	9	*Hydrogeology Journal*	2.641	https://www.springer.com/journal/10040	地学－地球科学综合期刊
	10	*Vadose Zone Journal*	2.504	http://vzj.geoscienceworld.org/	环境科学、土壤科学、水资源期刊
	11	*Groundwater*	2.205	https://ngwa.onlinelibrary.wiley.com/journal/17456584	地质科学、多学科水资源
	12	*Hydrological Sciences Journal*	2.186	http://www.tandfonline.com/loi/thsj20	环境科学－水资源期刊
	13	*Journal of Great Lakes Research*	1.933	http://www.journals.elsevier.com/journal-of-great-lakes-research/	环境科学、湖沼学、海洋与淡水生物学方向期刊
环境大气科学（D0703）	1	*Light：Science & Applications*	13.714	http://www.nature.com/lsa/index.html	该期刊是自然出版集团在中国出版的第一本OA物理类期刊，其致力于推动全球范围内的光学研究，刊载光学领域基础、应用基础以及工程技术研究及应用方面的高水平的最新研究成果
	2	*Atmospheric Chemistry and Physics*	5.414	https://www.atmospheric-chemistry-and-physics.net	环境地球科学与大气领域
	3	*Geoscientific Model Development*	5.24	http://geoscientific-model-development.net/	环境地球科学国际高质量期刊，由欧洲地球物理学会主办，刊载地球模式的发展和应用论文，包括数值和统计模式发展、模式品评估新方法和模式验证实验等方向

续表

学科方向	推荐排序	综合及专业期刊名称（SCI/EI/SSCI）	影响因子（2019年）	期刊链接	期刊特点简介
环境大气科学（D0703）	4	*Environmental Modelling & Software*	4.807	https://www.journals.elsevier.com/environmental-modelling-and-software	环境建模与软件以研究文章、评论和简短交流的形式发表关于环境建模和/或软件的最新进展及贡献
	5	*Atmospheric Research*	4.676	https://www.journals.elsevier.com/atmospheric-research	气象与大气科学
	6	*Frontiers of Environmental Science & Engineering*	4.053	https://www.springer.com/journal/11783	环境学科领域的国际高质量期刊，刊载环境科学与工程各分支学科的原发的具有创新性的研究论文及专题性综述。所录文章包括综述论文、研究论文、政策分析和学术快讯等
	7	*Atmospheric Environment*	4.039	https://www.journals.elsevier.com/atmospheric-environment/	环境与大气科学领域国际高质量期刊，刊载与大气有关的研究论文，包括气体与颗粒化合物的排放和沉积、大气中的化学过程和物理效应，以及大气成分变化对人类健康、空气质量、气候变化和生态系统的影响
	8	*Journal of Geophysical Research-Atmospheres*	3.821	https://agupubs.onlinelibrary.wiley.com/journal/21698996	地球科学－气象与大气科学期刊
	9	*Atmospheric Measurement Techniques*	3.668	http://www.atmospheric-measurement-techniques.net/	环境大气科学与技术领域国际高质量期刊，刊载地球大气成分和性质的遥感、原位及实验室测量技术的最新研究成果，包括大气气体、气溶胶和云的数据处理与信息反演的测量技术及仪器的开发、对比和验证方面的研究论文
	10	*Advances in Atmospheric Sciences*	2.583	http://www.iapjournals.ac.cn/aas/	中国本土的大气科学领域学术影响因子最高的英文期刊，刊载国内外大气科学领域的最新研究进展，范围涉及天气系统、数值天气预报、气候学、卫星气象学、辐射、遥感、大气化学、环境科学、云、气溶胶等
	11	*Journal of Hydrology*	2.347	http://www.elsevier.com/wps/find/journaldescription.cws_home/503343/description#description	地学－地球科学综合

续表

学科方向	推荐排序	综合及专业期刊名称（SCI/EI/SSCI）	影响因子（2019年）	期刊链接	期刊特点简介
环境生物学（D0704）	1	*Nature Microbiology*	15.54	https://www.nature.com/nmicrobiol/	环境微生物学
	2	*Microbiome*	11.607	https://microbiomejournal.biomedcentral.com/	环境、农业和生物医学
	3	*Global Environmental Change-Human and Policy Dimensions*	10.466	http://www.journals.elsevier.com/global-environmental-change/	环境生态学
	4	*Frontiers in Ecology and the Environment*	9.295	http://www.frontiersinecology.org/	环境生态学
	5	*Global Change Bilogy*	8.555	https://onlinelibrary.wiley.com/journal/13652486	生态学
	6	*New Phytologist*	8.512	https://nph.onlinelibrary.wiley.com/journal/14698137/ ISSN：1469-8137	植物学综合杂志，与植物营养、植物逆境等相关
	7	*Annual Review of Environment and Resources*	8.065	https://www.annualreviews.org/journal/energy	环境科学
	8	*Plant Physiology*	6.902	http://www.plantphysiol.org/	植物生理学
	9	*Journal of Experimental Botany*	5.908	https://academic.oup.com/jxb	植物生物学方面的期刊
	10	*Environmental Microbiology*	4.016	https://sfamjournals.onlinelibrary.wiley.com/journal/14622920	环境微生物
工程地质环境与灾害（D0705）	1	*Landslides*	4.708	http://link.springer.com/journal/10346	滑坡类专业期刊
	2	*Tunnelling and Underground Space Technology*	4.45	http://www.journals.elsevier.com/tunnelling-and-underground-space-technology/	地下空间方面的专业型期刊，主要刊登地下空间开发等方面的研究成果
	3	*Acta Geotechnica*	4.35	https://www.springer.com/journal/11440	岩石力学与工程方面的专业性期刊
	4	*International Journal of Rock Mechanics and Mining Sciences*	4.151	http://www.elsevier.com/wps/find/journaldescription.cws_home/256/description#description	岩石力学与矿山方面的专业性期刊
	5	*Géotechnique*	3.83	https://www.icevirtuallibrary.com/toc/jgeot/current	地质工程与岩土工程领域的权威期刊
	6	*Geomorphology*	3.819	http://www.elsevier.com/wps/find/journaldescription.cws_home/503334/description	地貌学与地貌过程专业期刊
	7	*Earth Surface Process and Landform*	3.694	https://onlinelibrary.wiley.com/journal/10969837	地质过程与地貌过程专业期刊
	8	*Journal of Geophysical Research-Solid Earth*	3.638	https://agupubs.onlinelibrary.wiley.com/journal/21699356	固体地球科学领域综合性期刊

续表

学科方向	推荐排序	综合及专业期刊名称（SCI/EI/SSCI）	影响因子（2019年）	期刊链接	期刊特点简介
工程地质环境与灾害（D0705）	9	*Journal of Geophysical Research-Earth Surface*	3.558	https://agupubs.onlinelibrary.wiley.com/journal/21699011	地表过程专业类期刊
	10	*Science China Earth Sciences*	3.242	https://www.springer.com/journal/11430	中国科学地球科学方面的综合性期刊
	11	*Natural Hazards and Earth System Sciences*	3.102	https://www.natural-hazards-and-earth-system-sciences.net/about/aims_and_scope.html	自然灾害及地球系统科学方面的综合性期刊
	12	*Natural Hazards*	3.102	https://www.springer.com/journal/11069	自然灾害、地质灾害综合性权威期刊
	13	*Engineering Geology*	3.041	https://www.journals.elsevier.com/engineering-geology/	地质灾害和地质环境方面的专业期刊
	14	*Bulletin of Engineering Geology and the Environment*	3.041	https://www.springer.com/journal/10064	国际工程地质与环境协会会刊
	15	*Computers & Geosciences*	2.991	http://www.journals.elsevier.com/computers-and-geosciences/	地球科学与计算机方面的交叉学科期刊，主要刊登地球科学数值模拟方面的研究成果
	16	*Cold Regions Science and Technology*	2.739	http://www.elsevier.com/wps/find/journaldescription.cws_home/503326/description#description	寒区、地球环境专业期刊
	17	*Hydrogeology Journal*	2.641	https://www.springer.com/journal/10040	水文地质学国际专业期刊
	18	*Acta Geologica Sinica*	1.973	http://www.geojournals.cn/dzxben/ch/index.aspx	地球科学与地球环境综合期刊
	19	*Quarterly Journal of Engineering Geology and Hydrogeology*	1.897	http://qjegh.geoscienceworld.org/	英国地质学会期刊，主要刊登工程地质与水文地质方面的研究成果
	20	*Journal of Arid Land*	1.889	https://www.springer.com/journal/40333	干旱和半干旱地区水、土、生物、气候等自然资源变化等的专业期刊
	21	*Journal of Mountain Science*	1.55	http://jms.imde.ac.cn/Default.aspx	中国山地灾害方面的期刊，主要刊登山地灾害与山地环境方面的研究成果
	22	*Chinese Journal of Geophysics-Chinese Edition*	0.811	http://www.geophy.cn/CN/volumn/home.shtml	国内地球物理领域权威期刊
	23	*Journal of Cold Regions Engineering*	0.8	http://ascelibrary.org/cro/	寒冷地区工程杂志
	24	*Journal of Cave and Karst Studies*	0.605	http://caves.org/pub/journal/	地表过程、洞穴与岩溶研究国际期刊
	25	工程地质学报	—	http://www.gcdz.org	由中国科学院地质与地球物理研究所主办，主要刊登工程地质与与灾害方面的研究成果

续表

学科方向	推荐排序	综合及专业期刊名称（SCI/EI/SSCI）	影响因子（2019年）	期刊链接	期刊特点简介
环境地质学（D0706）	1	*National Science Review*	16.693	https://academic.oup.com/nsr	我国第一份英文科技类综述期刊，全方位、多角度地反映中国自然科学各领域的重要科学成就，展示国内外各科学领域的代表性研究成果，追踪报道重大科技事件，深度解读中外科学界热点研究和重要科技政策等
	2	*Critical Reviews in Environmental Science and Technology*	8.302	https://www.tandfonline.com/toc/best20/current#.UzufTaLHmL0	环境多学科领域综述，包括地球与农业科学、化学、生物、医学和工程，以及新兴发展的环境毒理学与风险评价方向
	3	*Environment International*	7.577	https://www.journals.elsevier.com/environment-international	环境领域顶尖期刊，重点关注以下主题：①公共健康与健康影响评价，环境流行病学；②环境健康与风险评价，环境化学；③环境监测与过程，环境微生物学与毒理学；④环境技术
	4	*Water Resources Research*	4.309	https://agupubs.onlinelibrary.wiley.com/journal/19447973	水的自然科学和社会科学原创性有重要影响力的研究成果，强调地球系统中水的作用，包括水资源研究的物理、化学、生物和生态过程，水资源管理的社会、政策和公众健康等应用领域
	5	*Environmental Geochemistry and Health*	3.472	https://www.springer.com/journal/10653	环境地球化学领域的原创性成果，关注地球表面天然与受扰动的化学组成与植物、动物和人类健康的关系
	6	*Applied Geochemistry*	2.903	https://www.journals.elsevier.com/applied-geochemistry/	涉及地球化学、城市地球化学领域，与环境保护、健康、废物处置和资源研究相关的应用研究，注重无机、有机和同位素地球化学与地球化学过程的研究
	7	*Hydrogeology Journal*	2.641	https://www.springer.com/journal/10040	国际水文地质学家协会官方刊物，涵盖水文地质科学的理论与应用各领域，包括区域短时间尺度到全球地质时间尺度的研究、新仪器设备研究、水资源与矿物资源评价、各区域的水文地质系统概述等
	8	地球科学	—	http://www.earth-science.net/	最新的、高水平的基础地质、应用地质、资源与环境地质及地学工程技术研究成果
	9	中国科学：地球科学	—	http://engine.scichina.com/publisher/scp/journal/SSTe?slug=abstracts	我国地球科学界最高学术水平的综合性刊物，发表地球科学领域具有创新性、高水平和重要科学意义的原创性科研成果

续表

学科方向	推荐排序	综合及专业期刊名称（SCI/EI/SSCI）	影响因子（2019年）	期刊链接	期刊特点简介
环境地质学（D0706）	10	科学通报	—	http://engine.scichina.com/publisher/scp/journal/CSB?slug=abstracts	快速报道自然科学各学科基础理论和应用研究的最新研究动态、消息、进展，点评研究动态和学科发展趋势
环境地球化学（D0707）	1	*Applied Catalysis B: Environmental*	16.683	https://www.journals.elsevier.com/applied-catalysis-b-environmental	环境科学与工程领域顶级期刊，刊载有关环境污染物的催化消除，对治理环境污染催化剂的基本认识，环境催化剂的制备、表征、活化、失活和再生，光催化过程的科学方面和光催化剂应用于环境问题的基本认识方面等论文
	2	*Environmental Science: Nano*	7.683	https://www.rsc.org/journals-books-databases/about-journals/environmental-science-nano/	环境纳米科学领域顶级期刊，关注纳米科技在环境领域的影响和应用，刊载纳米材料在水 / 大气 / 土壤的环境修复、纳米环境毒理学、纳米材料在环境中的演化归趋、可持续纳米技术包括纳米材料生命周期评估、风险 / 效益分析等方面的研究论文
	3	*Environmental Science & Technology*（*Letter*）	7.678	https://pubs.acs.org/journal/esthag	环境科学与技术领域顶级期刊，深受各国环境化学及相关领域科学工作者的重视，包括其近年推出的 *Environmental Science & Technology Letters* 等姊妹刊；刊载环境化学与技术方面的研究报告和环境管理科学方面的评论，以及其他相关技术信息
	4	*Atmospheric Environment*	4.039	https://www.journals.elsevier.com/atmospheric-environment/	环境与大气科学领域国际高质量期刊，刊载与大气有关的研究论文，包括气体与颗粒化合物的排放和沉积、大气中的化学过程和物理效应，以及大气成分变化对人类健康、空气质量、气候变化和生态系统的影响
	5	*Applied and Environmental Microbiology*	4.016	https://aem.asm.org	环境微生物领域顶级期刊，刊载生物工程与应用微生物研究各方面的重要成果，包括生物技术、环境微生物学、地质微生物学、进化与基因组微生物学、酶学与蛋白质工程、食品微生物学、基因与分子生物学、微生物生态学等重要微生物学问题
	6	*Journal of Geophysical Research-Atmospheres*	3.821	https://agupubs.onlinelibrary.wiley.com/journal/21698996	环境地球科学与大气领域国际高质量期刊，刊载大气的物理和化学性质及变化过程，包括大气与地球系统其他组成部分的相互作用以及它们在气候变化和变化中的作用等论文。2019 年总刊文 852 篇
	7	*Environmental Toxicology and Chemistry*	3.152	https://setac.onlinelibrary.wiley.com/journal/15528618	环境科学与生态学领域国际高质量期刊，刊载环境毒理学、环境化学、化学品危害 / 风险评估领域的研究成果

续表

学科方向	推荐排序	综合及专业期刊名称（SCI/EI/SSCI）	影响因子（2019年）	期刊链接	期刊特点简介
污染物环境行为与效应（D0711）	1	*Applied Catalysis B：Environmental*	16.683	http://www.elsevier.com/wps/find/journaldescription.cws_home/523066/description#description	物理化学、环境工程、化工方向的期刊
	2	*Chemical Geology*	3.362	http://www.elsevier.com/wps/find/journaldescription.cws_home/503324/description	地球化学与地球物理方向的期刊
第四纪环境与环境考古（D0713）	1	*Earth and Planetary Science Letters*	4.823	https://www.journals.elsevier.com/earth-and-planetary-science-letters	地球化学与地球物理
	2	*Journal of Climate*	5.707	https://www.ametsoc.org/ams/index.cfm/publications/journals/journal-of-climate/	地学－气象与大气科学
	3	*Climate Dynamics*	4.486	http://link.springer.com/journal/382	气象与大气科学
	4	*Global and Planetary Change*	4.448	https://www.journals.elsevier.com/global-and-planetary-change/	地学天文－地球科学综合
	5	*Journal of Geophysical Research*	3.36	https://agupubs.onlinelibrary.wiley.com/journal/21698996	地球科学综合
	6	*Quaternary Geochronology*	3.079	https://www.journals.elsevier.com/quaternary-geochronology/	地学－地球化学与地球物理
	7	*Palaeogeography，Palaeoclimatology，Palaeoecology*	2.833	https://www.journals.elsevier.com/palaeogeography-palaeoclimatology-palaeoecology/	地球科学综合
	8	*Journal of Archaeological Science*	2.787	http://www.journals.elsevier.com/journal-of-archaeological-science	地球科学综合
	9	*Journal of Quaternary Science*	2.377	https://onlinelibrary.wiley.com/journal/10991417	地球科学综合
	10	*The Holocene*	2.353	https://journals.sagepub.com/home/hol	地球科学综合
	11	*Quaternary Research*	2.31	https://www.cambridge.org/core/journals/quaternary-research	地球科学综合
	12	*Quaternary International*	2.003	https://www.journals.elsevier.com/quaternary-international/	自然地理、地球科学综合
环境信息与环境预测（D0714）	1	*Science Bulletin*	9.511	http://engine.scichina.com/publisher/scp/journal/SB?slug	综合性期刊
	2	*Remote Sensing of Environment*	9.085	https://www.sciencedirect.com/journal/remote-sensing-of-environment	环境科学－成像科学与照相技术
	3	*Resources Conservation & Recycling*	8.086	https://www.journals.elsevier.com/resources-conservation-and-recycling	环境科学－工程：环境

续表

学科方向	推荐排序	综合及专业期刊名称（SCI/EI/SSCI）	影响因子（2019年）	期刊链接	期刊特点简介
环境信息与环境预测（D0714）	4	*Earth's Future*	6.141	https://agupubs.onlinelibrary.wiley.com/journal/23284277	环境科学、地球科学综合、气象与大气科学
	5	*Global and Planetary Change*	4.448	https://www.sciencedirect.com/journal/global-and-planetary-change/	地学天文－地球科学综合
	6	*Journal of Advances in Modeling Earth Systems*	4.327	https://agupubs.onlinelibrary.wiley.com/journal/19422466	气象与大气科学
	7	*Habitat International*	4.31	https://www.journals.elsevier.com/habitat-international	城市和农村人类住区的规划、设计、生产和管理
	8	*International Journal of Climatology*	3.928	https://rmets.onlinelibrary.wiley.com/journal/10970088	地学－气象与大气科学
	9	*Earth System Dynamics*	3.866	https://www.earth-system-dynamics.net	地球科学综合
	10	*Journal of Geophysical Research: Atmospheres*	3.821	https://agupubs.onlinelibrary.wiley.com/journal/21698996	地球科学综合
	11	*International Journal of Geographical Information Science*	3.733	https://www.tandfonline.com/toc/tgis20/current	地学－计算机：信息系统
	12	*Biogeosciences*	3.48	https://www.biogeosciences.net	环境科学－地球科学综合
	13	*Science China Earth Sciences*	3.242	http://engine.scichina.com/publisher/scp/journal/SCES?slug	地球科学综合
	14	*Environmental Earth Sciences*	2.18	https://www.springer.com/journal/12665	环境科学－地球科学综合
	15	*Transactions in GIS*	2.119	https://onlinelibrary.wiley.com/journal/14679671	地球科学
区域环境质量与安全（D0716）	1	*Energy & Environmental Science*	30.289	http://pubs.rsc.org/en/journals/journalissues/ee	化学－工程：化工
	2	*Nature Sustainability*	12.08	https://www.nature.com/natsustain/	社会科学
	3	*Global Environmental Change-Human and Policy Dimensions*	10.466	http://www.journals.elsevier.com/global-environmental-change/	环境科学
	4	*Frontiers in Ecology and the Environment*	9.295	http://www.frontiersinecology.org/	环境科学
	5	*Remote Sensing of Environment*	9.085	http://www.elsevier.com/wps/find/journaldescription.cws_home/505733/description	环境科学－成像科学与照相技术
	6	*Ecological Indicators*	4.229	https://www.sciencedirect.com/journal/ecological-indicators	环境科学
	7	*Land Use Policy*	3.682	https://www.journals.elsevier.com/land-use-policy	地理、农业、林业、灌溉、环境保护等

续表

学科方向	推荐排序	综合及专业期刊名称（SCI/EI/SSCI）	影响因子（2019年）	期刊链接	期刊特点简介
区域环境质量与安全（D0716）	8	地理学报	—	http://www.geog.com.cn/CN/0375-5444/home.shtml	《地理学报》是由中国科学院主管、由中国地理学会和中国科学院地理科学与资源研究所主办的学术刊物，主要刊登能反映地理学科最高学术水平的最新研究成果，地理学与相邻学科的综合研究进展，地理学各分支学科研究前沿理论，与国民经济密切相关并有较大应用价值的地理科学论文
人工纳米颗粒与新污染物专题	1	*Applied Catalysis B: Environmental*	16.683	https://www.sciencedirect.com/journal/applied-catalysis-b-environmental/	环境催化领域顶级期刊
	2	*Global Environmental Change-Human and Policy Dimensions*	10.466	https://www.journals.elsevier.com/global-environmental-change/	该期刊主要包括滥伐森林、（人为）沙漠化、土壤退化、物种灭绝、海平面升高、酸雨、臭氧层的破坏、大气层的温度变化、核冬天、新技术灾害的发生、自然灾害的消极影响等
	3	*Ecological Monographs*	7.722	https://esajournals.onlinelibrary.wiley.com/journal/15577015	该期刊为生态研究领域的研究建立新基准，确定未来研究的方向，进一步模糊“基础”生态学和“应用”生态学之间的界限，同时从概念上推动生态学领域的发展，其有助于对生态学原理的基本理解，并从最广泛的意义上推导生态管理的原理，其包括但不限于保护、修复环境等
	4	*Environmental Science：Nano*	7.683	https://www.rsc.org/journals-books-databases/about-journals/environmental-science-nano/	环境类顶级期刊
	5	*Particle and Fibre Toxicology*	7.546	https://particleandfibretoxicology.biomedcentral.com/	毒理学领域顶级期刊
	6	*Global Ecology and Biogeography*	6.446	https://onlinelibrary.wiley.com/journal/14668238	该期刊欢迎研究大尺度（空间、时间和/或分类学）、生态系统组织和组合的一般模式以及它们的基础过程的论文。特别欢迎使用宏观生态学方法、比较分析、综合分析、空间分析和建模来得出一般性概念结论的研究
	7	*Landscape and Urban Planning*	5.441	https://www.journals.elsevier.com/landscape-and-urban-planning/	该期刊是一份国际期刊，旨在促进对景观的概念、科学和应用的理解，从而促进景观变化的可持续解决方案。该期刊基于的前提是，与规划和设计相关的景观科学可以为人类和自然提供相互支持的结果。景观规划将景观建筑学、城市和区域规划、景观和生态工程以及其他以实践为导向的领域引入识别问题、分析、综合和评估理想的景观变化替代方案的过程中，并鼓励跨学科合作，以增强解决问题的能力

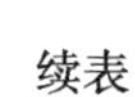
续表

学科方向	推荐排序	综合及专业期刊名称（SCI/EI/SSCI）	影响因子（2019年）	期刊链接	期刊特点简介
人工纳米颗粒与新污染物专题	8	*Geology*	4.768	http://geology.geoscienceworld.org/	该期刊文章涵盖了所有地球科学学科各个领域的研究成果，包括及时、创新的研究和引起巨大反响的话题
	9	*Journal of Agricultural and Food Chemistry*	4.192	https://pubs.acs.org/journal/jafcau	环境土壤和农业领域顶级期刊